AIDS

AIDS

Vom Molekül zur Pandemie

Von Michael G. Koch

Erschienen bei Spektrum DER WISSENSCHAFT in Heidelberg

CIP-Kurztitelaufnahme der Deutschen Bibliothek

Koch, Michael G.:
AIDS: vom Molekül zur Pandemie / von Michael
G. Koch. —
Heidelberg: Spektrum-d.-Wiss.-Verl.-Ges., 1987.
ISBN 3-922508-17-0

Lektorat: Frank Wigger
Produktion: Karin Kern
Buchumschlag, Typographie und Buchgestaltung:
Henri Wirthner, Gengenbach
Titelbild: Hans-Ulrich Osterwalder und
Joachim Widmann, Graphico, Hamburg
Gesamtherstellung: Klambt-Druck GmbH, Speyer

Good judgement comes from experience.
Experience comes from bad judgement.

Dieses Buch widme ich meinen Eltern − die mir in allen wichtigen Fragen stets Freund und Mentor waren − und meiner Familie, die es mittrug. Es ist auch geschrieben für meine Freunde und alle jene Kollegen, die von ihrer täglichen Arbeit mit AIDS-Patienten so verschlungen werden, daß sie ihre Stimme kaum mehr zu erheben schaffen.
M. K.

Inhalt

Vorwort

AIDS ist *die* zentrale Herausforderung für die Medizin der nächsten Jahrzehnte. Die prognostizierte Durchseuchung der Bevölkerung zwischen einem und mehreren Prozent wird eine erhebliche zusätzliche Mortalität jüngerer Erwachsener bedingen. Die hieraus resultierenden ökonomischen, soziokulturellen und politischen Konsequenzen sind nur partiell abzusehen, sicher aber sehr groß. Die Behandlung des AIDS-Themas zeigt jedoch auch die weitverbreitete Unfähigkeit der Gesellschaft, schleichende, kontinuierlich und exponentiell ansteigende Katastrophen realistisch einzuschätzen. Obwohl spätestens seit 1983 die Konsequenzen der weltweiten AIDS-Pandemie sich abzuzeichnen begannen, wurde die Bedrohung vielerorts unterschätzt, so daß energische Gegenmaßnahmen unterblieben. Dr. Michael Koch hat die Bedeutung dieser weltweiten Lentivirus-Epidemie frühzeitig erkannt und aus seiner neutralen Position die Epidemiologie von AIDS kontinuierlich bearbeitet. Als ein Resultat seiner Arbeit entstand dieses ausführliche, umfassende und breitangelegte Buch. Zwar existiert heute bereits eine absolut unüberschaubare Literatur über diese Thematik, doch sind auch sehr viele weitgehend unbefriedigende Bücher darunter. Neben zwangsläufig inhomogenen Vielmännerbüchern und gedruckten Kongreßberichten, die bei Erscheinen immer schon weitgehend veraltet sind, besteht das Gros der AIDS-Literatur aus Betroffenheitsliteratur, die meist keine objektive Sicht auf das Problem ermöglicht.

Das vorliegende Buch ist eine didaktisch gut gegliederte und erläuterte Zusammenfassung der relevanten Daten. Der ungemein vielfältige Themenkomplex AIDS wird nicht auf Einzelaspekte reduziert; das internationale Thema AIDS ist aus globaler Sicht behandelt. Die meisten Kapitel werden ihre Gültigkeit behalten und nicht durch die schnellaufende Entwicklung überholt werden. Das Buch stellt eine geglückte Synthese eines ärztlichen Fachbuchs mit einem auch für Laien lesbaren Sachbuch dar. Es ist so nicht nur eine Pflichtlektüre für alle Ärzte, die sich mit der Thematik beschäftigen, sondern auch unerläßlich für alle Entscheidungsträger, die in unterschiedlicher Art und Weise von der Thematik berührt werden.

Das Buch erfüllt die wichtige Aufgabe, das AIDS-Problem in seinen vielfältigen Aspekten darzustellen. Fatale Bagatellisierungen, einseitige Fehlinterpretationen, aber auch die unzulässige Überbetonung einzelner Punkte dürften nach der Lektüre dieses Buches eigentlich nicht mehr vorkommen. Wir hoffen, daß es dazu beiträgt, die häufig inadäquate Behandlung der Thematik im deutschen Sprachraum wesentlich zu verbessern. Ein größeres Verständnis für die ganz andersartige Biologie der Retro-Lentivirus-Infektionen tut dringend not. So kann man dem Buch nur eine möglichst breite Verbreitung wünschen.

Prof. Wolfgang Stille, Prof. Eilke Brigitte Helm
Infektionsklinik der Universität Frankfurt, Juli 1987

Vorbemerkungen zur schwedischen Ausgabe

Das Immunmangelsyndrom AIDS wird zu einer großen Belastung für Kranke und Infizierte sowie deren Angehörige werden, ebenso für den Gesundheitsdienst, für Entziehungsanstalten und Gefängnisse, für Epidemiologen, für den Unterricht, für die verantwortlichen Planer und Entscheidungsträger und nicht zuletzt für die Volkswirtschaft. In Schweden sind wir im Vergleich zu vielen anderen Ländern trotz allem in einer verhältnismäßig günstigen Ausgangslage. Wir haben recht gute Voraussetzungen, auch komplizierte Fragen offen zu diskutieren. Im Hinblick auf AIDS gilt es aber auch, rasch zu handeln. AIDS zu bekämpfen fordert unter anderem neue Stellungnahmen gegenüber dem heute üblichen Liberalismus in Fragen der Sexualität und des Drogenkonsums. Das wird bedeuten müssen, die Fahrtrichtung zu wenden und gegen den Wind zu steuern. Hierzu werden alle klugen und guten Kräfte erforderlich sein.

Die Arbeit von Michael Koch führt uns rasch durch den Dschungel anwachsender Informationen über AIDS, die Pest unserer Zeit. Das Buch ermöglicht auch dem, der sich bislang nicht mit diesem Problem befaßt hat, rasch die für seine weitere Arbeit erforderlichen Kenntnisse zu erlangen.

Alle, die in ihrer täglichen Arbeit bereits mit AIDS konfrontiert sind, tragen eine − manchmal schon übermächtige − Bürde. Sogar kurze Zusammenfassungen von Erfahrungen und Schlußfolgerungen erfordern Denkpausen. Es ist bedauerlich und nicht ganz unproblematisch, daß die im Moment am meisten Beteiligten kaum mehr Zeit finden, sich so vielseitig in den Stand des Wissens und die verschiedenen Perspektiven der Entwicklung zu vertiefen, wie das wünschenswert wäre.

Michael Koch ist schon mit seinem bisher gezeigten Engagement in der AIDS-Frage eine große Hilfe gewesen; er ist eingesprungen und hat eine Lücke gefüllt. Wenige − wenn überhaupt jemand − haben wie er aus eigener Initiative die wissenschaftliche Entwicklung studiert, analysiert und weiter verfolgt.

Vielen, mich eingeschlossen, haben seine regelmäßigen Informationen sehr geholfen. Damit wird diese Publikation sowohl für die schon bisher mit AIDS Befaßten als auch für neu Hinzustoßende und Hineingezogene Hilfe und Stütze sein. Wir sehen mit Erwartung und großer Dankbarkeit seiner weiteren Arbeit entgegen, wie wir auch der Regierung der Provinz Skaraborg dankbar sind für ihr Engagement und ihre Unterstützung dieses Einsatzes.

Schließlich möchte ich dem schwedischen Carnegie-Institut danken, das sowohl Mittel als auch personelle Unterstützung für die Arbeit von Dr. Koch zur Verfügung gestellt und diese Publikation ermöglicht hat.

Professor Margareta Böttiger
Epidemiologin des Staatlichen Bakteriologischen
Laboratoriums Stockholm, November 1985

Das Immunmangelsyndrom AIDS ist dabei, sich infolge der schnellen Verbreitung der Infektion und des Mangels an Behandlungsmöglichkeiten zu einem außerordentlich ernsten Problem für unser Land zu entwickeln. Der Vorstand des schwedischen Carnegie-Institutes hielt es deswegen für wichtig, so schnell wie möglich die hier vorliegende Dokumentation von Dr. med. Michael G. Koch zu publizieren.

Carl G. Persson
Carl Langenskiöld
Nils Bejerot
Sten Walberg
Bertil Åberg
Stockholm, November 1985

Einleitung

AIDS ist ein Problem unserer Zeit. Jede Zeit hat ihre Probleme – einige sind lösbar, andere nicht. Nicht einmal die lösbaren werden immer gelöst, und so entstehen die Kalamitäten und Katastrophen jeder Epoche, oft mit Nachwirkungen für viele Generationen.

Auf diese Weise haben wir Bodenerosion und sauren Regen, geplünderte Natur und zerstörte Umwelt, Überbevölkerung und Kriminalität, Drogenmißbrauch und Rassenkrawalle, Krieg, Flüchtlinge und Unfreiheit geerbt. Im Rückblick sind die fatalen Entscheidungen und die verpaßten Chancen oft leicht auszumachen, die Verantwortlichen nicht. Es ist zu befürchten, daß wir uns heute nicht anders verhalten, als es die Menschen stets taten, denn die Überzeugung, richtig zu handeln, ist menschlich und allgegenwärtig. Und wenn etwas mißglückt, sieht in der Regel kein einzelner Lawinenstein seine Beteiligung ein.

Die Besserwisserei im nachhinein füllt ganze Bibliotheken. Ihr Studium sollte geeignet sein, vorausschauendes Denken zu fördern, also Weisheit, welche die Folgen von Entscheidungen rechtzeitig mitbedenkt. Menschliche Schwächen könnten so durch kumulierte Erfahrung allmählich gemildert werden – einfach scheint dies wahrlich nicht zu sein.

Die zähe Tendenz, die Ruhe von heute zum Preis morgiger Sorgen zu bewahren, ist ein unbequemer, ein tückischer Gegner. Entscheidend ist der Moment, in dem wir zulassen, daß das lösbare Problem sich in das unlösbare verwandelt, daß die Kalamität zur Katastrophe wird.

Die Vergangenheit sollte uns lehren, auf der Hut zu sein, hellhörig für Zeichen von Periodizität – also für gemeinsame Züge dessen, was ist, mit dem, was war. So können durch Wissen und Belesenheit die Voraussetzungen geschaffen werden für ein „historisches Déjà-vu". Diese Fähigkeit, im Bedarfsfall aus eigenen Erinnerungen herbeizuassoziieren, was den augenblicklichen Problemstrukturen entspricht, ist eine Voraussetzung für jede Form von kluger Voraussicht. Man muß manchmal zurückblicken, um nach vorn zu schauen.

AIDS hat sich aus einer zentralafrikanischen Endemie über eine amerikanische Epidemie zu einer weltweiten Pandemie entwickelt. Es gibt starke Gründe, wenigstens diesmal die erforderlichen Überlegungen rechtzeitig anzustellen. Experten, die morgen erklären können, warum heute nicht eintraf, was sie gestern voraussagten, helfen uns kaum. Wir haben viel weniger Zeit, als wir glauben. Es gilt, so viel wie möglich zu verhindern und etliches zu mildern. Das Ganze hat gerade erst begonnen.

Das AIDS verursachende Virus (heute **HIV** – „**h**uman **i**mmunodeficiency **v**irus" oder, auf deutsch, „menschliches Immunschwäche-Virus" – genannt) hat zwar fast alle Länder der Welt erreicht, aber nicht gleichzeitig. Die Phasenverschiebung gibt uns die wertvolle Möglichkeit, dieses Mal nicht nur aus den eigenen, sondern auch aus fremden Erfahrungen zu lernen. Geographische Entfernung sowie Kultur- und Sprachbarrieren jedoch bringen hier eine schwerwiegende Verzögerung des Informationsflusses mit sich, und so drohen uns die Chancen des Zeitvorsprungs aus den Händen zu rinnen.

Information ist der Anfang allen Nachdenkens, die Voraussetzung aller sinnvollen Entscheidungen, allen zielbewußten Handelns. Das AIDS-Problem hat in kürzester Zeit eine einzigartige Komplexität entwickelt. Die ungewöhnliche Intensität der aktuellen Forschung, die lawinenartig anschwellende Zahl von Publikationen, die in schneller Folge präsentierten neuen wissenschaftlichen Entdeckungen, darüber hinaus die Einbeziehung so verschiedener Wissenschaftszweige wie Epidemiologie, Primatologie, Virologie, Immunologie, Molekularbiologie, Mikrobiologie, Veterinärmedizin, Genetik, Parasitologie, Biochemie und Statistik und schließlich die hochentwickelten Methoden der Impfstoffherstellung, der Peptidsynthese und der Gentechnik – all dies bildet ein schwer zu durchdringendes Geflecht neuer Begriffe, neuer Vorstellungen, neuer Fragen.

Es ist daher erforderlich, nicht nur einzelne Forschungsgebiete darzustellen, sondern auch eine Art Synopsis zu geben für den, der geneigt oder gezwungen ist, sich mit diesem Thema zu befassen. Denn ob nur interessiert oder engagiert, man droht rasch, sich im Dschungel neuer Fachausdrücke und Abkürzungen zu verirren, in der Flut weitgestreuter Publikationen zu ertrinken.

Der Informationsbedarf ist groß und schwer zu sättigen. Forscher und Kliniker arbeiten intensiv und schaffen in der Regel mit Mühe ihr Tagespensum. Es gibt etliche Bücher über die klinischen Erscheinungen von AIDS, über Untersuchungsmethoden, Therapieversuche und Laborergebnisse. Alles droht rasch zu veralten, und das meiste liegt nur in englischer Sprache vor. Bei der Dringlichkeit der Situation ist es schwer, die häufig mehrjährige Latenz zu akzeptieren, die man ansonsten im Bereich medizinischer Forschung als normal hinnimmt, bevor sich neue Erkenntnisse, inzwischen konsolidiert, in Lehrbüchern und im Unterricht niederschlagen.

Um die logischen Implikationen der AIDS-Problematik konzis und überzeugend darzustellen, muß man das Gesamtgeschehen ins Blickfeld rücken. Dabei läßt sich ein derart komplexes Bild nicht beliebig vereinfachen, ohne an wissenschaftlicher Substanz zu verlieren. Das Thema ist außerdem Gegenstand ungewöhnlich heftiger Diskussionen und Auseinandersetzungen und bringt die Gefühle der Menschen auf verschiedenste Weise in Aufruhr. Es gibt allen Anlaß, Ansichten und Schlußfolgerungen gut zu begründen. Schließlich handelt es sich hier weitgehend um Neuland, das wir in großer Eile zu betreten gezwungen sind; das heißt, daß uns eigentliche „Experten" fehlen.

Die Ereignisse in verschiedenen Ländern scheinen unerbittlich den gleichen Gesetzen zu folgen. Nach einer Anfangsphase ablehnender Skepsis werden langlebige Bagatellisierungstendenzen nur sehr langsam von zunehmender Erfahrung und kumuliertem Wissen abgebaut, insbesondere durch zunehmenden Kontakt mit den Problemen selbst. Eigene Erfahrung ersetzt hier tausend Worte, aber manch einer fährt fort, sich mit opportunistischer Begriffsstutzigkeit gegen unerbetene und beunruhigende, d. h. die Ruhe störende Information zu wehren.

Jenen Ärzten, die schon sehr früh Kontakt mit AIDS-Patienten hatten oder die aus anderen Gründen engagiert und hellhörig waren, begegneten viele Kollegen anfangs mit einer Mischung aus Mißtrauen und Unbehagen. Diese Reaktion ist in keiner Weise überraschend – es ist die normale übellaunige Reaktion des gerade Geweckten, ein Mißmut, der sich allmählich mit dem Ärger vermischt, nicht rechtzeitig wach geworden zu sein. Die daraus resultierende Haltung beharrlichen und hinhaltenden Widerstandes wird in der Regel erst mit der Zeit überwunden. Sie weicht leise und unauffällig der tragischen Entwicklung, die das Ganze nimmt – in Gestalt des zunehmenden menschlichen Leidens und der gesellschaftlichen Probleme. Daß die Besinnung rasch geschehe, ist ein Ziel dieses Buches.

Die Zusammenstellung hat aber mehr als nur einen Zweck. Teils soll sie Informationen in überschaubarer Form sammeln und zugänglich machen, teils Schlußfolgerungen und Implikationen verdeutlichen, die für den Unvorbereiteten nicht auf der Hand liegen. Außerdem gilt es, die hier gegebenen Problemstrukturen darzustellen und zu besprechen – unter besonderer

Berücksichtigung dessen, was wir aus der menschlichen Geschichte über ähnliche Situationen wissen. **Wie werden derartige Probleme in der Regel angegriffen, mit welchem Erfolg, und wenn ohne Erfolg, dann mit welchen Konsequenzen?**

Hieraus lassen sich natürlich Vorschläge über das theoretisch Nötige und praktisch Mögliche ableiten, und man kann gewiß eine intensive, von unsachlichen Einschlägen nicht freie Debatte voraussagen. Es gilt, die Faktenbasis so solide wie möglich anzulegen, damit sie all dies tragen kann.

Dennoch soll das Buch nicht nur Fakten enthalten. Eine Thematik, die mit Sicherheit tief in unsere Gesellschaft eingreifen wird — in unsere Gesundheitspolitik und -ökonomie, in unsere Verhaltensmuster, in Sitten und Gebräuche, ja auch in moralische Wertvorstellungen und gesellschaftliche Normen —, verdient nicht nur geschildert, sondern auch kommentiert zu werden. Die dadurch ausgelöste Debatte ist also keineswegs ein notwendiges Übel, sie ist nicht nur in Kauf genommen, sondern im Gegenteil beabsichtigt.

Ohne Zweifel haben wir es mit einem schwer verdaulichen Thema zu tun. Medizinische Laien werden die Diskussion um wissenschaftliche Fachbegriffe nicht mit methodischer Gründlichkeit durchleiden wollen und manche der arabesken Gedankengänge aus Virologie und Genetik eher verwirrend finden. Innerhalb der verschiedenen Kapitel dieses Buches nehmen die Ausführungen allmählich an Kompliziertheit zu, insbesondere beim Übergang von dem, was wir wissen, zu dem, was wir nur vermuten. Hier beginnt eine vielleicht abschreckende Dichte von Erwägungen und Quellenhinweisen, und der weniger Interessierte kann solche Passagen überspringen und sich mit dem begnügen, was in jedem Abschnitt implizit enthalten ist — einer Zusammenfassung dessen, was uns auf die eingangs gestellten Fragen heute als Antwort, vielleicht auch nur als im Moment vernünftig erscheinende Annahme, zumindest aber als eine „bestmögliche Einschätzung", vorschwebt.

Meine frühere Tätigkeit in Hirnforschung und Psychiatrie sowie die Beteiligung an Untersuchungen über die Fähigkeit und die Unfähigkeit des menschlichen Verstandes, komplexe Probleme zu lösen, hat meine Aufmerksamkeit gegenüber den Tücken der AIDS-Epidemie geschärft. In der Wissenschaft entwickelt sich — ausgehend von Untersuchungen darüber, wie das Gehirn einfache Intelligenztestaufgaben löst, über Theorien der höheren Gedankenprozesse und jener Leistungen neuronaler Netzwerke, die man „Intelligenz" nennt — allmählich ein Bild dessen, was der menschliche Verstand mit einer gewissen Regelmäßigkeit nicht mehr bewältigt. Naturgemäß sind das die **sehr komplexen Probleme**. Der Mentor dieser Forschungsrichtung, Dietrich Dörner, Psychologe an der Universität Bamberg, hat eine Reihe von Eigenschaften zusammengefaßt, welche die schwer zu lösenden — wenn nicht unlösbaren — Probleme gemeinsam haben. (Sie sind auf Seite 225 ausführlich behandelt und übersichtlich zusammengestellt.) Es handelt sich um die Züge der Unschärfe, der kausalen Vernetzung und der Eigendynamik sowie das Vorliegen langer Phasenverschiebungen zwischen Ursache und Wirkung. Hinzu kommen die Schwierigkeiten des Verstandes im Umgang mit sehr großen Zahlen und exponentiellen Verläufen, die Unlust der Phantasie gegenüber entsetzlichen Vorstellungen.

Wo unser Denken an Scheidewege kommt, stößt das Erschrecken, zieht der Wunsch es gern in eine bestimmte Richtung. So kann, falls die erforderlichen Unklarheiten gegeben sind, die Summe wiederholt einseitiger Richtungswahl uns zu den absurdesten Denkergebnissen führen. Dies ist der Mechanismus des selbsttäuschenden, des voreingenommenen Denkens, einer Art freiwilliger und unbewußter Selbstzensur, wie sie George Orwell mit seinen „Verbrechendenk, Gedankenstop" so klassisch beschrieben hat. Die Bedingungen hierfür sind bei neuen und unvertrauten Problemsituationen wahrlich gegeben — an Unklarheiten herrscht kein Mangel und an emotionalen Einschlägen auch nicht.

So lesen sich die genannten Kriterien für einen wahrscheinlich bevorstehenden Mißerfolg wie ein Verzeichnis der Eigenschaften der AIDS-Epidemie — eine Entdeckung, die nichts Gutes verhieß und rein medizinische Neugier rasch in ernstes Interesse umschlagen ließ.

Damals entstandene Befürchtungen — besonders genährt durch den Gedanken an frühere Erfahrungen mit ähnlichen Situationen in naher wie auch entlegener geschichtlicher Zeit — wurden von der Entwicklung ab 1982 rasch bestätigt. Die AIDS-Epidemie löste eine Serie abwechselnd beruhigender und alarmierender Berichte aus, erschreckender Prognosen, rascher Dementis, danach beklemmender und verklemmter Eingeständnisse dessen, was an den alarmierenden Nachrichten doch wahr gewesen sei. Es folgten Ausreden, ausweichende Erklärungen, im besten Fall ein bedauerndes Zugeständnis, daß man „das Ganze am Anfang nicht ernst genug genommen" habe. Selbst von der zentralen amerikanischen Gesundheitsbehörde (CDC) in Atlanta vernahm man in den Jahren 1985/86 wiederholt solche Äußerungen, von der Leitung der Weltgesundheitsorganisation (WHO) erst Ende 1986 und von anderen noch gar nicht; manche werden dies vielleicht niemals zugeben. Nicht jeder ist bereit, auch eigene Ansichten zu überprüfen und gegebenenfalls zu ändern, wie der WHO-Chef Halfdan Mahler. **Wir tun gut daran, uns an diese Wechselbäder von Alarm und Entwarnung sowie an die vorherrschende hinhaltende Begriffsstutzigkeit zu gewöhnen — es wird noch lange so weitergehen. Dies ist durch die Struktur des Problems bereits vorgezeichnet.**

Im Jahre 1982 traten in Europa die ersten AIDS-Fälle auf. Es war bald erkennbar, wenn auch nicht „offensichtlich", daß es sich um eine Epidemie handelte. Schon dieses Wort hatte einen so anachronistischen Klang, weckte so unbehagliche Assoziationen, daß viele bereits den Gedanken an derlei Unbehagliches im Keime zu ersticken suchten. Dies galt selbst für jene, erstaunlicherweise gerade für jene, die vor allen anderen bedroht und betroffen waren und es besser hätten wissen sollen. Vermutlich haben ihre Befürchtungen und Hintergedanken über das Nachdenken triumphiert. Die Folgen sind schlimm.

Europa hatte von Anfang an zwei Jahre Frist, verglichen mit der Lage in den USA, auf die sich das Interesse an AIDS zunächst konzentrierte. Wenigstens ein Teil der daraus erwachsenen Möglichkeiten ist uns durch die Finger geglitten, viel Zeit ungenutzt verstrichen, da wir auch wenig effektive Maßnahmen oder heute als gescheitert angesehene Strategien der Amerikaner erst einmal einfach nachahmten. Eine sofortige Umorientierung bei der Versorgung mit Blutkonserven, eine drastische Minderung des Imports von Blutprodukten aus den Risikobereichen der USA, eine schnelle Revision der Routine beim Umgang mit Blutpräparaten, restriktive Maßnahmen bei Transfusionen, prophylaktische Hitzebehandlung der Faktor-VIII-Konzentrate, Warnungen an Auslandsreisende, an leichtsinnige Jugendliche, an Prostitutionskunden und insbesondere an die Mitglieder der primären Risikogruppen, rasche Stellungnahme zu dem Problem der mehrfach benutzten Kanülen bei Drogenabhängigen — alles das und manches mehr wurde erst nach längerer Anlaufzeit oder halbherzig durchgeführt. Für überspannt oder wichtigtuerisch wurde gehalten, wer „zu früh" die trügerische Ruhe mit derartigen Vorschlägen störte.

Dies alles stimmte in so hohem Grade mit den Erwartungen überein, die man auf der Basis trauriger früherer Erfahrungen entwickeln mußte, daß es guten Grund gab, aktiv Informationen zum Thema AIDS zu suchen. So kam ich früh in Kontakt mit jenen, die an den verschiedensten Orten atemlos versuchten zu verstehen, was vor sich ging, und verblüfft registrierten, daß die angemessene öffentliche Unterstützung für dieses Vorhaben ausblieb. Die Einsichten dieser wenigen und die Ansichten der übrigen waren so sehr wie noch nie aus dem Gleichtakt geraten.

Gewiß gab es ein Echo in den öffentlichen Medien, kaum aber jenes Entsetzen, das eine richtige Einschätzung der Lage eigentlich hätte auslösen müssen (diese Reaktion stellte sich schließlich erheblich verspätet und in einer nicht immer sehr erfreulichen Form ein). Schwerwiegender war das ebenso unfaßbare Ausbleiben der Reaktionen politisch Verantwortlicher.

Die unterlassene rechtzeitige Vorbeugung, der Mangel an Mitteln, das Fehlen von Informationszentren, mit anderen Worten, die ausgebliebene Hierarchisierung der Probleme und ihre Umsetzung in kurz- und langfristige Planung — alles das wird noch viele Leben kosten und hat dazu beigetragen, daß man noch heute vielerorts unter entmutigenden Bedingungen zu arbeiten gezwungen ist. Diese werden mit großer Wahrscheinlichkeit gerade bei den Engagiertesten bald an den Rand dessen führen, was die Amerikaner „burn out" nennen — jenen Zustand tiefer Resignation und Erschöpfung, den man bei den Kollegen „der ersten Stunde" schon häufig beobachtet hat. Diese in den USA wohlbekannte, oft irreversible Resignation begegnet uns im Kampf gegen die Ausbreitung von AIDS nun auch hier — eine vielleicht vermeidbare Komplikation jener profanen, aber profunden alltäglichen Schwierigkeiten, die häufig mit dem ermüdenden Gefühl verbunden sind, bei der Motivierung Unbeteiligter in kaltem Sirup zu rühren.

Im Jahre 1983, mehr noch nach der Entwicklung von tauglichen Testmethoden im ersten Halbjahr 1984, verwandelte sich ein zunehmend komplizierter werdendes medizinisches Puzzle in einen immer ernsteren wissenschaftlichen und gesellschaftspolitischen Thriller — so daß es wahrlich nicht schwer war, das Interesse an dieser Problematik wachzuhalten. Das Resultat waren Vorlesungen zum Thema AIDS ab 1983, ein erstes zusammenfassendes Memorandum für interessierte Kollegen im

Herbst 1984 und schließlich ein Skriptum, das die Publikationen zwischen Juli 1984 und April 1985 zusammenzufassen versuchte und in vereinfachter Form in der *Ärztlichen Praxis* wiedergegeben wurde (MG Koch 1985-1). Erweitert um einen Bericht über die Atlanta-Konferenz vom April 1985, wurde es in Schweden von der Krankenhausverwaltung in Malmö/Lund veröffentlicht (MG Koch 1985-2). Im November desselben Jahres erschien dann das Buch *AIDS — vår framtid?* („AIDS — unsere Zukunft?").

In die vorliegende deutsche Version gehen nun fast zwei weitere Jahre epidemiologischer Studien ein. Es sind außerdem die Ergebnisse von zwölf wissenschaftlichen Kongressen und ungezählten Publikationen neu eingearbeitet worden. Die Zahlenangaben wurden laufend aktualisiert, außer an Stellen, wo die historische Situation festgehalten werden soll. Das vorliegende Buch entstammt somit dem Informationsfluß, den es einzufangen sucht, und einer Zeit, wo ein Problem Form annimmt und allmählich verstanden wird — erst von einigen, dann von vielen, vermutlich niemals von allen.

Das dabei entstandene Bild ist notwendigerweise unfertig. Es schildert einen Prozeß in unvermeidlicher Bewegung und kann keine absoluten Wahrheiten wiedergeben, sondern allenfalls den „heutigen Zustand unserer Irrtümer". Und so soll es auch gelesen werden — als eindringliche Aufforderung, selbst nachzudenken und einer Frage zu folgen, die uns bald alle in unerwarteter Weise berühren kann.

Michael G. Koch
Heidelberg, Juli 1987

1 Eine neue Krankheit

Neu auftauchende diagnostische Begriffe lösen in der Regel Neugierde aus, sobald sich ihre Bedeutung abzuzeichnen beginnt. So hat auch das Thema AIDS nach einer mehrjährigen wissenschaftlichen „Inkubationszeit" in den Jahren 1983 und 1984 insbesondere in medizinischen Kreisen wachsendes Interesse gefunden, und zwar vornehmlich in den USA, die ja auch früh betroffen waren. In der Bundesrepublik Deutschland kam eine erste Welle des Interesses im Sommer 1983 auf, die jedoch außerhalb der direkt betroffenen Kreise erstaunlich rasch wieder verebbte. Im Sommer 1984 wiederholte sich dies, nun aber schon mit nachhaltigerem Echo. In Skandinavien wurde die Diskussion erst Anfang 1985 entfacht, in Großbritannien noch anderthalb Jahre später. Die Reaktionen traten mit verblüffenden Zeitverschiebungen ein, und in manchen europäischen Ländern wurde erst Ende 1986 die AIDS-Problematik einigermaßen ernst genommen.

Anfangs gab es in der Sensationspresse oft eine aufbauschende, von seiten der Behörden eine eher beschwichtigende Reaktion, und der Lärm um dieses Thema ist seither nicht mehr verstummt. Er wird das auch in absehbarer Zukunft schwerlich tun. Die Zahl der einschlägigen Publikationen lag Ende 1986 schon bei ca. 10 000, und sie nimmt weiter rapide zu. Für den neu Hinzukommenden ist dies abschreckend und verwirrend – manchen mag hier Quantitätsschwindel überkommen.

Medizinische Artikel zum AIDS-Thema werden oft von Abkürzungen und neuen Begriffen dominiert, die vielfach zunächst unverständlich sind. Es gibt ausgezeichnete, gründliche Arbeiten, die punktuell Einblicke gestatten und über aktuelle Fortschritte informieren; zusammenfassende Übersichten lassen sich dagegen immer schwerer finden und werden in der Regel auch schnell inaktuell. Der Umstand, daß die Forschung an vielen verschiedenen Institutionen und von Wissenschaftlergruppen betrieben wird, die teilweise miteinander im Streit liegen, hat das Entstehen einer einheitlichen Terminologie erschwert. Bereits heute sieht man sich einer komplizierten Entwicklung gegenüber, die ihre eigene Geschichte hat. Um ihre Facetten, ihre Untertöne, ihre Auswirkungen und Komplikationen zu verstehen, ist man gezwungen, mit der Stunde Null zu beginnen.

Der Anfang des klinisch „sichtbaren Teiles" dieser Epidemie war vermutlich ein junger Mann, der im Mai 1980 ein Krankenhaus in New York (Mount Sinai Medical Center) aufsuchte und eine Reihe merkwürdiger Symptome aufwies – Schmerzen im Körper, Schweißausbrüche, Brennen in Mund, Speiseröhre und Luftröhre, Gleichgewichtsstörungen, fieberglänzende Augen, Müdigkeit und Abgeschlagenheit –, die ihn kaum noch auf den eigenen Beinen stehen ließen. Man sah einen kurzatmigen jungen Mann, mager, an der Grenze zur Kachexie (Auszehrung), der nur noch mühsam, mit schwacher Stimme und mit langen Pausen sprechen konnte, die Haut bedeckt mit violett verfärbten, teilweise blutenden Knötchen. Er war von seinem Arzt monatelang wegen unklaren Fiebers, unerklärlicher Lymphknotenschwellungen, merkwürdiger Hautausschläge, Gewichtsabnahme, Durchfall, Husten und Entkräftung behandelt worden – alles ohne eine eigentliche Diagnose.

Die wollte sich auch im Krankenhaus nicht einstellen. Man fand Bakterien in seiner Lunge, Pilze im Darm, ein Kaposi-Sarkom (**KS**) in seiner Haut. Der Patient durchlitt mehrere Monate intensiver und verzweifelter Behandlung und starb schließlich, ohne daß man eine Diagnose gestellt hätte. Nur wer das Gras wachsen hörte, konnte damals als behandelnder Arzt verstehen, daß er gerade Zeuge von Ereignissen geworden war, die bald unüberschaubare Folgen haben sollten.

Hier und da tauchten weitere Patienten, ähnliche Fälle, auf. Nur mit einem sehr gut entwickelten System zentralisierter epidemiologischer Überwachung konnte man so früh verstehen, daß etwas Merkwürdiges im Gange war. Liest man heute den von den Centers for Disease Control (**CDC**) in Atlanta (der dem deutschen Bundesgesundheitsamt (**BGA**) in Berlin entsprechenden amerikanischen Zentralbehörde) mit berechtigtem Stolz zusammengestellten Neudruck *Reports on AIDS* (CDC 1986-4), sieht man sich rasch gefangen in einer Lektüre, die spannender von niemandem hätte erfunden werden können. Sie deckt die Zeit vom 5. Juni 1981 bis zum 23. Mai 1986 ab, während der das Bild, das wir heute sehen, Gestalt gewonnen hat.

Keine zentrale Behörde ist jedoch besser als ihre Mitarbeiter in der Peripherie. Einige sehr aufmerksame Ärzte haben entscheidend zum frühen Verstehen des epidemischen Charakters dieser Erkrankung beigetragen. An der amerikanischen Westküste war es M. Gottlieb, der schon bei nur vier Fällen der ungewöhnlichen Lungenerkrankung *Pneumocystis carinii*-Pneumonie (**PCP**) reagierte, einer Erkrankung, die zuvor nur bei Patienten im Endstadium schwerer Leiden beobachtet worden war, so bei solchen mit fortgeschrittenem Krebs, bei Transplantatempfängern unter massiver immunsuppressiver Behandlung oder bei Patienten mit angeborenem schwerem Immunmangel. Bei den von Gottlieb registrierten Fällen von PCP (Gottlieb et al. 1981) handelte es sich dagegen um vier junge homosexuelle Männer ohne jeden bisher bekannten Immundefekt, und dieses Zusammentreffen sah nicht nach Zufall aus. Nach eigenen Angaben dämmerte es Gottlieb damals, „daß man hier Zeuge der Medizingeschichte wurde", natürlich noch ohne zu ahnen, welche Dimensionen dieses Phänomen bald annehmen würde. Am 5. Juni 1981 berichteten die CDC in ihrem Wochenbericht (*Morbidity and Mortality Weekly Report*, **MMWR**) von den ersten fünf PCP-Fällen als einer bemerkenswerten Serie, die zu geschärfter Aufmerksamkeit und fortlaufender Meldung ähnlicher Fälle Anlaß geben sollte.

An der Ostküste der USA wurden aufmerksame Ärzte fast gleichzeitig durch eine ähnliche Häufung merkwürdiger Patienten beunruhigt: Der Hautarzt Friedman-Kien stieß – ebenfalls bei jungen homosexuellen Männern – auf vier konsekutive Fälle des ungewöhnlichen Gefäßtumors Kaposi-Sarkom und fand dies so ungewöhnlich, daß er diesen vier Fällen bereits einen „Epidemiecharakter" zusprach.

Um dies zu verstehen, muß man wissen, daß die normale Häufigkeit des Kaposi-Sarkoms bei Menschen unter 60 Jahren und ohne bekannten Immundefekt in den USA bei weniger als einem Fall pro Jahr lag. Aus diesem Grund waren also schon jene vier KS-Fälle bemerkenswert und wurden dem CDC gemeldet. (Seitdem sind in den USA ca. 10 000 derartige Fälle registriert worden.) Im MMWR vom 3. Juli 1981 waren neben diesen ersten KS-Patienten 22 ähnliche Fälle verzeichnet; insgesamt hatte man zu diesem Zeitpunkt 20 derartige Fälle in und um New York und sechs in Kalifornien beobachtet. Man sah sie durchaus im Zusammenhang mit den schon vorher beschriebenen ersten PCP-Fällen in Kalifornien, teils, weil inzwischen zehn weitere hinzugekommen waren, teils, weil es sich bei allen um verhältnismäßig junge homosexuelle Männer handelte, und schließlich, weil manche Patienten sowohl KS als auch PCP aufwiesen.

Der ersten Publikation zu diesem Thema von der Ostküste der USA (Masur et al. 1981) folgten bald ähnliche Berichte, und am 10. Dezember 1981 wird in der medizinischen Literatur erstmals der Begriff „schwere erworbene Immunschwäche" benutzt („severe acquired immunodeficiency", Siegal et al. 1981). Der

Begriff bezog sich auf fünf ebenfalls junge homosexuelle Patienten mit langwierigen geschwürigen Herpes-Herden im Analbereich.

Das also war der Anfang — ein Anfang, der nicht besonders nachdenklich zu stimmen vermochte, es sei denn, man nahm sich die Zeit, die damals beobachteten Zahlen konsequent weiter zu rechnen. Obwohl Siegal et al. richtig beschrieben hatten, was diesen ungewöhnlichen und langdauernden Beschwerden zugrundelag, verging noch viel Zeit, ehe sich ein allgemein akzeptierter Begriff dafür durchsetzte. Die erste Bezeichnung war **GRID** („**g**ay **r**elated **i**mmuno**d**eficiency") und sollte demjenigen bekannt sein, der ältere Literatur zu diesem Thema sucht („gay" bedeutet homosexuell). Dieses Akronym und auch solche Bezeichnungen wie „Schwulen-Pest" weisen darauf hin, wie ausschließlich man anfangs diese Krankheit mit homosexuellen Männern verknüpfte — ein unheilvoller Trugschluß, wie sich allmählich erwies. Auch heute ist dieses Mißverständnis noch nicht überwunden, und es wird denen, die den wahren Charakter dieser Epidemie klarzustellen versuchen, noch für eine ganze Weile im Wege stehen.

Im Laufe der Zeit faßte man jedoch alle beschriebenen Krankheitszustände unter dem Namen „**a**cquired **i**mmuno**d**eficiency **s**yndrome" zusammen, und damit war im Herbst 1982 der Begriff **AIDS** geboren. Später entstandene Prioritätsstreitigkeiten, Verdrehungen und Verwirrungen in der Schilderung dieser frühen Entwicklung machen es besonders angelegen, den historischen Hintergrund genau darzustellen. Die heutigen Lawinen von Publikationen und die immer selektiveren Literaturverzeichnisse machen es zunehmend schwerer, den Weg zurück zu den ersten Quellen zu finden. Dies scheint nicht nur für die USA zu gelten. Hinzu kommt, daß auf diesem Gebiet nicht nur Ruhm und Nobelpreis winken, sondern auch Millionengewinne aus patentierten Tests, Zellkulturen, Impfstoffen oder Arzneimitteln. All dies trägt dazu bei, daß der aus Hast und Verzweiflung, Mitleid und Ambition, Forschungseifer und Gewinnstreben, Verantwortungsgefühl und Wichtigtuerei zusammengesetzte motivationale Hintergrund hier ungewöhnlich komplex geraten ist.

Es kommt darauf an, in dem zeitweise lauten Durcheinander der Stimmen geschickte Selbstdarstellung nicht über stillen und soliden Arbeitseinsatz triumphieren zu lassen — und vielleicht trägt der, der hierüber berichtet, eine noch größere Verantwortung für eine korrekte Schilderung der Ereignisse, als sie normale wissenschaftliche Genauigkeit und Wahrheitsstreben ohnehin fordern. Erbitterte Fehden werden bereits ausgetragen, andere sind vorauszusehen. Deshalb seien im folgenden Zeitpunkte und Quellen, Reihenfolgen und Zusammenhänge besonders betont.

Die Anfänge

Wann hat diese Epidemie nun eigentlich begonnen? Ist sie wirklich neu? Und wenn, woher kommt sie?

Als die Aufmerksamkeit für die neue Krankheit erst einmal geweckt war, fand man immer mehr Fälle von AIDS, auch retrospektiv. Besonders in Florida, wo vielleicht die wirklich ersten amerikanischen AIDS-Fälle in Krankenhäusern aufgetaucht waren, ohne allerdings damals besondere Beachtung gefunden zu haben, und in New York entdeckte man beim Studium der Krankenhausarchive eine ganze Reihe von Fällen, die eindeutig die Definition dieses neuen Syndroms (siehe dazu die Seiten 10 und 11) erfüllten. Obwohl eine planmäßige Registrierung durch die CDC erst ab 1982 stattfand, wurden Fälle zurück bis in das erste Quartal 1978 gefunden. Es war auffällig, daß diese hauptsächlich in jenen Bundesstaaten auftraten, die wie Florida einen intensiven Kontakt mit Haiti und Kuba oder wie New York mit Puerto Rico hatten.

Aus der Bundesrepublik Deutschland (Köln) wurde sogar ein ziemlich eindeutiger Fall aus dem Jahre 1976 beschrieben (Ster-

ry et al. 1983). Noch weiter zurück reichen die Fälle einer 1977 gestorbenen dänischen Ärztin, die in verschiedenen zentralafrikanischen Ländern gearbeitet hatte und in den Jahren 1973 bis 1975 erkrankt war (Bygbjerg 1983), sowie eines französischen Patienten von 1972 (Rozenbaum, pers. Mitt.). Diese Beobachtungen müssen als Zeichen dafür gewertet werden, daß der AIDS-Erreger schon Anfang der siebziger Jahre existierte, allerdings noch ohne die Hauptstraßen seiner Verbreitung erfolgreich betreten zu haben. Von diesen einzelnen, häufig direkt mit Afrika in Kontakt stehenden Fällen abgesehen scheint die Epidemie in den USA ihren Anfang um 1978 herum genommen zu haben, in Europa zwei bis drei Jahre später.

Kurz vor dem Auftauchen der ersten als AIDS erkannten Fälle in New York registrierte man dort eine zwar geringe, aber doch auffällig gehäufte Anzahl junger Drogenabhängiger mit einer meist letal verlaufenden interstitiellen Pneumonie. Im Lichte der heutigen Erkenntnisse, die gerade diese Form der Lungenentzündung immer mehr in den Bereich der mit AIDS assoziierten Krankheiten rücken, kann man jene Fälle durchaus als nicht erkannte Vorläufer der AIDS-Epidemie ansehen. Hiermit würde auch die Beobachtung übereinstimmen, daß die Drogenabhängigen in bestimmten Städten höhere Seroprävalenzziffern aufweisen als die Homosexuellen, wenn man Blutproben untersucht, die in jener Zeit eingefroren worden waren. (Mit dem Begriff „Seroprävalenz" meint man die Häufigkeit positiv ausfallender Serumuntersuchungen auf spezifische Antikörper.) Es ist durchaus möglich, daß damit die Frage, welche Risikogruppe den Reigen eröffnet hat, eine vorsichtigere Antwort verlangt.

Vermutlich hat es in Haiti die ersten AIDS-Fälle schon früher gegeben und noch einige Jahre davor in Teilen von Zentralafrika, im sogenannten „subsaharischen Lymphomgürtel", wo Kaposi-Sarkom und **B**urkitt-Lymphom (**BL**) die vorherrschenden Tumorerkrankungen sind. In diesem Gebiet verbirgt sich irgendwo der Ursprung der ganzen Epidemie im tropischen Dunkel.

Es gibt Grund zu der Annahme, daß die Krankheit, die man sehr bald als ansteckend erkannte, von Zaire aus mit rückwandernden haitianischen Gastarbeitern übertragen wurde und daß sie sich von dort wie auch direkt aus Afrika still und unbemerkt weiter verbreitet hat; nach Europa kam sie sowohl über die USA als auch auf einzelnen Abkürzungspfaden. Abgesehen von diesen wohl dominierenden Routen können auch weniger deutliche Verbreitungswege existiert haben, so z. B. der direkte Import von Blut aus Afrika in die USA oder die Einwanderung von Afrika nach Europa oder Kanada.

Trotz des Mangels an exakten Zahlen ist jedenfalls sicher, daß in den sechziger und siebziger Jahren Tausende von Haitianern als Gastarbeiter nach Zaire kamen. Nach Aussagen noch heute dort lebender Landsleute haben die meisten später Afrika wieder verlassen, um entweder nach Hause zurückzukehren oder in die USA, nach Kanada oder Europa auszuwandern. Obwohl diese Theorie über die Ausbreitung der Seuche im großen und ganzen mit allen verfügbaren epidemiologischen Daten übereinstimmt, kann sie nicht als völlig gesichert gelten. Die Wahrscheinlichkeit aber, daß es so war, verdichtet sich allmählich mit den neu eintreffenden Funden aus Afrika und der Karibik. Innerhalb Afrikas scheint der Ausbreitungsweg vom äquatornahen Zentrum aus nach Norden und Süden zu führen. Dafür sprechen jedenfalls die heute bekannten Seroprävalenzdaten, soweit sie zuverlässig sind.

Die Vorstellung, amerikanische homosexuelle Touristen hätten die Krankheit nach Haiti gebracht (Barry et al. 1984), paßt sehr schlecht zu allem, was wir heute wissen. So hat man bei direkt nach Französisch-Guyana ausgewanderten Haitianern eine verblüffend hohe Prävalenz von Antikörpern gegen das AIDS-Virus gefunden (Gazzolo et al. 1984), und alles spricht dafür, daß jene Haitianer, die in den USA die Diagnose AIDS erhielten, zumindest in den ersten Jahren in Haiti kaum diagnostiziert worden wären.

Es erweist sich als sehr schwierig, den Beginn der Epidemie in Afrika exakt zu datieren; nicht einmal für das Land Zaire oder dessen Hauptstadt Kinshasa sind zuverlässige Aussagen möglich. Es scheint jedoch, als ließen sich Lymphknotenschwellungen und andere prodromale AIDS-Symptome, darunter auch invasiv wachsende Kaposi-Sarkome bei jüngeren Patienten, mindestens bis 1975 zurückdatieren. Noch weiter zurück reichen einige recht typische Fälle aus der Universitätsklinik von Kinshasa (Kornaszewski, pers. Mitt.), und in der Nähe des Viktoria-Sees in Ostafrika hat man in Seren von Kindern mit Burkitt-Lymphom verdächtige Antikörper gegen das AIDS-Virus bis zurück ins Jahr 1965 gefunden. Inzwischen sind auch in Obervolta (heute Burkina Faso) einige Fälle von Seropositivität in 1963 eingefrorenen Seren von Kindern entdeckt worden; allerdings muß man in dieser Gegend vermuten, daß man es hier eher mit der kürzlich gefundenen Virusvariante HIV-2/LAV-2 oder dem sogenannten HTLV-IV zu tun haben könnte (Clavel et al. 1986; zur Nomenklatur der Viren siehe Kapitel 10).

Der früheste bestätigte Fund einer seropositiven Blutprobe wird auf 1959 zurückdatiert (Kinshasa; Nahmias et al. 1986). Dies hat eine gewisse Bedeutung für die Glaubwürdigkeit einzelner sehr früher europäischer AIDS-Fälle. Aus Gründen der Testspezifität sind jedoch alle Untersuchungsergebnisse von jahrzehntealten Seren mit äußerster Vorsicht zu interpretieren. Allerdings haben sich die Methoden in den letzten Jahren so sehr verbessert, daß man sich heute wohl auf Funde, die mit dem sogenannten „Western Blot" bestätigt worden sind, stützen kann.

In Südafrika sind nach Aussagen des von 1959 bis 1974 dort sowohl im Blutspendedienst als auch in der Mikrobiologie tätigen Virologen und späteren Leiters des Paul-Ehrlich-Instituts in Frankfurt, H. D. Brede (AIDS-Kongreß Istanbul, 19.–25. November 1986), AIDS-artige Fälle schon in den frühen sechziger Jahren beobachtet worden. Es handelte sich ausschließlich um Wanderarbeiter aus Zentralafrika, deren Krankheitsbilder (aggressives KS und opportunistische Infektionen, häufig Pneumonie oder Meningitis) schnell zum Tode führten und damals als „mystisch" angesehen wurden. Das älteste im nachhinein HIV-positiv gefundene eingefrorene Serum stammt angeblich von 1963.

Was dokumentierte klinische AIDS-Fälle anlangt, so decken zahlreiche Publikationen zumindest die Zeit zurück bis 1972 ab (Saxinger et al. 1985), und man hat gesehen, daß die AIDS-assoziierten Erkrankungen in Afrika um 1977 herum markant zunahmen. So ist die Anzahl von *Cryptococcus*-Meningitiden (Hirnhautentzündungen) innerhalb weniger Jahre auf das 40fache angestiegen; diese Krankheit wird heute in Afrika fast als pathognomonisch (kennzeichnend) für AIDS angesehen. Darüber hinaus hat man in Sambia unvermittelt auftauchende Fälle eines aggressiv wachsenden und ungewöhnlich bösartigen Kaposi-Sarkoms beschrieben. Diese neu erschienene Form des KS wird dort seit mindestens 1983 beobachtet und hat zahlreiche immunologische Züge mit jenem Kaposi-Sarkom gemeinsam, das wir in den USA und in Europa als Teil der AIDS-Epidemie ansehen (Bayley 1984, Downing et al. 1984). *Candida*-Infektionen in der Speiseröhre, eine für AIDS typische Pilzerkrankung, die in anderer Form z. B. bei Kleinkindern als eher harmlose Komplikation unter dem Namen „Soor" bekannt ist, sind im gleichen Zeitraum markant häufiger geworden; besonders deutlich hat man dies seit Mitte 1983 in Kigali (Rwanda) beobachtet, wo man seit 1979 ca. 300 Ösophagoskopien (Speiseröhrenspiegelungen) jährlich durchführt (Van de Perre et al. 1984). Ähnliche Beobachtungen gelten für die immer häufiger werdenden Herpes-Erkrankungen junger Afrikaner, bei denen man in der Regel gleichzeitig Lymphdrüsenschwellungen feststellt und deren deutliche Zunahme dem Auftauchen von AIDS voranzugehen scheint.

Die im Moment am meisten betroffenen afrikanischen Länder sind Zaire, Kongo, Rwanda, Burundi, die Zentralafrikanische Republik, Uganda, westliche Teile von Kenia und Tansania sowie nördliche Teile von Sambia und Malawi. Es ist erwähnenswert, daß ungefähr die gleiche Region eine hohe Prävalenz von intestinalen Parasiten und anderen Pathogenen aufweist (*Entamoeba, Giardia, Cryptosporidium, Ascaris, Trichuris, Salmonella, Shigella, Plasmodium, Schistosoma (Bilharzia), Trypanosoma* und *Onchocerca*), die tropische Durchfallserkrankungen, Malaria, Schlafkrankheit, Blasenkrebs, Blindheit und ähnliches verursachen. Hier gibt es viel Spielraum für komplexe Theorien, wenn man nach Cofaktoren sucht.

Das altbekannte endemische Kaposi-Sarkom in Afrika hat nun – um die Lage weiter zu komplizieren – bewiesenermaßen nichts mit dem AIDS-Virus zu tun (Biggar et al. 1984, Bayley et al. 1985), auch nicht das „klassische" KS, wie es in bestimmten Mittelmeerländern vorkommt (Papaevangelou et al. 1984). Diese wohlbekannte Spielart verhält sich klinisch recht gutartig; die Patienten überleben oft 20 bis 30 Jahre. Die Tumoren metastasieren fast nie, sind meist auf die Hautregionen von Händen und Füßen, eventuell auch die Kopfhaut, beschränkt, und nur sehr selten findet man eine Lymphknotenbeteiligung. Die Beziehung dieses klassischen KS zur AIDS-Epidemie muß als ungeklärt angesehen werden. Es weist auch nicht jene Überrepräsentation männlicher Patienten auf wie die eher invasiv wachsende bösartige Kaposi-Variante des AIDS. Es sieht heute so aus, als seien verschiedene KS-Varianten nur ähnliche Antworten, die der Körper auf verschiedene Stimuli gibt.

Vereinzelte Fallbeschreibungen von Zuständen bei afrikanischen Patienten, die man im heutigen Lichte als AIDS deuten muß, gehen auch in Europa erstaunlich weit zurück. So behandelte man 1977 in Brüssel eine afrikanische Patientin, die in den vorangegangenen Jahren schon zwei Kinder verloren hatte, während ihr drittes Kind ausgeprägte Zeichen eines Immundefektes ohne nennenswerte klinische Symptome zeigte (Vandepitte et al. 1983). Diese Patientin starb 1978 an AIDS.

Aus St. Louis wird berichtet (Witte et al. 1984), daß schon sehr viel früher (Elvin-Lewis et al. 1973) ein junger schwarzer Patient mit KS, chronischer Lymphadenopathie, fulminanter disseminierter *Chlamydia*-Infektion und multiplen gleichzeitigen Infektionen mit Herpes-simplex-Virus, Zytomegalie-Virus und eventuell auch Epstein-Barr-Virus beobachtet worden sei; die Symptome, zu denen auch noch typische Veränderungen der Thymusdrüse und andere hinzukamen, führen dazu, daß man diesen Patienten heute als einen klassischen Fall von AIDS im Jahre 1968 einordnen muß.

Über einen noch eigenartigeren, schon aus dem Jahre 1960 stammenden Fall wird aus England berichtet (Williams et al. 1983). Es geht dabei um einen Mann, der zwischen 1955 und 1957 als Seemann um die Welt gereist war und im Jahre 1959 an einem Immunmangelsyndrom erkrankte, das alle heutigen Bedingungen der AIDS-Definition erfüllt. Einen ähnlichen Fall gibt es auch in den USA (Hennigar et al. 1961), wo ein schwarzer Haitianer 1959 an einer PCP starb. Mit etwas Spürsinn entdeckt man mehrere solcher vereinzelten Vorläufer, bei denen in der Regel ein Kontakt mit primären tropischen Risikogebieten bestanden haben dürfte.

Heute erscheint folgendes Bild des Ursprungs der AIDS-Epidemie möglich: Ausgehend von einem nicht pathogenen Vorgängervirus (etwa einem Verwandten des SIV/STLV-III der Makaken, der Halsband-Mangaben oder „sooty mangabeys", der sogenannten „green monkeys" oder Grünen Meerkatzen) gelangte das Virus – eventuell gar mehrfach und an verschiedensten Orten durch Anwendung von Affenblut als potenzsteigerndes Mittel (Noireau 1987, Kashamura 1973) – in den fünfziger Jahren oder noch etwas früher in eine begrenzte Population einer dünn besiedelten Region Zentralafrikas. Dort (möglicherweise im südlichen Uganda westlich des Viktoria-Sees) kann es lange unentdeckt „verharrt" haben, u. a. wegen der geringen Mobilität und der normalerweise kurzen Lebenserwartung der dortigen Bevölkerung mit ihrer hohen Prävalenz zahlreicher überdeckender Infektionskrankheiten. (Auch unzureichende medizinische Ausrüstung verzögert korrekte Diagnosen.)

Das Virus kann dann allmählich mit Bewohnern dieser Gegend in nahegelegene Städte und schließlich in die großen Küstenstädte gelangt sein (Prostitution?). Von dort aus scheint es mit Touristen, Entwicklungshelfern, Seeleuten, Emigranten und Blutprodukten die hochpromisken Millionenstädte der westlichen Hemisphäre erreicht zu haben. Dies muß für das AIDS-Virus aus arteigenem egoistischem Gesichtswinkel das große Los gewesen sein, aus darwinistischem Gesichtswinkel der Lohn für eine generationenlange Anpassung an unser Immunsystem und aus radikal-pietistischem Gesichtswinkel des Herrn genialer Einfall gegen ein modernes Sodom und Gomorrha.

Eine Epidemie?

Bei den Eingeweihten weckte die Krankheit AIDS sehr rasch ein ungewöhnlich großes Interesse, besonders wegen der Mystik um ihren Ursprung, wegen ihrer hohen Mortalität (die bei längerer Beobachtungszeit 100% zu erreichen scheint) und wegen einer alarmierenden exponentiell anmutenden Entwicklung der Fallzahlen (Abb. 1.1 und 1.2).

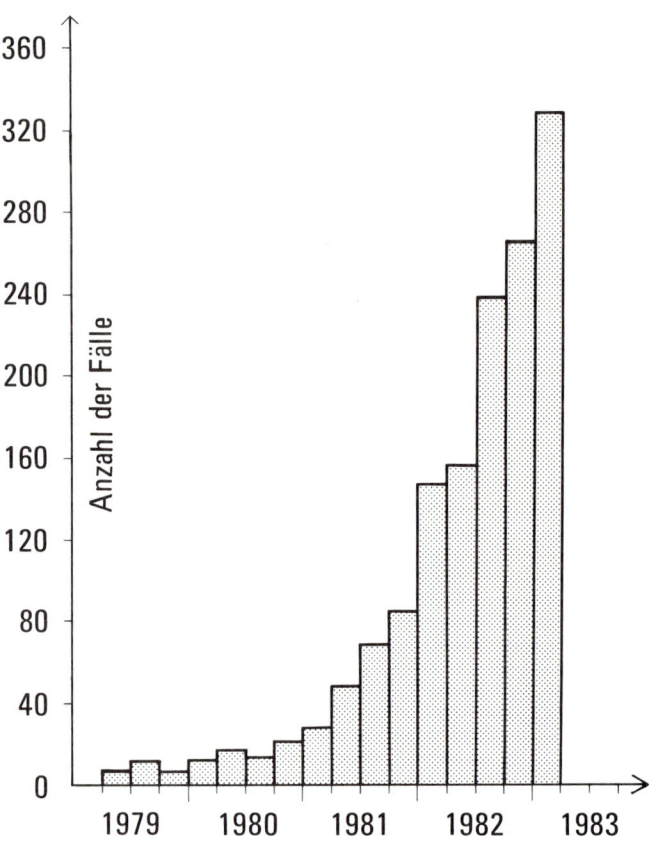

1.1 Zahl der AIDS-Fälle in den USA pro Quartal, nicht kumuliert. Man bedenke, daß die Quartalsziffer schon für das erste Quartal 1984 auf ca. 900 Fälle anstieg und daß Mitte 1987 schon Wochenziffern von 1325 gemeldet wurden (aus: RM Krause 1984).

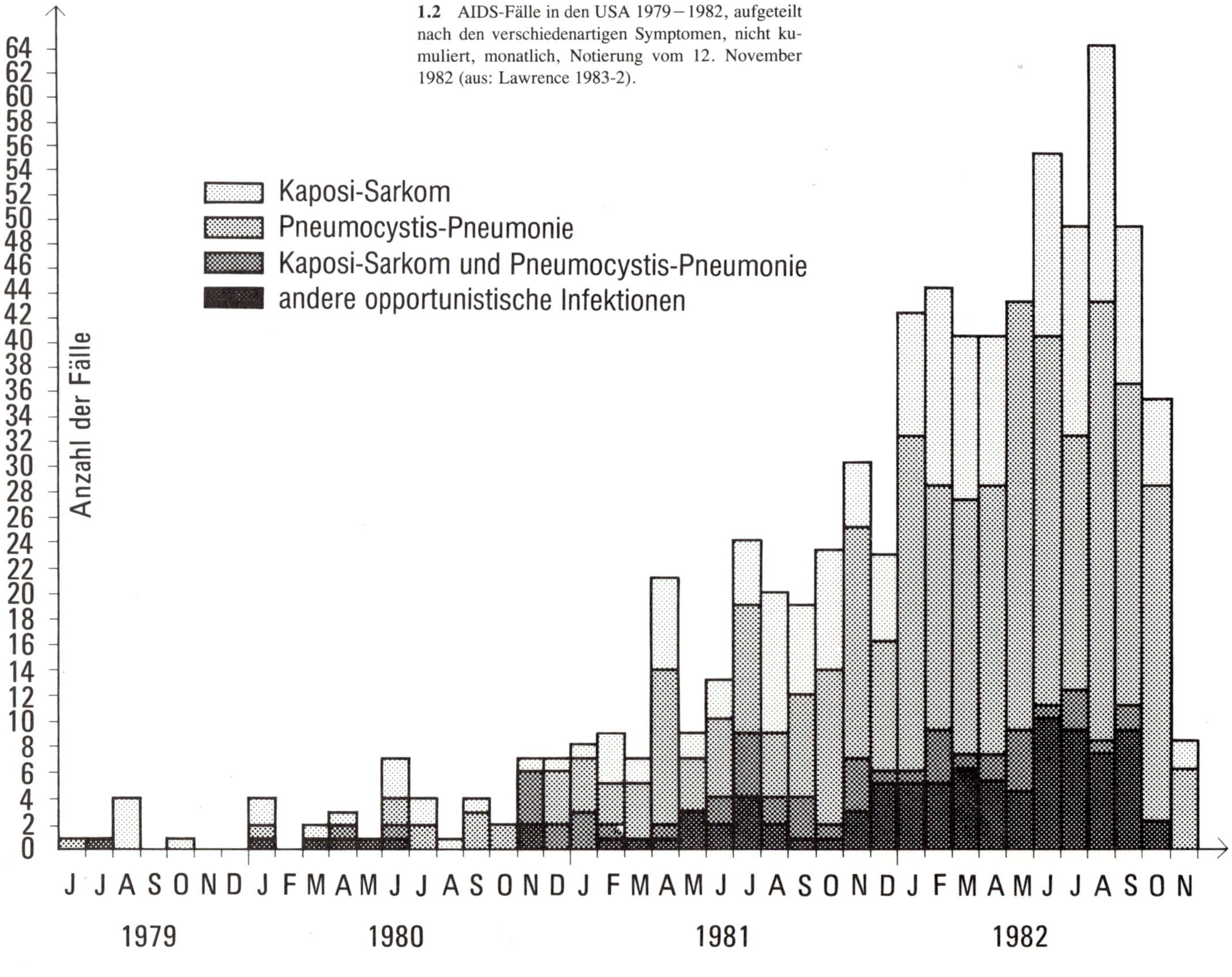

1.2 AIDS-Fälle in den USA 1979–1982, aufgeteilt nach den verschiedenartigen Symptomen, nicht kumuliert, monatlich, Notierung vom 12. November 1982 (aus: Lawrence 1983-2).

Kaposi-Sarkom
Pneumocystis-Pneumonie
Kaposi-Sarkom und Pneumocystis-Pneumonie
andere opportunistische Infektionen

Während man in den USA anfangs ungefähr einen Fall pro Woche registrierte, war diese Ziffer schon 1982 auf zehn Fälle pro Woche gestiegen. 1985 entdeckte man ca. 200 neue Patienten wöchentlich, und diese Zahl ist seither unaufhaltsam angewachsen. Die Krankheit hat sich außerdem inzwischen über fast alle Länder der Welt ausgebreitet.

Beunruhigend war von Anfang an auch die offensichtlich sehr lange Inkubationszeit: Nach anfänglichen Schätzungen von sechs Monaten bis zwei Jahren stieß man schon im Jahre 1983 auf Transfusionsfälle mit bis zu 57monatiger Inkubationszeit (Curran, Lawrence et al. 1984), und heute kennt man in Europa schon Fälle mit 13 und 14 Jahren, die nach Bluttransfusionen datierbar waren. Die bisher längste beobachtete Inkubationszeit liegt in der Größenordnung von 16—19 Jahren. Auch pädiatrische Fälle weisen ähnliche Zeiten auf. So entwickelte ein Kind, das als Neugeborenes 75 Milliliter einer offenbar HIV-infizierten Erythrozytentransfusion erhalten hatte, seine ersten Symptome erst nach 66 Monaten, AIDS nach 69 Monaten (Maloney et al. 1985); der Blutspender war in diesem Fall nach über 72 Monaten noch nicht über das Lymphadenopathiestadium hinaus gelangt. In den Niederlanden gibt es Kinder, die nach postnatalen Transfusionen schon fünf Jahre lang nur „geringgradige klinische Symptome aufweisen" (Van den Berg et al. 1986); ein infiziert geborenes Kind in Boston entwickelte erst mit 8 Jahren ARC (Chambers et al., Wash.-Konf. MP. 242). Im Lichte von Langzeitbeobachtungen in New York, San Francisco, Atlanta, Berlin, Frankfurt, London und anderen Städten erscheinen auch noch sehr viel längere Inkubationszeiten immer wahrscheinlicher.

Eine absolute obere Grenze der Inkubationszeit kann selbstverständlich noch nicht gesetzt werden. Die Vermutungen über ihre Länge haben seit 1981 ständig nach oben korrigiert werden müssen, und die beobachtete Inkubationszeit hat im großen und ganzen immer den maximalen Wert gehabt, den die Gesamtlänge unserer Beobachtungszeit überhaupt möglich machte. Es ist, als stünden wir an der Ziellinie eines Marathonlaufes und errechneten die durchschnittliche Laufzeit nach den Werten der drei zuerst am Ziel eintreffenden Läufer. Natürlich können wir die durchschnittliche Laufzeit aller Läufer nicht eher bestimmen, als bis auch der letzte das Ziel erreicht hat. Bezogen auf die AIDS-Entwicklung ist unsere Situation jedoch noch viel schwieriger: Während wir am Ziel stehen, sind auf derselben Strecke Tausende neuer Läufer ohne Startnummer gestartet, und wir wissen von den Eintreffenden nicht, wann sie losgelaufen sind (ausgenommen die Transfusionsfälle, die ja auch mit die längsten bisher nachweisbaren Inkubationszeiten erkennen ließen).

An dieser Stelle mag es berechtigt sein, sich etwas bei der nicht unwichtigen Frage aufzuhalten, ob man im Zusammenhang mit AIDS von einer „Inkubations"- oder einer „Latenz"-Zeit sprechen sollte. In einer „Inkubationsperiode" laufen alle jene Veränderungen ab, die sowohl notwendig als auch hinreichend sind, um die Erkrankung später in ihr symptomatisches Stadium eintreten zu lassen. Die klinische Erkennbarkeit wird hier also durch eine mehr oder weniger schnelle, unverzichtbare Folge von vorbereitenden Veränderungen ermöglicht, Im Gegensatz dazu ruht während einer „Latenzperiode" der Krankheitsprozeß völlig. Die Krankheit **kann** durch andere Faktoren, vielleicht auch durch unmerkliche Veränderungen, plötzlich „aus der Latenz" gehoben und damit manifest werden. Sie geht in diesem Augenblick aus einem inaktiven in ein aktives Stadium über, in dem eine Reihe von Veränderungen einsetzt, die den oben beschriebenen entsprechen. Die Latenzzeit kann kurz oder lang sein, sie kann aber unter gewissen Umständen auch übersprungen werden — sie ist also keine Notwendigkeit für die pathologischen Prozesse, welche eine Krankheit ausmachen.

Immer mehr immunologische Untersuchungen sprechen dafür, daß man es bei AIDS mit langsamen, aber kontinuierlichen Veränderungen zu tun hat, und so soll im weiteren dem Begriff „Inkubationszeit" der Vorrang vor dem eher irreführenden Wort „Latenzzeit" gegeben werden. Die beiden Begriffe werden allerdings in einigen Publikationen synonym benutzt und manchmal als die Zeit bis zum Auftreten der ersten Symptome, manchmal als die Zeit bis zum Erfüllen der CDC-Definition des AIDS definiert. (Es gibt darüber hinaus auch noch die aus der Parasitologie bekannte Bezeichnung „Präpatenz", die aber hier nicht zur Debatte steht.)

In der symptomfreien Periode geht es den Patienten subjektiv gut, doch in ihrem immunologischen System kommt es sukzessiv zu einer Reihe unbemerkt ablaufender Veränderungen. Daran schließt sich eine — ebenfalls mehrjährige — Phase von variierenden und etwas uncharakteristischen allgemeinen Symptomen an, die sich schwer von der Vielzahl alltäglicher Beschwerden wie Müdigkeit, Gewichtsabnahme, Fieber, Durchfall, Husten, Erschöpfung und ähnlichem unterscheiden lassen. Mit dem Blick auf das klinische AIDS-Bild sehen wir also lediglich die Spitze eines Eisberges.

Was die Ausbreitung der Krankheit anlangt, herrscht heute Einigkeit darüber, daß wir es mit einer bisher unkontrollierten Epidemie zu tun haben, deren Mortalität, auch in historischer Dimension, einzigartig ist. Schon ab Herbst 1984 war der Begriff „Pandemie" eigentlich angemessen, denn am 15. Oktober 1984 waren unter den 221 in Frankreich festgestellten AIDS-Fällen bereits folgende Nationalitäten vertreten: Haiti (19 Fälle), Zaire (14), Kongo (9), Kamerun (2), Gabun (2), Mali (2), Algerien (1), Kapverdische Inseln (1), Tschad (1), Madagaskar (1); darüber hinaus gab es Patienten aus den USA, Großbritannien, Italien, Spanien, Portugal, Peru, Rumänien und Pakistan (WHO-Rapport 1984-2). Im übrigen Europa hatte man gleichzeitig auch aus Togo, Uganda, Sambia, Ghana, Argentinien, Kanada, Albanien, Jugoslawien und Nicaragua Fälle registriert, und dieses Spektrum hat sich seither ständig erweitert.

Es fehlte nicht an Stimmen, die den Ernst der Lage — wenn auch vorsichtig — schon früh erwähnten. So schrieben Groopman und Volberding in einem Beitrag für die Zeitschrift *Nature* (*The AIDS epidemic: continental drift*) im Januar 1984: „AIDS ist nun die nach Blutungskomplikationen häufigste Todesursache amerikanischer Bluter geworden", und — mit einem Hinweis darauf, daß man in den USA schon mit der zehnfachen Zahl an klinischen Vorstadien des AIDS zu rechnen habe — weiter: „Wenn diese Zahlen sich als richtig erweisen, stehen die USA vor einer Epidemie ernsten Ausmaßes, und Maßnahmen zu ihrer Begrenzung sollten sofort getroffen werden." Im gleichen Jahr wies Seale (1984-1) darauf hin, daß schon zu jenem Zeitpunkt eine Pandemie unvermeidlich geworden sei und daß zahlreiche der schon infizierten Patienten nicht vor Ablauf von acht Jahren sterben würden.

Es gibt allen Grund, sich dankbar und mit Respekt jener früh warnenden Stimmen zu erinnern, auch wenn ihnen damals nicht die gebührende Aufmerksamkeit zuteil wurde. Das Verdienst, den Charakter des Geschehens schnell begriffen zu haben, kommt ohne Zweifel dem Robert-Koch-Institut des Bundesgesundheitsamtes in Berlin zu. Schon am 6. Juni 1982 stand die erste aktuelle Übersicht (Kunze 1982) im Bundesgesundheitsblatt, und in jener Zeit fielen die vorausschauenden Worte, daß AIDS „vielleicht die Lustseuche des 20. Jahrhunderts" werde, „nur nicht so harmlos".

Zu jenem Zeitpunkt gab es nicht mehr als die oben erwähnten CDC-Rapporte und eine sehr begrenzte Anzahl von Publikationen (Gottlieb et al. 1981, Masur et al. 1981, Siegal et al. 1981, Durack 1981, um nur die ersten zu nennen). Trotzdem war schon damals zu erkennen, daß sich etwas Ungeheuerliches anbahnte. Wer Prognosen auf der Basis der bis dahin erhältlichen Zahlen wagte, schreckte leicht vor den eigenen Resultaten zurück. Die ersten Prognosen ergaben absurd erscheinende Erwartungen von ca. 10000 AIDS-Patienten für 1985 allein in den USA. Tatsächlich endete das Jahr 1985 für die USA mit ca. 16000 Fällen — das Unmögliche war Wirklichkeit geworden.

Die Ärzte des Robert-Koch-Instituts in Berlin (Prof. Meinrad A. Koch, Prof. Johanna L'age-Stehr, Dr. Rudolf Kunze), die zu jenem frühen Zeitpunkt den persönlichen Mut aufbrachten, dies nicht nur zu durchdenken, sondern die Schlußfolgerungen auch auszusprechen, wurden in einer Weise mißverstanden und angegriffen, wie sie für den nicht durch historische Ereignisse Vorgewarnten unbegreiflich sein muß. Zwar haben sie vermutlich mit ihrer raschen Reaktion, die ihnen viel Unruhe und Unbehagen bescherte, mehr Leben gerettet, als es einem durchschnittlichen Arzt im Laufe seines gesamten Berufslebens gegönnt zu sein pflegt − aber gerade von jenen Gruppen, die am dankbarsten sein sollten, schlug ihnen eine Welle von Empörung und sachfremder Aggressivität entgegen.

Noch etwas anderes stellte sich ein, zu dem es in der Seuchengeschichte ungezählte Parallelen gibt: die unversöhnlichen Angriffe von Kollegen, die am Anfang nicht begriffen, was geschah, sich später dessen schämten und schließlich darunter litten, anderen hinterherzuhinken. In psychologisch recht durchschaubarer Weise verwandeln sich die genannten Formen der Betroffenheit fast regelmäßig in gesteigertes Prestigedenken und Aversionen. Weil sich dies − *mutatis mutandis* − in vielen Ländern auf ähnliche Weise abspielt, werden wir im Kapitel 17 im Abschnitt über die Seuchengeschichte noch einmal näher darauf eingehen.

Leider hat die Entwicklung den frühen Warnern recht gegeben. Seit AIDS 1981 erstmals registriert worden war und man mit etwas Mühe einzelne Fälle in der Vergangenheit ausgegraben hatte, folgte die Entwicklung der epidemiologischen Daten im großen und ganzen einer eindeutigen exponentiellen Kurve − wobei sich die Zahl der AIDS-Fälle zunächst ungefähr pro Halbjahr verdoppelte. (Die kurzen Verdopplungszeiten am Anfang der Epidemie von vier oder fünf Monaten bleiben − aus Gründen, die im Epidemiologie-Kapitel besprochen werden − nicht konstant.) Abbildung 1.3 zeigt die Entwicklung der AIDS-Fallzahlen in den USA und der Bundesrepublik Deutschland bis einschließlich 1983.

Es ist hierbei wichtig, mit dem Charakter exponentieller Kurven vertraut zu sein. Diese sind nämlich betrügerische „Langsamstarter", die anfangs sogar den Erwartungen einer proportionalen Entwicklung etwas nachhinken können. Sehr schnell holen sie jedoch die proportionalen Kurven ein, kreuzen sie und schießen sehr bald in überraschender Weise in die Höhe. Die Diskrepanz zu unseren Erwartungen wird dadurch verstärkt, daß unsere Zahlenvorstellungen sogar für proportionale Entwicklungen bei sehr hohen Werten in Richtung auf eine logarithmische Vorstellung hin abzuweichen beginnen. (Das bedeutet, daß wir uns zwar 500 Menschen noch gut vorstellen können, bei 500000 Menschen jedoch eher eine Vorstellung haben, wie sie 100000 entspräche, und bei 5000000 Menschen die letztgenannte Menge nur noch etwa verfünffachen.) Dies führt zu einer immer größeren Abweichung der vorgestellten von den wirklichen Werten. Die Abbildung 1.4 zeigt die drei hier angesprochenen Kurvenformen.

Streng genommen entspricht die in dem Diagramm als „exponentiell" bezeichnete Kurve eher einer Potenzfunktion („Power"-Kurve), wie sie sich viele vorzustellen pflegen, wenn sie etwas von exponentiellen Verläufen hören. Die bekannteste dieser Kurven ist die Parabel ($y = x^2$), und an sie wird auch in der Regel gedacht. Doch Kurven vom Typ $y = x^n$ sind noch gar nicht „exponentiell", und wir müssen hier etwas ausholen, um die spezifischen und tückischen Eigenschaften exponentieller Kurven richtig zu verstehen.

Schon die normale Parabel hat eine sehr starke Steigung, die im Zeitverlauf zunimmt; sie tut dies jedoch mit einer konstanten Akzeleration, an die man sich „gewöhnen" kann. (Sie weist also für jeden Zeitabschnitt die gleiche relative Geschwindigkeitszunahme auf.) Auch für Potenzfunktionen höheren Grades (x^3, x^4 etc.) gilt, daß die Steigung von der ersten Ableitung angege-

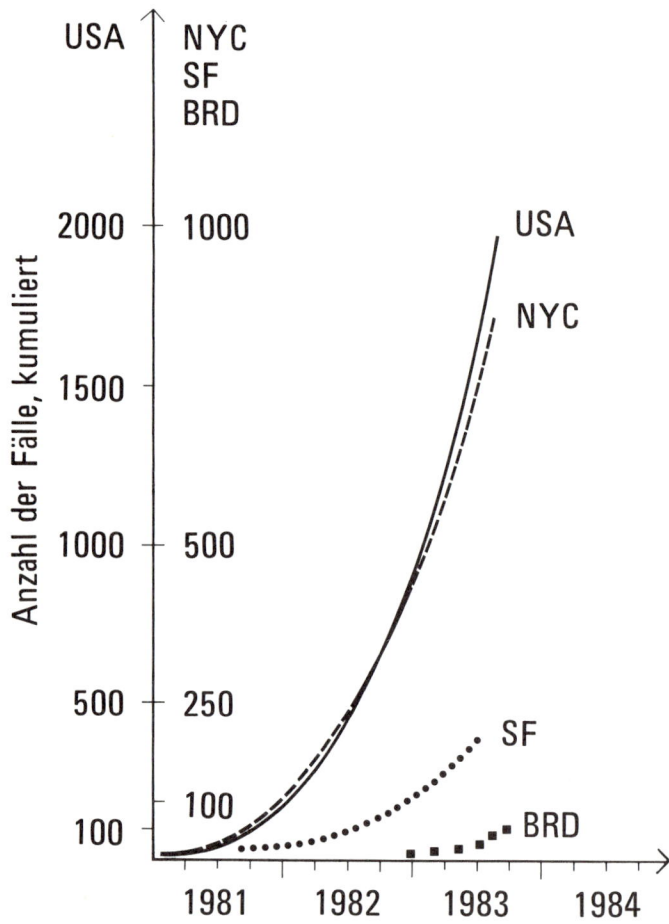

1.3 Diagramm über die Anzahl der AIDS-Fälle (kumulativ) in den USA insgesamt sowie in New York (NYC), San Francisco (SF) und der Bundesrepublik Deutschland; die letztgenannte Kurve erscheint auf den ersten Blick noch wenig beunruhigend (aus: L'age-Stehr, Kunze, Koch 1983).

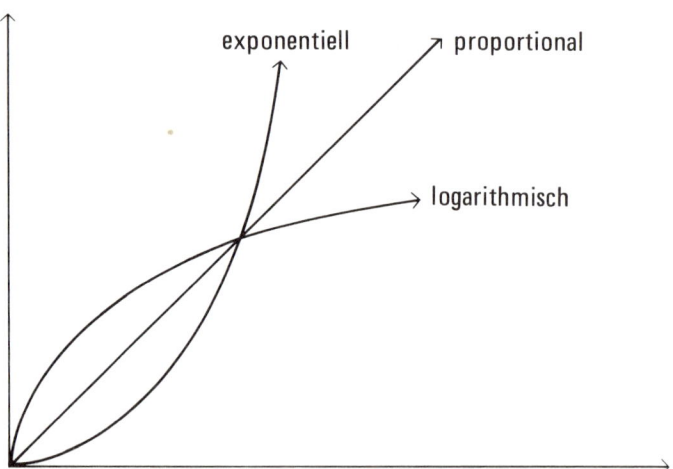

1.4 Vergleich zwischen exponentiellem, proportionalem und logarithmischem Kurvenverlauf.

ben wird, für die Kurve x^n also von $n \times x^{n-1}$, die Akzeleration der Steigung hingegen von der zweiten Ableitung ($n \times (n-1) \times x^{n-2}$). Exponentialfunktionen a^x haben für $a > 1$ die Steigung $a^x \times \ln a$, und man kann mathematisch zeigen, daß eine Exponentialfunktion zum Schluß schneller steigt als alle Potenzfunktionen irgendeines vorgegebenen Grades − letztlich mit unfaßbarer Geschwindigkeit, da ihre Akzeleration ($a^x \times (\ln a)^2$) immer durch die eigene Funktion wiedergegeben wird. Dies wiederum beinhaltet, daß die Akzeleration der Steigung, obwohl sie ständig zunimmt, zu irgendeinem Zeitpunkt natürlich gerade den Wert 2 hat, wie er einer Parabel entspräche. Doch unmittelbar anschließend steigt sie auf 2,1, dann auf 2,5, auf 3, 5, 9, 15 usw. Deshalb läßt die Exponentialkurve auch eine Parabel rasch hinter sich, wie das Diagramm 1.5 illustriert.

Daß wir die Steigung unterschätzen, hat für die epidemiologische Betrachtung keine größere Bedeutung, da der Unterschied zwischen einer Exponential- und einer Potenzfunktion zunächst so groß nicht ist. Einen viel entscheidenderen Fehler begehen wir hingegen bei der Extrapolation „rückwärts" — also wenn wir zu erraten versuchen, was früher gewesen ist: Wir sehen in Abbildung 1.5 deutlich, daß die Parabel sehr rasch mit der bekannten Akzeleration (hier also 2) gegen Null geht, während die Akzeleration der exponentiellen Kurve sukzessiv abnimmt, erst auf 1,9, dann auf 1,7, 1,5, 1,1, 0,9, 0,85 usw. Dies bedeutet, daß der Anfang der ganzen Kurve (und damit also auch der AIDS-Epidemie) vermutlich viel weiter in die Vergangenheit zurückreicht, als man auf den ersten Blick vermuten würde. (Daß die Kurven der Abbildung 1.3 eher wie Potenzkurven aussehen, beruht darauf, daß man die einzelnen Fälle, mit denen die Epidemie begann, mit großer Regelmäßigkeit verpaßt hat. Das gibt der Epidemie einen scheinbar abrupten Anfang.)

Dies stimmt mit dem oben erwähnten nachträglichen Aufdekken früher übersehener AIDS-Fälle überein, wonach der Anfang der Epidemie in Afrika vielleicht schon in den späten fünfziger Jahren liegen könnte, und leider haben unsere Überlegungen auch Konsequenzen für die Berechnung von Infektionszeitpunkten, die ja eine gewisse Zeitspanne vor der sogenannten Serokonversion liegen (also vor dem Zeitpunkt, zu dem ein Patient ein meßbares Niveau von Antikörpern gegen das Virus entwickelt hat). Man muß davon ausgehen, daß auch die Virusvermehrung anfangs einer exponentiellen Kurve folgt, weswegen die Entwicklung von Antikörpern dies in gewissen Fällen gleichfalls tun kann. Die Zeitspanne bis zur Serokonversion würde noch stärker verlängert, wenn die immunologische Antwort wegen der mangelnden Immunogenität des Virus verspätet erfolgt. (Mit Immunogenität bezeichnet man die Fähigkeit, die Produktion von Antikörpern auszulösen.) Wir kommen hierauf im Zusammenhang mit der verzögerten Antikörperbildung bei anderen Retroviren und bei manchen HIV-Infizierten zurück.

Nach dem, was wir über exponentielle Kurvenverläufe wissen, ist die kommende Entwicklung sehr geeignet, uns zu überrumpeln. Man muß sich vor Augen halten, daß in der Abbildung 1.3 die Mitte 1987 gültige Ziffer für die USA (ca. 40 000 konstatierte AIDS-Fälle) einen Punkt repräsentieren würde, der etwa 1,80 Meter oberhalb der letzten USA-Notierung (2000 Fälle für 1983) liegt. Will man kontrollieren, ob diese Kurve tatsächlich so exponentiell ist, wie sie wirkt, braucht man sie nur in eine semilogarithmische Skala zu überführen (Abb. 1.6).

Diese Art der Darstellung war für den Beginn der Epidemie zwar korrekt, aber sie kam wohl ein wenig zu früh. Sie weckte viel böses Blut, obwohl sich die hier angedeutete Tendenz im großen und ganzen bewahrheitet hat. Bei verfeinerter Analyse (wie im Kapitel „Epidemiologie" gezeigt) werden die Kurven allerdings von sogenannten „Transienten" deformiert, welche die Zuwachsgeschwindigkeit der AIDS-Fälle bremsen. Darüber hinaus können Vorbeugungsmaßnahmen, Verhaltensänderungen und der allmählich eintretende Mangel an noch uninfizierten Mitgliedern einer Risikogruppe, also ein gewisser Sättigungseffekt, den Akzelerationstakt weiter mindern. Das Wesentliche ist, sich vor Augen zu halten, daß die Entwicklung anfangs ungefähr exponentiell verläuft und die Ereignisse der kommenden Jahre durch die Zahl der heute noch latenten Fälle bereits vorausbestimmt sind.

Natürlich kann man derartige Prognosen nicht ad absurdum in die Zukunft weiterrechnen, als würde nichts passieren. Schon 1985/86 hat man in den USA einen klar verringerten Akzelera-

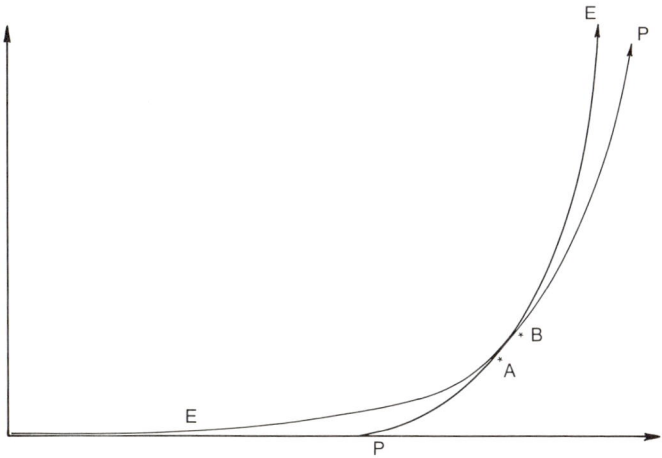

1.5 Vergleich einer Potenzfunktion (P) und einer exponentiellen Kurve (E). Zwischen *A und *B haben die Kurven ungefähr die gleiche Steigung und für ein kurzes Intervall auch scheinbar die gleiche Akzeleration.

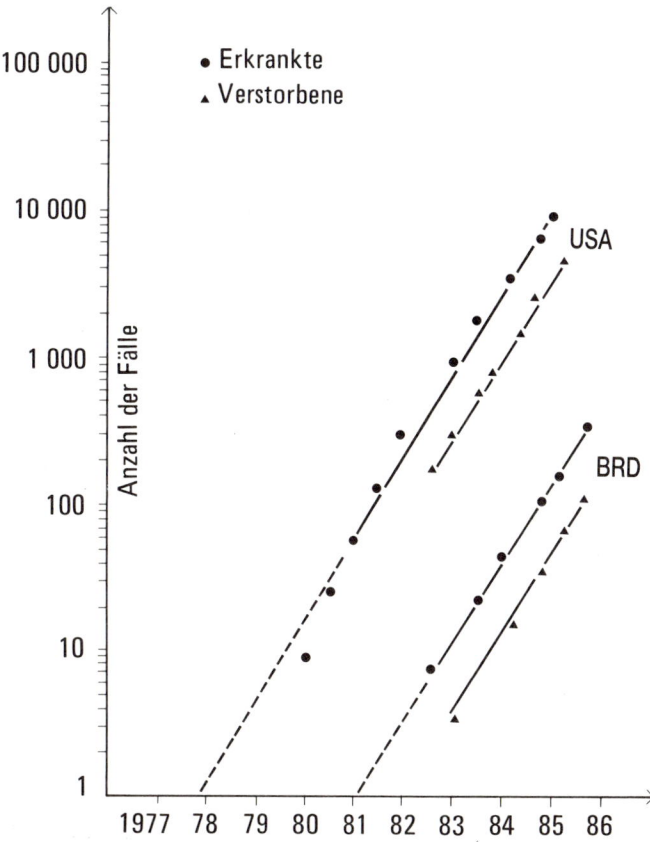

1.6 Registrierte AIDS-Fälle in den USA und in der Bundesrepublik Deutschland, dargestellt in semilogarithmischer Skala. (Man beachte, wie die Abstände zwischen den Einheiten auf der senkrechten Achse sukzessiv abnehmen — die Kurve wird sozusagen gestaucht, indem das Exponentielle des Verlaufes von der Kurve auf die Skala überführt worden ist.) Die in der Abbildung 1.3 noch kaum beunruhigende, flache Kurve für die BRD zeigt sich hier in einem anderen Licht. Diese Art der Darstellung wurde 1983 von L'age-Stehr (Robert-Koch-Institut, Berlin) eingeführt.

tionstakt beobachtet, seit 1986 auch in Australien. Dies ist jedoch kaum Grund zur Entwarnung. Die Entwicklung ist unverändert unheilvoll, und die internationalen Kongresse und Workshops der letzten Jahre (Washington — Dezember 1984, Bilthoven — Dezember 1984, Atlanta — April 1985, Bangui — November 1985, Brüssel — November 1985, Neapel — Dezember 1985, Graz — April 1986, Paris — Juni 1986, Berlin — November 1986, Istanbul — November 1986, Bilthoven — Dezember 1986, Genf — Februar 1987, Mariehamn — März 1987, München — März 1987 und Washington — Juni 1987) haben das Gesamtbild eher verdüstert. Der nächste große internationale Kongreß (nach Erscheinen dieses Buches) ist übrigens für 1988 in Stockholm geplant.

Während die AIDS-Patienten in der BRD 1981/82 anamnestisch (gemäß ihrer Krankengeschichten) noch zu 100% Kontakte mit den USA, Haiti oder Afrika hatten (L'age-Stehr et al. 1983), war dieser Anteil schon 1984 auf ca. 50% gesunken und ist seitdem weiter gefallen. Das weist auf die nunmehr autochthone (von einem „Nachschub" von außen unabhängige) Verbreitung des Virus in Deutschland hin, und infolge der langen Inkubationszeit spiegeln diese Zahlen natürlich nicht die heutige, sondern die Situation vor etwa zehn Jahren wider. Inzwischen haben Berliner Untersuchungen an schwangeren Frauen (ca. 0,5% der Frauen ohne bekannte Risiken infiziert, unter Drogensüchtigen jedoch ein Vielfaches davon; L'age-Stehr et al. 1986) das weiter bestätigt. Es gibt keinen Grund zu der Annahme, daß die Situation beispielsweise in Schweden, Dänemark, der Schweiz oder anderen europäischen Ländern grundsätzlich anders sei.

Wie die Tabelle 1.1 zeigt, haben in Europa die Länder Schweiz, Dänemark und Frankreich die relativ zur Bevölkerung höchsten AIDS-Raten. (Belgien ist ein Sonderfall, da ca. 75% der Patienten Afrikaner sind, die in Belgien Behandlung suchen.) Deutschland liegt im Mittelfeld.

Um Vergleiche zu ermöglichen, folgen einige weitere Zahlen: Für die Einwohner von New York errechnete man Mitte 1987 einen Quotienten von 780 pro Million Einwohner; in Haiti lag dieser Quotient schon 1984 trotz vermutlich weniger vollständiger Rapportierung bei 75 pro Million, mit Spitzenwerten von 266 pro Million in Port-au-Prince und 731 pro Million in Carréfour. In manchen afrikanischen Ländern scheint dieser Quotient noch viel höher zu sein, sichere Daten für ganze Populationen liegen jedoch nicht vor. (Für den Rakai-Distrikt im Süden Ugandas könnte er bei etwa 10000 pro Million liegen.) Die höchsten zuverlässigen Zahlen stammen aus Florida, wo man in Key West auf Werte von ca. 4000 pro Million und in der kleinen Stadt Belle Glade auf ca. 7000 pro Million gekommen ist. Das sind so exzeptionell hohe Raten, daß wir darauf noch einmal zurückkommen müssen (Kapitel 16).

Niemand kann heute bestreiten, daß die Pandemie bereits ein Faktum ist. Da inzwischen Fälle aus über 100 Ländern der Erde, darunter Australien, Neuseeland, China, die Sowjetunion, Israel, Thailand, Singapur und einige südamerikanische Staaten,

Land	Oktober 1984	September 1985	März 1987	Inzidenz*
Belgien	–	118	230	23,2
Bundesrepublik Deutschland	110	295	999	16,3
Dänemark	31	57	150	29,5
Deutsche Demokratische Republik	–	0	3	0,2
Finnland	4	10	19	3,8
Frankreich	221	466	1632	29,8
Griechenland	2	10	41	4,1
Großbritannien	88	225	729	13,0
Holland	26	83	260	17,9
Irland	2	8	19	5,3
Island	–	0	4	16,7
Italien	10	92	664	11,6
Jugoslawien	–	1	10	0,4
Luxemburg	–	3	7	17,5
Norwegen	4	14	45	10,6
Österreich	–	23	72	9,7
Polen	0	0	2	0,1
Portugal	4	13	54	5,2
Schweden	12	36	104	12,4
Schweiz	33	77	227	34,8
Sowjetunion	–	0	32	0,1
Spanien	18	63	357	9,1
Tschechoslowakei	0	0	7	0,4
Ungarn	–	0	3	0,3
Gesamt:	559	1573	5310	

* Fälle pro Million Einwohner (Bevölkerungszahlen von 1985)

Tabelle 1.1 In Europa registrierte AIDS-Fälle (nach Angaben der WHO und nationaler Referenzzentren).

1.7 AIDS-Fälle in Europa, halbjährlich, nicht kumuliert. Es ist zu beachten, daß die letzten, hier nach dem Diagnosedatum notierten Stapel niemals vollständig sind — sie werden später mit den im darauffolgenden Halbjahr registrierten Fällen aufgefüllt (WHO, Epid. Weekly Rec. 1987, 16. Januar).

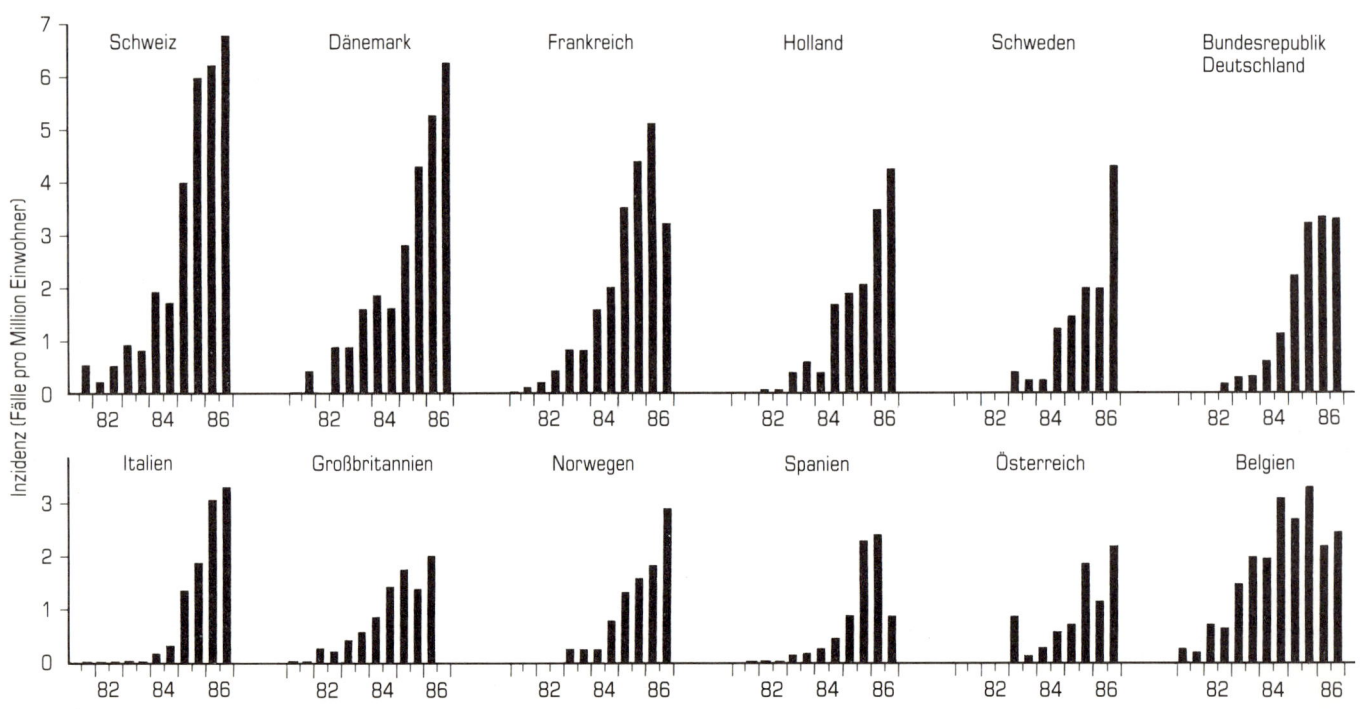

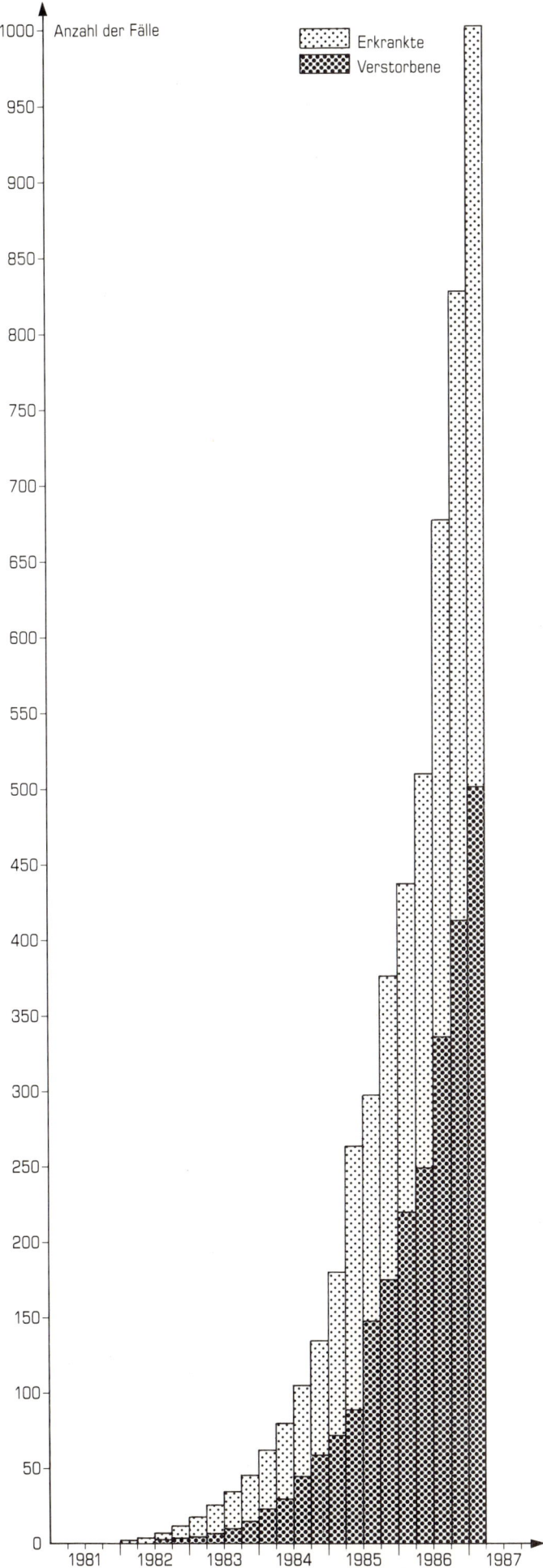

rapportiert worden sind, gibt die Abbildung 1.7, die in graphischer Form die Fallzahlen einiger europäischer Länder darstellt, nur einen kleinen Teil des Gesamtbildes wieder.

Man kann bei der Betrachtung solcher Diagramme leicht dadurch getäuscht werden, daß die Angaben der letzten Quartale unvollständig sind; die Zuwachsraten scheinen abzunehmen. Dieser Effekt wird durch die nichtkumulative Darstellung noch verstärkt.

Die beste graphische Wiedergabe der Entwicklung ist die kumulative Darstellung mit einer − im Hinblick auf den durchschnittlichen Zeitablauf der Rapportierung − quartalsweisen Aggregation: kumulativ, weil die Patienten von den vorangehenden Quartalen ja in der Regel noch da sind (also nicht geheilt, sondern allenfalls verstorben); quartalsweise, weil bei einigermaßen vernünftiger Organisation kaum Verspätungen aufzutreten brauchen, die diese Zeitspanne überschreiten. Damit könnte man zu einem Bild kommen, das eine Verschiebung der Fälle um durchschnittlich ein Quartal beinhaltet, und das ist im Hinblick auf die Vorteile dieser Darstellung erträglich. Die kumulative Darstellung mit einem relativ groben zeitlichen Raster zeichnet sich auch dadurch aus, daß Unregelmäßigkeiten der Rapportierung, z. B. über Ferien oder Feste wie Weihnachten und Neujahr, ausgeglichen werden und die Kurve nicht mehr deformieren (Abb. 1.8).

Diese Darstellung ist vermutlich auch die didaktisch beste, wenn man vermeiden will, auf eine logarithmische Skala auszuweichen, die für ungeübte Augen schwerer zu durchschauen ist. (Auf die Arten der Darstellung der AIDS-Epidemie wird im Epidemiologie-Kapitel noch näher eingegangen werden.)

1.8 AIDS-Fälle in der Bundesrepublik, quartalsweise, kumuliert, die Zahl der Todesfälle (Mortalität) schwarz eingetragen (wobei eine merkbare Unterrapportierung der Todesfälle vorzuliegen scheint).

2 Die Definition der Krankheit „AIDS"

Die Definition von AIDS wurde in einem sehr frühen Stadium der Geschichte dieser Krankheit beschlossen, als man noch keinen Zugang zu irgendwelchen zuverlässigen serologischen Tests hatte. Die ersten 40 Patienten boten ein verwirrend variierendes Krankheitsbild, geprägt durch eine herabgesetzte zelluläre Immunität, durch Lymphknotenschwellungen, diskrete Bluteiweiß- und Zellveränderungen sowie eine Reihe ungewöhnlicher, oft letal verlaufender opportunistischer Infektionen (OI); hinzu kamen frequente Kaposi-Sarkome (KS) und Non-Hodgkin-Lymphome (NHL). Das finale AIDS-Stadium bildete gewöhnlich den Abschluß einer monate- bis jahrelangen Zeitspanne diffuser Allgemeinsymptome wie Gewichtsabnahme, Müdigkeit, Leistungsabfall, Appetitverlust, ungeklärtes Fieber, chronischer Durchfall, herabgesetzte Libido, Lymphknotenschwellungen, Schüttelfröste, Nachtschweiß, Hautausschläge, eitrige Infektionen, Konzentrationsschwierigkeiten, Gedächtnisstörungen, diskrete Störungen der Feinmotorik sowie Persönlichkeitsveränderungen vom Konzentrationsverlust bis hin zur Apathie.

Man fand bei diesen Patienten darüber hinaus eine sinkende Anzahl von T-Helferzellen, Veränderungen in der Zusammensetzung der Serumglobuline, ein Ausbleiben der erwarteten Hautreaktionen auf sogenannte „recall"-Antigene (etwa beim Tuberkulintest mit PPD), was als „kutane Anergie" bezeichnet wird, sowie zahlreiche weitere Laborbefunde, die eine geschädigte Immunabwehr anzeigen. Aus Veränderungen dieser Art entwickelt sich häufig das klinische AIDS, das die CDC 1982 folgendermaßen definierten: „(1) Presence of reliably diagnosed disease at least moderately indicative of cellular immune deficiency (e.g., Kaposi's sarcoma in a patient less than 60 years of age, pneumocystis pneumonia), (2) Absence of known underlying immune deficiency and of any other reduced resistance reported to be associated with the disease (e. g., immunosuppressive therapy, lymphoreticular malignancy)."

AIDS ist also, um dies zu übersetzen, laut CDC definiert als (1) Auftreten einer Erkrankung, die einen Defekt zellulärer Immunität zumindest einigermaßen wahrscheinlich macht (zum Beispiel Kaposi-Sarkom bei einem Patienten unter 60 Jahren, *Pneumocystis*-Pneumonie), bei (2) gleichzeitiger Abwesenheit einer schon bekannten Immunschwäche beziehungsweise jeder anders erklärbaren Herabsetzung der Immunität (zum Beispiel als Folge immunsuppressiver Therapie oder einer malignen Erkrankung des lymphoretikulären Systems).

Zu den in (1) angesprochenen typischen Erkrankungen gehören Infektionen mit Pathogenen, die normalerweise beim Menschen keine Erkrankung hervorrufen (diese sogenannten „Opportunisten" müssen warten, bis die Umstände für ihre Vermehrung günstig, „opportun", sind) oder ansonsten nur begrenzte Veränderungen hervorrufen können, die der Körper in der Regel mit Leichtigkeit übersteht oder zumindest in Schach hält; dies gilt für gewisse Viren wie das Zytomegalie-Virus oder andere Herpes-Viren, für einige Pilze, gewisse apathogene Bakterien und etliche Protozoen. Ebenso gibt es einige Tumorformen, die darauf hindeuten können, daß der Körper seine normale Kontrolle über entartete Zellen verloren hat, und deren Entstehung möglicherweise durch Viren mitbedingt ist.

Alternative Erklärungen für eine Herabsetzung der Immunität (Teil 2 der Definition) wären bestimmte therapeutische Maßnahmen (Behandlung mit Zytostatika, Bestrahlung des Knochenmarks, intensive oder langdauernde Steroidtherapie), bestimmte Erkrankungen (angeborene Krankheiten des Immunsystems, bösartige Erkrankungen der blutbildenden Organe oder präfinale Stadien verschiedener ernster und den Stoffwechsel massiv beeinträchtigender Krankheiten) oder auch sehr hohes (Greis) oder zu niedriges (Frühgeburt) Lebensalter.

In der kürzestmöglichen Form läßt sich — mit den Worten eines Nichtmediziners — sagen, daß der Begriff **AIDS** angewandt werden soll für **jeden Fall von nennenswerter, durch mindestens eine typische Erkrankung charakterisierter Immunschwäche, für die keine andere Erklärung vorliegt.** So einfach ist die Definition von AIDS im Grunde. Doch in der Biologie bleibt nichts einfach, wenn man es genauer betrachtet.

Die opportunistischen Infektionen, die als charakteristisch für AIDS angesehen werden, sind im folgenden nach dem kausalen Pathogen aufgeführt. (* gibt an, daß das Pathogen zwar nicht als hinreichendes Kriterium in der aktuell gültigen CDC-Definition für die AIDS-Diagnose akzeptiert, aber doch typischerweise mit AIDS verknüpft ist. „Disseminiert" beziehungsweise „generalisiert" bedeutet „über den ganzen Organismus verbreitet".)

Viren:

disseminiertes **Z**yto**m**egalie-Virus (**CMV**), zum Beispiel in Lunge, Darm oder Zentralnervensystem (ZNS)

generalisiertes **H**erpes-**s**implex-Virus (**HSV**)

Papova-Virus als Ursache der **p**rogressiven **m**ultifokalen **L**eukoenzephalopathie (**PML**)

* generalisiertes **V**aricella-**z**oster-**V**irus (**VZV**)

human **p**apilloma virus (**HPV**) als Ursache der **o**ral **h**airy leukoplakia (**OHL**)

In zahlreichen Fällen hat man dem **B**urkitt-**L**ymphom ähnliche B-Zell-Lymphome beobachtet („Burkitt like lymphoma", **BLL**), auch echte **B**urkitt-**L**ymphome (**BL**), deren Genese mit dem **E**pstein-**B**arr-**V**irus (**EBV**) im Zusammenhang steht, sowie eine Reihe anderer, seltener maligner Erkrankungen wie Lymphome des Zentralnervensystems (ZNS), undifferenzierte Lymphome des Non-Hodgkin-Typs (NHL), infiltrative histiozytäre Lymphome und auch gewisse Plattenepithelkarzinome (Zunge, Rektum), bei denen HSV-1 und HSV-2 als ursächlicher Erreger verdächtigt werden. (Bisher sind nur das ZNS-Lymphom, das undifferenzierte NHL sowie das Kaposi-Sarkom, bei dem eine Virusgenese noch nicht ausgeschlossen ist, als „qualifizierend" für die AIDS-Diagnose anerkannt.)

Bakterien:

Mycobacterium avium/intracellulare-Komplex, disseminiert

disseminiertes *Mycobakterium bovis* (attenuiert), *gordonae* (*aquae*), *xenopi*, *kansasii*, *chelonei*, *fortuitum* etc.

* disseminiertes *Mycob. tuberculosis* (Miliar-Tuberkulose)

* *Salmonella typhimurium*-, auch *S. enteritidis*-Sepsis

* *Legionella sp.* (z. B. *L. micdadei*)

disseminierte *Nocardia sp.* (z. B. *N. asteroides*)

* *Calymmatobacterium granulomatosis*

* *Shigella flexneri*-Sepsis

* *Actinomyces sp.*

* *Streptomyces sp.*

* *Rhodococcus equi*

Pilze:

Candida albicans (in Speiseröhre, Lunge oder generalisiert)

Cryptococcus neoformans (Meningitis oder disseminiert)

Aspergillus fumigatus (Pneumonie oder disseminiert)

* *Petriellidium boyidii*

Histoplasma sp. (z. B. *H. capsulatum*)•

Zygomyces sp. (Lunge oder ZNS)

* *Blastomyces sp.* (z. B. „südamerikanische Blastomykose" oder „Paracoccidioidomykose")

* *Coccidioidomyces sp.* (*C. immites*)

* *Trichosporon beigelii, cutaneum* (disseminiert, Leber, Gehirn)

Protozoen:

Pneumocystis carinii (Pneumonie)

Toxoplasma gondii (Enzephalitis oder Pneumonie)

Cryptosporidium (Enteritis oder Pneumonie)

chronische *Isospora belli-/Eimeria*-Infektion (Kokzidiose)

* Mikrosporidien (*Enzephalitizoon cuniculi, Nosema connori, Pleistophora sp., Enterocytozoon bieneusi*; Enteritis, Myositis)

* *Chlamydia* (Sepsis, manchmal verbunden mit obliterierender Lymphangitis und sekundären Ödemen)

* *Entamoeba histolytica, hartmanni, coli* (Enteritis)

* *Endolimax nana* (Enteritis)

* *Iodamoeba buetschlii* (Enteritis)

* *Acanthamoeba* (Sinusitis)

* *Giardia lamblia*

Parasiten:

Strongyloides stercoralis (in Lunge, ZNS oder disseminiert)

* *Scabies*

• Eine von Fledermäusen übertragene Art, die außer bei zwei AIDS-Fällen in Trinidad noch nie als pathogen für den Menschen gefunden worden ist.

Die AIDS-Definition war von Anfang an etwas frühreif, aber um die epidemiologische Konsequenz zu wahren, haben die CDC später nur die notwendigsten Modifikationen vorgenommen (siehe unten). Beim Registrieren neuer Fälle hält man sich auch heute noch strikt an die eingangs genannten Kriterien. Ohne Zweifel bezeichnen diese nicht die Krankheit an sich (die strenggenommen auch heute noch keinen eigenen Namen hat, was in wissenschaftlichen Debatten und Publikationen viel Verwirrung stiftet), sondern nur ein Krankheits**stadium**. Es handelt sich um ein Syndrom, das als Konsequenz der immunologischen Paralyse als Endstadium auftreten kann. Auf dem internationalen Kongreß für Infektionskrankheiten in Wien im August 1983 betonte R. M. Krause, daß es sich um die „Diagnose eines Endstadiums handelt, hilfreich für die epidemiologische Überwachung, aber zu modifizieren, wenn wir zu neuen Möglichkeiten für Prävention und Therapie finden wollen" (RM Krause 1984).

Sich an die einmal akzeptierte Definition von AIDS zu halten, ist eine Bedingung, um auch in Zukunft vergleichbare epidemiologische Daten zu erhalten. Während des Zeichnens von Kurven kann man entscheidende Kriterien nicht ändern, ohne die Verwertbarkeit der Daten empfindlich zu stören. Einige neuere Erkenntnisse sind aber in die AIDS-Definition eingeflossen (CDC, MMWR 1985-25), bei der man nun auch Rücksicht auf serologische Testergebnisse nimmt, manchen lymphatischen Malignomen ihre ausschließende Wirkung abspricht und mehrere neue Pathogene und Manifestationen anerkennt.

Diese Veränderungen bedeuten ungefähr folgendes: Disseminierte Histoplasmose, *Candida*-Infektion in der Lunge und chronische Isosporiasis haben den offiziellen Status einer für AIDS typischen Erkrankung erhalten, wenn gleichzeitig positive Antikörper-Testresultate vorliegen. Gewisse maligne Erkrankungen wie undifferenziertes NHL und KS bei älteren Menschen werden unter ähnlichen Umständen akzeptiert, ebenso chronische lymphoide interstitielle Pneumonie bei Kindern unter 13 Jahren. Eine maligne Erkrankung des lymphoretikulären Systems ist nicht mehr exkludierend, wenn eine charakteristische OI mehr als drei Monate vorangegangen ist. Hingegen werden Patienten von der AIDS-Diagnose ausgeschlossen, wenn weder eine positive Reaktion in einem Antikörpertest erfolgt noch eine Virusisolierung gelingt noch eine niedrige Anzahl T-Helferzellen oder ein niedriger T_h/T_s-Quotient vorliegt.

Die aufgeführten Veränderungen in der Definition brachten nur unbedeutende Justierungen der bisher durchgeführten epidemiologischen Registrierung mit sich (Korrekturen in der Größenordnung von ein bis zwei Prozent). Darüber hinaus hat man inzwischen Definitionen und Klassifikationen von anderen Krankheitsstadien und -formen als dem eigentlichen zentralen AIDS festgelegt, wodurch auch sonstige Verlaufsformen erfaßt werden können, die mit der Infektion durch dieses facettenreiche Virus kausal verknüpft sind. Es geht z. B. darum, auch andere als die opportunistischen Infektionen (also *Salmonella*-Sepsis, Tuberkulose und weitere bakterielle Erkrankungen), neurologische Veränderungen (Demenz, Hirnatrophie, Enzephalitiden), sonstige bösartige Neubildungen sowie die verschiedenen Vorstadien bis hin zu den frühesten immunologischen Veränderungen und den völlig symptomlosen Virusträgern definitorisch in den Griff zu bekommen. In der aktuellsten Revision der AIDS-Definition (CDC, Selik et al. 1987) wird man entsprechend gewisse Formen von Gehirnbefall, Kachexie, Thrombozytopenie und weitere Tumorformen und Pneumonien berücksichtigen.

Für Kinder gibt es eine spezielle AIDS-Definition (CDC, MMWR 1985-34), die eine leichte Modifikation der oben genannten darstellt. (So wird die interstitielle Pneumonie als hinreichend für die AIDS-Diagnose anerkannt.) Die meisten Länder der Welt sowie die WHO haben sich den CDC-Definitionen angeschlossen; nur für Zentralafrika hat man eine spezielle Regelung gewählt, da an die Diagnostik nicht die gleichen Ansprüche gestellt werden können.

3 Terminologie der Vorstadien

„Prodromales AIDS" ist ein schillernder Begriff. Wie erwähnt, bezeichnet man mit „AIDS" lediglich das Endstadium eines Krankheitsverlaufes; für die Vorstadien gibt es eine verwirrende Anzahl schwer gegeneinander abgrenzbarer Syndromnamen. Hier folgt nun eine kurze Übersicht über die Terminologie verschiedener Länder.

USA

ARC (**A**IDS-**r**elated **c**omplex, gilt als „highly predictive of subsequent AIDS", also als starkes Omen für eine zukünftige AIDS-Entwicklung) ist ein wichtiger und immer mehr akzeptierter Begriff für ein abgrenzbares Vorstadium. Es erfordert definitionsgemäß, daß mindestens zwei der Labor- und zwei der klinischen Befunde aus der folgenden Liste gegeben sind:

klinische Befunde:

Fieber (mehr als 3 Monate)
Gewichtsabnahme (über 10 %)
Lymphadenopathie
  (länger als 3 Monate)
Diarrhoe
Müdigkeit
nächtliche Schweißausbrüche

Laborbefunde:

verringerte T_h-Zellzahl
verringerter T_h/T_s-Zellquotient
erhöhte Serumglobulinwerte

verringerte Blastogenese
kutane Anergie

Die ebenfalls benutzten Begriffe „Pre-AIDS", „prodromal AIDS", „lesser AIDS" und „suspect AIDS" (siehe unten) sind unscharf abgegrenzt und auch nicht allgemein akzeptiert. Im folgenden werden unter anderem auch einige differentialdiagnostisch wichtige Begriffe erklärt. (Die in kleinerer Schrift wiedergegebenen Erläuterungen dienen dabei der Vollständigkeit und können überschlagen werden.)

LAS (**l**ymph**a**denopathy **s**yndrome) ist recht stringent definiert. Es müssen wenigstens drei Monate lang außerhalb der Leistenbeuge drei oder mehr Lymphknoten von mindestens einem Zentimeter Durchmesser vorgelegen haben, für die sich keine andere Ursache finden läßt. Vermutlich wird die Bezeichnung LAS als Terminus für ein definiertes Stadium ebenso durchschlagen wie ARC. Bevor geschwollene Lymphknoten alle oben genannten Bedingungen für die Bezeichnung „Lymphadenopathiesyndrom" erfüllen, nennt man sie „pathologische Lymphknoten" (**p**athological **l**ymph**n**odes, **plnn**) und sieht sie als eine Art „pre-LAS" an.

Als **ADC** (**A**IDS **d**ementia **c**omplex) bezeichnet man die immer häufiger gefundene Kombination von hirnorganischen Beeinträchtigungen (wie Konzentrationsverlust, mentale Verlangsamung, Koordinationsschwierigkeiten, Kontaktverlust und ähnliches). Dies reicht ja nicht einmal bei positiver Serologie für die AIDS-Diagnose aus.

Als **ARID** (**A**IDS-**r**elated **i**mmune **d**ysfunction) bezeichnet man das Stadium immunologischer Veränderungen vor dem Eintreten in das LAS-Stadium. Davor gilt man als „asymptomatisch" (oft abgekürzt als **asx**).

„Lesser AIDS" (LAIDS) ist eine Art avanciertes ARC mit beispielsweise Gürtelrose, oraler Kandidiasis, idiopathischer Thrombozytopenie oder anderen nicht lebensbedrohenden, nicht generalisierten und nicht unbedingt eindeutigen Komplikationen, die jedoch schon für eine beginnende Immunsuppression sprechen.

„Pre-AIDS" kann insgesamt sowohl LAS (ELAS) als auch ARC umfassen, der Begriff „prodromales AIDS" vielleicht noch mehr, während man „suspect AIDS" für avancierte ARC-Fälle benutzt, kurz bevor die entscheidende OI-Diagnose gestellt ist.

ELAS (**e**xtended **l**ymph**a**denopathy **s**yndrome) war anfangs ein üblicher und relativ exakt abgegrenzter Begriff. Man ist in letzter Zeit zunehmend zu der Bezeichnung LAS übergegangen, die nun in immer mehr Ländern akzeptiert ist.
PLS für „unexplained **p**ersistent **l**ymphadenopathy **s**yndrome" wird ebenfalls gelegentlich verwendet, auch **LNS** (**l**ymph**n**ode **s**yndrome) und andere Nebenformen kommen vor; sie sind in der Regel synonym mit LAS. **PALS** (**p**rison **a**cquired **l**ymphadenopathy **s**yndrome) bezeichnet das gleiche bei Gefängnisinsassen.
Mit **LHS** (**l**ymphoid **h**yperplasia **s**yndrome) hingegen meint man einen Zustand lymphatischer Infiltration in der Darmschleimhaut, die mit chronischen Durchfällen und einer gewissen Malabsorption einherzugehen pflegt.
Adenosin-Deaminase- und Nucleosid-Phosphorylase-Mangel sowie
AILD (**a**ngioimmunoblastic **l**ymphadenopathy with **d**ysproteinemia),
SCID (**s**evere **c**ombined **i**mmune **d**eficiency) und
SHML (**s**inus **h**isticytosis with **m**assive **l**ymphadenopathy) werden häufig als Differentialdiagnosen genannt und sollten bekannt sein.

Das folgende Schema gibt die nicht ganz scharf abgegrenzten Anwendungsbereiche dieser Ausdrücke wieder (die natürlich in einzelnen Publikationen auch einmal abweichend angewandt werden können). Vor ARID bzw. plnn liegt die asymptomatische Phase („asx").

ARID	**LAS**	**ARC**	**AIDS**
	ELAS, PLS, LNS	CRESI	SIDA
	GLP, PGL, ILS	KSS	SPID
	GPL, GHL, SLA		

.....asx.....
    .....plnn.....
       .....prodromales AIDS.....
         .....Pre-AIDS.....
          .....lesser AIDS.....
           .....suspect AIDS.....

(Entwicklungsrichtung)

Schon bevor die Virusätiologie dieses Krankheitskomplexes feststand, versuchte man, klinisch brauchbare Stadieneinteilungen zu entwickeln. So fand sich schon im Bundesgesundheitsblatt vom April 1983 ein Stadienentwurf (L'age-Stehr 1983), der noch heute mit gewissen Modifikationen angewandt wird (Helm et al. 1984, Helm et al. 1985, Brodt et al. 1986). Mit einer Unterteilung der ursprünglich drei Grundstadien in Zwischenstadien von 1a bis 3 ist eine brauchbare Trennschärfe erreicht, in der sowohl die Zugehörigkeit zu einer Risikogruppe als auch die symptomlose Seropositivität ihren Platz haben.

Ein einfacher wie auch empirisch gut abgestützter Versuch einer praktikablen Stadieneinteilung findet sich bei Redfield et al. 1986 (Walter-Reed-Hospital-Klassifikation, Tabelle 3.1). Es bleibt abzuwarten, ob sich diese Nomenklatur der Stadien durchsetzen wird. Die CDC haben jetzt ebenfalls einen Vorschlag gemacht, der für epidemiologische Zwecke auch die AIDS-Vorstadien sowie atypische klinische Bilder definiert (CDC, MMWR 1986-20). Da verschiedene Autoren sich an voneinander abweichende Stadieneinteilungen halten, sind die unterschiedlichen Terminologien in der Tabelle 3.2 zusammengestellt.

Tabelle 3.2 Zusammenstellung von Stadieneinteilungen verschiedener Autoren ▶ (nach AIFO 1986, 1 (12): 645). CDC IV B steht für neurologische Bilder.

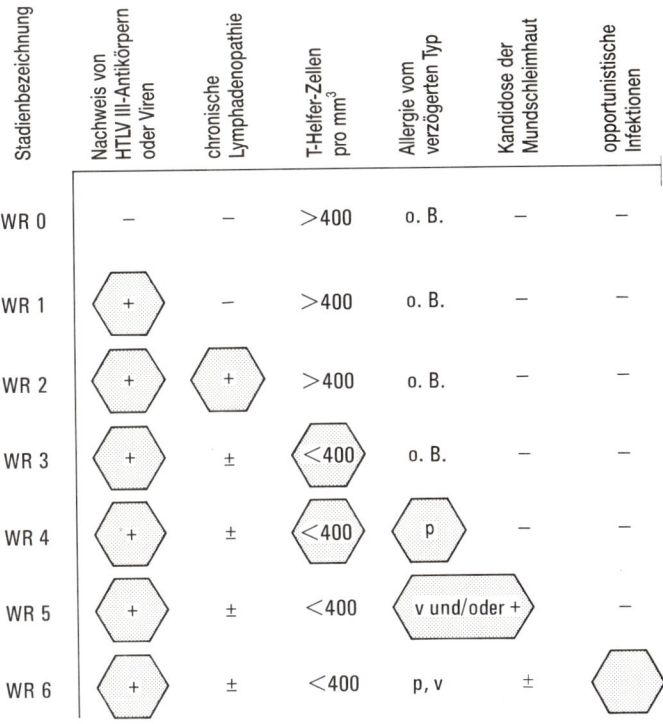

Tabelle 3.1 Die Walter-Reed-Hospital-Stadieneinteilung für die HIV-Infektion. Die essentiellen Kriterien für die Einordnung in die Stadien 0 bis 6 sind durch hexagonale Felder markiert. o.B.: ohne Befund. p: partielle kutane Anergie; höchstens gegen eines von vier Testantigenen tritt eine normale Hautreaktion ein. v: vollständige kutane Anergie (Redfield et al. 1986).

Andere Länder

Auch wenn sich die amerikanische Terminologie in vielen Staaten durchgesetzt hat, gibt es doch in anderen Sprachbereichen noch eine ganze Reihe weiterer Begriffe, die im folgenden nach Ländern aufgelistet seien.

Bundesrepublik Deutschland:
GLP (**g**eneralisierte **L**ymphadeno**p**athie) steht für LAS, und **GLP mit B-Symptomatik** entspricht ungefähr dem LAS mit Allgemeinsymptomen; meistens ist das ein ARC. Diese Ausdrücke scheinen immer häufiger durch LAS und ARC ersetzt zu werden.

Großbritannien:
PGL (**p**ersistent **g**eneralized **l**ymphadenopathy) entspricht genau dem amerikanischen LAS-Begriff.

Kanada:
PLS (**p**ersistent **l**ymphadenopathy **s**yndrome) entspricht ebenfalls dem LAS.

Australien:
ILS (**i**diopathic **l**ymphadenopathy **s**yndrome) ist ein weiterer Ausdruck für das gleiche Stadium. Man benutzt in Australien allerdings auch die amerikanische Nomenklatur mit ARC und LAS.

Schweden:
LAS (**l**ymfadenopati-syndrom) setzt sich ebenso wie ARC langsam durch.
GPL (**g**eneraliserad **p**ersisterande **l**ymfadenopati) und **MGL** (**m**indre **g**rad av **l**ymfadenopati) kommen auch noch vor, wobei GPL dem LAS entspricht und MGL den oben genannten pathologischen Lymphknoten (plnn). Vermutlich werden diese Ausdrücke allmählich verschwinden.

Frankreich:
SIDA (**s**yndrôme **d**'**i**mmuno**d**éficit **a**cquis) steht in frankophonen Ländern für AIDS.
GHL (**g**eneralised **h**yperplastic **l**ymphadenopathy) wird in genau demselben Sinne benutzt wie PGL/GPL und LAS.

Spanien:
SIDA (**s**índrome de **i**nmuno**d**eficiencia **a**dquirida) ist der spanische Begriff für AIDS.
CRESI (**c**omplejo **re**lacionado al **SI**DA) entspricht genau dem ARC.

Sowjetunion:
SPID entspricht AIDS, **KSS** dem ARC und **SLA** dem Begriff LAS.

Afrikanische Länder:
In Afrika scheint ein Teil der AIDS- und Pre-AIDS-Fälle unter anderen, mehr lokalen Krankheitsbegriffen subsumiert zu werden. Es gibt (Uganda) Ausdrücke wie „slim disease", so genannt wegen der extremen Abmagerung der Patienten, oder auch (Tansania) „Juliana", eine Bezeichnung nach dem Schleier der Prostituierten. In verschiedenen ländlichen Gegenden Kenias existieren so klangvolle Namen wie Chira (in Luo), Ishira (in Luhya) und Okoragererigwa (in Kisii). In manchen Ländern wird die Diagnose AIDS fast ausschließlich in den großen zentralen Krankenhäusern oder Missionskrankenhäusern gestellt. Die Differentialdiagnostik ist dort nicht ganz einfach. Auch die sogenannte **PCM** (**p**rotein-**c**alorie-**m**alnutrition, Gray 1983), bei welcher man Immunsuppressionen, Invertierung des T-Zell-Quotienten, opportunistische Infektionen sowie Kaposi-Sarkome und Burkitt-Lymphome beobachtet hat, umfaßt vermutlich etliche unerkannte AIDS-Fälle. Es ist in diesen Ländern sicher sehr schwer, eine zuverlässige epidemiologische Registrierung nach exakten diagnostischen Kriterien durchzuführen. Autopsien sind selten. Am besten untersucht sind mit Rwanda und Zaire zwei französischsprachige Länder. Im übrigen scheint in Afrika überall dort, wo nicht französisch oder spanisch gesprochen wird, die amerikanische Terminologie durchzuschlagen.

	Risiko-person	akuter Infekt	asymptomatische Infektion	LAS	ARC	AIDS
Walter Reed	WR 0		WR 1	WR 2	WR 3–5	WR 6
Centers for Disease Control		CDC I	CDC II	CDC III	CDC IV A	CDC IV C–E
Frankfurt (Brodt, Helm et al.)	1 a		1 b	2 a	2 b	3
Haverkos et al. (vgl. AIFO 1, 188, 1986)			1,(2)	3	4,5	6,7
Helfer-Lymphozyten absolut	>400		>400	<400	<400	↓↓
Verhältnis von Helfer- zu Suppressor-Lymphozyten	normal	normal (↓)		0,5–1,0	0,5	↓↓
HIV-Antikörper	negativ		positiv	positiv	positiv	positiv

4 Krankheitsverlauf

Frisch Infizierte scheinen am Anfang von der stattgefundenen Infektion so gut wie nichts zu merken. Vermutlich ist dies der sehr niedrigen Immunogenität des AIDS-Virus zuzuschreiben, d. h. seiner geringen Tendenz, eine Bildung von Antikörpern im menschlichen Organismus auszulösen. Dieses Phänomen ist auch von anderen Retroviren bekannt und bildet eine der Schwierigkeiten bei der Herstellung eines Impfstoffs. Die Viren können so vermutlich unsere Infektabwehr unterlaufen, die normalerweise mit allgemeinen Krankheitszeichen wie Fieber, Erhöhung der Anzahl weißer Blutkörperchen, gesteigerter Intensität des Stoffwechsels und ähnlichem Alarm zu schlagen und damit die aktive Phase der Immunverteidigung einzuläuten pflegt.

Gibt es nun überhaupt irgendwelche Zeichen für eine gerade erfolgte Infektion? In einigen Fällen hat man akute Krankheitszeichen ähnlich denen des Pfeifferschen Drüsenfiebers beobachtet. (Dieses wird auch „Mononucleose" genannt und durch ein großes Herpes-Virus, das Epstein-Barr-Virus (EBV), hervorgerufen.) Ähnlich wie beim Pfeifferschen Drüsenfieber entwickeln Patienten, die frisch und vermutlich auch massiv mit dem AIDS-Virus infiziert sind, nach einigen Wochen geschwollene Lymphknoten, Fieber, Muskelschmerzen, Halsschmerzen, Kopfschmerzen, Schweißausbrüche, Gelenkbeschwerden, Übelkeit, Appetitlosigkeit, Schwäche, Diarrhoe-Tendenz, manchmal auch einen vorübergehenden Ausschlag (einen makulären, erythematösen „rash") und eine vorübergehende Thrombozytopenie (Verminderung der Blutplättchenzahl). Derartige Fälle tauchen in der wissenschaftlichen Literatur nun immer häufiger auf und sind auch bei Nierentransplantationen gut zu verfolgen gewesen (L'age-Stehr et al. 1985).

Das mononucleoseartige Bild, auch „akute HIV-Infektion" genannt, pflegt nach drei Tagen bis drei Wochen abzuklingen und in eine komplikationslose Gesundungsphase überzugehen, wobei man in der Regel drei bis acht Wochen nach dem Ende der Erkrankung eine Serokonversion zur positiven Reaktion gegenüber HIV-Antigenen feststellen kann. Ob sich die dann erreichten, meßbaren Antikörperniveaus im Blut der Patienten mit Sicherheit mehrere Jahre lang halten oder ob die Patienten später häufiger zur Seronegativität „rekonvertieren" können, wissen wir noch nicht genau. Einzelne Beobachtungen (Burger et al. 1985, Farthing et al. 1985) zeigen jedoch, daß Rekonversionen vorkommen.

Zusammen mit der symptomfreien Phase von ca. 2 Wochen und der Dauer des mononucleoseartigen Krankheitsbildes (1–3 Wochen) erhält man also eine totale Zeitspanne für die Entwicklung eines mit den heute zur Verfügung stehenden Testverfahren meßbaren Antikörperniveaus von ca. 7–12 Wochen. Man kann sich leicht vorstellen (für tierische Lentiviren ist dies experimentell bewiesen), daß diese Zeit von der Größe der initialen Infektionsdosis abhängig ist. Es sieht fast so aus, als würde die mononucleoseartige Reaktion eine verhältnismäßig massive Viruszufuhr voraussetzen.

Da eine derartige vorübergehende Erkrankung nach mehreren Jahren möglicherweise aus dem Gedächtnis der meisten AIDS-Patienten verschwunden ist — zumal sich das Ganze leicht als eine „Grippe" deuten läßt —, können wir im Grunde nicht sagen, wie häufig dieses Phänomen einer primären Reaktion auf das AIDS-Virus eigentlich auftritt. Man sollte im Prinzip mehr solcher Fälle erwarten, und es sind recht gravierende Zweifel hinsichtlich der Interpretation dieses Phänomens vorgebracht worden (Farthing et al. 1985). Sie stützen sich unter anderem auf eine Beobachtung aus London an vier ähnlichen Fällen. Bei zweien dieser Patienten ließ sich anhand von eingelagerten Seren

beweisen, daß sie schon ein halbes Jahr vorher seropositiv gewesen waren. Außerdem zeigten alle vier Patienten serologische Zeichen einer Infektion mit dem Zytomegalie-Virus (CMV, ein weiteres wohlbekanntes Virus der Herpes-Gruppe) und drei von ihnen sogar Anzeichen für eine Reaktivierung dieser sehr verbreiteten Infektion. Da das CMV gerade bei homosexuellen Männern in bis zu 95% der Fälle zumindest Spuren in Form von Antikörpern hinterlassen hat, wäre dies eine recht akzeptable Erklärung der beschriebenen Beobachtungen. Es ist möglich, daß eine solche Infektion gerade wegen der gleichzeitigen Infektion mit dem AIDS-Virus wieder aufflammt oder klinisch augenfälliger verläuft. Man weiß, daß eine allgemeine inflammatorische (Entzündungs-)Reaktion über eine Mobilisierung des Immunsystems das Antikörperniveau auch gegenüber unbeteiligten Keimen temporär erhöhen kann. Es könnte also sein, daß auch die Antikörper gegen das AIDS-Virus hier durch einen ähnlichen Effekt über die Grenze der Meßbarkeit angehoben werden.

Diese Diskussion wird weitergehen. Festzuhalten bleibt, daß es ein etwas unsicheres, nicht obligatorisches initiales Krankheitsbild gibt, das eine frische Infektion mit dem AIDS-Virus anzeigen kann. In der Regel folgt darauf eine ziemlich rasche (Wochen bis Monate später eintretende) Serokonversion. Der Weg von hier bis zum klinischen Pre-AIDS oder AIDS ist offensichtlich viele Jahre lang.

Serokonversion

Eine sehr wichtige Frage ist, wie schnell die Mitglieder gewisser Risikopopulationen serokonvertieren, das heißt, wie viele von ihnen pro Zeiteinheit seropositiv werden. Dies ist bisher nur an Stichproben untersucht.

Bei einer Langzeitbeobachtung homosexueller Männer (HS) in den USA (Goedert et al. 1984; die halbfett gekennzeichneten Untersuchungen sind in Kurzform in der Tabelle 4.1 zusammengefaßt) fand man im Juni 1982 35 von 66 Personen (53%) seropositiv, ein Jahr später waren vier (14%) der restlichen 31 ebenfalls seropositiv geworden. Dies entspräche einer Serokonversionsrate von 1,2% pro Monat. Von den Seropositiven entwickelten pro Jahr 6,9% AIDS, weitere 13,1% „lesser AIDS".

Frühere Serokonversionsstudien (Melbye et al. 1984-1, Cooper et al. 1985, Marmor et al., Atl.-Konf. Sess. 8, Darrow et al., Atl.-Konf. Sess. 5, Mortimer et al., Atl.-Konf. pW-75) ergaben für Europa Serokonversionsraten von 7–12% jährlich, für die USA 8–22% und für Australien um 13,5% herum. Damit lag die monatliche Serokonversion anfangs bei ca. 1%, und selbst auf wenige Jahre erstreckt ergab jede Überschlagsrechnung ein bedrohliches Bild.

Schon der Paris-Kongreß (23.–25. Juni 1986) brachte leicht abweichende Ergebnisse. Da sie einen Trend anzeigen, seien die wichtigsten hier genannt:

In San Francisco serokonvertierten 1984/85 in 14 Monaten 7 von 121 HS (8,3%), was mit 7,1% jährlich eine gegenüber den obigen Zahlen erniedrigte Rate ergibt (Echenberg et al., p-673). Ebenso fanden Winkelstein et al. (Com-102) nach jährlichen Serokonversionsraten von ca. 17% für 1982 bis 1984 jetzt eine eindeutig niedrigere Rate von nur noch 4%. In der großen Multicenter AIDS Cohort Study (MACS) fanden Kingsley et al. jährliche Raten von 7,8–9% in Los Angeles, Chicago, Baltimore und Washington, während Pittsburgh mit 3,8% viel günstigere Zahlen aufwies. Zahlreiche andere Studien bestätigten Werte zwischen 7 und 9%; Stevens et al. (Com-196) vom New York Blood

Center errechneten 5–10%. In Toronto bzw. Vancouver (Kanada) scheinen die zunächst ermittelten jährlichen Serokonversionsraten von 16,9 bzw. 15% (1984/85 bzw. 1982/84) jetzt auch zu sinken. Es ist wohl eine begründete Annahme, dies schon als Ausdruck von Verhaltensänderungen sowie als Folge einer gewissen „Sättigung" innerhalb der untersuchten Risikogruppen (es handelt sich vorwiegend um große Kohortenstudien an homosexuellen Männern) anzusehen.

Die Washington-Konferenz (1.–5. Juni 1987) bestätigte diesen Trend. In den großen Städten (New York: Marmor et al., THP. 69, Levine et al. THP. 49; MACS: Polk et al. TP. 73, Kaslow et al. THP. 64; Vancouver: McLeod et al., MP. 111) zeigt sich ein verlangsamter, wenn auch fortgesetzter Anstieg der Anzahl Infizierter. Weniger einheitlich ist das Bild in Europa. In Italien sah man noch 1986 innerhalb von 5 bis 6 Monaten 6,6% der Untersuchten serokonvertieren (Ricchi et al., Paris-Konf. p-145), was einer jährlichen Rate von ca. 14% entspräche; in Spanien beobachtete man bei HS ca. 10% und bei **D**rogenabhängigen mit intravenösem Mißbrauch (**DA**, auch **IVDA**, „**i**ntra**v**enous **d**rug **a**busers") sogar 30% jährliche Serokonversion (Miro et al., Paris-Konf. p-670). Vermutlich zeigt sich hier ein früheres Stadium der Epidemieausbreitung oder eine geringere Durchschlagskraft der Information zur Risikoverminderung. Selbst in Schweden sah man noch jährlich 6 Prozent der bestinformierten HS in Stockholm serokonvertieren (Bratt et al., Wash.-Konf. MP. 93), während die Ergebnisse einer bundesdeutschen Multicenterstudie zwar besser aussehen, aber unter einem erheblichen Wegbleiben der zu Beobachtenden leiden (zeitweise lagen nur noch von etwa 55 der erwarteten 415 Personen auswertbare Ergebnisse vor).

Insgesamt muß man feststellen, daß der fortgesetzten Virusausbreitung im Grunde noch kein Einhalt geboten ist.

Progression zum AIDS

Nachdem ein Patient angesteckt worden ist — ob nun mit oder ohne ein initiales Infektionsbild — scheint er viele Jahre lang mehr oder weniger symptomfrei zu bleiben. Es gibt ungezählte Arbeiten hierzu; eine der aufschlußreichsten stammt vom Mai 1985 (H Jaffe et al. 1985). Heute ist offensichtlich, daß die symptomfreie Periode ohne weiteres fünf Jahre oder mehr betragen kann. Dies wird nicht nur durch Untersuchungen der CDC an Transfusionspatienten bestätigt, sondern auch durch Berechnungen des CDSC (Communicable Disease Surveillance Centre) in London (Tillett und Galbraith, im Druck), durch Langzeitstudien in New York (NY City Department of Health 1986), am Robert-Koch-Institut in Berlin (Große Aldenhövel, Kunze et al. 1986) und am Roslagstulls-Krankenhaus in Stockholm sowie durch eine Reihe laufender Studien in zahlreichen Großstädten Europas und der USA. Aktuelle Berechnungen der totalen Inkubationszeit scheinen sich um 10 Jahre herum einzupendeln.

Die immunologische Situation der seropositiven Personen scheint sich langsam und in einem individuell unterschiedlichen Tempo kontinuierlich zu verschlechtern. Die schon genannte Untersuchung von Jaffe et al. und zahlreiche andere Studien zeigen deutlich, daß man um so niedrigere T-Helferzell-Zahlen findet, je länger die Seropositivität vorgelegen hat.

Nach der völlig symptomfreien Phase folgt eine Zeit, in der geschwollene Lymphknoten fast die einzigen objektiven Veränderungen sind. Dieses Stadium wird LAS genannt, sofern die früher erwähnten Bedingungen erfüllt sind. Männliche, meist junge LAS-Patienten tauchten in New York schon in größerer Zahl an verschiedenen Kliniken auf, ehe der AIDS-Begriff überhaupt entstanden war. Einige ungewöhnlich aufmerksame Ärzte in New York (Beth Israel, Mount Sinai und New York University Medical Center) begannen bereits im Februar 1981 eine systematische und gut geplante Langzeitstudie dieser damals eher mystischen Fälle (Mathur-Wagh et al. 1984). Diese Initiative hat uns die erste und — solange noch ein einziger jener Patienten am Leben ist — auch die bis auf weiteres längste Verlaufskontrolle der ganzen Welt beschert. Ziel ist es dabei zum einen, dem Schicksal dieser Patienten zu folgen, zum anderen, signifikante Prädiktorvariablen (klinische und Laborbefunde, Eigenschaften und Umstände, welche zu einer Prognose befähigen) herauszufinden und mit dem klinischen Verlauf zu korrelieren.

Bisher hat man folgende Resultate erhalten: Nach 30monatiger Beobachtungszeit hatten 19%, nach 40 Monaten 24% und nach 45 Monaten 26,5% der Patienten AIDS entwickelt. Bis Dezember 1985 war diese Ziffer auf 29% gestiegen (**Mathur-Wagh** et al. 1985), bis Juni 1986 auf 32% (Mathur-Wagh, Paris-Konf. p-151) und heute — nach nun 6,5 Jahren — liegt sie bei 49% (Mathur-Wagh, pers. Mitt., Juli 1987). Die durchschnittliche Dauer der LAS-Symptome vor dem Übergang zum AIDS betrug für die Patienten mit PCP 39 Monate, für die mit KS nur 19 Monate. Diese Studie ist nicht nur die längste Beobachtungsserie, sondern auch die mit der zweithöchsten Progression zur AIDS-Diagnose, was vermutlich miteinander zusammenhängt.

An der Westküste der USA liegt man bei Langzeitstudien um mehr als ein Jahr zurück, und die Progressionsraten liegen in der Regel um 15%, was viel günstiger erscheint als die Werte an der Ostküste (3–43%). Daß der Zeitfaktor, das Alter der Epidemie sozusagen, das Entscheidende ist, legen auch Untersuchungen in der Schweiz nahe: Bis Dezember 1985 war das kumulative AIDS-Risiko für Schweizer Drogenabhängige auf nur 0,14%, jenes für in der Schweiz lebende Zairer auf 12% angestiegen (Hirschel et al., Paris-Konf. p-166).

Eine andere Beobachtung, über die sowohl Mathur-Wagh et al. als auch Abrams aus San Francisco berichtet haben, ist die schlechte prognostische Bedeutung, die ein Verschwinden der Lymphknotenschwellungen zu haben scheint. Da alle beobachteten Patienten in Zusammenhang mit der Rückbildung der Lymphknotenschwellungen auch AIDS entwickelten, scheint dies ein zuverlässiges und eindeutig schlechtes Zeichen zu sein. Vermutlich sind die Lymphknoten zu diesem Zeitpunkt völlig atrophisch („ausgebrannt"), was von pathologisch-anatomischen Befunden bestätigt wird.

Der Übergang zu AIDS geschieht nach einem noch keineswegs durchschauten Muster. Bei weitem nicht alle seropositiven Personen haben bisher eine Lymphadenopathie oder irgendeine Form von Pre-AIDS entwickelt, und ebensowenig sind alle LAS-Patienten zu AIDS progrediert.

Die Frage nun, wie viele von den nur seropositiven und wie viele von den LAS-Patienten eigentlich im Endeffekt krank werden und wie lange es dauern mag, bis man hierüber endgültige Aussagen machen kann, ist von zentraler Bedeutung. Deswegen sollen im folgenden zahlreiche repräsentative Untersuchungen zu diesem Thema wie Mosaiksteine zu einem Bild zusammengeführt werden, zunächst mit Detailangaben, anschließend in gleicher Reihenfolge in Tabelle 4.1.

Atlanta: Studie mit 78 homosexuellen Männern über 20 Monate, AIDS-Entwicklung in 6,5% der Fälle (**Fishbein** et al. 1985, Atl.-Konf. pW-59).

Miami: Eine Studie mit 16 Müttern zeigte innerhalb von durchschnittlich 30 Monaten eine Weiterentwicklung zum AIDS in 31% und zum ARC in 44% der Fälle, so daß nur noch 4 (25%) der Mütter nach dieser Beobachtungszeit als gesund gelten konnten. Diese ungewöhnlich ernste Entwicklung beruht eventuell auf der Schwangerschaft, die möglicherweise über eine Autoimmunstimulation — etwa der T_h-Zellen, die das Virus beherbergen — die Virusreplikation beschleunigt (Scott et al. 1985, Atl.-Konf. Sess. 2).

Los Angeles: 100 LAS-Patienten wurden über 2 Jahre verfolgt, 16% entwickelten AIDS (**Wolfe** et al., Atl.-Konf. pW-60).

Los Angeles: Von 537 Seropositiven entwickelten im Verlauf von 18 Monaten 71 (13,2%) AIDS (**Detels** et al., Wash.-Konf. THP.60).

San Francisco: Von 143 PGL-Patienten entwickelten in 5 Jahren 47 (36%) AIDS. Bereinigt von unvollständig beobachteten Verläufen ergeben sich folgende standardisierte Progressionsraten (von PGL): nach 2 Jahren 3,5%, nach 3 Jahren 13%, nach 4 Jahren 32% nach 5 Jahren 45% (**Abrams** et al., Wash.-Konf. WP.47).

San Francisco: Von 53 seropositiven Empfängern von Bluttransfusionen entwickelten innerhalb eines zweijährigen Beobachtungszeitraumes (allerdings etwa 3–6 Jahre nach der Infektion) 13,5% AIDS, weitere 26,5% ARC (**Garner** et al., Wash.-Konf. THP.53, aktualisiert Juli 1987).

USA: Von 54 seropositiven Empfängern von Bluttransfusionen entwickelten nach einem Jahr 0,35% AIDS, nach 2 Jahren 4,2%, nach 3 Jahren 8,9%, nach 4 Jahren 15,3% und nach 5 Jahren 24,6%. Dies ist eine raschere Progression zu AIDS als in allen andern Beobachtungen — bedingt durch eine massive initiale Infektion? (**Ward** et al., Wash.-Konf. M.3.5, aktualisiert Juli 1987).

New York: Von 52 seropositiven homosexuellen Männern (HS) entwickelten im Laufe von 2 Jahren 13,5% AIDS und 21% LAS, ARC bzw. „suspect AIDS" (**Kornfeld** et al., Atl.-Konf. pW-58).

New York: In einer Fortsetzung der schon erwähnten Studie von Goedert et al. (1984) sah man, daß von den erwähnten 35 Patienten nach knapp 2 Jahren 14% AIDS entwickelt hatten, 23% „lesser AIDS" und 54% LAS. Hier waren also nur 9% aller 1982 als seropositiv Befundenen noch klinisch gesund (**Goedert** et al. **1985**, Atl.-Konf. Sess. 20).

New York: Von 130 positiven LAS-Fällen entwickelten 8,5% AIDS innerhalb eines Jahres (**Gold** et al. **1985**).

New York: Von 17 seropositiven HS aus Manhattan entwickelten während einer zweijährigen Beobachtungszeit 2 AIDS und 10 „suspect AIDS", insgesamt also 71% (**Marmor** et al., Atl.-Konf. Sess. 8).

New York: Eine ähnliche Studie zeigte eine AIDS-Entwicklung in 18% der Fälle im Laufe einer 18monatigen Beobachtungszeit (**Fernandez** et al. 1985).

New York: Von 107 HS (91 seropositiv) entwickelten 34 (also 32%) AIDS nach im Durchschnitt 16,3 Monaten Beobachtungszeit, von den Patienten, welche schon zu Beginn der Untersuchung gewisse Symptome gezeigt hatten, sogar 73% (**Roberts** et al., Paris-Konf. Com-191).

New York: Von 104 HS wurden 56 seropositiv gefunden. Nach 5 Jahren haben diesen 42,8% von AIDS entwickelt, weitere 14,3% sind im ARC-Stadium (**Lange** et al., Wash.-Konf. THP.62).

New York: Von 112 HS, die in den Jahren 1980–1986 Gürtelrose aufwiesen, haben nach 2 Jahren 22,8%, nach 4 Jahren 45,5% und nach 6 Jahren 72,8% AIDS entwickelt — eine wahrlich ominöse Bedeutung der vorangehenden VZV-Infektion (**Melbye** et al., Wash.-Konf. MP.68).

New York: Von 90 HS mit LAS entwickelten 31 (also 34%) AIDS im Laufe von etwa 4 Jahren. Weitere 6 Patienten entwickelten progressive Demenz bzw. Thrombozytopenie, so daß hier insgesamt 41% der Patienten schon schwer erkrankt sind (**Metroka** et al., Paris-Konf. p-196).

New York: Eine Multicenter-Studie umfaßt 5 Kohorten von HS, 4 aus amerikanischen Städten und die fünfte aus Dänemark. Während in der New Yorker Kohorte innerhalb von 3 Jahren 34,2% AIDS entwickelten, waren die Progressionsraten für die anderen Kohorten mit 17,2% bis 12,3%, für Dänemark sogar nur 8%, eindeutig günstiger (**Blattner** et al., Paris-Konf. Com-98).

New York: Von 257 HS mit LAS (234 seropositiv) entwickelten im Laufe von 4 1/2 Jahren 51 (20%) AIDS. Weitere 8 zeigten Zeichen von Enzephalopathie oder anderen spezifischen Veränderungen, und man fand bei jährlichen „Attack"-Raten von fast 10% kein Indiz für ein mit der Zeit abnehmendes Risiko (**Gold**, Armstrong **1986**, Paris-Konf. p-57, Gold, Baker et al., Paris-Konf. Com-201).

New York: Weitere Studien (**Des Jerlais**, Paris-Konf. Com-197; **Brown** et al., Paris-Konf. p-176; **Friedman-Kien**, Paris-Konf. p-515; **Weiser** et al., Paris-Konf. p-647; **Selwyn** et al., Wash.-Konf. M.3.4) zeigt Tabelle 4.1.

Boston: Von 71 seropositiven LAS-Fällen entwickelten 8,5% AIDS im Laufe von 18 Monaten (**Mayer** et al. **1985**, Atl.-Konf. pW-63).

Boston: Von 28 asymptomatischen seropositiven HS entwickelten 22% ARC, von 36 ARC-Patienten progredierten 14% innerhalb einer 18monatigen Beobachtungszeit zu AIDS (**Schooley** et al., Atl.-Konf. Sess. 8).

Boston: Von 50 seropositiven HS entwickelten in nur 6 Monaten 4% AIDS; ca. 50% progredierten zum LAS (**Mayer** et al. **1986**, Paris-Konf. p-129).

San Francisco: Von 303 LAS-Patienten entwickelten im Durchschnitt 21,3 Monaten 51 (also 17%) AIDS, 2 weitere Thrombozytopenie und 62 weitere Patienten andere ernste Symptome (**Senechek** und Abrams, Paris-Konf. p-56).

San Francisco: Von 662 seropositiven HS (Ausgangsstichprobe: 6700 Personen) konnten 63 über im Durchschnitt 6 Jahre beobachtet werden. 30% entwickelten AIDS, 48% ARC und LAS, so daß nur noch 22% asymptomatisch waren (**Hessol** et al., Wash.-Konf. M.3.1).

MACS: Von 1828 seropositiven Patienten in dieser Multicenterstudie haben im Verlauf von 2 Jahren 164 (9%) AIDS entwickelt — 500 andere Patienten sind jedoch nicht wieder zur Untersuchung erschienen, so daß die Zahl in Wirklichkeit erheblich höher sein kann (**Polk** et al., Wash.-Konf. TP.73).

Weitere Studien aus den **USA** (**Polk** et al., Paris-Konf. Com-99; **Spira** et al., Paris-Konf. p-94; **Moss** et al., Paris-Konf. p-681) zeigt die Tabelle.

London: Von 39 seropositiven HS entwickelten innerhalb von 2 Jahren 10 (26%) ein LAS und 2 (5%) AIDS. Darüber hinaus entwickelten auch 4 seronegative HS ein LAS, was ein Hinweis auf die Möglichkeit seronegativer Infizierter sein könnte (**Pinching** et al., Atl.-Konf. pW-54).

Berlin: Von 133 seropositiven HS entwickelten 7% AIDS innerhalb von knapp zwei Jahren; keiner dieser 133 Patienten zeigte eine Verbesserung seiner immunologischen Lage oder gar eine Sero-Rekonversion (MA **Koch**, Kunze et al., Atl.-Konf. pW-82).

Frankfurt: In einer Beobachtungsserie über 18 Monate wurde ein Übergang zu AIDS in 2%, von symptomloser Seropositivität zum LAS in 10% der Fälle beschrieben (**Helm** et al. 1984). Inzwischen hat sich dieses Bild bei fortgesetzter Verlaufsbeobachtung folgendermaßen verdüstert: 19,4% der Patienten waren bis Anfang 1986 zum AIDS, etwa 70% insgesamt zu LAS, ARC oder AIDS progrediert (**Brodt**, Helm et al. 1986). Im April 1987 hatten schon 46% der LAS- und 87% der ARC-Patienten AIDS entwickelt (Helm, pers. Mitt., Juli 1987).

Niederlande: Seit 1981 sind von 9 durch Transfusionen infizierten Neugeborenen 5 (also 55%) zu AIDS und ARC progrediert, die anderen weisen geringfügige Befunde auf (**von den Berg** et al., Paris-Konf. p-416).

Kanada: Von 138 seropositiven Patienten sind 6 (also nur 4%) zu AIDS, aber weitere 83 (60%) zum ARC progrediert (**Coates** et al., Paris-Konf. Com-100).

Vancouver: Von 323 Seropositiven entwickelten im Laufe von 4 Jahren 26 (18,6%) AIDS (**Schechter** et al., Wash.-Konf. M.3.3).

London: Von 59 LAS-Patienten haben im Laufe von 3 Jahren 12% AIDS entwickelt (**Carne** et al., Paris-Konf. Com-17).

London: Von 170 symptomlosen HS konnten ein bis zweieinhalb Jahre später 133 bzw. 103 nachuntersucht werden. Die jährliche Serokonversionsrate lag bei ca. 7%. Von den zusätzlich Serokonvertierten waren nach einem Jahr 38%, nach 2 Jahren 80% zum LAS progrediert. Von den initial Seropositiven (33) konnten 26 nach 2–3 Jahren nachuntersucht werden: 16% hatten AIDS entwickelt (die Hälfte verstorben), 65% waren zum LAS progrediert (**Weber** et al. 1986).

Paris: Von 128 LAS-Patienten haben nur 2,5% im Laufe eines Jahres AIDS entwickelt (**Couderc** et al., Paris-Konf. p-54).

Dänemark: Von 98 seropositiven LAS-Patienten haben 9 (9%) innerhalb eines Jahres AIDS entwickelt (**Gerstoft** et al., Paris-Konf. p-578). Dies war in klarer Abhängigkeit vom Stadium der Lymphadenopathie geschehen: 0% des Stadiums I (nach G. Pallesen), aber 39% des Stadiums III waren zu AIDS progrediert.

Schweiz: Von 42 seropositiven Drogenabhängigen (DA) hatten 69% nach im Durchschnitt ca. 28 Monaten LAS entwickelt. Die „Chancen" für seropositive Schweizer DA wichen mit 0,14% markant von dem 12%igen Risiko der in der Schweiz lebenden Zairer ab (**Hirschel** et al., Paris-Konf. p-166).

Kinshasa: Von 44 asymptomatischen Seropositiven hatten nach 2 Jahren 5% AIDS und 41% ARC entwickelt. Von 140 Seropositiven insgesamt waren jedoch schon 10 (7%) gestorben, was auf eine etwa 14%ige Progression zu AIDS hinweist (**Ngaly** et al., Wash.-Konf. M.3.6).

Weitere Studien (**Lüthy** et al., Wash.-Konf. WP.81; **Tindall** et al., Wash.-Konf. MP.63) sind in der Tabelle genannt.

Zusammenfassend läßt sich sagen, daß die Progressionsraten mit zunehmender Observationszeit unaufhörlich zu steigen scheinen. Wo man genau hinschaut (Redfield et al., Paris-Konf. p-128, Wright et al., Paris-Konf. p-690), progredieren **alle** Patienten von einem gewissen Stadium an (Walter-Reed-Klassifikation: Stadium WR 3) schon innerhalb von 18 Monaten mindestens zum nächsten. Auch andere als die für AIDS typischen Infektionen nahmen schon im Prodromalverlauf markant zu (Dryjanski et al., Paris-Konf. p-67). Die Entwicklung scheint überall jener der amerikanischen Ostküste mit variierender zeitlicher Verschiebung nachzuhinken.

Es laufen heute etliche große sogenannte **Kohorten-Studien**: beispielsweise mit 6700 HS in San Francisco, mit 5000 HS in einer Multicenter-Studie (Baltimore, Chicago, Los Angeles, Pittsburgh, San Francisco; MACS), aber auch in Sydney, Toronto und in anderen Städten. Am Berliner Gesundheitsamt läuft seit 1984 eine multizentrische Kohortenstudie mit insgesamt etwa 800 Patienten aus fünf deutschen Städten (Berlin, Frankfurt, München, Köln und Hannover).

Man sieht beim Blick auf die rechte Zahlenspalte der Tabelle 4.1 (Jahresprogressionsraten), daß die Berichte trotz ihrer scheinbaren Heterogenität im Endresultat einigermaßen übereinstimmen, zumal, wenn man die unterschiedliche Infektionsdauer der zu einer „Zeitkohorte" zusammengefaßten Infizierten berücksichtigt. Man muß außerdem bedenken, daß die Patienten nach verschiedenen Kriterien ausgewählt wurden (Symptomfreie, Lymphadenopathiepatienten, Seropositive) und daß die Anwendung von Begriffen wie „suspect AIDS" und „lesser AIDS" die Vergleichbarkeit beeinträchtigt. Insgesamt ergibt

Autor	AIDS (%)	AIDS+ ARC (%)	AIDS+ ARC+LAS (%)	AIDS/Jahr (%)	Ort
USA:					
Mathur-Wagh	43			7,5	NY
Goedert 1984	6,9	20		6,9	NY
Fishbein	6,5			4	Atlanta
Scott	31	75		12,5	Miami
Wolfe	16			8	LA
Detels	13,2			8,8	LA
Abrams	36			7,2	SFr
Gerner	13,5	40		6,8	SFr
Ward	24,6		48	6,2	USA
Kornfeld	14	35		7	NY
Goedert 1985	14	37	91	7	NY
Gold 1985	8,5			8,5	NY
Marmor	12	71		6	NY
Fernandez	18			12	NY
Roberts	32			24	NY
Metroka	34			7,5	NY
Blattner	34,2			11,4	NY
	17,2			5,7	Wash.DC
	12,5			4,2	Queens
	12,3			4,1	PA
Gold 1986	23			5	NY
Lange	42,8	57		8,6	NY
Melbye	72,8			12,1	NY
Des Jarlais	3			4	NY
Brown	9			8,3	NY
Friedman-Kien	21			10	NY
Weiser	7	16		5,5	NY
Mayer 1985	8,5			6	Boston
Schooley	14	22		9,5	Boston
Selwyn	8,7			5	NY
Mayer 1986	4		54 (6 Mon.!)	8	Boston
Senechek	17			9	SFr
Hessol	30	51	78	5	SFr
Polk	9			4,5	MACS
Spira	13			4,4	Atlanta
Moss	6,5			6,5	SFr
Andere Länder					
Melbye	9	18		8	DK
Pinching	5		31	2,5	GB
Koch	7			3,5	D
Brodt	19,4		70	8	D
v d Berg	18	55		3,5	NL
Coates	4		64	3	CDN
Schechter	18,6			4,7	Vancouver
Tindall	8,3			2,8	Sidney
Carne	12			4	GB
Weber	16		65	6,5	GB
Couderc	2,5			2,5	F
Gerstoft	9			9	DK
Hirschel			69		CH
Lüthy	7			7	Zürich
Ngaly	5	46		2,5	Kinshasa

Tabelle 4.1 Zusammenstellung von Resultaten verschiedener Langzeitstudien zur Progression innerhalb der Krankheitsentwicklung. In der zweiten Zahlenspalte stehen die Ziffern für AIDS und ARC, in der dritten die für AIDS, ARC und LAS, in der vierten die errechnete Jahresrate der Progression zum AIDS. Dahinter sind die Länder beziehungsweise Städte angegeben, in denen die Studien durchgeführt worden sind.

sich, daß in einem gewissen Stadium der Epidemie jährlich etwa 7% von der Seropositivität, zumindest vom LAS, zu AIDS zu progredieren scheinen – zu Beginn der Epidemie eindeutig weniger, später vielleicht mehr. Bestimmte Bedingungen (Schwangerschaft? Frühgeburt?) können den Übergang beschleunigen; außerdem wird deutlich, daß die meisten der seropositiven und asymptomatischen Patienten innerhalb einer Beobachtungszeit von drei bis vier Jahren zu irgendeinem symptomgebenden Stadium progredieren (in einzelnen Studien 60 bis 75% und sogar 91%). Eine klinisch eindeutige Verschlechterung fanden Brodt et al. (1986) bei ca. 80%, Redfield et al. (1986) sogar bei bis zu 100% der beobachteten Personen.

Sehr aufschlußreich sind die neuen Beobachtungen an der San Francisco-Kohorte. Die kumulative Inzidenz der AIDS-Fälle in dieser Kohorte (CDC, MMWR 1985-38) war schon im Herbst 1985 mit 38250 pro Million die höchste aller untersuchten Populationen (vergleiche auch Jaffe et al. 1985-1 und Curran et al. 1985). Ca. 73% dieser Kohorte sind heute seropositiv. Viele sind immer noch symptomfrei, aber die Zahl der AIDS-Fälle entwickelt sich dramatisch.

Seit mehreren Jahren wird in San Francisco intensiv informiert, diskutiert, organisiert, werden – zugeschnitten auf die Hochrisikogruppe – Prospekte gedruckt, Telefondienste eingerichtet und Veranstaltungen durchgeführt. Die Wirkung dieser intensiven Kampagne läßt sich deutlich an den fallenden Zahlen neuauftretender Fälle rektaler Gonorrhoe ablesen (Abb. 4.1 oben). Dennoch steigt die Zahl der AIDS-Fälle unaufhaltsam an (Abb. 4.1 Mitte). Dies ist ein sinnfälliger Ausdruck für die lange Phasenverschiebung zwischen Ursache und Wirkung bei dieser Krankheit.

Besonders deprimierend, da sie möglicherweise eine erhebliche Serokonversationslatenz widerspiegelt, ist die Beobachtung, daß die Kurve der Seropositivität (Abb. 4.1 unten) jahrelang ziemlich unbeirrt weiterhin anstieg (auch wenn sich ab 1985/86 eine Verlangsamung abzeichnet, die allerdings zumindest teilweise bereits ein Sättigungseffekt sein dürfte).

Dies ist in der Tat eine Hiobsbotschaft, die auf zwei Weisen gedeutet werden kann: Entweder haben Informationen und verschiedene Beratungsprogramme keinen nennenswerten Effekt auf die Ausbreitung des Virus gehabt – was uns zu der bedauerlichen Einsicht zwingen würde, unsere Gegenmaßnahmen seien nicht sehr effektiv. Oder aber die Seropositivität, die wir jetzt messen, spiegelt eine Situation wider, die weiter in der Vergangenheit liegt, als wir bisher glauben. Das wiederum würde bedeuten, daß viele Infizierte viel später serokonvertieren als vermutet, daß also um die Seropositiven schon seit langem ein Halo unbekannter Größe von seronegativen Virusträgern existiert. (Hierfür gibt es noch eine Reihe weiterer Hinweise.) Beide Erklärungen vergrößern das Problem erheblich.

Daß verschiedene Langzeitstudien zu variierenden Resultaten kommen, hat man auch als Zeichen für die Existenz gewisser Cofaktoren gedeutet. So wurde vermutet, der HLA-Typ DR5 könne ein überdurchschnittlich hohes Risiko anzeigen, AIDS zu entwickeln (Goedert et al. 1984). Darüber hinaus scheinen Homosexuelle mit multiplen Geschlechtskrankheiten und sonstigen wiederholten Expositionen gegenüber verschiedenen Viren und anderen Noxen eine schlechtere Prognose zu haben als zum Beispiel Hämophile oder Transfusionspatienten. Das Bild hat sich inzwischen etwas verwischt. Möglicherweise variieren lediglich die Inkubationszeiten. Nur bei den durch Bluttransfusionen Infizierten kann man das Datum der Infektion genau festlegen; bei allen anderen kann man nur raten und sich dabei leicht um mehrere Jahre verschätzen. Die falsche Erinnerung über den wahrscheinlichen „Kontaktfall" mag anfangs viele Leute in die Irre geleitet und die Inkubationszeiten scheinbar verkürzt haben.

Eine weitere mögliche Erklärung für die verschiedenen Beobachtungsergebnisse wären genetisch verschiedene Viruslinien. Die Unterschiede zwischen den Genomen der Viren von Los Angeles, New York, Haiti, Europa und Afrika sind beträchtlich, und es gibt schon etliche Untersuchungen, die darauf hinweisen, daß die in vitro (unter Laborverhältnissen) sich verschieden verhaltenden Virustypen auch in vivo (im Patienten) eine unterschiedliche Virulenz aufweisen (Åsjö et al. 1985-2, Neapel-Konf. Dezember 1985; Rübsamen-Waigmann et al. 1986). Der Virustyp, der sich durch höhere Virulenz, stärkere Bildung pathologischer Zellen, größere Vitalität und schnellere Replikation auszeichnet, scheint vorwiegend von jenen Patienten zu stammen, bei denen die Krankheit ungewöhnlich rasch progredierte. Hier wird es sehr aufschlußreich sein, die genetische Dechiffrierung zweier deutlich verschiedener Virustypen durch-

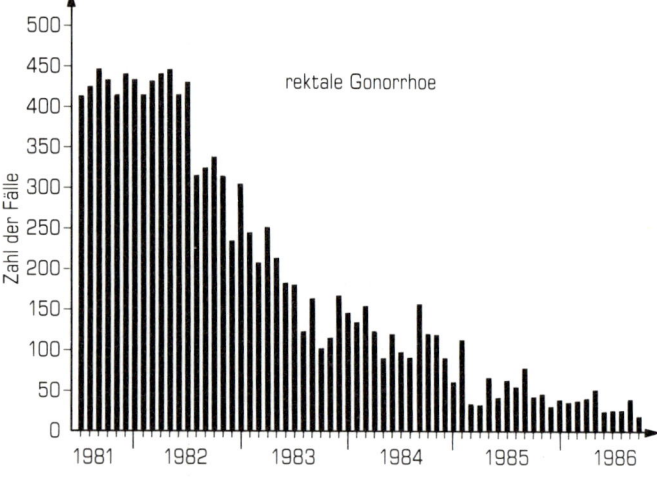

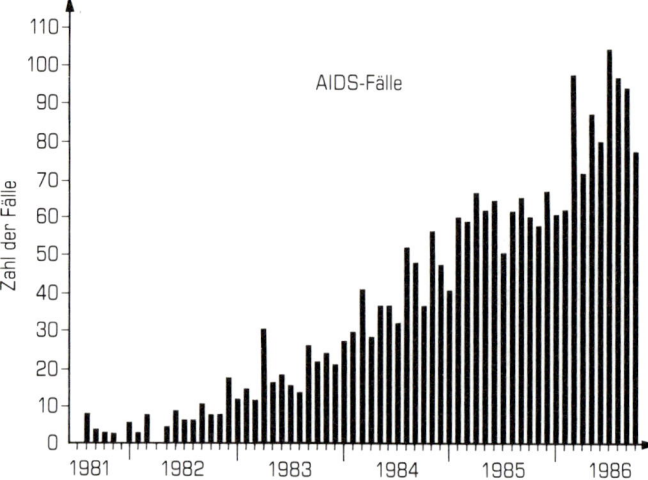

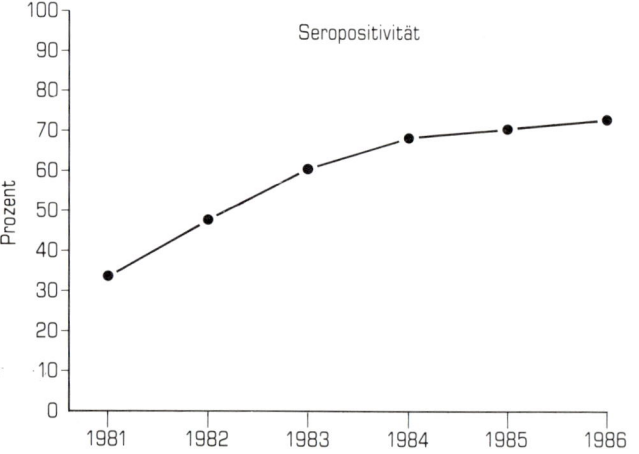

4.1 Fallzahlen der rektalen Gonorrhoe (oben) und die Zahl der AIDS-Fälle (Mitte) in San Francisco, monatlich, nicht kumuliert (Echenberg, San Francisco, Dezember 1986). Im Vergleich dazu (unten) die Entwicklung der Seropositivität unter den Mitgliedern der San Francisco City Kohorte (CDC, MMWR 1985-38, aktualisiert nach Darrow, CDC, und Echenberg, San Francisco).

zeitliche Verschiebung von ein bis zwei Jahren zu erkennen. Daher beruhen die Konversions- und Progressionsraten natürlich hauptsächlich auf der „Anciennität" der Patienten, also der „Wartezeit", die verstrichen ist, bevor bei den Infizierten die ersten Symptome auftreten. Unter diesem Aspekt stimmen die verschiedensten Beobachtungen dann leider gut überein. (Die Kurve 16.31 zeigt die ungefähre Wahrscheinlichkeitsverteilung der Inkubationszeiten. Verschiedene Untersuchungen repräsentieren jeweils unterschiedlich „steile" Abschnitte dieser Kurve, also verschiedene Lokalisationen auf der „Altersskala" der Infektion.)

Je länger man beobachtet, desto mehr Patienten scheinen AIDS zu entwickeln, so daß bisher einfach keine endgültigen Ergebnisse für die kumulierten Progressionsraten vorliegen können. Alle derartigen Angaben sind also notwendigerweise vorläufig. Man kann leider bislang nicht einmal feststellen, daß die Tendenz, klinisch zu erkranken, nach längeren Zeiträumen zu sinken beginnt, was zu schlimmen Befürchtungen Anlaß gibt.

Es ist festzuhalten, daß viele Patienten mit abweichenden Laborwerten oder sogar einer ausgeprägten Lymphadenopathie lange Zeit in einer ziemlich stabilen Lage verharren können. Auch eine klinische Verbesserung ist hin und wieder erwähnt worden, scheint jedoch mit zunehmender Testschärfe und Erfahrung sowie stetig differenzierterer Diagnostik leider immer seltener beobachtet zu werden.

Für prognostische Aussagen über den weiteren Verlauf der Erkrankung haben sich folgende Parameter als wertvoll erwiesen: säurelabiles Alpha-Interferon, Beta-2-Mikroglobulin, Neopterin, herabgesetzte Stimulierbarkeit von Makrophagen und Leukozyten, Leukopenie, sinkendes Antikörperniveau, Lymphknotenatrophie, *Candida*-Infektionen, kutane Anergie, vor allem aber der T_h/T_s-Zellquotient und vielleicht noch mehr die absolute Anzahl der T-Helferzellen. Auch in den fortgeschritteneren Stadien ist es gerade der T_h/T_s-Zellquotient, die absolute Zahl der T_h-Zellen, die Stimulierbarkeit von Lymphozyten (**LPR**, **l**ymphocyte **p**roliferative **r**esponse) und die Überempfindlichkeitsreaktion vom verzögerten Typ (**DTH**, **d**elayed **t**ype **h**ypersensitivity), die den größten prognostischen Wert zu haben scheinen.

Immer deutlicher wird der prognostische Wert von *Candida*-Infektionen. Auch klinische Zeichen wie „hairy leukoplakia" (ausschließlich bei HIV-Infizierten zu finden!), Zehennagelmykosen, Koordinationsschwierigkeiten beim Leisten der Unterschrift sowie frühes Auftreten von Immunglobulinen im Liquor sind prognostisch verwertbar (die beiden letzteren Symptome als Zeichen massiver Beteiligung des Zentralnervensystems).

Zahlreiche Untersuchungen beweisen, daß Patienten, denen es selbst noch gut geht, andere infiziert haben, so ihre eigenen Kinder oder die Empfänger von Bluttransfusionen. Letztere sind teilweise schon an AIDS erkrankt oder verstorben, bevor der Blutspender selbst überhaupt Symptome zeigte. Es gibt sogar einen Fall, wo der Blutspender nach über 7 Jahren noch immer im Pre-AIDS-Stadium ist, und mehrere, wo der Blutspender erst nach dem Zeitpunkt der Blutspende seropositiv wurde (mangelnde Testsensitivität, steigende Titer, Antigendrift des Virus oder frische Infektion?). Anhand solcher Fälle wird offenbar, daß hier die besonderen Eigenschaften der Infizierten und nicht die jeweilige Virusvariante die Entwicklung steuerten.

Vielleicht spielen hier eine Reihe von Cofaktoren hinein, etwa die wiederholte Exposition gegenüber verschiedenen Varianten des AIDS-Virus, wie man sie bei sehr promiskuitiv lebenden Menschen sowie bei manchen Blutern annehmen kann. Auch der individuelle HLA-Typ, prädisponierende Schäden des Immunsystems, andere Virusinfektionen, z. B. mit CMV, EBV, HSV oder Hepatitis-Virus, und überhaupt alle Geschlechtskrankheiten (**STD**, **s**exually **t**ransmitted **d**iseases) kommen dabei in Frage. Wenn man energisch sucht, scheint man bei so gut wie allen seropositiven Personen auch das Virus nachweisen zu können (zwischen 10 und 100%, abhängig vom Krankheitsstadium und der Qualität des jeweiligen Labors). Bedauerli-

zuführen, da man aus der Verschiedenheit des jeweiligen Erbmaterials eventuell Rückschlüsse darauf ziehen kann, wo die für die Virulenz verantwortlichen Nucleotidsequenzen sitzen.

Im großen und ganzen schreibt man jedoch die Abweichungen zwischen verschiedenen Verlaufsstudien eher dem unterschiedlichen „Alter" der Epidemie zu. So ist zwischen Haiti und der Ostküste der USA, zwischen der Ostküste der USA und Kalifornien sowie zwischen den USA und Europa jeweils eine klare cherweise lassen sich Viren manchmal auch in seronegativen Personen nachweisen. Es ist demnach heute in hohem Maße Ausdruck unverantwortlichen Wunschdenkens, seropositive Personen – bis zum Beweis des Gegenteils – nicht als potentiell ansteckend zu betrachten.

Die klinische Entwicklung

Es ist offensichtlich, daß die Prognose (die Vorhersage über Verlauf und Ausgang der Krankheit) unter anderem vom Zeitpunkt der Diagnose abhängt. In Haiti starben anfangs 80% der AIDS-Patienten schon innerhalb von sechs Monaten nach der Diagnosestellung, was vermutlich darauf beruht, daß sie schon bei der ersten Aufnahme ins Krankenhaus in einem fortgeschrittenen Krankheitsstadium waren. In Zaire starben manche Patienten schon innerhalb des ersten Tages in der Klinik, so daß man es nicht einmal immer schaffte, die notwendigen Blutproben zu entnehmen.

Wie das Krankheitsbild AIDS aussieht, wenn es die Kriterien der CDC erfüllt, wird ausführlich im Kapitel „Klinische Bilder" behandelt. Dabei treten entweder Kaposi-Sarkome (KS) oder andere definierte bösartige Tumorformen oder opportunistische Infektionen (OI) auf. Die Krankheit kann sich aber immer noch recht lange hinziehen. Die durchschnittliche Zeit für den Aufenthalt von AIDS-Patienten in amerikanischen Krankenhäusern (meistens auf Infektions- oder sogar auf Intensivstationen) betrug 244 Tage (Landesman et al. 1985). Die Zahlenangaben schwanken, auch kürzere durchschnittliche Zeiten für den Klinikaufenthalt, zum Beispiel 167 Tage, sind angegeben worden. (Sie hängen sicher von lokalen Behandlungsroutinen ab.) Viele der Patienten sind zwischen den Krankenhausaufenthalten aber zeitweilig wieder zu Hause. Die gesamte Überlebenszeit nach der Diagnosestellung wurde für die ersten 10000 amerikanischen Patienten auf durchschnittlich 392 Tage berechnet.

Es sieht so aus, als ließen sich in dem klinischen Muster der verschiedenen Erkrankungsphasen zwei typische Manifestationswege unterscheiden:
(1) Die meisten Kaposi-Sarkome treten bei männlichen Homosexuellen auf. Häufig fehlt eine längere Prodromalphase, und die Hautveränderungen sind das erste Symptom, das den Patienten zum Arzt führt. Oft finden sich auch schon pathologische Lymphknoten. Ein Teil der KS-Patienten hat zudem schon Anamnesen von bis zu 18 Monaten dauerndem LAS. Diese LAS-Patienten erscheinen ansonsten kaum krank. Sie haben zwar die typischen niedrigen T_h/T_s-Quotienten, manchmal auch Lymphopenie, aber nur 7% weisen eine vollständige kutane Anergie auf. Die meisten von ihnen scheinen den ernsten opportunistischen Infektionen erst einmal zu entgehen.
(2) Die andere Manifestationsform von AIDS scheint häufiger bei Blutern, Haitianern und Transfusionspatienten vorzukommen: Hier gibt es langanhaltende Phasen, aber auch plötzliche Schübe, von ernsthaften Allgemeinsymptomen (Fieber, Gewichtsabnahme, Durchfall, rezidivierende bakterielle Infektionen), die allmählich in schwere opportunistische Infektionen übergehen. Diese AIDS-OI-Patienten haben häufig keine ausgeprägte Lymphadenopathie. Spät in der Entwicklung können dann die Krankheitsbilder von AIDS-OI- und von AIDS-KS-Patienten wieder sehr ähnlich werden, indem beide Gruppen die fehlenden Symptome noch entwickeln (in diesem Falle kommt es oft zur Kombination von KS und PCP). Irgendwo in dieser Krankheitsentwicklung scheint es einen Punkt der Irreversibilität zu geben („point of no return"), der vermutlich im ARC-Stadium liegt und vielleicht an der Zahl von T-Helfer-Zellen ablesbar ist. Dies scheint dem Stadium WR3 nach Redfield zu entsprechen. Man kann das Gesagte etwa wie in Abbildung 4.2 schematisieren.

Mortalität

Wie schon erwähnt, ist die Mortalität von AIDS sehr hoch und folgt einem ziemlich einförmigen Muster. Bezogen auf die Gesamtheit der zum jeweiligen Zeitpunkt bekannten Patienten scheint sie sich bei etwas über 50% einzupendeln, wobei ein Vorbehalt wegen der häufig etwas nachschleppenden Anmeldung von Todesfällen angebracht ist. Im individuellen Fall hängt die Überlebenszeit davon ab, welche Krankheit der Patient zuerst entwickelt. Die Verhältnisse werden noch dadurch kompliziert, daß maligne Erkrankungen manchmal schon in einem sehr frühen Stadium der Entwicklung auftreten, lange bevor die opportunistischen Infektionen üblicherweise kommen. Solche Patienten haben dementsprechend häufig auch noch T_h-Zell-Werte im unteren Normbereich. Bei weniger malignem Verlauf können die früh an KS erkrankten Patienten ungewöhnlich lange überle-

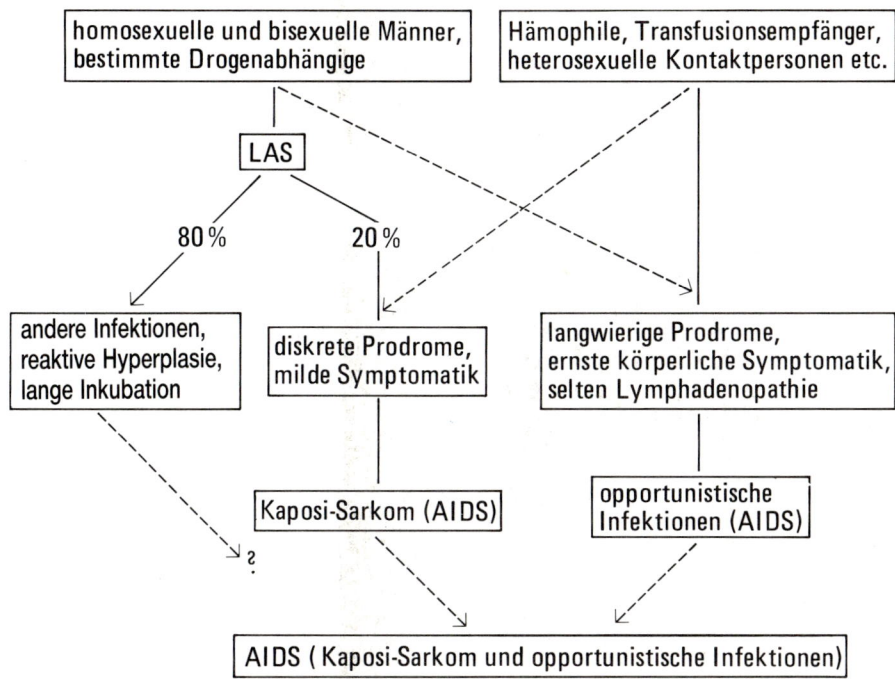

4.2 Schematische Darstellung verschiedener klinischer Wege zum AIDS (nach J. Cohen 1984, auf der Basis klinischen Materials von D. Mildvan, ergänzt).

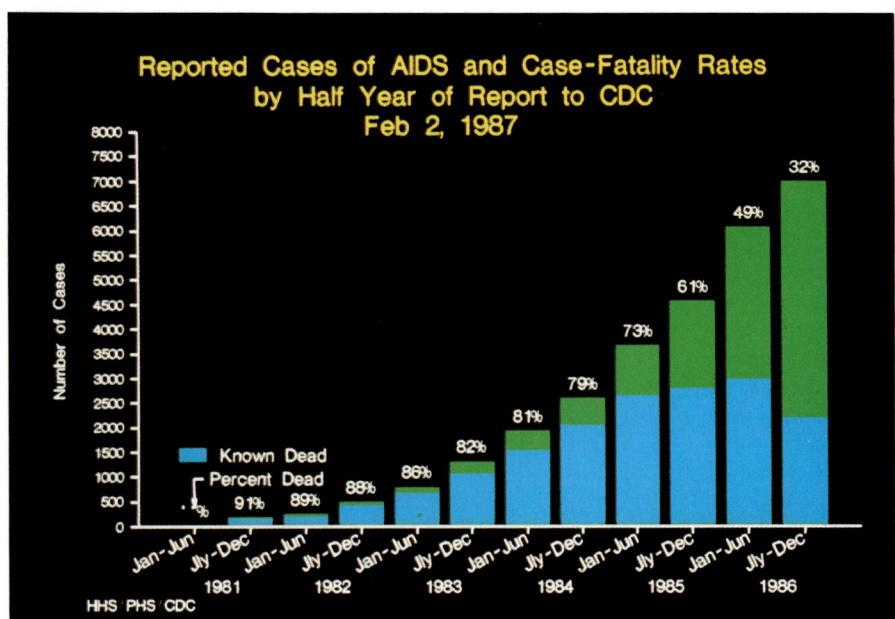

4.3 Zahl der AIDS-Fälle (grün) und der AIDS-Toten (blau) in den USA, halbjährlich, nicht kumuliert; über jedem Stapel ist jeweils der Anteil bekannter Todesfälle in Prozent der in der gleichen Periode diagnostizierten Fälle angegeben (2. Februar 1987, CDC-Bildarchiv).

ben; andererseits können z. B. undifferenzierte Non-Hodgkin-Lymphome, die schwer zu behandeln sind, auch sehr schnell zum Tode führen.

Bei KS-Patienten sieht man beide Varianten: Ein Teil der Tumoren kann erfolgreich mit der herkömmlichen KS-Therapie behandelt werden, und man hat sogar eine Reihe spontaner Remissionen beobachtet. Andere hingegen sind sehr bösartig, werden von einem hohen und auch schnell steigenden Antikörpertiter gegen das AIDS-Virus begleitet, und man sieht in solchen Fällen manchmal eine fulminante multifokale Verbreitung des KS unter Einbeziehung von Lymphknoten und inneren Organen. Prognostisch am ungünstigsten erscheint die Kombination von KS und OI. Die durchschnittliche Überlebenszeit scheint für primäre PCP bei 9 Monaten zu liegen (bei einer Überlebensrate von 0% nach 21 Monaten). Die durchschnittliche Überlebenszeit beim KS liegt mit 21 Monaten eindeutig höher.

Die Entwicklung der Mortalität für die ersten 25 000 Patienten der USA ist in Abbildung 4.3 dargestellt. (Die oft genannte Gruppe „lost to follow-up" müßte wohl als „vermutlich verstorben" zu den Todesfällen hinzugerechnet werden.)

5 Klinische Bilder

Die bei AIDS-Patienten zu beobachtenden klinischen Bilder sind von einer verwirrenden Vielfalt, was nicht überrascht, wenn man berücksichtigt, welch tiefgreifender immunologischer Defekt dieser Erkrankung zugrunde liegt. Es gibt keinen für AIDS typischen Krankheitsverlauf, keinen „klassischen" AIDS-Patienten, an dessen Beispiel auch nur annähernd das weite Spektrum der möglichen Symptome dargestellt werden könnte. Eine realistische Vorstellung vom Verlauf der AIDS-Erkrankung kann man sich nur machen, indem man eine große Anzahl von individuellen Krankengeschichten genau studiert.

Dennoch gibt es natürlich dominierende Züge, die besonders im Endstadium der Erkrankung auch einförmiger werden. Es wird immer offensichtlicher, daß die Krankenhäuser vor allem von Patienten in fortgeschrittenen Infektionsstadien aufgesucht werden. Während des oft mehrjährigen präklinischen Verlaufs der schleichenden Infektion hingegen werden die meisten Patienten zunächst vom Allgemeinmediziner gesehen, bevor überhaupt ein AIDS-Verdacht aufkommt.

Solche unspezifischen Symptome wie Fieber, Schweißausbrüche, Gewichtsabnahme, banale Infektionen, Diarrhoe, Müdigkeit und Konzentrationsschwäche sind von Patienten häufig geäußerte Beschwerden, die den Alltag eines Allgemeinmediziners dominieren. Sie finden sich in irgendeiner Form in den meisten Anamnesen. Auch Pilz- und Herpes-Infektionen werden in erster Linie von niedergelassenen Ärzten diagnostiziert und behandelt, dasselbe gilt für viele andere banale Beschwerden, Lymphknotenschwellungen nicht ausgenommen. Vielleicht sollte in Zukunft der Lymphknotenstatus aller Patienten auch in der Durchschnittspraxis häufiger aufgenommen werden, als das heute geschieht. Vor allem der praktische Arzt muß davon ausgehen, daß er zunehmend häufiger mit dieser Krankheit zu tun haben wird, besonders, wenn er in einer Großstadt tätig ist. Daher ist es wichtig, sich über die vielfältigen Erscheinungsformen von AIDS rechtzeitig zu informieren, um nicht zum Anlaß eines „doctor's delay" zu werden.

Ganz allgemein fällt bei der Mehrzahl der AIDS-Patienten ein rapides Altern und eine Reduktion des Allgemeinzustandes bis hin zu einer Kachexie auf. Jeder kennt die publizierten Bilder von Rock Hudson, in denen man ihn in eklatanter Weise verwandelt findet — von der bekannten stattlich-gesunden Erscheinung früherer Jahre zu einer hageren Gestalt, die man kaum wiedererkennt. Es war zwar eine vereinfachte, ja, falsche Darstellung, in dem die eigentlichen Stadien seiner Veränderung in den letzten Jahren gar nicht gezeigt wurden — aber sie zeitigte Wirkung.

Auf eine merkwürdige Weise hat dieser individuelle Fall einen Teil jener Aufmerksamkeit erregt, den die Krankheit bereits zwei Jahre früher hätte wecken sollen. Zahlreiche anonyme Fälle haben offenbar nicht das gleiche Interesse gefunden wie das Schicksal dieses Filmidols. Es mag den Gedanken ausgelöst haben, daß, wenn selbst ein so bekannter und wohlhabender Star sich weder schützen noch Heilung kaufen konnte, die Lage für die „kleinen Leute" erst recht aussichtslos sein mußte.

Es ist nicht leicht, das typische Aussehen eines AIDS-Patienten zu zeigen, zumal man eine natürliche Scheu davor hat, so schwerkranke Menschen zu fotografieren. In ihrer Mimik spiegelt sich oft der Persönlichkeitsverfall wider, und manchmal treten kindliche oder läppische Züge hervor (Abb. 5.1). Mit Schreckensbildern der späten Krankheitsphasen ist niemandem gedient, und wir wollen sie in dem Intim-Milieu der Kliniken lassen. Das durchschnittliche Bild hingegen ist wichtig für den, der einen Eindruck von der Einwirkung der fortschreitenden Erkrankung auf den Organismus gewinnen will. Es handelt sich dabei um eine Kombination von generell herabgesetzter Vitalität, Gewichtsabnahme, Schwäche, Müdigkeit und häufig einer veränderten Psyche, manchmal sogar mit ausgeprägten Hirnfunktionsstörungen, mitunter auch Kaposi-Sarkom mit sekundären Ödemen oder einer sichtbaren Lymphadenopathie.

5.1 Junger Mann mit AIDS − einer Krankheit, die oft zu schwerwiegenden Persönlichkeitsveränderungen führt (Copyright FIB-aktuell).

Ganze Familien hat dieses Schicksal getroffen, das mehr Tragik und Leiden mit sich bringt, als die meisten sich vorstellen können. Ohne sehr viel Phantasie kann man sich von dieser Wirklichkeit kein Bild machen. Um die so geschlagenen Menschen spielen sich teilweise Szenen voller ergreifender Menschlichkeit ab, voll treuer Hingabe, aufopfernder Liebe und einer schier unendlichen Geduld. Andererseits gibt es Schicksale von abgrundtiefer Verzweiflung, Verlassenheit und endloser Einsamkeit. Eine „typische" Situation läßt sich nicht schildern. Um sozusagen das ganze Spektrum in das Blickfeld zu holen, seien im folgenden zwei ursprünglich in *Newsweek* veröffentlichte Leidensgeschichten in deutscher Übersetzung wiedergegeben, die zwei ziemlich extreme Situationen (sicher nicht die extremsten) auf dieser Skala wiedergeben.

Eine Familie gewährt ihrem an AIDS erkrankten Sohne Zuflucht
Trotz anfänglichen Schocks bleibt das Verstehen

Obwohl Helenclare Cox seit Jahren gewußt hatte, daß ihr Sohn Andrew homosexuell war, kam die Nachricht, daß er AIDS habe, dennoch wie ein Schock für sie. Keinen Augenblick aber kamen ihr Zweifel auf, daß ihr jetzt 34jähriger Andrew in ihr Heim in Altadena (Kalifornien) gehörte, wenn er krank war. In dieser Hinsicht hat Andrew Hiatt (seine Mutter ist zum zweiten Mal verheiratet)

Glück: Es gibt zahlreiche Horrorgeschichten von Familien, die − weil unfähig, ihre eigenen Ängste und Vorurteile in bezug auf AIDS zu überwinden − ihre Söhne einem einsamen Sterben im unpersönlichen Krankenhausmilieu überlassen oder sie zwingen, ihre Stütze nur bei Freunden, Liebhabern oder teilnehmenden Fremden zu suchen.

Im Sommer 1983 hatte Andrew eine sechsjährige homosexuelle Verbindung beendet und war nach San Francisco gezogen. Er arbeitete als Steward für *Continental Airlines*, als er das erste Mal eine kleine, bläuliche Verfärbung an seinem rechten Knöchel bemerkte. Anfangs glaubte er, sich an einem Essenswagen gestoßen zu haben. Er hatte vom Kaposi-Sarkom gehört, jenem Hautkrebs bei AIDS-Opfern, aber er konnte nicht glauben, daß diese kleine Quetschung ein so verräterisches Stigma sein sollte. Als er zu seiner Schwester Linda gezogen war, begann er unter intensiver Müdigkeit und nächtlichen Schweißausbrüchen (typischen AIDS-Symptomen) zu leiden. Selbst seine Schwester nahm nur widerwillig zur Kenntnis, was los war. „AIDS widerfährt anderen Menschen, dekadenten Schwulen", glaubte sie, „so etwas passiert nicht deinem kleinen Bruder." Um Weihnachten herum hatte Andrew siebeneinhalb Kilogramm an Körpergewicht verloren und litt an heftigen Schmerzen infolge eines Burkitt-Lymphoms, eines seltenen, aber schnell wachsenden Lymphdrüsenkrebses. Bei der nächsten Familienfeier konnte er nur mit Mühe das Bett verlassen. Nach einer Diskussion mit ihrem Gatten Bill überredete Helenclare ihren Sohn Andrew, zu ihnen nach Hause zu kommen, nach Altadena, einem Vorort von Los Angeles.

Der Arzt jedoch, den die Mutter hinzurief, bestand darauf, ihn sofort ins Krankenhaus zu schicken. Als Andrew im Cedars-Sinai Medical Center in Los Angeles mit dem Tode rang, verbrachte Helenclare jeden Tag an seinem Bett; sie war der einzige Lichtblick, der in seiner Erinnerung von jenem Alptraum aus Chemotherapie, Injektionen und Besuchern mit Masken, Schutzanzügen und Gummihandschuhen zurückblieb. Alles, was er von jenen vermummten Gestalten hatte auffassen können, war „der Schock in ihren Augen". Eines Tages, im Halbschlaf, hörte er das Wort „AIDS", und da wurde es ihm klar: „Nun ist es wahr geworden, das ist es also."

Als es ihm wieder besser ging, schaute er aus dem Fenster und entdeckte, daß er groteskerweise direkt auf den Eingang eines Badehauses für Homosexuelle blickte. „Ich sah die Jungen hineingehen", erinnert er sich, „und ich setzte automatisch den Sex mit Krankheit gleich − und dann mit dem Tod."

5.2 Andrew und Helenclare Cox, Copyright 1985 Newsweek Inc. (vorbehaltlich aller Rechte abgedruckt mit Genehmigung vom 8. Nov. 1985).

Später kam es dann zu einer dramatischen Erholung. Als es Zeit war, in das Heim seiner Familie zurückzukehren, immer noch schwach und hilflos, immer noch unter chemotherapeutischer Behandlung, hatte Andrew gemischte Gefühle. „Ich bin meiner Familie immer nahegeblieben", erklärte er, „aber ich habe sie nicht ständig gebraucht. Jetzt auf einmal brauche ich sie für alles." Seine Mutter und sein Stiefvater überließen ihm ihr Schlafzimmer, mit Blick auf die Berge und den Swimmingpool, und zogen selbst ins Gästezimmer. Helenclare fütterte ihn, badete ihn und versuchte, es ihm bequem zu machen. Andrews 88jährige Großmutter, die in der Familie lebte, war eine weitere, unerwartete Quelle des Trostes. Sie starb dann im Frühjahr und entging so dem Schicksal, ihren geliebten Enkel zu überleben. Sie hatte sogar seine dramatische Erholung noch miterlebt.

Es gab aber auch schmerzliche Erlebnisse. Ein längerer Besuch von Nichte und Neffe mußte verkürzt werden, da deren Vater befürchtete, ihre Gesundheit werde durch Andrews Zustand gefährdet. Wenn er den sterilisierten Teller und separaten Handtücher benutzen mußte, kam Andrew sich manchmal vor „wie ein fremdartiges Kriechtier, das niemand berühren wollte". Aber heute fühlt er sich wieder recht wohl und ist optimistisch. Er ist nun in ein eigenes Appartement in den Hollywood Hills gezogen, nach einem Abschied, der Helenclare sehr schwer fiel. „Ich war nie jene Sorte Mutter, die darunter litt, wenn die Kinder das Haus verließen", erklärt sie, „aber hier geht es um ein Kind mit einer lebensbedrohenden Erkrankung." Immer noch glaubt Andrew selbst, die Krankheit hinter sich gelassen. Seine einzigen Symptome zur Zeit sind drei schleichende Herde eines Kaposi-Sarkoms, und sein Körper hat schon eine Reihe von Infektionen, darunter eine schwere Lungenentzündung, überstanden. „Es ist ein neues Leben", erklärte er, „und wie lange es auch immer dauern mag, es wird wunderbar sein." (Jean Seligman und Michael Reese, Los Angeles)

Nur noch Monate zu leben und kein Platz zum Sterben
Die tragische Odyssee eines Opfers, das zum Paria wurde

Als der ehemalige Bauarbeiter Robert Doyle (32) im letzten Winter Atemnot bekam und Blut zu husten begann, war er überzeugt, Tuberkulose zu haben. Die Diagnose, die man stellte, war jedoch viel ernster: AIDS, das zu einer lebensbedrohenden Lungenentzündung geführt hatte. Als die Ärzte des Johns-Hopkins-Hospitals nichts mehr für ihn tun konnten, versuchten sie erfolglos, ein Hospiz oder ein Heim zu finden, das Doyle aufnehmen würde. Er wurde letztes Frühjahr aus dem Krankenhaus entlassen, zu krank, um zu arbeiten, völlig gebrochen – und gänzlich allein. Seine Eltern sind tot, und seine beiden Brüder wollten nichts mit ihm zu tun haben. Auch sein 65jähriger Liebhaber, in Angst um die eigene Gesundheit, wies Doyle ab und bestand darauf, daß dieser ihr gemeinsames Appartement verließe. Zu diesem Zeitpunkt glaubten die Ärzte, er habe noch ca. sechs Monate zu leben. Das Erschreckendste für Doyle aber war ein praktisches Problem: Er hatte einfach keinen Platz zum Sterben.

Ende April landete er in einem schmutzigen Motelzimmer in einer der schäbigsten Gegenden Baltimores, wo die verschreckten Angestellten sich weigerten, sein Zimmer zu säubern oder seine Laken zu wechseln. Man hatte es so arrangiert, daß sein Essen außerhalb der Tür abgestellt wurde, normalerweise ein Hamburger aus dem nächsten McDonalds. Aber es vergingen manchmal auch mehrere Tage, an denen Doyle weder Essen noch Geld noch menschlichen Kontakt hatte.

Am 3. Mai erschien dann ein Artikel über Doyles Lage in *The Baltimore Sun* und verwandelte den Unberührbaren in eine lokale „cause célèbre". Aktivisten aus der Homosexuellenszene gaben ihrer Empörung Ausdruck; Vertreter von Staat und Stadt waren peinlich berührt. Einer von Doyles Brüdern wagte sich hervor, aber nur, um sich bereit zu erklären, die Kosten für die Bestattung zu übernehmen. Obwohl mehrere gänzlich Fremde auch dem lebenden Doyle noch ihre großzügige Hilfe anboten, war seine schreckliche Odyssee noch lange nicht zu Ende. Der erste barmherzige Samariter war eine Violinistin des Symphonie-Orchesters in Baltimore. Doyle verbrachte jedoch nur ein kurzes Wochenende in ihrem Hause; nachdem er seine Laken vollgeblutet hatte, begann auch sie zu befürchten, Doyles Zustand könnte das Leben ihrer zwei Kinder gefährden.

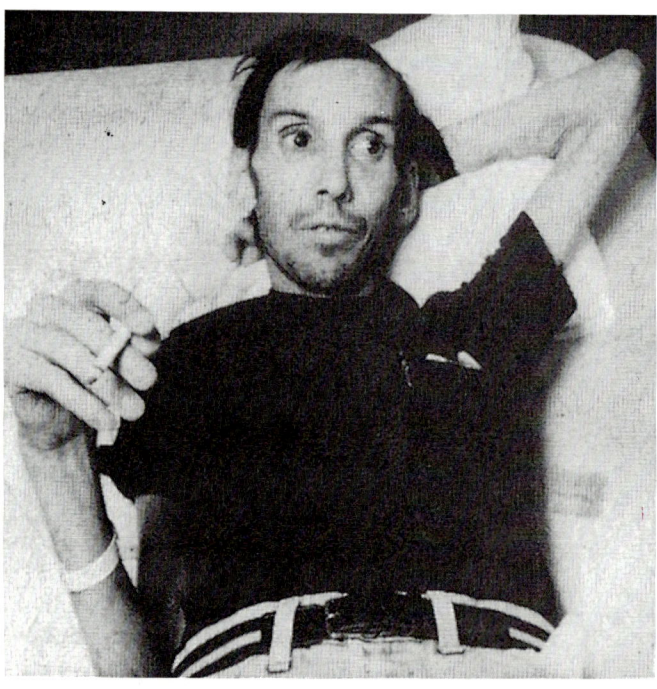

5.3 Robert Doyle, Copyright 1985 Newsweek Inc. (vorbehaltlich aller Rechte abgedruckt mit Genehmigung vom 8. Nov. 1985).

Die nächsten, die sich seiner erbarmten, Arline und Robert Mix, waren ein älteres Ehepaar, dessen Sohn früher mit Doyle bekannt gewesen war. Aber schon bald erhielten sie anonyme telefonische Drohungen, und eines Tages fanden sie ihr Auto total demoliert vor. Nach zwei Wochen erklärte das Ehepaar Mix, daß es ihre Kräfte übersteige, für ihn zu sorgen.

Doyle hat nun 36 Kilogramm an Gewicht verloren und halluziniert zeitweise. Aber trotz aller überwältigenden Probleme hat sich noch ein weiteres Heim für ihn gefunden. Er lebt jetzt in Catonsville, Maryland, in einem Gemeinschaftshaushalt mit drei älteren Erwachsenen (von denen einer auch AIDS hat) und zwei Kindern. „Das Matthäus-Evangelium gebietet Dir, Dich Deines Nächsten anzunehmen", meint einer der Gastgeber Doyles, „wir haben uns also entschlossen, das Risiko auf uns zu nehmen."

Man erwartet, daß die Sozialversicherung Doyle mit 325 Dollar monatlich versorgen wird – bisher aber ist noch keine Zahlung erfolgt. Das „System" der öffentlichen Fürsorge hat in seinem Fall auch andere Lücken; so hat der Sozialhelfer, dem der Fall Doyle behördlicherseits zugeteilt wurde, Angst vor dem direkten Kontakt mit einem AIDS-Patienten und „tut daher seine Pflicht per Telefon".

Seine neue „Familie" hat Doyle zugesichert, daß er bei ihr bleiben kann, solange er will oder bis er stirbt. Das Ende seiner unsäglich traurigen Lebensgeschichte kann jeden Moment kommen; letzthin mußte er erneut mit einer Pneumonie ins Krankenhaus gebracht werden, zeitweilig in Bewußtlosigkeit versinkend und zu schwach, um mehr als einzelne Worte hervorzubringen. Er hat seine Ärzte gebeten, keinerlei „heroische" Maßnahmen zu ergreifen, um sein Leben zu verlängern. (Jean Seligman und Nikki Finke Greenberg, Baltimore)

Die ganz erschütternde Wirklichkeit, die hinter diesen Fallschilderungen steckt, kann man nur ahnen: das unermeßliche Leid und die vielfältigen inneren und äußeren Konflikte, in welche die Beteiligten gestürzt werden, die Angst und Verzweiflung der Erkrankten, die Selbstüberwindung oder das Versagen der zwischen Ansteckungsangst und Hilfsbereitschaft oder -verpflichtung hin- und hergerissenen Familienangehörigen und Fernerstehenden. Man ahnt die Einwände des Ehemannes jener großherzigen Violinistin, die sich schließlich doch gegen den AIDS-kranken jungen Mann und für die Sicherheit ihrer eigenen Kinder entschied, und die Resignation jenes älteren Ehepaares, das schließlich vor der Niedertracht seiner Nachbarn kapitulierte. Man ahnt auch die Gleichgültigkeit der Fremden, die Schäbigkeit sogenannter Freunde, die Furchtsamkeit der Brüder, die Güte von Fremden, die Betroffenheit der Verpflichteten und die Verlassenheit der Betroffenen.

Es ist, wie aus diesen beiden Beispielen deutlich geworden sein mag, nicht möglich, die Situation eines AIDS-Patienten in einer allgemeingültigen Weise zu schildern. Es wäre falsch zu behaupten, alle AIDS-Patienten seien einsam und im Stich gelassen. Wenn ihre persönliche und familiäre Welt intakt ist, hält sie in der Regel auch diese ungewöhnliche Belastung aus. Aber bei vielen Patienten ist diese Welt brüchig, denn sie hat ihre Gestalt entweder durch schnell wechselnde flüchtige Bindungen erhalten oder ist geprägt worden durch Drogensucht, Kriminalität oder Prostitution. Man kann sich der Erkenntnis nicht verschließen, daß gerade unter solchen extremen Belastungen offenbar wird, worauf man sein Leben gebaut hat – auf die ernsthafte Zuneigung zuverlässiger Menschen oder auf die schnellen und zu nichts verpflichtenden Lustgewinne des Augenblicks.

Die beiden obigen Fallbeschreibungen sind nur winzige, wie im Blitzlicht sichtbar gewordene Einblicke in die AIDS-Epidemie, die in den USA bereits etwa 40000 Menschen betroffen und damit das Vielfache an Lebensschicksalen geformt hat. Sie wird mit Sicherheit in Zukunft noch Millionen weiterer Opfer fordern und deren Familien ein ähnliches Schicksal bereiten.

Die letzte Zeit seiner Krankheit verbringt ein AIDS-Patient in der Regel im Krankenhaus; die Überlebenszeit nach Stellung der AIDS-Diagnose beträgt durchschnittlich 392 Tage, so errechnet anhand der ersten 15000 amerikanischen AIDS-Fälle. Im Endstadium sind die Patienten oft schwer krank und liegen auf Infektions- oder Intensivstationen. Das Krankheitsbild ist während der ganzen Zeit lebensbedrohlich, aber dennoch sehr variierend. Die klinischen Erscheinungen reichen von Lungenentzündungen, Sepsis, Knochenmarksinfektionen, intestinalen Infektionen mit Diarrhoe und Kachexie, Kaposi-Sarkom, Hirnlymphomen und anderen immunoblastischen Tumoren bis zu Toxoplasma-Abszessen, Meningo-Enzephalitiden und Hirnatrophie mit schweren Persönlichkeitsveränderungen und Demenz.

Bevor wir nun mehr ins Detail der klinischen Erscheinungsformen gehen, die für den medizinischen Laien allzu speziell sein mögen und überflogen werden können, soll darauf hingewiesen werden, daß dieses Buch nicht als klinische Anleitung gedacht ist. Eine derartige Aufgabe kann man eigentlich nur in Form einer Loseblatt-Sammlung in Angriff nehmen, denn unser

Kenntnisstand auf diesem sowohl neuen als auch intensiv erforschten Gebiet verändert sich ständig und wächst mit unglaublichem Tempo. Das vorliegende Buch soll vielmehr ein allgemeines Verständnis vermitteln für das, was im Organismus vor sich geht, für die Konsequenzen der zugrundeliegenden und schon geschilderten Ausfälle des Immunsystems sowie für den Ernst, mit dem das Geschehen betrachtet werden muß.

Die Abbildung 5.4 faßt klinische Beobachtungen an den ersten 26200 AIDS-Fällen in den USA zusammen; die Graphik zeigt, daß die Lungenentzündung mit *Pneumocystis carinii* (PCP) und das Kaposi-Sarkom (KS) im Verhältnis zu den übrigen opportunistischen Infektionen (OI) weit überwiegen. Weiterhin wird das schon erwähnte Phänomen einer sehr ungleichen Verteilung von KS-Fällen in den verschiedenen Risikogruppen deutlich.

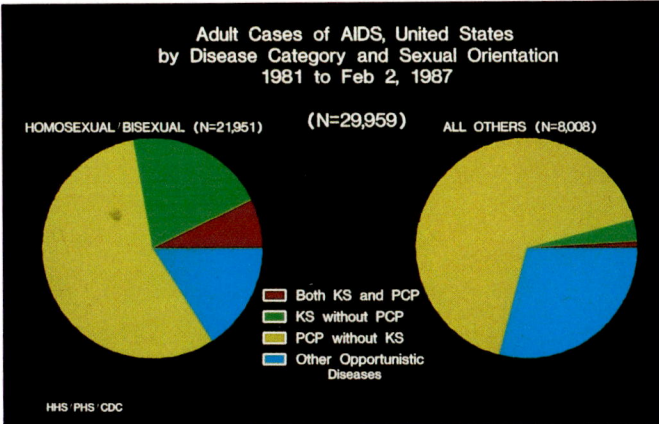

5.4 Verteilung der verschiedenen Krankheitsformen bei den ersten 30000 AIDS-Patienten der USA (2. Febr. 1987), aufgeteilt nach ihrer Zugehörigkeit zu den Risikogruppen; links: Homo-/Bisexuelle; rechts: alle anderen. Gelb: PCP ohne KS; grün: KS ohne PCP; rot: KS und PCP; blau: andere opportunistische Infektionen (CDC, Bildarchiv).

Lunge

Pneumocystis carinii ist ein merkwürdiger Organismus. Man findet ihn in zwei Stadien, als Zyste und als Trophozoit. Es handelt sich um einen Einzeller (Protozoon), dem wir oft schon im Kindesalter zu begegnen scheinen und der, nachdem er mit der Atemluft in die Lunge gelangt ist, eine unbemerkte oder subklinische Infektion hervorzurufen pflegt.

Man weiß sehr wenig über diesen Parasiten. Er ist schwer nachzuweisen und fast unmöglich in einer Kultur zu züchten; wir wissen nicht genau, wie er lebt und die Pneumonie hervorruft oder wie er effektiv ausgeschaltet werden kann. Vermutlich sitzt er bei vielen Menschen symptomlos in Form kleiner Zysten in der Lunge und wird von einem intakten Immunsystem erfolgreich in Schach gehalten. Sobald er aber erst einmal begonnen hat, sich zu vermehren, ist er schwer zu kontrollieren.

Klinisch gibt es die eigentümliche Diskrepanz zwischen einem oft negativen Thoraxröntgenbefund und einem subjektiv wie objektiv stark beeinträchtigten Allgemeinzustand, manchmal mit merkbarer Atemnot. Viele der PCP-Patienten weisen ein völlig normales Lungenröntgenbild auf, sogar einen Fall mit einer Kombination von PCP und Lungentuberkulose fand man röntgenologisch negativ. In verschiedenen Untersuchungen wiesen 25–40% der PCP-Patienten ein normales Lungenbild auf, manchmal auch einen normalen pO_2-Wert in der Blutgasanalyse. In der Regel muß man zu einer bronchoalveolären Lavage (**BAL**) oder einer fiberoptischen Bronchoskopie (**FOB**) mit transbronchialer Biopsie (**TBB**) greifen, um zu einer Diagnose zu gelangen. Oft läßt sich erst mit einer Kombination dieser Untersuchungsmethoden die PCP einigermaßen sicher diagnostizieren oder ausschließen (Abb. 5.5 bis 5.7). Man hat auch einen speziellen „smear"-Test entwickelt, der eine schnelle PCP-Diagnose ermöglicht. Ein Galliumszintigramm ist einer Röntgenuntersuchung deutlich überlegen, wenn es darum geht, einen PCP-Verdacht zu bestätigen. Die Rezidivfrequenz dieser schwer zu behandelnden Pneumonieform ist ungewöhnlich hoch.

Bei AIDS-Patienten aus Haiti stieß man erstmalig auf eine hohe Frequenz (bis zu 60%!) von **Lungentuberkulose**, und bei 35% dieser Patienten lagen nicht-pulmonale Tuberkuloseherde vor. Das ist sehr ungewöhnlich im Hinblick auf die Befunde, welche die Tuberkulose normalerweise bietet. Weniger bekannte Lungenerkrankungen wie die akute interstitielle Pneumonie (**AIP**) und die lymphatische interstitielle Pneumonie (**LIP**) sind auch beschrieben worden. Wie schon erwähnt, hat möglicherweise eine kleine Epidemie tödlich verlaufender interstitieller Pneumonien unter den Drogenabhängigen in New York die AIDS-Epidemie noch vor dem Auftreten der ersten Fälle bei homosexuellen Männern eingeleitet.

Zu großen differentialdiagnostischen Schwierigkeiten führt in der Regel auch das **pulmonale Kaposi-Sarkom**, das offenbar gar nicht so selten zu sein scheint. Das pulmonale Kaposi-Sarkom wird häufig erst bei der Obduktion gefunden. Unter 325 Fällen von KS fand man die Veränderungen 19mal in der Lunge, 4mal sogar ausschließlich dort. Auch andere Lungentumore kommen vor (z.B. das „oat cell"-Karzinom).

Normale Infektionen (mit nicht-opportunistischen Erregern) können einen ungewöhnlichen und sehr fulminanten Verlauf nehmen. Neben Lungengangrän bei **Staphylokokken-Infektion** und kavernösen **Pneumokokken-Pneumonien** mit bronchopleuraler Fistel sind auch kavernös einschmelzende, durch *Rhodococcus equi* und sogar durch den Pilz *Cryptococcus neoformans* ausgelöste Lungenentzündungen beschrieben worden.

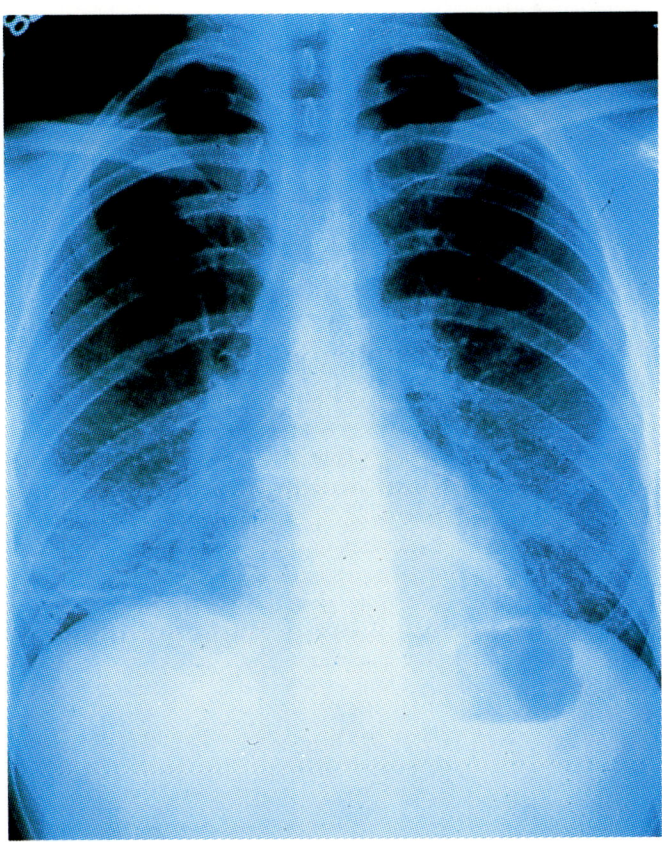

5.5 Röntgenbefund eines Patienten mit PCP (JWM Gold, Memorial Sloan-Kettering Cancer Center, New York).

Kokzidiomykose (*Coccidioides immitis*) ist auch nicht ganz ungewöhnlich, noch häufiger sogar die Kombination von PCP mit einer CMV-Pneumonie (in einer Untersuchung 50% aller PCP-Fälle). Die Diagnostik kann dann noch schwieriger werden, und man führt deshalb bei der FOB jetzt regelmäßig die trans- und die endobronchiale Biopsie (**TBB** und **EBB**), darüber hinaus die offene Lungenbiopsie (**OLB**), die schon erwähnte BAL und manchmal auch eine Mediastinoskopie durch.

Des weiteren sind **Kryptosporidien-Pneumonien** beschrieben worden. Dies ist besonders unerfreulich, weil man auch bei diesen mit besonderen therapeutischen Schwierigkeiten rechnen muß.

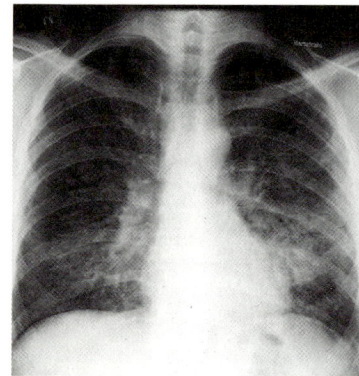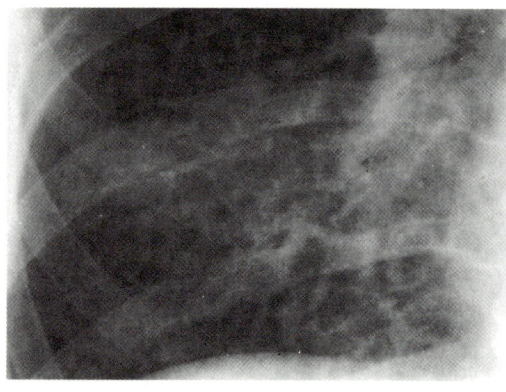

5.6 PCP, Lungenröntgenbefund. Interstitielle Infiltration, besonders der Unterfelder; rechts: Ausschnitt rechtes Unterfeld (D Eichenlaub, Rudolf-Virchow-Krankenhaus, Berlin).

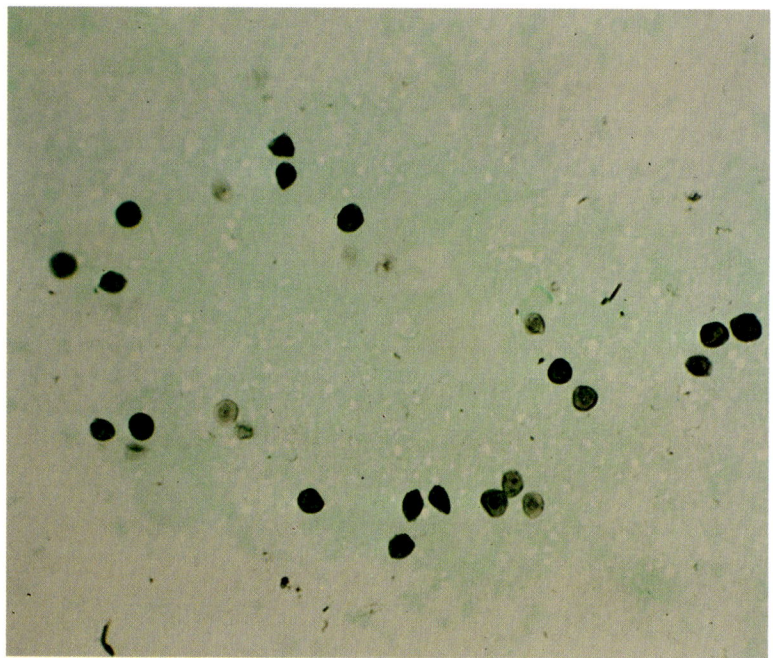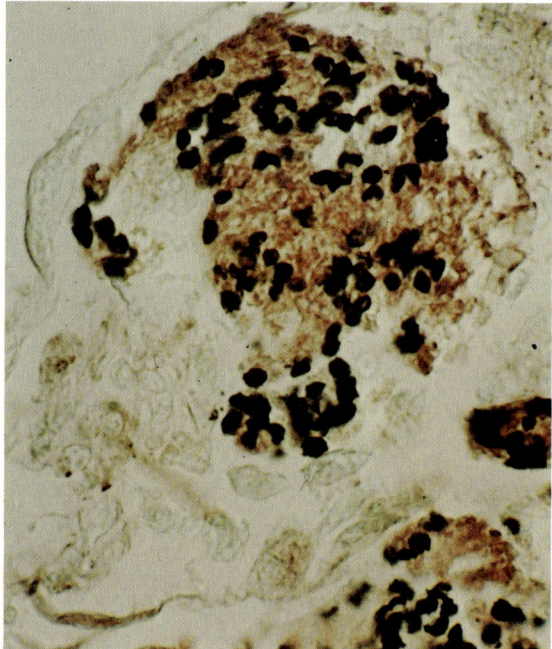

5.7 PCP, *Pneumocystis carinii* in den Alveolen, Lungenschnittpräparat; rechts: positiver Befund im Sekret der Bronchial-Lavage (Grocott-Färbung; H Werner, K Janitschke, Robert-Koch-Institut, Berlin).

Verdauungssystem

Eine große Anzahl diagnostischer und therapeutischer Probleme folgt den diarrhoeischen Erkrankungen, insbesondere der **Kryptosporidien**-Infektion (Abb. 5.8 bis 5.10). Wie bei der PCP ist auch hier ein neues und ungewöhnliches Protozoon aufgetaucht, das normalerweise Katzen und Hunde (K Koch et al. 1983) befällt und verhältnismäßig leicht übertragbar scheint. So wurden nach dem Aufenthalt eines AIDS-Patienten mit Kryptosporidiose in einem amerikanischen Krankenhaus bei 8 von jenen 18 (45%!) Angehörigen des Personals, die in direktem Kontakt mit den Patienten gestanden hatten, Zeichen einer frischen Ansteckung gefunden (K Koch et al. 1985). Daß auch Kryptosporidien-Pneumonien vorkommen, spricht stark für eine Übertragung durch die Luft. Glücklicherweise verursachen Kryptosporidien jedoch meistens eine nur unterschwellige Erkrankung.

Überaus schwierig ist nach wie vor die Diagnostik der bei AIDS sehr häufigen Durchfälle. Manchmal erinnert der Zustand der intestinalen Mukosa stark an eine Malabsorption. In 28 bis 50% der Fälle von Diarrhoe entdeckte man das Zytomegalie-Virus, außerdem Kryptosporidien (25%) und in bis zu 28% der Fälle intestinale Kaposi-Sarkome, ferner *Mycobacterium avium/intracellulare* und immer häufiger seltene, teilweise unbekannte Mikrosporidien (Nichols 1986); gar nicht selten treten intestinale Lymphome oder kombinierte Infektionen auf. Bei Kryptosporidiose hat man komplizierend sowohl Cholezystitiden als auch Cholangitiden gefunden, und bei sieben disseminierten CMV-Infektionen hat in fünf Fällen (70%) eine kräftige Beteiligung des Dickdarmes vorgelegen. Auch Fälle mit Darmgangrän und Kolonperforation sind beobachtet worden, ebenso eine tödliche phlegmonöse Gastritis. Das klinische Bild kann verwirrt sein durch das vollständige Ausbleiben der erwarteten normalen Umgebungsreaktion (etwa der typischen Bauchfellentzündung bei der Darmperforation, siehe Abbildung 5.11).

Es sieht so aus, als seien Untersuchungen des Stuhles nicht ausreichend für eine Diagnose der Kryptosporidiose (ebensowenig der **Isosporidiose**, einer Infektion durch ein nahe verwandtes Protozoon). Meist sind endoskopische Untersuchungen mit Biopsien der Darmschleimhaut erforderlich; die mikroskopischen Befunde waren anfangs für viele Pathologen sehr ungewohnt.

Wenn man Protozoen und ihre verschiedenen Erscheinungsformen besser verstehen will, muß man sich deren ganzen Lebenszyklus anschauen, der in Abbildung 5.10 am Beispiel der Kryptosporidien dargestellt ist; der komplizierte Kreislauf erinnert ein wenig an den der Malariaplasmodien.

Kryptosporidien scheinen im gesamten Magen-Darm-Kanal disseminiert vorzukommen und können häufig sogar im Rahmen einer gastrointestinalen Endoskopie im Duodenum nachgewiesen werden. Einige der Träger sind völlig symptomlos. Bei Touristen treten nach der Rückkehr aus den Tropen häufig Durchfallerkrankungen (fälschlich als „Touristen-Diarrhoe" interpretiert) oder subklinische Infektionen auf, die schnell in ein beschwerdefreies Trägerstadium übergehen.

Trotz aller Anstrengungen bleiben viele chronische Diarrhoeen ohne eine genaue Diagnose. Vermutlich handelt es sich teilweise um CMV-Kolitiden, denn in einer amerikanischen Studie mit ungewöhnlich intensiver diagnostischer Abklärung der Symptomatik stellte man diese Diagnose in fünf von elf unklaren Diarrhoe-Fällen: Endoskopisch hatte man anfangs ein intestinales KS (vergleiche Abb. 5.12) vermutet, das sich jedoch später als eine CMV-bedingte Vaskulitis erwies, die leicht in die schon erwähnte Darmgangrän übergehen kann (Abb. 5.11).

Im Zusammenhang mit der Abklärung anderer diffuser Symptome, z. B. abwechselnder Obstipation und Diarrhoe, Spasmen und Melaena hat man häufig auch Lymphome im Dünndarm gefunden. Die nicht ganz ungewöhnlichen intestinalen Infektionen mit *Mycobacterium avium/intracellulare* (MAI) verlaufen häufig unter einem Bild, das einem Morbus Whipple ähnelt und daher auch manchmal klinisch fehlgedeutet werden kann.

Im Hamburger Bernhard-Nocht-Institut hat man als möglicherweise opportunistisch-pathogenes Agens sogenannte „corona virus like particles" (**CVLP**) gefunden. Im tropenmedizini-

schen Institut in Miami fand man im Intestinum Arboviren (Whiteside et al., Paris-Konf. p-522). Die klinische Bedeutung dieser Befunde ist noch nicht sichergestellt. In den sehr häufig vorkommenden Ulzerationen im Ösophagus können in den Epithelzellen deutliche Viruseinschlüsse gefunden werden, die wohl auf Herpes-Infektionen (Abb. 5.13 und 5.14) zurückzuführen sind.

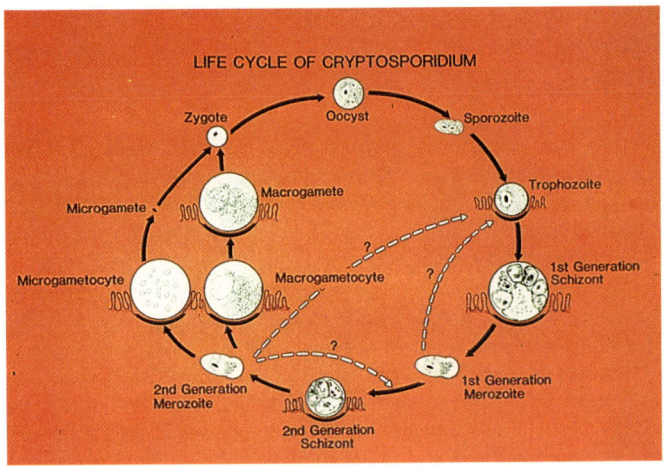

5.10 Lebenszyklus der Kryptosporidien (CDC, Bildarchiv). Sporozoiten, die durch geschlechtliche Vermehrung entstehen, und die ungeschlechtlich gebildeten Merozoiten sind frei beweglich und nisten sich in der Schleimhaut ein.

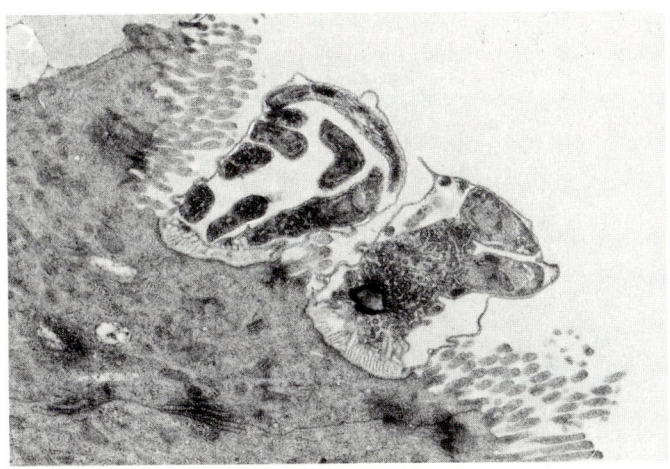

5.8 Kryptosporidien auf der Darmschleimhaut, elektronenmikroskopisches Bild (J Gerstoft, Statens Seruminstitut, Kopenhagen).

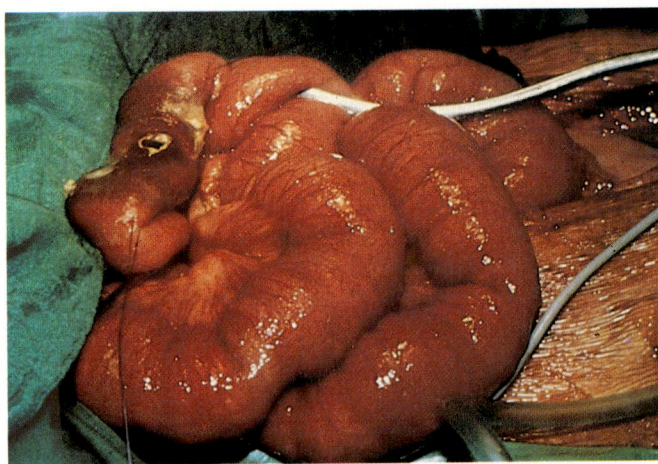

5.11 Operationspräparat, das eine Darmperforation ohne die sonst übliche Peritonealreaktion aufweist (F Goebel, Mediz. Poliklinik, Univ. München).

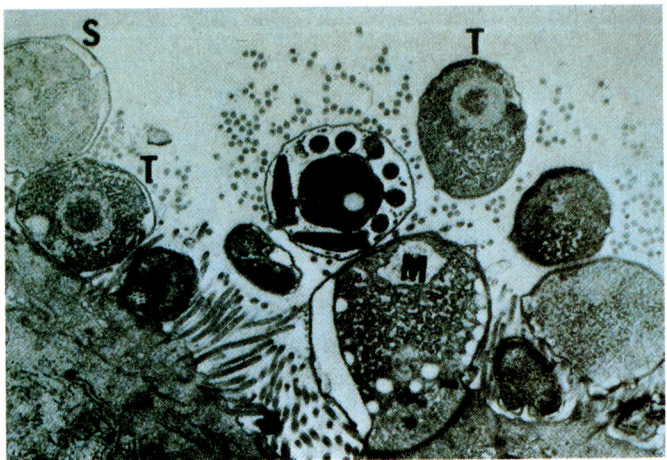

5.9 Elektronenmikroskopische Aufnahme von Kryptosporidien in verschiedenen Stadien. S = Schizont, T = Trophozoit, M = Makrogametozyt (G Stemmermann, Univ. of Hawaii, Am J Med 1980, 69: 637).

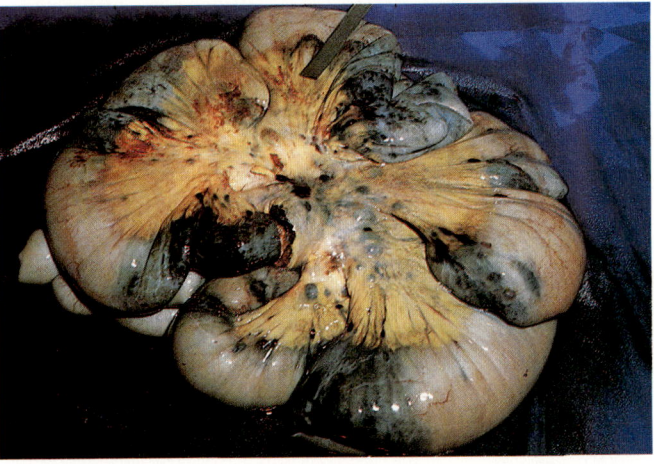

5.12 Operationspräparat, das einen von Kaposi-Sarkomen durchsetzten Darm zeigt, stellenweise mit profusen Blutungen (F Goebel, Mediz. Poliklinik, Univ. München).

Was früher häufig als „untypische Candidiasis" im Mund (insbesondere auf der Zunge) bezeichnet wurde, ist die für AIDS-Patienten ungemein typische sogenannte „oral hairy leukoplakia" (OHL) oder „orale haarige Leukoplakie" (OLP), bedingt durch eine Mischinfektion mit Epstein-Barr-Virus (EBV) und vielleicht auch „human papilloma virus" (HPV). Sie ist so gut wie ausschließlich bei HIV-Infizierten gefunden worden und gilt auch als sehr schlechtes prognostisches Omen.

Gehirn

Als man erst einmal gemerkt hatte, daß bei AIDS auch das Zentralnervensystem (ZNS) mit einbezogen war, wurden zunehmend zerebrale Befunde gemeldet. Schon in einer der frühesten Untersuchungen fand man bei 31 von 40 AIDS-Patienten eine Beteiligung des Gehirns, darunter 19mal Zeichen einer subakuten Enzephalitis mit Atrophie und schleichender Demenz, meist unter dem Bilde mikronodulärer Veränderungen insbesondere der Glia, was man in gewissen Fällen als CMV-bedingt ansah.

Dieser Bericht war der Beginn einer schnell anwachsenden Literatur über die Schäden an Hirn und Rückenmark beim AIDS, die viel ausgeprägter sind, als man anfangs vermutet hatte. Da wir inzwischen wissen, daß das HIV in die Gruppe der Lentiviren gehört, überrascht uns das heute wenig.

Häufig wird eine vakuolige Degeneration gefunden, die nicht sicher durch die CMV-Infektion oder andere bekannte Erreger erklärt ist. Der Verdacht an einen direkten neuropathischen Effekt des HIV liegt nahe. So hat man auch eine direkt diesem Virus zugeschriebene akute Meningitis beschrieben sowie hämorrhagische (Thrombozytopenie) und thromboembolische (Vaskulitis) Veränderungen, deren Ursachen noch nicht vollständig klargelegt sind.

In einer der ersten Untersuchungsserien fand man bei 38 Patienten folgende pathologisch-anatomischen Befunde: zerebrale Toxoplasmose (16 Fälle!), Tbc, PML (progressive multifokale Leukoenzephalopathie), Pilzabszesse, eine E. coli-Meningoenzephalitis und einen Fall von Zystizerkose.

Die klare Dominanz der Toxoplasmose ist kein Zufall. Wir müssen uns deshalb mit dem Erreger dieser Erkrankung näher befassen. Es ist ein Protozoon, nicht ganz unähnlich Pneumocystis und Cryptosporidium, das sogenannte Toxoplasma gondii; seinen Entwicklungszyklus zeigt Abbildung 5.15. Auch mit ihm kommen wir vermutlich schon in der Kindheit in Kontakt — wahrscheinlich über Haustiere — und überstehen diese Infektion ohne nennenswerte Beschwerden. Danach können die Toxoplasma-Zysten symptomlos im Körper verbleiben, z. B. im Gehirn, in den Muskeln, sogar im Herzmuskel. Erst im Falle einer AIDS-Erkrankung werden sie reaktiviert — es handelt sich hier also in der Regel nicht um eine neue Infektion. Einmal „losgelassen", richten die Toxoplasmen Furchtbares an (Abb. 5.16 – 5.18).

Sie rufen bei den Patienten Abszesse oder Enzephalitiden hervor, verursachen aber auch disseminierte Infektionen einschließlich Pneumonien. Die Diagnose ist erschwert durch das Ausbleiben der normalerweise zu erwartenden Antikörpertiter im Serum.

Toxoplasma-Infektionen haben auch schon zu ausgeprägten Hypophysenunterfunktionen geführt (Panhypopituitarismus), was ebenso sehr zu differentialdiagnostischem Kopfzerbrechen Anlaß gab wie die hin und wieder auftretenden Fälle von CMV-bedingtem Morbus Addison.

Ziemlich häufig ist auch eine Kryptokokken-Meningitis (Abb. 5.19). Man kennt Hunderte von Fällen allein in den Vereinigten Staaten (Aspergillus-Befall kommt ebenfalls vor; Abb. 5.20 und 5.21). In vielen Fällen sind auch Organe außerhalb des ZNS befallen.

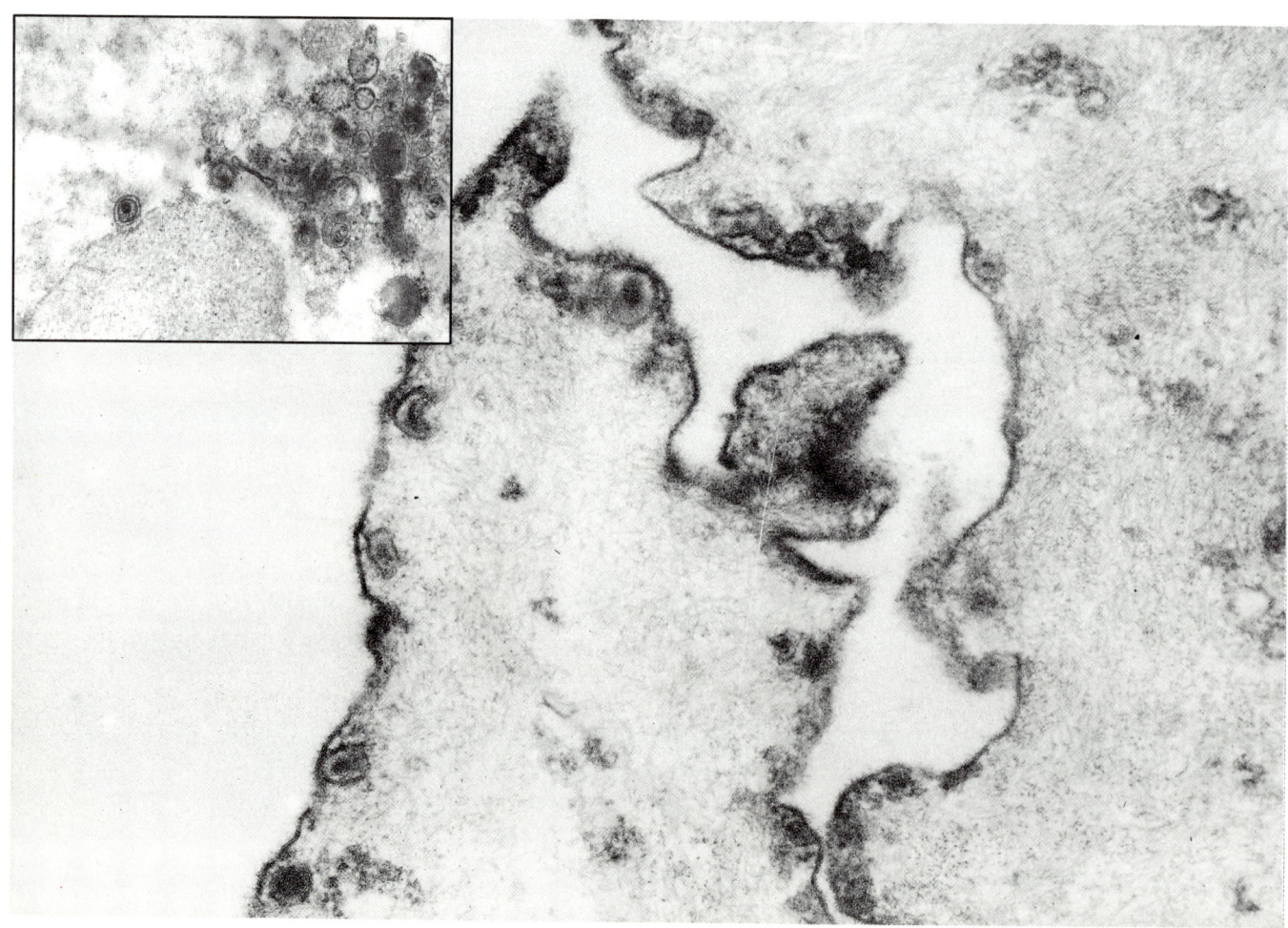

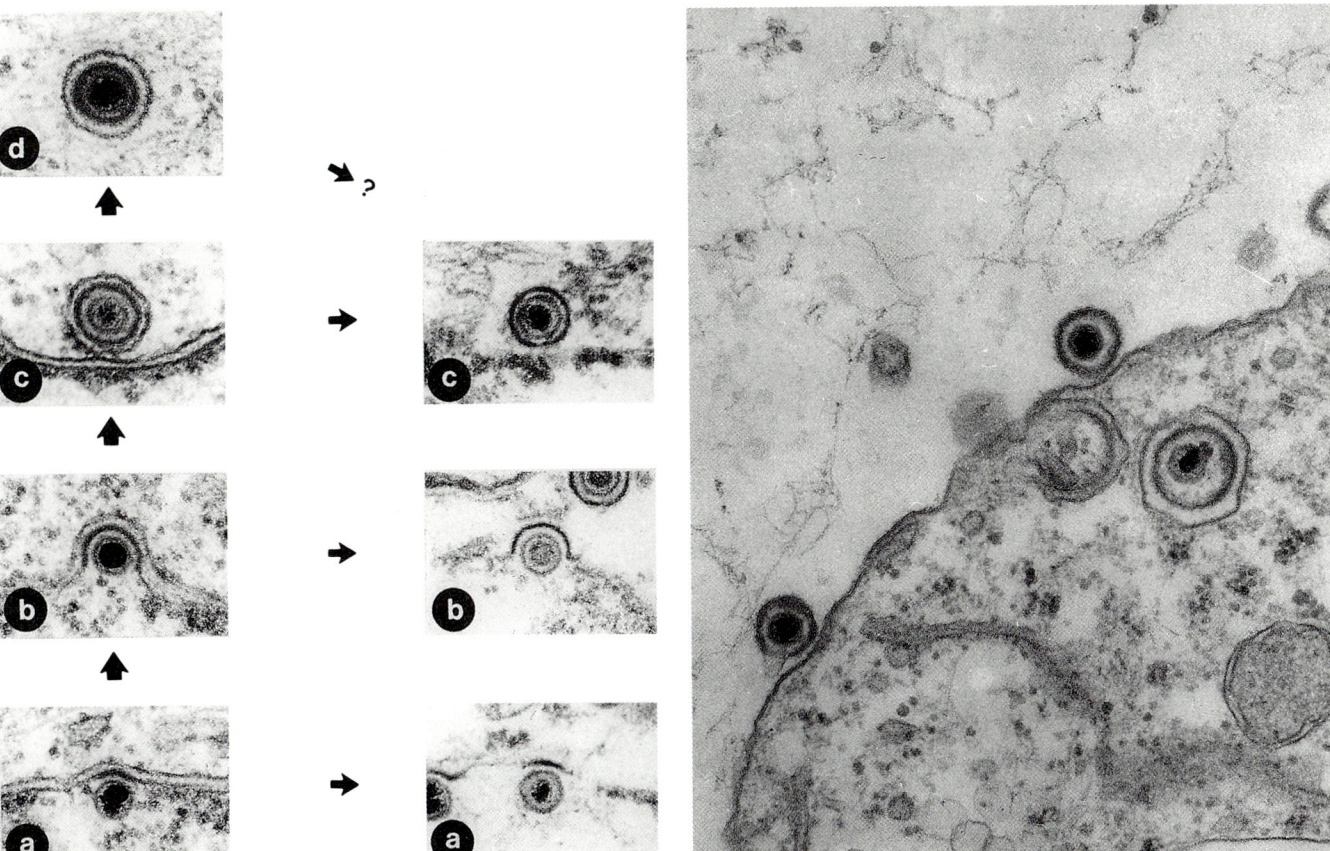

5.14 Verschiedene Stadien reifender und knospender Herpes-Viren, eine Zusammenstellung zu differentialdiagnostischen Vergleichszwecken (H Frank, Max-Planck-Institut, Tübingen).

◄

5.13 Intrazytoplasmatisch knospende Virionen in der Ösophagusschleimhaut, oben reife Partikel (KK Wong, DM McLean, Univ. of Brit. Columbia, Vancouver).

►

5.15 Lebenszyklus von *Toxoplasma gondii* mit dem in Katzen ablaufenden geschlossenen Kreislauf und der ungeschlechtlichen Vermehrung im Menschen als Ersatzwirt (Meyers Enzyklopädisches Lexikon, Band 23; Copyright Bibliographisches Institut, Mannheim 1981).

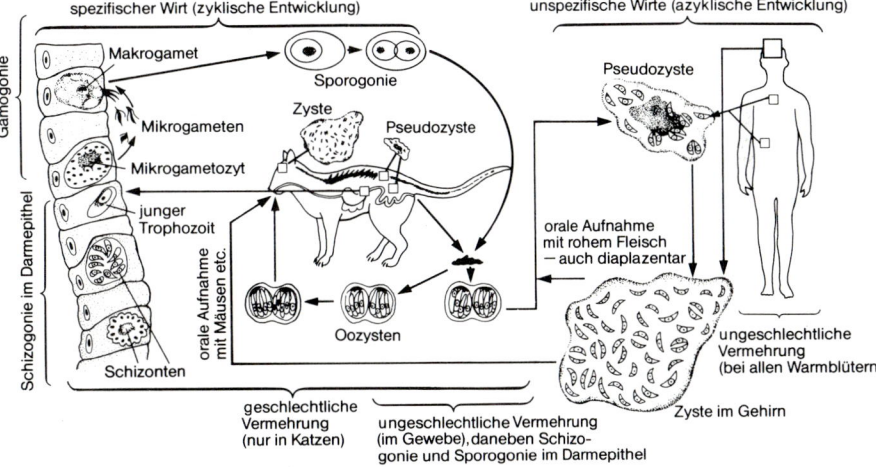

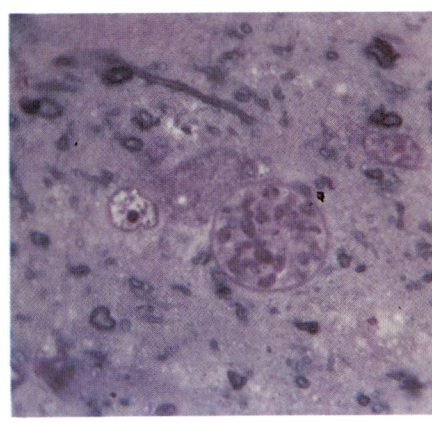

5.16 *Toxoplasma*-Zyste im Hirngewebe eines AIDS-Patienten, im mikroskopischen Präparat leicht zu identifizieren (CDC, Bildarchiv).

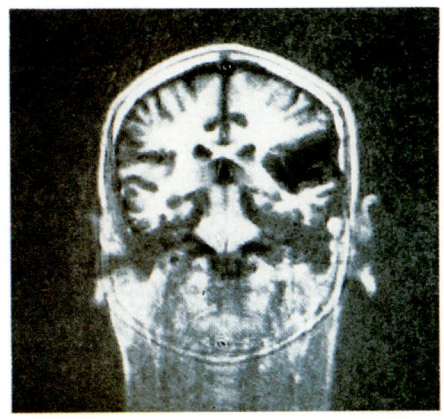

5.17 *Toxoplasma*-Abszeß in der linken Hirnhälfte; „magnetic resonance imaging", MRI (R Felix, Klinikum Charlottenburg, Berlin).

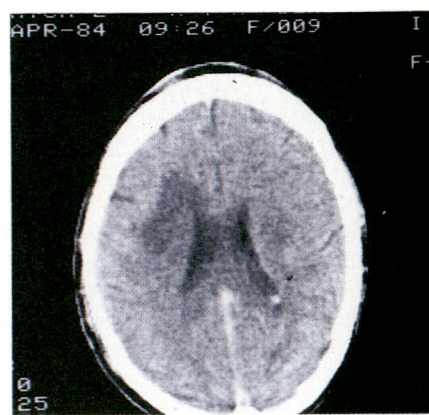

5.18 Derselbe Fall wie in Abbildung 5.17, nur mit paramagnetischer Kontrastierung, MRI (R Felix, Klinikum Charlottenburg, Berlin).

Viele AIDS-Patienten zeigen schon in einem frühen Stadium ihrer Krankheit alle Zeichen einer subkortikalen Demenz mit folgenden allgemeinen Symptomen: Müdigkeit, Ängstlichkeit, Depression, Hypochondrie, Reizbarkeit, verminderte emotionale und affektive Kontrolle, Dysphorie, verminderte Konzentration, Verlust der Initiative, Nachlässigkeit, mangelnder Überblick, Vergeßlichkeit, Kontaktschwierigkeiten, Wunschdenken, regelrechte Denkfehler, Fehlhandlungen sowie nachlassende Koordination (insbesondere bei zusammengesetzten Handlungen). Die Senkung des Persönlichkeitsniveaus kann bis zur Apathie fortschreiten. All das läßt sich leicht auf die immer häufiger beschriebenen Fälle von zerebraler Atrophie oder diffuser subakuter Enzephalopathie zurückführen. Für diesen ganzen Komplex wurde 1986 der Begriff ADC (AIDS dementia complex) eingeführt, der inzwischen genau definiert ist (Sidtis et al., Wash.-Konf. T. 5.1, Amitai et al., WP. 148, Ornitz et al., THP. 153).

Die Häufigkeit und die Bedeutung von Hirnschäden ist immer mehr hervorgetreten, seit man gezielt sowohl nach Viren als auch nach Antikörpern in der Zerebrospinalflüssigkeit gesucht hat. Immer eindeutiger werden die Zeichen für eine direkte, manchmal auch primäre Attacke auf das zentrale Nervensystem, und darüber hinaus sieht es so aus, als würde eine Virusinvasion durch die Bluthirnbarriere schon sehr früh erfolgen und sofort diskrete lokale Reaktionen auslösen. Es gibt Anzeichen für eine lokale IgG-Produktion, und Antikörper können manchmal im Liquor eher als im Blut nachgewiesen werden.

Je länger man einerseits AIDS-Patienten erfolgreich über die verschiedenen opportunistischen Infektionen hinwegbringt und je stärker man andererseits Computertomographien und sonstige avancierte Hirndiagnostik einsetzt, desto mehr zerebrale Veränderungen findet man. Die späten Krankheitsstadien sind häufig von den Veränderungen der Psyche dominiert, und man hat eine generelle Hirnatrophie, wie sie die Abbildungen 5.22 und 5.23 zeigen, innerhalb weniger Monate entstehen sehen. Bei der Obduktion ist man nicht selten bei 20- bis 30jährigen auf Gehirne in einem Zustand gestoßen, wie man sie bei senildementen 90jährigen zu sehen gewohnt ist.

Von mehreren Autoren (Riethmüller et al., im Druck, Pert et al. 1987) sind T4-Rezeptoren in der Hirnsubstanz, sowohl in der Hippocampus-Region als auch im Cortex, nachgewiesen worden. Man glaubt sogar, ein Peptid gefunden zu haben (das VIP-ähnliche „Peptid T"), das diese Rezeptoren blockiert und zu klinischen Verbesserungen führen kann (Wetterberg 1986).

Selbst psychoseartige Verwirrungszustände, Manie und epileptische Anfälle sind beobachtet worden. Neugeborene mit kongenitaler HIV-Infektion weisen manchmal eine mehr oder weniger ausgeprägte Mikrozephalie auf. Etwa die Hälfte aller AIDS-Patienten zeigt deutliche neurologische Symptome, wobei ungefähr ein Drittel der Fälle sogar mit diesen debütiert hatte. Es handelt sich hier hauptsächlich um die schon erwähnten Infektionen mit *Toxoplasma, Candida, Coccidioides* oder *Cryptococcus,* aber auch um so ungewöhnliche Befunde wie einen nekrotisierenden Hirnabszeß (in dem man HIV nachweisen konnte), Meningitiden oder *Treponema pallidum*-Infektionen. Außerdem finden sich Fälle von diffuser Neuropathie sowie ungewöhnliche ZNS-Lymphome. Der Pilz *Cryptococcus neoformans* ist besonders in Afrika sehr verbreitet, kommt im Kot von Haustieren und gewissen Vögeln sowie in 40% der Hausstaubproben vor. In denselben Gegenden sind auch die Kryptokokken-Meningitiden am häufigsten.

Von klinischer Bedeutung mag sein, daß man in einigen Fällen progressiver Polyneuropathie zirkulierende Antimyelin-Antikörper hat nachweisen können und daß diese Patienten nach einer Plasmapherese merkbar verbessert waren. Man fragt sich weiter, ob nicht auch Multiple Sklerose (MS) von einer HIV-Infektion aktiviert oder verschlimmert werden kann — zumal solche Krankheitsbilder auch schon beschrieben worden sind (Goldstick et al. 1985).

In diesem Zusammenhang sollen drei interessante Beobachtungen erwähnt werden. Goldwater et al. (1985) fanden in einem AIDS-Patienten auf Neuseeland SAF-ähnliche Strukturen im Gehirn; die Krankheit des Patienten war völlig von der neurologischen Symptomatik dominiert, die rasch zum Tode führte. Hoffman et al. (1985) isolierten HIV-Viren von einem Patienten mit amyotropher Lateralsklerose (ALS). Schließlich berichten verschiedene Autoren (Gessain et al. 1985) — und das kann von Interesse sein, obwohl es hier nur um den entfernten Verwandten HTLV-I geht —, daß bei fast allen Patienten mit „tropical spastic paraparesis" (TSP) HTLV-I-Antikörper nachweisbar waren. Zwar sind damit noch keine Kausalzusammenhänge gegeben, aber man kann zumindest über die Möglichkeit eines Synergismus oder über einen gemeinsamen Vektor nachdenken.

Die verschiedenen Malignitäten des ZNS wurden schon erwähnt. Meistens handelt es sich um B-Zell-Lymphome (Abb. 5.25), die am Anfang manchmal schwer von *Toxoplasma*-Veränderungen abzugrenzen sind. Diese Lymphome haben eine sehr schlechte Prognose und verkürzen in der Regel die Krankheitsdauer beträchtlich.

Augen

Die Augen können in gewisser Weise zum ZNS gerechnet werden — die Netzhaut ist sozusagen ein vorgeschobener Teil des Hirns — und sind demzufolge auch stärker betroffen, als man anfangs dachte. Schon eine frühe klinische Studie konnte bei 12 von 13 AIDS-Patienten retinale Veränderungen feststellen, häufig sogar schon in frühen Krankheitsstadien. Größere Untersuchungsserien bestätigten dies bald. In ca. 73% der AIDS-Fälle fand man vielfältige Symptome wie Mikrovaskulopathie, Mikroaneurysmata, ischämische Veränderungen wie retinale Infarkte, aber auch Hämorrhagien und insbesondere CMV-Retinitis mit „Cotton-wool"-Exsudaten. Periorbitale Kaposi-Sarkome (siehe die Abbildungen 7.29 und 7.30) und intraorbitales Burkitt-Lymphom sind ebenfalls beschrieben worden.

Opportunistische Infektionen

Hier sollen jetzt nur jene Infektionen genannt werden, die wir nicht schon ausführlich erwähnt haben. Manche von ihnen sind keineswegs so selten, wie man aufgrund der Rapportdaten glauben könnte. Hinsichtlich der atypischen Mykobakterien z. B. dürfte eine geringere Rapportierung eher auf diagnostische Schwierigkeiten hinweisen sowie darauf, daß sie den Krankheitsverlauf häufig nicht dominieren oder erst relativ spät zum klinischen Bild hinzukommen.

Bei den **atypischen Mykobakterien** (Abb. 5.26) handelt es sich um eine Gruppe apathogener Bakterien, die in der Erde und im Staub vorkommen und uns im allgemeinen nicht weiter mit Krankheiten belästigen, solange unser Immunsystem funktioniert. Sie sind allerdings sowohl mit dem *Mycobacterium tuberculosis* als auch dem *M. leprae* verwandt. Sie tragen Namen wie *M. avium, M. intracellulare* (hier gibt es viele Varianten, die man unter dem Namen *M. avium/intracellulare*-Komplex, **MAI**, zusammenfaßt), *M. xenopi, M. kansasii, M. chelonei, M. fortuitum, M. gordonae* etc.

Gemeinsam für alle diese Bakterien ist ihre Tendenz, langgezogene Infektionen mit wechselndem Fieber, Befall des Knochenmarks, manchmal diffusen Darmsymptomen sowie atypischer Sepsis hervorzurufen. Sie sind sehr schwer zu behandeln und neigen zum Rezidivieren, und offenbar gelingt es nur selten, alle Bakterien wirklich auszuschalten. Sie lassen sich diagnostisch schwer fassen und sind auch leicht zu übersehen, da sie häufig in Mischinfektionen vorkommen. Es ist nicht ungewöhnlich, daß AIDS-Patienten vier und mehr opportunistische Infek-

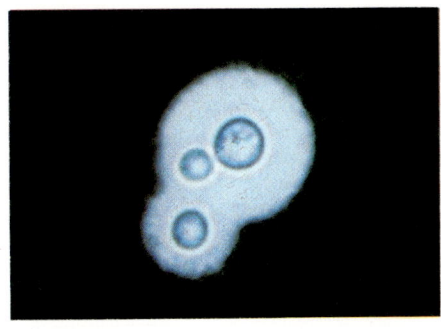

5.19 *Cryptococcus neoformans*, nachgewiesen im Liquor cerebrospinalis, Tuschpräparat (F Staib, Robert-Koch-Institut, Berlin).

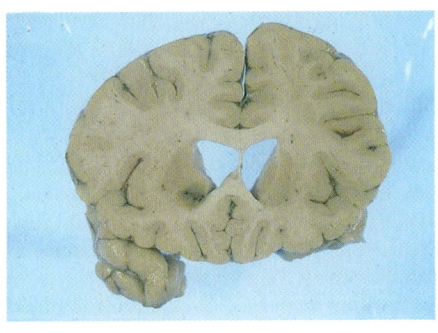

5.20 Pathologisches Hirnpräparat, das in der rechten Hemisphäre eine kleine hämorrhagische Region aufweist (Gräfin Vitzthum, Neuropatholog. Inst., Univ. Frankfurt).

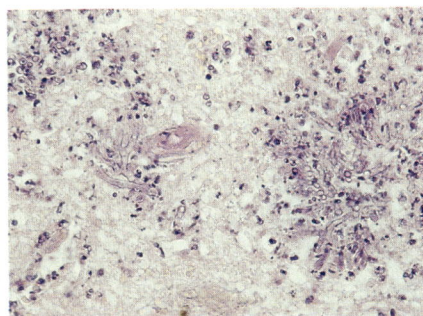

5.21 Das gleiche Präparat wie in 5.20 weist unter dem Mikroskop sich verzweigende Pilzhyphen auf, die als *Aspergillus* identifiziert werden konnten (Gräfin Vitzthum, Neuropatholog. Inst., Univ. Frankfurt).

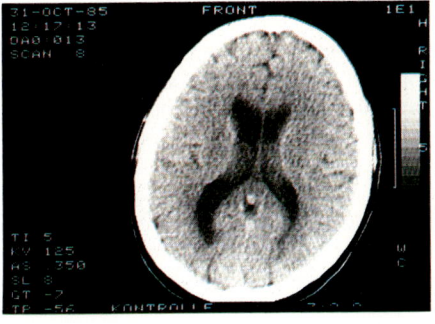

5.22 Linkes Bild: Deutliche Erweiterung des Hirnventrikelsystems als Zeichen fortgeschrittener interner Hirnatrophie. Rechtes Bild: Deutliche Erweite-

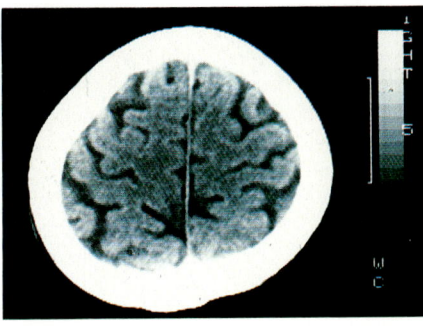

rung der Hirnrindenfurchen als Zeichen einer fortgeschrittenen externen Hirnatrophie (H Witt, Rudolf-Virchow-Krankenhaus, Berlin).

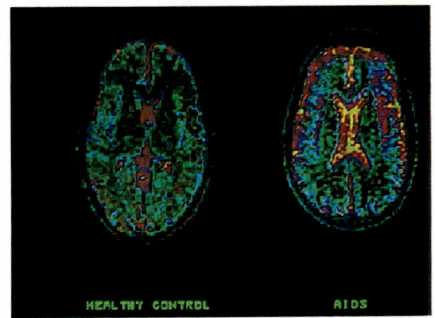

5.23 Farbcodierte NMR-Tomogramme. Leuchtende Farben markieren Hirnareale mit deutlicher Aktivitätsänderung (Atrophie oder Enzephalitis), links Normalbild (L Wetterberg, St.-Görans-Krh., Stockholm).

 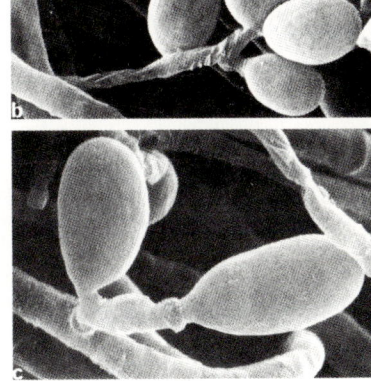 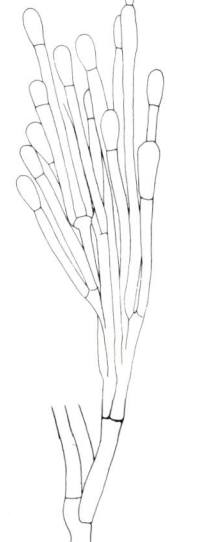

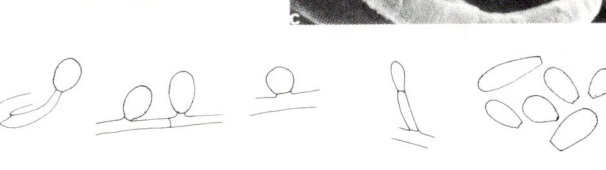

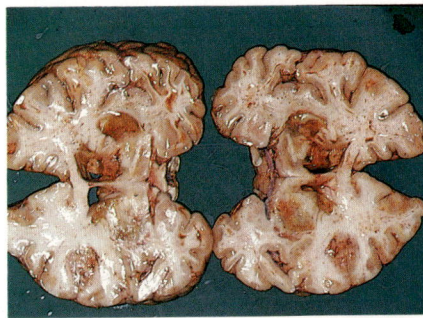

▲

5.24 Das Reich der Pilze ist von einer überraschenden Vielfalt. Die jeweils typischen Erscheinungsformen und die variierenden Knospungsprozesse dienen zur Unterscheidung der Arten. Als Illustration haben wir hier den weitgehend unbekannten, normalerweise apathogenen Pilz *Petriellidium boydii* gewählt, der bei AIDS-Fällen schon als Krankheitserreger gefunden wurde. Der Aufbau ähnelt im Prinzip jenem der weitverbreiteten *Candida*-Arten (meistens *albicans*). Dieses Bild mag differential-diagnostischen Vergleichen dienen (Domsch et al. 1980, Copyright Academic Press, London).

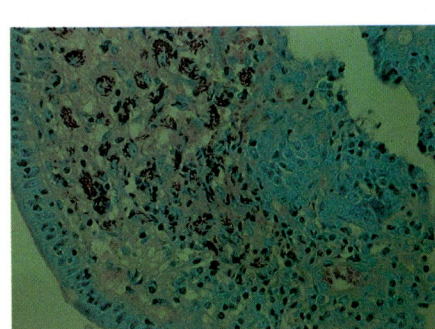

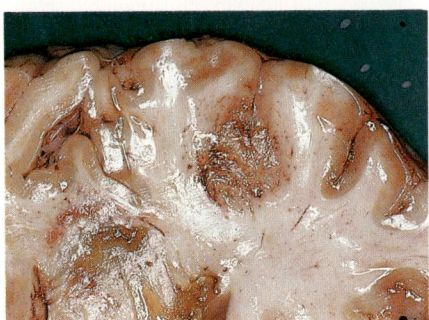

5.25 Zerebrales Lymphom im pathologischen Präparat eines AIDS-Patienten, oben Übersichtsbild, unten Detailvergrößerung (L Morfeldt-Månson, Roslagstulls-Krankenhaus, Stockholm).

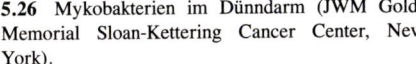

5.26 Mykobakterien im Dünndarm (JWM Gold, Memorial Sloan-Kettering Cancer Center, New York).

tionen gleichzeitig haben, wobei dann die Mykobakterien häufig die am wenigsten charakteristischen Symptome geben.

Die nächste große Gruppe von Erregern sind die **Pilze**. (Abbildung 5.24 zeigt ein Beispiel.) Einen Überblick über die wichtigsten bei AIDS vorkommenden Vertreter soll die Tabelle 5.1 vermitteln.

Diese Pilze verursachen normalerweise gar keine oder nur Bagatell-Erkrankungen (wie Pilzbefall zwischen den Zehen oder in den Mundwinkeln, bei Kindern Soor in der Mundhöhle); zumindest sind bei Menschen mit normalem Immunsystem Pilzkrankheiten sehr ungewöhnlich (wie etwa die Blastomykosen). Bei Erlöschen unserer Abwehrkräfte hingegen ändern sie ihren Charakter in erschreckender Weise. Der sonst so harmlose Hefepilz *Candida albicans* kann Entzündungen der Mundhöhle, der Speiseröhre, sogar der Lunge und auch eine Sepsis mit Meningitis hervorrufen und letztlich so gut wie alle Organsysteme befallen. Dabei können sehr ungewöhnliche Bilder entstehen (Abb. 5.27 und 5.28).

Der Pilz *Cryptococcus neoformans* kann − abgesehen von den bereits erwähnten Meningitiden − auch andere, eher ungewöhnliche Symptome hervorrufen. So kann es zu Kryptokokken-Abszessen der Haut kommen, zu Infektionen der Leber und sogar der Lunge (Abb. 5.29 bis 5.31). Kryptokokken haben gerade beim AIDS häufig keine intakte Kapsel, eine merkwürdige, aber wiederholte Beobachtung.

Auch eine generalisierte **Histoplasmose** ist wiederholt beschrieben worden, die ebenfalls durch einen ansonsten harmlosen − in Erde und Schmutz zu findenden − Pilz hervorgerufen wird (Abb. 5.32). Als Erreger beim AIDS hat er langwierige Fungämien, Enzephalopathien, Nierenversagen, Hepatomegalie und sogar Pankreatitis hervorgerufen. Häufig sterben diese Patienten unter dem Bilde eines **DIC**-Syndroms (**"d**isseminated **i**ntravasal **c**oagulation", einer ausgebreiteten Blutkoagulation mit Verstopfung aller kleinen Kapillaren in der Endphase der Erkrankung).

Ein anderer Pilz, *Aspergillus fumigatus*, ist als Ursache einer schwer zu behandelnden Pneumonie vorgekommen. Als Erreger einer chronischen Sinusitis tritt *A. flavus* auf. Auch Bilder generalisierter Aspergillose mit Hirnbefall kann man sehen, hauptsächlich bei Kindern. Eine ungewöhnliche, aber auch schon beobachtete Infektion ist die **Zygomykose** in Lunge oder ZNS.

Ungewöhnliche Erreger beim AIDS, früher den Pilzen, heute aber den Bakterien zugerechnet, sind *Nocardia asteroides* als Ursache von schwer zu diagnostizierenden Pericard-Ergüssen, Osteomyelitiden und Enzephalitiden, sowie *Actinomyces* und *Streptomyces* als Ursache atypischer Lymphadenopathien.

Eine vierte Gruppe opportunistischer Erreger sind gewisse Viren, die normalerweise als nicht besonders gefährlich angesehen werden. Es handelt sich hauptsächlich um **Herpes-Viren**, also große DNA-Viren. Die Mitglieder dieser Virusgruppe sind nicht ganz unverdächtig, was ihre onkogene Potenz angeht, und man schreibt ihnen eine Rolle bei der Entstehung der Plattenepithel-Krebse von Mundhöhle, Rektum und weiblichen Genitalien zu. Zumindest die beiden erstgenannten Tumorformen scheinen mit AIDS assoziiert zu sein.

Normalerweise rufen diese Viren nur lokal begrenzte Veränderungen hervor und werden dann von unserem Immunsystem unterdrückt. Sie überleben jedoch in einer inaktiven Form, ähnlich dem schon beschriebenen „Winterschlaf" der Protozoen.

Im Gegensatz zum HIV können Herpes-Viren außer an der äußeren Zellmembran auch an verschiedenen inneren Membranstrukturen im Zytoplasma der Zelle knospen (Abb. 5.33).

Die verschiedenen Herpes-Viren sehen einander ähnlich: HSV-2 (genitaler Herpes), EBV (Epstein-Barr-Virus, Pfeiffersches Drüsenfieber oder Mononukleose) und VZV (Varizellen-Zoster-Virus, bekannt von der in der Regel scharf begrenzten Gürtelrose). Bei AIDS-Patienten können nun diese Viren (sogar

das EBV als Cofaktor bei bestimmten Malignitäten) schwere generalisierte Krankheiten mit Beteiligung der Lunge, des Gehirns, des Rückenmarks, der Netzhaut, der Nebennieren und eigentlich aller denkbaren Organe und Drüsen hervorrufen. In der Prodromalphase des AIDS kann diese Entwicklung schon angedeutet werden, indem sich chronische Infektionen einstellen, sowohl perineale, welche die Haut, und perianale, welche sowohl Haut als auch Schleimhaut betreffen (Abb. 5.34). Diese können sich monatelang hinziehen, ohne auf irgendeine Therapie anzusprechen.

Ausgezeichnete Zusammenfassungen sowohl zur Diagnose (die schwer zu erstellen sein kann) als auch zur Therapie (die noch immer sehr rudimentär ist) der Herpes-Erkrankung verdanken wir Bienz (1984) und Stadler (1984). Jedes Herpes-Virus hat seine Eigenheiten und wird am besten in individueller Weise durch Antikörper, Anzüchtung oder durch das Elektronenmikroskop aufgespürt (Abb. 5.33; vergleiche auch Abb. 5.35).

Es kommen auch andere, seltenere opportunistische Infektionen vor, von denen hier einige genannt seien. *Strongyloides stercoralis* kann sich generalisiert im ganzen Organismus befinden und auch den meisten Anthelminthika widerstehen. Auch *Listeria monocytogenes*-Bakteriämie ist vorgekommen und verursacht in der Regel Meningitis oder Meningoenzephalitis. (Gerade im Hinblick auf *Listeria* ist es erwiesen, daß die Immunabwehr des Körpers hauptsächlich auf der Makrophagenfunktion beruht.) Auch eine generalisierte Ausbreitung des virusbedingten Molluscum contagiosum ist wiederholt beschrieben worden.

Andere Infektionen

Ein Fall aus London mag demonstrieren, mit welch eigentümlichen klinischen Bildern wir rechnen müssen. Die Erkrankung eines jungen Mannes debütierte mit einer unscheinbaren Hautveränderung am Rücken, die sich innerhalb einer Woche zu einer abszedierenden, dissekierenden, fulminanten Infektion entwickelte (*Bacteriodes*), welche den unteren Teil seines Rumpfes korsettartig umgab (Abb. 5.37 und 5.38). Auf Rücken und Magen entstanden große, klaffende Wundöffnungen, die im Laufe mehrwöchiger Antibiotika-Therapie allmählich heilten.

Man konnte schon sehr früh den Verdacht schöpfen, daß die schwere Schädigung der Immunabwehr vermutlich auch andere als nur opportunistische Infektionen fördern würde. Für die **Tuberkulose** ist dies heute ohne Zweifel erwiesen. AIDS-assoziierte Fälle von Tuberkulose sind häufig geprägt von einem sehr fulminanten Verlauf mit miliarer Verbreitung und einem hohen Anteil nicht-pulmonaler Manifestationen. Nicht nur in Afrika, sondern auch in New York und Portugal hat man Tuberkulose bei AIDS-Patienten zunehmend häufig gefunden. Insgesamt wurden schon im April 1985 allein in New York 133 AIDS-Patienten mit Tuberkulose registriert, was bei den 15- bis 54jährigen Männern schon einen 33%igen Anstieg der Tuberkulosefrequenz bedeutete. Extrapulmonale Manifestationen wurden in 57 bis 70% dieser Fälle beobachtet. Auch *Salmonella* ist ein wohlbekannter Erreger, der zur Mannigfaltigkeit des klinischen Bildes beiträgt, häufig in Form einer Sepsis. Dieser hochfebrile Zustand kann ohne irgendwelche anderen typhusähnlichen intestinalen Symptome auftreten, und die Diagnose ist in jenen Fällen häufig eine Überraschung. Leishmaniose kann eine Reihe differentialdiagnostischer Schwierigkeiten verursachen, eventuell auch von einer gleichzeitigen HIV-Infektion angefacht werden.

Darüber hinaus wird ein buntes Spektrum anderer Infektionen beschrieben: generalisierte, langgezogene oder therapieresistente pyogene Hautinfektionen, Zahnwurzelinfektionen, Streptokokken-Pneumonien, *Legionella*-Infektionen, aber auch Malaria, *Shigella flexneri*-Sepsis sowie Infektionen mit *Hämophilus influenzae*, *Clostridium perfringens*, *Klebsiella pneumoniae*, *Branhamella catarrhalis* und vielen anderen. Solche Infektionen

Pilzklasse	ätiologisches Agens		Krankheitsbild
	imperfektes Stadium	komplette Entwicklung	
Basidiomycetes	*Cryptococcus neoformans*	*Filobasidiella neoformans*	Kryptokokkose
Ascomycetes			
Eutunicatae	*Phialophora spp.*	–	Chromomykose
	Cladosporium carrionii	–	
	Sporothrix schenkii	*Ceratocystis stenoceras*	Sporotrichose
Prototunicatae	*Aspergillus fumigatus* u.a.	*(Sartorya spp.)*	Aspergillose
	Microsporum spp.	*Nannizzia spp.*	Dermatophytose
	Trichophyton spp.	*Arthroderma spp.*	
	Histoplasma capsulatum	*Emmonsiella capsulata*	Histoplasmose
	Zymonema dermatitidis	*Ajellomyces dermatitidis*	Blastomykose
	Paracoccidioides brasiliensis	–	Parakokzidioidomykose
Endomycetidae	*Candida albicans u. a.*	–	Candidamykose
Deuteromycetes	*Coccidioides immitis*	–	Kokzidioidomykose
Zygomycetes	–	*Basidiobolus haptosporus*	Basidiobolose
	–	*Entomophthora coronata*	Entomophthorose
	–	*Absidia spp.*	
	–	*Mucor spp.*	Mucormykose
	–	*Rhizopus spp.*	

Tabelle 5.1 Übersicht über die beim AIDS vorkommenden Arten von Pilzen, unter Angabe verschiedener Einteilungskriterien. Nach älteren Nomenklaturen faßte man solche „Eumyceten" auch mit den sogenannten „Pseudomyceten" unter dem Oberbegriff „Fungi" zusammen. Was man früher Pseudomyceten nannte (z.B. *Actinomyces bovis*, *Nocardia minutissima*, *asteroides*), wird aber inzwischen zusammen mit den Streptomyceten den Bakterien zugerechnet.

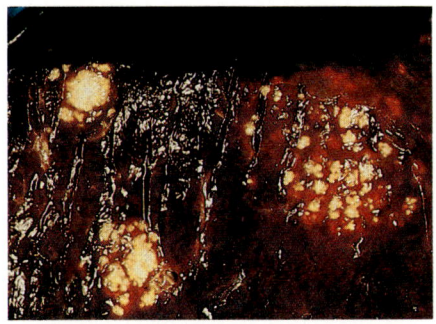

5.27 *Candida*-Abszesse in der Leber (CDC, Bildarchiv).

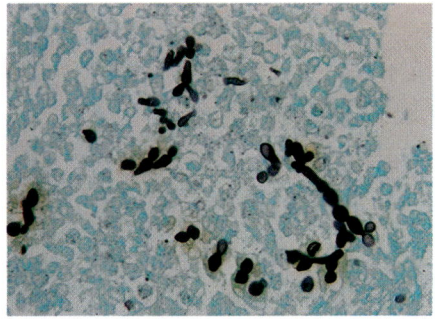

5.28 *Candida* im Herzmuskel (CDC, Bildarchiv).

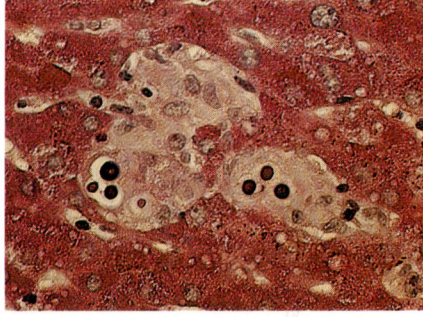

5.29 *Cryptoccocus neoformans* im Leberpunktat (F Staib, Robert-Koch-Institut, Berlin).

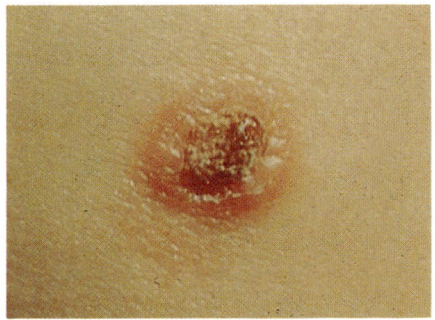

5.30 Disseminierte Kryptokokken-Infektion, Hautveränderungen (CDC, Bildarchiv).

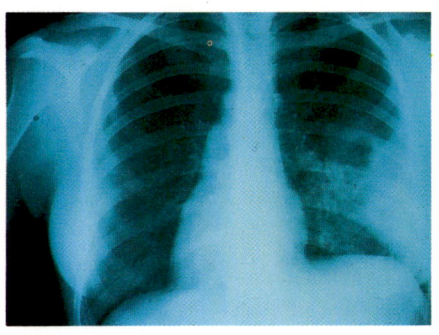

5.31 Kryptokokken-Pneumonie mit kapseldefekten Kryptokokken (CDC, Bildarchiv).

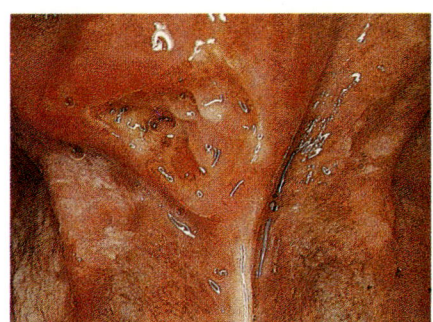

5.32 Das sehr ungewöhnliche Bild einer *Histoplasma*-Infektion im Mundbodenbereich dürfte zu erheblichen differentialdiagnostischen Schwierigkeiten führen (Greenspan et al., Copyright Munksgaard, Kopenhagen).

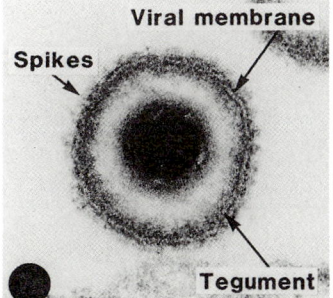

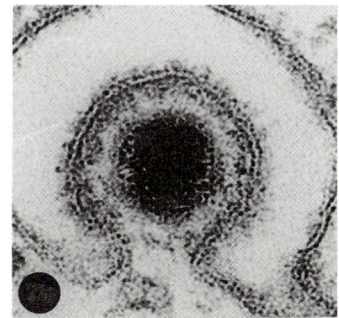

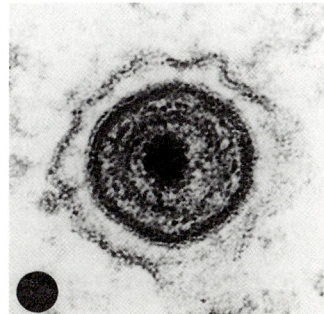

5.33 HSV-1, Herpes-simplex-Virus Typ 1, an zellinternen Membranstrukturen (H Frank, Max-Planck-Institut, Tübingen).

tragen häufig mehr dazu bei, die Diagnose AIDS zu verbergen, als sie zu bestätigen.

Es gibt Patienten, bei denen allein solche nicht-opportunistischen Infektionen vorkommen und direkt zum Tode führen; früher hatte man nicht einmal die Möglichkeit, mit Hilfe von Serumtests zu erfahren, daß das Krankheitsbild durch die gleichzeitige HIV-Infektion zumindest verschlimmert worden war. Derartige Fälle werden auch bei bewiesener Seropositivität nicht als AIDS-Fälle registriert, solange die festgestellten Infektionen nicht wirklich „opportunistische" sind.

Kaposi-Sarkom

Dieser merkwürdige Tumor, der im vorigen Jahrhundert von dem ungarischen Arzt Moritz Kohn aus Kaposvar erstmals beschrieben wurde, hat nun neben seiner **klassischen** (ältere Männer, häufig von semitischer oder mediterraner Herkunft; Abb. 5.39 und 5.40) und seiner **endemischen** Form (Afrika und eine Region im südlichen Italien, wo es sich interessanterweise gerade um eine alte Malaria-Gegend handelt) eine dritte Variante bekommen, die sogenannte **„epidemische"**. Tausende von neuen Fällen haben das Bild innerhalb weniger Jahre völlig verändert, und diese ungewöhnliche, in mancher Hinsicht kontrovers gedeutete Malignität hat seitdem überall ein gesteigertes Interesse gefunden. Wir werden in den Kapiteln 6, 12 und 13 noch auf die Pathologie und Pathogenese (Onkogenese) dieser Tumorform eingehen und wollen hier nur das klinische Bild betrachten.

Abgesehen von den durchaus üblichen Fällen, wo das Kaposi-Sarkom in der Mundhöhle debütiert (zahlreiche Bilder in Kapitel 7), und den ebenfalls nicht ganz ungewöhnlichen Fällen, wo es in der Lunge, den Lymphknoten oder dem Intestinum sitzt, zeigt sich dieser Tumor in der Regel zuerst in der Haut. Man unterscheidet **vier Stadien**:

– Im **ersten** Stadium liegen diskrete, leicht livide oder bräunliche Hautflecken vor, die einem Leberfleck nicht ganz unähnlich sind. Es handelt sich hier um das sogenannte **„patch"**-Stadium (Abb. 5.36 und 5.41). Harmlose Veränderungen dieser Art haben in den letzten Jahren eine neue und ernste diagnostische Bedeutung erhalten. Sie können sich verblüffend rasch über größere Bereiche des Körpers verbreiten und dabei eher den Eindruck eines multifokalen Entstehens als einer Metastasierung vermitteln.

– Das **zweite** Stadium ist erreicht, wenn die Veränderungen zu leicht hervortretenden Effloreszenzen werden (**„plaque"**-Stadium). Die Bilder 5.42 bis 5.45 zeigen sowohl „patch"- als auch „plaque"-Formen. Allmählich können die Veränderungen konfluieren und größere, zusammenhängende, livid verfärbte Strukturen bilden, wie sie in den Abbildungen 5.46 bis 5.48 zu sehen sind.

– Das **dritte** Stadium ist erreicht, wenn sich leicht erhöhte, knötchenartige Veränderungen bilden (**„noduläres"** Stadium, Abb. 5.49 bis 5.53). Große hämangiomatöse Flächen können allmählich eine ulzerierende Oberflächenstruktur entwickeln (Abb. 5.54). Gewisse Fälle können aussehen wie ein richtiges Angiosarkom, als das man das Kaposi-Sarkom ja auch primär betrachtet hat. (Moritz Kohn gab dieser Malignität den umständlichen, aber exakt beschreibenden Namen „Sarcoma idiopathicum multiplex haemorrhagicum".)

– Im **vierten**, dem **„generalisierten"** Stadium, dringt der Tumor in die Lymphdrüsen oder gar in die Lunge oder andere innere Organe vor und führt rasch zum Tode.

Es sei erwähnt, daß das KS nicht schmerzhaft ist. Lediglich als Folge der Ödembildungen durch den gestörten Lymphabfluß kann es zu Druckgefühlen und dumpfen Schmerzen kommen. In der Lunge und im Gastrointestinalkanal verursacht das KS allerdings häufig Blutungen (Abb. 5.12), die ein frühes diagnostisches Zeichen sein können.

Merkwürdigerweise gibt es KS-Herde selten im Gehirn oder in den Hoden, wie massiv die Aussaat über alle anderen Organe sonst auch sein mag. Dies stimmt gut mit den Resultaten von Friedman-Kien (1984) und Lo et al. (1985) überein: Sie vermuten einen tumorerzeugenden, transformierenden Faktor, ein großes DNA-Molekül, das viel zu groß wäre, um die Blut-Hirn- oder Blut-Testis-Schranke zu überschreiten.

Es sieht so aus, als entwickelten manche KS-Patienten ihre Tumoren „zu früh" — lange bevor sich ihre immunologische Lage so verschlechtert hätte, daß es zu den AIDS-typischen opportunistischen Infektionen käme. Daher haben manche KS-Patienten eine ungewöhnlich lange Überlebenszeit. Allerdings können auch — wenn das Kaposi-Sarkom erst einmal aufgetreten ist — die Krankheitsaktivität sowie die Schwellung der Lymphknoten deutlich zunehmen und die Antikörpertiter ansteigen. Wo bei derartigen Veränderungen Ursache und Wirkung liegen, ist nicht leicht zu klären.

Weitere Malignitäten

Auch das Spektrum anderer mit AIDS assoziierter bösartiger Krankheiten erweitert sich mehr und mehr. Insbesondere treten die untypischen lymphatischen Erkrankungen in den Vordergrund. Typische Burkitt-Lymphome mit der spezifischen Chromosomentranslokation 8;14 sind ebenso beschrieben worden wie weniger typische „Burkitt-ähnliche" Lymphome und insbesondere eine Reihe undifferenzierter immunoblastischer Lymphome, darunter das diffuse undifferenzierte **N**on-**H**odgkin-**L**ymphom (**NHL**) und ausgeprägt histiozytäre Lymphome. (Alle die-

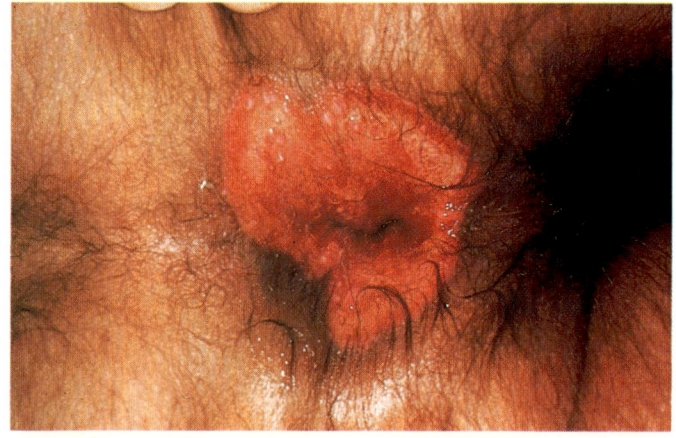

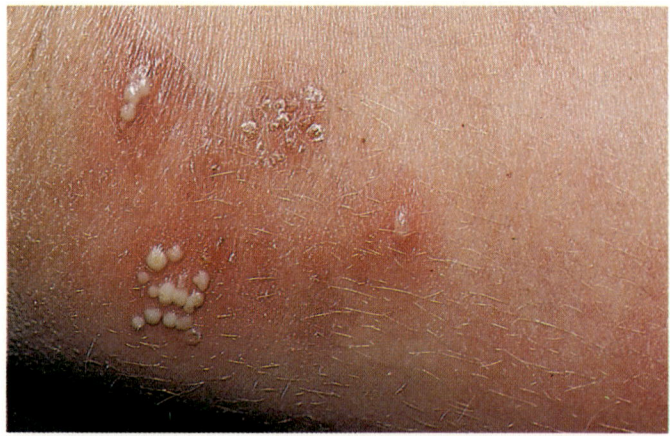

5.34 Oberes Bild: chronische perianale Herpes-Infektion eines AIDS-Patienten (CDC, Bildarchiv). Unteres Bild: So harmlos pflegen Herpes-Veränderungen zu beginnen (D Petzold, Univ.-Hautklinik, Heidelberg).

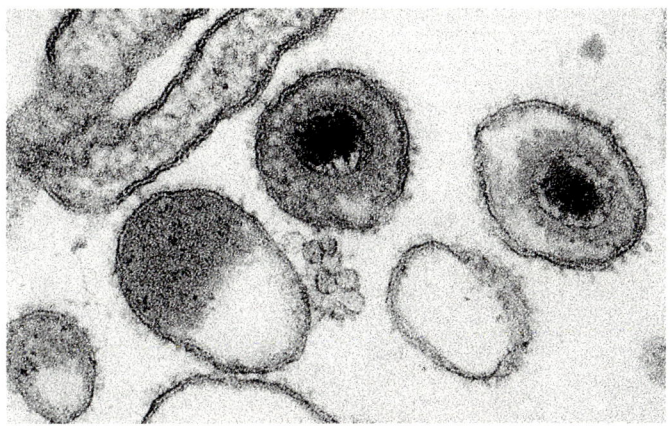
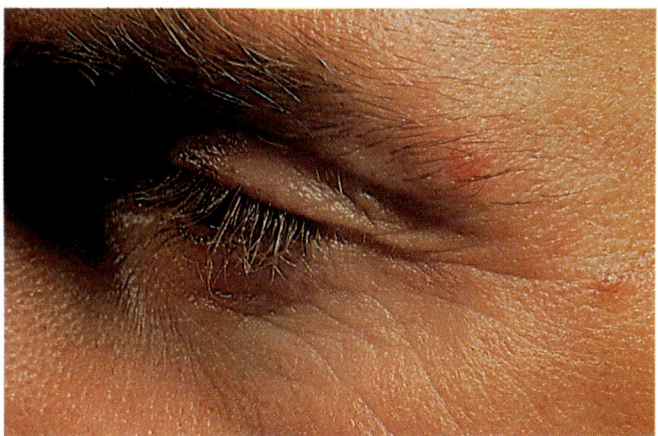

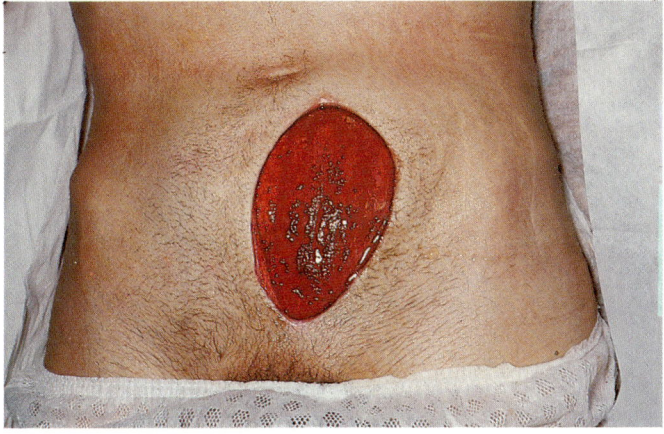
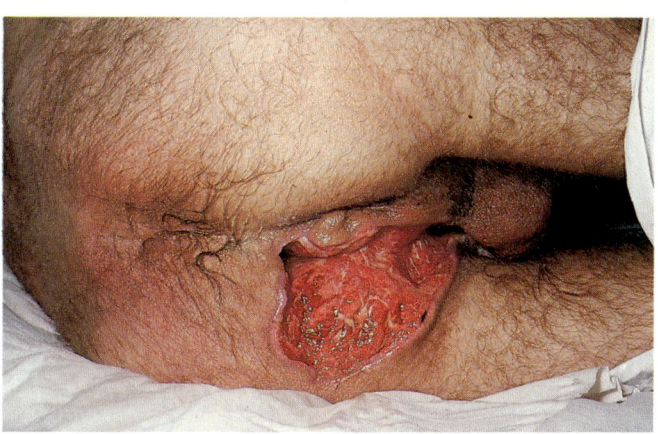

5.35 (oben links) Zytomegalie-Virus (CMV). Nur zwei Viruspartikel sind komplett. Daneben sieht man leere Hüllen, die vielleicht schon von ihren Cores verlassen worden sind (H Gelderblom, Robert-Koch-Institut, Berlin).

5.37 (Mitte links) Patient mit korsettartig dissekierendem *Bacteroides*-Abszeß, Frontalansicht (M Anderson, Sen. Reg. Westminster Hospital, London).

5.39 (unten links) Klassisches Kaposi-Sarkom bei einem 72jährigen osteuropäischen jüdischen Patienten, nach ca. 12 Jahren langsamer Progression; chronisches Lymphödem, distale Ulzerationen (Krigel und Friedman-Kien, New York, in: DeVita et al. 1985, Copyright Lippincott, Philadelphia).

5.36 (oben rechts) Frühe Kaposi-Sarkom-Veränderungen im Gesicht eines finnischen AIDS-Patienten (SL Valle, Aurora-Hospital, Helsinki).

5.38 (Mitte rechts) Der gleiche Patient wie in Abbildung 5.37, Rückenansicht (M Anderson, Sen. Reg. Westminster Hospital, London).

5.40 (unten Mitte) Klassisches Kaposi-Sarkom mit multifokalen Veränderungen auf der Fußsohle (Krigel und Friedman-Kien, in: DeVita et al. 1985, Copyright Lippincott, Philadelphia).

5.41 (unten rechts) Sehr diskrete Veränderungen auf der Nase eines AIDS-Patienten, Kaposi-Sarkom im „patch"-Stadium (Krigel und Friedman-Kien, in: DeVita et al. 1985, Copyright Lippincott, Philadelphia).

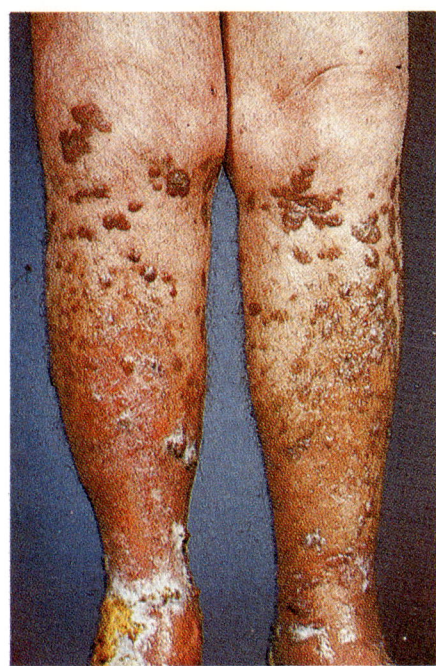
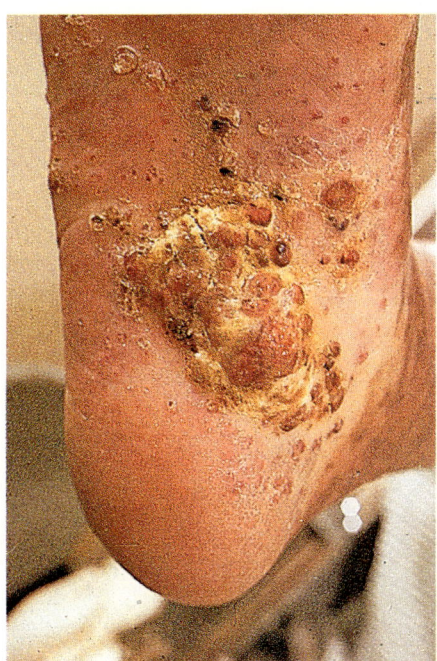
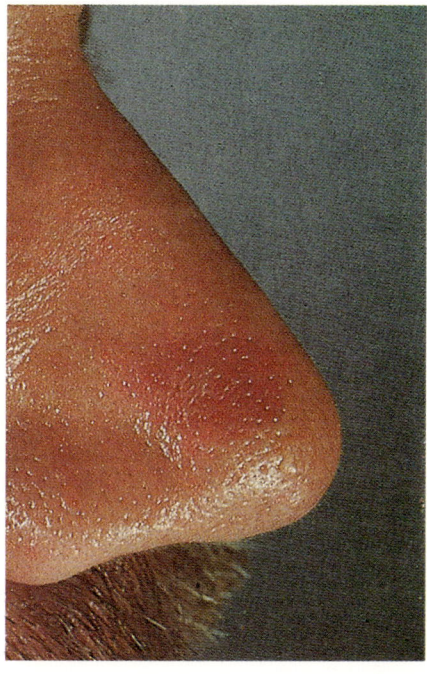

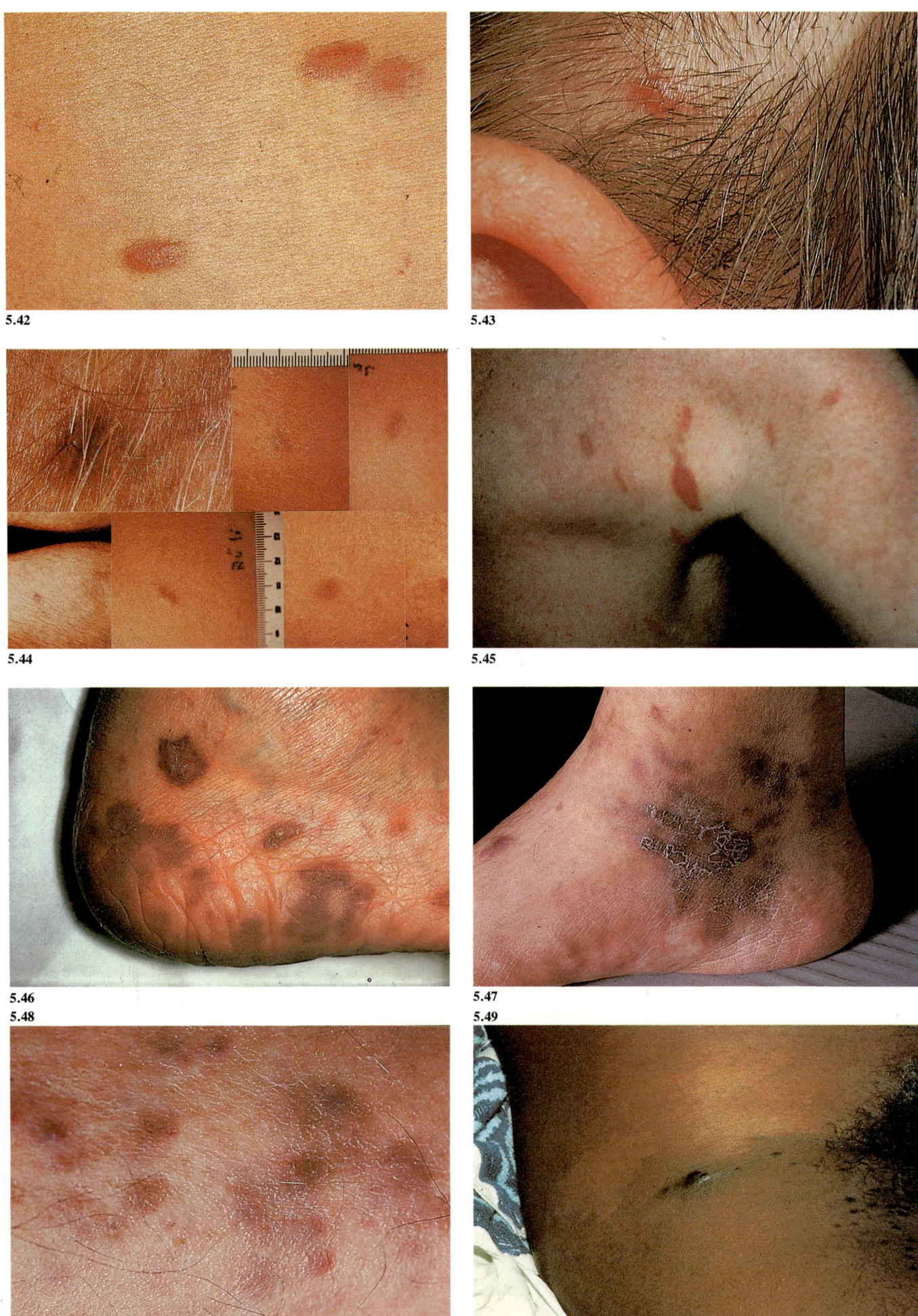

5.42

5.43

5.44

5.45

5.46

5.47

5.48

5.49

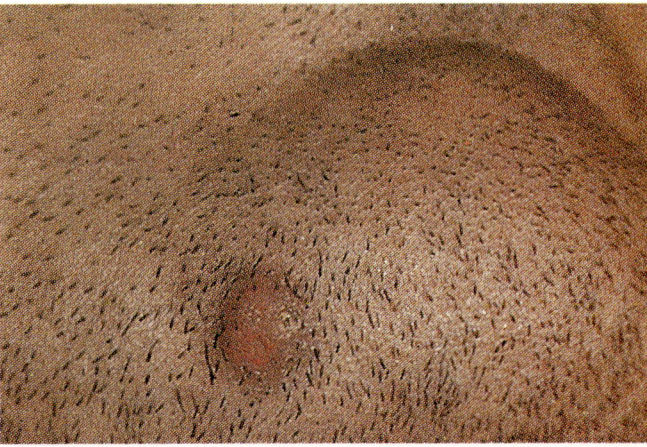

5.51

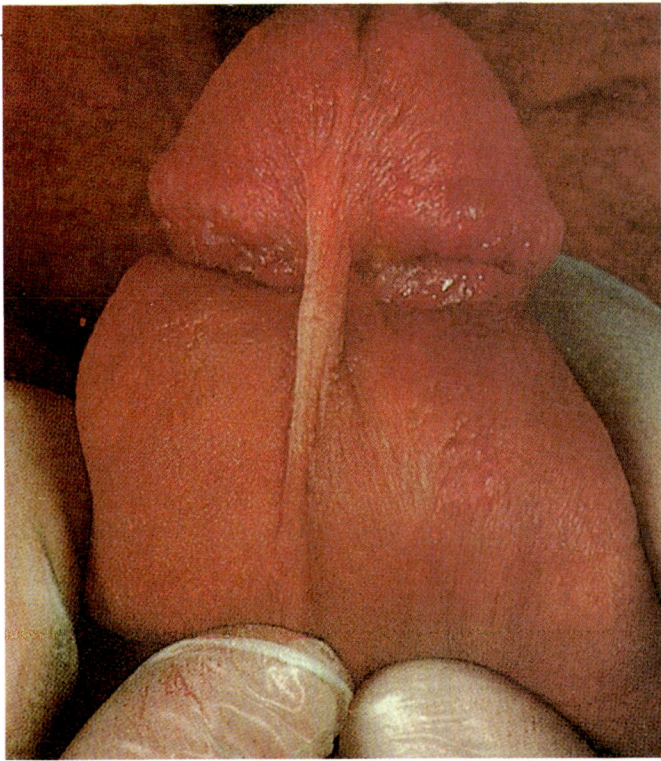

5.50

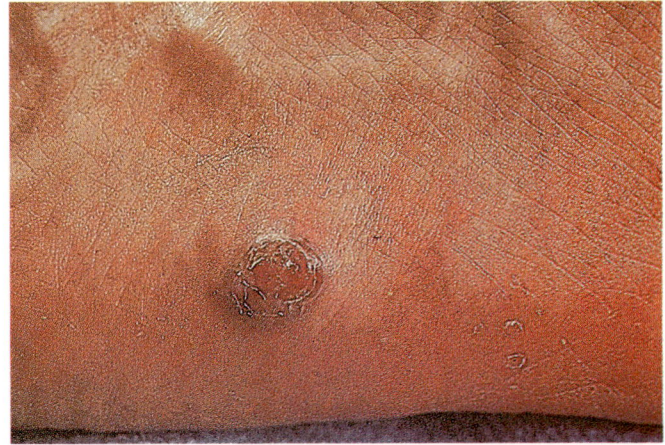

5.52

5.42 Kaposi-Sarkom, frühe Veränderungen im Plaque-Stadium (Friedman-Kien, in: DeVita et al. 1985, Copyright Lippincott, Philadelphia).

5.43 Kleine, braunrote Veränderung in der Kopfhaut, frühes Kaposi-Sarkom (SL Valle, Aurora-Hospital, Helsinki).

5.44 Zusammenstellung verschiedener nävusartiger Kaposi-Veränderungen (Rudolf-Virchow-Krankenhaus, Berlin).

5.45 Kaposi-Sarkom, beginnende Aussaat (L Morfeldt-Månson, Roslagstulls-Krankenhaus, Stockholm).

5.46 Kaposi-Sarkom im Hackenbereich (CDC, Bildarchiv).

5.47 Kaposi-Sarkom im Bereich des Fußgelenkes (H Leu, Patholog. Inst., Univ. Zürich).

5.48 Kaposi-Sarkom in Form verschiedenartiger Hautflecke, der gleiche Patient wie im vorigen Bild. Verschiedene Stadien können bei demselben Patienten gleichzeitig vorliegen (H Leu, Patholog. Inst., Univ. Zürich).

5.49 Kaposi-Sarkom. Die Veränderungen können kleinen Hämangiomen ähneln und schon zum nodulären Stadium überleiten (CDC, Bildarchiv).

5.50 Diskrete noduläre Veränderungen in der Corona penis, die man anfangs für Condylomata hielt. Eine Biopsie zeigte jedoch, daß es sich um ein Kaposi-Sarkom handelte (Krigel und Friedman-Kien, New York, in: DeVita et al. 1985, Copyright Lippincott, Philadelphia).

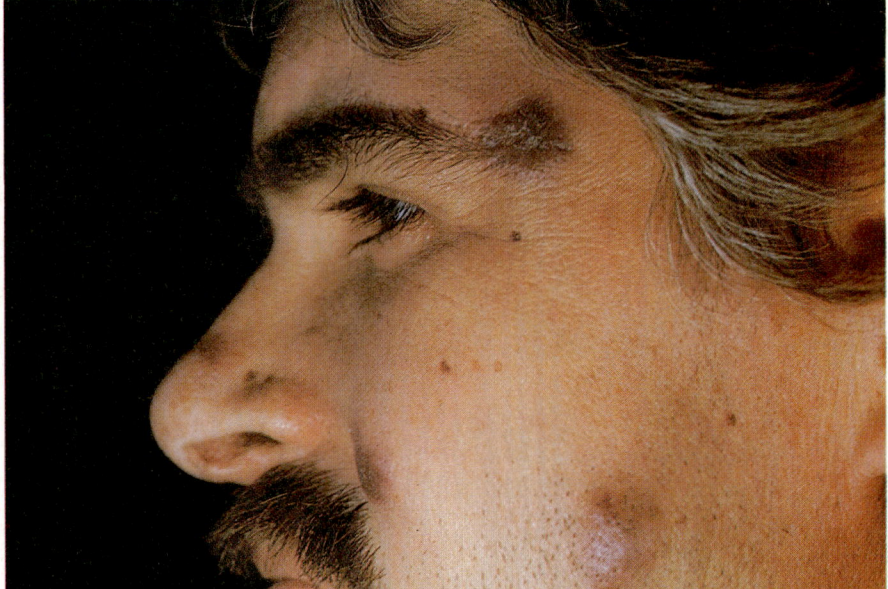

5.53

5.51 Noduläres Kaposi-Sarkom in der Kinnregion (Krigel und Friedman-Kien, in: DeVita et al. 1985, Copyright Lippincott, Philadelphia).

5.52 Noduläres Kaposi-Sarkom am lateralen Fußrand, die einzige Veränderung bei diesem völlig beschwerdefreien Patienten. Kurz darauf traten jedoch, über den ganzen Körper verstreut, typische Veränderungen in allen Stadien auf (Krigel und Friedman-Kien, in: DeVita et al. 1985, Copyright Lippincott, Philadelphia).

5.53 Kaposi-Sarkom im Gesicht (F Goebel, Medizin. Poliklinik, Univ. München).

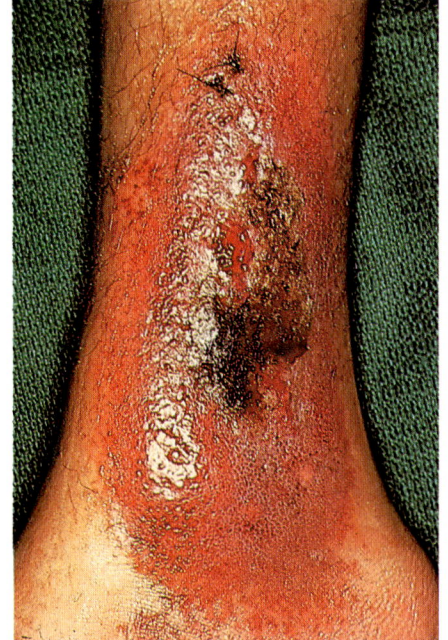

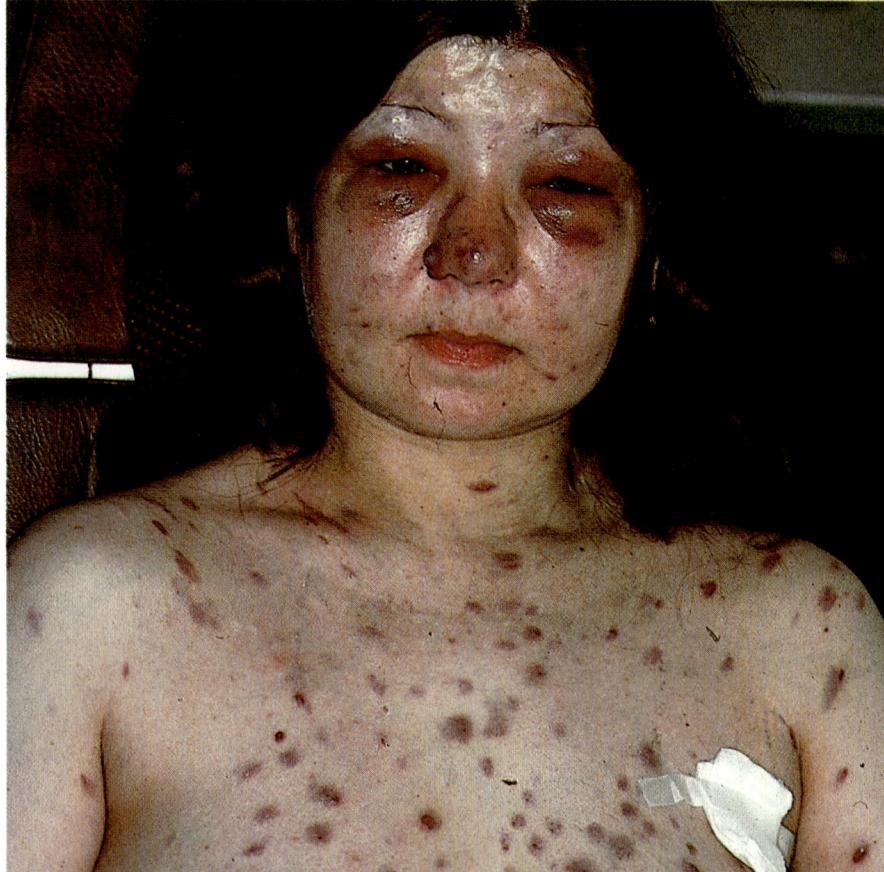

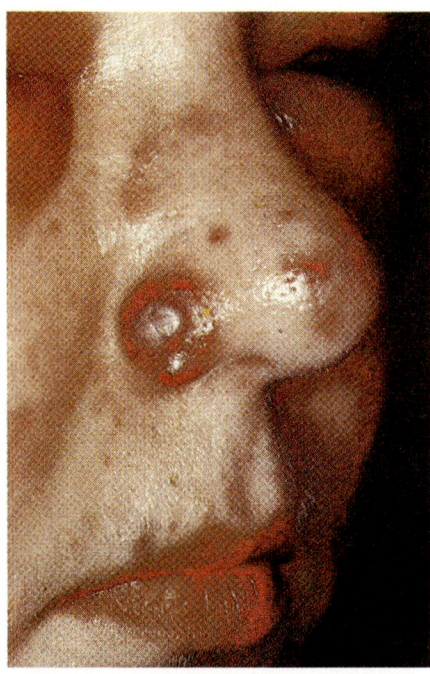

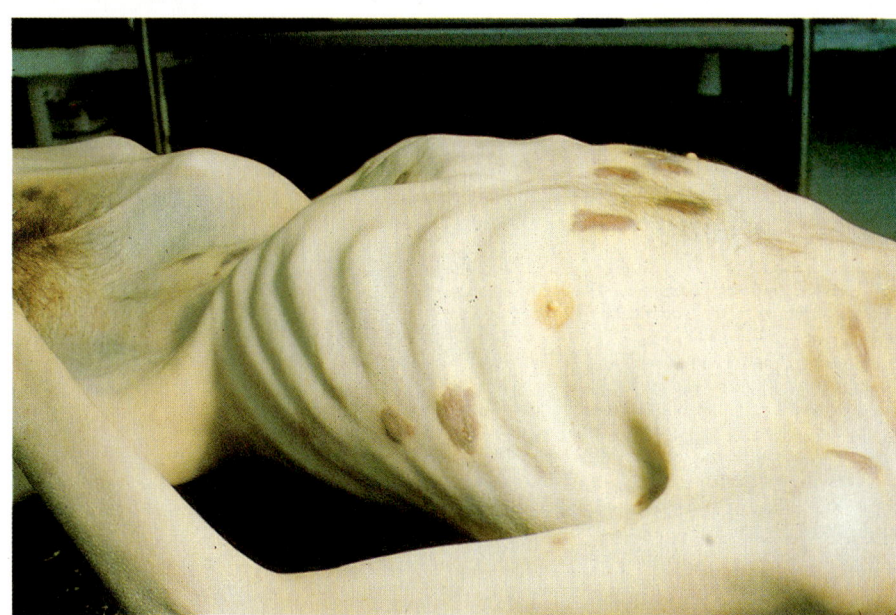

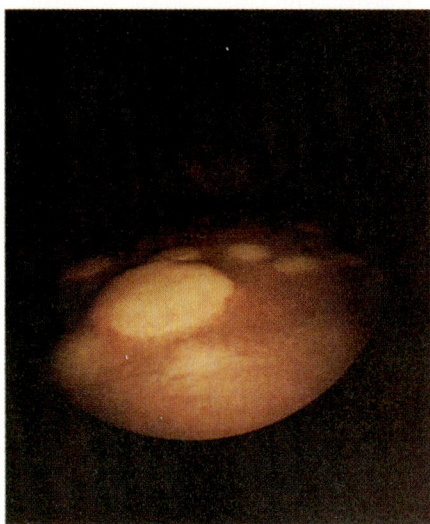

5.54 (oben links) Ulzerierendes Kaposi-Sarkom am Unterschenkel (CDC, Bildarchiv).

5.55 (oben rechts) Multifokales, über den ganzen Körper verbreitetes fortgeschrittenes Kaposi-Sarkom; generalisiertes Stadium mit Beteiligung innerer Organe (G Frenkel, Univ.-Zahnklinik, Frankfurt).

5.56 (Mitte links) Wenn das Kaposi-Sarkom anfängt, die Lymphgefäße zu verstopfen, führt dies zu ausgeprägten Ödemen mit besonders im Gesichtsbereich entstellenden Deformierungen (G Frenkel, Univ.-Zahnklinik, Frankfurt).

5.57 (unten links) Bei der Laparaskopie entdeckte multiple Lymphome. Dieses ist ein Blick durch das Laparaskop auf die Oberfläche der Leber (D Eichenlaub, Rudolf-Virchow-Krankenhaus, Berlin).

5.58 (Mitte rechts) Der finale Zustand extremer Kachexie (Auszehrung) bei einem 27jährigen homosexuellen Mann. Trockene Haut und atrophisch eingefallenes Bindegewebe ergeben ein charakteristisches Aussehen (F Goebel, Mediz. Poliklinik, Univ. München).

se bilden häufig leichte Kappa-Ketten.) Auch andere Non-Hodg-kin-Lymphome sowie klassische Hodgkin-Lymphome werden nun beobachtet, nicht nur im ZNS, sondern auch im Dünndarm. Wie beim KS kann es hier zu Blutungen kommen, aber in der Regel werden diese Tumoren erst bei der Operation oder gar bei der Obduktion gefunden.

Die starke Dominanz immunoblastischer Malignitäten darf als ein Zeichen dafür gedeutet werden, daß auch hier ein virusin-duzierter Chromosomenschaden vorliegen kann, wie er für das Burkitt-Lymphom, die murine Leukämie, das murine Plasmozy-tom etc. bewiesen ist. Vielleicht ist das neu entdeckte **HBLV** (**h**uman **B**-**l**ymphotropic **v**irus) hier involviert.

Für abdominale Lymphome scheint dasselbe zu gelten wie für die ZNS-Veränderungen – je mehr man sie sucht, desto häu-figer findet man sie, und je länger die Patienten ihre opportuni-stischen Infektionen überleben, desto häufiger entwickeln sie eine lymphatische Malignität. Wir müssen also damit rechnen, daß die Anzahl der bösartigen Erkrankungen im Takt mit der im-mer erfolgreicheren Therapie opportunistischer Infektionen wei-ter zunimmt. Diese Entwicklung kann man an manchen großen Kliniken, deren intensive Therapie der Infektionskrankheiten überdurchschnittlich erfolgreich ist, schon beobachten. Während man anfangs eine Computertomographie nur auf der Basis übli-cher klinischer Indikationen durchführte, setzte man sie später routinemäßig bei allen AIDS-Fällen ein und erhielt so überra-schend häufig positive Befunde, daß man nun auch häufiger zur diagnostischen Laparoskopie greift. Nicht selten wird man durch Funde wie in Abbildung 5.57 überrascht.

Untersuchungen in New York haben gezeigt, daß sowohl Hodgkin-Lymphome als auch NHL unter den Gefängnisinsassen etwa vier- bis neunmal häufiger vorkommen als in einer Kon-trollgruppe. Dies muß wohl als Zeichen für die große Anzahl der Infizierten in den Gefängnissen New Yorks angesehen werden – bei internierten Drogenabhängigen hat man bis zu 87% der Un-tersuchten seropositiv gefunden.

Abgesehen von den schon erwähnten Plattenepitheltumoren ist nun auch ein kleinzelliger Lungenkrebs beschrieben worden, der insofern von besonderem Interesse sein kann, als man gerade für diesen Tumor eine hämatopoetische Stammzelle postuliert hat. Damit könnte er in die Nähe der schon bekannten Malignitä-ten beim AIDS gerückt werden.

Andere klinische Bilder

Die **Nieren** sind selten betroffen, aber man hat ein gutes Dut-zend Fälle von **f**okaler **s**egmentaler **G**lomerulosk1erose (**FSGS**) beschrieben, die rasch zur Urämie progredierten. Auch die Nie-renbeteiligung bei systemischen Erkrankungen ist bekannt.

Das **Knochenmark** ist stark betroffen. Bei Biopsien kann man in 50% der Fälle ausgeprägten Eisenmangel, lymphohistio-zytäre Infiltrationen oder eine mäßig ausgeprägte Plasmozytose finden. Außerdem ist das Knochenmark oft eine Prädilektions-stelle für atypische Mykobakterien und zahlreiche andere Erre-ger. Man hat auch Zeichen einer erheblichen Hemmung der Gra-nulopoese und eine Verminderung der unreifen Vorläufer-("Präkursor"-)Zellen feststellen können, ohne den zugrundelie-genden Mechanismus richtig zu durchschauen.

Die **Lymphknoten** sind immer irgendwie betroffen. Abgese-hen von der im folgenden Kapitel diskutierten wohlbekannten Lymphadenopathie ist noch die „**a**ngio**f**ollikuläre **L**ymph**kn**oten-**h**yperplasie" (Castleman-Syndrom, **AFLNH**) zu nennen. Auch diese geht oft in eine lymphatische Malignität über.

Blut: Panzytopenie mit histiozytärer Zytophagie ist beschrie-ben worden, außerdem Vaskulitiden und mikrothromboemboli-sche Komplikationen sowie zerebrale Hämorrhagien als Folge von Thrombozytopenie. Für einen Teil dieser Fälle werden Autoimmunprozesse verantwortlich gemacht. Die auto**i**mmune

Thrombozyto**p**enie (**ITP**) ist gar nicht selten und führt häufig, ohne die AIDS-Definition zu erfüllen, zum Tode.

Herz: In einer Untersuchungsserie fand man bei 18 von 41 AIDS-Fällen ein pathologisches EKG, manchmal Belastungszei-chen, Schäden an Herzklappen, Pericarditiden und Pericard-Er-güsse. **U**ltraschall**c**ardio**g**raphie (**UCG**) ist hierbei die beste Un-tersuchungsmethode. *Nocardia*-Pericarditis und *Candida*-Infek-tion des Herzmuskels sind vorgekommen. Untersuchungen an 1981 bis 1986 Verstorbenen zeigten bei fast allen pathologische Veränderungen (Anderson et al., Wash.-Konf. M. 11.6): in 50% der Fälle eine Myocarditis mit Nekrosen, bedingt durch *Toxoplasma* (4%), *Histoplasma* (4%), *Cryptococcus* (4%), *Pneumocystis* (1%), Mykobakterien (2%), CMV (2%) und in den meisten Fällen ohne eindeutigen Erreger; bei 9% trat eine ausgeprägte, oft letale Cardiomyopathie auf. Daneben fand man bei 11% der Untersuchten ein Kaposi-Sarkom im Epicard.

Die **Nebenhöhlen** können zum Sitz ungewöhnlicher Pathoge-ne werden. So hat man eine Reihe von Pilz-Sinusitiden beobach-tet (*Aspergillus fumigatus*, *A. flavus*) und auch den ungewöhnli-chen Fall einer *Legionella pneumophila*-Sinusitis.

Muskeln und Bindegewebe: Einige merkwürdige Fälle von durch Mikrosporidien bedingter Myositis sind beschrieben wor-den, außerdem Fälle unklarer Schmerzzustände in den Beinen. Das klinische Bild war häufig dem eines Erysipels oder einer tie-fen Venenthrombose sehr ähnlich, aber beide Diagnosen konnten ausgeschlossen werden. Man sprach hier von „hyperalgetischer Pseudothrombophlebitis", ohne eine überzeugende pathogeneti-sche Erklärung dazu liefern zu können (Abramson et al. 1985).

Die Vielfalt klinischer Befunde ist eigentlich fast unbe-grenzt. So hat man unter 48 Adenovirus-Isolaten neun verschie-dene Typen von Adenoviren gefunden, die eine weitere oppor-tunistische Infektion ohne größere klinische Penetranz darstellen könnten. Bei Kindern HIV-positiver Mütter hat man auch das Bild einer Protein-Kalorie-Malnutrition (PCM, „Hungerdystro-phie") feststellen können, die nun ziemlich offensichtlich zu den AIDS-Manifestationen gerechnet werden kann. Malabsorptions-bilder kommen ja bei vielen Erkrankungsformen vor. Bei diesen Patienten findet man häufig auch eine Schwellung der Speichel-drüse (eine weitere Infektion?), hingegen ist die sonst übliche Lymphopenie meist nicht sehr ausgeprägt.

Insgesamt hat sich das Spektrum der mit dem AIDS ver-knüpften Erkrankungen unaufhörlich und in alle Richtungen er-weitert. Es ist damit zu rechnen, daß sich dies insbesondere durch erhöhte Aufmerksamkeit und avancierte diagnostische Methoden noch eine Weile fortsetzen wird. Abhängig von den äußeren Bedingungen kann so ziemlich jeder sonst apathogene Keim als Ursache einer opportunistischen Infektion auftreten.

Insbesondere viele Spätkomplikationen haben wir vielleicht noch gar nicht gesehen. Wenn es gelingt, die opportunistischen Infektionen erfolgreich zu behandeln, wird man häufiger den et-was einförmigeren Endzustand der AIDS-Patienten beobachten, der von einer extremen und heute noch unerklärten Ausmerge-lung (Effekt des Kachexins?) geprägt ist (Abb. 5.58). Die trok-kene und verfärbte Haut und der gleichsam „gealterte" Zustand aller Gewebe (darunter das frühe Ergrauen der Haare) sprechen für eine grundlegende, AIDS-spezifische Störung im Gewebe-stoffwechsel (Beeinträchtigung der Makrophagenfunktion?).

Vermutlich fördert die prodromale Phase der HIV-Infektion in gewisser Weise jede Art von Infektionen, während die „ech-ten" opportunistischen Erreger ein nahezu vollständig ausge-schaltetes Immunsystem voraussetzen, ehe sie die Szene betre-ten. Entscheidend hierfür ist in erster Linie der funktionelle Aus-fall der T-Helfer-Zellen und der verschiedenen Typen von Ma-krophagen. Während die zelluläre Immunität in diesem Zustand total ausgeschaltet ist, scheinen Reste der humoralen Abwehr noch immer zu funktionieren – vielleicht zehren sie, nicht un-gleich dem nachlassenden Gehirn hohen Alters, teilweise von „Kindheitserinnerungen".

6 Pathologie

Die überaus zahlreich zutage geförderten pathologisch-anatomischen Befunde werden von verschiedenen malignen Neubildungen, von opportunistischen Infektionen sowie von charakteristischen Veränderungen in den Lymphknoten dominiert. Da sie zum Teil sehr ungewöhnlich sind, machen sie häufig spezielle weitergehende Untersuchungsmethoden erforderlich, wie z. B. CMV-Kulturen von Knochenmarksbiopsien oder Immunofluoreszenz-Studien an Gewebeproben. Dieses setzt aber fast voraus, daß der Verdacht auf AIDS schon aufgekommen ist.

Sehr typische Befunde scheinen eine follikuläre Hyperplasie der Lymphknoten bei gleichzeitiger Lymphopenie sowie ein total atrophischer Thymus mit fast vollständiger Abwesenheit von Hassall-Körperchen zu sein. Die Thymusveränderungen treten bei sorgfältigen Untersuchungen des Organs klar hervor, und es wird immer deutlicher, daß die Bedeutung des Thymus bis heute erheblich unterschätzt worden ist (Kendall 1984). Daher kommt den Thymusbefunden auch bei Routine-Obduktionen heute ein besonderes Gewicht zu. Daneben wird häufig eine Splenomegalie beobachtet, weniger häufig auch eine Hepatomegalie.

Der dänische Pathologe G. Pallesen (Århus), Mitglied einer europäischen Arbeitsgruppe, die sich dieser Krankheit speziell widmet, hat geschildert, was er für AIDS-typische Veränderungen hält:

„Bei lichtmikroskopischen Untersuchungen der Lymphknoten dänischer Patienten haben wir regelmäßig eine floride Keimzentrumhyperplasie gefunden, die charakteristischerweise jedoch von einer bedeutenden Verarmung der Mantelzone der Follikel begleitet wird (jener aus einer Korona kleiner Lymphozyten bestehenden Randzone, welche die Keimzentren umgibt). Zeitweise fehlt diese Mantelzone ganz, wodurch die Keimzentren aussehen, als lägen sie ,nackt' in der Pulpa. Hierdurch werden histologisch Bilder gewisser Typen maligner Lymphome imitiert. Persönlich kann ich hinzufügen, daß ich keinen Krankheitszustand außer AIDS und ARC kenne, wo die Lymphknotenhyperplasie nach mehr als dreimonatigem Verlauf in so hohem Grade von einer B-Zonen-Proliferation geprägt ist; normalerweise überwiegt in diesem Stadium einer Infektion eine T-Zonen-Proliferation.

Die späten Lymphknotenveränderungen bei fortschreitender Krankheit sind ebenfalls gut untersucht, u. a. an Biopsien dänischer Patienten. Man findet ,ausgebrannte' Lymphknoten mit subtotaler bis totaler B-Zonen-Atrophie und einer lymphozytenverarmten Pulpa mit einem hervortretenden fibrovaskulären Netzwerk." (Pallesen 1984)

Diese verschiedenen Formen der Lymphknotenveränderungen sind immer mehr zu einer Einteilungsgrundlage (Pallesen et al. 1987) geworden. Eine zunehmende Lymphknotenatrophie ist ein sehr schlechtes Omen. Die charakteristische, zunehmende Involution dendritischer Retikulumzellen bei fortschreitender HIV-Lymphadenitis wird anhand einiger mikroskopischer Präparate veranschaulicht (Abb. 6.1 bis 6.5).

Über mehrere, verschieden lange Proliferationsphasen pflegen die Veränderungen sich allmählich dem atrophischen Stadium zu nähern. Das histologische Bild spricht für eine wesentliche Beteiligung der B-Lymphozyten, insbesondere bei Veränderungen in den germinativen Prozessen. Im Knochenmark hat man Zeichen einer Hemmung der Granulopoese und bereits bei unreifen Stadien eine verminderte Anzahl von Präkursorzellen gefunden. Dabei ist noch nicht klar, ob dies ein Effekt regulatorischer Faktoren (Hemmung oder Störung der Stimulation) und

damit ein sekundäres Phänomen ist oder ob es sich um eine direkte Einwirkung des Virus auf das Knochenmark handelt. Die bei 83 bis 100% der untersuchten Lymphozyten gefundenen Chromatinveränderungen sprechen eher für letzteres. Die manchmal gefundenen Zeichen einer gesteigerten Gefäßneubildung in den proliferierenden Lymphknoten könnten die Entwicklung in Richtung auf ein Kaposi-Sarkom andeuten.

Noch zahlreicher sind die pathologischen Veränderungen in Gehirn und Rückenmark (ZNS). Bei bis zu 90% der obduzierten AIDS-Patienten werden inzwischen neuropathologische Befunde erhoben, darunter mikronoduläre Gliaveränderungen, eine verminderte Anzahl von Neuronen, Zeichen einer diffusen Enzephalitis, ausgeprägte Atrophie, vakuoläre Myelopathie, darüber hinaus ZNS-Lymphome sowie zahlreiche Fälle von progressiver multifokaler Leukoenzephalopathie (PML). Nur sehr wenige Patienten weisen keine sicheren Veränderungen auf. Dies stimmt gut mit der Annahme eines direkten Tropismus des HIV zu den Zellen des Zentralnervensystems überein. Das Ausmaß und das Tempo der Entwicklung hirnatrophischer Veränderungen ist zum Teil erschreckend.

Zu den pathologisch-anatomischen Befunden gehören auch jene Fälle von Rektumkarzinomen, deren Entstehung man mit dem Herpes-simplex-Virus 2 (HSV-2) in Zusammenhang bringt, sowie von Zungenkarzinomen, die man auf onkogene Einflüsse des HSV-1 zurückführt. Hinzugekommen sind auch Myelome, Hodenkarzinome und verschiedene kleinzellige Krebsformen (Moser et al. 1985, Nusbaum 1985, Weitberg et al. 1986).

Verwirrend ist, daß gerade ein Teil jener bösartigen Neubildungen, die durch das HIV initiiert werden können, eine AIDS-Diagnose nach der Definition der CDC ausschließen kann. Das HIV scheint nämlich lymphatische Stammzellen direkt beeinflussen zu können und damit zumindest den Anstoß zur Entwicklung maligner B-Zell-Erkrankungen zu geben. Dieser Widersinn der CDC-Definition ist zwar durch eine Modifikation vom Juni 1985 verringert worden, gilt aber im Prinzip immer noch für höher differenzierte Non-Hodgkin-Lymphome sowie für klassische Hodgkin-Lymphome, Burkitt-Lymphome und andere maligne Erkrankungen. Die klassischen B-Zell-Malignome werden immer häufiger bei HIV-positiven Patienten beobachtet.

Diagnostisch sind frühzeitige Biopsien der Rektalschleimhaut wertvoll, da sich in dem entnommenen Material häufig typische Veränderungen der verschiedenen Zellelemente (Makrophagen, Fibroblasten, Plasmazellen, Lymphozyten, Endothelzellen) beobachten lassen.

Bei elektronenmikroskopischen Untersuchungen werden sogenannte tuboretikuläre Strukturen und „test-tube and ring-shaped forms" als sehr typisch für die HIV-Infektion angesehen. Man hat auch Viruspartikel in den „follicular dendritic cells" (FD-Zellen) und in anderen phagozytären Zellen entdeckt. In Lymphknoten hat man „immature sinus histiocytes" (ISH, Stein et al. 1984, van den Oord et al. 1985) gefunden, die man als eine neue, den Monozyten nahestehende B-Zell-Population deutet. Im Knochenmark hat man eine Infiltration mit plasmozytären und lymphohistiozytären Zellelementen beobachtet, auch hier mit hervortretenden phagozytären Zügen.

Besonders vielfältig und variierend sind die pathologisch-anatomischen Befunde der dominierenden Tumorform, des Kaposi-Sarkoms (KS; Abb. 6.6 bis 6.9). Noch herrscht Uneinigkeit darüber, von welcher Ursprungszelle sich diese Neoplasie eigentlich herleiten läßt, ob es sich wirklich maligne oder semimaligne metastasierend ausbreitet oder vielmehr simultan (weil multifokalen Ursprungs).

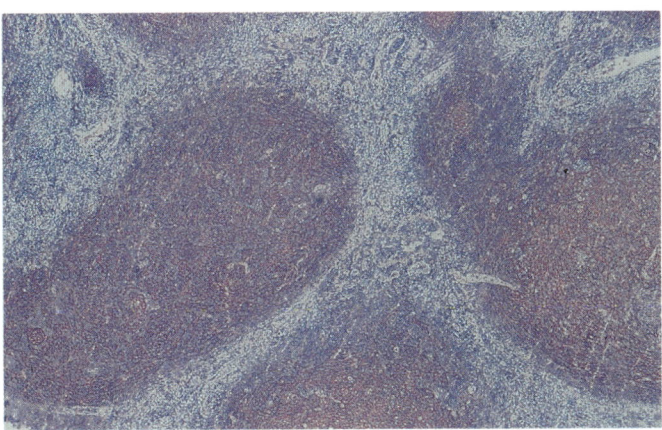

6.1 Übersichtsbild einer HIV-Lymphadenitis bei einem LAS-Patienten, Stadium I. Follikuläre Hyperplasie mit dichtem Netz dendritischer Retikulumzellen (AC Feller, Patholog. Inst., Univ. Kiel).

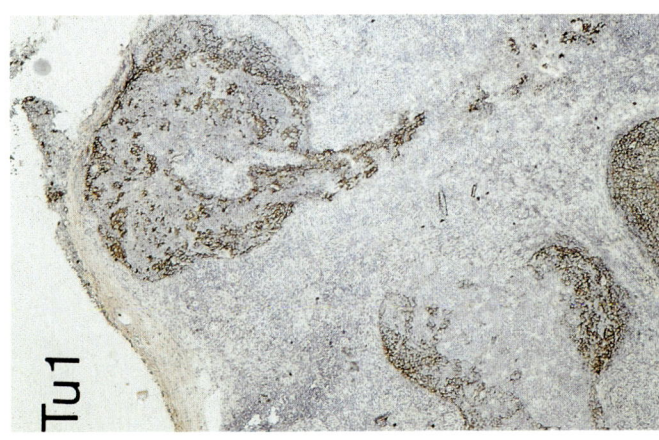

6.3 HIV-Lymphadenitis bei einem LAS-Patienten, Stadium II. Follikuläre Fragmentierung, Immunoperoxidasefärbung mit monoklonalen Antikörpern gegen das dendritische Retikulum (G Pallesen, Patholog. Inst., Univ. Århus).

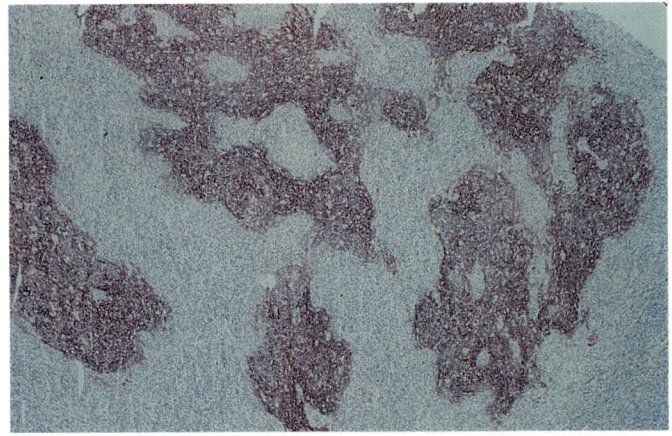

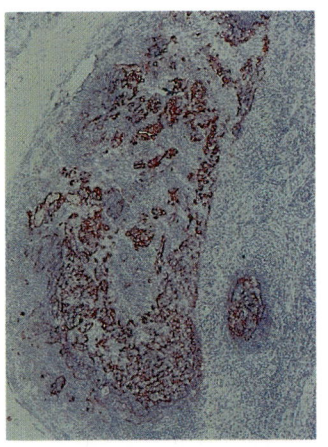

6.4 HIV-Lymphadenitis (LAS) mit ausgeprägter Involution dendritischer Retikulumzellen (AC Feller, Patholog. Inst., Univ. Kiel).

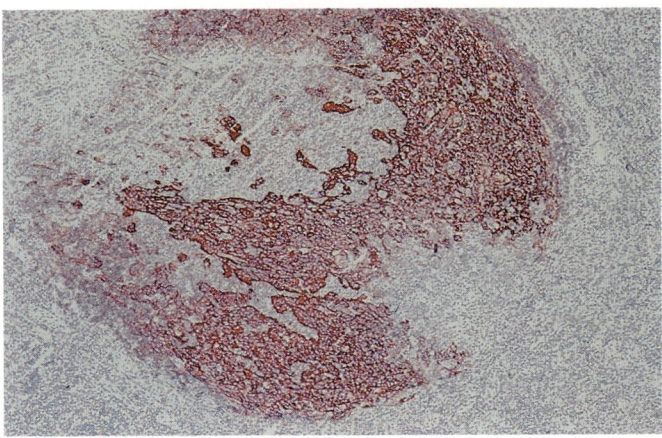

6.2 Hyperplasie im Lymphknoten eines LAS-Patienten, oben mit beginnender, unten mit avancierter Involution dendritischer Retikulumzellen. HIV-Lymphadenitis, Stadium II (AC Feller, Patholog. Inst., Univ. Kiel).

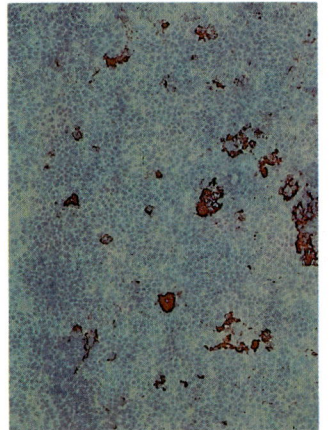

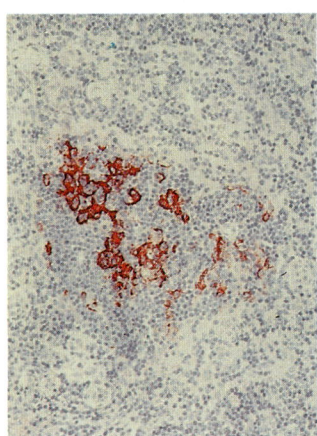

6.5 Atrophischer Lymphknoten bei HIV-Lymphadenitis, Stadium III; nahezu vollständiger Verlust dendritischer Retikulumzellen; Lymphozytenmangel, total atrophische B-Zone (AC Feller, Univ. Kiel).

Die Annahme eines geringen Malignitätsgrades des KS wird durch mehrere Befunde gestützt: durch das Muster der Verteilung im Lungenparenchym (Costa und Rabson 1983), durch histochemische Studien (Dorfman 1984) und durch klinische Beobachtungen, zu denen die manchmal extrem langsame Progression der Tumorveränderungen und die hin und wieder beobachteten Spontanheilungen gehören, sowie durch von Lo, Liotta und Friedman-Kien ausgeführte Versuche mit einem tumorerzeugenden DNA-Bruchstück, das einen außerordentlich starken trans-formierenden Effekt zu haben scheint. Man konnte dessen Wirkung an Mäusen untersuchen und dabei die schnelle Entwicklung multifokaler KS-artiger Veränderungen beobachten. Mit dem Konzept einer tumorerzeugenden Substanz ließe sich eine multifokale und simultane Entstehung des KS auch beim Menschen gut erklären (Lo et al. 1985, Friedman-Kien 1984).

Auffällig ist auch die nicht unwesentliche Anzahl von KS-Fällen, bei denen eine vollständige, spontane Remission beobachtet worden ist (Janier et al. 1985, Real et al. 1985).

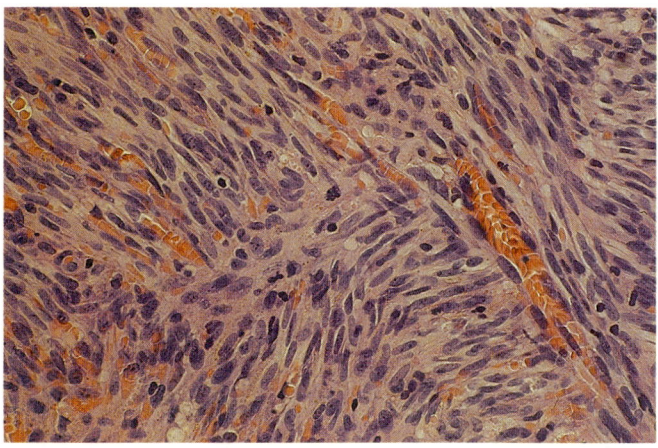
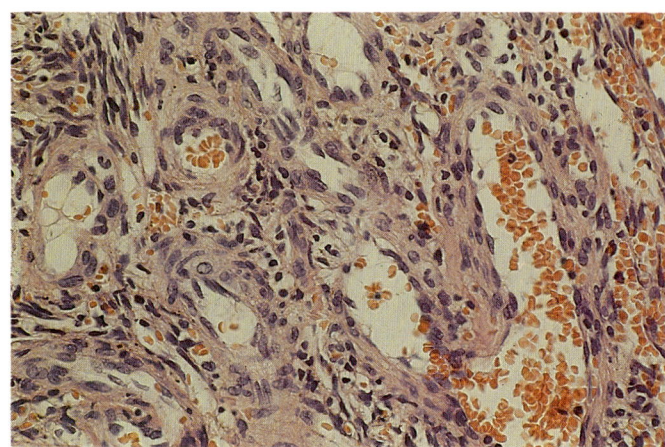

6.6 Kaposi-Sarkom; zwei Vergrößerungen einer Hautbiopsie bei einem 38jährigen Patienten mit AIDS: vaskuläre Lumina, Zellinfiltrate, extravasale Erythrozyten, Haemosiderin-Ablagerungen, zahlreiche Spindelzellen, proliferierende Kapillaren, atypische Endothelzellen, zahlreiche Mitosen. Im linken Bild dominieren die spindelzelligen, im rechten die angiomatösen Anteile. Hämalaun-Eosin-Färbung (HJ Leu, Patholog. Inst., Univ. Zürich).

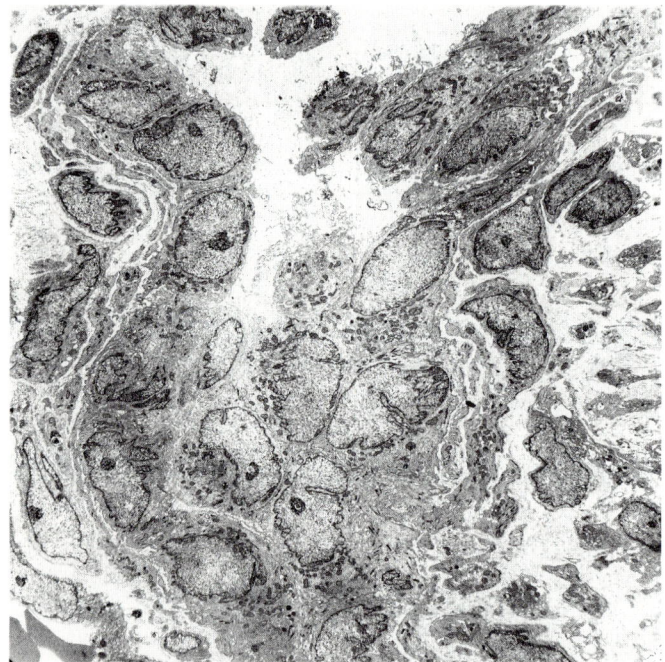
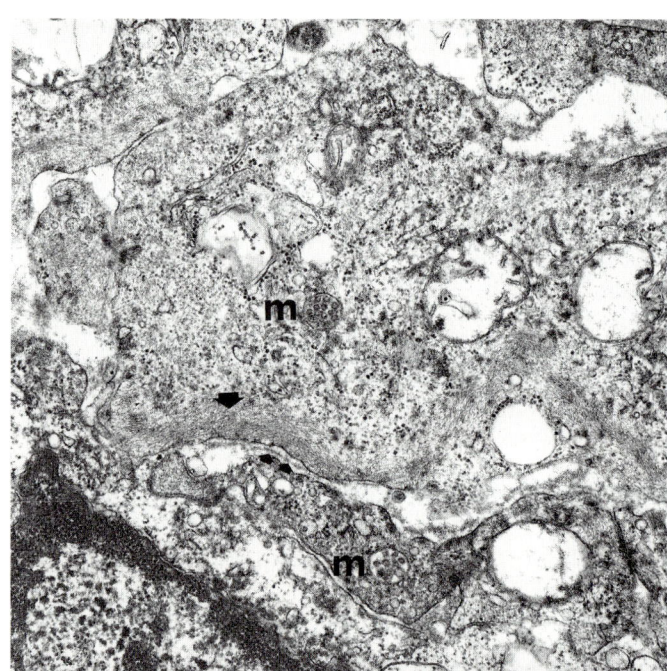

6.7 (oben links) Kaposi-Sarkom; proliferierende neoplastische Kapillare aus pleomorphen endothelialen Tumorzellen (HJ Leu, Zürich, VASA 1984/2, Copyright Huber, Bern).

6.8 (oben rechts) Kaposi-Sarkom; Tumorzellen endothelialer Herkunft, mit Basalmembran (Doppelpfeil), Tonofibrillen (Pfeil) und multivesikulären (m) Körperchen (HJ Leu, Zürich, VASA 1984/2, Copyright Huber, Bern).

6.9 (unten links) Proliferierende endotheliale Tumorzelle mit für Endothelzellen spezifischen Organellen: Weibel-Palade-Körper (Pfeile), polymorphe Kerne mit deutlichem Nucleolus (HJ Leu, Zürich, VASA 1984/2, Copyright Huber, Bern).

Ein weiteres Argument für die Hypothese multifokaler Genese lieferte die Entdeckung diffuser Veränderungen in der Haut eines scheinbar gesunden Patienten, die man als „Prä-Kaposi-Sarkom" bezeichnet hat (JL Schwartz et al. 1984). Dabei handelte es sich um diskrete Veränderungen in Form typischer proliferierender Spindelzellen mit leichter Tendenz zur Zellatypie (durchsetzt mit Kapillarsprossungen) − also um ein Bild, das als ein Vorstadium des Kaposi-Sarkom angesehen werden muß. Tatsächlich entwickelte dieser Patient bald darauf ein multifokales KS. Es wird interessant sein zu sehen, ob Prä-KS-Veränderungen häufiger zu beobachten sein werden, wenn man in Zukunft danach fahndet.

Ebenfalls hierher gehören histologisch nachgewiesene Lymphknotenveränderungen mit ähnlichem lymphoblastischen sowie angiogenetischem Einschlag (angioimmunoblastische Lymphadenopathie mit Dysproteinämie, AILD), multizentrische angiofollikuläre Lymphknotenhyperplasie (Castleman-Syndrom) und die manchmal in Lymphknoten zu beobachtende gesteigerte Gefäßneubildung. Das Bild wird nun dadurch noch komplizierter, daß es eine Form des endemischen afrikanischen KS gibt, die in den Lymphknoten beginnt.

Als Stammzelle des KS muß man heute eine Endothelzelle sehen, was in den Arbeiten von Leu (1984), Leu und Odermatt (1985) sowie Beckstead et al. (1985) überzeugend dargestellt wird (Abb. 6.7 bis 6.9). Der „geringe Grad" der Malignität schließt in keiner Weise aus, daß eine onkogene Substanz (wie von Lo, Liotta und Friedman-Kien vermutet) beteiligt ist, und ebensowenig, daß die Ausgangszelle dieser Geschwulstform ein recht unreifer, pluripotenter Angioblast sein kann (vielleicht sogar ein Prä-Angioblast, der ja mit einem Prä-Fibroblasten identisch ist).

So könnte sich das spezielle Bild und Verhalten des Kaposi-Sarkoms erklären, sowohl der auffällige Einschlag von Fibroblasten und Spindelzellen als auch die sehr gemischten histologischen Bilder und die große Variabilität im Malignitätsgrad. Es

gibt Beobachtungen von KS-Fällen mit ungewöhnlich ausgeprägter Aggressivität und Fulminanz, auch sogenannte anaplastische Kaposi-Sarkome. Vielleicht ist das sogenannte „kutane Angiosarkom" (RA Schwartz et al. 1983) im Grunde der eine Endpunkt jener langen Skala, auf welcher Prä-KS, Castleman-Syndrom, AILD, benigne Formen des KS (endemisch und klassisch), das epidemische, maligne KS und Angiosarkome nur verschiedene Positionen einnehmen.

Über die Beziehungen zwischen dem Zytomegalie-Virus und dem Kaposi-Sarkom, die vermutlich denen zwischen dem Epstein-Barr-Virus und dem Burkitt-Lymphom ähneln, ist viel spekuliert worden (Giraldo et al. 1972 bis 1984, Boldogh et al. 1981, Huang 1984 und Rüger et al. 1984). Endgültige Klarheit besteht in dieser Frage jedoch nicht. Eine große Schwierigkeit bei derartigen Untersuchungen ist die zweifelsfreie Klassifizierung einer Zellinie als „Kaposi-Sarkom", da diese histologisch stark variierende Tumorform sich aus sehr verschiedenen Zellelementen zusammensetzt und noch keine für sie spezifischen Zellmarkierungen identifiziert werden konnten.

Natürlich liegt auch bei anderen Facetten der AIDS-Symptomatologie eine umfangreiche Literatur über pathologisch-anatomische Befunde vor; sie ist jedoch vorwiegend für Pathologen von Interesse und soll hier nicht weiter erörtert werden.

7 Risikogruppen

Homo- und bisexuelle Männer

Wie schon erwähnt, sah man am Anfang (1981) in den USA nur die homosexuellen Männer (HS) als von AIDS bedroht an. Später kamen Drogenabhängige, die sich Drogen spritzen (DA), und Bluter (Hämophile) mit Substitutionsbedarf hinzu, dann Einwanderer aus Haiti sowie aus Afrika, des weiteren die heterosexuellen Partner (HSP) dieser Personen − darunter natürlich auch die Männer weiblicher Drogenabhängiger − und schließlich die Kinder von Eltern aus den aufgezählten Risikogruppen sowie jene Patienten, die, aus welchen Gründen auch immer, Bluttransfusionen erhalten hatten. Noch später erkannte Risikogruppen waren Prostituierte und deren Kunden, insbesondere auch die sogenannten „Sextouristen" bei Reisen in gewisse Risikogebiete. Der Kreis der Risikogruppen weitet sich allmählich (vergleiche die in Abbildung 7.1 dargestellte Entwicklung der Fallzahlen mit Angabe der jeweils neu hinzugekommenen „Teilpopulationen"). Der Fall einer Virusübertragung beim Tätowieren weist auf die Bedeutung solcher nichtmedizinischer Eingriffe hin.

Homosexuelle Männer stellen in den USA und in einigen Ländern Europas heute nur noch ca. 70% der Patienten, in manchen Teilstaaten und Ländern sogar bedeutend weniger (z. B. in New Jersey/USA, Haiti, Spanien oder Italien). Insbesondere in den Tropen ist die Verteilung auf Risikogruppen eine völlig andere, und weder Drogensüchtige noch Homosexuelle scheinen dort eine besondere Rolle zu spielen. Wichtig ist die teilweise beträchtliche Überlappung zwischen den verschiedenen Risikogruppen, besonders zwischen HS und DA sowie zwischen DA und Prostituierten. Wenn man heute die homosexuellen DA als Drogenabhängige rechnet, statt sie, wie bisher, in erster Linie der HS-Gruppe zuzurechnen, steigt der Anteil der Drogenabhängigen für die gesamten USA von 17% auf 26%. Die Abbildungen 7.2 und 7.3 zeigen die Verteilung auf Risikogruppen und die

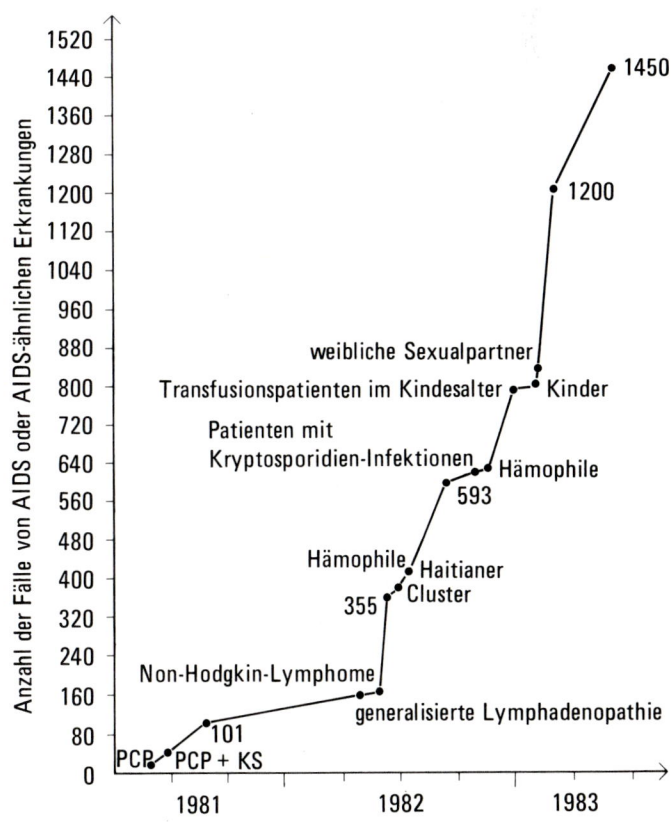

7.1 Die mit zunehmenden Fallzahlen neu erkannten Risikogruppen zu Beginn der AIDS-Epidemie (Evans 1984, basiert auf MMWR-Rapporten).

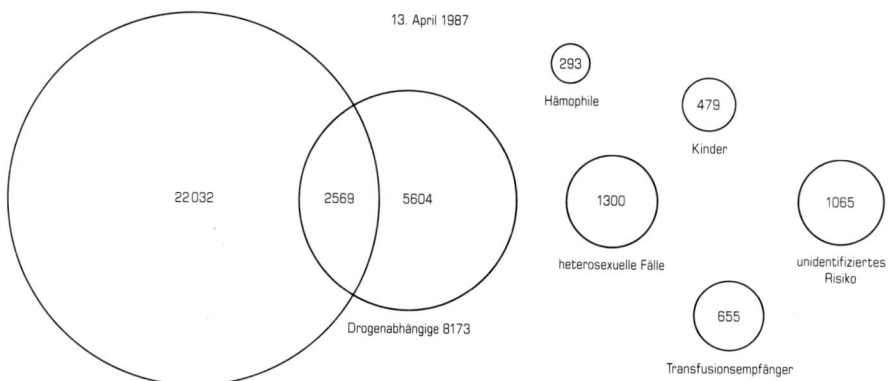

7.2 Verteilung der AIDS-Patienten in den USA auf die verschiedenen Risikogruppen (nach Angaben der CDC für den 13. April 1987).

che Assoziation von AIDS mit Homosexualität abzubauen. **Um es völlig klarzustellen: Ein männliches homosexuelles Paar, das in einem monogamen und stabilen Verhältnis lebt, bei dem kein Partner leichtfertige Seitensprünge macht, läuft kein größeres Risiko, sich diese Infektion zuzuziehen, als irgendein beliebiges, stabiles heterosexuelles Paar.**

Drogenabhängige

Eine zweite Risikogruppe ist im Laufe der Zeit immer mehr in den Vordergrund getreten: die Drogenabhängigen (DA) mit intravenösem Mißbrauch von Heroin, Amphetamin und ähnlichen Suchtmitteln („Fixer"). Daß sie eine Risikogruppe bilden, ist leicht zu erklären. In gewissen Gefängnissen (New York, Italien) hat man schon Antikörperprävalenzen von ca. 90% festgestellt – vermutlich, weil ein einzelner Insasse eine einzige Kanüle für die ganze Gruppe versteckt hielt. In einer Studie des **NIDA** (**N**ational **I**nstitute of **D**rug **A**buse, 1985-2) aus New Jersey sieht man deutlich, daß sich die Infektion unter DA verbreitet wie Ringe auf dem Wasser. Ausgehend von einem Epizentrum im südlichen Manhattan/Jersey City fallen die Seropositivitätszahlen mit zunehmendem geographischen Abstand in mathematisch präzisierbarer Weise:

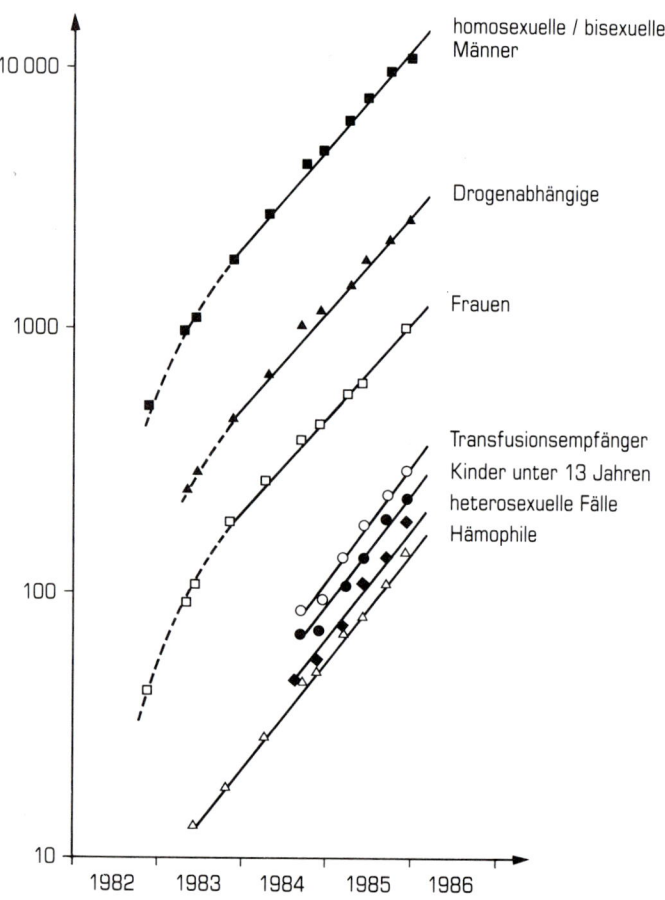

7.3 Semilogarithmische Aufzeichnung der AIDS-Fälle in den USA für verschiedene Risikogruppen, Diagnosedaten, kumuliert (L'age-Stehr, Robert-Koch-Institut, Berlin).

Abstand vom Epizentrum in US-Meilen	Anzahl der Getesteten	davon seropositiv
5	204	55,9%
5 – 10	124	42,7%
10 – 50	252	21,8%
100	55	1,8%

Außerdem korreliert die Seropositivität mit der Anzahl erfolgter Injektionen, mit der Tendenz zum gemeinsamen Kanülengebrauch und mit der Schwere und Dauer der Sucht.

Drogenabhängige mit Injektionsmißbrauch bilden heute die zweitgrößte Risikogruppe – und eine besonders problematische, weil sich unter ihnen die am wenigsten ansprechbaren, häufig selbstdestruktiven oder sogar kriminellen Personen befinden. Darüber hinaus bilden süchtige Prostituierte gerade jene Überlaufstelle, von wo das Virus aus einer begrenzten Risikogruppe in eine anonyme, große, schwer zu identifizierende heterosexuelle Population hineinfließt.

Einwohner und Besucher tropischer Länder

Besonders bedrückende Beobachtungen bezüglich des Durchseuchungsgrades kommen aus Afrika, wo man bei Stichproben in Zaire Seroprävalenzen von 5–17% gefunden hat, in Rwanda 18–22% und in Lusaka sogar 18–30% (Melbye et al. 1986). Streuungen zwischen 4% und 51% kommen vor. In Rwanda fand man in einer anderen Untersuchung 5% einer Zufallsauswahl, 19% der Blutspender, 80% der Prostituierten und 28% der Prostitutionskunden seropositiv. Letztere haben dort also gegenüber ersteren ein um 460% höheres Risiko.

für alle Gruppen verblüffend gleichförmige Zunahme der Patientenzahlen.

Hier wird deutlich, daß man sich zu Beginn der Epidemie ein falsches Bild gemacht hat: Es ist vor allem die Promiskuität, die der Epidemie einen so raschen Zugang zu den homosexuellen Männern erschlossen hat, nicht die Homosexualität als solche. Dafür kann auch angeführt werden, daß lesbische Frauen (die häufiger zu langen, ja lebenslangen, monogamen Paarverbindungen neigen) von dieser Epidemie nicht besonders bedroht sind – es gibt bisher nur einen einzigen sicheren Fall von HIV-Übertragung bei einem lesbischen Kontakt. Es gilt, sowohl zur Entlastung der Betroffenen als auch zur Entschärfung der öffentlichen Debatte und des gegenseitigen Mißtrauens, die unglückli-

Dies erinnert an die Verhältnisse in Haiti, wo man bei 66% der AIDS-Fälle als einziges gemeinsames Risikoverhalten sehr frequente heterosexuelle Partnerwechsel fand. Hier hat offenbar schon lange Gültigkeit, was heute für die USA beobachtet wird. Haiti ist dadurch von der AIDS-Epidemie schwer betroffen und der Tourismus nahezu lahmgelegt. Nach lebhaften Protesten der haitianischen Lobby hat man sich in den USA allerdings entschlossen, die Haitianer offiziell aus der Liste der Risikogruppen herauszunehmen, zumal man zeigen konnte, daß die bis zum Jahre 1978 nach New York eingewanderten Haitianer eine Seropositivität von nur 1,2% aufwiesen. Bei den in den letzten Jahren Immigrierten hingegen hat man bedeutend höhere Seroprävalenzziffern festgestellt; und bei jenen Haitianern, die Risikogruppen zugeordnet werden konnten, waren Antikörper in 60% der Fälle nachweisbar. Die Lage in Haiti ist unbeschreiblich ernst, ein Überblick mit systematischen Untersuchungen wurde aus diesem Land jedoch noch nicht publiziert.

Aus Afrika waren zum Zeitpunkt der Internationalen Konferenz „On African AIDS" (Brüssel, 22./23. November 1985) offiziell nur 10 AIDS-Fälle der WHO mitgeteilt worden. Kenia war das erste afrikanische Land, das sich zu einer Meldung durchrang. Aus Sambia, Zaire, Rwanda und Südafrika kamen immerhin Berichte, aus denen man sich ein Bild der raschen Virusverbreitung machen und, wo Krankenhäuser existieren, sich auch über zahlreiche für Afrika typische klinische Symptome informieren konnte.

Exakte Angaben wurden aus Kigali (150000 Einwohner) in Rwanda gemacht (van de Perre et al., Brü.-Konf. O4/I): Von 150 Krankenhausangestellten waren 18% seropositiv, von 300 jungen Menschen aus städtischem Milieu 17,5%, von jungen Menschen aus ländlichen Regionen 3,5% (variierend zwischen 1,4% in dünn besiedelten Gegenden und 8,5% in kleineren Handelszentren). Auf dem Land fand man 4,5% der Kinder seropositiv. Man hat den Eindruck, der Ausbreitung entlang den Handelsrouten, z. B. über Prostituierte und Lastwagenfahrer, folgen zu können. Offensichtlich ist sie schon jahrelang im Stillen vor sich gegangen, während die klinischen Manifestationen sich erst in den letzten Jahren deutlich abzuzeichnen begannen.

Hohe Seroprävalenzziffern zwischen 2 und 20% wurden für viele zentralafrikanische Staaten angegeben (allerdings auf relativ kleine Stichproben gestützt). Im Gegensatz dazu ähneln die Seroprävalenzziffern aus Marokko eher den europäischen Verhältnissen, d. h. das Virus scheint dort noch hauptsächlich auf die konventionellen Risikogruppen beschränkt zu sein. In Südafrika ist die Situation ähnlich; allerdings erreichen Gastarbeiter aus Malawi schon 4% Seropositivität.

Bemerkenswert ist, daß alte Seren aus Burkina Faso (dem früheren Obervolta) bis zurück ins Jahr 1963, Seren aus Kinshasa sogar bis 1959, einzelne positive Ergebnisse im Antikörpertest zeigen. Man kann jedoch nicht ganz ausschließen, daß es sich zumindest teilweise um Kreuzreaktionen gegen ein ähnliches Virus handelt. (Alte Seren haben einen „hohen Rauschpegel" und sind manchmal wegen Veränderungen der empfindlichen und spezifischen Immunglobuline schwer zu interpretieren.) Aber mindestens ein Serum aus Kinshasa von 1959 (Nahmias et al. 1986) weist im „Western Blot" ein vollständiges und für HIV typisches Muster auf, das kaum mehr Zweifel an der Zuverlässigkeit des Fundes zuläßt.

Obwohl AIDS inzwischen bei Patienten aus über 30 afrikanischen Staaten diagnostiziert worden ist, erfolgt für manche Länder diese Diagnose immer noch vorwiegend in europäischen Krankenhäusern. Demzufolge sind alle numerischen Angaben noch sehr unsicher und auch häufig widersprüchlich.

Gewisse Besonderheiten des klinischen Bildes afrikanischer AIDS-Patienten seien hier genannt. Sehr oft findet man in Afrika die Haut betroffen. Nicht nur Herpes zoster mit langwierigen Neuralgien ist häufig (van de Perre et al. fanden 100% der Herpes-zoster-Patienten seropositiv gegen HIV), sondern auch ein erythematös papulöser Ausschlag mit starkem Juckreiz, der bei über 70% der an AIDS Erkrankten gefunden wurde. Eine Besonderheit ist auch der ausgeprägte Gewichtsverlust bei Patienten in Uganda, der zu dem Ausdruck „slim disease" geführt hat. Man unterscheidet zwischen einer intestinalen Form von AIDS als der „nassen" (wet) und einer von Fieberattacken dominierten „heißen" (hot) Form. Schließlich läßt sich der in Afrika typische Meningitis-Erreger *Cryptococcus neoformans* in 40% der Hausstaubproben, in 13% untersuchter Schweinefäkalien und auch im Hühnerkot nachweisen, womit die ungewöhnliche Häufigkeit dieser Infektion dort wohl hinreichend erklärt sein dürfte.

Einer der wesentlichsten neuen Funde aus Afrika ist jedoch der jener AIDS-Virus-Variante HIV-2 bzw. LAV-2/HTLV-IV, die mit SIV/STLV-III verwandt zu sein scheint. Es handelt sich hierbei um ein Virus, das in seinem elektrophoretischen Reaktionsbild eine Zwischenstellung zwischen HIV-1 und SIV einzunehmen scheint. Die augenblickliche Lage in Afrika wird im Kapitel 16 näher beschrieben.

Bluter

Daß auch Bluter (Hämophilie-Patienten) mit dem AIDS-Virus infiziert wurden, war eine frühe Entdeckung (siehe Abb. 7.1) und zugleich eines der gewichtigsten Argumente für eine Virusgenese. Die Bluter sind hauptsächlich durch Faktor-VIII-Konzentrate infiziert worden, die in den USA in großem Maßstab produziert und dann zum Teil exportiert wurden. (Faktor VIII ist der am häufigsten fehlende der ungefähr 30 Gerinnungsfaktoren des Blutplasmas.) In Ländern, in denen hauptsächlich importierte USA-Präparate verwendet wurden, findet sich heute bei 50 bis 80% der substitutionsabhängigen Bluter eine positive Serologie (z. B. in der Bundesrepublik, Schweden, Japan, Spanien), während sich andere Staaten wegen einer ausreichenden eigenen Versorgung in einer besseren Lage befinden (England: ca. 33%, Norwegen: ca. 10%, Schottland: ca. 16%, Belgien: ca. 5%). Die Angaben sind jedoch nur teilweise voll vergleichbar, da man verschiedene Kriterien zur Abgrenzung der untersuchten Gruppen verwendet.

Australien ist völlig autark im Hinblick auf seine Blutversorgung, aber man hat dort im Laufe der Zeit eine fast ebenso hohe Durchseuchung der Bluter festgestellt, als hätte man USA-Präparate importiert. Dies weist auf eine unvermutet starke einheimische Virusverbreitung hin, was mit der in Australien sich von Anfang an sehr schnell verschlechternden Situation gut übereinstimmt.

Die umfangreichsten Arbeiten über die Hämophilen stammen aus den USA, wo es eine sehr große Anzahl von Blutern gibt, die zudem schon sehr früh infiziert wurden.

Man muß die Gruppe der Hämophilen etwas aufgliedern: In den USA etwa sind von den insgesamt ca. 20000 Blutern ungefähr 12420 an Hämophilie A erkrankt (Bedarf an Faktor VIII) und 3110 an Hämophilie B (Bedarf an Faktor IX). Bei den A-Hämophilen muß man im Hinblick auf den Substitutionsbedarf noch zwischen „schweren" (6830), „moderaten" (3105) und „milden" (2485) Formen der Krankheit unterscheiden. Außerdem gibt es einige Patienten mit dem seltenerem Faktor-X-Mangel (Hämophilie C), mit Mangel an den Faktoren V und VII, mit pathologischer Koagulationshemmung, mit von-Willebrand-Jürgens-Syndrom und anderen ungewöhnlichen Blutungsanomalien sowie der oft Transfusionen erfordernden „Thalassämie". Die selteneren Formen seien hier nicht weiter berücksichtigt.

Die Notwendigkeit einer solchen Aufgliederung ist angesichts folgender Ergebnisse leicht zu verstehen: In der Gruppe der Patienten mit „schwerer" Hämophilie A sind heute in den USA über 90% seropositiv, mancherorts sogar 100%, in der Gruppe der Hämophilie-B-Patienten hingegen nur 40%. Wenn man alle Schweregrade der Hämophilie A zusammenfaßt, beträgt die durchschnittliche Seropositivität ca. 75%, bei der Thalassämie liegt sie um 7%, unter den nicht transfusionsabhängigen Patienten immer noch um 4%. In der BRD beträgt die Zahl der Bluter ungefähr 6000, von denen ca. 4000 als „schwere" Hämophile einzustufen sind. Etwa 60% von diesen scheinen infiziert zu sein.

Die hier verantwortliche iatrogene (durch ärztliche Maßnahmen bedingte) Infektion ist also im Begriff, sich zu der vielleicht umfassendsten und tragischsten Katastrophe als Folge ärztlicher Tätigkeit zu entwickeln, die es je gegeben hat, zu dem schlimmsten Schaden, der vertrauensvollen Patienten jemals zugefügt worden ist. Auf längere Sicht allerdings wird die weit größere Zahl infizierter Transfusionspatienten dies noch in den Schatten stellen.

Erschreckend ist die Geschwindigkeit, mit der die Bluter infiziert worden sind. Man hat nur ein einziges Serum gefunden, das vor 1980 bereits Antikörper aufwies, aber schon 1984 überstieg in Kalifornien die Antikörperprävalenz 85% (Evatt et al. 1985). In einer tabellarischen Zusammenstellung einiger europäischer Untersuchungen (Tabelle 7.1) werden die Serokonversionen von Blutern in Großbritannien, der BRD und Italien mit jenen italienischer und spanischer Drogensüchtiger verglichen.

Jahr	Prozent Seropositivität						
	bei Hämophilen			bei Drogensüchtigen			
	GB	D	I	I	E	D	D
1978	–	0	–	0	–	–	–
1979	–	0	0	7	–	–	–
1980	5	0	0	6	–	–	0
1981	–	8	4	8	–	0	0
1982	25	20	21	23	–	18	0
1983	–	41	34	35	11	33	10
1984	70	53	35	45	40	26	24
1985				60	48	39	52
1986						67	

Tabelle 7.1 Serokonversionen von Hämophilen und Drogensüchtigen, von links nach rechts: Großbritannien (Machin et al. 1985), Bundesrepublik Deutschland (Gürtler et al. 1984), Italien (Ferroni et al. 1985, Lazzarin 1985), Spanien (Rodrigo et al. 1985) und wieder die BRD, Berlin (Harms et al. 1987, L'age-Stehr et al. 1986).

Was ist nun das Schicksal der infizierten Bluter? Anfangs sah es so aus, als erginge es ihnen besser als den Infizierten anderer Risikogruppen. Dieser Eindruck ist jedoch mit zunehmender Beobachtungszeit leider verblaßt. Vermutlich stießen die Bluter nur verspätet zu den übrigen Betroffenen der AIDS-Epidemie, da sie sozusagen die ersten indirekten Opfer jener Virusverbreitung wurden, die unbemerkt schon einige Jahre lang in den USA vor sich gegangen war. Erst mußten in ausreichender Anzahl infektiöse Blutspender bereitstehen, um sodann auch die Bluter in die Epidemie mit einzubeziehen.

Die meisten Serokonversionen unter den Hämophilie-Patienten scheinen in den Jahren 1982 bis 1984 eingetreten zu sein. Es ist also damit zu rechnen, daß ihre Inkubationszeiten erst in den neunziger Jahren abgelaufen sein werden. Was wir heute sehen, ist demnach wohl nur der Beginn einer Zunahme an Fällen, die sich bis dahin ziemlich ungebrochen fortsetzen wird (abgesehen von „transienten" Effekten und Sättigungsphänomenen, wie sie im Epidemiologie-Kapitel näher erläutert sind).

Die Entwicklung zur Seropositivität trat bei Blutern in Europa nicht wesentlich später auf als in den USA, sicher jedenfalls mit einer geringeren Verzögerung, als es in anderen Risikogruppen der Fall war. (Die Diagramme 7.4 bis 7.6 verdeutlichen dies.) Die in Europa lebenden Hämophilen erhielten die aus stark kontaminiertem USA-Blut hergestellten Faktor-VIII-Konzentrate fast gleichzeitig mit ihren amerikanischen Leidensgenossen, und so scheint denn auch heute ihre Entwicklung zum LAS ziemlich schnell zu gehen.

Für Familien, in denen ein Mitglied mit positiver Serologie gefunden worden ist, haben die CDC Verhaltensregeln ausgearbeitet, die das Infektionsrisiko mindern. Bei sexuellen Kontakten geben Kondome offenbar einen guten Schutz, und so glaubt man, zumindest einen Teil jener Virusausbreitung innerhalb der Familie verhindern zu können, wie sie die amerikanische Familie Burk inzwischen traurig bekannt gemacht hat: Der Vater erkrankte – infiziert durch Faktor-VIII-Konzentrate – an AIDS und steckte seine Frau an, die dann ein infiziertes Kind gebar. Die mehrere Jahre ältere Schwester ist gesund und seronegativ. Eine der wichtigsten Antworten, um die man in diesem frühen Stadium der AIDS-Epidemie noch ringt, gilt der Frage: Kann dieses Kind jahrelang mit drei Infizierten intim zusammenleben, ohne selbst angesteckt zu werden? Sollte das möglich sein, hätten wir Anlaß zur Erleichterung.

7.4 Serokonversionen (schwarz) bei Hämophilen in Schottland (Madhok et al. 1985).

7.5 Serokonversionen (schwarz) bei Hämophilen in den USA (Evatt et al. 1985).

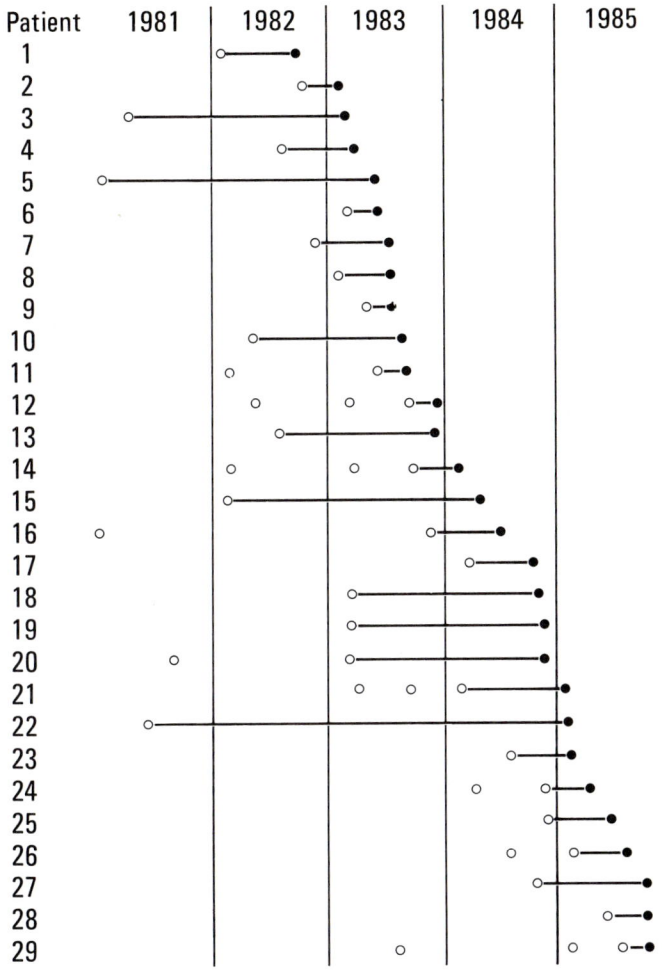

Patient	1981	1982	1983	1984	1985

○ letzter negativer Antikörper-Nachweis im Serum
● erster positiver Antikörper-Nachweis im Serum

7.6 Serokonversionen bei Hämophilen in Frankreich (Mathez et al. 1986).

Transfusionsfälle

Das für den Menschen pathogene Retrovirus **HTLV**-I (human T-cell leukemia/lymphoma virus, Typ I), das in Japan eine bösartige Leukämieform bei Erwachsenen hervorruft (**adult T-cell leukemia, ATL**) und außerhalb Japans auch in Afrika, der Karibik, Südamerika und südlichen Staaten der USA gefunden wurde, ist erwiesenermaßen mit Bluttransfusionen übertragen worden. So konnte es niemanden überraschen, daß auch das AIDS-Virus auf diesem Wege verbreitet worden ist (Ammann 1983, Curran et al. 1984).

Aus Neuseeland (SG Whyte et al. 1984) und Australien (Adams 1984, O'Duffy et al. 1984) kamen ebenfalls schon früh derartige Beobachtungen; in Australien haben in einem Fall vier frühgeborene Säuglinge gleichzeitig Blut vom selben Spender bekommen und sind alle in rascher Folge gestorben. Später hat man solche Fälle in fast allen Ländern gefunden.

Transfusionsbedingte Infektionen sind natürlich besonders im Hinblick auf die exakte Datierung des Ansteckungsereignisses von großem Interesse. D. Lawrence und K. Lui haben 1985 auf derartigen Fällen die erste umsichtige Berechnung der Inkubationszeit aufgebaut. Man muß sich darüber im klaren sein, daß mehr als die Hälfte dieser Fälle vermutlich nie entdeckt wird, da die häufig sehr kranken Blutempfänger (Myelom, Krebs, hohes Alter) nicht selten aus anderen Gründen sterben. In Dänemark etwa hatte sich ein Blutspender entgegen besserem Wissen als nicht risikobelastet bezeichnet und eine größere Anzahl von Pa-

tienten angesteckt; diese waren jedoch alle ziemlich bald nach der Transfusion an ihrer Grundkrankheit verstorben, ohne daß die transfusionsbedingte Infektion dabei eine erkennbare Rolle gespielt hatte.

Wie groß das Potential der durch Transfusionen infizierten Patienten für die weitere Entwicklung der AIDS-Epidemie ist — sowohl als Empfänger des Virus als auch als dessen Verbreiter —, zeigen einige einfache Überschlagsrechnungen. In den USA werden jährlich ca. 12 Millionen Bluteinheiten gesammelt, in Westdeutschland sind es 4 Millionen, in Schweden 450000. Demzufolge entspricht schon ein kontaminierter Anteil von nur 0,4 Promille (diese Prävalenz an Western-Blot-bestätigter Seropositivität fand man in den USA bei der Untersuchung von ca. einer Million Bluteinheiten, Schorr et al. 1985, CDC, MMWR 1985-31) einer Zahl von 4800 kontaminierten Bluteinheiten, die in den USA (im letzten Jahr vor dem Beginn routinemäßiger Kontrollen der Blutspenden) eingesammelt und zum größten Teil nach einem Zufallsverfahren ahnungslosen Patienten verabreicht worden sind.

In Wirklichkeit ist diese Zahl noch viel zu niedrig. Wir wissen, daß die bereits 1984 ausgesprochene Empfehlung, kein Angehöriger der primären Risikogruppen solle mehr Blut spenden, zu einer markanten Abnahme der Blutspender mit einem erhöhten AIDS-Risiko geführt hat. Als dann das routinemäßige Testen der Blutdonatoren eingeführt wurde, erfolgte eine weitere Reduktion. (Mancherorts blieben bis zu 20% der Blutspender auf diese Ankündigung hin aus — über die möglichen Gründe macht man sich natürlich Gedanken.) Darüber hinaus gibt es außer den 0,4 Promille bestätigter Seropositivität weitere 1,3 Promille wiederholt EIA-positiver Bluteinheiten, die ebenfalls vernichtet worden sind. Es besteht Grund zu der Annahme, nicht alle davon seien unbedenklich. Beim Screening amerikanischer Rekruten lag die Seroprävalenz bei ca. 1,5 Promille, unter Schwarzen bei ca. 4 Promille und unter den mehr als 26 Jahre alten Bewohnern der Region New York sogar schon bei 10 Promille (CDC, MMWR 1986-26).

Außerdem wissen wir, daß 4% oder mehr der virustragenden Personen keine Antikörper aufweisen und daß dieser Anteil bei den sekundären Risikogruppen noch viel höher sein kann. Aus Afrika sind Angaben bis zu 11% bekannt geworden, einzelne Untersuchungen bei kleinen Patientenzahlen haben sogar noch höhere Werte zutage gefördert, hauptsächlich bei heterosexuellen Partnern. Seronegative Virusträger gelangen natürlich unbemerkt durch jede Blutkontrolle, und in den USA hat man nun auch schon drei Patienten gefunden, die von als unbedenklich freigegebenen Blutkonserven infiziert worden sind. Die Zahl solcher Fälle wird erst in vielen Jahren erkennbar werden.

Man kann weitere Überschlagsrechnungen anstellen, und zwar analog zu dem, was für andere mit Bluttransfusionen übertragbare Krankheiten mit kürzerer Inkubationszeit gilt. In diesen Fällen wird früher ersichtlich, was eigentlich vor sich geht — vorausgesetzt, daß ein nennenswerter Anteil der Infizierten Symptome entwickelt. In Lateinamerika sind vermutlich ca. 20 Millionen Menschen Träger des *Trypanosoma cruzi* (Chagas-Krankheit), und Jahr für Jahr werden ca. 20000 Fälle von transfusionsbedingter, manifester Erkrankung registriert (Bruce-Chwatt 1984). Dies sind natürlich noch optimistische Zahlen, da es auch hier zahllose subklinische Fälle gibt.

Anfang 1987 hatten die CDC über 500 an AIDS erkrankte Transfusionspatienten registriert — mit wie vielen ist noch zu rechnen? Wie viele asymptomatische Infizierte kommen auf jeden AIDS-Patienten, wie viele Partner von Seropositiven sind möglicherweise schon angesteckt? Die Schätzung von insgesamt ca. 30000 latenten Fällen ist hier noch recht vorsichtig. Für die BRD gelten günstigere Annahmen, da man nur ca. 0,2 Promille der Blutspender seropositiv gefunden hat. Daraus ergeben sich 800 infizierte Bluteinheiten für das letzte Jahr als absolutes Minimum, zuzüglich zahlreicher Risikospender für die Jahre davor.

Die frühe Literatur über die Notwendigkeit und über die Vor- und Nachteile der Blutspenderkontrolle ist äußerst lehrreich. Die Debatte wurde lange von Stimmen dominiert, die bis zu allerletzt in Frage stellten, ob solche Reihenuntersuchungen überhaupt nötig oder wünschenswert seien (Goldsmith 1985, Ala et al. 1985, Kuriyan et al. 1984, Osterholm et al. 1985, Culliton 1984) — bis schließlich eine Flut von Screening-Ergebnissen mit ziemlich bedrückendem Inhalt publiziert wurde (CDC, MMWR 1985-1, -25, -31, JT Perkins et al. 1985, Petricciani et al. 1985, SH Weiss et al. 1985, Seidl und Kühnl 1985, Goedert 1985, Contreras et al. 1985, Carlson et al. 1985-1, Page 1985 etc.). Fast in jedem Land fand man seropositive Blutspender, in den USA Tausende, in Deutschland Hunderte, in Schweden immer noch 14 (bis zum Frühjahr 1987).

Für Europa könnte nachträglich von Interesse sein, daß Ende der siebziger Jahre viel Blutplasma aus Haiti importiert worden ist. Vermutlich aber haben eventuell darin enthaltene Viren die späteren Verarbeitungsprozesse nicht überstanden. Trotzdem ist man gewiß froh, die Angebote Idi Amins, an dem in Uganda reichlich fließenden Blut teilzuhaben, ausgeschlagen zu haben.

Die meisten Länder haben inzwischen klare Anweisungen darüber eingeführt, wer vom Blutspenden Abstand zu nehmen hat (CDC, MMWR 1985-35), und vielerorts ist die konsequente Blutkontrolle jetzt Routine. (Nur in Afrika und Teilen Südamerikas, wo man wahrlich darauf nicht verzichten dürfte, ist die Untersuchung von Blutspendern noch keine Routine.)

Die Gruppe der Transfusionspatienten hatte nie eine Chance, sich gegen die Ansteckung zu schützen; sie wird stets größer bleiben als jene der Bluter und auch dann noch weiter anwachsen, wenn die Gruppe der Bluter ihr Maximum erreicht hat. Allein in den USA werden jährlich ca. 10 Millionen Bluttransfusionen ausgeführt, und eine Art Hitzebehandlung (ähnlich jener bei der Herstellung von Faktor-VIII-Konzentraten) ist für diese Form von Blutprodukten noch nicht in Sicht. Die Anzahl der potentiellen Transfusionsempfänger ist praktisch unbegrenzt, so daß mit irgendwelchen Sättigungseffekten noch lange nicht zu rechnen ist.

Heterosexuelle Partner

Eine langsam, aber stetig wachsende Risikogruppe sind die heterosexuellen Partner (HSP) anderer Risikopersonen. Sie bilden ein fast unbegrenztes Reservoir von potentiell Anzusteckenden. Wie in zahlreichen Untersuchungen bewiesen worden ist, kann die Virusübertragung beim Geschlechtsverkehr in beiden Richtungen erfolgen, überraschenderweise sogar mit etwa der gleichen Wahrscheinlichkeit.

Im Jahre 1983 stieß man auf die ersten Patienten, die keiner bekannten Hochrisikogruppe angehörten: eine 33jährige Frau in England (CL Smith et al. 1983), eine 37jährige Frau aus Frankreich mit nur einem einzigen sexuellen Kontakt während einer Jahre zurückliegenden Reise nach Haiti (Cabane et al. 1984) sowie einige heterosexuelle Partner von AIDS-kranken Drogensüchtigen (Harris et al. 1983). Im September 1984 hatten die CDC bereits 45 derartige Fälle registriert, von denen 32 aus New York stammten und davon wiederum 25 auf drogensüchtige Partner zurückzuführen waren (Des Jarlais et al. 1984).

In New York rechnet man heute mit ca. 240 000 injizierenden Drogensüchtigen; 78% haben nach eigenen Angaben heterosexuelle Partner. Da diese überdurchschnittlich häufig gewechselt werden, insbesondere bei Amphetamin-Abhängigen, handelt es sich bei diesen um eine sehr große sekundäre Risikogruppe, die wiederum sehr durchlässig gegenüber der übrigen Bevölkerung ist. Weitere Kontaktpersonen schließen sich ihnen wie eine noch größere „tertiäre" Risikogruppe an.

In amerikanischen Militärkrankenhäusern gehörten bereits 35% der AIDS-Patienten nicht mehr zu den primären Risiko-

gruppen, und nur bei einem Drittel dieser jungen Männer konnte ein Kontakt mit Prostituierten festgestellt werden (Redfield et al. 1985). Man muß hier allerdings erwägen, ob nicht doch Homosexualität oder Drogenmißbrauch teilweise verheimlicht wurden, auch wenn man dies durch Befragung der Familien und Untersuchungen des individuellen Hintergrundes unwahrscheinlich gemacht haben will.

Ganz ähnliche Resultate ergab eine Untersuchung in New York, wo man bei 36 solcher Fälle nur bei zweien (6%) einen DA als Partner fand und bei elf weiteren (32%) einen Kontakt mit Prostituierten feststellte; die übrigen 62% dürften sich die Infektion anderweitig, wahrscheinlich auch durch andere heterosexuelle Kontakte, zugezogen haben. Bei amerikanischen Soldaten in Berlin fand man bei 5% der Besucher einer venerologischen Ambulanz Antikörper gegen das AIDS-Virus (James et al. 1986). Dies übersteigt sogar die Seropositivität der bisher untersuchten Berliner Prostituierten, so daß das Virus auch schon in anderen Kreisen recht weit verbreitet sein dürfte. Dieser Umstand wird, wenn einem die Bedeutung einer fünf- bis zehnjährigen Inkubationszeit gegenwärtig bleibt, bei manchen jungen Leuten großstädtischen Milieus das Gefühl erzeugen, das den Reiter über den Bodensee befallen haben mag — und zwar nicht ganz zu Unrecht.

In den Studien von Redfield sind die Männer als jung, ungebunden und sexuell sehr aktiv beschrieben. **Ist also ein solches Sexualverhalten in den USA und in gewissen europäischen Großstädten bereits zu einem „Risikoverhalten" geworden? Es fällt schwer, die Fakten anders zu deuten.**

Kinder

Es konnte kaum überraschen, daß AIDS-Fälle auch unter Kindern auftauchten. Die ersten Patienten waren Empfänger kontaminierter Transfusionen (Ammann 1983) oder Kinder an AIDS erkrankter Eltern, oft Haitianer (Oleske, Minnefor et al. 1983, Rubinstein et al. 1983, Fauci 1983, GB Scott et al. 1984). Bei der Virusübertragung von Eltern auf ihre Kinder scheint es sich nicht um eine genetische, quasi angeborene Virusinfektion (bei der das Virus schon in den Erbanlagen integriert ist) zu handeln, sondern um eine sogenannte kongenitale (perinatale) Ansteckung; das Virus gelangt also über die Plazenta oder während der Geburt in den kindlichen Organismus. Es kann auch beim Stillen mit der Milch übertragen werden. Ein solcher Übertragungsmodus ist auch für das ATL auslösende Virus HTLV-I bekannt (Kinoshita et al. 1984).

Die Gesamtzahl der pädiatrischen AIDS-Fälle in den USA steigt rasch an; dabei muß man noch mit einer beträchtlichen Unterrapportierung aus gewissen Staaten rechnen. Die Prognose HIV-infizierter Kinder ist häufig schlechter als die erwachsener Patienten. Bei zwei in Europa adoptierten afrikanischen Kindern wurde jedoch eine klinische Stabilisierung beschrieben, die zumindest viele Jahre Bestand hatte (Brun-Vézinet et al. 1984; J Laurence et al. 1984).

Naturgemäß sind infizierte schwangere Mütter die sichersten Vorboten infizierter Kinder, und solche Frauen werden in ständig wachsender Zahl gefunden. Das gilt nun nicht mehr nur für Afrika (wo Kinder schon bis zu 22% der AIDS-Fälle stellen und man in Rwanda für 1987 bereits mehrere tausend Neugeborene mit HIV-Infektionen erwartet) oder New York (wo sie bis zu 4% der Fälle ausmachen), sondern sogar für gewisse europäische Großstädte. So fand man in Berlin (Schäfer et al. 1986) unter 1400 Schwangeren zwar nur einen Fall von Hepatitis B, einen Fall von Syphilis und zwei Fälle von Rötelinfektionen, jedoch nicht weniger als 32 mit dem AIDS-Virus infizierte Mütter, von denen sechs keiner Risikogruppe zuzuordnen waren. Wir müssen also mit einer Vielzahl infizierter Neugeborener rechnen, die mit Mißbildungen wie Mikrozephalie oder mit ausgeprägten

Entwicklungsstörungen wie Hypertelorismus, Sattelnase, langem Philtrum und auffällig gewölbter Stirn oft eine typische HIV-Embryopathie aufweisen (Marion et al. 1986), die auf eine sehr frühe, vermutlich schon in den ersten drei Monaten der Schwangerschaft erfolgte, intrauterine Infektion hindeutet.

Die Chance einer HIV-positiven Mutter, ein infiziertes Kind zur Welt zu bringen, wird noch sehr verschieden beurteilt. Die meisten Schätzungen liegen zwischen 25 und 65 % (Marion et al. 1986, Pahwa et al. 1986, GB Scott et al. 1986, Lazzarin et al. 1986); allerdings muß man auch hier späte Serokonversionen berücksichtigen, wie sie immer häufiger beobachtet werden.

So fanden Grosch-Wörner et al. (WHO-Konferenz München, März 1987, in Vorb.), daß von 33 Kindern, die von seropositiven Müttern geboren wurden, zwar 15 als gesund und antikörperfrei eingestuft wurden, 6 von diesen aber schon im Laufe von zwei Jahren Beobachtungszeit serokonvertierten; bei einem weiteren Kind konnten Viren nachgewiesen werden, und ein anderes erkrankte an HIV-verdächtigen Symptomen. In den USA wurde ein Kind zweier HIV-positiver Eltern beschrieben, das 14 Monate lang weder Antikörper, Antigene noch Viren aufwies, dennoch im Alter von 8 Monaten erkrankte und mit 14 Monaten an AIDS starb. Vergeblich hatte man mit allen Mitteln versucht, die immer offensichtlichere HIV-Infektion nachzuweisen (intrauterine Toleranzentwicklung?).

Es ist heute völlig klar, daß die Kinder ebenso wie die Sexualpartner zu jener unvermeidlichen Korona von sekundären Fällen gehören, welche die wie auch immer Infizierten in der ganzen Welt umgeben.

Krankenhauspersonal?

Mit einiger Erleichterung, wenn auch einiger verbleibender Unsicherheit kann man heute feststellen, daß das Personal, das sich der AIDS-Patienten annimmt, trotz der schon verflossenen sechs Beobachtungsjahre und der großen Patientenzahl kaum zu den Risikogruppen gerechnet zu werden braucht. So hat man in den USA erst fünf von AIDS-Patienten angesteckte Krankenhausangestellte („health care workers", HCW) gefunden, die bisher serokonvertiert sind. In England kennt man einen, in Frankreich zwei ähnliche Fälle (die letzteren beiden mit sehr oberflächlichen Stichverletzungen). Bei dem Ehemann einer seropositiven Laborangestellten hat man trotz noch negativer Blutserologie Viren isolieren können (CDC, MMWR 1986-17). Dies sagt natürlich etwas über die Zuverlässigkeit des heute angewandten Testverfahrens aus.

Schon 1985 (CDC, MMWR 1985-7) gab es in den USA unter knapp 300 Krankenhausangestellten 17 AIDS-Fälle, die zu keiner Risikogruppe gehörten. Schon 1984 wurde von einem schwarzen AIDS-Patienten berichtet, der sich an einer Kanüle in einem Müllsack gestochen hatte (Belani et al. 1984). Darüber hinaus gibt es die weiter unten näher beschriebenen Fälle aus Frankreich und Dänemark. Keiner von all diesen läßt sich jedoch mit einem bestimmten, identifizierbaren AIDS-Patienten verknüpfen. Leider ist dies auch gar nicht zu erwarten, da präsymptomatische Fälle sowohl viel zahlreicher als AIDS-Patienten sind als auch eine höhere Ansteckungsgefahr bergen.

In Paris starb im August 1984 eine junge Ärztin an einer PCP. Sie hatte dort auf verschiedenen Intensivstationen gearbeitet, ohne daß man nachträglich unter den von ihr betreuten Patienten einen sicheren AIDS-Fall hätte identifizieren können. Ihre Symptome waren im Februar 1983 erstmalig aufgetreten, irgendwelche Risikofaktoren oder konkrete Ansteckungsmöglichkeiten kamen nicht an den Tag. Nachuntersuchungen an eingefrorenen Serumproben zeigten später, daß sie schon Anfang 1983 seropositiv war. Der zweite französische Fall war ein 43jähriger Krankenhauselektriker, bei dem man im September 1984 KS und PCP diagnostizierte. Auch bei ihm stieß man auf keine Risikofaktoren. Ähnlich unklar ist der Fall jener (bereits früher erwähnten) in Afrika erkrankten dänischen Ärztin. Es gibt weitere Fallbeobachtungen dieser Art aus den USA, aus Kanada und jetzt auch aus der Bundesrepublik Deutschland. Alle diese Fälle sowie eine Reihe allgemein biologischer Erwägungen sollten uns davon abhalten, die Möglichkeit nosokomialer (im Krankenhausmilieu stattfindender) Virusübertragung allzu sicher auszuschließen.

Von diesen Beobachtungen abgesehen, hat man nun jedoch schon fast tausend unfreiwillige Stichverletzungen oder Schleimhautkontakte mit dem Sekret von Patienten untersuchen und weiter verfolgen können, ohne daß man dabei auf mehr als die genannten Ansteckungsfälle gestoßen ist. In einem Fall hat ein AIDS-Patient eine Krankenschwester sogar mit Hepatitis-B-Virus angesteckt, ohne daß Antikörper gegen das AIDS-Virus nachgewiesen werden konnten (Gerberding et al. 1985). Ebenso hat ein Krankenpfleger als Folge eines Nadelstiches einen Kryptokokken-Abszeß am Daumen bekommen, ohne aber HIV-Antikörper zu entwickeln (Glaser et al. 1985). Auch Untersuchungen an anderen mittelbar oder unmittelbar an der Betreuung von AIDS-Patienten beteiligten Personalgruppen sind bisher negativ ausgefallen, aber sie sind alle noch unbefriedigend kurz. Leider gibt es einige noch inkonklusive Funde leichterer immunologischer Abweichungen, die weiter abgeklärt werden müssen, ehe man endgültig entwarnen kann.

Man muß nämlich bedenken, daß die bisher untersuchte Anzahl von Menschen sehr begrenzt ist, verglichen mit den Millionen, die in den Pflegeberufen arbeiten. Oft wird außerdem fälschlicherweise die Aufmerksamkeit auf Kontakte mit Patienten mit manifestem AIDS fokussiert, als sei die Ansteckungsgefahr gerade dort am größten. Berechtigte Zweifel an der Testsensitivität kommen hinzu.

Auch zu Beginn der Ausbreitung des Hepatitis-B-Virus (HBV) über große Teile der Welt hätte man wohl nur eine sehr begrenzte Anzahl von Infizierten gefunden; heute wissen wir, daß auch ungewöhnliche Fälle von nosokomialer Ansteckung vorgekommen sind. Nicht immer ließen sich alle Wege der Ansteckung klarlegen. Heute gibt es allein in China, wo das Hepatitis-B-Virus vor einigen Jahrzehnten eingeführt wurde, 80 Millionen Menschen, die Antikörper dagegen aufweisen.

Vieles deutet darauf hin, daß gerade die präsymptomatischen Fälle der mit HIV Infizierten eine besonders starke Virämie aufweisen (Groopman et al. 1984). Ferner muß man sich vor Augen halten, daß die sich heute manifestierenden Sekundärfälle auf eine Situation zurückgehen, wie sie vor fünf bis zehn Jahren vorlag — und da gab es erst vereinzelte AIDS-Fälle in den USA und in Europa. Die Folgen der heutigen Situation können wir also nicht bewerten, ehe wir ein entsprechendes Fazit von 1992 bis 1997 in der Hand halten. Beunruhigend sind auch positive Antigennachweise, Hybridisierungsergebnisse oder Viruskulturen bei heterosexuellen Partnern aus dem Umfeld um die bekannten AIDS-Fälle. All das bedeutet im Grunde nichts anderes, als daß man die bisher durchgeführten Untersuchungen an Pflegepersonal als vorläufig ansehen sollte und noch für eine lange Zeit fortsetzen muß, um endgültige Aussagen über ihre Infektionsgefährdung machen zu können.

Für das Hepatitis-B-Virus hat die schwedische Behörde für berufliche Sicherheit (Arbetarskyddsstyrelsen) schon 1986 in ihren Anweisungen mit Nachdruck alle bekannten Ansteckungswege in Erinnerung gerufen und den Bedarf konsequenter Sicherheitsmaßnahmen betont. Erst kürzlich wurde ein schwedischer Chirurg angesteckt, dem ein Patient ins mangelhaft geschützte Auge hustete — beim HBV weiß man, daß so etwas zur Übertragung ausreicht. Auch wenn man dies beim HIV noch nicht beobachtet hat, wäre es wünschenswert, wenn sich alle offiziellen Empfehlungen von Sicherheitsmaßnahmen auf ein vergleichbares Ambitionsniveau einpendelten. Man ist gerade dem Krankenhauspersonal gegenüber, das sowieso eine Reihe von beruflichen Risiken auf sich nimmt, zur Offenheit verpflichtet. Jeder Mangel an konkreten Kenntnissen erhöht die Anfälligkeit für diffuse Ängste − und das Unbekannte wirkt stets unheimlicher als eine konkrete Gefahr, denn es läßt der Phantasie freien Spielraum.

Neue Risikogruppen?

Im Laufe der Zeit sind immer wieder neue Patienten aufgetaucht, die nicht in das bisher bekannte Schema der Risikogruppen paßten. So hat man einzelne Fälle von Ansteckung bei künstlicher Befruchtung sowie bei Haut-, Herz-, Leber- und Nierentransplantationen beschrieben; unter anderem haben drei Nierenspender aus der Bundesrepublik fünf Empfänger infiziert, die alle relativ rasch serokonvertiert sind (L'age-Stehr et al. 1985). Man macht sich jetzt Gedanken über das Infektionsrisiko bei Hornhauttransplantationen, über die Hormonextraktion aus menschlichem Urin und die Fibrinogengewinnung (beides derzeit teilweise eingestellt) und über die Gefährdung von Angestellten in der Arzneimittelindustrie, die den ganzen Tag mit Blutprodukten arbeiten, sowie von Gefängnis- und Ambulanzpersonal, Feuerwehrleuten und Polizisten. Vor allem diskutiert man aber über jene Berufsgruppen, die dem Blut und anderen Körpersekreten ihrer Patienten besonders ausgesetzt sind, in erster Linie also Zahnärzte, Endoskopiker, Anästhesisten, Gynäkologen und Chirurgen, insbesondere alle unter den schwierigen Bedingungen in den Entwicklungsländern arbeitenden Ärzte und deren Hilfskräfte.

Das Risiko dieser Personen, sich zu infizieren, ist sicher sehr gering, sonst wären heute schon zahlreiche derartige Sekundärfälle bekannt. Natürlich läßt sich auch hier die tatsächliche Situation infolge der langen Inkubationszeit nur schwer beurteilen, und erschöpfende Untersuchungen dieser Berufsgruppen hat man noch nicht durchgeführt. Stichproben sind bisher durchweg negativ ausgefallen (von jenen wenigen Fällen, wo man konkrete Übertragungsereignisse kennt, sei hier abgesehen).

Es geht jedoch nicht nur um den Schutz der in den genannten Berufen Tätigen. Man muß sich darüber im klaren sein, daß eine Virusübertragung mit medizinischen Instrumenten unter Umständen auch weitreichende Konsequenzen für die Anwendung invasiver („risikoreicher") Untersuchungsverfahren bzw. therapeutischer Eingriffe mit sich bringen kann. Stellvertretend für die oben erwähnten Kategorien von medizinischem Personal folgen nun für Zahnärzte und Endoskopiker spezielle Abschnitte, die aber auch zahlreiche allgemein relevante Informationen enthalten.

Zahnärzte

Eine Überschlagsrechnung zeigt, welche potentielle Gefährdung von einem HIV-Infizierten in einer Zahnarztpraxis ausgehen kann. Bei einer Gingivitis (Zahnfleischentzündung) sondert das Zahnfleisch in jeder Sekunde 100 000 Leukozyten ab (Klinkhammer, siehe Burnett und Sherp 1968), also 6 Millionen/min oder 360 Millionen/h. Auch wenn nur ein sehr kleiner Teil davon − nehmen wir an, 3 % − Lymphozyten sind, entspräche dies einer Zahl von ca. 11 Millionen/h. Wenn von diesen $\frac{1}{3}$ T-Lymphozyten und davon wiederum $\frac{2}{3}$ T-Helferzellen wären, käme man auf ca. 2,4 Millionen T_h-Zellen, die von entzündetem Zahnfleisch pro Stunde ausgeschieden werden können. Nun kann eine infizierte T_h-Zelle in ihrer produktiven Phase binnen kurzem 50 000 AIDS-Viren produzieren. Selbst wenn wir davon ausgehen, daß nur jede tausendste T_h-Zelle infiziert ist und sich davon nur jede hundertste in einer produktiven Phase befindet (also keineswegs extrem pessimistische Annahmen), ergibt das schon einen Überschlagswert von 1,2 Millionen Viruspartikeln pro Stun-

de. Dabei haben wir noch gar nicht berücksichtigt, daß Leukozyten auch auf anderen Wegen in den Speichel geraten können, daß HIV auch in zellfreien Flüssigkeiten vorkommt, so im Speichel selbst (Groopman, Salahuddin et al. 1984, Groopman, Sarngadharan et al. 1985), in der Tränenflüssigkeit (Fujikawa et al. 1985) sowie im Schweiß (Silverman, San Francisco, pers. Mitt.), oder daß bei vielen Maßnahmen des Zahnarztes auch Blut austritt, was natürlich die Zahl der Zellelemente und der Viruspartikel noch erhöhen würde.

Nun ist es keineswegs einfach festzustellen, ob diese Überschlagsrechnung mit der Wirklichkeit übereinstimmt. Mehrere Autoren haben im Speichel von AIDS-Patienten keine Viren gefunden, und überhaupt scheint ein Virusvorkommen im Speichel kein sehr frequentes Phänomen zu sein, zumindest was die zellfreie Speichelflüssigkeit betrifft. Hierbei muß man allerdings bedenken, daß das Anzüchten dieser Viren nach wie vor sehr schwierig ist und nicht einmal in allen Fällen gelingt, wo bewiesenermaßen Viren vorhanden sind.

Schon die Frage, wie viele Leukozyten denn im normalen Speichel vorhanden sind, ist nicht leicht zu beantworten. Eine Dissertation zu diesem Thema (Schröder 1980) stellt alle Literatur zwischen 1911 und 1977 zusammen, die konkrete Angaben hierzu enthält. Es handelt sich um insgesamt 16 Quellen, und die angegebenen Werte variieren zwischen minimal 25 und maximal 5000 Leukozyten/mm^3. Die Resultate scheinen hauptsächlich davon abzuhängen, zu welchem Zeitpunkt (nach dem Mundspülen? nach einer Mahlzeit? Tageszeit? Lebensalter?) und mit welchen Methoden die Untersuchungen ausgeführt wurden. Außerdem liegt offenbar eine große intra- und interindividuelle Varianz vor. Auch über die Zusammensetzung der Zellen im Speichel gibt es keine eindeutigen Auskünfte. Manche Autoren verneinen eine Korrelation mit dem Blutbild.

Schröder selbst kommt zu altersabhängigen Normalwerten, die von ca. 1000/mm^3 bei Teenagern auf ca. 2700/mm^3 bei Vierzigjährigen zunehmen; der Anstieg mit dem Lebensalter ist dabei signifikant. Eine Korrelation mit dem Blutbild wird bestätigt. Im Laufe des Tages und während der Menstruation ist die Zahl der Speichel-Leukozyten gesteigert. Ihre Überlebenszeit − ca. 4 bis 5 Stunden − ist im Speichel kürzer als im Blut.

In Berlin führt man Untersuchungen am Speichel durch, welche diese Fragen weiter zu erhellen helfen. Unter den Speichel-Leukozyten finden sich bei gesundem Zahnfleisch so gut wie keine Lymphozyten (Becker et al., pers. Mitt.). Bei inflammatorischen Prozessen jedoch scheint das anders zu sein. Die Suche nach T4-Rezeptor-tragenden (T4-positiven) Lymphozyten hat schon jetzt überraschende Ergebnisse gezeigt, die von entscheidender Bedeutung für die Fragen zur Virusübertragbarkeit sein können.

Im Epithel (und auch im darunterliegenden Bindegewebe) der Mundschleimhaut gesunder Personen fand man verblüffend dicht eingestreute T4-positive Zellen, wie etwa die Abbildungen 7.7 und 7.8 zeigen. Ihre Anzahl war sowohl bei Patienten mit Papillomen als auch bei solchen mit Leukoplakie deutlich erhöht (Tabelle 7.2; mögliches Indiz für eine Virusgenese dieser Veränderungen?). Die T4-positiven Zellen im Epithel tragen außerdem einen T6-Rezeptor, womit sie als „Langerhans-Zellen" der Schleimhaut, jedenfalls aber als phagozytäre Zellen, klassifiziert werden müssen. In der zervikalen Mukosa bei Frauen hat man ebenfalls T4-positive Zellen gefunden, was die Ergebnisse von Warner et al. (Brü.-Konf. p-39) bestätigt. Die Gruppe um Warner entdeckte zudem ähnliche Zellen auch in der Rektalschleimhaut. Insgesamt erhält man so ein Bild, das biologisch sinnvoll erscheint: Die drei Haupteingangswege in das Innere des Körpers werden − außer von lymphatischen Drüsen wie dem Waldeyerschen Ring im Rachen − auch von intramukösen T4-positiven Makrophagen bewacht. Nach neueren Erkenntnissen über die spezialisierten Zellen des Immunsystems in unserer Haut ist dies keineswegs unglaubhaft. Es handelt sich hier vielleicht um die vordersten Wachtposten unseres Immunsystems, welche die Aufgabe haben, sich so früh wie möglich jedes Eindringlings anzunehmen. Als „antigen-präsentierende" Zellen bereiten sie über T_h-Lymphozyten die Stimulation der Bildung spezifischer Antikörper durch die B-Zelle vor. Dies ist eine gute und zeitsparende Strategie.

Im Zusammenhang mit AIDS kann das bedeuten, daß die genannten Zellen zugleich die äußersten, zuerst erreich- und invadierbaren Zielzellen für das HIV darstellen. Mit diesen Befunden kommt die These, daß für eine Infektion mit dem AIDS-Virus immer eine Wunde vorhanden sein muß („Blut muß fließen"), vermutlich zu Fall. (Auch die Frage der heterosexuellen Virusübertragung kann damit eine unerwartete Wendung nehmen. Der weibliche Partner wird vermutlich hauptsächlich durch virushaltiges Sperma über die Zervix infiziert — was aber wissen wir eigentlich über die Infektion des heterosexuellen Mannes? Außer dem Vaginalsekret kommt hier auch der Speichel der

		OKT6		Leu3a = OKT4	
		$\bar{x}$	SD	$\bar{x}$	SD
normale Mundschleimhaut	E	5,3 ± 1,5		2,8 ± 0,4	
(n = 7)	B	0,8 ± 0,6		9,6 ± 3,3	
normale Zervikalschleimhaut	E	2,4 ± 1,2		3,0 ± 1,4	
(n = 7)	B	0,2 ± 0,1		11,9 ± 4,3	
Papillom, Mundschleimhaut	E	9,7 ± 3,3		5,6 ± 1,6	
(n = 6)	B	2,3 ± 0,7		17,3 ± 2,7	
Leukoplakie, Mundschleimhaut	E	8,0 ± 6,1		3,0 ± 0,6	
(n = 10)	B	1,0 ± 1,2		17,2 ± 5,2	

E = Ephitel, B = Bindegewebe

Tabelle 7.2 Auszählung von mit monoklonalen Antikörpern markierten T6- und T4-positiven Zellen in der Schleimhaut von Mund und Zervix (Mittelwert $\bar{x}$ pro Zählfeld ± Standardabweichung SD; nach Becker et al. 1986).

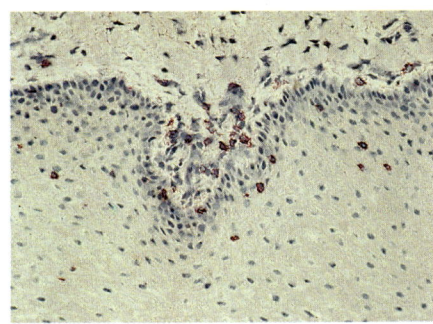

7.7 Mundschleimhaut aus der Gaumenregion eines 18jährigen Mädchens mit zahlreichen T4-(Leu3a-) positiven Zellen im Epithel und dem darunterliegenden Bindegewebe (Becker et al. 1986, Universitäts-Zahnklinik der Freien Universität und Robert-Koch-Institut, Berlin).

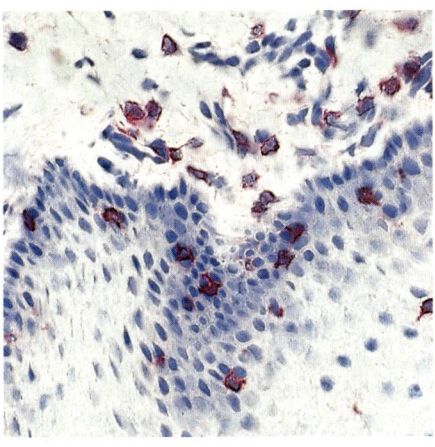

7.8 Dasselbe in stärkerer Vergrößerung.

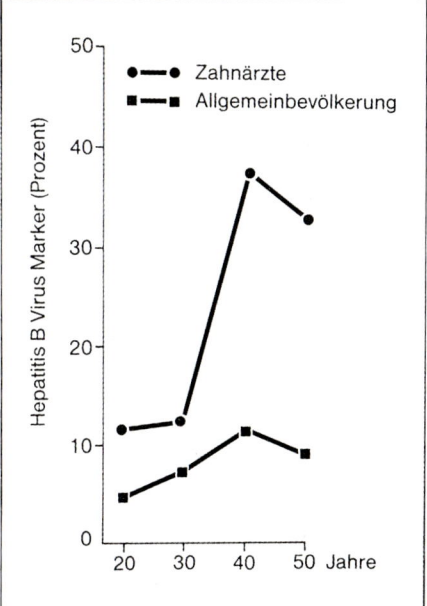

7.9 Seroprävalenz von Antikörpern gegen das Hepatitis-B-Virus (Zahnärzte und Normalbevölkerung).

Frau als mögliche Infektionsquelle in Frage. Welche Rolle spielt dann die Mundschleimhaut des Mannes? Neue Fragen, auf die Antworten noch ausstehen.)

Auf jeden Fall spricht manches dafür, daß wir gerade in den erwähnten Schleimhautbereichen mit einer immunologisch gesehen „stillen" Virusinvasion rechnen müssen. Wenn sich einige Viren in derartigen Zellen integrieren, haben sie möglicherweise eine lange Wartezeit vor sich. Die Verbreitung erfolgt vermutlich auch weniger mit dem Blutstrom als durch eine langsame Wanderung von Zelle zu Zelle, was erklären würde, daß es unter Umständen recht lange dauert, bis eine Serokonversion eintritt. Die Existenz viruspositiver, aber seronegativer heterosexueller Partner kann so gedeutet werden.

Auch eine andere Beobachtung (Burger et al. 1985) gibt viel zu denken. Die anfänglich seropositive Frau eines infizierten Hämophilen im LAS-Stadium rekonvertierte zur Seronegativität, nachdem sie zehn Monate lang von jedem sexuellen Kontakt mit ihrem Mann Abstand genommen hatte. Die Beobachtung wurde mit großer Erleichterung als ein möglicher Fall von „Spontanheilung" aufgenommen. Sie ist jedoch in Wirklichkeit das erste starke Indiz dafür, daß manche seropositive Infizierte nach einer gewissen Zeit rekonvertieren können und damit wieder in die Schar der schwer zu erfassenden seronegativen Virusträger eingehen. Es gibt wohl kaum einen Retrovirologen, der ernsthaft damit rechnet, die Frau sei ihr Virus „losgeworden" — viel wahrscheinlicher ist es, daß sie nur ihr meßbares Antikörperniveau verloren hat, nachdem jene regelmäßige „Booster-Dosis" entfiel, die der sexuelle Kontakt mit ihrem Gatten notwendigerweise bedeutete.

All diese Fragen erhalten auch durch andere Beobachtungen eine aktuelle Bedeutung für Zahnärzte und deren Helfer. Es ist bekannt und sorgfältig untersucht, daß gewisse Gruppen des Krankenhauspersonals einem erhöhten Risiko ausgesetzt sind, sich mit Hepatitis B zu infizieren. So findet man in Schweden bei Zahnmedizinern im Alter von 20 bis 25 Jahren eine Antikörperprävalenz von 2−6%, die sich nicht signifikant von der der übrigen Bevölkerung (2−5%) unterscheidet; im Alter von 50 Jahren ist sie hingegen auf 16−22% angestiegen, was in etwa mit Ergebnissen deutscher und amerikanischer Untersuchungen gut übereinstimmt (Abb. 7.9). Die schwedischen Zahlen liegen sogar noch vergleichsweise niedrig; in Berlin und den USA sind bedeutend höhere Seroprävalenzwerte gefunden worden.

Auch wenn wir davon ausgehen können, daß das AIDS-Virus im Einzelfall viel weniger leicht übertragen wird als das Hepatitis-B-Virus, ist das Risiko hier zwar insgesamt sehr klein, aber keineswegs gleich Null. Die Hepatitis-Befunde hat man immerhin zum Anlaß genommen, den am stärksten exponierten Gruppen die Hepatitis-Impfung zu empfehlen. Das Risiko, das der gut Informierte im Hinblick auf die Hepatitis sieht, erfordert angesichts des Schweregrades von AIDS schon jetzt eine Reihe von prophylaktischen Überlegungen. Dabei geht es darum, den Patienten, das Personal, sich selbst, seine Familie und seine professionelle Methode zu schützen.

Als Nicht-Zahnarzt will ich nun nicht zu sehr ins Detail gehen, denn dafür sind Hygieniker oder Mikrobiologen aus dem Bereich der Zahnmedizin besser gerüstet. Aber nach langen Diskussionen und gemeinsamen Symposien mit Zahnärzten möchte ich hier zumindest einige Gesichtspunkte wiedergeben, die im Laufe der Zeit immer deutlicher hervorgetreten sind.

Zur Lösung des obengenannten Problems gehört selbstverständlich die Einhaltung eines guten hygienischen Standards. Dies ist wahrlich kein neues Thema, doch im Lichte der aktuellen Erkenntnisse muß manches neu bewertet und aus einem ernsteren Blickwinkel betrachtet werden, als man es im Zeitalter effektiver Antibiotika und Impfstoffe gemeinhin zu tun pflegt. (Es ist, als erführe man von einer hübschen Wiese, daß man in ihrem hohen Gras auch Kreuzottern gefunden hat.) Darüber hinaus gilt es zu präzisieren, was man eigentlich erreichen will. Sollen wir uns zufrieden geben mit „nur einigen wenigen" Sekundärfällen? Oder wollen wir in zehn Jahren sagen können, daß kein einziger Zahnarzt und keiner seiner Helfer angesteckt worden sei? Die beiden Alternativen bedeuten ein sehr unterschiedliches Ambitionsniveau. (In den USA ist gerade der erste wohl von einem Patienten infizierte Zahnarzt bekannt geworden.)

Da man eine HIV-Infektion nicht bemerkt, kann man jahrelang arglos eine lebensgefährliche Krankheit ausgerechnet an jenen oder jene Menschen weitergeben, an denen einem vermutlich am meisten liegt. Nicht zuletzt dies macht die Nachricht, mit dem AIDS-Virus angesteckt zu sein, schlimmer als jene, einen inoperablen Hirntumor zu haben. Im letzteren Fall ist man von der Krankheit nur selber betroffen, im ersteren handelt es sich um ein Geschehen, dessen Folgen und Verzweigungen fast unübersehbar sein können. Daß die Übertragung des AIDS-Virus oft im persönlichen Intimbereich stattfindet, ist vermutlich einer der Gründe dafür, daß hier häufig die Gefühle sehr aufgewühlt werden — ganz unabhängig von der Koppelung an gewisse Risikogruppen, wie sie bisweilen in den Vordergrund gestellt wird.

Da man als Arzt infolge mangelhafter Hygiene auch seinen Patienten ein Schicksal bereiten kann, dessen Bedeutung schwer zu begreifen bleibt (es sei denn, man steht in persönlichem Kontakt mit Menschen, für die dieser Alptraum bereits Wirklichkeit geworden ist), gibt es keine Rechtfertigung, die Sicherheitsanforderungen zum Schutz der Patienten nicht zu optimieren. Damit dürfte die eingangs gestellte Frage nach dem adäquaten Ambitionsniveau beantwortet sein.

HIV ist keineswegs besonders ansteckend, wenn man es in Relation zu leicht übertragbaren Krankheitserregern wie etwa Masern- und Influenza-Viren sieht. Außerhalb schützender Eiweißmedien ist es auch relativ empfindlich. Es fällt den meisten üblichen Desinfektionsmitteln zum Opfer und stirbt bei Temperaturen über 60 Grad, in 20%igem Alkohol, in geringsten Konzentrationen einer Glutaraldehyd-Lösung oder ähnlichen viroziden Substanzen. (2%ige Glutaraldehyd-Lösung eignet sich übrigens vorzüglich zur Sterilisierung von Instrumenten und ist auch für die Winkelstücke bereits erprobt. Die Konzentration von Glutaraldehyd in einer solchen Lösung ist das Zigfache des Erforderlichen.)

Große Widerstandskraft hat man bisher nur gegenüber Kälte (Einfrieren bei −72 gilt als erprobtes Mittel, das Virus zu konservieren; so ist es gerade gelungen, aus einem 1976 in Afrika eingefrorenen Serum Viren anzuzüchten), des weiteren gegenüber Formalin (nur mäßig effektiv) sowie gegenüber ultravioletter und ionisierender Strahlung festgestellt. Über die zahlreichen zuverlässigen Desinfektionsmittel gibt es bereits ausführliche Listen, so daß diese Substanzen hier nicht im einzelnen verglichen werden sollen. Das Grundproblem liegt zweifellos weniger in der Vitalität des Virus als in der Art des Risikos. Und dieses ist nicht quantitativ, sondern qualitativ schwer zu fassen.

Personal, das AIDS-Patienten betreut, braucht — wie oben ausgeführt — nicht als Risikogruppe betrachtet zu werden. Eine unreflektierte Angst vor Ansteckung kann lähmend wirken — so

ist im allgemeinen eine besondere Haltung gegenüber AIDS-Patienten angesichts der viel größeren Gefahren, die von symptomfreien HIV-Trägern ausgehen, völlig unmotiviert. Um irrationalen Reaktionen vorzubeugen, gilt es, die Aufmerksamkeit sinnvoll zu fokussieren, ohne die Risiken zu unterschätzen.

Es ist festzuhalten, daß HIV in zellfreier Flüssigkeit überleben kann, bei Zimmertemperatur mehrere Tage. Man hat unter Laborbedingungen Überlebenszeiten von ein bis zwei Wochen gefunden, sogar im trockenen Zustand (Barré-Sinoussi et al. 1985). Montagnier et al. (Brü.-Konf. 1985) haben auch in wärmebehandelten Blutprodukten noch nach 48 Stunden Anzeichen für lebende Viren gefunden und empfehlen deshalb, die Behandlungszeit auf 96 Stunden auszudehnen. Alles das ist eine Frage des Sicherheitsstandards. Wer mit Körperflüssigkeiten umgeht, sollte hierüber Bescheid wissen. Die verhältnismäßig rigorosen Sicherheitsbestimmungen, welche die schwedische Arbeiterschutzbehörde hinsichtlich des Umgangs mit HIV-infiziertem Material etwa für Pathologen und ihr Hilfspersonal herausgegeben hat, erschienen anfangs manchem als übertrieben. Im Lichte der neuen Erkenntnisse sind sie das sicher nicht.

Eigentümlicherweise findet man im internationalen Vergleich noch immer sehr verschiedene „offizielle Ansichten". In Australien und der Bundesrepublik Deutschland hat man sich verhältnismäßig rasch dazu durchgerungen, die Anwendung von Mundschutz, Handschuhen und Schutzbrille in der zahnärztlichen Praxis zu empfehlen. In den USA sind die Empfehlungen uneinheitlich, in vielen anderen Ländern hat man noch nicht prinzipiell Stellung bezogen. Das diesem Kapitel nachgestellte spezielle Literaturverzeichnis zur zahnärztlichen Tätigkeit spiegelt also recht heterogene Auffassungen wider.

Bestimmte Detailprobleme sind in der Debatte schon aufgetaucht. Können die Winkelstücke autoklaviert werden? Halten sie das aus und wie oft? Kann man mit Handschuhen ebenso schnell und geschickt arbeiten wie ohne? Ist es nur Gewohnheitssache? Sind die finanziellen Folgen eines gehobenen hygienischen Standards für die normale zahnärztliche Praxis tragbar? (Gewisse Arbeitsabläufe werden ohne Zweifel verlängert, auch der Verbrauch von Einwegmaterial steigt selbstverständlich an.) Ist es überhaupt ethisch vertretbar, derartige praktische Gesichtspunkte über die Sicherheit der Patienten bestimmen zu lassen? Alles dies sind Fragen, die schleunigst beantwortet werden sollten, und zwar von den Zahnärzten selbst. Leicht wird das nicht.

Es sei an dieser Stelle daran erinnert, daß gerade in den letzten Jahren eine etwas bösartigere Variante der Hepatitis B aufgetreten ist — die Delta-Hepatitis. Diese durch das sogenannte Delta-Antigen gekennzeichnete Erkrankung verbreitet sich zur Zeit über weite Teile der Welt und wird gerade in den für AIDS typischen Risikogruppen gehäuft angetroffen. Da die Delta-Hepatitis eine viel höhere Mortalität hat als die normale Hepatitis, ist ihre Verbreitung ein weiteres Argument für die Einhaltung rigoroser Schutzmaßnahmen (Cottone 1986). So lassen sich mit hygienischer Sorgfalt sicher mehrere Fliegen mit einer Klappe schlagen.

Einem üblichen Mißverständnis sollte man hier noch einmal vorbeugen: Patienten mit dem Vollbild von AIDS sind für den normalen Zahnarzt kaum ein Problem. Diese sind nämlich in der Regel an gut ausgerüsteten Spezialkliniken in guten Händen, und das Personal solcher Kliniken weiß mit Infektionsrisiken umzugehen. So ist es völlig abwegig, von Patienten und ihren Angehörigen zu fordern, die Zahnarztpraxis mit Plastikhüllen um Schuhe und Haar zu betreten. Solche bizarren Ideen können nur auf der Basis mangelhafter Kenntnis entstehen.

Die Tatsache, daß für jeden bekannten AIDS-Patienten mit zehnmal mehr Pre-AIDS-Fällen und vielleicht hundertmal mehr asymptomatischen Virusträgern zu rechnen ist, läßt es völlig sinnlos erscheinen, sich mit seinen Routinen auf jene seltenen Gelegenheiten einzustellen, wo die Diagnose schon bekannt ist. Es kann nicht oft genug betont werden: Auf jeden solchen Patienten, auf jede gekennzeichnete Blut-, Sekret- oder Gewebeprobe eines AIDS-Kranken kommen zahlreiche ähnliche, die keine warnenden Kennzeichen tragen. Wir können also sinnvollerweise mit unseren Sicherheitsmaßnahmen nicht warten, bis ein spezieller Verdacht vorliegt, sondern müssen für den Normalfall und die Alltagsroutine planen. Dies ist auch der einzige Weg, den betroffenen „Verdächtigen" den Status einer besonderen Gruppe und damit eine bewußte oder unbewußte Sonderbehandlung zu ersparen.

Ist nun bei einer zahnärztlichen Behandlung schon jemals ein Patient durch die Instrumente angesteckt worden? Meines Wissens nicht. Doch kann man die Frage auch anders stellen und sich folgendes überlegen: Falls einer der ca. 36 000 amerikanischen AIDS-Patienten (von denen mehr als 1000 keine erkennbaren Risikofaktoren aufweisen) vor fünf oder mehr Jahren in einer zahnärztlichen Praxis angesteckt worden sein sollte — wie groß wäre unsere Chance, das heute noch zu erkennen?

Natürlich ist sie mikroskopisch klein. Die erste Frage nach der möglichen Infektionsquelle bezieht sich gewöhnlich auf sexuelle Kontakte im Verlauf der letzten fünf bis zehn Jahre. Hat es solche gegeben, wird schwerlich noch nach zahnärztlichen Behandlungen gefragt. Außerdem ist es nach so langer Zeit in der Regel unmöglich festzustellen, welcher Patient mit denselben Instrumenten behandelt worden war, und zu untersuchen, wie es diesem heute geht. Zahnbehandlungen im Verlauf so langer Zeiträume sind zudem so üblich, daß sie kaum Aufmerksamkeit erregen, und eine Situation, die unzweideutig eine durch sie

bedingte Virusübertragung erkennen ließe, ist schwer zu konstruieren.

Schließlich sollte man auch das allgemeine Vertrauen in die zahnärztliche Hygiene und Verantwortung, also die professionelle Kompetenz, beachten. Schon ein rein psychologischer Gesichtspunkt, nämlich das subjektive Gefühl der Unsicherheit eines sich der Risiken bewußten Patienten, verdient Berücksichtigung. Dies gilt selbst dann, wenn die Befürchtungen der Patienten unbegründet sein sollten. Das Gefühl des „Ausgeliefertseins", das Patienten häufig bei jeder Art von ärztlichen Maßnahmen, nicht zuletzt auch auf dem Zahnarztstuhl, befallen kann, sollte man nicht unterschätzen.

Nun zu den **diagnostischen Möglichkeiten** der Zahnärzte, die von großer Bedeutung sind. Das bisher so seltene Kaposi-Sarkom hat vermutlich noch kaum ein Zahnarzt gesehen. Daher gilt es jetzt, sich zu informieren, wie Kaposi-Veränderungen in der Mundschleimhaut und im Gaumen aussehen, wie „hairy leukoplakia" oder ungewöhnliche *Candida*-Manifestationen schnell diagnostiziert werden können. Die Bilder 7.10 bis 7.24 sollen hier einen Eindruck vermitteln.

Zahnärzte sollten bei chronischer Gingivitis, fulminantem oder chronischem Herpes simplex oder zoster sowie bei ausgeprägter *Candida*-Infektion schon aufmerksam werden. Es ist überaschend, wie wertvoll gerade das frühe Alarmzeichen der Candidiasis (Soor) zu sein scheint. In manchen Fällen kann schon eine einfache Ösophagoskopie oder eine Kontrast-Röntgenaufnahme eine symptomarme *Candida*-Infektion der Speise-

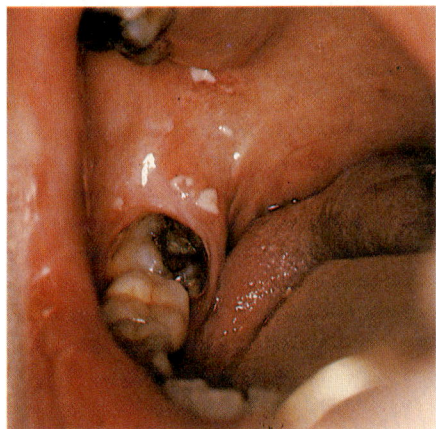

7.10 *Candida albicans*, deutliche und typische Beläge (D Eichenlaub, Rudolf-Virchow-Krankenhaus, Berlin).

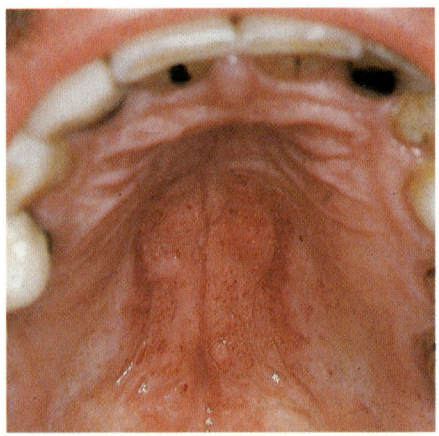

7.11 Die palatinale Mukosa zeigt eine granulierte Oberfläche mit papillärer Hyperplasie; *Candida albicans* wurde nachgewiesen (Reichart et al. 1985-2, Copyright Carl Hanser, München).

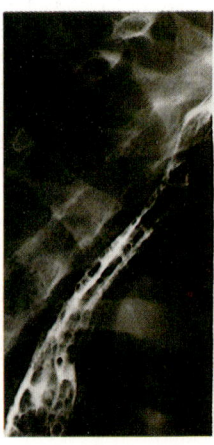

7.12 *Candida* in der Speiseröhre, typische Kontrastdefekte bei einer Röntgenuntersuchung (H Witt, Rudolf-Virchow-Krankenhaus, Berlin).

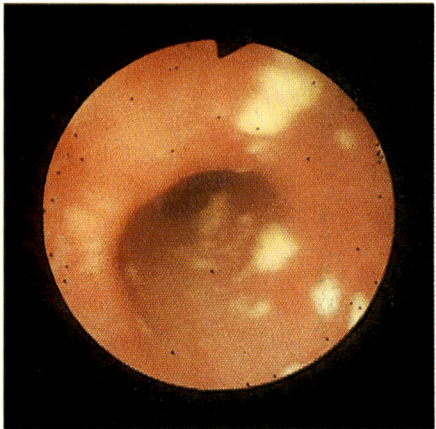

7.13 *Candida* in der Speiseröhre, endoskopisches Bild (J Cronstedt, Med. Klinik, Trelleborg).

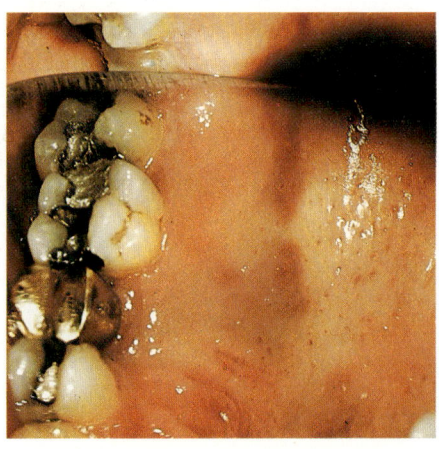

7.14 Kaposi-Sarkom in Zahnfleisch und Gaumen, sehr frühe Veränderungen (Mostofi et al. 1985)

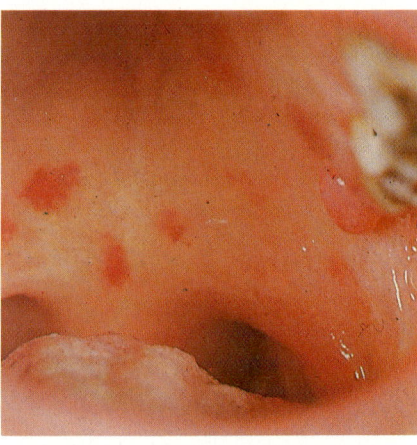

7.15 Frühe Veränderungen eines beginnenden Kaposi-Sarkomes im weichen Gaumen (Repo et al. 1984, Duodecim 100: 656, Copyright Duodecim).

röhre nachweisen und so direkt zu einer zeitigen AIDS-Diagnose führen. Eine solche Infektion hat sich als eine der wertvollsten Prädiktorvariablen erwiesen, sie ist aber leider zugleich auch ein Zeichen der schlechtesten Prognose.

Verstärkte Aufmerksamkeit gilt in letzter Zeit einer Veränderung im Mund, die anfangs vermutlich oft als *Candida*-Befall fehlgedeutet worden ist, nämlich der „oral hairy leukoplakia" (OHL). Es handelt sich vermutlich um eine Mischinfektion, unter anderem mit dem Epstein-Barr-Virus (EBV), eventuell auch dem „human papilloma virus" (HPV), und pflegt an den Zungenrändern zu sitzen, manchmal auch an der Wangenschleimhaut. Im Gegensatz zu *Candida*-Belägen lassen sich diese weißli-

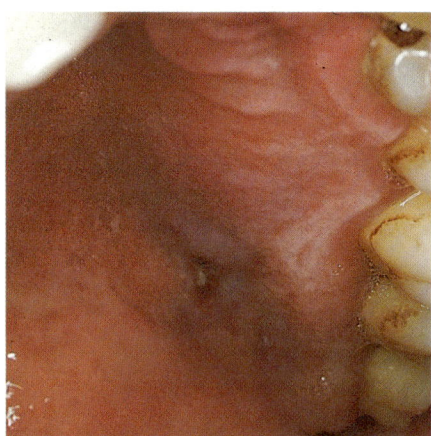

7.16 Erosionen mit einem leicht lividen Hof, die während einiger Wochen Beobachtungszeit progredierten. Es handelt sich um ein sehr frühes orales Kaposi-Sarkom (Reichart et al. 1985-2, Copyright Carl Hanser, München).

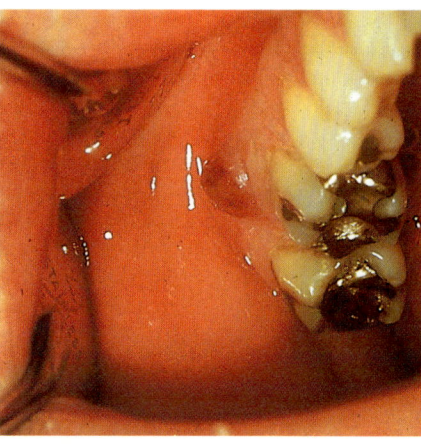

7.17 Deutlich hervortretendes, noduläres Kaposi-Sarkom in der Gingiva (SL Valle, Aurora-Hospital, Helsinki).

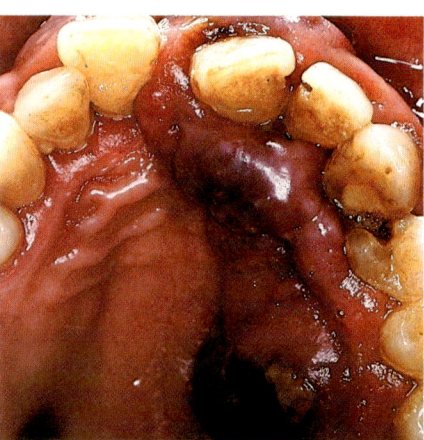

7.18 Fortgeschrittenes Kaposi-Sarkom in Gingiva und Palatinum (Reichart et al. 1985-2, Copyright Carl Hanser, München).

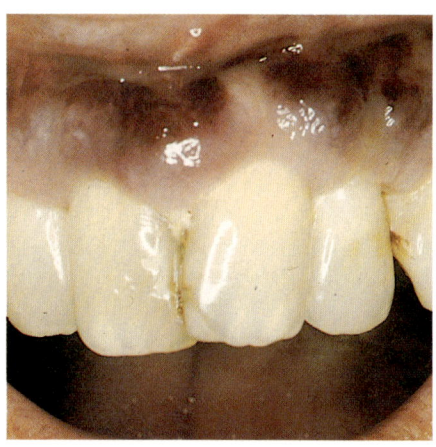

7.19 Multifokales Kaposi-Sarkom in der Gingiva des Oberkiefers (Reichart et al. 1985-2, Copyright Carl Hanser, München).

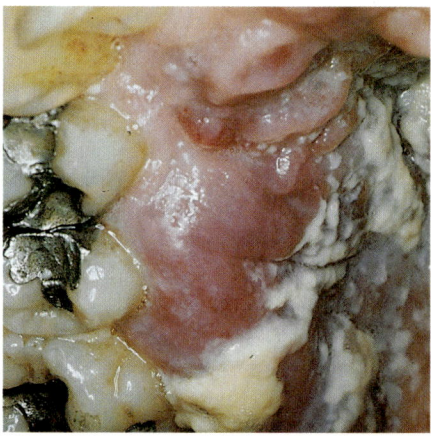

7.20 Fortgeschrittenes Kaposi-Sarkom mit pseudomembranösen Plaques von *Candida albicans*. Tiefe Infiltration der gesamten palatinalen Mukosa (Reichart et al. 1985-2, Copyright Carl Hanser, München).

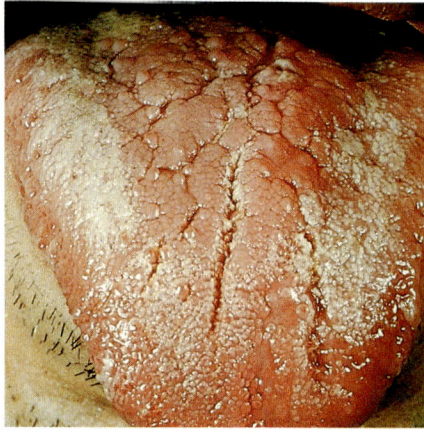

7.21 „Hairy leukoplakia" der Zunge (D Lynch, Univ. of Texas, Houston).

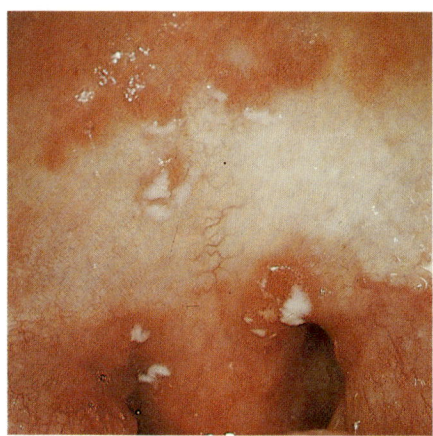

7.22 Fleckige *Candida*-Beläge an den Schleimhäuten des weichen Gaumens und der Tonsillarregion, ausgeprägte Rötung, typisches Aussehen der weißen Beläge (D Lynch, Univ. of Texas, Houston).

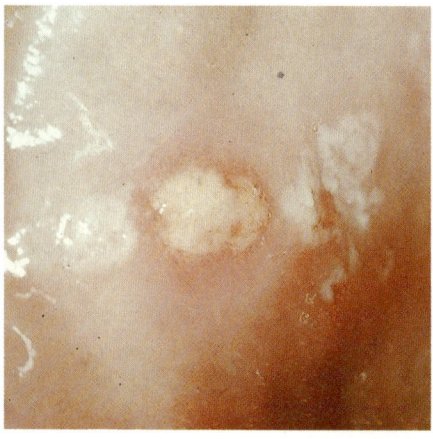

7.23 An der bukkalen Schleimhaut, zwischen zwei Herden der „hairy leukoplakia", ein fibrinbelegtes „mucous patch" (D Lynch, University of Texas, Houston).

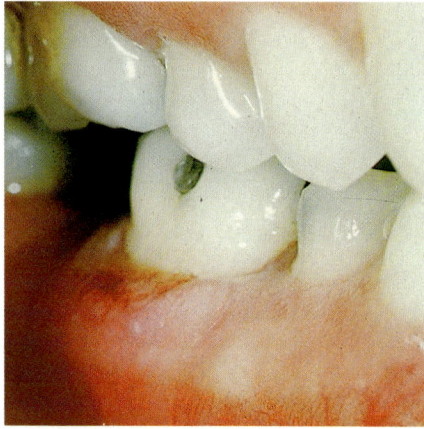

7.24 Herpes zoster des dritten Trigeminusastes, heilende Gingiva-Affektion (D Lynch, University of Texas, Houston).

chen, manchmal „geriffelten" Beläge nicht problemlos abschaben, sondern hinterlassen leicht blutende Spuren. Diese Veränderung ist in hohem Grade diagnostisch und prognostisch wertvoll und pathognomonisch für AIDS.

In den Bildern 7.21 bis 7.24 sei der bemerkenswerte Fall eines Patienten aus Houston gezeigt, der eine Kombination von mykotischen, bakteriellen und viralen Infektionen in der Mundhöhle aufwies.

Die Bilder 7.25 bis 7.28 mögen verdeutlichen, daß die Aufmerksamkeit des Zahnarztes sich auf weitere Bereiche als die eigentliche Mundhöhle erstrecken sollte. Ein Patient, der anfangs wegen einer „trivialen" Perikoronitis in der Unterkieferregion vorstellig wurde, zeigte bereits drei Monate später einen bräunlichen Fleck in der Schläfenregion und einen rotbraunen im Nacken, während seine Perikoronitis progrediert war. Gleichzeitig hatte er eine große, violette Auftreibung in Oberkiefer und Gaumen entwickelt, deren Biopsie die Diagnose Kaposi-Sarkom sicherstellte.

Abgesehen von OHL, KS, Herpes, Candidiasis, nekrotisierender Gingivitis oder ungewöhnlich fulminanten Zahnwurzelinfektionen (solche waren z. B. bei

dem ersten norwegischen AIDS-Patienten aufgefallen) müssen also auch extraorale Veränderungen beachtet werden. Ein Kaposi-Sarkom sitzt häufig im Bereich der Augenlider, im Nacken, in der Kopfhaut oder im Nasenbereich. (Abb. 7.29 bis 7.32). Seborrhoische Dermatitis, als solche fehlgedeutete Tinea faciei, Alopezie, therapieresistente Sinusitiden und diskrete neurologische Ausfälle sind diagnostisch wertvoll. **Auch die Lymphkno-**

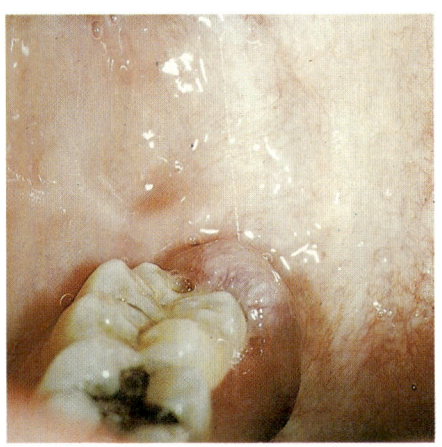

7.25 Perikoronitis am rechten dritten Molaren (D Lynch, Univ. of Texas, Houston).

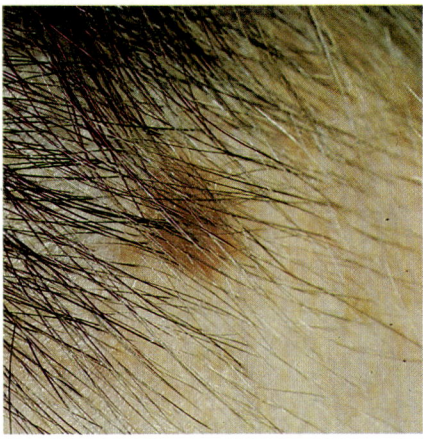

7.26 KS-Veränderungen an der Schläfe des gleichen Patienten (D Lynch, Univ. of Texas, Houston).

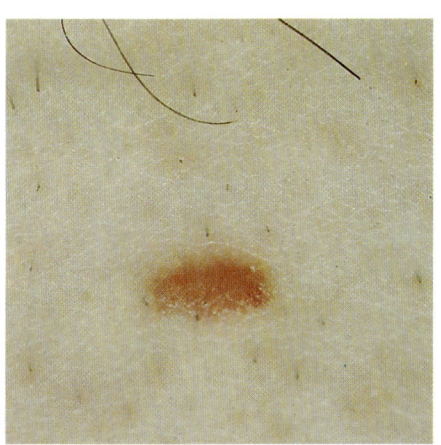

7.27 Kaposi-Sarkom-verdächtige Hautveränderungen im Nacken des gleichen Patienten (D Lynch, Univ. of Texas, Houston).

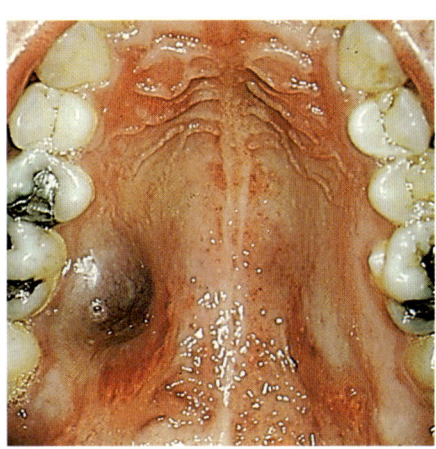

7.28 Typisches Kaposi-Sarkom im Oberkiefer des gleichen Patienten, nur drei Monate nach dem ersten Besuch. Der Patient ist inzwischen an AIDS verstorben (D Lynch, Univ. of Texas, Houston).

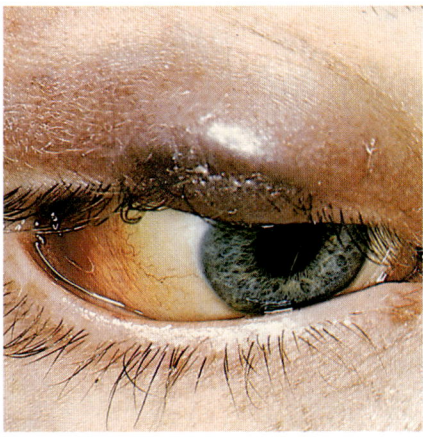

7.29 Kaposi-Sarkom des Augenlides und der Konjunktiva (D Eichenlaub, Rudolf-Virchow-Krankenhaus, Berlin).

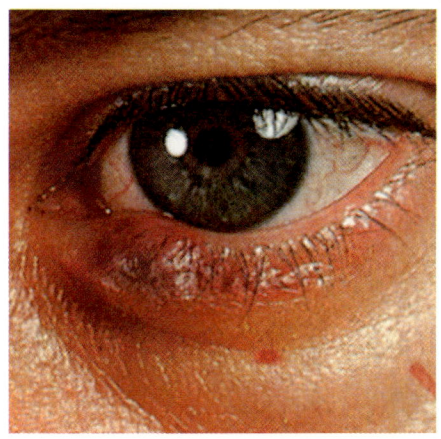

7.30 Noduläre, livide Veränderung, Kaposi-Sarkom im Augenlid (Krigel und Friedman-Kien, New York, in: DeVita et al. 1985, Copyright Lippincott, Philadelphia).

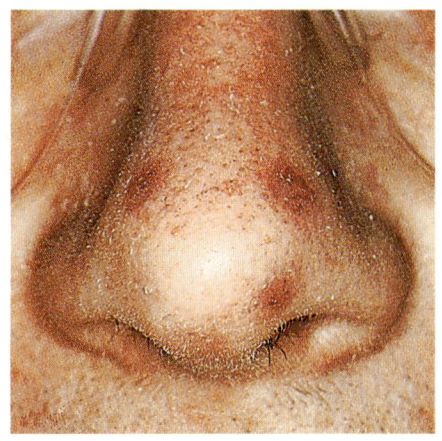

7.31 Frühes Kaposi-Sarkom der Nase (Greenspan et al. 1986, Copyright Munksgaard, Kopenhagen).

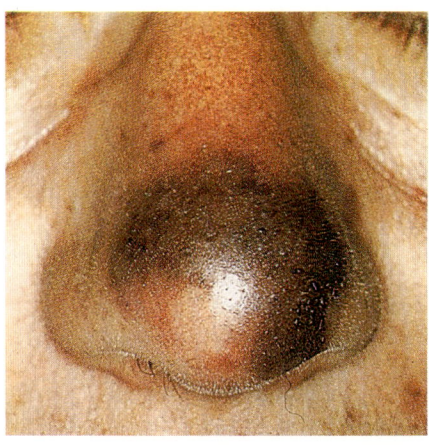

7.32 Der gleiche Patient wie in 7.31, ein halbes Jahr später (Greenspan et al. 1986, Copyright Munksgaard, Kopenhagen).

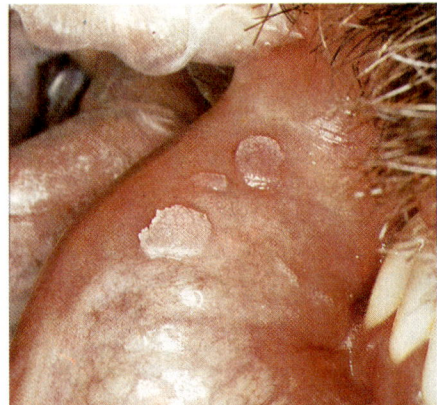

7.33

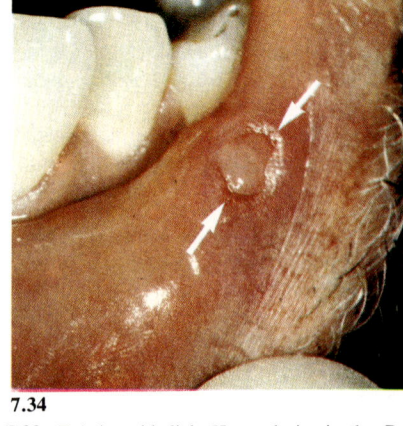

7.34

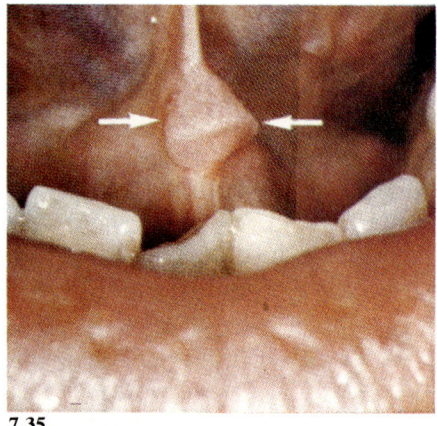

7.35

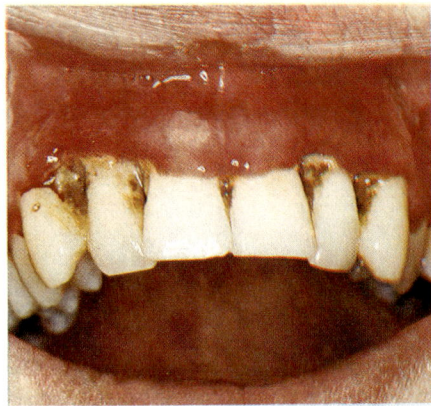

7.36

7.33 Fokale epitheliale Hyperplasie, in der Regel bedingt durch ein Papilloma-Virus, bei einem 34jährigen HIV-Infizierten (alle fünf Bilder: Greenspan et al. 1986, Copyright Munksgaard, Kopenhagen).

7.34 Typischer syphilitischer Primäraffekt auf der Unterlippe — heute ein ungewöhnliches Bild — bei einem gleichzeitig mit HIV Infizierten.

7.35 Kondylomatöse Verdickung des Zungenfrenulums bei einem HIV-Infizierten.

7.36 Akute nekrotisierende Gingivitis bei einem 24jährigen HIV-Infizierten.

7.37 Chronische nekrotisierende Gingivitis bei einem 44jährigen HIV-Infizierten.

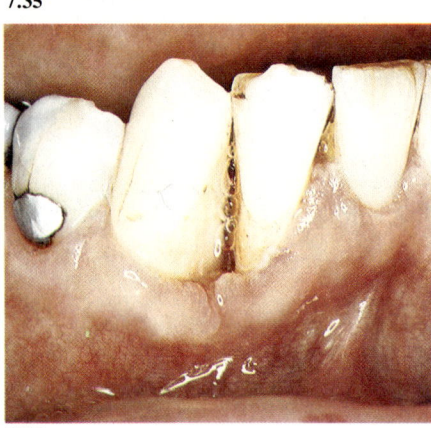

7.37

ten in der Hals- und Nackenregion sind der Palpation durch den Zahnarzt zugänglich, soweit er eine solche gewohnheitsmäßig durchführt. (Wenn nicht, sollte er diese einfache und schnelle Untersuchung vielleicht zu einer Routinemaßnahme entwickeln.) Auch das Arbeitsgebiet des Ophthalmologen liegt im Blickfeld des Zahnarztes. Sowohl Zoster ophthalmicus, Augenmuskellähmungen mit Schielstellungen, unklare Retinitiden (CMV) mit herabgesetztem Sehvermögen und andere Komplikationen sind bekannt. Insbesondere die Augenlider und die Bindehäute sind leicht zu inspizieren.

Überhaupt sollte man stutzig werden und an die Möglichkeit einer HIV-Infektion denken, sobald etwas „merkwürdig" wirkt, das mit Schwellungen, Infektionen, Lymphknoten oder dem immunologischen System zu tun hat. Insbesondere Bluter und Patienten mit von-Willebrand-Jürgens-Syndrom sowie überhaupt alle Empfänger von gepoolten Blutprodukten oder von Bluttransfusionen müssen zu dem Personenkreis gerechnet werden, der mit gesteigerter Aufmerksamkeit zu betrachten ist. Da solche Gegebenheiten in der Regel dem Zahnarzt nicht spontan mitgeteilt werden, sollte er danach fragen. Im Zusammenhang mit der Anamnese sind Geschlechtskrankheiten wie Syphilis, Gonorrhoe und Herpes von Bedeutung. Ebenso können papillomatöse Warzen im oralen Bereich oder unspezifische Bilder wie eine ausgeprägte, etwa nekrotisierende Gingivitis zu dem Bild gehören, das der Zahnarzt wiedererkennen sollte. Die Abbildungen 7.33 bis 7.37 geben einige der genannten Zustände wieder.

Im Literaturverzeichnis dieses Buches kann der Zahnmediziner für ihn relevante Quellenangaben an einem vorangestellten Sternchen erkennen, so daß er sich in der sonst sehr umfassenden Liste schneller orientieren kann.

Es kann nicht das Ziel dieses Buchabschnitts sein, jene Fragen zu beantworten, welche die Zahnärzte selbst besser anzugehen imstande sind. Das Ziel liegt vielmehr darin zu zeigen, daß es gute Gründe gibt, die aktuelle AIDS-Epidemie zur Kenntnis zu nehmen und so schnell wie möglich Schlußfolgerungen für das eigene Arbeitsgebiet zu ziehen. So kann einem vielleicht er-spart bleiben, eines Tages im nachhinein bedauernd feststellen zu müssen, was man „damals gleich" hätte anders machen sollen. „Damals" — das ist für uns heute.

Endoskopiker

Diese Berufsgruppe kann als Stellvertreter für all jene Ärzte gelten, die in Ausübung ihrer Tätigkeit einen vergleichsweise intensiven Kontakt mit den inneren Organen des Patienten, mit Blut und verschiedenen Körpersekreten haben. Was das Thema über das im vorigen Kapitel Gesagte hinaus für die Endoskopie aktuell macht, ist die Tatsache, daß gerade dieses Fachgebiet mit großer Wahrscheinlichkeit in der Diagnostik von AIDS-Patienten eine besondere Rolle spielen wird.

Zusätzlich zu der normalen Zufallsauswahl seropositiver Personen, die bei allen denkbaren Routinefällen repräsentiert sein können, müssen Endoskopiker mit einer gewissen Konzentration von AIDS-Patienten mit intestinaler Symptomatik rechnen. Zudem treten abdominale Beschwerden bekanntermaßen relativ oft in der homosexuellen Population auf („gay bowel syndrome"), und oft liegen überdies chronische Infektionen vor, wie sie insbesondere in Schweden in den letzten Jahren gründlich untersucht worden sind (Pehrson und Björkman 1981, Iwarson, Sandström et al. 1983, Emtestam et al. 1983, Moberg, von Krogh et al. 1984, Håkansson, Thorén et al. 1984). Dies bedeutet, daß bei jenen Patienten häufig eine endoskopische Abklärung notwendig ist, wobei sowohl die Rektoskopie (Proktitis), die Koloskopie (Diarrhoe) und die Ösophago-Gastro-Duodenoskopie (dysphagische und epigastrische Beschwerden, Malabsorption) zu den Standardverfahren gehören.

Schon im Herbst 1984 verfaßte Jean Cronstedt (Trelleborg), einer der ersten über AIDS informierten Ärzte dieses Fachbereiches in Europa, ein Merkblatt für Endoskopiker, das noch im gleichen Jahr in Schweden Verbreitung fand. Eine 1985 aktualisierte Fassung, die auch in englischsprachigen medizinischen

Zeitschriften wiedergegeben wurde, sei hier auszugsweise zitiert (wobei für LAV/HTLV-III die heute gültige Bezeichnung HIV eingefügt ist):

„...Demzufolge ist es vernünftig, jeden Patienten, bei dem eine endoskopische Untersuchung notwendig ist, als einen potentiellen HIV-Träger zu betrachten. Man muß davon ausgehen, daß infizierte Personen selbst in der noch völlig asymptomatischen Inkubationsphase von üblichen und weniger üblichen gastrointestinalen Krankheiten in mindestens demselben Umfang betroffen werden wie die übrige Bevölkerung, und wir haben keine Möglichkeit, ausschließlich gestützt auf das klinische Bild, eine Virämie mit Sicherheit auszuschließen. Ein bestimmter Prozentsatz aller Patienten mit Refluxösophagitis, Ulcusleiden, Gallensteinen, Kolon-Adenomen und Dickdarmentzündungen wird ohne Zweifel zu den Virusträgern gehören.

Vor diesem Hintergrund sind gewisse Schlußfolgerungen unvermeidlich. Diese gelten für alle endoskopischen Tätigkeiten.

1. **Um unsere Patienten zu schützen,** müssen die Endoskope und alles Zubehör zwischen den Untersuchungen sorgfältig sterilisiert werden. Am Pasteur-Institut in Paris hat man gezeigt, daß 0,0125%ige Glutaraldehyd-Lösung schon innerhalb von fünf Minuten Retroviren abzutöten scheint. Eine 2%ige Lösung ist für die Sterilisierung von Instrumenten zu empfehlen und bietet eine ausreichende Sicherheit.

2. **Um sich selbst zu schützen,** sollten der Endoskopiker sowie seine Assistenten konsequent Handschuhe tragen. Bei Bedarf müssen auch Schutzbrillen und Mundschutz benutzt werden, um sich gegen Spritzer aus den Mündungen des Biopsiekanals zu wappnen.

3. **Um die Endoskopie als Methode zu schützen,** sollten diese Vorsichtsmaßregeln konsequent und sorgfältig beachtet werden. Sollte auch nur ein einziger Fall von AIDS auf eine endoskopische Untersuchung zurückzuführen sein, hätte dieses mit großer Wahrscheinlichkeit schlimme Folgen für die Endoskopie als diagnostische und therapeutische Methode. Im Hinblick auf den kaum vorstellbaren Ernst der sich augenblicklich vollziehenden Ausbreitung der AIDS-Epidemie sollte für uns alle die Unabdingbarkeit einer minuziösen Hygiene bei allen Formen gastrointestinaler Endoskopie leicht einzusehen sein."

Besser kann man in aller Kürze die Implikationen der AIDS-Epidemie für dieses Arbeitsgebiet kaum darstellen. Die etwas nonchalante Attitüde, die man bis vor kurzem noch hören konnte („Hepatitis A und B und nonA-nonB – habe ich alles schon gehabt!"), ist als eine Bagatellisierung des Risikos beim Arbeiten ohne Handschuhe und andere Schutzmaßnahmen in der heutigen Situation sehr inadäquat. Der Verlust an manueller Sensibilität und Geschicklichkeit, den das Tragen von Handschuhen mit sich bringt, sollte tragbar sein und wird sich auch nur in der Umstellungsphase bemerkbar machen.

Sicherheit außerhalb der Risikogruppen?

Diese Frage wurde bis vor etwa einem Jahr mit Nachdruck bejaht. Auch heute noch dominiert eine solche Einstellung. Aufmerksame Beobachter sind jedoch unsicherer geworden und drücken sich immer weniger apodiktisch aus (siehe hierzu auch den späteren Abschnitt über die Ansteckungswege in Kapitel 16). Jedenfalls ist schon heute aufgrund der aktuellen Auseinandersetzungen erkennbar, daß wir von einem Fazit in dieser Frage noch weit entfernt sind.

Die Diskussion über die sogenannten „Haushaltskontakte" (soziale und familiäre im Gegensatz zu den intimeren sexuellen Kontakten) und über die Möglichkeit einer Ansteckung bei alltäglichen Verrichtungen ist nicht neu. Sie erscheint auch nicht ganz unberechtigt, da man in Japan und den USA gesehen hat, daß im Umfeld der Träger des Retrovirus HTLV-I eine eindeutig (bis zu 48%!) erhöhte Antikörperprävalenz unter deren Kontaktpersonen vorliegt. An sich sind die Konsequenzen dieser Leukämievirus-Infektion nicht so gravierend, da sie eine sehr geringe Manifestationsquote (Penetranz) hat: Nur einer von Hunderten oder Tausenden der Virusträger pflegt an Leukämie zu erkranken. Beunruhigend ist jedoch, daß sich dieses Virus ansonsten viel langsamer und mit viel größeren Schwierigkeiten zu verbreiten scheint als das AIDS-Virus, da es in höherem Grade an eine intrazelluläre Existenz gebunden ist. Wenn es sich aber dennoch

allmählich so effektiv verbreitet (es hat Jahrhunderte Zeit dafür gehabt) – wie steht es dann mit dem viel lebenskräftigeren HIV?

Bislang geben die meisten Beobachtungen zu diesem Thema eher beruhigenden Bescheid. Nicht einmal in Familien, die an AIDS erkrankte Kinder adoptierten und pflegten, konnte man eine Ansteckung von Familienangehörigen feststellen, und auch alle Untersuchungen an den Familien erkrankter Kinder fielen negativ aus. In einem Kinderheim, wo eine große Anzahl seropositiver Bluter mit anderen Kindern zusammenlebt, sind bisher keine sekundären Infektionen festgestellt worden. Alle auf der Paris-Konferenz im Juni 1986 präsentierten Arbeiten kamen zum selben Ergebnis (Saltzman et al., Peterman et al., Fischl et al., Rogers et al., Com 173-176; Brettler et al., p-384; Giraldo et al. p-390). Zu den wenigen Ausnahmen zählt ein Geschwisterpaar in der BRD (Wahn et al. 1986), doch ist hier möglicherweise eine Bißverletzung vorgekommen.

Was ein wenig nachdenklich stimmt, sind vereinzelte Beobachtungen wie die, daß man bei älteren Geschwistern von AIDS-kranken Kleinkindern „diskrete klinische und immunologische Abnormitäten" beobachtet hat (Fischl et al. Atl.-Konf. pT-82). Ebenso sei erwähnt, daß man in der Umgebung infizierter Bluter auch diskrete T_h-Zell-Verminderungen gefunden hat (Giron 1986, J Jackson 1986, CDC AIDS Weekly, 7. Juli 1986), die sogar mit dem Zustand der Infizierten korrelierten und natürlich irgendeine Erklärung haben müssen. Dieser Vorbehalt ist besonders deshalb berechtigt, weil man in zahlreichen anderen Untersuchungen seronegative Personen ohne klinische Symptome gefunden hat, die ebenfalls „diskrete immunologische Auffälligkeiten" – darunter auch niedrige T_h/T_s-Zell-Quotienten oder gar verminderte T_h-Zell-Werte – aufwiesen, und weil solche Auffälligkeiten gerade innerhalb der Risikogruppen beobachtet worden sind (Australien, Israel, Südafrika, Berlin, Moskau, Budapest, Schottland etc.).

Anfangs fand man (und das geschieht auch heute noch) mit großem Einfallsreichtum andere Gründe für diese Veränderungen als den einer Infektion mit dem AIDS-Virus. Aber immer häufiger sehen wir jetzt, daß gerade jene Mitglieder aus den Risikogruppen allmählich serokonvertieren, welche die genannten immunologischen Auffälligkeiten aufwiesen. Die aufschlußreichste Studie dieser Art ist eine schottische Untersuchung an Hämophilie-Patienten (Ludlam et al. 1985), wo acht von neun Patienten mit einem T_h/T_s-Zell-Quotienten unter 1,3 serokonvertierten, dagegen nur sieben von 22 mit einem Quotienten über 1,3. Die insgesamt 15 nunmehr Seropositiven hatten zusammen mit 16 anderen Präparate aus derselben Charge erhalten, in die das Blut eines einzigen identifizierten schottischen Virusträgers gelangt war.

Nachdem man 1983/84 zunächst fälschlicherweise geglaubt hatte, daß diese Patienten nicht infiziert worden waren, da nur jene schottischen Bluter Antikörper aufwiesen, die amerikanische Faktor-VIII-Konzentrate erhalten hatten, hielt man die nationale Blutversorgung für „völlig sicher und frei von Viren". Die Patienten erhielten seitdem nur noch hitzebehandelte Konzentrate, die als virusfrei angesehen werden können. So erscheinen jetzt die frühen diskreten immunologischen Auffälligkeiten im Lichte der späteren Ereignisse als Indikator für eine damals schon erfolgte Infektion, zumindest aber als schlechtes Omen. Inzwischen sind noch vier weitere Empfänger jener Charge serokonvertiert. Was mit den übrigen 12 Empfängern geschehen wird, wissen wir noch nicht. Auf jeden Fall sieht es auch hier so aus, als könnte die Zeit zwischen der Infektion und der Serokonversion sehr viel länger sein (in Ludlams Studie bis zu 40 Wochen), als man bisher glaubte. Besonders für mit sehr geringen Virusmengen oder über intakte Schleimhäute Infizierte müßte mit dieser Möglichkeit gerechnet werden.

Haben wir es – im Hinblick auf die Antikörperbildung – gerade mit jenem tückisch langgezogenen Beginn einer exponentiellen Kurve zu tun, der eingangs besprochen wurde? Kann die Infektion mit einer extrem geringen Virusdosis diese Zeit noch erheblich verlängern?

Es ist eine begründete Vermutung, daß „gepoolte" Blutprodukte (bei denen das Blut mehrerer tausend Blutspender in einem „Pool" vermischt wird) weniger massiv kontaminiert sind als eine einzige direkt übertragene Blutkonserve, die Viren enthält. Bei dem humanen Retrovirus HTLV-I hat man eine ähnlich stark verzögerte Antikörperbildung schon lange beobachtet: Bei surinamesischen Flüchtlingen in den Niederlanden sah man einen allmählichen Anstieg der Seropositivität von 1,5 % in der Kindheit auf ca. 14 % im Alter von über 60 Jahren, ohne daß dies mit später erfolgten Infektionen erklärt werden konnte. Was wir nicht wissen, ist, ob die Testverfahren zu wenig sensitiv sind und daher erst ab einem bestimmten Antikörper-Titer ansprechen, oder ob die Patienten wirklich Jahrzehnte brauchen, um überhaupt Antikörper zu bilden. Vermutlich werden wir bald feststellen, daß sich vieles schleichend und unbemerkt − unterhalb der Schwellenwerte für die aktuelle Meßbarkeit − abspielt.

Der Gedanke, daß gerade die Virusdosis der ersten Infektion entscheidenden Anteil an der Länge der seronegativen Zeitspanne hat, ist naheliegend, und Untersuchungen mit Lentiviren an Schafen haben die Korrelation zwischen initialer Infektionsdosis und Länge der Inkubationszeit bestätigt. Auch der Fall jener finnischen Patientin, die nach mehreren Jahren positiver Antigentests und seit etwa einem Jahr auch positiver Viruskulturen erst jetzt Anzeichen beginnender Serokonversion zeigt, paßt zu diesem Bild (Ranki et al., Wash.-Konf. MP. 119). Es sei hier festgehalten, daß das wahre Ausmaß der bereits erfolgten Virusverbreitung bisher kaum sicher festzustellen ist. Dies sollte unsere Neigung zu allzu kategorischen Äußerungen dämpfen.

Als man in den USA ca. 34 000 AIDS-Fälle registriert hatte, ergab sich eine Verteilung auf die verschiedenen Risikogruppen, wie sie aus der Abbildung 7.2 hervorgeht. Die immerhin 3 % aller Fälle umfassende Zahl von Patienten ohne offensichtliche Risikofaktoren gibt zu denken. Allerdings wird ihr Gewicht dadurch, daß sich bei gründlicherem Nachfragen meist doch die schon bekannten Risikofaktoren eruieren lassen, sehr vermindert.

Die noch geringen Zahlen von heterosexuellen Partnern, Transfusionspatienten und Infizierten der Gruppe „ohne identifizierbare Risiken" (NIR, „no identified risk") sollte uns trotzdem nicht zu sehr in Sicherheit wiegen. Aus dem Diagramm 7.3 geht nämlich hervor, daß die Zunahme der AIDS-Fälle innerhalb der verschiedenen Gruppen ähnlich schnell verläuft. Die rasche Verbreitung des Virus in den dominierenden Risikogruppen scheint auf die Dauer von dem Umstand aufgewogen werden zu können, daß die langsameren „Compartments" (durch Definitionen abgegrenzte Subpopulationen oder Segmente der Gesamtbevölkerung) wesentlich mehr Menschen umfassen, die nun allmählich in die epidemische Virusausbreitung miteinbezogen werden. Sie erreichen mit anderen Worten erst viel später das Stadium der beginnenden Sättigung. Die Dominanz der „führenden" Risikogruppen nimmt mit der Zeit langsam ab. Für 1986/87 nahm die Zahl der homosexuellen AIDS-Fälle um 85 % zu, die der heterosexuellen um 135 %. Dies ist jedoch eher einem initialen Transienten bei den letzteren zuzuschreiben als einer „steppenbrandähnlichen" Virusverbreitung, wie von manchem grundlos angenommen. Es dürfte auf die Dauer doch merkbar langsamer gehen.

Die Prozentzahlen für Hämophile, heterosexuelle Partner (HSP) und Transfusionspatienten sind im Laufe des letzten Jahres leicht angestiegen, in manchen Teilstaaten auch die der Drogenabhängigen (DA). Die CDC haben ihre noch 1985 ausgesprochene Versicherung zögernd revidiert, AIDS sei ein Problem für gewisse Risikogruppen und bedrohe keinesfalls die allgemeine, heterosexuelle Bevölkerung.

Der Ausdruck „Risikogruppe" ist nützlich für die epidemiologische Abgrenzung und Bearbeitung, darf uns aber nicht in den Glauben versetzen, das AIDS-Virus beschränke sich auf diese Gruppen. In Wirklichkeit ist es schon vor längerer Zeit aus ihnen ausgebrochen.

8 Testmethoden

Direkter Virusnachweis

Natürlich wäre es wünschenswert, die AIDS-auslösenden Retroviren direkt in Zellen oder im Blut nachweisen zu können. Ein solcher Nachweis aber setzt bei der Natur dieses Virus sehr aufwendige Verfahren voraus, die bisher nur in einigen serologischen Speziallaboratorien durchgeführt werden. Es gibt hier vier grundsätzlich verschiedene Wege: Man kann
(1) das Virus direkt „sehen" (im Elektronenmikroskop), und zwar in der Regel nach Vermehrung in einer Zellkultur,
(2) es indirekt sichtbar machen (so durch Immunfluoreszenz),
(3) spezifische Bestandteile des Virus nachweisen (etwa virale DNA-Sequenzen − mittels Gensonden und Hybridisierung − oder auch, mit geringerer Aussagekraft, spezifische virale Antigene),
(4) das Virus in einer Zellkultur zur Vermehrung bringen (es „isolieren" oder „anzüchten").

Diese vier verschiedenen Nachweisarten sind unterschiedlich aufwendig und aussagekräftig. Sie werden im folgenden näher erläutert (der Nachweis Reverser Transkriptase sowie die üblichen Antikörpertests seien erst einmal beiseite gelassen).

(1) Obwohl es sehr aufwendig ist, mittels der Elektronenmikroskopie Viruspartikel (Virionen) zu entdecken, wird diese Untersuchungstechnik viel benutzt. Als Screening-Methode ist sie jedoch zu zeitraubend. Australische Pathologen sind in ihrem Bestreben, Virionen regelmäßig, beispielsweise in „follicular dendritic"-(FD-)Zellen der Lymphknoten, zu entdecken, schon weit gekommen.

(2) Die indirekte Sichtbarmachung des Virus ist ebenfalls noch in der Entwicklung. Wie deutlich das optische Resultat auch immer sein mag, es baut stets auf der Auswahl gewisser Virusbestandteile für die Markierung auf (etwa durch Immunfluoreszenz, Radioaktivität oder irgendwelche Farbsubstanzen), die nicht notwendigerweise hinreichend spezifisch sind. Hierbei sind im Prinzip alle im folgenden Punkt aufgeführten Verfahren anwendbar, wenn sie an Gewebeproben durchgeführt werden.

(3) Selbst für die bereits in das Zellgenom integrierte virale DNA ist die Entwicklung von spezifischen Nachweistests im Gange. Hierzu kann man die Virus-DNA „amplifizieren" und auf diesem Wege „Gensonden" für die Hybridisierung mit integrierten viralen Nucleotidsequenzen gewinnen. Derartige Verfahren werden bald marktreif sein.

Zu den direkten Verfahren zum Aufspüren viraler Bestandteile gehören auch die später noch ausführlicher zu schildernden Nachweise viraler Antigene (*Du Pont*s Radioimmunassay, *Abbott*s Antigen-Capture-Assay — in kursiver Schrift sind die Herstellerfirmen genannt — oder der APAAP-Test mit monoklonalen Antikörpern gegen Virusproteine). Werden diese zum Sichtbarmachen der Viren in infizierten Zellen verwendet, wäre dies zum vorigen Punkt zu rechnen.

(4) Das Anzüchten von Viren (Virusisolierung, Viruskultur) ist gleichfalls sehr schwierig. Man braucht eine gewisse Erfahrung und geeignete Zellinien, die einerseits empfänglich für das Virus sein müssen, andererseits aber nicht so empfindlich sein dürfen, daß sie gleich absterben. Mit Hilfe des T-Zell-Wachstums-Faktors (TCGF) kann man frische Zellkulturen aus menschlichen Lymphozyten lange am Leben erhalten und dazu bringen, Viren zu produzieren.

Etablierte Zellinien wie CEM (Institut Pasteur, Paris), Karpas-Zelle (Cambridge), HUT 78, H9 (NCI, Bethesda) etc. sind Tumorzellen und wachsen spontan. Eine Besonderheit der Karpas-Zelle aus Cambridge ist, daß das dortige Virusisolat C-LAV überaus stark zytolytisch wirkt; die Zellen wachsen jedoch so schnell, daß sie trotzdem in der Lage sind, größere Virusmengen zu produzieren.

Eine intensive Forschung befaßt sich mit diesen verschiedenen Zelltypen, ihren Derivaten und Hybriden sowie ihrer Eignung als Substrat für die Vermehrung von AIDS-Viren. Im Laufe der vergangenen Jahre wurden viele neue Virusisolate präsentiert, teilweise in neuen Zellinien. Diese tragen häufig kryptische Namen wie A3.01 (für eine T-Zellinie), A-2358 (eine finnische Mischkultur von B- und T-Zellen und monozytären Elementen), Molt 4, K 937 (eine Makrophagenlinie) oder CDC-451 (eine Zellinie der CDC). Auch ein Hybrid aus Lymphozyten und der besonders zur Fusion neigenden Zellinie Wl-L2-729 HF2 wurde verwendet und demonstriert die Komplexität dieses Forschungsgebiets, das vergleichbar schnell anwachsen wird wie der Umfang der übrigen AIDS-Forschung. Komplizierte Rechtsstreitigkeiten um die Verwandtschaften der Zellinien und ihre kommerzielle Nutzung stehen bevor, harte Prioritätsstreitigkeiten liegen bereits hinter uns. (So wird z. B. die H9-Zelle als ein Derivat der von Gazdar etablierten Zellinie HUT-78 betrachtet.)

Da die bisher genannten Verfahren sich noch nicht für Routineuntersuchungen an Millionen von Menschen eignen, sondern bisher nur an Forschungszentren durchgeführt werden können, ist man ersatzweise auf die Suche nach Antikörpern im Patientenserum und anderen einfacheren Tests angewiesen.

Serologische Testverfahren

Serologische Testverfahren sind ungewöhnlich schnell entwickelt worden und zu immer höherer Sensitivität und Spezifität avanciert. Der Weg zu verfeinerten Testmethoden ist jedoch gespickt mit Schwierigkeiten — nicht zuletzt wegen der geringen Immunogenität der Virusproteine. Wie schwierig die Spezifität einer positiven Reaktion zu beurteilen ist, sieht man bei der Analyse möglicher Fehlerquellen. So können sich manche Antikörperreaktionen gegen vermeintlich virale Antigene in Wirklichkeit als gegen modifizierte Glykoproteine der Zelle gerichtet erweisen.

Andere Infektionen (wie sie vornehmlich in Afrika auftreten) erhöhen den allgemeinen Aktivitätsgrad des Immunsystems, und Infektionen mit verwandten Viren können das Bild ebenfalls stören. Verunreinigungen aus den zur Virusproduktion verwendeten Zellkulturen, die bei unvollständiger Reinigung der Testantigene zurückbleiben, können zu falsch positiven Testresultaten beim Antikörpernachweis führen. Meist handelt es sich um zelluläre HLA-Proteine und andere Bestandteile der Zellmembran, die von den viralen Bestandteilen schwer zu trennen sind.

Seit 1983 ist die Entwicklung serologischer Tests sehr beschleunigt verlaufen, und was den neu Hinzukommenden verwirrt, ist die große Anzahl verschiedener Varianten, komplizierter Namen und zahlreicher Abkürzungen. Deswegen sollen alle diese Verfahren hier aufgeführt werden mit einer Erklärung dessen, was die kryptischen Bezeichnungen bedeuten.

ELISA

Bei diesem „enzyme linked immunosorbent assay" handelt es sich um eine seit längerer Zeit angewandte, ursprünglich von Engwall und Perlman (Stockholm, 1971) entwickelte immunologisch-diagnostische Methode zum Nachweis von Antikörpern, die zunächst einmal unabhängig davon ist, gegen welche fremde Substanz die Antikörper gerichtet sind. Deswegen braucht es nicht zu überraschen, wenn man von ELISA-Verfahren beim Antikörpernachweis für die verschiedensten Krankheitserreger liest.

Das Verfahren zielt, in einfachen Worten, darauf ab, Antikörper nachzuweisen, die bei einem Infizierten in der Regel im Blut zirkulieren und gegen eine oder mehrere körperfremde Kom-

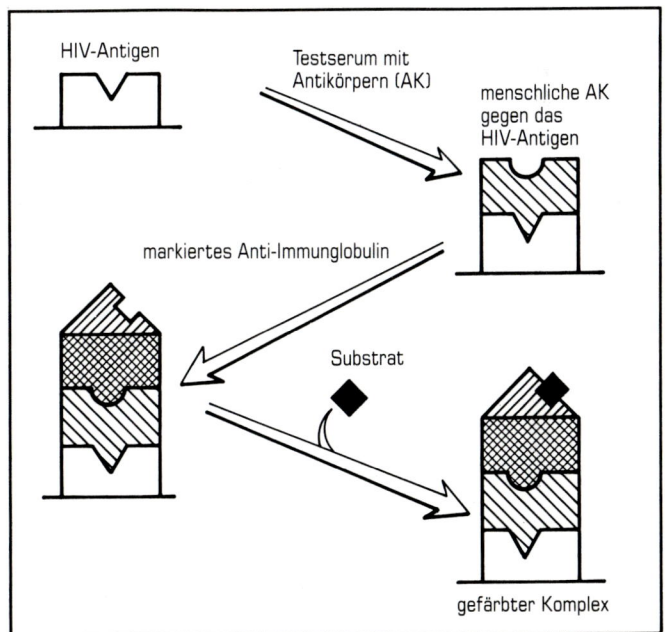

8.1 Schematische Darstellung des Testprinzips bei der AIDS-Diagnostik im ELISA bzw. EIA (nach Sattaur 1985-2). *Ortho*s Variante des EIA baut auf einem etwas anderen Prinzip auf, indem zirkulierende Immunkomplexe (CIC) nachgewiesen werden, ist also eigentlich ein „immune complex assay" (**ICA**).

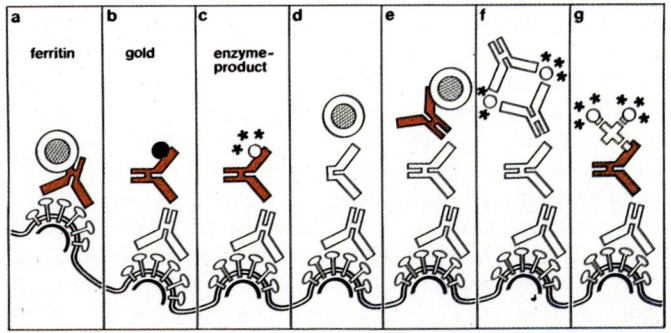

8.2 Schematische Darstellung verschiedener Testverfahren, die auf dem für den ELISA beschriebenen Prinzip aufbauen. Sie unterscheiden sich in der Art der Sichtbarmachung der Antigen-Antikörper-Reaktion: Eingesetzt werden z. B. Ferritin, Goldpartikel, verschiedene enzymatische Farbreaktionen und — wie beim APAAP-Test mit alkalischer Phosphatase — komplizierte „doppelte Sandwich-Techniken" (H Gelderblom, Robert-Koch-Institut, Berlin).

ponenten des jeweiligen Krankheitserregers gerichtet sind. Solche Komponenten sind in der Regel Eiweißsubstanzen und heißen Antigene. Wenn Antikörper sich nur an ein einziges Antigen binden, spricht man von „spezifischen", wenn sie auch mit anderen, in der Regel nah verwandten Antigenen reagieren („kreuzreagieren"), von „unspezifischen" Antikörpern.

Der Antigen-Antikörper-Test beruht auf folgendem Prinzip (siehe auch die schematischen Abbildungen 8.1 und 8.2): Man gewinnt aus dem Erreger (die Viren entnimmt man virusproduzierenden Zellkulturen) ein Gemisch der in Frage kommenden antigenen Substanzen, trägt dieses „Antigenmaterial" z. B. in kleinen Vertiefungen einer „Mikrotiterplatte" auf und überschüttet es mit Patientenserum in verschiedenen Verdünnungen („Titern"). Die sich dann gegebenenfalls abspielende Antigen-Antikörper-Reaktion (wenn Antikörper vorhanden sind, gilt der Test als „positiv", das Serum als „reaktiv") wird durch einen zusätzlich angekoppelten Indikator sichtbar gemacht. Das kann ein Farbstoff sein, dessen Intensität man entweder photometrisch oder mit dem bloßen Auge ablesen kann, oder irgendeine andere Markierungssubstanz. Je nachdem, was man hierfür wählt (Peroxidase, Fluoreszein, alkalische Phosphatase, radioaktive Substanzen), kann der Test eine eigene Benennung erhalten (etwa IP oder APAAP) und dennoch auf dem gleichen Prinzip beruhen.

Schon 1977 wurde ein auf Peroxidase basierender ELISA-Test für bestimmte antigene Substanzen entwickelt (Van Raamsdonk et al. 1977). Im Laufe der Zeit sind ELISA-Tests immer sensitiver geworden, wenn auch zum Teil auf Kosten einer sinkenden Spezifität. Bei sorgfältiger Herstellung viralen Antigenmaterials kann eine so gute Testqualität erreicht werden, daß ein sensitiver ELISA in gewissen Fällen den weiter unten beschriebenen, spezifischeren Referenztest („Western Blot") an Empfindlichkeit noch übertrifft.

Das virale Ausgangsmaterial wird vorsichtig getrocknet, und nach mehreren Reinigungsschritten zur Beseitigung virusfremder Zellbestandteile erhält man eine Art „Rohmaterial", aus dem man dann die Testantigene gewinnt. Dabei ist zu beachten, daß das Virusmaterial in der Regel Zellkulturen entnommen wird und daß daher in der jeweils verwendeten Suspension immer auch Zellrückstände, z. B. zelluläre HLA-Antigene, enthalten sind. Da die Virusmembran von einem Teil der ursprünglichen Zellmembran gebildet ist, kann man bei Verwendung „natürlich" gewonnenen Materials eine vollständige Trennung „viraler" und „zellulärer" Komponenten vermutlich nie erreichen. Bei zu drastischer Reinigung des Ausgangsmaterials können gerade die hochmolekularen Hüllglykoproteine (gp) verloren gehen, die zwar die entscheidenden und spezifischsten Antigene des Virus zu sein scheinen, sich aber leider sehr leicht aus ihrer Verankerung an der Zelloberfläche lösen. Damit kann die Spezifität zwar zu-, die Sensitivität hingegen abnehmen.

Da eine Verunreinigung des Testantigens durch Reste zellulärer HLA-Antigene fast die Regel ist und viele Patienten, vor allem multigravide Frauen, häufig Anti-HLA-Antikörper aufweisen, pflegt der ELISA mehr „falsch positive" Befunde aufzuzeigen als der Referenztest Western Blot.

Solche Reaktionen sind gerade zu Beginn der Testung von Patientenseren — als die meisten Forschungslaboratorien noch mit selbst entwickelten Tests und geringer Erfahrung arbeiteten — sehr irreführend gewesen. Noch immer ist dies ein gravierendes Problem, obwohl zahlreiche der heutigen käuflichen Tests schon sehr viel besser sind. (Auch das für den „Bestätigungstest" Western Blot verwendete Antigen ist natürlich verunreinigt, so daß dieses Problem nur durch die Verwendung von auf gentechnischem Wege hergestellten („rekombinanten") Antigenen oder von synthetischen Peptiden, die gewisse Sequenzen viraler Proteine enthalten, umgangen werden kann.)

Der sogenannte „kompetitive" ELISA, bei dem ein vorher gereinigter virusspezifischer Antikörper von Antikörpern des Patientenserums verdrängt wird, verringert diesen Effekt und

gilt als etwas spezifischer. Die zahlreichen in der Entwicklung befindlichen Tests, die rekombinante Antigene verwenden (wobei die Erbinformation, welche für die entsprechenden Virusbestandteile codiert, einem Colibakterium eingepflanzt wird, das dann Virusproteine bildet), haben andere Schwächen: Die produzierten Antigene sind erstens nicht völlig identisch mit den auf natürlichem Wege gebildeten (z. B. nicht glykosyliert), zweitens stellen sie nur ein Teil des viralen Materials dar, gegen das Antikörper im Patientenserum vorhanden sein können. So kann es leicht zu „falsch negativen" Testergebnissen kommen. Ähnlich repräsentieren auch synthetische Peptide stets nur kurze Abschnitte aus den viralen Proteinen.

Immerhin lassen sich in einem sensitiven ELISA jetzt schon Verdünnungen des Patientenserums von 1/100000 benutzen, und auch die Konzentration der Antikörper im Testserum kann bestimmt werden. Der Anteil positiver Testresultate, die sich mit dem Western Blot nicht bestätigen lassen, wird unter diesen Umständen geringer als ein Prozent. Diese Fälle bedeuten auch nicht mit Sicherheit „falsch positive" Befunde. Sie liegen meistens in der sogenannten „Grauzone" und werden als „coming out" gewertet, also als Durchgangsstadien in der kontinuierlichen Entwicklung zur Seropositivität. Einige Fälle, die man hat verfolgen können, sind nämlich im Laufe eines halben Jahres sowohl im ELISA als auch im Western Blot eindeutig positiv geworden. Gleichzeitig weisen solche Patienten zunehmende immunologische, manchmal auch klinische Zeichen für eine Krankheitsprogression auf. Es sieht so aus, als könne der Western Blot in frühen Stadien der Infektion „falsch negativ" ausfallen, indem anfangs oft nur Anti-p24 gebildet wird. Die Antikörper gegen die höhermolekularen gp41 und gp120 treten erst später auf.

Es gibt verschiedene Variationen der ELISA-Technik, so etwa den k-ELISA („kinetic dependent") und andere kompetitive Tests oder den sogenannten „ID-50 assay" (McDougal et al. 1985) mit hoher Empfindlichkeit sowie eine Reihe weiterer Varianten, die jedoch alle auf dem oben beschriebenen Prinzip aufbauen. Zur Absicherung bedürfen sie stets eines spezifischeren, „bestätigenden" (konfirmierenden) Referenztestes.

Der ELISA wird heute fast in der ganzen Welt benutzt und ist in der Regel gleichbedeutend mit dem, was der Laie fälschlich mit „AIDS-Test" bezeichnet. Er hat auch der Entwicklung der meisten heute gängigen käuflichen Testkits zugrundegelegen.

EIA

In einer Art „Crash-Programm" wurden im Laufe des Jahres 1985 sowohl mit öffentlichen als auch mit privaten Mitteln nahezu gleichzeitig von mehreren pharmazeutischen Unternehmen einfache und routinemäßig anwendbare Testverfahren entwickelt. Die Bezeichnung ELISA wurde weiterhin verkürzt zu EIA (enzyme linked immunosorbent assay). Die Produkte verschiedener Firmen sind in ihrer Qualität vergleichbar; ihre Sensitivität ist akzeptabel, die Spezifität hingegen nicht. Die ersten Unternehmen, die in den USA die Lizenz für den Verkauf solcher Tests erhielten, waren *Abbott*, *Electro-Nucleonics* (*ENI*), *Litton-Bionetics*, *Organon*, *Biotech-Dupont*, *Ortho*, *Travenil-Genentech* und *Genetic Systems*. In Europa sind die größten Produzenten *Wellcome* (Großbritannien) und *Diagnostic Pasteur* (Paris), deren ELAVIA im folgenden besprochen wird. (Den Karpas-Test (siehe IP) hat die japanische Firma *Fuji* marktreif gemacht.)

ELAVIA

Das Pasteur-Institut in Paris verfügt über einen eigenen käuflichen Test, den „enzyme linked **LAV**-immunoassay" (*Diagnostic Pasteur*), der auf dem französischen Isolat LAV (lymphadenopathy/AIDS virus) in der CEM-Zelle aufbaut. Er ist in Zusammenarbeit mit *Genetic Systems* (*GS*, Seattle) entwickelt worden und auch in den USA und Kanada erhältlich.

ELAVIA scheint an Spezifität manchem anderen Verfahren überlegen zu sein, was an Besonderheiten der CEM-Zellinie liegen kann, die offenbar weniger HLA-Antigene beisteuert. Mit den von *ENI* und *Abbott* entwickelten EIA-Tests hatte man bei 28 SLE-Patienten (SLE, „systemischer Lupus erythemathodes", ist eine ziemlich verbreitete „Kollagenose", eine Erkrankung des Bindegewebes) sechs positive Seren gefunden, was 22% falsch positiven Ergebnissen entspricht (Prentice et al. 1985). Dieser katastrophal hohe Fehleranteil beruht vermutlich auf der genannten unspezifischen Reaktion des Testantigens mit Autoantikörpern, die bei diesen Patienten ein starkes „immunologisches Hintergrundrauschen" bedingen. Demgegenüber erhielt man in einer parallelen Untersuchung unter Verwendung des ELAVIA bei 90 Patienten mit Kollagenosen (31 mit SLE, 20 mit rheumatoider Arthritis, 18 mit Sklerodermie, 11 mit Sjögren-Syndrom und 10 mit Dermatomyositis) nicht ein einziges falsch positives Ergebnis (Gioud-Paquet et al. 1985). Die höhere Spezifität des ELAVIA erspart Zeit und Mittel für die ansonsten notwendige weitere serologische Abklärung und vermeidet außerdem eine unnötige Beunruhigung der Betroffenen.

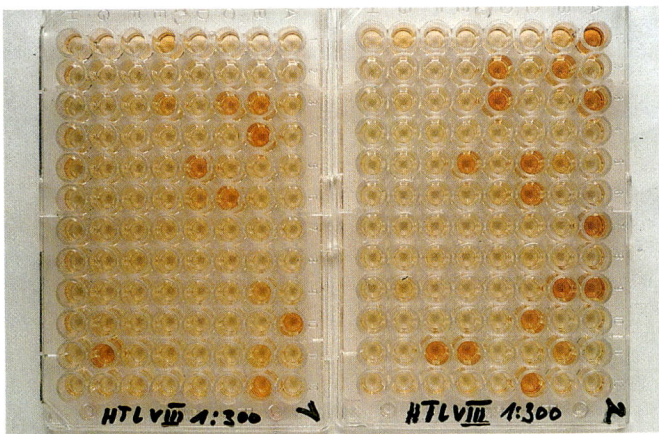

8.3 ELAVIA-Testplatte mit Vertiefungen; manchmal schwer abzulesende Farbnuancen. Solche Tests ergeben, wie auch der in Abb. 8.4 demonstrierte IP-Test, nur summarisch positive oder negative Resultate (*Diagnostic Pasteur*, Paris).

DIB

In Schweden (am SBL in Stockholm) hatte man 1985 einen schnellen und einfachen Test entwickelt, der auf demselben Grundprinzip aufbaute und als „**d**ot **i**mmuno **b**inding" (G Biberfeld et al. 1984) bezeichnet wurde. Er lieferte dem ELISA vergleichbare Resultate. Auf ähnliche Weise entwickelten anfangs zahlreiche Laboratorien ihre eigenen Tests, die erst allmählich durch bessere Verfahren ersetzt wurden.

IP

Auch in Cambridge (England) ist ein eigener Test entwickelt worden (Karpas, Gillson et al. 1985); er baut auf Karpas' Viruslinie auf, dem C-LAV. Der Karpas-Test basiert auf der **I**mmuno**p**eroxidase-Methode (**IP**) und unterscheidet sich etwas von anderen Testverfahren. So wird hierbei zwar wieder das Prinzip des ELISA benutzt, wobei die Peroxidase zur Farbmarkierung der Antigen-Antikörper-Reaktion dient, aber man verwendet die ganze infizierte Zelle und führt die uninfizierte als Spezifitätskontrolle zum Ausschluß von Auto- und Anti-HLA-Antikörpern mit.

Während die EIA/ELISA-Tests einen unangenehm hohen Anteil falsch positiver Resultate und vereinzelt auch falsch nega-

tive Ergebnisse liefern, scheint man mit dem IP-Test sogar ähnlich zuverlässige Resultate zu erhalten wie mit manchen bedeutend aufwendigeren Verfahren (Mortimer et al. 1985, Werner et al. 1985). Darüber hinaus ist er einfach und schnell in der Durchführung, und es hat sich erwiesen, daß er als zur Zeit einziger Screening-Test der Welt auch die HIV-2-Infektionen erfaßt. Wie leicht er abzulesen ist, mag die Abbildung 8.4 zeigen.

Auch ein sogenannter „indirect **i**mmuno**p**eroxidase **a**ntibody test" (**IPA**) ist inzwischen entwickelt worden.

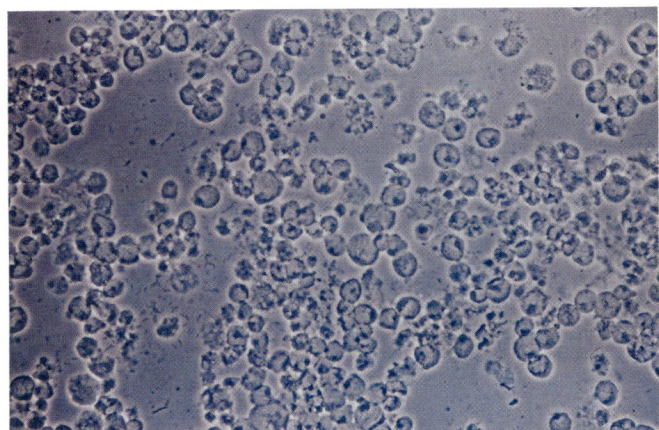

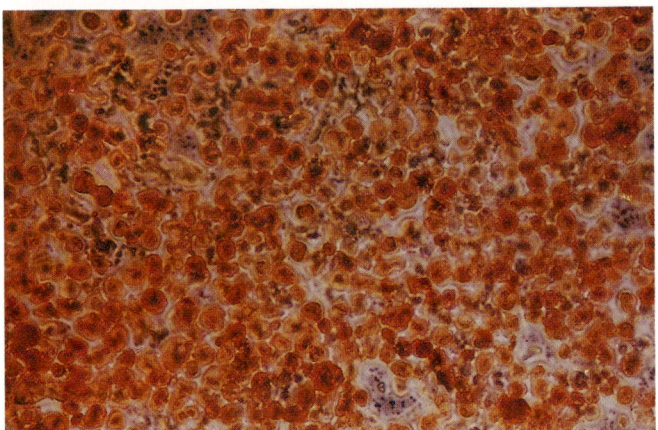

8.4 Karpas' IP-Test. Oben: negativ, unten: positiv.

Western Blot

Die routinemäßige Anwendung jener Technik, die als „blotting" (exakter ausgedrückt als „transfer blotting" von elektrophoretisch separierten biologischen Molekülen) bezeichnet wird, begann eigentlich schon 1975 (Southern 1975) und wurde nach ihrem Entwickler als „Southern Blot" benannt. Das Verfahren läuft darauf hinaus, daß das zu untersuchende Material (DNA, RNA, Antigene) nach der Molekülgröße seiner Komponenten und Bruchstücke in einer Art „Molekülsieb" im elektrischen Feld sortiert und dann fixiert wird. Das so erhaltene Gel wird auf eine Matrix übertragen, diese in Streifen zerschnitten, auf denen man dann jene Stellen, wo die jeweilige Reaktion (z. B. Hybridisierung, Antigen-Antikörper-Reaktion) mit den Testsubstanzen stattgefunden hat, so markiert, daß sie als dunkle Bänder hervortreten und ein jeweils typisches Muster ergeben.

In den späten siebziger Jahren wurde diese anfangs für DNA entwickelte Methode zu einem immer flexibleren Verfahren (Towbin et al. 1979), nun auch für RNA („Northern Blot") und schließlich auch für Proteine weiterentwickelt, bis man dann darauf verfiel, das Prinzip des Elektro-Transfer-Blotting mit der

ELISA-Technik zu vereinen (Bowen et al. 1980, Stellwag et al. 1980, etc.). Der hieraus resultierende sogenannte **EITB** (enzyme-linked **i**mmunoelectrotransfer **b**lot) kombinierte die hohe Sensitivität des ELISA mit den Vorteilen des inzwischen avancierten elektrophoretischen Verfahrens (**SDS-PAGE**; **s**odium **d**odecyl-**s**ulfate **p**oly**a**crylamide **g**el **e**lectrophoresis). Er wurde weiter verfeinert zu jenem Testverfahren, das man heute − in sprachlicher Analogie zum „Southern Blot" − „Western Blot" (**WB**) nennt (Tsang et al. 1983-1 und -2).

Dieser Western Blot wird heutzutage in vielen Ländern als Referenztest bei positivem Ausfall von ELISA oder EIA benutzt, da er nicht nur ein pauschal positives oder negatives Testergebnis liefert, sondern auch zu spezifizieren vermag, gegen **welche** Antigene (p18/19, p24/25, gp41, p51, p55, gp61/65, gp110/120 etc.) die gegebenenfalls nachgewiesenen Antikörper im Patientenserum gerichtet sind. Eine seiner Schwächen ist, daß die Antigene denaturiert sind, was zu falsch negativen Testergebnissen führen kann.

RIPA

Unter Benutzung des gleichen Gels (SDS-PAGE) wie beim WB, aber unter Verwendung eines radioaktiv markierten Antigens, entwickelte man einen **R**adio-**I**mmuno-**P**räzipitationstest (RIP-SDS-PAGE), verkürzt zu **RIPA** oder **RIP**. Auch hierbei werden die Moleküle nach ihrer Neigung, in einem elektrischen Feld zu wandern − also elektrophoretisch − sortiert. In einer weiter entwickelten Form wird dieser Test noch immer benutzt und gilt als sehr spezifisch; er ist allerdings etwas aufwendig. Wegen seiner Spezifität und Qualität eignet er sich als Referenztest. Von Vorteil ist, daß hier − im Gegensatz zum WB − die Antigene weniger denaturiert sind.

Die Unterschiede zwischen einerseits jenen Tests, die nur summarisch „positiv" oder „negativ" ausfallen (ELISA, EIA, ELAVIA oder IP), und andererseits jenen, welche die gegen verschiedene nach ihrem Molekulargewicht oder elektrophoretisch aufgetrennte Virus-Antigene gerichteten Antikörper im Serum eines Patienten einzeln darstellen (RIPA, WB), sind beim Vergleich der Abbildungen 8.3, 8.4 und 8.5 deutlich zu sehen.

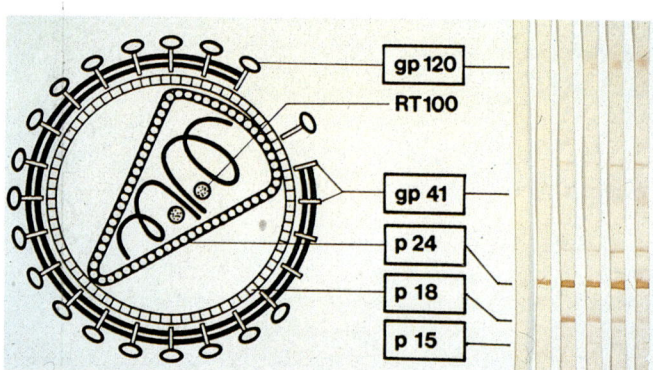

8.5 Der Western Blot zeigt die Antigen-Antikörper-Reaktion in Form dunkel gefärbter Bänder („Banden") an, deren Lokalisation durch die unterschiedliche Molekülgröße der Antigene bestimmt ist. Links sind den jeweiligen Proteinen (bzw. Glykoproteinen) die entsprechenden Strukturbestandteile des Viruspartikels zugeordnet. Die hier vorliegenden Unterschiede im Bandenmuster sind Ausdruck eines unterschiedlichen Infektionsalters bzw. einer individuell unterschiedlichen Antikörperproduktion (H Gelderblom, Robert-Koch-Institut, Berlin).

RIA

In Großbritannien hat man einen eigenen „competitive **r**adio-**i**mmuno**a**ssay" (**RIA**, manchmal **CRIA**) entwickelt, der auch für Serienuntersuchungen benutzt wird. Er gilt als einfach, schnell durchführbar und auch als sehr sensitiv; zur Bestätigung schließt man einen indirekten Immunofluoreszenztest an. Dieser „kompetitive" RIA ist dem kompetitiven ELISA vergleichbar, da er ebenso wie jener einen Teil der unspezifischen HLA-Reaktionen vermeidet.

IFA

Ein seit mehreren Jahren benutzter und sehr zuverlässiger Test ist der „**i**mmunofluorescence **a**ssay" (**IFA**, in Großbritannien manchmal auch nur **IF** genannt), der hauptsächlich in England, Kanada und Teilen der USA verwendet wird. Historisch gesehen, ist dies der erste Test dieser Art. Er beruht auf dem Vergleich einer infizierten mit einer uninfizierten Zelle, die beide mit dem zu testenden Serum zusammengebracht werden. Die Anheftung der im Serum enthaltenen Antikörper an Virusstrukturen wird durch fluoreszeinmarkierte Anti-Antikörper nachgewiesen.

In der Hand von erfahrenen Untersuchern ist er sowohl sehr spezifisch als auch sehr sensitiv, also ein geeigneter Referenztest. Zeitweise hat sich der IFA als dem Western Blot überlegen erwiesen. Besonders bemerkenswert ist die Tatsache, daß man bis zu 100% (Kaminsky et al. 1985: 133 von 133!) aller AIDS-Patienten seropositiv finden kann. So gute Resultate sind äußerst ungewöhnlich und geben den IFA einen sicheren Platz unter den Testverfahren. Es sieht so aus, als beruhe seine Sensitivität auf dem Nachweis von Antikörpern, die sich hauptsächlich gegen jene hochmolekularen viralen Antigene richten, welche auch noch in späten AIDS-Stadien nachweisbar sind.

Man stößt des weiteren auf den Begriff **IMI** (**i**ndirect **m**embrane **i**mmunofluorescence). Diesem Verfahren entspricht im Hinblick auf die Zuverlässigkeit auch der sogenannte „fixed cell immunofluorescence"-Test (Sandström et al. 1985), der in seiner Sensitivität mit dem Western Blot konkurrieren kann.

APAAP

Aufbauend auf dem Prinzip des ELISA, jedoch mit alkalischer Phosphatase als markierender Substanz, ist der sogenannte **APAAP**-Test entwickelt worden (**a**lkalische-**P**hosphatase-**a**nti-**a**lkalische **P**hosphatase), der auch zum Nachweis von Virusantigenen verwendet werden kann. Diese Methode hat man am Robert-Koch-Institut in Berlin zu einem Routineverfahren entwickelt, um in Blut oder Gewebeproben auch einzelne infizierte Zellen zu identifizieren (Abb. 8.6 bis 8.11). Da sie eines der zukunftsweisenden Antigennachweisverfahren repräsentiert, sei sie hier ausführlicher dargestellt.

Wenn man aus den monoklonalen Antikörpern gegen p19, p24, gp41 und gp120 eine Art „Cocktail" mixt, kann dieser selbst im peripheren Blut einzelne antigen-positive Zellen sehr deutlich markieren. Ebenso ist dies eine gute Methode, um im Gewebe (etwa der Schleimhaut, siehe die Bilder auf Seite 49) einzelne infizierte Makrophagen oder T-Lymphozyten zu lokalisieren.

Mit dieser Methode hat man auch bei seronegativen Partnern von Virusträgern antigen-positive Lymphozyten aufspüren können (Kunze et al. 1986). Derartige Verfahren, wie auch die bereits erwähnten Nachweise von viralem genetischen Material (durch *in situ*-Hybridisierung), werden in Zukunft mit Sicherheit an Bedeutung gewinnen.

Die verschiedenen genannten Testmethoden unterscheiden sich sehr, was Kosten, Zeitaufwand und die Erfordernisse in der praktischen Handhabung betrifft, so daß die tägliche Anwendung in den Laboratorien diesen Wald von Testverfahren sicher noch ein wenig lichten wird. Man ist jedoch − nach zahlreichen Untersuchungen an Millionen von Seren und dem Versuch des Abwägens schwer vergleichbarer Ergebnisse − heute der Auffas-

Einfach-APAAP Zweifach-APAAP Dreifach-APAAP Maus Antikörper

(1) gegen humanes Antigen
(3) gegen alk. Phosphatase

(2) **Kan. anti-Maus IgG H+L**

(4) **alkalische Phosphatase**

8.6 Das Prinzip des vom ELISA abgeleiteten, zum Antigennachweis verwendeten APAAP-Tests basiert auf einem wiederholten „Sandwich"-Prinzip, bei dem mit doppelten sogenannten Brückenantikörpern die Farbintensität und damit der Kontrast zum Hintergrund markant verstärkt wird (*Dianova*, Hamburg).

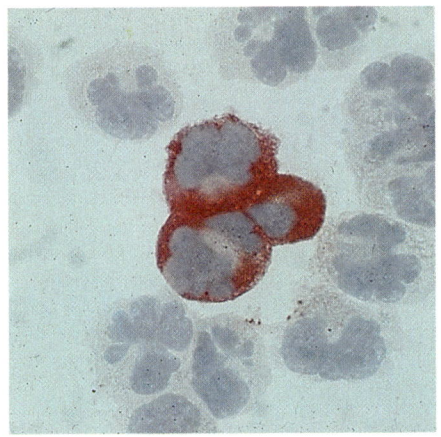

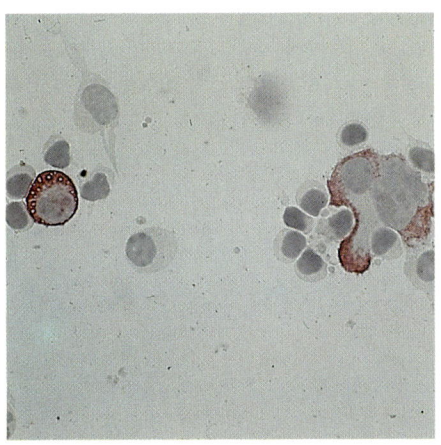

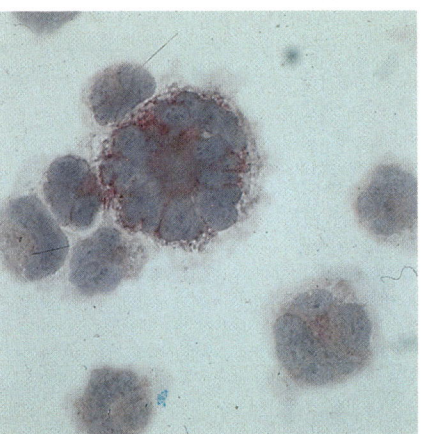

8.7 Monoklonale Antikörper gegen das virale p24 zeigen deutlich eine diffuse Verteilung des Antigens im Zytoplasma der infizierten Zelle (Kunze, Becker et al., Robert-Koch-Institut, Berlin).

8.8 Zwei durch monoklonale Anti-p24-Antikörper markierte infizierte Lymphozyten, deutliche Infektionszeichen aufweisend: links eine vakuoläre Degeneration der Zelle, rechts die Bildung einer multinuklearen Riesenzelle, die vermutlich als Produkt CD4-Rezeptor-vermittelter syncytialer Zellverschmelzung anzusehen ist (Kunze, Becker et al., Robert-Koch-Institut, Berlin).

8.9 Anti-gp120 lokalisiert das virale Antigen auf der Zelloberfläche, wo es der Zellmembran in die tiefen Falten ihrer viellappigen Struktur zu folgen scheint (Kunze, Becker et al., Robert-Koch-Institut, Berlin).

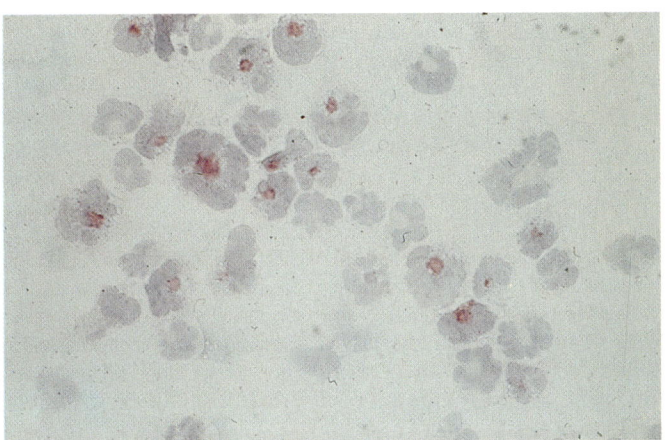

8.10 Anti-gp41 ist merkwürdigerweise nur auf den zentralen Bereich der Zelle konzentriert, scheint also nur über dem Zellkern Antigene zu finden. Die Erklärung dafür (siehe folgendes Bild) könnte sehr einfach und mechanistisch sein (Kunze, Becker et al., Robert-Koch-Institut, Berlin).

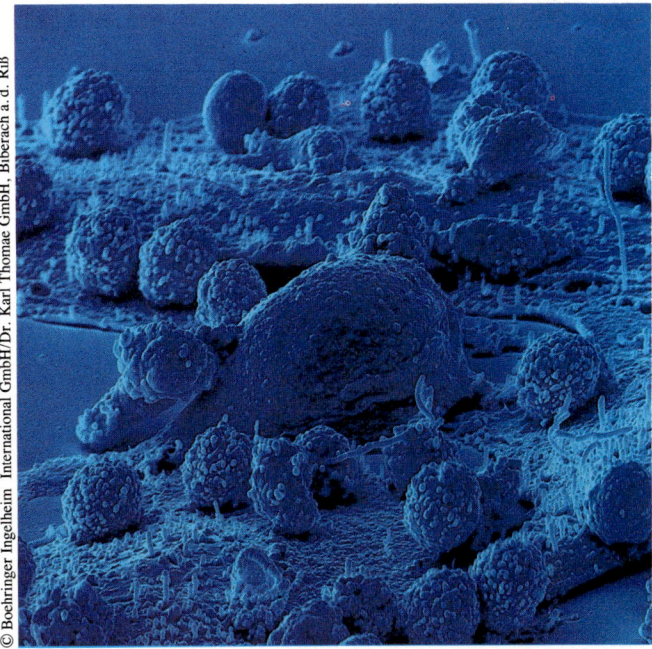

© Boehringer Ingelheim International GmbH/Dr. Karl Thomae GmbH, Biberach a. d. Riß

sung, daß es einen „goldenen Standard" noch nicht gibt. Es scheint sinnvoll, für die primäre Screening-Untersuchung einen einfachen Test zu benutzen (ELISA, ELAVIA, EIA, IP, RIA, IMI) und darüber hinaus einen Referenztest zur Bestätigung (IFA, WB oder RIPA). In zweifelhaften Fällen oder bei widersprüchlichen Ergebnissen bliebe eine dritte der etablierten Testmethoden als Entscheidungshilfe heranzuziehen.

8.11 Diese Krebszelle, die von zahlreichen zytotoxischen T_c-Zellen (Killerzellen) attackiert wird, zeigt im Zentrum deutlich den stark hervortretenden Zellkern, der die weiche Lipidmembran wie über einem großen Stein ausbuchtet. Dies könnte die transmembranösen gp41-Moleküle durch die weiche, zähflüssige Zellmembran, in der sie gleichsam „schwimmen", herausdrücken. So könnten sie dort den gegen sie gerichteten Antikörpern eine größere Angriffsfläche bieten, da sie sozusagen der schützenden Lipidmembran entkleidet sind (Photo: L. Nilsson, Karolinska-Institut, Stockholm).

Testmethoden in der Entwicklung

Neue, für die Zukunft unter Umständen vielversprechende Tests befinden sich im Vorbereitungs- oder Erprobungsstadium. Die Entwicklungsarbeit wird vorwiegend von der pharmazeutischen Industrie geleistet. So arbeitet man beispielsweise an einem Test, der auf dem Lumineszenzprinzip aufbaut (Lumineszenz-Immun-Assay, **LIA**) und eine Empfindlichkeit haben soll, welche die bisher verfügbaren Testmethoden um ein bis zwei Zehnerpotenzen übersteigt (*Henning*, Berlin). Das würde den Schwellenwert für den Nachweis minimaler Mengen von Antigen- und Antikörpermaterial erheblich senken. Mit einem gewissen Unbehagen denkt man dabei an die möglichen Folgen für die Seroprävalenzziffern.

Wertvoll ist natürlich ein Screening-Testverfahren, das die viralen Antigene direkt nachweist. *Du Pont* und *Abbott* haben jetzt solche Tests auf den Markt gebracht, weitere werden folgen. Auch ein direkt auf das Virusgenom abzielender DNA-Hybridisierungstest zum Nachweis viraler Nucleinsäuren ist als zukünftiger Routinetest schon annonciert worden.

RT-Nachweis

Eine andere, vielverwendete Methode ist die Messung der Aktivität der **R**eversen **T**ranskriptase (**RT**). Dieses Verfahren ist natürlich unspezifisch, weil die Existenz der Reversen Transkriptase definitionsgemäß die ganze Familie der Retroviren kennzeichnet. Deshalb sagt ein positiv ausfallender RT-Test nur aus, daß irgendein Retrovirus vorhanden ist, nicht aber, um welches es sich handelt. Für Routineuntersuchungen an Zellen hingegen, um deren HIV-Infektion man schon weiß, erfüllt diese Methode einen wichtigen Zweck, um Virusaktivität, Virusreplikation, Virusabtötung und dergleichen zu beurteilen.

9 Serologische Daten

Im finalen AIDS-Stadium lassen sich häufig im Serum der Patienten keine Antikörper mehr nachweisen. Dies wird so gedeutet, daß im Laufe der Zeit immer mehr T-Lymphozyten sterben und damit ein Teil des zirkulierenden Substrates für die Virusvermehrung verschwindet. Außerdem läßt die zunehmende „immunologische Lähmung" auch die Antikörperproduktion sinken, was wiederum zu großen Schwierigkeiten in der konventionellen Diagnostik anderer Infektionen (z. B. der Toxoplasmose) führt.

Anfangs hoffte man, daß es sich bei einem positiven Antikörperbefund auch um ein „Zeichen abgelaufener Infektion" handeln könnte, doch leider ist das offensichtlich nicht der Fall. Bei genauer Untersuchung der seropositiven Personen findet man bei fast allen gewisse, wenn auch manchmal noch sehr diskrete Zeichen einer beginnenden Schädigung des Immunsystems. Häufig entdeckt man schon fortgeschrittene Immundefekte oder sogar klinische Zeichen wie einzelne Lymphknotenschwellungen, LAS oder andere Vorstadien von AIDS. Der direkte oder indirekte Virusnachweis gelingt in letzter Zeit mit großer Regelmäßigkeit, wenngleich unter großem Aufwand. Immer häufiger läßt sich darüber hinaus das AIDS-Virus auch bei völlig asymptomatischen und sogar bei seronegativen Personen nachweisen. Es ist also mit an Sicherheit grenzender Wahrscheinlichkeit anzunehmen, daß zumindest die seropositiven Personen auch wirklich infiziert sind, das Virus beherbergen und es somit verbreiten können.

Aus Afrika gab es zwar einmal einen Bericht über sechs angeblich seropositive Afrikaner (Kestens et al. 1985), die keinerlei immunologische Veränderungen aufwiesen, doch die Testresultate haben sich in diesen Fällen als unspezifisch erwiesen. Es ist kennzeichnend, daß an Schwerpunkten der Infektionsausbreitung, wo man Tausende seropositiver Menschen untersucht hat, kaum solche Befunde vorkommen. Wenn die sensibelsten immunologischen Parameter sorgfältig untersucht werden, verlöscht der oben genannte Hoffnungsfunke in der Regel. Im Zusammenhang mit der neuentdeckten westafrikanischen Virusvariante sind ähnliche Hoffnungen gerade wieder aufgekeimt. So bleibt wenigstens noch die Möglichkeit bestehen, daß die Bevölkerung zumindest in einigen westlichen Teilen dieses Kontinents (etwa von Senegal bis Nigeria) einer weniger virulenten genetischen Variante des AIDS-Virus ausgesetzt ist. Die Vorstellung, Afrikaner hätten insgesamt eine geringere Empfindlichkeit gegenüber dem AIDS-Virus, ist inzwischen weitgehend begraben.

Daß ein Virus nach wiederholten Passagen durch verschiedene Individuen eine gesteigerte Virulenz aufweisen kann, ist bekannt. In gewisser Weise selektieren sich diese aggressiveren Virusvarianten selbst infolge ihrer höheren Virulenz (größere biologische Durchschlagskraft). Die anfangs geäußerte Vermutung, afrikanische Patienten seien zu einem nennenswerten Anteil sozusagen „Rekonvaleszenten", welche die Infektion schon hinter sich gebracht hätten, stimmen mit den epidemiologischen Daten und klinischen Bildern in afrikanischen Krankenhäusern nicht überein; noch weniger paßt eine solche Annahme zu der Natur dieses Virus.

Um serologische Daten zu einem vollständigen Bild verarbeiten zu können, muß man auch die Zeit kennen, die zwischen erfolgter Infektion und der Serokonversion, also der Entwicklung eines nachweisbaren Antikörperniveaus, vergehen kann. In der Beantwortung dieser Frage sind wir immer unsicherer geworden, je mehr wir erfahren haben. Versuche mit experimentellen Infektionen von Versuchstieren zeigen zwar, daß die Serokonversion in der Regel nach 3 bis 6 Wochen, in selteneren Fällen erst nach 3 bis 6 Monaten erfolgt. Diese Ergebnisse stimmen gut mit den Beobachtungen überein, die man an jenen einzelnen Infektionsfällen mit dem initialen akuten Krankheitsbild einer „mononukleoseartigen" Reaktion gewonnen hat. Abgesehen von Zweifeln an der ätiologischen Eindeutigkeit dieses Geschehens bleibt dahingestellt, ob nicht gerade diese Symptomatik eine ziemlich massive Infektionsdosis voraussetzt. Bei Bluttransfusionen ist dies in der Regel gegeben, vielleicht auch bei der „Inokulation" von Blut oder möglicherweise von Sperma in offenen Wunden. Bei kleineren Infektionsdosen hingegen kann man sich vorstellen, daß sich das Virus nach der Integration in einzelnen Zellen erst langsam in eine größere Anzahl neuer Zielzellen ausbreiten muß, um nennenswerte Mengen von Antigenen zu produzieren und damit die Bildung von Antikörpern anzuregen.

Versuche an Affen haben gezeigt, daß nach Zähneputzen mit infektiösem Material und sogar beim Injizieren extrem geringer

Infektionsdosen manchmal überhaupt keine Serokonversion erfolgte. Die Frage „nicht infiziert oder unterschwellig infiziert?" wird sich erst nach jahrelanger Beobachtung dieser Versuchstiere endgültig beantworten lassen.

Noch wichtiger ist diese Frage für die Konversionslatenz nach einer eventuellen Infektion über die Schleimhäute beim heterosexuellen Kontakt. Hierzu gibt es in letzter Zeit zunehmend beunruhigende Beobachtungen.

An finnischen Homosexuellen wurde bei Untersuchungen mit Antigentests und durch RNA-Nachweise mittels *in situ*-Hybridisierung nachgewiesen, daß schon bis zu 16 Monate vor der Serokonversion vielfältige Zeichen für eine frühe, symptom- und antikörperfreie Infektion vorlagen (Ranki et al., Mariehamn-Konf. vom 6.−8. März 1987 und Wash.-Konf. MP. 119). Dies deckt sich mit Beobachtungen in Berlin, Kopenhagen, Großbritannien und den USA. Ein konkreter Fall sei abschließend beschrieben:

Der Patient, ein bisexueller Mann, hatte 1982 intime Sexualkontakte mit drei Männern, die alle an der HIV-Infektion erkrankten. Einer ist an AIDS (KS) gestorben, ein zweiter lebt mit der AIDS (KS)-Diagnose, der dritte mit ARC. Der Patient selbst entwickelte 1986 erst ARC, dann AIDS. Er lebt noch. Seit Dezember 1982 wohnt er mit einer Frau zusammen und hatte mit dieser seitdem regelmäßigen sexuellen Kontakt.

Obwohl man sein Serum von 1984 an stets positiv auf HIV-Antikörper gefunden hat, verbleibt die Frau, vielfach getestet, seronegativ. Ihr Serum weist jedoch schon seit 1984 Virusantigene auf, ihre Zellen positive Hybridisierungssignale, die auf das Vorhandensein von viraler RNA hindeuten.

Vor drei Jahren begann sie, sich durch Kondomanwendung zu schützen, weist aber schon zum dritten Mal seit 1986 eine positive Viruskultur auf und hat auch schon ein infiziertes Kind getragen (festgestellt nach Schwangerschaftsabbruch). Erst seit kurzer Zeit hat man „ein schwaches, isoliertes Band" bei p24 im WB beobachten können. Sie ist also vermutlich schon 3 Jahre lang seronegativ und infiziert, eventuell gar bereits 4 bis 5 Jahre.

Hatten schon Ludlam et al. (1985) gezeigt, daß selbst nach intravasaler Infektion von Blutern die Serokonversion bis zu 40 Wochen auf sich warten lassen kann, müssen wir jetzt mit Serokonversionslatenzen von bis zu mehreren Jahren rechnen. Die genannten Fälle aus Finnland tragen nicht einmal den Charakter von Ausnahmen (selten sind nur die alten Seren). Wir werden erst in einigen Jahren wissen, wie repräsentativ sie waren.

Es dürfte sich hierbei wohl um eine der wichtigsten Fragen handeln, da sie nicht nur das Ausmaß der Epidemie ganz entscheidend mitbestimmt, sondern sich gerade auf jene Virusträger bezieht, die von ihrer Infektion kaum etwas wissen können. Zudem sind sie das Hauptproblem bei aller Screening-Tätigkeit.

Wir wissen darüber hinaus heute auch noch nicht, ob in jenen unerfreulichen Krankheitsfällen ohne jeden Antikörpernachweis wirklich nie Antikörper gebildet werden oder ob nur eine längere „Anlaufzeit" nötig ist, um ein meßbares Antikörperniveau zu erreichen. Andere Erklärungen wären, daß diese Menschen überhaupt keine Antikörper mehr bilden können, da gerade die Antikörper produzierenden Prozesse effektiv lahmgelegt sind, oder daß ihr Antikörperniveau aus konstitutionellen Gründen dauerhaft unter der Nachweisbarkeitsschwelle bleibt; möglicherweise hat auch deren AIDS-Virus-Variante aufgrund des zeitlichen und geographischen Abstandes zu dem für die Entwicklung des jeweiligen Testantigens verwendeten Stamm so abweichende Antigenstrukturen entwickelt, daß sich der verwendete Antikörpertest für diese nicht mehr eignet. Die Beobachtung einer mit der Zeit anscheinend nachlassenden Testsensitivität sowie die hohe Geschwindigkeit der „antigenen Drift" lassen dies nicht unwahrscheinlich erscheinen.

Es gilt, auf alle diese Fragen rasch eine Antwort zu finden, wenn wir die weitere Verbreitung des Virus auf dem Transfusionsweg verhindern wollen. Anderenfalls muß eine andere Screening-Methode für die Blutspender oder eine zuverlässige virusabtötende Behandlung für frische, zellhaltige Blutprodukte gefunden werden.

Seit der Einführung der oben beschriebenen Testmethoden, also seit etwa drei Jahren, erhalten wir Informationen über den Umfang der Virusverbreitung. Dies erst hat uns eine Ahnung gegeben von der gewaltigen Kluft zwischen dem, was sichtbar ist, und dem, was der Fall ist. Noch immer äußern sich manche Menschen zu dieser Frage, als hätten diese Ergebnisse ihr Verständnis noch nicht einmal gestreift. Die serologischen Daten haben − viel mehr als die bisher bekannte Anzahl konstatierter AIDS-Fälle − den Umfang der Seuchenausbreitung sichtbar gemacht.

Schon im Sommer 1984 lagen für Berlin folgende Resultate vor: 35% der untersuchten homosexuellen Männer, 20% der untersuchten Drogenabhängigen (höhere Prozentzahlen in Gefängnissen) und 7 von 11 Berliner Drogensüchtigen während einer Entziehungskur wurden „HIV-positiv" gefunden. In einer anderen deutschen Studie stieß man bei 15 untersuchten Süchtigen auf 10 seropositive, die teilweise von der Prostitution leben. Unter den substitutionsabhängigen Patienten mit Hämophilie A im Bundesgebiet (ca. 4000 Patienten) wiesen etwa 60% Antikörper auf. (In den USA hatte man unterdessen in dieser Patientengruppe 72−94% positive/reaktive Serologien gefunden.) Insgesamt errechnete man aus diesen ersten Resultaten für die Bundesrepublik Deutschland eine Gesamtsumme von ca. 100000 Infizierten, was mit den 79 zum gleichen Zeitpunkt offiziell registrierten AIDS-Fällen verglichen werden mußte.

Natürlich waren diese anfänglichen Berechnungen Extrapolationen von kleinen Stichproben und deswegen unsicher. Dies war jedoch kein Grund, sie zu unterlassen; einen anderen Weg, die Bedrohlichkeit der Situation überzeugend darzustellen, gab es nicht. Das Bild hat sich seitdem auch keineswegs so sehr geändert, wie manche Kritiker dieser ersten Veröffentlichungen geltend machen wollten: Zwar hatte man mit den Untersuchungen an den Risikoschwerpunkten angefangen und deswegen überrepräsentativ hohe Seroprävalenzen gefunden, andererseits gab es jedoch eine ganze Reihe von gefährdeten Personen, von denen man noch gar nichts wußte und an die man auch schlecht herankam (Entwicklungshelfer, Einwohner und Touristen aus Hochrisikogebieten, Jugendliche ohne Zugehörigkeit zu Risikogruppen und andere). Schon heute rechnet man allein in Frankfurt vorsichtig mit 10000 Infizierten, so daß für die ganze Bundesrepublik eine Zahl von 100000 durchaus nicht unwahrscheinlich ist. Der Ärger über die Aufregung, die durch diese ersten bedrückenden Schlußfolgerungen zum Thema AIDS hervorgerufen wurde, ist nichts anderes als ein Ausdruck schlecht kanalisierten, aber berechtigten Unbehagens. Und, wie so häufig, hielt man auch hier die schlechte Botschaft und ihren Überbringer nicht auseinander.

Diese Informationen trafen die meisten anfangs sehr unvermittelt, und die Ergebnisse − besonders auch aus Afrika und den USA − waren so, daß man sich lange davor scheute, sie detailliert und numerisch weiterzuentwickeln. Dennoch zwang der Fortgang der Ereignisse rasch dazu, den kommenden Schwierigkeiten ins Auge zu sehen.

In den USA fand man 1984 bereits über die Hälfte der homosexuellen Männer in San Francisco seropositiv; in einem New Yorker Gefängnis waren es unter den injizierenden Drogenabhängigen (DA) sogar 87%. Dabei muß man sich vor Augen halten, daß in San Francisco von eingefrorenen Seren homosexueller Männer aus dem Jahr 1978 lediglich 1% seropositiv war. Anfang der achtziger Jahre war dieser Prozentsatz auf 24% gestiegen, 1984 auf 65%, bis heute sogar auf ca. 72%. Da es in den USA schätzungsweise zwischen vier und zehn Millionen homo-/bisexuelle Männer (HS) gibt, ist der Schock, den die genannten Resultate auslösten, durchaus verständlich. Bei allen Vorbehalten hinsichtlich der Repräsentativität dieser ersten Untersuchungen blieben selbst bei optimistischsten Annahmen

Schlußfolgerungen nicht aus, die teils paralysierend wirkten, teils zu hektischer Tätigkeit führten. So ließ der Bürgermeister von San Francisco rasch einige Bäder schließen, die er für die Virusverbreitung verantwortlich machte, da sie bekannte Treffpunkte Homosexueller waren.

In London fand man 1984 in einer klinischen Untersuchung von HS bei 33 % eine verringerte Anzahl weißer Blutkörperchen (Lymphopenie), bei 43 % einen herabgesetzten T_h/T_s-Zellquotienten, bei 32 % eine totale kutane Anergie und bei einem auffällig hohen Anteil auch geschwollene Lymphknoten. Serologische Testresultate bestätigten sehr bald den von diesen Befunden abgeleiteten Verdacht.

Gleichzeitig sah sich Dänemark, wo einer der ersten europäischen AIDS-Fälle aufgetreten war, mit ebenso beunruhigenden Zahlen konfrontiert wie die Schweiz, Frankreich und Belgien. Einwanderer aus Afrika, Touristen und andere Zugereiste bildeten am Anfang gewissermaßen den Kern einer „importierten Epidemie", und für manche Länder, etwa für Belgien und Frankreich (mit ihrem hohen Anteil von Afrikanern), gilt das noch heute. Allmählich ist jedoch die „autochthone" Verbreitung immer mehr in den Vordergrund getreten.

In Schottland, Japan, Australien und fast allen südamerikanischen Ländern tauchten nahezu gleichzeitig die ersten AIDS-Fälle auf, und zwar nicht selten unter den Hämophilen, die ja in der Regel eine leicht abzugrenzende Gruppe aufmerksamer Patienten bilden und oft schon engen Kontakt zum Gesundheitswesen haben. Der anfängliche zähe Widerstand gegen das Begreifen dessen, was sich hier anzubahnen begann, war fast überall in gleicher Form zu beobachten.

In Italien beispielsweise publizierte die zentrale Gesundheitsbehörde Beschwichtigungen (Rezza et al. 1984, 15. Sept.): Alle 10 bekannten AIDS-Fälle seien importiert, nur zwei seien gestorben, kein einziger Fall von AIDS unter Drogensüchtigen, Hämophilie-Patienten oder Empfängern von Transfusionen sei gesehen worden. Es gebe keine Anhaltspunkte für eine AIDS-Epidemie in Italien, auch einheimische Fälle seien noch nicht beobachtet worden.

Das klang zwar schön, aber das idyllische Bild hatte bereits Flecken und bekam schnell mehr: Schon am 12. Juni 1984 hatten Lazzarin et al. in einer Untersuchung an den Drogenabhängigen (DA) Mailands über „einen Ausbruch unerklärlicher generalisierter Lymphadenopathien mit immunologischen Defekten" berichtet und eine Reihe klassischer LAS-Fälle beschrieben. Dieses mußte schon im November vervollständigt werden mit der Mitteilung, daß die Zahl der LAS-Fälle in Mailand auf 106 angestiegen sei und daß dort schon 68 % der untersuchten DA positive Serologien aufwiesen (Lazzarin et al. 1984-2). Einige von ihnen hatten schon AIDS entwickelt, und damit war die nur zwei Monate alte Beschwichtigung aus Rom Makulatur. Dies mag als Beispiel für zahlreiche Parallelen in anderen Ländern stehen — man findet sie in vielen frühen Publikationen.

Solche ersten Berichte gab es bald in jedem Land: Dänemark (Gerstoft et al. 1982), Finnland (Krohn et al. 1984), Schweden (Pehrson et al. 1983), Norwegen (Dobloug, Bruun et al. 1985), Frankreich (Mathez et al. 1984), Bundesrepublik Deutschland (L'age-Stehr, Kunze, Koch 1983, Kunze et al. 1984, Bayer, Bienzle et al. 1984, Helm et al. 1984, Stille, Helm et al. 1985), Großbritannien (Cheingsong-Popov et al. 1984), Schweiz (Somaini 1984, Baumann und Somaini 1984, Vogt, Lüthy et al. 1984-1, Vogt, Lüthy et al. 1984-2), aber auch aus Jamaika (Charles et al. 1984), Haiti (Pitchenik et al. 1984-1), Australien (Penington et al. 1984) und Afrika (Piot, Quinn et al. 1984, Clumeck, Sonnet et al. 1984). Natürlich kamen und kommen die meisten Berichte aus den USA, und sie gaben schon sehr früh einen Vorgeschmack von dem, was Europa erwartete (CDC, MMWR, wöchentlich mit aktualisierten Daten und zahlreichen Spezialartikeln).

Nach dem Jahreswechsel 1984/85 schwoll die Flut von Veröffentlichungen sehr rasch an. Auf der Atlanta-Konferenz Mitte April 1985 wurde deutlich, daß sich die Situation in zahlreichen Ländern rasch verschlechtert hatte. Als positiv war zu verzeichnen, daß die frühesten Hochrechnungen sich zum Teil nicht ganz bewahrheiteten, da die Untersuchungen vorwiegend in den größten Städten des jeweiligen Landes und an den exponiertesten und am meisten internationalisierten Risikogruppen begonnen worden waren. Häufig zeigte sich im nachhinein, daß auch innerhalb des gleichen Landes die Situation in manchen Städten günstiger war als in anderen (Göteborg gegenüber Stockholm/Malmö, Hamburg gegenüber Frankfurt/Berlin, Århus gegenüber Kopenhagen, Pittsburgh/Chicago gegenüber San Francisco/New York). Man stieß jedoch auch auf unerwartet negative Überraschungen (Mailand, München, Edinburgh, Belle Glade, Key West).

Ein positiver Umstand ist bis heute, daß aus den Ostblockstaaten nur wenige AIDS-Fälle berichtet werden. In russischen und ungarischen Studien wurden zwar schon lange jene ominösen „diskreten immunologischen Veränderungen" gerade in den klassischen Risikogruppen beobachtet, aber man schrieb sie auch dort anfangs anderen Faktoren zu. Inzwischen hat man jedoch auch in diesen Ländern schon AIDS-Fälle diagnostiziert, und es wird sehr wichtig sein zu sehen, ob hier gerade jene Patienten betroffen waren, die schon frühzeitig immunologische Störungen aufwiesen. Vieles spricht dafür, und damit werden solche Fälle auch in Abwesenheit positiver Testresultate zu einem bösen Omen. Diese Gedanken drängen sich auch angesichts ähnlicher Beobachtungen an heterosexuellen Partnern von Infizierten auf. Die kommenden Jahre werden Klarheit bringen, ob solche Bedenken berechtigt sind oder nicht.

10 Das AIDS-Virus

Daß AIDS eine Viruserkrankung ist, war zu Beginn nicht unumstritten. Es gab zahlreiche Theorien, die teils sogenannte „Popper" (sexuell stimulierende Amyl- oder Butylnitrate), teils die Herpes-Viren EBV, HSV, CMV, aber auch komplexe multifaktorielle Mechanismen, exotische Erreger wie das **ASFV** (African swine fever virus) und ähnliches mehr für AIDS verantwortlich machten, aber alle konnten bald abgeschrieben werden.

Anfang 1983 entdeckte die Forschergruppe um Luc Montagnier am Pariser Institut Pasteur im Lymphknoten eines LAS-Patienten ein Retrovirus (Barré-Sinoussi et al. 1983), das man verdächtigte, eine ursächliche Rolle sowohl für das LAS als auch für AIDS zu spielen (Montagnier, Chermann, Barré-Sinoussi et al. 1983). Andere Forscher weigerten sich zunächst, diesen Fund für relevant zu halten, sprachen von einer „Laborkontamina-

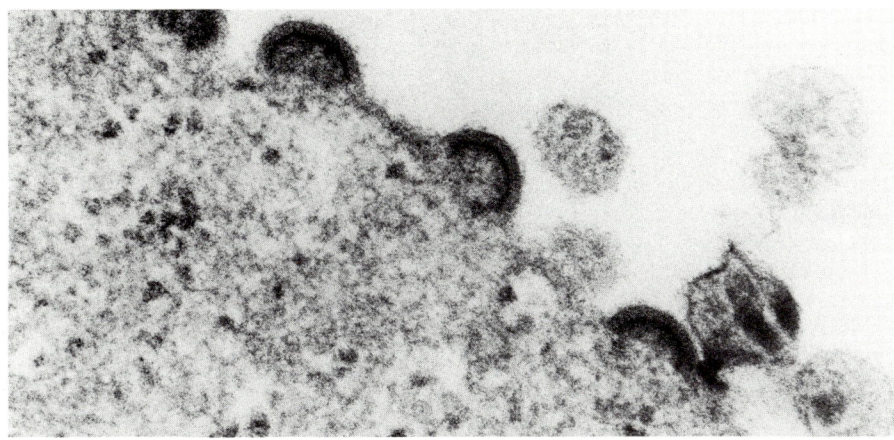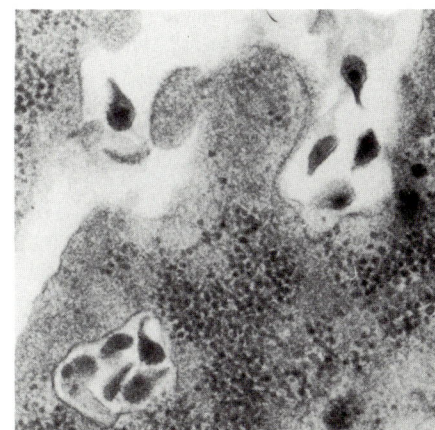

10.1 Das 1982/83 neuentdeckte menschliche Retrovirus LAV, links beim Budding (Abknospen), rechts mit durch die Präparation bedingten „Schwänzen" (Barré-Sinoussi, Montagnier et al. 1983).

10.2 Die Entdecker des AIDS-Virus (LAV), von links nach rechts: Jean-Claude Chermann, Françoise Barré-Sinoussi und Luc Montagnier, Institut Pasteur, Paris.

10.3 (unten) Vermeintliche Viruspartikel (Feremans et al. 1983), rechtes Bild: Zellorganellen, „multivesicular bodies" (Gardiner et al. 1983).

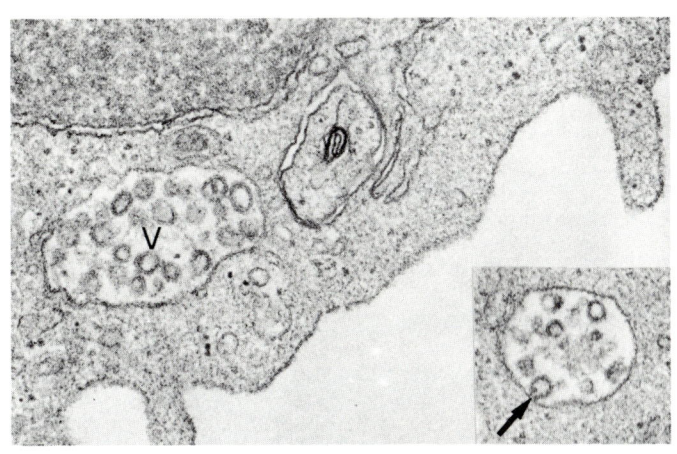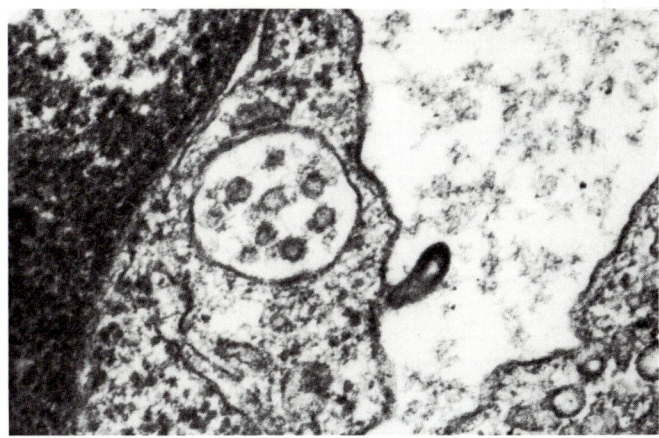

tion" und verneinten jeden Zusammenhang mit AIDS. Es war dies insbesondere die amerikanische Gruppe um Robert Gallo (Bethesda, USA), die ihren Verdacht und eine intensive Suche auf ein anderes Virus konzentriert hatte: auf das schon genannte **HTLV-I** (**h**uman **T**-cell **l**eukemia/lymphoma **v**irus, Typ **I**). Aber die Franzosen arbeiteten beharrlich weiter und konnten mit der Zeit ihre Auffassung immer besser begründen; im Endeffekt behielten sie recht.

Das in Paris entdeckte Virus (Abb. 10.1), das sich deutlich von den bis dahin bekannten Virustypen − auch von den bis dahin gefundenen menschlichen Retroviren − unterschied, erhielt den Namen **LAV** (**l**ymphadenopathy **a**ssociated **v**irus). Montagniers Gruppe konnte schon sehr bald zeigen, daß dieses humanpathogene Virus zwei Mitgliedern der Lentivirus-Familie zum Verwechseln ähnelte, nämlich dem **MVV** (**M**aedi/**V**isna **v**irus) und dem **EIAV** (**e**quine **i**nfectious **a**nemia **v**irus). Bald darauf glückte es den Pariser Wissenschaftlern erneut, ähnliche Viren zu isolieren, diesmal von AIDS-Patienten. Die neuen Isolate nannten sie **IDAV**-1 (**i**mmuno**d**eficiency **a**ssociated **v**irus), IDAV-2 usw., da

noch nicht ganz sicher war, ob es sich wirklich um dasselbe Virus handelte. Alle bis dahin isolierten Viren stammten ausschließlich von Zugehörigen der primären Risikogruppen mit AIDS-assoziierten Symptomen (Montagnier et al. 1983, Vilmer et al. 1984, Chermann et al. 1984). Als man kurz darauf beweisen konnte, daß die verschiedenen Isolate nur Varianten des gleichen Virus waren, gab man das Kürzel IDAV zugunsten der Bezeichnung LAV auf, die in zahlreichen Ländern akzeptiert wurde.

In der Zwischenzeit arbeitete die amerikanische Forschergruppe unter Leitung von Gallo weiter auf ihrem einmal eingeschlagenen Weg, ein anderes Virus als Ursache für AIDS verantwortlich zu machen. Es handelte sich dabei um das humane Retrovirus HTLV-I, das schon 1981/82 von japanischen Wissenschaftlern unter dem Namen **ATLV** (**a**dult **T**-cell-**l**eukemia **v**irus) als Ursache der dort seit 1977 bekannten endemischen Leukämieform ATL beschrieben worden war und das man auch mit ähnlichen, in der Karibik aufgetretenen Leukämieformen in Verbindung brachte. Gallos Gruppe hatte es HTLV (human T-cell leukemia/lymphoma virus) genannt. Eine etwas später entdeckte

Variante bezeichnete man als HTLV „Typ II", womit das schon beschriebene HTLV zum „Typ I" wurde. Seitdem existieren die Abkürzungen HTLV-I und HTLV-II für diese Vertreter der Onkovirusgruppe.

Im Juli 1983 wurden auch von einer belgischen Forschergruppe elektronenmikroskopische Bilder verdächtiger Viruspartikel in Zellen eines AIDS-Patienten veröffentlicht (Feremans et al. 1983; Abb. 10.3), doch erwiesen sich diese schließlich als vesikuläre, innerhalb von Zytoplasmavakuolen liegende Zellorganellen, als Komponenten der sogenannten „multivesikulären Körper" (**m**ulti**v**esicular **b**odies, **MVB**; Gardiner et al. 1983).

Im Laufe des Sommers 1983 entdeckte Abraham Karpas in Cambridge ebenfalls lentivirusartige Partikel und publizierte im Dezember desselben Jahres die ersten elektronenmikroskopischen Aufnahmen davon. Es war ihm gelungen, dieses Virus in eigenen Zellinien zu züchten und zu vermehren. Er nannte es **C-LAV** (**C**ambridge-**LAV**). Dieses Virusisolat (Abb. 10.4) existiert noch heute und dient als Ausgangsmaterial für den in Kapitel 8 beschriebenen IP-Test, auch Karpas-Test genannt.

Wahrscheinlich handelt es sich bei C-LAV um das gleiche Virus wie das von den französischen Forschern beschriebene LÄV bzw. IDAV; es hat allerdings einen etwas ausgeprägteren zytolytischen („zellzerstörenden") Effekt. Sein Genom ist bisher noch nicht analysiert.

Gallos Gruppe publizierte ein weiteres Jahr lang eine Reihe von Artikeln, in denen behauptet wurde, daß wirklich HTLV-I die Ursache von AIDS war. Es mißlang aber, Beweise für diese Hypothese zu erbringen (mehr darüber steht im Abschnitt über die Prioritätsstreitigkeiten), und deshalb rückte auch Gallo allmählich von ihr ab. Es war immer offensichtlicher geworden, daß die Franzosen von Anfang an recht gehabt hatten. Nach einer spektakulären Pressekonferenz am 28. April 1984 mit der Gesundheitsministerin der USA, auf der Gallo als Entdecker des AIDS verursachenden Erregers gefeiert wurde, publizierte Gallos Gruppe dann im Mai 1984 gleichzeitig mehrere Artikel, in denen ein „neuentdecktes" AIDS-Virus präsentiert wurde (Popovic et al. 1984-3, Gallo et al. 1984, Sarngadharan et al. 1984, Schüpbach et al. 1984-1); die Autoren beschrieben es als sehr nahe verwandt mit HTLV-I und -II und bezeichneten es deswe-

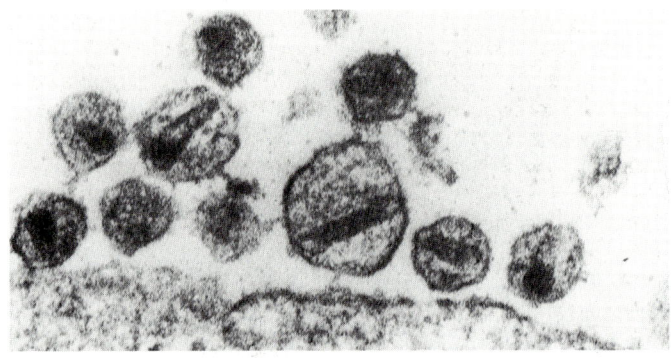

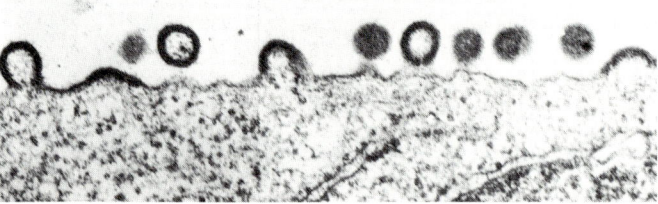

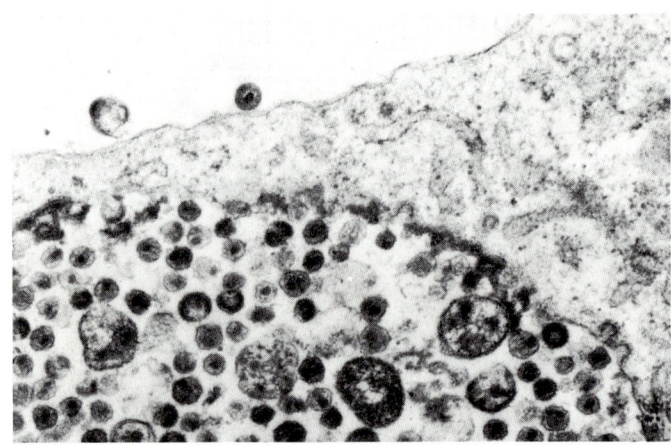

10.4 AIDS-Virus C-LAV in einer Zellkultur von einem britischen AIDS-Patienten in von unten nach oben zunehmender Vergrößerung und verschiedenen Reifestadien; in der Mitte von der Zellmembran knospend. Bei den reifen Partikeln (oben) sieht man die typischen tubulären und leicht exzentrischen Core-Strukturen, die sich klar von denen des HTLV-I und anderer Onkoviren unterscheiden (A Karpas, Dept. of Hematol. Med., Cambridge).

10.5 Diese fast künstlerisch inspirierten Bilder des LAV (HIV) wurden mittels elektronischer Farbcodierung im elektronenmikroskopischen Labor des Institut Pasteur erstellt (C Dauguet und P Picouet, Dept. de Virol., Institut Pasteur, Paris).

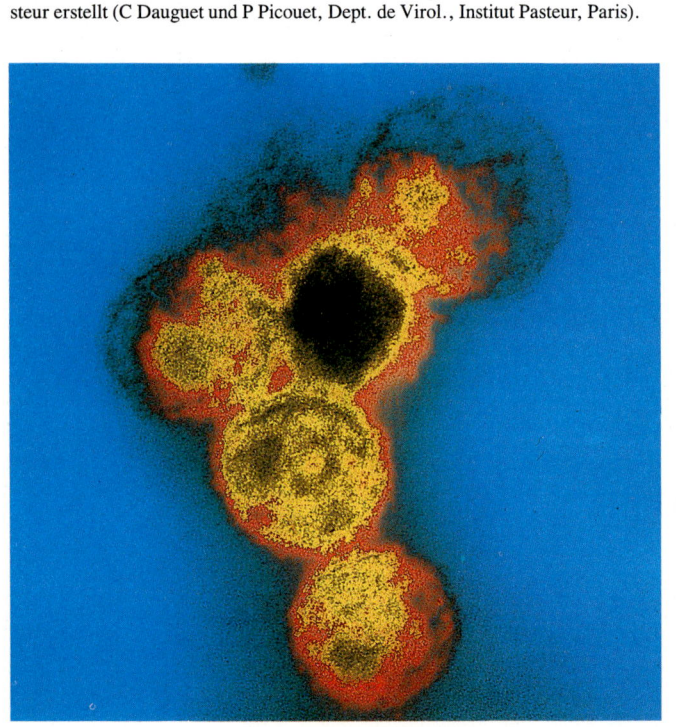

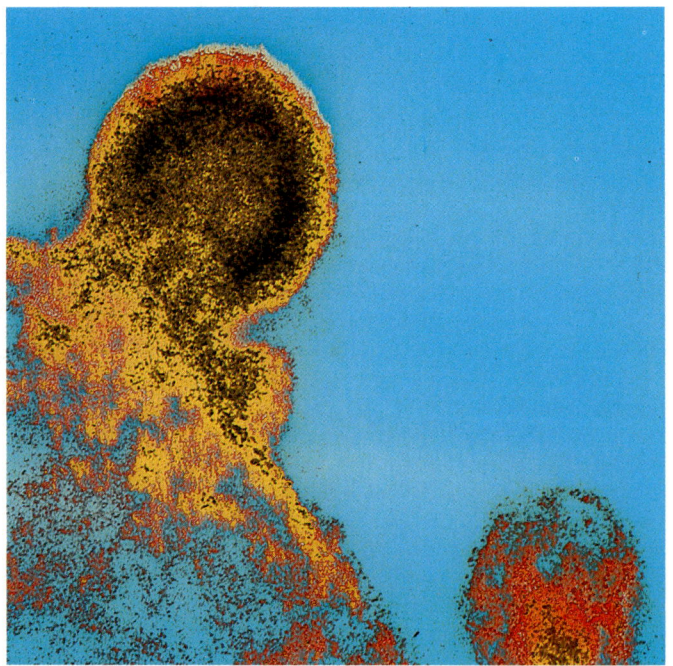

gen als **HTLV-III**. Obwohl ein Teil ihrer Untersuchungsergebnisse (Hybridisierungen) von anderen Forschern nicht bestätigt werden konnte, hielt man − wie der neue Name zeigt − an der Zugehörigkeit des Virus zu der HTLV-Familie fest. Die Bezeichnung HTLV-III bekam damit ausdrücklich eine klassifizierende Bedeutung. (Den Vereinbarungen des internationalen Komitees für die Virustaxonomie gemäß sollte man eigentlich HTLV-3 schreiben − wir sind lediglich, um Verwirrung zu vermeiden, hier der historischen, inkorrekten Schreibweise gefolgt.)

Schon Ende 1983 hatten auch Forscher in San Francisco (Jay Levy et al. 1984) das AIDS verursachende Virus entdeckt und isoliert; sie nannten es **ARV** (**A**IDS associated **r**etrovirus) − ein neutraler und vorsichtiger Name. Erst nachdem auch dieses Virus genauer untersucht und charakterisiert worden war, erfolgte im August 1984 eine Veröffentlichung.

Lange war unklar, welche Forschungsergebnisse sich hinsichtlich der Virusgenese als richtig erweisen würden, und so benutzte man schon frühzeitig die etwas umständliche Kombination LAV/HTLV-III. Daß vielerorts lange die Reihenfolge HTLV-III/LAV bevorzugt wurde, ist ein klarer Erfolg der Veröffentlichungspraxis Gallos.

Inzwischen sind die Gensequenzen der drei Virusisolate LAV, ARV und HTLV-III dechiffriert: Danach ist der Unterschied zwischen HTLV-I und LAV/HTLV-III sehr viel größer als zwischen LAV und anderen Lentiviren wie MVV und EIAV. Studien am viralen genetischen Material, Hybridisierungsversuche, elektronenmikroskopische morphologische Vergleiche, Proteinanalysen und die Bestimmung der Verwandtschaftsverhältnisse wichtiger viraler Genprodukte (wie der Reversen Transkriptase) haben mittlerweile klar erwiesen, daß auch die Annahme Montagniers und seiner Mitarbeiter, LAV gehöre zur Klasse der Lentiviren, richtig, Gallos Auffassung des HTLV-III als Mitglied der Klasse der humanen Leukämieviren (Onkoviren) hingegen falsch war. Ich will an dieser Stelle nur das folgende kurze Fazit ziehen: Es gab − bis sich eine internationale Kommission für die Virus-Taxonomie kürzlich auf die neue Bezeichnung **HIV** (**h**uman **i**mmunodeficiency **v**irus) einigte (Coffin et al. 1986) − **keinen triftigen Grund, nicht der Nomenklatur der Virusentdecker aus Paris zu folgen und das AIDS verursachende Virus LAV zu nennen.**

Nachdem nun vier voneinander unabhängige Forschergruppen das Virusgenom dechiffriert haben (Wain-Hobson et al. 1985, Ratner et al. 1985, Sanchez-Pescador et al. 1985, Muesing et al. 1985), kann man heute mit Sicherheit sagen, daß die schon erwähnten Virusisolate LAV, IDAV, HTLV-III, ARV sowie vermutlich auch das C-LAV aus Cambridge, die Isolate **AAV** (**A**IDS **a**ssociated **v**irus) aus Frankfurt (Rübsamen-Waigmann) und CDC-151 und CDC-451 aus Atlanta (Feorino) das gleiche Virus (HIV) repräsentieren; es weist allerdings eine verblüffende Heterogenität auf (mit einer in dem Abschnitt über Prioritätsstreitigkeiten beschriebenen bemerkenswerten Ausnahme).

Über die kausale Rolle dieses Virus für die Pathogenese von AIDS herrscht heute Einigkeit. HIV ist in Blut, Sperma, Schweiß, Liquor, Zervikalsekret, Urin, Speichel, Tränenflüssigkeit, Muttermilch, in verschiedenen Knochenmarkszellen, Lymphknoten, T-Lymphozyten, Makrophagen, im Thymus, in den Hoden und im Gehirn nachgewiesen worden. Es findet sich offenbar bei allen Patienten in den verschiedensten Stadien von AIDS und Pre-AIDS (wenn auch wohl in schwankenden Mengen) sowie bei ungezählten symptomlosen Infizierten mit sowohl positiver als auch negativer Serologie. Seine Rolle sowohl als **notwendige** als auch, mit geringerer Sicherheit, als **hinreichende** Ursache von AIDS ist heute sichergestellt.

HIV-ähnliche Viren bei Affen

Bei einigen in verschiedenen Primatenzentren in Gefangenschaft gehaltenen Affenarten wurden unabhängig voneinander Zeichen einer AIDS-ähnlichen Erkrankung beobachtet, die **SAIDS** genannt wird (simian **AIDS**). Bei dem Erreger von SAIDS handelt es sich ebenfalls um ein Retrovirus, das sich unter Affen in Gefangenschaft verhältnismäßig leicht zu verbreiten scheint. Der Verdacht, es könnte sich dabei um dasselbe Virus wie beim menschlichen AIDS handeln, ließ sich nicht bestätigen. Anfangs glaubte man, es mit dem bereits bekannten **MPMV** (**M**ason-**P**fizer **m**onkey **v**irus, Abb. 10.6) zu tun zu haben, doch allmählich wurde deutlich, daß es, obwohl mit dem MPM-Virus verwandt und wie dieses ein Typ-D-Retrovirus, klar von ihm zu unterscheiden war (Letvin et al. 1984). Man konnte es außer in Blutzellen und Gewebeproben auch im Urin und Speichel nachweisen, was zu der Schlußfolgerung Anlaß gab, „daß man dafür Sorge tragen sollte, infizierte Tiere nicht in Gemeinschaft mit gesunden zu halten" (Gravell et al. 1984).

Die Erkrankung SAIDS ist wissenschaftlich deshalb äußerst interessant, weil man in den USA quasi spontan aufgetretene Erkrankungsfälle in verschiedenen Primatenzentren beobachtet hat, ohne hierfür eine Erklärung zu finden. SAIDS kann außerdem in weiter Analogie als ein Tiermodell für AIDS dienen; es ist gelungen, SAIDS experimentell auf Rhesus-Affen zu übertragen, die daraufhin unterschiedliche Krankheitsbilder entwickelten: akut verlaufende Erkrankungen mit schnellem Tod, langsam progredierendes Siechtum mit späterem Tod und milde Erkrankung mit andauernden immunologischen Veränderungen, diskreten klinischen Symptomen und einer langen Überlebenszeit. Natürlich sind die Beobachtungszeiten noch sehr kurz, und daher ist die Aussagekraft begrenzt. Die Parallelen zu AIDS sind jedoch unübersehbar, wenngleich inzwischen noch andere, dem HIV viel näher stehende Viren bei Affen gefunden worden sind.

Einen ganz anderen Hintergrund haben die Versuche, das menschliche HIV auf Affen oder andere Tierarten zu übertragen. In einigen Fällen beobachtete man nach einigen Wochen bis Monaten einen Anstieg der Antikörpertiter. Während Paviane und Rhesus-Affen sich kaum infizieren ließen, konnte man bei Schimpansen immerhin eine bis zu acht Monaten andauernde Lymphadenopathie auslösen. Man hat auch zeigen können, daß sich die Infektion mittels Hirngewebe von AIDS-Patienten übertragen läßt. Daß nur Schimpansen (und neuerdings auch Gibbons) für das menschliche AIDS-Virus empfänglich zu sein scheinen, ist insbesondere wegen der hohen Anschaffungs- und Haltungskosten sowie der Probleme bei der Aufzucht dieser Tie-

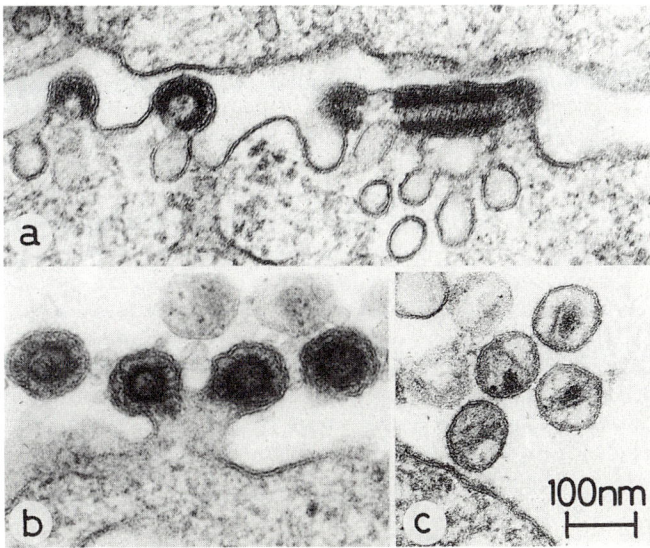

10.6 MPMV, ein Retrovirus des D-Typs, sowohl knospende als auch reife Partikel (H Gelderblom, Robert-Koch-Institut, Berlin).

re ein ernsthaftes Hemmnis für die Impfstoff-Forschung. In allen Primatenzentren der Welt gibt es nur noch etwa 700 Schimpansen, die außerdem zum Teil schon mit anderen Viren infiziert worden sind. Man hofft deshalb inständig, andere für HIV empfängliche Tiere zu finden.

Bisher waren diese Versuche nicht von Erfolg gekrönt. Man hat mit Mäusen, Ratten, Meerschweinchen, Hamstern und zahlreichen anderen Tieren experimentiert, konnte jedoch nur bei Mäusen Teilerfolge verzeichnen. Die Mäuse entwickelten Infektionen, bösartige Tumoren, nahmen an Gewicht ab und zeigten immunologische Defekte sowie eine generell gesteigerte Sterblichkeit. Merkwürdigerweise starben auch 36% der Hamster als Folge veränderter Verhaltensweisen („bad mothering", schlechte Brutpflege), was den Verdacht auf einen direkten Effekt des Virus auf die Hirnzellen aufkommen läßt. Die Tatsache, daß diese Übertragungsversuche entmutigend ausgefallen sind, spricht für eine ausgeprägte Rezeptorspezifizität des Virus. (Daß der Mensch im Hinblick auf seine Gewebeeigenschaften den Mäusen nahesteht, ist ein, wenn auch vielleicht ernüchterndes, so doch seit langem bekanntes Faktum. Damit können auch so verblüffende Beobachtungen zusammenhängen wie die, daß das menschliche endogene Retrovirus erv-1 eine Strukturhomologie zum Mäuseleukämievirus **MuLV** (**mu**rine **l**eukemia **v**irus) zeigt.)

An insgesamt fünf verschiedenen Forschungszentren ist es gelungen, von Affen typische Lentiviren zu isolieren. Ein solches Virus wurde erstmals in Desrosiers Laboratorium am Primatenzentrum in Southborough gefunden und beschrieben, **STLV-III** (**s**imian **T**-cell **l**ymphotropic **v**irus) genannt (Daniel et al. 1985; siehe die Abbildungen 10.7 und 10.8). Man hatte es von drei an einem Immundefekt bzw. einem Lymphom erkrankten Makaken (Rhesusaffen) isoliert. Es ist offensichtlich recht virulent und sieht dem HIV zum Verwechseln ähnlich. In jüngster Vergangenheit durchgeführte Hybridisierungsversuche zeigen jedoch eine so geringe genetische Homologie, daß die große morphologische Ähnlichkeit vorsichtig gedeutet werden muß (Munn et al. 1985, Haase 1986).

Die Nomenklatur wird hier kompliziert. Die für das in Makaken (*Macaca mulatta*) gefundene Virus anfangs gewählte Bezeichnung MTLV-III ist durch STLV-III-mac ersetzt worden; ein anderes Isolat von gesunden, auch freilebenden Affen wurde als STLV-III-**agm** (**a**frican **g**reen **m**onkey, Grüne Meerkatze, *Cercopithecus aethiops*) bezeichnet (Kanki et al. 1985) und stellt möglicherweise eine Laborkontamination dar (Kornfeld et al. 1987). Nach den neuesten Vorschlägen des Taxonomie-Komitees sollte man jetzt von **SIV** (**s**imian **i**mmunodeficiency **v**irus) sprechen (Coffin et al. 1986) und die verschiedenen Varianten als SIV_{mac}, SIV_{rhe}, SIV_{agm}, SIV_{smm}, SIV_{stm} etc. bezeichnen.

Warum bestimmte Affenarten erkranken, andere nicht, ist noch nicht geklärt. Vielleicht haben sich manche Rassen schon so lange mit dem Virus auseinandersetzen müssen, daß der Selektionsdruck eine gewisse Anpassung bewirkt hat. Das hieße, daß diese Affen „ihre AIDS-Epidemie" schon in der Vergangenheit durchgemacht haben könnten und daß wir heute nur die Nachkommen der damals Überlebenden sehen.

Nach Daniel et al. haben auch Forscher des Yerks Primate Center in Atlanta das SIV isoliert, und zwar von „sooty mangabeys" oder Halsband-Mangaben (*Cercocebus atys/torquatus*). Später kamen weitere Isolate hinzu, unter anderem vom „stumptailed macaque" oder Bärenmakak, *Macaca arctoides*, vom Javaneraffen, *M. fascicularis* (Desrosiers et al., Wash.-Konf. F.7.3), sowie vom Schweinsaffen, *M. nemestrina* (daher MnIV genannt; Morton et al., Wash.-Konf. MP. 15). Interessant ist hierbei, wie weit verbreitet Lentiviren bei Primaten schon sind, ohne daß wir bisher auf sie gestoßen wären oder eine genaue Vorstellung von dem Verbreitungsmodus hätten. Selbst der Bärenpavian (*Papio ursinus*) wird als Träger einer SIV-Variante genannt.

In Abhängigkeit von den Ergebnissen der noch bevorstehenden Nucleotidsequenzanalysen werden sich die Verwandt-

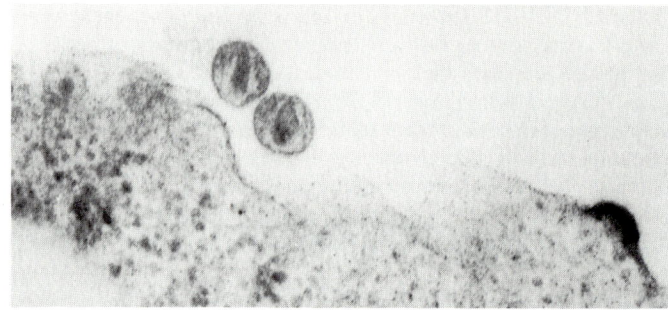

10.7 STLV-III, heute SIV_{mac}, ein knospendes und zwei reife Partikel; typische Lentivirusmorphologie (M Daniel, New England Regional Primate Research Center, Southborough, Massachusetts).

10.8 M. D. Daniel (Harvard Medical School, New England Regional Primate Research Center, Southborough, Massachusetts), der Entdecker des SIV.

10.9 Die afrikanische „Grüne Meerkatze" („green monkey") *Cercopithecus aethiops*, die in Zentralafrika in engem Kontakt mit den Menschen lebt (Copyright Bildarchiv Okapia).

schaftsverhältnisse zwischen SIV/STLV-III und HIV/LAV klären lassen. Das ist insbesondere für die Beantwortung der Frage wichtig, ob diese Viren möglicherweise in jüngerer Vergangenheit die Artgrenze zwischen Affen und Menschen überschritten haben könnten. Die Tatsache, daß im zentralen Afrika gerade die Grünen Meerkatzen (Abb. 10.9) sehr zahlreich sind, legt diesen

Gedanken nahe. Die Affen halten sich in Müllhaufen um die Dörfer herum auf, werden — obwohl sie kratzen und beißen — häufig von den Kindern eingefangen und auch als Haustiere gehalten. (Auch Verletzungen beim Schlachten der Tiere sowie die schon erwähnte Verwendung von Affenblut als Potenzmittel kommen in Frage; darüber hinaus gibt es in jener Gegend reichlich blutsaugende Insekten, die bei der Übertragung einer ganzen Reihe anderer Krankheiten eine Rolle spielen.)

Eine neuere, noch nicht ausreichend beurteilbare Beobachtung ist das bei gewissen venezolanischen Indianerstämmen nachgewiesene Vorkommen von Antikörpern, die den gegen HIV gerichteten ähneln. Dies überrascht nicht, wenn man bedenkt, wie intensiv der Kontakt zwischen Affen und Menschen in tropischen Gebieten sein kann.

Bei einem Indianerstamm Kanadas wurde kürzlich eine tödlich verlaufende neurologische Erkrankung bei Kindern beobachtet, die sich beim Test auf HIV-Antikörper als seropositiv erwiesen (Tsoukas et al., Paris-Konf. p-269). Uns scheinen hier noch viele neue Entdeckungen bevorzustehen.

Es sieht insgesamt immer mehr danach aus, als hätten wir es nicht mit einem einzigen, wohl definierten Lentivirus zu tun, sondern mit einem ganzen Fächer veränderlicher Varianten. Dies entspricht dem Bild, das man auch von den Lentiviren bei Schafen und Ziegen verschiedener Erdteile gewonnen hat.

Daß Viren bezüglich ihrer Wirtsspezies Artgrenzen überschreiten, scheint nicht ganz ungewöhnlich und in Afrika in jüngster Vergangenheit mehrfach vorgekommen zu sein (ASF, „African swine fever", Marburg-Krankheit, Ebola- und Lassa-Fieber); man beobachtete dabei häufig eine deutliche Steigerung der Virulenz. Diese könnte sich sowohl aus der mangelnden „Anpassung durch Selektion" der neuen Wirtsspezies, insbesondere der noch nicht erfolgten Entwicklung wirksamer immunologischer Abwehrmaßnahmen bei den betroffenen Individuen dieser Art, ergeben als auch aus einer kompetitiven Selektion der virulentesten Virusvarianten nach wiederholten „Wirtspassagen".

Der — biologisch gesehen — neutrale Ausdruck „Apassung durch Selektion" besagt in diesem Zusammenhang, daß ein neuartiger Krankheitserreger gewöhnlich zunächst einmal eine „Epidemie" innerhalb der betroffenen Spezies heraufbeschwört. So kam es zu den großen Epidemien in der Menschheitsgeschichte — Pest, Cholera, Typhus, Pocken —, bei denen sich jener „rücksichtslose" Zug der Natur in unsäglichem Leiden und furchtbaren Verlusten an Menschenleben niederschlug. Doch nicht nur diese gefürchteten Krankheiten haben ihren Tribut gefordert, sondern auch so banal erscheinende Infektionen wie Grippe, Masern und Scharlach, die — als sie das erste Mal auftauchten — alles andere als banal waren. Die Eskimos beispielsweise wurden fast von der Tuberkulose ausgerottet, die Indianer von den Masern. Die Syphilis verursachenden Spirochäten waren in Amerika fast endemisch verbreitet und wurden dort wenig beachtet — in Europa hingegen haben sie ganze Armeen ausgeschaltet, Kriege beendet und noch bis in die jüngere Vergangenheit Opfer gefordert.

Die „Banalität" manch einer Infektionskrankheit von heute kann das Resultat verheerender Epidemien in der Vergangenheit sein — das Ergebnis von Anpassung durch Auswahl; so mag in der Geschichte jede infektiöse Krankheit ihre eigene Schreckensperiode gehabt haben. Es ist zu hoffen, daß die Menschheit auch einmal so auf die AIDS-Epidemie wird zurückschauen können. Nur hilft uns dies heute noch wenig.

Die Entdeckung von HIV-ähnlichen Viren in Affen konnte den Eingeweihten kaum überraschen. Man hatte in den letzten Jahren (Komuro, Watanabe et al. 1984, Hunsmann et al. 1984) schon ein Affenvirus gefunden, das in Analogie zum HTLV-I den Namen STLV-I erhielt. Auch hier gibt es große morphologische Ähnlichkeiten zum HTLV-I und eine weniger ausgeprägte genetische Homologie. Die im Moment dominierende Ansicht ist, daß die Existenz gemeinsamer Vorläufer schon Hunderte,

vielleicht schon Tausende von Jahren zurückliegt (Komuro et al. 1984; dieser Meinung sind auch andere japanische Wissenschaftler, so Tajima, der führende ATL-Epidemiologe Japans, Miyoshi, der 1979 die ATLV-Zellinie MT-1 etablierte, Seiki, der schon 1983 das ATLV-Genom dechiffrierte, Watanabe, der 1983 die genetische Identität von HTLV-I und ATLV nachwies, und Yoshida, der 1982 das ATLV isoliert hatte und später dessen kausale Rolle für die T-Zell-Leukämie ATL bewies).

Es gibt noch weitere für Tiere pathogene Retroviren, die bösartige Erkrankungen und Tumoren sowie Defekte im Immunsystem hervorrufen, so zum Beispiel **FeLV** (**f**eline **l**eukemia **v**irus) und **BLV** (**b**ovine **l**eukemia **v**irus). Eine gewisse Variante des FeLV (genannt FeLV$_{FAIDS}$) ruft bei Katzen ein Immundefektsyndrom hervor (nicht zu verwechseln mit dem durch das Lentivirus FTLV verursachten, noch AIDS-ähnlicherem Bild). BLV verursacht bei Kühen maligne B-Zell-, bei Schafen maligne T-Zell-Erkrankungen, bei Kaninchen hingegen ein AIDS-ähnliches Krankheitsbild. Diese wissenschaftlich sehr faszinierenden Beobachtungen regen zum Nachdenken über die Rezeptor- und Artspezifität von Viren sowie über ihre komplizierte Rolle für die Entstehung bösartiger Erkrankungen der verschiedensten Organsysteme an.

Der virale Lebenszyklus

Das AIDS-Virus wird für geraume Zeit das bedeutendste Gesundheitsproblem der Menschheit bleiben, vermutlich bis weit in das kommende Jahrhundert hinein. In den Großstädten der USA beginnt diese Krankheit bereits Forschung und Lehre und alle Bereiche des öffentlichen Lebens zu berühren. AIDS wird in unserer Zeit für die Gesundheit der Menschen eine ähnlich bedrohliche Rolle übernehmen, wie sie die Tuberkulose im vorigen Jahrhundert gespielt hat, vergleichbar auch anderen Krankheiten wie Syphilis, Pocken, Cholera, Lepra, Malaria oder Pest, die frühere Jahrhunderte geprägt haben. In der Retrospektive erscheinen alle diese Perioden kurz und nur vorübergehend von Bedeutung. Aber erst, wenn sie überstanden sind, kann das so aussehen. Ein Blick in Bücher wie Barbara Tuchmans „Der ferne Spiegel", William McNeills „Die großen Epidemien" oder vor allem in Stefan Winkles ungezählte medizinhistorische Arbeiten wird diesen Eindruck rasch korrigieren und kann allen Interessierten sehr empfohlen werden (siehe auch Kapitel 17).

AIDS wird sich als ein unvermutet zähes und langwieriges medizinisches und soziales Problem erweisen. Für unangenehme Überraschungen sorgt auch die praktische, die quantitative Seite des Problems, wie jeder bezeugen kann, der mit den desperaten Therapieversuchen an AIDS-Patienten zu tun hat. Selbst wenn wir schon morgen ein effektives Heilmittel hätten, würden noch Jahrzehnte lang Millionen neuer Patienten auftauchen, die einer Therapie bedürfen; diese müßte unter Umständen lebenslang aufrechterhalten und eventuell sogar auf die kommende Generation ausgedehnt werden.

Aus diesen Gründen ist es angebracht, das AIDS-Virus (HIV) wirklich richtig kennenzulernen. Ein solches Wissen kann uns noch auf lange Sicht helfen, das Geschehen besser zu verstehen. Über einen tödlichen Feind, den man zu bekämpfen beabsichtigt, sollte man alles wissen: seine Gewohnheiten und Unsitten, seine Stärken und seine Schwächen, seine Besonderheiten und Vorlieben und jedes scheinbar unwichtige Detail, das unvermutet nützlich werden und einen überraschenden Angriffspunkt anzeigen kann. Gerade die künftigen Diskussionen über Therapie, Prophylaxe und Impfmöglichkeiten werden ständig von Dingen handeln, die man ohne genaue Kenntnis des HIV nicht beurteilen kann. Man riskiert sonst, allen zukünftigen Sensationsberichten über „große Durchbrüche", „Wundermedizinen" oder „die endgültige Lösung des AIDS-Rätsels" hilflos gegenüberzustehen. Derartige Zeitungsmeldungen — gewöhnlich unvollständig oder

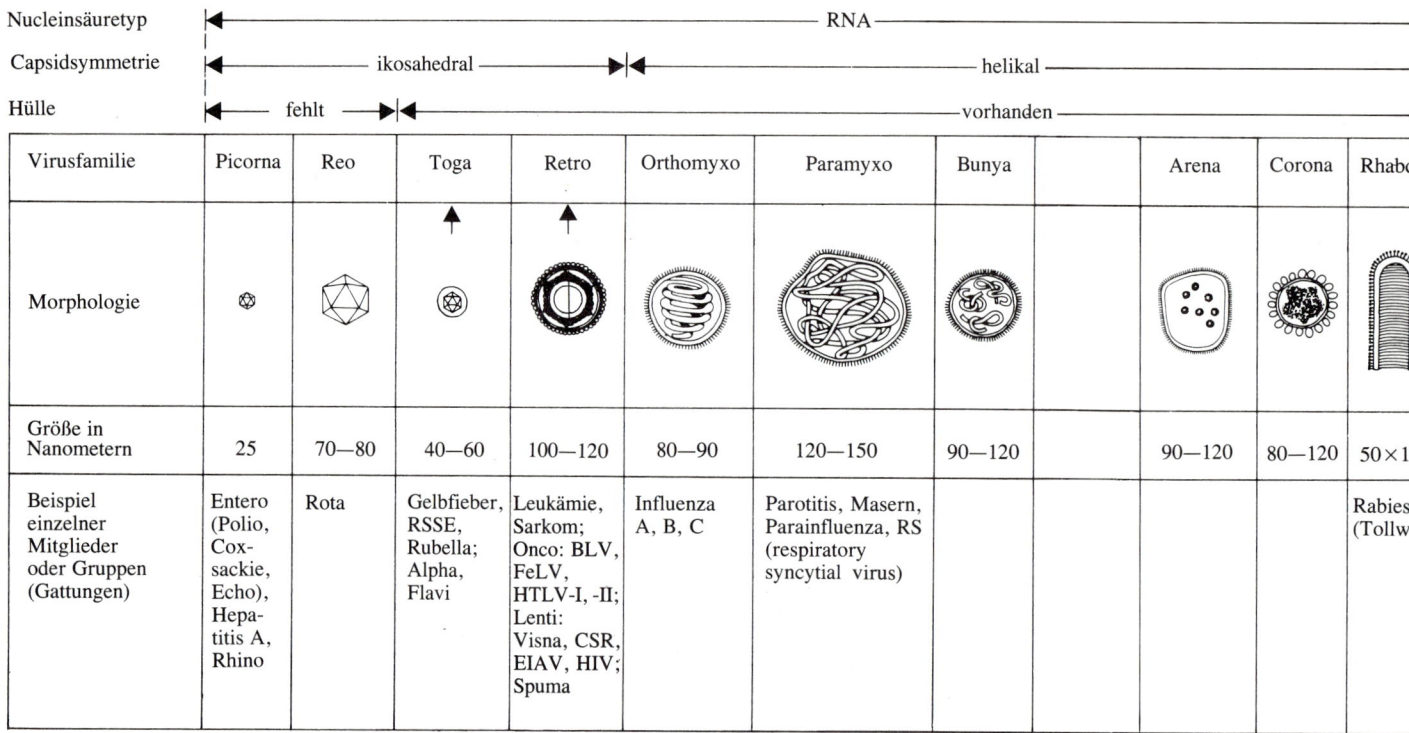

				Nucleinsäuretyp ⟶ RNA						
				Capsidsymmetrie ⟵ ikosahedral ⟶⟵ helikal						
				Hülle ⟵ fehlt ⟶⟵ vorhanden						
Virusfamilie	Picorna	Reo	Toga	Retro	Orthomyxo	Paramyxo	Bunya	Arena	Corona	Rhabo
Morphologie										
Größe in Nanometern	25	70—80	40—60	100—120	80—90	120—150	90—120	90—120	80—120	50×1
Beispiel einzelner Mitglieder oder Gruppen (Gattungen)	Entero (Polio, Cox-sackie, Echo), Hepa-titis A, Rhino	Rota	Gelbfieber, RSSE, Rubella; Alpha, Flavi	Leukämie, Sarkom; Onco: BLV, FeLV, HTLV-I, -II; Lenti: Visna, CSR, EIAV, HIV; Spuma	Influenza A, B, C	Parotitis, Masern, Parainfluenza, RS (respiratory syncytial virus)				Rabies (Tollw

mißverstanden, zumindest irreführend — erscheinen schon heute täglich in der Sensationspresse. Einzelne Äußerungen von Wissenschaftlern werden aus dem Zusammenhang gerissen und aufgebauscht, kleine Fortschritte als Triumphe der Wissenschaft gefeiert.

Da man sowohl mit positiven als auch mit negativen Sensationen das Interesse der Leser wecken kann, sehen sowohl die Kassandras als auch die Heureka-Rufer ihre Chance. Uns steht ein kalt-heißes Wechselbad von Alarmmeldungen und Entwarnungen bevor, solange man AIDS gegenüber ohnmächtig ist. Daß die Vermittlung von neuen Zusammenhängen in Form einer gründlichen und wissenschaftlich fundierten Information für die öffentlichen Medien und die Allgemeinheit zu spröde, zu wenig „griffig" ist, liegt in der Natur der Sache. Wer sich jedoch gegen die kommende Flut von Berichten, ob wahr, halbwahr oder unwahr, wappnen will, kann die neuen auf dem Gebiet der Virolo-

10.10 Produktion einer Aminosäurekette (eines Proteins) auf der Basis der mRNA-Information (aus: Lewontin 1986, Copyright Spektrum der Wissenschaft, Heidelberg).

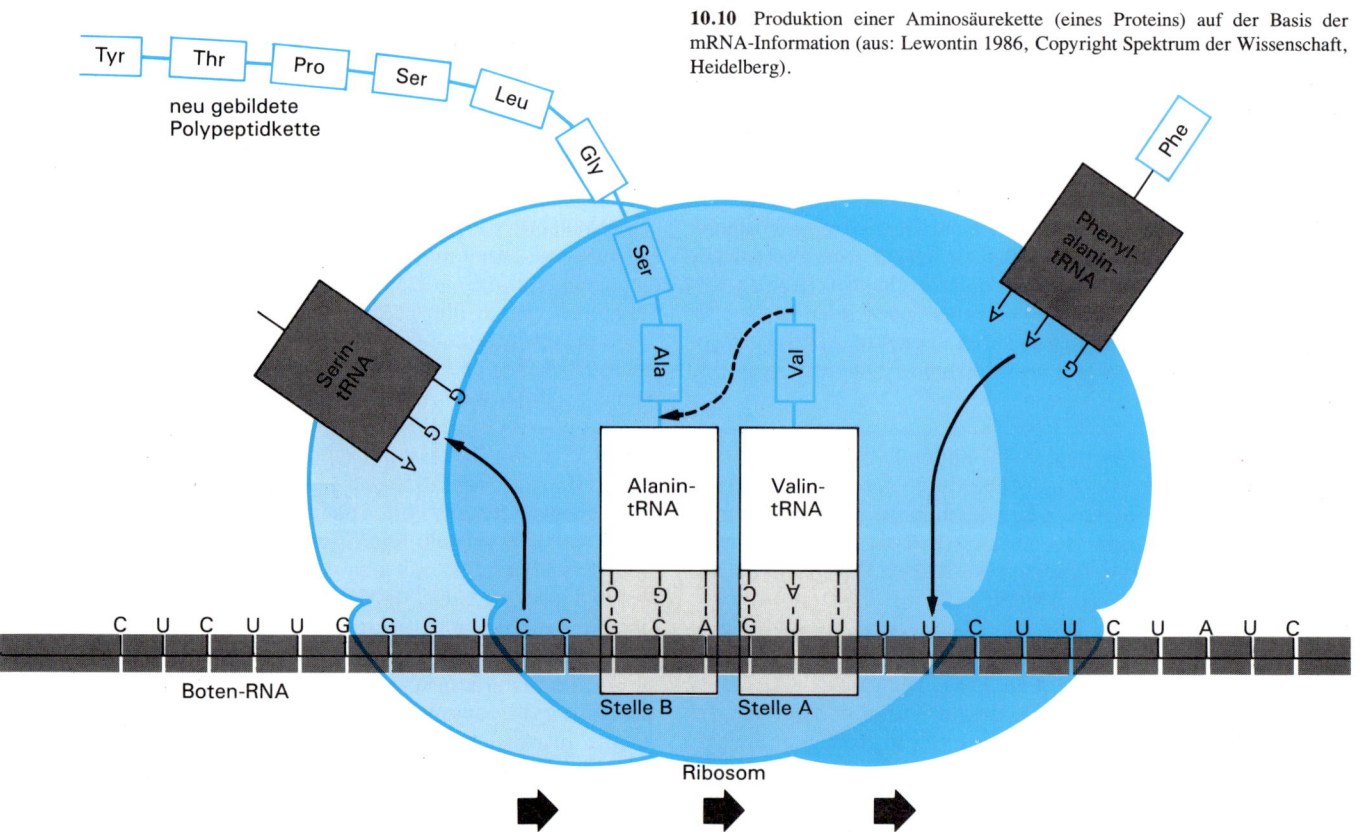

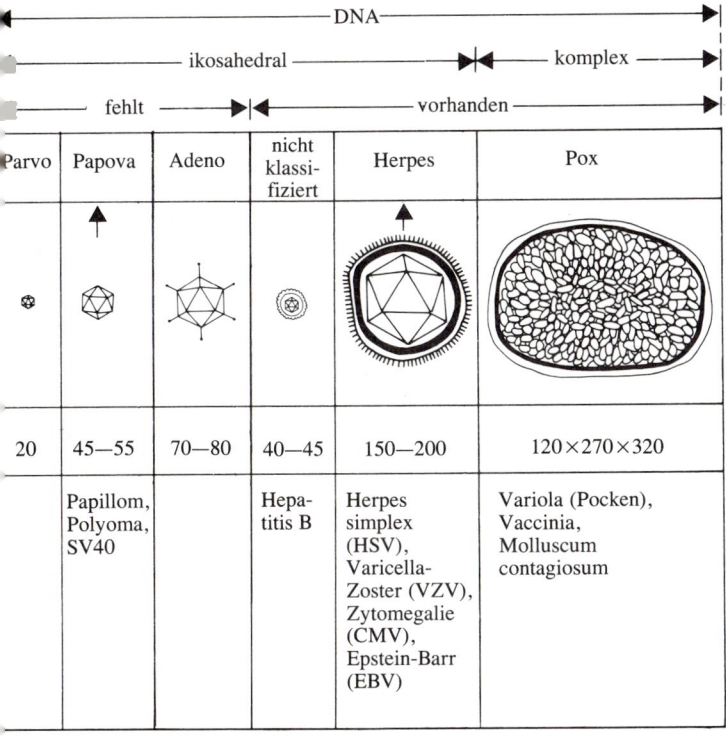

Parvo	Papova	Adeno	nicht klassi- fiziert	Herpes	Pox
20	45—55	70—80	40—45	150—200	120×270×320
	Papillom, Polyoma, SV40		Hepa- titis B	Herpes simplex (HSV), Varicella- Zoster (VZV), Zytomegalie (CMV), Epstein-Barr (EBV)	Variola (Pocken), Vaccinia, Molluscum contagiosum

Tabelle 10.1 Klassifikation der Viren (aus: Lycke und Norrby 1981). Mit Pfeilen sind jene Virusgruppen hervorgehoben, die im Zusammenhang mit AIDS besonders erwähnt werden: die Herpes-Viren (HSV-1 und -2, VZV, CMV, EBV), die Papova-Viren (wichtig für die progressive multifokale Leukoenzephalopathie, PML), die Toga-Viren (die mit den Alpha- und Flavi-Viren Dutzende von Arten umfassen, die durch Insekten verbreitet werden) und insbesondere die Retroviren.

es fast immer mit einer EBV-Infektion verknüpft und daß das EBV auch stets in den Tumorzellen, auch in integrierter Form, nachweisbar ist. Vermutlich liegt hierin die onkogene (krebserzeugende) Potenz dieser Viren begründet. Man vermutet heute (der Beweis steht jedoch noch aus), daß das CMV oder ein noch unbekanntes Virus für das Kaposi-Sarkom (KS) eine ähnliche Rolle spielt wie das EBV für das Burkitt-Lymphom. Die meisten RNA-Viren haben keine Integrationsmöglichkeit, einzig die Klasse der Retroviren ist mit Enzymen ausgestattet, die diesen Mangel ausgleichen.

Alle Viren besitzen um ihr zentrales Genmaterial herum noch eine gewisse „Zusatzausrüstung" aus Proteinen, Glykoproteinen und Lipiden, die in ihrer Struktur sehr stark variieren. Die genetische Information des jeweiligen Virus stellt die arttypische Zusammensetzung dieser Hülle und damit ihre spezifischen Eigenschaften sicher. Die „Aufgaben" der Hüll- und anderen viralen Substanzen sollen aus folgenden Gründen außergewöhnlich detailliert beschrieben werden:

— Für die meisten beschriebenen viralen Funktionen existiert jeweils ein spezifisches biochemisches Äquivalent in Form eines Proteins sowie ein für dessen Synthese verantwortlicher Genabschnitt. Wir werden diesen Elementen unter Abkürzungen wie gag, pol, env, tat, art, lor, sor, orf oder pX immer wieder begegnen. Ohne eine detaillierte Beschreibung würden wir die Rolle der genetischen Information im Virusgenom kaum verstehen.

— Vielfach gibt es auch morphologische Äquivalente, denn die Substrate all dieser Funktionen müssen sich ja irgendwo befinden, Platz einnehmen, Strukturen schaffen.

— Die viralen Proteine treten außerdem als antigenes Material auf; in diesem Zusammenhang werden sie nach ihren Molekulargewichten in Kilo-Dalton benannt (ein Protein mit einem Molekulargewicht von 25 000 Dalton also als „p25" bzw. ein Glykoprotein als „gp25"). Diese Proteine spielen eine Rolle für jede Art von Tests, die antigenes Material nachweisen.

— Teilweise induzieren solche antigenen Substanzen die Bildung spezifischer Antikörper. Diese Antikörper sind es, welche die meisten augenblicklich verfügbaren Testverfahren erfassen.

— Schließlich kann man — und das ist das Entscheidende — ohne diese Vorkenntnisse kaum erklären, wie und wo man mit verschiedenen antiviralen Mitteln in den Lebenszyklus dieses Virus störend eingreifen kann — sei es nun durch Hemmung der Reversen Transkriptase oder des Transaktivationsproteins, durch Blockade der für den Zelltropismus entscheidenden Membranproteine oder Rezeptoren oder durch anderweitige Unterbindung der Virusreplikation.

Jeder Teilschritt im Lebenszyklus des Virus kann gestört werden. Deswegen ist theoretisch auch **jeder** Schritt ein **denkbarer** Ansatzpunkt für irgendeine Form von therapeutischem Eingriff. Wir sind jedoch noch weit davon entfernt, für alle diese Schritte ein entsprechendes Konzept zu haben. In der Praxis ist es schwer, die einzelnen Substanzen oder Funktionen spezifisch zu attackieren, da sie oft den normalen Molekülen oder Prozessen unseres eigenen Zellstoffwechsels zu sehr ähneln. Auch für das Verständnis von behaupteten oder wirklichen Wirkungen von Arzneimitteln ist die detaillierte Kenntnis des viralen Lebenszyklus unentbehrlich; vielleicht lassen sich sogar mögliche zukünftige Therapie-Entwicklungen vorwegnehmen.

Es ist nicht sehr wahrscheinlich, daß es Eiweißprodukte in dem bescheidenen „Stoffwechsel" dieser Viren gibt, die keine Funktion haben. Auch wird es wenig Genabschnitte geben, die kein Produkt bilden, und definitiv kann es kein Produkt geben,

gie gewonnenen Erkenntnisse nicht außer acht lassen. Es mag dabei ein Trost sein, daß das Thema zwar kompliziert, aber definitiv nicht langweilig ist. Zur Orientierung sei zunächst eine Übersicht über die heute bekannten Viren und deren Klassifikation gegeben (Tabelle 10.1).

Alle Viren lassen sich in zwei große Gruppen einteilen — je nachdem, ob ihre Erbinformation aus **D**esoxyribonukleinsäure (**DNS**) oder aus **R**ibonukleinsäure (**RNS**) aufgebaut ist. (Der internationalen Nomenklatur folgend, werden wir im weiteren Text die englischen Abkürzungen **DNA** und **RNA** benutzen; das **A** steht für „acid", Säure).

Die DNA ist auch in menschlichen Zellen der Träger der genetischen Information, die hier in den Chromosomen vorliegt. Die RNA wird von der DNA enzymatisch „abkopiert" und spielt in der Zelle in Form der „Boten"- oder „**m**essenger"-RNA (**mRNA**) sowie der **T**ransfer-RNA (**tRNA**) eine wichtige Rolle bei der Proteinsynthese. DNA und RNA ähneln einander so sehr, daß sie wie die beiden Seiten eines Reißverschlusses aneinandergekoppelt werden können. Auf diese Weise wird Information zwischen den verschiedenen Ebenen des Zellstoffwechsels in Form von Kopien weitergegeben. Insbesondere die gesamte Proteinproduktion (das Zusammenfügen von Aminosäuren zu Eiweißen) wird so gesteuert; diesen Prozeß kann man als eine automatische serielle Verknüpfung beschreiben, die entlang eines Programmstreifens mit der Information über die jeweilige Reihenfolge abläuft. Dabei weisen die jeweils zueinander gehörenden Teile eine strukturelle Komplementarität auf — wie ein Schlüssel zum Schloß. So wie das Bartprofil eines Schlüssels nur in ein bestimmtes Schloßkolbenprofil paßt, so gehört zu jedem DNA-Element ein bestimmtes RNA-Pendant, und in den RNA-Strängen wiederum gehört immer ein Triplett (drei nebeneinanderstehende Nucleotide) zu einer bestimmten Aminosäure; deren Aufreihung ist also durch die vorgegebene genetische Nucleotidsequenz bestimmt (Abb. 10.10).

Ob ein Virus aus DNA oder RNA besteht, ist entscheidend für die Frage, ob sich die Erbanlagen des Virus (das sogenannte „Virusgenom") direkt in die Chromosomen einer Wirtszelle integrieren können oder nicht. Die DNA-Viren der Herpes-Gruppe können dies, und vom Burkitt-Lymphom (BL) weiß man, daß hinter dessen Existenz nicht ein bestimmter Genabschnitt steht. Das „Leben" eines Virus ist geprägt von äußerster Rationalisierung, einer durch harten Überlebenskampf auf die Spitze getriebenen Anpassung und Selektion, die das Genmaterial nach Millionen von Versuchen in der bewährtesten, auf das Notwendigste konzentrierten Form sich hat durchsetzen lassen. Alles Vorhandene spielt eine Rolle, und alles, was eine Rolle spielt, ist irgendwo lokalisierbar. Dies sind die Gesetze in jener Welt der kleinsten Organismen, die unaufhörlich ihren Platz in der Biomasse behaupten und sich in ständig wechselnden Situationen bewähren müssen.

In der Regel beschreibt man Viren als sehr kleine und primitive Gebilde, kaum vergleichbar mit Bakterien und einzelligen Lebewesen. Das Wissen über sie ist erst in den letzten Jahrzehnten rapide angewachsen. Man vermutete lange, sie könnten ohne jeden eigenen Stoffwechsel still verharren und sozusagen „unvergiftbar" sein durch jede Form von Antibiotikum. Sie galten als eine Art zu kristallinen Strukturen erstarrten Genmaterials mit ein wenig Proteinsubstanz, die Trockenheit, tiefe Temperaturen sowie einen Mangel an Substraten zur Vermehrung beliebig lange ertragen könnten. Man hatte, ehe das Elektronenmikroskop uns diese Welt der kleinsten lebenden Partikel erschloß, eine wenig konkrete Vorstellung von den Viren.

Dieses Bild soll im folgenden modifiziert werden. Obwohl die Organisation der Viren verhältnismäßig einfach und ihre genetische Substanz äußerst begrenzt ist (das längste Retrovirusgenom hat nicht mehr als ca. 9800 Nucleotide gegenüber den ca. 2 000 000 eines Bakteriums, ganz zu schweigen von menschlichen Chromosomen), haben sie sich doch auf ihre Weise zur Vollkommenheit entwickelt. Gerade eine geringe Größe kann von Vorteil sein, wenn es darum geht, sich in großer Menge zu vermehren, und die Einfachheit kann zur Stärke werden, wenn es darauf ankommt, sich rasch zu ändern, sich verschiedenen Milieus anzupassen oder sich wechselweise mit anderen Viren oder Teilen von ihnen zu verbinden. Dies bedeutet große Überschüsse an Nachkommen und eine große Toleranz gegenüber Mißerfolgen. Was macht es, wenn 10 Milliarden Viren untergehen — 10 Millionen werden überleben. Was macht es, wenn 100 Varianten als untauglich, von der Natur „eingestampft", verschwinden — 10 können überleben. Die dadurch gebotene Chance zur Anpassung scheint diese Virusgruppe maximal genutzt zu haben. Damit sehen wir uns nun konfrontiert.

Die folgenden 14 Punkte sollen die Rolle der oben angesprochenen viralen Substanzen umreißen; zu deren Aufgaben gehört es,

(1) das Überleben des Virusgenoms zu sichern, indem sie es gegen Austrocknung, Säure, Wärme, Kälte oder andere physikalische Einwirkungen schützen — dies ist eine **protektive** Funktion (Schutz).

(2) den spezifischen „Tropismus" zu vermitteln, der jedes Virus kennzeichnet und dafür sorgt, daß das Virus durch Erkennung bestimmter Zellrezeptoren nur geeignete Wirtszellen aufsucht. Dies ist eine **selektive** Funktion (Auswahl).

(3) mit der Membran der Zielzelle in einer Weise zu reagieren, die dem Virus einen Weg in deren Inneres bahnt. Dies kann ein sehr komplizierter Vorgang sein. Gewisse Viren, die über das Epithel der Luftwege eindringen, weisen hierfür eine besondere enzymatische Ausrüstung auf. Das Influenza-Virus (ein Myxovirus) z. B. heftet sich zunächst mit Hilfe seines Hämagglutinins an gewisse Oberflächenrezeptoren der Schleimhautzelle. Zusammen mit den selektiven Funktionen macht diese **adhäsive** Funktion (Befestigung, Adsorption, Affinität) den „Tropismus" eines Virus aus.

(4) nach diesem initialen Kontakt (auch „attachment" genannt) die Verschmelzung der Virusmembran mit der Membran der Zelle zu ermöglichen — was häufig erst später in den Endosomen geschieht. Dabei wird das Innere des Virus, der sogenannte „Core" (Kern), sozusagen in das Innere der Zelle hineingestülpt. Zur Membranverschmelzung bedarf es in der Regel spezieller Fusionsproteine. Dies ist der entscheidende Schritt einer **penetrierenden** Funktion (Eindringen).

(5) das Virus gegen Angriffe spezifischer Substanzen zu verteidigen. Das Influenza-Myxovirus z. B. besitzt ein Enzym, die Neuraminidase, die einen Neuraminsäure-Hemmstoff im Schleim der Atemwege inaktiviert. (Solche Inhibitoren gehören zu den Abwehrmaßnahmen des Körpers, die es ermöglichen, Viren mit dem Schleim sozusagen einzufangen und dann mit der dünnen Schleimschicht auf dem Flimmerepithel der Bronchialschleimhaut wie auf einer Rolltreppe mundwärts abzutransportieren, bis der Schleim über die Stimmbänder hinweg hochgehustet wird. Beim Herunterschlucken des Schleims nimmt sich dann die Magensäure der Viren an. Das Ganze erinnert an ein System von Waffen, Gegenwaffen und Anti-Gegenwaffen, wie man es von der modernen elektronisch gesteuerten Kriegsführung her kennt. Wer die qualitativ am besten angepaßte Ausrüstung hat, gewinnt, wobei natürlich auch Fragen der Quantität eine Rolle spielen — die Seite, die ihr Material zuerst verbraucht hat, verliert.) Sich vor derartigen Gegenangriffen von außen zu schützen, ist eine **defensive** Funktion (Verteidigung; beim HIV sind solche Enzyme bisher nicht identifiziert worden).

(6) in irgendeiner Form zu registrieren und zu melden, wenn an der Außenhülle des Virus etwas Unerwünschtes geschieht. Ein Antikörperangriff kann die äußeren Hüllenglykoproteine zerstören oder zumindest schädigen und dabei auch die Virusmembran in Mitleidenschaft ziehen. Eine solche Antikörper-Antigen-Reaktion beraubt das Viruspartikel (das Virion) seiner Virulenz, die das Resultat seiner selektiven und adhäsiven (Tropismus) sowie invasiven (Penetranz) Fähigkeiten ist. Eine Schädigung der Virusmembran kann Enzyme aus dieser freisetzen (etwa Lipasen, Phosphatasen oder Esterasen, die in intakten Membranen integriert sind), welche ihrerseits als Signalsubstanzen (Mediatoren) Wirkungen entfalten können. Bei den Trypanosomen (Protozoen, welche die Schlafkrankheit verursachen) beispielsweise beeinflussen derartige Mediatoren das Genom des Erregers so, daß bei einer Neubildung der äußeren Hüllenproteine das genetische Programm modifiziert wird und neue Varianten „ausgedruckt" werden. Dies ist das Prinzip der sogenannten „Antigendrift": eine so weitreichende Veränderung der äußeren Hülle, daß diese — „neu getarnt" — den spezifischen Antikörperangriffen des Immunsystems entzogen ist. Trypanosomen sind allerdings größer, komplizierter und verfügen über mehr Stoffwechselprozesse sowie mehr genetisches Material als ein Virus. Bei Viren ist die Antigendrift vielleicht lediglich das Resultat einer „Hypermutabilität" des Hüllengenoms, also eine Häufung zufälliger „Abschreibefehler" (beim HIV bedingt durch die Arbeitsweise der Reversen Transkriptase), die dann durch Selektionsprozesse bewahrt werden können. Beim AIDS-Virus und anderen Lentiviren könnten uns die folgenden zwei Umstände an ähnliche Mechanismen denken lassen: Zum einen ist das env-Gen so lang, daß es durchaus Redundanzen enthalten kann; zum anderen sind die in der Virusmembran gelegenen (intramembranösen) Teile des Hüllenglykoproteins (env-gp) ungewöhnlich lang im Vergleich zu allen Onkoviren, die ja keine antigene Drift aufweisen (Abb. 10.11). Die Frage, ob die auffallende Länge des inneren Abschnittes des transmembranösen gp41 eine quasi „kognitive" Funktion vermittelt, wird wohl noch eine Weile offen bleiben. Die Fähigkeit jedenfalls, Veränderungen wahrzunehmen und diese in irgendeiner Form weiterzumelden, ist eine **kognitive** Funktion (Wahrnehmung, Informationsverarbeitung).

(7) dem Virus bei der Vermehrung zu helfen, indem bestimmte virale oder zelluläre Genabschnitte aktiviert werden. Die Vermehrung kann ein komplizierter Prozeß mit mehreren Etappen sein, dessen Verlauf unter anderem davon abhängt, wo das Virus in der Zelle lokalisiert ist. (Wie eingangs erwähnt, gelangen nicht alle Virusarten in den Zellkern, und nur einige integrieren

sich in das in den Chromosomen befindliche Erbmaterial.) Die verschiedenen genetischen Aktivierungsmechanismen (man spricht von „Promotor"-, „Enhancer"- und „Activator"-Elementen) steuern die **replikative** Funktion (Vermehrung).

(8) gewisse Wirkungen innerhalb der jeweiligen Wirtszelle zu vermitteln. Wenn das Virus in deren genetisches Material integriert ist, kann es in einem vorbereitenden Schritt andere zelluläre Genabschnitte aktivieren, was sowohl zu einer erhöhten Expression des Virusgenoms als auch zu einer Aktivitätsänderung in bestimmten Funktionen der infizierten Zelle führt, etwa zur überschießenden Produktion gewisser Rezeptorsubstanzen. Manchmal werden auch Proteine gebildet, die „transformierend" wirken und die Zelle damit ungewöhnlich langlebig machen („immortalisieren"). Ein solches Zellstadium wird als „präneoplastisch" bezeichnet und ist eine Vorstufe der völlig aus der Kontrolle geratenen „bösartigen" (krebsbildenden) Entartung. Die aktivierten Genabschnitte können in der direkten Nachbarschaft des integrierten Virusgenoms (cis-Aktivierung) oder in größerer Distanz, vielleicht sogar auf anderen Chromosomen (trans-Aktivierung), liegen. Diese Einflußnahme eines Virus auf die metabolische Aktivität der Wirtszelle ist eine **transformierende** Funktion (Umwandlung).

(9) die Strukturproteine des Virus aufzubauen, die zunächst wie Halbfabrikate als sogenannte „Precursor"- oder Vorläufer-Moleküle entstehen. Diese müssen nach ihrer Synthese erst in die richtigen Teile zerlegt werden, und zwar von eiweißspaltenden Proteasen („cleavage enzymes"), die bemerkenswerterweise am Ende desselben Vorläufer-Moleküls sitzen, das sie bearbeiten sollen. (Das Primärprodukt umfaßt sozusagen gleich die Schere, die es zerschneiden kann.) Die so erhaltenen Proteinbausteine bilden dann z. B. die Core-Hülle und andere strukturelle Bestandteile des Virus. Hierbei handelt es sich um eine **konstruktive** Funktion (Aufbau).

(10) eine Integration des Virus in die DNA der invadierten Zellen zu ermöglichen. Hierzu sind allerdings primär nur DNA-Viren imstande. Diese Fähigkeit vermitteln sowohl spaltende als auch verknüpfende Enzyme (sogenannte Restriktionsenzyme, Nucleasen und Integrasen); mit ihrer Hilfe „verstecken" die Viren ihr Genom in dem DNA-Strang der infizierten Wirtszelle, wo es dann in Sicherheit und praktisch „verschwunden" ist. Ihre ungeschützte Lage im Zytoplasma der Wirtszelle stellt also nur ein Durchgangsstadium dar. Der in die Zell-DNA eingeschmuggelte, in den Chromosomen unauffällig integrierte Informations-

strang vermag unter gewissen Umständen den Metabolismus der Zelle auf eine für die Virusreplikation günstige − und für den Wirtsorganismus dagegen in der Regel ungünstige − Weise umzusteuern. Die Integration in das Wirtszellgenom kann man als **camouflierende** Funktion bezeichnen (Tarnung).

(11) Das ist aber noch nicht alles, was sich in der Zelle abspielt. Das Virus muß ja zunächst zum Kern der Wirtszelle gelangen, die Kernmembran durchdringen und die Chromosomen aufsuchen. Es muß also Richtungen und spezifische Strukturen finden, und das setzt mehr voraus als die oben aufgezählten Funktionen. Die dazu gehörenden Prozesse sind bisher noch nicht in jedem Detail bekannt; viele funktionelle Genprodukte kleinerer Abschnitte des viralen Genoms müssen noch identifiziert werden. Man weiß auch noch nicht sicher, ob bestimmte für den viralen Integrationsprozeß notwendige Nucleasen schon in ihrer endgültigen Form vorliegen, oder ob sie erst bei Bedarf an Ort und Stelle synthetisiert werden. Auch ist noch unklar, wie sich die DNA in das Innere des Zellkerns begibt. Vermutlich geschieht dies über die Vermittlung der sogenannten „nuclear pore complexes" (**NPC**), wie von Engelhardt et al. (1972−82) näher beschrieben. Die Fähigkeit, sich innerhalb der Zelle „zielstrebig" zu bewegen, ist eine Art intrazellulärer Chemotaxis und damit eine **orientierende** Funktion (Richtungssuche, Steuerung).

(12) Darüber hinaus besitzen alle Vertreter der Retroviren jenes schon erwähnte, sehr spezifische, hochmolekulare Enzym, das man „Reverse Transkriptase" nennt − „revers" deswegen, weil der übliche Transkriptionsweg, der in normalen Zellen von der DNA zur RNA führt, bei den Retroviren umgekehrt („retrograd") verläuft. So kann ein solches Virus, sobald es in eine geeignete Zelle eingedrungen ist, mit Hilfe der Reversen Transkriptase seine einsträngige RNA in eine doppelsträngige DNA übersetzen (reverse Transkription). Zur Synthese des Doppelstrangs muß das ursprüngliche RNA-Molekül abgebaut werden, was eine im sogenannten Polymerasekomplex enthaltene RNAse H (K Mölling, in Vorb.) bewirkt, die damit erst Platz schafft für den zweiten DNA-Strang. Das so in eine andere Nucleinsäureform „umgeschriebene" Virusgenom − man spricht hier von einem DNA-„Provirus" − kann nun in die Chromosomen der Wirtszelle schlüpfen. Die beschriebene „Genom-Metamorphose", also die spezifische Fähigkeit der Retroviren, ihre genetische Information von der RNA-Form in die DNA-Form umzuwandeln, ist eine **transkribierende** Funktion (Übersetzung).

(13) Bei einigen Retroviren kommt noch eine spezielle Funktion hinzu: die Fähigkeit, z. B. ihre transformierende oder ihre aktivierende Wirkung auf Distanz (statt nur in unmittelbarer Nachbarschaft) auszuüben; dies hat wichtige Folgen für die Pathogenese. Das kanzerogene Potential eines nur cis-aktivierende Funktionen aufweisenden Virus kann in der Wirtszelle nämlich nur dann zum Tragen kommen, wenn sich das Virusgenom zufällig in einer speziell „unheilvollen" Position im Wirtschromosom integriert (d. h. in der Regel direkt neben einem sogenannten zellulären Onkogen, also einem Genabschnitt, der unter gewissen Umständen ein ungebremstes Wachstum und damit eine maligne Entartung der Zelle anregen kann). Da der Integrationsort des Virusgenoms dem Zufall überlassen zu sein scheint, setzt ein solches Ereignis die Existenz sehr vieler Viren im Wirtsorganismus voraus; logischerweise dürfte damit eine ausgeprägte und auch nachweisbare Virämie verbunden sein. Eine solche Virämie fehlt jedoch bei den B- und T-Zell-Leukämien, und man hat lange angenommen, daß das eine Virusgenese dieser Erkrankungen grundsätzlich ausschlösse. Doch die Entdeckung der transaktivierenden Eigenschaften von Retroviren hat diese Schlußfolgerung hinfällig gemacht. Unter bestimmten Voraussetzungen nämlich kann schon ein einzelnes solches Virus − unabhängig vom jeweiligen Integrationsort − zielgerichtet andere, ferne Genregionen beeinflussen und so seine onkogene Wirkung entfalten. Dies ist also eine **auf Distanz aktivierende** Funktion (Fernwirkung).

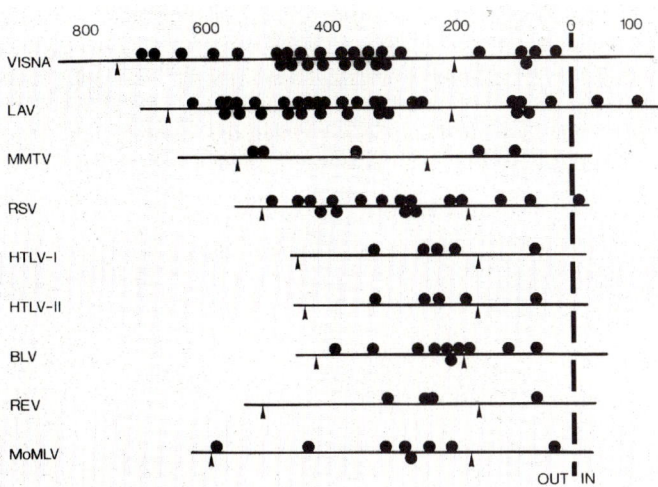

10.11 Die äußeren envelope-Glykoproteine verschiedener Retroviren sind unterschiedlich in der Virusmembran verankert. Man sieht deutlich, daß nur das HIV/LAV und das Visna-Virus auffällig weit ins Innere des Virus (rechts) ragende Molekülstränge besitzen. Bei allen anderen Viren liegen nur einige wenige Aminosäuren innerhalb der Membran. Die schwarzen Punkte markieren Glykosylierungsstellen (Wain-Hobson, Institut Pasteur, Paris).

(14) Seit der Entdeckung des komplizierten Zusammenspiels der tat-, art-, sor- und LTR-Regionen des Virusgenoms sowie der Fähigkeit der Lentiviren, ihre eigene Replikation sowohl zu zügeln als auch zu beschleunigen, muß man mit einer weiteren unvertrauten Eigenschaft des HIV rechnen. Da es für die Verbreitung eines Virus in der Regel nachteilig ist, den Wirtsorganismus infolge rascher und starker Vermehrung allzu massiv zu schädigen, scheinen diese Viren auch über einen Hemmungs-Bahnungs-Zügelmechanismus zu verfügen, wie er in biologischen Systemen durchaus üblich ist. Die Vorteile eines solchen rückgekoppelten Steuerungssystems mit antagonistischen Zügeln kann man sich mittels systemtheoretischer Erwägungen leicht vor Augen halten. Es bietet die Möglichkeit, sowohl schneller als auch differenzierter auf veränderte Bedingungen zu reagieren. So lassen sich beispielsweise für die spätere Virusvermehrung benötigte Bausteine oder wichtige mRNA-Abschnitte vorbereitend und zellschonend akkumulieren. Sollten sich die obengenannten Vermutungen bestätigen, gäbe es also zumindest bei bestimmten Lentiviren auch eine derartige autosuppressive, **autoinhibitorische** Funktion (Selbsthemmung).

Diese detaillierte Beschreibung der Viruseigenschaften zeigt, daß ein Virus sehr wohl so etwas wie einen Stoffwechsel aufweist, auch wenn es in ungünstigem Milieu alle Lebensprozesse für längere Zeit unterbrechen kann, ohne Schaden zu nehmen. Zweifellos nutzen diese Stoffwechselprozesse weniger die eigene Substanz als vielmehr die der Wirtszellen. Doch schon der Umstand, daß die beschriebenen Schritte überhaupt existieren, bedeutet, daß sie auch Angriffspunkte für Störungen — also eine Therapie — bieten. Diese Schwachstellen gilt es zu finden.

Hier sei eine persönliche Erinnerung eingeschoben, welche den Zug der naturwissenschaftlichen Denkweise, konsequent bis ins Detail zu bleiben, treffend charakterisiert. Gerade wenn es gilt, in etwas Neues einzudringen, erweist sich diese Neigung — etwas wirklich wissen, wirklich verstehen zu wollen — als besonders nützlich. Unser Lehrer der Histologie und Embryologie, ein ungewöhnlich belesener und naturphilosophisch interessierter Anatom mit einer Vorliebe für eindringliche Didaktik, legte immer großen Wert darauf, daß die Studenten wirklich jede einzelne Zelle im Mikroskop erkennen und benennen konnten und ihr Interesse nicht nur auf den gerade dominierenden Zelltyp beschränkten. Man sollte alles, was man sah, „beim Namen nennen" können, nichts nur „rauschen und brausen hören" und niemals unterlassen, alles Unbekannte zu erhellen. Um dies deutlich zu machen, hatte er zu Beginn des Histologiekurses an jedem Mikroskop einen Zettel ausgelegt, auf dem zu lesen stand:

Wer etwas sieht,
was er nicht kennt,
und dann nicht fragt,
ist selber schuld,
wenn er nichts lernt.   A. v. Kügelgen

Gerade in der AIDS-Problematik, wo wir uns durch ein bis vor kurzem unbekanntes und immer noch unvollständig durchschautes Gebiet bewegen, können diese originell formulierten und wahren Worte die Nützlichkeit der Neugier unterstreichen. Nicht zuletzt hierin liegt es begründet, daß dieser für das Verständnis der Stärken und der Schwächen des AIDS-Virus entscheidende Abschnitt so ausführlich angelegt worden ist.

Untypische Viren

Hier sei nun noch auf eine andere Art von Erregern eingegangen, deren Wirkungen (die sogenannten „spongiformen Hirnerkrankungen") sehr an den Neurotropismus des HIV erinnern. Man hat nämlich die Möglichkeit erörtert, daß in Analogie zu

der Wirkung der Reversen Transkriptase beim ersten Schritt (DNA zu RNA) auch der zweite Schritt der normalen „Übersetzung" (von der RNA zum Protein) in umgekehrter Richtung ablaufen könne. Solche Überlegungen sind durch das Konzept der „Prionen" (Prusiner 1982, 1984-1, -2, McKinley et al. 1983, Bockman et al. 1985) ausgelöst worden, die Prusiner als die ersten infektiösen und replikationstüchtigen Proteine beschrieb (**prion** ist abgeleitet von „**pr**oteinaceous **i**nfectious particle"); die vorwiegend bei Schafen auftretende Krankheit „Scrapie" sollte durch solche Prionen verursacht werden.

Diese durchaus stimulierende Hypothese wurde jedoch schon sehr bald durch andere Scrapie-Forscher mit schwerwiegenden Einwänden bestritten (Kimberlin 1982, Diringer et al. 1983, Diringer und Kimberlin 1983, Merz et al. 1984, Diringer 1985, Czub et al. 1986-1, -2). Die sensationelle Prionen-Idee scheint sich allmählich in Rauch aufzulösen.

Nach der herrschenden Lehrmeinung wird Scrapie (**SAF**, **s**crapie-**a**ssociated **f**ibrils, bezeichnet amyloide Veränderungen, die dabei typischerweise vorkommen) ebenso von einem sogenannten „slow virus" oder „unkonventionellen" Virus ausgelöst wie die Krankheiten Kuru, Gerstmann-Sträußler-Syndrom, Creutzfeldt-Jakob-Pseudosklerose, Nerz-Enzephalopathie und eine ähnliche Erkrankung („wasting") bei Wapitihirschen. Auch für Morbus Alzheimer, Pick, Parkinson und **ALS** (**a**myotrophische **L**ateralsklerose) ist eine solche Ätiologie in der Diskussion. Sicher wird auch dieser Forschungsbereich durch einen Spin-off-Effekt von den intensiven Anstrengungen in der AIDS-Forschung profitieren und wohl auch seinen Teil zu neuen Einsichten in die Pathogenese der Viruserkrankungen des Zentralnervensystems beitragen.

So deuten Haseltine und Patarca (1986) eine interessante Querverbindung zwischen AIDS und den Slow-Virus-Erkrankungen an: Sie meinen eine ausgeprägte Homologie zwischen dem Protein p27-30, dem eine entscheidende Rolle für die neuropathischen Effekte bei den genannten „spongiformen Hirnerkrankungen" zugesprochen wird, und einem von der pol-Region des AIDS-Virus gebildeten Proteinprodukt gefunden zu haben. Ähnliche Homologien sollen in den codierenden Nucleotidsequenzen vorliegen; die Signifikanz dieser Funde wird jedoch von anderen Autoren in Frage gestellt (Braun und Gonda 1987).

Hier bietet sich möglicherweise ein Ansatz, um den pathogenetischen Mechanismus der ZNS-Effekte der HIV-Infektion zu erklären, der jenem der neurotropen Erreger zahlreicher Slow-Virus-Erkrankungen ähneln oder gar gleichen könnte. Man kann eine solche Ähnlichkeit sowohl als Ergebnis einer konvergenten als auch als Stadium einer divergenten Entwicklung deuten. Es bleibt der Verdacht, es könne sich bei dem gesuchten Erreger der spongiformen Hirnerkrankungen um ein defektes Retrovirus handeln, das dann eine gewisse Verwandtschaft mit dem AIDS-Virus aufweisen könnte. Die Forschung wird in diesem Bereich noch manche Überraschung zutage fördern. Schon lange spüren zahlreiche Virologen den häufig „unspezifischen" Serumreaktionen bei gewissen neurologischen Erkrankungen nach, wenn auch bisher noch mit wechselndem Erfolg.

10.12 Schematische Darstellung des Lebenszyklus eines Virus in der Zelle. Rechts außen sind die einzelnen Phasen Invasion (grünlich), Latenz (weiß) und Replikation (rötlich) gekennzeichnet, halbrechts die einzelnen Schritte des Viruszyklus. Die genetische Information des Virus (rot) läßt sich durch den ganzen Zyklus hindurch (also sowohl als RNA als auch als DNA) verfolgen.

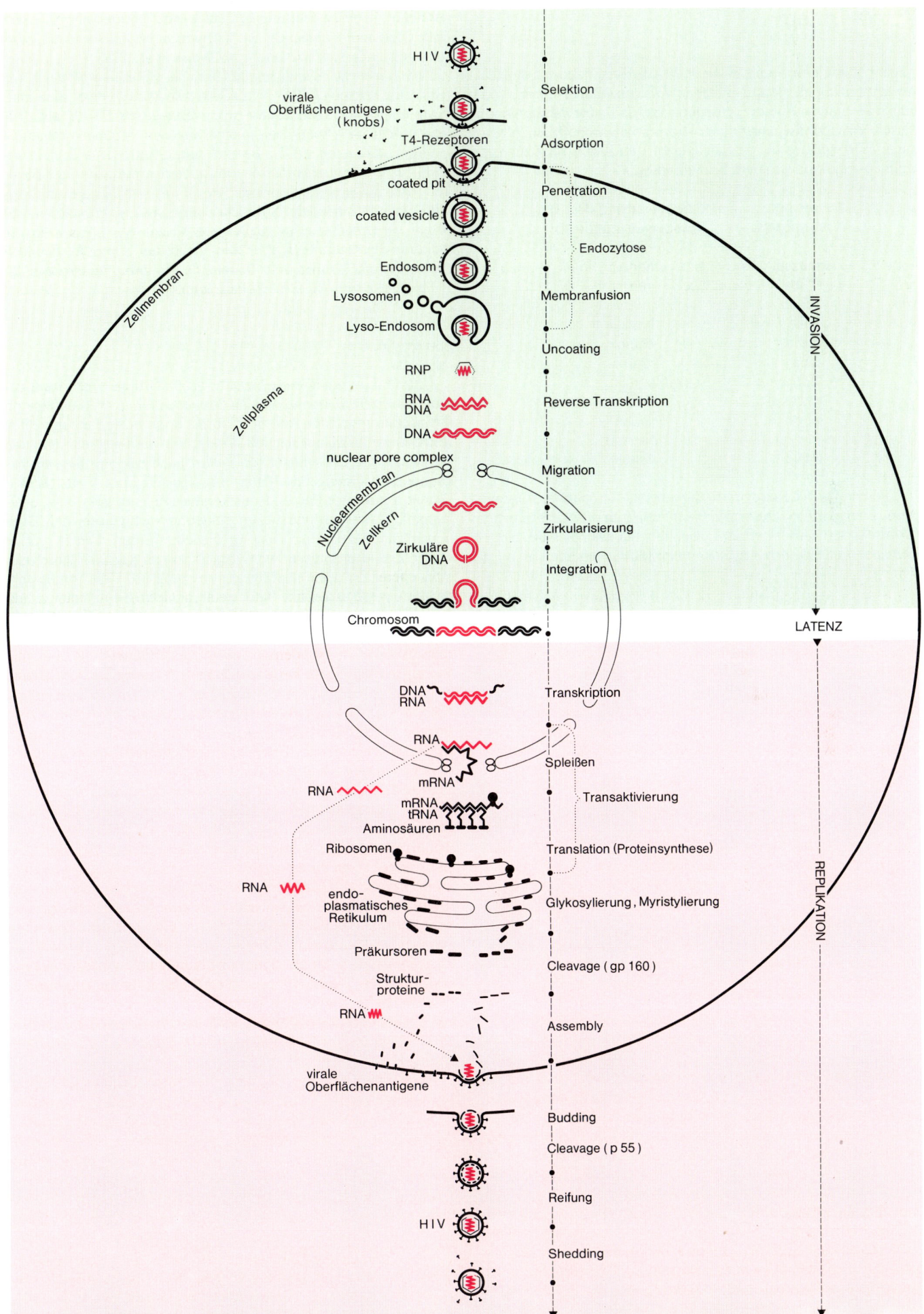

HIV

virale
Oberflächenantigene
(knobs)

T4-Rezeptoren

coated pit

coated vesicle

Endosom

Lysosomen

Lyso-Endosom

Zellmembran

Zellplasma

RNP

RNA
DNA

DNA

nuclear pore complex

Nuclearmembran

Zellkern

Zirkuläre
DNA

Chromosom

DNA
RNA

RNA

mRNA

RNA

mRNA
tRNA
Aminosäuren

Ribosomen

endo-
plasmatisches
Retikulum

Präkursoren

Struktur-
proteine

RNA

virale
Oberflächenantigene

HIV

Selektion

Adsorption

Penetration

Endozytose

Membranfusion

Uncoating

Reverse Transkription

Migration

Zirkularisierung

Integration

Transkription

Spleißen

Transaktivierung

Translation (Proteinsynthese)

Glykosylierung , Myristylierung

Cleavage (gp 160)

Assembly

Budding

Cleavage (p 55)

Reifung

Shedding

INVASION

LATENZ

REPLIKATION

Retroviridae

Bevor wir nun weiter in die Welt der Retroviren eindringen, wollen wir in einer kurzen Übersicht die manchmal verwirrende und leider nicht immer konsequent gehandhabte Nomenklatur dieser Virusfamilie vorstellen. Die dominierende bzw. bevorzugte Wirtsspezies der verschiedenen Retroviren setzt man jeweils in Adjektivform dem Namen voran:

bevorzugte Wirtsspezies	Bezeichnung des Retrovirus (englisch)
Mensch	human
Maus	murine
Schaf	ovine
Rind	bovine
Pferd	equine
Ziege	caprine
Affe	simian
Katze	feline
Vogel	avian
Schwein	porcine
Hund	canine

Die Familie der Retroviridae (Synonyme: Retraviridae, Oncoviridae, Leukoviridae, Oncornaviridae) zerfällt in drei Unterfamilien (Nomenklatur nach H. Frank, aus: Nermut und Steven (Hrsg.) *Animal Virus Structure. A Laboratory Manual.* in Vorb.):

1. Unterfamilie: Oncovirinae
    Gattung: Onkovirus Typ B
        Art: MMTV (mouse mammary tumor virus)
    Gattung: Onkovirus Typ C
        Art: murine Leukämie- und Sarkom-Viren,
            aviane Leukämie- und Sarkom-Viren
            etc.
    Gattung: Onkovirus Typ D
        Art: MPMV (Mason-Pfizer monkey virus)
            etc.
2. Unterfamilie: Lentivirinae (selten auch Typ E-Virus genannt)
    Gattung: Lentivirus
        Art: Maedi/Visna-Virus, Typ I (lytisch), Typ II (persistierend)
            (häufig bezeichnet als MVV)
            CAEV (caprine arthritis-encephalitis virus)
            CSR (caprine syncytial retrovirus)
            GLV (goat leukoencephalitis virus)
            (diese 3 oft zusammengefaßt als CAEV)
            EIAV (equine infectious anemia virus)
            BVLV (bovine visna-like virus, neuerdings auch BIV, bovine immunodeficiency virus)
            HIV (human immunodeficiency virus)
            SIV (simian immunodeficiency virus, auch STLV-III)
            FTLV (feline T-lymphotropic lentivirus, später FIV?)
3. Unterfamilie: Spumavirinae (selten auch Typ F-Virus genannt)
    Gattung: Spumavirus (foamy virus)
        Art: human foamy virus
            simian foamy virus
            etc.

Die Nomenklatur ist etwas uneinheitlich, weil viele Einzelheiten noch unklar sind. So hat man festgestellt, daß es zwei genetisch verschiedene Visna-Typen gibt: eine hochgradig zytolytische Variante (Typ I, Island) und eine weniger lytische (Typ II), die möglicherweise identisch ist mit einem der caprinen Lentiviren (Quérat et al. 1984). Bis noch vor kurzem galten Maedi- und Visna-Virus als nicht ganz identisch, und der Grad der Verwandtschaft zwischen drei caprinen Virusarten aus Europa, Australien und den USA bleibt vorerst unklar (VW Smith et al. 1981, Coackley und VW Smith 1984, Bouillant und Becker 1984). Das BVLV (Van der Maaten et al. 1972, Boothe et al. 1974, Georgiades et al. 1978) wird erst jetzt wieder intensiver studiert. In Holland gibt es eine Visna-artige Variante („Zwoe-

gersiekte"), deren Stellung in dem Klassifikationsschema ebenfalls noch nicht eindeutig ist. (Abweichende Nomenklaturvorschläge finden sich bei Teich, in: Weiss et al. 1985.)

Wir haben die neuentdeckten Viren bei Menschen (HIV), Affen (SIV) und Katzen (FTLV) hier schon provisorisch unter die Lentiviren eingereiht; man könnte sie, eventuell mit BVLV als „T4-Rezeptor-trope" Lentiviren in einer eigenen Gruppe vereinen.

Man stößt auch auf die Bezeichnung „Retrovirus Typ A" sowohl für intrazytoplasmatische als auch für intrazisternale Partikel. Allerdings ist noch unklar, worum es sich bei diesen Partikeln eigentlich handelt. Möglicherweise sind es Vorstadien, abortive Virusformen oder apathogene Viren. Wir können für die weiteren Betrachtungen aber alle Viren der Typen A, B und F (Spumavirinae) außer acht lassen, da sie zum Verständnis der Pathogenese von AIDS nicht beitragen.

Oncovirinae

Die Onkoviren bilden eine sehr große Gruppe von Viren, deren detaillierte Betrachtung sich deswegen lohnt, weil es sich um die zuerst entdeckten und deshalb auch am besten untersuchten Retroviren überhaupt handelt. Außerdem sind sie sehr reich an Varianten. Zu den Onkoviren gehört auch das am längsten bekannte krebserzeugende Virus, das **R**ous-**S**arkom-**V**irus (**RSV**). Dessen Entdecker Peyton Rous konnte 1911 mit geschickt angelegten Übertragungsversuchen eindeutig nachweisen, daß Hühnersarkome durch ein Virus verursacht werden. Damit war er seiner Zeit allerdings so weit voraus, daß es noch 57 Jahre dauerte, ehe er für diese wichtige Entdeckung im Alter von 86 Jahren den wohlverdienten Nobelpreis bekam. Es lohnt sich, am Beispiel der Leukämie die Entwicklung der Theorien einer Virusgenese von Krebserkrankungen von Anfang an zu betrachten.

Seit die Leukämie („weißes Blut") 1845 von Craigie und Bennet in Schottland sowie von Rudolf Virchow in Deutschland erstmals beschrieben wurde, hat diese Krankheit mit ihren ungezählten Varianten die Forschung bis in unsere Tage genarrt. Sie ist eine bösartige Wucherung der weißen Blutzellen, sozusagen eine Krebserkrankung in verteilter, gleichsam flüssiger Form.

Die menschlichen weißen Blutkörperchen oder Leukozyten sind Zellen mit einer meist begrenzten Lebensdauer (Tage bis Monate); einzelne leben allerdings auch viele Jahre. Sie entwickeln sich aus pluripotenten, undifferenzierten „Precursor"- oder Stammzellen, die kontinuierlich im Knochenmark, in der Milz und in den Lymphknoten gebildet werden. Sie reifen in verschiedenen Linien zu Leukozyten und Lymphozyten heran, um sich später verschiedener Eindringlinge wie Viren und Bakterien, aber auch entarteter körpereigener Zellen, anzunehmen. Man unterscheidet Granulozyten (neutro-, baso- und eosinophile), Lymphozyten (T-, B-, Plasma- und 0-Zellen) sowie Monozyten, Makrophagen, Mastzellen und verschiedene Arten sogenannter „Killer"-Zellen. Alle arbeiten zusammen, um den Organismus vor Krankheiten zu bewahren, und die Gesamtheit dieser Zellen einschließlich ihrer Vorstadien und Produkte wird als „Immunsystem" bezeichnet.

Wenn die sich aus Stammzellen entwickelnden Zellen in Milz, Thymus und Lymphknoten einen gewissen Reifegrad erreicht haben, pflegen sie sich aus ihren Bildungsorganen zu lösen (Monozyten und polymorphkernige Leukozyten aus dem Knochenmark, Lymphozyten aus der Milz oder den Lymphknoten), um in die Blutbahn einzutreten und ihre zeitlich begrenzte Wanderung durch den Körper zu beginnen. Für das Verständnis der Leukämien ist wichtig zu wissen, daß alle diese Zellen in beliebigen Stadien ihrer Entwicklung entarten, also bösartig werden können. Als grobe Regel kann gelten, daß sich eine Zelle um so bösartiger verhält, je undifferenzierter und unreifer sie zum Zeitpunkt ihrer Entartung war, während die fertig entwickelte, differenzierte und spezialisierte Zelle eher zu einer langsam progredierenden Krankheitsform führt. Dies hängt vermutlich mit dem im Laufe des Reifungsprozesses verlorengegangenen Wachstumspotential zusammen.

Man unterscheidet die von reifen Zellen ausgehende Leukämie (chronische Leukämie genannt, da sie einen langgezogenen Verlauf aufweist) und jene der unreifen Zellen (akute Leukämie genannt, da sie oft schnell zum Tode führt). Stammen die Zellen aus dem Knochenmark, spricht man von „myeloischer" Leukämie, stammen sie aus dem Lymphsystem, von „lymphatischer". Da beide Linien sowohl eine akute als auch eine chronische Leukämie bilden können, haben wir vier verschiedene Hauptformen zu unterscheiden. Darüber hinaus gibt es alle erdenklichen Zwischen- und Mischformen, die insgesamt eine Art Kontinuum darstellen. Jeder einzelne Leukämiefall kann − abhängig von der Zelle, die entartet ist − nahezu ein echtes Unikat sein.

Man hat schon früh den Verdacht geschöpft, diese Krankheiten seien möglicherweise auf Viren zurückzuführen. Dafür ließen sich epidemiologische und allgemeine biologische Argumente sowie eine Reihe von Analogieschlüssen anführen. Schon 1908 zeigten zwei dänische Veterinäre, daß Hühnerleukämie auch mit zellfreien Filtraten übertragen werden konnte (Ellermann und Bang 1908). Damit hatte man zum ersten Mal eine maligne Erkrankung auf ein vermutetes Virus zurückgeführt. Drei Jahre später folgte Rous mit seiner Entdeckung des Hühnersarkomvirus (Rous 1911); er wies bereits darauf hin, daß dieses Virus eine konstante genetische Information enthalten müsse, da es immer den gleichen Tumortyp induzierte. Später fand dann Bittner, daß auch der Brustkrebs der Mäuse durch ein Virus verursacht wird (Bittner 1936).

Erst 15 Jahre danach, 1951, entdeckte Groß ein „mouse leukemia virus"; dieses Virus ist heute sehr gründlich untersucht. Seine Entdeckung änderte die Stimmung in der Forschung um die krebserzeugenden Viren völlig, denn wenn es drei solcher Viren gab, konnte es auch mehr geben. In den fünfziger Jahren wurde dieser Forschungsbereich durch die grundlegenden elektronenmikroskopischen Arbeiten von Bernhard an verschiedenen tierischen Retroviren entscheidend weitergebracht (Bernhard 1960). Bald folgten die Entdeckungen des Katzenleukämievirus (FeLV, feline leukemia virus, Jarrett et al. 1964) und des Rinderleukämievirus (BLV, bovine leukosis virus, LD Miller et al. 1972); schließlich fand man beim Gibbon das erste Primatenleukämievirus (Kawakami et al. 1972).

Inzwischen hatten andere Wissenschaftler das Schlüsselenzym der Retroviren, die **R**everse **T**ranskriptase (**RT**), entdeckt (Temin und Mizutani 1970, Baltimore 1970), was − diesmal nur noch 5 Jahre nach der Entdeckung − mit dem Nobelpreis belohnt wurde. Die Tschechen Svoboda, Hill und Hillova zeigten, daß sich das RSV in den Genomen der infizierten Zellen integrierte, und Karpas und Milstein (1973) bestätigten dies für eine maligne Erkrankung der Maus. Bald wies man auch nach, daß DNA mit einem integrierten Retrovirus gesunde Zellen transformieren konnte (Karpas und Tuckerman 1974). Daß aus Virus-RNA umgeschriebene DNA Leukämie hervorzurufen vermag, ist seitdem durch eine überwältigende Fülle von Forschungsergebnissen weiter erhärtet worden. Wie ein solches Virus eine gesunde Zelle in eine transformierte, immortalisierte verwandelt und wie diese sich dann zu einer Krebszelle entwickelt, wird im Kapitel über die Onkogenese genauer beschrieben.

Auf dem Gebiet der Leukämieforschung erschienen insbesondere in den Jahren 1970 bis 1984 sehr verwirrende, widersprüchliche und häufig später als falsch widerlegte Publikationen. Es ist sehr interessant, diese zu studieren, da ein Teil von ihnen noch bis in die Gegenwart hineinwirkt und innerhalb der wissenschaftlichen Gemeinschaft Interessenkonstellationen verursacht hat, die kaum der Objektivität der Forschung dienen und bis auf den heutigen Tag einen schädlichen Einfluß ausüben.

Kurz nachdem die Reverse Transkriptase in avianen Retroviren entdeckt worden war, erschien in *Nature* ein Bericht, daß man sie nun auch in Zellen von Patienten mit akuter lymphatischer Leukämie gefunden habe (Gallo et al. 1970). Dieses erregte großes Aufsehen, da es in die Geschichte der Medizin als der erste Fund eingegangen wäre, der eindeutig auch eine menschliche Leukämieform mit Retroviren verknüpfte. Viele Jahre versuchten Virologen an einem Dutzend Forschungszentren in der ganzen Welt, diese nobelpreiswürdige Entdeckung zu bestätigen, doch vergebens (Bishop 1980, Karpas 1986). Das Vorkommen meßbarer Mengen Reverser Transkriptase in den obengenannten Leukämiezellen konnte nie bestätigt werden, und heute hält auch niemand mehr diese Behauptung aufrecht. Es scheint sich um ein übereiltes „Heureka" auf der Basis mangelhafter Methodik gehandelt zu haben − ein Ereignis, das im Bereich eifriger Forschung so ungewöhnlich nicht ist.

Einige Jahre später wurde in *Science* eine ähnlich merkwürdige Behauptung publiziert (Gallagher und Gallo 1975): die Isolierung des ersten menschlichen Leukämievirus aus einer Zellkultur myeloischer Zellen eines Patienten mit **AML** (akuter **m**yeloischer Leukämie). Dieses sensationelle Virus, das (wiederum nobelpreisverdächtig) eine neue Ära in der humanen Leukämieforschung eingeleitet hätte, wurde von seinem Entdecker Gallo **HL23** genannt. Leider zeigte sich sehr bald, daß es sich nur um eine Mischung aus drei schon lange bekannten Affenvirusstämmen handelte (**g**ibbon **a**ssociated **l**eukemia **v**irus, **GaLV**, **si**mian **s**arcoma **v**irus, **SiSV**, und **ba**boon **e**ndogenous **v**irus, **BaEV**). Daraufhin wurde der verwirrende Fund als das Resultat einer unfreiwilligen Laborkontamination gedeutet.

Wieder waren hinter einem verfrühten „Heureka" und hinter einer sensationellen Behauptung methodische Mängel zum Vorschein gekommen. Es folgten eine langgezogene Debatte über den Zelltyp und dessen Herkunft (wie sich später zeigte, handelte es sich um Lymphoblasten) und mehrere Publikationen einiger schwer reproduzierbarer Ergebnisse, z. B. von Hybridisierungsversuchen, die von ihren Verfassern heute sicher am liebsten vergessen würden (Teich, R Weiss 1975, Wong-Staal, Gallo et al. 1976). Allmählich wurden die umstrittenen Behauptungen widerlegt (Okabe et al. 1976, Chan et al. 1976, Snyder und Flassner 1980, Barbacid, Bolognesi und Aaronson 1980), schließlich verdrängt und vergessen.

Nichtsdestotrotz ist die in den erwähnten Publikationen geführte Debatte sehr aufschlußreich (zusammengefaßt bei Karpas 1982, 1985-2 und insbesondere in einer historischen Übersicht 1986), denn alle diese schwer zu reproduzierenden oder direkt unrichtigen Resultate stammen aus dem Laboratorium desselben Robert Gallo, der auch heute wieder im Mittelpunkt einer intensiven wissenschaftlichen Debatte um die Zuverlässigkeit von Forschungsresultaten und deren Priorität steht. Interessant ist, daß Gallo angesichts des Virus, das Montagniers Gruppe in Paris isoliert hatte und ab 1983 auf internationalen Kongressen präsentierte, als erster einen Verdacht äußerte − nämlich den, daß es sich um eine „Laborkontamination" handeln müsse. Er glaubte einfach nicht an ein korrektes Resultat und hatte wohl seine Gründe dafür.

Die Suche nach Leukämie verursachenden Viren ging jedoch trotz dieses wiederholten falschen Alarms unermüdlich weiter. Eigentlich war jeder davon überzeugt, daß derartige Viren existierten. Trotz der im großen und ganzen erfolglosen Versuche, epidemiologische Indizien in Form von eindeutigen Anhäufungen („cluster") von Leukämie oder Hodgkin-Krankheit zu finden (Karpas 1982, Grufferman et al. 1984), hielt man an der Vorstellung von der Virusgenese dieser Krankheiten fest (Fialkow et al. 1971, Goh et al. 1977) − nicht zuletzt, weil man Anlaß zu dem Verdacht hatte, daß bei Knochenmarkstransplantationen Leukämie verursachende Viren übertragen worden waren.

Ein aktueller Fall, der als Argument für eine infektiöse Ätiologie bösartiger lymphatischer Erkrankungen angeführt werden kann, ist der folgende: Eine Frau, die als Tourist von Südafrika in die USA fuhr, war bei der Abreise an einer milden mononucleoseähnlichen Infektion erkrankt. In verschiedenen Teilstaaten der USA besuchte sie vier amerikanische Familien und kehrte bald danach wieder nach Afrika zurück. Innerhalb eines halben Jahres entwickelte je eine erwachsene Person in den vier besuchten Haushalten eine B-Zell-Malignität (Hodgkin-Lymphom und Non-Hodgkin-Lymphom), und auch eine fünfte Person, die in Kontakt mit der Besucherin gewesen war, wies verdächtige Blutbildveränderungen auf. Dazu kommt die merkwürdige Tatsache, daß der Ehemann jener Besucherin aus Afrika ausgerechnet an einem Non-Hodgkin-Lymphom gestorben war. Der Fall (Grufferman et al. 1985) wird weiter erforscht und verfolgt werden. Serumuntersuchungen auf Antikörper gegen HIV sowie HTLV-I und -II waren bei allen Patienten negativ ausgefallen. Es ist nicht unmöglich, daß dieser Fall in die Geschichte der Leukämieforschung eingehen wird. Vielleicht war dies das erste Indiz für ein neuartiges B-lymphotropes Virus, wie es dann auch bald publiziert wurde (Salahuddin et al. 1987). Manches bleibt unklar hinsichtlich der Spezifität der beschriebenen Serumreaktionen.

Die Suche nach neuen Viren läuft auf Hochtouren. Schon seit ca. 20 Jahren diskutiert man über die „virus-like particles" (VLP), die häufig in leukämisch transformierten Lympho- und Myeloblasten nachzuweisen sind (Karpas et al. 1980). Auch bei zwölf von 28 Kindern mit Leukämie hat man sie gefunden. Leider läßt sich bisher nicht ausschließen, daß man sich hier von seltsamen Zellorganellen narren läßt oder daß man es mit einer inkompletten Virussynthese als Folge einer unvollständigen Provirus-Information im Genom der Wirtszelle zu tun hat. Außerdem ist nicht sicher, ob ein Virus unbedingt komplett oder „replikationskompetent" sein muß, um eine Zelle zu transformieren.

Der erste sichere Hinweis auf eine infektiöse Leukämieform beim Menschen kam übrigens aus Japan, wo man im Jahre 1977 eine epidemisch auftretende Form der Leukämie, die sogenannte adult T-cell leukemia (ATL), zu beschreiben und zu erforschen begann (Uchiyama et al. 1977). Auf diese werden wir aber erst später näher eingehen, da sie schon unmittelbar zur AIDS-Forschung überleitet.

Zunächst wollen wir zur Orientierung noch einen kurzen Überblick über jene Vertreter dieser unheimlichen Retroviren geben, die schon bekannt waren, bevor AIDS als neuartige Krankheit erkannt wurde. Die Onkoviren sind mit dem AIDS-Virus entfernt verwandt, wenn auch bei weitem nicht so offensichtlich wie die tierischen Lentiviren. Sie sind sehr gut erforscht und haben schon eine Reihe sehr unbehaglicher Eigenschaften gezeigt. Es handelt sich um Viren, die fast durchgehend mit allen möglichen bösartigen lymphatisch-leukämischen Neoplasien verknüpft zu sein scheinen. Einige wichtige Repräsentanten seien hier mit ihren englischen Namen (die meist die verursachte Krankheit beinhalten) aufgezählt:

bovine **l**eukosis **v**irus (**BLV**, auch **BoLV**)
baboon **e**ndogenous **v**irus (**BaEV**)
simian **s**arcoma **v**irus (**SiSV**)
(Rauscher) **mu**rine **l**eukemia **v**irus (**MuLV**)
Mason-**P**fizer **m**onkey **v**irus (**MPMV**)
squirrel **m**onkey **r**etro**v**irus (**SMoRV**)
avian **m**yeloblastosis **v**irus (**AvMV**)
feline **l**eukemia **v**irus (**FeLV**)
Rous' **s**arcoma **v**irus (**RSV**)
avian **s**arcoma **v**irus (**AvSV**, **ASV**)
avian **l**eukosis **v**irus (**ALV**)
gibbon **a**ssociated **l**eukemia **v**irus (**GaLV**), auch gibbon ape
    leukemia virus (**GALV**)
mouse **m**ammary **t**umor **v**irus (**MMTV**)
Friend **mu**rine **l**eukemia **v**irus (**FLV** oder **FMuLV**)
simian **r**etro**v**irus (**SRV**)

Daneben existieren noch Dutzende weiterer Onkoviren in so verschiedenen Tierarten wie Schlangen, Muscheln und Truthäh-

nen. Innerhalb mancher der obengenannten Arten gibt es zahlreiche Varianten, die miteinander nahe verwandt sein können und in der Regel nach ihrem Entdecker benannt sind (z. B. Gross-Virus, Friend-Virus, Moloney-Virus, Graffi-Virus).

Das Genom der Onkoviren. In den folgenden Abschnitten wollen wir uns kurz mit dem genetischen Material der Onkoviren beschäftigen. Alle Vertreter dieser Virusgruppe verfügen − in schematischer Vereinfachung − über ein Genom mit folgendem Aufbau:

5'LTR − gag − pol − env − LTR 3'

Die kryptischen Abkürzungen seien hier etwas näher erläutert. 5' und 3' geben die Orientierung der Nucleinsäuren im Virusgenom an. **LTR** bedeutet „long terminal repeat" („lange endständige Wiederholung") und ist jener Teil des Genoms, der bei der Integration beidseitig mit dem zelleigenen DNA-Strang verbunden wird. **gag** bedeutet „group-antigen" und entspricht dem Genabschnitt, der die Information für die Strukturproteine des Virus enthält (vorwiegend die sogenannten Nucleo- und Core-Proteine); **pol** steht für „polymerase" und codiert für die Reverse Transkriptase sowie in ihrem rechten Abschnitt auch für die Integrase; **env** schließlich bedeutet „envelope", also Hülle, und codiert für die äußeren Hüllenglykoproteine.

Ein solches Virus ist nun imstande, sich entweder, wie schon beschrieben, mit Hilfe der Reversen Transkriptase und der Integrase in ein Chromosom zu integrieren (chronische Tumorviren) oder aber aus der DNA der Zelle einen kleinen Genabschnitt herauszuschneiden und in sein eigenes Genom einzubauen. Der „gestohlene" Genabschnitt ist in der Regel ein sogenanntes „Onkogen" (**onc**), das mit Kürzeln wie myc, erb, H-ras, Ki-ras, cis, src, fes, sis oder ähnlichem bezeichnet wird; diese stehen für die bösartigen Neubildungen, die jeweils mit dem Onkogen assoziiert sind (**src** z. B. für **s**a**rc**oma, **erb** für **e**r**y**t**h**ro**b**lastoma etc.).

Wenn das Virus in dieser Form intakt bleibt und sich weiterhin zu vermehren vermag (also replikationskompetent bleibt, was man bisher nur vom Rous-Sarkom-Virus weiß), kann es sehr rasch eine Krankheit hervorrufen und wird deshalb „akutes Tumorvirus" genannt. Derartige Viren sind zwar sehr interessant, spielen aber in der Natur keine größere Rolle. Es sind eigentlich „Laborviren", die ihren Wirtsorganismus so schnell töten, daß sie ihre eigenen Überlebens- und Verbreitungschancen damit stark verringern. Das Genom solcher Viren kann etwa folgendermaßen aufgebaut sein:

5'LTR − gag − pol − env − onc − LTR 3'

Meist jedoch verliert ein Virus, das ein zelluläres Onkogen in sein Genom integriert, einen Teil seines eigenen Genoms; der zelluläre Genabschnitt kann sozusagen einen Teil des Virusgenoms ersetzen, das hierdurch verstümmelt („defekt") wird:

5'LTR − gag − onc − env − LTR 3'

Wie schon früher angedeutet, können es sich Viren kaum leisten, etwas von ihrem wenigen Genmaterial zu verlieren. So geschädigte Viren bedürfen, um überhaupt noch aktiv zu werden, des Zusammenwirkens mit einem sogenannten Helfervirus. Dessen intakter Genabschnitt kann die Produktion jener Teile übernehmen, die das defekte Virus zu bilden außerstande ist.

Ein weiterer Begriff muß hier erwähnt werden: das „endogene" Virus. So bezeichnet man Viren, die im Genom eines Wirtsorganismus sitzen und mit dessen Keimzellen von Generation zu Generation weitervererbt werden wie ganz normale chromosomale Elemente („vertikale Ansteckung"). Sie können also − anders als „exogene" Viren − nicht zwischen gleichzeitig lebenden Individuen übertragen werden („horizontale Ansteckung").

Die endogenen Viren sind in der Regel apathogen. Sie verhalten sich also wie harmlose blinde Passagiere ihrer Wirtsspezies. So haben z. B. Kurth und Mitarbeiter am Paul-Ehrlich-Institut in Frankfurt ein „**HTDV**" (**h**uman **t**eratoma **d**erived **v**irus) beschrieben, und in Trondheim (Norwegen) spüren Dalen und Mitarbeiter einem suspekten Retrovirus bei der Psoriasis nach (siehe Abbildung 10.13), zu dem sogar schon die vermuteten spezifischen Antikörper beschrieben sind (Dalen et al. 1968, Mariehamn-Konf., 6.–8. März 1987). Hier steht die Forschung noch ganz am Anfang.

Nachdem wir nun wissen, woraus das genetische Material eines Retrovirus besteht, soll der folgende Abschnitt schildern, wie es morphologisch aufgebaut ist und wie es funktioniert. Es ist eindrucksvoll, was Fleiß und wissenschaftliche Neugierde auf diesem Gebiet in ziemlich kurzer Zeit zutage gefördert haben.

Morphologie der Retroviren

Alle Retroviren sind sich in ihrer Konstruktion weitgehend ähnlich. Die für die ganze Virusfamilie typischen Eigenschaften sollen hier am Beispiel des bisher bestuntersuchten Virus dargestellt werden. Die im folgenden verwandten Abbildungen stammen hauptsächlich von nachstehend genannten Einrichtungen, die großzügigerweise auch unpubliziertes Material zur Verfügung gestellt haben: Robert-Koch-Institut (RKI), Berlin (Gelderblom et al.), Max-Planck-Institut (MPI) für Entwicklungsbiologie, Tübingen (Frank et al.), Institut Pasteur, Paris (Montagnier, Barré-Sinoussi, Chermann, Dauguet et al.), Primate Center, University of California, Davis (Marx, Munn und Joy), Animal Diseases Research Institute (ADRI), Nepean, Kanada (Bouillant und Becker), Department of Hematological Medicine, Cambridge (Karpas et al.) und CDC, Atlanta (Feorino et al.). Die Abbildungen aus Tübingen (Frank) werden in einen Retrovirus-Atlas eingehen (Nermut und Steven, Hrsg., in Vorb.).

Den schematischen Aufbau eines Retrovirus (in diesem Fall des FLV) zeigt die Abbildung 10.14.

Die äußere Hülle des Virus ist mit mehr oder weniger weit herausragenden Oberflächenantigenen (Glykoproteinen) besetzt, die in ihrer Form sehr variieren; die meisten ähneln Noppen oder Stacheln („knobs" oder „spikes"). Die äußere Hülle selbst besteht aus einer Lipid-Doppelmembran, unter der eine dünnere Innenhaut („inner coat") liegt. Im Inneren befindet sich eine merkwürdig geformte, manchmal ikosaederartige, manchmal tubuläre kernartige Verdichtung („core"), die sich wiederum aus einer äußeren Hülle („core shell") und einer inneren, die RNA enthaltenden Spirale zusammensetzt. Die Hülle des „Core" wird wiederum von Proteinen gebildet (Core-Proteinen). An der RNA-Spirale befinden sich Nucleoproteine, Nucleasen und die Reverse Transkriptase.

Dieser Grundbauplan des Virus läßt sich nun auf der Basis detaillierter Analysen des FLV (Friend murine leukemia virus) und anderer Säugetierviren des C-Typs, zu denen die meisten onkogenen Viren gehören, weiter modifizieren (Frank, Schwarz, Graf und Schäfer 1978).

Wie man in der einigermaßen maßstabsgetreuen Darstellung 10.14 sieht, durchdringen Teile der Oberflächenproteine die äußere Virusmembran und reichen bis an die innere Hülle heran, in der sie möglicherweise verankert sind. Der ikosaedrische Core hat nach unten hin eine Öffnung, die genau der Stelle entspricht, an der das Virus sich beim Prozeß des Knospens („budding") von der Zellmembran gelöst hat. Die Nucleoproteine bilden zusammen mit der RNA-Spirale (Helix) eine bienenkorbartige, spiralförmig aufgerollte Struktur, die genau wie der Core eine Öffnung nach unten aufweist.

Wie ein Retrovirus aus vorgebildeten Einzelteilen zusammengefügt wird, wie insbesondere die Oberflächenproteine ihre Lage in der Membran einnehmen, zeigt der linke Teil von Abbil-

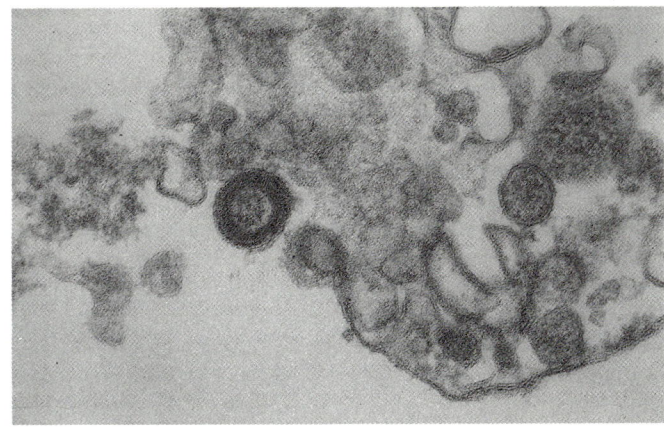

10.13 Retrovirusartige Partikel wurden auch bei der Psoriasis entdeckt. Es ist noch unklar, ob es sich um endogene oder exogene Viren handelt (Dalen und Iversen, Viruslaboratorium, Universität Trondheim).

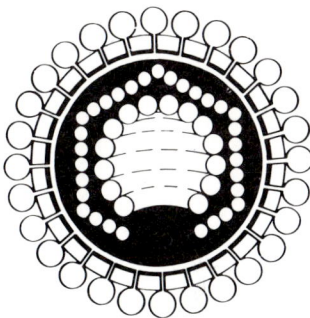

10.14 Schematischer Bauplan eines Retrovirus, hier FLV (H Frank et al., Max-Planck-Institut, Tübingen).

dung 10.15. In diesem Schema sind die Genabschnitte aufgeführt (env, gag und pol), die für die gezeigten Proteine codieren. Die Zahlen geben die Molekulargewichte der Proteine an. Für das HIV würden im Gegensatz zu dem hier abgebildeten Onkovirus folgende Proteinangaben gelten: Oberflächenprotein gp110-120, Transmembranprotein gp41, Inner-coat-Protein p18-19, Coreshell-Protein p24-25, Nucleoprotein p12, p15, Reverse Transkriptase p99.

Man sieht im oberen Bildteil, wie die Virus-RNA sich von innen der Membran nähert und die zuvor synthetisierten spezifischen Eiweißsubstanzen hindurchschiebt bzw. regelmäßig anordnet (man muß sich das etwa so vorstellen, als würde der Strang einer Zahnpastatube durch eine enge Öffnung hinausgedrückt). Außerhalb des Durchtrittskanals rollen sich die Eiweißstränge auf und bilden eine komplizierte Sekundärstruktur. Im unteren Bild haben die strukturbildenden Proteine das reife Viruspartikel geformt. Die Verankerung der Oberflächenproteine in der Inner-coat-Membran ist hier nicht dargestellt.

Hans Gelderblom (RKI, Berlin) hat in einer Momentaufnahme (Abb. 10.15, rechts) festgehalten, wie ein Retrovirus seine äußeren Glykoproteine während des beginnenden Knospungsprozesses durch die Membran hinausschiebt. Der in dem Schema von Bolognesi et al. dargestellte Moment ist darin gleichsam elektronenmikroskopisch eingefroren. Die Antikörper, welche am envelope-Glykoprotein auf der Virusoberfläche anhaften, sind mit Ferritin markiert. Die beiden untersten, seitlichen Moleküle finden sich hier in symmetrischer Weise noch näher an der Virusmembran, da der Eiweißstrang noch nicht in seine endgültige Position hinausgelangt ist.

Derartige Glykoproteine (also Proteine mit angehängten Kohlenhydraten oder Glykosylgruppen, deswegen als „glykosyliert" bezeichnet) sind etwa so in der Lipidmembran verankert, wie es die Abbildung 10.16 zeigt. Man sieht in diesem Schema auch den Aufbau der Lipidmembran. Es handelt sich um eine doppelte Schicht von Lipiden, die ihre langen hydrophoben Fettsäureketten gegeneinander nach innen wenden, während die hydrophilen Teile mit ihren elektrisch geladenen und chemisch aktiven Radikalen nach außen bzw. ins Zellinnere gerichtet sind. Die unterschiedlich langen Fettsäureketten sind, was aus der

Retrovirus-Morphogenese

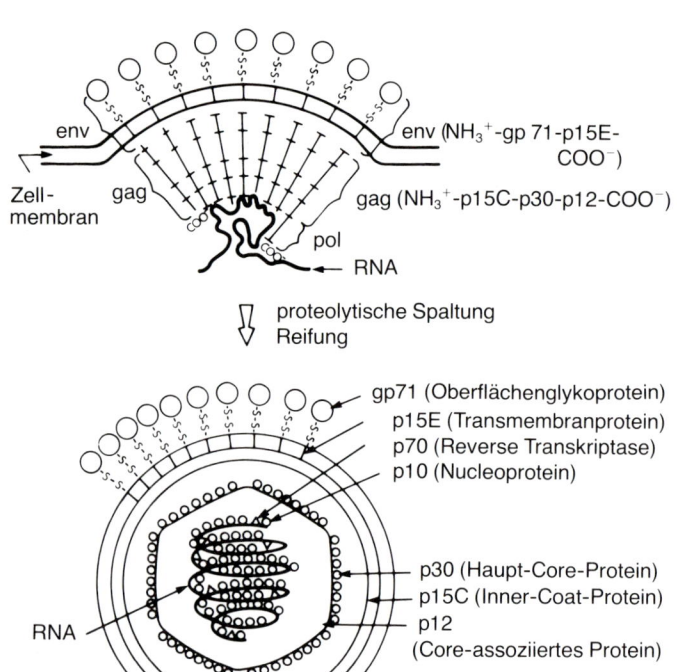

env

env (NH$_3^+$-gp 71-p15E-COO$^-$)

Zell-membran

gag

gag (NH$_3^+$-p15C-p30-p12-COO$^-$)

pol

RNA

⬇ proteolytische Spaltung Reifung

gp71 (Oberflächenglykoprotein)

p15E (Transmembranprotein)

p70 (Reverse Transkriptase)

p10 (Nucleoprotein)

p30 (Haupt-Core-Protein)

p15C (Inner-Coat-Protein)

p12 (Core-assoziiertes Protein)

RNA

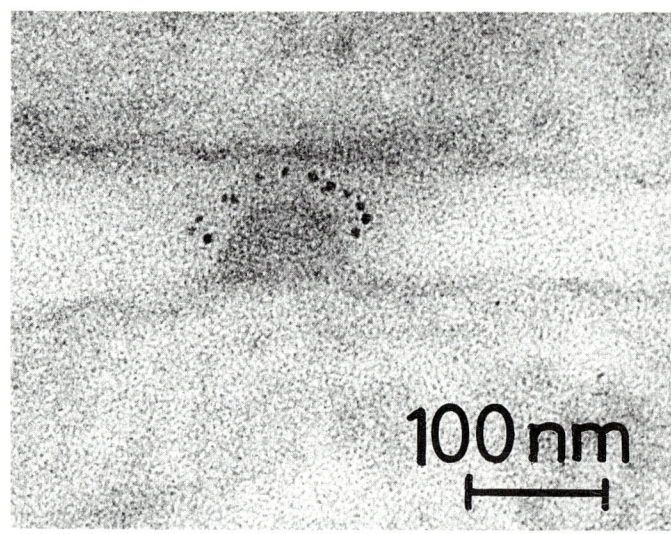

10.15 Links: Der Prozeß der Strukturierung der Virusmembran beim Knospen (oben) und die Struktur nach der Ausreifung (unten). Die Lokalisation verschiedener Proteine und Glykoproteine ist angegeben, auch der für sie zuständige Genombereich (Fischinger und Bolognesi, in DeVita et al. 1985; Bolognesi, Montelaro et al. 1978). Rechts: Mit Ferritin markierte Hybridantikörper demonstrieren die Lage der envelope-Antigene an einem avianen Retrovirus. Der unterschiedliche Abstand der Antikörper von der Virusmembran verdeutlicht, daß man mit solchen Momentaufnahmen die Penetration der Glykoproteine durch die Zell- bzw. spätere Virusmembran in verschiedenen Stadien gleichsam „einfrieren" kann (Gelderblom, Robert-Koch-Institut, Berlin, Copyright 1975 de Gruyter, Berlin).

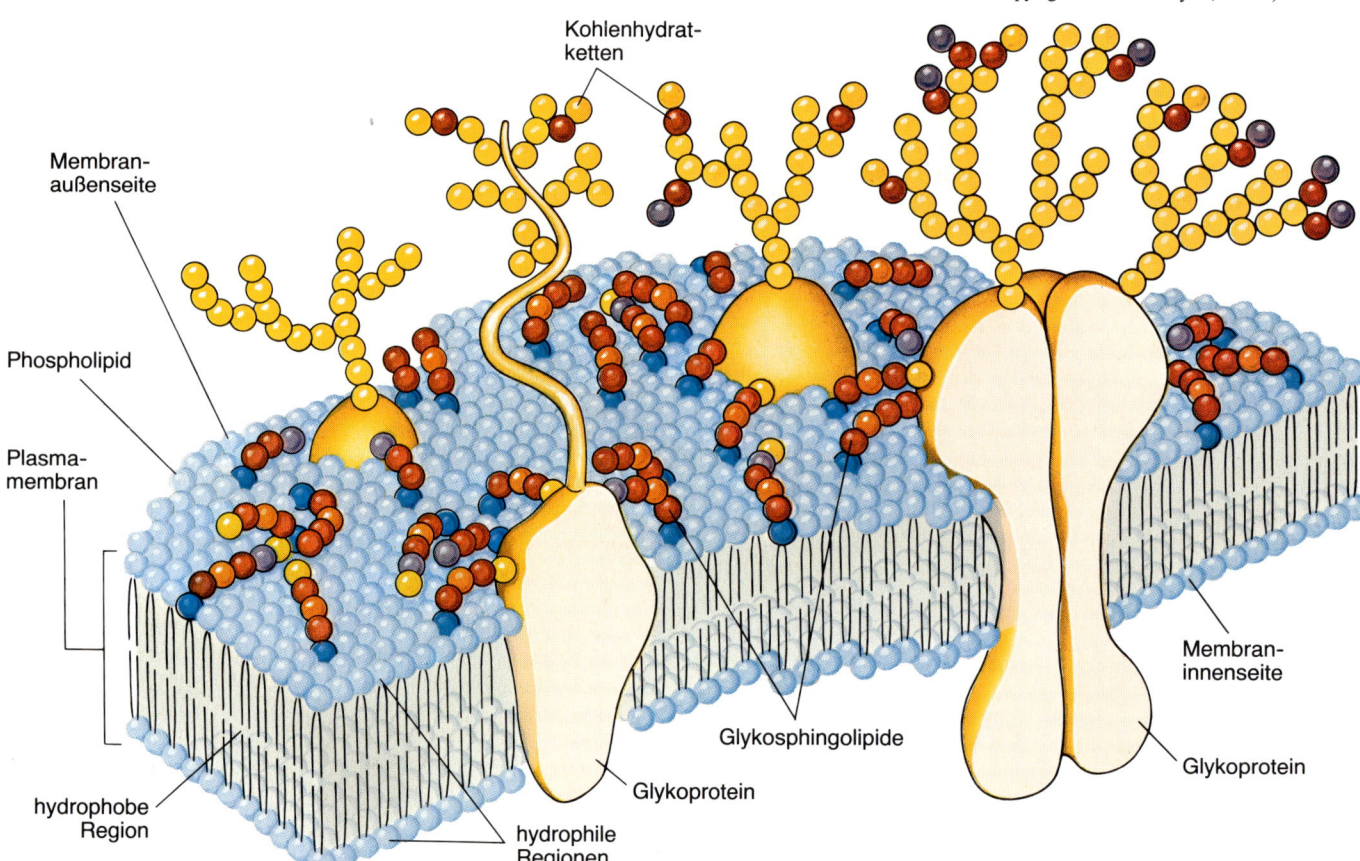

Kohlenhydratketten

Membranaußenseite

Phospholipid

Plasmamembran

Membraninnenseite

Glykosphingolipide

Glykoprotein

Glykoprotein

hydrophobe Region

hydrophile Regionen

10.16 Die Lage der Glykoproteine in der Membranstruktur. Die farbigen kleinen Ketten repräsentieren Kohlenhydrate, teils als „Glykosylierungen" an den Transmembranproteinen, teils als Bestandteile der „Glykosphingolipide" (Hakomori 1986, in *Krebs*, Copyright Spektrum der Wissenschaft, Heidelberg).

Skizze nicht hervorgeht, meist ineinandergeschoben und werden von „van-der-Waals-Kräften" zusammengehalten, vergleichbar einem Klettverschluß. Diese Doppelmembran ist außerdem an vielen Stellen von sogenannten Transmembranproteinen durchsetzt, die Transportwege öffnen und der Oberfläche ihre zelltypische Struktur geben.

Lipid-Doppelmembranen bilden sich spontan, wenn die entsprechenden Grundsubstanzen vorhanden sind, d. h. in einer Lösung enthaltene Lipide ordnen sich automatisch in sogenannten vesikulären Mizellen an, sofern den Molekülen mit ihren hydrophilen und hydrophoben Enden freies Spiel gelassen wird. Doch erst die äußerst mannigfaltige Ausrüstung mit zahlreichen anderen in sie eingelagerten Substanzen (darunter auch die sogenannten „Glykosphingolipide") gibt der Membran ihre spezifischen Eigenschaften: ihre Rezeptoren, ihre Antigene, ihren Tropismus und ihre selektive Permeabilität.

Die beschriebenen Virusstrukturen lassen sich bei geeigneter Vergrößerung im Elektronenmikroskop erkennen (Abb. 10.17). Aus solchen und ähnlichen elektronenmikroskopischen Aufnahmen läßt sich die ungefähre dreidimensionale Retrovirusmorphologie ableiten. Um die verschiedenen Strukturanteile besser unterscheiden zu können, sind in dem in Abbildung 10.18 gezeigten Modell die einzelnen Elemente in verschiedenen Grauabstufungen hervorgehoben, insbesondere die bienenkorbartig aufgerollten Ribonucleoproteinanteile, die das lebenswichtige Genmaterial des Virus (RNA) sowie die Reverse Transkriptase und weitere Enzyme umfassen. Einige elektronenmikroskopische Bilder (Abb.10.19 bis 10.23) mögen diese Vorstellungen vom Aufbau der Retroviren bestätigen.

In der Abbildung 10.19a sieht man ungewöhnlich deutlich, wie das Virus die sehr „fluide" Zellmembran verläßt. Manchmal zieht ein solches Virus sogar etwas Zellmembranmaterial wie einen kleinen Schwanz hinter sich her. Auch die regelmäßige Anordnung der Oberflächenproteine sowie der noch nicht gereifte Core sind gut zu erkennen.

Mit einer ausgeklügelten Technik, nämlich der Bedampfung mit einer dünnen Schwermetallschicht, kann man die Oberflächenstruktur der Viren wie durch Schatten sichtbar machen und bekommt dabei ein sehr realistisches Bild von der äußeren Form der Glykoproteine (Abb. 10.20). Wie leicht sich die noppenförmigen Oberflächenantigene von der Virusmembran lösen, ist deutlich in Abbildung 10.21 zu sehen.

Freie Cores sind, obwohl selten zu sehen, in mehrerer Hinsicht interessant, vor allem weil man ihre Form und Oberflächenstruktur besser studieren kann, wenn sie nicht innerhalb der Virushülle liegen (Abb. 10.22). Es ist auch möglich, daß das freie Core ein funktionelles Stadium der invadierenden Virionen repräsentiert, bevor das Genmaterial vollständig „entkleidet" ist. Abbildung 10.23 hält den sel-

10.19 Morphogenese und Feinstruktur bei verschiedenen Retroviren: (a–d) Knospungsvorgang, „budding"; (e–h) reife Partikel; (a,e) B-Typ-Virus, MMTV; (b,f) C-Typ-Virus, MuLV; (c,g) C-Typ-Virus, ALV; (d,h) D-Typ-Virus in HeLa-Zellen. Zu beachten sind hier die deutlich sichtbaren „Spikes" während des fast abgeschlossenen Budding-Prozesses (a), der unterschiedliche Grad der Ausbildung des Core bei der Knospung (a–d), die deutliche Ikosaederform des reifen C-Typ-Virus (f) sowie der längliche (h) und der doppelte (e) Core (H Gelderblom, Robert-Koch-Institut, Berlin).

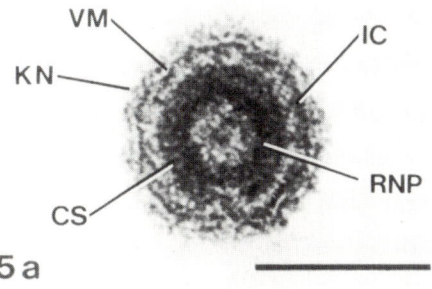
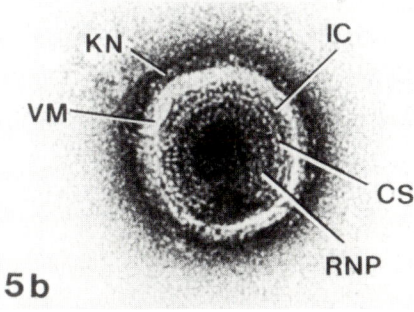

10.17 Auf diesen elektronenmikroskopischen Aufnahmen von Retroviren lassen sich folgende Strukturbestandteile unterscheiden: KN: Noppen („knobs"), VM: äußere Virusmembran, IC: „inner coat"-Membran, CS: „core shell", RNP: Ribonucleoprotein (H Frank, Max-Planck-Institut, Tübingen).

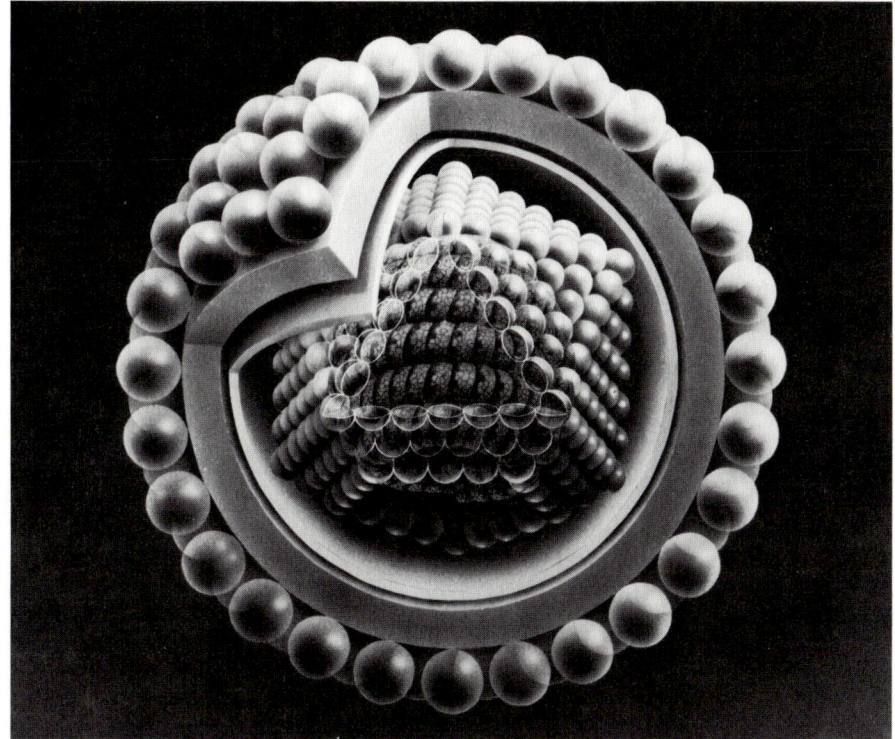

10.18 Retrovirusmodell mit teilweise freigelegter RNA-Helix im Zentrum. Die natürliche Öffnung an der Unterseite zeigt, wo das Virus sich von der Zellmembran seiner ursprünglichen Wirtszelle gelöst hat und wo es seinen Inhalt auch wieder herausschlüpfen läßt, wenn es erneut in das Innere einer Zelle eingedrungen ist (H Frank et al., Engler, Max-Planck-Institut, Tübingen).

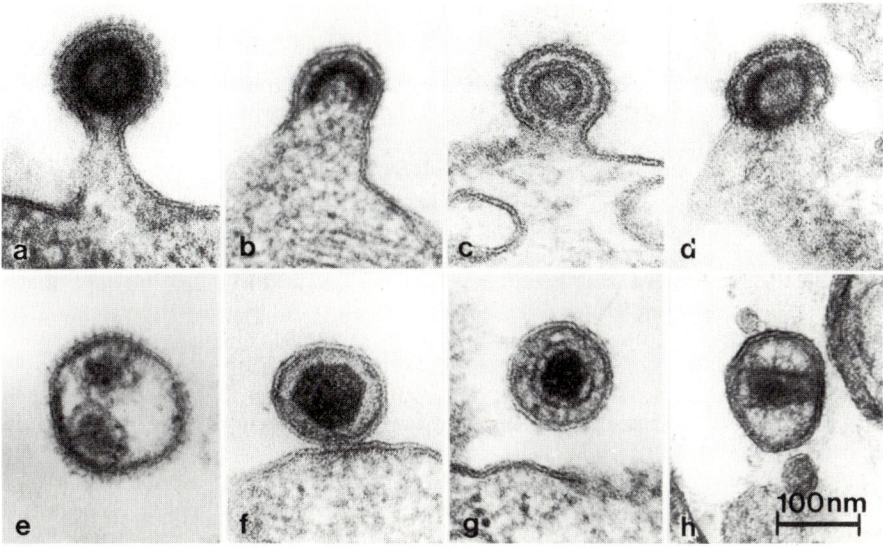

100nm

81

10.20 FLV-Retroviren in der Aufsicht. Man sieht, daß ein Teil der Glykoproteine sich von der Virus-oberfläche gelöst hat (kahle Flächen, „Glatzen"), da sie sehr locker am transmembranösen gp verankert sind. Der Pfeil bezeichnet einen Core, der seine Hülle verlassen hat. Man kann den „nackten" Core an drei Dingen erkennen: (1) geringere Größe, (2) Ikosa-eder-Form, (3) geringere Größe der Core-Proteine im Vergleich zu den hier sichtbaren envelope-Glykopro-teinen (H Frank, Max-Planck-Institut, Tübingen).

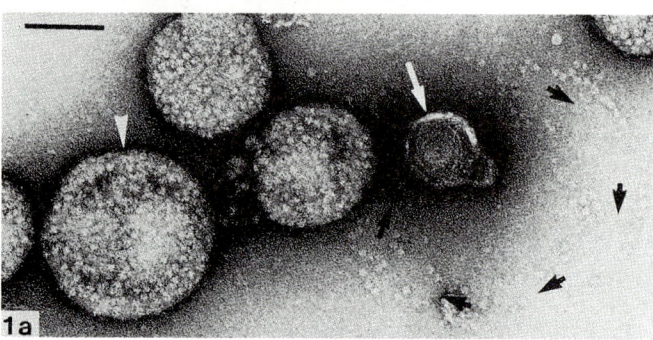

10.21: Retrovirus FLV, etwas ungleichmäßig fixiert. Der weiße Pfeil zeigt ein Viruspartikel, das während der Präparationen seine Glykoprotein-Noppen (schwarze Pfeile) verloren hat, die nun wie kleine Sagokörner umherliegen. Die weiße Pfeilspitze zeigt ein Virus, das vor der Fixation noch kräftig aufgeschwollen ist. Es hat aber offensichtlich seine Glykoproteine an der Oberfläche behalten. Häufig entstehen derart ausgeprägte Größenunterschiede der Virionen als eine Folge ungleichmäßiger Fixierung (H Frank, Max-Planck-Institut, Tübingen, Copyright Elsevier, Amsterdam).

10.22 Freie Cores des Retrovirus FLV. Man erkennt die fein granulierten Core-Proteine, und in der kleinen, eingefügten Vergrößerung (Nermut et al. 1972, Copyright Academic Press) sieht man deutlich die hexagonale Anordnung der Proteine (H Frank, Max-Planck-Institut, Tübingen, in: Nermut und Steven: *Animal Virus Structures*, Copyright Elsevier, Amsterdam).

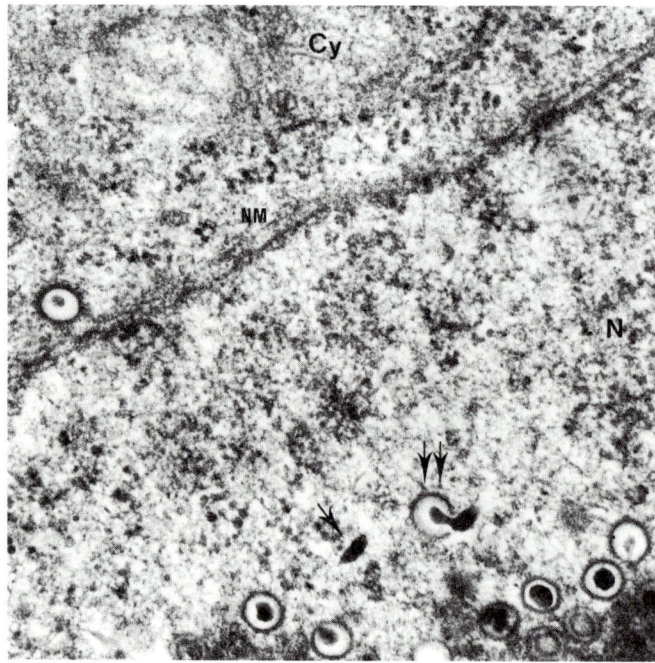

10.23 Eine Virushülle entläßt − im Kern (Nucleus, N) der Wirtszelle − ihren Core (doppelter Pfeil); daneben ein freier Core (Einzelpfeil). Außerhalb der Kernmembran (NM) befindet sich das Zytoplasma (Cy). Das Bild zeigt DNA-Viren aus der Herpes-Gruppe in einer KS-Zelle (Giraldo, Beth und Hagenau 1972).

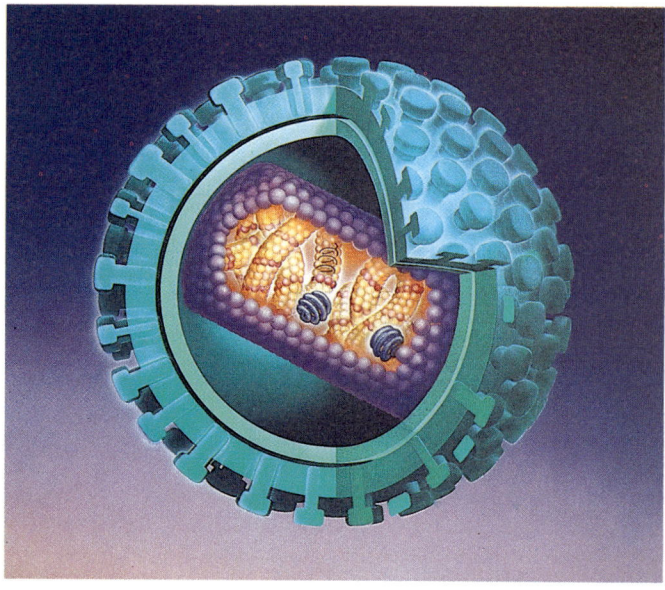

10.24 Modell der Struktur des AIDS-Virus auf der Basis von Vorstellungen, wie sie Anfang 1986 herrschten (Gatermann, *Spiegel*, und Osterwalder, GRAPHICO, auf der Grundlage elektronenmikroskopischer Bilder von Gelderblom); diese mußten allerdings vor allem aufgrund der morphologischen Studien von Marx, Munn und Joy (University of California, Davis) sowie von Gelderblom und Özel (Robert-Koch-Institut) rasch modifiziert werden.

tenen Augenblick fest, wo ein Core gerade dabei ist, seine Hülle zu verlassen.

Das Vorkommen von sogenannten aberranten Core-Formen etwa beim FLV spricht für eine nahe Verwandtschaft zwischen den verschiedenen Strukturformen, die damit keineswegs einem einheitlichen Bauprinzip der Retroviren widersprechen. Vermutlich erklären sich die unterschiedlichen Formen des Core da-durch, daß das Nucleocapsid („core shell") verschieden groß und dicht ist und die Ribonucleinsäurespirale sich mehr oder weniger eng, mehr oder weniger regelmäßig aufwickeln kann.

Die erste graphische Rekonstruktion des HIV (zu Beginn des Jahres 1986 entworfen) nahm noch eine tubuläre Struktur des „Core-shell" an, in der man sich die RNA verborgen liegend dachte; sie ist in Abbildung 10.24 gezeigt.

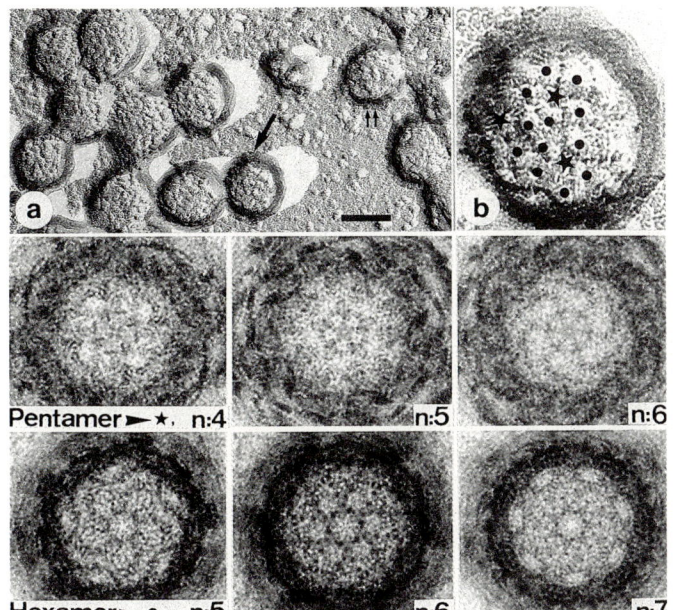

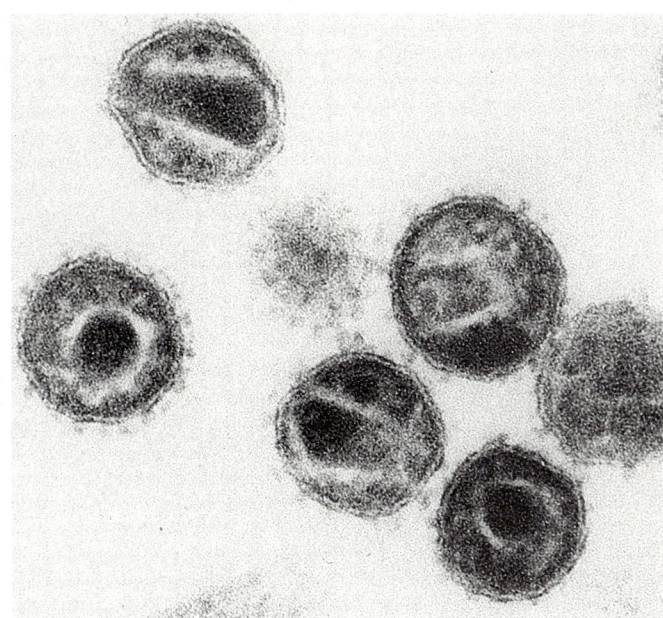

10.25 Symmetrieanalyse der Knobs auf der Lipidhülle des HIV durch Rotationstechnik: a) freie Viren und ein knospendes Viruspartikel (Doppelpfeil) nach Oberflächenreplica-Präparation (Strich: 100 Nanometer); b) Ausschnitt des in a) mit einem Pfeil markierten Virusteilchens. Die unteren Reihen zeigen jeweils an einem Beispiel die Ergebnisse der Rotationsanalyse von Pentameren und Hexameren (Özel und Gelderblom, Robert-Koch-Institut, Berlin).

10.26 (oben rechts) Detaillierte elektronenmikroskopische Aufnahme von HIV-Partikeln mit deutlich sichtbaren Hüllantigenen (H Gelderblom, Robert-Koch-Institut, Berlin).

10.27 (rechts) Unten starke Vergrößerungen des AIDS-Virus in zwei Schnittebenen, darüber eine graphische Verdeutlichung des Bildes und ganz oben eine hypothetische Struktur, welche die gesehenen Silhouetten zu deuten vermag (Marx, Munn und Joy, Primate Research Center, Univ. of California, Davis).

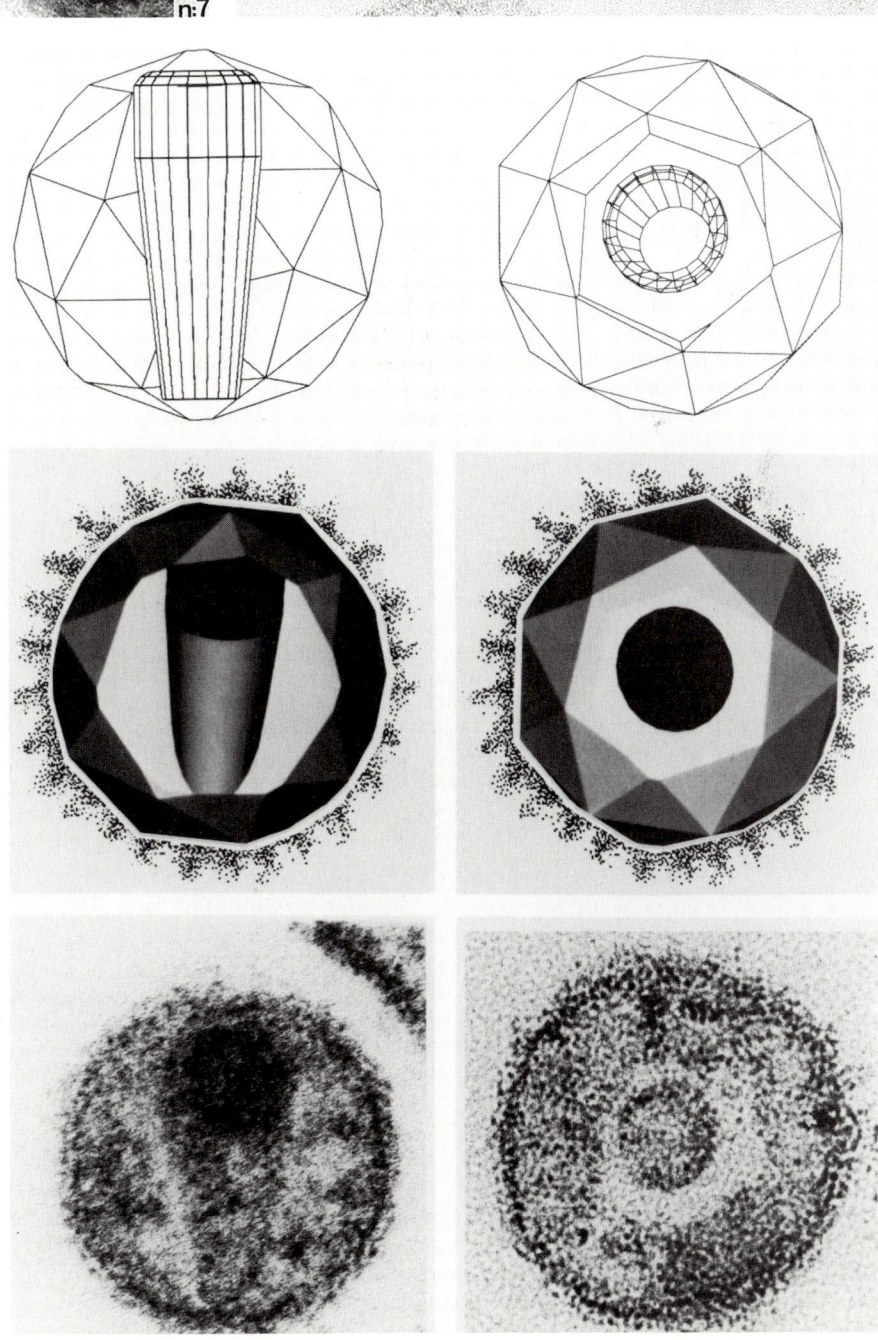

Ungewöhnlich ausgeklügelte Fixierungs- und Darstellungstechniken im Bereich der Elektronenmikroskopie haben neue Schärfe in das Bild von diesem Virus gebracht. Bei stärkstmöglicher Vergrößerung hat man das Bild der Virusstruktur rotieren lassen und stroboskopisch betrachtet (Abb. 10.25), um die Symmetrie der Oberflächenstruktur, also die Anordnung der Hüllantigene („knobs") zu analysieren. Die hierbei gefundene Symmetrie, eine Kombination von sechseckigen und fünfeckigen Elementarstrukturen, wird uns noch weiter beschäftigen.

Eine schonende Fixierung der Viruspartikel hat die „Knobs" an der Virusmembran bewahrt und ermöglicht ungewöhnlich detaillierte Aufnahmen (Abb. 10.26). In ihnen läßt sich der Abstand der Knobs voneinander abmessen und die Gesamtzahl der Oberflächen-Antigene berechnen (70−80), außerdem ihre Form und Größe ziemlich genau beschreiben: Sie haben eine Gesamthöhe von ca. 18 Nanometern (1nm = 10⁻⁹m), einen Durch-

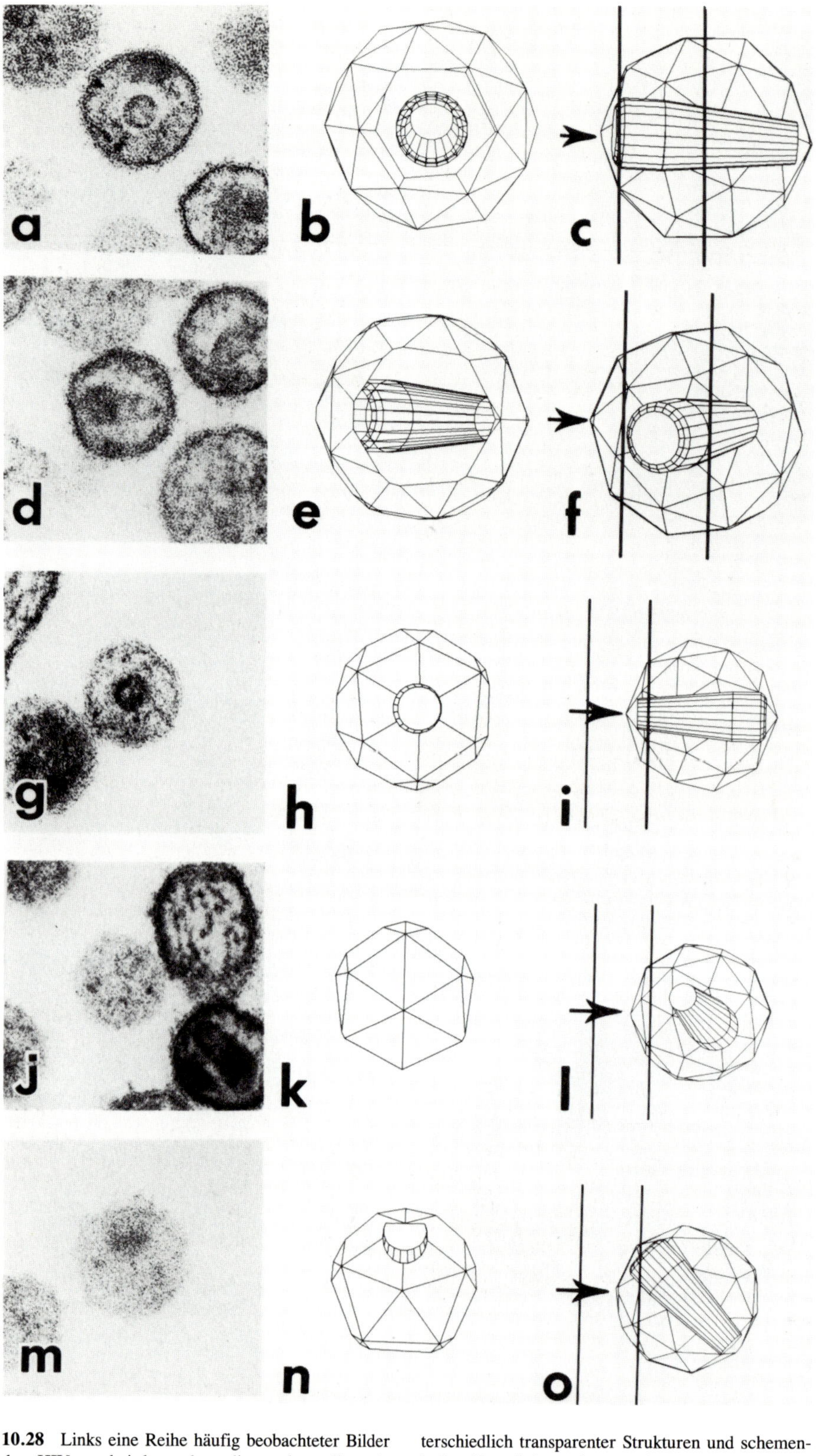

10.29 Ein weithin bekanntes „Virusmodell": Der schwarz-weiße Fußball besteht aus 20 hexagonalen und 12 pentagonalen Elementen, die zusammen die Kugelform ergeben.

HIV-Morphologie weiter entschleiert (Abb 10.27 und 10.28). Sie konnten auch zeigen, daß sich jedes in der Realität gesehene Schnittbild auf der Basis dieser Annahmen widerspruchsfrei erklären ließ.

Die verbleibenden Zweifel an dieser Deutung dürften von den bestechenden Übereinstimmungen der Häufigkeitsverteilung der beobachteten Schnittbilder mit der Wahrscheinlichkeitsverteilung ihrer computererzeugten hypothetischen Entsprechungen ausgeräumt werden. Es ergibt sich also auf der Basis dieser Ergebnisse folgendes Bild: Der Core des HIV hat (nicht ganz unähnlich dem FLV-Modell von Frank) die Form eines Deltaikosaeders, zusammengesetzt aus 60 dreieckigen Subelementen, die sich mal zu sechst, mal zu fünft in hexa- bzw. pentagonalen Einheiten um einen Scheitelpunkt gruppieren und so insgesamt eine angenähert kugelförmige Struktur ergeben. Darin ist der konisch aufgerollte Ribonucleoproteinkomplex enthalten.

Daß die Strukturierung des Core, wie die Anordnung der Noppen der Virusoberfläche, auf dem Prinzip zu beruhen scheint, hexagonale und pentagonale Einheiten miteinander zu verbinden, erinnert daran, wie man einen Fußball aus Leder nähen muß, um die Teile zu einem runden Ball zusammenfügen zu können. Auch dort wechseln sechseckige mit fünfeckigen Einheiten ab (Abb. 10.29).

Alle strukturbildenden Prozesse scheinen strengen Gesetzen zu folgen. Wo Medizin, Molekularbiologie und Virologie sich berühren, herrscht eine mathematische Stringenz, die ästhetisch ansprechende Formen entstehen läßt. Mit Lennart Nilssons (Karolinska-Institut, Stockholm) maximaler Vergrößerung, die ein Auflösungsvermögen von 5–6 Ångström erreicht (Abb. 10.30), lassen sich sogar die einzelnen Knobs räumlich darstellen.

10.28 Links eine Reihe häufig beobachteter Bilder des HIV, wobei besonders die stark variierende Struktur des Core verblüfft, der sich mal rund, mal tubulär, mal konisch, mal gar nicht darstellt und um den herum sich ständig wechselnde Silhouetten unterschiedlich transparenter Strukturen und schemenhafter Trennlinien zeigen; rechts jeweils die erklärenden Skizzen an dem Modell des Nucleocapsids in zwei Blickrichtungen (Marx, Munn und Joy, Primate Research Center, Univ. of California, Davis).

messer von 9 nm und sind über einen etwa 8 nm langen Stiel mit der Virusmembran verbunden (Gelderblom et al. 1986-2).

Faszinierende Studien einer Arbeitsgruppe am Primatenzentrum der University of California, Davis (Marx, Munn und Joy 1986), haben unter Verwendung von computergestützten Strukturanalysen und in Experimenten mit „zufallserzeugten" hypothetischen Schnittbildern einer erdachten Core-Struktur die

Auf der Basis der hier gezeigten Arbeiten sowie in Zusammenarbeit mit den genannten Forschern aus Berlin und Davis haben wir ein für den heutigen Stand unseres Wissens repräsentatives Bild des HIV geschaffen (Abb. 10.31).

Das neue HIV-Modell zeigt ein typisches Lentivirus. Im zentralen, konischen Ribonucleoproteinkomplex (RNP) liegen die Schlüsselsubstanzen aller Retroviren, ihr Genom und die Rever-

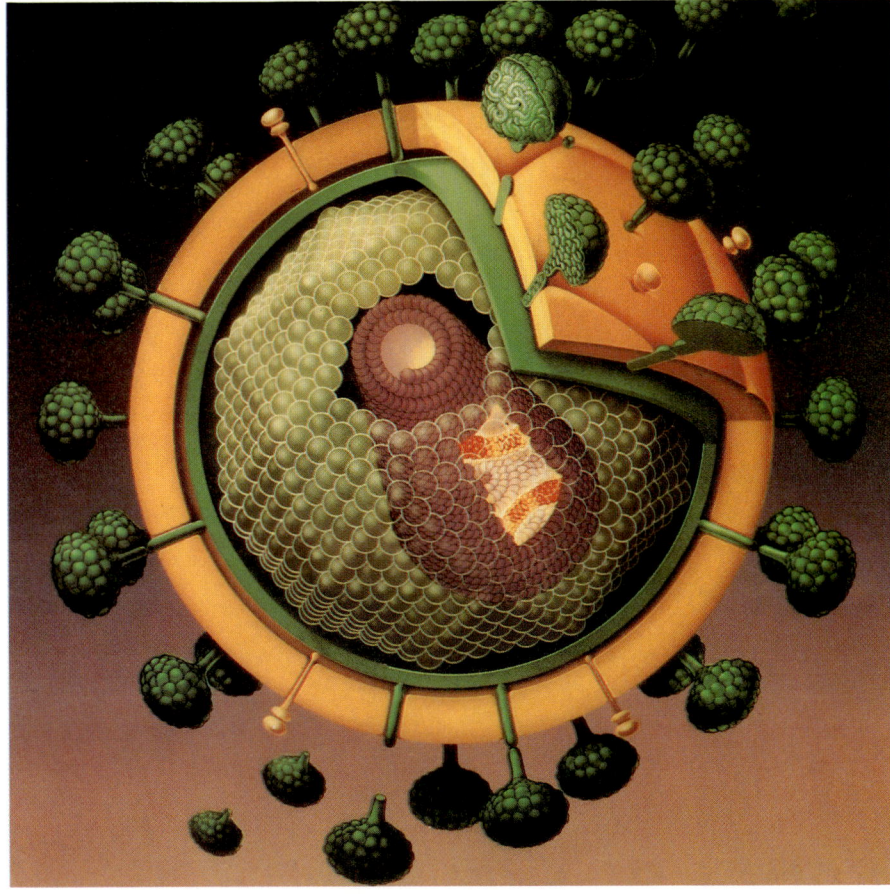

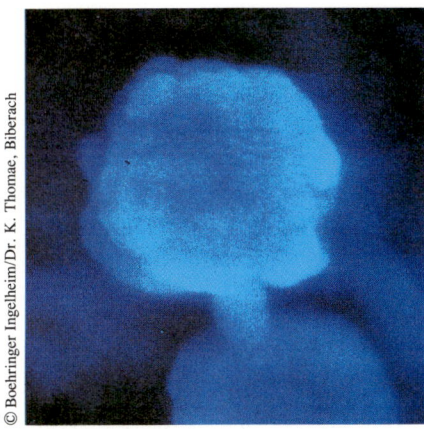

10.30 Maximal erreichbares Auflösungsvermögen bei der Photographie einzelner HIV-Partikel. Man sieht, daß die Hüllantigene (Knobs) die Form von Rotationsellipsoiden haben (L Nilsson, Karolinska-Institut, Stockholm).

◀ **10.31** Modell des für AIDS ursächlichen Virus HIV, konstruiert auf der Basis von elektronenmikroskopischen Photographien sowie computergraphischen Untersuchungen (nach MG Koch, Karlsborg, auf der Grundlage der Arbeiten von: H R Gelderblom, M Özel, G Pauli, Robert-Koch-Institut, Berlin; PA Marx, RJ Munn, KI Joy, University of California, Davis, USA; H Frank, W Schäfer, H Schwarz, Max-Planck-Institut, Tübingen; JC Chermann, F Barré-Sinoussi, C Dauguet, P Picouet, L Montagnier, Institut Pasteur, Paris; A Karpas, W Gillson, Dept. of Hematol. Med., University of Cambridge, UK; PM Feorino, E Palmer, CDC, Atlanta; L Nilsson, J Lindberg, Karolinska-Institut, Stockholm; JA Levy, L Oshiro, Cancer Research Center, University of California, San Francisco; H Wolf, S Modrow, Max-von-Pettenkofer-Institut, München. Künstlerische Gestaltung: HU Osterwalder, W und I Desmarowitz, GRAPHICO, Hamburg). Die äußere Hülle ist im Maßstab etwas vergrößert, damit die Details besser dargestellt werden können.

se Transkriptase. Die äußere Doppelmembranstruktur ist um der Deutlichkeit willen etwas vergrößert gezeigt. Im Laufe der kommenden Jahre wird dieses Modell sicher modifiziert und komplettiert werden, insbesondere unter Berücksichtigung neuer Beobachtungen von Bykovsky (Wash.-Konf. TP 2).

Besonders in den Details nimmt unser Wissen ständig zu, und verschiedenste Forschungsbereiche tragen hierzu bei. Kristallographische Untersuchungen der molekulären Vernetzung bzw. der Strukturbildung des Poliomyelitis-Virus haben faszinierende Bilder ergeben, die sehr wohl andeuten mögen, wie die Moleküle des Core-shell (p24-25?) jene dreieckigen Elementarflächen des Deltaikosaeders bilden mögen, und auch, wie man sich die RNP-Helix aufgebaut denkt. Zunächst einmal wird sich die Forschung jedoch auf die Detailstruktur der Hüllenglykoproteine konzentrieren, da man dort eher pathogenetische Mechanismen lokalisiert und therapeutische Angriffspunkte vermutet. Das könnte sich ändern, falls den Core-Proteinen wichtige Funktionen bei der Virusinvasion in die Zelle zukommen sollten.

Man kann eine Zelle, von deren Oberfläche ein Virus zu „knospen" beginnt, auch von außen betrachten und sieht dabei mehrere interessante Dinge. In die äußere Zellmembran sind schon, bevor das Knospen („budding") eines Virus beginnt, zahlreiche virale Oberflächenantigene eingelagert. Dies ist ein Zeichen dafür, daß die Zelle infiziert ist, und kann das Immunsystem und dessen zytotoxische Zellen bereits alarmieren. Bevor sich das RNA-Virus von innen an die Zellmembran anlegt, deutet sich der Knospungsprozeß schon dadurch an, daß die verstreuten Glykoprotein-Noppen sich an bestimmten Stellen zu sammeln beginnen und so den Ort der entstehenden Virusknospe markieren. Danach buchtet sich die Zellmembran langsam aus, wobei sich die Glykoproteine dichter und regelmäßiger anordnen und wohl auch ergänzt werden. Vom Virusgenom gesteuert, wird das Virus sozusagen aus Komponenten „zusammengebaut" („assembly"), und um sich eine stabile Außenhülle zu schaffen, läßt es einen Teil der Zellmembran sozusagen „mitgehen".

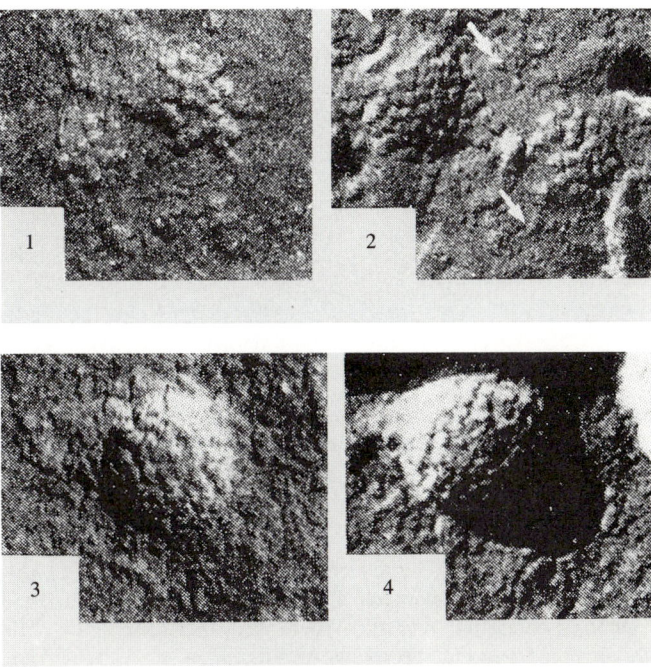

10.32 Der Vorgang des Knospens an der Oberfläche einer Zelle. Man sieht, daß die Zelle über weite Bereiche verstreut einzelne virale Glykoproteine enthält (weiße Pfeile in (2)); die Ausbuchtung der Zelloberfläche wird von (1) bis (4) immer ausgeprägter (H Frank, Max-Planck-Institut, Tübingen).

AIDS

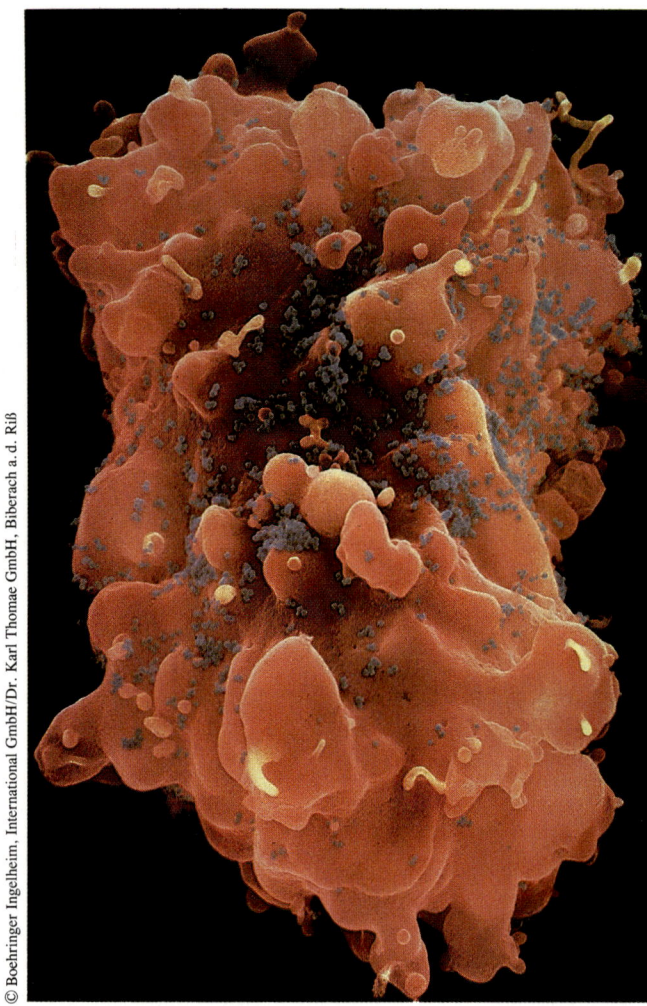

© Boehringer Ingelheim, International GmbH/Dr. Karl Thomae GmbH, Biberach a. d. Riß

10.33 T-Helfer-Zelle, die zahlreiche Viruspartikel (bläulich) produziert (L Nilsson, Karolinska-Institut, Stockholm).

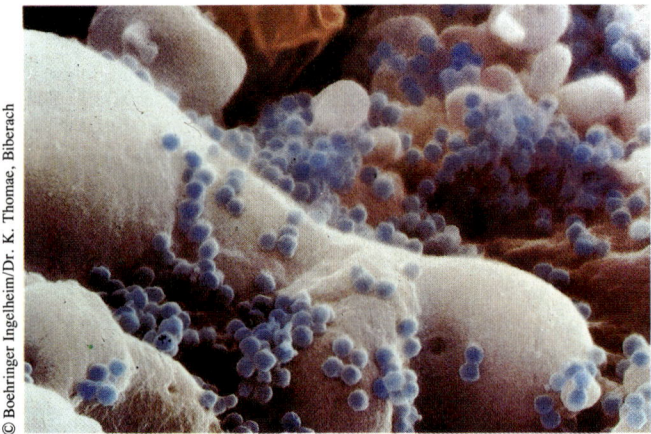

© Boehringer Ingelheim/Dr. K. Thomae, Biberach

10.34 Weitere Vergrößerung des Prozesses der Virusknospung. Man sieht an einigen Stellen, von denen sich Partikel gelöst haben, kleine Löcher. Oben (bräunlich) ein geschrumpfter Erythrozyt (L Nilsson, Karolinska-Institut, Stockholm).

In groben Zügen gilt auch für das Lentivirus HIV, was die Retrovirusforschung der letzten zehn Jahre vorwiegend an Onkoviren zutage gefördert hat. Die Abbildungen 10.32 bis 10.35 zeigen das Budding, 10.36 und 10.37 das Eindringen in die Zelle in verschiedenen Stadien und Vergrößerungen.

Lenti- und Onkoviren verhalten sich also hierin ganz gleichartig. Wir werden im folgenden noch mehr gemeinsame Züge kennenlernen, aber auch auf Unterschiede stoßen, die sich als ebenso wichtig erweisen werden wie die Gemeinsamkeiten.

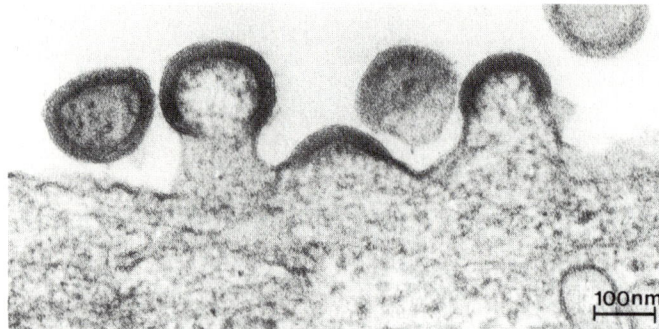

100nm

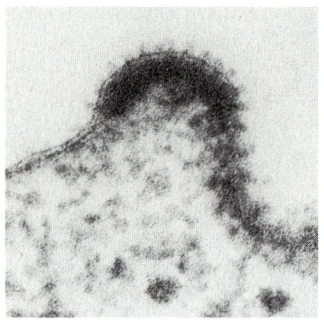

10.35 Das Budding im elektronenmikroskopischen Bild. Oben verschieden reife Stadien des knospenden HIV, unten ein Bild nach spezieller Fixierung, welche die Hüllantigene (Knobs) ungewöhnlich deutlich hervortreten läßt. Man kann (am rechten Rand der Virusausbuchtung) sehen, daß die Antigene auch auf der benachbarten Zelloberfläche zu finden sind (Gelderblom und Pauli, Robert-Koch-Institut, Berlin).

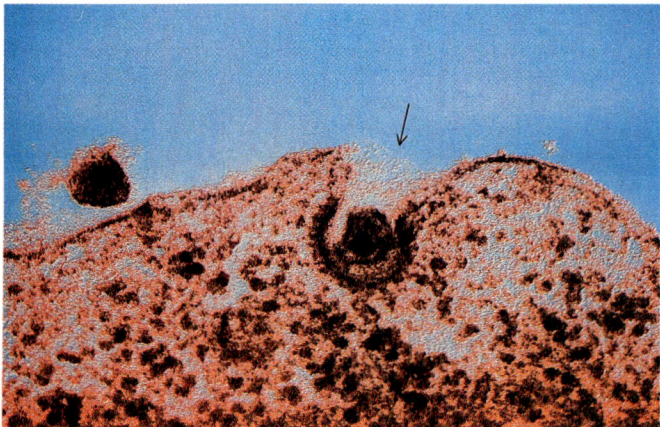

10.36 Das Eindringen eines HIV-Partikels in einen Lymphozyten (C Dauguet et al., Institut Pasteur, Paris).

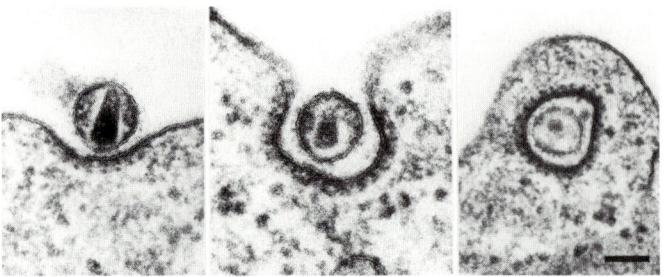

10.37 Der Vorgang der Zellinvasion ist verblüffend kompliziert. Es handelt sich um einen endozytotischen Prozeß mit mehreren Stadien. Das Virus wird in einem Bläschen inkorporiert und verläßt es später, indem sich die Virusmembran mit der Bläschenwand vereinigt und den Inhalt (den Core) ins Zytoplasma der Zelle hinausstülpt. Die ersten drei Schritte des Eindringens in die Zelle sind hier eingefangen (H Gelderblom, Robert-Koch-Institut, Berlin).

Epidemiologie der Retroviren

Es ist wichtig zu wissen, wie sich Retroviren unter epidemiologischem Gesichtswinkel verhalten. Die Subfamilie der Onkoviren zeichnet sich durch die unter gewissen Umständen zutage tretende Fähigkeit aus, verschiedene Krebsformen hervorzurufen (dies nennt man „onkogene Potenz" oder „Onkogenität").

Man hat Onkoviren in so verschiedenen Geweben wie humanem Rhabdomyosarkom, fetaler Lammniere, Kaninchenthymus sowie Fibroblasten und Lymphoblasten verschiedener Provenienz gezüchtet. Es hat sich gezeigt, daß sie auch in gewissen menschlichen Zellen überleben, obwohl sie lange als ausschließlich tierpathogen betrachtet wurden.

Natürlich hat noch niemand den Versuch unternommen, diese Viren auf Menschen zu übertragen. Hingegen sind unabsichtliche „Großversuche" an den schwedischen Rinderbeständen durchgeführt worden: Als Folge einer Impfkampagne kam es zu einer ausgedehnten, nachdenklich stimmenden Verbreitung des bovinen Leukämievirus (BLV) über ganz Schweden. Der verwendete Impfstoff gegen Piroplasmose hatte, wie sich später herausstellte, das BLV enthalten. Entsprechende Erfahrungen mußte man bei der weltweiten Verbreitung der Scrapie mit der Impfung von Schafbeständen machen. Beide Male verhinderte die lange Inkubationszeit, daß man rechtzeitig erkannte, was vor sich ging.

Man geht im allgemeinen davon aus, daß die Magensäure Viruspartikel ziemlich zuverlässig abtötet. Dies gilt jedoch definitiv nicht für die „unkonventionellen Viren", die sehr wohl auch über den intestinalen Weg übertragen werden. Auf diese Weise etwa ist ja offensichtlich die Kuru-Erkrankung in Neuguinea von Generation zu Generation weitergegeben worden (die Eingeborenen dort verzehren bei rituellen Handlungen die Gehirne Verstorbener), und ein ähnlicher Verdacht gründet sich auf Anhäufungen von Creutzfeldt-Jakob- und Gerstmann-Sträußler-Erkrankungen bei mehreren Generationen schafzüchtender Bauern und in Familien, die regelmäßig das Fleisch selbstgehaltener Kaninchen aßen (Pfeiffer 1982, Hudson et al. 1983, Davanipour et al. 1985; hingegen haben Kondo und Kuroiwa 1982 derartige Zusammenhänge nicht bestätigt).

Da wir von der individuellen Geschichte des AIDS-Virus so wenig wissen, müssen wir seine „Heredität", seinen familiären Hintergrund, studieren. Das kann uns Hinweise darauf geben, mit welchen Anlagen und Eigenschaften wir zu rechnen haben.

Aufschlußreich ist in dieser Beziehung z. B. das bereits gründlich untersuchte FeLV (feline leukemia virus). Für Katzen bedeutet eine Infektion mit diesem Virus ein erheblich erhöhtes Risiko, bakterielle, virale und parasitäre Erkrankungen wie Sepsis, Stomatitis, Peritonitis, Pneumonie, Hämobartonellose oder Toxoplasmose zu entwickeln (WJ Hardy et al. 1969, Pedersen et al. 1977 etc., aktuelle Zusammenfassungen: Trainin et al. 1983, Pauli et al. 1985). Das Krankheitsbild scheint in mehrerer Hinsicht dem menschlichen AIDS zu entsprechen, weshalb es auch „Katzen-AIDS" (felines AIDS, FAIDS) genannt wird. (Es hat sich jüngst gezeigt, daß nur eine genetische Variante, nämlich das sogenannte FeLV_{FAIDS}, für dieses Bild verantwortlich ist — das normale FeLV verursacht eine eher normale Leukämie.)

Man findet beim FAIDS erhöhte Immunglobulinwerte (vor allem IgG und IgM), verspätete und abgeschwächte Immunreaktionen, Thymusatrophie, verringerte Reaktion gegenüber T-Zell-Mitogenen, Lymphopenie, typische Lymphknotenveränderungen, Leukämie, Fibrosarkome und zahlreiche andere AIDS-ähnliche Züge. Nicht zuletzt deshalb ist diese Erkrankung in letzter Zeit intensiv studiert worden.

Mittlerweile haben Versuche mit dem Ziel, einen Impfstoff gegen diese Viruserkrankung herzustellen, nach langer Entwicklungszeit und zahlreichen Teilerfolgen endlich Frucht getragen: Aufbauend auf der **ISCOM**-Methode Bror Moreins, Uppsala (**i**mmune-**s**timulating **com**plex, Morein et al. 1978, 1983, 1984, Morein 1985) hat man eine offenbar protektive Impfsubstanz produzieren können, die zumindest einen Teil der geimpften Katzen vor den Folgen der Infektion schützte (Osterhaus et al. 1985, Garrett, Wash.-Konf. T.2). Damit existiert der erste effektive Impfstoff gegen ein Retrovirus. Leider gehört FeLV zu den Onko- und nicht zu den Lentiviren. Wir werden später noch darauf zu sprechen kommen, warum dieser Umstand unsere Hoff-

nungen auf eine baldige Entwicklung eines „AIDS-Impfstoffs" dämpfen sollte. Die Schwierigkeiten der Impfstoffherstellung bei Lentiviren sind nämlich von prinzipiell anderer Art. Dennoch ist der Erfolg bei einem Onkovirus immerhin ein Hoffnungsschimmer.

Da nun kürzlich ein neues Katzenvirus entdeckt worden ist (**FTLV**, **f**eline **T**-**l**ymphotropic **l**entivirus, Pedersen et al. 1987), das ein völlig typisches AIDS-Bild hervorruft, wird die Terminologie bald noch verwirrender werden. Diesmal scheint es sich um ein HIV-ähnliches Lentivirus zu handeln, das wohl (analog zu HIV, BIV und SIV) eigentlich FIV genannt werden sollte. Dieses hat sich in einer kalifornischen Katzenfarm sehr effektiv verbreitet (eingeschleppt von einer infizierten Katze 1982; heute sind von ca. 40 Katzen 11 gestorben, 13 erkrankt und weitere 10 infiziert) und wird vermutlich ein gutes Tiermodell für AIDS beim Menschen darstellen.

Alle Retroviren, die wir von Primaten her kennen, sind natürlich in den Verdacht geraten, eine Rolle für die AIDS-Erkrankung beim Menschen spielen zu können. Es gibt erstaunlich viele solcher Viren, und wie sich aus den neuesten Forschungsergebnissen über Infektionen bei Affen, über neurologische Erkrankungen bei Indianerstämmen in Kanada, über die „tropische spastische Paraparese" (TSP) und verwirrende Serumbefunde bei südamerikanischen Indianern ersehen läßt, scheint dieses Reservoir wissenschaftlich noch gar nicht ausgelotet zu sein. Es sieht so aus, als hätten solche Retroviren schon lange mit und in den verschiedenen Arten von Primaten gelebt. Inwieweit die erfolgte Anpassung in früheren Zeiten mit Krankheiten oder Epidemien bei ihnen verbunden war, wissen wir nicht. Die Verwandtschaft dieser Viren untereinander ist so augenfällig, daß man für sie sogar eine Art Stammbaum konstruieren kann.

Derartige Ansätze zur Beurteilung des Verwandtschaftsgrades verschiedener Retrovirusarten gründen sich meist auf genetische Analysen und auf den Vergleich von Proteinen (als den Produkten verschiedener Genabschnitte). Wie schon erwähnt, sind in dem Spektrum der Primatenviren in letzter Zeit das STLV-I, das SRV sowie das SIV (STLV-III) mit seinen verschiedenen Varianten hinzugekommen, bei den Katzen das neuentdeckte Lentivirus FTLV.

Von großem Interesse ist auch das BLV, auch BoLV, (bovine leukosis virus), da es als nächster Verwandter des HTLV-I und des HTLV-II gilt. Wissenschaftler in Brüssel (Burny, Feremans et al.) und in Uppsala (Dinter, Morein et al.) haben viel Mühe auf seine Erforschung verwandt. Gerade heute bietet sich infolge einer lokalen BLV-Epidemie innerhalb eines gut untersuchten großen Rinderbestandes in Schweden eine einmalige Chance, das Verhalten, die krankheitserzeugende Penetranz und die Verbreitungswege dieses Virus näher zu studieren.

Es waren übrigens Untersuchungen an einem aus Brüssel stammenden BLV-Antigen, die bei den Forschern am Institut Pasteur schon frühzeitig den Verdacht weckten, bei der Pathogenese von AIDS könnten Retroviren beteiligt sein. Eine bessere Erklärung ließ sich für die überraschenderweise positive Reaktion einiger Patientensera gegen das BLV-Antigen nicht finden. Natürlich war man am Anfang noch sehr skeptisch. Heute ist diese Beobachtung jedoch aus zwei Gründen leichter zu verstehen: Erstens existiert auch zwischen dem BLV und dem HIV eine entfernte Verwandtschaft, die unter gewissen Umständen Kreuzreaktionen bedingt, und zweitens hat man gesehen, daß bestimmte gegen das gp51 des BLV gerichtete Antikörper auch gegen HIV-infizierte Zellen der AIDS-Patienten reagieren.

Das BLV scheint aus Preußen Anfang des Jahrhunderts nach Schweden eingeschleppt worden zu sein. Im Laufe einer ziemlich raschen Verbreitung über die Rinderbestände im ganzen Land hat das Virus Anfang der fünfziger Jahre auch den Norden des Landes erreicht. Es ist gestützt auf Beobachtungen über den Verbreitungsmodus des Virus innerhalb von Kuhherden, auch erwogen worden, ob möglicherweise bestimmte Insekten (Stech-

HTLV-I	env	Q N R R G L D L L F	W E Q	G G L C	K	A L Q E Q	C	R	F
		377							402
HTLV-II	env	Q N R R G L D L L F	W E Q	G G L C	K	A I Q E Q	C	C	F
		373							398
FLV	p15E	Q N R R G L D L L F	L K E	G G L C	A	A L K E E	C	C	F
		70							95
MLV	p15E	Q N R R G L D L L F	L K E	G G L C	A	A L K E E	C	C	F
AKV	p15E	Q N R R G L D L L F	L K E	G G L C	A	A L K E E	C	C	F
GLV	p15E	Q N R R G L D L L F	L K E	G G L C	A	A L K E E	C	C	F
MMCF	p15E	Q N R R G L D L L F	L K E	G G L C	A	A L K E E	C	C	F
AMCF	p15E	Q N R R G L D L L F	L K E	G G L C	A	A L K E E	C	C	F
FeLV	p15E	Q N R R G L D L L F	L K E	G G L C	A	A L K E E	C	C	F

10.38 Übereinstimmungen in den Aminosäuresequenzen des endomembranösen Proteins p15E verschiedener Onkoviren (Cianciolo et al. 1984).

10.39 Die sehr wichtigen Beiträge der Japaner zur Leukämieforschung sind in der auf den Westen zentrierten Geschichtsschreibung oft untergegangen. Von oben links nach unten rechts: Y. Hinuma (Kyoto), I. Miyoshi (Nankoku), N. Yamamoto (Ube), M. Shimoyama (Tokio), K. Takatsuki (Kumamoto), M. Seiki (Tokio), M. Yoshida (Tokio), K. Tajima (Nagoya).

fliegen und Holzböcke) für die Verbreitung des Virus eine Rolle spielen könnten. Zwar hat diese Krankheit eine sehr niedrige Penetranz (½−10%), die Tatsache aber, daß überhaupt eine „horizontale" Ansteckung stattfindet, ist sehr unerfreulich. Da das BLV auch in wildlebenden Capybaras (Wasserschweinen) in Südamerika gefunden worden ist, scheint es nicht unbedingt der „Mithilfe" von Veterinären bei der Übertragung zu bedürfen.

Schon 1984 zeigten sich bei Proteinanalysen von Genprodukten verschiedener Onkoviren überzeugende Homologien (Abb. 10.38). Die enge Verwandtschaft zwischen dem (in dieser Abbildung allerdings nicht aufgeführten) BLV und den Onkoviren steht in klarem Gegensatz zu der sehr viel geringeren Ähnlichkeit des BLV mit dem HIV. Proteinanalysen und die Sequenzierung der Genome des BLV, des HTLV-I, des HTLV-II und des EIAV haben dies inzwischen bestätigt (Rice et al. 1984, Seiki et al. 1983 und Shimotohno et al. 1984, Stephens et al. 1986).

HTLV-I

Das erste für Menschen pathogene Retrovirus entdeckte man erst 1980, und zwar im Zusammenhang mit ausführlichen epidemiologischen Studien über die in Japan endemische Leukämie ATL (Uchiyama et al. 1977, Miyoshi et al. 1979, Hinuma et al. 1981, Miyoshi et al. 1981-2, Yamamoto et al. 1982) und ähnliche T-Zell-Neoplasien in der Karibik und den USA (Poiesz et al. 1980, Rho et al. 1981, Kalyanaraman et al. 1981-1, -2, Reitz et al. 1981, Posner et al. 1981, Catovsky et al. 1982).

Anfangs waren die amerikanischen Berichte über dieses HTLV-I (in Japan ATLV) genannte Virus noch inkonklusiv; in Japan hatte man es in einer Zellkultur (MT-2) gezüchtet und serologisch charakterisiert. Die Japaner fanden 44 von 44 ATL-Patienten seropositiv, während es in den USA nur zwei von 23 Patienten mit Sézary-Syndrom (**SS**) waren. Die Verknüpfung einer Infektion mit HTLV-I mit der malignen T-Zell-Erkrankung „Mycosis fungoides" (**MF**) sowie dem SS (Poiesz, Gallo et al. 1980 und 1981) gründet sich unter anderem auf nicht signifikante Hybridisierungsresultate und hat sich bis heute nicht bestätigt. Man stößt jedoch manchmal auf Antikörperreaktionen, die diese Hypothese am Leben halten (Turbitt et al. 1985).

Erst nachdem die Japaner 1981 Proben ihrer Zellkultur mit dem ATLV an Gallos Laboratorium geschickt hatten, begannen auch von dort die Publikationen über das HTLV-I in sich stimmiger zu werden. Als später gezeigt wurde, daß das amerikanische HTLV-I-Isolat und das japanische ATLV genetisch identisch sind (Watanabe et al. 1983), waren die meisten Virologen natürlich sehr überrascht. Die Viruslinie Japans und die der Karibik, woher das amerikanische HTLV-I-Isolat eigentlich stammen sollte, haben sich mit größter Wahrscheinlichkeit vor vielen hundert Jahren voneinander getrennt, was eine heute noch erhaltene genetische Identität sehr unwahrscheinlich macht. Zur Zeit sieht es so aus, als ließen sich karibische Isolate eindeutig von japanischen unterscheiden (Malik, in Vorb.). Inwieweit MF, SS oder **CTCL** (**c**utaneous **T**-cell **l**ymphoma) nun wirklich mit dem HTLV-I/ATLV verknüpft sind, ist auch noch nicht endgültig entschieden.

Ein ähnliches, als HTLV-II bezeichnetes Virus wurde später aus der Zellinie eines Patienten mit „hairy T-cell leukemia" (der sogenannten „Haarzellen-Leukämie") isoliert (Kalyanaraman et al. 1982, Hahn et al. 1984). Es scheint sich dabei um eine seltenere Variante des HTLV-I zu handeln, deren Isolierung jetzt immer wieder einmal gelingt. Wir werden allerdings nicht näher auf das HTLV-II eingehen, zumal seine kausale Bedeutung für die Pathogenese der Leukämie noch nicht völlig gesichert ist.

Es drängt sich jedoch die Frage auf, ob sich auch HTLV-I und HTLV-II wie das HIV über die ganze Welt verbreiten, nur langsamer? Wird man in Zukunft auch bei allen anderen Leukämieformen Viren finden? Werden sich immer mehr Krankheiten aus dem Bereich der Onkologie als Folge von Infektionskrankheiten erweisen, wie es der weitsichtige französische Virologe Charles Oberling schon in den fünfziger Jahren voraussagte (Oberling 1954, 1959-1, -2)? Sind Bluttransfusionen, Impfungen und andere medizinische Eingriffe in die Unversehrtheit des Körpers sowie der Kontakt mit fremden Körperflüssigkeiten und -geweben vielleicht doch problematischer, als man bisher glaubte?

Hierzu gibt es zahlreiche Untersuchungen von Hunsmann et al. (1983 und später). Im Rahmen einer Untersuchung von 943 Patienten mit unterschiedlichen bösartigen Erkrankungen aus allen Regionen der Welt konnte man bei 82 von ihnen Antikörper gegen HTLV-I nachweisen; 90% dieser Patienten wiesen maligne T-Zell-Erkrankungen auf, die übrigen 10% hatten maligne Lymphome bzw. lymphatische oder myeloische Leukämien und stammten alle aus Japan. Bei näherer Klassifikation der malignen T-Zell-Erkrankungen dominierten eindeutig die in Japan ATL genannte „T-cell lymphosarcoma cell leukemia" (TLCL) und das „T-cell non-Hodgkin's lymphoma" (TNHL).

In verschiedenen Regionen der Erde gibt es solche auffälligen endemieartigen Häufungen dieser leukämischen Erkrankungen, so im südlichen Japan (Kyushu, Shikoku, Abb. 10.40), in Afrika, in den karibischen Ländern, im nördlichen Südamerika und in den südöstlichen Staaten der USA. Die TLCL scheint in der Karibik und in den USA fast ausschließlich bei schwarzen Patienten aufzutreten, und man fragt sich, ob nicht dieser ganze zentralamerikanische Bereich über den Sklavenhandel früherer Jahrhunderte mit einem Infektionsherd in Afrika verknüpft sein könnte. Diese Frage scheint noch nicht endgültig entschieden; möglicherweise lassen sich durch Untersuchungen in den portugiesischen Kolonien Goa und Macao Argumente für oder gegen diese Theorie finden. Der Transport von schwarzen Sklaven, vielleicht auch von afrikanischen Affen, in verschiedene Regionen der Erde, ist jedenfalls bezeugt. Portugiesische Seeleute und Missionare haben mit Afrika und Südjapan Kontakt gehabt, aber es ist naturgemäß sehr schwer, solche Kontakte nach vier Jahrhunderten zu belegen. Japanische Autoren bezweifeln diese Theorie im Hinblick auf die ATL-Verbreitung in Japan.

Der einzige weiße Amerikaner unter seropositiven TLCL-Patienten war ein 50jähriger Seemann aus dem Süden der USA, der sein Leben lang HTLV-I-endemische Gebiete bereist hatte und dabei natürlich sexuelle Kontakte gehabt haben kann. Bei den wenigen weißen Niederländern, die man bei Stichproben HTLV-I-positiv fand, sind sexuelle Kontakte mit farbigen Einwanderern aus Surinam nachgewiesen. Alle diese Beobachtungen lassen sich gut mit der Annahme eines primären Fokus in Afrika in Übereinstimmung bringen.

Während man auf den karibischen Inseln 4% (12 von 337 Untersuchten), in ATL-endemischen Bereichen Japans 12 bis 16%, im Extremfall sogar 37% der Untersuchten seropositiv fand, fielen Kontrolluntersuchungen an westdeutschen Patienten durchweg negativ aus (0 von 949, Hunsmann et al. 1984, 1985; vergleiche Tabelle 10.2). Auch die „tropische spastische Paraparese" (Gessain et al. 1985, Rodgers-Johnson et al. 1985, Osame et al. 1986, Román et al. 1987) scheint regelmäßig mit signifikanten Antikörpertitern bei den Patienten verknüpft zu sein.

Die regionale Verteilung des HTLV-I in Japan und seiner Umgebung (z. B. Taiwan und andere Inseln) ergibt ein Bild, das gut mit der Vorstellung einer allmählichen Diffusion durch horizontale Infektion und Migration des HTLV-I über größere Gebiete vereinbar ist.

10.40 Geburtsorte von japanischen ATL-Patienten (Tajima und Tominaga 1985).

untersuchte Personen	USA und Europa	Karibik	Japan
Zufallsauswahl von Blutspendern	Washington, D.C.: 1*/185 (1)	12/337 (4)	ATL endemisch: 50/419 (12)
	Georgia (Schwarze): 3/116 (3)		ATL nicht endemisch: 9/600 (2)
	Georgia (Weiße): 0/50		
	BRD: 0/949		
Verwandte von Patienten mit HTLV-1	2/12 (17)	3/16 (19)	19/40 (48)

* schwarzer Patient aus dem Südosten der USA

Tabelle 10.2 Übersicht über das Vorkommen von HTLV-I-Antikörpern in verschiedenen Teilen der Welt (Stichproben). Die Ziffern bedeuten: Anzahl der positiven/Anzahl der untersuchten Personen (%). Die hohe Anzahl antikörper-positiver Verwandter von Patienten ist beachtenswert (Blattner et al. 1983).

Es sieht so aus, als würde dieses Virus durch sexuellen Kontakt und von der Mutter auf ihr Kind übertragen (Abb. 10.41). Es ist bekannt, daß Übertragungen auch durch Bluttransfusionen erfolgt sind und so zu einer Verbreitung des Virus über große Teile Japans beigetragen haben. Was noch beunruhigender ist: Unter 40 Verwandten von 12 HTLV-I-positiven Patienten mit ATL fand man bei 19 Personen (48%!) Antikörper gegen dasselbe Virus. In Zellkulturen, die mit dem Serum eines **seronegativen** Geschwisters eines ATL-Patienten „inkubiert" wurden, konnte man bald Virusantigene nachweisen, und es gelang, von beiden Eltern dieses Patienten das Virus zu isolieren. Bei einem Elternteil lag gleichzeitig eine Lymphozytose unklarer Genese vor. Ähnliche Beobachtungen hat man auch in den USA und der Karibik bei Untersuchungen an Verwandten von Leukämiepatienten gemacht. Die letztgenannte Studie (Blattner et al. 1983) schließt mit den Worten: „Diese Untersuchungen an Familien lassen es wahrscheinlich erscheinen, daß ein gemeinsames Wohnen (‚shared environment') für die Virusübertragung wichtig ist und daß entweder wiederholte enge Kontakte oder ein für diese Haushalte spezifischer Mechanismus die Verbreitung fördern". Dabei muß dieses Onkovirus noch als vergleichsweise schwer übertragbar gelten.

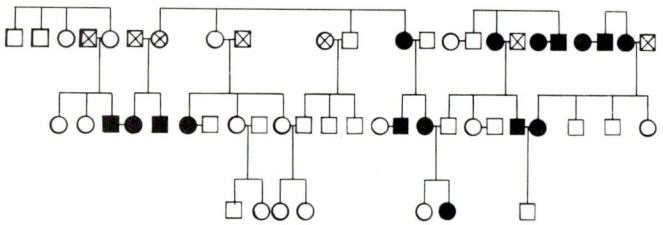

10.41 Nachweis von Antikörpern gegen ATLV in japanischen Familien. Quadrate: Männer; Kreise: Frauen, schwarz: seropositiv, weiß: seronegativ, Kreuze: nicht untersucht, verstorben (Tajima und Tominaga 1985).

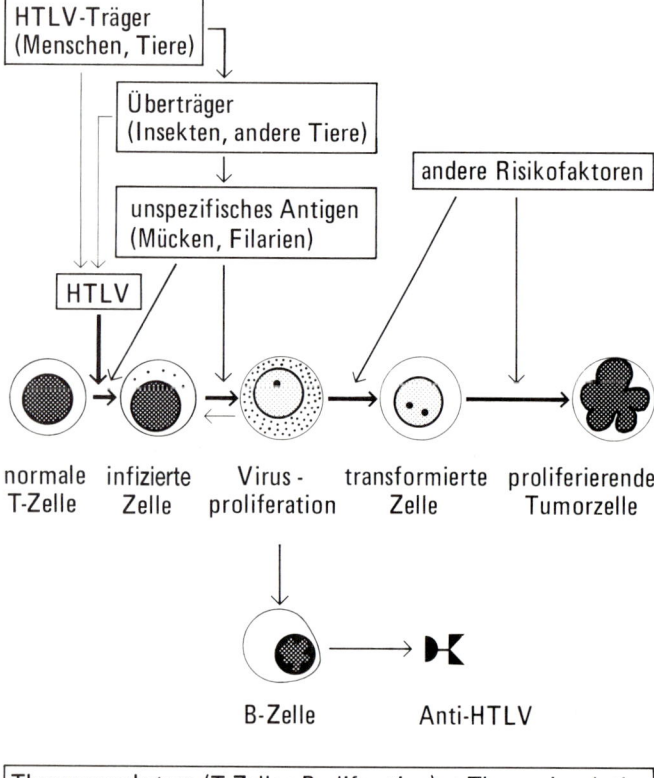

10.42 Modell für ein Zusammenwirken von verschiedenen Faktoren bei der Leukämie-Entstehung als Folge der ATLV-Infektion (nach Tajima und Tominaga 1985).

Daß Bluttransfusionen einen wichtigen Verbreitungsweg für dieses Virus ausmachen, geht außer aus einzelnen Fallberichten (Tajima et al. 1985, Hunsmann et al. 1985) auch aus den Ergebnissen systematischer Untersuchungen an Patienten mit Blutkrankheiten hervor (Schaffer-Deshayes et al. 1984, Gessain et al. 1984). Man fand in der Karibik ca. 1,5% der untersuchten gesunden Kontrollpersonen seropositiv (gegenüber 0% in Frankreich und der Bundesrepublik, wo nun schon viele tausend Personen untersucht sind), während dieser Prozentsatz bei Patienten mit Blutkrankheiten 12%, bei älteren Patienten in Krankenhäusern 14% und bei Martiniques Sichelzell-Anämikern ebenfalls 14% (185 von 1320) betrug. Auf Jamaika ergab eine Untersuchung an Patienten mit malignen lymphoretikulären Erkrankungen sogar 34% seropositive Fälle.

In Surinam fand man eine HTLV-I-Antikörper-Prävalenz von 12% unter den Schwarzen, hingegen 0% unter den India-

nern. Nur im Landesinneren, wo die von blutsaugenden Insekten übertragene Chagas-Krankheit (Erreger: *Trypanosoma cruzi*) vorkommt, findet man HTLV-I-Antikörper bei Angehörigen aller drei dort lebenden Rassen. (Weitere Untersuchungen, die eine Verbreitung des HTLV-I durch Insekten erörtern, sind im Druck.) Besonders in Afrika stößt man immer häufiger auf Antikörper gegen dieses Virus, seit man danach sucht.

Bei all diesen mit Retroviren assoziierten Leukämien handelt es sich um sehr bösartige Erkrankungen mit durchschnittlichen Überlebenszeiten von 8−12 Monaten; das Manifestationsalter variiert zwischen 34 und 56 Jahren.

Hinsichtlich der Pathogenese der ATL hat man sehr detaillierte Vorstellungen entwickelt, die möglicherweise zum Verständnis der Onkogenese generell beitragen. Das Virus scheint unter gewissen Umständen Endothelzellen, B-Lymphozyten, Prä-B-Lymphozyten, T-Lymphozyten, Prä-T-Lymphozyten, sogenannte „Nullzellen", unreife lymphoide Stammzellen und vermutlich auch nicht-lymphoide Zellen (Mann et al. 1984, Koeffler et al. 1984) infizieren zu können.

Man hat eine Kopplung dieses Virus, das fast ausschließlich bösartige T-Zell-Erkrankungen hervorruft, an ein neuentdecktes menschliches Onkogen (C-sis) beobachtet. Für das Verständnis der niedrigen Penetranz dieser Infektion wäre es von besonders großer Bedeutung, die Rolle eines bestimmten Onkogens und eventueller Cofaktoren zu kennen, und ähnliche Überlegungen wie für die Pathogenese beim HTLV-I (Abb. 10. 42) sind wohl auch auf andere Retroviren anzuwenden.

Worauf der transformierende Effekt dieser Viren beruht, wird allmählich deutlich. Für einen Teil der Onkoviren (HTLV-I, HTLV-II, BLV) hat man die Existenz einer speziellen pX-oder − wie man sie heute nennt − tat-Region im Virusgenom nachweisen können, der man die für diesen Virustyp charakteristische Funktion der Transaktivierung zuschreibt. Nach der Erstbeschreibung dieser speziellen Region (Seiki et al. 1983) und nach dem Beweis der Homologie dieses Abschnittes zumindest zwischen HTLV-I und HTLV-II (Shaw et al. 1984) fand man bald gewisse Proteine, die von dieser Region codiert werden (Shinotohno et al. 1984). Gleichzeitig zeigte sich auch eine Homologie zu der entsprechenden Region des BLV. Danach fand man eine dem pX assoziierte mRNA, die für Proteine zu codieren scheint, welche man heute für den transformierenden Effekt verantwortlich macht (Wachsman et al. 1984). Solche Proteine sind inzwischen für verschiedene Retroviren beschrieben worden (Miwa et al. 1984, TH Lee et al. 1984, Slamon et al. 1984 etc.).

Eine wichtige Beobachtung ist die, daß menschliches Komplement (ein Bestandteil des Blutes, der auch in Abwesenheit spezifischer Antikörper an dem Abwehrkampf des Immunsystems gegen Viren mitwirkt) nicht in der Lage ist, HTLV-I zu inaktivieren. Dies steht in scharfem Gegensatz zur Komplementwirkung auf tierische Retroviren, sei es von Vögeln, Mäusen, Katzen oder Affen. Vermutlich ist das eine der Bedingungen dafür, daß HTLV-I beim Menschen eine persistierende Infektion verursachen kann. Möglicherweise beruht die Fähigkeit, der Inaktivierung durch das Komplementsystem zu entgehen, auf einer langfristigen Anpassung an das Immunsystem anderer, dem Menschen biologisch nahestehender Primaten, denn man hat bei Affen das nahe verwandte STLV-I gefunden.

Die Inkubationszeiten dieser von Retroviren verursachten Erkrankungen liegen in der Größenordnung von 20 bis 30 Jahren. Eine wesentliche Fehlerquelle, der anfangs viele Untersuchungen zum Opfer fielen, sollte hier erwähnt werden: Monoklonale Antikörper gegen das p19 des HTLV-I scheinen eine Reihe trügerischer Kreuzreaktionen gegen zelluläre Antigene zu zeigen (Karpas 1985), so daß ihr Einsatz allein nicht ausreicht, das Vorkommen von Retroviren in bestimmten Zellen zu beweisen.

Über die Verbreitung des HTLV-I in der Welt gibt es zahlreiche Übersichtsarbeiten (für Japan: Tajima et al. 1979, 1983,

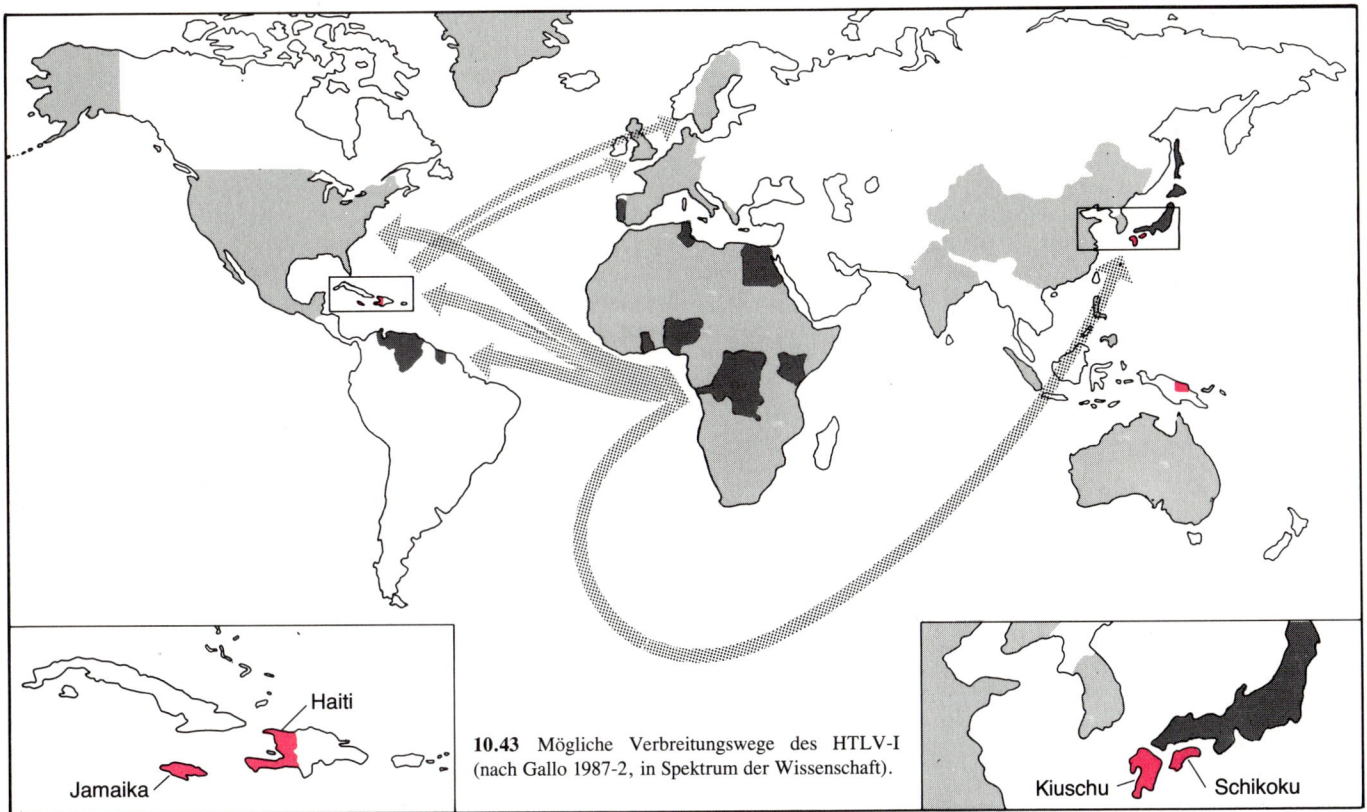

10.43 Mögliche Verbreitungswege des HTLV-I (nach Gallo 1987-2, in Spektrum der Wissenschaft).

Haiti

Jamaika

Kiuschu   Schikoku

1984, Hinuma et al. 1982, 1983, Taguchi et al. 1983, TH Lee et al. 1984, Gallo 1984, aber vor allem Tajima und Tominaga 1985 und 1986, Hinuma 1985; für die BRD: Hunsmann et al. 1985; für die USA: ES Jaffe et al. 1984, Blattner et al. 1983-1; für China: Zeng et al. 1984; für Afrika: Fleming et al. 1983, Hunsmann et al. 1984; für Jamaika: Blattner et al. 1983-2).

Es ist heute also möglich, über die Ausbreitungswege dieses Retrovirus zu spekulieren (Abb. 10.43), das offenbar schon seit langem den Menschen zum Wirt erkoren hat. Parallelen zu der etwas besser dokumentierten Ausbreitung des AIDS-Virus sind unschwer zu erkennen.

Die Vorstellung von Afrika als Quelle neuer Pathogene und anderer Überraschungen hat durchaus Tradition, wie ein Zitat von Plinius dem Älteren − „Ex Africa semper aliquid novum!" („Aus Afrika stets etwas Neues!") − zeigen mag. Fleming (1983) und deLong (1984) diskutieren diese Möglichkeit im Hinblick auf klimatische und epidemiologische Bedingungen.

Solche Diskussionen haben zahlreiche interessante Details zutage gefördert. So wird die Kontroversen auslösende Idee der HTLV-I-Verbreitung durch portugiesische Seeleute durch eine bemerkenswerte Beobachtung gestützt: Ausgerechnet in einer südjapanischen Region, wo im frühen 17. Jahrhundert bei religiösen Pogromen alle Christen getötet wurden, scheint das HTLV-I nicht vorzukommen (Hino 1984). Dies würde mit der zeitlichen Annahme übereinstimmen, daß das Virus Ende des 16. Jahrhunderts nach Japan kam.

In Japan hat man seit 1950 eine Zunahme von ATL-Fällen um 100 bis 200% beobachtet, was als Zeichen für eine Virulenzsteigerung oder eine fortgesetzte Verbreitung gedeutet worden ist. Trotz seiner endemischen Ausbreitung weist das HTLV-I keine Rassenpräferenz auf (unter zehn in den USA beschriebenen TNHL/CTCL-Fällen waren vier Schwarze, zwei Latinos, drei Weiße, ein Aleute und ein Orientale). Die Penetranz ist gering (ein Krankheitsfall auf 1000 bis 2000 Virusträger), die Mortalität beträgt 100%. Die Krankheit progrediert rasch − unter Einbeziehung von Lymphknoten, Leber und Haut −, und die Überlebenszeit ist kurz. Das epidemiologische Verhalten dieses Virus scheint das des AIDS-Virus in Zeitlupe wiederzugeben, oder,

richtiger vielleicht, das HIV verhält sich möglicherweise wie das HTLV-I im Zeitraffer.

Um irreführenden Analogieschlüssen vorzubeugen, sei jedoch im folgenden hervorgehoben, was das Onkovirus HTLV-I von dem Lentivirus HIV unterscheidet:

(1) HTLV-I ist eher an die intrazelluläre Existenz gebunden. Es läßt sich schwerer in Zellkulturen anzüchten und ähnelt den tierischen Retroviren. HIV hingegen kommt in größerem Ausmaß in zellfreien Körperflüssigkeiten vor und scheint, auch in getrockneter Substanz, länger zu überleben. Dies hat nicht nur Folgen für die hygienischen Aspekte prophylaktischer Maßnahmen, sondern könnte auch das sehr unterschiedliche Verbreitungstempo der beiden Viren erklären.

(2) Das HTLV-I scheint eine längere Inkubationszeit und eine viel geringere Krankheitspenetranz aufzuweisen (zu jeder Zeit gibt es etwa tausendmal mehr Virusträger als Erkrankte). Für die Penetranz des HIV mußten die Schätzungen von anfangs 2−10% kontinuierlich nach oben korrigiert werden und liegen nach einer ca. sechsjährigen Beobachtungszeit heute bei mindestens 50% − ohne daß man eine sichere obere Grenze anzugeben vermag. Damit ist die Virulenz des HIV auf jeden Fall hundert- bis tausendfach höher als die des HTLV-I.

(3) Das HTLV-I scheint ausschließlich maligne T-Zell-, das HIV hingegen − obwohl es ebenfalls T-lymphozytotrop ist − meist B-Zell-Erkrankungen hervorzurufen. Man kann sich vorstellen, daß das HTLV-I überwiegend solche Lymphozyten invadiert, die bereits thymusabhängig zu immunkompetenten T-Zellen herangereift sind, also schon in einer späten Entwicklungsphase stehen. Dies würde erklären, daß ein AIDS-ähnliches klinisches Bild in frühen Krankheitsphasen nicht auftritt. (Die reifen T-Zellen haben sowieso eine begrenzte Überlebenszeit und müssen nach und nach ersetzt werden.) Im Gegensatz dazu scheint das HIV auch unreifere Lymphozyten zu invadieren, die sich noch nicht zu T-Zellen entwickelt haben. Erklärt dies die Tendenz zu B-Zell-Tumoren? Verhindert dieses Virus vielleicht, daß die Zellen überhaupt zu T-Lymphozyten heranreifen? Werden gar schon die Stammlymphozyten betroffen? Das könnte die

ausgeprägte Lymphopenie erklären, die im Laufe des manifesten AIDS aufzutreten pflegt. Es gibt jedoch auch andere mögliche Deutungen.

(4) Das HTLV-I läßt im Gegensatz zum HIV die Thymusdrüse völlig intakt. Beruht darauf die bessere zelluläre Immunfunktion bei der ATL? Ist das HIV, das zu einer ausgeprägten Thymusatrophie führt, stärker thymotrop?

(5) Das HTLV-I verursacht oft eine ausgeprägte leukämische Leukozytose, HIV eher eine relative Leukopenie. Drückt sich hierin nur die Transformation durch das HTLV-I aus (ähnlich den bei AIDS-Patienten auftretenden Tumoren), oder liegen dem verschieden gearteten Schäden am Regulationssystem der Blutbildung zugrunde? Eine Dysregulation in jenem komplizierten Geflecht, in das auch die T-Lymphozyten einbezogen sind, liegt in der einen oder anderen Form offensichtlich vor. Unterschiedliche Angriffspunkte im Prozeß der Blutzellenreifung sind damit sehr wahrscheinlich.

(6) Das HTLV-I scheint viel weniger auf die B-Zellen und damit auf die Immunglobulinproduktion einzuwirken, als es beim HIV der Fall ist. Bei der HIV-Infektion treten bemerkenswerte Veränderungen auf; so kommt es zu einer initialen IgG- und IgA-Vermehrung bei den AIDS-Patienten, die auf einer erhöhten Stimulierung oder einer mangelnden Zügelung der B-Lymphozyten durch die T-Zellen zu beruhen scheint. Es werden, vor allem bei Kindern mit perinataler HIV-Infektion, große Mengen „irrelevanter Antikörper" gebildet, und was wie eine überschießende humorale Immunreaktion aussieht, ist in Wirklichkeit Ausdruck der Unfähigkeit zu einer antigenspezifischen, sinnvoll gesteuerten Immunreaktion.

(7) Auf den Calciumstoffwechsel und andere labormäßig erfaßbare Phänomene scheint wiederum das HTLV-I mehr einzuwirken als das HIV. So findet man − anders als bei AIDS − bei fast allen ATL/CTCL-Fällen eine ausgeprägte Hyperkalzämie.

(8) Der Vergleich der Genome des HTLV-I (pX-Region bzw. tat-Gen) und des HIV (sor, tat, art, 3'orf) deutet auf einen wesentlichen Unterschied im Grad der Raffinesse in der Kontrolle der Virusreplikation hin. So scheint die Steuerung beim HTLV-I wie bei den meisten Onkoviren dem simplen „Alles-oder-Nichts"-Gesetz zu folgen. Diese Viren lassen die Zellen entarten und in der Replikationsphase jeweils eine begrenzte Anzahl von Viruspartikeln produzieren; durch die maligne Transformation führen sie den Tod des Organismus herbei. Das HIV hingegen gilt unter den Virus-Genforschern als „smart": Es bedient sich eines sehr differenzierten Zügelungsmechanismus, um die Zelle erst einmal möglichst lange zu schonen und in aller Stille durch die Akkumulation wichtiger viraler Komponenten (etwa mRNAs der gag- und env-Regionen) seine Replikation vorzubereiten. Dann plötzlich werden von einzelnen Zellen Viruspartikel in großen Mengen gebildet, während die meisten anderen Zellen im Inkubationsstadium verbleiben. (Der Ausdruck „Inkubation" ist hier eindeutig dem Begriff der Latenz vorzuziehen, der eher für die Ruhephase der Onkoviren zutreffen dürfte.) Damit optimiert das Lentivirus HIV nicht nur seine Verbreitung innerhalb des Organismus bei einer (trotz ablaufender Virusreplikation) langen Überlebenszeit des infizierten Individuums, sondern schafft auch die Voraussetzungen für die horizontale Verbreitung auf andere Individuen mittels Blut und Körpersekreten.

(9) Um noch einen Schritt weiterzugehen, könnte man sagen, daß Transformation und maligne Zellproliferation bei den Onkoviren sozusagen „angestrebte" Stadien ihres Lebenszyklus darstellen, nämlich das für ihre Replikation geeignete Milieu, während die maligne Entartung beim HIV eher ein Nebeneffekt, ein „Unglücksfall", sein dürfte.

(10) Das HIV ist deutlich neurotrop und greift das ZNS an, was beim HTLV-I weniger ausgeprägt (TPS!) ist.

Alles in allem bieten jene schon länger bekannten entfernteren Verwandten des HIV kein angenehmes Bild. Zwar scheint die Gruppe der Onkoviren überwiegend zu klinisch latenten und nur vereinzelt zu symptomatischen Infektionen zu führen, doch gibt ihre in langen Zeiträumen erfolgende unaufhaltsame Verbreitung (trotz einer geringeren extrazellulären Vitalität und Virulenz) allen Anlaß zur Unruhe. Konkrete Einzelfälle bestätigen außerdem den Verdacht, daß Virusträger durchaus seronegativ sein können, was den Wert der auf Antikörperbestimmungen beruhenden Kontrollen von Blutkonserven natürlich deutlich einschränkt. Die Zeit zwischen Ansteckung und Serokonversion eines Patienten kann dabei erschreckend lang sein. Überhaupt unterstreicht alles, was man über die Verbreitung des HTLV-I heute erfahren kann, jene **Schlußfolgerungen über nötige Maßnahmen**, die uns auch die aktuelle AIDS-Epidemie aufdrängt:

− eine kritische Überprüfung des Umgangs mit Blut und allen Blutprodukten,
− straffere Indikationen für deren Anwendung,
− erhöhte Aufmerksamkeit beim Umgang mit Sekreten, Körperflüssigkeiten und Geweben und bei allen ärztlichen Eingriffen, einschließlich der manchmal bagatellisierten endoskopischen und anästhesiologischen,
− eine gründliche Neuorientierung in der Frage, welche Krankheiten „ansteckend" sein könnten,
− die Entwicklung einer adäquateren Auffassung von möglichen „Latenz-" und „Inkubationszeiten" mit all den Folgen, die das für das Erheben von Anamnesen hat,
− eine allgemeine Überprüfung zahlreicher medizinischer Routinen, auch scheinbar so harmloser Maßnahmen wie der Augendruckmessung (dies nicht nur im Hinblick auf die neuen Erkenntnisse über Onkoviren und neurotrope Lentiviren, sondern auch eingedenk der Existenz von unkonventionellen Viren und anderen unvollständig bekannten Pathogenen),
− darüber hinaus die offene Diskussion über Konsequenzen für das Sexualverhalten und
− das Aufrechterhalten eines hohen Grades an allgemeiner medizinischer Neugier in einer Zeit, wo ständig neue Einblicke in das Immunsystem, die Krebsentstehung, die Virologie und Erkrankungen des Gehirns gewonnen werden.

Die Entdeckung und Erforschung des AIDS-Virus

Ende 1982 hatte man am Institut Pasteur zum ersten Mal jenes Virus erblickt, das sofort verdächtigt wurde, die Ursache der epidemisch auftretenden Lymphadenopathie (LAS) und damit möglicherweise auch des AIDS zu sein. Da es aus dem Lymphknoten eines LAS-Patienten isoliert wurde, hatte man es LAV genannt (die historischen Details sind bereits einleitend beschrieben worden). Schon aus den ersten Bildern ging hervor, daß es sich nicht um ein normales Onkovirus handelte (Abb. 10.1).

Ohne Zweifel war das LAV das erste Virus, das auf der Suche nach dem AIDS auslösenden Agens isoliert, charakterisiert und publiziert wurde und das sich zumindest dem prodromalen AIDS-Stadium LAS zuordnen ließ. Bald folgten weitere Isolate, diesmal von AIDS-Patienten.

Verglichen mit dem HTLV-I weist das AIDS-Virus HIV einen bedeutend kleineren elektronendichten Innenkörper auf; abhängig von der Schnittebene erscheint dieser entweder rund und exzentrisch gelegen oder aber länglich, tubulär oder konisch. Schräge Schnitte können stark konische, fast dreieckige Schnittfiguren ergeben, insbesondere während der Reifung des Viruspartikels. Man hielt den dunklen Zentralkörper anfangs für den „Core" des HIV, wir aber wollen ihn jetzt Core-Zentrum nennen. Auch während des „Budding" (des Knospens eines Viruspartikels von der Zelloberfläche) gibt es Unterschiede zu den

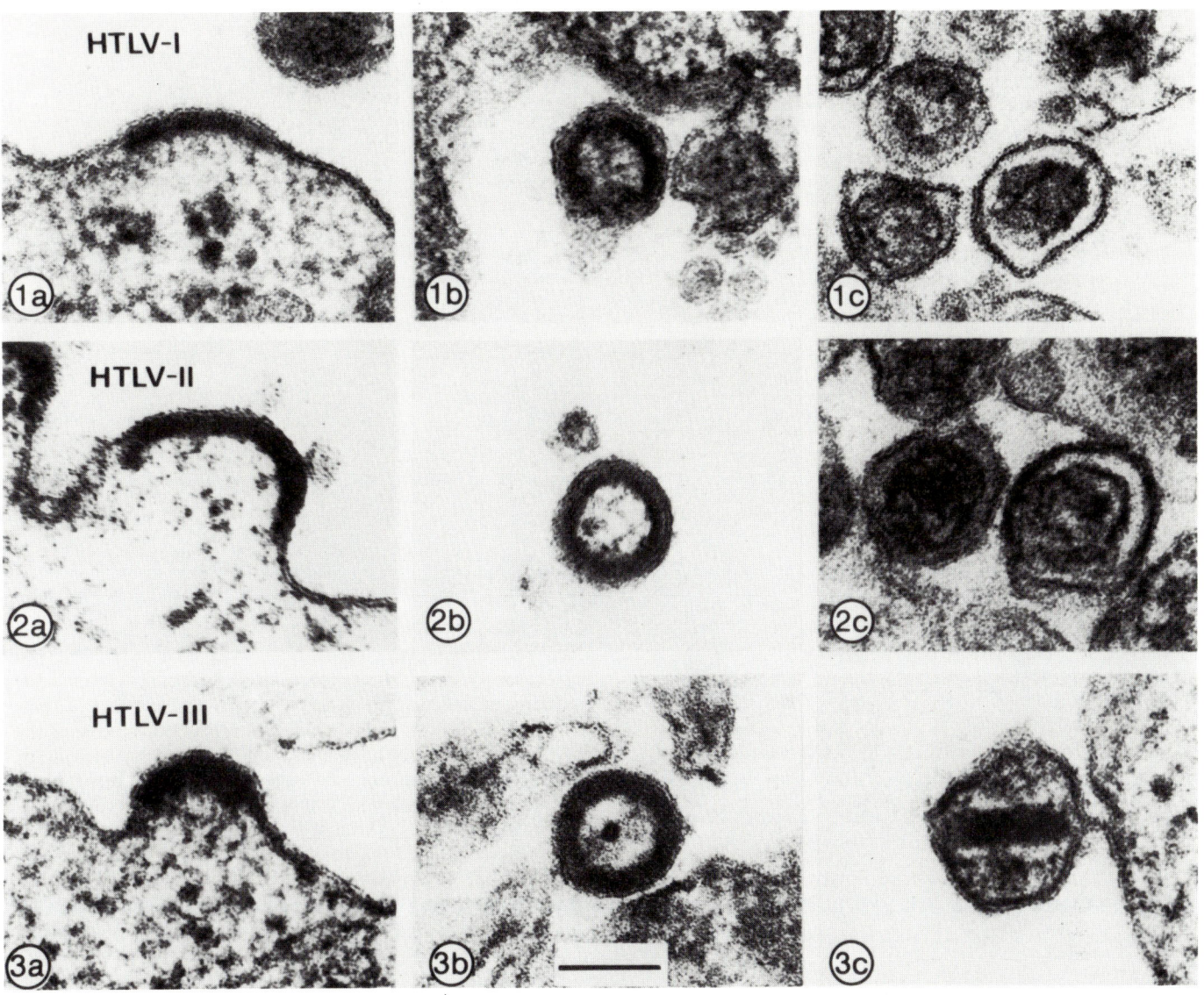

HTLV-I
1a 1b 1c

HTLV-II
2a 2b 2c

HTLV-III
3a 3b 3c

10.44 Vergleich zwischen HTLV-I, HTLV-II und HIV (LAV/HTLV-III) a) während des Knospens, b) während der Reifung, c) reife Partikel (Schüpbach et al. 1984, Science 1984, 224, 4. Mai: 504, Copyright AAAS). Zu diesem Bild mußte Gallo übrigens zugeben, daß es statt HTLV-III das aus Paris zugesandte LAV zeigte (Schüpbach 1986).

bisher beschriebenen Onkoviren, deutlich in den Aufnahmen der Abbildung 10.44. Man sollte besonders auf die unterschiedliche Core-Struktur der reifen Partikel achten.

Ein zusammenfassender, klassifizierender Überblick über die verschiedenen erwähnten Virusformen, von denen wir bisher gesprochen haben, zeigt, wohin das AIDS-Virus HIV denn nun eigentlich gehört (Abb. 10.45).

Elektronenmikroskopische Aufnahmen (Abb. 10.46 und 10.47) zeigen, wie sehr das HIV dem bereits bekannten Maedi-Visna-Virus (MVV), einem Lentivirus, ähnelt und wie deutlich sich wiederum diese beiden vom HTLV-I unterschieden. Das morphologisch eindeutige Bild sowie eine Reihe funktioneller Gesichtspunkte haben entsprechende Klassifikationsvorschläge veranlaßt (Gelderblom et al. 1985-1, Gelderblom et al. 1986-1).

Der Prioritätsstreit

Eine Schilderung der Entdeckungsgeschichte des AIDS-Virus wäre unvollständig und teilweise unverständlich und würde – auch im Hinblick auf Nomenklatur-Streitigkeiten sowie ge-

gensätzliche Standpunkte in einer Reihe anderer Fragen – Mißverständnisse zulassen, wenn man die Kontroverse zwischen der Forschergruppe um Luc Montagnier (Institut Pasteur, Paris) und der um Robert Gallo (NCI, Bethesda, Maryland) ausklammern wollte. Da dieser inzwischen in der ganzen Welt, zumindest in Wissenschaftskreisen, diskutierte Konflikt in mancherlei Hinsicht von großer Bedeutung ist (Wissenschaftsgeschichte, Virusklassifikation und -nomenklatur, Verteilung von Forschungsmitteln, Urheberrechte, Patentanträge, wirtschaftliche Nutzungsrechte und nicht zuletzt auch der Anspruch eines jeden Wissenschaftlers auf eine objektive Beurteilung seiner Leistung), soll etwas Zeit darauf verwandt werden.

Wie bereits erwähnt, stammten die ersten Aufnahmen des LAV aus dem Institut Pasteur; sie zeigen ein Retrovirus, das sich von HTLV-I und -II deutlich unterscheidet. Dies wurde schon in den ersten Berichten der Franzosen betont und mit der Theorie verknüpft, die Infektion mit diesem Virus sei kausal für AIDS und seine Vorstadien, darunter die chronische Lymphadenopathie; die erste Publikation dazu erschien am 20. Mai 1983 in *Science* (Barré-Sinoussi et al. 1983).

Eine gründliche Präsentation der Ergebnisse und neuer Virusisolate folgte auf einem Kongreß im Herbst 1983 (Montagnier, Chermann et al. 1983, Cold Spring Harbor Meeting, 15. September 1983); wieder wurden Virusbilder vorgewiesen. Das Virus war erfolgreich angezüchtet worden, und jene Kultur wird auch heute noch von Wissenschaftlern in aller Welt für ihre Forschungen benutzt. Man betrachtet es allgemein als das Recht des

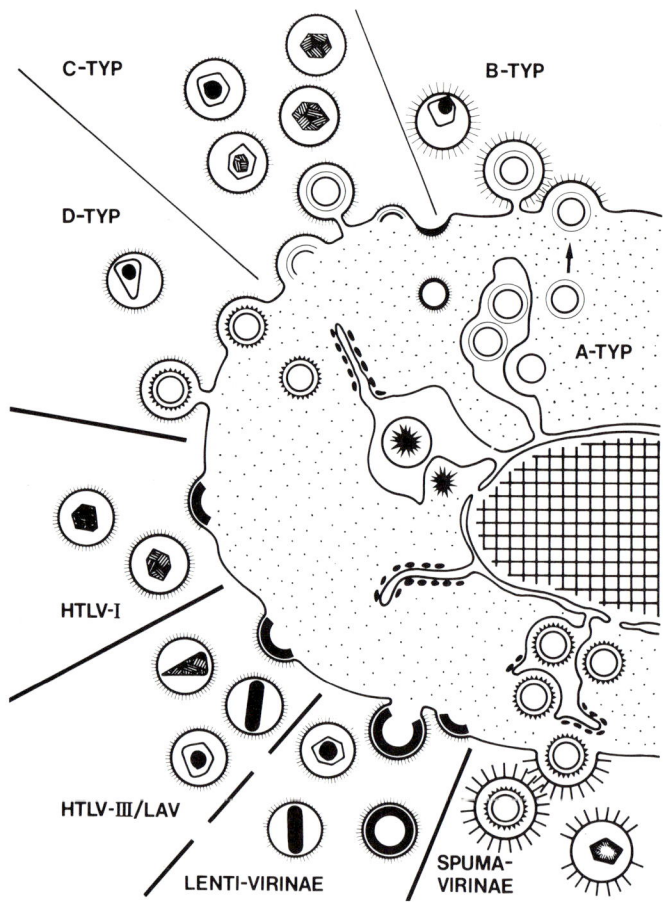

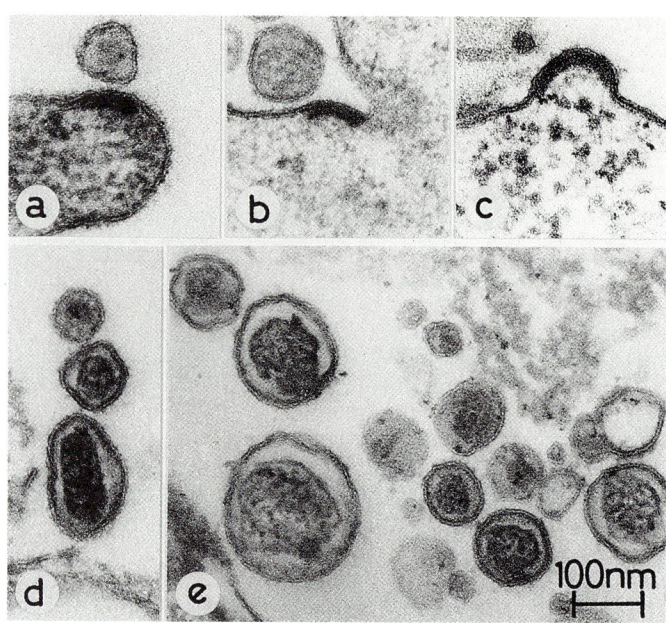

10.47 HTLV-I in verschiedenen Reifestadien in der Zellinie MT-2 (H Gelderblom, Robert-Koch-Institut, Berlin).

10.45 Schematische Übersicht über die Struktur verschiedener Viren während des Knospens und Reifens (Gelderblom et al., Robert-Koch-Institut, Berlin, 1985-1). Für die beiden untersten Gruppen, die Lentivirinae und die Spumavirinae, gibt es auch die Bezeichnungen E-Typ und F-Typ, doch scheinen sich diese in der Nomenklatur nicht durchzusetzen.

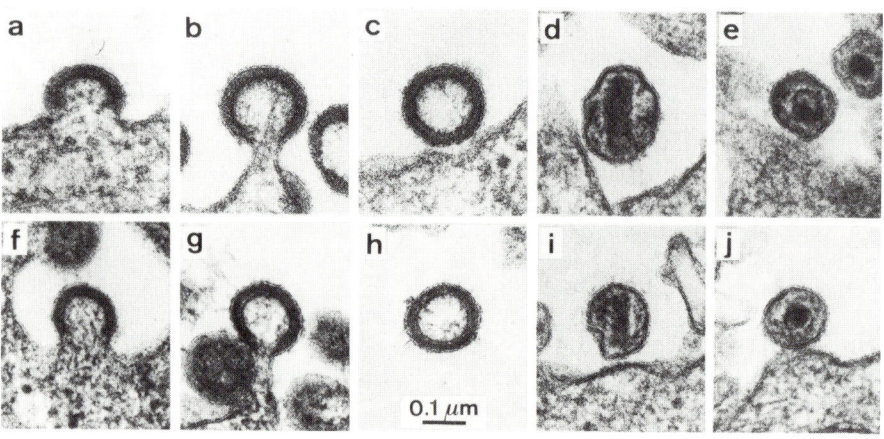

10.46 Elektronenmikroskopischer Vergleich zwischen Gallos HTLV-III (a−e) und dem Visna-Virus (f−j). Die Aufnahmen zeigen verschiedene Reifestadien und unterschiedliche Projektionsrichtungen (Gonda et al., Science 1985, 227: 174, Copyright 1985 AAAS).

Erstentdeckers, eine zumindest vorläufige Benennung zu wählen. Die ersten Aufnahmen des richtig identifizierten AIDS-Virus (Barré-Sinoussi, Chermann, Montagnier et al., Institut Pasteur, Paris, Februar 1983) weisen zwar noch nicht die höchste fototechnische Qualität auf, sind aber natürlich von größtem medizinhistorischen Wert (Abb. 10.1).

Im Sommer 1983 machte Abraham Karpas in Cambridge einen ähnlichen Fund (Abb. 10.4). Im Dezember 1983 erschien seine erste Publikation. Aus Paris wurden neue Isolate publiziert. Montagnier präsentierte das zweite Isolat (IDAV-1) im September 1983; im darauffolgenden Jahr erschienen mehrere Veröffentlichungen (Chermann et al. 1984, Vilmer et al. 1984).

Im Mai 1984 wurde dann die erste gelungene Isolation aus Gallos Laboratorium in Bethesda publiziert (Popovic et al. 1984). Die amerikanischen Forscher nannten ihr Virus HTLV-III (human T-cell leukemia/lymphoma virus type III), obwohl es morphologisch vom LAV nicht zu unterscheiden war.

Schon Ende 1983 waren auch Forscher an der Universität von San Francisco auf ein verdächtiges Virus gestoßen, von dem sie bald eigene Isolate besaßen. Es ließ sich ebenfalls nicht von Pariser LAV unterscheiden und wurde von Jay Levy et al. (1984) ARV (AIDS associated retrovirus) genannt (Abb 10.48). Auch die verschiedenen Isolate der CDC aus den Jahren 1983/84 zeigten, morphologisch gesehen, offensichtlich dasselbe Virus (Abb. 10.49); sie erhielten relativ umständliche Namen wie „HTLV-III/LAV/CDC-151", „-451" etc. Sogar noch später wurden neue Bezeichnungen gewählt. So nannte man (August 1985) das Virus in Frankfurt (Rübsamen-Waigmann et al. 1986) AAV (AIDS associated virus). Inzwischen haben zahlreiche virologische Zentren in aller Welt eigene Virusisolate.

Vor diesem Hintergrund war Gallo ein ganzes Jahr (1983/84) lang unbeirrt damit fortgefahren, das HTLV-I als Ursache des AIDS zu propagieren. Er widersprach kategorisch den Behauptungen der Kollegen aus Paris, Cambridge, Atlanta und San Francisco und veröffentlichte vermeintliche HTLV-I-Nachweise in *Science* (Abb. 10.50, Gallo et al. 1983-1) sowie eine Reihe weiterer Artikel, die auf unterschiedlichen Wegen beweisen sollten, daß das HTLV-I die Ursache des AIDS sei (Gellman, Gallo et al. 1983, Gallo, Sarin et al. 1983). Auch eine starke Homologie zwischen dem Genom des HTLV-I und dem des HTLV-III wurde postuliert (Schüpbach, Gallo et al. 1984); die Autoren konstatierten: „...dieses beweist klar, daß das HTLV-III ein echtes Mitglied der HTLV-Familie ist" (siehe auch Schüpbach, Sarngadharan und Gallo 1984, Arya, Gallo et al. 1984).

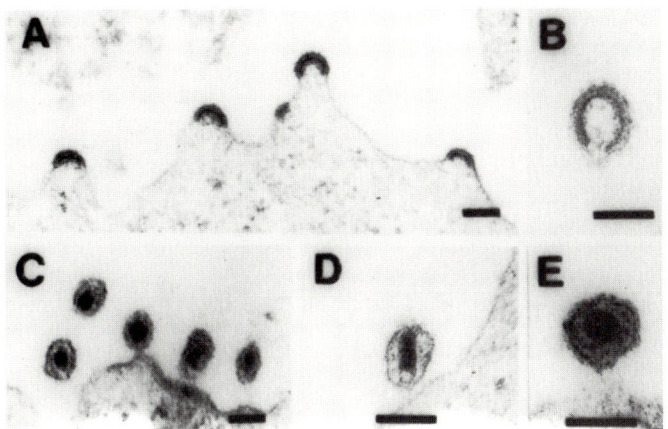

10.48 ARV in verschiedenen Entwicklungs- und Reifestadien (JA Levy et al. 1984, Cancer Research Institute, Univ. San Francisco, Science 1984, 225, 24. August: 840, Fig. 1, Copyright 1985 AAAS).

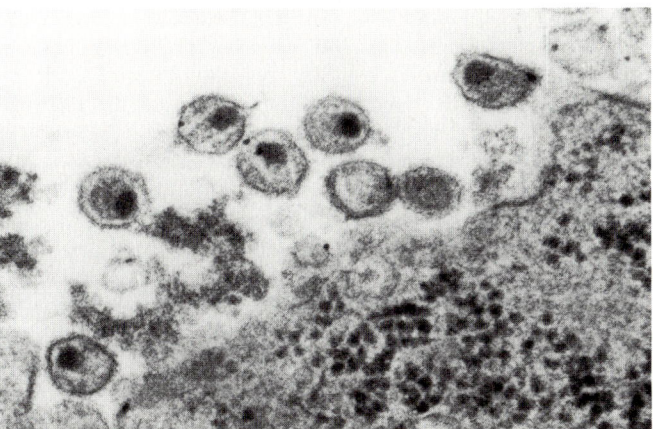

10.49 Überwiegend reife LAV-Partikel außerhalb der Zellmembran. Es handelt sich um eines der ersten Virusisolate der CDC (E Palmer, PM Feorino, CDC, Atlanta).

Ein Blick auf die Struktur des Core in der Abbildung 10.50 zeigt, daß es sich eindeutig um ein Onkovirus handelt, möglicherweise also um HTLV-I, auf keinen Fall jedoch um HIV oder irgendein anderes Virus mit Lentivirus-Morphologie. Gallos Publikation findet sich übrigens im gleichen Heft von *Science* wie Barré-Sinoussis erster Bericht über das LAV, und nur wenige Seiten trennen die aufschlußreichen Bilder voneinander.

Es sei hier auch erwähnt, daß die Hybridisierungen, auf die sich Arya und Gallo stützten, manchmal schwer auszuwerten sind. Man kann von gewissen Genomregionen in die Irre geleitet werden, die reich sind an den Nucleotiden Guanin (G) und Cytosin (C); solche Abschnitte können mit ähnlichen Regionen des anderen DNA-Stranges reagieren und so eine Homologie vorspiegeln, die es in Wirklichkeit gar nicht gibt. Es gibt Grund zu der Annahme, daß genau dies hier geschehen ist.

Erst im Mai 1984, nach der bereits erwähnten Pressekonferenz, auf der die amerikanische Gesundheitsministerin Gallo als Entdecker des AIDS-Virus pries, publizierte dieser die ersten Virusbilder, die wirklich HTLV-III/LAV zeigen (Gallo, Salahuddin et al. 1984). Zu diesem Zeitpunkt war schon völlig sichergestellt, daß das LAV der Pariser Gruppe der AIDS-Erreger war und daß es wie ein typisches Lentivirus aussah.

Am 17. Juli und erneut am 23. September 1983 hatte Montagnier seine Zellkultur mit dem LAV in die USA geschickt, während er das HTLV-III Gallos nicht vor Mai 1984 erhielt. Als das Genom dieser Viren dechiffriert wurde, erwiesen sich das LAV aus Paris und Gallos HTLV-III als nahezu identisch, was zu Diskussionen Anlaß gegeben hat, die so schnell nicht verstummen werden.

Zwar behauptet Gallo, daß das ihm von Montagnier zugesandte LAV nicht überlebt habe. Peinlicherweise jedoch mußte er später zugeben, daß eines der veröffentlichten Photos (Abb. 10.44) des HTLV-III in Wirklichkeit das LAV zeigte („Mißverständnis"); überdies fand man einen Brief vom Dezember 1983, in dem der Elektronenmikroskopiker Gonda an Gallos Laboratorium (Adressat war M. Popovic) mitteilt, er habe in mit „LAV" infizierten Zellen reichlich Lentiviren gefunden. In einer dem Institut Pasteur ausgehändigten Kopie dieses Briefes fehlten mysteriöserweise jene zwei kompromittierenden Zeilen (siehe Faksimile rechts, Connor 1987-1, -2). Vor diesem Hintergrund wirkt die nun getroffene Einigung auf einen Kompromiß (Montagnier und Gallo 1987) etwas gequält.

Wer sich von diesem nun schon viele Jahren überspannenden Geschehen (Abb. 10.51), das mit der genetischen Dechiffrierung des AIDS-Virus, dem abschließenden Konsensus der Virologen, es HIV zu nennen (Coffin et al. 1986), und der gemeinsamen Veröffentlichung von Montagnier und Gallo ein scheinbares Ende gefunden hat, einen richtigen Eindruck verschaffen will,

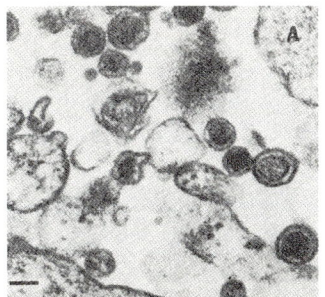
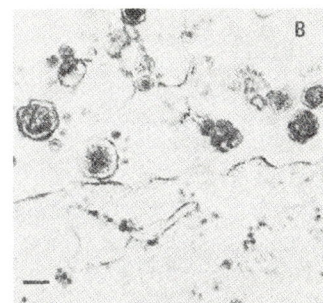

10.50 HTLV-I, von einem AIDS-Patienten isoliert und von Gallos Gruppe für das kausale Pathogen gehalten (Gallo et al. 1983, Science 1983, 220: 865, Copyright 1985 AAAS).

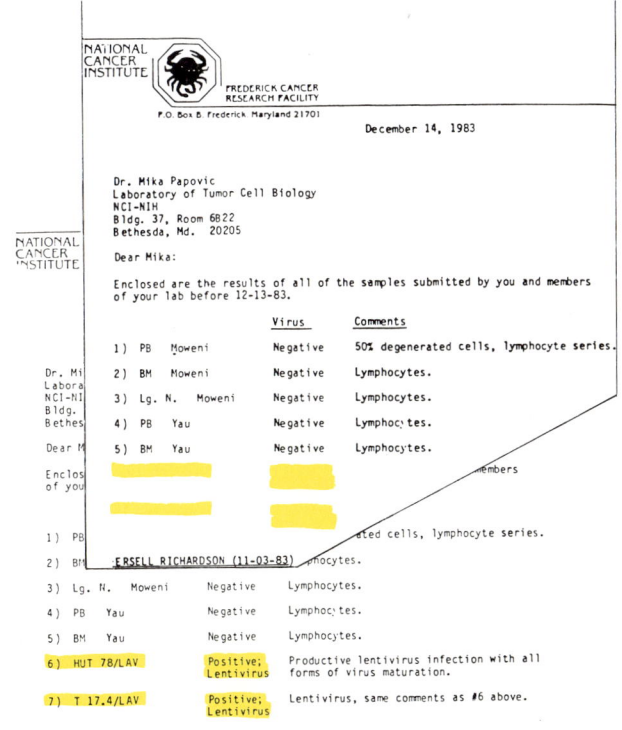

sollte eigentlich mit den Publikationen von 1970 beginnen. Die früheren Ereignisse, also Gallos „Entdeckung" der Reversen Transkriptase im Zytoplasma von Leukämiezellen (1970), des menschlichen Leukämievirus HL23 (1975), des HTLV-I bei Mycosis fungoides und beim Sézary-Syndrom (1980/81), dann die behauptete Rolle des HTLV-I für AIDS (1983) und schließlich die Neuentdeckung des AIDS-Virus als HTLV-III (1984) — all das ergibt ein betrüblich eindeutiges Bild. Es wird noch ergänzt durch die später folgenden Diskussionen um die Priorität der SIV/STLV-III-Entdeckung, um die H9-Zelle als Derivat von Gazdars HUT-78, um das HTLV-IV (das sich als identisch mit Daniels und Desrosiers SIV$_{rhe}$ erwies), um die Rolle des HTLV-I für die Multiple Sklerose und ähnliches mehr.

Der unselige Prioritätsstreit bekam in den letzten Jahren eine noch schärfere Nuance, da das Institut Pasteur sich gezwungen sah, in der Frage der Testlizenzen ein amerikanisches Gericht anzurufen. Auch dies hat eine lange Vorgeschichte (Joyce und

Testsubstanzen, sogar Computerprogramme oder reine Informationen) verpflichtet sich (in Klammern der Wortlaut des weiter unten erwähnten Vertrages zwischen dem Institut Pasteur und Gallos Labor):

— den Urheber zu nennen und seine Urheberschaft angemessen zu würdigen („give appropriate recognition and acknowledgement"),

— das Material ausschließlich zu wissenschaftlichen Zwecken zu benutzen („the virus would be used only for biological, immunological and nucleic acid studies"),

— keinen materiellen Nutzen aus dem Material, das andere Wissenschaftler großzügig zur Verfügung gestellt haben, zu ziehen („the virus would not be used for industrial purpose without prior consent of the Institut Pasteur")

— und es nicht weiterzugeben („and the recipient would not in any form disseminate the virus without written permission from the institute").

Im ersten Halbjahr 1983 erhielt Gallo aus Paris in erster Linie wissenschaftliche Informationen. Am 15. Juli deponierte das Institut Pasteur eine LAV-Kopie in der französischen „Collection Nationale de Cultures de Microorganismes". Kurz darauf sandte Montagnier das Virus auch an Gallo, und am 15. September beantragte er ein Testpatent in Großbritannien. Gleichzeitig präsentierte Montagnier seine Forschungsresultate auf einer wissenschaftlichen Konferenz (Cold Spring Harbor Research Laboratories) in den USA, die unter anderem von Gallo organisiert war. Eine Woche später schickte er erneut eine LAV-Probe an Gallos Labor am NCI in Bethesda. Diesmal wurde ein richtiger Vertrag geschlossen, der unter anderem die oben zitierten Bedingungen enthielt.

Genau 12 Tage nach jener Konferenz schrieb Gallo einen etwas eigentümlichen Rundbrief an mehrere führende europäische Virologen, in dem er erstmalig eine zunehmende Unsicherheit hinsichtlich der kausalen Rolle des HTLV-I für die Pathogenese von AIDS durchscheinen ließ. Er wiederholte jedoch auch in diesem Brief (siehe Faksimile) in einer zweifelsfreien Formulierung, daß er nicht an Montagniers Resultate glaube, sondern eine Kontamination vermute („I have never seen the virus that Luc Montagnier has described, and I suspect he might have a mixture of two."). Trotz seiner wiederholten Behauptung, das HTLV-I schon zehnmal bei AIDS-Patienten gefunden zu haben, gab er zu, daß diese Befunde seine Theorie noch

---

DEPARTMENT OF HEALTH & HUMAN SERVICES   Public Health Service

National Institutes of Health
National Cancer Institute
Bethesda, Maryland 20205

Building 37, Room 6A09
(301) 496-6007

September 27, 1983

After a recent trip to Europe I have become concerned that some people are under the impression that I believe AIDS is caused by HTLV. I am writing to you because of your central position in viral oncology in Europe, and I hope you will help me to dispel this impression when it comes up. My opinion is simply this: Of the known candidates, it's a pretty good one based on conceptual grounds. When it comes to data proving the point, the results are stimulating for more studies, but clearly not definitive for any one virus. I feel we are in a good position perhaps the best position to be able to rule out a family of retroviruses in this disease in the coming year, or provide indications that they remain important candidates. In my opinion an HTLV variant is the most likely candidate, and if it isn't this, it is an as yet unknown virus.

There are a number of new interesting features about HTLV relating to the possibility of immune suppression. For example, we now know that following immortalization of normal human functional T-cells, the immortalized cells lose all their immunological functions. There's further evidence that some normal human T-cells infected HTLV, and for some reason not transformed, die when they meet some other HTLV antigen-positive clones. The latter observations are the results of Sam Broder at NCI. Overall, there still remains much to be done. I have never seen the virus that Luc Montagnier has described, and I suspect he might have a mixture of two. On the other hand, some of his data are interesting but still far from definitive. We have a total now of ten HTLV isolates from frank AIDS cases in approximately 40 attempts, and again, I'm still not certain what this means.

I hope to see you sometime in the near future so we can discuss this in more detail.

Kind regards.

Sincerely yours,

Robert C. Gallo

RCG:tas

Sattaur 1985). Im Februar 1983, als die Franzosen ihr erstes Virusisolat von einem LAS-Patienten gewonnen hatten (LAV), begann eine Korrespondenz zwischen dem Institut Pasteur und dem NCI in Bethesda. Gallo bat um „vertrauliches Forschungsmaterial und Information", wie es von Wissenschaftlern unter variierenden Vorsichtsmaßnahmen mehr oder weniger großzügig ausgetauscht zu werden pflegt. Hierfür gelten traditionell Bedingungen, die in Wissenschaftskreisen bekannt und gewöhnlich im Bewußtsein des Einzelnen verankert sind; hin und wieder werden sie aber auch in der Korrespondenz fixiert. Sie besagen etwa folgendes: Der Empfänger des Materials (und das kann alles Mögliche sein, z. B. Zell-Linien, Viren, Antikörper, verschiedene

nicht völlig bewiesen. Das Ganze wirkt, als habe Gallo auf einmal die Notwendigkeit erkannt, sich für den Fall, daß Montagnier später recht bekommen sollte, eine Hintertür offen zu halten.

Nachdem nun Gallo im Dezember 1983 zum ersten Mal berichtete, daß er inzwischen selbst das AIDS-Virus — das er HTLV-III nannte — isoliert habe, beantragte er Mitte April 1984 ein Patent für einen mit Hilfe dieses Virus entwickelten Test. Damit, so wurde später vor Gericht argumentiert, brach er nicht nur mit aller wissenschaftlichen Tradition und allen guten Sitten, sondern auch den mit den französischen Forschern eingegangenen Vertrag. Mehrere Untersuchungen haben inzwischen gezeigt, daß zwischen Gallos erstem HTLV-III-Stamm und Mon-

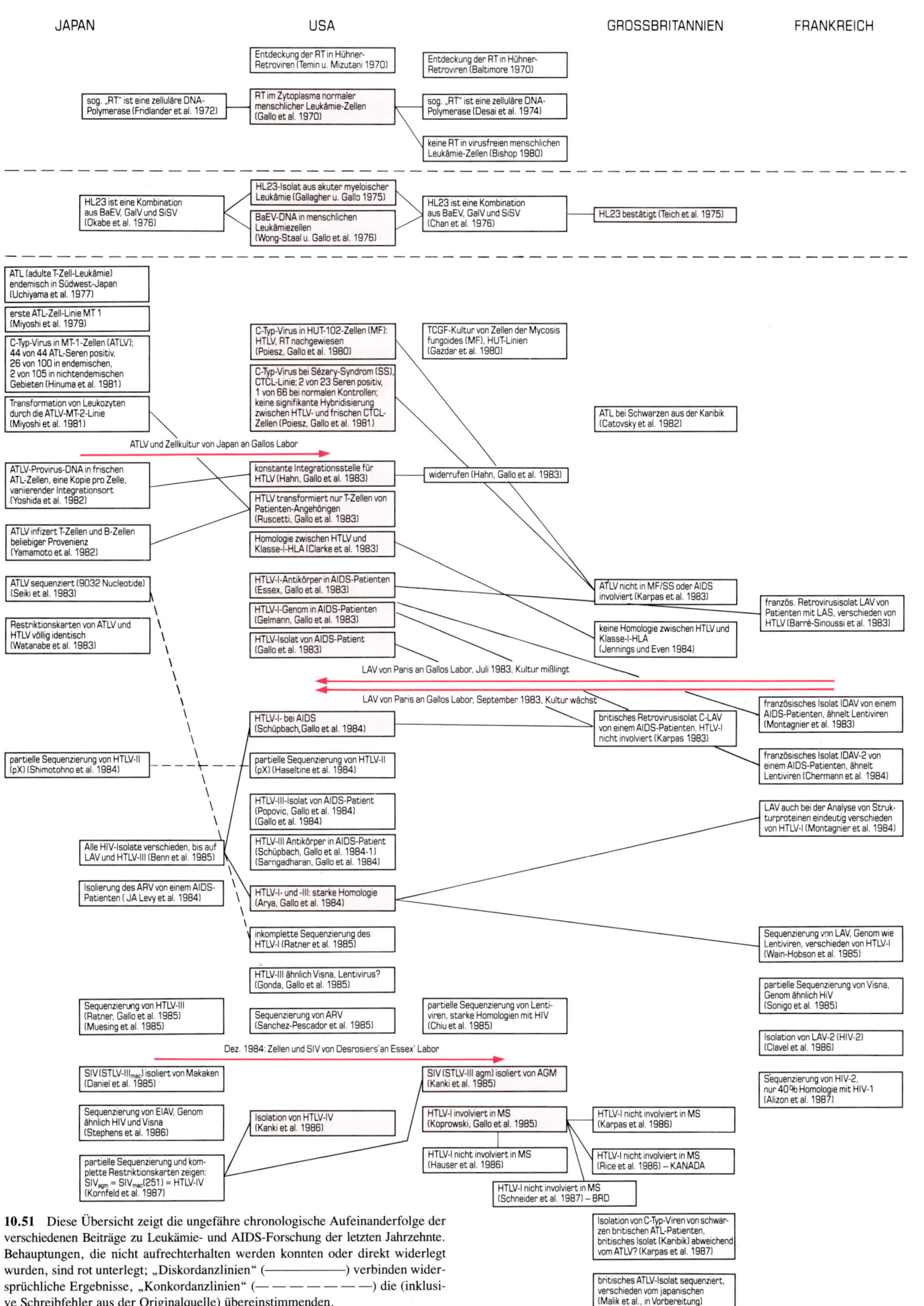

JAPAN **USA** **GROSSBRITANNIEN** **FRANKREICH**

10.51 Diese Übersicht zeigt die ungefähre chronologische Aufeinanderfolge der verschiedenen Beiträge zu Leukämie- und AIDS-Forschung der letzten Jahrzehnte. Behauptungen, die nicht aufrechterhalten werden konnten oder direkt widerlegt wurden, sind rot unterlegt; „Diskordanzlinien" (————————) verbinden widersprüchliche Ergebnisse, „Konkordanzlinien" (— — — — — — —) die (inklusive Schreibfehler aus der Originalquelle) übereinstimmenden.

tagniers primärem LAV-Isolat praktisch kein signifikanter genetischer Unterschied besteht, was in einem merkwürdigen Kontrast zum Nachweis der zahlreichen Variationen zwischen allen anderen Linien dieses Virus in der ganzen Welt steht (Rabson und Martin 1985, Benn at al. 1986). Diese auf der Antigendrift beruhende, extrem starke Variabilität war für jemanden, der überzeugt war, es handele sich bei dem AIDS-Virus um ein Onkovirus vom Typ des HTLV-I, unmöglich vorauszusehen. Aus der genannten Bilderverwechslung geht zwingend hervor, daß es zumindest gelungen war, gute Photos des Pariser LAV zu machen.

Gallos Patentantrag wurde im Januar 1985 bewilligt und hat seitdem viele Millionen Dollar eingebracht. Obwohl die Wissenschaftler vom Institut Pasteur einen Antrag auf ein ähnliches Testpatent in den USA ungefähr ein halbes Jahr vor Gallo gestellt hatten (5. Dezember 1983), ließ eine Antwort lange auf sich warten. Anfang 1986 gab es die Auskunft, daß mit der Bearbeitung dieses Antrages noch nicht einmal begonnen worden war.

All das verdeutlicht, wohin inkorrekte Handlungen führen können, wenn man nicht schon in einem frühen Stadium alle Unklarheiten ausräumt. Es zeigt ferner, wie viele ökonomische und juristische Komplikationen aus einem anfangs nur wissenschaftlichen Prioritätsstreit entstehen können. Der interessante Rechtsstreit, in dem ausländische Wissenschaftler die USA-Regierung und das führende Krebsinstitut der Vereinigten Staaten (NCI) vor einem amerikanischen Gericht verklagten, endete in einem Kompromiß mit Teilung der Testeinnahmen und versöhnlichen Floskeln, um sich wieder der eigentlichen wissenschaftlichen Arbeit zuwenden zu können.

Auf zahlreichen verschiedenen, voneinander unabhängigen Wegen ist gezeigt worden, daß alle Behauptungen der Pariser Forschergruppe in den Jahren 1983 und 1984 korrekt, die entsprechenden „Ergebnisse" von seiten Gallos, die das HTLV-I als Ursache des AIDS propagierten, hingegen falsch waren. Auch die Zugehörigkeit des HIV zur Familie der Lentiviren kann jetzt als entschieden gelten (Gelderblom et al., Bouillant und Becker, Frank et al., Daniel et al., JA Levy et al., Gonda et al., Haase et al., Montagnier, Wain-Hobson, Chermann, Alizon et al., Sonigo et al., Chiu et al., Rabson und Martin, Karpas et al., Morein et al., Benn et al. und viele weitere Autoren). Ungezählte wichtige Kriterien sprechen dafür, AIDS als die Folge **der ersten bekannten Lentivirus-Infektion beim Menschen** anzusehen.

Wissenschaft und Wahrheit

Um dem Phänomen eines wissenschaftlichen Prioritätsstreites und vielem anderen, was hier geschehen ist, etwas Hintergrund und Perspektive zu verleihen, sei ein historisches Ereignis in das Gedächtnis des Lesers zurückgerufen, das, obwohl leider nur wenigen geläufig, nicht verdient, vergessen zu sein.

Es geht um die Entwicklung der Evolutionstheorie im vorigen Jahrhundert. Charles Darwin (1809–1882), der ein gründlicher und vorsichtiger Mensch war, hatte 21 Jahre lang an seinem Buch über die Entstehung der Arten gearbeitet. Noch bevor er mit den ausführlichen Vorbereitungen für die Veröffentlichung fertig geworden war, hatte ein anderer begabter und klarsichtiger Zoologe in England, Alfred Russel Wallace (1823–1913), der unabhängig von Darwin auf die gleichen Ideen gekommen war, mit überzeugendem, wenn auch vielleicht nicht ganz so umfangreichem Material eine Publikation zu diesem Thema zusammengestellt. Wallace hatte Reisen in das Amazonas-Gebiet und zu verschiedenen Inseln des Indischen Ozeans unternommen und besaß eine entomologische Sammlung von 100 000 Insekten und eine ornithologische von 80 000 Vögeln. Er war ein sehr angesehener Naturforscher und lebte für die Wissenschaft.

Die schon fertig vorbereitete Publikation von Wallaces Arbeiten unter dem geplanten Titel *On the tendency of varieties to depart indefinitely from the original type* hätte ihm ohne Zweifel für alle Zukunft die Priorität in dieser Frage gegeben. Vermutlich würde heute jeder seinen Namen kennen. Man spräche vielleicht von „Wallaces" Entwicklungslehre, von „Wallacismus" statt von „Darwinismus", von „Neo-Wallacismus" und von „Wallacisten" und würde ihn wegen seiner unzweifelhaft bahnbrechenden Ideen mit Sicherheit heute noch feiern. Doch es geschah etwas ganz anderes.

Als Wallace selbst seine Arbeit zu Darwin schickte, um dessen Urteil zu hören, erkannten zwei Freunde Darwins, der Geologe Lyell und der Botaniker Hooker, die Gefahr. Sie nahmen Kontakt mit Wallace auf – zumal Darwin sofort Anstalten machte, jenem den Vortritt zu lassen – und erzählten ihm einfach die Wahrheit, Darwins Geschichte. Sie berichteten von dem nicht mehr jungen Mann, der geforscht und nachgedacht hatte, nachgedacht und geschrieben, geschrieben und gezaudert und dabei stets vor dem zurückgeschreckt war, was seine Ideen auslösen würden. Etwa 14 Jahre lang war Darwins Arbeit schon fast fertig gewesen, und er hatte mehr und mehr Belege für seine Ideen angehäuft. Was tat nun ein Forscher und Gentleman wie Wallace jener Zeit in dieser Situation?

Er stand großzügig zurück und überließ Priorität und Publikation, Ruhm und Unsterblichkeit Charles Darwin. Offenbar fand er, es gäbe Wichtigeres als Priorität und Evolutionslehre – nämlich individuellen Anstand. (In einer solchen Haltung mag die Evolution wirklich einen Höhepunkt erreicht haben.) Da Darwin dieses Angebot nicht einfach entgegennehmen wollte, einigte man sich darauf, einen gemeinsamen Artikel zu veröffentlichen, der aus der Arbeit von Wallace und einem Auszug aus dem geplanten Buch Darwins bestand. Dieses geschah 1858 unter Nennung der Autoren „Charles Darwin und Alfred R. Wallace"; daraus wurde im Laufe der Zeit erst „Darwin et al." und schließlich nur noch „Darwin". Vermutlich ist der Menschen Wunsch nach Einfachheit größer als jener nach einer komplizierteren Wahrheit.

Alfred Russel Wallace sollte in unserer Erinnerung überleben und dabei für mehr bekannt sein als nur seine zweifellos großen und originellen Ideen. Er sollte neuen Wissenschaftsgenerationen auch als Vorbild gegenwärtig bleiben. Es geht nicht darum, ob Darwin oder ob Wallace auf die Idee der Evolution gekommen ist – darin konnten sie einander ersetzen. Aber diese beiden Forscher und andere Menschen von ihrer Art sind in zahlreichen Situationen unserer Geschichte, besonders unserer Wissenschaftsgeschichte, von großer Bedeutung gewesen, um Wahrheit und Recht Geltung zu verschaffen. Und manches weitere Mal hätte es ihrer sicherlich sehr bedurft.

Aber all dies liegt, wie gesagt, schon sehr, sehr weit zurück und gehört nur mittelbar zum Thema. Die geschilderte Episode ist unserer vom „publish or perish"-Geiste dominierten und von Eile und Streß geprägten Zeit leider etwas fremd. Es liegt eine große Gefahr darin, daß Wissenschaftler ihr intensives und gleichsam „intimes" Verhältnis zur Wahrheit verlieren. Denn auf diese baut alle Wissenschaft auf, und um sie geht es im Grunde auch in dem Prioritätsstreit, der um die Entdeckung des AIDS-Virus entstanden ist. Gerade heute, wo man mit Gentechnik und Transplantation, Großcomputern und Atomspaltung die Grenzen dessen erreicht zu haben scheint, wofür man leichten Herzens die Verantwortung übernehmen kann, gibt es Grund, sich auf die Verpflichtung einer ehrlichen, wissenschaftlichen Haltung zu besinnen.

Forschung und Wissenschaft sind nicht nur „organisierte Neugierde", wie es manchmal vereinfachend propagiert wird. Sie sind viel mehr – nämlich der Ausweg aus Unwissen und Unfreiheit, aus jener Unfreiheit, die durch Unwissen entsteht, und auch aus dem Unwissen über die Freiheit. Sie sind der Ausweg aus Krankheit, Elend und Hunger. Sie können Klassengrenzen sprengen und dem Recht Geltung verschaffen – solange sie unbestechlich sind. Ihre Wirkungen treten langsam ein, aber stetig.

Sie sind verankert in der Wahrheit bzw. dem, das wir heute aus vernünftigen Gründen dafür halten. Dabei spielt es keine Rolle, ob diese „Wahrheit" einmal in der Retrospektive zum „heutigen Zustand unserer Irrtümer" wird.

Forschung ist untrennbar mit dem Begriff der „Wissenschaft" verbunden. **Wissen**schaft bedient sich der Forschung, um Wissen zu schaffen (also Kenntnis von dem, was der Fall ist). Daraus entstehen **Ein**sichten.

Nun laufen parallel zur Forschung stets auch andere Aktivitäten, deren Ziel es ist, nicht Wissen, sondern eher Meinungen zu schaffen. Analog zum Begriff Wissenschaft wäre dies als „**Mei-nungs**schaft" zu bezeichnen. Diese produziert **An**sichten.

Versuche, unsere Ansichten zu beeinflussen, werden ständig und von allen Seiten unternommen. In solchem alltäglichen Tauziehen um der Menschen Meinungen herrscht meist mehr Eifer als Besinnung, mehr Affekt als Intellekt, mehr Konfusion als Information. Dies ist unseren Beschlüssen nicht immer zuträglich, aber schwer zu ändern.

Einen Sektor jedoch hat man — manchmal mit Not und Mühe, manchmal vergeblich — vor diesem tagesaktuellen Spektakel und seinen Einflüssen zu retten versucht: die Wissenschaft. Ihre Ergebnisse sind zwar nicht unumstritten, aber viel langlebiger als jene der wechselvollen Ansichtskonflikte. Im Laufe der Jahrhunderte hat der Umfang unserer Erkenntnisse zugenommen; sie bilden die Grundlage dessen, was wir heute „wissen". Generationen von Wissenschaftlern heben unsagbare Gedankenarbeit, Mut und schöpferische Mühe hierauf verwandt. Auf deren Schultern stehen wir heute, und wir sind ihnen schuldig, diesen Einsatz und seine Resultate gut zu verwalten — selbst wo das Mut erfordert.

In einem Meer schnell wechselnder Ansichten und Modeströmungen, deren Mannigfaltigkeit wir zu akzeptieren haben, hat es immer diesen langsam wachsenden Fels des Wissens gegeben, der auch den Sturm übersteht. Natürlich muß dieser Fels sowohl behauen als auch geschliffen werden; dazu jedoch braucht man harte Werkzeuge: Wahrheitsliebe und noch mehr Forschung.

Gerade wegen der besonderen Verknüpfung von Wissenschaft und Wahrheit ist es wichtig, auch in der wissenschaftlichen Streitfrage um das AIDS-Virus kompromißlos Klarheit zu schaffen. Mit Unwahrheit fängt vieles an. Meist kann man nicht voraussehen, wozu sie später führt. Jede Lüge ist wie ein Samen. Was aus ihm wird, hängt davon ab, wohin er fällt.

Natürlich hat Gallo wie alle Wissenschaftler das Recht zu irren. Seine erste Annahme, die Ursache von AIDS sei unter den Onkoviren zu finden, war sehr naheliegend und gut begründet. Seine Forschungen auf dem Gebiet der menschlichen T-lymphotropen Retroviren mußten ihn zu dieser Vermutung bringen. Aber ein Lentivirus, das von dem Erstentdecker den Namen LAV erhalten hatte, zum Onkovirus erklären zu wollen und einen eigenen früheren Irrtum zumindest verbal abzuschwächen, indem man die Bezeichnung HTLV dafür verwendet, ist nicht mehr vertretbar. Anderthalb Jahre lang die Forschungsergebnisse von Kollegen zu bestreiten und als minderwertige Laborarbeit verdächtig zu machen, um sie schließlich zu verschweigen und als eigene auszugeben, ist beispiellos. Wie auch immer dies gelang, wie geschickt sich Gallo dabei auch der Medien bedient hat und wie sehr auch latente Tendenzen nationalen Wetteiferns hier eingesetzt worden sind — auf das schlechte Gedächtnis und den mangelnden Überblick der ungezählten Zeugen jener jahrelangen Debatte soll er nicht bauen können.

Wer auch immer diese Fragen zu beurteilen hat (Rechtsstreitigkeiten und Nomenklaturfragen, Verteilung von Mitteln sowie von Auszeichnungen und wissenschaftlichen Ehren), ist gehalten, dies alles gründlich zu untersuchen, denn **ein dauerhafter Triumph geschickter Public-Relation-Tätigkeit über stille und seriöse Forschung wäre ein ernsthafter Rückschlag für die Wissenschaft als solche und gäbe einer ganzen Generation von Forschern einen schlechten Leitstern.**

Genom und Klassifikation

Der Antwort auf die Kernfrage, ob das AIDS-Virus nun ein Lentivirus sei, ist man sehr viel nähergekommen, seit man — wie in diesem Abschnitt beschrieben — die genetische Information der hier genannten Viren entziffert hat.

Die morphologische Ähnlichkeit zwischen dem von Gallo beschriebenen HTLV-III und dem Visna-Virus war schon im Februar 1985 in ausgezeichneten elektronenmikroskopischen Bildern überzeugend demonstriert worden (Abb. 10.46, Gonda et al. 1985-1, -2). Erste Hybridisierungsversuche auf der Ebene der RNA wiesen nun in dieselbe Richtung (Abb. 10.52).

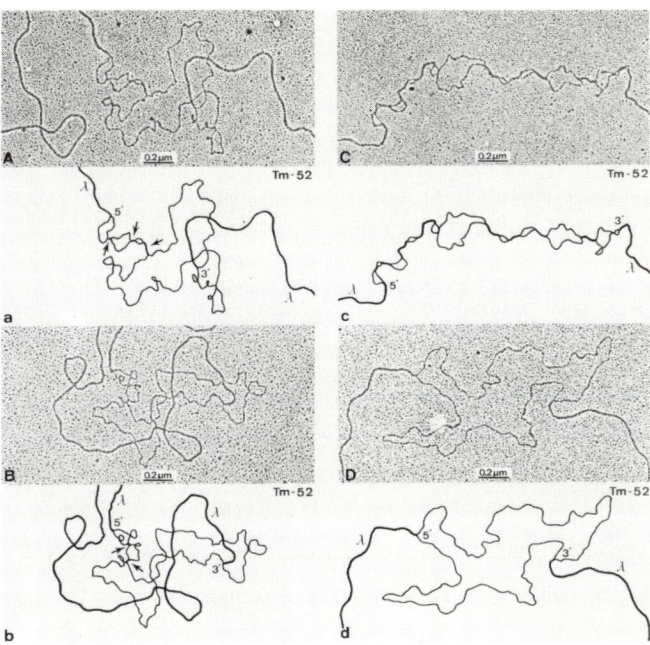

10.52 Heteroduplex-Analyse der RNA-Stränge von (a) HTLV-I und LAV/HTLV-III, (b) HTLV-I und Visna-Virus, (c) LAV/HTLV-III und Visna-Virus sowie (d) LAV/HTLV-III und Visna-Virus mit umgekehrter Orientierung als negative Kontrolle. A−D sind die Originalbilder, a−d verdeutlichen als Zeichnungen dieselben Strukturen (Gonda et al., Science 1985, 227: 175, Copyright 1985 AAAS).

Man fand dabei heraus, daß (a) HTLV-I und HIV lediglich eine genetische Homologie (zusammenfallende RNA-Stränge bei den Pfeilen) von 5%, (b) HTLV-I und Visna-Virus sogar nur eine von 3% aufweisen und daß (c) die Homologie zwischen HIV und dem Visna-Virus selbst unter stringenten Bedingungen 35% beträgt; die negative Kontrolle (d) zeigt, wie zu erwarten, gar keine (0%) Homologie. Auch wenn hiermit schon starke Argumente für die Zuordnung des AIDS-Virus zu den Lentiviren vorlagen, war das Entscheidende doch der nächste Schritt, nämlich die Sequenzbestimmung der Virusgenome.

Auch die Sequenzierung wurde wieder zu einem Wettlauf, an dem mittlerweile vier verschiedene Forschergruppen beteiligt waren. Als erste erreichte die Pariser Gruppe vom Institut Pasteur mit dem britischen Genetiker Wain-Hobson das Ziel (Wain-Hobson et al. 1985, Abb. 10.53). Ihr Manuskript wurde von der Redaktion der Zeitschrift *Cell* am zweiten Weihnachtsfeiertag des Jahres 1984 entgegengenommen — was allerhand über die Intensität der Forschung aussagt. Die Veröffentlichung der Sequenz von über 9000 Nucleotiden erfolgte im Januar 1985.

Rasch folgten die Publikationen der drei anderen amerikanischen Forschungsgruppen: noch im Januar die vom National Cancer Institute und vom Dana Farber Institute (Ratner et al. 1985), am 1. Februar die der Universitätsinstitute von Emeryville und San Francisco (Sanchez-Pescador et al. 1985, vorbereitet von Luciw, JA Levy et al. 1984) und schließlich am 7. Februar

```
LeuGlyIleIleGlnAlaGlnProAspLysSerGluSerGluLeuValAsnGlnIleIleGluGlnLeuIleLysLysGluL
ATTAGGAATCATTCAAGCACAACCAGATAAAGTGAATCAGAGTTAGTCAATCAAATAATAGAGCAGTTAATAAAAAAGGAAA

GlyGlyAsnGluGlnValAspLysLeuValSerAlaGlyIleArgLysValLeuPheLeuAspGlyIleAspLysAlaGlnA
TGGAGGAAATGAACAAGTAGATAAATTAGTCAGTGCTGGAATCAGGAAAGTACTATTTTTAGATGGAATAGATAAGGCCCAAG
                                                                            3800
AlaSerAspPheAsnLeuProProValValAlaLysGluIleValAlaSerCysAspLysCysGlnLeuLysGlyGluAlaM
GGCTAGTGATTTTAACCTGCCACCTGTAGTAGCAAAAGAAATAGTAGCCAGCTGTGATAAATGTCAGCTAAAAGGAGAAGCCA
                                                          3900
LeuAspCysThrHisLeuGluGlyLysValIleLeuValAlaValHisValAlaSerGlyTyrIleGluAlaGluValIleP
ACTAGATTGTACACATTTAGAAGGAAAAGTTATCCTGGTAGCAGTTCATGTAGCCAGTGGATATATAGAAGCAGAAGTTATTC
                                          4000
LysLeuAlaGlyArgTrpProValLysThrIleHisThrAspAsnGlySerAsnPheThrSerThrThrValLysAlaAlaC
AAAATTAGCAGGAAGATGGCCAGTAAAAACAATACATACAGACAATGGCAGCAATTTCACCAGTACTACGGTTAAGGCCGCCT
                             4100
TyrAsnProGlnSerGlnGlyValValGluSerMetAsnLysGluLeuLysLysIleIleGlyGlnValArgAspGlnAlaG
CTACAATCCCCAAAGTCAAGGAGTAGTAGAATCTATGAATAAAGAATTAAAGAAAATTATAGGCCAGGTAAGAGATCAGGCTG
                                                                    4300
HisAsnPheLysArgLysGlyGlyIleGlyGlyTyrSerAlaGlyGluArgIleValAspIleIleAlaThrAspIleGlnThrLysGluLeuGlnLysGlnIleThrLysIleGlnAsn
CCACAATTTTAAAAGAAAAGGGGGGGATTGGGGGGTACAGTGCAGGGGAAAGAATAGTAGACATAATAGCAACAGACATACAAACTAAAGAATTACAAAAACAAATTACAAAAAATTCAAAA
                                                       4400
PheArgValTyrTyrArgAspSerArgAspProLeuTrpLysGlyProAlaLysLeuLeuTrpLysGlyGluGlyAlaValValIleGlnAspAsnSerAspIleLysValValProArg
                                                                              ORF Q ► CysGlnGlu
TTTTCGGGTTTATTACAGGGACAGCAGAGATCCACTTTGGAJAGGACCAGCAAAGCTCCTCTGGAAAGGTGAAGGGGCAGTAGTAATACAAGATAATAGTGACATAAAAGTAGTGCCAAG
                                    4500
ArgLysAlaLysIleIleArgAspTyrGlyLysGlnMetAlaGlyAspAspCysValAlaSerArgGlnAspGluAsp ●
GluLysGlnArgSerLeuGlyIle[Met]GluAsnArgTrpGlnValMetIleValTrpGlnValAspArgMetArgIleArgThrTrpLysSerLeuValLysHisHisMetTyrValSer
AAGAAAAGCAAAGATCATTAGGGATTATGGAAAACAGATGGCAGGTGATGATTGTGTGGCAAGTAGACAGGATGAGGATTAGAACATGGAAAAGTTTAGTAAAACACCATATGTATGTTT
                  4600
GlyLysAlaArgGlyTrpPheTyrArgHisHisTyrG uSerProHisProArgIleSerSerGluValHisIleProLeuGlyAspAlaArgLeuValIleThrThrTyrTrpGlyLeu
CAGGGAAAGCTAGGGGATGGTTTTATAGACATCACTATGAAAGCCCTCATCCAAGAATAAGTTCAGAAGTACACATCCCACTAGGGGATGCTAGATTGGTAATAACAACATATTGGGGTC
     4700                                                                                                    4800
HisThrGlyGluArgAspTrpHisLeuGlyGlnGlyValSerIleGluTrpArgLysLysArgTyrSerThrGlnValAspProGluLeuAlaAspGlnLeuIleHisLeuTyrTyrPhe
TGCATACAGGAGAAAGAGACTGGCATCTGGGTCAGGGAGTCTCCATAGAATGGAGGAAAAAGAGATATAGCACACAAGTAGACCCTGAACTAGCAGACCAACTAATTCATCTGTATTACT
                                                                                         4900
AspCysPheSerAspSerAlaIleArgLysAlaLeuLeuGlyHisIleValSerProArgCysGluTyrGlnAlaGlyHisAsnLysValGlySerLeuGlnTyrLeuAlaLeuAlaAla
TTGACTGTTTTTTCAGACTCTGCTATAAGAAAGGCCTTATTAGGACATATAGTTAGCCCTAGGTGTGAATATCAAGCAGGACATAACAAGGTAGGATCTCTACAATACTTGGCACTAGCAG
                                                                 5000
LeuIleThrProLysLysIleLysProProLeuProSerValThrLysLeuThrGluAspArgTrpAsnLysProGlnLysThrLysGlyHisArgGlySerHisThrMetAsnGlyHis
CATTAATAACACCAAAAAAGATAAAGCCACCTTTGCCTAGTGTTACGAAACTGACAGAGGATAGATGGAACAAGCCCCAGAAGACCAAGGGCCACAGAGGGAGCCACACAATGAATGGAC
   ●                                                        5100
ACTAGAGCTTTTAGAGGAGCTTAAGAATGAAGCTGTTAGACATTTTCCTAGGATTTGGCTCCATGGCTTAGGGCAACATATCTATGAAACTTATGGGGATACTTGGGCAGGAGTGGAAGC
                                              5200
CATAATAAGAATTCTGCAACAACTGCTGTTTATCCATTTCAGAATTGGGTGTCGACATAGCAGAATAGGCGTTACTCAACAGAGGAGAGCAAGAAATGGAGCCAGTAGATCCTAGACTAG
```

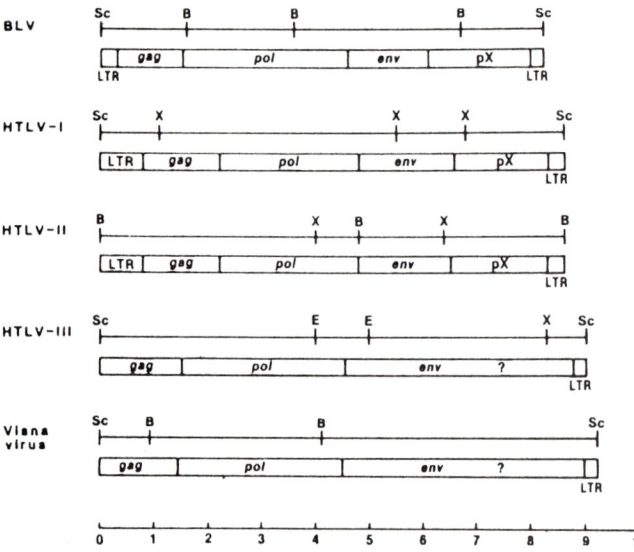

10.53 Ausschnitt aus der Genomsequenz des LAV (Nucleotide von ca. 3600 bis 5300), die in voller Länge von Simon Wain-Hobson (eingefügtes Portrait) aufgeklärt wurde (Wain-Hobson et al. 1985).

10.54 Vergleich zwischen den groben Genomstrukturen von BLV, HTLV-I, HTLV-II, LAV/HTLV-III und Visna-Virus, soweit die Genome 1984 bekannt waren (Gonda et al. 1985).

die von Genentech in San Francisco und den CDC in Atlanta (Muesing et al. 1985). Eine gute Zusammenfassung dieses Materials geben Rabson und Martin (1985).

Die Sequenz des HTLV-I hatte man bereits früher entschlüsselt (Seiki et al. 1983). Nun folgte — in Zusammenarbeit mit

Forschern aus Frankreich (Wain-Hobson, Alizon, Klatzmann et al.) und Minneapolis (Haase, Staskus und Retzel) — die Dechiffrierung des Visna-Virus-Genoms (Sonigo et al. 1985), kürzlich auch die des EIAV (Stephens et al. 1986). Damit war es möglich, den Genomaufbau des AIDS-Virus mit dem des HTLV-I bzw. des Visna-Virus zu vergleichen. Die Entwicklung ist in den Abbildungen 10.54 bis 10.59 dokumentiert.

Schon in dem ersten Schema (Abb. 10.54) sieht man, daß das AIDS-Virus in fast jeder Hinsicht dem Visna-Virus mehr ähnelt als den drei Onkoviren. Mehrere in diesem Schema noch nicht gezeigte Besonderheiten, so die Überlappung von pol- und gag-Region, der Q-Abschnitt (Synonyme: **orf**-1, **o**pen **r**eading **f**rame, für das ARV (Levy); **sor**, **s**hort **o**pen **r**eading frame, für das HTLV-III (Gallo); „A" (Rabson)) sowie die F-Region (Levy: orf-3, Gallo: 3'orf, Rabson: „B") sind spezifisch für das HIV; die gleichen Regionen findet man auch beim Visna-Virus wieder. Der pX-Region hingegen entsprechen die lange env-Region (ARV: orf-2, HTLV-III: früher **lor**, **l**ong **o**pen **r**eading frame) und die später entdeckten Gene **tat** (**t**rans-**a**ctivator of **t**ranscription, jetzt nur noch „transactivator") und **art/trs** (**a**nti-**r**epression **t**ransactivator/**t**ransactivator of **s**plicing).

Ein Schema von Gallo (Abb. 10.55) stellt verschiedene Genomstrukturen mit den jeweiligen Proteinprodukten zusammen; der Autor hat es dabei wohlweislich unterlassen, das Visna-Virus oder irgendein anderes Lentivirus mit hinzuzunehmen, dessen Genom-Ähnlichkeit offensichtlich wäre.

Gallo stützt seine Klassifikation des AIDS-Virus als ein „echtes HTLV" unter anderem auf dessen Präferenz für Magnesiumionen; dies gilt jedoch für fast alle hier diskutierten Viren (Abb. 10.57). Ordnet man die Viren nach der Aminosäuresequenz ihrer Proteinprodukte (z. B. der Reversen Transkriptase) — für die Bestimmung des Verwandtschaftsgrades nach dem Grade der

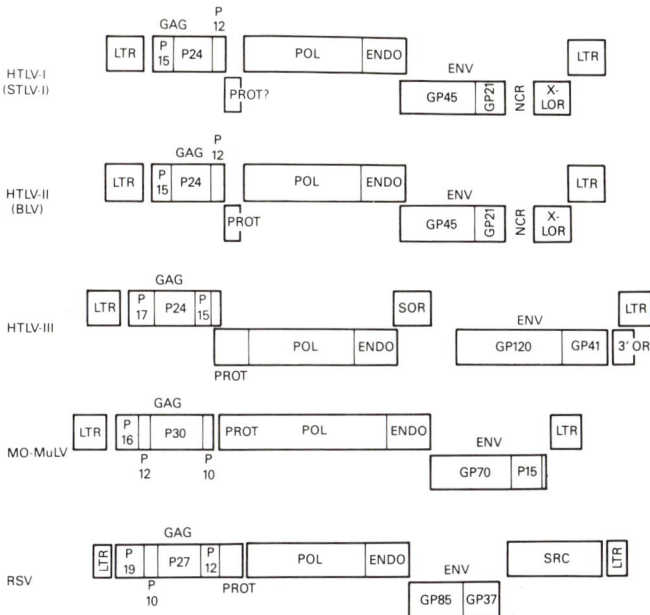

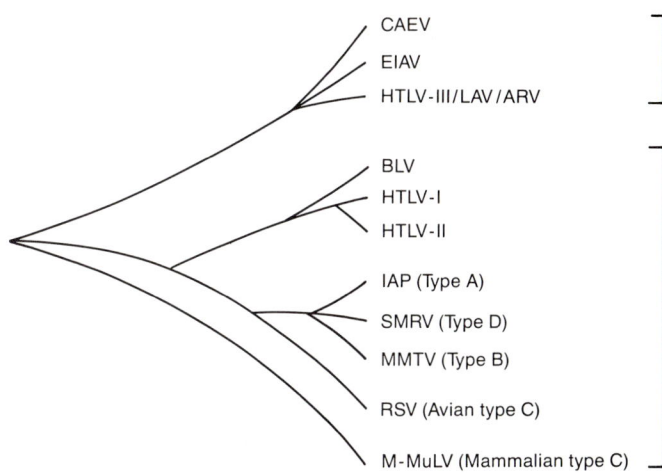

10.55 Vergleich zwischen den Genomen für HTLV-I (STLV-I), HTLV-II (BLV), LAV/HTLV-III, MO-MuLV („Moloney murine leukemia virus") und Rous-Sarkom-Virus (Wong-Staal und Gallo 1986).

10.58 Phylogenetischer Stammbaum auf der Grundlage der Sequenzanalyse des pol-Gens verschiedener Retroviren; IAP steht für „intrazisternales A-Partikel". Oben: Lentiviren, unten: Onkoviren (Chiu et al. 1985).

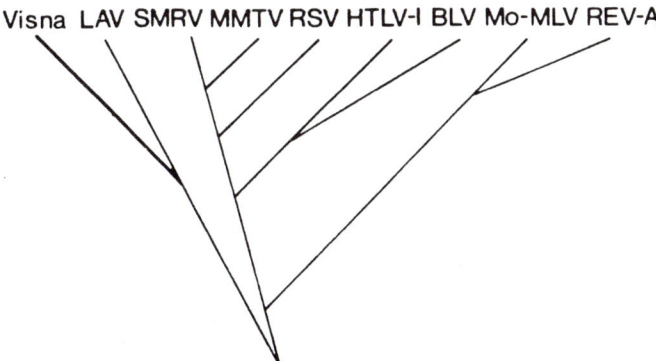

10.56 Phylogenetischer Stammbaum auf der Basis der Analyse der Polymerase (Reversen Transkriptase) verschiedener Retroviren (Sonigo et al. 1985).

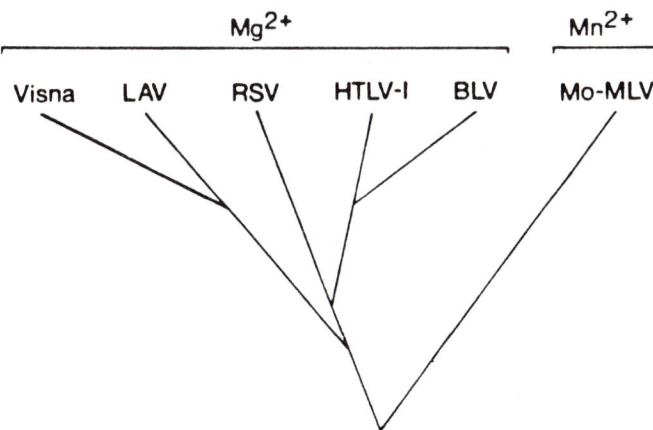

10.57 Phylogenetischer Stammbaum auf der Basis der Analyse der Endonuclease/Integrase verschiedener Retroviren; auch die Ionenpräferenz ist notiert (Sonigo et al. 1985).

Proteinstrukturhomologie gibt es eine bewährte Methode −, erhält man einen Stammbaum, wie ihn Abbildung 10.56 zeigt; bei der Analyse der Endonuclease/Integrase ergibt sich ein fast identisches Bild (Abb 10.57).

In beiden Stammbäumen sieht man deutlich, daß das LAV am engsten mit dem Visna-Virus verwandt ist. Sehr nahe miteinan-

der verwandt sind auch, wie früher schon von Burny et al. gezeigt, das Rinderleukämievirus BLV und HTLV-I; beide zeigen jedoch eine engere Verwandtschaft mit dem Hühnersarkomvirus RSV und anderen Onkoviren als mit der ganzen Lentivirus-Gruppe. In gewisser Weise gehört hierher (wenn auch von geringerem Gewicht) der schon früher erwähnte Vergleich zwischen den Strukturen der Membran-Glykoproteine, die ebenfalls eindeutige Unterschiede zwischen den verschiedenen Viren aufweisen (Abb. 10.11).

Noch zuverlässigere Ergebnisse liefert eine Untersuchung (Chiu et al. 1985), bei der direkt die Nucleotidsequenzen der für die Synthese der Reversen Transkriptase verantwortlichen Genregion pol verglichen wurden (Abb. 10.58); insbesondere sind hier noch zwei weitere Lentiviren hinzugezogen worden (CAEV, ein caprines Lentivirus, und EIAV, ein Lentivirus bei Pferden). Das heute bekannte Genombild des HIV, im Vergleich dazu auch HTLV-I, zeigt die Abbildung 10.59.

Nun sind für die Klassifikation nicht nur diese Proteine bzw. Genstrukturen wichtig, sondern auch das, was aus ihnen folgt − das „Verhalten" des Virus. Als Indizien für eine Zugehörigkeit des AIDS-Virus zur Lentivirus-Gruppe ist insbesondere die Affinität zu Gehirnzellen zu nennen, die die meisten Lentiviren kennzeichnet (Visna, GLV, CAEV, BIV). Das AIDS-Virus hat auch eine gewisse Affinität zu Makrophagen und zur Lunge (Maedi). Hinzu kommt schließlich die lange Latenzzeit und, noch wichtiger, die Fähigkeit des Genoms, sich rasch zu verändern.

Sowohl vom Visna-Virus als auch vom EIAV wissen wir, daß sie durch schnelle Veränderung ihrer Oberflächenantigene dem Angriff von Antikörpern ausweichen können. Diese im Bereich der Immunologie wohlbekannte und gefürchtete Fähigkeit nennt man **Antigendrift**. Auch Trypanosomen, die Erreger der afrikanischen Schlafkrankheit, verfügen über diese Eigenschaft und haben sie zur Vollendung entwickelt: Sie können ihre Oberflächenantigene bis zu tausendmal hintereinander wechseln und sich demzufolge sowohl den Abwehrmechanismen des Immunsystems als auch der Inaktivierung durch einen Impfstoff völlig entziehen (Donelson und Turner 1985).

Beim HIV kennt man bereits die Struktur des Hüllproteins (env-gp 120) recht genau, sowohl seine Sekundärfaltung (Abb. 10.60) als auch die Verteilung von konstanten und variablen Regionen. Wie diese innerhalb des aus vielen hundert Aminosäuren bestehenden Moleküls aufeinanderfolgen, zeigt die Abbildung 10.61; ein solches Wissen ist eine wichtige Voraussetzung für die Entwicklung eines Impfstoffes gegen dieses Virus. Während die variablen Abschnitte zum Teil die menschlichen HLA-Antigenstrukturen nachahmen können, sind die konstanten Regionen möglicherweise so gelagert, daß sie Antikörpern schwer zugäng-

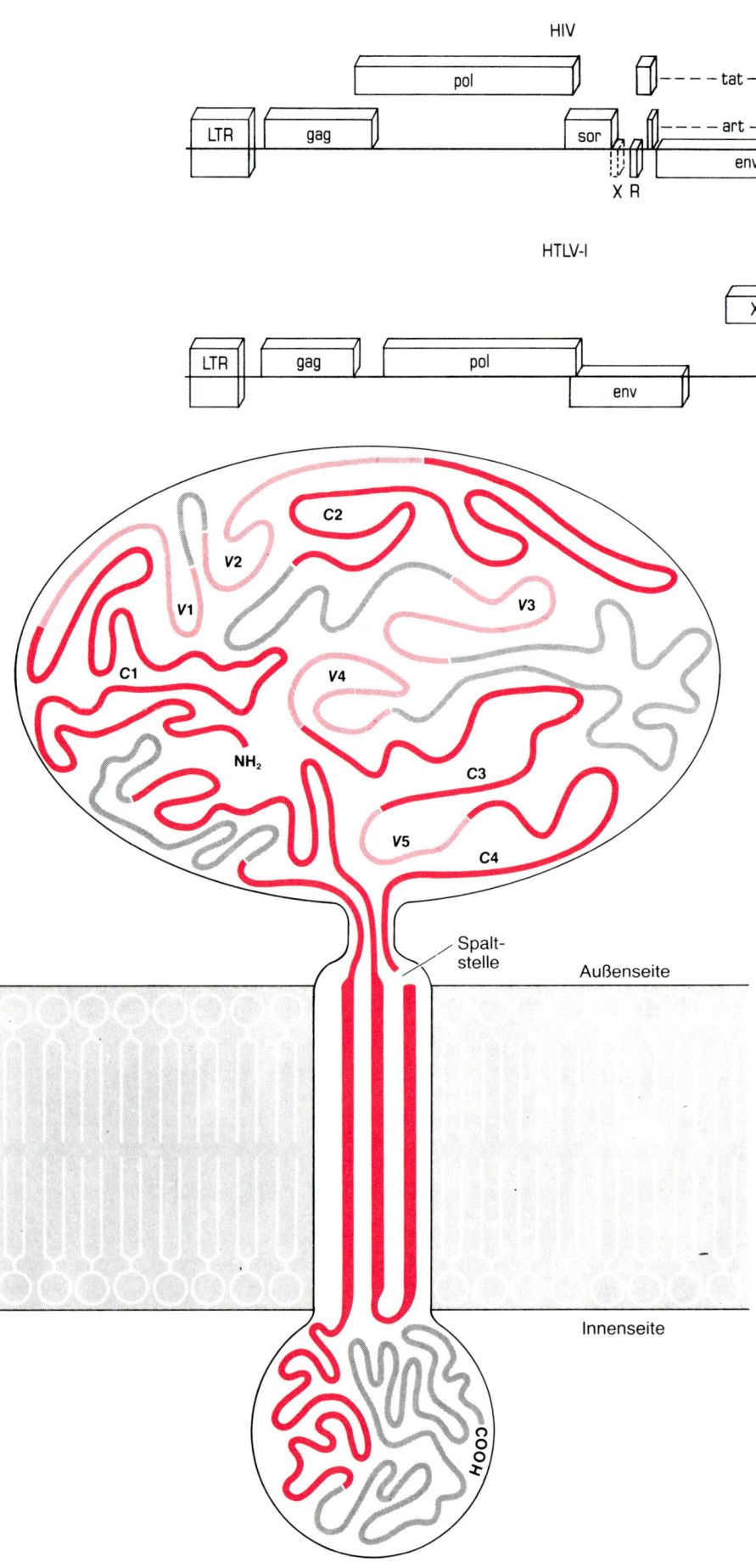

HIV

pol

tat 3'orf

LTR gag sor art

env

X R

HTLV-I

X-IV

LTR gag pol LTR

env

10.59 Das HIV-Genom mit seinen verschiedenen „reading frames", d. h. kodierenden Regionen, soweit heute bekannt. „X" ist bisher nur beim HIV-2 beobachtet worden. Nach einem Vergleich von Rabson und Martin (1985), komplettiert nach Wain-Hobson, Alizon und Martin.

lich sind, nämlich am Boden sogenannter „Canyons" (M.G. Rossmans Canyon-Hypothese beschreibt dies näher, Abb. 10.62).

Im Gegensatz zu dieser spezifischen Lentivirus-Eigenschaft zeigen die Onkoviren verhältnismäßig stabile Antigenmuster. Die bisher isolierten verschiedenen HTLV-I-Stämme variieren nur sehr wenig. Lediglich bei einem Vergleich japanischer und karibischer Isolate (Karpas et al., in Vorb.) scheinen sich größere Genomunterschiede feststellen zu lassen. Wie ausgeprägt im Vergleich hierzu die Variabilität beim AIDS-Virus ist, geht aus der Abbildung 10.63 hervor.

Diese Unterschiede, auf die man bereits während der ersten Genomsequenzierung stieß, sind erschreckend groß. Zwischen verschiedenen Virusvarianten der Ostküste der USA fanden Benn, Martin et al. (1985) bei Analysen mit Restriktionsenzymen Abweichungen von ca. 5%. Genomvergleiche ergeben in der Regel etwas geringere Unterschiede. (Die Abweichungen zwischen Gallos HTLV-III und dem LAV aus Paris sind so gering, wie man sie als normale Variation zwischen verschiedenen Klonen findet (Rabson und Martin 1985); bei Restriktionsenzym-Analysen finden sich hier überhaupt keine Unterschiede.) Die Abweichungen zwischen Isolaten aus New York und solchen aus Kalifornien liegen bereits um 10%, die zwischen US-amerikanischen und haitianischen Isolaten bei 12%. Es sieht noch schlimmer aus, wenn man nur die env-Region betrachtet, die ja gerade für die Oberflächenantigene genetisch zuständig ist. Die Variation in diesem Abschnitt erreichte in den zitierten Untersuchungen bis zu 27%.

Benn et al. (1985) konnten auch zeigen, daß **alle** europäischen Isolate von al-

C2

V2

V1

V3

C1

V4

NH₂

C3

V5

C4

Spaltstelle

Außenseite

Innenseite

COOH

10.60 Das HIV-Oberflächenantigen gp110−120 sowie das transmembranöse gp41 weisen eine komplizierte Sekundärstruktur auf. Konstante und variable Regionen liegen nicht gleichmäßig zugänglich verteilt. Das gp41 erreicht dreimal die Membranoberfläche (nach H Wolf et al., Max-von-Pettenkofer-Institut, München; Gallo 1987, Copyright Spektrum der Wissenschaft, Heidelberg).

10.61 Variable (V) und konstante (C) Regionen im Oberflächenantigen (gp120/gp41) des HIV mit Kennzeichnung der hydrophilen (blau) und hydrophoben (rot) Bereiche. Auch die Verbindungsstelle („cleavage site") zwischen dem transmembranösen gp41 und dem äußeren gp120 ist gezeigt. Es sind die konstanten Regionen (gerade Striche C1 bis C7), auf die sich das Hauptinteresse der Impfstoff-Forschung richtet (S Modrow und H Wolf 1986, Max-von-Pettenkofer-Institut, München).

10.62 Gewisse Epitope der Virusoberfläche verbergen sich am Grunde tiefer Einbuchtungen. Diese können so schmal sein, daß sie zwar noch von zierlichen Ausläufern gewisser Rezeptoren erreicht werden, nicht jedoch von den relativ breiten Fab-Armen eines Immunglobulins (Canyon-Hypothese, MG Rossmann, Purdue-Univ., West Lafayette; Luo et al. 1987).

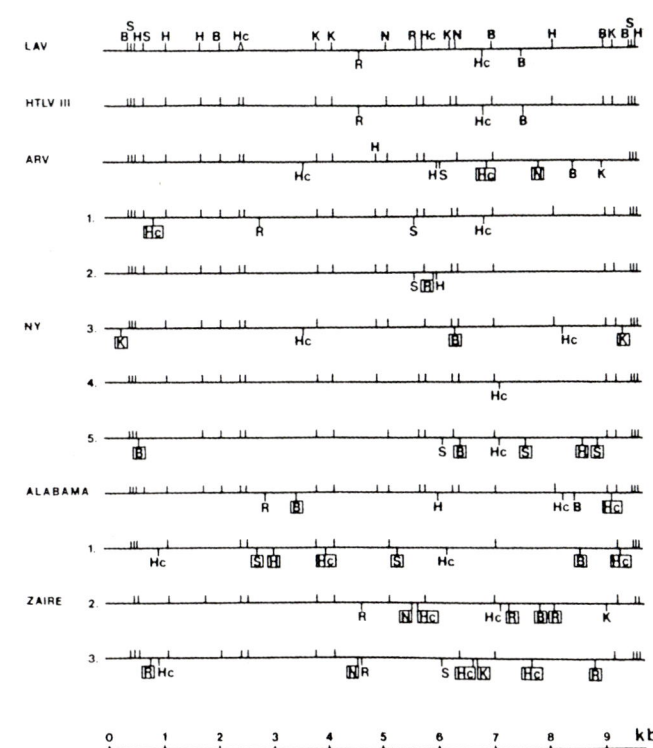

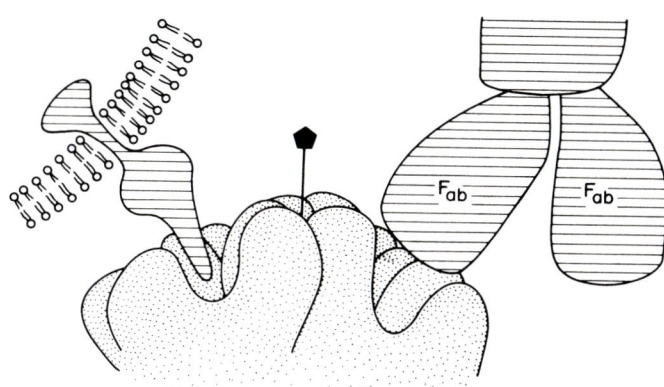

len amerikanischen Isolaten genetisch klar abweichen (Ausnahme: LAV und HTLV-III) und daß der Unterschied zu den afrikanischen Viruslinien noch größer ist. Wain-Hobson, der mehrere afrikanische Isolate aus Zaire dechiffriert hat, fand für bestimmte Genomabschnitte sogar Unterschiede von bis zu 40%.

Wenn man diese, offenbar in kurzer Zeit aufgetretene genetische Vielfalt mit der geringen Variabilität des HTLV-I vergleicht (dieses Virus hatte Hunderte von Jahren für seine Diversifikation zur Verfügung), versteht man, was uns hier erwartet. Bei AIDS-Patienten hat man schon bis zu 14 verschiedene Virusvarianten gleichzeitig finden können. Die genetischen Veränderungen scheinen sich im Verlauf von Wochen bis Monaten einzustellen. Bei einer Untersuchung an fünf Blutspender-Empfänger-Paaren ist es nicht in einem einzigen Fall gelungen, den gleichen Genomtyp zu finden (Feorino, CDC, pers. Mitt.). Auch dies ist eine für Lentiviren charakteristische Eigenschaft.

In längeren Zeitintervallen kann diese in der Entwicklung sehr unterschiedlicher Varianten resultieren. Auch die humanen Virusvarianten Westafrikas (HIV-2/HTLV-IV „x", „y") zeigen eine ähnliche Formenvielfalt wie die Lentiviren bei Schafen und Ziegen. Die Dechiffrierung von HIV-1 und HIV-2 ist gerade abgeschlossen (Guyader et al. 1987).

Tropismus

Lentiviren rufen nur dann eine Leukämie oder andere maligne Erkrankungen hervor, wenn sie einen T4-Rezeptor-Tropismus aufweisen (HIV, SIV, BIV, FTLV). Für dessen Existenz gibt es zwei mögliche Erklärungen:

10.63 Der Vergleich von AIDS-Virusisolaten aus verschiedenen Teilen der Welt (Analyse mit Restriktionsenzymen; die Markierungen geben unterschiedliche Zerlegungsstellen an, die wiederum auf unterschiedliche Nucleotidsequenzen schließen lassen). Man sieht deutlich, daß selbst zwischen verschiedenen Isolaten aus New York signifikante Unterschiede vorliegen und daß die beiden einzigen Linien, bei denen ein exakt identisches Muster in der Restriktionsenzymanalyse an den Tag kam, HTLV-III und LAV sind. Dieser merkwürdige Zufall hat den Virologen viel Kopfzerbrechen bereitet (Benn et al. 1985).

(1) Sowohl das HIV als auch das HTLV-I (das ja einen T4-Rezeptor-Tropismus aufweist) haben nahe Verwandte bei Tieren; eventuell finden sich darunter echte Vorläufer, bei Affen gerade in jener Region, wo diese beiden Retroviren anscheinend erstmalig als humanpathogen aufgetreten sind. Da man die Viren SIV und STLV-I zum Teil bei den gleichen Affen nachgewiesen hat, können hier über längere Zeit Mischinfektionen vorgelegen haben, was eine Rekombination zwischen Vorläufern dieser beiden Virustypen denkbar macht. Ein „Prä-SIV" brauchte nur jenen Teil der Gensequenz eines „Prä-STLV-I" zu inkorporieren, der in der

env-Region für jene Aminosäuren codiert, die für den T4-Rezeptor-Tropismus verantwortlich sind. Dies würde in einem SIV-ähnlichen Hybrid resultieren können. Retroviren besitzen ja in ihrer Enzymausstattung sehr geeignete Werkzeuge (Nucleasen und Integrasen) zur Neukombination genetischen Materials — man denke nur an die Tendenz gewisser Onkoviren, zelluläre Onkogene zu integrieren. Rekombinationen zwischen Retroviren sind auch schon beobachtet worden. Toh und Miyata (1985) haben ähnliches (HIV als avanciertes Hybridpathogen) vorgeschlagen, um eine wohl kaum signifikante partielle Homologie des HIV zu einem murinen Retrovirus zu erklären. Das überzeugt kaum. (Der haarsträubende Unsinn zum Thema der HIV-Geburt in den militärischen Laboratorien von Fort Detrick (Segal et al. 1986) sei hier nicht näher erörtert.)

Ein interessanter Bericht aus Neuseeland ist hingegen zu erwähnen, wo man bei einem AIDS-Patienten mit primärer Enzephalopathie eindeutig SAF-artige Strukturen entdeckt hat (Goldwater et al. 1985). Man könnte sich vorstellen, daß hier ein Hybridpathogen zwischen HIV und einem unkonventionellen Virus entstanden sein mag (indem z.B. das LTR des HIV einen kleinen Nucleotidteil eingefangen hat). Denkbar wäre auch — gerade auf Neuseeland, wo viel Schafzucht betrieben wird —, daß eine latente spongiforme Hirninfektion durch eine gleichzeitige HIV-Infektion frühzeitig aktiviert wurde.

(2) Das HIV zeigt einen von env-Glykoproteinen vermittelten Tropismus für den T4-Rezeptor. Gerade der für diesen Tropismus verantwortliche Teil des Genoms weist eine ungewöhnlich ausgeprägte Variabilität auf („Antigendrift"). Des weiteren wissen wir, daß manche Hirnzellen einen dem T4-Rezeptor sehr ähnlichen Rezeptor besitzen. Durch die hohe genetische Variabilität der env-Region kann es mit der Zeit zu einer gleitenden Modifikation der Rezeptorspezifität kommen. Der T4-Zell-Tropismus könnte hier also auf einem ganz anderen Wege zustande gekommen sein als beim HTLV-I und -II.

Demzufolge wäre HIV ein Lentivirus, dessen Rezeptoraffinitätsspektrum erst in jüngerer Zeit um den T4-Rezeptor etwa der T_h-Zellen und der Makrophagen erweitert worden ist, woraus „neue" pathogene Eigenschaften resultiert haben mögen — nämlich die Fähigkeit, eine zunehmende Immunschwäche und schließlich AIDS zu verursachen. Gerade der Immundefekt manifestiert sich im Verhältnis zu den durch Lentiviren verursachten Veränderungen, die erst nach einer langen Inkubationszeit auftreten, ziemlich rasch. Er hat außerdem so entscheidende Konsequenzen für die Gesundheit der Infizierten, daß er das klinische Bild dominieren und relativ schnell zum Tod der Patienten führen kann. **So kann uns der doppelbödige Charakter dieser Erkrankung noch für viele Jahre verborgen bleiben.**

Der Tropismus (den Gallo als ein Hauptkriterium für die Klassifikation gewertet sehen möchte) ist für sich allein genommen ein sehr unzureichendes Kriterium für eine Virusklassifikation. Man könnte unter dem Einteilungskriterium des Tropismus verschiedener Virusarten etwa für Hirnzellen, Respirationsepithel, Intestinum oder Haut leicht die verschiedensten Virustypen taxonomisch unter einen Hut bringen. Das ist bisher noch von niemandem vorgeschlagen worden.

Die Besonderheiten von Lentiviren

Warum sollte es nun so wichtig sein zu wissen, daß das HIV ein Lentivirus ist? Schon ein kurzer Blick auf diese Retrovirusfamilie und ihre Eigenarten beantwortet diese Frage. Lentiviren sind durch folgende Eigenschaften gekennzeichnet:

(1) Eine **ungewöhnlich lange Inkubationszeit** (bei Tieren häufig ein bis zwei Drittel der gesamten Lebenszeit; beim Menschen müßte man für Effekte, wie sie typisch für klassische Lentiviren sind, ohne weiteres mit 20 bis 30 Jahren rechnen).

(2) Eine **direkte Affinität zu den Zellen des zentralen Nervensystems**, die sich klinisch in einer langsam fortschreitenden und destruktiven Enzephalopathie manifestiert.

(3) Eine **direkte Affinität zu Makrophagen**, was durch deren Mobilität den Zugang zu allen Organen des Körpers ermöglicht. Dieser Zelltyp ist unter anderem im Gehirn (Mikroglia), in der Leber (Kupffer-Sternzellen), in der Haut (Langerhans-Zellen), im Knochenmark (Osteoklasten), im Blut, im Peritoneum und in der Lunge (Alveolar-Makrophagen) vertreten. Offenbar können Lentiviren in Monozyten/Makrophagen und vielleicht sogar in deren Stammzellen im Latenzstadium verweilen und einen günstigen Zeitpunkt für ihre Replikation abwarten. Die Fähigkeit, der Zerstörung im endozytotischen Prozeß zu entgehen, mag sich im Laufe der Jahre als der wichtigste Zug der Lentiviren erweisen.

(4) Eine **Affinität zum Lungenparenchym**, vielleicht durch Makrophagen vermittelt. Die Folge sind akute oder chronische Lungenentzündungen mit Veränderungen der Alveolarwände, wie man sie auch bei AIDS-Patienten, hauptsächlich im Zusammenhang mit interstitieller Pneumonie, gefunden hat.

(5) Eine **Krankheitspenetranz von bis zu 100%**, auch wenn dazu viel Zeit erforderlich ist.

(6) Eine **Mortalität von bis zu 100%**. Die mit EIAV infizierten Pferde scheinen eine bessere Prognose zu haben, sind aber auch für den Rest ihres Lebens infiziert.

(7) Eine **geringe Antigenität (Immunogenität)**, weshalb die Infektion meistens unbemerkt erfolgt.

(8) Eine **hohe Widerstandsfähigkeit gegenüber neutralisierenden Antikörpern**. Bei Tieren beobachtet man während der ablaufenden Infektion allmählich steigende Titer von Antikörpern, die in vitro neutralisierend wirken, ohne jedoch in vivo den Krankheitsverlauf merkbar beeinflussen zu können. Es ist möglich, daß dies außer mit der raschen Variation der antigenen Bestandteile auch mit dem von Gelderblom et al. beobachteten „Shedding" (dem Abstoßen) der Oberflächenproteine zusammenhängt sowie mit der Fähigkeit von Lentiviren, in Makrophagen zu überleben.

(9) Eine **ausgeprägte Antigendrift**. Diese ist zumindest von Maedi-Visna-Virus und EIAV bekannt und läuft schneller ab, als man lange gedacht hat. Sie ist von entscheidender Bedeutung für die Chancen, jemals einen Impfstoff herstellen zu können. Schon beim Influenza-Virus muß jedes Jahr ein neuer Impfstoff in Anpassung an die verschiedenen aktuellen Varianten hergestellt werden (Hongkong A und B, Bangkok etc.). Lentiviren scheinen sich innerhalb weniger Wochen den Antikörpern des Immunsystems durch Veränderung der viralen Antigene entziehen zu können.

(10) Ein noch **unzureichend bekannter Verbreitungsmechanismus**. Bei bestimmten Lentivirusarten nimmt man auch eine Übertragung durch Insekten an (z. B. beim EIAV). SIV scheint sich unter Affen mit verschiedenen infektiösen Körpersekreten zu verbreiten, MVV und CAEV unter Schafen und Ziegen im Stall über die Lunge. Vom FTLV weiß man bisher nur, daß es sich ziemlich effektiv unter Katzen verbreitet, nicht hingegen, wie das geschieht.

Der bisher geführte Kampf der Veterinäre gegen Lentivirus-Infektionen bei Tieren sollte uns warnen. 1933 kaufte Island 20 (davon wohl 2 visna-infizierte) Schafe aus Deutschland, 1939 wurde die Infektion erstmals erkannt, 1939 – 1952 starben etwa 150 000 Tiere an ihr. Zum Schluß sah man sich gezwungen, die infizierten Tierbestände zu schlachten. Die Einsicht, daß auch das AIDS-Virus HIV zu dieser Familie gehört, ist daher beklemmend (Sigurdsson et al. 1962, Pálsson 1976, Narayan 1980).

Insbesondere verändern sich hierdurch die Zeitperspektiven für die erwartete Dauer des natürlichen Krankheitsverlaufes und werfen das Bild um, das man anfangs gewonnen hatte. Nach-

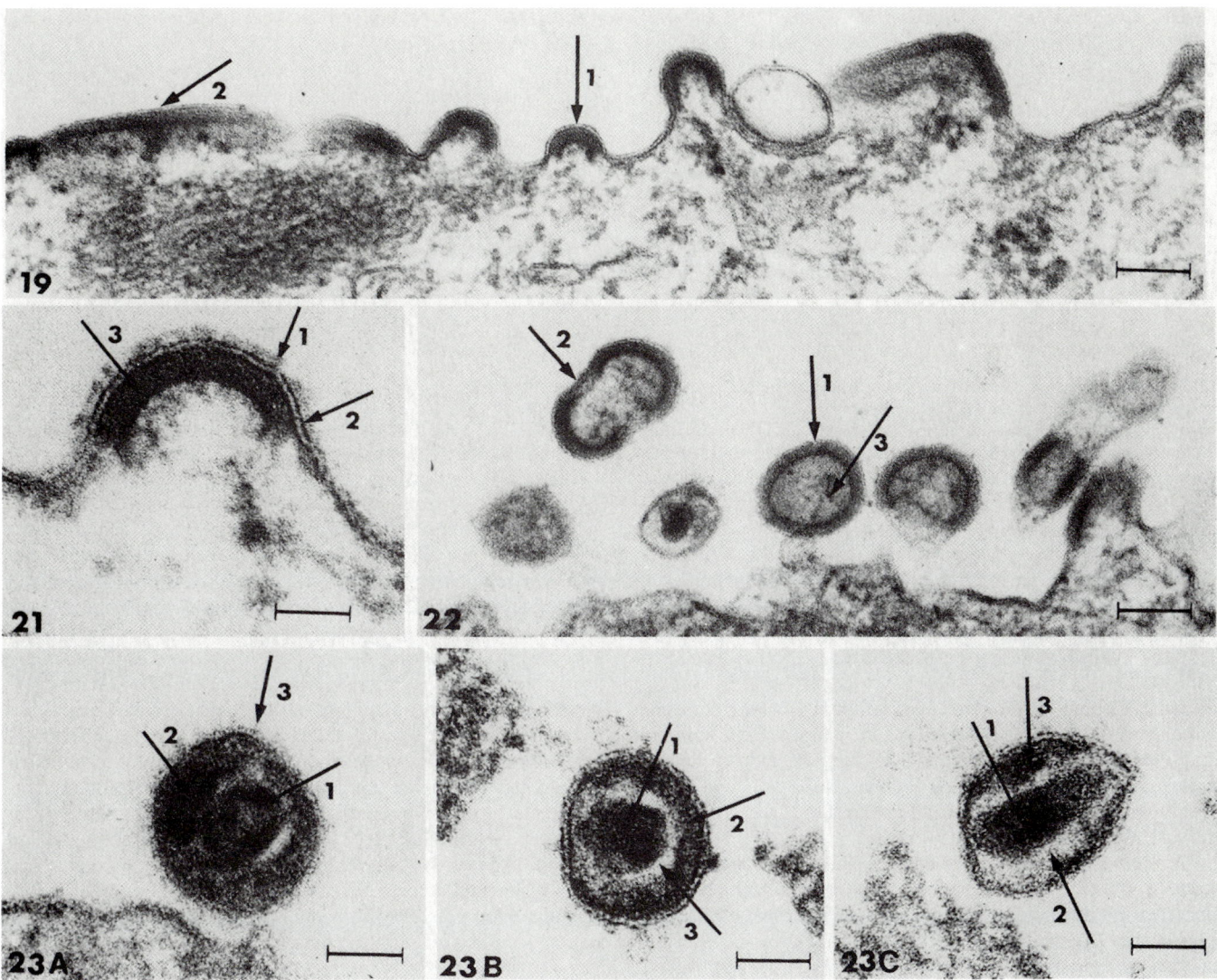

10.64 Verschiedene Lentiviren: (19) knospendes CAEV, (21) knospendes MVV, (22) extrazellulär reifendes CAEV, (23, A−C) reifendes EIAV (Bouillant und Becker, ADRI, Nepean, JNCI 1984, 72: 1083, Copyright JNCI).

denklich stimmende Kommentare haben wir John Seale (London) zu verdanken. Er hat schon früh auf die Langzeiteffekte dieser Epidemie aufmerksam gemacht (Seale, 1984-1) und wiederholt die Bedeutung der Zugehörigkeit des HIV zu den Lentiviren betont (1985-1 und -2, 1986, 1987-1).

Wenn man sich einzelne Lentiviren (Abb. 10.64) und ihr „Verhalten" näher anschaut, findet man noch mehr Parallelen zum HIV. Das EIAV scheint dem HIV genetisch sehr nahezustehen. Es ist über große Teile der Welt verbreitet und verursacht bei Pferden rezidivierende Fieberattacken, hämolytische Anämie (durch Autoantikörper?), Knochenmarksdepression, Lymphoproliferation, Immunkomplex-Glomerulonephritis und persistierende Virämie.

Bei Untersuchungen der Glykoprotein- (Montelaro et al. 1984) und der RNA-Variabilität (Payne et al. 1984) während der wiederholten Fieberschübe fand man eine überraschend schnell ablaufende Antigendrift. Isolierte man das Virus aus dem Wirtsorganismus und entzog es damit den Angriffen des Immunsystems, so hörte die Antigendrift in der Zellkultur sofort auf. Man kann das lediglich als Ausdruck einer starken Selektionswirkung in vivo ansehen, aber auch die Möglichkeit einer „bedingten" Antigendrift (die erst durch den Angriff des Immunsystems ausgelöst oder zumindest angefacht wird) läßt sich noch nicht mit Sicherheit ausschließen.

Daß auch das HIV einen ausgesprochenen Polymorphismus seines Genoms zeigt (schon früher beschrieben von Åsjö et al. 1985; Rübsamen-Waigmann et al. 1986, siehe Abb. 10.65) und daß dieser für die Pathogenität des Virus von Bedeutung ist, wird immer häufiger beschrieben. Auf der Paris- und der Washington-Konferenz wurde dies von nicht weniger als 13 Beiträgen bestätigt. Heute gibt es in der Welt circa 3000 HIV-Isolate, von denen sich noch keine 2 als völlig identisch erwiesen haben.

Bei Versuchen mit neutralisierenden Antikörpern kommt man zu guten Ergebnissen in vitro, aber zu zweifelhaften in vivo. Mehrere Untersuchungen (z. B. Wendler et al., im Druck) haben zwar eine Korrelation zwischen dem Titer neutralisierender Antikörper und dem Krankheitsstadium gefunden, ohne jedoch ausschließen zu können, daß die Patienten mit dem höheren Titer einfach nur die jüngeren Infektionsfälle repräsentieren.

Die Antigenvariabilität gilt grundsätzlich auch für das caprine Lentivirus CAEV und dessen Varianten GLV und CSR sowie für das MVV. Alle außer der Maedi-Variante greifen das Gehirn an, und sowohl beim CSR als auch beim MVV hat man Anhaltspunkte für eine Affinität zu Makrophagen und undifferenzierten Stammzellen gefunden. Vielleicht ist die Antigendrift überhaupt verantwortlich für die Klassifizierungsschwierigkeiten, die sich natürlich ergeben können, wenn derartig variable Viruslinien lange auf verschiedenen Kontinenten voneinander isoliert waren (Gendelmann, Narayan et al. 1984, Dal Canto et al. 1981, Belino et al. 1984, Pritchard et al. 1984, Narayan et al. 1982, VW Smith et al. 1981, Quérat et al. 1984, Coackley et al. 1984, Haase et al. 1985-1, -2).

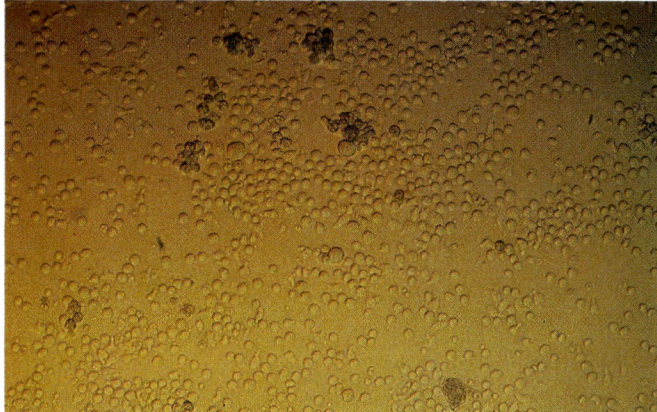
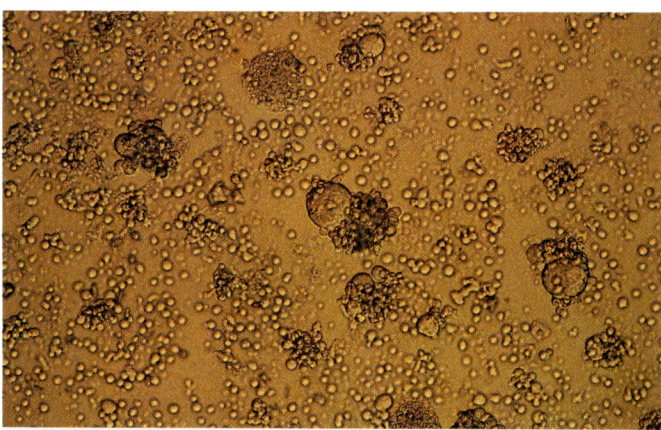

10.65 Verschiedene Isolate von HIV weisen nicht nur unterschiedliche Genomstrukturen, sondern auch in der Viruskultur ein eindeutig unterschiedliches Verhalten auf. Manche Virusvarianten wachsen leichter an, vermehren sich schnell und führen zu auffälliger Riesenzellbildung (links), andere wachsen schlecht, wirken deutlich weniger zytotoxisch und induzieren eine geringere Synzytienbildung (rechts). Das Studium dieser Varianten und der Ursachen ihrer unterschiedlichen Pathogenität, die sicher im Genom begründet liegt, wird sich noch als sehr wichtig erweisen (Rübsamen-Waigmann, Georg-Speyer-Haus, Frankfurt).

Eine interessante Beobachtung ist die, daß gerade der T4-Rezeptor auch für die Synzytienbildung (die Verschmelzung von Zellen miteinander, was sich in der Bildung sogenannter Riesenzellen niederschlägt; siehe Abbildung 10.65) verantwortlich zu sein scheint. Die ausgeprägte Tendenz des caprinen Lentivirus CSR zur Synzytienbildung weist auf einen speziellen Rezeptortropismus hin. Überhaupt wirkt es etwas befremdlich, daß das klinische Bild verschiedener Lentivirus-Infektionen trotz deren naher Verwandtschaft so sehr variiert. Dieser Umstand wird ohne die Annahme einer großen Variabilität gerade in den für den Tropismus verantwortlichen Teilen des Genoms nur schwer zu erklären sein, es sei denn, der Verwandtschaftsgrad der Viren wäre geringer als im Moment vermutet.

Verantwortlich für den Tropismus sind die äußeren Glykoproteine, die im Wirtsorganismus die Antikörperbildung anregen. Bei Immunglobulinanalysen der Zerebrospinalflüssigkeit von Schafen fand man fünf Jahre nach der Infektion mit dem Visna-Virus sehr diskrete IgG-Veränderungen (vorwiegend IgG-2, weniger IgG-1) und eine deutliche IgM-Zunahme; die anderen Immunglobulinklassen waren offenbar nicht betroffen. Das Muster ähnelt übrigens dem bei der **multiplen Sklerose (MS)** beobachteten, was als weiteres Argument dafür gewertet werden könnte, daß es sich auch bei dieser um eine chronische und wenig immunstimulierende Infektionskrankheit handelt (Martin et al. 1982). In einer jüngst veröffentlichten Untersuchung (Koprowski et al. 1985, Co-Autor Gallo) wird über den Nachweis von HTLV-I-Antikörpern bei MS-Patienten berichtet, was wiederum mit den Ergebnissen anderer Wissenschaftler nicht übereinstimmt (Karpas et al. 1986, Hauser et al. 1986, Schneider et al., im Druck). Die Annahme, auch an der noch unklaren Pathogenese der MS sei ein Virus beteiligt, ist durchaus gut begründet und auch keineswegs neu. Es bleibt aber abzuwarten, ob hier nicht wieder voreilige Befunde durch Nachuntersuchungen mit spezifischeren Tests korrigiert werden müssen. Gerade im Hinblick auf die mangelnde Spezifität des HTLV-I-Tests hat man schon manche Überraschung erlebt.

Bei der Infektion mit MVV kommt es zu einem klinischen Bild von Dyspnoe, Abmagerung, Enzephalitis mit atrophisch-inflammatorischen Veränderungen und Lähmungserscheinungen, zu lymphoretikulärer Hyperplasie sowie zu Mischinfektionen, etwa mit Lungenwürmern (*Muellerius capillarius*) oder *Pasteurella haemolytica*. Das stark variierende Spektrum klinischer Symptome spricht für einen Makrophagendefekt und eine allgemeine Herabsetzung der Immunität ähnlich jener bei AIDS.

Entscheidend für die Effektivität der HIV-Verbreitung ist offenbar die ungewöhnlich differenzierte Organisation des Lentivirusgenoms. Ein noch nicht näher lokalisierter Genomabschnitt

scheint einen Suppressoreffekt zu vermitteln, der vielleicht die eine Steuergröße eines negativ rückgekoppelten Regelkreises für die Virusreplikation darstellt; die andere könnte in den aktivierenden Funktionen des tat- und des art-Gens repräsentiert sein. Dieses Konzept ist von großer Bedeutung für unser Verständnis der langen Inkubationszeit und der schonenden Replikation des Virus und damit seiner guten Aussichten, zu Lebzeiten des infizierten Organismus noch lange weitergegeben zu werden.

Vermutlich wird das plötzlich gewachsene wissenschaftliche Interesse an der Gruppe der Lentiviren rasch eine Menge neuer Fakten und Fragen hervorbringen. Bisher waren die Erkenntnisse nicht sehr ermutigend. Sicher stehen wir erst am Anfang der Lentivirus-Forschung.

Zum Abschluß dieses langen Abschnittes zur Virologie und zu den Nomenklaturverwirrungen der letzten Jahre sei die Reihenfolge der Namensgebungen und Veröffentlichungen noch einmal tabellarisch zusammengestellt (Tabelle 10.3).

Datum	Autoren	Name
Mai 1983	Barré-Sinoussi, Chermann, Montagnier (Paris)	LAV
Sept. 1983	Barré-Sinoussi, Chermann, Montagnier (Paris)	IDAV
Dez. 1983	Karpas (Cambrigde)	C-LAV
Mai 1984	Popovic, Sarngadharan, Gallo (Bethesda)	HTLV-III
Aug. 1984	Levy (San Francisco)	ARV
1983–1985	Feorino (Atlanta)	LAV/HTLV-III-CDC-151, -451
Aug. 1985	Rübsamen-Waigmann (Frankfurt)	AAV
Mai 1986	ICTV (International Committee on the Taxonomy of Viruses)	HIV

Tabelle 10.3 Chronologie der HIV-Entdeckung.

10.66 Luc Montagnier, Institut Pasteur, Paris: „Scientific results should be presented in scientific journals, before they are widely discussed in the public newspapers."

10.67 Abraham Karpas, University of Cambridge: „A critical overview of the history of human lymphotropic retroviruses became necessary because of the large amount of misleading and conflicting information published on this subject."

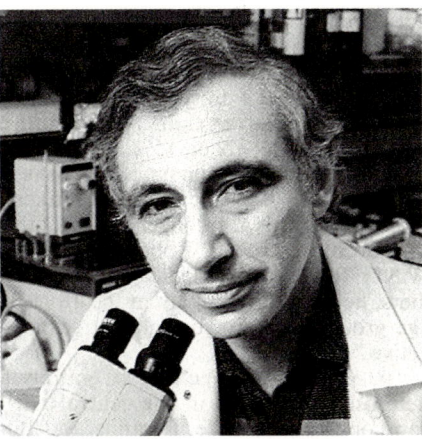

10.68 Robert Gallo, National Cancer Institute, Bethesda: „We could show that the AIDS virus is a true member of the HTLV family of retroviruses."

10.69 Jay Levy, University of San Francisco: „We couldn't just report another virus — we had to be really sure about it."

10.70 Paul Feorino, CDC, Atlanta: „Our virus was very cytolytic and we had difficulties to grow it. The AIDS virus was supposed to be less cytotoxic."

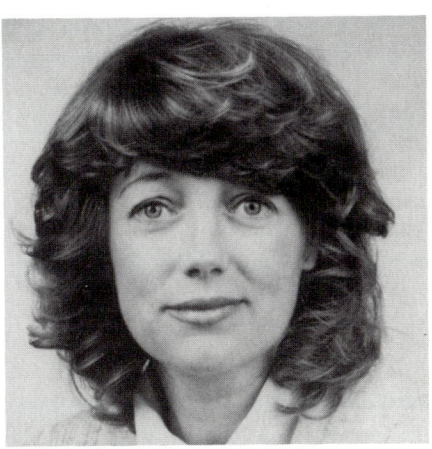

10.71 Helga Rübsamen-Waigmann, Georg-Speyer-Haus, Frankfurt: „Schon unsere ersten sechs deutschen Virusisolate zeigten eine verblüffende Heterogenität, die uns neugierig darauf machte, welche Genomvariationen dem unterschiedlichen Verhalten zugrunde lagen."

11 Immunologie

Bevor wir uns nun näher mit der Organisation des Immunsystems beschäftigen — das gerade erst in den letzten Jahrzehnten gründlicher untersucht und verstanden worden ist und über das laufend neue Erkenntnisse gewonnen werden —, seien einige der klinisch-immunologischen Befunde aufgezählt, die in verschiedenen Stadien der HIV-Infektion vorzuliegen pflegen.

Immunologische Veränderungen in frühen oder fortgeschrittenen Stadien der Lymphadenopathie oder des ARC sind zahlreich und werden mit zunehmender Genauigkeit der Untersuchungsmethoden auch immer regelmäßiger beobachtet. Einige sind bereits in der Zusammenstellung auf Seite 12 aufgeführt, andere seien hier aufgelistet und kommentiert:

- Sehr häufig ist eine Lymphopenie.
- Etwas weniger häufig sind Leukopenie, Thrombozytopenie und eine leichte Anämie.
- Sehr oft ist das Beta-2-Mikroglobulin vermehrt.
- Eine weniger signifikante Zunahme tritt beim Alpha-1-Thymosin auf.
- Sehr häufig beobachtet man vermehrt säurelabiles (vermindert normales) Alpha-Interferon; dies stellt offenbar einen sehr empfindlichen und wertvollen Parameter dar.
- Häufig findet man eine verringerte Produktion von Alpha- und Gamma-Interferon, weshalb der erhöhte Serumspiegel auf einen verminderten Verbrauch hindeutet.

– Fast immer ist die Reaktion von Leukozyten und Makrophagen auf eine Stimulation mit Mitogenen (die Zellteilung anregenden Stoffen wie Phytohämagglutinin, PHA, Concanavalin A, ConA, oder „Poke Weed Mitogen", PWM) herabgesetzt.

– Sehr häufig ist – besonders anfangs – eine Zunahme gewisser Immunglobuline (IgA, IgD, gewisse Klassen des IgG, bei Kindern auch IgM).

– Fast immer findet man eine Verminderung des Thymushormons Thymulin sowie des Erythrozytenrezeptors CR 1.

– Sehr häufig, fast obligatorisch, scheint eine Erhöhung des Neopterinspiegels im Serum zu sein; diese Substanz gilt als Indikator für eine erhöhte Makrophagenaktivität.

– Eine entscheidende Veränderung ist offensichtlich das Verhältnis der verschiedenen T-Zellen zueinander. Die absolute Anzahl der T_h-Zellen (Helfer-Zellen) sinkt ebenso wie der T_h/T_s-Zell-Quotient. Dies wird noch dadurch betont, daß am Anfang die Zahl der T_s-Zellen (Suppressor-Zellen) leicht zunehmen kann.

– Ziemlich zuverlässig und leicht zu kontrollieren scheint im fortgeschrittenen Stadium die „kutane Anergie" zu sein, d. h. das Ausbleiben der erwarteten Hautreaktion gegen Tuberkulin (PPD) und ähnliche sogenannte „recall"-Antigene.

Das letztgenannte Phänomen läßt sich gut mit dem Mérieux-Multitest prüfen, bei dem zahlreiche Antigene eingesetzt werden, die der Organismus eigentlich wiedererkennen müßte (Tuberkulin, Tetanustoxin, Diphtherietoxin, Kandidin, Trichophytin, *Proteus*-Antigen, Streptokinase, dazu eine Kontrollsubstanz). Eine Anergie der Haut ist ein zuverlässiges Zeichen verminderter zellulärer Immunität und Stimulierbarkeit. Sie scheint sehr stark auf ein Versagen gerade der T-Zellen hinzuweisen, die für die zelluläre Immunität verantwortlich sind.

Zahlreiche andere Autoren sind (auch unter Anwendung von Parotitis-Virus-Antigen und Streptodornase) zu ähnlichen Resultaten gekommen, so daß man hier offenbar über ein einfaches diagnostisches Mittel verfügt. Es sieht so aus, als würde eine völlig normale Reaktion auf den Mérieux-Hauttest ein fortgeschritteneres Stadium der AIDS-Entwicklung fast ausschließen. Mit der Zeit ist die Bedeutung dieses Tests jedoch durch empfindlichere Laboranalysen verringert worden; zum Teil benutzt man nur noch den Tuberkulintest. Der Hauttest war jedoch in der ersten Periode der AIDS-Epidemie sehr wertvoll, als man noch nicht genau wußte, welche Laborergebnisse am signifikantesten waren. Er ist auch bei Patienten in späteren Stadien und unter primitiveren medizinischen Verhältnissen, insbesondere also in Entwicklungsländern, immer noch eine gute Testmethode zum Nachweis einer fast erloschenen zellulären Immunität.

Signifikant, aber weniger spezifisch sind offenbar ein erhöhter Serumspiegel von Neopterin und Monapterin sowie eine gesteigerte Ausscheidung dieser Substanzen mit dem Urin. Bei AIDS-Patienten in der Schweiz fand man das 3- bis 20fache der höchsten gemessenen Serum-Normalwerte – die bei 30 Kontrollpersonen maximal 9,0 pmol/ml (Picomol oder 10^{-12} Mol pro Milliliter Serum) erreichten – und stellte außerdem eine eindeutige Korrelation mit dem Stadium der Erkrankung fest. Studien an Homosexuellen und Drogensüchtigen (Kunze et al. 1986) haben für beide Gruppen ähnliche Ergebnisse gezeigt.

Über die sogenannten Pteridine ist in letzter Zeit viel publiziert worden, da sie sich generell als ein empfindlicher Parameter für die Aktivität des Immunsystems erwiesen haben. Neopterin ist eine niedermolekulare (Molekulargewicht 253), aber sehr labile Substanz. Es wird aus Guanosintriphosphat (GTP) gebildet und tritt als Zwischenprodukt der Biosynthese des Tetrahydrobiopterins auf, eines Cofaktors bei der enzymatischen Hydroxylierung von Phenylalanin, Tyrosin und Tryptophan, welche die Geschwindigkeit der Neurotransmittersynthese bestimmt. Neopterin hat möglicherweise die Funktion eines Co-Stimulators bei der Lymphozytenaktivierung. Es tritt bei vielen Viruskrankheiten (z. B. bei Infektionen durch verschiedene Herpes-Viren, Hepatitis-Viren, Parotitis-Viren), bei Krebserkrankungen, Transplantatabstoßungsreaktionen, Autoimmunkrankheiten und Nierenerkrankungen (z. B. Glomerulonephritiden) vermehrt auf.

Der Normalwert liegt ungefähr bei 5,3 pmol/ml Serum mit einer Standardabweichung von 1,7 und einer totalen Streuung zwischen 2,9 und 8,4 pmol/ml. Bei AIDS-Patienten hat man neuerdings Durchschnittswerte von 39,5 pmol/ml gemessen, bei ARC-Patienten 17,9 pmol/ml und bei LAS-Patienten 14,1 pmol/ml. Hier zeigt sich also auch eine Korrelation mit dem Krankheitsstadium.

Eine erhöhte Neopterin-Ausscheidung ist bei 92 % der AIDS-Patienten, aber auch bei 83 % der LAS-Patienten (d. h. schon in sehr frühen Stadien der Krankheit) nachgewiesen worden. Ein Nachteil scheint zu sein, daß dieses Symptom nicht spezifisch ist, also auch durch etliche andere Krankheiten beeinflußt wird. In Gegenwart anderer klinischer Kriterien jedoch kann die Bestimmung der Neopterin-Ausscheidung als ausgezeichnetes Instrument zur frühen Beurteilung der Krankheitsaktivität und zur Verlaufskontrolle gelten.

Neopterin, das sehr lichtempfindlich ist, läßt sich leicht im Urin messen, muß da aber auf die Kreatinin-Ausscheidung bezogen werden. In Abbildung 11.1 sind einige typische Resultate von Neopterin-Bestimmungen bei Patienten- und Risikogruppen gezeigt.

Man kann konstatieren, daß eine beunruhigend große Anzahl von Patienten, die seronegativ sind, hohe Neopterin-Werte aufweist. Es ist zu hoffen, daß sich dies durch andere Infektionen erklären läßt. Einzelne seropositive Patienten haben allerdings auch niedrige Neopterin-Werte. Solche Beobachtungen sind wichtig, wenn wir abzuschätzen versuchen, bei wie vielen Patienten bereits eine schleichende Schädigung des Immunsystems eintritt, bevor sie ein meßbares Antikörperniveau erreichen.

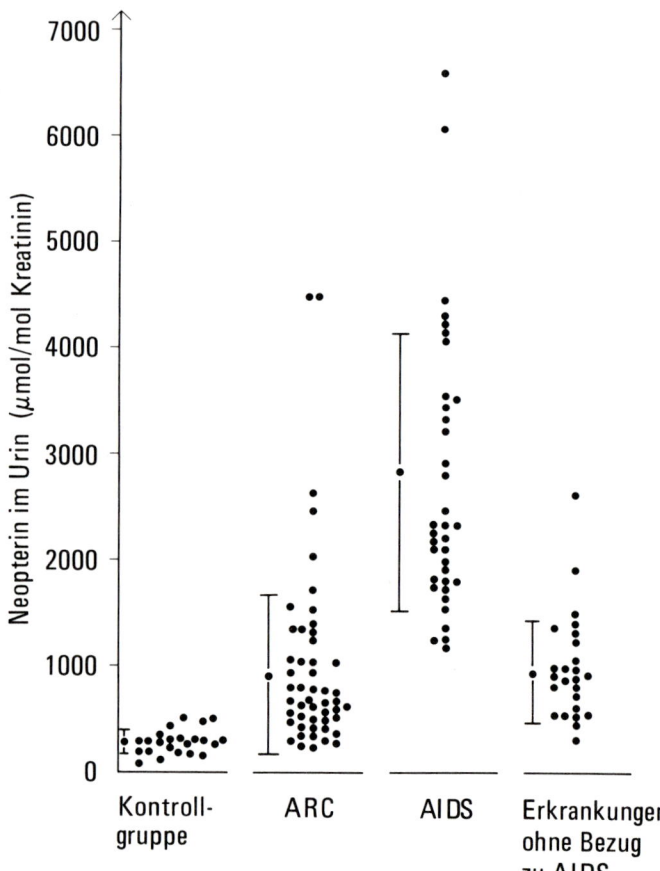

11.1 Neopterin-Ausscheidung im Urin (bezogen auf Kreatinin), Patienten und Kontrollfälle (Abita et al. 1985).

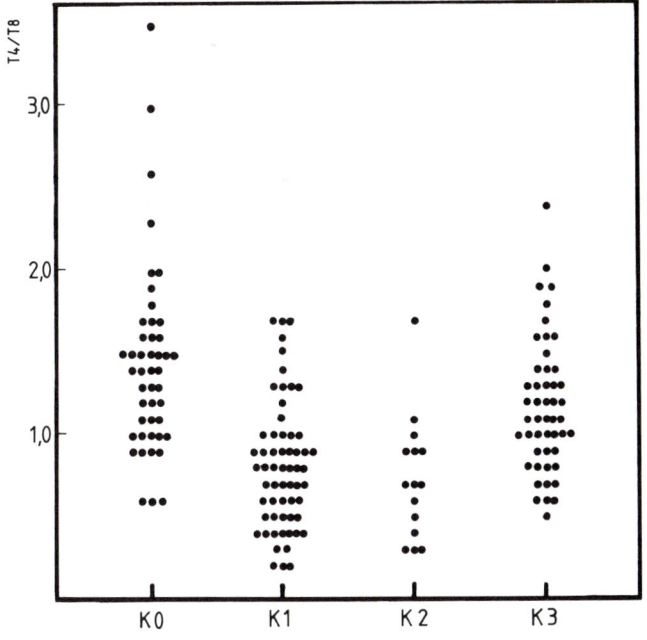

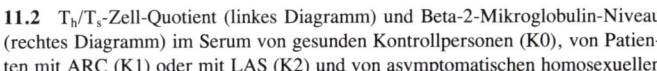

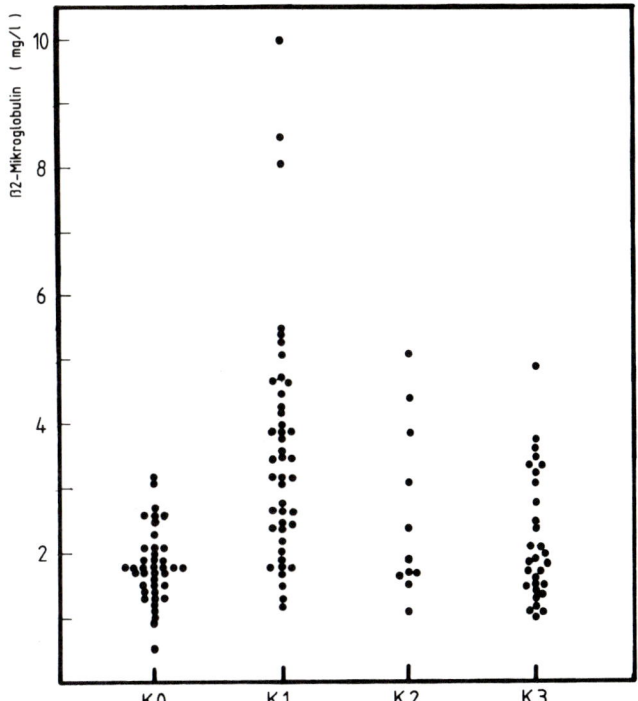

11.2 T_h/T_s-Zell-Quotient (linkes Diagramm) und Beta-2-Mikroglobulin-Niveau (rechtes Diagramm) im Serum von gesunden Kontrollpersonen (K0), von Patienten mit ARC (K1) oder mit LAS (K2) und von asymptomatischen homosexuellen Männern in Berlin, bei denen (K3) lediglich auffällige Laborwerte gefunden wurden (Kunze, Jovaisas et al. 1984, Robert-Koch-Institut, Berlin).

Neopterin-Bestimmung bei AIDS- und besonders bei Pre-AIDS-Patienten (Kern et al. 1984-1, -2, 1985, Rokos et al. 1985, Vogt et al. 1983, Perna et al. 1985, D Fuchs et al. 1984, 1985, Kunze et al. 1984, Abita et al. 1985 etc.) ist wertvoll, sollte allerdings wegen ihrer bereits erwähnten mangelnden Spezifität niemals isoliert eingesetzt werden.

Spezifischer, aber weniger empfindlich ist die Bestimmung des Beta-2-Mikroglobulins; dessen Spiegel im Blut wird manchmal als fast ebenso aussagekräftig bezeichnet wie der T_h/T_s-(T4/T8-)Zell-Quotient (Abb. 11.2). Die Untersuchung auf Beta-2-Mikroglobulin ist auf jeden Fall ein sensitiver „Surrogat-Test" (so nennt man alle Testverfahren, die nicht auf der Antigen-Antikörper-Bestimmung oder dem Virusnachweis aufbauen).

Bei der Messung des Gamma-Interferon-Niveaus hat man schon in frühen LAS-Stadien sinkende Werte gefunden. Möglicherweise ist dies eine diagnostisch wertvolle Variable. Gleiches gilt für die Messung der sinkenden Gamma- und Alpha-Interferon-Produktion unter standardisierten Bedingungen (Bergström et al. 1986). Von besonderem prognostischem Wert scheint auch das säurelabile Alpha-Interferon zu sein, wie Verlaufskontrollen in New York gezeigt haben.

Gewisse Zellen des Immunsystems (Lymphozyten, Monozyten, Makrophagen und andere Killerzellen) zeigen eine kennzeichnende Schwächung der Reaktion auf Mitogene und Antigene. Dieser funktionelle Schaden ist früh festzustellen und fast obligatorisch. Es gibt ferner zahlreiche, allerdings noch umstrittene Anzeichen für einen Autoimmunprozeß (Klatzmann und Montagnier 1986) sowie etliche weitere diskrete immunologische Veränderungen wie etwa die Abnahme des komplementfangenden Erythrozytenrezeptors CR-1. Als weniger signifikante Zeichen, die abhängig vom Stadium der Krankheit starken Schwankungen unterworfen sein können, gehören dazu die initiale Vermehrung der Serumglobuline (in finalen Stadien häufig eine Verminderung) und die oben erwähnten Veränderungen beim Alpha-1-Thymosin und beim Thymulin.

Als fast pathognomonisch für AIDS kann man die Veränderungen in den Populationen der T-Lymphozyten ansehen. Der sinkende Quotient von T-Helfer- zu T-Suppressor-Zellen (Abb. 11.2 links) ist dabei das zentrale Phänomen. Die Helfer- (T_h) und

die Suppressorzellen (T_s) machen zusammen den größten Teil der T-Lymphozyten aus. Veränderungen des T-Zell-Quotienten (T_h/T_s; normalerweise gibt es ca. doppelt so viele T_h- wie T_s-Zellen) treten zwar auch bei anderen Viruserkrankungen auf – bei einer Infektion mit EBV etwa sieht man eine markante Verringerung –, aber in der Regel beruht das eher auf einer erhöhten Anzahl von Suppressor- als auf einer sinkenden Zahl von Helferzellen. Bei einigen frühen Untersuchungen an HIV-Infizierten hat dies Verwirrung gestiftet.

Inzwischen ist klar erwiesen, daß gerade die Abnahme der T_h-Zell-Fraktion ein ganz spezifisches Zeichen der bei AIDS auftretenden Immunsuppression ist. Hier ergeben sich auch die klarsten Unterschiede gegenüber Kontrollgruppen. Folgendes konkrete Beispiel mag dies illustrieren: Bei 42 Patienten mit LAS, bei denen der T-Zell-Quotient in 95 % der Fälle unter 1,08 lag, betrugen die absoluten T_h-Zell-Zahlen im Durchschnitt 419/ml (122 – 831), während sie in der gesunden Kontrollgruppe bei 1300/ml (1050 – 1680) lagen. Hier berührten sich nicht einmal die Extremwerte der beiden Verteilungen.

Das Absinken der absoluten T-Helferzell-Zahlen ist ein obligatorischer Befund bei AIDS-Patienten. Beim Übergang vom LAS-Stadium zu AIDS konnte man bei den betroffenen Patienten ein Absinken der T_h-Zell-Zahlen von durchschnittlich 311 auf 182 pro Milliliter verfolgen. Hier kann ein wichtiger kausaler Faktor und damit eine zuverlässige Prädiktor-Variable für den zu erwartenden weiteren Krankheitsverlauf vorliegen. Man hat bei Patienten in finalen AIDS-Stadien T_h/T_s-Zell-Quotienten von 0,00 bis 0,01 festgestellt. Es ist in diesen Fällen nicht verwunderlich, daß dann auch die Antikörpertiter absinken und gleichzeitig die Kontagiosität dieser Patienten abnimmt, denn die Virusproduktion läßt mit dem nahezu vollständigen Verschwinden der T_h-Zellen zumindest in der freien Blutbahn stark nach.

Ein Nebeneffekt dieses allmählichen Verlöschens jeder normalen immunologischen Reaktion ist die abnehmende Aussagekraft klinisch-serologischer Befunde. So wies in einer Reihenuntersuchung von 70 AIDS-Patienten mit *Toxoplasma*-Enzephalitis nur ein einziger eine nennenswerte Antikörperbildung gegen *Toxoplasma* auf. Damit wird natürlich ein Teil der normalen klinischen Routinediagnostik praktisch wertlos, was in hohem Maße dazu beiträgt, daß die bei AIDS-Patienten auftretenden klinischen Bilder häufig nur schwer zu entschlüsseln sind.

Nach diesen Beispielen für „immunologische Veränderungen" mag es an der Zeit sein, sich eingehender mit den Grundlagen des Immunsystems zu beschäftigen. Dieses biologische Schutzsystem ist Tag und Nacht unauffällig an der Arbeit, und seine Bedeutung für unser Überleben wird erst in dem Moment offenkundig, wo es zu funktionieren aufhört. Für Menschen ohne intaktes Immunsystem erweist sich die Welt als erschreckend infektiös und so reich an Parasiten, Protozoen, Pilzen, Bakterien und Viren, daß man von einer genauen Vorstellung aller dieser potentiellen Gefahren leicht schlaflos werden könnte.

T-Zellen

Im Zentrum unserer Betrachtung müssen natürlich jene Zellen stehen, denen innerhalb des Immunsystems ungefähr die gleiche Funktion zuzukommen scheint wie dem Generalstab eines Landes im Krieg. Allem Anschein nach sind dies die T-Lymphozyten, und zwar gerade jene „Helferzellen" (T_h), die vom HIV in erster Linie attackiert werden. Wenn sie geschädigt sind, scheint eine zentrale Funktion aller immunologischen Kontrollmechanismen und insbesondere der situationsspezifischen Aktivierung des Immunsystems ausgeschaltet zu sein: Es kommt zu einer Art immunologischer Stille.

Im folgenden soll daher ein Überblick über die T-Zellen gegeben werden (HP Seelig 1984, Reinherz und Schlossman 1980, Romain und Schlossman 1984, Morimoto et al. 1985, Roitt 1985 etc.). Die Bezeichnung „T-Zellen" rührt daher, daß diese Zellen für ihren Reifungsprozeß einer funktionierenden Thymusdrüse bedürfen. Man unterscheidet folgende Untergruppen, die durch die Ausstattung mit jeweils spezifischen Rezeptoren gekennzeichnet sind:

— **T_h-Zellen** (auch T4, T4+, OKT4, CD4, Leu3a) scheinen für sehr verschiedenartige Funktionen zuständig zu sein, darunter die sogenannten „Helfer"-, „Induktor"- und „Verstärker"-(enhancer-)Funktionen. Man spricht daher auch häufig von „T-helper-inducer"-Zellen. Morimoto glaubt klare experimentelle Belege dafür gefunden zu haben, daß die Inducer-Zellen mindestens in die Untergruppen „T-helper-inducer" und „T-suppressor-inducer" zu unterteilen sind, deren Unterscheidung sich nach den neu definierten Oberflächenantigenen T4+4B4+ bzw. T4+2H4+ richtet; sie scheinen im Zusammenhang mit der Stimulierung durch Mitogene je nach Art des Stimulus verschieden zu reagieren und die zukünftige Bremsung durch T_s-Zellen gleich mitzuprogrammieren. Die Inducer-Zellen stimulieren neben T_h- und T_s-Zellen auch B-Zellen, T_c-Zellen, T_d-Zellen und Makrophagen.
— **T_s-Zellen** (auch T8, T8+, OKT8, CD8, Leu2) haben „Suppressor"-, „zytotoxische" und andere „Effektor"-Funktionen

und werden daher auch „T-suppressor-cytotoxic"-Zellen genannt. Die Suppressorzellen haben die Aufgabe, die Immunantwort zu dämpfen und zu zügeln. Die Fraktion der zytotoxischen Zellen (die zur Aufgabe haben, krankhaft veränderte infizierte oder entartende bzw. neoplastische Zellen zu zerstören) wird manchmal, obwohl auch sie den T8-Rezeptor tragen, unter der eigenen Bezeichnung
— **T_c-Zellen** aus der Gruppe der T_s-Zellen herausgenommen. Diese zytotoxischen Zellen sind zu den „Killerzellen" im weiteren Sinne zu rechnen und tragen eigene antigenspezifische Rezeptoren.
— **T_d-Zellen** sind zuständig für die verzögerte Überempfindlichkeitsreaktion (delayed hypersensitivity), spielen im weiteren aber eine geringere Rolle und lassen sich auch noch schlecht abgrenzen.
— **T_{cs}-Zellen**, sogenannte „contra-suppressor"-Zellen, stellen ein etwas kontroverses Konzept dar, das sich allerdings auf konkrete Beobachtungen stützt. Ihre Funktion könnte man als ein „Unempfindlichmachen der T-Inducer-Zellen gegenüber dem hemmenden Einfluß der T-Suppressor-Zellen" beschreiben (Roitt 1984), sie selbst also als eine Art „protector"-Zellen.
— **T_{fr}-Zellen** nennt man Lymphozyten, denen man eine „feedback-regulator"-Funktion zuschreibt — auch dies ein noch nicht völlig akzeptiertes Konzept. Wir werden sie im folgenden ebenfalls beiseite lassen, zumal wenig über sie bekannt ist.
— In jüngster Zeit schließlich sind neue T-Zell-Rezeptoren identifiziert worden (Brenner et al. 1986, 1987), die weitere Untergruppen zu kennzeichnen scheinen, deren Funktion allerdings noch unklar ist.

Als entscheidend sowohl für die Identifikation von T_h-Zellen als auch für den Tropismus des HIV wird jenes Oberflächenprotein angesehen, das man CD4- oder T4-Rezeptor nennt. Er ist als Oberflächenantigen mit einem Molekulargewicht von etwa 62 kD (Kilodalton) gut definiert.

Da der Ausdruck „Rezeptor" im folgenden sehr häufig benutzt wird — als Kennzeichen sowohl für die Klassifikation von Zellen als auch für deren Funktion — sei er hier etwas näher erläutert. Ein Rezeptor ähnelt strukturell jenen Oberflächenantigenen, die — wie wir im vorigen Kapitel gesehen haben — für die Oberflächeneigenschaften von Viren verantwortlich und für deren äußere Struktur kennzeichnend sind. Die Abbildung 11.3 gibt ein stark schematisiertes Bild vom Aufbau solcher Zellrezeptoren.

Die Rezeptoren durchsetzen in der Regel die ganze Zellmembran und können auf diese Weise spezifische Eigenschaften sowohl nach außen als auch nach innen vermitteln. Ohne die von ihnen ausgeübten Funktionen wären alle Zellen, Viren und Bakterien nichts anderes als verschieden große, gelatineartige Tröpfchen von Protoplasma und anderem biologischen Material in einem kleinen Lipidsäckchen. Eine der wichtigsten Aufgaben von Rezeptoren ist die Übermittlung von „Botschaften" von der Zelloberfläche ins Zellinnere; sie wird dadurch erfüllt, daß die Rezeptormoleküle unter dem Einfluß der für sie spezifischen stimulierenden Substanzen ihre Form in der Membran verändern (Konformationsänderung).

Während des vielphasigen Reifungsprozesses der T-Zellen (Abb. 11.4) ändert sich die Ausrüstung mit Rezeptoren. Man sollte sich in diesem Zusammenhang vor Augen halten, daß die T-Zellen im Gegensatz zu den anderen meist sehr kurzlebigen zellulären Elementen des Blutes eine Lebensdauer von bis zu zehn Jahren haben. Dies mag erklären, warum der Körper keineswegs in der Lage ist, sie schnell

11.3 Diese Zeichnung zeigt schematisch die T-Zell-Rezeptoren T4 und T8 (die nicht gleichzeitig in derselben Zelle vorzukommen pflegen) sowie den allen T-Zellen gemeinsamen T3-Ti-Komplex, der den Kontakt mit den Histokompatibilitätsantigenen (HLA, „human leukocyte antigen") anderer Zellen vermittelt. Der T3-Ti-Rezeptor besteht aus dem Ti-Teil mit einer Alpha- und einer Beta-Kette (die durch Disulfidbrücken miteinander verbunden sind) und dem T3-Komplex; er hat ein Molekulargewicht (Zahlenangaben) von insgesamt 137 Kilodalton (Romain und Schlossman 1984).

und leicht in größeren Mengen zu ersetzen, wenn sie − etwa durch die HIV-Infektion − zerstört werden.

Die Bilder 11.5, 11.11, 11.12 sowie 10.33 und 8.11 von Lennart Nilsson zeigen, wie T-Zellen aussehen und arbeiten. Sie führen uns in ein phantastisch anmutendes Reich von Protoplasma und kleinsten Strukturen, die sich rühren, ohne daß wir richtig wissen, wie und warum, und tun, wovon wir manches gerade erst zu begreifen beginnen. Aber indem man diese dem menschlichen Auge lange unzugängliche Szenerie nun sichtbar machen

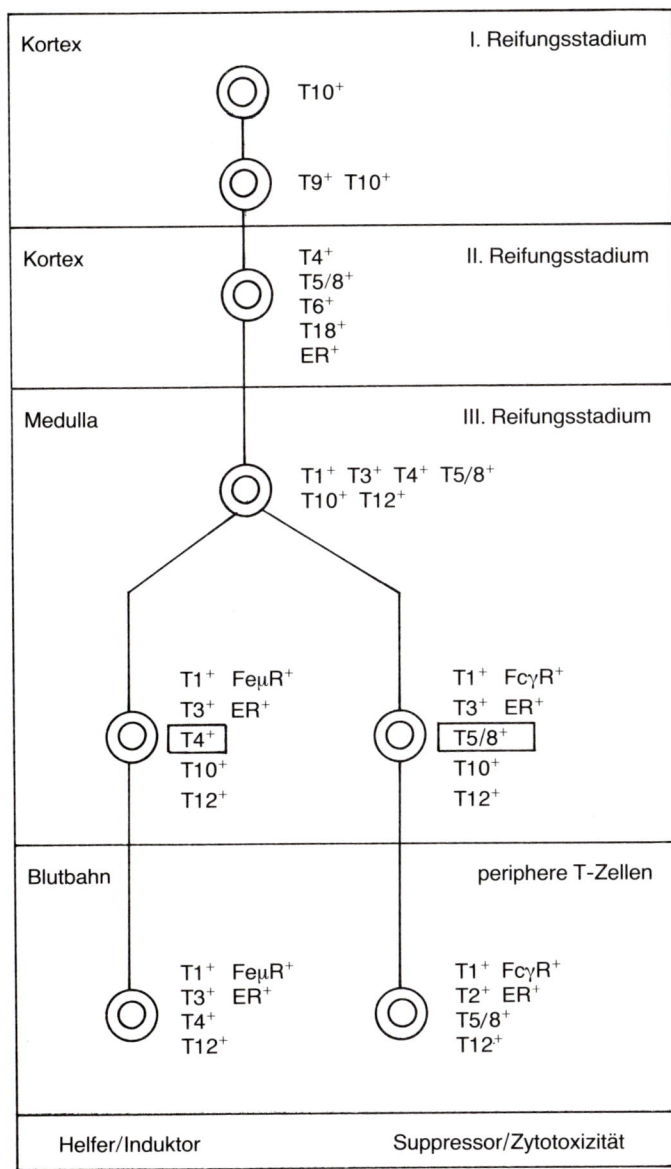

11.4 Der Reifungsprozeß der T-Lymphozyten mit der Differenzierung in T_h- und T_s-Zellen. Man kann sich die anderen Untergruppen leicht als weitere Verzweigungen eingesetzt denken (Seelig 1984).

kann, kommt man auch einem besseren Verständnis jener erstaunlich komplizierten Prozesse näher.

Wie bereits erwähnt, ist die Wechselwirkung der T-Zellen miteinander sehr kompliziert und bisher erst in groben Zügen geklärt. Von den T_h-Zellen als einer Art Regulationszentrale ausgehend, gibt es funktionelle Verknüpfungen sowohl mit anderen T-Zell-Untergruppen als auch mit den B-Zellen und ihrer Immunglobulinproduktion sowie dem System der Makrophagen. Zwischen den T_h- und den T_s-Zellen vermitteln unter anderem die schon genannten Regulator-Zellen.

Lymphokine

Die gerade erwähnten kleinen Regelkreise haben gewöhnlich ihre eigenen „Vermittlermoleküle" oder Mediatoren, die sogenannten Lymphokine. (Früher nannte man die Lymphokine der Monozyten und Makrophagen „Monokine", aber dieser Ausdruck wird immer seltener verwandt.) Ohne auf alle Lymphokine einzeln einzugehen, sollen sie doch etwas näher charakterisiert werden. Die am besten bekannte Gruppe sind die Interferone, die man einteilt in:
− Alpha-Interferone (alpha-1, -2, -3 etc.) oder „Leukozyteninterferone" (α-IFN),
− Beta-Interferone („Fibroblasteninterferone", ß-IFN) und
− Gamma-Interferone („Immuninterferone", γ-IFN).

Während Alpha-Interferone hauptsächlich von Leukozyten und Beta-Interferone von Fibroblasten gebildet werden, stammt das Gamma-Interferon aus T-Zellen und aus stimulierten natürlichen **Killerzellen (NK)**. α- und ß-IFN werden von Genen auf Chromosom 9 programmiert, das γ-IFN von Genen auf Chromosom 12. Mindestens 12 Gene sind bisher für das α-IFN identifiziert worden, hingegen nur je eins für das ß- und das γ-IFN. Es handelt sich um niedermolekulare Proteine (20 kD für α- und ß-IFN), deren Aminosäuresequenzen größtenteils schon bekannt sind. Sie vermitteln als interzelluläre Botensubstanzen die verschiedensten Effekte; ihre intrazelluläre Synthese wird bei Stimulation des Immunsystems induziert, insbesondere bei Virusinfektionen.

Die Interferone steigern die Abwehrbereitschaft − sozusagen die „Hellhörigkeit" − des Immunsystems, indem sie dafür sorgen, daß die Anzahl der Rezeptoren wichtiger Zellen erhöht wird; zudem hemmen sie das Wachstum von malignen (entarteten) Zellen sowie die Virusreplikation. Innerhalb der Regelkreise des Immunsystems üben sie sowohl inhibitorische als auch stimulierende Wirkungen aus. Ihre Konzentration ist bei verschiedenen Formen von Autoimmunkrankheiten und auch bei AIDS erhöht. Aber trotz gesteigerter Serumkonzentrationen scheint die Produktion bestimmter Interferone in verschiedenen Vorstadien von AIDS eher niedrig zu sein − vermutlich ein Zeichen verringerten Verbrauchs. Vielleicht sind auch die interferonabbauenden Prozesse beeinträchtigt. In frühen AIDS-Stadien kommt ein etwas verändertes (säurelabiles) Alpha-Interferon vor, das, wie erwähnt, eines der aussagekräftigsten prognostischen Kriterien für den Krankheitsverlauf darstellt.

Man kennt heute bereits viele weitere Lymphokine, und ihre Zahl wird in Zukunft sicherlich noch zunehmen. Im folgenden seien nur die aufgezählt, über deren Existenz man sich einigermaßen einig ist (jeweils mit den gängigen englischen Begriffen; eine ganz einheitliche Nomenklatur der Lymphokine gibt es bisher noch nicht):

− macrophage migration inhibitory factor (MIF),
− soluble immune response suppressor (SIRS),
− inhibitor of DNA synthesis (IDS),
− allogenic effector factor (AEF),
− assorted antigen specific helper factors (THF),
− assorted antigen specific suppressor factors (TSF),
− skin reactive factor (SRF),
− chemotactic factor (CF),
− macrophage fusion factor (MFF),
− osteoclast activating factor (OAF),
− leukocyte migration inhibitory factor (LIF),
− leukocyte migration enhancing factor (LEF),
− macrophage activating factor (MAF),
− differentiation inducing factor (DIF),
− colony stimulating factor (CSF),
− eosinophil growth and maturation activity (EGMA),
− fibroblast activating factor (FAF),
− T-cell growth factor (TCGF) = Interleukin-2 (Il-2),

– platelet-derived growth factor (PDGF),
– B-cell growth factor (BCGF),
– neutrophil migration inhibitory factor (NIF),
– T-cell replacing factor (TRF),
– Interleukin-1 und -3 (Il-1 , Il-3), wobei Il-1 als eine summarische Bezeichnung für eine ganze Gruppe eng miteinander verwandter Lymphokine angesehen wird,
– und viele weitere, darunter einige sogenannte „Lymphotoxine" wie der tumor necrosis factor (TNF) und der natural killer cytotoxic factor (NKCF).

Unter Beteiligung dieser interzellulären Botenstoffe arbeiten T_h- und T_s-Zellen nach einer Stimulation durch ein von außen kommendes „immunogenes" Agens in einer komplizierten Weise zusammen, um alle Zellen zur Bildung der richtigen Rezeptoren für die Signale anderer Zellen zu stimulieren (der erste Schritt im Prozeß der Aktivierung). Dieser Teil der Reaktion unseres Immunsystems auf einen Angriff läßt sich ungefähr so beschreiben, als würde man ein Signalregiment rasch mit Sendern und Empfängern und anderem Zubehör ausrüsten, um seinen Einsatz vorzubereiten.

Die Funktion dieser Lymphokine ergibt sich in der Regel aus ihrer Benennung. Da sie jedoch oft schlecht gegeneinander abgrenzbar sind, muß man bis auf weiteres damit rechnen, daß sie einerseits möglicherweise ganze Gruppen von Substanzen bezeichnen und daß andererseits ein und derselbe, in verschiedenen Zusammenhängen beobachtete, Stoff mehrere Bezeichnungen trägt. Man kann sich vorstellen, daß diese große Anzahl von Effektor-Substanzen auch eine ähnlich große Mannigfaltigkeit von Rezeptoren voraussetzt. Die Forschung, die in dieses überaus

komplexe und ineinander verwobene System Licht bringen wird, hat gerade erst begonnen.

Die Lymphokine spielen für die Regulation innerhalb des Immunsystems eine so wichtige Rolle, daß ihr Wirkungsmechanismus anhand eines Beispiels geschildert werden soll. Sie üben ihre Wirkungen in komplizierten antagonistischen Zügelmechanismen und in Regelkreisen aus, in denen sowohl Bremsfunktionen als auch zeitliche Phasenverschiebungen eine wichtige Rolle spielen. Insbesondere gibt es autokooperative Zyklen folgender Art (Abb. 11.6): Makrophagen stimulieren T_h-Zellen mittels Interleukin-1 (Il-1); diese produzieren eine zunehmende Anzahl von Rezeptoren, über die sie nun noch stärker vom Il-1 stimuliert werden. Die so aktivierten T_h-Zellen sondern ihrerseits Lymphokine wie Interleukin-2, Gamma-Interferon und vermutlich einen „macrophage activating factor" (MAF) ab, von denen die beiden letzteren nun wiederum die Makrophagen stimulieren. Dieses schaukelt sich rasch zu einer explosiven Aktivität auf („positives feed-back"). Danach kommt es zu einer Kaskade von Folgewirkungen.

B-Zellen und ihre Differenzierung

Um sich ein richtiges Bild unseres Immunsystems (und der Schäden, die das HIV in ihm anrichtet) machen zu können, muß man noch weitere wichtige Zellgruppen kennenlernen. Den T-Zellen am nächsten stehen die B-Zellen (so genannt nach der „Bursa Fabricii", dem bei Vögeln für ihre Reifung zuständigen Organ). B-Zellen passieren zwar nicht die Thymusdrüse, haben aber doch mit den T-Zellen eine Stammzelle gemeinsam, die man Null-Zelle oder non-B-non-T-Zelle nennt. Es handelt sich um eine pluripotente Stammzelle, welche die für T- und B-Zellen typischen Rezeptoren an der Oberfläche vermissen läßt. (Der Begriff 0-Zelle ist allerdings etwas unglücklich, da er häufig auch für Killerzellen benutzt wird.) Abbildung 11.7 zeigt den Reifungsprozeß der B-Zellen (unter Berücksichtigung der verschiedenen jeweils ausgeprägten Zellrezeptoren).

Das anfangs noch unspezifische genetische Programm der Stammzellen muß Schritt für Schritt entwickelt und in Aktion gesetzt werden – ein Prozeß, den man mit Blick auf gewisse funktionelle Veränderungen als „Differenzierung" bezeichnet. Dieser zentrale biologische Begriff soll im folgenden noch etwas näher erläutert werden.

Jede unreife Zelle ist anfangs – was ihre möglichen Funktionen und ihr weiteres Schicksal angeht – nicht festgelegt. Ihr steht also noch das ganze Spektrum der Entwicklungsmöglichkeiten zur Verfügung, theoretisch sogar die Möglichkeit, mit ihrem genetischen Informationsmaterial einen kompletten neuen Organismus zu bilden. (In der Chromosomenausstattung einer Zelle ist prinzipiell jede denkbare Funktion des Körpers gespeichert. Es liegt der Vergleich mit einer umfassenden Bibliothek nahe, in der immer nur jene Bände herausgenommen und nur jene Seiten aufgeschlagen werden, die gerade von akutem Interesse sind.) Eine Zelle in diesem Zustand – eine embryonale, omnipotente Stammzelle – weist noch keinerlei Spezialisierung, das heißt, keinerlei besonders bei ihr ausgeprägte „Fähigkeiten" auf.

Differenzierung bedeutet nun, daß die Zelle allmählich spezifische Eigenschaften erwirbt und besondere Funktionen entwickelt, zu diesem Zwecke jedoch mehr und mehr ihre anderen Entwicklungsmöglichkeiten, ihre „Potenz", aufgeben muß. Sie lernt und weiß sozusagen immer mehr von immer weniger unserer Körperfunktionen, bis sie zum Schluß nur noch eine einzige spezielle Aufgabe erfüllen kann – diese jedoch mit erstaunlicher Perfektion. (Dabei kann es darum gehen, im Auge in Abhängigkeit vom Lichteinfall die Größe der Iris zu regulieren, im Ohr Flüssigkeitsbewegungen in den Bogengängen zu registrieren, im Herzen den Schlagrhythmus zu steuern oder im Gehirn Erinnerungen zu be-

11.5 T_c-Zellen, also zytotoxische T-Zellen („T-Killerzellen"), auf einer Krebszelle. Weil diese nicht die richtigen körpereigenen „Erkennungszeichen" an ihrer Oberfläche trägt, „vermuten" die T-Zellen hier einen „Fremden", der angegriffen werden muß (Photo: L Nilsson).

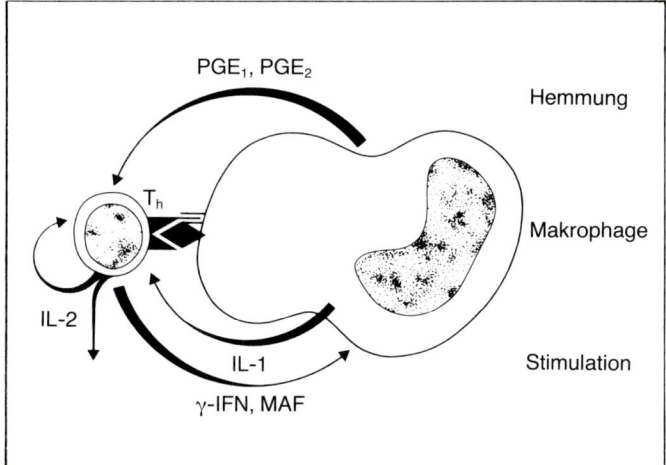

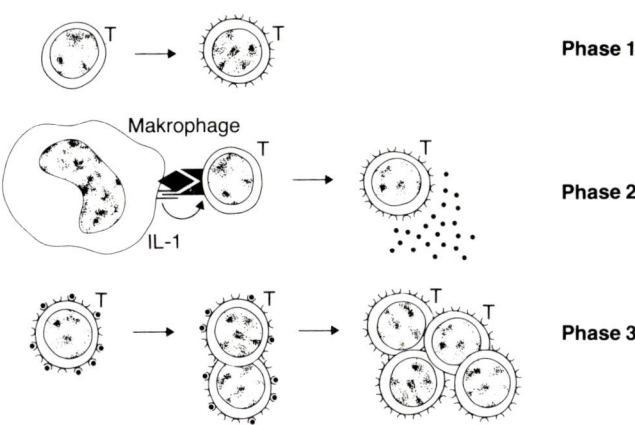

Aktivierungssignal (Mitogen oder Antigen + Histokompatibilitätsantigen)

11.6 Links: Gegenseitige Stimulierung von Makrophagen und T_h-Zellen durch Zellkontakt und Freisetzung von Lymphokinen (Il-1 = Interleukin-1, γIFN = Gamma-Interferon, MAF = „macrophage activating factor"); die Prostaglandine E1 und E2 (PGE_1 und PGE_2) wirken als inhibitorische „Zügel". Rechts: Die Wir-

kung von Interleukin-2 (schwarze Punkte) bei der Aktivierung der T-Zellen; die drei Phasen sind gekennzeichnet durch (1) Rezeptorexpression, (2) Produktion von IL-2 (und anderen Lymphokinen), (3) T-Zell-Wachstum (IL-2-vermittelte T-Zell-Replikation) (Schreier 1984, Triangle 23 (3/4), Copyright Sandoz, Basel).

wahren.) Daß auf diesem Weg die meisten anderen Funktionen unwiderruflich verloren gehen, ist der Preis der Spezialisierung. Jede Zelldifferenzierung folgt den hier umrissenen Gesetzen.

Wir haben inzwischen eine Vorstellung davon, wie dieser Prozeß bei den Lymphozyten abläuft. Die Chromosomen der Stammzellen unserer B-Lymphozyten enthalten anfangs auch die Informationen, die nötig wären, um etwa die Eigenschaften von T-Lymphozyten zu entwickeln. In dem Maße jedoch, wie sich eine solche undifferenzierte Stammzelle zu einer B-Zelle entwickelt, wird all diese Information entbehrlich. Die Zelle scheint nun genau das Nächstliegende zu tun, nämlich die unnötige Information einfach wegzuschneiden oder zumindest auszuschalten. Dabei handelt es sich um irreversible Prozesse, in deren Verlauf die Zelle allmählich ihre charakteristischen Eigenschaften und (etwa metabolischen) Fähigkeiten entwickelt. Auslösend und richtungsweisend hierfür (im Sinne einer Selektion) sind zahllose äußere Determinanten, die zusammen jenen Stimulus ergeben, der den Prozeß der Differenzierung in benachbarten Zellen induziert oder ihn zumindest beschleunigt. Man muß bei den B-Lymphozyten zwischen einer antigenunabhängigen und einer antigenabhängigen Differenzierung unterscheiden (Abb. 11.7). Was bei der Spezialisierung dieser Zellen mit der überflüssigen Information geschieht, ist in Abbildung 11.8 dargestellt.

Aus der durch derartige Mechanismen entstehenden fast unbegrenzt großen Anzahl verschiedener Kombinationen der einzelnen genetischen Elemente kann genau die Variante herausselektiert und stimuliert werden, die den speziellen Anforderungen (etwa der aktuellen Infektion) am besten entspricht. Die genetische Vielfalt resultiert in einer ebenso großen Variation „ausgedruckter" Proteinprodukte. Jene Proteine wiederum bilden die Grundlage unserer Antikörper oder Immunglobuline, die − wie der Schlüssel dem Schloß, der Handschuh der Hand − dem jeweiligen Eindringling (genauer: seinen Antigenen) angepaßt sind. Sie erscheinen zunächst membrangebunden an der Oberfläche der B-Zellen − als Rezeptoren, die mit dem entsprechenden Antigen reagieren und dadurch die sogenannte „klonale Selektion" der „richtigen" B-Zellen ermöglichen (also derjenigen, die den für das Antigen spezifischen Antikörper produzieren).

Dieses Prinzip gilt nun nicht nur für die leichten und schweren Immunglobulinketten, sondern auch für die Alpha- und Beta-Ketten der schon erwähnten T-Zell-Rezeptoren. Es liegt nahe anzunehmen, daß jede Form von Differenzierung in den verschiedenen Zellen unseres Körpers *mutatis mutandis* diesem Prinzip folgt, das von einer genialen Einfachheit ist und gleichzeitig die Möglichkeiten zur Entwicklung einer fast unbegrenzten Mannig-

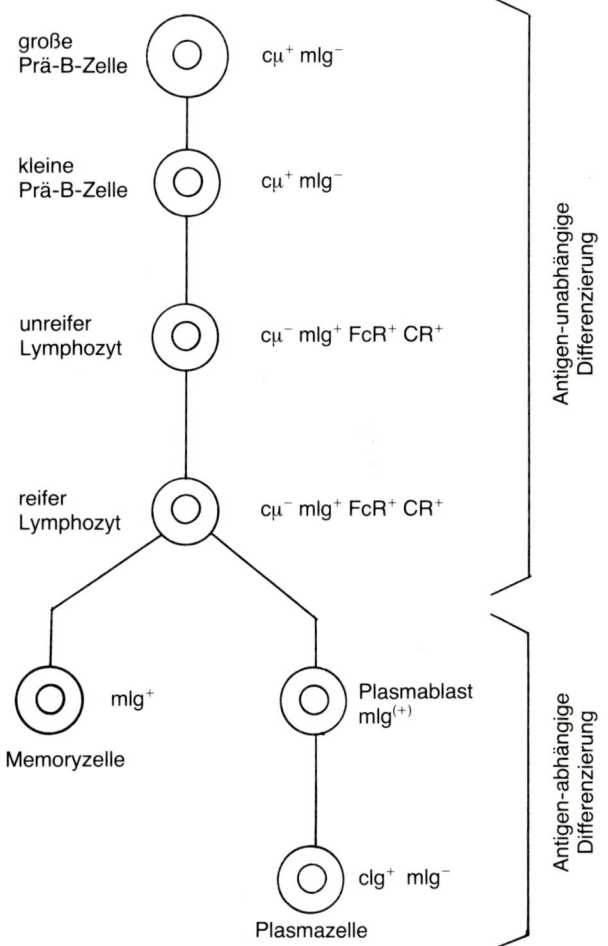

11.7 Die Reifung von B-Zellen und ihre Differenzierung zu „Memory"-Zellen (Gedächtniszellen) und antikörperproduzierenden Plasmazellen (Seelig 1984).

faltigkeit birgt. Wer mit Computerprogrammen arbeitet, erkennt dieses souveräne Organisationsprinzip der Programmauswahl sicher wieder. Daß all jene Prozesse gerade im lymphatischen System so deutlich sind, liegt daran, daß sich dessen Zellen fast immer in irgendeinem Stadium der Reifung, Stimulation oder Anpassung befinden (Honjo 1982, Kishimoto 1982, Siu et al. 1984, Kavaler et al. 1984, Kung und Paul 1983, Ernström 1985, Korsmeyer und Waldmann 1985).

embryonale DNA

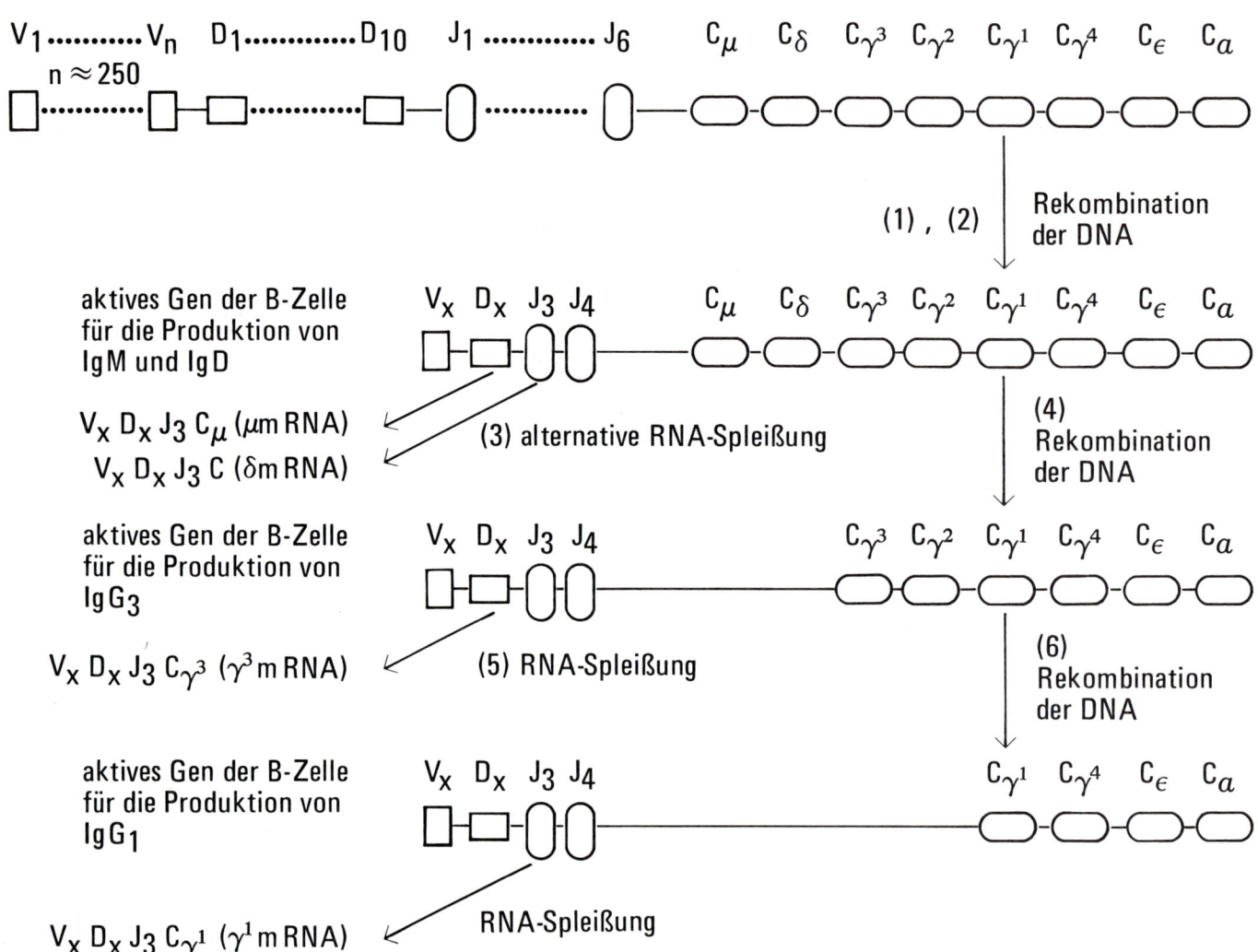

11.8 Dieses „Flußdiagramm" zeigt − auf der Ebene der Gene − verschiedene Schritte in der Differenzierung der B-Lymphozyten; die einzelnen Genelemente werden hintereinander zu den Produktionsprogrammen der unterschiedlichen Immunglobuline geordnet. Gerade bei der Antikörperproduktion kommt es darauf an, aus einer fast unendlichen Fülle von Kombinationsmöglichkeiten eine ganz spezielle auszuwählen. Oben in dem Schema ist das embryonale Gen für die schwere Kette eines Immunglobulins gezeigt. Mit seinen verschiedenen Anlagen für die „variablen" (V_1 bis V_n) und „konstanten" (C_μ bis C_α) Teile sowie für die dazwischenliegenden Abschnitte des Moleküls (D_1 bis D_{10}, J_1 bis J_6) bietet es eine gewaltige Anzahl möglicher Kombinationen. Durch eine bestimmte Verknüpfung (1, 2, 4, 6) und das Herauswerfen aller jeweils überflüssigen Information, das sogenannte Spleißen („splicing"; 3, 5), wird genau eine einzige dieser Möglichkeiten − über eine Boten-RNA (mRNA) − realisiert. Die Differenzierung findet statt, wenn eine Prä-B-Zelle zu einer Plasmazelle reift (Ernström 1985).

B-Lymphozyten können also alle denkbaren Immunglobuline realisieren, wobei die Auswahl der unterschiedlichen Ketten von der Reihenfolge abhängt, in welcher deren Gene im embryonalen Genom angeordnet sind (siehe die oberste Zeile in Abbildung 11.8, wo die griechischen Buchstaben von μ bis α die Anlagen zu folgenden Klassen von Immunglobulinen bedeuten: IgM, IgD, IgG-3, IgG-2, IgG-1, IgG-4, IgE und IgA). Natürlich kann diese Entwicklung im Laufe der Differenzierung nicht ihre Richtung ändern.

Durch die antigenabhängige Differenzierung werden die B-Zellen schließlich zu spezialisierten Immunglobulinfabriken, die man Plasmazellen nennt. Diese spielen eine sehr wichtige Rolle für die humorale Immunabwehr, bleiben jedoch ineffektiv, wenn nicht T-Lymphozyten unterstützend und stimulierend eingreifen. Zwar bilden B-Zellen auch in HIV-Infizierten zahlreiche Antikörper, so daß man hohe Immunglobulinspiegel messen kann, aber diese Antikörper sind „irrelevant"; ohne die Hilfe der T-Lymphozyten scheinen die B-Zellen nicht mehr in der Lage zu sein, Immunglobuline selektiv, in sinnvoller und zielgerichteter Weise, zu produzieren. Gleichsam als Erinnerung an eine einmal erfolgte „klonale Expansion" gewisser antikörperbildender B-Zellen bleiben einzelne dieser B-Zellen, die eben jenes Immunglobulin als Rezeptor tragen, zurück und dienen, vielleicht lebenslang, als sogenannte „Gedächtnis"- oder „Memory"-Zellen. Sie helfen, die Immunreaktion bei erneutem Bedarf schneller zu starten.

Immunglobuline

Die teils frei zirkulierenden, teils als Oberflächenrezeptoren verankerten Immunglobuline sind ein entscheidender Teil unseres Immunsystems − die humorale Abwehr. Den genetischen Mechanismus, der die große Vielfalt von Antikörpern ermöglicht, haben wir schon beschrieben. Wie sehen nun die Produkte jenes ausgeklügelten Prozesses aus?

Die Immunglobuline (wir wollen hier nicht zwischen IgA, IgG, IgE usw. unterscheiden, da diese einander prinzipiell sehr ähnlich sind) werden, gesteuert durch den genetischen Code, von den Ribosomen am endoplasmatischen Retikulum synthetisiert (vergleiche die Abbildung auf Seite 70) und mit Hilfe von kleinen intrazellulären Vesikeln von der Plasmazelle freigesetzt.

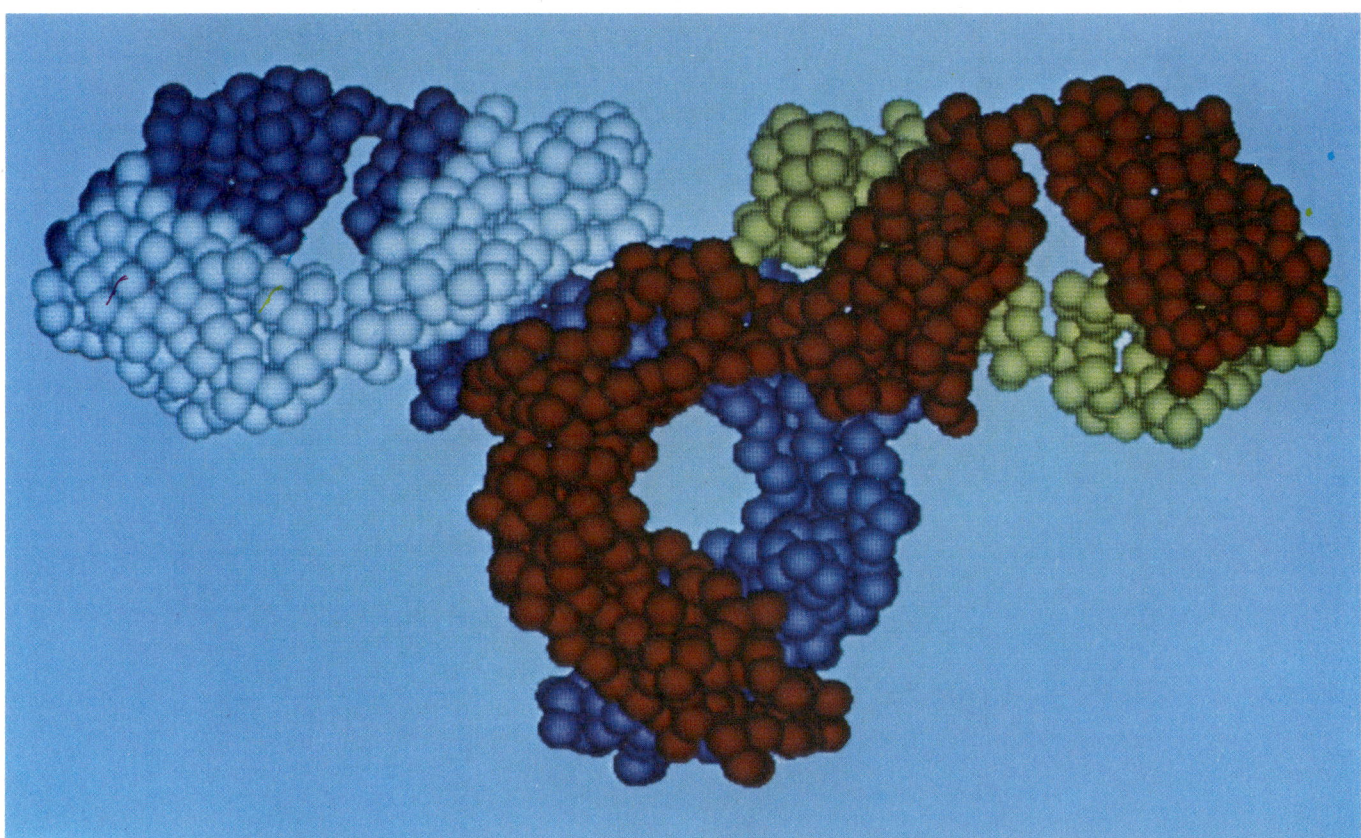

11.9 Oben: IgG-Molekül, Computergraphik. Die zwei schweren Ketten sind rot bzw. dunkelblau, die leichten grün bzw. hellblau wiedergegeben. Jede einzelne Kugel repräsentiert eine Aminosäure (Leder 1987, in: *Immunsystem*, Copyright Spektrum der Wissenschaft, Heidelberg; die Computergraphik stammt von RJ Feldmann, NIH). Unten: Computergraphisches Bild von drei IgG-Molekülen an der Oberfläche eines Semliki-Forest-Virus (A Olson, Scripps Clinic, La Jolla).

Die Y-förmigen Eiweißstoffe verlassen die Zelle und geraten in die Blutbahn bzw. in geringerem Umfang in Liquor (IgG) und verschiedene Drüsensekrete (IgA).

Die Abbildung 11.9 oben zeigt die Grundstruktur eines Antikörpers: ein Y aus je zwei schweren und leichten Ketten, die konstante und variable Abschnitte haben; letztere sind dem Antigen, das es zu fangen gilt, angepaßt. Die von ihm gebildeten sogenannten „Fab"-Arme („antigenbindendes Fragment") haben wirklich die Funktion von Fangarmen; sie umgreifen das Antigen in einer Weise, die dessen normale Funktionen blockiert. In der rechtsstehenden Abbildung sehen wir in einem computergraphischen Modell, wie sich drei IgG-Moleküle an der Oberfläche eines Viruspartikels festgesetzt haben.

Daß wir bereits optischen Zugang in das Reich dieser kleinsten Elemente unserer Infektabwehr haben, mag das Bild 11.10 zeigen, in dem detaillierte Modelle der Feinstruktur eines IgM-Moleküls kombiniert sind mit entsprechenden elektronenmikroskopischen Aufnahmen. Das Auflösungsvermögen dieser Aufnahmetechnik ist bis in den Bereich der Moleküldimensionen vorangetrieben.

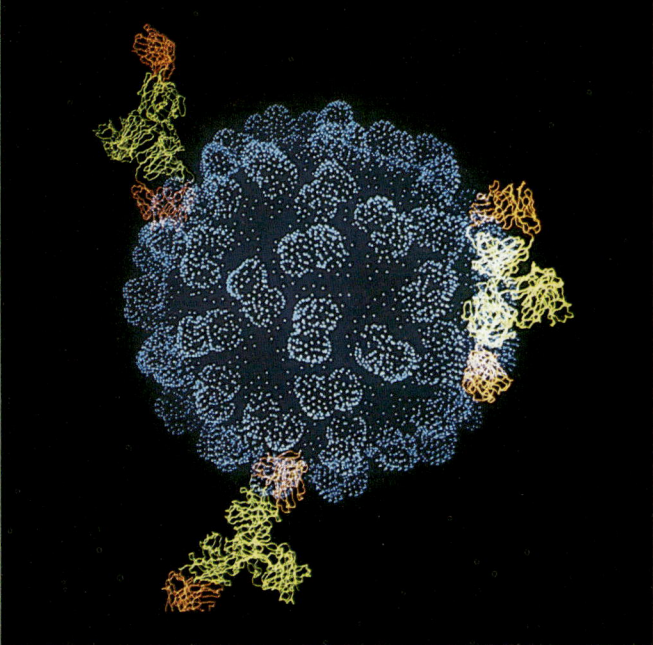

Killerzellen

Immunglobuline können nach ihrer Bindung an Antigene von speziellen Rezeptoren (Fc-Rezeptoren) sogenannter Killerzellen (K-Zellen) erkannt werden, welche sich an sie anheften. Diese Killerzellen haben im Immunsystem eine wichtige Funktion, die also zumindest teilweise durch die spezifischen Immunglobuline auf ein bestimmtes Ziel gerichtet wird. Man bezeichnet diese Funktion daher als antikörperabhängige zellgebundene Zytotoxizität („antibody dependent cellular cytotoxity", ADCC); im Gegensatz zur sogenannten „natural-killer"-Aktivität (siehe unten) setzt sie einen vorbereitenden Kontakt mit dem Antigen voraus.

(Die K-Zellen müssen deutlich unterschieden werden von den zytotoxischen T_c-Zellen, die man auch „Killerzellen" nennt. Als etwas inkonsequent benutzter Oberbegriff begegnet uns der Ausdruck „Killerzelle" in unterschiedlichem Kontext. Die nicht immer mögliche eindeutige Unterscheidung der betreffenden Zelltypen dürfte die Hauptursache für die Doppeldeutigkeiten in dieser Nomenklatur sein.)

Zu den Zellen, die auf diese Weise zu Killerzellen werden, gehören Makrophagen, die weiter unten näher beschriebenen LGL-Zellen, auch Monozyten und sogar gewisse polymorphker-

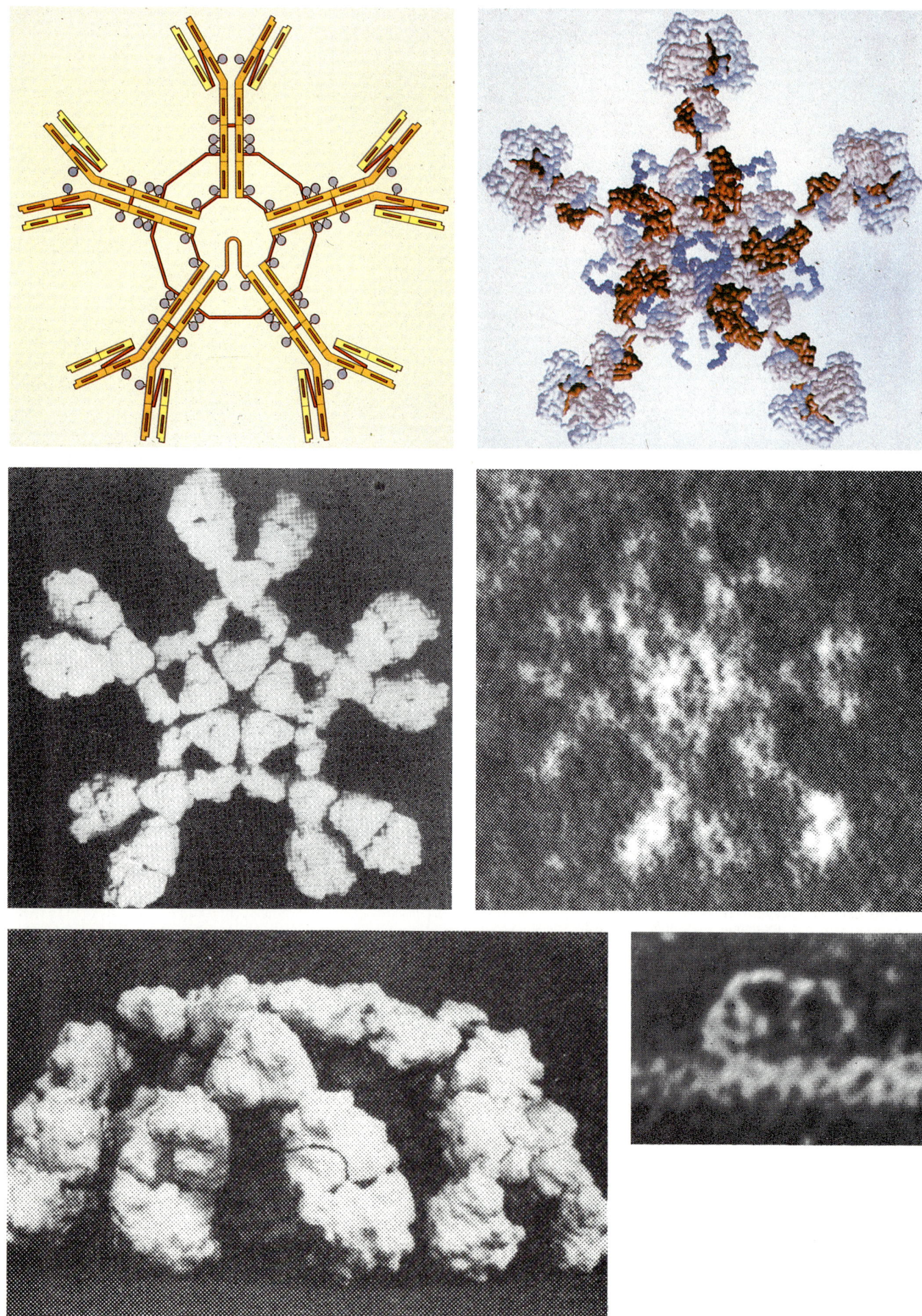

nige Leukozyten, die dann alle jenen spezifischen Fc-Rezeptor tragen müssen, der die Immunglobuline an ihrem Fc-Teil („fragment crystalline"), sozusagen dem „Stiel" des Y, erkennt. Die spezifisch geformten Fab-Arme der Antikörper halten das jeweilige Antigen fest. Es sieht so aus, als könnten auch schon frei zirkulierende IgG-Moleküle von den Fc-Rezeptoren eingefangen werden und damit jene Killerzellen gleichsam „bewaffnen" und auf ein bestimmtes Ziel ausrichten.

Vieles ist unklar hinsichtlich dieser K-Zellen. So ist es heute nicht möglich, mit Sicherheit zu sagen, welche Zellen zu K-Zellen werden können. Deswegen spricht man vorsichtig eher von einer „Killer-Zell-Funktion" und geht davon aus, daß Mitglieder verschiedener Zellsysteme diese ausüben können.

Natural-Killer-Zellen

Die sogenannten NK-Zellen werden „natural" genannt, da sie keiner spezifischen Vorbereitung oder Ausrüstung — etwa mit spezifischen Antikörpern — bedürfen, um ihre zytotoxische Funktion zu entwickeln. Ihre Rezeptoren, die man NK-Rezeptoren nennt, können nur sehr groben Kategorien von Antigenen zugeordnet sein. Sie lassen die körpereigenen Gewebe in Ruhe, attackieren jedoch großzügig ein breites Spektrum verschiedenster Erreger und Antigene, wie sie an der Oberfläche neoplastischer Zellen zu entstehen pflegen. Sie bilden sozusagen eine Art generellen „Grenzschutz", der bei Bedarf von spezifischer ausgerüsteten Truppen ergänzt wird.

Eine solche Verstärkung besteht aus K-Zellen und T_c-Zellen, die natürlich etwas Anlaufzeit brauchen, da der immunologische Prozeß, der sie aktiviert (die „klonale Selektion"), nicht beliebig schnell ablaufen kann.

Die NK-Zellen werden hauptsächlich von großen granulierten Zellen gebildet, deren Herkunft umstritten ist. Vermutlich gehören sie zu der lymphatischen Linie; merkwürdigerweise tragen sie außer den T4- auch T8-Rezeptoren, die einander auf T-Zellen ja auszuschließen pflegen. Über diese typischen T-Zell-Rezeptoren hinaus, nach denen sie als Lymphozyten klassifiziert werden müßten, sind sie jedoch auch mit OKM1-Rezeptoren ausgerüstet, die als typisch für Monozyten/Makrophagen angesehen werden. Überdies tragen sie noch den Fc-Rezeptor, der für die Bindung an Immunglobuline verantwortlich ist, und besitzen demnach meist auch K-Zell-Funktionen. Man nennt sie **LGL-Zellen** („**l**arge **g**ranular **l**ymphocytes").

NK-Zellen vermutet man auch unter den Makrophagen, die in ihren variierenden Formen überall anzutreffen sind. Es sieht aus, als gäbe es spezielle „Progenitor"-Zellen, die der Mitwirkung von T-Zellen bedürfen, um sich zu reifen NK-Zellen zu entwickeln. Vermutlich wird dies durch Il-2 und andere Interferone gefördert. Als reife Zellen können sie dann sogar resistent gegen den inhibitorischen Effekt von Prostaglandinen werden.

Zytotoxische Funktionen

Wie soll man sich nun die so häufig erwähnte zytotoxische Funktion, das „Töten" etwa von Krebszellen und Bakterien, von Pilzen und Einzellern durch die Zellen unseres Immunsystems, vorstellen? Wir haben die verschiedenen Sorten von „Killerzel-

len" kennengelernt und wollen jetzt versuchen, ihre Arbeitsweise zu verstehen.

Man kennt zahlreiche organische Substanzen, die Zellen zu zerstören vermögen: die ungezählten Toxine von Bakterien, Pilzen und Insekten, die Proteine des Komplement-Systems sowie die Wirkstoffe der verschiedenen Killerzellen. Zu letzteren können neben den K-Zellen und NK-Zellen im weiteren Sinne die T_c-Zellen, die Makrophagen sowie manche Granulozyten (insbesondere die eosinophilen, die bei der Bekämpfung von Parasiten eine wichtige Rolle spielen) gerechnet werden.

Solange man nicht wußte, wie die Killerzellen es eigentlich anstellen, etwa eine angegriffene Krebszelle zu töten, sprach man von „Vergiften". Man hatte gesehen, daß die Killerzellen sich der zu tötenden Zielzelle stets anlagern und in engen Kontakt mit ihr treten müssen; da kleine Bläschen mit unidentifiziertem Inhalt eine Rolle bei dem Vorgang des Tötens zu spielen schienen, setzte man die Existenz spezifischer toxischer Substanzen voraus. Deren genaue Wirkungsweise war jedoch unklar. Erst in den letzten Jahren ist man dem Verständnis dieser Prozesse nähergekommen, die sich — wie so oft im Bereich der Biologie — als unvermutet kompliziert erwiesen, vom Standpunkt einer abstrahierenden Beschreibung jedoch sehr einleuchtend erscheinen. Die verschiedensten Arten der Zellzerstörung, der tödlichen toxischen Wirkung, lassen sich nämlich offenbar auf einige wenige Grundprozesse zurückführen.

Wenn ein T_c-Lymphozyt eine Krebszelle angreift (Abb. 11.5, 11.11 und 8.11), formen sich an ihm gleichsam „Füße", die an der Zielzelle zu haften scheinen. Diese „Füße" sind bedingt durch eine besondere zellinterne Struktur, den sogenannten „microtubular organizing complex" (MTOC), und in ihnen findet sich auch der für den Proteinstoffwechsel wichtige Golgi-Apparat. Der „Fuß" orientiert die T_c-Zelle (in ähnlicher Form ist das auch bei NK-Zellen beobachtet worden) auf die Zielzelle zu und heftet sich an ihr an. Die eigentlichen Angriffswaffen, die toxischen Proteine, sind — in kleinen Vesikeln verpackt — im Inneren der Killerzelle noch unwirksam und scheinen ihre zerstörerischen Kräfte erst zu entwickeln, wenn sie in den schmalen Spalt zwischen der zytotoxischen Zelle und ihrem Opfer ausgeschieden worden sind.

Dann spielt sich etwas Merkwürdiges ab. Die toxische Substanz (Perforin bzw. Cytolysin genannt) „bohrt" Löcher in die angegriffene Zellmembran, die an den Kontaktstellen gleichsam perforiert oder aufgelöst zu werden scheint (Abb. 11.12).

Derartige Perforationen hat man interessanterweise bei den verschiedensten Formen der Zellzerstörung beobachtet, und auch jene „Perforine" genannten Proteine (65—70 kD) sind in zahlreichen Arten von Killerzellen nachgewiesen worden. Nicht nur in NK-Zellen, T_c-Zellen, eosinophilen Granulozyten und LGL-Zellen hat man sie gefunden, sondern auch in dem Parasiten *Entamoeba histolytica*. Darüber hinaus ähneln sie dem „porenbildenden" Proteinkomplex C5b–9, der am Ende der Komplementaktivierung die durch den Angriff von Immunglobulinen markierte Membran ebenfalls perforiert. Ein ähnlicher Mechanismus ist für ein Bienengift, für das Streptolysin O sowie für gewisse Staphylokokken-Toxine erwiesen. Es scheint sich hier also wirklich um eine zahlreichen Prozessen gemeinsame Form des Tötens von Zellen zu handeln. Die in Komplexen zusammengeschlossenen perforierenden Substanzen, welche die Lipidmembran lokal aufzulösen vermögen, faßt man unter dem Oberbegriff „plugs" zusammen.

Es gibt noch andere Wege, eine Zelle zu töten. Immer jedoch scheint die „Killer"-Funktion eine Schädigung der schützenden Außenmembran der Zielzelle vorauszusetzen. Man unterscheidet drei prinzipiell verschiedene Mechanismen:
(1) das gerade beschriebene Durchlöchern der Membran durch lokal wirkende Perforine bzw. Cytolysine („plugs"),
(2) das Zerstören der Membran durch oxidierende Metaboliten („superoxide burst", bekannt von den intraphagosomalen Ver-

◄ **11.10** Oben links die schematische Darstellung eines IgM-Moleküls mit der typischen pentamerischen Polypeptidstruktur. Die Fc-Teile der fünf Monomere sind durch eine J-Kette miteinander verbunden. Oben rechts die räumliche Molekülstruktur (Pumphrey 1986), Mitte links ein Strukturmodell, das schon zu dem elektronenmikroskopischen Bild (Mitte rechts) von R. Dourmashkin überleitet. Unten links ein Modell, unten rechts das EM-Bild einer merkwürdigen Struktur (A Feinstein): Das IgM-Pentamer muß eine krebsartige Sekundärstruktur annehmen, damit seine „antigenfangenden" Fab-Arme die Zielepitope an der Oberfläche eines Eindringlings erreichen können (Roitt et al. 1985, Copyright Gower, London).

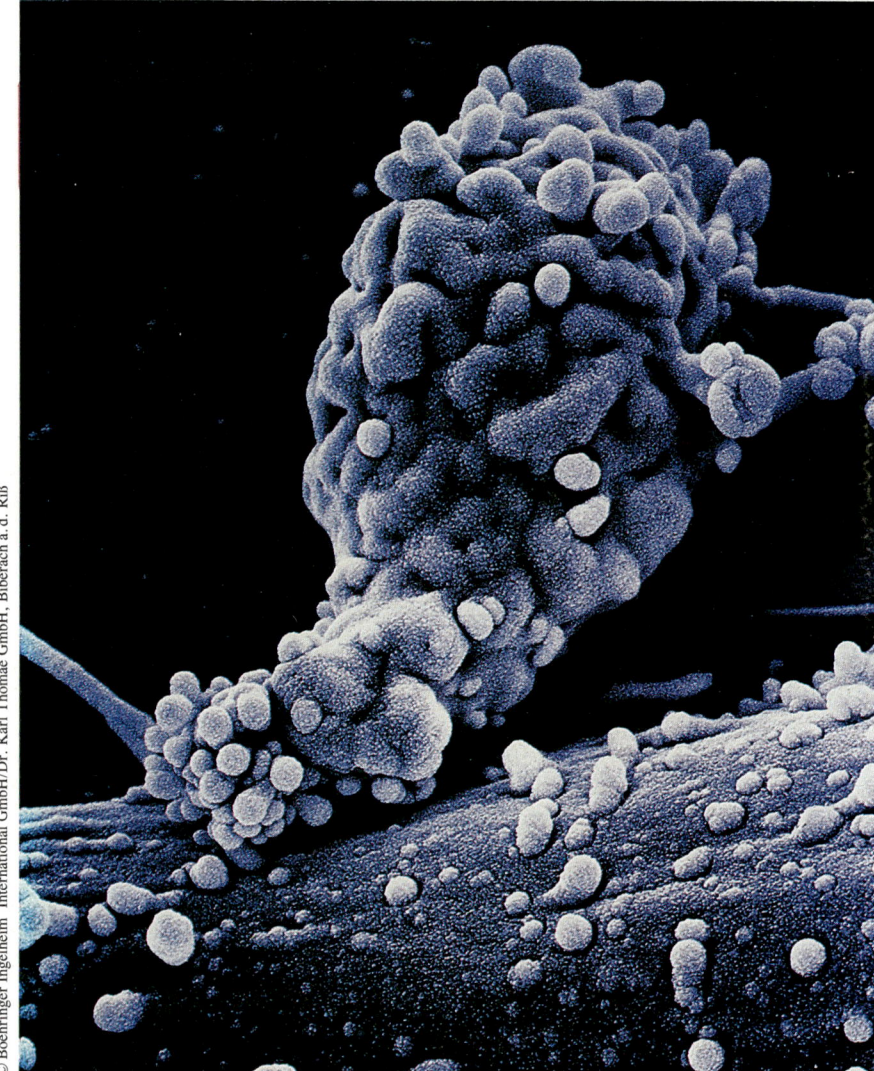

11.11 Vergrößerung einer attackierenden T_c-Zelle. Sie zeigt beim Kontakt mit der Zielzelle eine typische Deformierung, die an die Bildung eines Fußes oder Sockels erinnert. Dieser „Fuß" kommt dadurch zustande, daß sich der sogenannte „microtubular organizing complex" (MTOC) der T_c-Zelle an die Zielzelle anlegt; danach werden — unter Mithilfe des in den Zellausläufer verlagerten Golgi-Apparates — kleine Vesikel mit zytolytischen Peptiden (Perforin, Cytolysin) in den interzellulären Spalt entleert. Diese Substanzen perforieren die Außenmembran der angegriffenen Zelle, die dann durch sogenannte Lymphotoxine „vergiftet" wird (Photo: L Nilsson).

dauungsprozessen), wobei der extrazelluläre Angriff dieser Substanzen — ähnlich einer „Verbrennung" — die Lipidmembran durch Peroxidierung zerstört („burns"), sowie

(3) das Eindringen von löslichen zytotoxischen Substanzen wie TNF (tumor necrosis factor), NKCF (natural killer cytotoxic factor) oder „Lymphotoxin". Dies ist einer „Vergiftung" am ähnlichsten. Vermutlich wird dabei die DNA irreversibel geschädigt („poisons").

Mit diesen drei (hier sehr vereinfacht dargestellten) Prozessen sind vermutlich die dominierenden Zerstörungsmethoden beschrieben. Im folgenden sei zusammengestellt, welche davon bei den verschiedenen Formen der Zytotoxizität vorzukommen pflegen:

T_c-Zellen:	(1)		(3)
Monozyten/Makrophagen:		(2)	(3)
NK-Zellen:	(1)		(3)
K-Zellen:	(1)		
LGL-Zellen:	(1)		
eosinophile Granulozyten:	(1)	(2)	
Komplement-System:	(1)		

Es bleibt abzuwarten, ob man einen Zelltyp findet, der sich aller drei Methoden bedienen kann (also „plugs", „burns" und „poisons") — bisher ist dies noch nicht beobachtet worden.

Ein diesen Prozessen gemeinsames Prinzip scheint zu sein, daß die zerstörerischen Substanzen im Zytoplasma meist in bläschenartigen Strukturen (Vesikeln) gleichsam „abgekapselt" sind, um die toxinproduzierende Zelle selbst vor toxischen Effekten zu schützen. Anderenfalls müssen sie als noch untoxische „Halbfabrikate" in der Zelle vorliegen oder, wie bei dem frei in der Blutbahn zirkulierenden Komplement-System, in Form eines Mehr-Komponenten-Giftes, das erst der aktivierenden „Zubereitung" durch die an einer Antigen-Antikörper-Reaktion beteiligten Immunglobuline bedarf. (Literatur zu diesem Thema: Lachman 1983, 1986; Young et al. 1985, 1986-1, -2, -3; Podack

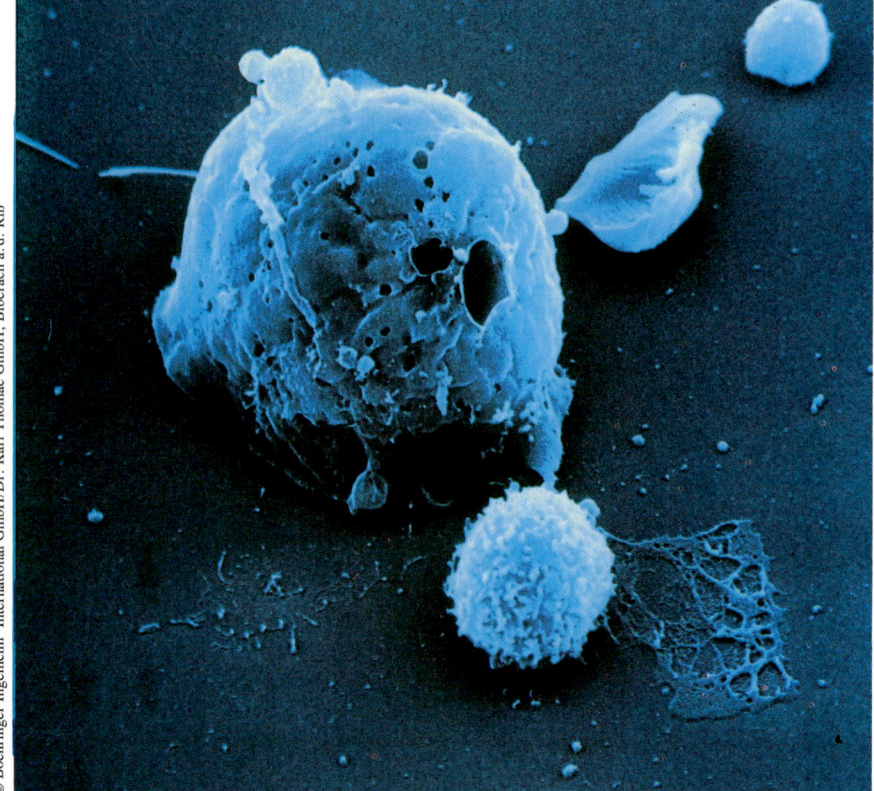

11.12 Eine von Killerzellen getötete Zelle. Die konturlose Oberfläche markiert ihren Tod. Zahlreiche Löcher bleiben als Spuren der Killerzell-Tätigkeit zurück (Photo: L Nilsson).

1985; Henkart 1985; Ruddle 1985; Ward und Lachman 1985; JL Marx 1986-2.)

Granulozyten und Mastzellen

Im Gegensatz zu Lymphozyten und Monozyten weisen die ebenfalls zu den weißen Blutkörperchen zählenden Granulozyten einen merkwürdig gelappten (lobulierten, segmentierten) Kern auf, der es ihnen unter starker Deformierung erlaubt, durch die schmalen Spalten der Gefäßwände hindurchzutreten. Granulozyten werden von zahlreichen verschiedenen Lymphokinen aktiviert (eine direkte Folge der T-Zell- und B-Zell-Kaskaden), und ihr massenhaftes Austreten aus der Blutbahn resultiert in dem, was man Eiter nennt.

Als weiterer Zelltyp sollen hier die Mastzellen erwähnt werden. Sie können − neben der Freisetzung von entzündungsfördernden Substanzen und einer gesteigerten Gefäßpermeabilität − die Degranulierung der verschiedenen Granulozyten auslösen und über die basophilen Zellen einen stimulierenden, über die eosinophilen einen bremsenden Effekt auf das entzündliche Geschehen ausüben. Sie teilen ihre Funktion unter bestimmten Umständen mit den Monozyten und können als Vermittler der schnellen, akuten Reaktion angesehen werden, die man in manchen Fällen von Allergie oder anaphylaktischem Schock am ausgeprägtesten sieht.

Man kennt ihre Stammzelle nicht mit Sicherheit, sogar T-Lymphoblasten sind vorgeschlagen worden. Auf jeden Fall liegt auch hier eine Wechselwirkung mit den T-Lymphozyten vor, die mit ihren vielfältigen Funktionen dieses ganze komplizierte Funktionsnetz zu koordinieren scheinen.

Das Komplement-System

Der Sinn der Immunglobulinreaktionen scheint vor allem darin zu liegen, daß die Oberfläche eines fremden Eindringlings als Ziel zytotoxischer Aktivitäten markiert wird. Dies löst eine Reihe von Folgeprozessen durch das im Blut befindliche Komplement-System aus. (Einige dieser Schritte sind in Abbildung 11.13 wiedergegeben.) Als erstes bindet sich das Komplement-Protein C1 an die freien Fc-Teile eines Immunglobulins (meist IgG oder IgM). Innerhalb des C1qrs-Komplexes wird dadurch der C1s-Teil enzymatisch aktiviert und spaltet − als Esterase − anschließend die Komplementfaktoren C2 und C4.

Deren Bruchstücke C4b und C2a fusionieren und verlassen den IgG-C1-Komplex, um sich an einer anderen Stelle der Zelloberfläche anzulagern. Dieser neu entstandene C4b-C2a-Komplex ist enzymatisch aktiv: Er spaltet als „C3-Konvertase" den Komplementfaktor C3 und bildet mit dem Bruchstück C3b die sogenannte „C5-Konvertase". Von den Fragmenten C3a und C5a weiß man, daß sie als „Anaphylotoxine" die Mastzellen zur Ausschüttung verschiedener entzündungsfördernder Substanzen (wie Histamin, Bradykinin, 5-HT etc.) anregen, als „Chemotaxin" Leukozyten anziehen und auf diese Weise den ganzen Entzündungsprozeß anheizen. Es kommt zu einer gesteigerten Gefäßdurchlässigkeit, zum Austritt zahlreicher zellulärer Elemente aus den Gefäßen und damit zu einer Schwellung des entzündeten Gewebes.

Die Bekleidung der von Immunglobulinen attackierten Zelloberfläche mit bestimmten Komplement-Proteinen (besonders C3b) macht die so markierten Zellen für die Makrophagen besonders „attraktiv" (man nennt dies „Opsonisierung") und steigert deren phagozytäre Aktivität auf das Zigfache.

Inzwischen schreitet die Kettenreaktion zwischen den verschiedenen Komplementfaktoren weiter fort (wobei der auch von zytotoxischen Zellen bekannten Serin-Esterase eine Schlüsselrolle zuzukommen scheint − ein weiteres Indiz für biochemi-

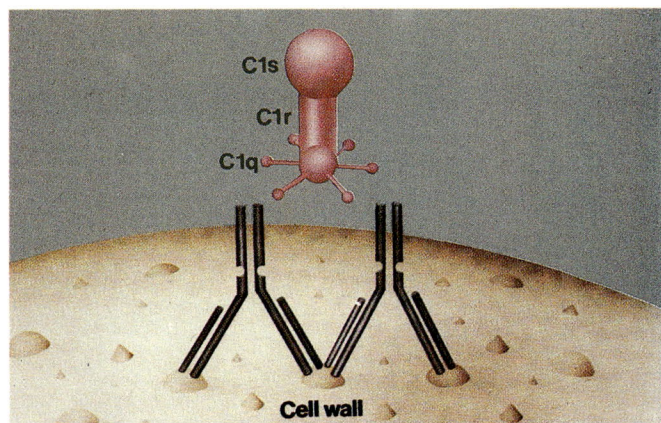

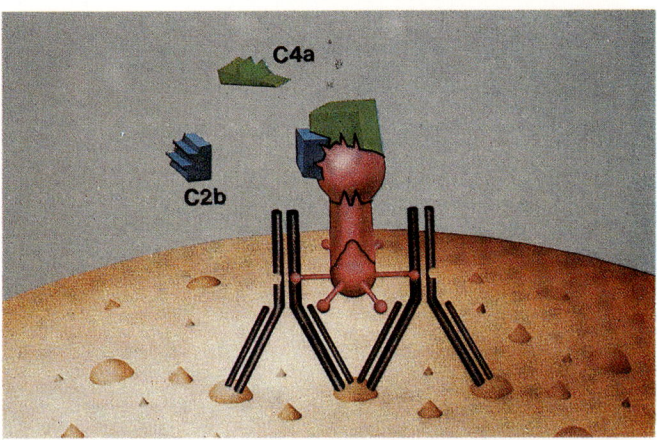

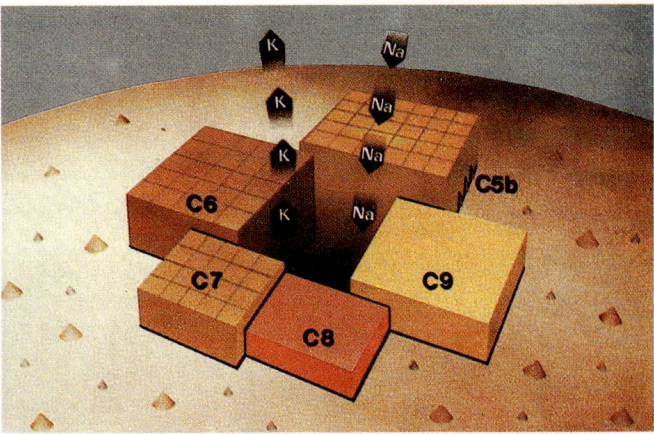

11.13 Die Reaktionskette des Komplement-Systems. Oben: IgG-Moleküle haben sich an bestimmte Oberflächenantigene einer Zellmembran geheftet. Der Komplementfaktor C1, bestehend aus den Untereinheiten C1q, C1r und C1s, bindet sich an die Fc-Arme der Immunglobuline. Mitte: Am Beginn einer langen Kette von enzymatischen Aktivierungsschritten steht die Spaltung der Komplementfaktoren C2 und C4. Unten: Der am Ende der Kaskade entstehende membranständige Komplex aus den Faktoren C5b bis C9 ermöglicht mit der Perforation der Zellmembran ein Ein- und Ausströmen von Ionen und stört so das Elektrolytgleichgewicht der Zelle (Whicher und Evans 1977, Copyright Hoechst, Frankfurt).

sche Parallelen in diesen verschiedenen Prozessen) und führt schließlich mit der Aktivierung des dem Perforin ähnlichen Moleküls C9 zur Bildung des sogenannten „lytischen" oder „membranperforierenden" Komplexes. Auf diese Weise entstehen in der Zellmembran Löcher, die das Ionenmilieu destabilisieren, Wasser und Lymphotoxine eindringen lassen und damit die Zelle zerstören.

Das Komplement-System ist also ein nicht spezialisiertes, überall vorhandenes Hilfssystem, das fremde Zellen vernichtet, sobald es durch eine Immunreaktion aktiviert und auf seine Ziele 119

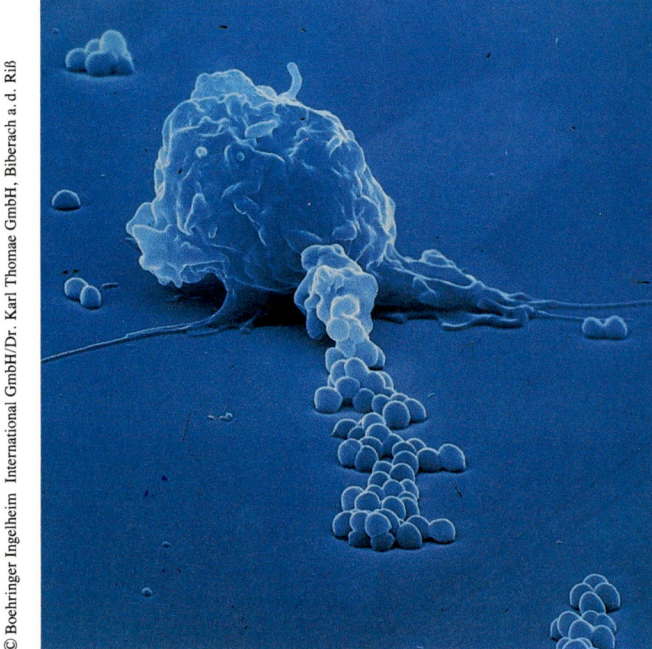

11.14 Ein Makrophage beim Angriff auf einen Staphylokokkenhaufen (im Vordergrund). Makrophagen strecken lange Zellausläufer in der Richtung ihres jeweiligen Ziels aus (Photo: L Nilsson).

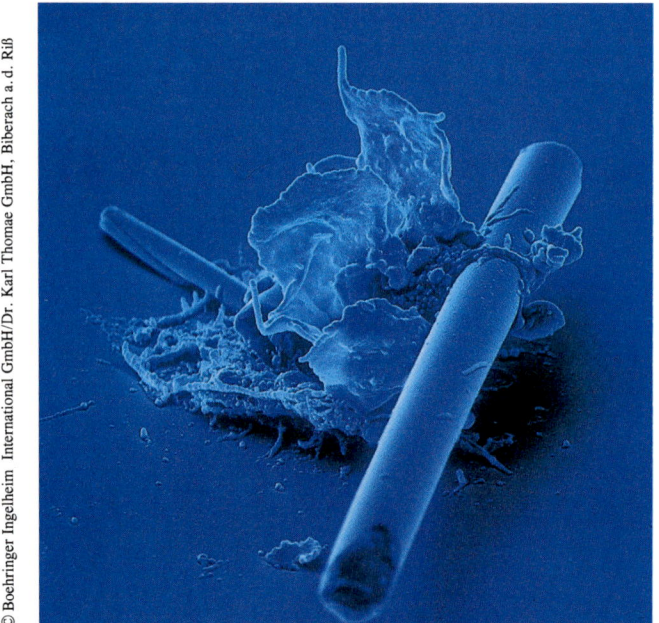

11.15 Dieser Makrophage attackiert eine Kunststoff-Faser und versucht, sie zu umschließen (Photo: L Nilsson).

gelenkt worden ist. Damit haben wir jetzt auch die feinsten Molekülstrukturen kennengelernt, die das Immunsystem auf alles als fremd gekennzeichnete biologische Material in unserem Organismus losläßt – vorausgesetzt, das grundlegende Zusammenspiel zwischen antigenpräsentierenden Zellen sowie T- und B-Zellen funktioniert reibungslos. Natürlich ist ein so komplizierter Prozeß sehr empfindlich gegenüber jeder Art von Störung, und deswegen hat das Versagen der übergreifenden T_h-Zell-Funktion katastrophale Folgen.

Makrophagen

Das letzte System von Zellen, das wir hier betrachten wollen, ist vielleicht sogar das wichtigste: die Makrophagen. Diese Zellen kommen in verschiedensten Formen im ganzen Körper vor und durchdringen jedes Organsystem. Sie entwickeln überall einen an die jeweilige Umgebung angepaßten Zelltyp, der sich dann häufig nur noch schwer als Makrophage identifizieren läßt.

Allen Makrophagen („Freßzellen") ist die Fähigkeit gemeinsam, fremdes Material zu inkorporieren – Viren, Bakterien, Einzeller, vom Immunsystem zum Tode verurteilte Zellen sowie alle Formen von zellulärem Abfall (Detritus) und körperfremden Substanzen (Abb. 11.14 und 11.15). Deswegen muß es sie eigentlich auch überall im Organismus geben.

Die Monozyten im Blut – eine Art Vorstadium zum aktiven Makrophagen – weisen ein charakteristisches Aussehen auf (z. B. einen großen und nicht gelappten Kern), und auch die normalen extravasalen Makrophagen sind leicht zu erkennen. Doch sind auch die verschiedensten anderen phagozytären Elemente im Körper Makrophagen, und man hat erst vor nicht allzu langer Zeit zeigen können (van Furth 1981), daß sie tatsächlich in die verschiedenen Organe einwandern und sich erst dort spezialisieren, ursprünglich aber alle von einer gemeinsamen Stammzelle des Knochenmarks abstammen (Abb. 11.16).

So unterschiedliche Zellen wie Mikrogliazellen im Gehirn oder Kupffer-Sternzellen in der Leber lassen sich auf dieselbe Stammzelle, einen undifferenzierten Monoblasten, zurückführen. Über dessen zukünftiges Schicksal entscheidet der Gewebetyp, in den er gelangt; möglicherweise gibt es hierfür schon selektive oder zielsuchende Mechanismen.

Eine der faszinierendsten Entdeckungen der letzten Jahre ist, daß die Langerhans-Zellen der Haut den gleichen T6-Rezeptor tragen, den auch die T-Zellen in einem Stadium ihrer Entwicklung in der Thymusdrüse aufweisen (Abb. 11.17).

Eine Verwandtschaft zwischen dem Thymus-System und der Haut, für die sich noch zahlreiche weitere Indizien finden lassen (Edelson und Fink 1985), kann nur auf den ersten Blick überraschen. Mehr als ein Quadratmeter Haut (unsere Grenze zur Umwelt) ist natürlich ein geeignetes Infektionsziel für alle denk-

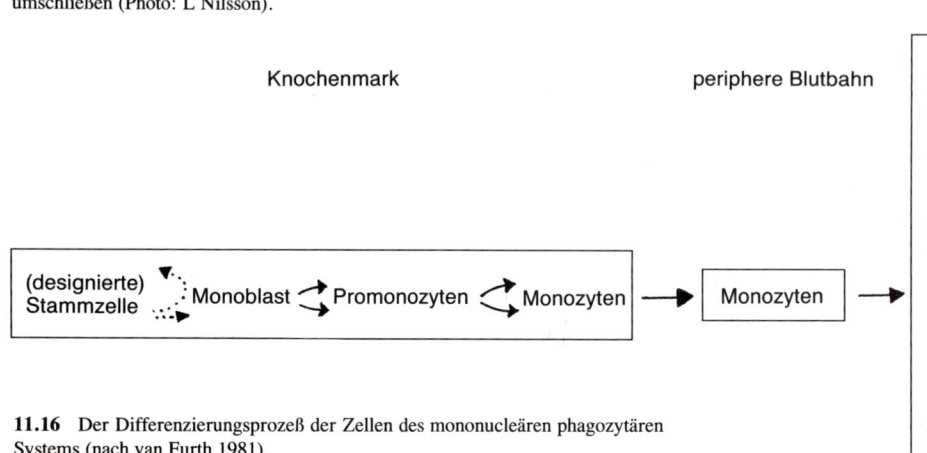

Knochenmark	periphere Blutbahn	Gewebe
(designierte) Stammzelle ⇢ Monoblast ⇄ Promonozyten ⇄ Monozyten	→ Monozyten →	Bindegewebe (Histiozyten) Leber (Kupffer-Sternzelle) Lunge (Alveolarmakrophage) Lymphknoten (freie und fixierte Makrophagen, „follicular dendritic cells", „interdigitating cells") Milz (freie und fixierte Makrophagen, „follicular dendritic cells") Knochenmark (fixierte Makrophagen) seröse Hohlräume (Pleural- und Peritonealmakrophagen) Knochen (Osteoklasten) Nervengewebe (Mikrogliazellen) Haut (Histiozyten, Langerhans-Zellen) Gelenkschleimhäute (synoviale Typ-A-Zellen?) andere Organe (Gewebemakrophagen)

11.16 Der Differenzierungsprozeß der Zellen des mononucleären phagozytären Systems (nach van Furth 1981).

baren Erreger. Man braucht nur an die ungezählten Kratzer und kleinen Wunden zu denken, die ein Leben in freier Natur vermutlich immer mit sich gebracht hat, oder an die zahlreichen Abschürfungen und Insektenstiche, die täglich vorkommen. Natürlich muß die Haut — als die primäre Kontaktfläche mit unserer Umwelt — ein massiv verteidigtes Gewebe sein (Abb. 11.18).

Dies mag auch einige bisher nicht recht verständliche Beobachtungen an AIDS-Patienten erklären, etwa ihr schnelles äußerliches Altern, ihre dünne, atrophisch-trockene und fleckige Haut. Falls es sich hier nicht um einen direkten Effekt auf die Fibroblasten handelt (wie man ihn von gewissen Retroviren kennt, Koury und Pragnell 1982; ARV hat man in menschlichen Fibroblasten anzüchten können, Cheng-Mayer et al., Paris-Konf. Com-2 und p-250), ist auch eine andere Erklärung denkbar: Die Veränderungen der Haut könnten auf einen Schaden der Langerhans-Zellen zurückgehen. Wir wissen nicht viel über deren genaue Rolle im Metabolismus der Haut. Es ist aber möglich, daß sie, ähnlich den Mikrogliazellen im Gehirn — einem anderen ektodermalen Organ —, auch trophische Funktionen haben, also wichtige Aufgaben im Ernährungsstoffwechsel erfüllen. (Übrigens sind selbst die Melanozyten in letzter Zeit als möglicher Teil des Immunsystems der Haut (SIS, skin immune system) diskutiert worden.)

Die Haut ist also wahrlich nicht wehrlos — mit ihren speziell angepaßten Makrophagen und ihrer intensiven Blutversorgung, dank der sie mit all den Zellelementen ausgestattet wird, die das Blut enthält. Daher ist natürlich auch die starke Beteiligung der Haut an einer schweren Immunerkrankung in keiner Weise überraschend.

Die Aufspaltung der Makrophagen-Stammzellen in verschiedene Entwicklungslinien scheint in einem frühen Stadium der Monozytenentwicklung zu beginnen, während sich die Differenzierung in den verschiedenen Organen vollendet. Vermutlich tragen die in verschiedenen Geweben lokal produzierten Lymphokine in entscheidender Weise zu diesem Anpassungsprozeß bei (Förster und Landy 1981). Interessant ist, daß auch die sogenannten „follicular dendritic cells" in Lymphknoten und Milz den Makrophagen zugerechnet werden. Es häufen sich nämlich die Berichte darüber, daß diese Zellen bei AIDS-Patienten ebenfalls außer Funktion gesetzt sind sowie HIV-RNA und auch ganze Viruspartikel aufweisen.

Die äußere Morphologie der Makrophagen, dieser überaus veränderlichen Zellen, die sich mit ihren „ausfließenden" Pseudopodien in die kleinsten Spalten der Körpergewebe erstrecken können und sich offenbar „kriechend" fortbewegen, illustrieren noch einmal die Bilder 11.19 bis 11.21; besonders auffällig ist die aktive, „zielsuchende" Beweglichkeit der Zellausläufer.

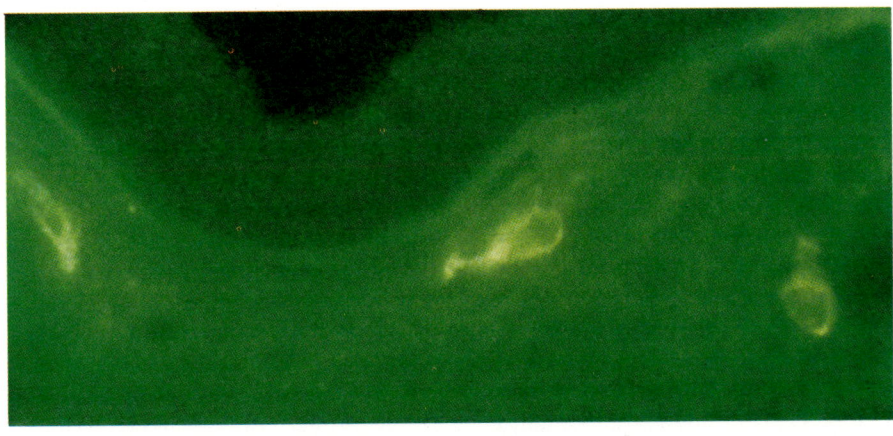

11.17 Langerhans-Zellen in der Haut, hier markiert durch fluorescein-gebundene T6-Antikörper (Edelson und Fink 1985, Copyright Spektrum der Wissenschaft, Heidelberg).

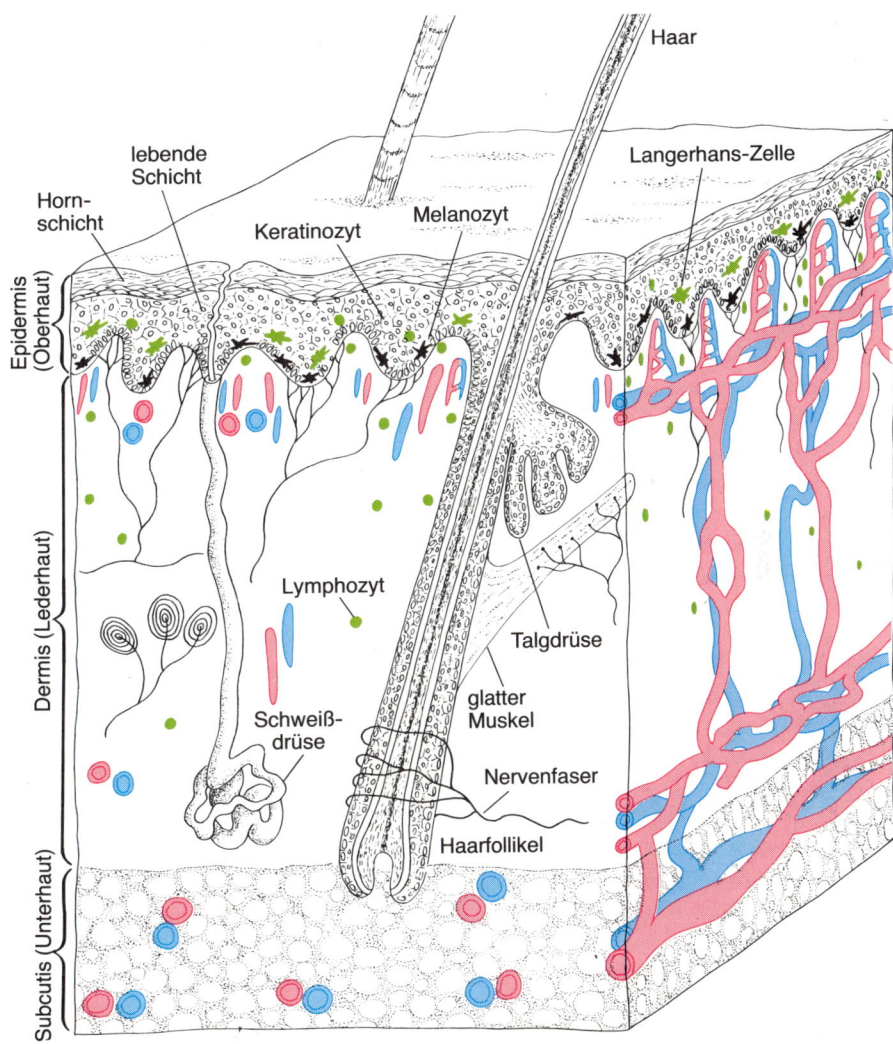

11.18 Die Haut — eine Frontlinie unseres Immunsystems; die Aufmerksamkeit richtet sich vor allem auf die Langerhans-Zellen (Edelson und Fink 1985, Copyright Spektrum der Wissenschaft, Heidelberg).

Makrophagen inkorporieren — entweder durch Vermittlung gewisser (NK- oder Fc-)Rezeptoren oder auch spontan — fremde Stoffe und antikörpermarkierte Eindringlinge aller Art. Der sogenannten Phagozytose, gewissermaßen dem „Verschlucken" des fremden organischen Materials, folgt die „Verdauung" durch zelleigene Enzyme, wie sie in Abbildung 11.22 dargestellt ist.

Zuvor jedoch müssen diese Zellen erst einmal aus einem nicht aggressiven Monozyten in einen aktivierten Makrophagen verwandelt werden. Dies ist ein mehrstufiger Prozeß, der unter

121

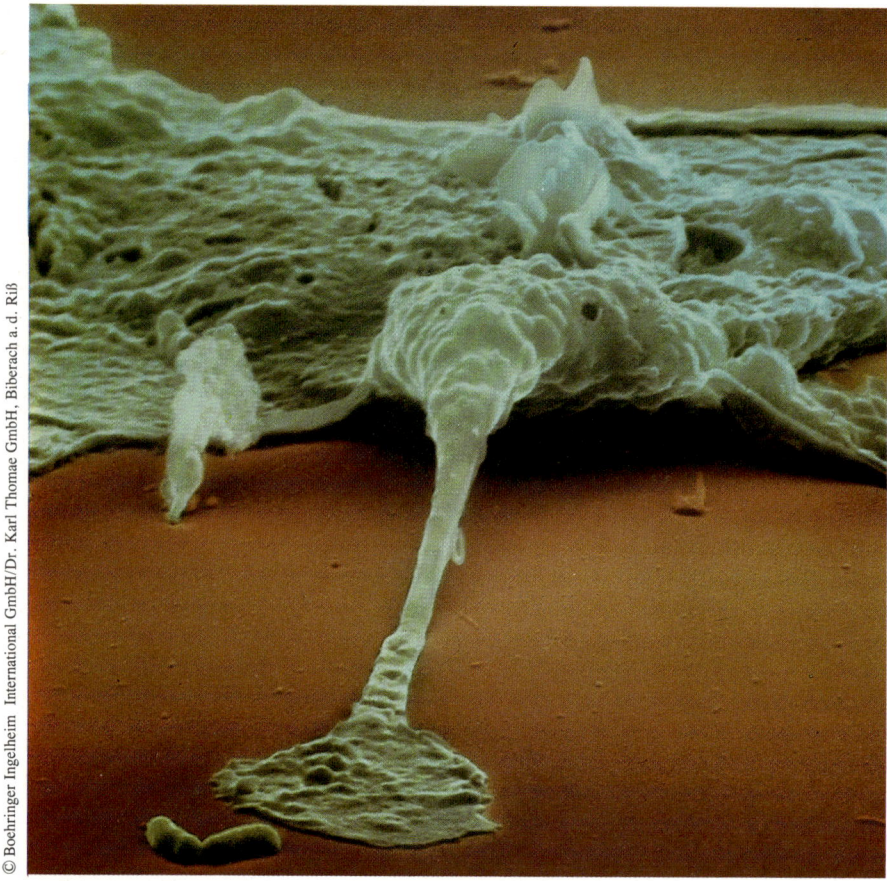

11.19 Makrophagen strecken sich mit manchmal merkwürdig anmutenden, halbflüssigen Zellausläufern („Pseudopodien") nach fremdem Material. Vermutlich steuert eine Form von Chemotaxis die komplizierte Motilität der Makrophagenoberfläche. Auf dieser rasterelektronmikroskopischen Aufnahme sieht man vorne ein Bakterium, das ziemlich hilflos sein Schicksal erwartet (Photo: L Nilsson).

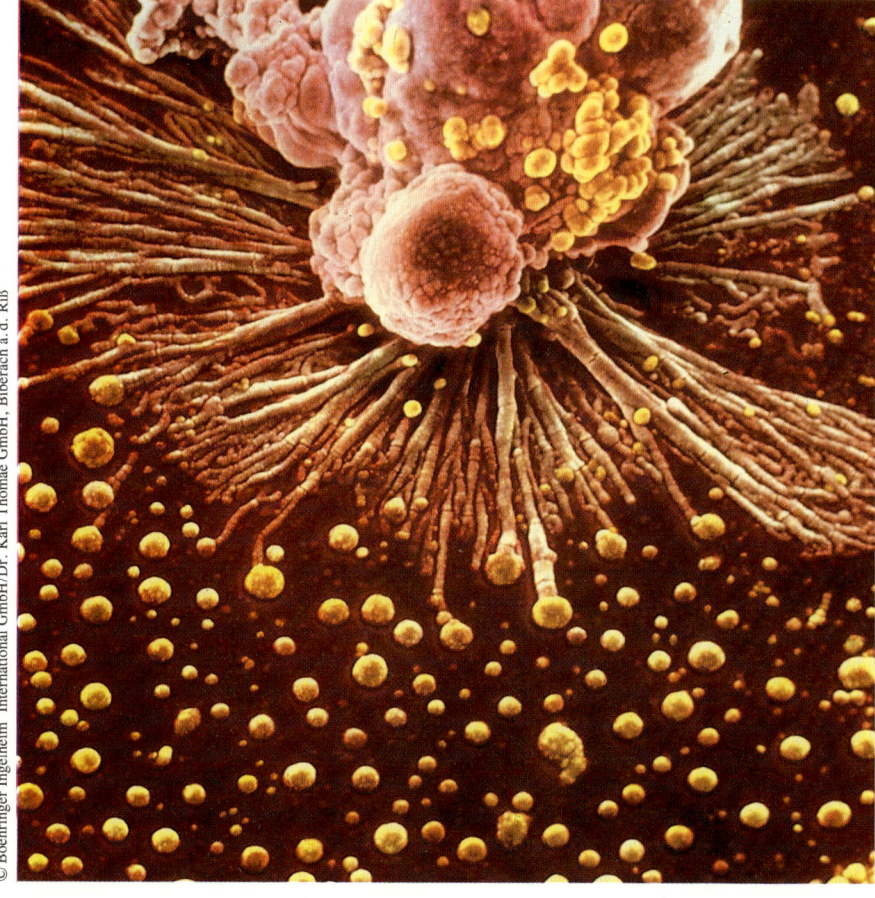

anderem durch Lymphokine gesteuert wird und in dem der Makrophage verschiedene Enzyme produziert und akkumuliert (Abb. 11.23). Ein aktivierter Makrophage gilt als so stark lytisch, daß ihm kein lebender Erreger widerstehen dürfte. Wenn das sogar für Lentiviren gelten sollte, hieße das, daß diese hauptsächlich Monozyten und unreife oder ruhende Makrophagen invadieren könnten, ohne von diesen getötet zu werden.

Neben der „Freßfunktion" erfüllen Makrophagen noch eine weitere wichtige Aufgabe: die der Antigen-Präsentation gegenüber anderen Zellen des Immunsystems. Es scheint, als könnten auch nicht-aktivierte Makrophagen diese Funktion ausüben. Vermutlich werden beide Funktionen zumindest zum Teil miteinander verbunden.

Wie erwähnt, sitzen Makrophagen (und zwar Milliarden von ihnen) als Langerhans-Zellen dicht gesät in unserer Haut. Sie lassen sich dort mittels spezifischer monoklonaler Antikörper gegen T6- und T4-Rezeptoren lokalisieren (Abb. 11.17). Sie liegen sehr oberflächlich, und man hat sie bei AIDS-Patienten wiederholt infiziert gefunden (Abb. 11.24). Noch ist unklar, ob es sich dabei um eine Infektion etwa über die Schleimhaut handelte oder ob die Viren über die Blutbahn dahin gelangt waren. Es ist wichtig, die normale Funktion der Zellen an der Haut- und insbesondere der verhornungsfreien Schleimhaut zu kennen.

Die nun schon mehrfach erwähnten „kriechenden" Pseudopodien der Makrophagen — in der Epidermis also der Langerhans-Zellen — schieben sich in die kleinsten interzellulären Spalten, sogar in jene an der Hautoberfläche, die man in elektronenmikroskopischen Bildern früher für fixierungsbedingte Artefakte hielt und später durch neue Methoden „verschwinden" ließ. Erst jüngst hat man durch eine vorsichtigere Fixierungstechnik diese Zwischenräume sozusagen wiederentdeckt (Andersson et al. 1985, Falk et al. 1987). In jenen Spalten erstrecken sich die Ausläufer der Makrophagen dendritengleich bis an die Oberfläche der Haut und verbreitern sich dort trichterförmig, nur noch abgedeckt durch die dünne Schicht der verhornten Zellen (Abb. 11.25 oben).

Wenn man sie genau studiert, wie durch Bengt Falk und Mitarbeiter am Histologischen Institut der Universität Lund geschehen, sieht man in diesen Ausläufern ständig merkwürdige streifenartige Strukturen zelleinwärts wandern, die sich dabei zu birnenförmigen Granula (sogenannten Birbecks oder Langerhans-Gra-

11.20 Dieser Makrophage streckt sich mit ungezählten Zellausläufern nach kleinen Öltröpfchen, um diese zu inkorporieren (Photo: L Nilsson).

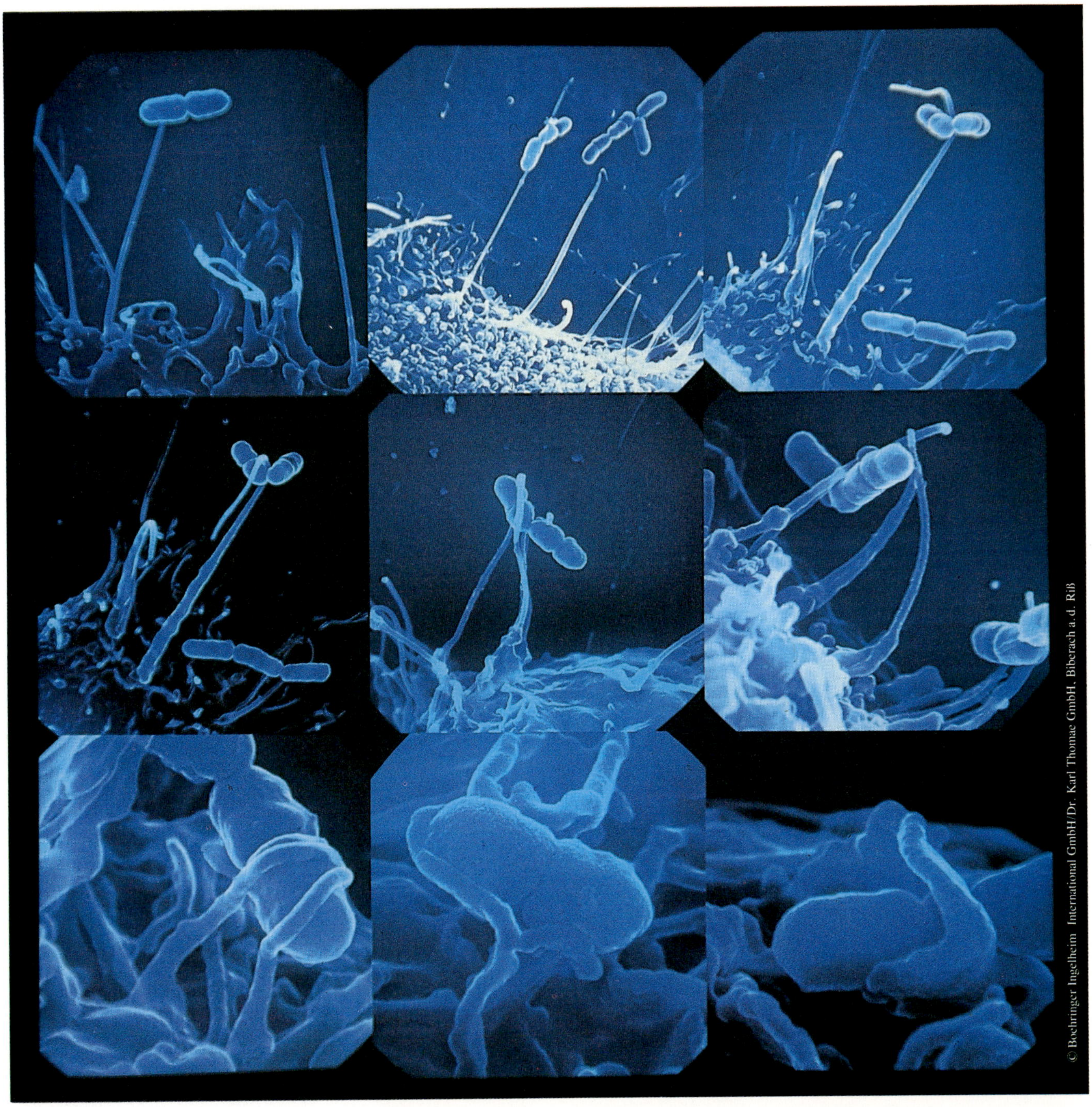

11.21 Hier ist in einer Bildserie festgehalten, wie ein Makrophage mit peitschenähnlichen Pseudopodien Bakterien einfängt, sie immer näher heranholt und schließlich inkorporiert (Photos: L Nilsson).

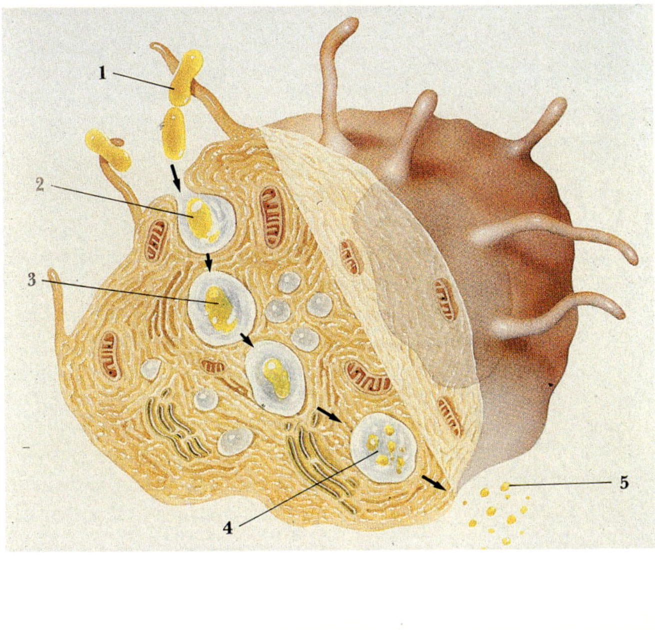

11.22 Wenn ein Erreger von einem Pseudopodium eines Makrophagen eingefangen (1) und durch „Phagozytose" im halbflüssigen Zytoplasma dieser Freßzelle wie in einem Sumpf verschwunden ist (2), droht ihm der endgültige Garaus. Die Membran des Makrophagen schließt sich um das Bakterium, und in dem so entstandenen Hohlraum sammeln sich nun (3) lytische Enzyme, welche die organischen Bestandteile des Fremdlings zerlegen. Schließlich ist er sozusagen „verdaut" (4), und die Abbauprodukte werden teils in den eigenen Zellstoffwechsel integriert („Recycling"), teils (5) ausgeschieden (Copyright 1985 Bonniers, Stockholm, und U Frank).

123

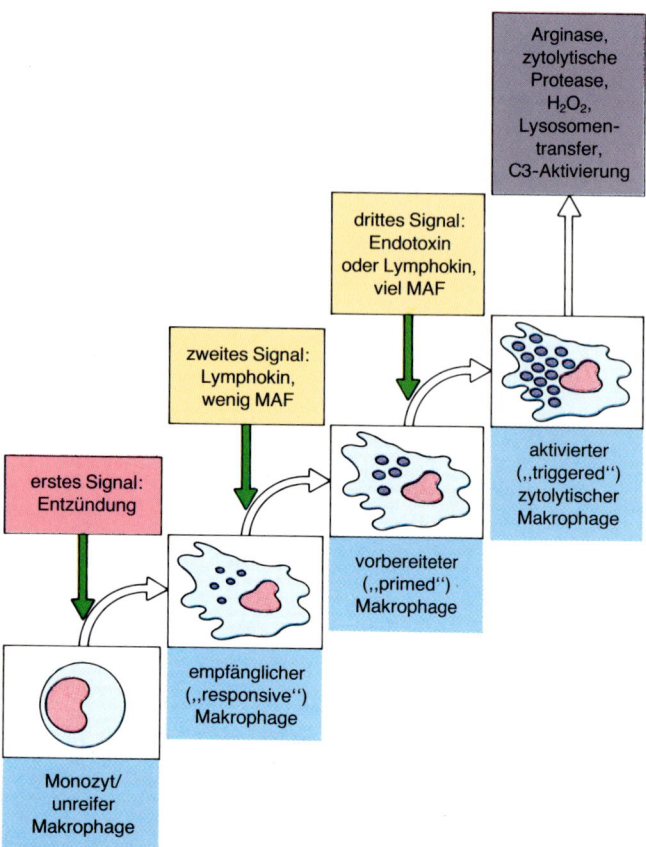

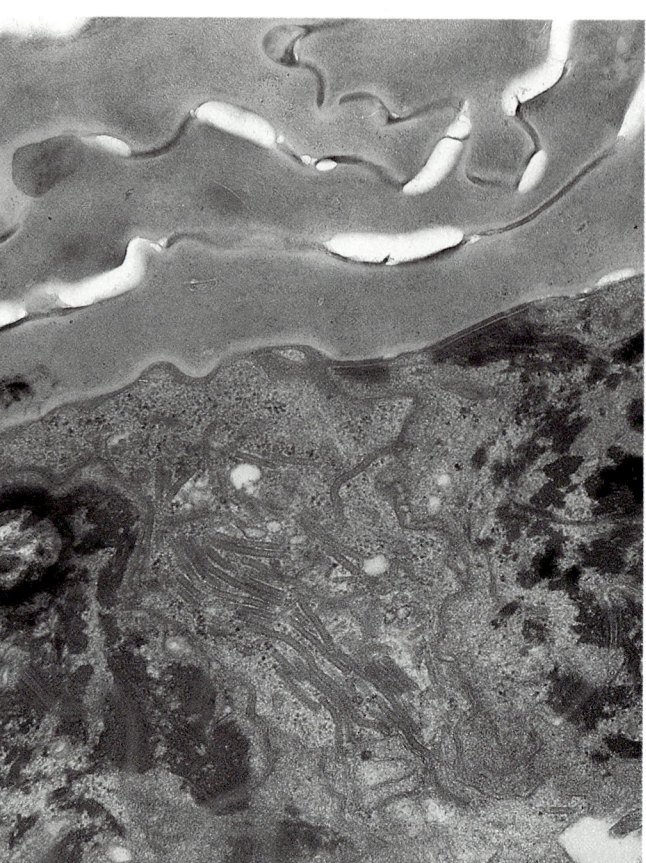

11.23 Die Aktivierung von Makrophagen geschieht in mehreren Schritten, wobei der inaktive Monozyt sich allmählich in einen aggressiven und mit zahlreichen lytischen Enzymen ausgerüsteten Makrophagen verwandelt (Roitt et al. 1985, Copyright Gower, London).

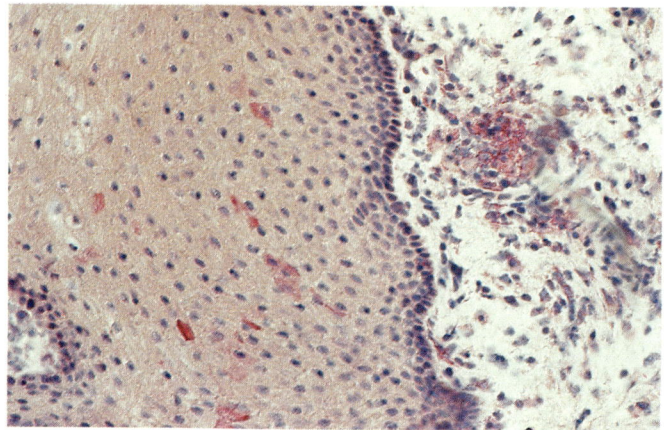

11.24 Diese Aufnahme zeigt verstreut in der Epidermis gelegene Langerhans-Zellen, die durch monoklonale Antikörper gegen virales p24 sichtbar gemacht wurden (APAAP-Technik), also infiziert sind. Des weiteren lassen sich an ihnen T4- und T6-Rezeptoren nachweisen (Becker, Kunze et al., Universitäts-Zahnklinik und Robert-Koch-Institut, Berlin).

nula) umzuwandeln scheinen. Es handelt sich um sandwichartig „eingebrochene" oberflächliche Zellmembrananteile, die sich mit ihren leicht klebrigen Außenseiten nach innen aneinanderlegen und damit alles an der Zelloberfläche befindliche Material zuverlässig einschließen und mit in die Tiefe nehmen (Abb. 11.25, unten). Nach Umwandlung in kleinere Vesikel wird der Lipidbestandteil zerlegt und zur Zellmembran zurücktransportiert („Recycling"), während der Inhalt dieser ständig von der Zelloberfläche her abtauchenden „Fangtaschen" im Zytoplasma seinem Schicksal − in der Regel also seiner Zerstörung − entgegensieht.

Bei geringsten Abschürfungen, aber auch bei Ekzemveränderungen, liegen diese Makrophagenausläufer frei an der Haut-

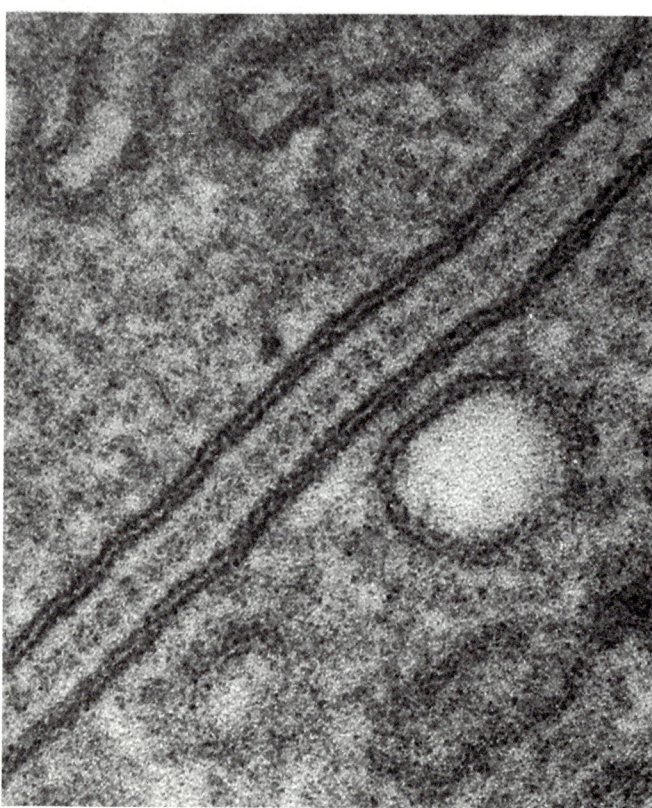

11.25 Oben: Ein dendritenartiger Ausläufer (hellgrau) einer Langerhans-Zelle erstreckt sich zwischen zwei Epithelzellen (dunkler, zu beiden Seiten) bis an die Oberfläche der Epidermis, wo es sich unter dem darüberliegenden Stratum corneum (Hornhautschicht) trichterförmig verbreitet. Man sieht in ihm membran- und granulaartige Strukturen (Birbecks oder Langerhans-Granula), die zelleinwärts wandern. Unten: Vergrößerte Doppelmembran-Struktur, die aus zwei mit der klebrigen Außenseite aneinanderliegenden Fragmenten der ehemaligen Zelloberfläche bestehen. Diese wandern mit eventuell darin festhaftendem Antigenmaterial zelleinwärts (Bengt Falk, Histolog. Inst. der Universität Lund).

oberfläche. Selbst unter der Hornhautschicht (Stratum corneum) sind sie noch erstaunlich rezeptiv, wie Versuche in Lund mit fluoreszierendem L-Dopa (Abb. 11.26) gezeigt hat. Kurz nachdem man die Substanz auf der Hornhautschicht aufgetragen hatte, war sie in den Langerhans-Zellen nachzuweisen − die zierlichen Dendriten waren gefärbt und ihre Struktur in den Interzellularspalten bis an die Hautoberfläche zu verfolgen. Es ist eine Art Momentaufnahme ihrer Funktion.

Dies stimmt auch gut mit den Ergebnissen von Lasse Braathen (Hautklinik des Rikshospitals in Oslo) überein, der seit vielen Jahren die Fähigkeit von Viren, die Haut zu penetrieren, experimentell und elektronenmikroskopisch untersucht hat. Die Langerhans-Zellen werden nach maximal sieben Wochen „recycled" und durch neue ersetzt. Vermutlich wandern sie als „veiled cells" durch die Haut zu den Gefäßen, sind dann im Blut als „dendritic cells", im Sedimentationsrückstand als mononucleäre Zellelemente zu finden und wandern anschließend zu den Lymphknoten oder zur Milz. Dort hat man sie als „follicular dendritic cells" oder „interdigitating cells" identifizieren wollen. Das ist jedoch noch sehr spekulativ. Sicher ist aber, daß gerade diese Zellelemente frühzeitig infiziert gefunden werden und auch experimentell leicht zu infizieren sind.

Die Zellen des Makrophagen-Systems werden uns im Zusammenhang mit der HIV-Infektion sicher noch manche Überraschung bescheren. Eine elektronenmikroskopische Aufnahme (Abb. 11.27) mag noch einmal ihre große Aggressivität gegenüber Eindringlingen jeglicher Art in die Unversehrtheit des Organismus demonstrieren: Sie machen sich sogar über garantiert unverdauliche Steinsplitter her (wobei natürlich kein spezifischer Rezeptor-Tropismus möglich ist).

Wie wertvoll die Arbeit der Alveolarmakrophagen für die ständige Reinhaltung der Lunge ist, geht aus den Abbildungen 11.28 und 11.29 hervor. Ihr funktioneller Ausfall beschert uns die zahlreichen Lungenkomplikationen bei AIDS. Eine Frage drängt sich hier auf: Ist möglicherweise auch ihre normale Funktion schon ein Gefahrenherd?

Bevor man die Augen allzu entschieden vor der Möglichkeit verschließt, daß sie eine ähnliche Rolle spielen könnten wie im Falle der Maedi-Visna-Infektion, sei die geringe Größe der HIV-Partikel (0,1 Mikrometer) bedacht. Wir hätten keine Chance, 100000 Viren zu sehen − es wären 10000fach zu wenig. Dies wird, im Verein etwa mit den ersten drei jüngst rapportierten Infektionsfällen ohne sichere Eintrittswunden, unsere Aufmerksamkeit weiter auf die Makrophagen richten.

Gerade die Tatsache, daß das HIV offensichtlich ein Lentivirus ist, hat den Überlegungen über die Rolle jener Zellen ein noch größeres Gewicht gegeben. Ovine und caprine Lentiviren haben bekanntermaßen eine ausgeprägte Affinität zu den Makrophagen (Narayan et al. 1982). Diese Zellen können auch, wie man gesehen hat, in einer Zellkultur durch Infektionen mit Lentiviren in eine permanente Virusquelle verwandelt werden (Markham et al., Paris-Konf. p-245), und in vivo scheint das nicht viel anders zu sein. Man glaubt, daß die Makrophagen bei etlichen Lentiviruserkrankungen sozusagen das „Basislager" der Viren sein könnten, insbesondere jene im ZNS (Mikroglia-

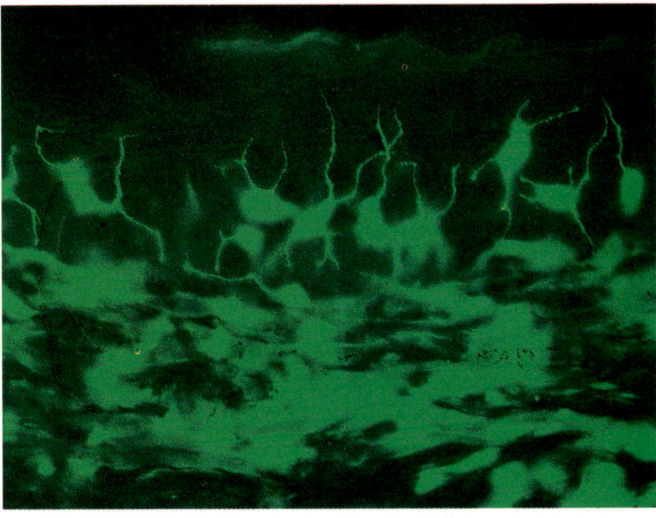

11.26 Langerhans-Zellen der Epidermis. Wenn man fluoreszierendes L-Dopa auf die Hautoberfläche aufträgt, kann man schon nach kurzer Zeit die effektive Aufnahme der grün fluoreszierenden Substanz über die Ausläufer der fein verästelten Langerhans-Zellen nachweisen. Ganz oben ist (leicht grünlich gefärbt) die äußere Begrenzung des Stratum corneum zu erahnen (Bengt Falk, Histolog. Inst. der Universität Lund).

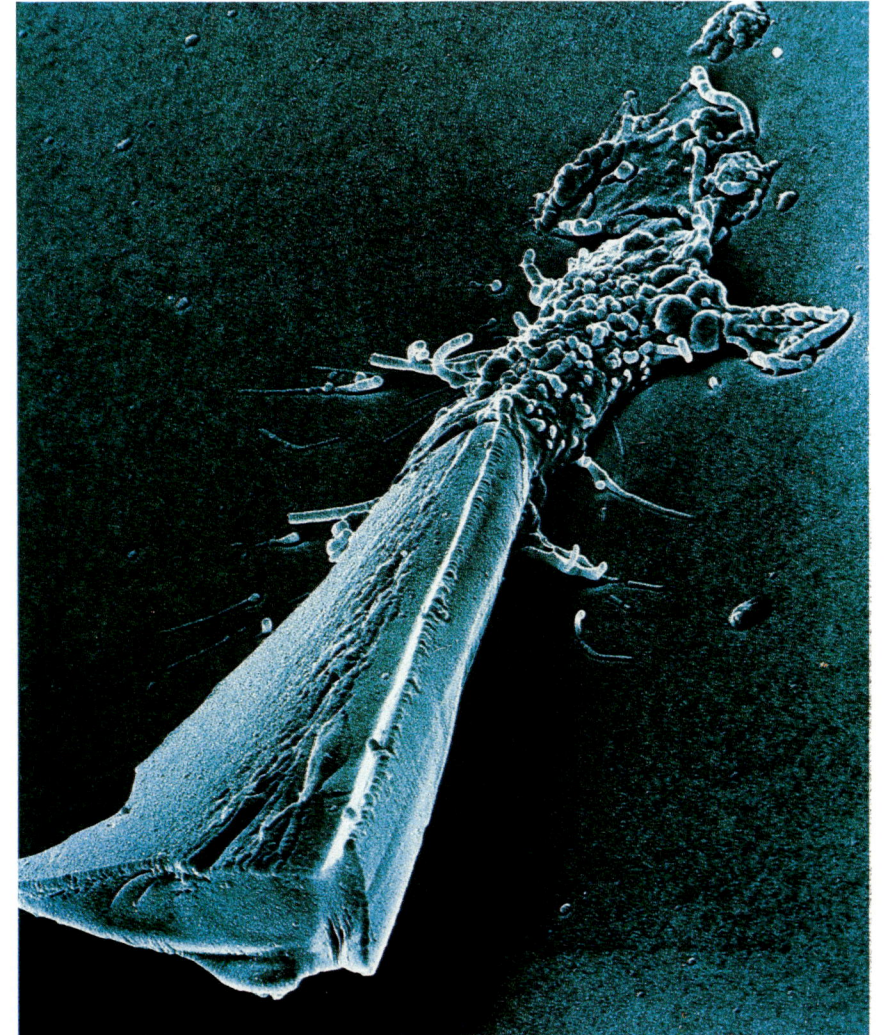

© Boehringer Ingelheim International GmbH/Dr. Karl Thomae GmbH, Biberach a.d. Riß

11.27 Der Optimismus dieses Makrophagen ist beachtlich. Ihn erwartet sein Waterloo in Gestalt eines ihm sicher widerstehenden mikroskopischen Steinsplitters. Dieses Bild illustriert, mit welcher Entschlossenheit die phagozytäre Funktion ausgeübt wird und wie sich die Makrophagen unter dem übergeordneten Ziel der Abwehr vorbehaltlos aller fremder Objekte annehmen. Von einem T4-Rezeptor-Tropismus kann hier natürlich keine Rede sein (Photo: L Nilsson).

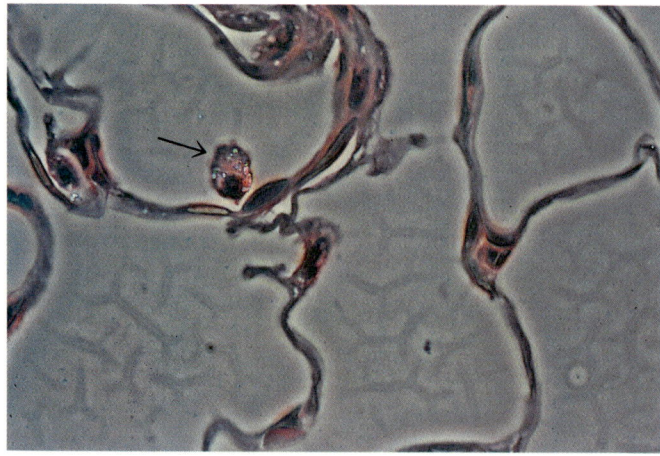

11.28 Ein Alveolarmakrophage an einer der hauchdünnen Alveolarmembranen. In der Lunge nehmen Makrophagen einen weit vorgeschobenen Posten ein: Sie führen dort einen unaufhörlichen Kampf gegen die ständig mit der Atemluft eindringenden Fremdstoffe und Erreger — von Ruß- und Teerpartikeln des Zigarettenrauches über Asbest- und Steinstaub bis zu den verschiedensten Krankheitserregern. Für die filigranartige und empfindliche Feinstruktur der Lunge ist dieses Auffangsystem von unersetzlicher Bedeutung (L Romert, Wallenberg-Laboratorium, Universität Stockholm, O Andersson, Huddinge-Krankenhaus, Stockholm).

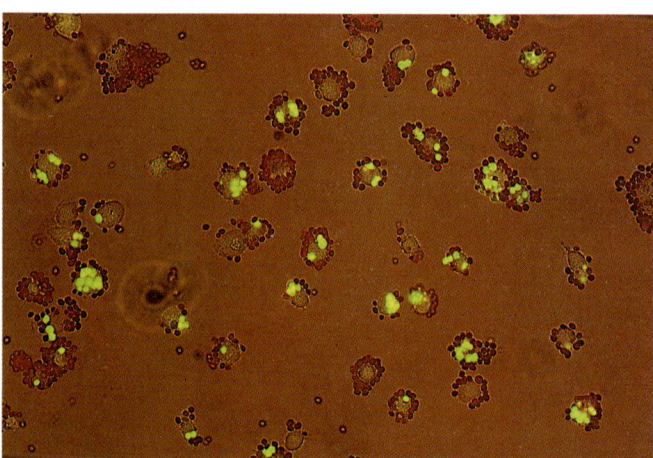

11.29 Die phagozytäre Aktivität ist hier mit Hilfe von fluoreszierenden Partikeln sichtbar gemacht, die optisch deutlich hervortreten, sofern sie von Alveolarmakrophagen „verschluckt" worden sind. Es ist nicht schwer, sich vorzustellen, wie wichtig diese Funktion für die Reinhaltung der Lunge und für die Infektionsabwehr ist. Das pulmonale Krankheitsspektrum bei AIDS zeigt uns die Folgen ihres Versagens (L Romert und O Andersson, Stockholm).

11.30 Die für das HLA-System verantwortlichen Genregionen (Batchelor 1984, Triangle 23 (3/4), Copyright Sandoz, Basel).

**Klasse-II-Gene
der HLA-D-Region**

Klasse-I-Gene

DP DQ DR

HLA HLA HLA
B   C   A

kurzer Arm des
Chromosoms 6

Zentromer

C 2 Bf C 4A C 4B

Klasse-III-Gene

(Polymorphismen der
Komplementsystem-Gene)

Zellen) und, wie erwähnt, in der Haut (Langerhans-Zellen) — ein weiteres erhebliches Virusreservoir. Man hat auch beschrieben, daß die infizierten Makrophagen nach außen hin kaum Veränderungen zeigen, welche die stattgefundene Infektion mit Lentiviren erkennen ließen, wohingegen Fibroblasten in Plexus chorioideus von Schafen zu pathologischer Synzytienbildung angeregt werden. Die Wechselwirkungen zwischen Lentiviren, Makrophagen und Fibroblasten sind von großem Interesse für das Verständnis der verschiedenen Zellreaktionen.

Das HLA-System

Die Beziehung der Makrophagen zu den T-Lymphozyten ist einigermaßen bekannt. Die Makrophagen als antigenpräsentierende Zellen nehmen sich primär eines fremden Eindringlings an und bieten anschließend dessen Antigen zusammen mit ihrem eigenen HLA-Klasse-II-Antigen dar. Dieser Komplex legt sich unmittelbar dem T4-Rezeptor der T_h-Zellen an. (Die T_c-Zellen hingegen „erkennen" fremde Antigene in Kombination mit HLA-Klasse-II-Antigenen.) „HLA-Antigene" sind für manchen ein etwas verschwommener Begriff, zumal viele Erkenntnisse über sie erst in den letzten Jahrzehnten erworben wurden. Daher sei der Begriff hier etwas näher erläutert.

HLA steht für „human leukocyte antigen"; es handelt sich hier um die Bestandteile des sogenannten „Histokompatibilitätskomplexes" („major histocompatibility complex", auch MHC genannt). Die genetische Information für die HLA-Proteine sitzt auf dem kurzen Arm des 6. Chromosoms. Man unterscheidet drei Klassen von HLA-Genen, deren Anordnung auf dem Chromosom in Abbildung 11.30 wiedergegeben ist:
— Klasse I: HLA-A, -B, -C,
— Klasse II: HLA-DP, -DQ, -DR,
— Klasse III: C2, Faktor B, C4A, C4B (polymorphe Gene der Komplement-Proteine; streng genommen keine HLA-Gene).

Man unterscheidet ca. 23 HLA-A-, 47 HLA-B- und 8 HLA-C-Allele; einen ähnlichen Polymorphismus gibt es für die Gene der Klassen II und III. Die Produkte der Klassen I und II sind Glykoproteine aus zwei Ketten (Alpha- und Beta-Kette). Der Beta-Teil der Klasse-I-Antigene wird allerdings von auf dem Chromosom 15 lokalisierten Genen codiert; aus seiner Verankerung gelöst ist es das bereits genannte Beta-2-Mikroglobulin und kann frei im Serum nachgewiesen werden. Die Abbildung 11.31 zeigt schematisch je ein HLA-Antigen (oder MHC-Protein) der Klassen I und II sowie zum Vergleich den T-Zell-Rezeptor und ein Immunglobulin, die alle gewisse Strukturähnlichkeiten erkennen lassen.

Zu den Funktionen des HLA-Systems gehört es vor allem, Zellen jene Eigenschaften zu verleihen, die sie für ihre physiologischen Wechselwirkungen (das gegenseitige „Wiedererkennen") benötigen. Die HLA-Antigene sind sozusagen die „Namen und Kennziffern" dieser Billionen von Zellen. Da HLA-Proteine auf der Oberfläche der Zellen sitzen, vermitteln sie gleichzeitig alle denkbaren Effekte untereinander und auf ihre Umgebung. Die Zahl ihrer spezifischen Funktionen ist vermutlich sehr groß.

Der heute gesicherte genetische Polymorphismus muß als Ausdruck „vorsichtiger" Vielfalt der Natur, als ein Beitrag zur Sicherung der Art, angesehen werden: Indem diese Eigenschaften eine so große Streuung aufweisen, ist es für die ganze Art keine Katastrophe (nur für einzelne Individuen), wenn sich irgendeine der denkbaren Eigenschaftskombinationen einmal als sehr nachteilig erweisen sollte. Man kann hier an das überzufällig häufige gemeinsame Auftreten von gewissen HLA-Typen und bestimmten Krankheiten denken, beispielsweise an die Kombination von HLA-B27 und Morbus Bechterew bzw. Morbus Reiter oder von HLA-DR2 und dem Goodpasture-Syndrom. Derartige Assoziationen führt man auf das sogenannte „linkage disequilibrium" („Kopplungsungleichgewicht") zurück — die Tendenz gewisser Allele, in Verbindung miteinander vorzukommen; eine solche kann für die oft beobachtete genetische Prädisposition, d. h. gesteigerte Empfänglichkeit, für gewisse Krankheiten verantwortlich sein.

Antigene der Klasse I kommen auf den meisten Zellen vor, jene der Klasse II hauptsächlich auf Monozyten, Makrophagen, Langerhans-Zellen, B-Lymphozyten und gewissen Endothelzellen, welche man als Teil des retikuloendothelialen Systems (**RES**) ansieht. T_s- und T_c-Zellen scheinen hauptsächlich die Antigene der Klasse I „wahrzunehmen", die T_h-Zellen hauptsächlich die der Klasse II; wichtig ist insbesondere die Kopplung zwischen Makrophagen als antigenpräsentierenden Zellen und T_h-Lymphozyten, da dabei die entscheidende Information über das zu bekämpfende Antigen weitergegeben wird (Abb. 11.6).

Die bei einem Kontakt des Organismus mit einem Antigen ablaufenden Vorgänge kann man etwas vereinfacht folgendermaßen beschreiben:

(1) Zunächst erfüllen die Makrophagen ihre Aufgabe, das fremde Antigen zu binden und zusammen mit ihrem HLA-Klasse-II-Antigen den T-Helferzellen (T_h) zu präsentieren.
(2) Die T_h-Lymphozyten setzen nach Kontakt mit den Makrophagen die sogenannte „T-Zell-Kaskade" in Gang, was zu
(3) einer gesteigerten Produktion von Lymphokinen führt, die ihrerseits

(4) die klonale Proliferation von — nach ihren Antigenrezeptoren selektierten — B-Lymphozyten und deren Reifung zu Plasmazellen stimulieren. Dies wiederum bewirkt eine
(5) fortgesetzte Produktion spezifischer Immunglobuline durch die Plasmazellen und damit eine aktive humorale Abwehr. Die Immunglobuline setzen sich dann an den Antigenen — etwa auf der Außenmembran einer Zielzelle — fest. Dort ziehen sie sowohl Fc-Rezeptoren tragende Killerzellen als auch Komplementfaktoren an. Damit tritt
(6) das Komplement-System in Aktion. Eine Serie von Proteinaktivierungen (von C1 bis C9) regt unter anderem
(7) die Mastzellen zur Freisetzung von Histamin, Bradykinin, SRS-A, 5-HT und weiteren Botenstoffen an, die
(8) den Entzündungsprozeß mit einer gesteigerten Permeabilität der Gefäßwände und der Auswanderung gewisser Zellen (Lymphozyten, Granulozyten, Makrophagen) aus der Blutbahn in das Gewebe in Gang setzen. Diese Zellen sind alle an der immunologischen Verteidigung, besonders der „Killer-Funktion", beteiligt.
(9) Die mit Immunkomplexen bekleideten Zellen werden zu einem bevorzugten Ziel der Makrophagen, und mit dem letzten Schritt der Komplement-Aktivierung (C9) wird die Zerstörung (Perforierung) der Zellwand eingeleitet.
(10) Parallel zu diesem Geschehen stimulieren die T_h-Zellen nicht nur die zytotoxischen T_c-Zellen, Killerzellen, NK-Zellen und Makrophagen, sondern auch die „bremsenden" T_s-Zellen, die später den Prozeß zum Abbruch bringen.
(11) Die fortlaufende Lymphokinproduktion führt auch zu einer Aktivierung der Granulozyten. Nach diesen zahlreichen Schritten der Vorbereitung
(12) zerstören nicht nur das aktivierte Komplement-System, sondern auch die verschiedenen Killerzellen mit ihren aggressi-

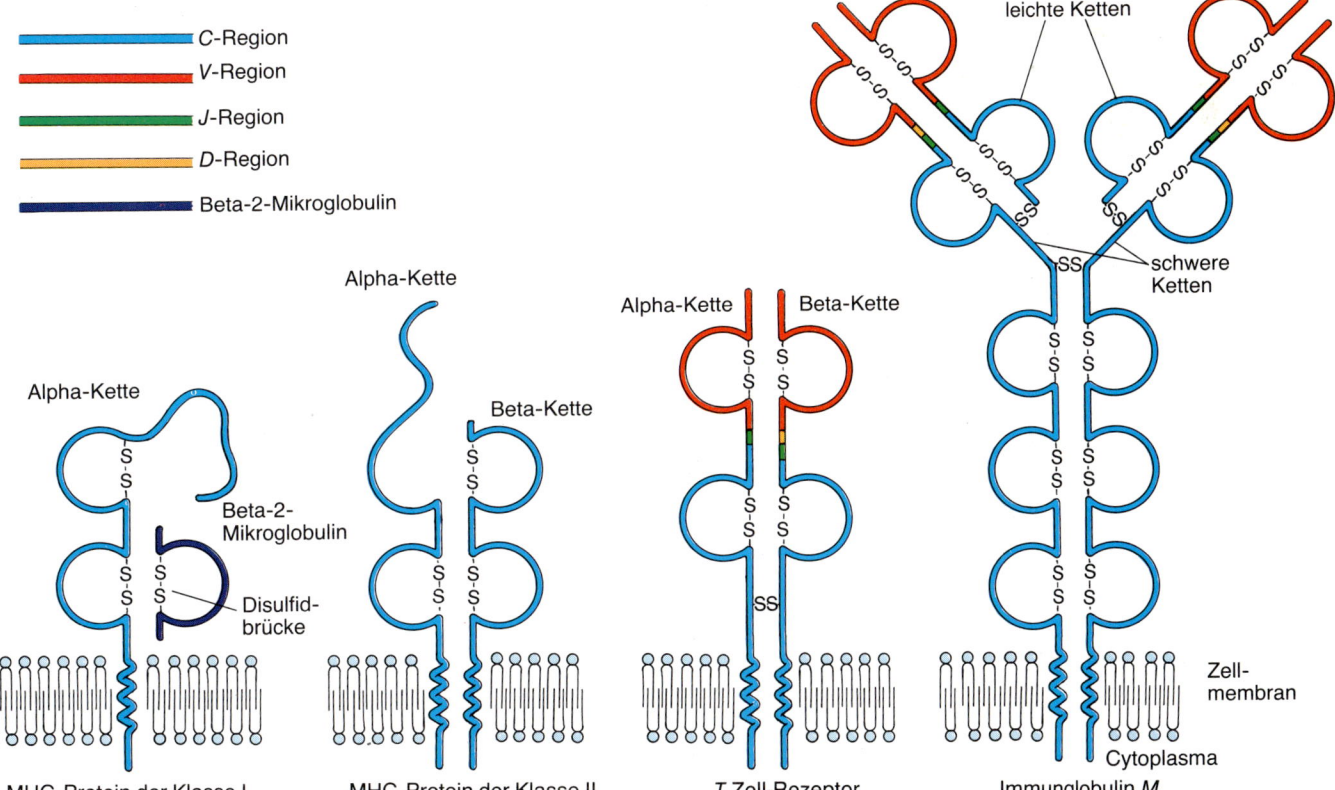

11.31 Ganz links: Schematische Wiedergabe eines intakten HLA-A- oder HLA-B-Antigens (Klasse-I-Antigen) und dessen Verankerung in der Zellmembran. Es besteht aus einer langen Alpha-Kette sowie dem Beta-2-Mikroglobulin, die beide durch interne Disulfidbrücken (S—S) stabilisiert sind. Halblinks: Ein Klasse-II-Antigen aus einer Alpha- und einer Beta-Kette, die ebenfalls durch Disulfidbrücken stabilisiert sind. Beide HLA- (oder MHC-)Proteine sind glykosyliert. Sie wei-

sen einen ausgeprägten Polymorphismus auf. Halbrechts und rechts sind zum Vergleich ein T-Zell-Rezeptor, bestehend aus einer Alpha- und einer Beta-Kette, sowie ein Immunglobulin als membranständiger Rezeptor gezeigt. Alle diese großen Moleküle scheinen ähnlichen Bauprinzipien zu folgen und nur aus wissenschaftshistorischen Gründen so verschieden klassifiziert zu sein (Marrack und Kappler 1987, in: *Immunsystem*, Copyright Spektrum der Wissenschaft, Heidelberg).

ven Enzymen die Hülle des Erregers oder die Membran der infizierten Zelle und ermöglichen den zellschädigenden Lymphotoxinen den Eintritt.

(13) Anschließend räumen Makrophagen (sogenannte „Scavenger"-Zellen) durch Inkorporieren des zurückbleibenden Materials den Schauplatz des Geschehens ab.

Die Zusammenarbeit im Immunsystem

Nach unserer Schilderung der verschiedenen aktiven Teile unseres Immunsystems ist es an der Zeit, noch einmal einen Überblick über die beteiligten Zelltypen — sowohl über ihre Herkunft (Abb. 11.32) als auch ihre Funktion — zu geben. Das Zusammenwirken der verschiedenen Zellelemente innerhalb des Immunsystems ist in Abbildung 11.33 — stark vereinfacht —

dargestellt. Es gibt noch zahlreiche weitere Querverbindungen, so etwa auch zwischen den T_S- und den B-Zellen, welche die Komplexität des Systems erheblich vergrößern.

Letzten Endes erfolgt der Angriff auf eine infizierte Zelle auf fünf verschiedenen Wegen:
- durch Makrophagen,
- durch von T_h-Zellen aktivierte, antigenspezifische T_c-Zellen,
- durch von Plasmazellen gebildete Antikörper (unter nachfolgender Beteiligung des Komplement-Systems),
- durch von T_h-Zellen aktivierte Natural-Killer- und Killer-Zellen sowie
- durch von Lymphokinen aktivierte Granulozyten, insbesondere eosinophile mit Killerzell-Funktionen.

Da die Reifung der Plasmazellen und die Produktion von Lymphokinen ebenfalls von den T_h-Zellen abhängen, zeigt diese Aufstellung, daß die Helferzellen für praktisch alle Wege der Immunabwehr im Grunde unentbehrlich sind (Abb. 11.34).

HIV-bedingte Störungen im Immunsystem

Es kann jetzt nicht mehr Wunder nehmen, daß die Ausschaltung dieses wohlorganisierten und effektiven Verteidigungssystems und insbesondere seiner „Leitzentrale", der T-Helferzellen, katastrophale Folgen für die Abwehr haben muß. Unaufhörlich sind die Gewebe unseres Körpers Angriffen von Viren und Bakterien ausgesetzt und ständig damit beschäftigt, Zellen, die zu entarten drohen, zu überwachen sowie Pilze und die Zysten von Erregern wie *Toxoplasma*, *Cryptosporidium* oder *Pneumocystis carinii* unter Kontrolle zu halten. **AIDS ist das logische und notwendige Resultat davon, daß dieses ganze System kollabiert.**

Im Kapitel über die klinischen Bilder bei AIDS haben wir gesehen, welche Folgen eine Infektion hat, die zur Ausschaltung der wichtigsten Zellelemente in diesem komplexen Wirkungsgefüge führt.

Entscheidend für die Folge der Infektion ist natürlich, welche Zellen das HIV invadiert. Neben den T_h-Zellen findet man es im Zentralnervensystem, in der Thymusdrüse, in der Milz, in der Spermaflüssigkeit (was die Frage nach einer möglichen genetisch verankerten, „vertikalen" Ansteckung aufwirft), im Knochenmark und in den Makrophagen. Klar ist, daß fast alle monozytären Zellelemente zumindest funktionell in Mitleidenschaft gezogen werden, auch die NK-Zellen (Hersh et al. 1985, PD Smith et al. 1984, Armstrong et al. 1985, Kalish und Schlossman 1985, JA Levy, Paris-Konf. Com-119, Markham et al., Paris-Konf. p-245). Auch eine generelle Hemmung der Hämatopoese ist wiederholt beobachtet worden (Hromas und Murray 1984, Leiderman et al. Atl.-Konf. Sess-19, Lunardi-Iskander et al., Paris-Konf. Com-156) und spricht für die Beeinträchtigung (Infektion?) einer hämatopoetischen Stammzelle.

Darüber hinaus ist es mehrmals gelungen, das LAV in B-Zellen, in Monozyten, in verschiedenen Tumorzellen (darunter B-Zell-Lymphom und Colonkarzinom) oder in einer B-Zell-Mischkultur anzuzüchten. Die bisher umfassendste Studie zu diesem Thema wurde im Juni 1986 auf der Paris-Konferenz von Markham et al. präsentiert: Etwa ein Dutzend verschiedenster Zellty-

11.32 Zusammenstellung der wichtigsten Zelltypen innerhalb des Immunsystems. In der Mitte oben sehen wir die hämatopoetische Stammzelle, aus der zwei unterschiedliche Zellinien entstehen (sogenannte „Progenitor"-Zellen): die gemeinsame myeloische Stammzelle (links) und die gemeinsame lymphatische Stammzelle (in lymphatischem Gewebe, rechts). Aus diesen entwickeln sich nun alle anderen gezeigten Zellen, die im folgenden im Uhrzeigersinn aufgezählt sind: (1–4) vier verschiedene, im T-Zell-Abschnitt beschriebene T-Zell-Typen — T_d, T_c, T_h und T_s; (5) die B-Zelle und (6) ihre Weiterentwicklung, die Plasmazelle (die Gedächtnis-Zelle fehlt in dieser Übersicht); (7) der „große granulierte Lymphozyt" (large granular lymphocyte, LGL), der noch recht rätselhaft ist. Man weiß nicht, aus welcher Zelle er entsteht. Eine Reihe anderer, schwer zu klassifizierender Zellen wird häufig gemeinsam mit ihnen unter dem Oberbegriff „dritte Zellpopulation" zusammengefaßt. (8) Die Makrophagen sind in die Mitte gesetzt, weil man glaubt, daß sie sich außer aus Monozyten auch aus Zellen des Typs (7) entwickeln können. (9) ist der normale Monozyt, (10) eine Mastzelle. Auch diese, eine kleine „Lymphokin-Bombe" für den Akutbedarf, ist keineswegs leicht zu klassifizieren. Unter anderem hat man erwogen, daß Mastzellen aus T-Lymphoblasten hervorgehen. Sicher ist, daß sie die Granulozyten zur Degranulierung veranlassen. (11–13) Basophile, neutrophile und eosinophile Granulozyten. Diese Effektorzellen werden nicht nur von den Mastzellen, sondern auch von verschiedenen T-Zellen gesteuert. Schließlich nehmen auch (14) Thrombozyten (Blutplättchen) am immunologischen Geschehen teil (Roitt et al. 1985, Copyright Gower, London).

pen hatte sich infizieren lassen, und der T4-Rezeptor scheint hierfür nicht unbedingt erforderlich zu sein (andere Autoren widersprechen dieser Beobachtung allerdings mit Entschiedenheit). Damit hat man für das HIV eine ähnliche Erweiterung des Affinitätsspektrums hinsichtlich geeigneter Wirtszellen gefunden, wie man es früher schon einmal für HTLV-I erlebt hat.

Hinweise auf Störungen des Immunsystems gibt es auch in verschiedensten anderen Bereichen. So ist unter anderem eine gehemmte Leukozytenmigration beobachtet worden, was unter Umständen auf der schon genannten IgA-Vermehrung beruhen kann (IgA übt nämlich einen hemmenden Effekt auf die Migration aus). Zudem hat man beobachtet, daß die Immunglobulinproduktion sehr ungleichmäßig beeinträchtigt ist: Die IgG-Fraktionen sind nicht generell vermehrt, sondern nur die Fraktionen 1, 2 und 4, während die IgG-3-Konzentration eher verringert ist. Die stärkste Vermehrung liegt in der IgD-Fraktion vor (bis zum Zehnfachen der normalen Werte).

Darüber hinaus hat man Interferon-Inaktivatoren (Hemmstoffe der Interferone) und andere immunsuppressive Substanzen, Antikörper gegen Leukozyten, eine Verringerung des Thymushormons Thymulin sowie Zeichen eines erheblich gestörten Cyclooxygenase-Metabolismus in den T-Zellen nachgewiesen. Eine Autostimulation über eine vermehrte Anzahl von Wachstumsfaktor-Rezeptoren ist für eine klonale Expansion von transformierten, präneoplastischen Zellen verantwortlich gemacht worden.

Ein sogenannter „T-cell-colony-assay", ein Test zur Beurteilung der Fähigkeit von T-Zellen, in Zellkultur Kolonien zu bilden, hat sich im Vergleich zu den bisher eingesetzten Stimulationstests mit den Mitogenen PWM, PHA und Con A bewährt.

Zusammenfassend kann man heute feststellen, daß der durch das AIDS-Virus bedingte Defekt im Immunsystem viel tiefgreifender ist, als man bisher vermutete. Auch das retikuloendotheliale System, möglicherweise sogar eine Reihe unreifer Stammzellen, scheinen in Mitleidenschaft gezogen zu werden. Makrophagen könnten sich nicht nur als geeignete Zielzellen, sondern sogar als das primäre Ziel des HIV erweisen.

Homologien: Mimikry oder Verwandtschaft?

Faszinierend ist, daß eine verblüffende strukturelle Homologie zwischen dem LTR des HIV und dem T-Zell-Wachstumsfaktor TCGF sowie dem Gamma-Interferon besteht. Ferner gibt es eine Homologie zwischen gewissen HLA-DR5/2-Antigenen, bestimmten Abschnitten des gp120 und dem Il-2-Rezeptor. Analog fand man einen Abschnitt in der LTR-Region des HIV, welcher der für das HLA-B-Antigen codierenden Region gleicht, und ein Pentapeptid des gp120 (TTNYT) ähnelt verblüffend einer Sequenz des VIP (vasoactive intestinal peptide: TDNYT). Es ist denkbar, daß das Virus durch Bildung von antigenen Strukturen, die körpereigenen ähnlich sind, unsere Infektionsabwehr unterläuft.

So ist auch das p19 des HIV homolog zu einem Antigen unreifer Thymusepithelzellen mit einer neuroendokrinen Komponente, das man bei keinen anderen neuroendokrinen oder epithelialen Zellen hat finden können. Eine ähnliche genetische Homologie hat man zu einem dem p30 ähnlichen Antigen in den Syncytiotrophoblasten menschlicher Plazenten entdeckt (Suni et al. 1984). Einige bisher kaum bekannte HLA-Typen (Cw3 und Cw4) haben sich als auffällig häufig mit einer leukämischen Erkrankung verknüpft erwiesen, was man als ein Zeichen für eine verringerte Immunkompetenz gegenüber einem eventuell noch unbekannten Leukämievirus zu deuten versucht hat. Es gibt eine Reihe weiterer Beobachtungen, die in dieser Richtung ausgelegt werden können.

Die genannten genetischen Homologien zwischen HIV und dem Wirtsorganismus können als Ergebnis einer langen Anpassung gedeutet werden und würden die schwache Immunreaktion HIV-Infizierter zwanglos erklären. (Dem wird von anderen Autoren widersprochen, die meinen, der Grad an Homologie sei zu gering, als daß das Virus schon lange als Passagier in Primaten existiert haben könnte.)

Es gibt natürlich noch weitere, sehr wichtige Gesichtspunkte, die man kennen muß, will man solche Homologien richtig beurteilen. Eine Theorie besagt, daß Viren vielleicht gar nicht jene primitiven „Wesen", gleichsam Reste archaischer Urschöpfung seien, sondern vielmehr „ausgebüchste Genabschnitte" aus den intakten Chromosomen derselben Wirtsspezies, in der sie sich nun so auffallend gut zurechtfinden und so leicht zu integrieren vermögen. Eines der stärksten Argumente für diese Theorie sind gerade die Retroviren, von denen einige generationenlang als endogene Passagiere in den Chromosomen der Wirtsorganismen persistieren, ohne pathogen zu wirken (obwohl sie in Hunderten von Kopien vorliegen).

Als Ausgangsmaterial für solche „Ausreißer", die sich unter dem selektiven Druck des Überlebenskampfes sozusagen einer eigenen Evolution unterziehen und durch Rekombination mit ähnlichen Bruchstücken ihre Überlebenschancen weiter steigern könnten, käme eine ganze Reihe von zellulären genetischen Bestandteilen in Frage. Solche „Virusvorgänger" könnten beispielsweise mRNAs, „abgespleißte" Introns, Plasmide, Transposonen oder Gene sein, die gerade eine Amplifikation durchgemacht haben. Auch die Existenz von „Viroiden", ungewöhnlich kleinen Genabschnitten selbst im Vergleich zu einfachen Viren, hat Theorien über den Ursprung nackter infektiöser RNA aufkommen lassen.

Was dieser auf den ersten Blick sehr abenteuerlichen Hypothese viel Auftrieb gegeben hat, ist eine inzwischen in den USA bestätigte Beobachtung von K. Saigo et al. (Kyushu University), die bei einem Transposon Abschnitte gefunden haben, welche den drei Hauptgenen gag, pol und env der Retroviren sehr ähnlich zu sein scheinen. Da darin auch die für die Reverse Transkriptase genetisch verantwortliche Region enthalten ist, wäre dieses Transposon schon ein „lebenstüchtiges", potentiell selbständiges, retrovirusartiges Gebilde. Gag-, pol-, env- und LTR-ähnliche Abschnitte, die man in menschlichen Chromosomen gefunden hat, scheinen mit „Promotor"-, „Enhancer"- und „Suppressor"-Funktionen sowie anderen üblichen Prozessen in der Zelle verknüpft zu sein.

Saigo et al. haben, bestätigt von Fink und Mitarbeitern, auch zeigen können, daß gewisse Transposonen sich eine Art Außenhaut zulegen und damit Strukturen bilden, die simplen Viren sehr ähnlich sind. So können durchaus „virus-like particles" entstehen, und obwohl es dafür noch keinen Beweis gibt, ist es nicht schwer, sich vorzustellen, daß diese der Zelle entkommen könnten, um eine Existenz als infektiöse Vagabunden zu führen. Gerade Transposonen mögen uns einen solchen Prozeß verdeutlichen, der Nucleinsäuren aus der Integration in den Chromosomen einer Zelle über die Existenz als „endogenes Virus" in Richtung zu einer „viralen Freiheit" führen könnte; sicher ist der Schritt von der Existenzform eines Transposons bis zu einem Ausbruch aus dem Gefängnis der Zelle nicht allzu groß.

Man hat sogar erwogen, ob dies nicht ein regelmäßig auftretendes Phänomen sein könnte und ob die so selbständig gewordenen zellulären Genelemente nicht eine entscheidende Rolle in der Evolution spielen könnten, indem sie Anlagen und genetische Information über Artgrenzen hinweg zu transportieren vermögen. (Die Diskussionen zu diesem Thema sind zusammengestellt von Syvänen 1986 und A. Scott 1986). Die strukturelle Ähnlichkeit der „attachment site" (Panganiban 1985, Abb. 13.1) von Retroviren und Transposonen stützt diese Theorie; es sieht so aus, als seien virale und zelluläre Integrasen zumindest an ganz ähnliche Strukturen angepaßt.

Wichtig sind solche Überlegungen insofern, als die obengenannten Homologien unter diesem Gesichtspunkt eine überraschend triviale Erklärung fänden. Es wäre demnach also nicht

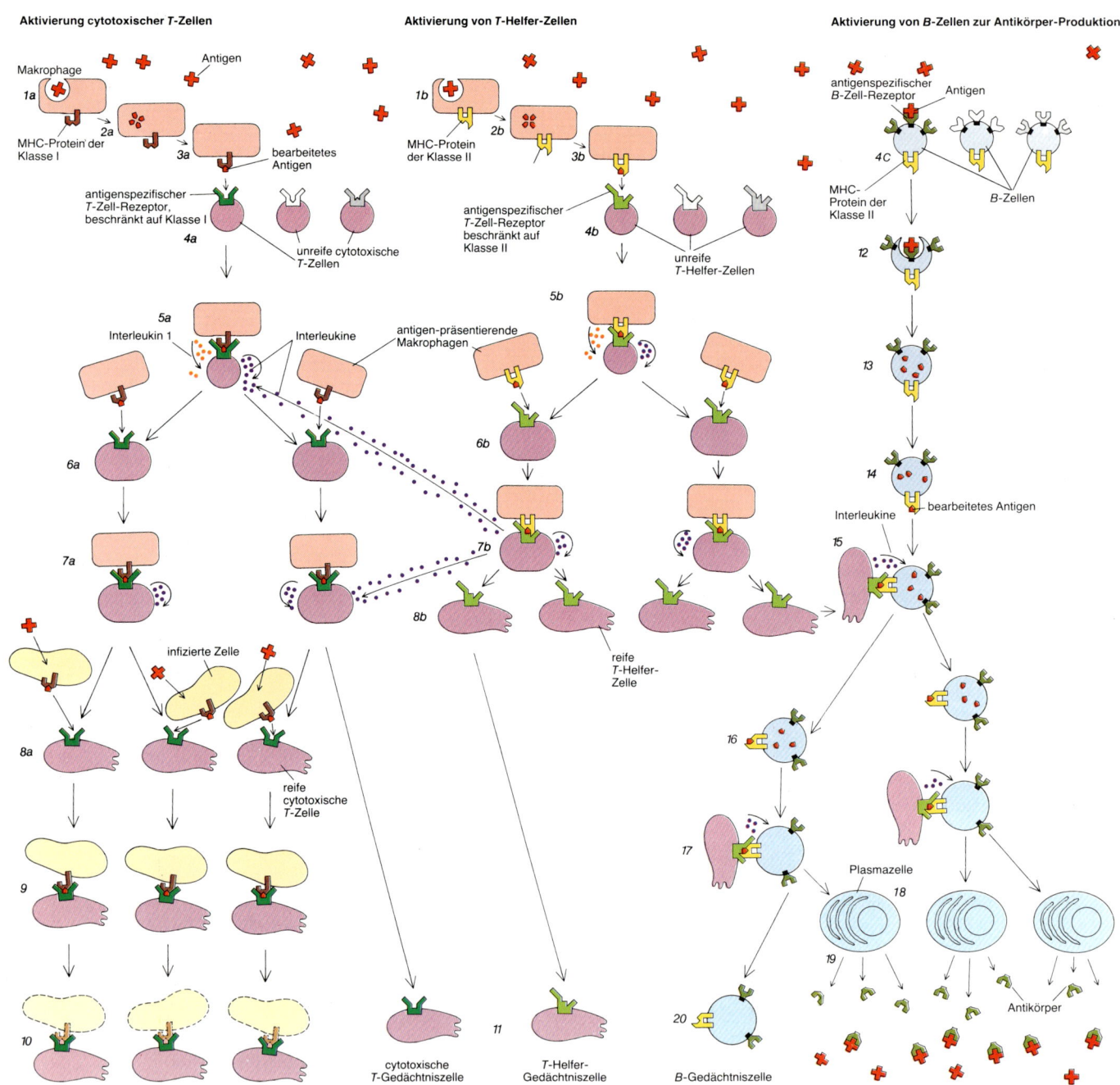

Aktivierung cytotoxischer *T*-Zellen

Makrophage
Antigen
1a
MHC-Protein der Klasse I
2a
3a
bearbeitetes Antigen
antigenspezifischer *T*-Zell-Rezeptor, beschränkt auf Klasse I
4a
unreife cytotoxische *T*-Zellen
5a
Interleukin 1
Interleukine
antigen-präsentierende Makrophagen
6a
7a
8a
infizierte Zelle
reife cytotoxische *T*-Zelle
9
10

Aktivierung von *T*-Helfer-Zellen

1b
MHC-Protein der Klasse II
2b
3b
antigenspezifischer *T*-Zell-Rezeptor beschränkt auf Klasse II
4b
unreife *T*-Helfer-Zellen
5b
6b
7b
8b
reife *T*-Helfer-Zelle
cytotoxische *T*-Gedächtniszelle
11
T-Helfer-Gedächtniszelle

Aktivierung von *B*-Zellen zur Antikörper-Produktion

antigenspezifischer *B*-Zell-Rezeptor
Antigen
4c
MHC-Protein der Klasse II
B-Zellen
12
13
14
bearbeitetes Antigen
Interleukine
15
16
17
Plasmazelle
18
19
Antikörper
20
B-Gedächtniszelle

11.33 Diese stark schematisierte Diagramm veranschaulicht die antigenspezifischen Immunreaktionen der zytotoxischen T-Zellen (links), der T-Helfer-Zellen (Mitte) und der B-Zellen (rechts). Ein in den Körper eingedrungenes Antigen (oben) wird von einem Makrophagen (1a, 1b) in kürzere Proteinabschnitte (2a, 2b) zerlegt und in diesem teilweise abgebauten Zustand auf der Oberfläche des Makrophagen (3a, 3b) präsentiert. Das Antigen ist dort an MHC-Proteine der Klasse I gebunden. Eine T-Zelle mit passendem Rezeptor für diesen Komplex aus Antigen und MHC-Protein wird, wenn sie sich anheftet, selektiv zur klonalen Vermehrung angeregt (4a, 4b). Ganz ähnlich wirkt ein freies Antigen auf eine B-Zelle mit passendem Rezeptor, wenn es sich dort anlagert (4c). T-Zellen, die zu zytotoxischen Zellen werden sollen, binden Antigene, die mit MHC-Proteinen der Klasse I assoziiert sind (5a), künftige T-Helfer-Zellen dagegen solche, die mit MHC-Proteinen der Klasse II assoziiert sind (5b). Die Anlagerung der T-Zelle regt den Makrophagen an, Interleukin-1 freizusetzen — eine hormonartige Substanz, die ihrerseits die T-Zelle zur Teilung und Differenzierung veranlaßt (6a, 6b). Die Zellteilungen werden fortgesetzt, solange antigen-präsentierende Zellen sie stimulieren (7a, 7b). Ausgereift vermag dann eine T-Zelle ihre jeweilige Funktion zu erfüllen (8a, 8b). Als zytotoxische Zelle kann sie sich entweder an eine ein Antigen tragende infizierte Zelle binden (9) und diese abtöten (10) oder in Blut

oder Lymphflüssigkeit als Gedächtniszelle zirkulieren, die bei erneuter Infektion mit dem gleichen Antigen eine schnellere Immunreaktion ermöglicht (11). Auch eine reife T-Helfer-Zelle kann zu einer Gedächtniszelle werden. Aufgabe der Helfer-Zellen ist es, die Vermehrung aktivierter B-Zellen anzuregen. Eine B-Zelle, die ihr eingefangenes Antigen vereinnahmt (12) und bearbeitet hat (13), präsentiert auf ihrer Oberfläche ein Teilstück, das bei ihr mit einem MHC-Protein der Klasse II assoziiert ist (14). Die reife Helfer-Zelle kann sich nun an den Antigen-Protein-Komplex auf der B-Zelle heften (15). Daraufhin schüttet sie Interleukine aus, die die Teilung und Differenzierung der B-Zelle ermöglichen (16). Die Zellteilungen werden fortgesetzt, solange Helfer-Zellen sie stimulieren (17). Reife Plasmazellen (18) setzen dann ihre antigenspezifischen Rezeptoren in Form von Antikörpern frei, die sich an freie Antigene heften und diese als zu zerstörendes Objekt kennzeichnen (19). Andere reife B-Zellen desselben Klons zirkulieren als Gedächtniszellen weiter (20). Das Diagramm schließt die Ergebnisse vieler verschiedener Experimente ein; gewisse Einzelheiten des Modells sind allerdings bislang noch umstritten (Marrack und Kappler 1987, in: *Immunsystem*, Copyright Spektrum der Wissenschaft, Heidelberg). In der folgenden Abbildung (11.34) ist die T-Helfer-Zelle noch einmal mit ihren verschiedenartigen Einflüssen auf andere Zellen herausgestellt.

11.34 Die T-Helfer-Zelle, eine Art „Kampfleitzentrale", sitzt wie die Spinne im Netz der Beziehungen zwischen den Zellen des Immunsystems. Sie fördert die Reifung anderer Zellen, scheint unerläßlich für die Richtungswahl bei der Spezialisierung etwa der B-Zellen zu antigenspezifischen Plasmazellen, stimuliert die zytotoxische Funktion verschiedener Arten von Killerzellen und interagiert mit anderen T-Zellen, sogar jenen, die im weiteren Krankheitsverlauf die inflammatorische Reaktion abbrechen sollen. Wegen dieser zentralen Funktion hat ihre Schädigung durch die HIV-Infektion, schon ein partieller funktioneller Ausfall, mannigfache Auswirkungen auf das ganze Immunsystem. Im einzelnen sind zu beobachten: bei **T-Helfer-Zellen**: herabgesetzte Reaktion auf lösliche Antigene, verminderte Produktion von Lymphokinen, gehemmte MLR, herabgesetzte klonale Expansion; bei **T-Suppressor-Zellen**: herabgesetzte klonale Expansion; bei **zytotoxischen T-Zellen**: verminderte spezifische Zytotoxizität, herabgesetzte klonale Expansion; bei **B-Zellen**: herabgesetzte Ig-Produktion gegenüber spezifischen Antigenen, sinnlose Aktivierung, mangelnde spezifische Differenzierung, verminderte Umwandlung zu Plasmazellen, verringerte Empfänglichkeit gegenüber normalen Stimuli; bei **Killer-Zellen**: herabgesetzte Killer-Aktivität, Mangel an spezifischen, richtungsweisenden Antikörpern; bei **NK-Zellen**: herabgesetzte Killer-Aktivität; bei **Monozyten/Makrophagen**: herabgesetzte Chemotaxis, spontane Sekretion von Effektorsubstanzen, verringerte Empfänglichkeit gegenüber normalen Stimuli.

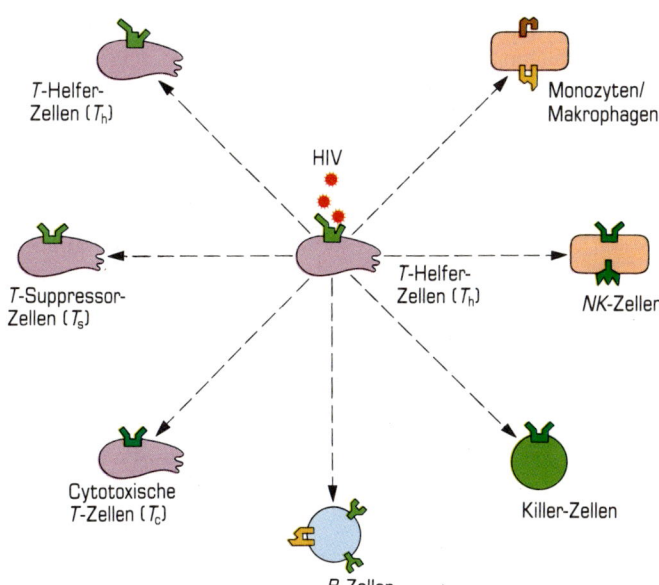

der **End**zustand, sondern der **Anfangs**zustand derartiger Retroviren, der dem Genom ihrer Wirtsorganismen deshalb am meisten ähnelte, weil sie ihm entstammen. Jede Homologie als solche aber, egal wie sie entstanden sein mag, ist jedenfalls geeignet, unser Immunsystem zu täuschen.

Von großem Interesse sind in diesem Zusammenhang auch die Beobachtungen von P. Engelhardt und Mitarbeitern, die sich in etwa 15 Jahren elektronenmikroskopischer Forschung mit Aufbau und Funktion der Kernmembran befaßt haben. Man hat druckknopfartige, rundliche, porenförmige Strukturen gefunden, die aus je acht winzigen, hohlkugelartigen Elementareinheiten bestehen. Diese kleinen Kügelchen scheinen Verpackungs- und Transportfunktionen zu haben und trotz ihrer Winzigkeit lange DNA-Fäden in sich aufgerollt verpackt zu tragen und bei Bedarf wieder herauszulassen. Vermutlich wandern sie zum Teil von der Membran in das „Scaffold" (Stützgerüst) der DNA-Helix ein und tragen zum Aufbau der dichten Chromosomenstruktur bei. (So könnten sie auch − wie erwähnt − DNA vom Zytoplasma in den Kern transportieren.)

Diese kleinen Hohlkugeln nun enthalten, obwohl sehr viel kleiner als ein Virus, immerhin DNA-Fäden von etwa 1000 Nucleotiden, und unzweifelhaft ähneln sie in ihrem Aufbau primitiven Proto-Viren. (Zweifellos könnte hier eine Erklärung dafür liegen, daß auch das normale menschliche Genom beispielsweise gag-Sequenzen aufweist.) Diese faszinierenden Entdeckungen (Engelhardt et al. 1981, 1982, in Vorb.) werden unser Bild über die Feinstruktur der Kernmembran und des Chromosoms in seinen verschiedenen Funktionsphasen rasch verändern. Den obengenannten Gedanken über Viren als „ausgebüchste Nuclearorganellen" geben sie viel Auftrieb.

All dies rückt die Existenz eines Virus immer näher an den elementarsten menschlichen Zellstoffwechsel und macht seine Bekämpfung damit um so schwerer, will man Schäden an zellulären Substanzen und Strukturen vermeiden.

Autoimmunprozesse?

Über den Mangel an wichtigen physiologischen Signalsubstanzen und die zahlreichen gestörten Funktionen hinaus hat man bei AIDS-Patienten auch „verdächtige" inhibitorische Substanzen nachweisen können. So wurden spezifische T_h-Zell-Antikörper gefunden, die sich möglicherweise gegen ein Neoantigen richten, das retrovirusinfizierte Lymphozyten an ihrer Oberfläche ausbilden. Diese Beobachtungen geben der Hypothese einer

starken autoimmunen Komponente in der AIDS-Pathogenese Nahrung, die unter anderem von Montagnier, Chermann, Klatzmann und Gluckman vertreten wird.

Eines der Hauptargumente für diese These ist, daß gar nicht genug T_h-Zellen infiziert seien, um das restlose Verschwinden dieses Zelltyps zu erklären. Die T_h-Zellen würden nach Klatzmann et al. (1986) mehr von außen durch Autoimmun-Antikörper als von innen durch zellinterne Prozesse oder durch die Virusreplikation zerstört. Dies wäre natürlich für die Wahl therapeutischer Ansätze von entscheidender Bedeutung.

Oftmals scheinen B-Lymphozyten nicht mehr von ihren normalen Zügeln (d. h. T-Suppressor-Zellen oder IgM-Suppressor-Faktoren) gebremst werden zu können. Besonders gilt dies für B-Lymphozyten, die durch eine EBV-Infektion verändert worden sind. Auch der normale zytotoxische Effekt von T_c-Zellen auf mit EBV infizierte Zellen ist deutlich herabgesetzt. Schon unreife Vorläufer der T_h-Zellen scheinen geschädigt zu sein. Eine verringerte Anzahl unreifer Zellen in der Granulopoese wird auf die Existenz eines noch nicht näher erforschten inhibitorischen Faktors (p84) zurückgeführt, und auch die deutlich verringerte Fähigkeit der T-Zellen, Kolonien zu bilden, scheint von einem ähnlichen Hemmfaktor verursacht.

Hinzu kommen Anzeichen für Defekte bei einem breiten Spektrum von Zelltypen: Die Produktion des Interleukin-2 wird − in Umkehrung des normalen Effektes − von mononucleären Zellen gebremst. Ein sogenanntes „Lupus anticoagulans" (LA) hemmt die Blutgerinnung, und die Erythrozyten verlieren ihre Fähigkeit, das Serum der Patienten von zirkulierenden Immunkomplexen zu befreien. Dies beruht vermutlich auf einer verminderten Aktivität des Erythrozytenrezeptors E-CR1, die immer deutlicher hervortritt (Lange et al., Paris-Konf. Com-90; Jouvin et al., Paris-Konf. Com-94). Darüber hinaus fand man vermehrt Anti-Kappa- und Anti-Lambda-Antikörper sowie das schon genannte säurelabile Alpha-Interferon, ein B-Zellprodukt, zu dem es einen entsprechenden „inducing factor" zu geben scheint.

Ein noch detaillierteres Bild von der gestörten Immunregulation erhält man, wenn man die T_s-Zell-Vermehrung näher analysiert. Vermehrt sind die zytotoxischen T(Leu2+15-)-Zellen, ebenso die Ig-tragenden T(Leu2+kappa, lambda+)-Zellen (deshalb die erhöhte Anti-Kappa/Lambda-Fraktion?) und außerdem NK(Leu2+7+)-Zellen; eine gesteigerte Aktivierung fand man bei den T(Leu2+Dr+)-Suppressorzellen. Für ein sehr breites Spektrum geschädigter Zellen spricht außerdem eine plasmozytäre Infiltration des Knochenmarkes, eine ausgeprägte Minderung von Alpha-Globulin produzierenden Plasmazellen sowie das Vorkommen veränderter Plasmazellen in der intestinalen Schleimhaut.

Als Hinweis für den, der mit Neugeborenen zu tun hat, sei die Existenz inhibitorischer Faktoren von sehr geringer Molekülgröße erwähnt. Man muß von ihnen annehmen, daß sie die Plazenta passieren können und damit imstande sind, bei Neugeborenen eine temporäre, nicht direkt virusausgelöste Immunsuppression zu induzieren.

Abschließend sei noch einmal betont, daß die Gesamtheit der in diesem Kapitel aufgezählten immunologischen Befunde nur dann zu erklären ist, wenn man sich die vielfältige Vernetzung der mit dem T_h-Zell-/Makrophagen-System verbundenen immunologischen Funktionen vor Augen hält. **Zahlreiche Beobachtungen stützen die Annahme, daß HIV eine tiefgreifende immunologische Schädigung verursacht, die mit den T-Helferzellen und Makrophagen eng verknüpft, aber keineswegs auf sie beschränkt ist.**

12 Pathogenese

Im folgenden soll zusammengefaßt werden, wie das AIDS-Virus HIV es fertigbringt, in Zellen einzudringen, dort zu überleben, sich zu vermehren und die zu AIDS führenden Veränderungen zu bewirken (die nachgestellten Zahlen beziehen sich auf die Stadiennumerierung in Abbildung 14.1; vergleiche auch die Abbildung 10.12 auf S. 75).

(a) Außerhalb der Zelle besteht das Virus aus einem einsträngigen RNA-Molekül, das — wie ein Astronaut von seinem Raumanzug — von einer kompliziert aufgebauten Hülle geschützt ist. (Wie für den Astronauten der Weltraum, so ist für das Virus, das eigentlich nur intrazellulär leben kann, die Welt außerhalb der Zellwände ein feindliches und ungastliches Milieu.) [1, 2]
(b) Auf die in Kapitel 10 ausführlich beschriebene Weise (nämlich „pinozytotisch") dringt das HIV dann durch die Außenwand in die Wirtszelle ein, wobei es in einem komplizierten Prozeß seinen Inhalt in das Zellinnere „hineinstülpt", während seine Außenmembran wieder in die Zellmembran integriert wird (der sie ja ursprünglich entstammt). [3, 4, 5—6]
(c) Wie der Astronaut, der wieder in die Erdatmosphäre eingetreten ist, legt das HIV nach und nach seine verschiedenen Hüllen ab, sobald es sich in der Zelle befindet (genaugenommen wird es vermutlich im sauren Milieu der Lyso-Endosomen „entkleidet"). Das Virus, dem wie dem heimgekehrten Astronauten immer mehr Hüllen entbehrlich werden, ist im Zytoplasma nurmehr spärlich ausgerüstet: Vermutlich verfügt es jetzt nur noch über seine Reverse Transkriptase und einige kleinere Nucleasen (etwa RNase, Integrase, Exonuclease). Der Ribonucleoproteinkomplex (RNP) hat nun also die Core-Hülle verlassen. [6, 7]
(d) Mit Hilfe der Reversen Transkriptase schreibt das Virus nun sein genetisches Programm in DNA um, macht daraus schließlich eine doppelsträngige DNA und nimmt damit die Form des genetischen Materials der Zelle an. [7, 8]
(e) Mit Hilfe von Integrasen öffnet das virale Genom, sobald mit der Kernmembran das letzte Hindernis überwunden ist, den Chromosomenstrang der Zelle, „schlüpft" hinein und schließt ihn wieder. Nun ist es sozusagen völlig „nackt" und liegt in DNA-Form (Provirus) eingebettet im Genom der Zelle (ähnlich dem Astronauten, der schließlich entkleidet sein Bett aufgesucht hat). Seine Hilfsausrüstung braucht es jetzt nicht mehr — auch in Zukunft nicht, denn dieses Virusmolekül selbst wird niemals mehr die Zelle verlassen. In die Erbsubstanz integriert, still und unerreichbar, ist das Virus nun in Sicherheit. Wenn die Zelle sich teilt, wird es wie ein Stück des normalen Chromosoms behandelt und teilt sich zusammen mit dem übrigen DNA-Material. So wird es im selben Takt reproduziert wie die Zellen, und deshalb sind alle Tochterzellen ebenso infiziert. Wenn dies in ei-

ner Keimzelle geschieht (in den Hoden oder Eierstöcken), handelt es sich um eine genetische, „vertikale" Ansteckung, welche die zukünftigen Generationen mitbetrifft. [9, 10, 11, 12]

Der pathogenetische Prozeß ist sehr komplex und umfaßt auch transformierende Eingriffe in den Metabolismus der Zelle. Es können neue Rezeptoren gebildet und damit die Proliferation der Zelle stimuliert werden (Krebsentstehung, wie beim HTLV-I), oder aber die Zelle wird überstimuliert, altert verfrüht und stirbt ab, was zu einem Mangel an diesem Zelltyp (und damit zu AIDS) führen könnte. Dies gilt insbesondere dann, wenn der Zelltod durch Autoimmunprozesse noch beschleunigt wird. Schließlich kann das HIV auch für längere Zeit in einer Art „Winterschlaf" bleiben und seine zytopathischen Effekte erst spät und langsam entwickeln. Pathologisch-anatomisch würden daraus Atrophie und verzögerter Zelltod resultieren, was im Gehirn zu einer Enzephalopathie mit Demenz, in anderen Organen zu zunehmenden atrophischen Funktionsstörungen führen kann.

Die Dauer bis zum Eintreten dieser Veränderungen scheint von der genetischen Aktivität des jeweiligen Zelltyps abzuhängen. Das würde erklären, daß das Virus in den aktiven und sich ständig entwickelnden Zellen des Immunsystems rasch, in den schon fertig differenzierten und eher inaktiven Zellen des Gehirns hingegen erst später „promoviert" würde. So scheint eine Stimulation der infizierten T-Zellen die Virusvermehrung zu beschleunigen, und infizierte Monozyten nehmen erst nach der Weiterentwicklung zu aktiven Makrophagen die Virusreplikation auf. Vermutlich muß erst ein viruseigener Suppressor außer Funktion gesetzt sein, ehe eine voll entwickelte Virusreplikation einsetzen kann.

Das Prinzip der Integration in das Chromosom der Zellen ist teuflisch geschickt. Das einmal ins Erbgut integrierte HIV-Molekül stellt eine Art eingeschmuggelte „falsche" Information dar und braucht seine eigene Existenz nie mehr zu gefährden. Von nun an wird nämlich nur noch mit Kopien dieser viralen Information gearbeitet, die notfalls in beliebiger Anzahl geopfert werden können. Damit ist unsere Analogie zu dem „Astronauten" als einem anderen Ausflügler in ein fremdes Milieu leider beendet, und wir müssen ein Beispiel aus der Welt der Informationsverarbeitung, der Computer und ihrer Programme wählen.

Jeder, der mit Computern gearbeitet hat, weiß, daß man seine wichtigsten Programme irgendwie sichern und schützen muß. Man legt sie in einem zentralen Speicher ab (was im Falle des HIV den Chromosomen, der Erbgut-„Bibliothek", des Körpers entspräche) und arbeitet in Zukunft nur noch mit „Arbeitskopien". Dann kann nichts Ernstes passieren — werden diese zerstört, stellt man einfach neue Kopien her, was sich beliebig oft wiederholen läßt.

Genau dies geschieht in der Replikationsphase: Das integrierte HIV-Genom produziert Zigtausende derartiger Kopien und kann dann sozusagen in Ruhe abwarten, wie es ihnen ergeht. (Im Grunde kümmert es sich natürlich nicht im geringsten um das Schicksal seiner Kopien, aber der Selektionsprozeß der Natur hält die Belohnung „Überleben" für die erfolgreichen Varianten bereit.) Die Produktion von Viruspartikeln stört den Zellstoffwechsel, setzt die normale Zellfunktion herab und verändert Rezeptoren und Botensubstanzen − lähmt also insbesondere die differenziertesten Regelschritte des Immunsystems.

Selbst wenn die ersten Kopien **alle** vernichtet werden sollten, beginnen neu produzierte − einige werden sich früher oder später schon durchsetzen − in anderen Zellen wieder denselben Existenzzyklus. Das Unheimliche ist, daß das HIV fast beliebig viel Zeit hat. So kann es das Immunsystem allmählich niederringen, die T_h-Zellen, die Makrophagen, die Langerhans-Zellen, eine nach der anderen, wie lange das auch immer dauern mag. Selbst eine gesteigerte Aktivität des Immunsystems mit einer zunehmenden Anzahl aktiver Zellen kann das Virus mit Gleichmut hinnehmen, denn diese sind ja seine Existenzgrundlage. Manches spricht dafür, daß es sogar davon profitieren könnte.

(f) Im Zuge der Virusvermehrung druckt das HIV zunächst eine RNA-Kopie aus (dabei wird keine Reverse Transkriptase benötigt, denn dieser Kopiervorgang läuft in der biologisch „normalen" Richtung ab, und die benötigten Enzyme sind in der Zelle vorhanden). [12−13]

(g) Die Kopie fängt nun an, wieder ihre Hilfsausrüstung zu konstruieren, die nach einem Fließbandsystem zusammengesetzt wird (die Reproduktion läuft hier also anders ab als etwa der Prozeß der Vermehrung durch Zellteilung bei einem Bakterium). [13, 14, 15, 16, 17−18]

(h) Die neu ausgerüstete Virus-RNA lagert sich nun von innen der Zellmembran an, „stiehlt" sozusagen einen Teil dieser Lipidmembran und macht sich daraus seinen eigenen Mantel − versehen auch mit den virusspezifischen Kennzeichen. Mit dem Vorgang des Knospens („budding") verläßt das noch unfertige HIV endgültig die Zelle. Zurück bleibt in der Regel ein kleines Loch. Zu viele solcher Löcher verträgt die Zelle nicht − nach der Massenproduktion von Viruspartikeln stirbt sie. [18−19]

(i) Außerhalb der Zelle schließt HIV seinen provisorischen Mantel, der jetzt seine eigenen Knöpfe trägt („knobs"). Es „reift", d. h. die komplizierte innere Struktur von Nucleocapsid und RNP bildet sich aus. Die „knobs" können abgeworfen werden. Das Virus begibt sich − und damit ist der Kreis geschlossen − auf die Jagd nach neuen T-Lymphozyten und Makrophagen, die sich ihrerseits einbilden, dieses Virus zu jagen. [19, 20, 21] **Diese vertauschten Rollen bilden die vielleicht entscheidende Besonderheit der AIDS-Erkrankung.**

Ob es nun ein T_h-Lymphozyt oder ein Makrophage ist, dem das Virus zuerst begegnet − sein Eindringen in eine Zelle und damit seine Möglichkeit, sich in ihr einzunisten, ist auf jeden Fall gesichert. So hat gerade des Immunsystems ausgeklügelte Weise, fremde Eindringlinge frühzeitig zu finden und sich ihrer anzunehmen, hier einen unheilsträchtigen, paradoxen Effekt: Ausgerechnet damit wird diesem an jene Zellen angepaßten Virus der Weg zu intrazellulärer Existenz geöffnet. Hat es sich erst einmal im Chromosom häuslich eingerichtet, ist das Problem der Zelle permanent geworden.

Um die Folgen für das Immunsystem an einem verständlichen Beispiel darzustellen und so zu zeigen, wie raffiniert die pathogenetischen Effekte des HIV ineinandergreifen, wollen wir ein einfaches Beispiel wählen. Denken wir uns einen Brandstifter. Wenn dieser in ein Haus eindringt,

− nachdem er sich erst einmal damit gestärkt hat, den Wachhund zu verspeisen (T_h-Zellen, sein Lieblingsgericht),
− anschließend die Feuerlöscher zerstört (Makrophagen und Killerzellen),
− die Rauchwarner abschaltet (alle antigen-präsentierenden Zellen, z. B. die FD-Zellen, Langerhans-Zellen und andere monozytäre Zellelemente),
− im Keller den Hauptwasserhahn zudreht (Thymusdrüse, T_h-Zellen und eventuell auch deren Stammzellen),
− dann das Wasser, das schon in den Rohren ist, sinnlos aus dem Fenster abläßt (die irrelevante Immunglobulinproduktion der B-Zellen),
− und schließlich die Telefonleitungen kappt, damit keine Hilfe mehr geholt werden kann (verschiedene lymphokin- und interferonproduzierende Prozesse),
− ist es dann überraschend, daß die Brandstiftung gelingt?

Natürlich handelt es sich hier um eine didaktische Vereinfachung. In groben Zügen jedoch mag dieses Beispiel zeigen, warum wir es mit einem Problem zu tun haben, das nicht leicht zu lösen sein wird. Jetzt sollte verständlich geworden sein, daß alle therapeutischen Maßnahmen in erster Linie nur die „Arbeitskopien" des HIV treffen. So kann man zwar die Replikation hemmen, aber ob dies den progredierenden zytopathischen Prozeß und damit auch die Entwicklung einer Enzephalopathie oder die Neigung zur bösartigen Entartung verhindern kann, ist zweifelhaft. Ebenso unsicher ist, ob man die gestörte Funktion der Zellen wiederherzustellen vermag. Daher ist es verständlich, daß bisher nur verschiedene Arten palliativer (lindernder) und aufschiebender Therapie erprobt worden sind. Vermutlich muß eine solche lebenslang aufrecht erhalten werden, vielleicht sogar für kommende Generationen.

Es wird auch verständlich, daß jede Stimulierung des lymphatischen Systems zur Bildung neuer T_h-Zellen auf lange Sicht vielleicht eine zweischneidige Maßnahme ist, da hierdurch die Reproduktionsstätten des Virus vermehrt werden. Womöglich gilt dasselbe für die Aktivierung des Makrophagensystems durch spezifische Antikörper.

Inzwischen ist auch klar geworden, daß Thymus- und Knochenmarktransplantationen zum Versagen verurteilt sind, solange es noch vitale Virusgenome im Körper gibt und deren Replikation nicht verhindert wird. Eine Infizierung des transplantierten Gewebes ist dann praktisch unvermeidlich.

Angesichts der Antigendrift des HIV, des „Sheddings" (Abstoßen der Oberflächenantigene) und der Fähigkeit, der Zerstörung durch Makrophagen zu entgehen, wird auch die Entwicklung eines Impfstoffes völlig neue Probleme aufwerfen. Der Umstand allerdings, daß sämtliche Prozesse, die wir hier verhältnismäßig einfach geschildert haben, in Wirklichkeit komplizierter sind und häufig aus mehreren Teilschritten bestehen, läßt hoffen, daß sie damit auch empfindlich, also störbar sind. Jeder Schritt ist ein möglicher Zielpunkt für therapeutische Eingriffe.

Nur einige Beispiele für die subtileren Teilprozesse im Lebenszyklus des HIV seien hier angeführt. Eine noch unbeantwortete Frage ist, wie das Virus seinen Weg aus der Zelle findet. Wichtig ist die Beobachtung, daß die uninfizierte H9-Zelle (eine der Zellarten, in denen das AIDS-Virus angezüchtet werden kann) den T4-Rezeptor trägt (d. h. sie ist „CD4-positiv"). Die infizierte und virusproduzierende Zelle hingegen ist „CD4-negativ", weist also diesen Rezeptor nicht auf. Dafür gibt es mehrere mögliche Erklärungen.

(1) Die Zelle kann aufgehört haben, den Rezeptor zu produzieren. Es gibt Anhaltspunkte für eine initiale Überstimulierung der Rezeptorsynthese. Kann dieser Prozeß sich erschöpfen?

(2) Das HIV könnte beim Budding-Prozeß die Rezeptoren „mitnehmen". Dies ist jedoch durch Untersuchungen mit monoklonalen Antikörpern unwahrscheinlich gemacht worden.

(3) Die wahrscheinlichste Hypothese ist: Der T4-Rezeptor oder dessen Vorläufer wird schon innerhalb der Zelle von den Oberflächen-Glykoproteinen (env-gp) eingefangen, die bereits vor dem eigentlichen „Budding" durch das Provirus gebildet werden und an der Oberfläche der infizierten Zellen auftauchen.

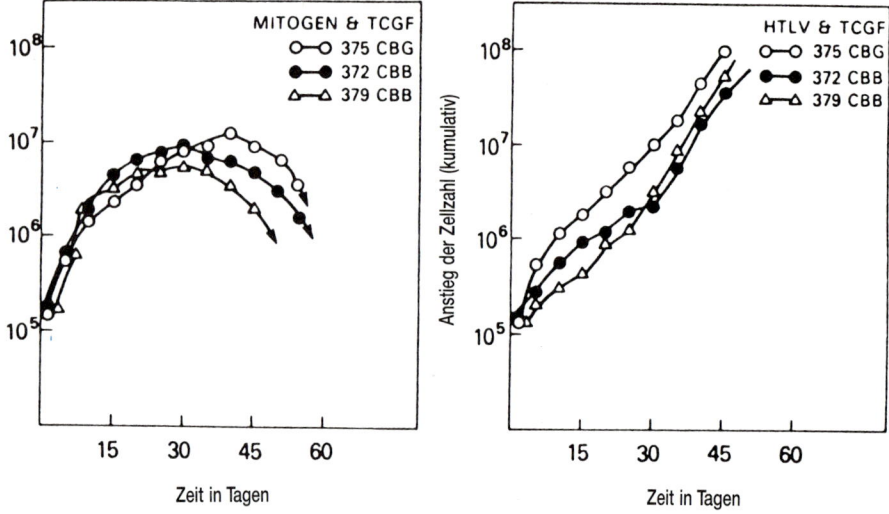

12.1 Das Wachstumsverhalten von TCGF-stimulierten T-Zellen in einer nicht infizierten (links) und in einer mit HTLV-I infizierten (rechts) Zellkultur (Gallo und Wong-Staal 1983).

Man weiß, daß diese env-gp-Moleküle den T4-Rezeptor wiedererkennen, und deswegen ist es ohne weiteres denkbar, daß sie ihn schon „wegfangen", ehe er die Membran erreicht.

Letzteres würde bedeuten, daß die Ausschleusung des HIV – wiederum mittels einer Interaktion zwischen dem viralen env-gp und dem T4-Rezeptor – dem Prozeß seines Eindringens stark ähnelt. Dies wäre ein weiterer Schritt, den man stören könnte. Man kann dieser Frage unter Anwendung von T4-Antikörpern innerhalb des Zytoplasmas nachgehen.

Gewisse Retroviren regen die T-Zellen zu einer gesteigerten Bildung von Rezeptoren für Wachstumsfaktoren an (Depper et al. 1984). Die Abbildung 12.1 zeigt die Reaktion von T-Zellen auf eine TCGF-Stimulierung („T-cell growth factor") unter normalen Verhältnissen sowie bei einer „Immortalisierung" infolge einer Infektion mit HTLV-I.

Auch HIV-infizierte T-Zellen werden stimuliert; vermutlich werden sie sogar über- und womöglich gar zu Tode stimuliert. Dies würde bedeuten, daß die Zellen beschleunigt altern und absterben. Man fragt sich, ob sich nicht auch in dem Funktionsdefekt der Makrophagen, dem Ausbleiben ihrer normalen Reaktion auf externe Stimulierung, eine pathologisch gesteigerte innere Dauerstimulierung ausdrückt. Das hohe Neopterin-Niveau, das ja als ein Maß für die Aktivität der Makrophagen angesehen wird, könnte dafür sprechen. Diese Vorstellungen könnten durch die schon früher erwähnte Theorie Chermanns und Klatzmanns ergänzt werden, die den vorzeitigen Untergang der T-Zellen hauptsächlich auf einen Autoimmunprozeß zurückführen. Auch dies würde das hohe Niveau des Neopterins erklären, das bei Autoimmunreaktionen ja ebenfalls ansteigt.

Ein weiterer Punkt intensiven Interesses ist das Problem der „neutralisierenden Antikörper" bei infizierten Personen. Gibt es sie überhaupt? Gibt es sie in hinreichender Menge? Sind sie wirklich effektiv? Oder haben sie gar paradoxe Effekte?

Anfangs sah es so aus, als seien die bei AIDS-Patienten und symptomlos Infizierten entdeckten Antikörper hauptsächlich gegen die inneren Bestandteile des Virus (p15, p18-19, p24-25), daneben auch gegen den transmembranösen Teil des Oberflächenantigens (gp41) sowie gegen gewisse Vorläufermoleküle gerichtet. Sie wären damit lediglich Indikatoren eines stattgefundenen Viruskontakts und hätten keinerlei Schutzfunktion. Dann jedoch fand man auch Antikörper gegen das Oberflächenglykoprotein gp110-120 und dessen Präkursor gp160, und diese Antikörper zeigten in vitro einen neutralisierenden Effekt. Sie sollten also imstande sein, das Eindringen des Virus in eine Zelle zu verhindern. Man könnte sich vorstellen, daß gerade jene Teile

der Oberflächenstruktur des Virus von Antikörpern zerstört oder blockiert würden, die für das Überwinden der Zellmembran und das Eindringen in die Zelle erforderlich sind. Die Beobachtungen sind jedoch noch etwas widersprüchlich. Der neutralisierende Effekt scheint schwach zu sein und könnte durch die virale Antigendrift leicht umgangen werden. Eine Korrelation mit dem Krankheitsstadium ist zwar wiederholt berichtet worden (Wendler et al., im Druck), aber Ursache und Wirkung sind schwer zu unterscheiden.

In diesem Zusammenhang ist folgende Beobachtung (Gelderblom et al. 1986-2) von großer Bedeutung: Man konnte mit ferritinmarkierten Antikörpern zeigen, daß die schon erwähnte lockere Verknüp-

12.2 Unterschied in der Stabilität von Oberflächenantigenen zwischen (a) FMuLV, (b) reifem HIV und (c) unreifem HIV während des Budding-Prozesses. Die Antikörper sind mit Ferritin markiert und deutlich sichtbar gemacht; sie sitzen sowohl bei (a) als auch bei (c) an der Virusoberfläche, nicht hingegen (b) an den nackt erscheinenden HIV-Partikeln (Gelderblom et al. 1985-2).

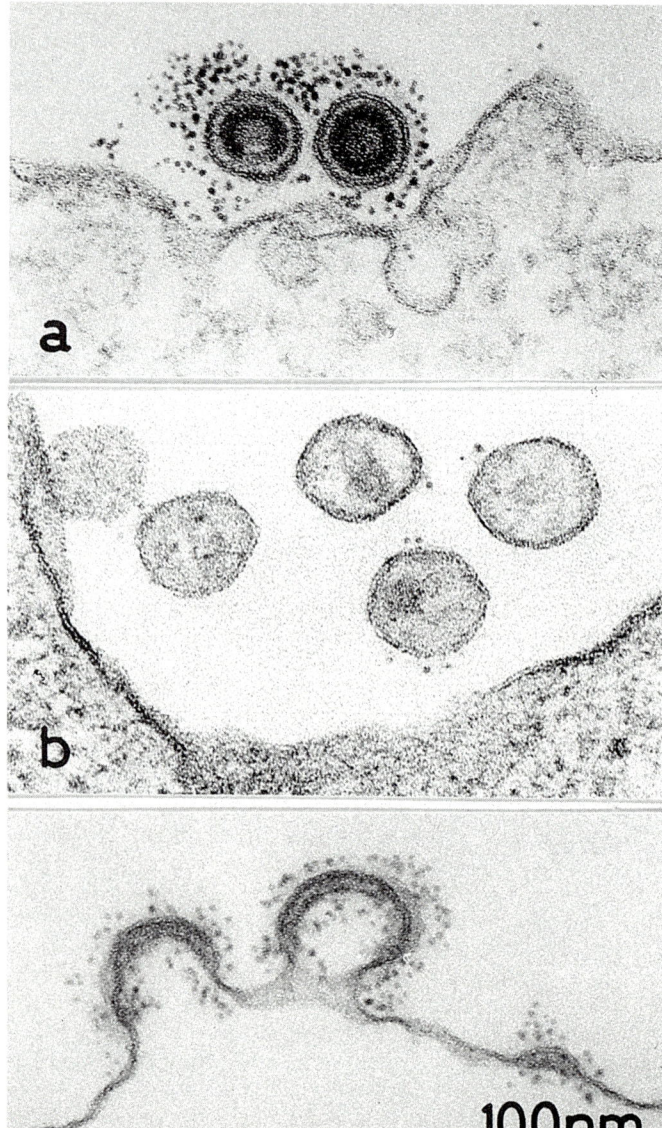

fung der Oberflächenantigene (gp120) mit dem transmembranösen gp41 wichtige Konsequenzen für die Fähigkeit des HIV haben kann, neutralisierenden Antikörpern zu widerstehen. Gebundene Antikörper findet man zwar an der äußeren Virusmembran sowohl von Onkoviren (z. B. FMuLV) als auch von unreifen, knospenden Formen des Lentivirus HIV, nicht hingegen an den reifen HIV-Partikeln (Abb. 12.2). Letztere haben offenbar ihre „kompromittierten", weil wiedererkennbaren, Oberflächenantigene schon abgeworfen („Shedding") – wie einen von Antikörpern verschmutzten Überrock. Damit wäre diese ungewöhnlich schwache Bindung sehr wichtig für die spezifische Eigenschaft von Lentiviren, Antikörperangriffen des Wirtsorganismus auch während sehr langer Zeiträume zu widerstehen und sie sogar gegen T4-Rezeptoren tragende Zellen zu lenken (Autoimmunprozeß). Vielleicht ist das Abwerfen der äußeren Antigenhülle ein einzigartiger Verteidigungsmechanismus, der zusammen mit der Antigendrift und der Resistenz gegen Makrophagen diesem Virus die einmalige Chance zu einer 100%igen Krankheitspenetranz vermittelt.

Es ist heute gesichert, daß das gp110-120 die Rezeptorpräferenz des Virus vermittelt (McDougal et al. 1986), indem es sich an den T4-Rezeptor (genauer: dessen T4A-Teil) bindet. Damit ist natürlich nicht gesagt, daß gleichzeitig die notwendige Verschmelzung mit der Zellmembran zustandekommt. Hierzu kann ein besonderes Fusionsprotein (gp41?) erforderlich sein, wie man es vom Masern-Virus her kennt: Die Impfung mit ausschließlich gegen das äußere Antigen gerichteten Antikörpern gibt zwar einen gewissen Infektionsschutz, der gleichzeitige Mangel an Antikörpern gegen das niedermolekulare Fusionsprotein hingegen verleiht der Krankheit, falls sie den Vakzinationsschutz durchbricht, einen ungewöhnlich bösartigen Charakter. Man hat bei derartig mißglückten Impfversuchen eine Reihe sehr schwerer Enzephalitisfälle registriert, die man auf das völlig un-gebremste Eindringen der Masern-Viren in die Zellen des ZNS zurückführte.

Ähnliche Überlegungen zum Tropismus des HIV lassen es vorstellbar erscheinen, daß auch die immunologische Blockierung des gp41 von therapeutischem Nutzen sein könnte; gleichzeitig erklären sie, daß gegen Oberflächenantigene gerichtete Antikörper allein einen unzureichenden Schutz geben. Das „Shedding" des gp110-120 in einem bestimmten Reifestadium des Virus könnte dazu führen, daß viele der Antikörper weggefangen werden. In abgelöster Form ist die Zahl möglicher Bindungsstellen stark erhöht. (Dies würde der Taktik entsprechen, durch das Absenden zahlreicher Raketenattrappen die Anti-Raketen-Raketen des Gegners zu verbrauchen, und das Umleiten der Antikörper gegen T4-Rezeptor-tragende Zellen würde ihrem Zurücksenden auf dem eigenen Leitstrahl entsprechen.)

Es sieht so aus, als fände das „Shedding" nicht nur statt, wenn das Virus attackiert wird (in diesem Fall verhielte es sich wie eine Eidechse, die ihren Schwanz abstößt, wenn dies zum Entkommen erforderlich ist); möglicherweise handelt es sich um ein normales Durchgangsstadium bei der Reifung. Dies wiederum könnte bedeuten, daß den gp41-Antigenen, die dann die Oberfläche bilden, unter Umständen physiologische Funktionen im Zusammenhang mit dem Eindringen in die Zellen zukämen. Für Therapieansätze wäre dies günstig, da das gp41 einigermaßen konstant zu sein scheint und deshalb einen viel geeigneteren Angriffspunkt für Impfstoffe böte als das gp120.

Zum Abschluß dieses Kapitels sei Churchill zitiert, der einmal gesagt hat: „Wenn ich einmal Zeit habe, werde ich einen Kriminalroman schreiben. Der Schurke, ein Arzt, wird darin seine Opfer töten, indem er ihre Immunität zerstört." (Lord Moran 1966). Wie wir heute sehen, war das gar keine so absurde Idee. Er wäre wohl kaum auf eine so raffinierte Form der Zerstörung des Immunsystems gekommen wie die Natur selbst.

13   Onkogenese

Es ist statistisch gesichert, daß die HIV-Infektion mit einem gehäuften Auftreten von bösartigen Tumoren einhergeht (Kaposi-Sarkom, verschiedene immunoblastische Lymphome und andere Krebsformen). Diese bösartigen Veränderungen machen einen wesentlichen Teil der AIDS-Symptomatik aus und werden unseren Einblick in die Entstehung von Tumoren überhaupt vertiefen. Die virusbedingten Karzinome sind sehr geeignete Beispiele, um auf die heute diskutierten Theorien der Karzinogenese näher einzugehen. Es sieht so aus, als sei die maligne Transformation von Zellen eine gemeinsame Antwort auf unterschiedliche äußere oder innere Schädigungen, ein einheitlicher Schlußschritt für eine Reihe von verschiedenen Prozessen, die zu einem der Kontrolle entglittenen Wachstumsverhalten führen.

Die Tumorentwicklung ist sicher ein mehrphasiger Prozeß. Es gibt Grund zu der Annahme, daß gerade der Entwicklung des Kaposi-Sarkoms (KS) und der anderen bei AIDS-Patienten auftretenden bösartigen Erkrankungen ein ähnlicher Entstehungsmechanismus zugrundeliegt, wie er für das Burkitt-Lymphom beschrieben worden ist (G Klein 1975, 1979, 1981-1, -2, 1983, 1985). Die dafür entscheidende Integration eines Virus in das Genom der Wirtszelle soll deshalb hier genau geschildert werden.

Wie diese Integration bei Retroviren im einzelnen vor sich geht, ist erst seit kurzem einigermaßen bekannt (Panganiban 1985, Abb. 13.1): Wenn die Retrovirus-RNA in DNA übersetzt ist, schließt sich der resultierende DNA-Doppelstrang in seiner korrekten, integrationskompetenten Form zu einem Ring, indem sich der terminale LTR-Abschnitt (long terminal repeat, „lange endständige Wiederholung") an sein Gegenstück am anderen Molekülende bindet. 5'-LTR und 3'-LTR bilden eine sogenannte Palindromsequenz, die gleichzeitig die Anheftungsstelle der Virus-DNA an die chromosomale DNA darstellt. Diese att-Region (attachment site, kurz „att-site") scheint das eine Zielobjekt der Integrase zu sein, einer Endonuclease, die vom 3'-Ende des pol-Gens, dem sogenannten int-Locus, codiert wird.

Das vom int-Gen codierte Protein tritt nun in Wechselwirkung mit der att-Region der Virus-DNA sowie mit der DNA der Wirtszelle, und zwar hier vermutlich mit einer speziellen integrationsgeeigneten Nucleotidsequenz. Für die Rolle der att-Region als Anheftungsstelle spricht, daß man in sehr verschiedenen Retroviren ebenso wie bei bestimmten Transposonen (transponierbaren Genelementen) wie dem Hefe-Transposon Ty912 gerade in der att-Region eine gewisse Homologie findet (Abb. 13.1b). Auch der int-Abschnitt des pol-Gens weist einen hohen Grad von Konstanz auf, was eine sehr vitale Funktion nahelegt.

Unter Einwirkung der Integrase wird nun der DNA-Strang der Wirtszelle aufgetrennt, während sich gleichzeitig der Ring

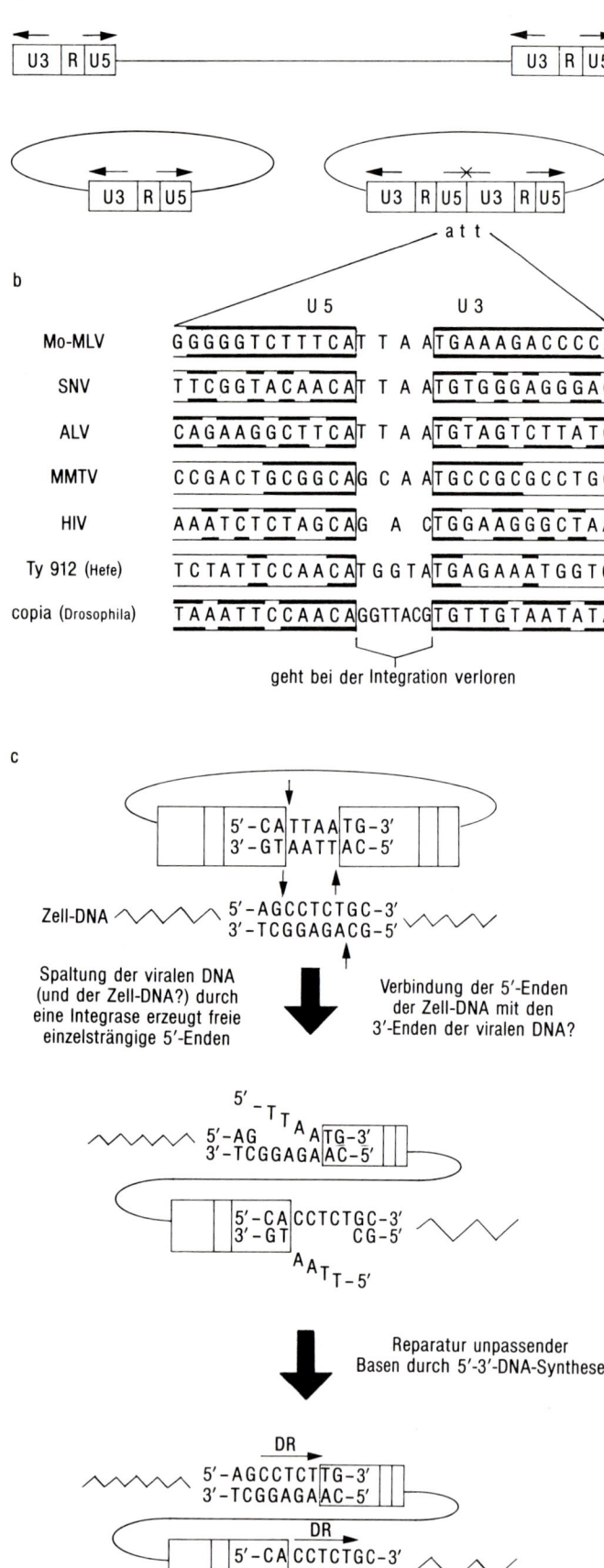

a

b

	U 5			U 3
Mo-MLV	G G G G G T C T T T C A	T A A	T G A A A G A C C C C A
SNV	T T C G G T A C A A C A	T A A	T G T G G G A G G G A G
ALV	C A G A A G G C T T C A	T A A	T G T A G T C T T A T G
MMTV	C C G A C T G C G G C A	G C A A	T G C C G C G C C T G C
HIV	A A A T C T C T A G C A	G A C	T G G A A G G G C T A A
Ty 912 (Hefe)	T C T A T T C C A A C A	T G G T A	T G A G A A A T G G T G
copia (Drosophila)	T A A A T T C C A A C A	G G T T A C G	T G T T G T A A T A T A

geht bei der Integration verloren

c

Zell-DNA

Spaltung der viralen DNA
(und der Zell-DNA?) durch
eine Integrase erzeugt freie
einzelsträngige 5'-Enden

Verbindung der 5'-Enden
der Zell-DNA mit den
3'-Enden der viralen DNA?

Reparatur unpassender
Basen durch 5'-3'-DNA-Synthese

DR

DR

13.1 Schematische Darstellung des viralen Integrationsmechanismus. a) Die Grundstruktur des Virus, die Zirkularisierung und die Bildung einer korrekten Palindromsequenz. b) Die „attachment sites" verschiedener Retroviren und Transposonen weisen eine gewisse Sequenzhomologie auf. c) Zum Zwecke der Integration wird der virale Ring wieder geöffnet und mit beiden Enden im zellulären DNA-Molekül verankert (Panganiban 1985).

viraler DNA wieder öffnet und die terminalen LTRs sich beidseitig an den jeweils freien Enden des geöffneten Chromosomenstranges verankern. (Dabei erfolgt noch ein gewisses „Putzen der Integrationsstelle", indem eine Exonuclease kürzere überschießende DNA-Reste beseitigt.) Sobald Zell- und Virus-DNA chemisch verbunden sind, ist die Integration abgeschlossen und die genetische Information des Virus für die Zukunft gesichert.

Die unter anderem von George Klein angesichts nachgewiesener chromosomaler Veränderungen beim Burkitt-Lymphom entwickelte Theorie der Onkogenese kann folgendermaßen dargestellt werden:

— **Der erste Schritt**, die gerade geschilderte Integration des Virus (entweder eines DNA- oder eines in DNA transkribierten RNA-Virus) in das Zellgenom versetzt die Zelle in einen präneoplastischen, „immortalisierten" Zustand. In diesem Stadium ist sie von ihrer üblichen Abhängigkeit gegenüber Stimuli wie Mitogenen oder Antigenen befreit. (Sie ließe sich mit einem Auto vergleichen, dessen Parkbremse gelöst ist und das ohne weiteres losrollen könnte. Diese Bewegung kommt jedoch nicht in Gang ohne bestimmte Bedingungen; für das Auto wäre dies etwa eine abschüssige Ebene, für die Zelle hingegen eine Überführung in eine Zellkultur, also der Verlust der normalen Verankerung im Wirtsorganismus mit seinen Kontrollmechanismen. Das Rollen des Autos ließe sich mit Hilfe der normalen Bremsen, das Wachstum der Zelle mit Hilfe der normalen biologischen Zügelung leicht stoppen.) Beim Burkitt-Lymphom ist es die Integration des Epstein-Barr-Virus (EBV) — eines Virus aus der Herpes-Gruppe mit wohlbekannter onkogener Potenz —, welche die infizierten B-Lymphozyten in diesen Zustand versetzt.

— **Als zweiter Schritt** kommt eine chronische lymphoproliferative Stimulierung des Organismus hinzu, wie sie z. B. in Afrika durch die dort endemische Malaria ausgelöst werden kann. Es hat sich gezeigt, daß gerade unter der Einwirkung von Malariaplasmodien das menschliche Immunsystem merkbar geschwächt wird gegenüber dem EBV, und innerhalb des lymphatischen Systems kann man eine starke reaktive Zunahme der Mitosen feststellen. Damit steigt natürlich auch das Risiko für „mitotische Unfälle" wie etwa eine Trisomie, eine Translokation oder irgendeinen anderen chromosomalen Defekt. Chromosomenbrüche werden mit einer gewissen Wahrscheinlichkeit gerade dort eintreffen, wo die Chromosomen bereits durch die Insertion eines fremden DNA-Abschnittes in ihrer Struktur verändert sind. Vielleicht werden sie dadurch bei der Mitose (Abb. 13.2) entweder „klebriger" (Resultat: Trisomie) oder zerbrechlicher (Resultat: Deletion) oder beides (Resultat: Translokation). In jedem Fall steigt mit der Zunahme lymphoproliferativer Aktivität auch das Risiko für ein zytogenetisches Malheur, der molekularen Grundlage jeder Zellentartung.

— **Der dritte und entscheidende Schritt** bei der Onkogenese ist dann die spezifische Translokation (Abb. 13.3) eines (durch obiges Ereignis mobilisierten) „Onkogens" an eine Stelle, wo

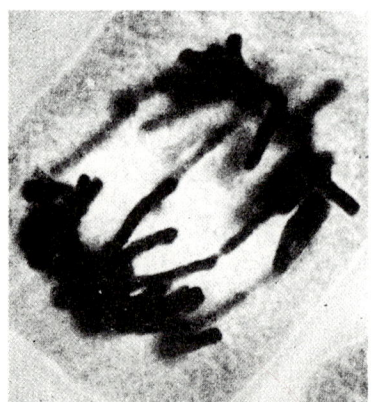

13.2 Bei der Mitose werden die Chromosomen auseinandergezogen und auf die Tochterzellen verteilt. Man kann sich leicht vorstellen, wie dabei Stücke der Chromosomen an ihrem Gegenüber hängenbleiben oder gar ganze Chromosomen falsch sortiert werden können. Dieses Bild zeigt einen Mitoseschaden, der zwar andere Ursachen als die in diesem Kapitel angesprochenen hat, aber die Entstehungsweise chromosomaler Anomalien verdeutlichen mag (G Fiskesjö, AMBIO 1985 (2): 103, Copyright AMBIO).

sein „switch-on"-Effekt in die Nähe eines immunaktiven Genlocus eines anderen Chromosoms gerät (beim Burkitt-Lymphom sind es die Translokationen 14;8, 2;8 oder 8;22 mit den Frequenzen 75%, 16% bzw. 9%; Croce und Klein 1985). Man kann sich auch vorstellen, daß das wachstumsstimulierende Potential eines Onkogens dadurch aktiviert wird, daß es infolge einer Translokation in die Nähe gerade einer aktivierenden Gensequenz (einer „heißen" Region) gelangt. Ein solcher aktivierender bzw. aktivierbarer „switch-on"-Effekt, wie ihn Onkogene vermutlich aufweisen, kann natürlich auch aus dem Chromosom „herausgenommen" und in ein Virusgenom integriert werden, wie es bei akuten Sarkom- und Leukämie-Viren tatsächlich der Fall ist. Alles dies sind jedoch nur Varianten des gleichen logischen Prozesses. Diese Theorie wird auch durch Untersuchungen an Burkitt-Lymphomen bei AIDS-Patienten gestützt.

Die Abbildung 13.4 vermittelt einen Eindruck davon, wie schwierig die Untersuchung von Chromosomen sein kann, die man in pathologischen Zellen gewöhnlich vielfältig verändert vorfindet und von denen nur unter großen Schwierigkeiten technisch brauchbare Präparate hergestellt werden können. Sie zeigt einen menschlichen Chromosomensatz ohne sichtbare Defekte; in solchen Präparationen kleinere Abweichungen festzustellen, ist nicht leicht.

Erst durch den dritten Schritt der Onkogenese, jenen spezifischen „zytogenetischen Unglücksfall", wird das neoplastische Potential der Zelle völlig entfesselt (Abb. 13.5). Sie ist nun nicht mehr nur unabhängig von äußeren Stimuli, sondern darüber hinaus auch unempfindlich für jene inhibitorischen Feedback-Prozesse, die das in der Regel nur temporäre, physiologische Wachstum normalerweise wieder stoppen. Diese bremsenden genetischen Einflüsse („switch-off") können die translozierte „switch-on"-Funktion infolge ihrer veränderten Position nicht mehr beeinflussen. (Das würde jetzt einem Auto entsprechen, bei dem nun auch die normale Bremse versagt und nichts mehr die Bewegung aufhalten kann, nachdem sie auf abschüssiger Ebene erst einmal in Gang gekommen ist.)

In den Chromosomen − diesen empfindlichen biochemischen Programmstreifen voller Information − spielen sich also jene Störungen ab, die zur Zellentartung führen. Analog zu dem für das Burkitt-Lymphom dargestellten mehrstufigen pathogenetischen Prozeß kann man sich auch das Auftreten des Kaposi-Sarkoms beim AIDS erklären. Das KS kommt hauptsächlich in jenen Risikogruppen vor (vorwiegend bei homosexuellen Männern und Drogensüchtigen in schlechtem Gesundheitszustand), die mit einiger Wahrscheinlichkeit chronischen parasitären Infektionen ausgesetzt sind. Auf die bemerkenswerten Assoziationen zwischen verschiedenen Retrovirus-Infektionen und Trypanosomiasis (Chagas-Krankheit in Südamerika), Mikrofilariosis, Anisakiasis und *Strongyloides*-Befall in Japan sowie zwischen Kaposi-Sarkom und Onchocerciasis in Uganda wurde bereits hingewiesen − vielleicht sind die im Rahmen von AIDS auftretenden merkwürdig variierenden malignen Erkrankungen und die ebenso variierenden parasitären Infektionen auf ähnliche Weise miteinander verknüpft.

Wenn die HIV-Infizierten nicht von Anfang an solche Erreger in sich tragen, dann begünstigt der fortschreitende T-Zell-

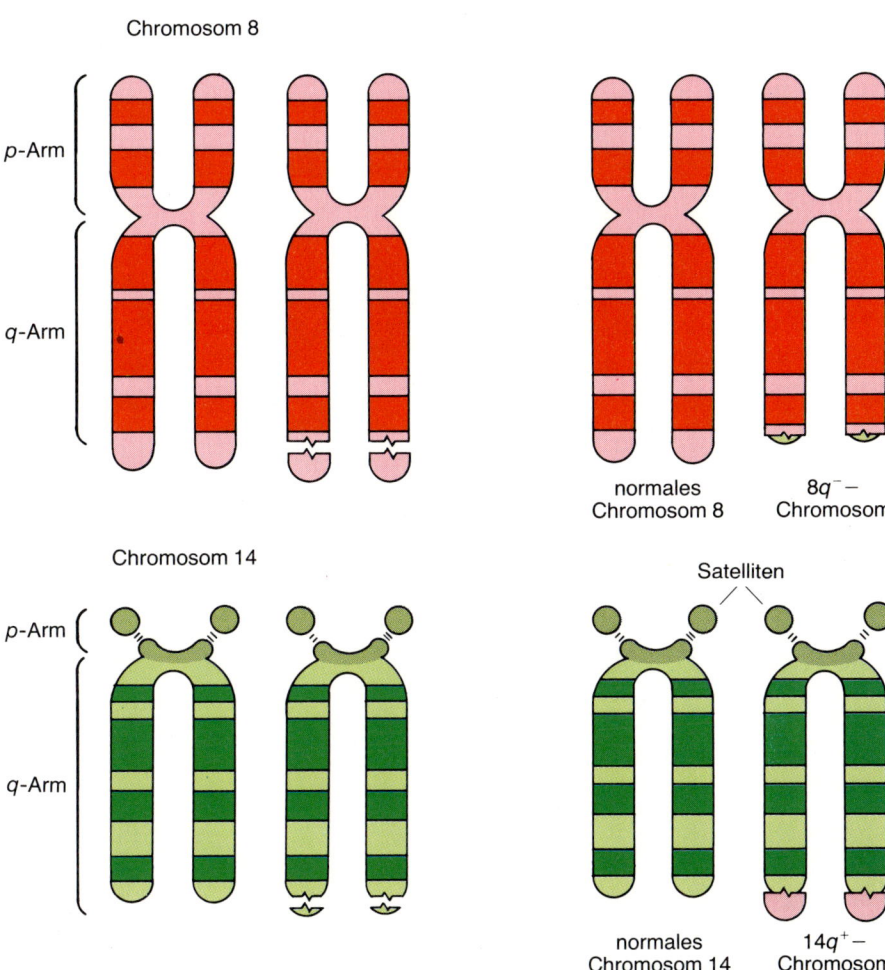

Chromosom 8

p-Arm

q-Arm

normales Chromosom 8   8q⁻-Chromosom

Chromosom 14

p-Arm

q-Arm

Satelliten

normales Chromosom 14   14q⁺-Chromosom

13.3 Die für das Burkitt-Lymphom (BL) typische reziproke Translokation (schematisch) zwischen Chromosom 8 und Chromosom 14, bei der das myc-Onkogen übertragen wird. Bemerkenswert ist, daß diese Translokation nicht nur bei den endemischen BL-Fällen Afrikas vorkommt, sondern auch bei den vereinzelten BL-Fällen, die in anderen Gegenden der Welt beobachtet worden sind und die man als Resultat zufälliger Genomschädigungen auffaßt. Das BL weist also auch, wenn es aus anderen Gründen als der für Afrika typischen Kombination von Krankheiten entsteht, die gleiche chromosomale Veränderung auf wie die typische afrikanische Form (Croce und Klein 1985).

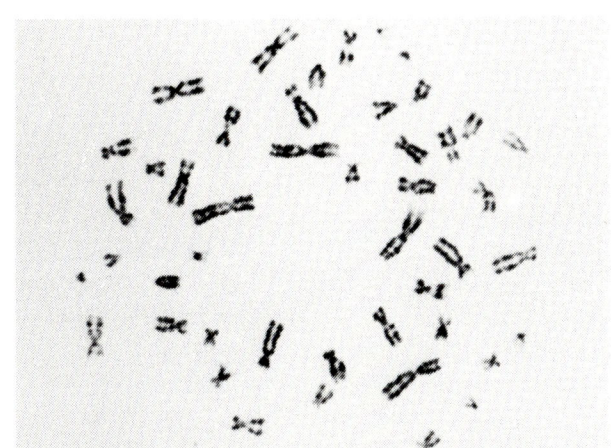

13.4 Normaler Chromosomensatz, ungeordnet (J Mark, KSS, Skövde).

Defekt im Laufe der Zeit zunehmend derartige Infektionen. Man könnte dies als eine auf Viren bezogene Variante der „Initiator-Promotor-Theorie" bezeichnen. Auch für das Schema nach Mildvan und Cohen (Abb. 4.2) läge hier eine Erklärung vor. Es lohnt sich daher, einen Blick auf die systematische Stellung der

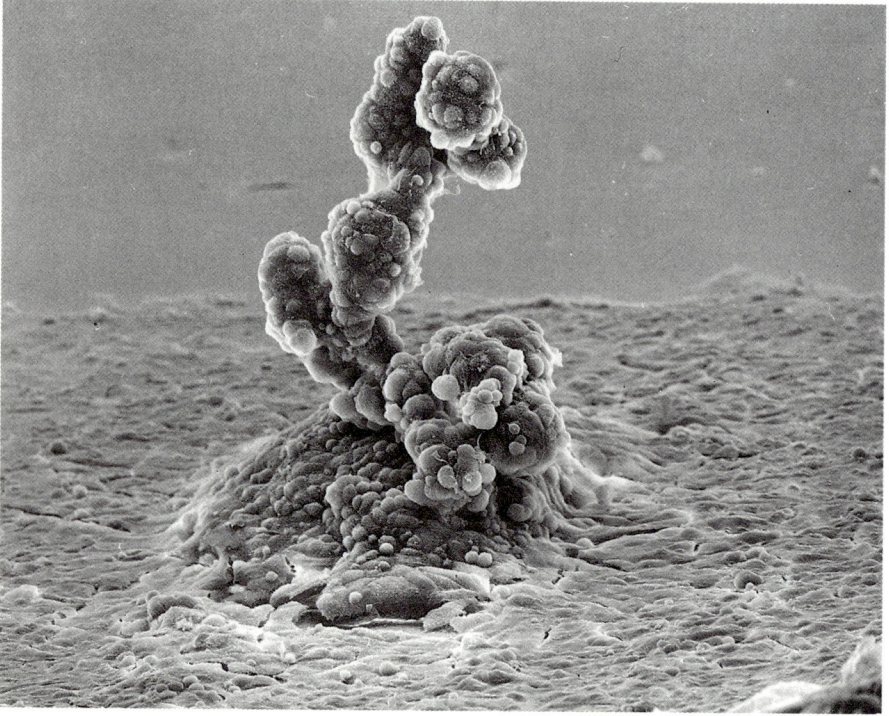

13.5a Diese Aufnahme veranschaulicht das völlig ungezügelte Wachstum einer entarteten Teratomzelle; ein Teratom ist eine durch Störungen der Embryonalentwicklung ausgelöste fetale Geschwulst (K Boller, Max-Planck-Institut, Tübingen).

13.5b Auf diesem Bild sieht man einen beginnenden Zellauswuchs hervortreten. Bei beiden Aufnahmen handelt es sich um elektronenmikroskopische Bilder von ungewöhnlicher Tiefenschärfe (K Boller, Max-Planck-Institut, Tübingen).

bei AIDS häufig parasitäre Infektionen verursachenden Protozoen zu werfen (Abb. 13.6). Wie man sieht, ist die Verwandtschaft zwischen *Plasmodium*, *Toxoplasma*, *Eimeria*, *Isospora* und *Cryptosporidium* allemal eng genug, um mit der Vorstellung über eine gemeinsame Rolle im Prozeß der Onkogenese vereinbar zu sein. Entfernte Verwandte sind die Amöben und Flagellaten (*Entamoeba*, *Giardia*) sowie *Pneumocystis carinii*. Ein lymphoproliferativer Systemeffekt ist vielen dieser Pathogene gemeinsam.

Da man auch bei der ATL und beim Sézary-Syndrom eine Trisomie (17q) und frequente Chromosomenbrüche (etwa des Chromosoms 2 mit seinem bekannten onkogenen Potential) gefunden hat und bei zahlreichen Tumoren bestimmte Formen von Aneuploidie regelmäßig antrifft, haben die Vorstellungen von der Tumorentstehung durch spezifische Chromosomenschäden, also Veränderungen in der Erbsubstanz DNA (Abb. 13.7), viel Auftrieb erhalten. Es gibt zahlreiche Anhaltspunkte dafür, daß sich die Tumorforschung weiterhin in diese Richtung bewegen wird, die übrigens schon in den fünfziger Jahren von Charles Oberling vorausgesagt wurde. So hat man beim familiären Meningiom eine Translokation 14;22 festgestellt und das Onkogen C-sis involviert gefunden (Bolger et al. 1985). Beim malignen Melanom ist man ziemlich konstant auf ein pathologisches 250-kD-Protein (Lindmo et al. 1984) gestoßen. Bei chronischer myeloischer Leukämie fand man die Translokation 9;22, beim peripheren Neuroepitheliom 11;22 (Wang-Peng et al. 1984) und bei einem T-Zell-Lymphom eine Inversion auf dem Chromosom 14, von der ausgerechnet die Genloci des T-Zell-Rezeptors (Alpha-Kette) und der schweren Immunglobulinkette betroffen waren (Denny et al. 1986, vergleiche auch Sadamori et al. 1985). Beim Wilms-Tumor, bei dem ein spezifischer Defekt auf dem Chromosom 11 gefunden wurde, hat ein genchirurgisches Ersetzen der fehlenden Region sogar die Zellentartung rückgängig gemacht (Weissman et al. 1987). Schon vor Jahrzehnten hatte man chromosomale Veränderungen beim Rous-Sarkom entdeckt (Mark 1967). Eine Zusammenstellung von Mitelman (1984) zeigt 52 beim Studium umfangreichen Tumormaterials wiederholt gefundene Chromosomenanomalien (Tabelle 13.1).

Daß gerade das auch beim Burkitt-Lymphom involvierte Onkogen myc häufig Gegenstand einer Translokation wird, ist sowohl vom Plasmozytom der Maus (G Klein 1979, 1982, Taub et al. 1982, Piccoli et al. 1984, Petersen et al. 1985) als auch von der Leukämie der Katze her bekannt (Neil et al. 1984, Mullins et al. 1984), die beide durch ein Retrovirus ausgelöst werden. Ähn-

t(1;6)(q23;p22)	del(5)(q13)	t(9;22)(q34;q11)
t(1;10)(q21;q23)	del(5)(q14)	chronische myeloische Leukämie
t(1;11)(q21;q23)	del(5)(q15)	t(9;22)(q34;q12)
t(1;12)(q21;p13)	del(5)(q12q31)	del(9)(q13)
t(1;17)(p36;q21)	del(5)(q13q31)	t(11;14)(q13;q32)
dup(1)(q21q31)	refraktäre Anämie	t(11;17)(q23;q23)
dup(1)(q23)	del(5)(q13q33)	t(11;21)(q25;q11)
i(1q)	del(5)(q14q34)	t(11;22)(q25;q11)
t(2;8)(p12;p24)	t(6;9)(p23;q34)	del(11)(q14)
Burkitt-Lymphom	del(6)(q23q25)	del(11)(q23)
t(3;8)(p21;q12)	del(7)(q11)	del(13)(q13)
t(3;8)(p25;q21)	del(7)(q22)	del(13)(q21)
t(3;11)(q21;p15)	t(8;14)(q24;q32)	t(14;18)(q32;q21)
t(3;12)(p21;q24)	Burkitt-Lymphom	t(15;17)(q21;q12)
dup(3)(q25)	t(8;21)(q22;q22)	t(15;17)(q22;q12)
dup(3)(p25)	akute myeloische Leukämie	akute Promyelozyten-Leukämie
del(3)(p25)	t(8;22)(q24;q11)	t(16;16)(p13;q22)
del(3)(q21p26)	Burkitt-Lymphom	i(17q)
t(4;11)(q21;q23)	t(9;11)(p21;q23)	del(17)(q11)
akute lymphatische Leukämie	t(9;11)(p22;q24)	del(20)(q11)
t(4;11)(q13;q22)	t(9;11)(p21;q13)	del(22)(q11)

Tabelle 13.1 Übersicht über Chromosomenveränderungen (t: Translokation, dup: Duplikation, del: Deletion, i: Inversion), die in einem größeren Tumormaterial wiederholt beobachtet worden sind (Mitelman, Lund, 1984). Einige Neoplasien sind unter den für sie spezifischen Veränderungen aufgeführt.

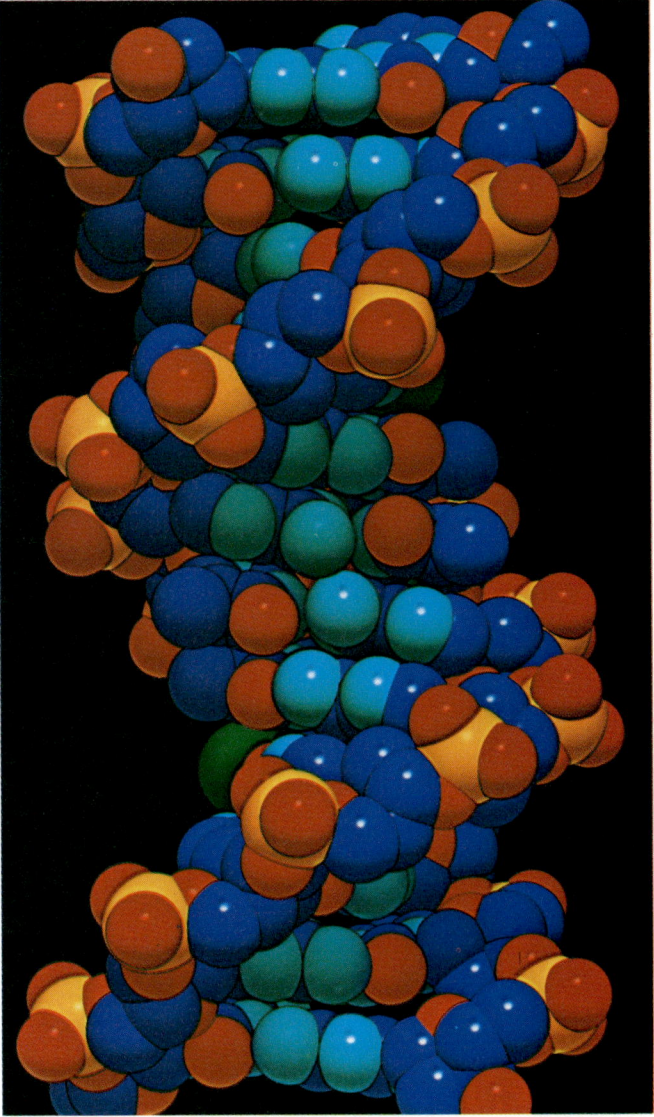

13.7 Modell der DNA-Doppelhelix, die aus zwei umeinanderlaufenden Zucker-Phosphat-Ketten und den von ihnen aus nach innen zeigenden „Basen" (Adenin, Cytosin, Guanin, Thymin) besteht. Die Basen – das „Alphabet" (A, C, G, T) der genetischen Information – sind über Wasserstoffbrücken paarweise (A–T und C–G) verbunden. Sie können zeitweilig gelöst werden – etwa wenn die DNA RNA-Kopien produziert (Dickerson 1985, in: *Erbsubstanz DNA*, Copyright Spektrum der Wissenschaft, Heidelberg).

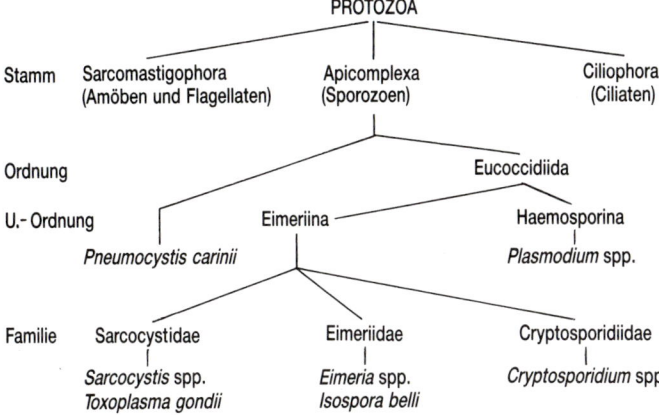

13.6 Übersicht über die systematische Stellung der im Text erwähnten Protozoen.

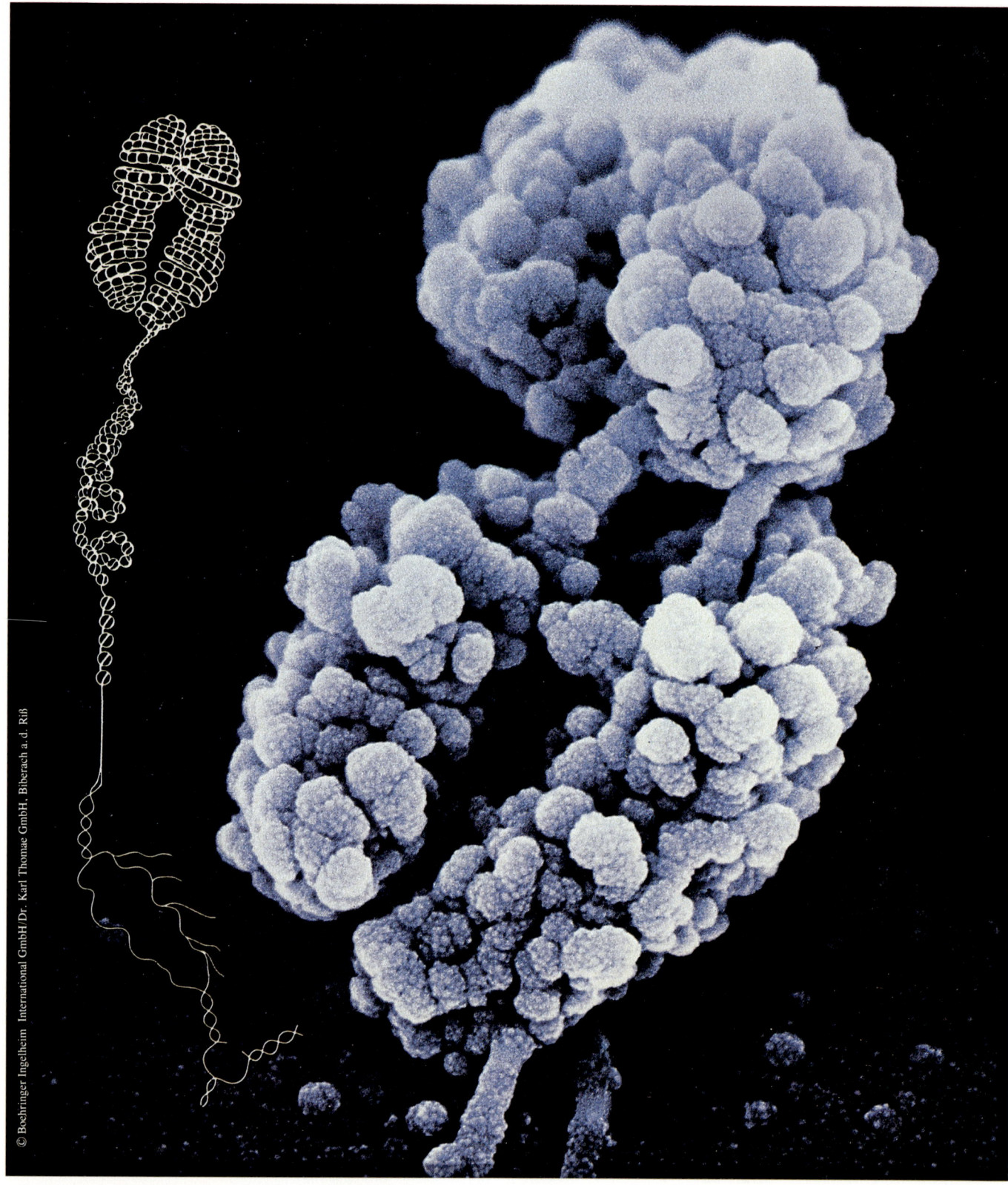

13.8 Die Faltung der DNA in einem Chromosom kann äußerst kompliziert sein. Links sieht man eine schematische Zeichnung des rechts photographierten, platinbeschichteten menschlichen Chromosoms (Photo: L Nilsson).

liche Beobachtungen bei Vogel-Leukämien (Neel et al. 1981, Fung et al. 1981, Payne et al. 1981) zeigen, daß das ursächliche Virus keineswegs immer beobachtbar bleiben muß, wenn die maligne Entwicklung erst einmal in Gang gesetzt ist. Die „hit-and-run"-Hypothese ist immer noch nicht endgültig abzuschreiben. Dies ist wichtig zu wissen, um die Schwierigkeiten richtig beurteilen zu können, die man beim Auffinden eines mit dem

Kaposi-Sarkom und vielen anderen bösartigen Tumoren vermutlich verknüpften Virus noch immer hat.

Es gibt in den Verwandtschaftsverhältnissen zwischen verschiedenen Virusarten gewisse historische Spuren. So ist z. B. das Epstein-Barr-Virus für Affen in der Alten Welt nicht onkogen, da diese schon immer mit den Viren der Herpes-Gruppe Kontakt hatten. Für die Affen der Neuen Welt hingegen hat das gleiche Virus einen ausgeprägten onkogenen Effekt, der vermutlich darauf beruht, daß das Immunsystem dieser Affen schlecht mit ihm zurechtkommt. Auch hinsichtlich des BLV, HTLV-I und anderer Onkoviren sowie des HIV und anderer Lentiviren hat man versucht, anhand der gefundenen Verwandtschaftsverhältnisse eine Art „Stammbaum" der Virusentwicklung aufzustellen. Danach ist das HIV wirklich eine neu aufgetretene Virusvariante.

Bei immer zahlreicheren Tumorformen ergeben sich Befunde, welche die Bedeutung der Onkogene für die Karzinogenese demonstrieren. Daß gerade das Chromosom 14 (auf dem das myc-Onkogen sitzt) auch beim NHL und BLL verändert zu sein scheint, zeigten Mark et al. 1978. Nakao et al. 1984 bestätigten dies auch für andere bösartige Erkrankungen des blutbildenden Systems. Man hat nun sogar die genaue Bruchstelle, vermutlich einen *locus minoris resistentiae* („Ort geringerer Widerstandsfähigkeit"), dieses Chromosoms beim Burkitt-Lymphom bestimmt (Tsujimoto et al. 1984).

Die Rolle der „onkogenen" chromosomalen Bruchstücke ist verwickelt und nicht ganz einfach zu erklären, aber für das Verständnis der Onkogenese von zentraler Bedeutung. Die kompakte Struktur der DNA-Doppelhelix (Abb. 13.7) vermittelt den zutreffenden Eindruck, daß nicht alle Teile dieses Riesenmoleküls direkt offenliegen und anderen Molekülen zugänglich sind. Die an sich schon kompliziert aufgebaute Helix kann sich nun wiederum im Verbund mit speziellen Proteinen zu einer „Superhelix" aufrollen und sich schließlich noch weiter − auch auf unregelmäßig erscheinende Weise − auffalten, so daß immer nur ein kleiner Teil des DNA-Stranges direkt von außen erreichbar ist (Abb. 13.8).

Proteine als Botenstoffe zwischen den Chromosomen oder verschiedenen Genabschnitten, als transformierende oder „abschaltende" Substanzen (die „switch-off"-Funktion ist ein bisher noch wenig durchschauter Mechanismus der Genregulation) brauchen Richtungsweiser, die das Zielobjekt ihrer jeweiligen Funktion markieren. Proteine „sehen" natürlich ein Molekül nicht, sondern „tasten" eher sein räumliches Elektronenverteilungsmuster ab, das − Fingerabdrücken ähnlich − den Molekülen ihre individuelle Struktur gibt. Diese ist − etwa für ein Proteinmolekül mit der Aufgabe, das Ausdrucken einer gewissen Boten-RNA von einem bestimmten Genabschnitt zu verhindern − das Zielmuster (Abb. 13.9). Ein Suppressor-Protein kann sich an den so charakterisierten DNA-Abschnitt „blockierend festklammern" (Abb. 13.10).

Man kann sich nun leicht vorstellen, daß ein solches „Stopper"-Protein (Suppressor) ziemlich „hilflos" wird, wenn sein Zielobjekt sich nicht mehr an der richtigen Stelle befindet, denn in das charakteristische Zielmuster geht ja auch das molekulare Profil der Umgebung mit ein, welche auch die Sekundärstruktur mitbestimmt. Demzufolge ist ein Onkogen, wenn es in einem falschen Chromosom sitzt oder sogar in ein Virusgenom integriert ist, der Kontrolle des Wirtsorganismus effektiv entzogen − eine folgenschwere Unterbrechung eines im Inneren der Zelle ständig wirksamen Mikroregelkreises (Feedback-Prozesses).

In letzter Zeit sind Chromosomenstudien auch an geschwollenen Lymphknoten durchgeführt worden, wie man sie in den Vorstadien von AIDS beobachten kann (Takeuchi et al. 1985). Man hat chromosomale Veränderungen gefunden, die mit jenen beim malignen Lymphom identisch zu sein scheinen. Also ist wahrscheinlich schon dieses lymphoproliferative Vorstadium ein Effekt spezifischer zytogenetischer Veränderungen.

Es gibt inzwischen auch Anhaltspunkte dafür, daß sich sogar die Paget-Krankheit auf ein „respiratory syncytial virus" zurückführen läßt (Mills et al. 1981), und auch beim Thymuslymphom

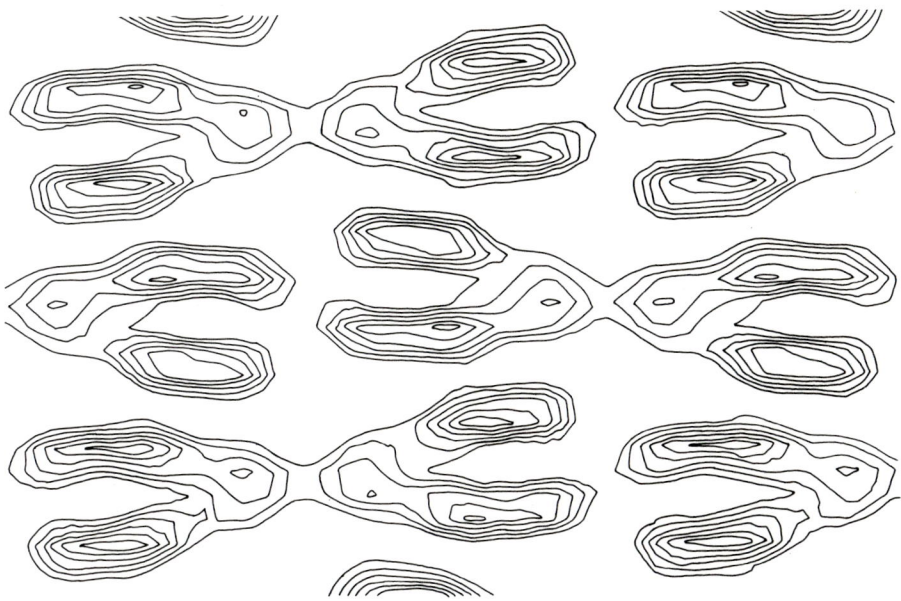

13.9 Elektronendichteverteilung eines chromosomalen Strukturelements (Nucleosom), in dem das DNA-Molekül auf komplizierte Weise aufgewickelt ist. Solche Verteilungen − variationsreich wie etwa Fingerabdrücke − stellen eine Art „Suchadresse" für DNA-bindende Proteinmoleküle dar (Kornberg und Klug 1985, in: *Erbsubstanz DNA*, Copyright Spektrum der Wissenschaft, Heidelberg).

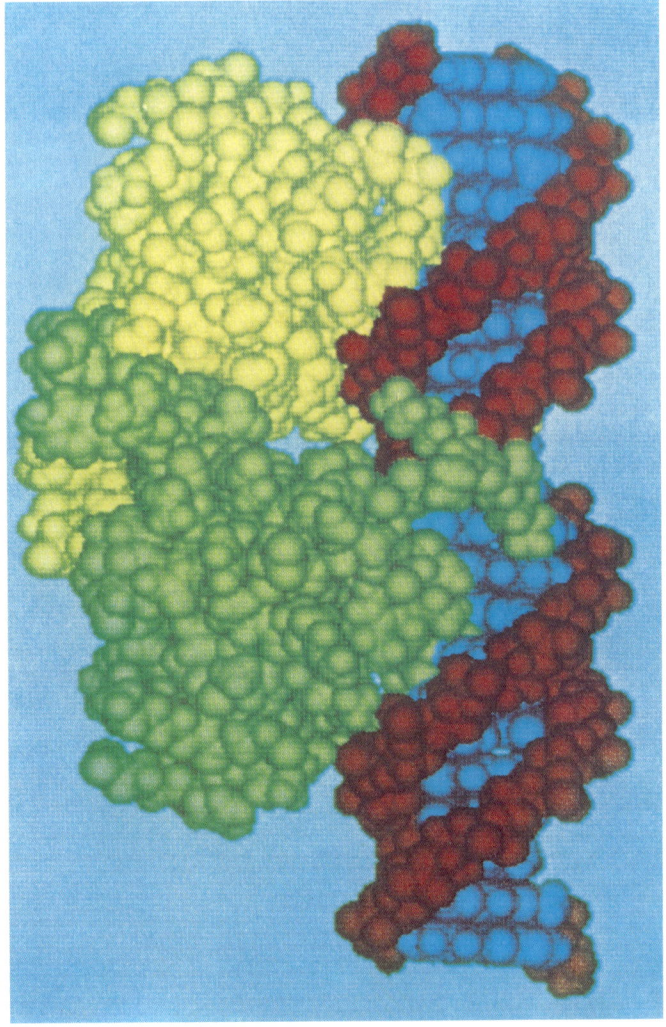

13.10 Auf diese Weise kann sich ein Repressorprotein, hier der sogenannte Lambda-Repressor (gelb-grün), der DNA-Doppelhelix (blau-rot) anlagern (nach Feldmann, Pabo und Lewis; Ptashne et al. 1985, in: *Erbsubstanz DNA*, Copyright Spektrum der Wissenschaft, Heidelberg). Damit wird das „Ausdrucken" von mRNA verhindert, also die Funktion gestoppt.

ist man auf spezielle Rezeptoren gestoßen, die für eine Beteiligung von Retroviren sprechen könnten (McGrath et al.
1979). Solche Rezeptoren sind auch beim
invasiven Blasenkrebs und bei einer gastrointestinalen Krebsform (Raux et al.
1983) gefunden worden. Alles dies läßt
vermuten, daß wir bisher nur den Faden-
anfang eines großen Knäuels rasch wachsender Erkenntnisse zur Onkogenese in
der Hand halten. Es scheint, als ob —
auch ohne die Beteiligung eines Virus —
frühe Unglücksfälle auf molekularem Niveau („early molecular events") eine
Ausgangslage schaffen, die bei einer ver-
sagenden immunologischen Überwachung zu einer manifesten bösartigen Erkrankung führen. (Hierzu gibt es von Purtilo (1984) eine ausgezeichnete Zusammenfassung; vergleiche auch Hehlmann
et al. 1983, Philipson 1984.)

Man kann, um sich die Bedeutung der
bremsenden Einflüsse im Bereich der
Zellentartung vor Augen zu halten, auch
an jenen genetischen Defekt denken, bei
dem reparierende Nucleoenzyme fehlen:
Die darauf beruhende Erkrankung Xero-
derma pigmentosum läßt etwa bei mittel-
amerikanischen Indianern schon in jungen
Jahren zahlreiche Tumoren erst in der
Haut, dann in inneren Organen auftreten.

Wie gerade die T-Zellen — insbeson-
dere die von den T_h-Zellen aktivierten T_c-
Zellen — aktiv an der immunologischen
Überwachung von bösartig entgleisenden
Zellen teilnehmen, zeigen unter anderen die Bilder 11.5, 11.11
und 11.12. Es ist leicht einzusehen, daß ein Ausschalten dieses
immunologischen Systems automatisch ein erhöhtes Risiko für
die Entwicklung gewisser bösartiger Tumoren, unabhängig von
den zugrundeliegenden Ursachen, mit sich bringt.

In einer Arbeit von Shabtai et al. (1984) werden gerade die
wiederholt beobachteten „Fragilitäts"-Punkte verschiedener
Chromosomen beschrieben. Vor allem die Chromosomen 1, 2, 9
und 16 sind immer wieder betroffen, und das Chromosom 2
scheint ein ausgeprägtes onkogenes Potential zu tragen. Da die
Gene für das Alpha-Interferon auf dem Chromosom 9 liegen und
ausgerechnet die alpha-IFN-Produktion beim AIDS gestört zu
sein scheint (indem ein verändertes, säurelabiles IFN dominiert),
sollte man vielleicht diesem Chromosom bei AIDS-Patienten besondere Aufmerksamkeit schenken.

Zu den Fragen der Onkogenese lassen sich auch epidemiologische Gesichtspunkte anführen. Eine aufschlußreiche Einzelbe-
obachtung ist etwa der in Kapitel 10 (S. 77/78) schon erwähnte
Fall vermuteter „Übertragung" von lymphatischen Tumoren
(Grufferman et al. 1985). Über die Beiträge der Epidemiologie
zum Thema der möglichen Virusgenese maligner Erkrankungen
geben Grufferman und Delzell (1984), Greenberg et al. (1983)
sowie Pearce et al. (1985) eine Übersicht.

Charakteristisch ist das Zusammenfallen des Ausbreitungs-
gebietes gewisser Tumorformen mit der geographischen Verteilung anderer Parameter. Zwei Karten (Abb. 13.11) zeigen zum
einen die Klimazonen Afrikas, zum anderen die Verbreitung des
Burkitt-Lymphoms. Ein Vergleich spricht eindeutig für die Bedeutung von Milieufaktoren für diese Erkrankung. Man hat in
diesem Fall vor allem Insekten verdächtigt, die an bestimmte
Niederschlags- und Temperaturverhältnisse gebunden sind.

In den Zellen HIV-infizierter Kulturen hat man bisher noch
keine Chromosomendefekte entdecken können. Wo man sie aus-

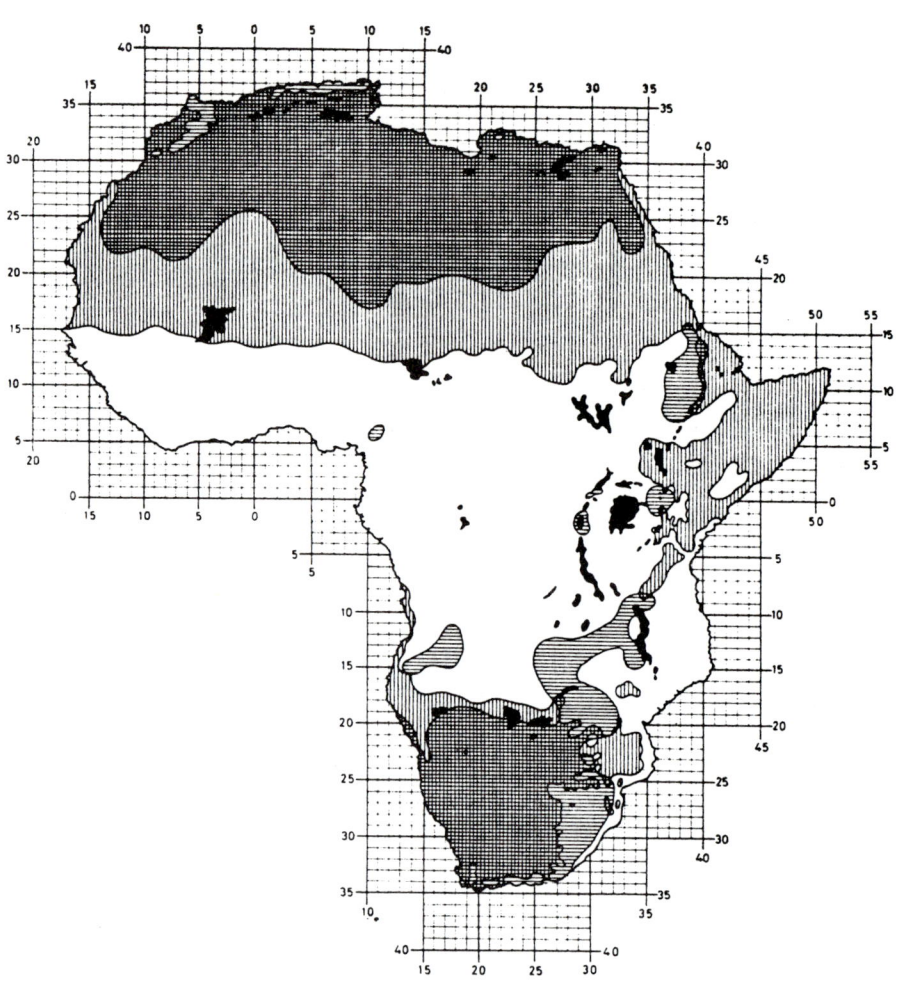

13.11 Oben: Afrikas Klimazonen, eingeteilt nach jährlicher Niederschlagsmen-
ge und niedrigster Jahrestemperatur (weiß: regenreichste und ständig heiße Gebiete). Besondere Aufmerksamkeit ist auf die schwarz markierten Seen- und Sumpf-
gebiete zu legen. Rechte Seite: Auffällig klima-kongruente Verteilung von Burkitt-Lymphomen über die zentralen Klimazonen. Die großen Feuchtgebiete treten
deutlich hervor (Haddow 1983).

nahmsweise am Anfang gesehen hat, sind sie in der Regel später
verschwunden. Dieses Phänomen scheint darauf zu beruhen, daß
in den Kulturen eine sekundäre Infektion (Transfektion) von
nicht-neoplastischen Zellen stattfindet, die im Laufe der Zeit in
der Kultur die Oberhand gewinnen und allmählich die etablierte
Zell-Linie bilden (Nowell et al. 1984). Dieser Vorgang ist von
anderen Zellkulturen her bekannt.

Möglicherweise bereitet eine Affinität des HIV zu einer unreifen Angioblasten/Fibroblasten-Stammzelle die Entwicklung
eines Kaposi-Sarkoms vor. Man könnte sich denken, daß — vergleichbar dem Verhältnis zwischen dem zytopathischen Effekt
des HIV auf reife T-Zellen und dem transformierenden Einfluß
auf unreife Prä-T-Zellen — ein zytopathischer Effekt ausschließlich auf reife Fibroblasten ausgeübt wird, auf unreife Prä-Angio/
Fibroblasten hingegen nur ein transformierender Einfluß. Ein
geringer Grad zellulärer Differenzierung würde sozusagen im
Augenblick des Virusangriffs arretiert, was die Zelle statt in
Richtung auf den Zelltod zur Neoplasie hin drängen könnte.

Eine Affinität von Lentiviren zu Fibroblasten ist bekannt,
und auch für das HIV hat man sie erwogen, was gut zu den bei
AIDS-Patienten beobachteten klinischen Veränderungen der
Haut und des Bindegewebes passen würde. Bisher hat sich jedoch ein direkter Einfluß auf die Fibroblasten nicht beweisen lassen (auch wenn sich das HIV in diesem Zelltyp schon anzüchten
ließ) — vielleicht handelt es sich also um eine indirekte, über andere Zellelemente vermittelte trophische Störung. Möglicher-

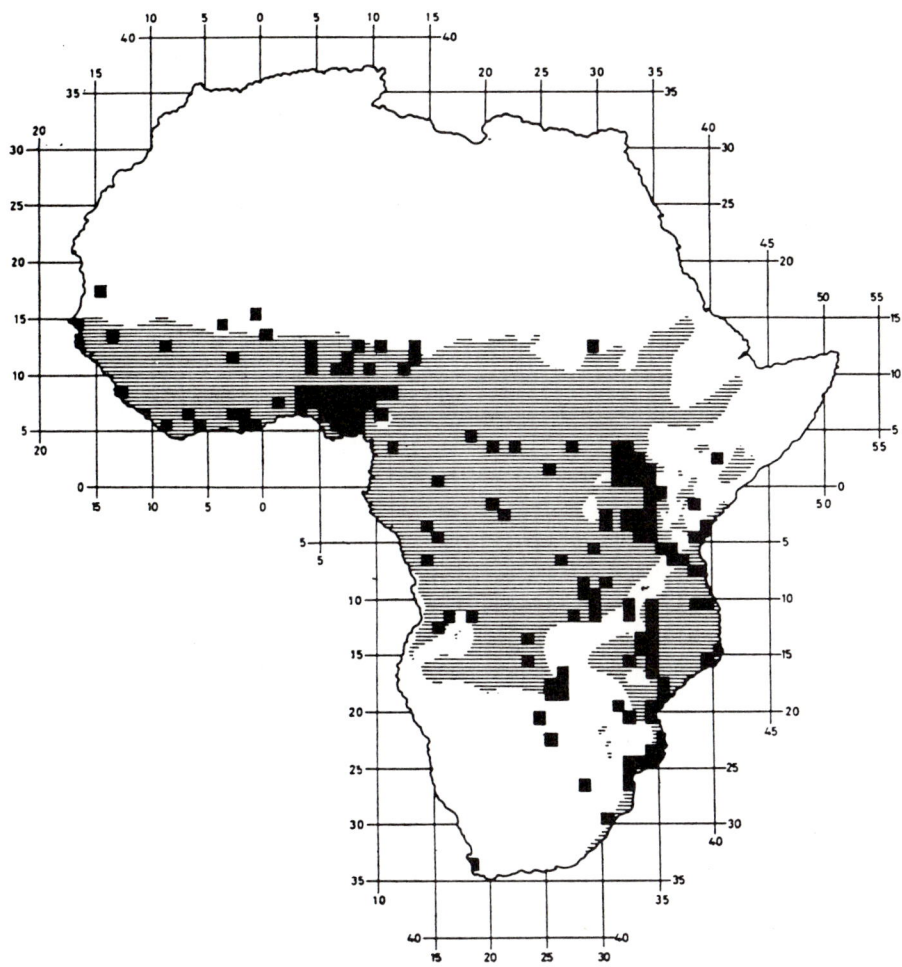

Ein chronischer „Trigger" für einen solchen Prozeß könnte durchaus ein Intestinalparasit wie die *Entamoeba histolytica* sein, die neben einigen Enzymen (Malat-Dehydrogenase, Hexokinase, Glucose-Phosphat-Isomerase und Phosphoglucomutase) mit einem aggressiven, dem Perforin ähnlichen Peptid ausgerüstet ist, das die Zellmembran schädigt. Dies wäre auch eine einfache Erklärung für die auffallend unterschiedliche Prävalenz gerade des Kaposi-Sarkoms in verschiedenen Risikogruppen. Die Neigung, ein Kaposi-Sarkom (und vielleicht auch andere maligne Erkrankungen) zu entwickeln, scheint mit der variierenden Frequenz solcher, den Entartungsprozeß eventuell „anheizender" chronischer Infektionen gut zu korrelieren.

Gerade die *Entamoeba „histolytica"* hat ihren Beinamen nicht ohne Grund. Die von ihr verursachte ausgeprägte Epithelschädigung muß für den Organismus ein permanentes reparaturstimulierendes Signal bedeuten. Vielleicht beruht das von Schwartz et al. (1984) beobachtete Prä-Kaposi-Sarkom gerade auf einer solchen chronischen Stimulation. Die von Lo und Liotta (1985) wie auch von Friedman-Kien (1984) untersuchten transformierenden Substanzen könnten das durch eine Virusintegration dislozierte Regulatorgen für die Gefäß- und Bindegewebsproliferation bzw. dessen Proteinprodukt darstellen. Dic Wundheilung − einer der häufigsten und elementarsten Reparaturprozesse des Organismus − wird sicher von einem zuverlässigen Regelkreis kontrolliert.

weise ist auch das Zytomegalie-Virus (CMV) hier die primäre Ursache und die HIV-Infektion nur noch der „Auslöser".

Als auslösender Faktor für eine maligne Transformation kommt die Aktivierung eines Regulatorgens in Frage, das einen generellen Wundheilungsprozeß, also eine Gefäß- und Fibroblastenproliferation, auslöst. Der spezifische Stimulator müßte eine Substanz sein, die ausgerechnet das für diesen Reparaturprozeß verantwortliche Gen anregt. Eine ganze Reihe derartiger Botensubstanzen werden z. B. bei einem Epithelschaden freigesetzt.

Insgesamt sieht es so aus, als würde die Onkogen-Forschung sowohl zum Verständnis von AIDS beitragen als auch selbst Impulse erhalten von den intensiven Bemühungen, mit dem onkogenen Lentivirus HIV zurechtzukommen. **Es ist zu erwarten, daß das Ausmaß dieser Anstrengungen alles in den Schatten stellen wird, was menschliche Wissenschaft bisher mit gemeinsamen Kräften zu bewältigen versucht hat.**

14 Therapeutische Ansätze

Die Fortschritte bei der Therapie von AIDS sind bislang wenig ermutigend, was allerdings in Kenntnis der Natur dieses Virus kaum überraschen kann. Um in die Vielfalt der im folgenden Text erwähnten therapeutischen Ansätze und Gedanken über mögliche zukünftige Ansatzpunkte eine gewisse Übersichtlichkeit und Ordnung zu bringen, sind die einzelnen Zielpunkte oder -schritte für die Therapie in Abbildung 14.1 mit roten Pfeilen markiert. Die eingefügten Zahlen (die die Zyklusstadien kennzeichnen) treten in der Tabelle 14.1 wieder auf, wo zahlreiche Medikamente und ihre Angriffspunkte zusammengestellt sind.

Alle Therapieformen, die in irgendeiner Form geeignet erschienen, sind ausprobiert worden: bereits bekannte antivirale Mittel, Interferone, Cortison, Zytostatika und T-Lymphozyten-stimulierende Substanzen. Knochenmarkstransplantation, Lymphozytentransfusionen und Lymphozytenplasmapherese haben enttäuscht. Es hat Versuche gegeben, die zellgebundene Immunität zu stimulieren, den Gamma-Interferon-Mangel zu kompensieren und die Thymusdrüse anzuregen, doch befindet sich alles dies noch im Stadium tastender Versuche.

Serienweise werden neue Virostatika erprobt. **Phosphonoameisensäure** (Markenname Foscarnet) ist ein Hemmer der viralen Polymerase und hat in vitro auch einen inhibitorischen Effekt auf die Reverse Transkriptase (RT) des HIV gezeigt. Allgemein hofft man, mit Hilfe eines RT-Antagonisten die Überset-

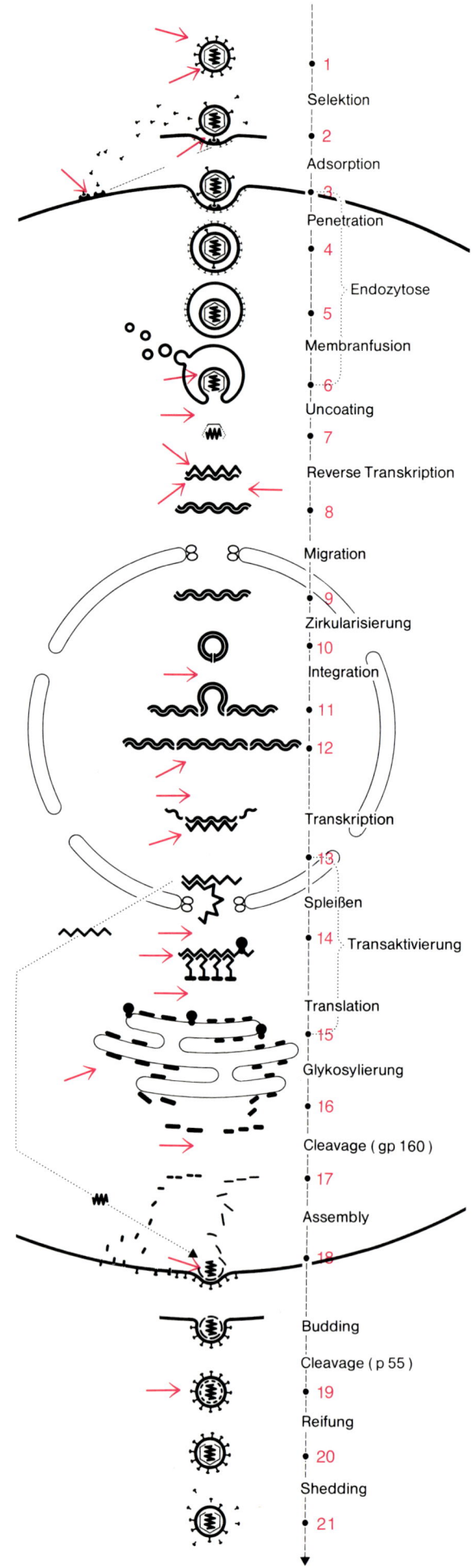

Selektion

• 1

Adsorption

• 2

Penetration

• 3

Endozytose

• 4

Membranfusion

• 5

Uncoating

• 6

Reverse Transkription

• 7

Migration

• 8

Zirkularisierung

• 9

Integration

• 10

• 11

• 12

Transkription

• 13

Spleißen

Transaktivierung

• 14

Translation

• 15

Glykosylierung

• 16

Cleavage (gp 160)

• 17

Assembly

• 18

Budding

Cleavage (p 55)

• 19

Reifung

• 20

Shedding

• 21

14.1 In dem schon in Kapitel 10 gezeigten und näher besprochenen Lebenszyklus des HIV sind hier die möglichen Angriffspunkte für therapeutische Substanzen durch rote Pfeilspitzen markiert. Die Zahlen rechts markieren die unterschiedlichen Stadien des Zyklus; sie sind in der Tabelle 14.1 als Verweise auf die entsprechenden Wirkungsorte benutzt. Viele Medikamente und Verfahren greifen nicht direkt an einem genau bestimmbaren Punkt in diesem Schema an; die folgende Zusammenstellung gibt weitere Wirkungsweisen an: I: Immunstimulation und -modulation, II: Proliferationshemmung, III: Entfernung toxischer Produkte (z. B. Plasmapherese), IV: Selektion von Antigenen (z. B. durch Magnetosphären), V: zielgerichteter Transport in infizierte Zellen (z. B. durch Immuntoxine), VI: Immunsuppression, VII: Substitutionstherapie (etwa Knochenmarkstransplantation). Die römischen Ziffern sind ebenfalls in der Tabelle 14.1 benutzt.

zung der Virus-RNA in DNA verhindern zu können. Allerdings hat sich die Überführung der im Reagenzglas beobachteten Effekte auf den lebenden Patienten als sehr schwierig erwiesen.

In Frankreich wurden anfangs gewisse Erfolge mit dem Transkriptasehemmer **HPA 23** vermeldet, einer Antimon-Wolframverbindung (Rozenbaum et al. 1985), die schon seit Jahren an Leukämieviren erprobt wird. Klinische Versuche ergaben zweifelhafte Erfolge: Man beobachtete eine starke Neigung zu schwerer Thrombozytopenie, und eine Verbesserung immunologischer Parameter konnte nicht festgestellt werden.

Auch andere Substanzen mit antiviralen Eigenschaften wie **Ribavirin**, **Suramin** und **Inosine Pranobex** (Isoprinosin) sind − leider ohne größeren Erfolg − erprobt worden. Suramin hat man in den USA in klinischen Versuchen an AIDS-Patienten getestet; überzeugende Erfolge waren nicht zu vermelden, hingegen ernste Nebenwirkungen, weshalb die meisten Untersuchungen damit inzwischen eingestellt wurden. Suramin scheint sehr toxisch zu sein, Ribavirin und Isoprinosin weniger, das oben erwähnte Foscarnet kaum − deshalb laufen mit dem letztgenannten Mittel einige aktuelle therapeutische Studien mit sehr hohen Dosen in parenteraler Form. Zwei neue Studien beschreiben die Wirkungen einer Weiterentwicklung der antiviralen Substanz Ribavirin; es handelt sich hierbei um die Substanz Spiro-piperidylrifamycin, **Ansamycin** oder LM427. Sie scheint besser verträglich, vielleicht auch effektiver zu sein.

Aus Japan wurde schon 1984 über erfolgreiche Versuche mit **Lentinan** berichtet (Aoki et al. 1984), einem Extrakt des Pilzes *Lentinus edodes*, den man in Kombination mit hohen Dosen Immunglobulin verabreichte. Doch trotz anfänglicher „bleibender klinischer Verbesserungen" und sogar einer Konversion zur Seronegativität wurde es bald still um diese Substanz.

Behandlungsversuche mit verschiedenen Thymus- und Thymuszellpräparaten, darunter auch der Thymusextrakt **THX** des schwedischen Quacksalbers Sandberg, haben keinen Effekt gezeigt. (Wie immer tauchen an den Betten sterbender AIDS-Patienten zahlreiche Phantome der Hoffnung auf.) Die **Thymosinfraktion V** (TF 5) hat sich in vitro als effektiv erwiesen, in vivo aber versagt. Auch **Vitamin C** in hohen Dosen ist erfolglos erprobt worden.

Groß angekündigt wurden auch französische Therapieversuche mit **Cyclosporin**, einer immunsuppressiven Substanz. Dieses therapeutische Konzept erscheint bei einer Immunsuppression an sich absurd, aber im Hinblick auf die vermutete Zerstörung von T_h-Zellen als Folge eines Autoimmunprozesses ist es keineswegs ganz abwegig. Cyclosporin blockiert offenbar den T4-Rezeptor. In der Tat sah man initial eine deutliche Steigerung der T_h-Zellwerte. Dieses Ergebnis wurde nach lediglich einer Woche Beobachtungszeit bei nur sechs behandelten Patienten auf einer Pressekonferenz als „großer Durchbruch" gefeiert − der schnelle Tod der so behandelten Patienten ließ dies jedoch zu einem Fiasko werden. Immerhin hat man auch andernorts Beobachtungen gemacht, die darauf hindeuten, daß Cyclosporin antivirale Eigenschaften haben könnte. Seine Anwendung bei AIDS jedoch bleibt sicher eine zweischneidige Sache.

In den USA hat man in vitro gute Resultate mit der spermiziden Substanz **Nonoxynol-9** erzielt, deren Anwendung sich zumindest als lokale Prophylaxe empfiehlt, um einen uninfizierten Partner zu schützen. Die Wirkung ist eher „desinfizierend"; zur systemischen Anwendung, etwa als einzunehmendes Arzneimittel, ist dieses Mittel nicht geeignet.

Das Hauptproblem bei derartigen Substanzen ist, daß ein günstiger in-vitro-Effekt nicht ohne weiteres auch im Organismus von AIDS-Patienten erzielt werden kann. In vivo scheint nichts so einfach zu sein wie im Reagenzglas. Man kann das HIV in vitro mit 20%igem Alkohol oder 1%igem Glutaraldehyd ohne Schwierigkeit abtöten, ohne daß diese Substanzen als Arzneimittel in Frage kämen. An dieses Problem müssen wir uns gewöhnen. Nicht selten sieht man in klinischen Versuchen „eine gewisse Verbesserung". Derartige Beurteilungen sind vermutlich häufig Ausdruck einer Hoffnungshaltung in Abwesenheit signifikanter Resultate.

Azidothymidin (AZT, Retrovir, Zidovudin, früher BWA 509U oder „compound S") wird gerade in klinischen Versuchen geprüft und erscheint zweifellos vielversprechend. AZT ist ein „falscher Nucleosidbaustein" und blockiert recht effektiv die Synthese der Provirus-DNA. Man hat bei zahlreichen Patienten eindeutige klinische Verbesserungen erzielt, aber die Nebenwirkungen, darunter eine Transfusionen erfordernde schwere Anämie, sind wohl auf die Dauer nicht akzeptabel. Viele Patienten sterben trotz der AZT-Behandlung, bei anderen muß sie wegen verschiedener Nebenwirkungen ausgesetzt werden.

Didesoxycytidin (DDC) ist ein weiterer Schritt in dieselbe Richtung. Auch dabei handelt es sich um ein „falsches" Nucleosid, das die genetische Transkription blockiert. Es scheint besser verträglich zu sein als AZT. Weitere ähnliche Substanzen sind: Acyclovir, CS 85, CS 87, DDA, D4C und Vidarabin.

Auch **Alpha-Interferon**, jetzt in größeren Quantitäten produzierbar, wird erprobt. Es blockiert die virale Proteinsynthese und damit die Virusreplikation. Besonders das rekombinierte IF-alpha-A (rIFaA) erwies sich in vitro als effektiv. **Interleukin-2** (rIL-2) hat sich in einer anderen Studie günstig auf die Lymphozytenfunktion ausgewirkt, und bei Neugeborenen hat man einen eindeutigen positiven Effekt auf die Aktivität der Natural-Killer-Zellen beobachtet.

Versuche sind auch mit **Imreg-1**, **Imreg-2**, **Prosorba** und **Therafektin** gestartet worden, alle bisher noch ohne eindeutige Erfolge. In Südafrika laufen Versuche mit dem Immunstimulator **Gamma-Linolensäure**. Hyperimmunserum mit einem hohem Titer an **Gammaglobulin** zeigt einen mäßigen Effekt. Allerdings berichten Oleske et al. aus New Jersey über Teilerfolge (eindeutige Lebensverlängerung) bei Kindern.

Thymustransplantation hat versagt, da stets rasch eine Reinfektion des Transplantats erfolgte, die unvermeidbar scheint. Ähnlich sind auch die Erfahrungen mit der **Knochenmarkstransplantation** ausgefallen (außer im Falle eines eineigen Zwillingspaares, bei dem die Therapie massiv mit Virostatika wie auch mit Immunglobulinen unterstützt wurde).

Einen mindestens temporären Effekt scheint die **Plasmapherese** zu haben, wenn man gleichzeitig die Komplementfaktoren ersetzt. Zumindest werden viele (autoimmune?) klinische Symptome markant gemildert, vielleicht weil damit ein Mangel an C4-Protein behoben wird, das für die Aktivierung des sogenannten „alternative pathway" der Komplementreaktion und die Anhäufung schwer abbaubarer Immunkomplexe verantwortlich ist.

Lymphozytentransfusionen und **Laevamisole**, ein schon lange bekannter Lymphozytenstimulator, sind ebenfalls eingesetzt worden, und auch dabei glaubt man, günstige Effekte gesehen zu haben. Alle diese Beobachtungen müssen jedoch über längere Zeiträume bestätigt werden und andernorts reproduzierbar sein, ehe man zu ihnen Stellung nehmen kann.

Bei **Ciamexone** und **Acimexone** handelt es sich um zwei neue Substanzen, von denen die erstere einen sehr zweifelhaften Effekt (Hemmung der B-Zell-Proliferation) aufweist, die letzte-

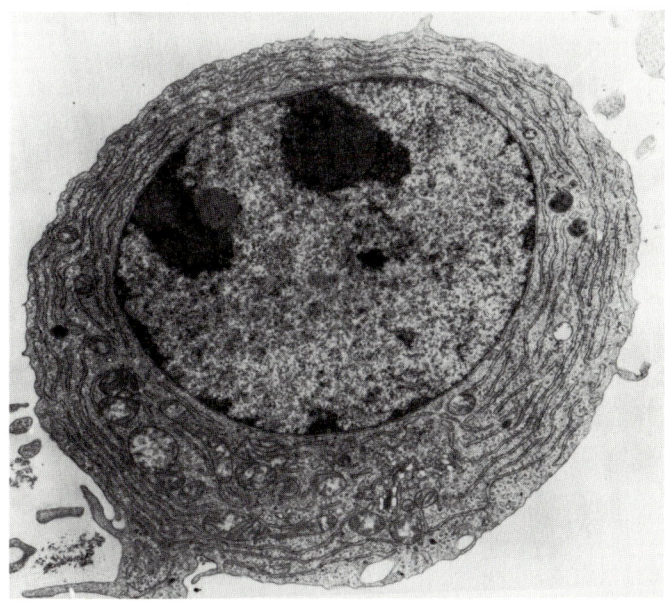

14.2 Eine Plasmazelle, ein ausdifferenzierter B-Lymphozyt. Diese zur Produktion von Immunglobulinen gezüchtete Zelle — eine Art Antikörperfabrik — wurde aus einer Plasmazellkultur von einem Myelompatienten gewonnen (ein Myelom ist eine Plasmazell-Leukämie). Zu beachten sind die zahlreichen, konzentrisch um den Kern angeordneten Lamellen des mit Ribosomen besetzten endoplasmatischen Retikulums, welche die Stätte der Antikörperbildung darstellen (Karpas-Zell-Linie 707, A Karpas, Univ. Cambridge).

re jedoch wegen ihrer moderaten therapeutischen Wirkung (sie führt zu einer Verminderung der T8-Zellen) weiter erforscht werden wird.

Mittels bestimmter **monoklonaler Antikörper** hofft man, den unzureichenden zytotoxischen Effekt von T_c-Zellen wiederherstellen zu können. Überhaupt konzentrieren sich manche Forscher auf eine Verbesserung der bei AIDS schwer gestörten Killerzell-Funktion.

Von größerem Interesse sind die spezifischen **Anti-HIV-Antikörper**. In Großbritannien werden schwerkranke AIDS-Patienten versuchsweise mit von asymptomatischen Patienten gewonnenen „neutralisierenden" Antikörpern behandelt. Sollte diese Methode nutzbringend sein, und bisher sieht es fast so aus, gäbe es einen wichtigen therapeutischen Ansatzpunkt. Man könnte dem Mangel an solchen Antikörpern dann theoretisch nicht nur durch wirksame Impfungen, sondern auch gentechnologisch durch Klonierung hybridisierter, antikörperproduzierender Bakterienstämme oder durch Antikörperbildung in geeigneten Plasmazellkulturen abhelfen. So gibt es bereits von Leukämiepatienten gewonnene Plasmazellen, die im Labor zu einer abundanten Produktion monoklonaler Antikörper gebracht werden können (Abb. 14.2). Viele dieser Ansätze sind jedoch erst in der Entwicklung. Insgesamt sieht es bisher nicht so aus, als sei man einer effizienten medikamentösen Beeinflussung der HIV-Infektion dicht auf der Spur.

Die Forschungsvorhaben der pharmazeutischen Industrie in aller Welt lassen sich kaum mehr erschöpfend aufzählen. Sandoz z. B. erprobt einen neuen Immunstimulator (ADA 202-718, Ethylen-2,2'-bis(dithio)-bis(ethanol)), und es gibt Dutzende weitere Substanzen, die zur Zeit Gegenstand intensiver Erprobung in privater Regie sind. Nicht zuletzt die rasche Entwicklung verschiedener Testkits oder die Decodierung des Virusgenoms durch Genentech (Muesing et al. 1985) zeigen, welche enorme wissenschaftliche Potenz auch dort vorhanden ist.

Ein konkretes Bild von der Intensität der aktuellen Forschung und Entwicklungsarbeit einzelner Unternehmen und Institute vermittelt der folgende Auszug aus dem *CDC Aids Weekly* vom 1. Juni 1986:

Weltweit an Medikamenten und Impfstoffen zur AIDS-Bekämpfung arbeitende Firmen und Organisationen:

- Burroughs Wellcome, Triangle Park, NC und Wellcome Foundation, Ltd., Großbritannien: Azidothymidin (Compound S, AZT, BWA509U) und unbenannter Impfstoff in Zusammenarbeit mit U.S. NIH.
- Rhone Poulenc Sante, Monmouth Junction, NJ, Tochterunternehmen von Rhone-Poulenc S.A., Lizenznehmer des Institut Pasteur: HPA-23 (heteropolyantimoniotungstate).
- Degussa AG, BRD, und Degussa Corporation, Teterboro, NJ: unbenanntes Medikament.
- Sereno Laboratories, Randolph, Mass.: TP-1 (Thymostimulin).
- Sandoz, Basel und East Hanover, NJ: CyA (Sandimmune, Cyclosporine A).
- Hoffman-La Roche, Inc., Nutley, NJ: Roferon-A (Alpha-Interferon), unbenannter Impfstoff, IL-2 (Interleukin-2).
- Cetus Corp., Emeryville, CA: IL-2 (Interleukin-2), unbenannter Impfstoff, Interferon.
- George Washington University Medical Center: Thymosin/Aspirin.
- Genentech, Inc., San Francisco, CA: unbenannter Impfstoff, Gamma-Interferon, Interleukin-2 (IL-2).
- Merieux Institute, Frankreich, Schwesterunternehmen von Rhone-Poulenc: Imuthiol (DDTC, Dithiocarb, Natriumdiethyldithiocarbamat).
- Biotech Research Laboratories, Rockville, MD: unbenannter Impfstoff.
- Cambridge Bioscience, Hopkinton, Mass.: unbenannter Impfstoff.
- Dana Farber Cancer Institute, Boston, Mass.: unbenannter Impfstoff.
- Duke University, Durham, N.C., Howard Hughes Medical Institute: unbenannter Impfstoff.
- Transgene, Straßburg: unbenannter Impfstoff in Kooperation mit dem Institut Pasteur.
- Imre Corp., Seattle, WA: Prosorba.
- Pharmitalia, Italien: Ansamycin.
- Bayer AG, BRD: Suramin.
- Astra Pharmaceuticals, Kanada und Schweden: Foscarnet (PFA, Phosphonoformate, Trisodium phosphonoformate).
- Biogen: Alpha-Interferon, Interleukin-2 (IL-2).
- Chiron Corp., Emeryville, CA: unbenannter Impfstoff.
- Southwestern Foundation for Biomedical Research, San Antonio: TX; unbenannter Impfstoff.
- Centocor, Inc., Malvern, PA: unbenannter Impfstoff.
- Harvard University Medical School, Cambridge, MA: unbenannter Impfstoff.
- Shering-Plough Corp.: Alpha-Interferon.
- Eastman Kodak Co., Rochester, NY, und ICN Pharmaceuticals, Inc., Tochterunternehmen Viratek, Inc., Costa Mesa, CA, und Nucleic Acid Research Institute, Costa Mesa, CA: Ribavirin (Virazole).
- Greenwich Pharmaceuticals, Greenwich, CT.: Therafectin.
- Imreg Pharmaceuticals, New Orleans, LA: IMREG-1.
- Ciba-Geigy, New York: Lamprene.
- E.I. de Pont de Nemours & Co.: Naltrexone.
- Praxis Pharmaceuticals, Inc., Beverly Hills, CA, und Tochterunternehmen Matrix Research Labs, New York, und Weizmann Institute of Science, Rehovot, Israel: AL-721.
- Weizmann Institute of Science, Tel Aviv, Israel: Thymic Humoral Factor (THF).
- Newport Pharmaceuticals International, Inc., Newport Beach, CA, Delalande Laboratories, Inc., Frankreich, und Douglas Pharmaceuticals Ltd., Auckland, Neuseeland: Isoprinosine (Inosine pranobex, INPX).

(Institut Pasteur, CDC, NIH, NCI, NIAID und andere größere staatliche Institutionen sind hier weggelassen.)

Es gibt nun noch eine Reihe weiterer ausgeklügelter Methoden, die zur Bekämpfung des AIDS-Virus angewandt werden können. So erwägt man etwa, den T4-Rezeptor mit monoklonalen Antikörpern zu blockieren, damit das Virus gar nicht erst in die Zellen hineingelangt. Dazu müßte man allerdings so gut wie alle T4-Rezeptoren (an Milliarden von Zellen) blockieren; da diese mit Sicherheit eine Funktion erfüllen, sind die dabei notwendigerweise zu erwartenden Nebenwirkungen gar nicht abzuschätzen. Auch das sogenannte **Peptid T** soll einen solchen Effekt haben. Es ähnelt einem angeblich konstant vorkommendem Oktapeptid des Virus (Pert et al. 1986, Wetterberg et al. 1986-1, -2). Die Ergebnisse sind bisher sehr umstritten.

Statt am T4-Rezeptor kann man am Hüllprotein des Virus nach blockierbaren Bindungsepitopen suchen, was schon besser aussieht. Noch vielversprechender ist der Ansatz, gewisse Proteinprodukte etwa der tat- oder der art-Region des Virusgenoms durch Antagonisten zu blockieren. So ließe sich wenigstens die Virusreplikation hemmen. Auch die noch unverstandenen Regionen sor, 3'-orf, „R" und „X" könnten solche Angriffspunkte bieten.

Da theoretisch jeder Schritt des HIV-Lebenszyklus eine mögliche Schwachstelle darstellt, wird auch nach Hemmstoffen für das „Uncoating" des Virus (wie etwa **Amantadin**) gesucht. Ferner kann man sich Antagonisten der RNase H denken, welche die Komplettierung des DNA-Provirus verhindern könnten, oder Antagonisten der Integrase und natürlich auch der verschiedenen zum Virusaufbau erforderlichen Polymerasen. Letztere sind jedoch nicht virusspezifisch und die Eingriffe daher nicht vielversprechend. Die zur Zerlegung der Präkursor-Proteine erforderlichen Proteasen sind weitere mögliche Ziele.

Noch Zukunftsmusik ist das Einschleusen sogenannter „Antisense"-RNA oder gar -DNA, die in der Lage wäre, sozusagen die „Befehle" des Virus an den Stoffwechsel der Zelle zu „widerrufen". Des weiteren läßt sich theoretisch mit sogenannten „Gensonden" die Integrationsstelle des Virus lokalisieren — aber was im Labor möglich sein mag, müßte dann noch irgendwie in Milliarden Körperzellen ausgeführt werden. Und bis dahin ist sicher noch ein weiter Weg. Die vielen verschiedenen, bereits erprobten oder in der Entwicklung befindlichen Therapeutika und Wirkstoffe sind in der Tabelle 14.1 noch einmal zusammengefaßt.

Insgesamt zeigt sich, daß die Existenz des Virus so eng mit dem Zellstoffwechsel verwoben ist, daß man nur schwer in dieses Netz aus Stoffwechselprozessen wird selektiv eingreifen können. Erschwerend kommt hinzu, daß ein Teil der Virusübertragungen durch infizierte Zellen erfolgt, so daß das Virus gar nicht unbedingt die Zelle verlassen und sich Antikörpern oder Wirkstoffen in der Blutbahn aussetzen muß. Die Ausbreitung über Synzytien, also über interzelluläre „Brücken", ist gesichert und umgeht zahlreiche störbare Schritte. Die Tatsache, daß auf jede virusreplizierende Zelle 100 bis 1000 „schlafende" integrierte Virusgenome („dormant copies") in anderen Zellen kommen, bedeutet, daß die Virusexistenz schon jenseits des Angriffspunktes der Reverse-Transkriptase-Hemmer sichergestellt ist.

Selbst wenn man die Nebenwirkungen eines Medikaments, das in den basalen Zellstoffwechsel eingreift, eventuell gering halten kann, stellt die erforderliche ungewöhnlich lange Behandlungszeit eine weitere Erschwernis dar.

Opportunistische Infektionen

Etwas befriedigender ist es, über die Therapie bei den opportunistischen Infektionen (OI) zu berichten. Doch auch hier steht man teilweise vor großen und neuen Problemen.

Bei der **Toxoplasmose** ist Pyrimethamin in Kombination mit Sulfadiazin oder Clindamycin mäßig effektiv. Sehr erfolgreich dagegen, ja fast zuverlässig, erscheint eine komplizierte Dreifachtherapie mit anschließender Dauerbehandlung nach einem am Rudolf-Virchow-Krankenhaus in Berlin entwickelten Schema (Pohle und Eichenlaub 1986). Diese Therapieform in ihrer Komplexität soll hier als ein typisches Beispiel für die aufwendige Behandlung auch anderer OI ausführlich beschrieben werden, denn es wäre ermüdend, diese einzeln aufzuführen.

Die Behandlung umfaßt in der ersten Phase eine zwei bis vier Wochen andauernde intensive Dreifachtherapie mit ungewöhnlich hohen Dosierungen:
- täglich 150 mg (sic!) Pyrimethamin (*Daraprim^R*), 2400 mg Clindamycin (*Sodelin^R*) und 12×750 000 E. Spiramycin (*Rovamycin^R*);
- dazwischen für 1 bis 2 Tage pro Woche 3 Tabletten Calciumfolinat, entsprechend 15 mg Folsäure (*Leucovorin^R*);
- danach Dauerbehandlung mit täglich 50 mg Pyrimethamin (2 Tabletten *Fansidar^R*) und 1000 mg Sulfadoxin.

Damit gelingt es in der Regel, selbst schwerste Hirnabszesse und auch generalisierte Infektionen mit *Toxoplasma gondii* zu heilen.

Tuberkulose wird in der Regel erfolgreich mit den üblichen Tuberkulostatika behandelt.

Für **Kokzidiomykose** gibt es bisher keine wirksame Therapie. Amphotericin B erwies sich als ineffektiv.

Auch die Therapie der **Kryptosporidiose** ist ein ungelöstes Problem. Außer zwei Dutzend schon in den ersten Jahren erfolglos erprobter Substanzen wurden nun insbesondere die Wirkungen von Spiramycin sowie von DFMO (DL-alpha-difluoromethyl-ornithin) klinisch untersucht. Eine Bewertung vereinzelter positiver Resultate ist jedoch schwierig, da Patienten mit Kryptosporidiose manchmal auch spontane Verbesserungen aufweisen. Ganz ähnlich verhält es sich mit der **Isosporidiose**. In einigen Fällen disseminierter Erkrankung sah man einen gewissen Effekt von Atabrine, aber die Rezidivfrequenz ist hoch, und wirklich wirksame Medikamente stehen noch aus.

Etwas besser steht es um die Behandlung der sehr häufigen *Pneumocystis carinii*-Pneumonie. Abgesehen von der bereits bewährten Kombination Trimetoprim-Sulfamethoxazol (SMZ) haben sich auch Dapsone (Diaminodiphenylsulfone) sowie das toxischere Penthamidin-Isothionat (PI) als wirksam erwiesen. Auch PAS, Sulfonylbisformanilid und 14 weitere Substanzen inklusive des DFMO sind erprobt worden, die letzteren jedoch ohne überzeugenden Erfolg. Es scheint wichtig zu sein, die Behandlung so früh wie möglich zu beginnen, hoch zu dosieren und lange durchzuhalten.

Die Behandlung von Infektionen mit **atypischen Mykobakterien** ist problematischer: Clofacimin hat sich als wirkungslos erwiesen, während Ciprofloxacin, Amikamin, Rifampin, Ansamycin, Ethambutol, Ethionamid, Pyracinamid, INH sowie Testsubstanzen wie A56619, A56620, HR810, BMY 26142 und SCH 34343 zumindest in bestimmten Kombinationen gewisse Wirkungen gezeitigt haben. Dennoch hat man diese Erreger selten wirklich ausschalten können, was sowohl durch hohe Rezidivfrequenzen als auch durch Autopsiebefunde bei den betroffenen Patienten bezeugt wurde.

Bei **Kryptokokken**-Meningitis wurde die leider toxische Kombination aus Amphotericin B und 5-Fluorocytosin eingesetzt, allerdings mit nur mäßigem Effekt. Im Gegensatz zur Toxoplasmose bereitet die Kryptokokken-Meningitis wenigstens keine besonderen diagnostischen Schwierigkeiten, da sich eindeutige Antikörpertiter nachweisen lassen.

Infektionen mit dem **Zytomegalie-Virus** hat man mit DHPG (9-1(1,3-dihydroxy-2-propoxymethyl)-guanin) behandelt, teilweise mit gutem Erfolg. Insbesondere die sehr häufige Chorioretinitis spricht (leider mit einer fast 100%igen Rezidivfrequenz) auf diese Behandlung an; eine geringere Wirkung sieht man bei Enteritiden, gar keine bei den CMV-Pneumonien. Unklar ist noch immer, ob auch die ZNS-Veränderungen auf diese Behandlungen ansprechen, etwa parallel zu dem guten Effekt auf die Retina-Komplikationen. Eine Granulozytopenie ist die ernsteste Nebenwirkung der DHPG-Behandlung.

Gegen Infektionen mit **Herpes simplex** und **Herpes zoster** gibt es außer *Zovirax*[R] noch keine erfolgreichen Mittel.

Als Kuriosum soll erwähnt werden, daß man mit der androgenen Substanz Danazol erfolgreich die mit dem AIDS assoziierte **Thrombozytopenie** (ITP) behandelt hat und daß auch intravenöse Gammaglobulingaben in 9 von 10 Fällen einen sehr guten Effekt hatten.

In zahlreichen großen Kliniken macht man nun allmählich die Erfahrung, daß eine intensive und erfolgreiche Therapie opportunistischer Infektionen die betroffenen Patienten offenbar immer häufiger in die Stadien überwiegend zerebraler Symptomatik, allgemeinen Kräfteabbaus bis hin zum Stadium der Ausmergelung und der Entwicklung verschiedener bösartiger lymphatischer Neubildungen eintreten läßt.

Maligne Neoplasien

Daß die Behandlung aller Formen bösartiger Geschwülste ein großes Problem darstellt, ist heute allgemein bekannt. Die Schwierigkeiten werden natürlich nur noch größer, wenn eine maligne Erkrankung als Komplikation von AIDS auftritt.

Die zahlreichen Fälle von Kaposi-Sarkomen bei AIDS-Patienten haben das therapeutische Interesse besonders gefangen. Diese epidemische Tumorform verhält sich, mit den schon genannten Vorbehalten, sehr viel bösartiger und invasiver als die bisher bekannten endemischen und klassischen Formen des Kaposi-Sarkoms. Seit 1981 hat man in den USA bei Patienten unter 60 Jahren ca. 9000 Fälle registriert, gegenüber früher nur knapp einem einzigen jährlichen Fall. Man behandelt das Kaposi-Sarkom mit den erprobten Mitteln, leider mit nur mäßigem Erfolg, obwohl es sowohl gegenüber Bestrahlung als auch gegenüber Zytostatika-Therapie verhältnismäßig empfindlich ist.

Recht wirksam sind Vinblastin und Wellferon (ein lymphoblastoides Interferon). Die Substanzen wirken bremsend auf den Zuwachs der Veränderungen, sprengen aber den Rahmen der bisher bekannten Tumorbehandlung nicht. Das gleiche gilt für die Behandlung von Hodgkin-Lymphomen und in noch höherem Maße für die der undifferenzierten Non-Hodgkin-Lymphome, wobei insbesondere letztere die Überlebenszeit der betroffenen Patienten in der Regel sehr verkürzen. Über den Effekt von Intron (Interferon-alpha-2b) gibt es einige positive Berichte.

Ein neues effektives Anti-Krebsmittel ist möglicherweise die von Genentech eingesetzte Testsubstanz TNF (Tumor-Nekrose-Faktor). Nach vorläufigen Berichten wirkt sie erfolgversprechend. Als man begann, diese Substanz an zahlreichen amerikanischen Kliniken zu erproben, wurden deren Namen jedoch geheim gehalten, um die Arbeitsruhe der dort tätigen Ärzte zu gewährleisten. Generell werden − vielleicht ein schwacher Trost − alle Verbesserungen der herkömmlichen Tumortherapie auch den AIDS-Patienten zugutekommen.

Desinfektion

Die Inaktivierung des AIDS-Virus ist ein Thema, über das einigermaßen Erfreuliches zu berichten ist. Es gibt viele effektive Methoden, das HIV zu inaktivieren, da es sich nicht durch eine besondere Widerstandskraft gegenüber Desinfektionsmitteln auszeichnet.

Schon eine fünfminütige Behandlung mit 20%igem Alkohol tötet das Virus effektiv ab. Glutaraldehyd ist schon in der Konzentration von 0,0125% effektiv, so daß man sich bei der Desinfektion von Instrumenten in 2%iger Lösung weit über den notwendigen Konzentrationen bewegt, nach heutiger Ansicht also mit großer Sicherheitsspanne arbeitet.

Wenig widerstandsfähig ist das HIV auch gegen Hitze. Eine Erhitzung auf 56°C während 30 Minuten kann ausreichen, um das Virus zu inaktivieren, andere Autoren haben sogar 5 Minuten für hinreichend gehalten; wieder andere haben 18 Stunden bei 60°C vorgeschlagen. Man kann offenbar sehr verschiedener Auffassung über den wünschenswerten Grad an Sicherheit sein. Da gewisse murine Retroviren erst nach 48stündiger Hitzebehandlung bei 68°C mit Sicherheit ausgeschaltet werden und inzwischen Berichte erschienen sind, die für längere Zeiten sprechen (Barré-Sinoussi et al. 1985), schlägt man heute 48 bis 96 Stunden Erhitzung auf 60°C vor. (Dies gilt nur für die Hitzebehandlung empfindlichen biologischen Materials (z. B. des Faktor VIII). Bei den höheren Temperaturen etwa des Autoklavierens stirbt das Virus sofort.)

Auch Betapropiolacton (0,1%ig), Isopropylalkohol (20%ig), Triton X-100 (0,5%ig), NP 40 (0,5%ig) und Natriumhypochlorid (0,2%ig) haben eine ausreichende virusinaktivierende Wir-

Substanz	Erläuterung, Synonym	Wirkung (z. T. behauptet, ungeprüft)	Angriffspunkt (14.1)
ABPP	Amino-bromo-phenyl-pyrimidon	Anti-Tumor-Wirkung, induziert Interferonproduktion	I, II
Acyclovir	Guanosinphosphatanalogon	falsches Nucleotid (hemmt DNA-Synthese)	7 − 8
AL 721	Lipidkomplex	greift die Virushülle an, macht sie „flüssig"	1, 19ff
α-IFN	Alpha-Interferon, rIFNaA, Roferon, Intron A	immunstimulierend, antiviral (blockiert Proteinsynthese)	I
AM3	Glykophosphopeptid	immunstimulierend	I
Amantadin		hemmt das „Uncoating"	5 − 6 − 7
Ampligen	RNA-Polymer („mismatched" oder „Nonsense"-RNA)	immunstimulierend, vermindert Synthese viraler RNA, stimuliert Interferon-Produktion	I, 14 − 15
Ansamycin	LM427, Rifabutine	hemmt die Reverse Transkriptase	7 − 8
Antagonisten der/des RNAse H		verhindern Abbau der RNA und Bildung des DNA-Doppelstranges	7 − 8
Integrase		verhindern Integration des DNA-Provirus	10 − 11
Polymerase	zahlreiche Cytostatika	stören Transkription und RNA-Synthese	12 − 13 − 14
Protease		verhindern Spaltung der Präkursoren, Virus-Assembly und -reifung	16 − 17, 19 − 20
tat-Protein		behindern Virusreplikation und Transaktivierung	13 − 14 − 15
art-Protein		behindern Virusreplikation	12 − 13
orf-Protein		??	
sor-Protein etc.		??	
Anti-α-IFN-IgG	Antikörper gegen Alpha-Interferon	antiproliferativ	II
Antikörper, neutralisierende	(auf verschiedenste Weise erzeugt)	Inaktivierung des Virus, Markierung infizierter Zellen für zytotoxische Aktivität und Komplement	1, 18 − 19, 19ff
Anti-Sense-DNA	„Gensonden"	macht virale DNA unschädlich	12
Anti-Sense-RNA		macht virale RNA unschädlich	12 − 13
Anti-T4	T4-Rezeptor-Blocker, T4-Ak, anti-TAC	blockiert T4-Rezeptor	2 − 3
AS 101	organische Metallverbindung	hemmt die Reverse Transkriptase	7 − 8
Ascorbinsäure	Vitamin C, Reduktions-Coenzym	stützt Infektabwehr	I, II
Aurintricarbonsäure		hemmt die Reverse Transkriptase	7 − 8
Avarol	Chinon des Meeresschwammes Dysidea avara	hemmt die Reverse Transkriptase und T-Zellen, stimuliert B-Zellen, antimutagen	7 − 8, I, II
Avarone	Hydrochinon von Dysidea avara	hemmt die Reverse Transkriptase und T-Zellen, stimuliert B-Zellen, antimutagen	7 − 8, I, II
Azimexone	AZ, Cyanaziridin-Derivat	vermindert T8-Zellen	I
AZT	Azido(desoxy)thymidin, Zidovudin (Compound S, Retrovir), Thymidinanalogon	falsches Nucleosid	7 − 8, 12 − 13
β-IFN	Beta-Interferon, Fibroblastinterferon	immunstimulierend, antiviral, Anti-Tumor-Wirkung	I, II
Carrisyn	Polymannoacetat	immunstimulierend, antiviral	I
Castanospermine	CAS, Tetrahydrox-Octahydroindolizine, Alkaloid der Australischen Kastanie	hemmt Glucosidase I, stört die Glykosylierung	15 − 16
Chloroquin	lysosomotrope Substanz	hemmt Ansäuerung und „Uncoating"	5 − 6 − 7
Ciamexone	Cyanaziridin-Derivat	hemmt B-Zell-Proliferation	II
CL-246, -738	Acridintrihydrochlorid	immunstimulierend, Anti-Tumor-Wirkung	I, II
Contracon		beeinflußt die Zellmembran, hemmt Budding	18 − 19
CS 85	Azidodidesoxyethyluridin, Uridinanal	falsches Nucleosid	7 − 8, 12 − 13
CS 87	Azidodidesoxyuridin, Uridinanalogon	falsches Nucleosid	7 − 8, 12 − 13
Cyclosporin A	zyklisches Undecapeptid, Sundimmune	immunsupprimierend, vermindert T-Zell-Zytotoxizität	VI
D4C	ungesättigtes Derivat des DDC	falsches Nucleosid	7 − 8, 12 − 13
DDA	Didesoxyadenosin	falsches Nucleosid	7 − 8, 12 − 13
DDC	Didesoxycytidin, ddC, DOC	falsches Nucleosid	7 − 8, 12 − 13
ddeThd	Didesoxythymidin	falsches Nucleosid	7 − 8, 12 − 13
DHPG	Ganciclovir	antiviral	?
DNCB	Dinitrochlorobenzen	immunstimulierend, T-Zell-stimulierend	I
DOC	siehe DDC		
Doxorubicin	Adriamycin	hemmt die Reverse Transkriptase, Anti-Tumor-Wirkung	7 − 8, II
D-Penicillamin	Antirheumamittel, DPA	inaktiviert cysteinreiche Proteine	14 − 15
DPH	Phenytoin, Diphenylhydantoin	hemmt Virusaffinität zu Lymphozyten	1 − 2 − 3
DTC	siehe Imuthiol		
Evans Blau	Diazofarbstoff	hemmt die Reverse Transkriptase	7 − 8
Extrakt der japanischen Goyoh-Kiefer-Zapfen			I
Foscarnet	Phosphonoformiat, PFA	hemmt die Reverse Transkriptase	7 − 8

γ-IFN	Gamma-Interferon, rIFNg	antiviral, Anti-Tumor-Wirkung, immunstimulierend	I, II
Gammaglobulin	IgG, Immunglobulin	erhöht das Antikörperniveau	1, 19ff
Gammalinolensäure		immunstimulierend	I
Glucan	Polyglycan aus *Saccharomyces cerevisiae*	immunstimulierend (makrophagenstimulierend)	I
GM-CSF	*colony stimulating factor* (Lymphokin)	makrophagenstimulierend	I
Gossypol	polyphenolisches Aldehyd	destabilisiert die Virushülle	1, 19 ff
HIVA	natürliches Produkt von Mikroorganismen	hemmt die Reverse Transkriptase	7 − 8
HPA 23	Antimonwolframat, Heteropolyanion 23	hemmt die Reverse Transkriptase	7 − 8
HGP-18, -30	Proteinanaloga (p17), anti-Thymosin-α1	induzieren Antikörper, hemmen die Reserve Transkriptase	1, 7 − 8, 19ff
IgG	siehe Gammaglobulin		
IL-2	Interleukin-2, TCGF	stimuliert T-Zellen	I
ImmunAct	Pflanzenwurzelextrakt (Peru)	immunstimulierend	I
Immuntoxine	an Immunglobuline gekoppelte Toxine	selektiver Transport von Zellgiften in Zellen mit bestimmten Oberflächenmarkern	V
Impfstoffe	aktive und passive Vakzine (verschiedenster Genese)	erhöhen das Antikörperniveau (werden auch als Therapie erprobt)	1, 18 − 19, 19ff
Imreg-1, -2	Leukozytendialysat	immunstimulierend (steigern IFN-Produktion)	I
Imuthiol	Diethyldithiocarbamat (DTC, DDTC)	stimuliert T-Zellen	I
Isoprinosine	INPX, Inosine Pranobex	antiviral, immunstimulierend	I
Laevamisole	Thymusextrakt	lymphozytenstimulierend	I
Lentinan	Pilzextrakt (*Lentinus edodes*)	antiviral	?
Lithiumcarbonat	Psychopharmakon	immunstimulierend	I
LM427	siehe Ansamycin		
Luzopeptin C		hemmt die Reverse Transkriptase	7 − 8
Met-Enk	Methionin-Enkephalin	immunstimulierend	I
Magnetosphären	monoklonale Antikörper an magnetischen Mikrokügelchen	Selektion von Antigenen	IV
Monensin	lysosomotrope Substanz	hemmt Ansäuerung und „*Uncoating*"	5 − 6 − 7
MTP-PE	Muramyl-Tripeptid, CGP 19835 A	immunstimulierend	I
Naltrexone	Morphin-Antagonist, Trexan	stimuliert Endorphin- und Enkephalinproduktion	I
Neurotropin		immunstimulierend	I
Nonoxynol-9	Präventivmittel	spermizid	1, 19ff
Peptid T	Oktapeptid (Pentapeptid TTNYT)	blockiert die Bindungsstelle des gp120 an den T4-Rezeptoren	2, 2 − 3
Phospholipide, aktive		schädigen die Membran infizierter Zellen	18 − 19
Reticulose	Nucleophosphoprotein	antiviral, interferonstimulierend	I
Retrovir	siehe AZT		
Ribavirin	Guanosinanalogon, Virazole	falsches Nucleosid, hemmt Synthese viraler Proteine durch falsches „*Capping*"	7 − 8, 12 − 13, 14 − 15
Rifabutine	siehe Ansamycin		
Sakyomycin A		hemmt die Reverse Transkriptase	7 − 8
Sodium Oxychlorosene		antiviral	?
ST	Silicowolframat (-*tungstate*)	blockiert Virusadsorption und -penetration, hemmt die Reverse Transkriptase?	2 − 3, 7 − 8
Suramin	*Trypanosoma*-Therapeutikum	antiviral, hemmt die Reverse Transkriptase	7 − 8
Swainsonine	Indolizidin-Alkaloid	hemmt die α-Mannosidase (stört die Glykosylierung)	15 − 16
TF 5	Thymosinfraktion V	immunstimulierend	I
THF	*thymic humoral factor* (Peptidhormon)	immunstimulierend	I
Thymosin-α-1	Polypeptid aus TF 5	T-Zell-stimulierend	I
Thymosinfraktion V	siehe TF 5		
Thymostimulin	siehe TP-1		
TNF	*tumor necrosis factor*	zytotoxisch	II, V
TP-1	Thymostimulin (Thymusextrakt)	immunstimulierend	I
TP-5	Thymopentin (Thymopoietin-Pentapeptid)	immunstimulierend	I
Transferfaktor	*leucocyte transfer factor*	immunstimulierend	I
Vidarabin	Adenosinanalogon	falsches Nucleosid	7 − 8, 12 − 13
Vitamin C	siehe Ascorbinsäure		
Xanthogenat	D609, Tricyclodecanylxanthat, *Xanthate Compound*	hemmt (mit Fettsäure C11) das *Budding*	18 − 19
Zidovudin	siehe AZT		

Tabelle 14.1 Zusammenstellung von Medikamenten, die zur AIDS-Therapie eingesetzt werden (sollen), und ihrer Wirkungen. Die rechte Spalte gibt an, ob die Substanzen auf ein Stadium (etwa 19) oder einen Schritt (etwa 7 − 8) des HIV-Zyklus oder allgemeiner (römische Ziffern) auf den Organismus einwirken (vgl. Abb. 14.1).

kung gezeigt. Bei der Gewinnung von Faktor-IX-Konzentraten hat man zur Virusausschaltung Tri(n-butyl)phosphat/Natriumcholat benutzt. Sehr empfindlich scheint das HIV des weiteren gegenüber photochemischer Inaktivierung bei gleichzeitiger Anwendung des Psoralenderivats AMT zu sein.

Unwirksam hingegen ist das Einfrieren, das bei Viren vielmehr eine gute Konservierungsmethode darstellt. Das HIV übersteht in bester Vitalität das Einfrieren auf −72°C, wenn man Sorbitol oder einen anderen Stabilisator hinzufügt. Formaldehyd ist auch nicht besonders effektiv (0,1%iges Formalin tötet das Virus nicht zuverlässig ab), ebensowenig die normale Strahlenexposition.

Unangenehm ist, daß endgültige Erkenntnisse zur Überlebensdauer des HIV, etwa im Gewebe Verstorbener, im Wasser oder an der Luft, noch nicht vorliegen. So etwas zu untersuchen, ist schwieriger, als man es sich gemeinhin vorstellt. Bis auf weiteres gibt es allen Grund, hygienische Sicherheitsvorschriften wirklich ernst zu nehmen.

Impfstoffe

Eine fieberhafte Aktivität herrscht auch im Bereich der Impfstoff-Forschung. Mit einem ausgeklügelten Verfahren, genannt **ISCOM** (**i**mmune **s**timulating **com**plex), ist eine Methode entwickelt worden, dem Immunsystem sehr effektiv ein Virusantigen zu präsentieren. Herkömmliche Vakzinationsversuche haben gezeigt, daß die Oberflächenantigene des HIV wenig immunogen sind, d. h. anfangs kaum eine Immunreaktion und damit Antikörperbildung hervorrufen. Vielleicht ähneln gewisse Antigenabschnitte den HLA-Antigenen menschlicher Zellen so sehr, daß die Immunzellen sie einfach „übersehen".

Ausgehend von Vorarbeiten des Virologen Bror Morein (Uppsala; Abb. 14.4) und seiner Mitarbeiter (Morein et al. 1978, 1983, 1984, Morein 1985, Osterhaus et al. 1985) verwendet man schon seit mehreren Jahren folgenden Trick (Abb. 14.3): Die mit Hilfe von Detergentien aus der lipoiden Virushülle herausgelösten Glykoproteine bilden zusammen mit dem Glykolipoidskelett des Quil A, einer Substanz aus der Rinde des südamerikanischen Baumes *Quillaja saponaria*, wieder eine multimere Struktur, wie sie in Abbildung 14.5 zu sehen ist.

Diese ISCOMs werden nunmehr − vermutlich von Makrophagen als antigen-präsentierenden Zellen − dem Immunsystem so dargeboten, daß sie als Antigene wahrgenommen und große Mengen Antikörper gegen sie gebildet werden.

Ob dies nun auch bei Lentiviren funktioniert und ob die Antikörper im Falle des HIV so „protektiv" sind, wie es erforderlich

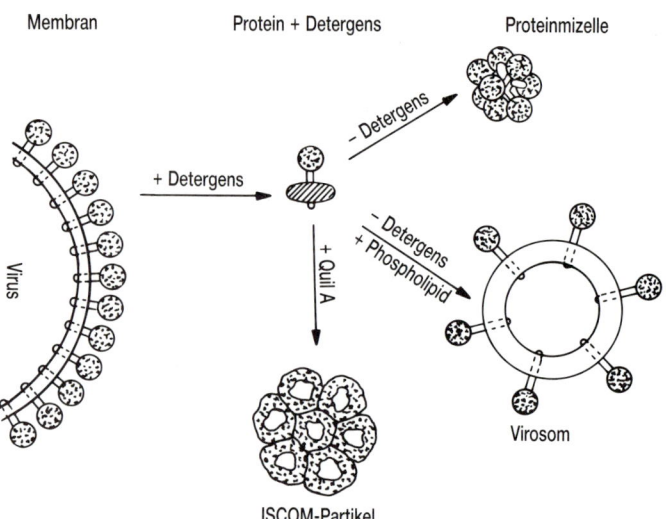

14.3 Schematische Darstellung verschiedener Methoden zur Herstellung von nucleinsäurefreien Virusimpfstoffen. Zunächst zerlegt man das Virus mit Hilfe von Detergentien und trennt die einzelnen Proteine der Membran von den übrigen Virusbestandteilen. Wenn die Detergentien entfernt werden, legen sich die Proteine infolge der hydrophoben Wechselwirkungen nicht polarer Gruppen zu sogenannten Mizellen zusammen. Setzt man Phospholipide hinzu, bildet sich stattdessen ein „Virosom" mit den Proteinen in einer membranartigen Lipidhülle. Die dritte Methode beruht darauf, daß sich in Gegenwart von Quil A eine gitterartige Struktur von ringartigen (hexa- und pentagonalen) „Untereinheiten" ausbildet, die sich aus den einzelnen Oberflächenproteinen des Virus aufbauen: ein sogenanntes ISCOM („immune stimulating complex"). Diese Struktur bewirkt, daß die Proteine bei einer Immunisierung optimal exponiert sind (B Morein und S Höglund, Biomedizinisches Zentrum, BMC, Uppsala).

wäre, ist noch offen. Auf jeden Fall hat man mit dieser Methode zum ersten Mal einen protektiven Retrovirus-Impfstoff hergestellt, und zwar gegen das FeLV, das Virus der Katzenleukämie bzw. des sogenannten „Katzen-AIDS" (Osterhaus et al. 1985).

Ein großes Problem für jede Impfstoff-Forschung ist die erwähnte Antigendrift. Wenn das HIV seine Oberflächenantigene zudem abwirft („Shedding") nehmen die Schwierigkeiten noch zu. Sollte zudem die Anpassung der Lentiviren an Makrophagen ein stilles „Recycling" innerhalb des phagozytären Systems ermöglichen, gäbe es vielleicht sogar prinzipielle Zweifel an der ganzen Konzeption eines Impfstoffes.

Bei der Antigendrift der env-Glykoproteine braucht deren Aminosäurefrequenz sich nur unwesentlich zu verändern: Schon einige wenige neue oder umgestellte Aminosäuren können eine neue Sekundärstruktur (Faltung) verursachen und damit völlig neue antigene Eigenschaften schaffen. Der Wirtsorganismus ist dann mit seinen − plötzlich „inadäquaten" − Antikörpern wieder hilflos geworden.

Daß gewisse Regionen der Oberflächenantigene körpereigene Sequenzen imitieren, ist ein weiteres Problem. So attackieren viele der bisher induzierten Antikörper die menschlichen HLA-Antigene statt das HIV. Die Versuche mit den „konstanten Regionen" des gp120 gehen weiter − wenn man Pech hat, liegen sie so unzugänglich, wie es M. G. Rossman in seiner „Canyon-Hypothese" für andere Viren beschrieben hat (Abb. 10.62).

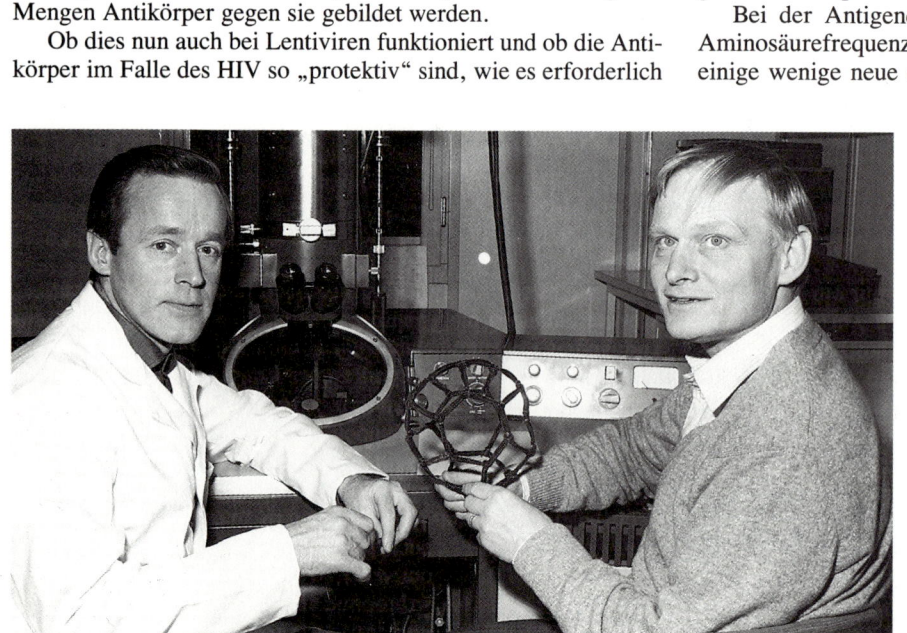

14.4 Stefan Höglund (links) und Bror Morein (rechts) mit dem − auf der Basis elektronenmikroskopischer Beobachtungen konstruierten − Modell des ISCOM.

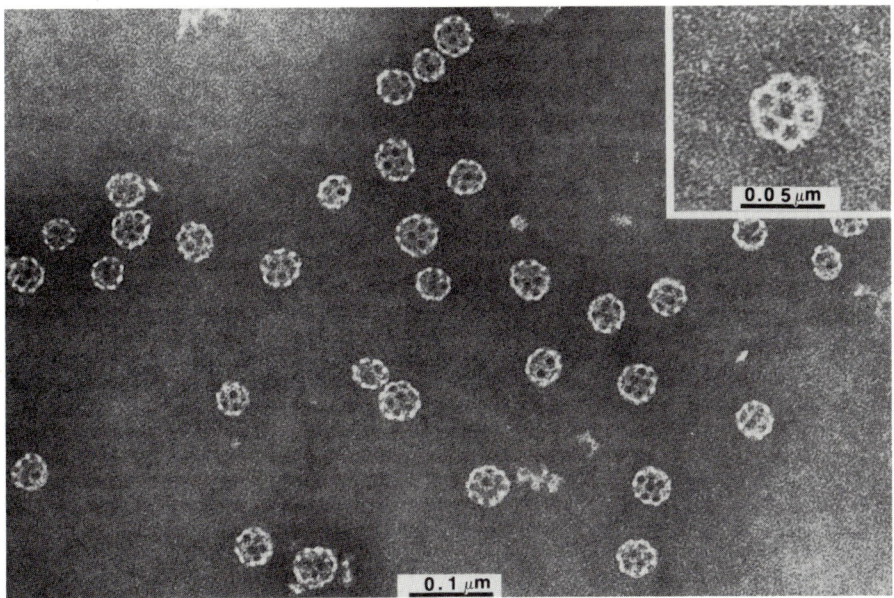

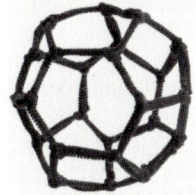 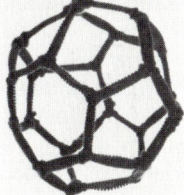 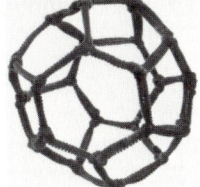 

14.5 Oben: Elektronenmikroskopische Bilder der ISCOM-Partikel, die aus den Oberflächenproteinen des HIV aufgebaut sind (M Gonda, Frederick, Maryland, USA). Die eingefügte millionenfache Vergrößerung läßt die Struktur des ISCOM erahnen. Man sieht, daß die einzelnen Proteinmoleküle sich (in Gegenwart von Quil A) zu hexa- und pentagonalen Untereinheiten strukturieren. Die untere Bilderreihe zeigt ein räumliches Modell eines ISCOM (im Zentrum ein Sechseck, um dieses herum sechs Fünfecke) aus verschiedenen Blickrichtungen (S Höglund und B Morein, BMC, Uppsala).

Neue gentechnologische Verfahren sind von großer Bedeutung. Man kann Teile des HIV-Genoms auf Bakterienchromosomen übertragen und dadurch von diesen Bakterien typische Virusantigene produzieren lassen. Mit den gewonnenen (wegen unvollständiger Glykosylierung leider nicht ganz identischen, aber wenigstens nicht von zellulären Bestandteilen verunreinigten) Antigenen kann man nun versuchen, die Antikörperbildung anzuregen. Zumindest lassen sich mit derartigen Verfahren große Mengen antigener Substanzen herstellen, womit ein Engpaß in

diesem Forschungszweig überwunden werden kann.

Auch die Verwendung monoklonaler Antikörper zur Herstellung sogenannter „Anti-Idiotyp-Antikörper" als Ersatz-Immunogen wird erprobt. Monoklonale Antikörper stellen mit dem variablen Teil des Immunglobulinmoleküls gewissermaßen einen „Abdruck" der entsprechenden viralen Antigenstruktur dar. Diese Abdrücke können, in entsprechender Menge angeboten, die viralen Strukturen blockieren, gegen die sie gerichtet sind. Die meist von Mäusen gewonnenen monoklonalen Antikörper können auch selbst wieder als Antigene zur Immunisierung weiterer Mäuse verwendet werden. Diese bilden dann unter anderem Antikörper gegen den variablen Teil (Idiotyp), also gegen den „Abdruck" der Virusstruktur, und simulieren so das virale Epitop selbst. (Nachteilig ist, daß der konstante Teil der so produzierten Immunglobuline selbst unerwünschte antigene Eigenschaften besitzt, was allerdings mit bereits verfügbaren Techniken umgangen werden kann.) An diesen Verfahren wird derzeit gearbeitet.

Natürlich beseitigt alles dies nicht die obengenannten Probleme. Der Weg zum Ziel ist keineswegs gerade und überschaubar. Es herrscht ein Mangel an Versuchstieren, und es gibt noch kein überzeugendes Tiermodell. Große psychologische und ethische Probleme stehen uns bei der Erprobung am Menschen bevor. (Nicht jeder wird so schnell mit Menschenversuchen beginnen, wie Zagury es in Afrika getan hat.) Mit ernsten Rückschlägen ist zu rechnen.

Ein Impfstoff ist zudem weniger ein Therapeutikum für bereits Erkrankte als ein Mittel umfassender Prophylaxe für die noch nicht Infizierten. Dennoch könnte auch ein gewisses „In-Schach-halten" des integrierten Virus damit möglich sein. So wird die Impfstoffentwicklung sicher weitergehen, aber trotz der einmaligen Forschungsintensität sollten wir uns auf Zeiträume von nicht unter 5 bis 7 Jahren einstellen, wenn wir an die breite Anwendung eines wirklich schützenden Impfstoffes denken.

15 Prävention und Verhalten

Da nun also die Lage im Hinblick auf Therapie und Impfmöglichkeiten vorläufig wenig aussichtsreich ist, bleibt bis auf weiteres als Mittel der Wahl vor allem die Vorbeugung, d. h. die Organisation von Maßnahmen, welche die weitere Ausbreitung dieser Seuche merkbar verlangsamen (wenn schon nicht wirksam verhindern). Zum Teil kann das mit bereits existierenden Mitteln geschehen. Dennoch bedarf es — damit zumindest diesmal getan wird, was normalerweise unterbleibt — eines neuen Ansatzes: des Versuchs nämlich, die kommende Entwicklung gedanklich vorwegzunehmen. Eingedenk historischer Erfahrun-

gen müssen wir jedoch damit rechnen, daß diese Voraussicht aus bestimmten Gründen kaum gegeben sein wird. Wir werden in Kapitel 17 darauf noch näher eingehen. Hier folgt nun eine Beschreibung dessen, was schon geschehen ist und mit welchem Erfolg. Letzterer ist natürlicherweise nicht leicht zu messen.

Als die „initiale Lähmung" (ein Stadium, das viele Länder in den Jahren 1982 bis 1984 durchlebten) angesichts der neuartigen und bedrohlichen Probleme nachließ, lief die Planung von Maßnahmen im großen und ganzen parallel zu den jeweiligen Vorstellungen davon, welche Risikogruppen bedroht seien.

In den USA (insbesondere in San Francisco) ist auf dem Gebiet der Vorbeugung schon viel geschehen. Aufgrund des Engagements zahlreicher Ärzte und Kliniken, die sich mit einer rasch wachsenden Anzahl von AIDS-Patienten konfrontiert sahen, wurde auf dem Gebiet der Information alles Menschenmögliche getan. Entwurf und Durchführung vorbeugender Maßnahmen in San Francisco könnten sich als Modell für andere Großstädte eignen, denn darin haben sich viel Nachdenken und viel Erfahrung niedergeschlagen. Daß die erzielten Erfolge dennoch enttäuschend sind, mag in der Natur des Menschen und im Wesen einer freiheitlichen Gesellschaftsordnung mit der ihr inhärenten Freiwilligkeit allen Verhaltens begründet sein. Aus den in den USA gemachten Erfahrungen zu lernen, hieße auf jeden Fall, Menschenleben zu retten, Zeit, Energie und Kosten zu sparen und Enttäuschungen zu vermeiden.

Die Einsicht, daß die primären Risikogruppen nicht „virusdicht" gegenüber der übrigen Bevölkerung abgegrenzt sind, kam kaum überraschend, stellte sich aber gegen einen hinhaltenden Widerstand unbegründeter Hoffnungen erst spät ein. Deswegen hat sie auch noch nicht voll auf den Katalog der Maßnahmen durchgeschlagen.

Was von den frühzeitig und gut Informierten getan worden ist, geschah allerdings sehr schnell, wenn auch meistens ohne jede Unterstützung durch eine noch ahnungslose Umgebung. So ist – von der Öffentlichkeit weitgehend unbemerkt – manches abgelaufen, was schon in den ersten Phasen der sich verbreitenden Einsicht in die tödliche Bedrohung durch diese Epidemie erheblichen Nutzen für die Hellhörigen mit sich brachte. Nun geht es um die weniger Hellhörigen – und das ist die Majorität.

In zahlreichen Ländern sind Seuchengesetzgebung und andere behördliche Maßnahmenkataloge gesichtet worden, um erst einmal festzustellen, was an Vorschriften, Sanktionen und Eingriffsmöglichkeiten im einzelnen bereits existiert. Alles dies hat man ja schon lange nicht mehr benötigt, und die üblichen Geschlechtskrankheiten haben wegen der relativ guten Behandlungsmöglichkeiten in den letzten Jahrzehnten kaum mehr größere Aufmerksamkeit geweckt. So kann es kaum verwundern, daß heute viele der vom Gesetzgeber vorgesehenen Maßnahmen veraltet oder vom langen Nichtgebrauch atrophiert sind. Deshalb diskutiert man nun überall eine neue Gesetzgebung, die den Besonderheiten der AIDS-Epidemie besser angepaßt ist. Anfangs wird sie gewöhnlich für unnötig erachtet werden, dann als erforderlich, aber nicht durchführbar, allmählich als immer mehr angelegen, wenn auch wenig wünschenswert, und schließlich als dringlich und unumgänglich. Dieser Kampf um die Akzeptanz ist ein seuchenpolitischer Eiertanz mit zahlreichen Hindernissen. Er wird begleitet sein von einem langsamen Wandel im Bewußtseinsstand, zumindest im Begreifen der jeweils vorgestrigen Situation.

Wir tun gut daran, uns darauf einzustellen, daß wir geraume Zeit mit dieser Situation leben müssen, denn sie ist bedingt durch die Komplexität dieses Themas – die zeitliche Phasenverschiebung zwischen Infektion und Erkrankung sowie die Dynamik und das ungeheure Ausmaß des dem ahnungslosen Betrachter verborgenen Geschehens. Deshalb werden Unausgewogenheit und Unangemessenheit von Beurteilungen und Beschlüssen noch lange bestehen. Von Jahr zu Jahr wird man neue Maßnahmen diskutieren, die man noch wenige Jahre zuvor nicht einmal erwogen hätte.

Der erste Schritt bestand natürlich überall darin, den primär bedrohten Risikogruppen Warnungen und Informationen zukommen zu lassen. Viele der Betroffenen finden, daß dies zu spät und zu halbherzig geschehen sei, und sehen darin einen Ausdruck für ein mangelndes Interesse gegenüber den jeweiligen Minderheiten. Die Kritik steht in einem merkwürdigen Kontrast zu der anfänglichen Auffassung, es werde zuviel Aufhebens um die Krankheit gemacht. Auch dies ist sicher ein chronisches Dilemma, denn die verschiedenen Äußerungen zum Thema der

möglichen Maßnahmen stammen natürlich nicht von denselben Personen. Vorsichtsmaßnahmen, die anfangs übertrieben erscheinen, wirken sofort selbstverständlich, wenn das Kind in den Brunnen gefallen ist.

In der Regel begannen Informationen und Vermutungen im Umfeld der primär Gefährdeten gerüchteweise zu kursieren. Auf diese mußte das ungläubige Staunen, das erschrockene Schweigen, die Gedankenpause der mit dem Unerwarteten konfrontierten Behörden aufreizend wirken. Manche in Zorn und Frustration ausgesprochene Anschuldigung von seiten der Betroffenen dürften jedoch weltanschaulich überzogen sein, wenn man einmal davon absieht, daß die Allgemeinheit in der Tat von einer Seuche, die sie zunächst gar nicht zu bedrohen scheint, nur bedingt alarmiert wird.

Die anfänglich vereinzelten Mitteilungen über die beginnende Seuchenausbreitung ist allmählich und unterschiedlich harmonisch zu einem geplanten und kanalisierten Informationsstrom angeschwollen. Während Afrika, Haiti und die USA von dem Problem völlig unerwartet getroffen wurden, hatten andere, darunter die europäischen Länder, schon eine gewisse Vorwarnzeit. Manche frühzeitige, vielleicht gar frühreife Information hat vermutlich mehr Menschenleben gerettet, als der gesammelte Einsatz all ihrer jeweiligen Kritiker wird retten können.

In einigen Ländern Europas war die erste Reaktion ausgesprochen träge. Häufig führte dies zu starken atmosphärischen Spannungen zwischen Betroffenen und der Gesellschaft, leider auch zwischen verschiedenen medizinischen Kollegen. Während die Informationsausbreitung in Schweden, Finnland, der Schweiz und anderen kleineren Ländern verhältnismäßig reibungslos ablief, wurde sie anderenorts (so auch in der Bundesrepublik Deutschland) durch das Prestigedenken der verspätet Erwachten kompliziert und häufig behindert.

Natürlich gibt es sehr vernünftige Gründe, für Arbeits- und Gedankenruhe einzutreten, wenn man mit etwas Neuem konfrontiert wird. Bei einem gewissen Grad an Zeitnot jedoch ist man gezwungen, sich rasch für eine effektive Arbeitsteilung zu entscheiden – es reicht, wenn einige in Ruhe arbeiten, andere können in der Zwischenzeit erste Maßnahmen ergreifen. Dabei gilt es, für die jeweilige Aufgabe die Richtigen zu finden.

Nach der Verbreitung der ersten Informationen ging es um eine rasche Entwicklung ausreichender diagnostischer Testkapazitäten. Deren Aufnahme gerade bei jenen Gruppen, die das größte Interesse an einer effektiven Seucheneindämmung hätten haben sollen, war erstaunlich ambivalent, überwiegend sogar ablehnend. Der Nutzen des Informiertseins (die mögliche Rettung des Partners) geriet in den Schatten der mit dem Wissen um seine Infektion verbundenen psychischen Belastung. Die widerstrebende Haltung einzelner gegenüber der Durchführung von Tests ging bis zu der von ihren Organisationen empfohlenen Weigerung ganzer Gruppen. Es bleibt abzuwarten, wie sich die Betroffenen selbst in einigen Jahren hierzu stellen werden.

Lange bestand ein erheblicher Mangel an Möglichkeiten, sowohl die Gefährdeten als auch die Gefährdenden (in erster Linie Millionen von Blutspendern) systematisch zu testen. Deshalb wurde erst ziemlich spät klar, wie weit die HIV-Ausbreitung eigentlich schon fortgeschritten war.

In den Jahren vor 1985 war der Erhalt einer Bluttransfusion vielerorts eine Art „verdünnten" russischen Roulettes. So erkrankten in Finnland, Frankreich und Belgien Patienten, die Jahre zuvor in Italien oder auf Haiti in einen Autounfall verwickelt worden waren und dort eine Transfusion erhalten hatten. Es waren die ersten Fälle einer Reihe, deren Ende kaum abzusehen ist.

Die Inkubationszeiten nach Bluttransfusionen sind nun schon auf Zeiträume von 7 bis 13 Jahren angewachsen, und daß es sich hierbei um Maximalwerte handeln sollte, ist eigentlich sehr unwahrscheinlich. Es wird noch viele Jahre dauern, ehe wir endgültig sagen können, wie hoch die Chancen für eine HIV-Infektion bei Bluttransfusionen in den letzten 10 bis 15 Jahren eigentlich waren. Die Tatsache, daß dort, wo erst der freiwillige Selbstausschluß von Risiko-Blutspendern und dann das konsequente Testen aller Donatoren erfolgte, bis zu 20% der Spender plötzlich wegblieben, muß bedeuten, daß die Zahl kontagiöser Bluteinheiten vor diesem Zeitpunkt noch viel größer war, als es die heutigen Screening-Ergebnisse vermuten lassen. In einer retrospektiven Stichproben-Untersuchung aus Frankreich (Mercadier et al., Paris-Konf. 1986, Comm. 58) fand man 4,3% von 308 untersuchten Transfusionspatienten seropositiv. Man scheut sich vor Extrapolationen. Ausgerechnet das Rote Kreuz eines europäischen Landes hat das Testen älterer Bluteinheiten mit dem Argument abgelehnt, daß man dann möglicherweise große Mengen von Spenderblut nicht mehr würde verwenden können — in so eigentümliche Bahnen können sich die Gedanken der Menschen verirren.

Im Laufe des Jahres 1985 begann man in den meisten europäischen Ländern — gewöhnlich nach zähen und heute schwer verständlichen Diskussionen —, alle Blutspender zu testen. Wann diese Maßnahme beschlossen wurde, war häufig nur eine Frage des Willens, vorhandene Möglichkeiten auch auszuschöpfen. Man kann schon heute eine Serie von Schadensersatzprozessen für die kommenden Jahre vorhersehen, in denen vermeidbar infizierte Patienten und ihre Angehörigen nach Verantwortlichen suchen werden. Inzwischen hat das Blutspender-Screening Tausende von AIDS-Fällen verhindert.

Da täglich allein in Europa etwa 40000 Menschen — ein Vielfaches in aller Welt — eine Bluttransfusion erhalten, erfolgt hier unaufhörlich und in aller Stille eine keineswegs unbedeutende Verbreitung des HIV. Zwar kommt dieser Infektionsmodus der sexuellen Übertragung quantitativ bei weitem nicht nahe, aber als „iatrogene" (durch Ärzte verursachte) Infektion ist er eigentlich besonders inakzeptabel. Vermutlich kann hier bereits mit einer strengeren Indikationsstellung für Bluttransfusionen einiges gewonnen werden: Man braucht ja nicht unbedingt jede postoperative Anämie zum Anlaß für eine Transfusion zu nehmen — kluge Ärzte haben es schon immer vorgezogen, den Organismus gewisse Mängel selbst beheben zu lassen, wenn man dadurch einen Eingriff umgehen konnte. Und ein Eingriff in die Integrität des Körpers ist eine Bluttransfusion allemal — das zeigen nicht zuletzt die ungezählten AIDS-Patienten, die lediglich das Pech hatten, ihrer zu bedürfen.

Für die zahlreichen Hämophilie-Patienten sowie alle Empfänger von Bluttransfusionen war es von vitaler Bedeutung, diesen Übertragungsweg des HIV erst einmal vollständig zu blockieren. Schon lange gab es Faktor-VIII-Konzentrate, bei denen durch entsprechende Behandlung eventuell darin enthaltene Viren ausgeschaltet wurden. Diese Präparate waren allerdings teurer und standen nicht in unbegrenzter Menge zur Verfügung. Heute werden alle solche Blutgerinnungsfaktoren wärmebehandelt, um die Viren zu inaktivieren, und so kann diese Gefahr als gebannt gelten.

Es sei hier erwähnt, daß Patienten in den USA schon seit einer Weile die Möglichkeit haben, eigenes Blut für bevorstehende Operationen zu lagern und damit ihr persönliches Risiko durch Eigenbluttransfusionen gering zu halten. Oberflächlich betrachtet mag dies kontrovers wirken für Länder, in denen das Profitieren des einzelnen von seiner eigenen Umsicht fast den Stempel des Unanständigen bekommen hat. Angesichts der wiederholten Behauptung „dies ginge nicht" ist darauf hinzuweisen, daß es in Kalifornien (23 Millionen Einwohner) schon seit einer ganzen Weile geht und nun auch in anderen US-Staaten erprobt wird. Heute bieten über 100 amerikanische Blutbanken dies an. Das Verfahren werden wir im Kapitel 19 noch sehr ausführlich besprechen. Es hat sicher seine Nachteile — die Behauptung hingegen, es sei nicht durchführbar, ist ein offensichtlicher Unsinn. Sie sollte jeden, der sie aufstellt, disqualifizieren. Auch dies ist wieder eine Frage der Motivation, und die kann nur aus der Einsicht kommen, was es zu verhindern gilt.

Prophylaktische Maßnahmen, wie die Hitzebehandlung von Faktor-VIII-Konzentraten und das Screening aller Blutspender, sind heute vielerorts selbstverständlich. Die verschiedenen nationalen Gesundheitsbehörden haben mit einer Serie von Informationsbroschüren und überwiegend in beruhigendem Ton gehaltenen offiziellen Verlautbarungen den ersten Schritt zur Verbreitung eines gewissen Problembewußtseins getan. Für den, der die aktuellen Ziffern über den Rückgang von Syphilis und Gonorrhoe studiert, ist der praktische Nutzen solcher Informationskampagnen durchaus offensichtlich.

Obwohl man noch nicht alle Fragen zu den verschiedenen Übertragungsmöglichkeiten des HIV endgültig beantworten kann, sieht es doch heute so aus, als seien die für das Hepatitis-B-Virus empfohlenen Schutzanordnungen und Vorsichtsmaßnahmen auch für den Umgang mit diesem Virus ausreichend. Die notwendigen Empfehlungen und Vorschriften gibt es schon — man muß sie nur ernst nehmen. Und in diesem Sinne sollte man allen Beunruhigten antworten: Die Routinen zum Vermeiden einer Infektion sind schon seit langem ausgearbeitet und erfüllen ihren Zweck. Es gibt heute stärkere Gründe als vor zehn Jahren, sie auch wirklich ernst zu nehmen.

Am 14. Februar 1985 lösten Ärzte des Roslagstulls-Krankenhauses in Stockholm durch einen Brief an leitende Gesundheitspolitiker mit der Aufforderung, injizierenden Drogenabhängigen unverzüglich Zugang zu sterilen Kanülen zu verschaffen, eine heftige Debatte aus. (Sie findet in vielen Varianten in aller Welt statt und ist noch auf Jahre hinaus aktuell.) Man muß dies vor dem Hintergrund sehen, daß Stockholm damals 10−15% der injizierenden Drogenabhängigen (DA) als seropositiv registriert hatte, während die entsprechenden Zahlen in anderen Städten (Berlin 30%, Mailand 58%, New York über 60%, bei Inhaftierten zum Teil schon 87%) vergleichsweise viel ungünstiger waren. Es gab keinen Grund zu der Annahme, die schwedischen Zahlen würden konstant bleiben und die Entwicklung in diesem Land würde in andern Bahnen verlaufen als bisher andernorts. Alles sprach dafür, daß man zu originellen Maßnahmen greifen mußte.

Während Außenstehende meinen könnten, in Schweden sei die Situation für derartige Beschlüsse ungewöhnlich günstig, waren die politischen Voraussetzungen durchaus hierfür nicht reif. Wer die Motive hinter den genannten Vorschlägen nicht kannte, konnte leicht auf die Idee verfallen, die Autoren seien der Richtung des „Drogenliberalismus" zuzuordnen — nichts wäre falscher. Die Initiative kam von gut informierten Ärzten, darunter etwa der Hälfte der für Seuchenfragen zuständigen Infektionsärzte. Die Anzahl der seropositiven Drogensüchtigen ist inzwischen auch in Stockholm weiter gestiegen. Im Moment liegen die Zahlen bei ca. 50%, und der Widerstand erlahmt allmählich. Die Erfahrungen und die Entwicklung in anderen Ländern haben erst jetzt diese Frage richtig „hoffähig" gemacht. Dennoch blieben entsprechende Vorschläge bisher in der AIDS-Delegation der schwedischen Regierung stecken. Vielleicht muß auch in Schweden die Seroprävalenz unter den Drogensüchtigen erst so stark ansteigen, daß derartige Maßnahmen schließlich nicht mehr sehr erfolgversprechend sind, wenn sie endlich beschlossen werden. Leider wäre dies nicht untypisch (Des Jarlais et al. 1985, Marmor et al. 1985). Viele europäische Länder haben in dieser Frage rascher gehandelt, da es weniger politische Gedankenblockaden gab.

Natürlich gibt es neben der Vorbeugung durch Informationen und Ratschläge auch eine Reihe konkreter medizinischer Maßnahmen. So wird daran gearbeitet, den Faktor VIII auf gentechnischem Wege zu produzieren, was die Bluter unabhängig von Blutspendern machen würde. Man bereitet sogar „synthetisches" Blut vor, das aus künstlichen roten Blutkörperchen besteht, die Hämoglobin enthalten und daher in natürlicher Weise Sauerstoff transportieren können. Mit den ersten Versuchen an Menschen rechnet man für 1988/89.

Die Tests für die Untersuchungen der Blutspender müssen verbessert werden (etwa auch, um HIV-2 sowie virale Antigene zu entdecken), und man braucht eine zuverlässige Technik, auch seronegative Virusträger zu finden. Alle diese Maßnahmen kosten viel Geld, weswegen es unerläßlich sein wird, ein Bewußtsein für ihre Notwendigkeit zu schaffen. Dieses wiederum ist nur durch Information zu erreichen – eine Information, die über die Aspekte des einzelnen hinaus die ganze Lage beschreibt.

Erst wenn die Öffentlichkeit weiß, worum es eigentlich geht, wird man auch bei den politischen Entscheidungsträgern leichter Gehör für notwendige Maßnahmen finden. Zu diesen Maßnahmen gehört z. B. auch ein gut vorbereitetes System alternativer Möglichkeiten, sich rasch und diskret testen zu lassen. Ansonsten droht, was man in den USA und anderen Ländern bereits beobachtet hat: Menschen, die sich mit oder ohne Grund Sorge machen, angesteckt zu sein, suchen Blutzentralen auf, um sich dort einfach, schnell, vertraulich und gratis untersuchen zu lassen. Dies ist mit dem offenkundigen Risiko verbunden, frisch angesteckte, noch seronegative Virusträger an den Blutzentralen regelrecht anzureichern – ein paradoxer Effekt von gut gemeinten Vorbeugungsmaßnahmen (Perkins et al. 1985, Mason 1985, Caiazza 1985).

Es gibt Situationen, wo diese Probleme plötzlich schwerwiegende Konsequenzen haben könnten. Wer hat an die improvisierte Blutversorgung der Soldaten in Feldsituationen im Kriegsfall gedacht? In einem solchen Fall wird Blut schnell gebraucht und unter primitiven Verhältnissen entnommen und sofort übertragen. Man entnimmt es denen, die gerade zur Hand sind, und überträgt es jungen Männern, die in der Regel später zu ihren Familien zurückkehren. Manche Länder haben Grund, sich sehr konkret mit dieser Frage zu befassen – die Erfahrungen amerikanischer Militärkrankenhäuser demonstrieren dies deutlich. Von den amerikanischen Soldaten, die in Berlin eine Ambulanz für Geschlechtskrankheiten aufsuchten, fand man bereits 5 % HIV-positiv, was sogar die Seroprävalenz der Berliner Prostituierten klar überstieg (James 1985). Auch große Katastrophen, wie etwa das Erdbeben in Mexiko-City Ende 1985, können leicht ähnliche Situationen schaffen.

Es ist jedoch an mehr zu denken als nur an das Blut. Heute werden derart viele Produkte aus dem Rohmaterial Blut hergestellt, daß der Uneingeweihte verwundert sein wird über die nun folgende Aufzählung.

Es beginnt mit dem **Gammaglobulin**, das z. B. vor Auslandsreisen zur Prophylaxe gegen Hepatitis injiziert wird. In der Herstellung sind Behandlungsschritte eingebaut, die Viren sicher vernichten sollten. Deswegen kann Gammaglobulin heute als garantiert virusfrei angesehen werden. (Man hat allerdings in Großbritannien einige Fälle beschrieben, in denen eine Non-A-non-B-Hepatitis mit Gammaglobulin übertragen worden ist (Lever et al. 1984, Brettle 1985, Pouletty et al. 1985), was insofern interessant ist, als auch für diese Erkrankung ein bisher noch nicht bekanntes Retrovirus diskutiert wird (Seto et al. 1984, Tabor 1985). Diese Form von Hepatitis wird häufig auch mit Bluttransfusionen übertragen.)

Auch der **Hepatitis-B-Impfstoff**, der meist unter Verwendung des Serums von Spendern aus Risikogruppen hergestellt wird, kann nach allen vorliegenden Erfahrungen bedenkenlos angewendet werden. Zahlreiche und sorgfältige Untersuchungen haben einstimmig jedes Risiko bei der Hepatitis-B-Impfung ausgeschlossen.

Bei **Faktor-VIII-Präparaten** werden auf dem europäischen Markt alle Produkte bei 60 bis 68 °C hitzebehandelt. Die Behandlungszeiten variieren. Eine solche Behandlung scheint das Virus zu inaktivieren, während die Verluste an Faktor-VIII-Aktivität und an von-Willebrand-Faktor mäßig zu sein scheinen.

Bei **Faktor-IX-Präparaten** führt man routinemäßig eine Hitzebehandlung oder eine chromatographische Separation der Viren durch.

Immunglobulin-Präparate werden in der Regel während der Herstellung mit Alkohol ausgefällt. Hierzu verwendet man eine sicher virusabtötende Konzentration.

Sämtliche **Albumin**-Präparate werden sowohl mit Alkohol als auch mit Hitze behandelt, um Viren zuverlässig abzutöten.

Antithrombin-Präparate werden hitzebehandelt.

Beim **Fibrinogen** gibt es im Moment keine zuverlässige Methode, um Viren während der Produktion abzutöten oder zu entfernen. Deshalb werden diese Produkte im Moment nur noch bei vitaler Indikation verwandt. Spezielle Vorschriften gelten für Radiopharmaka, die Fibrinogen enthalten.

Interferone können aus Leukozytenkulturen gewonnen werden. Für solches Interferon ist jetzt die Behandlung mit Alkohol ein obligatorischer Schritt. Diese Vorsichtsmaßnahmen gelten nicht für jene Interferonpräparate, die gentechnologisch hergestellt werden.

Das **menschliche Wachstumshormon**, das aus der Hypophyse gewonnen wird, stellt ein großes Problem dar. Da schon mehrere Fälle von Übertragung unheilbarer Krankheiten der Kuru-Scrapie-Gruppe (z. B. CJD) beobachtet wurden, ist man sehr vorsichtig geworden, und in manchen Ländern (z. B. Schweden) wird zur Zeit kein auf natürlichem Wege gewonnenes Wachstumshormon verwandt.

Urokinase wird aus menschlichem Urin gewonnen. Die Herstellungsmethode gilt heute als hinreichend sicher.

Choriongonadotropin und **Menopausengonadotropin** werden ebenfalls aus menschlichem Urin gewonnen und gelten als sicher. (Während der Herstellung werden die Eiweiße unter Verwendung von Alkohol in für die Virusabtötung hinreichend hoher Konzentration ausgefällt.)

Human-Insulin-Präparate werden inzwischen nicht mehr aus natürlichen Organen gewonnen, sondern durch gentechnologische Verfahren oder enzymatische Behandlung von Schweine-Insulin hergestellt.

Man versteht anhand dieser Aufzählung, daß es sich lohnt, gründlich nachzudenken, wenn man alle Verbreitungswege eines im Blut befindlichen Virus blockieren will.

Risiken und Einsicht

Um sich realistische Vorstellungen von der Wirkung der eigenen Vorschläge und getroffenen Maßnahmen machen zu können, ist es wichtig, zur Kenntnis zu nehmen, was andernorts geschehen ist. Da die USA uns immer noch mehrere Jahre an Erfahrung zu diesem Thema voraus sind, wäre es äußerst unklug, diese Erfahrungen nicht zu verwerten, nur weil sie insgesamt schmerzlich sind.

Jahrelang hat man in den USA mangels effektiver Therapieansätze prophylaktische Maßnahmen auf Informationen, Appelle, Beratung und Screening konzentriert. Sogenannte AIDS-hotlines, AIDS-Gruppen und -Institutionen unterschiedlichster Interessengruppen sind dort zu alltäglichen Einrichtungen geworden. Die Resultate all dieser Anstrengungen sollten uns vor allzu optimistischen Erwartungen bewahren. Was auf diesem Wege erreichbar ist, lohnt zwar den Einsatz, aber dennoch sind die Effekte begrenzt; teilweise nehmen sich die Ergebnisse sogar deprimierend aus.

Natürlich kann man erleichtert sein, daß 75 % der Homosexuellen gerne wissen möchten, ob sie Virusträger sind. Warum aber wollen es die übrigen 25 % nicht? Bedenklicher klingt es, wenn man die negative Essenz der amerikanischen Ergebnisse aufzählt: 55 % der Gefragten gaben an, daß sie eine mögliche Seropositivität ihren früheren Sexualpartnern nicht mitteilen würden, 23 % gaben zu, daß sie nicht einmal neue Partner informieren würden.

Hierzu sei nur ein konkretes, wohl nicht ganz untypisches Beispiel genannt (McBride 1985). Eine 26jährige Frau aus Trenton, New Jersey, eine Journalistin mit Hochschulbildung und normalem familiären Hintergrund, heiratete einen Drogensüchtigen, dem sie beim Überwinden seiner Sucht half. Was niemand damals wußte: Er war bereits angesteckt, und er gab die Infektion an sie, dann an ihr gemeinsames Kind weiter. Inzwischen ist er an AIDS gestorben; sie geht durch ihre private Hölle − mit allem, was das bedeutet. Unter anderem berichtet sie, daß sie einen neuen Partner gefunden hat. „Verdrängung ist mein bester Freund. Ich bete zu Gott, daß mein neuer Partner nicht erkrankt. Es ist ein Alptraum, mit dem ich täglich lebe." Auf die Frage, ob sie mit ihm sexuellen Kontakt habe, antwortet sie mit „ja", auf die Frage, ob sie ihm die Gefahr mitgeteilt habe, hingegen mit „nein". Und: „Es ist sehr, sehr schwer. Er ist so lieb zu mir . . ."

Überlegt man sich, was eine solche Haltung für die sexuelle Verbreitung des HIV bedeutet, relativiert dies die Erfolge der Informationskampagnen beträchtlich.

Es gab noch andere niederschmetternde Ergebnisse. Innerhalb der präventiven Maßnahmen unterscheidet man drei Schritte: (1) die Verbreitung grundlegender Information, (2) die Propagierung des „safer sex" und (3) die energische Lancierung des Letztgenannten mittels großen Personaleinsatzes, kontinuierlicher Kontakte sowie verschiedener Aktionen und Veranstaltungen. Beim ersten Schritt geschah fast gar nichts, beim zweiten sah man zumindest bei 79% der Angesprochenen ein Problemverständnis aufkommen, bei 63% sogar eine veränderte Einstellung, aber nur bei 43% ein verändertes Verhalten. Erst beim dritten Schritt begann − als ein Zeichen möglicher Verhaltensänderungen − die Frequenz verschiedener Geschlechtskrankheiten (STD, sexually transmitted diseases) um 25−50% zurückzugehen (was im Hinblick auf die Risikosituation allerdings ein recht bescheidener Erfolg war).

Im Laufe der folgenden Jahre jedoch setzte sich der Trend zur Risikominderung fort, ablesbar an den Neuerkrankungsziffern für rektale Gonorrhoe und Syphilis. Besonders markant ließen sich solche Effekte in Schweden beobachten (Abb. 15.1). Wie sehr jedoch die inzwischen stattgefundene Virusverbreitung den Wert solcher Verhaltensänderungen reduziert, kann man in Abbildung 15.2 sehen. Unter Umständen steigt das Gesamtrisiko, die Chance der Ansteckung, weiterhin an oder wird allenfalls konstant gehalten (vergleiche auch die Abbildung 4.1).

Trotz intensiver Aufklärung hat man in einigen der abenteuerlichsten Etablissements der homosexuellen Szene in Manhattan zwischen 1981 und 1985 einen Rückgang des Kundenstroms um nur ca. 35% beobachtet. Offenbar war das Lerntempo der übrigen zwei Drittel nicht sehr hoch. Der für Kurzsichtigkeit zu errichtende Preis ist schrecklich hoch. Vielen gutgemeinten Versuchen, den Betroffenen dies zu ersparen, wird voller ungläubigen Mißtrauens begegnet.

Sehr beunruhigend ist eine erst Mitte 1987 deutlich hervortretende Trendänderung, deren Folgen naturgemäß erst in vielen Jahren sichtbar werden können: Verglichen mit dem Vorjahr stiegen im ersten Quartal 1987 die Neuerkrankungen an Syphilis im Bereich von New York (103,5% Zunahme), Los Angeles (95%) und Miami (97,4%) dramatisch an. Für die gesamten USA betrug dieser Anstieg bis Ende April 25%, und man vermutet noch eine erhebliche Dunkelziffer. Ähnliche Zuwachsraten weist die CDC-Statistik auch für die Gonorrhoe auf, soweit es sich um penicillinresistente Bakterienstämme handelt. Man deutet diese aktuellen Trends als Zeichen zunehmender heterosexueller Sorglosigkeit unter Mitwirkung vorwiegend farbiger und lateinamerikanischer Drogensüchtiger, die sich prostituieren.

In der Bundesrepublik Deutschland sprechen die Ergebnisse einer Multicenterstudie für eine erheblich verringerte Risikofreudigkeit unter den Homosexuellen, aber der Wert der Untersuchung leidet sehr darunter, daß man nur noch von einem kleinen Teil (etwa 60 von 415) der anfangs Seronegativen zuverlässige Angaben hat. In Schweden sind noch 1986 etwa 5% der bestinformierten Homosexuellen Stockholms serokonvertiert.

Bei den Drogensüchtigen ist die Resonanz noch geringer. Hier kann von einem Willen zur Zusammenarbeit häufig nicht die Rede sein. Prostituierte sind manchmal, sofern nicht organisiert und selbst um ihre Gesundheit bemüht, schwer zu lokalisieren und zur Testung zu veranlassen. Die „Erziehung zur Risikoreduktion" ist in diesem Bereich noch eine ungelöste Aufgabe, denn alle Planung von prophylaktischen Maßnahmen pflegt von der Prämisse auszugehen, daß ein jeder die Ansteckung vermeiden möchte und daß niemand wissentlich oder unwissentlich einen anderen infizieren will. Diese Voraussetzungen scheinen jedoch nur sehr unvollständig gegeben zu sein.

Gerade damit nimmt die Dringlichkeit zu, die Infektion drogenabhängiger Prostituierter, etwa durch ihre Kunden, zu

15.1 Oberes Diagramm: Aus den Syphilis-Ziffern für Schweden kann man ersehen, daß das Verhalten insbesondere der Männer sich seit 1982 markant verändert hat (M Böttiger, SBL, Stockholm).

15.2 Geschlossene Linie, rechte Skala: Abnahme der Frequenz der rektalen Gonorrhoe in San Francisco (n = Zahl der Fälle pro Jahr) als Zeichen aktueller Verhaltensänderungen (reduzierte Partnerzahl und „safer sex"). Gestrichelte Linie, linke Skala: Gleichzeitiger Anstieg der Seropositivität für HIV-Antikörper unter den homosexuellen Männern der San-Francisco-Kohortenstudie für die Jahre 1980−1984 (J Curren 1985).

verhindern. Eine einzige infizierte mexikanische Prostituierte (10–12 Kunden täglich) hat in weniger als 8 Monaten 2000 Kunden gehabt (*CDC AIDS Weekly* 1987, 25. Mai: 15). So nehmen diese Prostituierten nur anfangs eine Schlüsselrolle ein. Wir haben also einen neuen wichtigen Grund, dieses Problem nicht sich selbst zu überlassen.

Im folgenden seien einige Zitate angeführt, die keines Kommentars bedürfen. Prostituierte „Siv", Oslo: „Ich pfeife auf meine Kunden, aber es tut mir um ihre Frauen und Kinder leid" (*Dagbladet*, 29.6.1985), und „Bente", eine andere von Oslos seropositiven Prostituierten: „Ich bin wie eine lebende Todesmaschine, giftgefüllt, Tod und Verderben verbreitend" (*Dagbladet*, 6.8.1985).

„Dagmar", München: „Meinen Freunden würde ich nie erzählen, daß ich mit dem AIDS-Virus angesteckt bin – da hätte ich ja keine mehr." Sie erzählt auch, daß sie zumindest ihre privaten sexuellen Kontakte fortsetzen wird und daß nur die Androhung von 10000 Mark Strafe sie dazu bewegen kann, auf ihre Einnahmen aus der Prostitution zu verzichten (*Quick*, August 1985).

Verschiedene Stimmen aus Interviews des *Spiegel* (1985/42 und 1984/45): „Wenn ich sterben muß, können meinetwegen auch die anderen draufgehen, das ist mir doch egal" (Strichjunge in Hamburg, 5 Kunden pro Nacht); „Wenn ich AIDS bekommen habe, werde ich das schon rechtzeitig merken" und: „Wenn das mit dem Sex nichts mehr bringt, kann ich ja mit Drogen handeln" (Strichjunge in Hamburg, 300 DM für eine Nacht mit einem italienischen Geschäftsmann); Stimmen aus Berlin: „Ich habe AIDS von der Gesellschaft gekriegt. Und der gebe ich's zurück" und (eine noch häufigere Haltung): „Ehe ich den Löffel wegwerfe, will ich mein Leben leben"; der Eigentümer einer sogenannten Modellagentur im Hamburger Vorort Winterhude, eines „renommierten" homosexuellen Bordells, der zitiert wird mit: „Die meisten Stricher haben das Virus schon, da bin ich sicher"; er glaubt jedoch, er werde ruiniert, wenn auch nur ein einziger Fall bekannt würde; er weiß auch, „daß er mit safe sex keine Kohle machen kann" und findet, daß „die AIDS-Hysterie von den Zeitungen ungeheuer aufgebauscht" werde.

Als seltene, aber nicht zu ignorierende Auswüchse der Verantwortungslosigkeit können jene Beispiele gelten, bei denen Infizierte absichtlich andere anzustecken suchen oder gar wider geltende Regeln Blut spenden. Solche Fälle sind inzwischen aus den USA (42), Deutschland, England, Schweden, Norwegen und zahlreichen weiteren Ländern bekannt.

Natürlich sind das Ausnahmefälle. Was die Folgen solchen Verhaltens anlangt, können diese jedoch leicht schwerwiegender sein als das, was hundert durchschnittlich verantwortungsbewußte Virusträger anrichten. Man muß sich vor Augen halten, daß ein Promille der Infizierten auf diese Weise leicht einen erheblichen Teil jener Problematik ausmachen können, der uns anzunehmen wir allen Grund haben.

Zweifellos betreffen große Teile aller Gesetzgebung sowieso nur Umstände, die nicht aus dem typischen, sondern aus dem unüblichen menschlichen Verhalten resultieren. Viele Menschen behalten ihre „klammheimlichen" Gedanken für sich. Daß diese den Charakter, dem sie entspringen, nicht immer ehren, ist im Umfeld von Prostitution und Drogensucht vielleicht nicht überraschend. Die obigen Zitate sind nichts anderes als bruchstückhafte Einblicke in diese Welt. Sie mögen auch eines zeigen: Zwar ist eine übertriebene, spießbürgerliche Moral eine Gefahr für viele Werte, insbesondere für Freiheitswerte, unserer Gesellschaft. Die sich in den genannten Äußerungen ausdrückende Haltung ist es jedoch erst recht. Und in der Folge des AIDS-Problems wird jede denkbare Gegenreaktion unweigerlich Auftrieb erhalten. Es ist angesichts dieser kommenden Frontenbildung wichtig, sich vor Augen zu halten, daß die hier zitierte „professionelle Unmoral", direkt und indirekt, eine sehr konkrete Gefahr ausmacht, und zwar über die Gefährdung der Gesundheit anderer hinaus auch eine Gefahr für elementare Voraussetzungen

aller Freiheit. Eine Verschärfung der Reglementierung zwischenmenschlichen Verhaltens wird mühsam errungenen Freiraum unweigerlich einschränken.

In diesem Zusammenhang ist zu hoffen, daß die größte betroffene Risikogruppe, die Homosexuellen, entgegen der kleinen Minorität, welche die Stricher- und Sex-Szene der Großstädte ausmacht und auf die sich das Interesse der Sensationspresse fokussiert, durch besonnenes und verantwortungsvolles Handeln ihren Feinden den Wind aus den Segeln nimmt. Hiermit sei nicht behauptet, daß sie durch vernünftiges Verhalten allen traditionellen und nun vielleicht verstärkt zutage tretenden Aversionen vorbeugen könnten. So einfach und rational ist die Reaktion der meisten Menschen nun einmal nicht. Sie können jedoch verhindern, daß neben der mit dieser Krankheit verbundenen Tragik auch noch Bosheit und Aggressivität über das unvermeidliche Maß hinaus Nahrung erhalten.

Die Einsicht, wie teuer kurzsichtiges Verhalten zu stehen kommen kann, beginnt zumindest in den USA zu wachsen. Leider sind die europäischen Länder noch Jahre hinter dieser Entwicklung zurück. Deswegen soll hier zur Anregung vorausschauenden Denkens ein von B. Bolan (San Francisco) 1985 verfaßter „Newsletter" der AAPHR (der „Amerikanischen Ärztlichen Vereinigung für Menschenrechte") in Auszügen wiedergegeben werden. Aus diesem ernsten Schreiben weht ein kalter Wind. Es ist vermutlich das Ergebnis mehrjähriger Diskussionen und unermüdlichen Nachdenkens und ist dem Verfasser sicher nicht leicht von der Hand gegangen, da er eigene Stellungnahmen revidieren mußte. In seinem intellektuellen Niveau und sittlichem Ernst unterscheidet es sich sehr von dem, was europäische Vertreter dieser Richtung (mit einigen wenigen Ausnahmen) bisher zur Diskussion beisteuerten:

„Ihr habt mich um meine Meinung über den Bedarf einer nachdrücklicheren Information an homosexuelle/bisexuelle Männer zum Thema des ‚safe sex' und des Antikörpertests gebeten. Was folgt, sind die Gesichtspunkte aus der Voreingenommenheit eines Klinikers, der diese Krankheit jeden Tag sieht ... Wir müssen unseren Widerstand aufgeben gegenüber der Ermahnung, sich testen zu lassen, auch wenn ein positives Testresultat eine große psychologische Belastung bedeutet. Mit einer Antikörperprävalenz von heute nahezu 50% erreicht unsere Gemeinschaft in San Francisco bald die Sättigungsgrenze, und wir werden verlieren, wenn wir unsere ängstliche Haltung gegenüber dem Antikörpertest nicht aufgeben. Berechtigte Anliegen wie die Bürgerrechte können hier die Lage vernebeln und als Entschuldigung dafür herhalten, über seine eigenen Risiken nicht bestmöglich informiert zu sein.

Unsere Rolle als praktizierende Ärzte ist verschieden von der eines Gesundheitsbeamten, denn unser primäres Interesse gilt unseren Patienten. Wir mögen geneigt sein, gegen den Test zu argumentieren, weil wir die negativen Folgen für das Individuum fürchten oder voraussehen. Ich finde es schwierig, zwei Herren auf einmal zu dienen, und vermute, daß es den meisten meiner Kollegen ähnlich geht. Ich glaube, eine der Quellen für die Konfusion in unseren Empfehlungen zur Risikoreduktion gegenüber der AIDS-Gefahr ist gerade die Unfähigkeit, zwischen diesen beiden Rollen zu unterscheiden. ...

... Es ist spät, viel zu spät für philosophische Spitzfindigkeiten. Mit diesem Virus läßt sich nicht feilschen. Es schert sich nicht um tiefsinnige Diskussionen über Ethik, Menschenrechte oder psychische Belastungen.

Wir haben geholfen, unsere Gemeinschaft zu aktivieren, aber wir sind vermutlich immer noch etwas langsam im Begreifen dieser Krankheit und unfähig mitzuteilen, was die Stunde geschlagen hat. Jedesmal, wenn wir etwas Neues über dieses Virus oder den Verlauf der Krankheit lernen, erweitert es unsere schlimmsten Befürchtungen um eine neue Dimension. Es gibt wirklich keine Entschuldigung mehr für eine optimistische Verpackung unserer Botschaft. Unsere Verantwortung ist zu groß. Es ist an der Zeit, *jede* Form von sexuellem Verhalten zu unterlassen, bei der dieses Virus übertragen werden kann. Kein Ausweichen mehr, kein Vernebeln des Themas. Ganz einfach Schluß mit riskanten Sexualpraktiken. Wir stehen mit dem Rücken zur Wand.

... Ich glaube, die Position ‚Laß dich nicht testen' war falsch. ... Sich vor irgendeiner Information über diese Krankheit zu verstecken, ob positiv oder negativ, ob wir etwas zu erfahren glauben oder nicht, wird uns nichts nützen. Wir müssen zu jeder Zeit soviel wie möglich über sie wissen und gewillt sein, die psychische Belastung zu ertragen, um unseren wirklichen Feind kennenzulernen. Wir sind, wenn auch nicht leicht, mit Panik, Repression und Beschneidung der Menschenrechte auf dem öffentlichen Sektor fertig geworden, und wir werden kein AIDS-Dachau erlauben. Aber wir haben uns nicht hinreichend effektiv mit unseren wirklichen Feinden beschäftigt: *dem Selbstbetrug und dem AIDS-Virus*."

16 Epidemiologie

Bevor wir uns den epidemiologischen Aspekten der AIDS-Epidemie zuwenden, wollen wir uns noch einmal das Ungewöhnliche an der plötzlich eingetretenen Situation in Erinnerung rufen. AIDS, noch vor wenigen Jahren ein unbekannter Begriff, hat sich verblüffend unvermittelt in unser Bewußtsein gedrängt und berührt heute alle Bereiche des öffentlichen Lebens. Massenmedien und Spezialbroschüren erreichen heute Menschen aller Berufskategorien und Altersstufen. Das Thema begegnet uns plötzlich überall: in Leitartikeln und Talkshows, in Unterricht, Verwaltung und Arbeitsleben; es beschäftigt inzwischen Schulen und Gerichte, Ökonomen und Gesundheitsplaner, Grenzbeamte und Gefängnispersonal, kirchliche Missionen, Versicherungen und Fluggesellschaften − von jenen ungezählten einzelnen, die sich in und außerhalb der Krankenhäuser der ihnen immer rascher zuströmenden Patienten annehmen, ganz zu schweigen. Es ist ein Thema geworden für Regierungen und Parlamente, für den Europäischen Ministerrat und die WHO, für das Rote Kreuz und das Nobelpreiskomitee, für Kommissionen und Kongresse ohne Zahl sowie für Lehre und Forschung in der ganzen Welt. Heute arbeiten etwa 200 000 Ärzte und Forscher an ca. 1200 Forschungsinstitutionen und ungezählten Krankenhäusern hauptberuflich an diesem Problem, täglich kommen sicher 100 neue hinzu. Alles ging sehr schnell − Zeit zum Reflektieren gab es nicht viel.

Ein Gedankenspiel mag das Unvertraute an der HIV-Infektion verdeutlichen: Wären alle Einwohner Hamburgs innerhalb der letzten drei Jahre mit HIV infiziert worden, ließe sich dies für einen Besucher kaum entdecken. Er könnte einkaufen, Essen gehen, Theater und Museen besuchen und sich völlig normal in der Stadt bewegen. Sie würde ihm durch nichts zu erkennen geben − und das ist ein entscheidender Unterschied zu jeder anderen Seuche −, daß das Gros ihrer Bewohner im Grunde schon zum Tode verurteilt ist. Diese zugegebenermaßen etwas makabre Vorstellung macht einen spezifischen Problempunkt der AIDS-Epidemie deutlich.

Beide wesentlichen Züge − die Geschwindigkeit einer unverhofften Epidemie-Entwicklung sowie die beträchtliche zeitliche Phasenverschiebung zwischen der Infektion und ihren sichtbaren Folgen − sind bei der Diskussion im Auge zu behalten.

Politiker und andere Entscheidungsträger haben häufig eine begrenzte Erfahrung im Umgang mit epidemiologischem Zahlenmaterial und seiner Darstellung. Wissenschaftlern andererseits fehlt häufig die Zeit und das didaktische Interesse, das erforderlich wäre, um all die ihnen zur Verfügung stehenden Kenntnisse auf eine Weise zu verarbeiten, daß man auch außerhalb wissenschaftlicher Kreise Nutzen davon hat. Gerade im Zusammenhang mit der aktuellen AIDS-Epidemie sollten die wesentlichen Informationen ohne Verzögerung den Verantwortlichen zugänglich gemacht werden, denn selbst das aktuellste Bild spiegelt ja nur die Folgen einer etwa zehn Jahre zurückliegenden Situation wider. Diese folgenschwere Verspätung darf durch weitere Verzögerungen nicht noch vergrößert werden.

Die Anzahl der Infizierten

Bei konsequenter Testung von über 1 Million Rekruten in den USA fand man (mit Western-Blot-Bestätigung) etwa 1,5 Promille Seropositive (CDC, MMWR 1986-26). Bei den schwarzen Rekruten waren es 4 Promille und bei den über 26jährigen der Atlantikküste gar ein Prozent. (Zur Konkretisierung: Ein Prozent der USA-Bevölkerung wären 2,4 Millionen Menschen.)

Es muß nachdenklich stimmen, wenn man selbst unter den bereits selektierten Blutspendern noch eine Seropositivität von 0,4 bis 1 Promille findet. (Das gilt für die USA. In Südamerika ist es das Mehrfache, in der Bundesrepublik Deutschland nur ein Bruchteil: Unter den ersten 700 000 untersuchten Blutspendern fand man hier 140 bestätigt seropositiv, das heißt 0,2 Promille.) Gleichzeitig ist mit einem Mehrfachen an Grenzfällen zu rechnen, mit zweifelhaften Ergebnissen und deshalb nicht zu verwendenden Blutkonserven. Es ist sehr wahrscheinlich, daß sich unter solchen noch manche kontaminierte Einheit befindet.

Übrigens hat man beim Studium von Seren amerikanischer Drogensüchtiger von 1971/72 von 1129 Untersuchten 17, also ca. 1,5 %, seropositiv gefunden (Moore et al., 1986), was für einen überraschend frühen Beginn der HIV-Verbreitung unter den Drogenabhängigen spricht.

Wir wollen uns nun dem Versuch zuwenden, die absoluten Zahlen der HIV-Infizierten wenigstens für die USA in den Griff zu bekommen. In den USA sind heute etwa 40 000 AIDS-Fälle registriert, darüber hinaus spricht man von 1 bis 3 Millionen Infizierten. Hochrechnungen auf der Basis bekannter Untersuchungsresultate können gar zu Ergebnissen von bis zu 4 Millionen und mehr führen.

Wer diese Zahlen als unrealistisch hoch ansieht, sollte sich nur einmal über drei Teilmengen dieser Summe Gedanken machen. Bei der Untersuchung von Blutspendern fand man, wie oben erwähnt, 0,4 bis 1 Promille seropositive Personen (1). Das sind bei 240 Millionen Einwohnern bereits 100 000 bis 240 000. Die Anzahl der Homosexuellen in den USA (2) wird von Sexualwissenschaftlern auf 8 bis 10 Millionen geschätzt, was die Annahmen von Kinsey noch nicht einmal erreicht. Auch sind nicht alle Bisexuellen dabei mitgerechnet. In San Francisco fand man in der sogenannten City-Kohorte (mehr als 6000 Probanden einer früh begonnenen Untersuchung) bereits 72 % infiziert, für ganz San Francisco rechnet man mit ca. 50 %. Für das gesamte Land geben die CDC (MMWR 1986-26) Werte von 24−68 % an, also ist eine Schätzung von 20−25 % vorsichtig; andere Schätzungen liegen bei 35 %. Schon die vorsichtigen Annahmen führen zu 1,6−2,5 Millionen Infizierten. Schließlich gibt es (3) allein in New York ca. 200 000 Drogenabhängige, von denen mehr als die Hälfte als infiziert gelten. Dies wären schon über 100 000.

Damit erhalten wir bereits bei der Summierung dieser drei Gruppen eine Größenordnung von 1,8 bis 2,8 Millionen Infizierter und haben dabei noch nicht berücksichtigt:
− die Drogenabhängigen in San Francisco, Chicago, Los Angeles und weiteren zehn Millionenstädten; außerdem im ganzen Land
− die heterosexuellen Partner der Bisexuellen,
− die heterosexuellen Partner der Drogenabhängigen,
− die Hämophiliepatienten und deren Ehefrauen,
− die Transfusionsempfänger (Operation, Unfall, Anämie, Gravidität) und deren Ehegatten, ebenso Empfänger transplantierter Organe oder von Sperma,
− Haitianer und andere Einwanderer aus Risikogebieten,
− Prostituierte und ihre Kunden,
− die Kinder aller bisher Aufgezählten sowie
− Streufälle unter Touristen, Entwicklungshelfern, Soldaten, Diplomaten, Geschäftsleuten etc.

Wenn man alle diese hinzurechnet, kann man von den eingangs genannten Blutspendern stattdessen absehen, da sie vermutlich zum größten Teil einer der hier aufgezählten Gruppen angehören.

157

Zum Vergleich sei noch eine weitere Überschlagsrechnung genannt (P Cameron 1986): Hier wird mit nur 3,8–4,2 Millionen homosexuellen Männern gerechnet, was ich persönlich für angemessen halte, auch wenn dem mancher Sexualwissenschaftler vermutlich widerspräche. Auf der Basis der augenblicklich in den USA erhaltenen Testergebnisse rechnet Cameron mit etwa einem Drittel Infizierter, also ca. 1,4 Millionen. Er nimmt für die gesamten USA nur 750 000 injizierende Drogenabhängige an (andere Angaben liegen bei 1 Million), und auch sie scheinen im Durchschnitt zu etwa einem Drittel infiziert (das wären 250 000). Schon mit diesen beiden Teilsummen kommt er auf 1,65 Millionen – und da fehlen noch alle anderen Risikogruppen. Trotz vorsichtiger Schätzung ergeben sich so ebenfalls mehr als 2 Millionen Infizierte, was demnach wohl als eine vernünftige Annahme zu betrachten ist.

Ähnliche Erwägungen wie die hier für die USA angestellten gelten *mutatis mutandis* für die europäischen Länder. Von besonderem Interesse bleibt das Verhältnis von Erkrankten zu noch asymptomatischen Infizierten.

In Schweden sind 400 seropositive injizierende Drogenabhängige bekannt, wohl mindestens ebensoviele unbekannt. Noch hat keiner von ihnen AIDS entwickelt, aber einige sind im späten ARC-Stadium. Wenn nun demnächst die ersten dieser Patienten zum AIDS progredieren, ändert sich das Verhältnis von AIDS-Fällen zu Virusträgern vom zweiten Fall an rasch mit etwa 50% bzw. 33% bzw. 25% etc., da Neuansteckungen natürlich nicht in hinreichender Zahl erfolgen können, um die Proportionen konstant zu halten; die ganze Population ist ja von Anfang an begrenzt und schon nennenswert infiziert. Wie sich die Ziffern entwickeln mögen, sei an einer hypothetischen Serie aufeinanderfolgender Quoten für die obengenannten Drogensüchtigen gezeigt: 0/10, 0/100, 0/400 (das Verhältnis, das heute für Schweden gilt), 0/800, 1/850, 2/860, 3/874, 4/880 etc. Dies bedeutet, daß erst unbemerkt die Zahl der Infizierten zunimmt (eventuell, etwa bei den Blutern, bis Sättigungseffekte in der Population eintreten; bei 30% Infizierter werden diese schon merkbar, bei 80% sind sie sehr ausgeprägt). Dann erst beginnen AIDS-Fälle aufzutreten, und zwar in immer dichterer Folge, so daß der Zähler des Bruches viel schneller zunimmt, als das für den Nenner überhaupt möglich ist. Damit ändert sich das Verhältnis rapide.

Dieselbe Logik gilt natürlich – wenn auch mit verschiedenen Parametern – für den Quotienten jeder anderen Risikogruppe und auch für die gesamte Bevölkerung. Das ist ein wichtiger Punkt, denn nach dieser Einsicht darf man niemals mit einem konstanten Verhältnis rechnen und die empirischen Werte dieses Quotienten nur sehr bedingt von einem Land auf das andere übertragen.

Die pyramidenartigen Strukturen, ähnlich einer Bevölkerungspyramide, die man sich als unsichtbare Basis zu jeder Gruppe konstatierter AIDS-Fälle hinzudenken muß, haben also notwendigerweise sehr verschiedene Formen (Abb. 16.1).

Die Form dieser jeweiligen „Pyramide" beruht natürlich darauf, wie schnell die Verbreitung des Virus in der jeweiligen

Gruppe oder Teilpopulation (dem jeweiligen „Compartment") abläuft. Sie muß unter besonders promiskuitiven Menschen, also wohl auch unter Prostituierten und manchen ihrer Kunden, breitbasiger sein (D) als in einer Normalbevölkerung (C), während sie bei sexuell weniger Aktiven natürlicherweise sehr schmal sein wird (B). Es ist logisch, den jeweiligen Neigungswinkel der Kurve als Maß für die Geschwindigkeit der Infektionsausbreitung anzusehen, die ihrerseits wieder das Verhalten und andere entscheidende Umstände widerspiegelt. Für eine begrenzte Gruppe wie die Bluter (besonders bei einem so hohen Grad von Durchseuchung, wie sie die Hämophilen in den USA aufweisen) müssen die Seitenlinien der Figur bereits seit einer Weile wieder nach unten hin konvergiert sein (A), ehe möglicherweise die prophylaktische Hitzebehandlung der Faktor-VIII-Konzentrate sie fast abrupt hat enden lassen. Das zeigt deutlich, daß gerade an so vollständig identifizierbaren Gruppen wie den Blutern gewonnene Untersuchungsergebnisse nur sehr begrenzt zum Ausgangspunkt von Extrapolationen auf die Gesamtbevölkerung gemacht werden können.

Alle diese Überlegungen sind an Minimumannahmen orientiert, da immer vorausgesetzt wird, alle Infizierten seien auch seropositiv. In Schweden hat man unter 29 Ehefrauen von seropositiven Blutern nur bei zweien Antikörper nachweisen können – was entweder eine sehr erfreuliche oder eine sehr betrübliche Beobachtung sein kann. Dies hängt davon ab, ob sie infiziert sind oder nicht – und darüber werden erst mehrjährige Beobachtungen und der Erfolg anderer Virusnachweismethoden entscheiden.

Das Beunruhigende ist, daß man in allen anderen Fällen von Seronegativität, wo im Gegensatz zu obigen Ehepartnern überhaupt kein Verdacht auf eine Infektion vorliegt, nie auf den Gedanken käme, die Seronegativität zu bezweifeln. Das bedeutet, daß unter jenen, die durch ein negatives Testresultat beruhigt werden, eine nicht unwesentliche Anzahl von Virusträgern sein kann. Dies spricht dafür, die erforderlichen Vorsichtsmaßnahmen und Verhaltensänderungen unabhängig von Testresultaten auf der Grundlage einer allgemeinen Risikobeurteilung zu beschließen oder zur Routine zu machen.

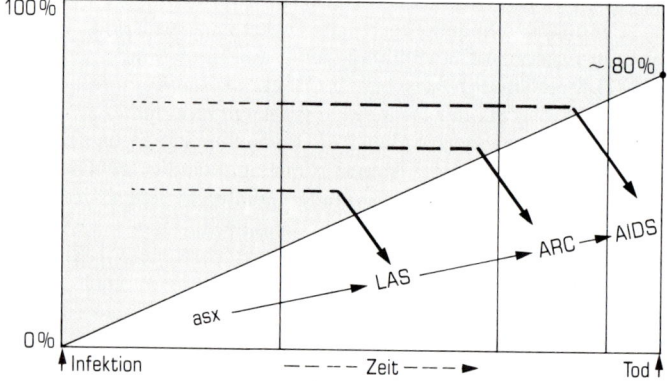

16.2 Möglichkeit zur Abschätzung der Gesamtanzahl unbekannter Virusträger. Von links nach rechts: Stadien der AIDS-Entwicklung in ihren ungefähren zeitlichen Proportionen. Links ist der Infektionszeitpunkt, rechts das Ableben des Patienten festgehalten. Im Moment der Infektion sind 0%, zum Zeitpunkt des Todes wohl ca. 80% der Infizierten des jeweiligen Entwicklungsstadiums bekannt. Die Kurve gibt an, in welcher Weise der Prozentsatz der bekannten HIV-Träger mit der Zeit zunimmt. Für die Stadien AIDS, ARC und LAS sollen die Pfeile die jeweils neudiagnostizierten Fälle aus dem „Hell-Raum", also von den schon als infiziert Bekannten, sowie die überraschend aus dem „Dunkel-Raum" (gestrichelte Linien) eintreffenden, bis dahin unbekannten Virusträger wiedergeben. Aus den Proportionen und ihrer Verschiebung mit zunehmender Symptomatik lassen sich einige Kurvenpunkte der Trennlinie zwischen Hell- und Dunkel-Raum und damit auch das gesuchte Verhältnis grob errechnen. Dazu benötigt man nur noch die Zahl der insgesamt bekannten Virusträger im Einzugsbereich der jeweiligen Kliniken sowie Annahmen über die durchschnittliche Verweildauer der Patienten im jeweiligen Stadium.

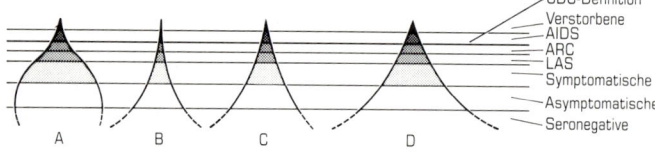

16.1 Darstellung der Verteilung von Infizierten unterschiedlicher Teilpopulationen („Compartments") über die verschiedenen Krankheitsstadien (mit zunehmender Symptomatik in tieferen Grauschattierungen gekennzeichnet). Oberhalb der Linie für die CDC-Definition liegen die AIDS-Fälle. Die verschiedenen Formen bedeuten etwa: (A) geschlossenes Compartment wie das der Hämophilen, wo durch Sättigungseffekte schon eine erhebliche Reduktion an Neuinfizierten zu beobachten ist, (B–D) zunehmendes Ausbreitungstempo innerhalb der Compartments, etwa aufgrund verschiedener Verhaltensmuster und Risikofreudigkeit.

Wenn man sich nach diesen Überlegungen wieder den amerikanischen AIDS-Patienten zuwendet, welche durch eine Bluttransfusion angesteckt worden sind (ca. 700 Fälle), muß man schon bei einem angenommenen Verhältnis von nur 1/100 mit 70000 weiteren Infizierten rechnen, die bisher unbemerkt geblieben sind. Bereits diese vorsichtige Schätzung bedeutet eine unermeßliche Tragik. Für die Gesamtzahl infizierter Amerikaner errechnen sich bei heute ca. 40000 AIDS-Fällen für einen Quotienten von 1/50−100 ca. 2−4 Millionen Infizierte, was mit unseren früheren Berechnungen gut übereinstimmt. Die Größenordnung unserer Annahmen führt also nicht zu Widersprüchen.

Eine weitere Möglichkeit, die Zahl der unbekannten Virusträger grob abzuschätzen, ergibt sich unter Verwendung folgender Angaben (Abb. 16.2): a) der Gesamtzahl bekannter Erkrankter und registrierter HIV-Träger (etwa durch eine Laborberichtspflicht oder normale Meldung) sowie b) der Zusammensetzung der neuentdeckten LAS-, ARC- und AIDS-Patienten aus entweder schon bekannten oder noch unbekannten Infizierten. (Wir haben begonnen, diese Proportionen anhand von Patienten verschiedener großer Kliniken zu errechnen und werden die Ergebnisse demnächst anderweitig publizieren.)

Übertragungswege

> Always tell the truth,
> nothing but the truth,
> and never the whole truth.
> (Marc Kac)

Es ist nicht sehr wahrscheinlich, daß wir schon heute alle möglichen Ansteckungswege kennen. Bei keiner größeren Epidemie war dies in einem so frühen Stadium jemals der Fall. Die selteneren Übertragungswege, insbesondere jene, die sehr spezifische Bedingungen voraussetzen, vielleicht sogar eine Kette von Zufällen, werden erst sichtbar, wenn die totale Zahl der Infizierten absolut gesehen sehr groß ist. Gewisse ungewöhnliche Wege werden daher vielleicht niemals entschleiert werden. In der Regel bieten sich wahrscheinlichere, alternative Erklärungen an.

Es ist zu unterscheiden zwischen den typischen, dominierenden Übertragungswegen, welche die Verbreitung des Virus in den bereits bekannten Risikogruppen ermöglicht haben, und jenen eher marginalen, die dazu beitragen mögen, daß einzelne Streufälle auch außerhalb der Risikogruppen auftreten können. Daß dies vorkommt, kann nicht mehr in Frage gestellt werden. Die Zahl von Fällen, in denen der Übertragungsmechanismus nicht eindeutig zu identifizieren ist, steigt ständig an. Es kann darüber hinaus angenommen werden, daß unter verschiedenen hygienischen und klimatischen Bedingungen (zum Beispiel in Slums oder in tropischen Ländern) andere Voraussetzungen gelten als bei uns.

Daß durch kontaminiertes Blut eine Ansteckung erfolgen kann, ist heute ausreichend belegt. Es ist bewiesen, daß das zellfreie Blutplasma Viren enthält. Es müssen also nicht unbedingt ganze Zellen übertragen werden. Ebenso ist schon seit einigen Jahren eindeutig bewiesen, daß die Infizierten lange Zeit völlig symptomlos sein können (Cooper et al. 1984, Jaffe et al. 1985 etc.). Zweifellos kann das Virus durch Knochenmarkstransplantation übertragen werden sowie grundsätzlich ebenfalls durch Transplantation aller anderen Organe wie Herz, Niere, Hornhaut etc. (L'age-Stehr et al. 1985). Auch die transplazentale Ansteckung ist leicht zu verstehen (Lapointe et al. 1985, Jovaisas 1985, Marion et al. 1986)), ebenso die Ansteckung bei künstlicher Befruchtung (Stewart et al. 1985). Im Ejakulat kommt das Virus sehr reichlich vor (Borzy et al., Atl.-Konf. pT-5, Ho et al. 1984, Zagury et al. 1984).

Auch in der Muttermilch ist HIV nachgewiesen worden (Thiry et al. 1985), und es sind Fälle bekannt, die diesen Ansteckungsweg wahrscheinlich machen (Ziegler et al. 1985). Hierbei kann man wohl voraussetzen, daß der Mangel an Magensäure bei Neugeborenen die Inaktivierung des Virus verhindert. Diese Überlegung gilt jedoch nur, wenn sich das Virus nicht schon in der Mundschleimhaut in Langerhans-Zellen einnisten kann. Es ist verständlich, daß diese Übertragungsmöglichkeit die Verabreichung von überschüssiger Muttermilch an die Kinder anderer Mütter sehr problematisch macht. Wo mit dem Virus gerechnet werden muß, ist dieses Verfahren nicht mehr zu vertreten.

Schon schwerer beantworten läßt sich die Frage, ob die Übertragung von Frau zu Mann ebenso leicht geschieht wie in der umgekehrten Richtung. Man wäre spontan geneigt, diese Frage zu verneinen, denn das Einbringen von Sperma in die Vagina einer Frau kommt einer Inokulation ja schon recht nahe. Mit HTLV-I scheint es sich auch so zu verhalten, daß nur die Männer beim sexuellen Kontakt ansteckend sind.

Leider gibt es zahlreiche Argumente gegen diese an sich vernünftige Annahme, und man muß heute davon ausgehen, daß die Infektionsausbreitung etwa symmetrisch vor sich geht. Das Hauptargument dafür, daß Männer Frauen leichter anstecken als umgekehrt, ist der Hinweis darauf, daß in heterosexuellen Beziehungen bis Anfang 1986 nur 13 Männer gegenüber ca. 100 Frauen angesteckt worden sind. Dieses einfältige Argument demonstriert deutlich, wie sehr Wunschdenken den Verstand zu behindern vermag. Es war ja gleichzeitig so, daß die Zahl der infizierten Männer noch bei weitem überwog: Alle Bluter sind Männer, ebenso natürlich die Homosexuellen (von denen 25 bis 37% als bisexuell bezeichnet werden); von den lesbischen Frauen können wir bis auf weiteres absehen, obwohl sie nun zumindest als Empfänger von Sperma bei künstlicher Befruchtung in die Risikozone gerückt sind und auch schon ein Fall von Infektion bei lesbischen Handlungen bekannt ist. Auch unter den Drogensüchtigen, besonders in den Gefängnissen, ist der weit überwiegende Teil (ca. 70%) männlichen Geschlechts. Bei der starken Dominanz dieser drei Gruppen ergibt sich eine erwartete Proportion zwischen sekundär infizierten Männern und Frauen von ca. 15:90, und damit wäre alles andere als das oben genannte Verhältnis sehr überraschend.

Eine noch wichtigere Beobachtung ist, daß die Verteilung zwischen den Geschlechtern sich allmählich zu verändern scheint. In den USA nimmt der Anteil der infizierten Frauen langsam zu, dasselbe beobachtet man in mehreren europäischen Ländern. In Haiti ist sie von 14 auf 30% angestiegen und nimmt weiter zu, und in Afrika beträgt das Geschlechterverhältnis bei den AIDS-Patienten ca. 1:1. Hier sind Männer und Frauen schon seit Jahren gleich stark betroffen, was deutlich der Theorie widerspricht, daß es bei der Übertragungswahrscheinlichkeit eine Geschlechtspräferenz gibt. Gäbe es sie, käme hier das Verhältnis von 1:1 notwendigerweise schnell aus der Balance.

Im folgenden sollen zunächst gewisse grundlegende Begriffe, die bei der Diskussion der Infektionsausbreitung regelmäßig vorkommen, genau definiert werden. Hierbei handelt es sich um die Termini „horizontale", „vertikale", „kongenitale" und „genetische" Ansteckung.

„Vertikal" − die Übertragung von einer Generation auf die nächste − beinhaltet sowohl die kongenitale als auch die genetische Ansteckung (genetisch bedeutet „mit dem Erbgut", kongenital „während der Schwangerschaft übertragen"; mit „perinatal" meint man „bei der Geburt"). Wir wissen, daß manche Retroviren des Typs C sich bei ihrer Verbreitung aller drei Wege (genetisch, kongenital und horizontal) bedienen. Es ist nicht unmöglich, daß auch das HIV dies tut. Fälle genetischer Ansteckung sind noch nicht belegt, wären aber auch sehr schwer zu beweisen. Die Gonaden der Männer müssen als ein möglicher Angriffspunkt für das HIV angesehen werden, da man in der Spermaflüssigkeit eine Dichte der Viruspartikel in der Größenordnung von 1−100 Millionen pro Kubikmillimeter nachweisen konnte (Borzy et al., Atl.-Konf. pT-5).

Eine Art Übergang zwischen vertikaler und horizontaler Übertragung ist die Ansteckung durch die Muttermilch. Eine horizontale Übertragung könnte außer durch Speichel, Blut und Sperma natürlich auch durch andere Körpersekrete erfolgen. In erster Linie ist da an Tränenflüssigkeit, Schweiß und Urin sowie an den Darminhalt zu denken. Gesicherte Fälle von Virusübertragung auf diese Weise sind noch nicht bekannt. Es ist natürlich nicht gesagt, daß eine Übertragung, die theoretisch denkbar ist, auch tatsächlich stattfindet. Erst bei sehr großen Zahlen von Infizierten (und bei den heute bereits existierenden Millionen von Angesteckten ist diese Bedingung nun ja allmählich gegeben) wird sich klären lassen, ob die theoretisch möglichen Übertragungswege auch tatsächlich vorkommen. Bis dahin ist es wesentlich, sich über alle Möglichkeiten der Übertragung rechtzeitig Gedanken zu machen.

Hierbei kommt man natürlicherweise wieder auf den Speichel zurück. Wir wissen, daß das HIV zwar bei den „gesunden" Virusträgern dort zu finden ist, sich in fortgeschritteneren Krankheitsstadien aber immer seltener nachweisen läßt. So fand man in einer der ersten Untersuchungen zu diesem Thema (Groopman, Salahuddin et al. 1984) bei AIDS-Patienten das Virus in 0%, bei ARC-Patienten in 40% und bei asymptomatischen HS in 100% der untersuchten Fälle. Spätere Studien haben unterschiedliche Ergebnisse gebracht — vermutlich sind freie Viren im Speichel nicht häufig. Wie intensiv muß der Kontakt sein, um eine Virusübertragung zu ermöglichen? Genügt schon ein intensiver Kuß mit Speichelaustausch? (Daß der flüchtige Wangenkuß zur Virusübertragung nicht ausreicht, kann als sicher gelten.) Niemand kann derartige Fragen heute schon beantworten. Die Situation wird noch dadurch weiter kompliziert, daß es zwischen den Menschen selten bei einer einzigen Kontaktform bleibt. Ein ernsthafter sexueller Kontakt bedeutet meistens kombinierte Kontakte. Es ist nützlich, sich die Gesamtzahl der sexuellen Kontakte pro Nacht beziehungsweise pro Minute vorzustellen. Für ein Land wie die Bundesrepublik Deutschland handelt es sich um die Größenordnung von einer Million pro Nacht — und die weitaus meisten ohne Kondome; sonst wären die Zigtausende von Fällen der Ansteckung mit Herpes-Viren, Chlamydien, Gonokokken oder Syphilis-Spirochäten kaum zu erklären.

An dieser Stelle sei erwähnt, daß man von dem Virusnachweis im Speichel schon etwa ein Jahr lang wußte, ehe man es schließlich publizierte. Der Anlaß hierfür waren Befürchtungen von übertriebenen Reaktionen auf diese Mitteilung; der Anlaß dafür, daß man sich dann doch zu einer Veröffentlichung entschloß, war ein spezieller Fall. Es handelte sich um ein älteres Ehepaar; der Mann war im Rahmen einer Herzoperation (Bypass) fünf Jahre vor dem Untersuchungszeitpunkt durch eine Bluttransfusion angesteckt worden. Er bezeichnete sich als seit sieben Jahren impotent, und der einzige intimere Kontakt zwischen den Ehegatten bestand aus Küssen. Beide fand man seropositiv, und der Mann wies Viren im Speichel auf. Damit war die Übertragung durch Speichel zu einer naheliegenden Erklärung geworden. Das Vorkommen von Makrophagen in der Mundschleimhaut liefert eine mögliche Erklärung.

Die Frage nach der eventuellen HIV-Verbreitung durch blutsaugende Insekten ist wegen ihrer Implikationen vielleicht die heikelste. Sie ist derart naheliegend, daß jeder nachdenkliche Mensch rasch auf sie kommt. Wir kennen eine Übertragung durch Insekten bei der „tick-borne encephalitis" (TBE), bei Malaria, Onchocerciasis, Chagas-Krankheit, Schlafkrankheit, „Lyme disease", Erythema chronicum migrans und Acrodermatitis atrophicans Herxheimer sowie bei zahlreichen anderen Virusarten (sogenannten Arboviren — Flavivirus, Togavirus, Bunyavirus —, aber auch anderen, wie dem HBV). Weitere durch Insekten übertragene Viruserkrankungen sind beim Menschen das Gelbfieber, die Ockelbo-Krankheit, das karelische Fieber, das Sandfliegenfieber und viele ähnliche mehr. Gerade die Übertragung des Erregers *Borrelia* ist in letzter Zeit in der medizinischen Literatur intensiv diskutiert worden, da sie viel häufiger zu sein scheint als früher angenommen. Außer dem Holzbock *Ixodes ricinus* werden auch andere Insekten als Überträger verdächtigt (Stanek et al. 1985).

Beispiele für Virusübertragung im Bereich der Veterinärmedizin sind die Piroplasmose, die lymphatische Leukämie der Kühe und die infektiöse Anämie der Pferde. Die beiden zuletzt genannten sind deswegen besonders interessant, weil die Leukämie von einem uns bereits bekannten Onkovirus (BLV), die infektiöse Anämie von einem ebenfalls bekannten Lentivirus (EIAV) verursacht werden.

Wir müssen also die häufig improvisierten, schlecht durchdachten und wenig belegten Äußerungen, die man zu diesem Thema ab und zu sogar von Experten hört, sehr vorsichtig aufnehmen. Würden Behauptungen wie die, es handele sich um „zu kleine Mengen Blut", „Mücken stechen niemals mehr als einmal" und „in der Mücke kann sich das Virus nicht vermehren" stimmen, so fänden nur einige der oben aufgeführten Virusübertragungen durch Insekten statt. Es ist darauf hinzuweisen, daß die Rolle der Insekten als Zwischenwirte nur für gewisse Viren sowie für parasitäre Erkrankungen wie beispielsweise die Malaria gilt — und Protozoen (etwa Malaria-Plasmodien) verhalten sich zu den Viren wie ein Flugzeugträger zu einem Ruderboot. Es ist also eine reine Verdrängung, der Möglichkeit der Virusübertragung durch Insekten keine weiteren Gedanken zu widmen.

Bei Untersuchungen an zahlreichen Insekten (Chermann et al., Wash.-Konf. M.P. 37) hat sich bei Hybridisierungen virusspezifische RNA bei 0% der in Frankreich oder in Afrika außerhalb epidemischer Gebiete gefangenen, jedoch bei bis zu 30% der in AIDS-endemischen Regionen gefangenen Insekten (darunter Wanzen, Holzböcke, Tsetse-Fliegen und Mücken) nachweisen lassen. Auch das Überleben der Viren in Wanzen konnte demonstriert werden, jedoch noch niemals ein Fall von gesicherter Übertragung. Etwas überraschend gelang es, unreife Insektenzellen mit HIV zu infizieren (Chermann, pers. Mitt.), jedoch ohne daß sich das Virus replizierte. Schlußfolgerungen lassen sich aus all dem nur mit großer Vorsicht ziehen.

Jedenfalls müßte es, wenn HIV im Gegensatz zu anderen Viren nicht durch blutsaugende Insekten übertragen werden sollte, hierfür ziemlich spezielle Gründe geben. Damit ist natürlich nichts darüber gesagt, ob diesem Übertragungsmodus eine quantitativ nennenswerte Rolle zukommt.

Interessant ist hier ein Blick auf die Onchocerciasis in Uganda, für deren Übertragung man die *Simulium*-Mücke verantwortlich macht. Ihr Verbreitungsgebiet stimmt in fast bestechender Weise mit jenen Regionen überein, in denen das afrikanische endemische Kaposi-Sarkom gehäuft auftritt (Abb. 16.3).

Ähnliche Überlegungen stellt man angesichts der Verbreitung des endemischen Burkitt-Lymphoms an. Man hat beobachtet, daß es in Regionen endemisch auftritt, in denen gewisse Moskito-Arten leben, und daß Einwanderer aus höher gelegenen Gebieten Rwandas seltene Formen des Burkitt-Lymphoms (an den Extremitäten) im Erwachsenenalter entwickeln, und zwar erst, nachdem sie in das Tiefland um Kampala herum eingewandert und erstmalig diesen Insekten ausgesetzt sind. Die Einheimischen sind hingegen schon in ihrer Jugend exponiert und entwickeln ihr Burkitt-Lymphom im normalen Alter, das heißt zwischen 7 und 14 Jahren, wo es sich dann auch an den üblichen, in dieser Lebensphase aktiven Wachstumszonen (im Kiefer) manifestiert. Ähnliche Assoziationen fand man in Japan zwischen der ATL und der Mikrofilariasis (*Filaria bancrofti*) beziehungsweise Anisakiasis (*Anisakis marina*) auf Okinawa (Tajima et al. 1983). Es ist noch völlig unklar, welcher Art die beobachteten Korrelationen sind. Vielleicht bedeuten die Mikrofilarien mit ihrer Affinität zum lymphatischen System nur eine „promovierende" Infektion, so wie die Malaria es für das Burkitt-Lymphom ist. Auch zwischen *Strongyloides stercoralis* und der HTLV-I-Infektion hat man eine auffällige Assoziation gefunden.

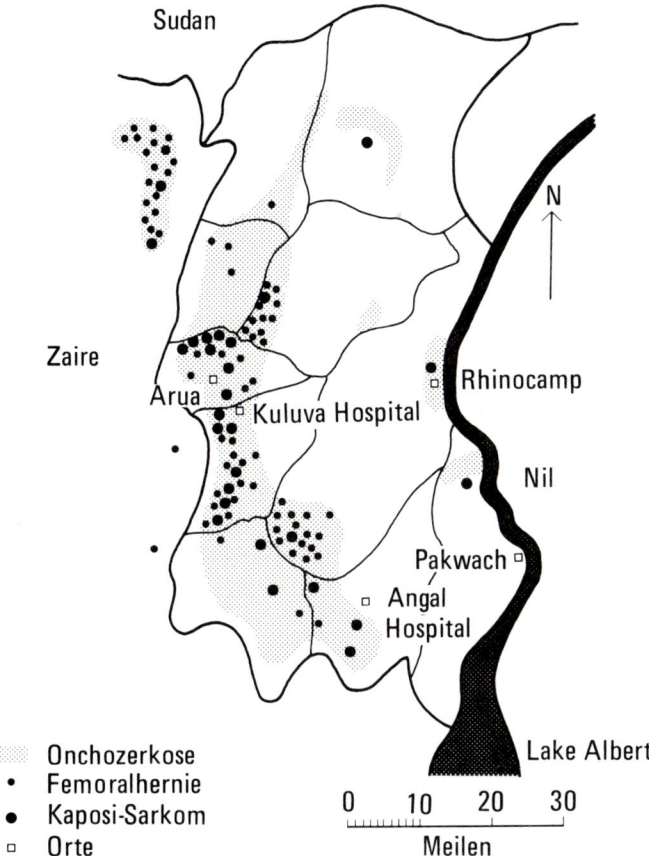

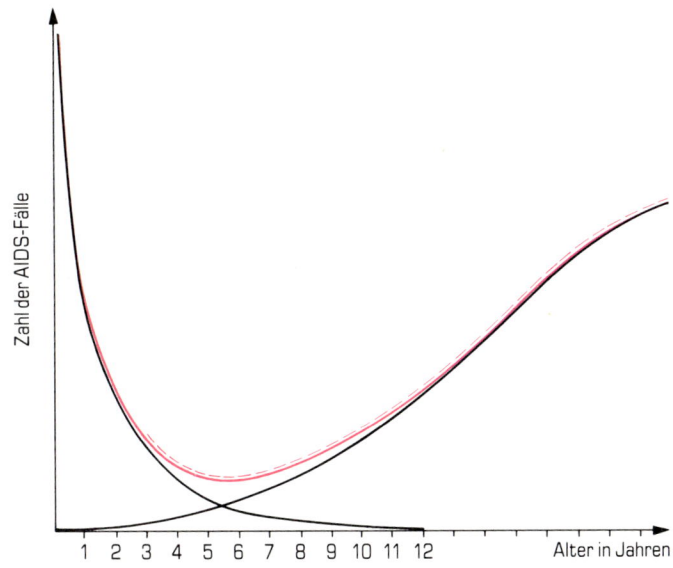

16.3 Verbreitung von Kaposi-Sarkom und Onchocerciasis (und der mit dieser assoziierten Femoralhernie als Folge eines sekundären Bindegewebsschadens) in Uganda (Williams et al. 1966).

16.4 Die Erkrankungskurve für AIDS in Abhängigkeit vom Alter weist auf der ganzen Welt, auch in Afrika, eine typische Senke über den Altersgruppen von 7–17 Jahren auf. Diese wird häufig als Beweis dafür gedeutet, daß keine Insektenübertragung möglich sei. Hierbei wird sowohl die lange Inkubationszeit vergessen (wer mit 9 Jahren infiziert wird, entwickelt im Durchschnitt nicht vor 19 Jahren AIDS) als auch die simple Tatsache, daß es sich um die Additionskurve zweier ganz unterschiedlicher Verteilungen handelt: (a) der Wahrscheinlichkeit der intrauterin infizierten Kinder, an AIDS zu erkranken, und (b) der Wahrscheinlichkeit der postnatal Infizierten, AIDS zu entwickeln (wo die perinatal Infizierten einzuordnen sind, wollen wir hier offenlassen). Die Summenkurve (rot, durchgezogen) erhält also automatisch die oben beschriebene Form, und eine eventuelle Virusübertragung etwa durch Wanzen oder Zecken würde allenfalls einen dünnen Saum zusätzlicher Fälle (gestrichelte rote Linie) hinzufügen. Damit würde sich natürlich der Kurvenverlauf in keiner Weise ändern – denn die dominierenden Übertragungswege sind ja nicht plötzlich ausgeschaltet. Da bei den meisten afrikanischen Patienten der Infektionsweg ungeklärt bleibt, sind solche Fälle auch durchaus nicht auszuschließen – sie würden im „Rauschpegel" der Unsicherheiten verschwinden. Damit taugt die Form dieser Altersverteilung von AIDS-Fällen weder als Argument für noch gegen eine Übertragung durch Insekten.

In Venezuela variiert die Prävalenz von HTLV-I-Antikörpern stark mit gewissen Milieubedingungen. So wiesen zum Beispiel die mit *Trypanosoma cruzi* (Chagas-Krankheit) Infizierten mit 15 % die höchste Antikörperhäufigkeit aller Untersuchten auf (Merino et al. 1984; weitere Arbeiten, welche die Übertragung des HTLV-I durch Insekten diskutieren, sind im Druck).

Aus Afrika, insbesondere Rwanda und Zaire, sind Fälle von Kindern bekannt geworden, die für die vertikale Übertragung zu alt, für die sexuelle horizontale Übertragung zu jung waren. Es gibt Berichte über eine Familie, in der außer dem Vater, der Mutter und einem Kleinkind auch zwei ältere Geschwister infiziert sind, ohne daß man dafür eine eindeutige Erklärung gefunden hätte (Jonckheer et al. 1985). Man kennt jedoch nur wenige solcher Fälle, und diese sogenannte „Alterslücke" wird im Moment als ein Argument gegen die Verbreitung des Virus durch Insekten angeführt. Möglicherweise handelt es sich aber lediglich um die Folge der Dominanz der üblichen Übertragungswege, denn die Verbreitung dieser Infektion war ja bis vor kurzem noch verhältnismäßig gering. Untersuchungen an alten Menschen können hier aufschlußreicher sein, denn für AIDS-Fälle bei Kindern und Jugendlichen gilt, daß ihre Altersverbreitung notwendigerweise so aussieht, wie wir es beobachten, denn es handelt sich um die Summenkurve zweier völlig verschiedener Wahrscheinlichkeitsverteilungen (Abb. 16.4).

Eine gute Übersicht zum Thema der möglichen Rolle von verschiedenen Insekten bei der Verbreitung des HIV, stammt von Jaenson (1985) und behandelt die Stech- und Beißwerkzeuge der Insekten sowie alle denkbaren Übertragungsmechanismen. Der Autor kommt zu dem Ergebnis, daß diese Möglichkeit für nördliche Breitengrade mit Sicherheit von untergeordneter Bedeutung sei. Die Behauptung, „das AIDS-Virus werde", wie auch die Gegenbehauptung, „das AIDS-Virus könne nicht" von Insekten übertragen werden, müssen angesichts des heutigen Wissens-

standes gleichermaßen in den Bereich der wissenschaftlich schlecht fundierten und leichtsinnigen Äußerungen verwiesen werden. Wir sollten daher die Frage nach der (quantitativ sicher unwichtigen, qualitativ aber unabsehbar folgenschweren) HIV-Übertragung durch Insekten noch eine Weile offenlassen. Wenn sich derartige Befürchtungen einmal bestätigen sollten, kann ein ganzer Kontinent im Hinblick auf Handel, Entwicklungshilfe und insbesondere Tourismus in eine quarantäneähnliche Isolierung geraten – mit allem, was dies mit sich brächte.

Andere Übertragungswege?

Wird das HIV auch wie die „Orientiererkrankheit" übertragen? Da würden bei den großen Orientierungsläufen (eine gerade in Skandinavien weit verbreitete Sportart, sozusagen ein Geländelauf im Wald) neue Risiken auftauchen. (Als „Orientiererkrankheit" bezeichnet man die bei dieser Sportlergruppe beobachtete Häufung von Hepatitis B, bei der eine Übertragung durch Zweige nach Bagatellverletzungen keineswegs ungewöhnlich ist.) Es sind in letzter Zeit auch wiederholt Fälle von Molluscum contagiosum aufgetreten, das offensichtlich auf die gleiche Weise bei derartigen Wettkämpfen übertragen worden war. Bei dessen Erreger handelt es sich um ein DNA-Virus der Pox-Gruppe, das nicht nur bei männlichen Orientierern, sondern auch in deren Familien angetroffen wurde (Nordin et al. 1985). Dies sind wichtige Überlegungen, da heutzutage allein in Schweden jährlich etwa 800 Wettkämpfe mit insgesamt 800 000 aktiven Teilnehmern stattfinden. Wenn die übliche Kleidung die Übertragung des Molluscum-Virus nicht verhindert, kann das auch für andere Viren gelten.

Es gibt Berichte von Afrika-Reisenden, die keine Risikofaktoren aufweisen und dennoch später zu Hause AIDS entwickelt haben. Einer jener Fälle ist veröffentlicht worden (Burt et al. 1984). Der betreffende Patient hatte sich Infektionsrisiken ausgesetzt, indem er eine Blutsbrüderschaft einging, wobei deren Riten dem Gedanken der Sterilität wenig Spielraum geben. Der Fall ist lehrreich, da dieser Patient sowohl in Schweden als auch in Großbritannien untersucht und lange als ein „Fall ohne Risikofaktoren" angesehen wurde, da er die rituelle Prozedur der Blutsbrüderschaft verschwiegen hatte (Morfeldt-Månson et al. 1984). Auch gedruckte Information kann falsch sein.

Trotz aller Skepsis bleiben stets einige AIDS-Fälle, für die eine vernünftige Erklärung für den Infektionsweg fehlt. Unter den zahlreichen unklaren Fällen sind eine Nonne aus Kanada, die fünf Jahre vor der Diagnose auf Haiti Pflegearbeit geleistet hatte, ein Priester in New Mexico, der bis zu seinem Tode alle sexuellen Kontakte konsequent verneinte, sowie ein amerikanischer Methodistenbischof und eine ältere deutsche Krankenschwester, alle angeblich ohne jeden Risikofaktor, aber in engem Kontakt mit AIDS-Erkrankten. Eine allzu großzügige Anwendung von im Grunde begründeter Skepsis kann alle diese „Unklarheiten" zwar beseitigen, stellt jedoch eine *petitio principii* (einen tendenziellen Zirkelschluß) dar. Man muß sich vor Augen halten, daß nicht jeder Mensch immer lügt und daß ein ungewöhnlicher Übertragungsweg durch die irrtümliche Annahme eines üblicheren maskiert werden kann.

Merkwürdige und auch klinisch unklare Fälle gibt es reichlich. Einer der interessantesten dürfte der eines zehnjährigen Jungen mit der ungewöhnlichen Diagnose „angioimmunoblastische Lymphadenopathie mit Dysproteinämie (AILD) und zugrundeliegendem T-Zelldefekt" (Geha et al. 1984) sein. So ein Fall war in der ganzen Welt noch nie vorher beschrieben worden, und alle klinischen Symptome würden gut mit einem ungewöhnlich fulminanten AIDS-Verlauf übereinstimmen. Dem Jungen fehlten nur die HIV-Antikörper, aber daß man in weit fortgeschrittenen Stadien mit extrem ausgeprägter Lymphopenie oft keine HIV-Antikörper mehr nachweisen kann, ist wohlbekannt. Daß der AIDS-Verdacht fallengelassen wurde, liegt allein daran, daß dieser Patient keiner der bekannten Risikogruppen zuzuordnen war und man keinen plausiblen Weg der Ansteckung eruieren konnte. Diesen Fall hätte man sehr intensiv studieren sollen. Gerade hier müßten Insektenexposition, Spielkameraden, Nachbarn und Schulmilieu sorgfältig untersucht werden − sonst könnten Erklärungen und ein Verständnis für untypische AIDS-Fälle noch sehr lange auf sich warten lassen. Natürlich führt dies zu einer Diskussion, die unter den Eingeweihten, definitiv nicht in den öffentlichen Medien stattfinden sollte. Die Unruhe, die durch sie ausgelöst werden könnte, wäre nicht unbedingt fruchtbar.

Sehr erfreuliche Beobachtungen betreffen einzelne Fälle von nicht infizierten Familienmitgliedern, bei denen man eigentlich mit einer Infektion gerechnet hätte; so gab es eine Familie in Haiti, wo Vater, Mutter, ein Kleinkind und dessen etwas älterer Bruder infiziert waren, während die Zwillingsschwester eines weiteren schwer AIDS-kranken Kleinkindes klinisch gesund und seronegativ war. Es ist zu hoffen, daß das so geblieben ist, zumal auch die immunologischen Befunde bei diesem Kind fast normal waren (Vilmer et al. 1984-2).

Hinsichtlich der befürchteten Virusverbreitung im Haushaltsmilieu, durch Alltagsereignisse ohne Kontakt mit Körperflüssigkeiten anderer, liegen bisher beruhigende Resultate vor. Es gibt eine ganze Reihe von Untersuchungen an Familienmitgliedern von Erkrankten, ohne daß man bisher eine intrafamiliäre Verbreitung der Infektion hat finden können, wie sie bei ATL-Patienten mit dem HTLV-I stattgefunden zu haben scheint. So berichten Friedland et al. (1986) von Untersuchungen an etlichen Familien, in denen auch sehr intensive tägliche Kontakte, darunter sogar die gemeinsame Benutzung von Rasierapparaten und Zahnbürsten, keinen gesicherten Fall von Virusübertragung gezeitigt hätten. Ähnlich waren die Resultate aller auf der Paris- und der Washington-Konferenz präsentierten Studien zu diesem Thema.

Natürlich ist bei der Diskussion solcher Fragen noch einiges zu bedenken:

− HTLV-I hat für seine Verbreitung sehr viel mehr Zeit gehabt und ist trotz seiner geringeren Überlebensfähigkeit außerhalb der Zelle in die Umgebung der primär Erkrankten diffundiert. Es hat dabei selbst in Hunderten von Jahren nicht jene explosive Verbreitung gezeigt, die beim HIV schon innerhalb weniger Jahre beobachtet worden ist.

− Aus Afrika kommen zum Thema der Virusübertragung weniger beruhigende, bisher jedoch noch nicht schlüssige Beobachtungen (Mann et al. 1985, Cameron 1987). Man muß den Umstand berücksichtigen, daß in diesen Ländern das tropische Klima, die sanitären Umstände (Urin und Fäkalien sind in der näheren Umgebung der Menschen nicht ganz selten) sowie die häufigen Infektionen durch Parasiten ganz spezielle Voraussetzungen schaffen.

− Der Fragenkomplex ist bisher noch unvollständig untersucht, die Stichproben sind klein. Noch ist die Epidemie jung und die Beobachtungszeit kurz.

− Wir müssen damit rechnen, daß es eine durch die ungenügende Empfindlichkeit unserer heutigen Testverfahren gesetzte Schwelle für die Nachweisbarkeit von Antikörpern gibt. Daß es seronegative Infizierte gibt sowie sehr lange Serokonversionslatenzen (Ranki et al., Wash.-Konf., MP. 119), sind unangenehme, aber bewiesene Fakten. Gerade diese Umstände können uns über die Häufigkeit von Infektionsfällen mit einer weniger massiven Infektion im unklaren lassen.

− Es ist bisher immer so gewesen, daß man brisante Entdeckungen, besonders, wenn sie allgemeine Unruhe hervorzurufen geeignet waren, so lange wie möglich verschwiegen hat. Dies kann eine begründete und keineswegs unsinnige Zurückhaltung sein, die nicht nur von wissenschaftlicher Vorsicht, sondern auch von Verantwortungsgefühl gegenüber den Betroffenen zeugt. Man muß nur wissen, daß dem so ist. Viele unangenehme Entdeckungen sind in diesem Zusammenhang schon gemacht worden, und früher oder später werden sie auch allgemein bekannt. Dazu gehören das Vorkommen von HIV im Speichel, in der Tränenflüssigkeit, im Schweiß, sein unvermutet langes Überleben außerhalb der Zelle, selbst in getrocknetem Zustand, die ausgeprägte Antigendrift, das „shedding" der Oberflächenproteine und der Virusbefall von Makrophagen. Des weiteren zählen dazu die unerwartet hohe HIV-Prävalenz in bestimmten Subpopulationen und einzelnen Ländern, die Existenz seronegativer Virusträger, die frühe intrauterine Infektion Ungeborener, die hohe Frequenz der Mutter-Kind-Übertragung, das frühe Übergreifen der Infektion auf das Zentralnervensystem, die rasche Entwicklung von Hirnschäden, die unerwartet lange Zeitspanne vor der Serokonversion, die immer längeren Inkubationszeiten, die schleichenden Veränderungen der Immunlage bei klinisch unauffälligen Virusträgern sowie die zahlreichen atypischen Krankheitsbilder und anderen Erweiterungen des Krankheitsspektrums, insbesondere durch nicht-opportunistische Erkrankungen. Ebenso gehören dazu das Übergreifen auf den Bereich der Prostitution und andere Teile der heterosexuellen Population, die Virusübertragung durch das Stillen, bei der Krankenpflege (sogar durch Blutspritzer), bei zahnärztlicher Tätigkeit und sogar zwischen Geschwistern, der Nachweis von HIV in Insekten, die steigenden Progressionsraten, die immer noch weiter fortschreitende Verbreitung des Virus innerhalb und außerhalb der Risikogruppen, die Schwierigkeit der Übertragung von *in vitro*-Therapieversuchen auf die Behandlung der Patienten (*in vivo*), die Schwierigkeiten der Impfstoffentwicklung, das sich weitende Spektrum und die zunehmende Zahl der infizierbaren und infi-

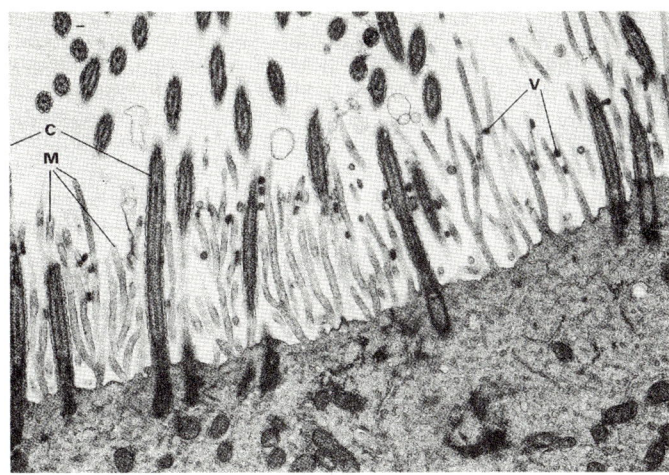

16.5 Respirationsepithel mit Cilien (C), Mikrovilli (M) und Influenzaviren (V), die infolge ihrer speziellen Ausrüstung eine Chance haben, auch in intakte Mukosa einzudringen (Mims und White 1984, Copyright Blackwell, Oxford).

zierten Zellen des Organismus. All das fällt unter die unangenehmen Überraschungen, die uns im Laufe eines knappen Jahres bereitet wurden.

Wir dürfen uns nicht darum drücken, die Konsequenzen von all dem zu durchdenken. Wir können es uns nicht leisten, irgendein Faktum nicht zur Kenntnis zu nehmen, nur weil es uns mißfällt. Und in diesem Zusammenhang ist die Frage, wie sich das Virus verbreitet, natürlich insofern besonders wichtig, als wir durch den Mangel an effektiven Therapiemöglichkeiten auf die Prävention angewiesen sind.

Eine Übertragung durch die Luft — die sogenannte „Tröpfcheninfektion" — würde infektiöse Viren in der Luft voraussetzen und ist daher unter normalen Verhältnissen wenig wahrscheinlich. Gesunde Schleimhaut weist eine Reihe von Schutzfunktionen auf, jedoch trägt das Respirationsepithel, also die Schleimhaut der Atemwege, nicht jene glatte, dichte und von einer schützenden Schleimschicht total bedeckte Oberfläche, wie sie sich mancher vorstellt (Abb. 16.5).

Zur Verdeutlichung, wie zuverlässig und dauerhaft offizielle Verlautbarungen zu dem sich fortlaufend ändernden Wissensstand zu diesen Fragen sind und womit wir auch künftig rechnen müssen, mag ein Fall aus England dienen (PHLS, CDR 1985/42). Eine 44jährige englische Hausfrau suchte wegen anhaltender Gewichtsabnahme und ausgebreiteter Gürtelrose ärztliche Hilfe. Sie wies eine ausgeprägte Lymphadenopathie auf und entwickelte fünf Wochen später eine *Pneumocystis carinii*-Pneumonie. HIV-Antikörper waren nachweisbar. Sie gehörte keiner bekannten Risikogruppe an, ihre Anamnese enthielt lediglich folgende mögliche Erklärung für ihre Erkrankung an AIDS: Vor zweieinhalb Jahren hatte sie einen 33jährigen Farbigen aus Ghana gepflegt, der nach schwerer Krankheit, bei der gravierende Hirnschäden im Vordergrund standen, ohne eine sichere Diagnose gestorben war. Sie hatte die Pflege des Patienten als nachbarschaftliche Hilfe übernommen; es handelte sich um eine kirchlich engagierte und hilfsbereite Frau mit stabilen familiären Verhältnissen. Sie war zwar mit den Ausscheidungen des Patienten, so mit Urin und Erbrochenem, in Berührung gekommen, aber die Frage nach besonderen Zwischenfällen, offenen Wunden oder Kontakt mit dem Blut des Patienten verneinte sie. Als völlig absurd bestritt sie glaubhaft auch jeden intimeren Kontakt mit dem sterbenden Patienten. Innerhalb der ersten zwei Monate war sie mit der Symptomatik einer Mononukleose mit unkompliziertem Verlauf erkrankt.

Als man nun im nachhinein das eingefrorene Serum des verstorbenen Ghanaers untersuchte, wies es HIV-Antikörper auf. In seinem Gehirn fand man Anzeichen für eine Toxoplasmose, und

aus den klinischen Aufzeichnungen ergab sich, daß eine ausgesprochene Lymphopenie vorgelegen hatte. Auch wenn der letzte Beweis für den Übertragungsmechanismus fehlt, kann man einem solchen Fall von Ansteckung kaum näherkommen als hier: Die Frau hatte nämlich an ihren Händen als Folge chronischer ekzematöser Hautveränderungen eine Reihe kleiner Hautrisse gehabt (Grint et al. 1985). Es ist wahrscheinlich, daß diese Frau von ihrem Patienten angesteckt worden ist.

Ein ähnlicher Fall wurde im Februar 1986 in den USA beschrieben (CDC, MMWR 1986-5). Ein Kleinkind war infolge von Bluttransfusionen infiziert worden; später wurde auch die Mutter seropositiv, die das schwerkranke Kind außerordentlich intensiv gepflegt hatte. Sie verneint Wunden, Ekzemveränderungen, Unglücksfälle und andere besondere Expositionen während dieser Zeit. Sie hatte jedoch ständigen Kontakt sowohl mit dem Blut als auch mit den Ausscheidungen ihres Kindes gehabt. Man entdeckte ihre Serokonversion bei einer Routinekontrolle, da sie Blutspenderin war. Sie war also ohne Vorliegen eines Verdachtes auf Ansteckung untersucht worden. Dies sollte uns zu denken geben. Kaum jemand rechnete damit, daß eine Virusübertragung auf anderen als den „klassischen" Wegen wirklich stattfinden kann. Bald danach wurde eine Übertragung zwischen zwei Geschwistern in Deutschland bekannt (Wahn et al. 1986) und schließlich die drei schon erwähnten Fälle von nur äußerlichem Blutkontakt (CDC, MMWR 1987, 19).

Diese sechs Fälle widersprachen allen Versicherungen, wie man sie ständig las und hörte. Beunruhigte Stockholmer Polizisten, die von einem AIDS-Patienten absichtlich mit Blut bespritzt worden waren, wurden von einem Spezialisten für Infektionskrankheiten mit den Worten beruhigt, man könne „das Blut eines AIDS-Patienten ruhig auf offene Wunden gießen", ohne dabei eine Ansteckung zu riskieren. Ärzte der Universität Linköping hörten noch 1986 von Hans Wigzell, Professor für Immunologie am Karolinska-Institut in Stockholm und Mitglied der meisten schwedischen AIDS-Gremien, man könne ohne Risiko für eine Infektion „in eine Vagina spucken".

Medizinische „Experten", die so unvorsichtige Äußerungen taten, haben gegen alle Gebote medizinischer Weisheit verstoßen. Derartige Aussagen müssen zunehmend mit Zusätzen und Einschränkungen versehen werden, und nach einer längeren Zeit inhaltlichen Gleitens wird sich schließlich niemand mehr an sie erinnern wollen. So ist das bereits geschehen mit dem übereilten Leugnen aller bisher aufgedeckten Risiken. Ähnlich scheint es sich in einer Reihe anderer Problembereiche zu entwickeln.

Es sei zu diesem Thema abschließend noch einmal auf zwei triviale, aber entscheidende Umstände hingewiesen:
(1) Normalerweise ist es das Schicksal einzelner Erreger, von einer Zelle des Immunsystems (Killer-Zellen oder „Freßzellen", Makrophagen) getötet beziehungsweise „verspeist" zu werden. Damit werden einzelne Viruspartikel unter dem Gesichtspunkt der Ansteckungsgefahr bedeutungslos. Es gibt in der Regel eine „minimale infektiöse Dosis", die unter Umständen recht hoch sein kann. Ob dies auch für das an Makrophagen angepaßte Lentivirus HIV gilt, das sich von der ersten ihm begegnenden Freßzelle bereitwilligst „verspeisen" läßt, eventuell auch aktiv in sie eindringt, steht vorerst dahin. Haltbare Angaben über die geringste erforderliche infektiöse Dosis kann deshalb heute niemand machen.
(2) Ein HIV-Partikel mißt 100 Nanometer, das heißt 0,0001 Millimeter. Das Ausmaß dieser „Winzigkeit" läßt sich folgendermaßen beschreiben: Wenn man 1000 dieser Viren aufreiht und 1000 solcher Reihen nebeneinander packt, entsteht eine hauchdünne, quadratische Schicht aus einer Million Viren. Schichtet man 1000 solcher Lagen aufeinander, bildet diese Milliarde Viren den kleinsten Punkt, den man (wenn schwarz vor weißem Hintergrund) bei geschärfter Aufmerksamkeit und exakt fokussiertem Blick gerade noch wahrnehmen kann — ein Pünktchen von etwa 0,1 Millimeter Durchmesser, was etwa dem

Querschnitt eines Haares entspricht. Das bedeutet nichts anderes, als daß auch Hunderte von Millionen von Viren mit dem unbewaffneten Auge nicht wahrgenommen werden können.

Ich möchte diese Überlegungen mit den umsichtigen Worten zweier erfahrener amerikanischer Kliniker abschließen, die 1983 angesichts einiger unklarer pädiatrischer AIDS-Fälle sagten: **„Wir müssen der Frage gegenüber, wie eine solche Anstekkung erfolgt, aufgeschlossen bleiben. Es ist übereilt und hinderlich, dogmatische Äußerungen über diese rätselhafte Krankheit zu machen."** („We remain open minded about how such transmission occurs. It is premature and counterprodutive to make dogmatic statements about this enigmatic illness"; Oleske und Minnefor 1983).

Die Krankheitspenetranz

Die nächste wichtige Frage ist, wie es den HIV-Infizierten weiter ergeht. Noch vermag man nicht endgültig zu sagen, wieviele von ihnen an AIDS erkranken werden. Seit man ihr Schicksal verfolgt, sind die Angaben über diesen Anteil kontinuierlich angestiegen. Gibt es eine Möglichkeit, herauszufinden, worauf das schließlich hinauslaufen wird?

Hierzu muß man wirklich verstehen, was in den symptomfreien Infizierten eigentlich geschieht. An diesem Punkt kollidieren diagnostische Ambition und methodische Begrenzungen. Wie es den Kranken ergeht, haben wir schon beschrieben − jetzt geht es darum, wie weit die asymptomatischen Infizierten eigentlich wirklich „gesund" sind.

Die Frage lautet also, welche Prozesse das Inkubationsstadium der Infektion kennzeichnen und gegebenenfalls beenden. Bei einer Untersuchung mit Standardtests, Fiebermessung, Inspektion, Palpation (Abtasten) und Auskultation (Abhorchen) findet man wenig Auffälliges. Greift man aber zu spezifischeren Methoden, um sich ein Bild von der Funktion des Immunsystems zu machen, stellt man zahlreiche Veränderungen fest.

Theoretisch sind zwei Möglichkeiten denkbar:
− Entweder gibt es einen Zustand, in dem das HIV sich völlig inaktiv im Körper befindet. Dies würde eine Art winterschlafartigen Zustandes bedeuten, wie wir ihn teils von DNA-Viren der Herpes-Gruppe, teils auch von Onkoviren mit geringer Krankheitspenetranz kennen. Man könnte dann hoffen, das Virus werde vielleicht nie aus diesem „Schlaf" erwachen. Es handelte sich dabei um einen Zustand friedlicher Symbiose, um einen Waffenstillstand, eine echte „Latenz", wie sie von einigen anderen Krankheiten bekannt ist. Martin et al. haben nachweisen können, daß auf eine HIV-replizierende Zelle 100−1000 andere infizierte Zellen kommen, die sehr schwer zu identifizieren sind, da sie nur „dormant copies" enthalten.
− Oder dieses Virus kennt einen solchen friedlichen Zustand nicht, sondern zerstört in aller Stille schleichend und unerbittlich das Immunsystem, da stets einige Zellen zur Virusvermehrung aktiviert sind. In diesem Falle müßte man eine langsam fallende Tendenz in der Immunkompetenz aller, auch der noch symptomfreien Patienten finden − ohne Ausnahmen, ohne „Moratorium" −, und das Tempo dieses Prozesses müßte mit unseren Überlegungen zur Länge der Inkubationszeit übereinstimmen.

In einer Berliner Untersuchung von 452 HS wurden 41 völlig symptomfrei und 57 mit nur einzelnen geschwollenen Lymphknoten gefunden; in einer zweiten Studie fand man von 126 DA 5 ohne Symptome und 27 mit einzelnen Lymphknotenschwellungen (Große Aldenhövel et al. 1986). Als man diese insgesamt 46 „symptomlosen" Patienten genau betrachtete, fand man anhand der Parameter Beta-2-Mikroglobulin, Neopterin, T_h-Zellen und T_h/T_s-Zell-Quotient bei fast allen diskrete Zeichen eines immunologischen Defektes, der mit der Zeit zuzunehmen schien. Nachdem sie erst einmal serokonvertiert waren, stieg der Antikörpertiter verhältnismäßig rasch auf hohe Werte; auch die pa-

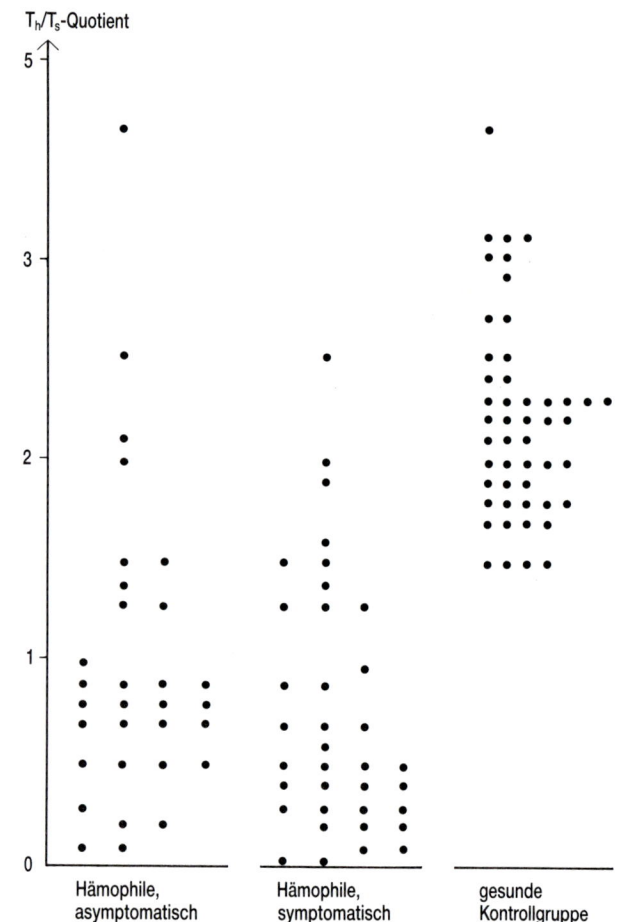

16.6 Vergleich der T_h/T_s-Zell-Quotienten bei asymptomatischen und symptomatischen Hämophilen, daneben eine völlig gesunde Kontrollgruppe (De la Loma et al. 1986).

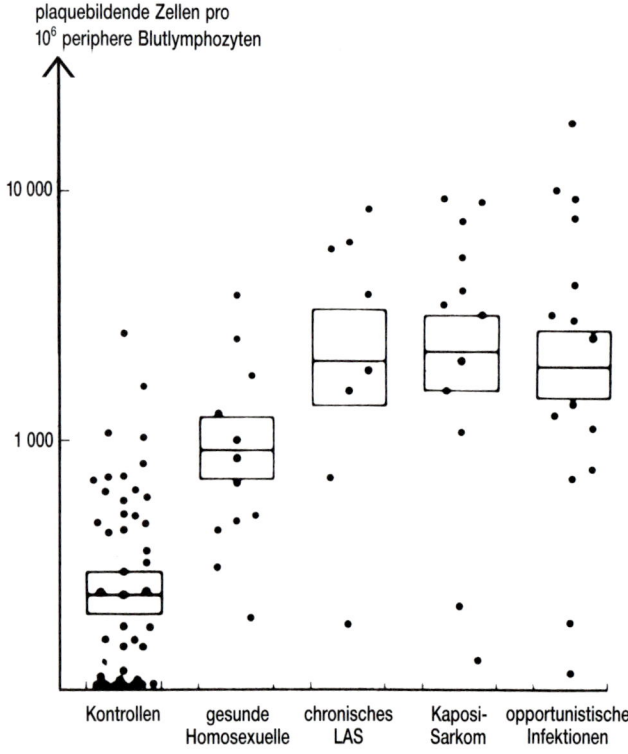

16.7 Ergebnisse von Untersuchungen der Anzahl „spontan plaquebildender Zellen" (PFC, plaque forming cells) bei drei Gruppen Erkrankter (von rechts nach links OI, KS, LAS) sowie bei symptomlosen Homosexuellen und einer gesunden Kontrollgruppe (Bowen et al., in: De Vita et al. 1985).

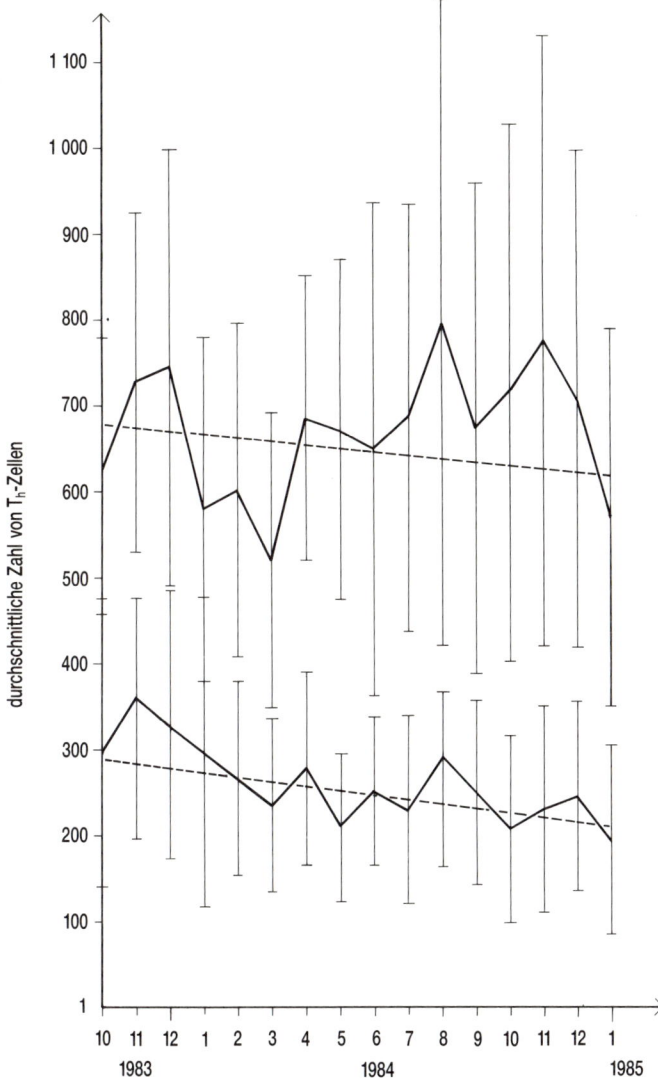

16.8 T_h-Zellzahlen bei seropositiven, asymptomatischen (obere Linie) und symptomatischen (ARC, untere Linie) Patienten in einer 15monatigen Studie in New York (L Baker, New York Blood Center, pers. Mitt.).

thologischen Befunde nahmen langsam zu. Man wünschte sich hierzu umfassende Studien, die außer den erwähnten Parametern auch das säurelabile Alpha-Interferon, den Erythrozytenrezeptor CR-1, die Produktion von Alpha- und Gamma-Interferon und die Reaktion von T_h-Lymphozyten und Makrophagen auf Stimulation umfaßten, da diese Werte z. T. noch früher verändert zu sein pflegen. Dadurch würde man Einblick gewinnen in das, was im Verborgenen, sozusagen „unter der Oberfläche" unseres Immunsystems, eigentlich abläuft.

Es lohnt sich ein näherer Blick auf jene drei Patienten, die während der Beobachtungszeit serokonvertiert oder zumindest von unsicheren zu eindeutigen Testresultaten übergegangen sind, was nach 8 bzw. 9 bzw. 14 Monaten geschah. Alle drei hatten entweder pathologische Befunde oder sogar klinische Symptome (wie Gewichtsabnahme, Diarrhoe, Lymphknotenschwellungen) gezeigt, wobei diese Prodrome bis zu einem Jahr vor der Serokonversion beobachtet worden waren. Daß sie also bereits infiziert waren, bevor sie serokonvertierten, ist sehr wahrscheinlich, und damit waren ihre nur diskret veränderten T-Zell-Quotienten (1,2 – 1,4) mit ziemlicher Wahrscheinlichkeit bereits ein erster Hinweis auf das frühe Krankheitsstadium. Auch dies stimmt überein mit den schon genannten Beobachtungen von Ludlam et al. (1985) an schottischen Blutern.

Daß auch im Immunsystem der scheinbar gesunden seropositiven Patienten irgend etwas vor sich geht, ist inzwischen von ei-

ner größeren Anzahl von Untersuchungen bestätigt worden. Es sieht in der Regel so aus, als seien unter den scheinbar „Gesunden" immer schon zahlreiche Infizierte zu finden (Abb. 16.6 und 16.7).

Wichtige Indizien für „stille" Veränderungen kommen aus einer Langzeituntersuchung am New Yorker Blutzentrum (JW Gold, L Baker et al., Paris-Konf. Com-201). Dort hat man aus einem sehr großen Patientenkollektiv 24 ARC-Patienten ausgewählt und fünf Quartale lang monatlich deren T_h-Zellen gezählt. Wie erwartet, sinken die T_h-Zell-Werte von anfangs durchschnittlich 300 bis auf schließlich ca. 200 pro Mikroliter. Bei solchen T-Zell-Werten entwickeln viele Patienten AIDS. Wie schon früher erwähnt und von anderen Autoren bestätigt, wird dadurch die absolute Zahl der T-Helferzellen zu einem der zuverlässigsten Zeichen für das Krankheitsstadium (Abb. 16.8).

In der gleichen Zeit hatte man ebenso sorgfältig 24 seropositive, aber völlig symptomfreie Kontrollfälle verfolgt. Deren Werte sanken in derselben Zeitperiode mit fast dem gleichen Tempo, auch wenn sich dies im Bereich zwischen 700 und 600 T_h-Zellen pro Mikroliter abspielte. (Zum Vergleich: Gesunde Personen liegen zwischen 800 und 1300 Zellen, man muß also davon ausgehen, daß jene Kontrollfälle bereits eine Weile erkrankt waren und diskrete Veränderungen entwickelt hatten, ehe sie in die Studie einbezogen wurden.) Diese Beobachtungen stimmen gut überein mit jener der Frankfurter Kliniker Helm, Stille, Brodt et al., mit den schon genannten New Yorker Untersuchungen von Mathur-Wagh et al., Metroka et al., Marmor et al. (Wash.-Konf. THP.69) sowie den Beobachtungen von Redfield et al. am Walter-Reed-Hospital. Die Studie am New Yorker Blutzentrum wird fortgesetzt. *Candida*-Befall, orale „hairy" Leukoplakie und T_h-Zell-Zahl scheinen die zuverlässigsten Prädiktorvariablen zu sein. Die Resultate der kommenden Jahre werden sehr aufschlußreich sein.

Die ominöse Bedeutung der Abbildung 16.8 liegt in zwei Beobachtungen: Erstens verläuft die Entwicklung in beiden Gruppen annähernd parallel. Es entsteht der Eindruck, als sei sie zum Schluß etwas beschleunigt. Zweitens kann man die obere Linie nach rechts und die untere Linie nach links verlängern, um zu sehen, wann die obere Gruppe die Startposition der unteren erreichen würde, vorausgesetzt, daß die Entwicklung weiterhin so verläuft. Man kommt hierbei grob gerechnet zu einem Intervall von 57 bis 80 Monaten, was der „Inkubationszeit" zwischen diesen beiden Stadien entspräche. Das ist eine sehr gute Übereinstimmung mit unseren eigenen Berechnungen der Inkubationszeit, denn dieser Wert führt zu der Annahme einer Gesamtinkubationszeit von im Durchschnitt über 10 Jahren.

Wir können also festhalten, daß eine zusammenfassende Auswertung all des dargestellten Materials in keiner Weise der Annahme widerspricht, alle Infizierten würden früher oder später AIDS entwickeln. Alle Untersuchten scheinen irgendwelche Schäden in ihrem Immunsystem aufzuweisen, und bei einer wirklich aufwendigen und detaillierten Diagnostik scheint es einen völlig stationären Zustand nicht zu geben. Es sieht so aus, als befänden sich alle auf einer mehr oder weniger stark geneigten schiefen Ebene. Daher tun wir gut daran, in Ermangelung eines endgültigen Fazits auch **mit dem Schlimmsten zu rechnen – dies verbietet uns nicht, dennoch auf das Beste zu hoffen.**

Die heutige Lage

Westeuropa

Am 26. 6. 1987 hatte die Bundesrepublik Deutschland 1139 bekannte AIDS-Fälle; davon waren etwa die Hälfte verstorben. Die Zahl positiv ausgefallener HIV-Tests ist noch nicht systematisch ermittelt worden – die Existenz zahlreicher völlig unabhängiger medizinischer Zentren und eine noch unzureichend or-

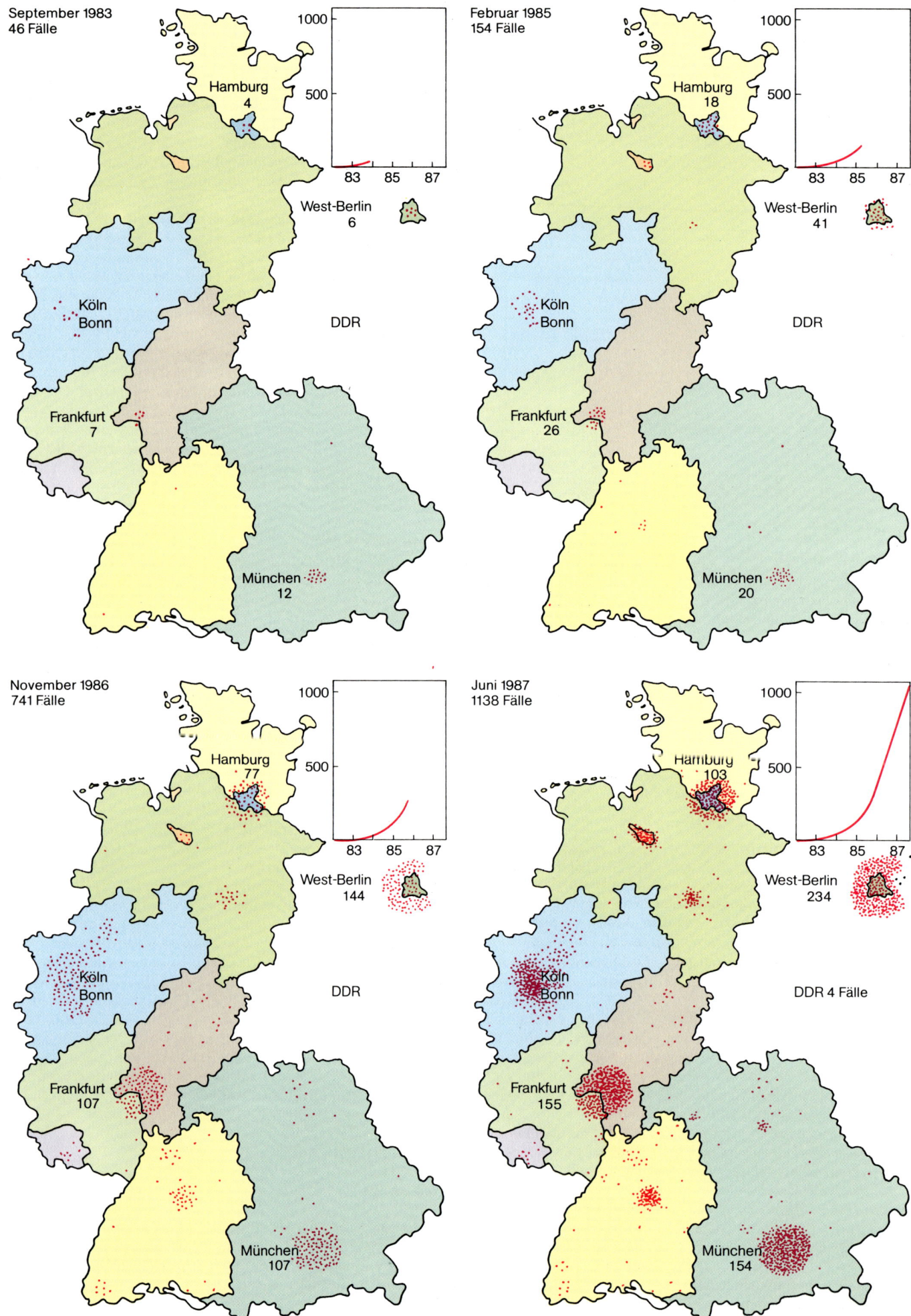

AIDS

September 1983
46 Fälle

Hamburg
4

West-Berlin
6

DDR

Köln
Bonn

Frankfurt
7

München
12

Februar 1985
154 Fälle

Hamburg
18

West-Berlin
41

DDR

Köln
Bonn

Frankfurt
26

München
20

November 1986
741 Fälle

Hamburg
77

West-Berlin
144

DDR

Köln
Bonn

Frankfurt
107

München
107

Juni 1987
1138 Fälle

Hamburg
103

West-Berlin
234

DDR 4 Fälle

Köln
Bonn

Frankfurt
155

München
154

16.9 Geographische Verteilung der AIDS-Fälle in der Bundesrepublik Deutschland (rote Punkte) und der DDR (schwarze Punkte) zu vier verschiedenen Zeitpunkten. Einzelne Fälle sind in der Lokalisation leicht verschoben eingetragen, um eine Identifikation der Patienten unmöglich zu machen. Eingefügt sind verkleinerte Wiedergaben der Epidemieentwicklung bis zu den jeweiligen Zeitpunkten (L'age-Stehr, Robert-Koch-Institut, Berlin).

ganisierte Zusammenarbeit erschweren dies sehr. Daher kann auch die Gesamtzahl der Infizierten nur schwer abgeschätzt werden (Abb. 16.9).

In Schweden sind 115 AIDS-Fälle sowie etwa 1500 Virusträger bekannt. Diese Ziffern sind in kleinen, besser überschaubaren Ländern aussagekräftiger, weil man mit geringen Dunkelziffern rechnen und auch den Umfang der Risikopopulationen angeben kann: für Schweden etwa 500 Hämophile, 5000−15 000 Drogensüchtige und 50 000−100 000 Homosexuelle. Von den Drogensüchtigen (400 seropositiv) sind heute einige tausend getestet. Dennoch fallen Extrapolationen schwer, da man nicht genau weiß, wie repräsentativ die Getesteten für die ganze Risikogruppe sind.

Insgesamt scheinen die skandinavischen Länder (außer Dänemark) nur mäßig stark von der Epidemie betroffen − am wenigsten Finnland mit bisher nur 19 AIDS-Fällen und etwa 175 bekannten Virusträgern. Man hat jedoch selbst auf Grönland schon 1985 den ersten Pre-AIDS-Fall konstatiert. Das ist um so gravierender, als die Promiskuität dort sehr ausgeprägt ist und etwa 24% der Bevölkerung unter Gonorrhoe oder Syphilis leiden. Der dänische Grönland-Minister Tom Höyem äußerte bereits am 21.10.85: „Wir sind nervös und fürchten das Schlimmste."

Vergleichsweise schnell scheint die Virusausbreitung auch in Italien und Spanien vor sich gegangen zu sein, obwohl zur Zeit noch die Schweiz und Frankreich die höchsten bevölkerungsbezogenen AIDS-Raten in Europa aufweisen. Die Situation in der Welt (soweit heute der WHO bekannt) zeigt die Tabelle 16.1.

Osteuropa

In der DDR sind bisher nur 4 AIDS-Fälle bekannt geworden. (Ausländer, etwa Studenten aus Afrika, werden hier grundsätzlich nicht mitgerechnet.) Die Zahl der registrierten Seropositiven wird mit 25 angegeben − also überraschend wenig. Es sind schon mehr als eine Million DDR-Bürger getestet worden, was einen recht guten Überblick geben sollte.

In der Sowjetunion gibt es bisher 32 offiziell bekannte Fälle, vorwiegend Ausländer. Eigentlich ist mit einem erheblichen Import der Infektion sowohl durch aus Afrika heimkehrende Russen als auch durch Touristen aus dem Westen zu rechnen, und auch in der Armee müßten bald Probleme sichtbar werden.

An dieser Stelle seien ein paar Worte zur Darstellung der AIDS-Problematik in den Medien der Ostblockländer gesagt. Nach Angaben der *Literaturnaja Gazeta* und anderer Zeitungen haben westliche Militärlaboratorien die AIDS-Epidemie durch ihre Experimente zur biologischen Kriegsführung ausgelöst. (Als Quelle wurde anfangs unter anderem die indische Zeitung *Patriot* angegeben. Dort jedoch war nichts dergleichen erschienen; allem Anschein nach war eine geplante Desinformation irgendwie nicht rechtzeitig erschienen und voreilig „zitiert" worden − eine peinliche Fehlleistung, die eine übliche Art bloßstellte, die Glaubwürdigkeit von Falschmeldungen durch Zitieren ausländischer Quellen zu erhöhen. Später wurde dieser Unfug in einer ostafrikanischen Zeitung wiederholt und machte bald seine Runde auch durch eine unkritische europäische Presse.)

In manchen Ostblockländern gilt AIDS immer noch als eine Krankheit des Kapitalismus. So wurde den angeblichen „Schöpfern" des AIDS-Virus (CDC, Pentagon und CIA) sogar schon unterstellt, diese Epidemie absichtlich gestartet zu haben, um sich so der Schwarzen und der Drogensüchtigen zu entledigen.

In Zeitungen der DDR konnte man anfangs lesen, daß die Bundesrepublik Deutschland „die AIDS-Frage aufbliese, um von den großen inneren Problemen des kapitalistischen Systems abzulenken". Sehr bald jedoch wurde die Einstellung sachlicher und die offizielle Haltung umsichtig und konsequent. Die DDR dürfte heute innerhalb Europas die konsequentesten gesetzlichen Bestimmungen in einer Seuchensituation haben, die dort wirklich erst in der Startphase ist.

Jugoslawien, Polen, die Tschechoslowakei, Ungarn, Bulgarien und Rumänien haben inzwischen ebenfalls einzelne Fälle gemeldet. Drogensucht und Prostitution sind nicht ganz so „nicht-existent", wie die offizielle Lesart es glauben machen möchte.

Es ist trotz der zeitweiligen Verdunklungsversuche und in üblicher Weise dosierten Informationen an die Bevölkerung heute offensichtlich, daß diese Staaten viel später und weniger hart betroffen worden sind, da ihnen das Drogenmilieu, die hohe Mobilität und zahlreiche andere Züge einer liberalen bis permissiven Gesellschaftsform erspart blieben.

USA

In den USA können wir nun schon sechs Jahre der Epidemie-Entwicklung überschauen (Abb. 16.10). Man erkennt, wie die Ostküste von New York und Newark, die Westküste von San Francisco und Los Angeles dominiert wird. Auch in den übrigen Staaten kann man fast erraten, welche Großstadtregion die entsprechende Rolle spielt. Die Entwicklungen in den am meisten betroffenen US-Staaten weisen eine bestechend regelmäßige Kurvenform auf (Abb. 16.11).

Dasselbe Muster der Epidemieausbreitung zeichnet sich jetzt auch bei Kindern ab (Abb 16.12), wobei noch eine viel größere Unterdiagnostizierung vermutet werden muß. Sie stellen nach den von den männlichen Partnern infizierten Müttern nun schon die dritte Welle der Erkrankten dar.

Die USA haben derzeit ca. 40000 AIDS-Fälle registriert, wovon etwa 55% verstorben sind. Die verschiedenen Staaten weisen deutlich unterschiedliche Tendenzen auf, und es sieht so aus, als verliefe die Entwicklung insbesondere in den südlichen Staaten, darunter Florida, überdurchschnittlich rasch. Verschiedene Risikogruppen weisen vergleichbare Steigerungsraten auf.

Einen Vergleich der kumulierten Fallzahlen für verschiedene Infektionskrankheiten mit Meldepflicht am Ende der 19. Woche 1987 zeigt die folgende Zusammenstellung (CDC, MMWR 1987-19):

Gonorrhoe:	283 204
Enzephalitis:	311
aseptische Meningitis:	1627
Hepatitis A:	8951
Hepatitis B:	9069
andere Hepatitisformen:	2296
Meningokokken-Infektionen:	1312
Syphilis:	11 982
Tuberkulose:	7117
Lepra:	76
Malaria:	247
Legionellose:	273
Tularämie:	39
Masern:	1636
Mumps:	7181
Röteln:	139
Typhus und Typhoid:	141
andere, seltenere Krankheiten wie Cholera, Psittakose, Wundstarrkrampf, Poliomyelitis, Trichinose, Botulismus etc.:	134
AIDS:	6717

167

Land/Region	Berichtsdatum	Zahl der Fälle		Land/Region	Berichtsdatum	Zahl der Fälle
Argentinien	27.05.87	78		Kanada	25.07.87	1205
Australien	04.08.87	562		Kenia	27.05.87	286
Bahamas	27.05.87	85		Kolumbien	27.05.87	30
Barbados	27.05.87	15		Kongo	13.11.86	250
Belgien	01.07.87	255		Kuba	30.06.86	1
Benin	13.11.86	2		Lesotho	13.11.86	1
Bermudas	27.05.87	48		Luxemburg	04.08.87	7
Bolivien	30.06.87	1		Malawi	13.11.86	13
Botswana	27.05.87	12		Malta	30.09.86	5
Brasilien	27.05.87	1695		Martinique	27.05.87	16
BRD	04.08.87	1222		Mexiko	27.05.87	407
Bulgarien	27.05.87	1		Neuseeland	06.06.87	43
Chile	27.05.87	22		Niederlande	01.07.87	308
China	27.05.87	2		Norwegen	01.07.87	49
China (Taiwan)	26.01.86	1		Österreich	04.08.87	107
Costa Rica	27.05.87	16		Panama	27.05.87	12
Dänemark	01.07.87	176		Peru	30.06.86	9
DDR	04.08.87	4		Polen	30.09.86	1
Dominikanische Republik	27.05.87	127		Portugal	01.07.87	69
Ecuador	30.06.87	7		Rumänien	30.09.86	2
Elfenbeinküste	13.11.86	118		Rwanda	27.05.87	705
El Salvador	30.06.86	2		Sambia	13.11.86	250
Finnland	04.08.87	19		Schweden	04.08.87	130
Frankreich	01.07.87	1964		Schweiz	01.07.87	266
Franz. Guayana	27.05.87	58		Spanien	01.07.87	508
Gambia	27.05.87	14		St. Lucia	30.06.86	10
Ghana	25.05.87	134		St. Vincent und die Grenadinen	30.06.86	3
Griechenland	04.08.87	60		Südafrika	27.05.87	65
Grenada	31.12.85	2		Surinam	30.06.86	2
Großbritannien	01.08.87	935		Thailand	30.09.86	6
Guadeloupe	27.05.87	40		Trinidad und Tobago	27.05.87	134
Guatemala	27.05.87	15		Tschechoslowakei	27.05.87	7
Haiti	27.05.87	851		Türkei	27.05.86	19
Honduras	27.05.87	13		Tunesien	14.05.86	2
Hongkong	03.11.86	3		UdSSR	27.05.87	32
Indien	27.05.87	9		Uganda	25.05.87	1138
Irland	01.07.87	21		Ungarn	01.07.87	5
Island	04.08.87	4		Uruguay	30.06.86	7
Israel	01.07.87	44		USA	27.07.87	39263
Italien	31.07.87	885		Venezuela	27.05.87	69
Jamaica	25.05.87	16		Zentralafrikanische Republik	13.11.86	202
Japan	27.05.87	38		Zimbabwe	31.12.86	57
Jugoslawien	01.07.87	11				
				Total		**55283**

Tabelle 16.1 Der WHO gemeldete AIDS-Fallzahlen, weltweit. Zahlreiche Länder (z. B. Zaire) melden nichts, obwohl es Tausende von Fällen geben dürfte. Die Angaben sind zum Teil durch aktuellere Daten der nationalen Referenzzentren ergänzt (Epid. Weekly Rec. der WHO vom 14. Jan. 1987).

AIDS, das noch vor wenigen Jahren am Ende der Skala von etwa 30 Krankheiten lag, ist jetzt auf den 6. Platz nach Gonorrhoe, Hepatitis, Syphilis, Mumps und Tuberkulose vorgerückt. Damit hat es alle anderen ernsten Krankheiten weit hinter sich gelassen, und es ist nur eine Zeitfrage, bis auch Tuberkulose, Mumps, Syphilis und Hepatitis überholt sind. Berücksichtigt man die Inkubationszeit, ist dies womöglich schon der Fall, denn bei den anderen Erkrankungen kommen keine Millionen von Infizierten mehr zu den Zigtausenden von Erkrankten hinzu. Die Tatsache, daß ein so geringer Teil der AIDS-Epidemie sichtbar ist, erschwert den Vergleich dieser Krankheit mit anderen, die uns vertrauter sind. Von denen, die wir seit alters her kennen, ist es bedeutend leichter, sich ein aktuelles Bild der Verbreitung zu machen. HIV hingegen war, wenn man die Situation durch die Zahl der Seropositiven charakterisieren will, schon vor vielen Jahren so verbreitet, wie es jetzt erst sichtbar geworden ist. Die heutige Verbreitung ist noch auf Jahre hinaus durch die Registrierung von AIDS-Fällen nicht unmittelbar darstellbar. Um so schwerer wiegt die schon innerhalb weniger Jahre erreichte Position in der Reihenfolge der häufigsten meldepflichtigen Infektionskrankheiten. Man muß dieses Bild, insbesondere den darin deutlich werdenden Trend, in das Gedächtnis einbrennen, damit man den ständig wiederholten Behauptungen, AIDS sei sehr viel weniger ansteckend als alle jene Krankheiten, nicht so hilflos gegenübersteht. Eine ähnliche Zusammenstellung in drei Jahren wird das Gesagte noch deutlicher werden lassen.

Man muß sich hier vor Augen halten, daß der Begriff der Kontagiosität einer Krankheit unscharf definiert ist. HIV mag in der einzelnen Situation − wenn sich etwa eine Krankenschwester an einer Nadel sticht − weniger leicht übertragen werden als das Hepatitis-Virus, aber statt dessen verfügt es über eine breitere und dauerhaftere Basis, denn der Mangel an Ausheilung bedeutet: einmal Virusträger − immer Virusträger.

Die Begrenzungen, die in der CDC-Definition von AIDS enthalten sind, sowie Schwierigkeiten in der korrekten Diagnosestellung sind offensichtlich von großer Bedeutung. So hat in New York die Zahl der Tuberkulose-Erkrankungen unter jungen Männern um über 30% zugenommen, und für die gesamte USA zeigen sich in der Tuberkulosestatistik eindeutig neue Tendenzen (Abb. 16.13).

Natürlich müssen erst eine Reihe anderer denkbarer Erklärungen ausgeschlossen werden, bevor man einen sicheren Zusammenhang mit der AIDS-Epidemie annehmen kann. Ein naheliegender Gedanke ist, daß eine Durchseuchung größerer Bevölkerungskreise mit dem HIV zu der in Abbildung 16.13 gezeigten Tendenz beiträgt, indem viele eventuell latent vorhandene Tuberkulose-Infektionen aktiviert und so zu einem klinisch manifesten Bild werden. Daß dem wirklich so sein kann, wird durch die Be-

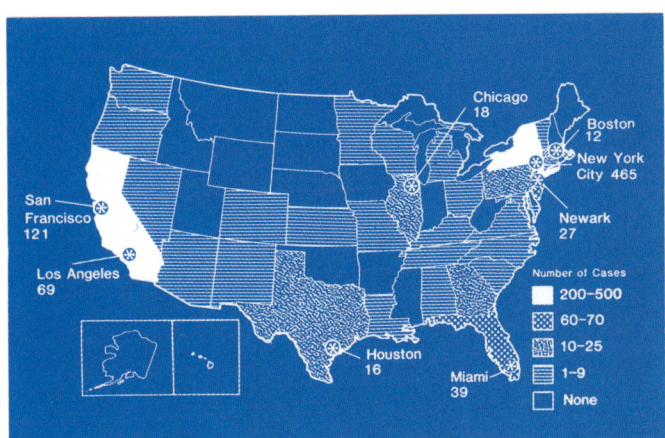

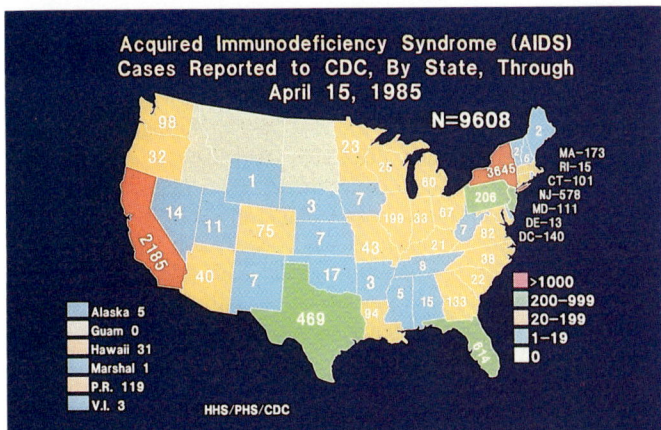

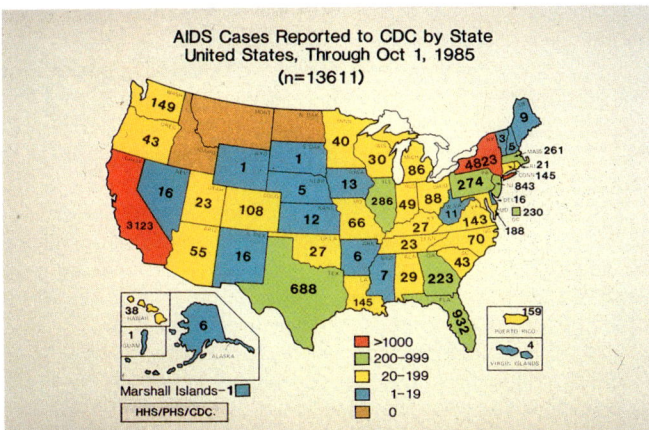

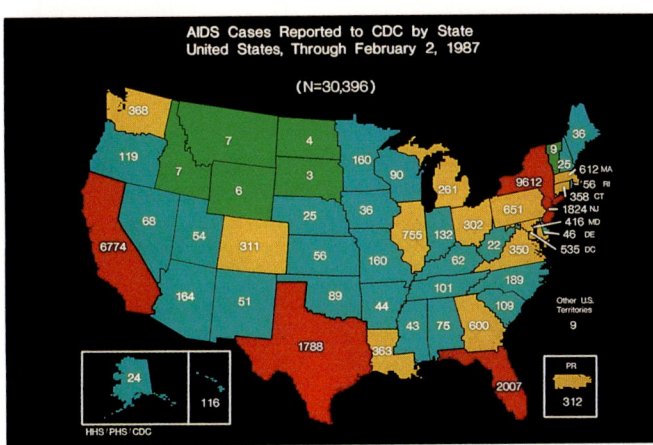

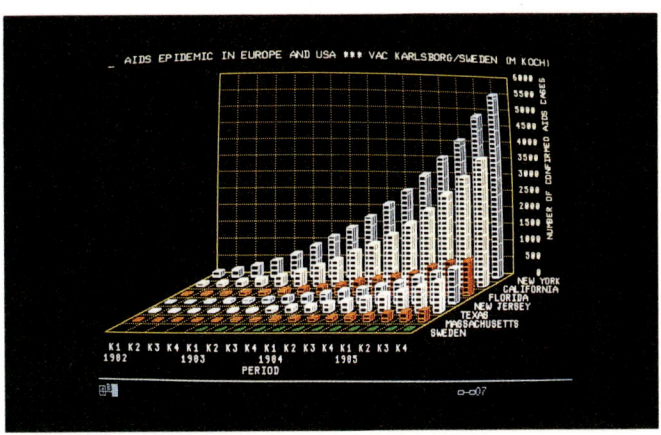

16.11 Computerdiagramm der kumulierten AIDS-Fallzahlen in den sechs am stärksten betroffenen Teilstaaten der USA im Vergleich zu Schweden (grün).

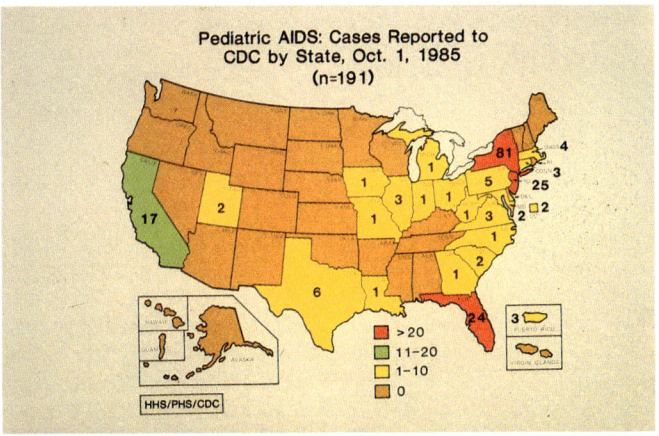

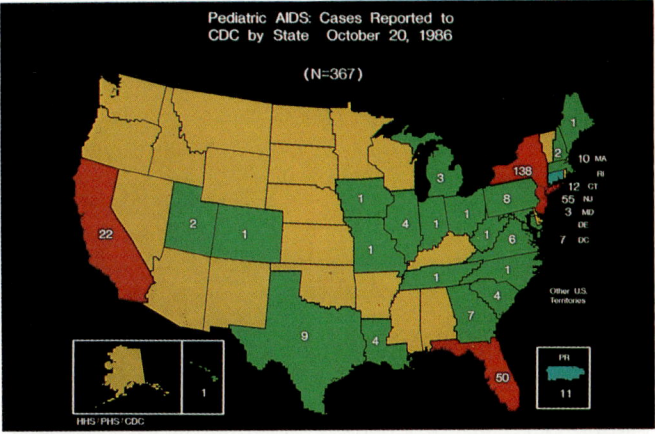

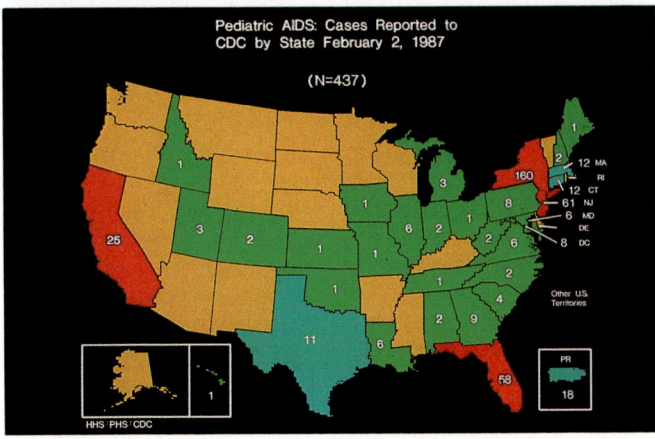

16.10 Diese Folge von vier Karten zeigt die Entwicklung der AIDS-Fallzahlen in den Teilstaaten der USA zu vier verschiedenen Zeitpunkten: Ende 1982, April 1985, Oktober 1985 und Februar 1987. Heute gibt es keinen Teilstaat ohne AIDS-Fälle mehr, und in New York sind ca. 11 000 Fälle registriert (CDC, Bildarchiv).

16.12 AIDS-Fälle bei Kindern in den USA zu drei verschiedenen Zeitpunkten: Oktober 1985, Oktober 1986 und Februar 1987 (CDC, Bildarchiv).

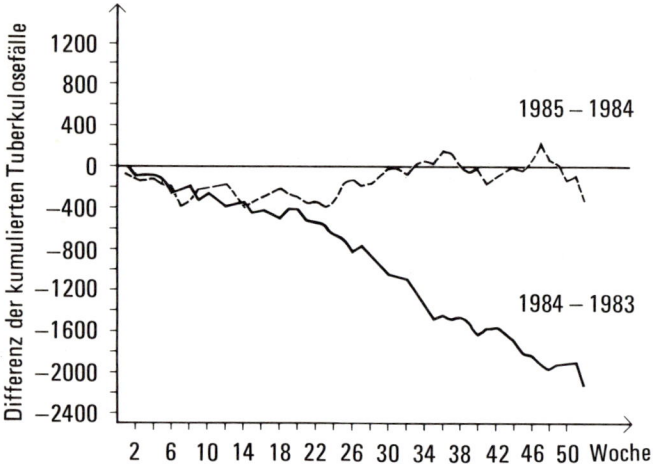

16.13 Änderungen in der Tuberkulosefrequenz gegenüber dem Vorjahr in den USA (1985 im Vergleich zu 1984). Hier ist nicht so sehr eine Zunahme, sondern eher ein Ausbleiben der auf empirischer Basis vermuteten Abnahme von Tuberkulosefällen bemerkenswert, denn die für 1984 abzulesende rückläufige Tendenz war schon viele Jahre lang zu beobachten gewesen (CDC, MMWR 1986-5).

obachtung gestützt (Snider, *CDC AIDS Weekly* 1986, 3. Febr.), daß in einer auf Verdacht ausgewählten Gruppe männlicher Tuberkulosepatienten aus New York bei nicht weniger als 80% der Männer HIV-Antikörper zu finden waren.

Beim Studium der Mortalität und der Todesursachen unter New Yorker Drogenabhängigen zwischen 1980 und 1986 ist man auf eine jährliche Mortalitätssteigerung von bis zu 30% gestoßen, die selbstverständlich eine Erklärung haben muß. Es zeigte sich, daß nur 529 von 6480 Todesfällen mit einer AIDS-Diagnose verknüpft waren. Bis 1986 ist die Zahl der Todesfälle an Tuberkulose um 900%, an ungewöhnlichen Pneumonien um 2800% und an Endocarditis um 2300% angestiegen. Da kein vergleichbarer Trend in anderen Bevölkerungsgruppen erkennbar ist, muß in diesen Zahlen eine nennenswerte Dunkelziffer von unerkannten AIDS-Fällen verborgen sein (Des Jarlais, *CDC AIDS Weekly* 1987, 15. Juni:25). Eine gründliche Studie aus Colorado (Cohn et al., Wash.-Konf. THP.58) zeigt, daß ca. 10% aller schweren HIV-bedingten Erkrankungsfälle nicht die CDC-Definition von AIDS erfüllen. Es gibt zahlreiche ähnliche Indizien, und insbesondere die Zahl der pädiatrischen AIDS-Fälle wird in den USA von Eingeweihten auf das Mehrfache der offiziell bekannten geschätzt.

Daß auch Unfallopfer mit gesteigerter Aufmerksamkeit untersucht werden sollten, hat spezielle Gründe. Die mit AIDS assoziierte Enzephalopathie kann zwar sehr schnell progredieren, häufiger beobachtet man jedoch eine längere Anlaufphase, während derer sich eine kaum merkliche Persönlichkeitsveränderung schleichend entwickelt. Es handelt sich dabei um ein Kontinuum von Hirnleistungsschwächen (Vergeßlichkeit, Konzentrationsmangel, Beurteilungsfehler, Verwechslungen, Fehlhandlungen u.ä.), und die damit verbundenen Konsequenzen sind offenkundig. Man kann davon ausgehen, daß in dieser Phase für die Patienten ein gesteigertes Unfallrisiko besteht. Wünschenswert wäre die routinemäßige Untersuchung der Seren all jener, die in unerklärliche Verkehrs- oder Arbeitsunfälle verwickelt worden sind. Bis dahin müssen derartige Ereignisse in ihrem statistischen Zusammenhang beobachtet werden, um festzustellen, ob sie über die Erwartung hinaus häufiger werden. Denn alles, was normalerweise geschieht, ruft ein kräftiges „statistisches Hintergrundrauschen" hervor, das berücksichtigt werden muß. Hier gilt es, sehr aufmerksam zu sein, ohne dabei das Gras wachsen zu hören.

In manchen Städten der USA ist die Stimmung bereits sehr gedämpft, und man glaubt nicht mehr überall, die Entwicklung

im Griff zu haben. In New York rechnet man für die kommenden Jahre mit immensen Kosten für die AIDS-Epidemie. Im Durchschnitt hat man in den USA die Kosten (für die ersten 10 000 Patienten; spätere Rechnungen ergeben etwas niedrigere Werte) auf ca. 0,5 Millionen DM/PWA veranschlagt (PWA ist ein neues Akronym für „person with AIDS"). Davon sind etwa ein Drittel reine Pflegekosten; die totale Summe übersteigt den Verteidigungsetat mancher europäischer Länder um das Mehrfache.

Wohin man in den USA auch kommt, ist das AIDS-Problem im Bewußtsein der Menschen präsent, ohne daß man unbedingt Zeichen von „Panik" oder „Hysterie" ausmachen könnte. Immer noch kommt es vor, daß den neu auftauchenden AIDS-Patienten mit unbegründeter und von keinerlei Sachkenntnis gemilderter Furcht begegnet wird. Der exaltierte Zustand jedoch, wie er als Folge einer schlimmen Nachricht anfangs einzutreten pflegt, ist auf die Dauer nicht aufrechtzuerhalten. Automatismen der Gewöhnung führen das Pendel der Stimmungslage allmählich wieder zum Neutralpunkt zurück. Es besteht sogar das Risiko, daß, über die normale Gewöhnung hinaus, ein Zustand gesteigerten Interesses als Folge einer gewissen Ermüdung in sein Gegenteil umschlägt. Die Fähigkeit des Menschen zur Anpassung ist ein erstaunlich effektiver Selbstschutzmechanismus, führt jedoch auch zu Resignation und erlahmendem Widerstand. Eine Auswahl charakteristischer Äußerungen, die uns als eine Ernte des Zufalls während Reisen nach New York, Newark, Washington, Atlanta, Miami und Belle Glade zwischen 1985 und 1987 begegnet sind, mag etwas von der Atmosphäre einfangen, die herrscht, wo fast ein jeder schon mit irgendwelchen Folgen der AIDS-Epidemie konfrontiert worden ist:

Ein magerer junger Mann am Eingang zum Blutzentrum von New York: „Ich hab es. Ich bin ein Opfer."

Eine deprimierte Dame in der Eingangshalle des Beth Israel Hospitals: „Ich bin auf dem Weg zu meinem Sohn — solange ich ihn nun noch habe."

Ein Taxichauffeur in New Jersey, verheiratet, selbst bis vor vier Jahren drogensüchtig: „Ich wage mich nicht testen zu lassen, ich wage nicht, an Kinder zu denken. Ich bin ständig unruhig und weiß noch nicht, wann ich anfangen kann, mich wirklich zu entspannen."

Ein anderer Taxifahrer: „Für viele Menschen muß dies sein, als würde ein Wunschtraum wahr. Eine Krankheit, die nur die Homosexuellen und Drogensüchtigen trifft ..." Derselbe junge Mann vermutet auch, daß der Geheimdienst CIA dieses Virus entwickelt und in die Gesellschaft hinausgeschleust hat.

Der Angestellte einer Fluggesellschaft in New York: „Mein Bruder starb vor zwei Wochen. Er war so dünn." (Hebt seinen kleinen Finger.)

Ein Epidemiologe des CDC: „Es sieht so aus, als würden die Pessimisten mit dieser verfluchten Krankheit immer recht behalten — wie optimistisch sie auch immer sind."

Ein Arzt am New Yorker Blutzentrum: „Erst in vielen Jahren werden wir sehen, was im letzten Jahrzehnt bei unseren Bluttransfusionen wirklich geschehen ist."

Ein Bankangestellter über eine weibliche Kollegin, die an AIDS erkrankt ist: „Sie muß auf Mr. Wrong gestoßen sein."

Ein Polizist über eine Gruppe infizierter Drogensüchtiger mit teilweise sichtbaren Symptomen: „Das sind doch alles nur noch Tote auf Urlaub."

Eine Krankenschwester über eine Kollegin, die an AIDS verstorben ist: „Sie war mit einem Mann verheiratet, der vor fünf Jahren an AIDS starb. Ich wüßte gern, wie lang die Inkubationszeit eigentlich sein kann."

Ein stiller farbiger Mann in einer Gruppe von sieben Einwohnern Belle Glades, die auf einer Veranda sitzen: „Zwei von uns haben den Mist."

Ein Epidemiologe einer großen Klinik in der Bronx, New York: „Hier sind in gewissen Stadtteilen bei Stichproben schon bis zu 20% der Bevölkerung seropositiv. Wir haben 1200 AIDS-

Fälle auf etwa 1 Million Einwohner − damit sind alle heute zur Verfügung stehenden Betten belegt. Für die kommende Zeit sind wir überhaupt nicht gerüstet."

Ein leitender Gefängnisbeamter in New York: „Wir haben schon 1984 unter 300 getesteten Insassen 38 % seropositiv gefunden, aber das lieber nicht publiziert." (Und damit, aus Loyalität mit den Gefangenen, das Bekanntwerden wichtiger Befunde um mehr als ein Jahr verzögert.) Ein Epidemiologe dazu: „Hätte er das nur getan − vielleicht hätte das unsere Politiker eher aufgeweckt."

Florida und Belle Glade

Tropische Länder unterscheiden sich in mancher Weise deutlich von der Situation in unseren Breiten. Genauere Untersuchungen, wie sie in Westeuropa heute schon vorliegen, existieren dort häufig nicht. Es gibt aber eine Gegend, die sozusagen gewisse Facetten von Afrika und Lateinamerika gemeinsam mit denen einer entwickelten Industrienation aufweist. Dies gilt sowohl für das Klima (tropisch/subtropische Verhältnisse) als auch für Teile der Bevölkerung, die in nicht unwesentlichem Grade lateinamerikanischer und afrikanischer Herkunft ist. Es handelt sich bei diesem bemerkenswerten „Hybrid" um Florida, einen der von der AIDS-Epidemie schwer betroffenen Teilstaaten der USA, und innerhalb Floridas gilt dies besonders für die kleine Stadt Belle Glade, die auch in Zukunft interessant bleiben wird.

Schon Juni 1985 wies Belle Glade mit seinen 20 000 Einwohnern 37 registrierte AIDS-Fälle auf, was einer Häufigkeit von 1850 pro Million Einwohner entsprach. Um einen Bezugsrahmen zu geben: In Schweden und Westdeutschland lag zu demselben Zeitpunkt die Inzidenz registrierter AIDS-Fälle bei etwa 6 pro Million, in Dänemerk bei 13, in den USA bei ca. 100 und in New York bei etwa 500 pro Million Einwohner. Im November 1985 war die Zahl der AIDS-Fälle in Belle Glade auf 46 gestiegen, was damals in Westdeutschland statt 300 etwa 140 000 Fällen entsprochen hätte.

In Belle Glade muß also etwas Besonderes vor sich gehen. Es gibt hier keinen extrem hohen Anteil an Drogenabhängigen oder Homosexuellen; die Promiskuität ist jedoch hoch und der soziale und hygienische Standard in Teilen der Stadt niedrig. In gewissen amerikanischen Millionenstädten kann man allerdings weit schlimmere Verhältnisse antreffen. Etwa ein Drittel der AIDS-Patienten Belle Glades gehört nicht zu den primären Risikogruppen. Viele der Saisonarbeiter dort stammen aus der Karibik, und in gewissem Sinne haben wir es mit einer karibisch-afrikanischen Enklave auf dem Boden der USA zu tun.

Belle Glade liegt im südlichen Florida am Rande eines großen Sees (Lake Okeechobee), umgeben von Zuckerrohrplantagen und sich über Hunderte von Kilometern erstreckenden Sumpfgebieten. Die Luft ist stickig und feucht. Es gibt normale Wohngegenden mit gepflegten Villen, aber auch Slums, die durch ihre dürftige Hygiene und die offensichtliche Tristesse des Alltagslebens sehr bedrücken. Die Elendsquartiere der Stadt sind dicht bevölkert, verwahrlost und schmutzig. Die Hygiene ist schlecht, die Höfe sind voller Sperrmüll, Abfälle und streunender Tiere. Viele Menschen weisen äußerlich sichtbare Krankheitszeichen auf, manche gehen mühsam, etliche trinken, viele sitzen apathisch am Straßenrand. In diesem Milieu also sind seit 1982 zunehmend AIDS-Fälle aufgetaucht (Abb. 16.14 bis 16.16).

Seit November 1985 sind 32 neue Fälle bekannt geworden (als hätte man seitdem in Deutschland nicht 850, sondern 96 000 neue AIDS-Patienten registriert). Dabei gibt es zahllose Patienten in Belle Glade, die ohne sichere Diagnose gestorben sind. Sie hatten Lungenentzündung und Tuberkulose, Meningitis und andere fiebrige Erkrankungen. Ein Teil von ihnen war mit AIDS-Patienten verheiratet, manche waren nach anhaltenden Durchfällen ausgemergelt und wiesen Lymphdrüsenschwellungen oder

16.14 Belle Glade: Neben den Slums (Abb. 16.15 und 16.16) gibt es in Belle Glade weitgestreckte und gepflegte Villengebiete (Photo: J. Ewers, 1985).

16.15 Das Lebenstempo ist langsam, die Stimmung gedrückt, das allgemeine Aktivitätsniveau niedrig (Photo: J. Ewers, 1985).

16.16 Es gibt Prostitution, soziale Probleme und, nicht zuletzt, Alkoholismus (Photo: J. Ewers, 1985).

Pilzbeläge im Mund auf. Mehr als 100 solcher Fälle kommen leicht zusammen, und auch wenn die Beweise (etwa Bronchoskopie- und Autopsiebefunde) für die CDC-Definition nicht ausreichen, handelt es sich dennoch um offensichtliche AIDS-Fälle. Die Diagnose AIDS bleibt dort aus praktischen Gründen oft zweifelhaft oder zumindest im Sinne der CDC „nicht verifiziert". Die offiziellen Zahlen geben also auch hier nur einen Teil der Erkrankungsfälle an. Viele Patienten sind Farbige, Haitianer sind deutlich überrepräsentiert. Es gibt jedoch Grund zu der Annahme, daß Patienten der Oberschicht sich eher an Privatärzte des nahe gelegenen West Palm Beach oder anderer Nachbarstädte wenden

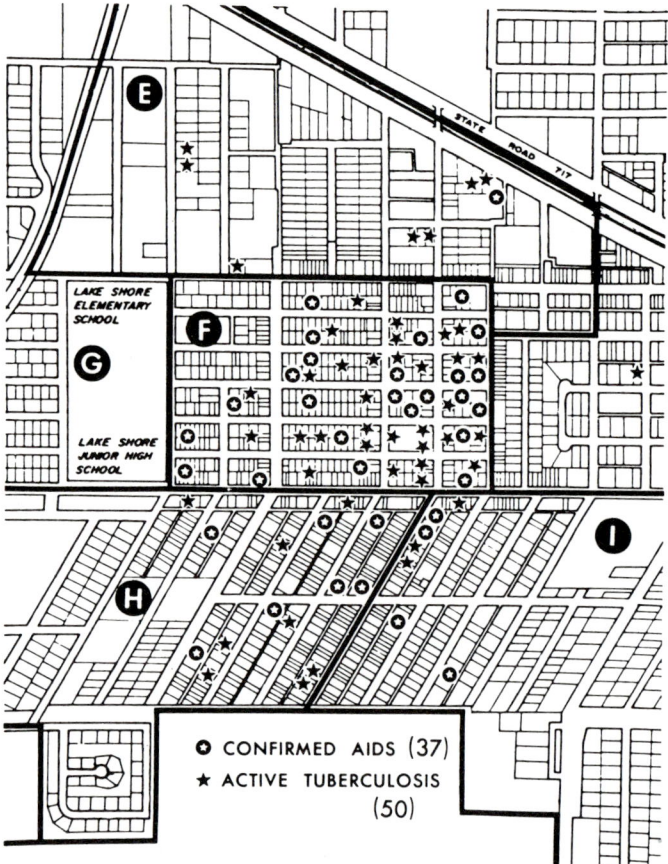

auch wenn die Situation in Belle Glade zu allerlei Spekulationen Anlaß gegeben hat. Zusammenfassend läßt sich feststellen: Was Belle Glade auszeichnet, ist die Kombination von ungewöhnlich vielen unverheirateten jungen Männern und Frauen (Abb. 16.18), Promiskuität und einer sehr hohen Anzahl von Einwanderern aus der Karibik, insbesondere Haiti. Hier liegt auch ein klarer Unterschied zu den anderen Elendsgebieten der USA. Die Kombination der Faktoren ist so einmalig, daß dies die Sonderstellung der Stadt ausreichend erklärt. Nicht ganz unähnlich ist die Lage für Pahokee, das einige Kilometer nördlich von Belle Glade liegt. Tatsächlich hat man auch dort zahlreiche AIDS-Fälle entdeckt, und auch in dem Nachbarort South Bay sind immer mehr Fälle aufgetaucht. Dies ergibt ein schlüssiges Gesamtbild.

Danach wäre also Belle Glade nichts anderes als ein Vorläufer dessen, was allen ähnlichen Milieus der Vereinigten Staaten, also den dicht bevölkerten und verwahrlosten Elendsquartieren seiner Großstädte, bevorsteht. Das Geschehen ist hier nur durch „Direktimport" des Virus aus Haiti früh gezündet und durch die Umstände stark beschleunigt worden. Große Teile der USA sind offensichtlich auf dem Wege zu einem gigantischen, multifokalen und simultanen Belle Glade zu werden, nicht unähnlich einem ausgebreiteten Kaposi-Sarkom. (Diese schlimme Analogie hält leider den Vergleich bis ins Detail aus.)

Ein Interview mit Mark Whiteside vom Tropenmedizinischen Institut in Miami fügte schon 1985 fehlende Mosaiksteine in das Bild ein. Natürlich ist Belle Glade kein isoliertes Phänomen, sondern wird dicht gefolgt von einer Reihe von Orten, die ähnliche Voraussetzungen aufweisen. Abgesehen von dem bereits er-

16.17 Karte über Belle Glades zentrale Wohngebiete; Lokalisation von Fällen aktiver Tuberkulose (schwarze Sternchen) und von AIDS (weiße Sternchen) für April 1985 (M. Whiteside, Miami 1985).

16.18 Junges Mädchen aus Jamaika (das Kind ist nicht ihr eigenes). Sie kam am Vortag nach Belle Glade und spricht noch kein Wort englisch. Wie lange wird sie seronegativ bleiben? Welche Chancen hat sie in diesem Milieu für ein normales Leben? (Photo: J. Ewers, 1985).

würden − im Streben nach Anonymität, wie man es in weiten Teilen der USA beobachtet hat.

Es gibt Teile von Belle Glade, wo fremde Autos und Kameras eine feindliche Haltung und Steinwürfe auslösen. Der Ort scheint Gegenstand einer so aufdringlichen Neugier geworden zu sein, daß die Geduld vieler Einwohner zur Neige geht. Bei den nicht im Gesundheitsdienst Beschäftigten dominiert die Verdrängung. Der Chefreporter der lokalen Zeitung gibt horrend irreführende Zahlen über die AIDS-Fälle Belle Glades an − Zahlen, die vor mehreren Jahren gestimmt haben mögen. Er macht sich nicht einmal mehr die Mühe, an seinem eigenen Krankenhaus zu ergründen, wie es sich wirklich verhält. Das Problem verschreckt, ermüdet, hat die Einwohner dieser Stadt kränkender Behandlung ausgesetzt. Dennoch sind die meisten, zumindest die im Gesundheitsdienst Tätigen, zu ruhigen und gründlichen Gesprächen bereit. Sie teilen offenbar nicht die abwinkend verkündete Ansicht, „das AIDS-Problem in Belle Glade würde sich ganz einfach lösen, indem die Infizierten wegstürben".

Die meisten Erkrankten wohnen in zwei zusammenhängenden Wohngebieten, und hier, wie auch andernorts, ging der AIDS-Epidemie eine markante Zunahme der manifesten Tuberkulosefälle voran. Daß sich deren Verteilung mit jener der AIDS-Fälle deckt, zeigt die Abbildung 16.17.

Viele der hier Ansässigen haben sicher noch nie einen Arzt aufgesucht, und manche werden dies wohl nicht einmal tun, wenn sie im Sterben liegen. Systematische Untersuchungen der Seroprävalenz von HIV-Antikörpern sind unter der Regie der CDC durchgeführt worden und sprechen für eine Durchseuchung von etwa 3%, lokal bis 10% der Bevölkerung.

Viele der Bewohner der Elendsquartiere sind junge Saisonarbeiter ohne Familie, es gibt eine florierende Prostitution und auch eine allgemein sehr hohe Promiskuität. Damit ist eigentlich kein Bedarf mehr für irgendwelche mystischen Erklärungen −

wähnten Pahokee spielt sich *mutatis mutandis* Ähnliches in Key West ab, jenem Touristenort, der am Ende der südwestlich von Florida im Mexikanischen Golf auslaufenden Inselkette liegt. Key West mit nur ca. 25 000 Einwohnern hatte mit 40 AIDS-Fällen im November 1985 vermutlich die zweithöchste bekannte Inzidenz der ganzen Welt (ca. 1600/Million; heute 3000/Million). Nicht viel besser ist es um das einige Kilometer westlich des berühmten Palm Beach gelegene Delray Beach bestellt, das schon im November 1985 eine AIDS-Inzidenz von 1000/Million aufwies. Auch hier sind die sozialen Verhältnisse so, daß man mit einer erheblichen Unterdiagnostik rechnen muß.

Sowohl Key West als auch West Palm Beach sind sehr vom Tourismus abhängig, weshalb das AIDS-Thema dort sehr unbeliebt ist. Man hat schon von den unangenehmen Erfahrungen gehört, welche die Einwohner Belle Glades gemacht haben. Respektierte Repräsentanten der Verwaltung von Belle Glade sind bei Versammlungen in Nachbargemeinden geschnitten worden, und man hat sich sogar geweigert, mit ihnen zusammen am Essenstisch zu sitzen. Es liegt auf der Hand, daß dies ein Alptraum für jeden Ferienort sein muß. So trägt man gern dazu bei, die eigene Situation zu verharmlosen und das Interesse auf Belle Glade zu fokussieren. Das Phänomen jedoch, um das es geht, steht beileibe nicht so isoliert da, wie es oft dargestellt wird. Auch in Zukunft müssen wir mit starken politischen Kräften rechnen, die epidemiologische Fakten in manchen Gegenden beschönigen wollen.

Es gibt keinen Grund, die Überlegungen auf diese paar Orte zu beschränken. In der Millionenstadt Miami findet man ähnliche Anhäufungen von AIDS-Fällen, meist unter ähnlichen äußeren Bedingungen. Ganz Florida zeigt heute einen selbst für die USA auffällig starken Anstieg von AIDS-Fällen, und eine weitere Vorahnung des kommenden Geschehens gibt die mancherorts steigende Tuberkulosefrequenz, wie man sie ja auch in Belle Glade und Delray Beach beobachtet hatte.

Ein merkwürdiges Phänomen (Sheremata et al. 1985) ist eine fast endemische Anhäufung von MS-Fällen in Key West (mit 37 Fällen fast die gleiche Dichte wie auf den Shetland-Inseln, wo eine extreme Häufung dieser Erkrankung zu beobachten ist); neun der Fälle waren Krankenschwestern. Es scheint keine Korrelation zu HIV-Antikörpern zu geben; hingegen wurde behauptet, es gäbe eine zu HTLV-I (Koprowski et al. 1986). Dem wird jedoch von anderen Autoren entschieden widersprochen (Karpas et al. 1986, Hauser et al. 1986, Schneider et al. 1987).

Auch in Clewiston scheint eine Häufung von MS-Fällen vorzuliegen, und natürlich reaktualisieren solche Beobachtungen den Gedanken an einen Zusammenhang zwischen Retroviren und den von Insekten überführten Arboviren sowie die Rolle eines eventuellen Synergismus in der Pathogenese. Whiteside, McLeod et al. vertreten die Überzeugung, Insekten spielten auch für die Verbreitung des AIDS in Florida eine Rolle. Ihre Argumente und ihr Material, das wir gründlich studierten, sind noch inkonklusiv. Eine aktuelle CDC-Studie widerspricht ihnen kategorisch. Eine Insektenübertragung des HIV würde bis heute noch nicht merkbar zur Epidemie in Belle Glade beitragen, so daß epidemiologische Argumente bisher von geringem Wert sind.

Unter den zahlreichen mißverständlichen Argumenten von Whiteside und Mitarbeitern ist eine Beobachtung aus einem Sektor Miamis, wo man in einem einzigen Wohnblock 12 AIDS-Fälle konstatiert hat (das ist also ebensoviel, wie Norwegen oder Finnland mit ihren 4 bzw. 5 Millionen Einwohnern aufweisen). In jenem Wohnblock gab es ein nicht benutztes Schwimmbassin, das schwarz war von Myriaden von Mückenlarven (*Culex sp.*). Nahe diesem Bassin wohnten zwei seropositive kubanische Homosexuelle – in der Hand der Sensationspresse eine schiere Katastrophe. Man muß mit den Tücken der Statistik schon gut vertraut sein, um hieraus nicht unangemessene Evidenz herzuleiten. Vermutlich handelt es sich um einen Zufall, die Frage ist jedoch damit keineswegs aus der Welt.

Es gibt interessante Studien (Harrison und Murphy 1975) über die Onkovirus-Aktivierung in der Bauchspeicheldrüse von Mäusen bei gleichzeitiger Infektion mit dem Venezuelan equine encephalitis virus (**VEEV**). Ebenso fand man eine gesteigerte Replikation von Friend- und Rauscher-Leukämie-Viren in Mäusen bei gleichzeitiger Infektion mit dem Guaroa-Virus, einem ebenfalls von Insekten übertragenen Bunya-Virus (Turner et al. 1981). Hier gibt es die Möglichkeit komplizierter Interaktionen. Bis heute jedoch ist die aktuelle Situation in Belle Glade hinreichend erklärt durch jene eingangs geschilderte spezielle soziale Situation. Vermutlich sind gewisse Großstädte des Westens, zumindest ihre Slums, in unheilvoller Weise auf dem Wege zu einer ähnlichen Entwicklung. In noch höherem Grade wird dies für Lateinamerika gelten, wo Haiti, Puerto Rico (Abb. 16.19), Brasilien, Trinidad und Tobago den Reigen schon eröffnet zu haben scheinen. Wenn diese Krankheit ihren Einzug in die unüberschaubaren Favelas (oder Bidonvilles, jene in tropischen und

16.19 Spielende Kinder in den Fanguito-Slums von St. Juan, der Hauptstadt Puerto Ricos. In diesem Milieu haben sich Hepatitis und Tuberkulose rasch verbreitet (Copyright 1985 Popper, London).

subtropischen Ländern häufig ausgedehnten Elendsquartiere aus provisorischen Blech- und Bretterbuden) um São Paulo, Rio de Janeiro, Caracas, Mexico City und ähnliche menschenfeindlichen Riesenstädte halten wird, ist eine explosive Entwicklung der Epidemie unaufhaltbar. Die schon genannten Ziffern aus diesen Ländern sind kaum anders zu deuten.

Es gibt allen Anlaß, und zwar für die ganze Welt, die Entwicklung der kommenden Jahre gerade in Florida, jenem Hybrid zwischen den Tropen und der modernen nordamerikanischen Gesellschaft, zwischen Afrika, Westindien, Lateinamerika und den weißen USA genau zu verfolgen. Es handelt sich um ein Studienobjekt, das nicht seinesgleichen hat, um ein Stück Afrika im Westen, eine Art tropischer Exklave unter dem Vergrößerungsglas unserer Wissenschaft.

Lateinamerika und Asien

Lateinamerika ist von der AIDS-Epidemie sehr stark betroffen. Insgesamt sind über 3000 AIDS-Fälle registriert, von denen die Mehrzahl aus Brasilien, Haiti, Mexiko, Trinidad und Tobago, Argentinien und Venezuela stammt.

In Brasilien ist die am schlimmsten betroffene Stadt São Paulo, wo man schon am 26. Juli 1985 296 AIDS-Fälle mit 132 Todesfällen registriert hatte. Täglich werden mehrere neue Fälle entdeckt, und mit heute ca. 2000 Fällen steht Brasilien nach den USA und ohne Berücksichtigung afrikanischer Staaten auf dem zweiten Platz in der traurigen AIDS-Fall-Statistik der Welt. Den sozialen und hygienischen Zuständen nach zu urteilen, entspricht die hier erfolgte Ausbreitung nicht der eines industrialisierten Staates, sondern eher der eines Entwicklungslandes.

Haiti hat etwa 1000, Puerto Rico etwa 400 Fälle. Mexiko ca. 60, Argentinien ca. 100, Venezuela ca. 80, Trinidad und Tobago

150 Fälle. Auch folgende Länder haben schon zahlreiche Fälle bekanntgegeben: Bermudas, Französisch-Guyana, Guadeloupe, Uruguay, Chile, Kolumbien, Panama, Costa Rica, Guatemala, Honduras, Jamaika, Bamahas, Barbados, Grenada, St. Lucia, St. Vincent, Surinam und Martinique.

Die Lage in Kuba ist etwas undurchsichtig. Eventuell ist es schon seit langem betroffen. Die Probleme könnten bereits 1978 begonnen haben, da Kuba insgesamt ca. eine halbe Million Soldaten in Afrika hatte (*CDC AIDS Weekly*, 3. Febr. 1986). Offizielle Quellen bestreiten dies. Die Zahl der rapportierten AIDS-Fälle in Kuba betrug Mitte 1986 noch 1.

Auch Haiti ist eines besonderen Kommentars wert. Die Anzahl der Patienten ist mit Sicherheit erschreckend hoch, und die ungefähr 1000 offiziell zugegebenen Fälle stellen nicht mehr als einen kleinen Teil der Realität dar. Das Bekanntwerden der AIDS-Epidemie in Haiti hat katastrophale Folgen für den Tourismus auf dieser Insel gehabt. Es war lange fast unmöglich, konkrete offizielle Angaben auf der Insel einzuholen. Journalisten wurden ermahnt, nicht nachzufragen, um sich nicht in Schwierigkeiten zu bringen. Man fand Krankenhäuser mit AIDS-Abteilungen, welche von der Polizei bewacht und für alle Außenstehenden unzugänglich waren. Zu Blutzentralen wurde grundsätzlich kein Zutritt gewährt, nicht einmal für Gespräche. In einem guten Dutzend großer, international bekannter, jetzt aber schnell verfallender Luxushotels haben streunende Hunde und Ratten das Regime übernommen. Ganze Familien starben zu Hause angeblich an „Unterernährung und Lungenentzündung" („sie wurden krank und schwach und schafften es plötzlich nicht mehr"). Die Armen kehrten in ihre Dörfer zurück, um dort zu sterben, die Reichen flogen nach Paris oder New York, um sich in ärztliche Behandlung zu begeben. Die Diagnose AIDS kam auf den Totenscheinen nicht vor, und es war den Ärzten abzuraten, sich mit der Ursache unklarer Todesfälle zu beschäftigen.

Heute ist offensichtlich, daß alle Versuche, das Geschehen zu verheimlichen, gründlich fehlgeschlagen sind. Nur der einheimischen, armen, zum Teil abergläubischen Bevölkerung hat man die Information einigermaßen erfolgreich vorenthalten können. 90% leben aus der Hand in den Mund, Analphabetismus ist weitverbreitet. Wo heute Hotelangestellte und Prostituierte, Ladeninhaber und Taxichauffeure, Kartenverkäufer und Barkeeper arbeitslos geworden sind, nimmt die Armut rasch zu. Der verbreitete Hexenglaube, die sehr lebendigen Kulte unzähliger Voodoo-Anhänger, die Puppen der Medizinmänner − all das erleichtert es, den einfachen Menschen weiszumachen, die Insel sei verhext, und ein Fluch habe die Touristen vertrieben.

Außerhalb Haitis haben die Versuche der Vernebelung eher den gegenteiligen Effekt gezeigt: Der Mangel an Wissen fördert den Umlauf wildester Gerüchte, und die Phantasie läßt in der Regel dann die Wirklichkeit noch weit hinter sich. Schwer zu kontrollierende und unexakte Angaben von Journalisten sowie reine Schätzungen werden wohl noch lange zuverlässige Angaben ersetzen müssen und die Beurteilung der Lage sehr erschweren. So fördert, wie so oft, die Geheimniskrämerei gerade jene Konsequenzen, die man so verzweifelt zu vermeiden sucht. Vermutlich ist es bereits zu spät, diese Entwicklung aufzuhalten. Es besteht die Gefahr, daß jeder Fehler, der in diesem Zusammenhang möglich ist, auch tatsächlich begangen werden wird.

Erst im Juni 1986 wurde offiziell geäußert, man rechne inzwischen mit 150000−675000 Infizierten in Haiti (Gesundheitsminister M. Lominy), was etwa 3−12% der Bevölkerung entspräche. Die Zahl der wöchentlich neuentdeckten AIDS-Fälle sei in letzter Zeit von 10 auf 20 angestiegen, der Anteil weiblicher Patienten nehme kontinuierlich zu.

Aus **Asien** sind, wenn auch noch in bescheidener Anzahl, AIDS-Fälle von den Philippinen, aus Hongkong, Indonesien, Singapur, Malaysia, China, Taiwan, Thailand, Japan, Indien und der (geographisch überwiegend zu Asien gehörenden) Türkei bekannt. In Indien war man sehr unangenehm überrascht davon, weit im Landesinneren seropositve Prostituierte zu finden, die noch nie mit Ausländern Kontakt gehabt hatten. Dies bezeugt die wichtige Überträgerrolle der einheimischen Prostitutionskunden. Auch Israel hat schon etwa 40 Fälle.

Afrika

Abgesehen von einigen wenigen Ländern wie etwa Südafrika ist die Frage der Registrierung von AIDS-Fällen auf diesem Kontinent noch kaum geregelt. Ende 1985 wurde zwar im Rahmen einer Konferenz in Bangui (Zentralafrikanische Republik) die Einführung eines Meldesystems beschlossen, aber wann das wirklich funktionieren wird, ist noch offen. Als insgesamt nur 10 afrikanische Fälle an die WHO gemeldet waren, konnten vier einzelne Ärzte aus Zaire, Tansania, Rwanda und Sambia schon von 1265 Fällen berichten (von denen kein einziger zu den 10 gemeldeten gehörte).

Offizielle Angaben sind schwer zu erhalten. Die bevölkerungsrelativierten Zahlen der AIDS-Fälle liegen mit Sicherheit um ein Vielfaches höher, als man von anderen Ländern her gewohnt ist. Sehr stark betroffen sind Uganda, Zaire, Kongo, Rwanda, Burundi, Sambia, die Zentralafrikanische Republik, Kenia und Tansania. Darüber hinaus hat man AIDS-Fälle in fast allen afrikanischen Staaten gefunden. Dennoch hat nur ein Teil der Länder südlich der Sahara damit begonnen, der WHO regelmäßige Angaben zur AIDS-Situation zu machen.

Die Dynamik der zentralafrikanischen Situation läßt sich nur bruchstückhaft erhellen. In Nairobi fand man unter den Prostituierten folgenden Anstieg der Seropositivität (Kreiss et al. 1986):

1981: 0%	1982: 5%	1983: 12%
1984: 22%	1985: 54%	1986: 65%

So waren 1986 von 535 Prostituierten nur noch 35% seronegativ, von denen wiederum innerhalb eines Jahres mehr als die Hälfte (56%) serokonvertierten (Plummer et al., Wash.-Konf. M.8.4), so daß jetzt 83% infiziert sind. In Kinshasa waren es innerhalb von zwei Jahren 41 von 2020 Krankenhausangestellten (Ngaly et al., Wash.-Konf. M.3.6), was vermutlich die normale HIV-Ausbreitung in der Bevölkerung widerspiegelt: etwa 1% jährlich. (Für die Bundesrepublik würde dieser Prozentsatz 620000 Neuinfizierte pro Jahr bedeuten.)

Im Mama-Yemo-Hospital in Kinshasa ergab eine Untersuchung von stationären Patienten, daß 21 von 85 Männern (25%), 37 von 89 Frauen (42%) und 23 von 36 Patienten der Altersgruppe zwischen 30 und 39 Jahren (64%) seropositiv waren. Ausgehend von Beobachtungen an Kindern mit Malaria, die häufig wegen ihrer Anämie Bluttransfusionen erhalten, errechnete man für ein einziges Krankenhaus, daß dort jährlich Tausenden solcher Kinder kontaminiertes Blut transfundiert wurde (Braddick et al., Wash.-Konf. TH.7.5).

Die Situation verschlimmert sich rasch. Selbst in kleineren Krankenhäusern und in ländlichen Bezirken tauchen jetzt die typischen, oft von Hautausschlägen und Juckreiz geplagten, mageren Patienten auf (Abb. 16.20 und 16.21). In manchen Gegenden (so dem südlichen Uganda nahe der Grenze zur Provinz Bukoba im nördlichen Tansania) sind die Krankenhäuser so überfüllt mit diesen Fällen von „slim disease", daß die AIDS-Diagnose ein sofortiges Heimsenden der Patienten bedeutet. Die Situation ist sehr schwer zu beschreiben, und manche Länder haben eine Art Nachrichtensperre verhängt. Findige Journalisten kommen jedoch stets mit einigen Photographien nach Hause (Abb. 16.22), die sehr vielsagend sein können.

Wie man in den Slums gewisser afrikanischer Großstädte eine konsequente Seuchenhygiene durchführen und wie man dem historisch gesehen „normalen" Ausbreitungstempo von Infektionskrankheiten in diesem Milieu entgegenwirken soll, ist

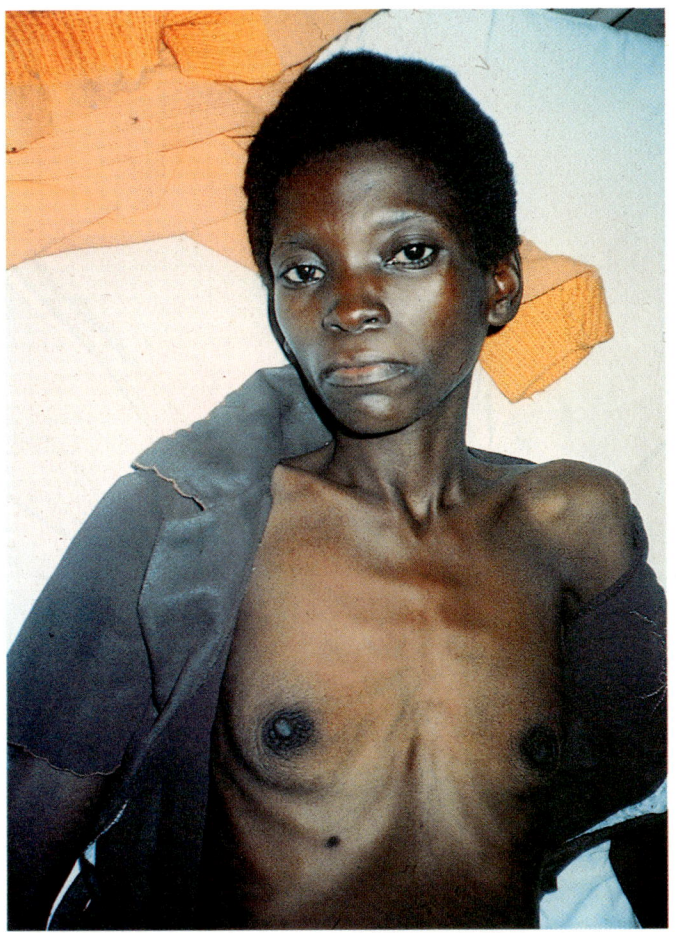

16.20 Afrikanerin mit „slim disease" (W. Kornaszewski, Kinshasa).

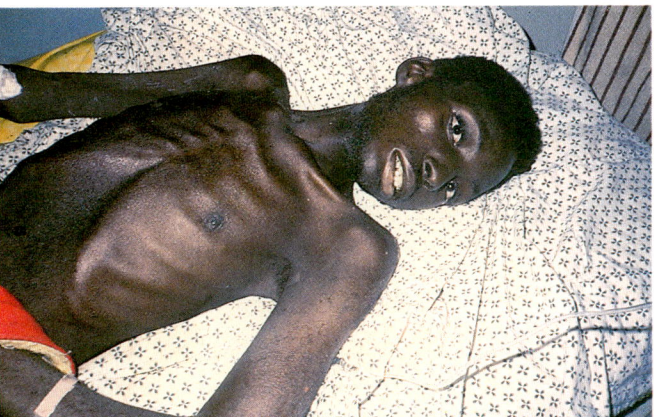

16.21 Afrikaner mit „slim disease"; oft ist keine detailliertere Diagnose zu erhalten (W. Kornaszewski, Kinshasa).

16.22 Ein Krankenhaus in einem schwer betroffenen ländlichen Bezirk Ugandas kann den Zustrom schwerkranker Patienten nicht mehr bewältigen. Manchmal besteht die „Therapie" im Austeilen von Kopfschmerzmitteln oder von Kondomen (Nordland 1986, Copyright Newsweek).

16.23 Milieu in Lagos. Slums wie diese existieren in ungewöhnlicher Ausdehnung um so gut wie alle Millionenstädte Afrikas, Südamerikas und Südostasiens (Photo: B. Claesson).

16.24 AIDS ist am weitesten verbreitet in den zentralafrikanischen Ländern, wo man in Stichproben bei bis zu 20% der Bevölkerung Antikörper im Serum gefunden hat. Die angrenzenden Staaten (Kenia, Tansania, Sambia, Zentralafrikanische Union, Burundi, Malawi etc.) scheinen Seroprävalenzwerte von 3—10% aufzuweisen. Aus vielen Ländern fehlen zuverlässige Angaben. In dieser Karte haben wir versucht, das zusammenzustellen, was bekannt ist. Der Grad der Durchseuchung ist grob mit drei Schattierungen gekennzeichnet: hellgrau für Länder, wo mindestens ein AIDS-Fall konstatiert ist (häufig an europäischen Krankenhäusern), grau für Gebiete mit Seroprävalenzziffern von 3—7% und mit zahlreichen AIDS-Fällen, dunkel für Länder mit Seroprävalenzziffern von über 7% und gleichzeitig einer großen Anzahl von AIDS-Fällen.

noch weitgehend unklar — und auf jeden Fall ungeprüft (die Abbildung 16.23 zeigt ein Slumgebiet in Lagos).

Insgesamt muß man wohl damit rechnen, daß heute 2—20% (im Durchschnitt etwa 5%) der zentralafrikanischen Bevölkerung infiziert sind, was ca. 5—10 Millionen Menschen südlich der Sahara und nördlich Südafrikas entspräche. Hierbei ist zumindest in einigen Ländern noch die Unsicherheit der Testspezifität zu berücksichtigen. Das sich heute ergebende, notwendigerweise unscharfe Bild der Lage in Afrika (Abb. 16.24) deutet dar-

175

auf hin, daß sich die Epidemie dort sehr schnell ausbreitet, daß sie in manchem zentralafrikanischen Land vielleicht schon vor langer Zeit begonnen hat und daß ganz offensichtlich besondere Züge vorliegen, welche die Situation von der Europas und der Vereinigten Staaten deutlich unterscheiden. Das Verhältnis zwischen den Geschlechtern von ungefähr 1 : 1 ist nur eines der Indizien dafür.

Als Grund für die rasche HIV-Ausbreitung ist an erster Stelle die sehr ausgeprägte sexuelle Promiskuität zu nennen, die jeder Afrikakenner bezeugt. Sie äußert sich auch in der Ausbreitung anderer Geschlechtskrankheiten. So hat die Syphilis in den USA bzw. in Großbritannien eine Prävalenz von ca. 0,08% auf dem Lande, von 0,8% in den Städten. Diese Ziffern liegen für Afrika bei 1% bzw. 3%, in bestimmten Bereichen sogar bei bis zu 20%. Die Massai gelten als zu 100% durchinfiziert. In Nairobi rechnet man mit ca. 10000 Prostituierten, und bei Nachuntersuchungen erfolgreich behandelter Gonorrhoe-Fälle fand man ca. 90% der Patienten innerhalb von 10 Wochen reinfiziert (Nsanze, Brü.-Konf. 01-I). Was diese Zahlen für das zu erwartende Tempo der AIDS-Ausbreitung bedeuten, wird erst Ende der neunziger Jahre voll sichtbar werden.

Obwohl es immer überzeugendere Argumente gibt, die Wiege der AIDS-Epidemie in Afrika zu vermuten, ist dies noch immer umstritten und auch noch keineswegs endgültig bewiesen. Eine große Gruppe afrikanischer Ärzte verschiedener Nationalität erklärte in Brüssel auf einer gemeinsamen Pressekonferenz, AIDS sei mit amerikanischen Touristen nach Afrika gekommen, alles andere sei eine „qualifizierte Verleumdung". Schwedische Gesundheitsbehörden wurden von Vertretern afrikanischer Staaten wegen gewisser Behauptungen über die AIDS-Lage in Afrika heftig angegriffen. Aktionen wie der Boykott der Brüsseler Konferenz über AIDS in Afrika (November 1985), das plötzliche Zurückrufen zahlreicher afrikanischer Konferenzteilnehmer sowie Reiseverbote und Kommunikationsschwierigkeiten für Forscher ließen früh erkennen, wie schwer es werden würde, die AIDS-Epidemie in Afrika in den Griff zu bekommen. Schon beim Sammeln von Fakten und Erkenntnissen stößt man auf beinahe unüberwindliche Schwierigkeiten. Vermutlich werden wir uns auch in Zukunft mit Schätzungen und groben Extrapolationen begnügen müssen, während die HIV-Ausweitung in Afrika ziemlich unbehindert weitergehen wird.

In Westafrika ist eine AIDS-Virus-Variante gefunden worden, die HIV-2 (LAV-2, in den USA HTLV-IV) genannt wird. Sie unterscheidet sich mit ca. 60% des Genoms von HIV-1, und es wird erwogen, ob nicht die Inkubationszeit länger, das HIV-2 vielleicht ein bißchen weniger pathogen sein könnte. Dennoch sieht man jetzt zunehmend AIDS-Fälle, die durch HIV-2 verursacht sind, und dieses Virus (das etwa im Senegal, Gambia, auf den Kapverdischen Inseln und in Guinea-Bissao vorkommt) ist nun auch schon in Lissabon, Paris, Berlin, Frankfurt, Stockholm und anderweitig in Europa gefunden worden. Es sieht so aus, als liefen in Afrika zwei Epidemien gleichsam ineinander (Abb. 16.25).

Die Dynamik der Situation

Weltweit rechnet man heute mit Hunderten von neuen Infektionen stündlich, also mit Tausenden (National Academy of Science: etwa 10000) neuen Virusträgern täglich, die — vorwiegend ohne es zu wissen — zu einer weiteren Virusverbreitung und damit zu einer automatischen Akzeleration dieser Pandemie beitragen.

Wir haben schon gesehen, daß die initiale Phase der AIDS-Epidemie eine Periode der exponentiellen Zunahme ist (siehe die Abbildungen 1.3, 1.6 und 1.8), die sich mit einer gewissen Zeitverschiebung in den meisten Ländern der Welt auf etwa ähnlich Weise abzeichnet. Dies gibt Grund zu großer Besorgnis. Erst bei genauerer Betrachtung sieht man, daß sich schon früh

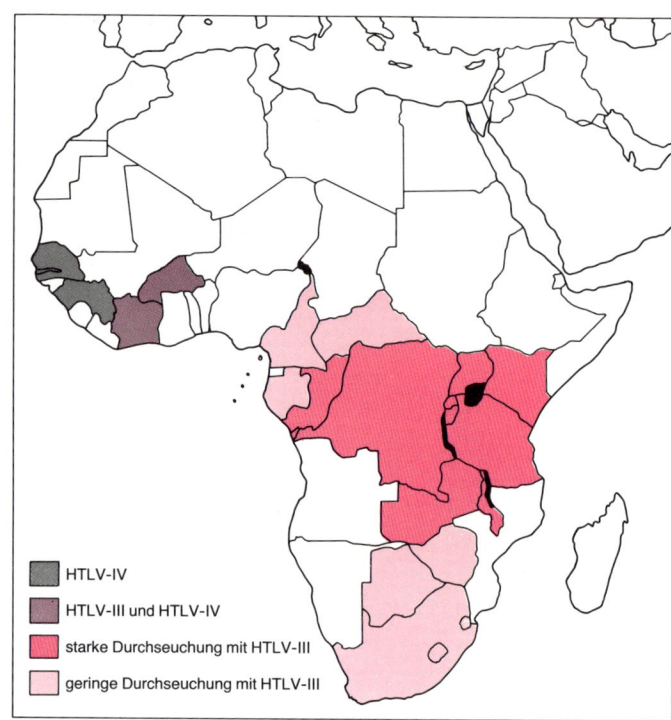

16.25 Verteilung von HIV-1 und HIV-2 (hier HTLV-III und HTLV-IV genannt) in Afrika; nach Testresultaten der Jahre 1985 und 1986 (Gallo 1987-2, Copyright Spektrum der Wissenschaft, Heidelberg).

diskrete Veränderungen der Verdopplungszeiten einstellen, die zu einem schwachen Abflachen der Zuwachskurven führen. Dies war bei gewissen Städten der USA (New York, San Francisco) schon deutlich zu sehen, als europäische Städte (etwa Frankfurt, Berlin, Hamburg) noch eine ziemlich gerade Linie aufzuweisen schienen (Abb. 16.26). Die optische Deutlichkeit dieses Phänomens ist eine Frage der Darstellungsweise und des Beobachtungszeitraums.

Da das Abflachen der Kurven regelmäßig in jedem betroffenen Land mit großer Erleichterung notiert und meist als Anlaß zur Entwarnung genommen wird, sei darauf näher eingegangen. Es ist nämlich ein sich aus der langen Inkubationszeit einer Lentivirus-Infektion bei gleichzeitig sehr starker Standardabweichung notwendigerweise ergebendes Phänomen. Wir haben es 1985 im Zusammenhang mit der AIDS-Epidemie erstmalig genauer untersucht, und dem norwegischen Mathematiker José González gelang seine Formalisierung (González und Koch 1986; siehe Anhang), nachdem schon im Frühjahr desselben Jahres Dale Lawrence et al. auf Probleme mit der Überrepräsentation kurzer Inkubationszeiten zu Beginn der Epidemie gestoßen waren (Lawrence et al., Atl.-Konf. 1985, Lui et al. 1986). Für dieses Phänomen haben wir, in Analogie zu Begriffen aus der Akustik und der Elektronik, die Bezeichnung **Transient** gewählt.

Es handelt sich dabei um ein vorübergehendes (englisch *transient*) Phänomen, das dem Erreichen eines scheinbaren *steady state* vorausgeht. Ein Transient in der Startphase einer Epidemie manifestiert sich als ein beschleunigtes Auftreten von Erkrankungsfällen mit einer dann folgenden spontanen Normalisierung der Wachstumsraten, ohne daß dieser eine entsprechende Verminderung der Zahl der Virusträger zugrunde läge. Ähnliche Effekte, sogenannte „negative Transienten", treten notwendigerweise auch bei jeder Verlangsamung der Virusausbreitung auf.

Mit Sicherheit gibt es diese Effekte bei jeder Epidemie, aber in der Regel verschwinden sie — wie die Sonnenflut in den normalen Wasserstandsschwankungen — im statistischen „Hintergrundrauschen". Nur bei einer so schweren Erkrankung wie AIDS und bei extrem langer Inkubationszeit mit starken Variationen werden sie — wie die Mondflut — unübersehbar.

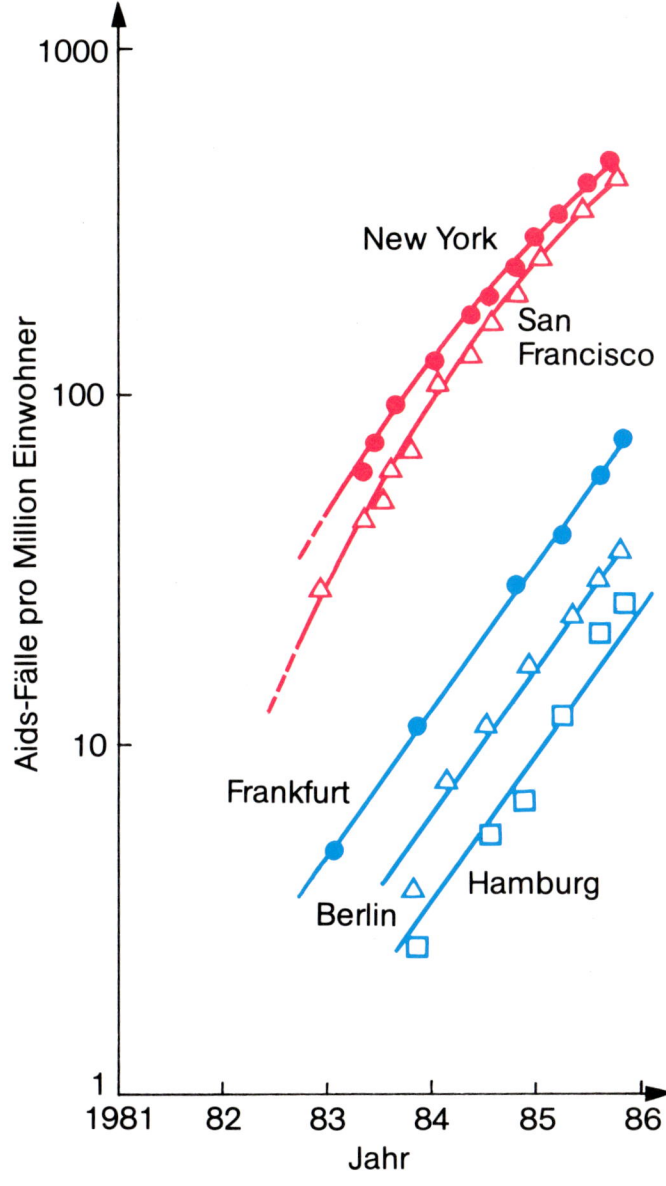

16.26 AIDS-Kurve für verschiedene amerikanische und europäische Städte (kumulierte Fallzahlen, semilogarithmische Skala) bis zum dritten Quartal 1985 (L'age-Stehr, Robert-Koch-Institut, Berlin 1986).

Die Verdopplungszeiten verändern sich bereits früh im Verlauf der AIDS-Epidemie; sie können schon nach etwa fünf Jahren auf das Doppelte angestiegen sein. Hier läge es nahe, die Ursache in einer verlangsamten Zunahme der Anzahl der Virusträger zu sehen, was wiederum auf Verhaltensänderungen oder den Nutzen prophylaktischer Maßnahmen schließen ließe. Ebenso kann man meinen, die Sättigung der infizierten „Compartments" (abgrenzbarer Teilgruppen der Bevölkerung) setze bereits ein – eine Sättigung in dem Sinne, daß die erneute Infektion bereits Infizierter bei wiederholten Kontakten die Zahl der Infizierten selbstverständlich nicht ändert.

Auf der Basis dieser Annahme wäre zu vermuten, daß die Abnahme der Kurvenakzeleration gleichmäßig in die Zukunft zu verlängern sei, was bei mathematischer Kurvenanpassung in der Regel auch geschieht und auf lange Sicht viel zu günstige Erwartungen entstehen läßt. Damit wird man zum Opfer eines wenig vertrauten Effektes: Die starke Variation der Inkubationszeit erzeugt jene initiale „Stauchungswelle" – eben den sogenannten Transienten –, deren Abklingen die Veränderung der Kurvenakzeleration zumindest innerhalb der ersten vier bis fünf Jahre der Epidemie schon hinreichend erklärt. Dies ist keineswegs das Er-

gebnis einer Spekulation, sondern eine strikte logische Notwendigkeit. Im folgenden sei der Begriff des Transienten, sowohl das Zustandekommen dieses Phänomens als auch seine Konsequenzen, durch einen konkreten Vergleich verdeutlicht.

Nehmen wir an, wir stünden am Ziel einer Marathonstrecke. Durch das Stoppen der Zeiten sollen wir die durchschnittliche Laufzeit bestimmen, welche die Läufer brauchen, um 42 Kilometer zurückzulegen. Die Läufer starten in Gruppen im Abstand von 15 Minuten. Selbstverständlich treffen zuerst die Besten am Ziel ein, das heißt, wir werden anfangs nur das Ergebnis der schnellsten Läufer kennenlernen und sehr kurze Laufzeiten beobachten. Wenn nun nach dem ersten Läuferpulk mit 15minütiger Phasenverschiebung der zweite startet, werden dessen beste Läufer schon im Ziel eintreffen, ehe die durchschnittlichen Läufer des ersten Pulks angekommen sind. Selbst die besten Läufer des dritten und vierten Pulks könnten noch unter den ersten am Ziel eintreffenden Läufern sein.

Diese Betrachtung gilt besonders dann, wenn die Größe der startenden Gruppen kontinuierlich zunimmt. Wenn am Anfang 10, dann 100, dann 1000 Läufer starten, ist die Wahrscheinlichkeit, daß ein sehr guter dabei ist, bei den größeren Pulks natürlich höher. Die Zahl der anfangs eintreffenden schnellen Läufer wird also von der dritten und vierten Startergruppe noch stark mitbestimmt.

Alles dies bedeutet, daß man anfangs nur die schnellsten Läufer der ersten Startergruppen erfaßt, was die Laufzeit scheinbar verkürzt, alle Durchschnittswerte verfälscht, die Zahl der Eintreffenden im Vergleich zu jener der Gestarteten ansteigen läßt und dadurch genau jene initiale Stauchungswelle erzeugt, die wir den Transienten nennen. Diese zu Beginn beobachtete „überhöhte" Steigerungsrate der Fallzahlen nimmt im Laufe mehrerer Jahre allmählich ab.

Die von uns durchgeführten Analysen der Fallzahlen (González und Koch 1987) decken Zeiträume von fünf bis sechs Jahren ab und erklären fortlaufende Veränderungen der Verdopplungszeiten (also der Zeiten, in denen sich die Zahl der AIDS-Fälle jeweils genau verdoppelt) in der Größenordnung von vier bis sechs Monaten. Für die Bundesrepublik Deutschland hat im Laufe der Jahre die Verdopplungszeit von anfangs fünf auf nunmehr etwa zehn Monate zugenommen, und ähnliche Beobachtungen treffen für die Entwicklung in der Schweiz, Österreich, Schweden, Großbritannien, Australien, Kanada und etlichen Staaten der USA zu. Der in Abbildung 16.26 gezeigte Vergleich zwischen drei europäischen und zwei amerikanischen Städten macht den Unterschied zwischen der Startphase und der nicht exponentiellen Fortsetzung deutlich. Städte wie Hamburg, Frankfurt und Berlin waren zumindest zu jenem Zeitpunkt noch nicht in den Bereich des deutlichen Abklingens des initialen Transienten und des Beginns eventueller Sättigungseffekte eingetreten, werden das aber unweigerlich in einigen Jahren tun.

Das Wesentliche an der Vorstellung eines Transienten ist folgendes: Obwohl die Zahl der AIDS-Fälle schon in den ersten Jahren nicht genau exponentiell zunimmt, steht dies doch leider in keinerlei Widerspruch zu der Annahme einer exponentiellen Zunahme der Virusträger. Die tückischen Eigenschaften exponentieller Entwicklungen geben allen Grund, diesen Umstand nicht zu übersehen.

Ein einfaches Modell: Fiktopien

Wir wollen im folgenden die Epidemie des völlig hypothetischen „Frei erfundenen fatalen Syndroms" (**FEFS**) im Lande Fiktopien studieren. Dieses Syndrom, so nehmen wir an, wird durch das Virus **FAV** (*fatality associated virus*) verursacht und verbreitet sich unaufhaltsam, wobei sich die Zahl der Virusträger genau alle 12 Monate verdoppelt. Dies entspricht einem exponentiellen Wachstum.

177

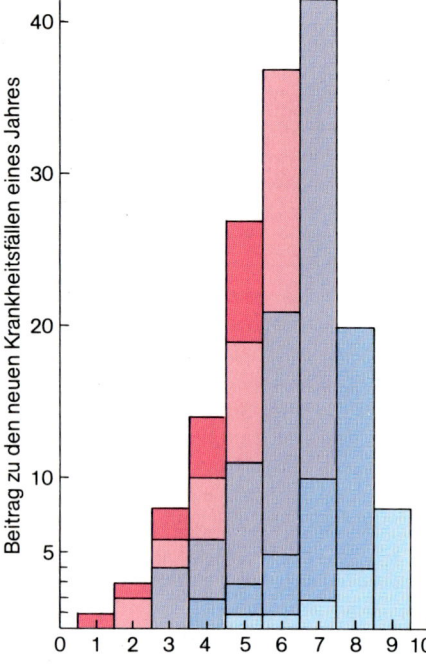

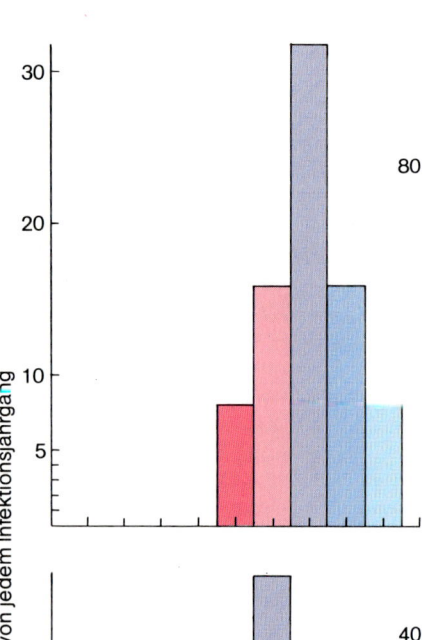

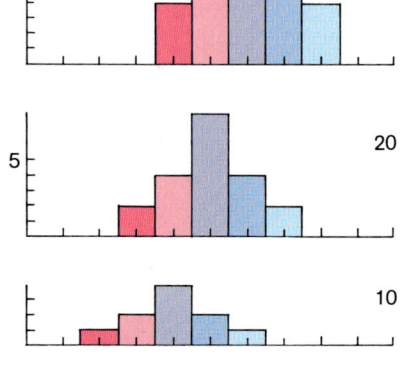

Die Virusträger entwickeln FEFS nach einer Inkubationszeit, deren Wahrscheinlichkeitsverteilung in Abbildung 16.27 (untere Diagramme) wiedergegeben ist; jeder Jahrgang („Pulk") neuer Virusträger teilt sich auf in 10 % sehr schnelle (rot), 20 % schnelle, 40 % normale, 20 % langsame und 10 % sehr langsame (hellblau) „Läufer" auf dem Wege zur FEFS-Entwicklung. Vereinfachend nehmen wir eine symmetrische Verteilung für die verschieden schnellen „Läufer" an.

Wir haben es hier mit einer Erkrankung zu tun, die wir genau kennen, da wir sie selbst konstruiert haben. Daran lassen sich gewisse Zusammenhänge nun ungewöhnlich klar durchschauen. In durchsichtigerer Form als sonst können eine Reihe von Phänomenen beispielhaft und ohne Voreingenommenheit studiert werden, mit denen wir auch im Rahmen der AIDS-Epidemie rechnen müssen.

Wir umgehen die Frage, wieviele der Infizierten letztlich die Krankheit entwickeln werden, indem wir nur von den „fatal Infizierten" sprechen, das heißt ausschließlich von jenen, die sie tatsächlich entwickeln. Für die hier zu demonstrierenden Phänomene ist dies belanglos. Man stellt fest, daß es zu einer unsymmetrischen Aufaddierung (Abb. 16.27 oben) der verschiedenen Zeitkohorten von Infizierten kommt. Ein einfaches Zahlenbeispiel (Tabelle 16.2) zeigt, daß die Zahl der FEFS-Patienten zunächst rascher steigt, als die Zahl der fatal infizierten FAV-Träger es je getan hat (Abb. 16.28).

Anhand der Zahlen kann sich jeder selbst davon überzeugen, wie der beschriebene Effekt automatisch zu einer kontinuierlichen Verlängerung der Verdopplungszeiten (letzte Spalte) führt, bis diese schließlich den „nackten", ursprünglichen Zuwachstakt der Virusträger widerspiegeln. Dabei ist zu berück-

16.27 Dieses Modell der fiktiven Viruserkrankung FEFS verdeutlicht die anfangs besonders stark ausgeprägte Überrepräsentation überdurchschnittlich schnell eintretender Fälle. Ausgangsbasis sind zehn Virusträger (ganz unten); die Gesamtzahl der Infizierten soll sich von Jahr zu Jahr verdoppeln, also exponentiell wachsen. Die daraus resultierende Zahl der jährlich hinzukommenden Neuinfizierten ist rechts an den unteren Diagrammen angegeben. Die Krankheit soll im Durchschnitt nach drei Jahren ausbrechen, bei einigen früher (Rotstufen), bei anderen später (Blaustufen), wobei die Verteilung symmetrisch ist. Die Addition zeigt dann, wie sich die gesamten neuen Krankheitsfälle eines jeden Jahres zusammensetzen (oben). Das anfängliche Dominieren der roten Farbe kennzeichnet die starke Überrepräsentation dieser schneller als im Durchschnitt ausbrechenden Krankheitsfälle. Später kommen langsamere Fälle hinzu und balancieren das Verhältnis aus. Sollte die Gesamtzahl der Virusträger irgendwann langsamer weiterwachsen als zuvor oder – wie hier ab dem fünften Jahr – überhaupt nicht mehr weiterwachsen, kehrt sich der Effekt um: Die schnellen Fälle bleiben eher aus als die nachschleppenden langsamen (nach González, AID, Grimstad).

sichtigen, daß wir uns immer noch im Bereich des FEFS-Modells bewegen, also mit der verhältnismäßig kurzen Inkubationszeit von nur 3 Jahren rechnen. Bei AIDS handelt es sich um durchschnittliche Inkubationszeiten von vermutlich etwa 10 Jahren, was die beschriebenen Phänomene natürlich erheblich verstärkt.

Das Zustandekommen des anfänglichen „Überschusses" an frühen Krankheitsfällen läßt sich anhand der Tabelle leicht nachvollziehen. Als Folge des Transienten wird die Kurve für die FEFS-Fälle auch später noch oberhalb der erwarteten Werte verlaufen, was dann aber nicht mehr zu einer echten Deformation, sondern nur noch zu einer reinen Parallelverschiebung der Kurve führt. Abhängig von den Werten, die man für die Anzahl der initial Infizierten, die Kurvensteigung, die Inkubationszeit und deren Streuung annimmt, variiert der Effekt des Transienten beträchtlich. Es ist hierbei unwesentlich, ob die Wahrscheinlichkeitsverteilung der Inkubationszeiten symmetrisch ist (wie für FEFS) oder schief (wie vermutlich für AIDS).

Man kann sich demselben Phänomen auch von einer ganz anderen Seite her nähern, nämlich indem man unter konsequenter Berücksichtigung der langen und variierenden Inkubationszeit die Verdopplungszeiten berechnet. Dabei ergibt sich ein Bild, das in seiner Bedeutung mit den bisherigen Ausführungen identisch ist (Abb. 16.29). Man sieht, daß die Verdopplungszeiten der Erkrankungsfälle (durchgezogene Linie) anfangs gleichmäßig zunehmen, bis sie sich asymptotisch der Verdopplungszeit der Virusträger (gestrichelte Linie) annähern – eine unmittelbare Folge des beschriebenen initialen „positiven Transienten". Wenn sich dann später Sättigungseffekte in der infizierten Population einstellen, hinkt wiederum die Veränderung der Verdopplungszeiten der Erkrankungsfälle jener der Virusträger nach – die Abweichung zwischen den beiden Kurven rechts ist also Ausdruck des „negativen Transienten". Es handelt sich hier sozusagen um Einstellphänomene eines trägen Systems.

Genau wie es die Berücksichtigung des beschriebenen initialen Transienten und der sich in negativen Transienten äußernden Risikoreduktion (Sättigungseffekte sind hier nicht eingerechnet) erwarten läßt, nehmen die beobachteten Verdopplungszeiten in den USA kontinuierlich zu (Tabelle 16.3). In der rechten Spalte der Tabelle haben wir angegeben, welche Verdopplungszeiten sich errechnen, wenn man auch das allmähliche Einsetzen der Folgen von Präventivmaßnahmen berücksichtigt. Die Annahmen, von denen wir hier als qualifizierten Schätzungen („best guesses") ausgegangen sind, ergeben sich aus Tabelle 16.4.

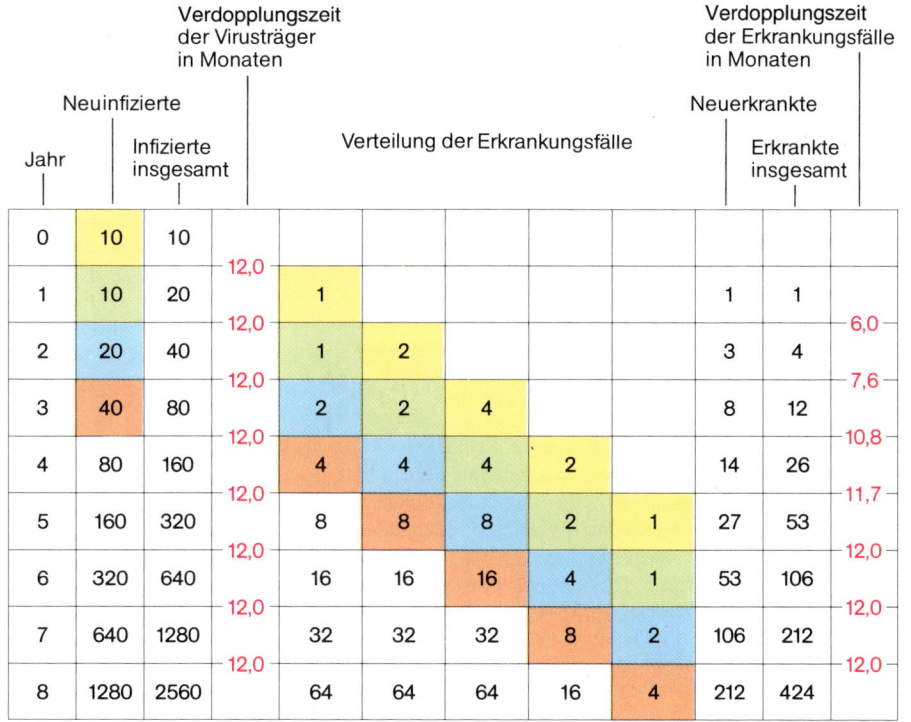
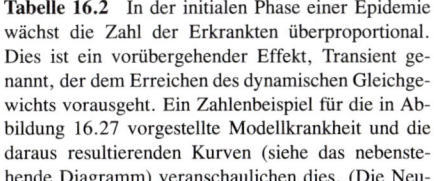

Jahr	Neuinfizierte	Infizierte insgesamt	Verdopplungszeit der Virusträger in Monaten	Verteilung der Erkrankungsfälle					Verdopplungszeit der Erkrankungsfälle in Monaten	Neuerkrankte	Erkrankte insgesamt
0	10	10									
1	10	20	12,0	1						1	1
2	20	40	12,0	1	2				6,0	3	4
3	40	80	12,0	2	2	4			7,6	8	12
4	80	160	12,0	4	4	4	2		10,8	14	26
5	160	320	12,0	8	8	8	2	1	11,7	27	53
6	320	640	12,0	16	16	16	4	1	12,0	53	106
7	640	1280	12,0	32	32	32	8	2	12,0	106	212
8	1280	2560	12,0	64	64	64	16	4	12,0	212	424

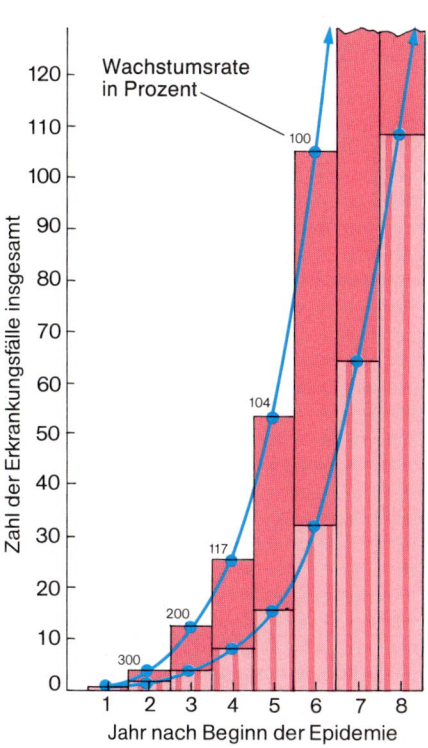

Tabelle 16.2 In der initialen Phase einer Epidemie wächst die Zahl der Erkrankten überproportional. Dies ist ein vorübergehender Effekt, Transient genannt, der dem Erreichen des dynamischen Gleichgewichts vorausgeht. Ein Zahlenbeispiel für die in Abbildung 16.27 vorgestellte Modellkrankheit und die daraus resultierenden Kurven (siehe das nebenstehende Diagramm) veranschaulichen dies. (Die Neu-infizierten eines jeden Jahres und die von ihnen in verschiedenen Folgejahren gestellten Patienten sind jeweils mit derselben Farbe unterlegt.) Während die Verdopplungszeit für die Zahl der Virusträger konstant zwölf Monate beträgt (rote Ziffern links), verdoppelt sich die Zahl der insgesamt Erkrankten (rote Ziffern rechts) zunächst sehr viel schneller und gleicht sich erst dann an (nach González, AID, Grimstad).

16.28 Entsprechend dem Zahlenbeispiel links steigt die Kurve der insgesamt Erkrankten zuerst rascher, als bei einer zwölfmonatigen Verdopplungszeit (gestreifte Säulen) zu erwarten wäre (zur Wachstumsrate siehe Tabelle 16.5). Die sich verlangsamende Zunahme der Krankheitsfälle während des Angleichens spiegelt damit keine entsprechende Verlangsamung der initialen Ausbreitung des Virus wider.

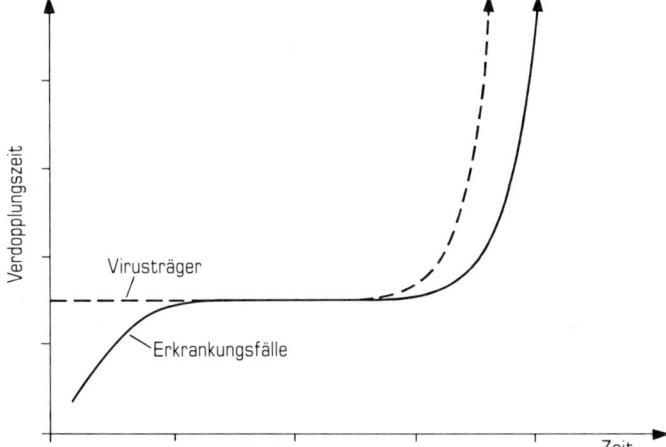

16.29 Darstellung der **notwendigerweise** stattfindenden Veränderungen der sogenannten Verdopplungszeiten für die Fallzahlen manifester Erkrankungsfälle bei einer Infektion mit langer und stark variierender Inkubationszeit. Anfangs ist diese Verdopplungszeit (durchgezogene Linie) viel kürzer als jene für die Zahl der Infizierten (gestrichelte Linie), nähert sich letzterer jedoch im Verlauf einer längeren Zeit asymptotisch an. Der Unterschied ist Ausdruck des initialen (positiven) Transienten. Ein ähnliches „Nachhinken" der Fallzahlenkurve ist weiter rechts zu sehen, wo Sättigungseffekte die Zahl der Infizierten langsamer ansteigen, also die Verdopplungszeit rasch anwachsen lassen. Die Abweichung zwischen den beiden Kurven ist hier der Ausdruck eines „negativen" Transienten (U. v. Welck, Angewandte Computer Software, München).

Eine weitere Demonstration der nachschleppenden Effekte einer Infektion mit ungewöhnlich langer Inkubationszeit ist an unserer Modellkrankheit FEFS leicht durchzuführen. Im folgenden wollen wir zwei mögliche Szenarien durchspielen, um uns mit den spezifischen Phänomenen einer solchen Epidemie vertraut

Aids-Fälle, kumuliert	Monat	Verdopplungszeit (Monate)	
		beobachtet	berechnet
129	Sept. 1981	–	4,6
257	Febr. 1982	5	4,8
514	Juli 1982	5	5,3
1 029	Jan. 1983	6	6,2
2 057	Aug. 1983	7	7,1
4 115	Apr. 1984	8	8,0
8 229	Febr. 1985	10	9,4
16 458	Jan. 1986	11	10,8
32 916	Febr. 1987	13	13,2

Tabelle 16.3 Kumulierte AIDS-Fallzahlen für die USA, Rapportdaten und Verdopplungszeiten für die jeweils verstrichene Periode (CDC, MMWR 1986-2, aktualisiert).

zu machen. Wir tun dies anhand von zwei hypothetischen Annahmen für unsere Modellkrankheit und untersuchen, wie die FEFS-Epidemie sich bei zwei entscheidenden Eingriffen in ihren Verlauf verhalten würde.

Als erstes nehmen wir an (Tabelle 16.5), plötzlich werde ein 100%ig wirksamer Impfstoff entwickelt. Er stünde schlagartig in unbegrenzter Menge zur Verfügung und werde über Nacht allen Menschen verabreicht. Das würde bedeuten, daß die Ausbreitung der Epidemie in Fiktopien zwar im 6. Jahr total zum Stillstand käme, die Zahl der FEFS-Fälle hingegen nur allmählich gebremst würde und erst im Laufe von 5 Jahren ihr Maximum erreichte. Das obere Diagramm der Abbildung 16.30 stellt graphisch dar, wie sich dies auf den Kurvenverlauf auswirken würde.

So etwa mag die Lage sein für ein begrenztes Compartment wie das der Hämophilen. Für „offene" Compartments ist die Annahme eines vollkommenen Stillstandes der Virusausbreitung sehr unrealistisch, und deswegen seien hier die Folgen einer

179

Risikogruppe	Prozent der AIDS-Fälle insgesamt	Risiko-reduktion in Prozent	Abnahme Neuinfizierter (in Prozent der Gesamtzahl)
Kinder	1,4	40	0,6
Bluter	0,8	100	0,8
Transfusions-patienten	1,6	95	1,5
heterosexuelle Partner	1,1	30	0,3
Haitianer	2,5	50	1,2
Patienten ohne bekannte Risiko-faktoren	3,6	50	1,8
injizierende Drogenabhängige (DA)	17,0	65	11,2
homo-/bisexuelle Männer (HS)	65,2	80	52,2
HS + DA	8,0	50	4,0
total:	ca. 100	30 – 100	73,6

Tabelle 16.4 Zusammenstellung von Annahmen über den Effekt der Risikore-duktion, die in den verschiedenen Risikogruppen der USA stattgefunden haben mag. (Die Annahmen beruhen auf Angaben der CDC, auf Daten aus MMWR und *CDC AIDS Weekly* sowie auf persönlichen Mitteilungen verschiedener in Lang-zeitstudien involvierter amerikanischer Autoren.)

Zeit	Virusträger		FEFS-Fälle	Wachstums-rate
(Jahre)	neu infiziert	kumuliert	kumuliert	in Prozent
0	1	1	0 (0,0)	
1	1	2	0 (0,1)	
2	2	4	0 (0,4)	300
3	4	8	1 (1,2)	200
4	8	16	2 (2,6)	117
5	16	32	5 (5,3)	104
6	32	64	10 (10,6)	100
7	0	64	21 (21,2)	100
8	0	64	36 (36,0)	70
9	0	64	52 (52,8)	47
10	0	64	60 (60,8)	15
11	0	64	64 (64,0)	5
12	0	64	64 (64,0)	0

Tabelle 16.5 Der Verlauf der FEFS-Epidemie in Fiktopien unter der Annahme, daß die Ausbreitung des Virus FAV im Jahre 6 total zum Stillstand kommt. Die Wachstumsrate gibt den Zuwachs gegenüber der Vorjahressumme an.

Zeit	Virusträger		FEFS-Fälle	Wachstums-rate
(Jahre)	neu infiziert	kumuliert	kumuliert	in Prozent
0	1	1	0 (0,0)	
1	1	2	0 (0,1)	
2	2	4	0 (0,4)	300
3	4	8	1 (1,2)	200
4	8	16	2 (2,6)	117
5	16	32	5 (5,3)	104
6	32	64	10 (10,6)	100
7	32	96	21 (21,2)	100
8	48	144	39 (39,2)	85
9	72	216	67 (67,2)	71
10	108	324	104 (104,8)	56
11	162	486	158 (158,2)	51
12	243	729	238 (238,2)	51
13	364	1093	357 (357,3)	50
14	547	1640	535 (535,9)	50

Tabelle 16.6 FEFS-Epidemie in Fiktopien unter der Voraussetzung eines plötz-lichen Abfallens der Wachstumsrate für die Anzahl der Virusträger auf 50% im 7. Jahr der Epidemie. (Nach González, AID, Grimstad, der alle Berechnungen zum FEFS-Modell und zum Transienten – siehe Anhang – durchgeführt hat.)

zweiten, wesentlich realistischeren Annahme dargestellt (Tabelle 16.6): Für Fiktopien möge gelten, daß die Wachstumsrate der Infektionen im Jahr 7, zum Beispiel als Ergebnis erfolgreicher Informationskampagnen und anderer Präventivmaßnahmen, plötzlich auf 50% abfiele. Die FEFS-Epidemie würde in diesem Fall jene geringere Wachstumsrate nicht vor dem Jahr 13 er-reicht haben und, für den naiven Betrachter scheinbar unbeein-flußt, weiter ansteigende Fallzahlen zeigen. Bei genauem Nach-rechnen wird allerdings deutlich, daß sich die Abnahme der Wachstumsraten schon vom 8. Jahr an in Form eines negativen Transienten bemerkbar machen würde (Abb. 16.30, rechts). Mit diesem Bild kommen wir qualitativ der aktuellen Entwicklung der AIDS-Epidemie in den USA schon näher.

Unschwer ist zu erkennen, daß in jedem Falle der entschie-den größere Teil der fiktiven FEFS-Epidemie noch in der Zu-kunft liegt, was für AIDS natürlich in noch viel stärkerem Maße gilt. Hier ging es nur darum, diese Phänomene im Prinzip darzu-stellen, um den zahlreichen möglichen Fehldeutungen und der aus ihnen vielleicht erwachsenden unberechtigten Erleichterung vorzubeugen.

Die schiefe Verteilung von Inkubationszeiten wird durch die Abbildung 16.31 illustriert. Die Kurve erklärt auch, warum die verschiedenen Langzeitbeobachtungen so (scheinbar) unter-schiedliche Ergebnisse für die Progression zum AIDS ergaben. Das gemeinsame Problem aller dieser Studien ist, daß man keine ganz klar abgegrenzten Zeitkohorten von Infizierten hat. Man weiß zwar in der Regel einen Zeitpunkt, zu dem die Patienten in-fiziert waren, nicht aber den, zu dem sie infiziert wurden. So mi-schen sich in allen Studien Infizierte verschiedenster „Ancienni-tät" (also unterschiedlich lange bestehender HIV-Infektion), was je nach dem Start der lokalen Epidemie und den Auswahlkrite-rien der Untersuchten notwendigerweise völlig verschiedene Er-gebnisse erbringen muß.

Wir haben alle publizierten Langzeitbeobachtungen – auf Jahresraten umgerechnet (Tabelle 4.1, Seite 17) – einmal unter diesem Gesichtspunkt untersucht. Wenn man dabei die Ancienni-tät des jeweils beobachteten Kollektivs berücksichtigt, liegen echte Diskrepanzen zwischen verschiedenen Ergebnissen eigent-lich gar nicht vor. In den ersten beiden Jahren sind es nur 2% der Infizierten, die AIDS entwickeln, nach 3 Jahren 3%, nach 4 Jah-ren 9%, nach 5 Jahren 14%, nach 6 Jahren 25%, nach 7 Jahren 36%, und nach 8 Jahren nähert sich ihre Zahl 50% der Infizier-ten (und damit auch der mittleren Inkubationszeit).

Es gibt etliche Beobachtungen, die tatsächlich für Jahresraten der Progression zu AIDS von deutlich über 10% sprechen (etwa Mathur-Wagh et al., New York, 1986 und pers. Mitt. Juli 1987; Brodt, Helm et al., Frankfurt, in Vorb.), aber noch liegt der rechte Teil der Verteilungskurve unserer Erfahrung verborgen. Immer mehr drängt sich uns der Verdacht auf, daß sie in der an-deren Richtung „schief" sei als hier dargestellt. Nur daß sie nicht abrupt auf Null abfällt, wissen wir sicher sowohl von ein-zelnen zu datierenden Transfusionsfällen, die nun schon 13jähri-ge Inkubationszeiten gezeigt haben, als auch von zahlreichen Verlaufsbeobachtungen (z. B. Redfield et al., Washington; Me-troka et al., New York; Baker, Gold et al., New York).

Auch computergestützte eigene Berechnungen lassen durch-schnittliche Inkubationszeiten von 10 bis 12 Jahren, für die im-mer mehr Indizien auftauchen (Tillett und Galbraith, London, Bilth.-Konf. 1986; New York City Department of Health 1986; San Francisco City Cohort Study, CDC 1987), als das Wahr-scheinlichste erscheinen. Damit ist die Beobachtungszeitspanne, die wir heute überblicken, vergleichsweise sehr kurz und die Zeit für sichere Schlußfolgerungen noch bei weitem nicht reif. Die totale Fatalität der HIV-Infektion nach Ablauf der längsten Inkubationszeit dürfte die meisten heutigen Schätzungen jeden-falls noch deutlich übertreffen.

Ein anderer wichtiger Effekt, den es zu berücksichtigen gilt, ist die schon erwähnte „Sättigung" der infizierbaren Populatio-

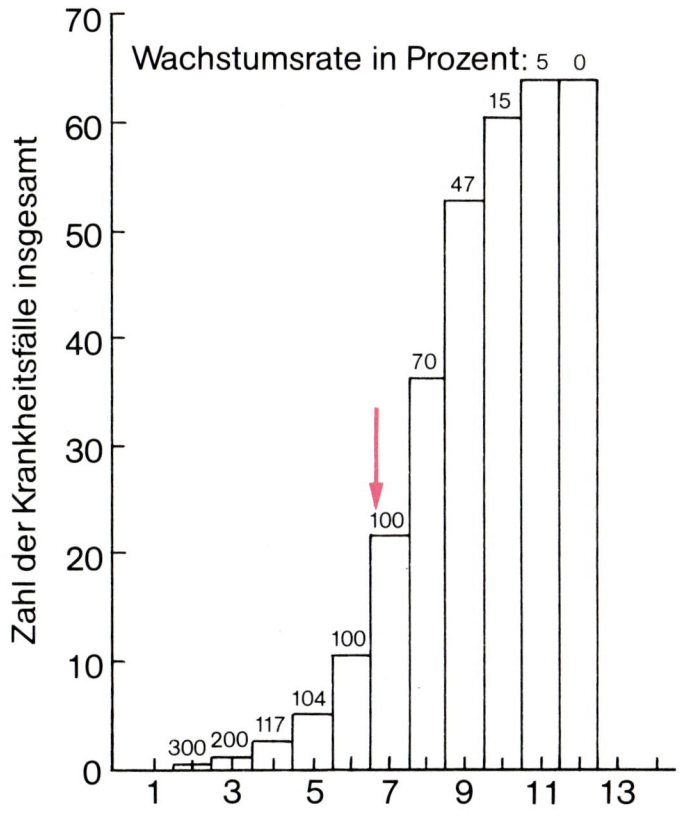

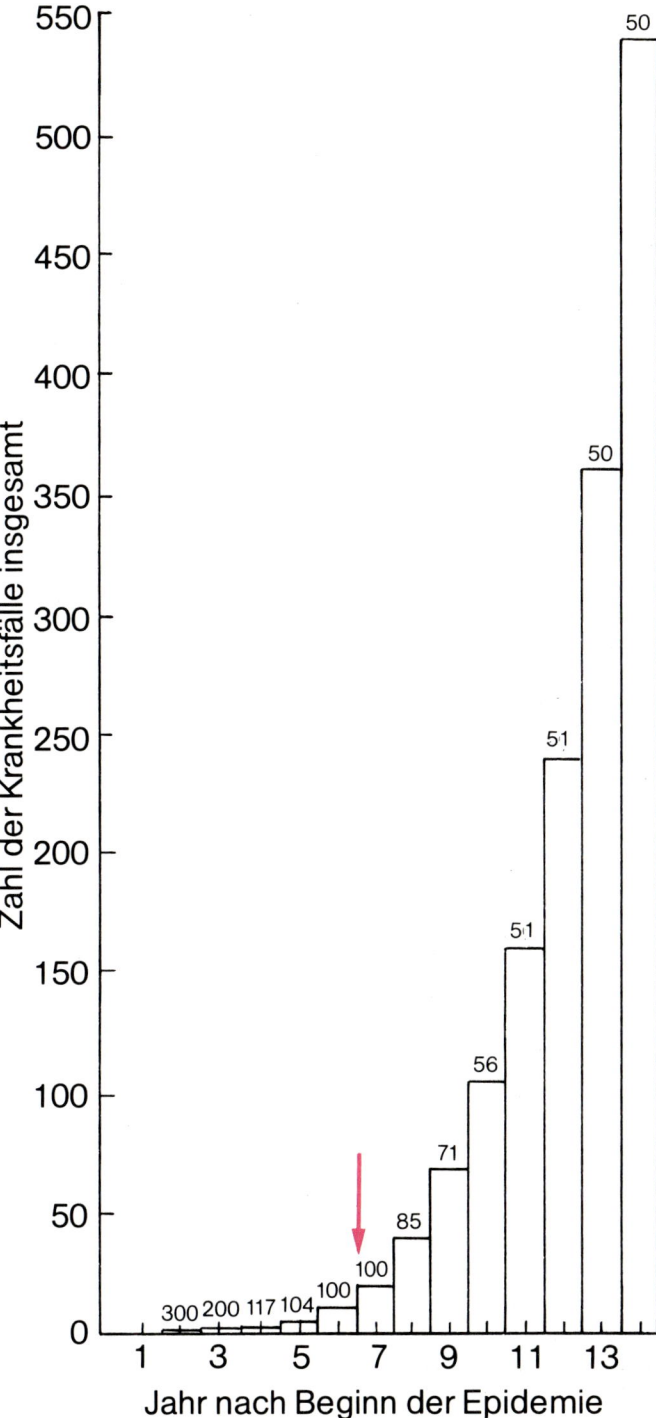

16.30 (oben und rechts) Anhand der Modellkrankheit FEFS läßt sich anschaulich nachvollziehen, wie gewisse Eingriffe den weiteren Verlauf der Epidemie beeinflussen (siehe die Tabellen 16.6 und 16.7). Wenn man (**oben**) am Ende des sechsten Jahres alle Gefährdeten mit einem Impfstoff schützen könnte (Pfeil), käme zwar im siebten Jahr kein Neuinfizierter mehr hinzu, die Zahl der gesamten Krankheitsfälle aber wüchse − wenn auch immer langsamer − bis zum elften Jahr weiter. Ließe sich (**rechts**) durch Maßnahmen im sechsten Jahr die Wachstumsrate der Neuinfizierten im siebten Jahr auf nur 50 Prozent drosseln, stiege die Gesamtzahl der Infizierten − wenn auch allmählich gebremst − weiter. (In beiden Diagrammen ist die Wachstumsrate der Krankheitsfälle − der Zuwachs gegenüber der Vorjahressumme − eingetragen.) Der entschieden größere Anteil der fiktiven Epidemie liegt also, vom Zeitpunkt der Maßnahmen an gerechnet, jedesmal erst in der Zukunft (González, AID, Grimstad).

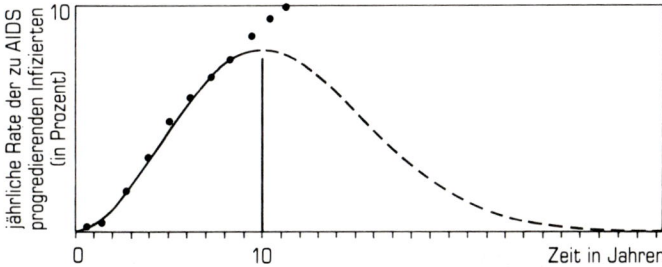

16.31 Ungefähre Wahrscheinlichkeitsverteilung für das Eintreten HIV-Infizierter in das AIDS-Stadium. Der rechte, gestrichelte Kurventeil ist notwendigerweise hypothetisch. (Sollten die jährlichen Progressionsraten noch weiter ansteigen, erzwingt dies logischerweise ein rascheres Abfallen, da die Gesamtzahl möglicher AIDS-Fälle ja mit 100 % der Infizierten limitiert ist − die Verteilung wäre dann nach links schief ausgezogen.) Eingetragen sind die Ergebnisse einiger Langzeitstudien (New York, San Francisco, Frankfurt, kombiniert, Punkte). Die am längsten beobachteten Fälle der San Francisco City Kohorte scheinen nicht zu passen, solange man den Zeitpunkt, zu dem man erstmals (etwa 1978) Seropositivität konstatierte, mit dem Infektionszeitpunkt gleichsetzt. Nimmt man aber an − was auch viel wahrscheinlicher ist, da frühere Seren ja nur nicht zur Verfügung standen −, daß sich die Infektionszeitpunkte in Wirklichkeit über die vorangehenden Jahre verteilen, ergäbe sich eine merkbare Verschiebung der Werte im Vergleich zu den anderen Studien. Alle haben Kohorten unsicherer Ancienität, ausgenommen die Transfusionsfälle (U. v. Welck, Angewandte Computer Software, München).

nen. Gewisse Kollektive von Homosexuellen in den USA sind schon bis zu 72 % infiziert, die Drogensüchtigen New Jerseys

und New Yorks schon zu 50−65 %. Bei den Prostituierten von Nairobi, Mombasa und Kigali hat man 60−90 % infiziert gefunden, und natürlich trägt dies stark zu einer Reduktion der absoluten Anzahl von Neuansteckungen innerhalb des jeweiligen Compartments bei. Hierbei entsteht eine Kurve, die wohlbekannt ist als das „logistische" Modell (entwickelt 1838 von Verhulst für die Beschreibung des Wachstums von Populationen, später auch im Bereich der Epidemiologie benutzt von Norman T. Bailey).

Die logistische Funktion enthält drei Parameter. Zwei von diesen sind identisch mit jenen, die eine exponentielle Wachstumskurve charakterisieren (der Initialwert und die Wachstumsrate, die sich auch in der Verdopplungszeit widerspiegelt). Der dritte Parameter ist die Gesamtzahl der Infizierbaren innerhalb einer Population − in der Regel nicht leicht zu ermitteln. Die logistische Kurvenform (Abb. 16.32) beschreibt eine allmähliche Verlangsamung in der Zunahme der absoluten Fallzahlen als Folge ausschließlich einer „Sättigung", also hoher Durchseu-

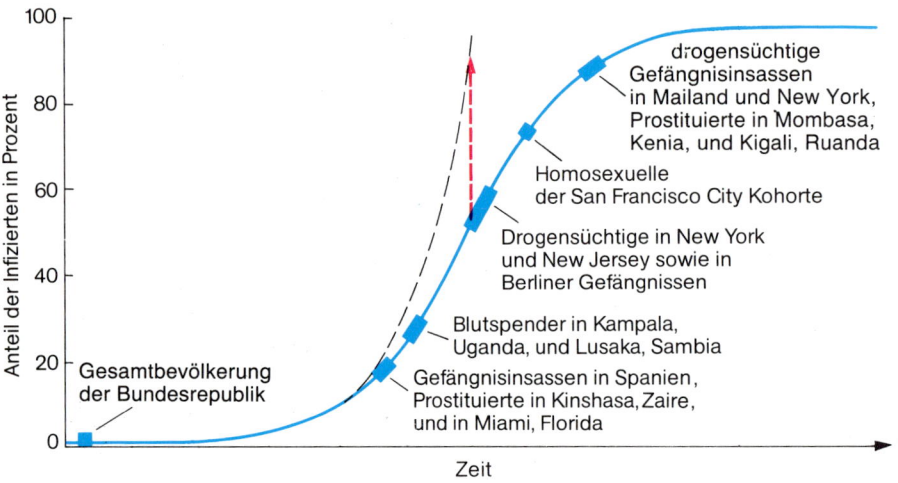

Gesamtbevölkerung der Bundesrepublik

Gefängnisinsassen in Spanien, Prostituierte in Kinshasa, Zaire, und in Miami, Florida

Blutspender in Kampala, Uganda, und Lusaka, Sambia

Drogensüchtige in New York und New Jersey sowie in Berliner Gefängnissen

Homosexuelle der San Francisco City Kohorte

drogensüchtige Gefängnisinsassen in Mailand und New York, Prostituierte in Mombasa, Kenia, und Kigali, Ruanda

16.32 Im weiteren Verlauf einer Epidemie verlangsamt sich der Anstieg der Virusträger aufgrund von Sättigungseffekten; der unbeeinflußt exponentielle Anstieg ist gestrichelt dargestellt. Die Differenz zwischen beiden Kurven (senkrecht abzulesen, roter Pfeil) spiegelt den Sättigungseffekt wider. Während die Bevölkerung der Bundesrepublik erst zu etwa 0,2% mit dem AIDS-Virus infiziert ist, Sättigungseffekte mithin noch keine Rolle spielen, sind drogensüchtige Gefängnisinsassen in New York und Mailand schon bis zu 90% durchseucht. Die Anzahl der Neuinfizierten steigt dort nur noch sehr langsam.

chung, einer Population oder eines Compartments. (In ihrem oberen, asymptotischen Bereich ist diese Kurve allerdings nur dann realistisch, wenn man annimmt, alle Mitglieder des jeweiligen Compartments würden wirklich infiziert. In Realität erreicht sie wohl kaum jemals 100%, sondern irgend einen anderen Grenzwert. Man kann dieses Problem umgehen, indem man die Betrachtung nur auf den infizierbaren Anteil einer Population beschränkt.)

Es liegt auf der Hand, daß solche Sättigungseffekte in Ländern mit hohen Wachstumsraten (z. B. Australien) eher auftreten werden (1986) als etwa in Österreich (erst in den neunziger Jahren), das die niedrigste Rate aller bisher untersuchten Länder aufweist. Deutschland, die Schweiz und Großbritannien — für alle ist für etwa 1988/89 mit merkbaren Sättigungseffekten zu rechnen — liegen im Mittelfeld (González und Koch 1987).

Möglichkeiten der Prognose

Wenn man die weitere Entwicklung eines ablaufenden Geschehens vorhersagen möchte, ist die Anzahl der Möglichkeiten, sich einer solchen Aufgabe zu nähern, im Prinzip auf vier verschiedene Wege begrenzt. Man kann

(1) betrachten, was geschieht, und das in die Zukunft verlängern (Extrapolation),
(2) betrachten, was geschehen ist, und durch Transformation der Daten und ihre Verschiebung in der Zeit Analogieschlüsse ermöglichen (Transposition und Interpolation),
(3) verstehen, was geschieht und geschehen ist, und ein mathematisches Modell dafür entwickeln (Formalisierung) oder
(4) das Geschehen nachahmen (Simulation).

Kurvenanpassung (1). Man kann genau betrachten, wie sich etwas bisher entwickelt hat, und versuchen, dafür eine mathematisch exakte Beschreibung zu finden. Dies ergibt eine Formel, anhand derer man das Geschehen in die Zukunft weiterrechnen kann, vorausgesetzt, es folgt weiterhin exakt den gleichen Regeln. Diese stillschweigende Voraussetzung ist zugleich auch die Schwäche der Methode: Ist sie nicht gegeben, werden die Ergebnisse zwar genau, aber falsch. Das Problem liegt darin, daß eine reine Beschreibung eines Geschehens noch keine Vorstellung von dem zugrundeliegenden Prozeß gibt. Die Flugbahn einer Gewehrkugel läßt sich viel besser vorhersagen, wenn man weiß, welche Prozesse die Bahn erzeugen.

Im Bereich der AIDS-Epidemiologie können wir schon auf so große Datenmengen zurückgreifen, daß dieses Verfahren sehr verlockend ist. So bestehen die meisten bisher publizierten Ansätze zu einer Prognose zukünftiger AIDS-Zahlen auf Varianten dieser Methode, also einer Kurvenanpassung mit Extrapolation.

Die Ergebnisse sind exakt zu errechnen, die Methode ist einfach, und die Voraussage trifft manchmal auch zu — nur wissen wir meistens nicht im voraus, ob die Entwicklung wirklich unbeirrt so weitergehen wird. In der Regel tut sie es nicht.

Darüber hinaus wäre es ein Zufall, wenn eine epidemiologische Kurve ausgerechnet einer jener einfachen mathematischen Funktionen folgen würde, die man für die Kurvenanpassung auszuwählen gezwungen ist. In der Regel tut sie das auch nicht. Solange eine Entwicklung jedoch einen stetigen und gleichmäßigen Verlauf nimmt, gibt es gewöhnlich auch eine Familie von Kurven, die so flexibel sind, daß sich eine davon dem beobachteten Verlauf anpassen läßt. So können derartige Extrapolationen zumindest für kurze Zeitspannen zulässig sein und vernünftige Ergebnisse liefern.

Hierbei kommt es darauf an, die geeignete Darstellungsform für den Epidemieverlauf zu wählen. Von Politikern geschätzt ist die Darstellung unter Verwendung von Diagnosedaten, wie sie Abbildung 16.33 zeigt. Die entsprechenden Kurven nehmen in der Regel eine beruhigende Form an, indem sie stets gegen Ende eine Trendwende anzeigen.

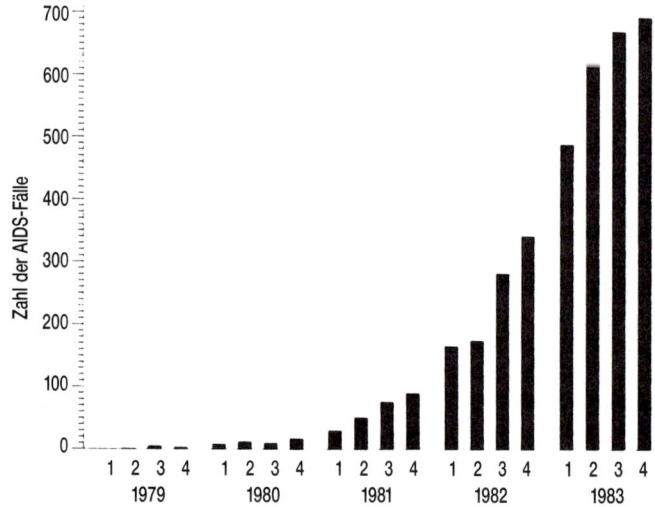

16.33 Neuregistrierte AIDS-Fälle in den USA, nach dem Quartal der Diagnose, nicht kumuliert (CDC, MMWR 1984, 34, 81).

Der erhebliche Unterschied zwischen der Verwendung von Diagnose- und Rapportdaten sowie zwischen den sich aus dem jeweiligen Kurvenverlauf ergebenden naiven Erwartungen — in Abbildung 16.34 verdeutlicht anhand der Zahlen für Großbritannien — wird noch sinnfälliger in einem diachronen Bild der Entwicklung der AIDS-Fallzahlen in den USA (Abb. 16.35), in dem die jeweiligen Hoffnungen zu verschiedenen vergangenen Zeitpunkten sozusagen „eingefroren" sind.

Manche Kurven folgen einer einfachen mathematischen Formel, nach der sich ein einziger Faktor gemäß einer gegebenen

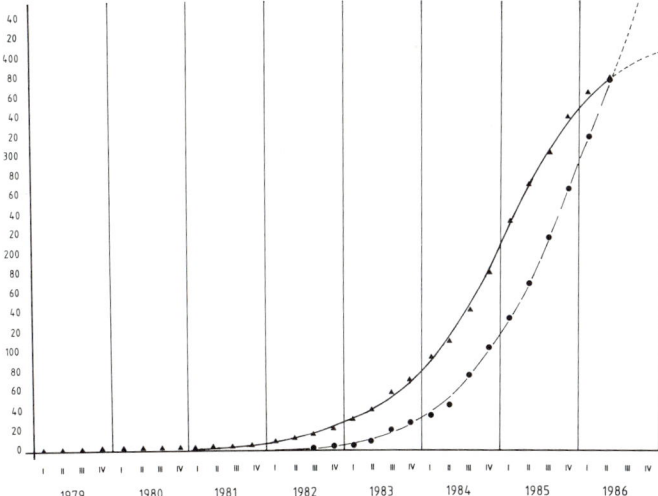

16.34 Darstellung der AIDS-Epidemie in Großbritannien auf der Basis von Diagnosedaten (Dreiecke) und von Rapportdaten (Punkte). Die gestrichelte Fortsetzung der Kurven gibt den naiv erwarteten weiteren Verlauf wieder, der sich in den beiden Notationen deutlich unterscheidet (vgl. Abb. 16.35).

Regel verändert (dies gilt für Parabeln, Hyperbeln, Exponentialkurven etc.). Andere Kurven (zum Beispiel die sogenannte Gompertz-Kurve) werden von mehreren Faktoren geformt, die während des gleichen Zeitintervalls verschiedenen Gesetzen folgen können: Verstärkt eine Kurve auf diese Weise ihre eigene Akzeleration, indem zwei Faktoren im selben Sinne wirken, spricht man von einer „autokooperativen", wenn der zweite Faktor dem ersten jedoch entgegenwirkt, von einer „autoinhibitorischen" Kurve. In diesem Sinne ist die Gompertz-Kurve eine autoinhibitorische, die einen eingebauten Bremsfaktor aufweist. (Es ist darauf hinzuweisen, daß die Gompertz-Kurve nicht eine einzige bestimmte Kurve ist, sondern (wie auch Parabeln, Hyperbeln und dergleichen) eine ganze Familie von Kurven repräsentiert, die nach einem ähnlichen Prinzip aufgebaut sind.) Jener Bremsfaktor bringt nun mit sich, daß die Akzeleration der Kurve nicht einem normalen exponentiellen Verlauf gemäß weiter ansteigt, sondern allmählich abnimmt, bis zeitweilig eine ungefähr konstante Steigung erreicht wird; danach flacht die Kurve ab und nähert sich asymptotisch einem Maximum.

Hinsichtlich der AIDS-Entwicklung gibt die Gompertz-Kurve das denkbar positivste Bild; sie hat jedoch den gravierenden Nachteil, auf die Dauer zu falschen Ergebnissen zu führen. Führt man nämlich diese Extrapolation für die gesamte USA durch, kann man leicht die maximale Anzahl von AIDS-Patienten errechnen — es ist der Grenzwert, der innerhalb einer unendlichen Zeitspanne erreicht wird. Dabei kommt man für die USA auf nur 57000 AIDS-Fälle, was selbst bei einer Annahme von nur 1 Million insgesamt Infizierter einer totalen Progression zu AIDS von nur 5,7% entspräche. Dieser Wert ist aber schon seit langem deutlich überschritten, weshalb die Annahme einer Gompertz-Kurve für längere Zeiträume notwendigerweise falsch ist.

Daß gerade die Gompertz-Kurve anfangs so gut zu passen scheint, ist allerdings keineswegs zufällig: Der Transient entwickelt sich so, daß sein Nachlassen einen Bremseffekt vorspiegelt, der bei der Kurvenanpassung einfach unzulässig weitergerechnet wird. Wir haben diese Kurve schon im Frühjahr 1985 als inadäquat verworfen (MG Koch 1985-3) — dennoch wird sie noch für einige weitere Jahre einigermaßen richtige Werte liefern, da erst dann ihr „Bremseffekt" voll durchschlägt. Eine neuere Prognose der CDC (Abb. 16.36) rechnet denn auch mit einem fortgesetzten Anstieg der Fallzahlen — bis auf schwer vorstellbare Werte, welche etwa die Kriegsverluste der USA bald weit hinter sich lassen werden. Leider spricht alles dafür, daß die Wirklichkeit wieder einmal den Voraussagen entsprechen wird.

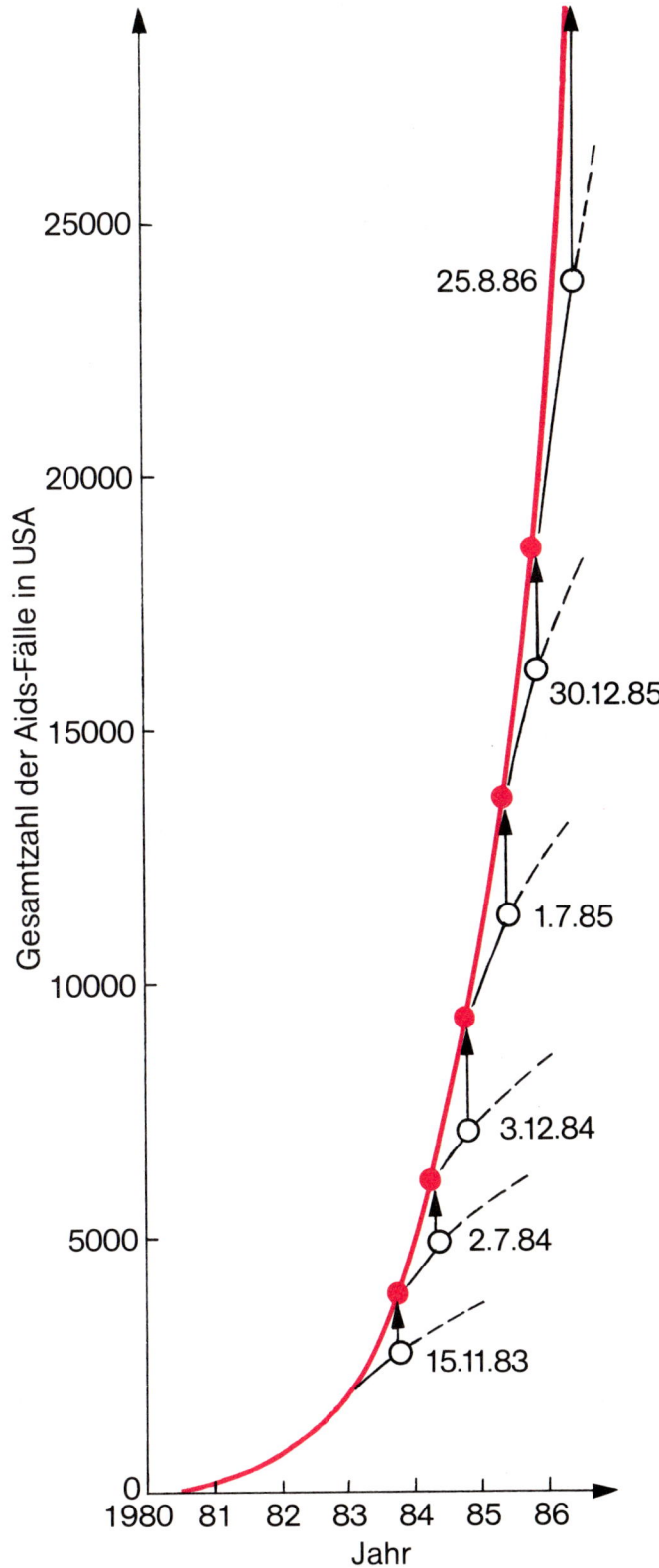

16.35 AIDS-Fallzahlen der USA, kumuliert, nach dem Datum der Diagnose. Es handelt sich um eine Art „diachrones" Bild, in dem die Situation zu sechs verschiedenen Zeitpunkten (rechts notiert) festgehalten ist (nach den Zahlenangaben der periodischen Veröffentlichungen der CDC, Atlanta). Im Laufe der Zeit müssen die Zahlen für die diagnostizierten AIDS-Fälle ständig korrigiert werden, da die Meldung erheblich nachschleppt. Hierdurch verändert sich der Kurvenverlauf unaufhörlich. Die jeweils von einem Zeitpunkt zum nächsten notwendigen Korrekturen der vorläufigen Endpunkte dieser Kurve (weiße Kreise) sind durch senkrechte Pfeile angegeben. Diese werden von Jahr zu Jahr deutlich länger. Die gestrichelten Fortführungen der Linien deuten an, welcher Kurvenverlauf jeweils spontan zu erwarten gewesen wäre, leider jedoch niemals eintraf. Die heutige Anzahl der Patienten beträgt etwa 40000 — und erweckt immer noch zu positive Erwartungen.

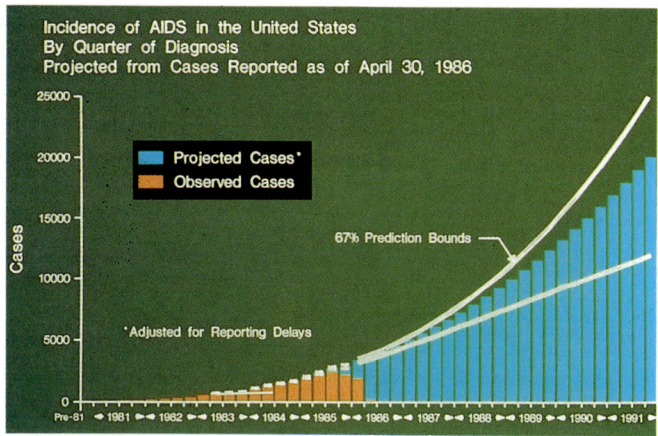

16.36 Prognosen der CDC nach einem modifizierten Kurvenanpassungsverfahren für die Zeit bis 1991. In dem Diagramm sind die beobachteten (braun) bzw. vorausgesagten (blau) nicht kumulierten Quartalsziffern aufgetragen (CDC, Bildarchiv).

Zeiträume wie 1–3 Jahre, durchaus verläßliche Prognosen, setzt jedoch voraus, daß sich in der verstrichenen Zeitperiode nichts Entscheidendes geändert hat. Damit ist der Wert auch dieser Methode begrenzt.

Für die noch später von der AIDS-Epidemie erfaßten Staaten Osteuropas, das weitere 2–3 Jahre hinter der Entwicklung der Infektionsausbreitung in Westeuropa zurückzuliegen scheint, ist dieses Verfahren schon interessanter, da der Prognosezeitraum bis zu 5 Jahre betragen kann. Die in Abbildung 16.39 gezeigte mittelfristige Prognose für Schweden baut vorwiegend auf diesem Prinzip auf. Für den dargestellten Zeitraum ist die Zahl der Erkrankten schon durch die heute Infizierten vorgezeichnet, danach wird sie in zunehmendem Maße von schwerer vorherzusagenden Verhaltensänderungen und gesundheitspolitischen Beschlüssen mitbestimmt.

Mathematisches Modellieren (3). Statt den Verlauf von Kurven nur zu betrachten und eine passende Funktion für ihre Beschreibung zu suchen, kann man sich auch überlegen, welche Prozesse der Form der Kurve zugrundeliegen, und versuchen, sie mathe-

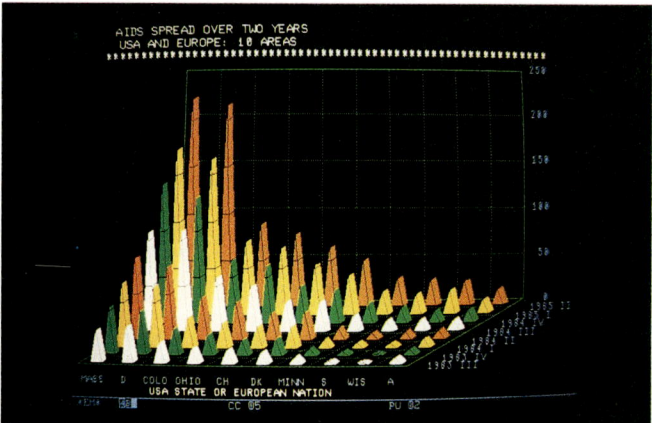

16.37 Europäische Länder und Bundesstaaten der USA im Vergleich. Die Farben markieren das gleiche Quartal quer durch die Stapelreihen verschiedener Länder. Die Entwicklung für einzelne Staaten muß sozusagen von vorn nach hinten abgelesen werden. Von links nach rechts: Massachusetts, Bundesrepublik Deutschland, Colorado, Ohio, Schweiz, Dänemark, Minnesota, Schweden, Wisconsin, Österreich (Zahlen standardisiert, quartalsweise, kumuliert).

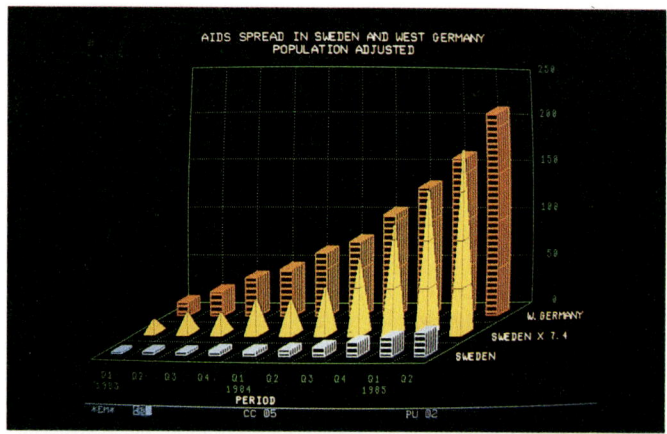

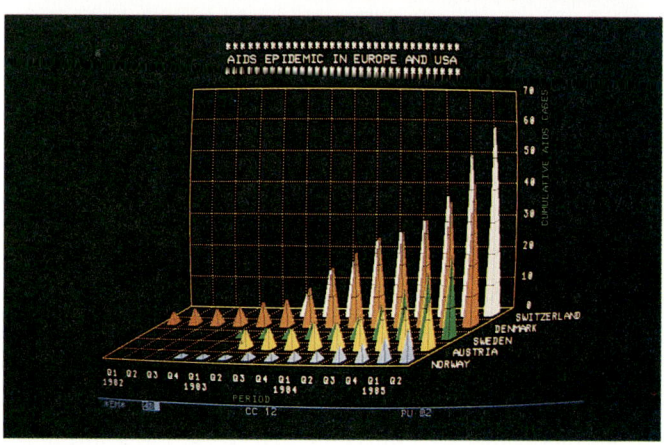

16.38 Oberes Diagramm: AIDS-Fälle in Schweden (blau), in der Bundesrepublik Deutschland (rot) und noch einmal für Schweden (gelb), diesmal hochgerechnet auf die Bevölkerungszahl der BRD; alle Zahlen quartalsweise, kumuliert. Unten: Fünf kleine europäische Länder (Norwegen, Österreich, Schweden, Dänemark, Schweiz) im Vergleich (pro 10 Millionen Einwohner, quartalsweise, kumuliert).

Transpositionsmethode (2). Wenn die Entwicklung einer Epidemie an verschiedenen Orten mit einer zeitlichen Verzögerung einsetzt (Abb. 16.37), kann man die Erfahrungen der zuerst betroffenen Regionen systematisch verwerten. So lassen sich die epidemiologischen Daten europäischer Länder, die etwa zwei Jahre hinter der Situation in den USA zurückliegen, mit früheren amerikanischen Daten vergleichen. Natürlich müssen alle diese Zahlen auf eine standardisierte Bevölkerungsgröße bezogen werden (Inzidenzangaben).

Vergleicht man so ein bestimmtes europäisches Land (zum Beispiel Schweden) mit amerikanischen Bundesstaaten, die früher (vor einem Zeitraum von 9–12 Quartalen) ungefähr das gleiche epidemiologische Verhalten gezeigt haben, läßt sich durchaus eine begründete Erwartung aus diesem Vergleich ableiten, wenn die erforderlichen Transpositionen in Raum und Zeit und die Transformationen in Inzidenzangaben umsichtig durchgeführt werden. Schon die Umrechnung der absoluten Fallzahlen auf bevölkerungsbezogene Werte ergibt ein überraschend verändertes Bild der Epidemieentwicklung (Abb. 16.38 oben; in der unteren Graphik werden fünf europäische Staaten mit relativierten Fallzahlen verglichen).

Dieses Verfahren ist keine reine Extrapolation, sondern eher eine Interpolation zwischen Verläufen, die anderswo schon beobachtet worden sind. Es liefert, wenn auch nur für so kurze

matisch zu beschreiben. Dieses Verfahren haben wir bei der Berechnung der Transienten *in extenso* beschrieben und anhand epidemiologischer Daten zahlreicher Länder seine Anwendbarkeit demonstriert (Abb. 16.40; González und Koch 1986, 1987). Dieses „mathematische Modellieren" kann nach unserem Dafürhalten zum Verständnis einzelner Phänomene und Zusammenhänge viel beitragen.

Natürlich baut auch dieses Verfahren auf Annahmen auf, die nur bei grober Betrachtung stimmen, so daß kleine Fehler in den

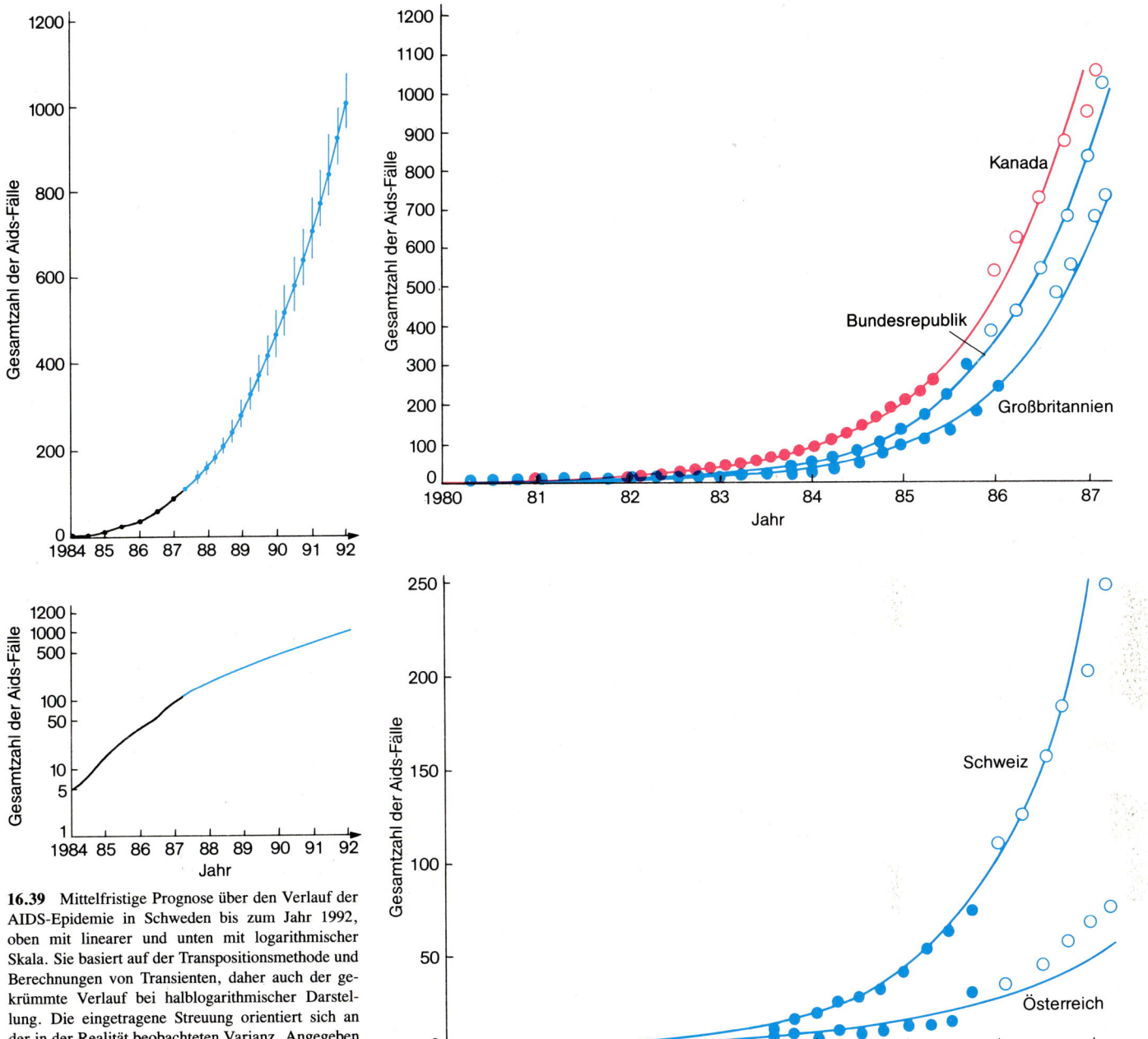

16.39 Mittelfristige Prognose über den Verlauf der AIDS-Epidemie in Schweden bis zum Jahr 1992, oben mit linearer und unten mit logarithmischer Skala. Sie basiert auf der Transpositionsmethode und Berechnungen von Transienten, daher auch der gekrümmte Verlauf bei halblogarithmischer Darstellung. Die eingetragene Streuung orientiert sich an der in der Realität beobachteten Varianz. Angegeben ist wieder die Zahl der AIDS-Fälle insgesamt. Sie wird, wenn sich nichts Entscheidendes ändert (aufhaltende Therapie), in fünf Jahren bei etwa 1000 liegen. Da in Schweden ein gutes Meldeverhalten existiert, läßt sich eine solch mittelfristige Prognose auf der Basis heutiger Meldedaten durchführen.

16.40 Kurzzeitprognosen für mehrere europäische Staaten und Kanada. Die Kurven wurden im Oktober 1985 auf der Basis einer Transientenberechnung angefertigt, ohne eventuelle Sättigungseffekte zu berücksichtigen. Die Punkte kennzeichnen die damals verwerteten empirischen Daten, die Kreise die später beobachteten Zahlen, die der Prognose recht gut entsprechen. Nur für Österreich gibt es eine deutliche Abweichung — vermutlich, weil anfangs unvollständig gemeldet wurde; der Wert vom September 1985 dürfte hier wohl der erste zuverlässige gewesen sein (González und Koch 1987).

Voraussetzungen am Ende zu großen Abweichungen führen können. Außerdem wird bei einer komplexeren Situation die Mathematik dieser Prozeßbeschreibungen so schwierig, daß sich nicht mehr sinnvoll damit arbeiten läßt. Bei ungenauen Daten und lückenhafter Kenntnis der Ausgangsbedingungen führt selbst die beste Mathematik zur Pseudogenauigkeit. Trotzdem sehen wir hier einen guten Weg, um in die Logik des Geschehens einzudringen und sich gegen Fehldeutungen unvertrauter Phänomene zu wappnen.

Simulation (4). Statt ein Geschehen mathematisch zu formalisieren, kann man es auch simulieren. Die Methode der „Computer-Simulation" halten wir für das auf längere Sicht entschieden beste Verfahren. Im Besitz zuverlässiger Informationen über ein epidemiologisches Geschehen läßt sich diese Methode fast beliebig weiterentwickeln. Was sie besonders anwendbar macht, ist die Möglichkeit, auch Eingriffe und fortlaufende Veränderungen

in ein solches System einzuführen, ohne jedesmal die gesamte mathematische Beschreibung von neuem erarbeiten zu müssen. Wir sind der Meinung, daß man — parallel zu allen anderen Verfahren — stets auch an einem solchen Simulationsmodell arbeiten sollte, denn gerade eine Epidemiesituation und die Ausbreitung einer Seuche weisen alle jene Eigenschaften auf, welche diese Methode wertvoll, wenn nicht gar unentbehrlich machen. Im folgenden Abschnitt sei ein solches Modell eingehender geschildert.

Kein Prognoseverfahren ersetzt die anderen — alle haben unter gewissen Umständen ihren Platz und ihren Anwendungsbereich. So sind diese Methoden mit ihren Vor- und Nachteilen in der Tabelle 16.7 noch einmal zusammengestellt, um einen Vergleich zu ermöglichen.

	Vorteil	Nachteil
1. Kurvenanpassung	exakte Ergebnisse, einfache Mathematik	sehr unsicher, spekulativ, sehr starr bei Veränderungen
2. Transpositions-methode	empirisch gestützt, sehr einfach	begrenzter Prognosezeitraum, starr bei Veränderungen
3. Mathematisches Modellieren	flexibel, exakte Beschreibung auch komplizierter Prozesse, einsehbar	begrenzt durch die Komplexität der Realität und des menschlichen Verhaltens, mathematisch schwierig
4. Computer-simulation	beliebig anpaßbar, hohes Auflösungs-vermögen, läßt fortlaufende Variationen und Eingriffe zu und kann als Probehandlungs-möglichkeit Entschei-dungshilfen geben	sehr aufwendig, setzt teure Ausrüstung, hochspezialisierte Arbeitskraft und Zugang zu detaillierten Daten voraus

Tabelle 16.7 Übersicht über verschiedene Wege der Prognosestellung. Natürlich sind hier jeweils nur die am meisten hervortretenden Züge genannt. Jeder, der mit einer Methode eine längere Zeit gearbeitet hat, wird weitere Vor- und Nachteile entdeckt haben. Es ist von der im Einzelfall aktuellen Fragestellung abhängig, welche Methode vorzuziehen ist. Mit zunehmender Länge des anvisierten Zeitraumes wird sich die adäquate Wahl von oben nach unten verlagern.

Das Bamberger Simulationsmodell

Obwohl sich hat zeigen lassen, daß sich transiente Effekte sehr wohl berechnen lassen und daß auch die Wendepunkte (Flektionspunkte) logistischer Kurven durchaus mathematisch behandelbar sind (González und Koch 1986), ist damit die Entwicklung der AIDS-Epidemie noch keineswegs exakt beschreibbar. Die Bevölkerung eines Landes setzt sich nämlich, im Hinblick auf die unterschiedlichen Verhaltensweisen der Menschen, aus sehr verschiedenen Untergruppen zusammen, die logischerweise getrennt betrachtet werden müssen. Dies heißt nichts anderes, als daß man es mit einer großen Zahl von Subpopulationen (Compartments) zu tun hat, die alle ihre eigenen Charakteristika aufweisen.

Man müßte von jedem Compartment wissen: die Anzahl der Mitglieder, das gruppenspezifische Risikoverhalten und die daraus sich ergebende Zuwachsrate an Neuinfektionen, den Zeitpunkt und die Anzahl der ersten Infektionen, das Tempo der Virusverbreitung innerhalb des Compartments, die Kontakte mit allen anderen existierenden Compartments, die stattfindenden Verhaltensänderungen, den Effekt präventiver Maßnahmen für gerade diese Subpopulation, eventuelle spezifische Risikofaktoren, die Altersverteilung der Mitglieder und vieles mehr. Damit ergäben sich für jedes Compartment eine eigene Kurve mit positiven und negativen Transienten für jede markante Änderung in den Neuinfektionsraten sowie spezifische Steigungswerte, Kontaktraten, Wendepunkte der quasi-logistischen Infektionskurven, Maximalwerte für den überhaupt infizierbaren Anteil der jeweiligen Subpopulation etc.

Das Zusammenfügen zahlreicher solcher Compartments zu einem umfassenden Bevölkerungsmodell wäre ohne Zweifel mathematisch sehr kompliziert und mit vertretbarem Aufwand kaum mehr exakt und schon gar nicht erschöpfend formulierbar. Hinzu kommt, daß viele Parameter und Ausgangsdaten möglichst genau erfaßt und die verwendeten Daten immer wieder geändert werden müßten. Alle Berechnungen wären ständig zu erneuern − eine kaum mehr zu bewältigende Arbeit.

Ein computergestütztes Simulationsmodell kann hier Abhilfe schaffen. Computer sind in geschickten Händen eigentlich nichts anderes als Intelligenzverstärker, und angesichts der hier vorliegenden komplexen und unheilvollen Situation können wir es uns kaum leisten, auf irgendeine verfügbare Verstärkung unseres Problemlösungsvermögens zu verzichten.

Wenn man Individuen oder Compartments, in denen sich Individuen ähnlicher Eigenschaften zusammenfassen lassen, und ihre Interaktionen simuliert, wird die mathematische Formulierung der Zusammenhänge und ihrer Folgen anders angepackt. Man untersucht eine beliebig zu wählende, große Schar von Möglichkeiten, statt das ganze System erschöpfend zu analysieren. Diese Art, komplexe Probleme anzugehen, ist wohlbekannt. Der Psychologe Dietrich Dörner an der Universität Bamberg hat sich seit Jahrzehnten mit der Simulation komplizierter Systeme beschäftigt, primär, um das Problemlösungsverhalten von Versuchspersonen zu studieren und Rückschlüsse auf allgemeine Gesetzmäßigkeiten von Entscheidungsprozessen zu ziehen.

Die Technik für das Arbeiten mit solchen Modellen ist schon weit entwickelt (Wegener und Dörner 1973, Dörner 1979, 1980, 1981, 1982-1, 1986-1, -2). Im Zusammenhang mit der Simulation menschlichen Verhaltens in einer Epidemiesituation gibt es jedoch einige spezielle Probleme. Eines ist die große Anzahl der Elemente, die simuliert werden sollen (bis zu vielen Millionen), sowie deren zahlreiche Eigenschaften (Alter, Geschlecht, Verhalten, Beruf, Zugehörigkeit zu Risikogruppen etc.); ein anderes ist die Tatsache, daß sich etliche Eigenschaften ändern (Alter) oder ändern können (Verhalten) und daß gerade Verhaltensänderungen sehr schwer vorauszusagen und zu messen sind. Dies alles führt dazu, daß man mit derartigen Programmen an die Grenzen sowohl der Speicherkapazität als auch der Rechenzeiten stößt.

Man kann bei der Konstruktion solcher Programme verschiedene Wege beschreiten. Der eine sei „atomistisch" genannt. Das Programm ist dabei auf das Individuum ausgerichtet und gibt natürlich auf lange Sicht gesehen die besten Resultate. Jedes einzelne Verhalten läßt sich abbilden und mit anderen kombinieren. Die Arbeit bei der Entwicklung eines solchen Modells ist jedoch sehr schwierig, verlangt mehr Zeit, größere Computer und mehr „man power" als der andere Weg.

Dieser sei „segmentistisch" genannt und bedeutet, daß man ganze Gruppen (Compartments, Segmente der totalen Bevölkerung) und deren Interaktionen, deren Neuzugänge und Ausfälle, deren verändertes Risikoverhalten und durchschnittliche Anstekkungschancen mehr summarisch simuliert. Dieses Modell ist etwas gröber, aber schneller zu entwickeln. Das Programm von Dörner und Mitarbeitern, das im folgenden vorgestellt wird, ist eines, in dem sich die untersuchten Compartments bei hinreichendem Speicherplatz und nicht allzu großer untersuchter Gesamtbevölkerung theoretisch bis auf das Individuum hinab verkleinern lassen. Es kann auf einzelne Risikogruppen, auf Städte oder auf einzelne Länder und Staaten angewendet werden, um zu sehen, was unter verschiedenen Voraussetzungen und Annahmen geschieht.

Es gibt schon einige Programme auf dem Sektor der Infektionsausbreitung (vgl. EPIAID, Dean 1985 und die Modelle von Norman T. Bailey zur Influenza-Ausbreitung). Am MIT hat die Forschergruppe, welche die Simulation der „Grenzen des Wachstums" für den *Club of Rome* durchführte, ein avanciertes Simulationssystem (*World Dynamics*) und dazu eine speziell angepaßte Simulationssprache (*Dynamo*) entwickelt. Wenn man mit der Simulation der AIDS-Epidemie dort noch nicht begonnen haben sollte, müßte das rasch geschehen. Es ist nicht viel Zeit zu verlieren. Wir wissen von der *Rand-Corporation*, vom *Triangle Research*-Institut (O. Wolowyna) sowie von einzelnen Forschergruppen, daß sie sich mit solchen Projekten befassen (Stannat et al., Hannover; Knox, Birmingham; Bailey, Genf; van Druten et al., Nijmwegen; May, Boston; Anderson, London; Pickering et al., San Francisco; sowie die CDC und von ihnen geförderten Forschergruppen).

Die im Verlaufe von Jahrzehnten gewonnenen Erfahrungen haben es der Gruppe Dörner ermöglicht, ein Modell für die Seuchenausbreitung zu entwickeln (Dörner 1986-1 und -2), das sich fast beliebig verfeinern und an die speziellen Erfordernisse der AIDS-Epidemiologie anpassen läßt. Es sei hier kurz vorgestellt, weil wir dies für einen sinnvollen Weg halten, zumindest die Entscheidungsprozesse in Interventionsfragen zu erleichtern, „Probehandlungen" durchzuführen, Zusammenhänge und Möglichkeitsräume darzustellen, langfristige Planung zu unterstützen sowie den Charakter der involvierten Prozesse und ihrer Verknüpfungen miteinander wenigstens „holzschnittartig" darzulegen. Es wurde also primär nicht konstruiert, um damit ein Prognoseinstrument zu schaffen. Natürlich läßt sich ein solches daraus machen, wenn man das Modell hinreichend verfeinert und Zugang zu detailliertem Datenmaterial hat, wie es in das Modell eingegeben werden muß. Das erfordert jedoch viel Zeit und Mühe.

Das hier geschilderte System simuliert die Ausbreitung von AIDS in einer Gesamtpopulation, die aus einzelnen Subpopulationen modulhaft aufgebaut ist. Natürlich kann bei sinnvollem Austausch der Parameter jederzeit auch die Verbreitung eines anderen Erregers in der Bevölkerung simuliert werden − es ist also im Grunde ein sehr allgemeines epidemiologisches Werkzeug, das hier, den Blick auf AIDS gerichtet, entwickelt wird.

Die Anzahl der angenommenen Subpopulationen ist allein durch die Rechnerkapazität beschränkt. Wir halten 50−100 Compartments für eine anfangs ausreichende Zahl. Die Untersuchung wurde mit folgenden Compartments begonnen: Prostituierte, homo-/bisexuelle Männer, Drogenabhängige, Kinder und Jugendliche, ältere Jugendliche und jüngere Erwachsene (15−25 Jahre), mittleres Alter, Rentenalter. Die ersten Simulationsläufe dieses Modells wurden für eine fiktive Großstadt mit 2,3 Millionen Einwohnern durchgeführt.

Sie begannen generell mit dem fiktiven Datum 1.1.1980, damit man sich den Zeitverlauf der Epidemie besser vorstellen kann. Als Ausgangslage wurden 10 Virusträger innerhalb der Hochrisikogruppen angenommen. (Ein einziger könnte durch den im Programm enthaltenen Zufallsprozeß eines tödlichen Unfalls ausgeschaltet werden, womit die ganze Epidemie vorzeitig zum Stillstand käme.) Der gewählte Zeittakt für die Berechnungen ist ein Monat. Man kann ihn verkürzen oder verlängern, aber er erscheint uns geeignet, um auch sehr rasche Veränderungen des Risikoverhaltens oder den Einsatz präventiver Maßnahmen hinreichend „feinkörnig" nachahmen zu können. Eingriffsmöglichkeiten sind im Programm *ad libitum* vorgesehen, und jeder Parameter läßt sich beliebig abgestuft verändern.

Ein Compartment als Modul einer Gesamtpopulation (Abb. 16.41) ist durch folgendes charakterisiert: die Gesamtzahl der Mitglieder, Zuwanderungs- und Abwanderungsraten, sexuelle Kontakte mit anderen Compartments, Geburts- und Sterbeziffern, eine beliebige Anzahl von Risikofaktoren (zum Beispiel Bluttransfusionen, medizinische Eingriffe, Drogenmißbrauch)

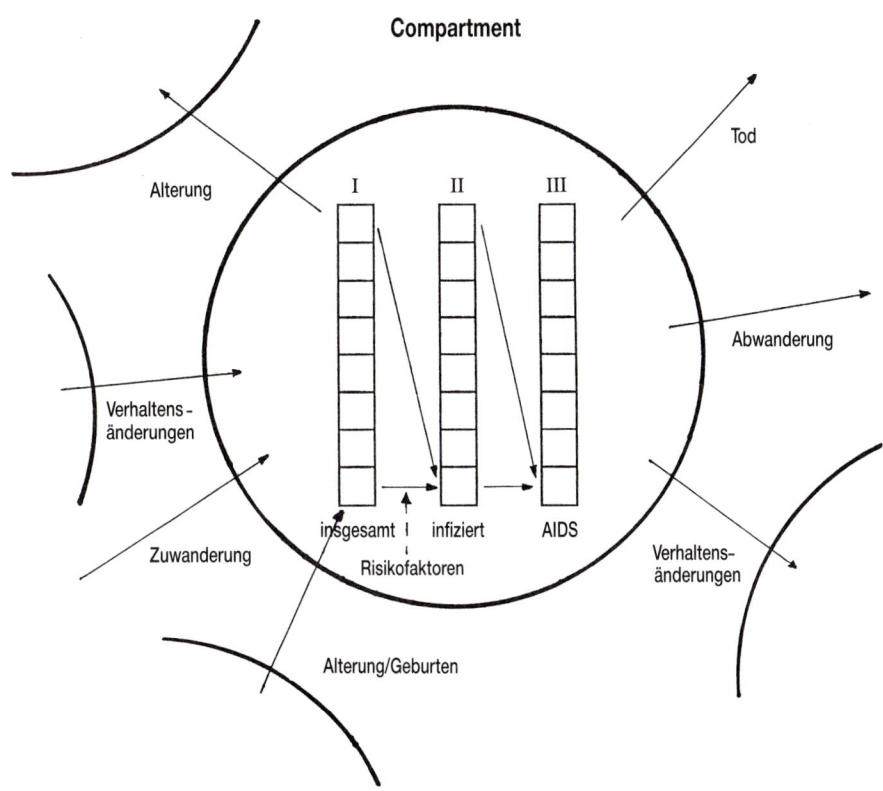

16.41 Schema einer Subpopulation (Compartment) als Modul einer Gesamtpopulation mit Alters-(I), Infektions-(II) und Krankenregister (III), mit Zuwanderung und Abwanderung, Verhaltensänderungen und Risikofaktoren.

und die Art der Vernetzung mit anderen Compartments. Über jedes (einem Alterungsprozeß unterworfene) Compartment wird ein „Infektionsregister" geführt, in dem Anzahl und Zeitablauf aller stattgefundenen Infektionen festgehalten werden. Gemäß einer bestimmten Wahrscheinlichkeitsverteilung gehen im Laufe der Zeit einzelne Infizierte in ein Krankheitsstadium über. Wieder werden Anzahl und Zeitpunkt festgehalten, und den bekannten Mortalitätsziffern und Überlebenszeiten entsprechend sterben diese Kranken im Verlauf vieler Jahre.

Darüber hinaus gibt es sogenannte „Promiskuitätsraten", also Parameter, die angeben, in welchem Maße sich innerhalb verschiedener Subpopulationen sexuelle Partnerschaften auflösen und neue gebildet werden. Solche Parameter gibt es sowohl für den Kontakt zwischen verschiedenen Compartments als auch zwischen dessen einzelnen Mitgliedern. Sie beziehen sich jeweils auf einen Zeittakt. Darüber hinaus wird mit Parametern für die Infektionswahrscheinlichkeit bei verschiedenen Formen von Kontakten gerechnet.

Es gilt, bei einem solchen Modell die „Körnigkeit" der gewählten Variablen vernünftig zu wählen. Es läßt sich um den Preis zunehmender Rechenzeit natürlich beliebig verfeinern, aber man kommt rasch in den Bereich des „diminishing return". (Dies bedeutet, daß eine immer größere Mühe einen immer geringeren zusätzlichen Nutzen bringt.)

Es ist leicht einzusehen, daß es keinen Sinn hat, genauere Ergebnisse (auf der „Output-Seite") anzustreben, als es der Genauigkeit der eingegebenen Anfangsdaten entspricht (also der Datenqualität auf der „Input-Seite"). Solange man dies berücksichtigt, wird man kaum zu sinnloser Pseudo-Genauigkeit verführt. Durch die möglichen Eingriffe in die Parameter, in die Übertragungs- und Infektionswahrscheinlichkeiten, in die Verknüpfung verschiedener Compartments miteinander kann jede denkbare Maßnahme simuliert werden. Nicht nur die Wärmebehandlung von Blutpräparaten, sondern auch der Einsatz von lebensverlängernder Therapie, von einem protektiven Impfstoff oder von anderen Präventivmaßnahmen sowie nur vorübergehend effektive Informationskampagnen lassen sich simulieren.

Das verwendete Modell ist in Abbildung 16.42 in seiner simpelsten Form vorgestellt. Es soll in erster Linie der prinzipielle Aufbau erkennbar werden, weswegen die Wiedergabe auf die Vernetzung von sieben Compartments beschränkt und unter Auslassung zahlreicher Verknüpfungen etwas vereinfacht gehalten worden ist. Das Gefüge der Compartments muß eine Dynamik haben, die der Wirklichkeit entspricht. In der Regel muß es eine gewisse Stabilität aufweisen, weshalb die Zuwanderungs-, Abwanderungs-, Geburts- und Sterberaten gut balanciert sein müssen. (Bei der Darstellung der Beziehungen zwischen den Compartments haben wir aus Gründen der Übersichtlichkeit auf die Angabe anderer Parameter verzichtet.) Die simulierte Bevölkerung muß auch ohne die Ausbreitung des AIDS-Virus ein stabiles Ganzes bilden, das die Wirklichkeit widerspiegelt und sich widerspruchsfrei verhält. Davon kann man sich in sogenannten Probeläufen (keine Infektionserreger, keine Eingriffe) überzeugen.

Als Beispiel wird ein Probelauf vorgestellt, bei dem vorausgesetzt wird, daß alle wesentlichen Verhaltensparameter vollkommen unverändert bleiben. Das ist natürlich eine sehr unrealistische Annahme, da sich in Wirklichkeit eine große Anzahl von Parametern schnell und dauerhaft ändert. Dieser sogenannte „Null-Lauf" (Abb. 16.43) muß jedoch als Hintergrund verwendet werden für alle anderen Simulationsläufe, bei denen durch die Simulation von Verhaltensänderungen oder von präventiven Maßnahmen irgendwie in dieses System eingegriffen wird (dies entspricht in klinischen Versuchen der mit Placebos behandelten Kontrollgruppe).

Für diesen Versuchslauf ist der Beginn der Infektionsausbreitung für 1980 angenommen worden. Man sieht, daß erst ab 1983 nennenswerte Zahlen von Infizierten vorliegen. Ab 1987 (es war noch mit optimistisch kurzen Inkubationszeiten gerechnet) entwickelt sich der Krankenstand dramatisch. Die Kurven für die kumulierten Patientenzahlen und die kumulierten Todesfälle laufen parallel (die erstere dieser Kurven ergäbe, was in der bisherigen AIDS-Statistik als „kumulierte AIDS-Fallzahlen" auftaucht).

Es ist deutlich, daß eine merkbare Reduktion der Gesamtbevölkerung erst spät einsetzt. Das oft diskutierte Verhältnis der Zahl der AIDS-Fälle zur Zahl der Virusträger verändert sich notwendigerweise ständig. Es nimmt von anfangs etwa 1/1000 innnerhalb weniger Jahre auf etwa 1/100 zu und steigt dann langsam weiter. Wo von Beginn an die Pyramide der Infizierten sehr schmal ist (etwa in der DDR oder in Island), startet es eventuell schon bei 1/100 − wie es ja überall wäre, wenn man die Berechnung auf den unmittelbaren Umkreis des ersten Erkrankten beschränkte.

Wichtig ist ein Blick auf die beobachteten Inkubationszeiten (schwarz gestrichelte Linie). Es zeigt sich, daß die Inkubations-

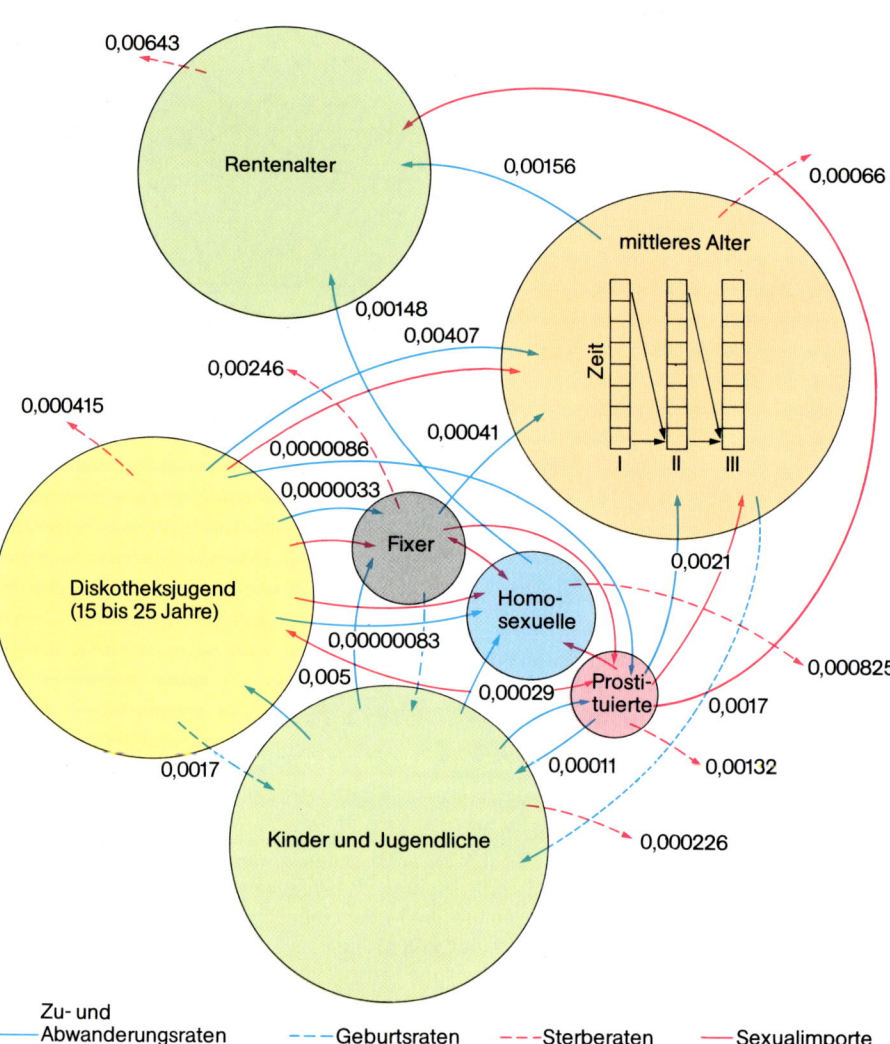

16.42 Das sogenannte Bamberger Simulationsmodell soll zu einem Prognoseinstrument erweitert werden. Bei seiner einfachsten Form hat man die Bevölkerung einer Großstadt in sieben Subpopulationen (Compartments) unterteilt, jede durch folgendes charakterisiert: die Gesamtzahl der Mitglieder, Zuwanderungs- und Abwanderungsraten, sexuelle Kontaktraten mit anderen Compartments, Geburts- und Sterbeziffern, eine beliebige Anzahl von Risikofaktoren (wie Bluttransfusionen, medizinische Eingriffe, Drogenmißbrauch) und die Art der Vernetzung mit anderen Compartments (Pfeile). Über jedes Compartment werden Alters-, Infektions- und Krankenregister (I bis III) geführt, die Alterungsprozesse, normale Sterbefälle sowie Anzahl und Zeitablauf aller stattgefundenen Infektionen festhalten. Gemäß einer bestimmten Wahrscheinlichkeitsverteilung entwickeln im Laufe der Zeit einzelne Infizierte AIDS. Entsprechend den bekannten Mortalitätsziffern und Überlebenszeiten sterben diese Kranken im Verlauf vieler Jahre. Ferner gibt es Parameter, die angeben, in welchem Maße sich innerhalb und zwischen verschiedenen Subpopulationen sexuelle Partnerschaften auflösen und neue gebildet werden (Promiskuitätsraten), sowie Parameter für die Infektionswahrscheinlichkeit bei verschiedenen Formen von Kontakten.

zeit am Anfang sehr kurz ist und dann unaufhaltsam ansteigt. Dies ist der schon früher besprochene Effekt des Dominierens der schnellsten „Läufer", also der zuerst Erkrankten.

Ein Blick auf die verschiedenen Compartments beziehungsweise Risikogruppen (Abb. 16.44) zeigt, wie deutlich ausgeprägt der Sättigungseffekt bei der Risikogruppe der Homosexuellen die absoluten Zahlen beeinflußt. Schon um 1989 herum beginnt der Anteil der homosexuellen Patienten stark abzusinken. Die Zahl der heterosexuell Infizierten nimmt weiterhin zu, da dieses Compartment um so vieles größer ist. Demzufolge nimmt also die starke Dominanz der Homosexuellen unter den Erkrankten bereits nach ca. 9 Jahren merkbar ab, da (zumindest beim Null-Lauf) die Zahl der heterosexuellen Erkrankten relativ gesehen immer mehr ins Gewicht fällt. Das Bild, das man hier für die Verteilung des Jahres 1998 sieht, könnte ungefähr der Situation entsprechen, wie wir sie heute in Afrika sehen. (Es ist allerdings anzunehmen, daß dort die Ausgangssituation eine völlig andere war.)

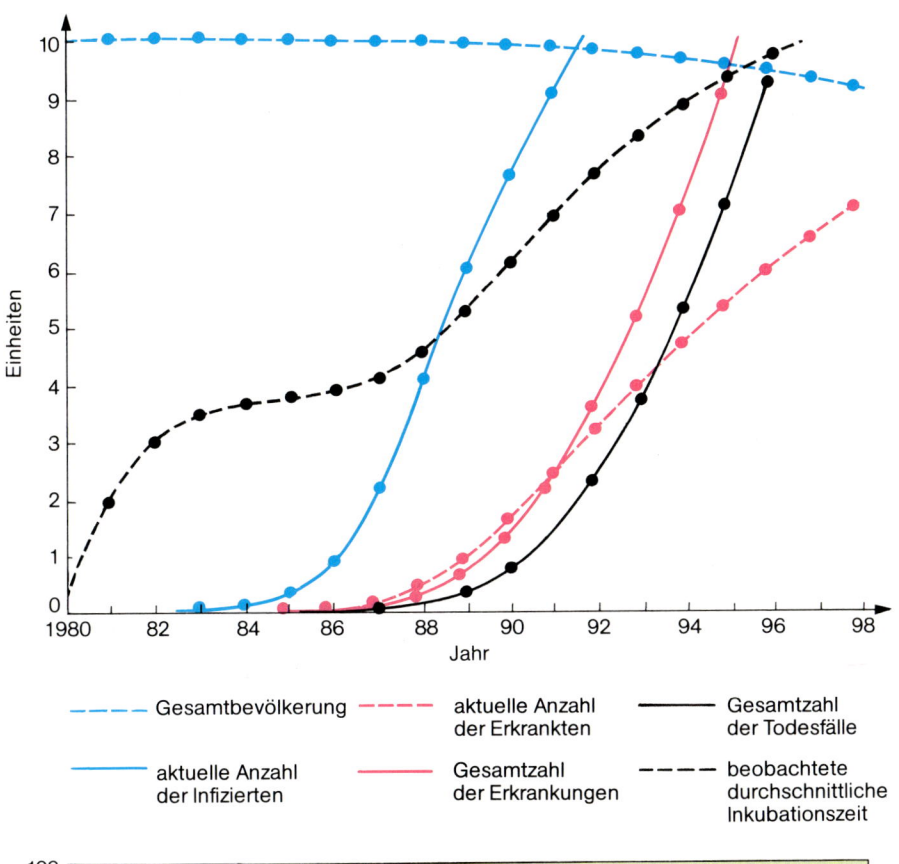

16.43 Der Null-Lauf des Simulationsmodells repräsentiert die Situation bei ungehemmter Ausbreitung des AIDS-Virus. Auf ihn werden alle anderen Läufe, die die Auswirkungen verschiedener Maßnahmen simulieren, bezogen. Startpunkt der Epidemie ist der Anschaulichkeit halber der 1. Januar 1980. Das Diagramm zeigt, wie sich der Stand der Infizierten, Erkrankten und Verstorbenen, die beobachtete Inkubationszeit und die Bevölkerung im Laufe der Jahre ändern. Die Kurven sind in unterschiedlichem Maßstab gezeichnet. Für die absoluten Ziffern gelten jeweils Umrechnungsfaktoren, die der Originalquelle zu entnehmen sind (D Dörner 1986-1).

1996 wieder zuzunehmen. Dies geht darauf zurück, daß das Virus den Übergang in die heterosexuelle Population in diesem Fall nur verzögert findet. Der starke Effekt auf den Krankenstand und die Gesamtentwicklung ist augenfällig. Er unterstreicht die Bedeutung, die der Prostitution gerade für den Kontakt zwischen verschiedenen Compartments zukommen könnte.

Der größte Effekt für eine Hemmung der Seuchenausbreitung tritt dann ein, wenn die Promiskuitätsreduktion in der ganzen heterosexuellen Population spürbar wird. Natürlich kann ein Teil dieses Effektes auch durch geringere Infektionswahrscheinlichkeiten (zum Beispiel durch gesteigerte Kondomanwendung) erreicht werden. Von besonderer Bedeutung für die weitere Seuchenentwicklung scheint der Kontakt zwischen verschiedenen Compartments zu sein. Schon eine geringfügige Veränderung der Parameter für den Drogenmißbrauch in der Diskotheksjugend hat katastrophale Folgen. Überhaupt ist überraschend, wie einige sehr empfindliche Parameter das ganze System dominieren. Es wäre sehr wichtig, diese genau zu untersuchen und zu durchdenken und – falls sich der Eindruck bestätigt – alle auf Prophylaxe zielenden Anstrengungen auf sie zu konzentrieren.

Abhängig von der Promiskuitätsrate in dem großen Compartment der Heterosexuellen wird die AIDS-Epidemie wachsen, sich stabilisieren oder sogar abnehmen. Dafür gibt es natürlich einen kritischen Wert. Abgesehen von dem sehr bedeutungsvollen Parameter des Partnerwechsels läßt sich auch zeigen, daß es, um das natürliche Reservoir an individueller Solidarität gegenüber den Nicht-Infizierten voll ausschöpfen zu können, unerläßlich ist, so viele HIV-Träger wie möglich aus der Kategorie „nicht-wissend" (um ihre Infektion) in die Kategorie „wissend" zu überführen.

AIDS trifft hauptsächlich die jüngeren Generationen. Als Folge davon werden bereits bei relativ geringer prozentualer

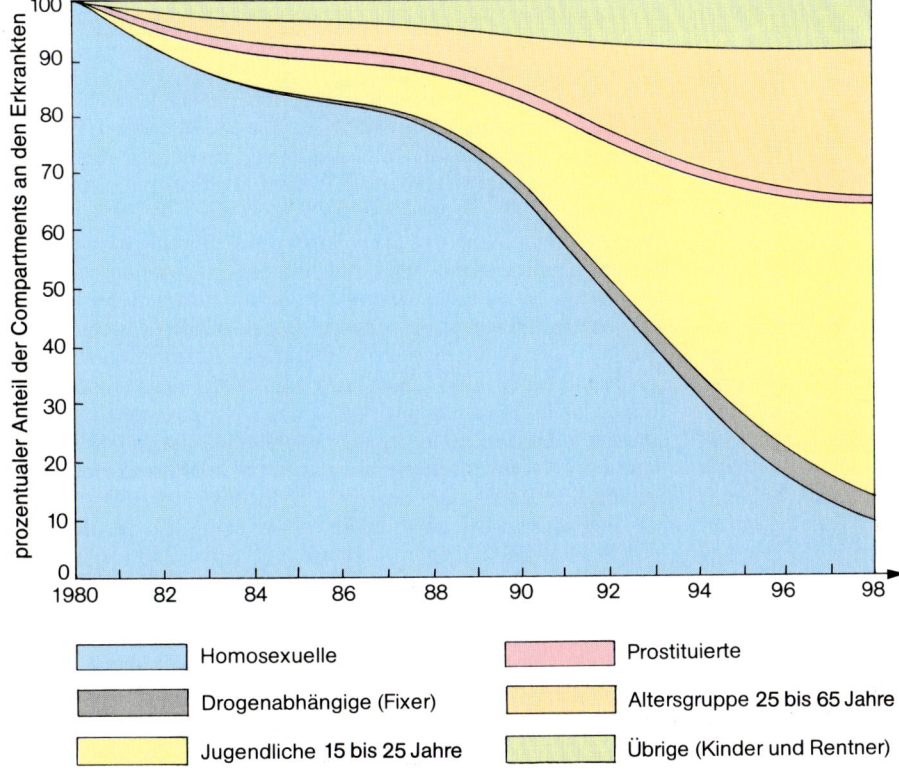

16.44 Dem Null-Lauf zufolge geht der relative Anteil der Homosexuellen unter den Erkrankten im Laufe der Jahre zunächst langsam, dann rapide zurück, während beispielsweise der relative Anteil der „Diskotheksjugend" (Jugendliche zwischen 15 und 25 Jahren) stark wächst.

Will man mögliche Effekte von Präventivmaßnahmen untersuchen, etwa ein (hypothetisches) vollständiges Ausschalten der Prostitution, ist ein solcher Simulationslauf mit nur wenigen Eingriffen zu realisieren. Wir sehen dabei ein erstaunlich rapides Abfallen der Neuinfektionsraten, die jedoch nach dem Jahre 1996 wieder zu steigen beginnen. Die Zahl der Infizierten beginnt erst

Durchseuchung der Gesamtpopulation Verschiebungen der Altersstrukturen zuungunsten sowohl der fortpflanzungsfähigen als auch der arbeitsfähigen Bevölkerung stattfinden. Die Konsequenzen für unser soziales Netz – zunehmende Schwierigkeiten beim Aufbringen der erwarteten Wohlfahrts- und Sozialleistungen – liegen auf der Hand. Das Simulationsmodell verdeutlicht diese

Effekte und läßt ihre Größenordnung in Abhängigkeit von bestimmten Parametern abschätzen.

Für Entscheidungsträger dürfte auch folgender Punkt noch von Interesse sein: Es hat sich gezeigt (und ist wegen der exponentiellen Entwicklung nicht überraschend), daß es von entscheidender Bedeutung ist, zu welchem Zeitpunkt mit irgendwelchen präventiven Maßnahmen begonnen wird. In zwei Simulationsläufen wurde verglichen, welchen Einfluß eine Verspätung gewisser Maßnahmen um genau ein Jahr haben kann. Es handelt sich um eine Verringerung der Infektionswahrscheinlichkeiten und um eine Kontrolle der Blutkonserven. Die Frage, ob dies am 1.1.83 oder erst am 1.1.84 wirksam wird, hat für das Jahr 1998 die Folge, daß bei dem späteren Einsetzen der Maßnahmen ca. 13 000 Patienten mehr verstorben sind. Dies ist ein Ergebnis einer typischen Eigenschaft exponentieller Entwicklungen, bei denen minimale anfängliche Variationen später verblüffend starke Konsequenzen haben, und zeigt, zumindest prinzipiell, wie sehr gerade die Zeit bei Maßnahmen gegen die HIV-Ausbreitung drängt. Es ist gleichzeitig ein gutes Beispiel dafür, was man sich durch das Arbeiten an derartigen Simulationsprogrammen vor Augen führen kann.

Das hier beschriebene Bamberger Modell ist inzwischen erheblich ausgearbeitet worden und wird seit Januar 1987 im Rahmen des multinationalen Projektes ASSP (*AIDS Spread Simulations and Projections*) von einer Gruppe professioneller Mathematiker in München weiterentwickelt.[*] Es wird verfeinert, didaktisch aufbereitet und mit demographischen Daten gefüttert — und damit immer realistischer. Das mühselige Einstimmen eines solchen Modells („tuning") unter Anwendung unterschiedlicher epidemiologischer Situationen aus verschiedenen Regionen erfordert viel Zeit. Da die AIDS-Epidemie schon seit vielen Jahren abläuft, ist alles Beobachtungsmaterial über das bisher Geschehene geeignet, ein solches Modell sozusagen zu „eichen".

Aktuelle Trends

Wir haben zahlreiche Gründe dafür genannt, hellhörig zu sein gegenüber Trendveränderungen, gegenüber einem Gleiten in den Auffassungen oder auch in den empirisch ermittelten Zahlenangaben für wichtige Parameter. Solche Trends zu erkennen, ist eine Frage der sinnvoll gerichteten Aufmerksamkeit.

Daß sich der Verlauf der AIDS-Epidemie auch im Bereich der Krankenhaustätigkeit widerspiegelt, ist noch trivial. Überraschend mag sein, wie genau sich die anfangs exponentiell steigenden Zahlen von Patienten in der Statistik über Bettenbelegung und Kosten abzeichnen (Abb. 16.45).

Es ist ferner festzuhalten, daß die AIDS-Epidemie im internationalen Vergleich (und dieses Muster wird sich bei genauerem Hinsehen wohl auch auf nationaler Ebene etwa für verschiedene Städte oder Regionen vielfach wiederholen) keineswegs ein homogenes Bild zeigt. Im Hinblick auf die Verteilung der Erkrankten auf verschiedene Bevölkerungsteile zeigt sich zum Beispiel ein kräftig variierendes Spektrum — sogar für die primären

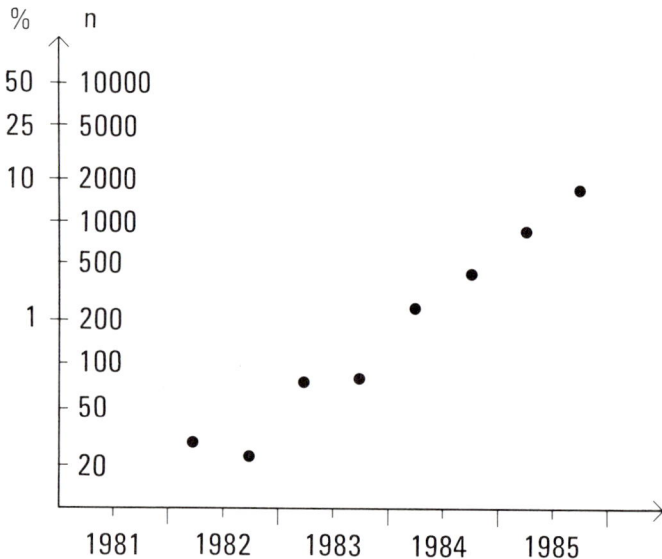

16.45 Zunahme der prozentualen Bettenbelegung mit AIDS-Patienten (linke Skala) und der Gesamtzahl von Pflegetagen (rechte Skala) in der Infektionsklinik des Rudolf-Virchow-Krankenhauses in Berlin, wo früh ein großer Teil der deutschen AIDS-Fälle zu betreuen war (D Eichenlaub und HD Pohle, RVK, Berlin).

Hochrisikogruppen (Abb. 16.46). Es sieht so aus, als könnte man zusammenfassend sagen: Wenn das HIV erst einmal in eine Bevölkerung gelangt ist, nimmt die später daraus resultierende AIDS-Epidemie genau die Struktur an, die das vorherrschende Risikoverhalten um die primären Virusträger herum nahelegt. Damit sind die Hauptakzente in verschiedenen Regionen oft auch sehr unterschiedlich zu setzen.

Hieraus ergibt sich unter anderem auch die Bedeutung des gezielten Versuchs, ein möglichst aktuelles Bild der HIV-Verbreitung zu zeichnen, statt sich mit der Registrierung von AIDS-Fällen zu begnügen. Hier sind Trendveränderungen sehr wichtig, da sie großen prognostischen Wert haben. Wer z. B. in der Tabelle 7.1 aufmerksam den Anstieg der Seroprävalenz unter Berliner Gefängnisinsassen betrachtet hat, wird nicht überrascht sein, wenn er heute die Kurve für die infizierten Schwangeren und Neugeborenen einer großen Berliner Klinik sieht (Abb. 16.47) — die zweite und dritte Welle von Infizierten. Wir können nun konstatieren, daß schon etwa ein Viertel der seropositiven Frauen nicht mehr zu den klassischen Risikogruppen gehört, sondern heterosexuell angesteckt worden ist, und daß die Prävalenz der HIV-Infektion die aller anderen Infektionskrankheiten bei der Gravidität schon um ein Mehrfaches hinter sich gelassen hat — und zwar in den wenigen Jahren seit 1982. Mittlerweile sind 51 HIV-Fälle in einer Population von etwa 2500 Schwangeren registriert worden, bei der die durchschnittliche Erwartung für Syphilis, Hepatitis B, Toxoplasmose und Röteln bei etwa je zwei bis vier Fällen liegt.

Die Frage um die heterosexuelle Übertragung von HIV scheint noch lange nicht ausdiskutiert. Insbesondere vom City Department of Health in New York und von den CDC werden starke Zweifel vorgebracht, aber dieses Thema ist ja seit jeher von diesen beiden Institutionen mit beruhigenden Thesen über die Ausschließlichkeit der primären Risikogruppen unter den AIDS-Fällen begleitet worden. Auch der Washington-Kongreß hat keine Einigkeit gebracht, so daß es allen Anlaß gibt, hier aufmerksam zu sein.

In der New Yorker Bronx, wo man immer mehr seropositive jugendliche Schwangere findet, teilt man die genannten Zweifel nicht, da heterosexuell Infizierte jeden Tag gesehen werden (Drucker et al. 1987). Auch die Erfahrungen von Redfield (Walter Reed Hospital) sowie nicht zuletzt jene aus Kanada (British Columbia Health Dept., *CDC AIDS Weekly*, 1987, 25. Mai: 19;

[*]Projektgruppe: Michael G. Koch, Karlsborg (Koordinator); Norman T. Bailey, Genf; Dietrich Dörner, Bamberg; Johanna L'age-Stehr, Berlin; José J. González, Grimstad; Pål Davidsen, Bergen; Magne Myrtveit, Bergen; Ulrich v. Welck, Angewandte Computer Software, München.

Derartige Simulationsmodelle geben uns ein Werkzeug in die Hand, mit dem man bei geschickter Anwendung seiner Probehandlungsmöglichkeiten böse Überraschungen und folgenschwere Irrtümer bei der Zielauswahl für vorbeugende Maßnahmen vermeiden kann. Der häufig gehörte Einwand gegen diese Art von Modellen, man habe noch keine zuverlässigen Daten, ist unsinnig. Ein gutes Modell braucht nicht geändert zu werden, wenn die Daten einmal besser werden. Es ist sicher, daß schlechte Daten auch andere, einfachere Methoden der Verarbeitung treffen. Das komplizierte Geflecht von „Wenn-dann"-Beziehungen läßt sich mit Hilfe eines Computers immer noch am besten analysieren und entwirren.

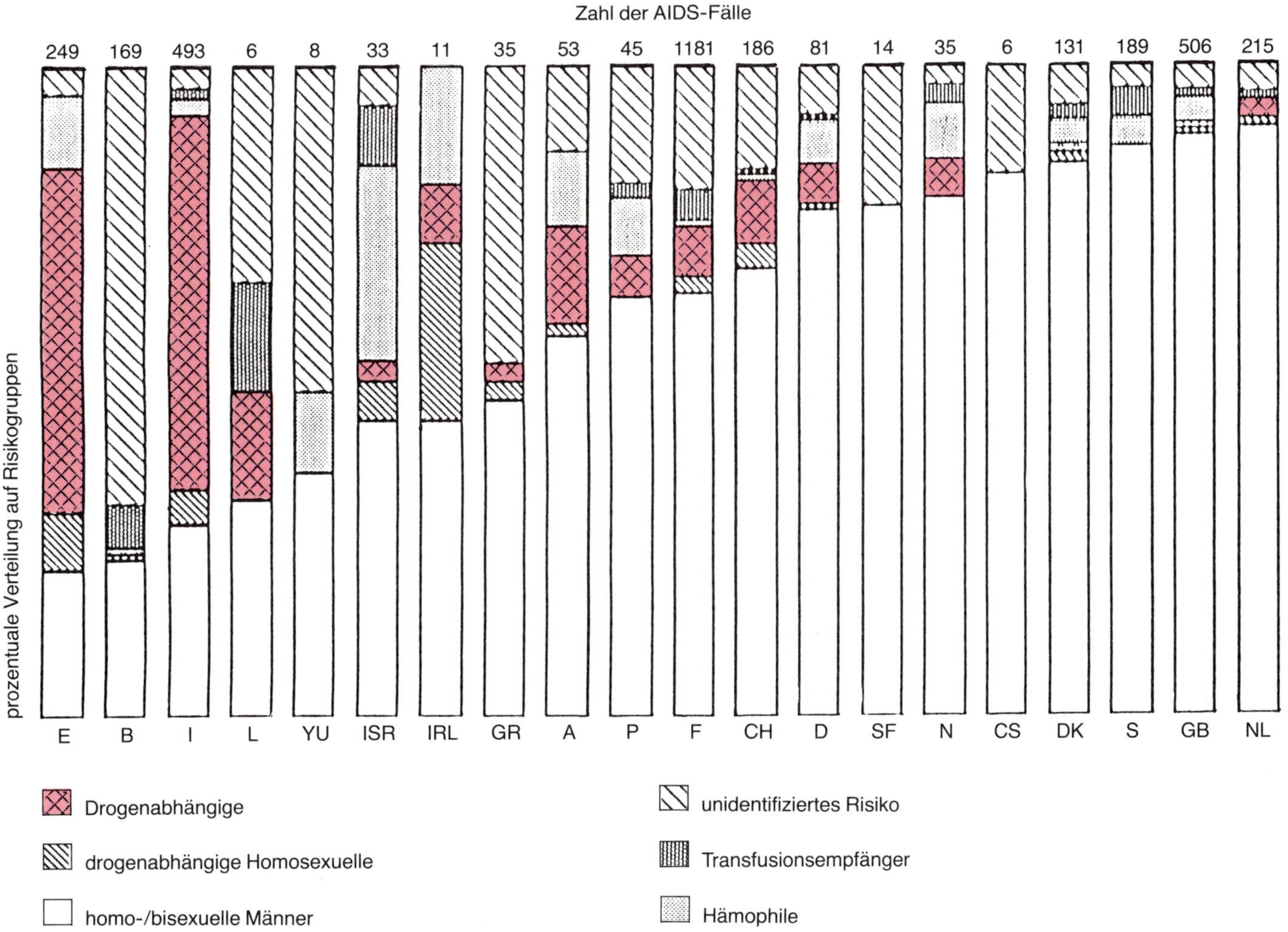

Zahl der AIDS-Fälle

| 249 | 169 | 493 | 6 | 8 | 33 | 11 | 35 | 53 | 45 | 1181 | 186 | 81 | 14 | 35 | 6 | 131 | 189 | 506 | 215 |

prozentuale Verteilung auf Risikogruppen

E B I L YU ISR IRL GR A P F CH D SF N CS DK S GB NL

Legende:

- ⊠ Drogenabhängige
- ⊠ drogenabhängige Homosexuelle
- ☐ homo-/bisexuelle Männer
- ◩ unidentifiziertes Risiko
- ▥ Transfusionsempfänger
- ▦ Hämophile

16.46 Die prozentuale Verteilung der AIDS-Fälle auf verschiedene Risikogruppen für 20 europäische Länder. Rot hervorgehoben sind die Drogensüchtigen, die einen auffallend variierenden Anteil der Fälle stellen. In Spanien und in Italien bilden sie die bei weitem größte Risikogruppe (nach den halbjährlichen Angaben des European Collaboration Centre on AIDS, Paris, Stand Anfang 1987).

hier hatte man 12 Teenager seropositiv gefunden sowie 39 Frauen, von denen bis auf zwei Prostituierte alle heterosexuelle Partner waren) und aus vielen europäischen Ländern sprechen eindeutig für eine zunehmende Virusverbreitung unter den Heterosexuellen. Das heterosexuelle Ansteckungspotential ist gerade dort relativ gut erkennbar, wo es nicht durch eine ungewöhnlich große Zahl von Drogensüchtigen oder Homosexuellen überdeckt wird (z. B. in Norwegen, wo im Mai 1987 von 412 befragten Virusträgern 182 homosexuell, 230 heterosexuell orientiert waren).

Die Schwierigkeiten sind prinzipieller Natur. Die Fallzahlen sind am Anfang stets niedrig und erinnern ein wenig an die nun schon fast „historische" Situation, als man etwa in Schweden mit wirklich geringen Fallzahlen (Abb. 16.48) darlegen wollte, daß eine AIDS-Epidemie drohte. Man mußte damals versuchen zu erklären, daß dieses Bild nur der Anfang einer Entwicklung war, wie sie etwa in der Abbildung 1.2 (Seite 4) wiedergegeben wird, und einer Logik folgt, wie sie aus dem Diagramm 1.6 hervorgeht. Dieses Problem wird man bei jeder neu auftretenden Art

16.47 Bei der routinemäßigen Testung von Schwangeren entdeckte HIV-positive Mütter (schwarze Dreiecke) und deren Neugeborene (Kreise). Die weißen Dreiecke markieren die Zahl der seropositiven Schwangeren, die keiner Risikogruppe angehören. Oben links eingefügt die Seropositivität unter weiblichen und männlichen Drogenabhängigen in Berliner Gefängnissen (L'age-Stehr, RKI, Berlin, sowie Schäfer et al., Universitäts-Frauenklinik, Berlin-Charlottenburg).

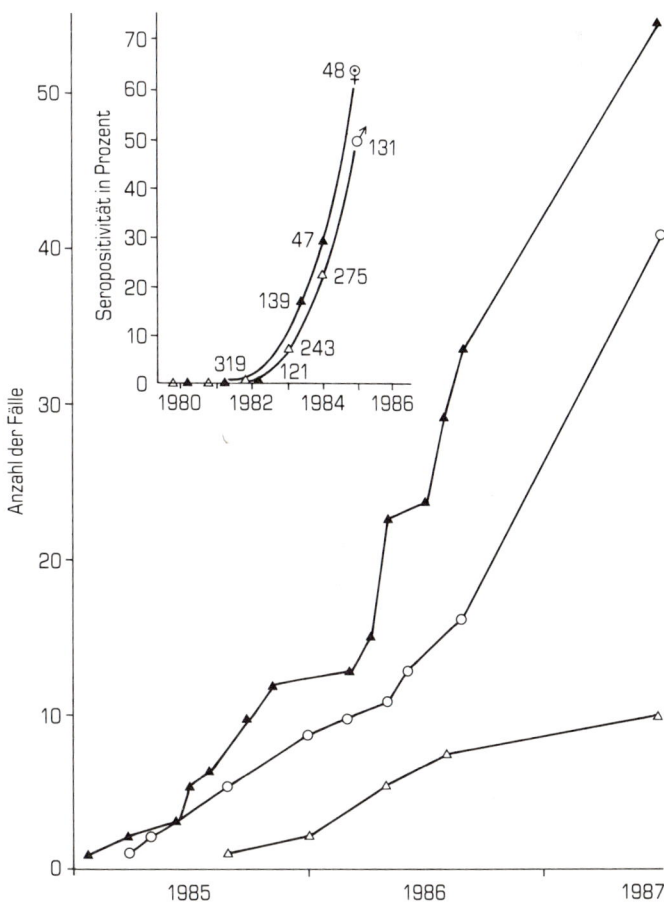

von Komplikationen und Sekundärfällen von AIDS immer wieder von neuem zu bewältigen haben.

Man kann allerdings etwas Zeit gewinnen, wenn man die Züge erkennt, die diese „Anfänge" gemeinsam haben, denn schließlich führt ja nicht jede neue Möglichkeit immer auch zu einer wirklich nennenswerten Virusverbreitung, leitet nicht jeder neue Fall gleich eine Serie ein. Man darf nicht grundlos immer das Schlimmste annehmen. Was also sind anwendbare Indizien?

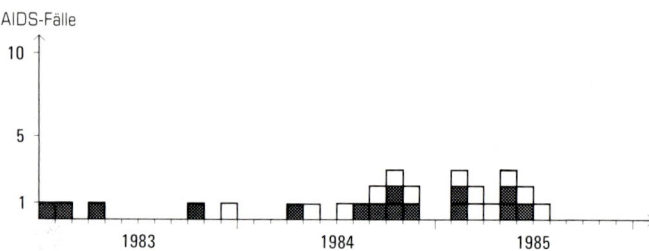

16.48 Der Beginn der AIDS-Epidemie in Schweden, etwa 28 registrierte Fälle Mitte 1985; Todesfälle dunkel (M Böttiger, SBL, Stockholm). Vergleiche die Abbildungen 1.2 und 1.6.

Ohne Zweifel benötigt man schon eine ausreichende Beobachtungszeit, um Schlußfolgerungen zu ziehen, und man braucht auch eine gewisse Erfahrung, um sie auswerten zu können. Wir wollen uns einmal in der Tabelle 16.8 anschauen, wie in der Infektionsklinik in Frankfurt (nicht die AIDS-Fälle, denn die geben ja kein aktuelles Bild, sondern) die Zahl der HIV-Infizierten unter den Frauen zugenommen hat. Diese sorgfältige Untersuchung und Protokollierung der einzeln anamnestisch abgeklärten Fälle verdanken wir Dr. S. Staszewski. Im Zusammenhang mit dem hier sichtbaren Trend lohnt sich ein Blick auf die Tabelle 17.1 auf Seite 203, in der Nils Bejerot die Entwicklung und die Verbreitung der Heroinsucht in Schweden festgehalten hat. Zwar liegen die schwedischen Zahlen, in konsequenter Fortsetzung jener Tabelle, heute schon hoch in den Tausenden, aber das Bild mag helfen, uns die Tabelle aus Frankfurt in die Zukunft verlängert zu denken. (Übrigens ist die Zahl der seropositiven Frauen in Frankfurt, wie zu vermuten, weiter rasch gestiegen, und bis heute sind schon über 30 weitere hinzugekommen. Eine Aktualisierung von S. Staszewski befindet sich in Vorbereitung.) Es ist wichtig, eine früh begonnene und einmal gut angelegte Studie über lange Zeiträume weiterzubetreiben. Das bekanntermaßen sehr gute Verhältnis zwischen den Ärzten des Frankfurter Klinikums und ihren Patienten bringt es auch mit sich, daß die dortigen Untersuchungen statistisch recht zuverlässig sind und die drop-out-Rate gering bleibt. Beobachtungsschwankungen gleichen sich über lange Zeiträume aus.

Wie schon vor mehreren Jahren (Brü.-Konf. 1985) von Donald Francis dargelegt, gibt es allen Grund, die Verbreitung des Hepatitis-B-Virus (HBV) aufmerksam zu studieren und für Analogieschlüsse heranzuziehen. Zwar ist nicht die Erkrankung vergleichbar, aber der Übertragungsweg, wenn auch mit verschiedenen Detailparametern. Wie recht Francis hatte, hat nicht nur die Entwicklung der letzten beiden Jahre gezeigt, sondern auch gezielte Untersuchungen etwa an drogensüchtigen Gefängnisinsassen in Frankreich (Abb. 16.49). Diese Ergebnisse sind besonders aufschlußreich, da man ja noch mit einer gewissen Unterdiagnostik bei der HIV-Antikörpermessung rechnen muß, so daß sich in diesen Kreisen offenbar das HIV mit ganz ähnlicher Geschwindigkeit verbreitet hat wie das HBV. Dies ist wichtig zu wissen für alle, in deren Berufsgruppe eine erhöhte Hepatitis-B-Prävalenz festgestellt worden ist (etwa Zahnärzte, Chirurgen, Endoskopiker), denn es läßt gewisse Risiken antizipieren — auch wenn sie heute wegen der kurzen Beobachtungszeit noch nicht zu quantifizieren sind.

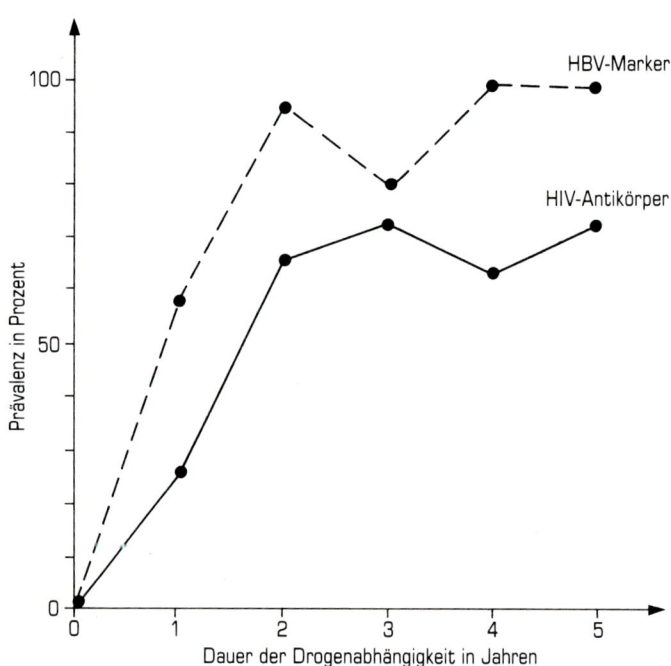

16.49 Anstieg der Prävalenz von Hepatitis-B-Virus-Markern (gestrichelt) und von HIV-Antikörpern (durchgezogen) bei drogenabhängigen Gefängnisinsassen in Frankreich (Espinoza, Hôpitale Pénitentiaire de Fresnes, Workshop on Heterosexual Transmission, Berlin, 17.–19. November 1986).

Als weiterer wichtiger Punkt ist zu nennen, daß die risikomindernden Verhaltensänderungen, die ja ohne Zweifel bei den für Ratschläge empfänglichen Menschen zu sehen sind, von der gleichzeitig ablaufenden weiteren HIV-Verbreitung teilweise kompensiert werden. Dies geht ungewöhnlich deutlich aus den bereits früher referierten Beobachtungen aus San Francisco hervor, wo man bereits vor Beginn der AIDS-Epidemie zahlreiche Serumproben von Risikogruppen-Mitgliedern (zu anderen Zwecken) eingefroren hatte (Abb. 15.2). Dieses Phänomen der ge-

Tabelle 16.8 Die Zunahme HIV-positiver Frauen in der poliklinischen AIDS-Sprechstunde des Frankfurter Klinikums, kumulierte Zahlen, geordnet nach den zu eruierenden Risikofaktoren (Staszewski, Infektionsklinik der Universität Frankfurt, Workshop on Heterosexual Transmission, Berlin, 17.–19. November 1986).

Datum der ersten Untersuchung		HIV-positive Frauen	Drogenabhängige (IVDA)		Heterosexuelle		Blutprodukte
Jahr	Quartal	n	Drogen	Drogen und Prostitution	Prostitution	Sex	
			n (%)	n (%)	n (%)	n (%)	n (%)
1984	I	–	–	–	–	–	–
1984	II	1	–	1	–	–	–
1984	III	2	–	2	–	–	–
1984	IV	2	–	2	–	–	–
1985	I	5	1	4	–	–	–
1985	II	7	1	6	–	–	–
1985	III	15	6 (40)	7 (46)	–	2	–
1985	IV	28	13 (46)	12 (42)	–	3	–
1986	I	45	22 (48)	15 (33)	2 (4)	3 (6)	–
1986	II	64	34 (53)	18 (28)	4 (6)	5 (7)	3
1986	III	83	43 (51)	21 (25)	5 (6)	10 (12)	4 (4)
1986	11/86	94	46 (49)	26 (27)	5 (5)	13 (14)	4 (4)

genläufigen Entwicklung ist von allgemeiner Bedeutung und muß bei den meisten Berechnungen von Risiken und Infektionsparametern berücksichtigt werden − eine typische Eigenschaft stetig veränderlicher Parameter in einem dynamischen System.

Trends zu beachten und auch die vielleicht komplizierten mathematischen Folgerungen daraus zu ziehen, ist offensichtlich von großer Bedeutung. Es würde ein eigenes Buch füllen, alle heute beobachtbaren Trends und ihre Veränderungen aufzuzählen. Zu diesen gehören auch die schon genannten Phänomene wie die Zunahme der Tuberkulose in gewissen Regionen (vgl. Abb. 16.13), die zunehmende Sterblichkeit der Drogensüchtigen an anderen Erkrankungen und die hohe Frequenz positiver Serumbefunde unter gewaltsamen Todesfällen. Wir wollten jedoch hier gar nicht erschöpfend auf diese Details eingehen, sondern eher anhand einiger Beispiele zeigen, wie sie sich äußern und auswirken können.

Nicht umsonst haben wir uns dabei sehr lange mit der Schilderung des Transienten aufgehalten, wie er erstmalig von dem norwegischen Mathematiker José J. González formalisiert (González und Koch 1986, siehe auch mathematische Ableitung im Anhang) und weiter bearbeitet worden ist (Koch et al. 1987, González und Koch 1987). Wir sind nämlich überzeugt, und das mag auch für manche der hier genannten Trendbeobachtungen zutreffen, daß man allen Grund hat, sich ganz allgemein transiente Phänomene bewußt zu machen. Sie sind nämlich sozusagen „Inhibitoren der Hellhörigkeit" und tragen stets zur Verwirrung des Beobachters bei. Sie sind offenbar ein Produkt aus Trägheit und Komplexität.

Transiente Phänomene − Aufmerksamkeitsfallen

Was ist nun eigentlich das Kennzeichnende an einem Transienten? Es ergibt sich aus den Bedingungen seines Zustandekommens, und diese lassen zugleich erkennen, daß es sich hierbei um ein sehr frequentes Phänomen von allgemeingültiger Bedeutung handelt. Transienten treten immer dann auf, wenn ein System nicht homogen, sondern komplex strukturiert ist, also z. B. wie eine Geige aus Elementen verschiedenen Materials, unterschiedlicher Dicke, Bauart und damit Trägheit besteht. Wird eine Geige einem äußeren Stimulus ausgesetzt, reagieren (das heißt hier: schwingen) anfangs in erster Linie die leicht beweglichen Komponenten, d. h. die hohen Obertöne setzen zuerst ein, während der tiefere Grundton sich erst verzögert aufbaut. (Dies gibt übrigens der Geige ihren spezifischen Klangcharakter.)

So kann man einen Transienten generell beschreiben als das anfängliche Dominieren eines schnellen Prozesses, der mit einem langsameren, trägeren Prozeß um unsere Aufmerksamkeit konkurrieren muß. Noch allgemeiner ausgedrückt besagt dies, daß das Laute, Schnelle, Große, Dominierende, Auffallende immer zuerst bemerkt wird, da es das Leise, Langsame, Diskrete, Verzögerte anfangs selbstverständlich überdeckt. Wie so häufig wird ein Phänomen, indem man es völlig durchschaut, zu einer Trivialität.

Es gibt zahlreiche Beispiele für derartige parallel laufende Ereignisse verschiedener „Aufmerksamkeitspenetranz", die uns zum Teil auch recht geläufig sind. So etwa kann bei einer Pilzvergiftung anfängliches Erbrechen mit heftigen Bauchschmerzen, die rasch abklingen, einen schleichenden Leber- oder Nierenschaden leicht übersehen lassen. So liegen die langsamen Spätwirkungen des Alkoholmißbrauchs (Persönlichkeitsabbau, Hirnschäden, Epilepsie) während des sinnfälligen Vollrauschs keineswegs schon auf der Hand, und so können sowohl Strahlenschäden durch die akute Übelkeit als auch ein Leberriß beim Autounfall (mit lebensgefährlichen, stillen, inneren Blutungen) durch die schmerzende, gebrochene Rippe eine Zeitlang übertönt werden. Aber wie soziale Probleme zur Slumentwicklung, Erosion zur Entvölkerung einer ganzen Region oder der Abbau

des Rechtsstaats letztendlich zur Einrichtung von Konzentrationslagern führen können, sind die langsamen Prozesse trotz folgenschwerer Entwicklungen oft erst im nachhinein zu erkennen. Man muß nach den möglicherweise im Verborgenen heranwachsenden Problemen schon aktiv Ausschau halten − sonst wird man lange von vordergründigen Phänomenen abgelenkt und schließlich von der Entwicklung überrascht.

Wir haben den initialen Transienten im Hinblick auf die Bestimmung der Inkubationszeit von AIDS beschrieben und auch die falschen Deutungen und voreiligen Entwarnungen, die von ihm ausgelöst werden. Weitere Transienten im Zusammenhang mit der AIDS-Epidemie kündigen sich an.

Eine Bevölkerung aus Millionen von Einzelindividuen, die von einem verschiedene Zelltypen und Organsysteme angreifenden Lentivirus infiziert werden, stellt nämlich ein komplexes System unterschiedlichster Reaktionsmuster und „Trägheiten" par excellence dar. Was für die Geige die äußere Stimulation − das sie in hoch- und niederfrequente Schwingungen versetzende Anstreichen −, ist für eine Bevölkerung die sie in mehr oder weniger Schrecken versetzende epidemiologische Bedrohung durch die HIV-Infektion. Verschiedene Komponenten (Compartments) reagieren verschieden. Manche Menschen reisen viel, andere nie. Manche besuchen Bordelle und hochpromiskuitive Dunkelkeller, andere leben im Kloster. Manche werden von der Gefahr neurotisiert, andere suchen sie. Manche ändern ihr Verhalten sofort, andere gar nicht. Manche sind kränklich und brauchen ständig Bluttransfusionen, andere besteigen Achttausender.

So haben wir bei etwas Nachsinnen schon etliche transiente Phänomene aus jüngster Vergangenheit ausmachen können. Unser erstes Bild von den Risikogruppen stimmte nur ein Jahr lang. Bald schoben sich zahlreiche andere ins Blickfeld. Weitere kommen, nur noch langsamer. Wie die Inkubationszeiten, so steigen die Progressionsziffern, der Anteil infizierter Ehegatten und infizierter Neugeborener mit zunehmender Beobachtungszeit weiter an. Alle Zahlenangaben gleiten, alles driftet langsam, auch unsere Auffassungen von den Risiken.

Die klinischen Manifestationen von AIDS schienen anfangs klar: PCP, Kaposi-Sarkom und opportunistische Infektionen. Dann kamen die zerebralen Lymphome, dann die Hodgkin- und Burkitt-Lymphome, dann Zungenkrebs und Tuberkulose, Thrombozytopenie und Sepsis, schließlich Enzephalitis und Hirnatrophie mit Demenz. Das sich Vordrängende wird langsam komplettiert von den unauffälligeren Prozessen, denen, die weniger sichtbar sind als die violetten, blutenden Veränderungen an der Stirn der Patienten, weniger hörbar als ihr trockener Husten. Aus Tausenden von Totenscheinen und aus diffusen Statistiken muß die Evidenz für eine erhöhte Mortalität an anderen Erkrankungen ausgegraben werden, muß die Signifikanz von Selbstmord und Autounfall, Endocarditis und ungeklärten Todesfällen errechnet werden. Das braucht Zeit.

Wir wollen etwas auf den bisherigen Inhalt dieses Buches zurückschauen, denn es überspannt die ganze jetzt etwa sechsjährige Geschichte der AIDS-Epidemie − nicht ohne guten Grund. Was lehrt sie uns? Auffassungen schwanken: HIV verbreitet sich mit Blut und Sperma. Auch mal bei einem einzelnen Sexualkontakt, sogar bei einem tiefen Nadelstich, nicht jedoch bei einem oberflächlichen. Oder doch auch bei oberflächlichen, aber nicht bei Zahnärzten. Jedenfalls nur bei einem einzigen. Und nie ohne Wunden. Jedenfalls nur selten ohne Wunden, und nie durch die Haut. Außer bei Ekzem, aber nie zwischen Geschwistern. Bis auf einmal. Und nie ohne eine gute Erklärung. Bis auf einige hundert Fälle... So sieht das aus nach nur etwa sechs Jahren Beobachtungszeit bei einer Erkrankung, deren normaler Verlauf in Jahrzehnten zu rechnen ist. Wie wird sich diese Schilderung in zehn Jahren anhören? Einen Gedanken ist das schon wert.

Neben all dem, was eigentlich schon akzeptiert ist, gehen gerade jetzt viele ähnliche Verschiebungen unserer Auffassungen vor sich. Sind statt der leicht zu untersuchenden T4-positiven Helferzellen vielleicht Makrophagen die primären Zielzellen von HIV? Kennt man noch nicht alle „Trampelpfade" der Virusverbreitung? Auch die beobachteten Zeitspannen für die Serokonversionslatenz steigen. Sprach man erst von 5 bis 12 Wochen, dann von einem halben Jahr, auch schon einmal von 40 bis 50 Wochen, schließlich von etlichen Jahren, beträgt zur Zeit die längste sichere Latenzzeitspanne schon über drei Jahre, und zwar bei einem homosexuell Infizierten (Ranki et al. 1987). Und, wenn man näher nachschaut, ist der Fall vielleicht so untypisch nicht. Sollte es Menschen geben, die durch geringe Virusmengen infiziert sind, bei denen sich das HIV anfangs nur in einigen Schleimhautmakrophagen eingenistet hat und die demzufolge eine ungewöhnlich lange Serokonversionslatenzzeit aufweisen, wäre dies heute ohne zielgerichtete Untersuchungen nicht festzustellen.

Die Fortschritte der intensiven AIDS-Forschung sind imponierend. Dennoch hat sich die Zahl der zu überwindenden Hürden nicht verringert — im Gegenteil. Auch die Einschätzung der bevorstehenden Hindernisse erwies sich als transient. Vor 4 Jahren sagten die Vakzineforscher voraus, es würde mit der Impfstoffentwicklung wohl 3 bis 5 Jahre dauern. Die sind heute fast um. Heute sprechen sie von 5 bis 7 Jahren; was werden sie in fünf Jahren sagen? Anfangs sah man **eine** große Schwierigkeit (Antigendrift), heute sieht man **vier**. Das Problem ist vielleicht immer noch nicht in seinem vollen Umfang sichtbar.

Was kommt noch im Zusammenhang mit der Antigendrift, mit eventuellen genetischen Rekombinationen, mit der einmaligen Chance dieses Lentivirus, sich nach langer Zeit des Dornröschenschlafes in einer geringen Anzahl abgeschieden lebender Infizierter plötzlich — Jackpot! — in Millionen Individuen verschiedenster Rassen und Altersstufen, HLA-Ausstattungen und Co-Infektionen vermehren zu können? Wer sich für clairvoyant hält, sage das alles voraus.

Es sieht sogar so aus, als herrschten selbst hinsichtlich der Reaktionen von Betroffenen und Entscheidungsträgern ähnliche Verhältnisse, die das Auftreten von „transienten" Einschätzungen und Beschlüssen, das schon beschriebene systematische „Lenti-Begreifen", begünstigen. Auch was das Urteilsvermögen anlangt, stellt eine Bevölkerung und ihre politisch-administrative Leitung ein äußerst inhomogenes Ganzes dar. Zuerst reagierten die Risikogruppen und bildeten ein festes Netzwerk von offiziell verankerten und finanzierten Organisationen, teils um den Pa-

tienten zu helfen, teils um ganzzeitig ihren Lebensstil gegen die kommenden Unbilden zu verteidigen. Dann reagierten die Politiker und taten, was gut aussah und sich gut anhörte. Sichtbar, laut und teuer. Man sieht es, hört es und bezahlt es. Was aber unter dem Strich als Effekt dabei herausgekommen ist, bleibt noch offen.

Die Bekämpfung dieser Epidemie ist sehr schwierig und wird zu einem zähen Kampf um menschliches Begreifen werden. Es wird ein Kampf gegen die Trägheit von Verhaltensnormen und Gewohnheiten. Gerade mit dem Phänomen der Trägheit sind die beschriebenen Transienten verknüpft. Es wird langsame Veränderungen in der erforderlichen Richtung geben, im Takt mit der jeweils erreichten Problemeinsicht und Akzeptanz gegenüber Maßnahmen. Das allgemeine Begreifen wird sich — ähnlich der Verdopplungszeit in Abbildung 16.29 — allmählich asymptotisch dem annähern, was wirklich der Fall, was angemessen ist, denn es steht in Relation zur aktuellen Intensität der Epidemie. Und die wiederum ist zehn Jahre hinter der wahren Entwicklung zurück. Das ist wieder des Pudels Kern. Deshalb werden sich noch viele heute allgemeinverbindliche Stellungnahmen als sehr kurzlebig erweisen, werden sich die Schwerpunkte der Problemstellungen und der Lösungsansätze ständig ändern. Vermutlich werden wir es in zehn Jahren ebenso schwer haben, die heutigen Diskussionen zu verstehen, wie wir schon jetzt verständnislos auf manchen Unsinn von 1982 bis 1984 zurückblicken wie: Können Bluter wirklich durch Faktor VIII infiziert werden? Oder Operierte durch Transfusionen? Soll man Blutspender untersuchen? Kann man sich überhaupt bei heterosexuellen Kontakten infizieren?

Eingedenk der Existenz initialer Beobachtungsfehler, perspektivisch verzerrter Wahrnehmungen und störender Aufmerksamkeitsschatten sollten wir hellhörig sein gegenüber ähnlichen Phänomenen. Wir dürfen nicht passiv warten, bis die Komplikationen auftreten, denn es liegt in der Natur der verzögerten Geschehnisse, daß sie es spät tun. Sondern wir müssen aktiv Wissen einholen, unsere Aufmerksamkeit fokussieren auf das, was antizipierbar ist, und uns nicht mit der Bestätigung dessen begnügen, was wir sowieso schon wissen. Dies ist der einzige Weg, um zu verhindern, daß sich die unerkannte und folgenschwere Existenz von Transienten ungebrochen in unserem jeweiligen Wissensstand und Problemverständnis widerspiegelt.

17 Die AIDS-Debatte

Die heftige Debatte, die um die AIDS-Epidemie herum stattfindet und die weitergehen wird, solange wir mit dieser Krankheit zu tun haben, läßt sich korrekt nur schildern, wenn man auch hier den ganzen Zeitraum gleitender Aussagen und Tendenzen ins Blickfeld holt. Als die neue Gefahr AIDS auftauchte, spielte sich in fast allen Ländern der Welt ungefähr das gleiche ab (wenn man einmal davon absieht, daß es in den letzten Jahren immer schwieriger geworden ist, das Problem zu verharmlosen.) Daher sollte es heute eigentlich leichter zu vermeiden sein, gewisse Fehler zu wiederholen.

Überall gibt es sowohl hellhörige als auch träge, sowohl vorsichtige als auch unachtsame Menschen — womit von Anfang an die Voraussetzungen für Spannungen gegeben sind. Zwischen Untergangspropheten und Bagatellisierern kann jeder sich den Standpunkt aussuchen, gegen den er schattenboxen möchte.

Wer zu zeitig erwachte, dem pfiff es häufig gehörig um die Ohren. Dies gilt sogar für kleine Länder wie Schweden oder Norwegen, wo in der Regel ein recht entspanntes Verhältnis innerhalb der Ärzteschaft herrscht. Auch in diesen Ländern sind heftige und unnötige Dispute über so selbstverständliche Maßnahmen entstanden wie die Kontrolle der Blutspender, die Frage steriler Kanülen für Drogensüchtige, eine adäquate Gesetzgebung, die Meldepflicht etc. Wenn alles dies einmal einige Jahre hinter uns liegt, werden jene, die sich dann überhaupt noch daran erinnern wollen, das meiste nur noch mit Mühe nachvollziehen können.

Mit die frühesten warnenden Stimmen in Europa kamen aus dem Robert-Koch-Institut in Berlin. Noch ehe man in London oder Paris, wo ebensoviel Grund dazu gewesen wäre, systematische Informationskampagnen plante, hatten die Berliner Wissenschaftler – eine Art störende „Frühaufsteher" – das Begreifen der Situation bereits in Informationen umgesetzt. (Die ersten westdeutschen AIDS-Fälle waren ihnen aus Frankfurt mitgeteilt worden, jener am schwersten betroffenen deutschen Großstadt; Helm et al. 1982.) Nachdem die ersten Publikationen aus dem Robert-Koch-Institut im Laufe des Jahres 1982 fast völlig ignoriert wurden, intensivierte man 1983 die Informationen, die dann auch bald zur Kenntnis genommen wurden.

Was die öffentliche Aufmerksamkeit diesem Thema gegenüber betrifft, muß man, neben H. Klare (*Stern*), der Wissenschaftsredaktion des *Spiegel* ein Lob aussprechen, auch wenn diese Ansicht insbesondere von vielen Sexualwissenschaftlern, die ihre Aufgabe unverzeihlich verschlafen haben, nicht unbedingt geteilt wird. Das Aufsehen, das die längeren *Spiegel*-Berichte zu diesem Thema im Juni 1983 und im November 1984 erregten, führte natürlich unter anderem auch zum Wiederaufleben latenter Ressentiments gegen Homosexuelle, was diese dem Magazin verübelten. Man hatte die ersten Vorwarnungen im *Spiegel* (1982) übersehen und war dem Überbringer einer schlechten Nachricht böse. Möglicherweise sah man nicht, daß große Teile der Information lebensrettend waren und daß es schwierig ist, etwas Schlimmes mitzuteilen, ohne Unruhe zu schaffen.

Natürlich ist auch der *Spiegel* dem initialen Trugschluß zum Opfer gefallen, der die Wissenschaftler in aller Welt genarrt hatte: Die Krankheit und ihre Ausbreitung wurde hauptsächlich mit den homosexuellen Männern verknüpft. Diese falsche Auffassung war zu jenem Zeitpunkt eigentlich schwer zu vermeiden. Vorgeworfen wurde dem *Spiegel* auch, er habe das Ausmaß der Bedrohung „übertrieben". Wer nicht aufmerksam las und keine weiteren Informationen einholte, konnte das glauben. Heute wissen wir jedoch, daß die Berichte in der Sache verblüffend korrekt waren und sich wohl auch in 20 Jahren noch werden sehen lassen können. Das etwas provokative Titelblatt des *Spiegel* vom Sommer 1983 (Abb. 17.1) suggerierte bereits ein Virus, und was der damalige Bericht an eventuell lebensrettenden Verhaltensänderungen bewirkt haben mag, ist vermutlich das Beste, was journalistische Information erreichen kann.

Es gab zu jener Zeit keine einzige europäische Zeitschrift, die auch nur andeutungsweise ähnlich umfassende Informationen brachte. Es sollte noch fast ein Jahr dauern, ehe andere Journalisten das Thema ebenso ernsthaft aufgriffen. An zusammenfassenden Bewertungen der Lage mangelte es damals sogar in der wissenschaftlichen Literatur. Die einzige wirklich gründliche Schilderung der neuen Krankheit aus jener Zeit stammt von L'age-Stehr (April 1983) und hat noch heute bei kritischer Lesart Bestand.

Ohne Zweifel haben zahlreiche Betroffene die aus der Information entstehende Unruhe teuer bezahlt. Bluter wurden gemieden und Homosexuelle aus Badeanstalten verwiesen, Zahnärzte lehnten Patienten ab, und Pflegepersonal vermummte sich in übertriebener Weise. Tragischer jedoch sind die vielen, wahrlich unnötigen Infektionen von Blutern durch Koagulationspräparate. Obwohl es in den USA schon 1982 als bewiesen galt, daß das AIDS-Virus mit Faktor-VIII-Konzentraten übertragen wurde (dies ist auch mit ein bißchen biologischem Sachverstand leicht zu begreifen), waren die Anstrengungen der Fachwelt anfangs hauptsächlich darauf gerichtet, derartige Befürchtungen aus der Welt zu schaffen. Trotz durchaus hinreichend beunruhigen-

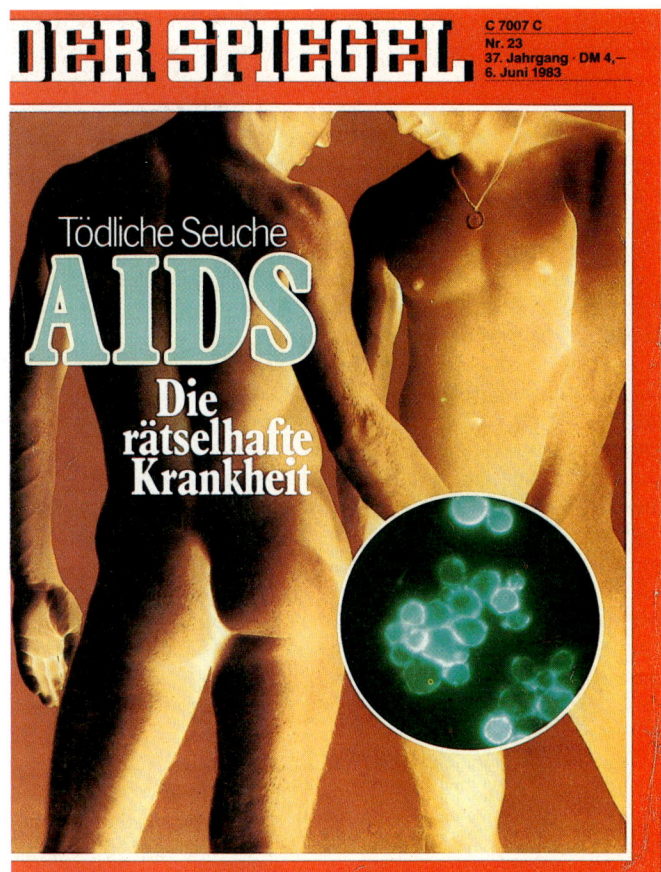

17.1 Das Titelblatt des *Spiegel* vom 6. Juni 1983.

17.2 Meinrad A. Koch, Johanna L'age-Stehr und Rudolf Kunze vom Robert-Koch-Institut in Berlin, das dem Bundesgesundheitsamt (BGA) angeschlossen ist (Foto: Harald Schmitt, Copyright 1985 *Stern*).

der Informationen aus den USA wurde mit verblüffender Konsequenz verhindert, daß sich an der Handhabung von Blutprodukten etwas änderte. Jene Patienten, welche die intensivste Behandlung mit amerikanischen Importpräparaten erhielten, gehörten auch prompt zu den am frühesten Infizierten. Als die ersten Bluter an merkwürdigen Erkrankungen zu sterben begannen, wurden andere Todesursachen angenommen und blieben etliche AIDS-Patienten ohne eine korrekte Diagnose. Allmählich war jedoch nicht mehr zu verbergen, was sich hier abspielte. Es ist merkwürdig, daß der Wille, das sich Anbahnende zu verdunkeln, überhaupt so stark ist — in der Regel werden die Probleme ja doch nur ein wenig aufgeschoben.

Am Robert-Koch-Institut entwickelte man sehr bald einen der damals empfindlichsten Tests auf HIV-Antikörper und kam deshalb auch sehr früh dazu, den überraschend hohen Grad der Durchseuchung in Westdeutschland zu entdecken. Doch obwohl in den Kliniken Berlins, Frankfurts und Münchens nun bereits die ersten AIDS-Patienten starben, kam es immer noch vor, daß sogar ärztliche Kollegen in hoher Stellung von einer „Erfindung sensationslüsterner Epidemiologen" sprachen. Die spätere Entwicklung hat jene Stimmen dann langsam zum Schweigen gebracht. Die Erinnerung an das damals Gesagte und Geschriebene ist allerdings manchmal wenig erbaulich für den, der heute aus guten Gründen versucht, seine früheren Stellungnahmen zu verfälschen oder ihnen durch gleitende Auslegungen eine veränderte Bedeutung zu geben.

Die erste deutschsprachige Zusammenfassung zum Thema AIDS war schon 1982 im Rahmen eines Tätigkeitsberichts des Bundesgesundheitsamtes erschienen: „Untersuchungen zur Ursache einer neuartigen Epidemie von Tumoren und letalen Erkrankungen" (die Autoren waren die in Abbildung 17.2 gezeigten J. L'age-Stehr, M. A. Koch und R. Kunze). Rückblickend haben wir es einer glücklichen Kombination von Umständen zu verdanken, daß in Westdeutschland schon sehr zeitig Warnungen an die hellhörigen Mitglieder von Risikogruppen ergingen.

Das Bundesgesundheitsamt, das die ersten AIDS-Fälle Westdeutschlands zentral registrierte, vereint nämlich viele Funktionen und Fähigkeiten unter einem Dach: So besaß eine eigentlich mit der Herstellung von Gelbfieber-Impfstoff befaßte Mitarbeiterin (Johanna L'age-Stehr) als Immunologin und Internistin spezielle Kenntnisse von B- und T-Zellen sowie von immunologischen Regulationsprozessen; in ihrer Funktion als wissenschaftliche Sekretärin der „Zentralen Kommission für die biologische Sicherheit in der Neukombination von Nukleinsäuren" (ZKBS) hatte sie außerdem jahrelang Anträge auf Sicherheitsüberprüfung von gentechnologischen Experimenten zu bearbeiten. Jedesmal mußten die möglichen biologischen Risiken beurteilt und eventuelle zusätzliche Sicherheitsauflagen für die Durchführung der Experimente vorausschauend formuliert werden. Nicht selten ging es um Versuche mit pathologischen Bakterien und krebserzeugenden Retroviren, und es war klar, daß jeder in Zukunft etwa eintretende Laborunglücksfall und jede biologische Katastrophe infolge „ausbrechender" Laborkeime eine penible nachträgliche Untersuchung aller gefaßten und verpaßten Beschlüsse auslösen würde. So gab es allen Anlaß, sich die biologischen Risiken dieser Experimente wirklich gründlich durch den Kopf gehen zu lassen, wozu eben auch eine realistische Einschätzung der Gefährlichkeit jener Viren gehörte.

Das also war die Ausgangslage, als gerade diese Mitarbeiterin begann, die Berichte über die ersten AIDS-Fälle in der Bundesrepublik zu sammeln. Nach anfänglichen Überlegungen über mögliche immunologische Störungen als primäre Ursache von AIDS war dann nach Entdeckung eines für AIDS kausalen Retrovirus der Weg zur Einsicht in die Gefährlichkeit der aktuellen Epidemiesituation naturgemäß sehr kurz — handelte es sich doch ungefähr um den schlimmsten Alptraum, den man sich ausmalen konnte: daß nämlich ein gefährliches (etwa ein krebserzeugendes) Retrovirus — zu allem Überfluß noch eines mit langer Inku-

bationszeit und ohne spezifische initiale Symptome, mit hoher Krankheitspenetranz und von 100%iger Letalität, mit einer Kopplung an sexuelle Kontakte und Blutübertragungen sowie ausgerüstet mit neuen, ungewohnten und tödlichen Eigenschaften — ein Labor verlassen könnte, um sich leise und unbemerkt jahrzehntelang über große Teile der Welt zu verbreiten und die Menschheit, ohne daß sie es merkte, zu durchseuchen. Plötzlich sah es so aus, als sei genau dies auf unerwartete Weise zur Wirklichkeit geworden.

Außer bei wohlinformierten Fachkollegen und Ärzten einiger zentraler Infektionskliniken, die schon ihre ersten AIDS-Patienten sahen, fanden diese Überlegungen anfangs nur ein klägliches Echo. In dichter Folge wurden mehrere Artikel publiziert, die eigentlich dazu geeignet waren, in Fachkreisen jenes Interesse zu erregen, das die Situation im Grunde verlangte (Kunze 1982, Helm et al. 1982, L'age-Stehr et al. 1982, L'age-Stehr und MA Koch 1983, L'age-Stehr 1983). Gewisse medizinische Zeitschriften lehnten sogar — man höre und staune — eine vorgeschlagene Zusammenstellung von Informationen zu diesem Thema als unter ihrer Würde ab. Wer dem BGA, das zahlreiche Fragen sachlich und dem damaligen Stand der Erkenntnisse nach korrekt beantwortete, vorwarf, „aus reiner Sensationslust Aufmerksamkeit erregen zu wollen", konnte die Wahrheit kaum weiter verfehlen.

Andere hatten inzwischen ihr Äußerstes getan, um sowohl eine korrekte Beurteilung der Lage als auch die dringend gebotenen Präventivmaßnahmen nach besten Kräften zu verhindern. Noch 1984 konnte man lesen (Eibl 1984), daß die drei ersten AIDS-Fälle bei Hämophilen „übereilt" rapportiert und „unglücklicherweise" und „irrtümlich" als solche klassifiziert worden waren (in: Landbeck (Hrsg.) 1984, S. 75 f., 82). Diese Darstellung wurde von Versuchen begleitet, die AIDS-Symptome dieser Patienten anderweitig zu erklären (einen Fall von PML etwa, einer für AIDS qualifizierenden Hirnerkrankung, führte man auf übermäßigen Alkoholgenuß zurück); man bezeichnete die Patienten als „von der Idee beeinflußt, sie litten an AIDS".

Dies alles setzte sich erstaunlich lange fort. Noch im Dezember 1984 schrieben sieben leitende westdeutsche Hämophilie-Experten in einem Leserbrief (*Spiegel* 1984-52): „Aufgrund der genannten Argumente müssen Berichte über einen Beweiszusammenhang zwischen positivem HTLV-III-Test und AIDS-Erkrankungen als Spekulation zurückgewiesen werden." Man traute seinen Augen kaum. Dies wurde zu einem Zeitpunkt geschrieben, als es ca. 9000 AIDS-Patienten mit einer erdrückenden Prävalenz von HIV-Positivität gab, als in den USA bereits 60 Hämophile und 100 Transfusionsempfänger an AIDS erkrankt waren, und zwei Jahre, nachdem die CDC festgestellt hatten, daß Transfusionen und Faktor-VIII-Konzentrate die Krankheit übertragen konnten.

Die heftigen Diskussionen zum Thema AIDS wurden begleitet von persönlichen Angriffen, als die Warnungen des Robert-Koch-Institutes am BGA von anderen, weniger gut informierten Kollegen kritisiert wurden. Unter dem Titel „Keine Angst vor der Liebesseuche" gab die *Quick* am 9.6.1983 die markigen Worte eines Münchner Virologen wieder: „In einem Jahr werden wir den Erreger kennen, dann spricht keiner mehr von AIDS." Es ist zu hoffen, daß diese haarsträubende Fehlprognose, die zu einem erstaunlich späten Zeitpunkt ausgesprochen wurde, lediglich ungenau zitiert ist.

Behauptungen dieser und ähnlicher Art mußten ständig widerlegt werden, und überall in der Welt nahm und nimmt diese wenig erfreuliche Tätigkeit einen unangemessen großen Teil der Zeit und der Kraft jener in Anspruch, die wahrlich Wichtigeres zu tun hätten.

„Direkte Beziehung HTLV-III — AIDS nicht erkennbar" beruhigte die *Ärzte-Zeitung* (7.7.1983, Nr. 123) ihre Leser. Insbesondere der Virologe F. Deinhardt behielt den bagatellisierenden Ton bis heute bei und benutzte mit Vorliebe Ausdrücke wie

„AIDS-Gespenst" und „AIDS-Hysterie", um die Lage zu beschreiben. Er versicherte, „nur ein Bruchteil der Infizierten bekomme die Krankheit", AIDS sei „nicht mal durch den normalen Geschlechtsverkehr übertragbar" (*AZ-Magazin*, 31.10.1984), und „es sei etwas übertrieben, wenn man hier von einer Epidemie, einer neuen Seuche, spricht" (*MMW*, Extrablatt 2.9.1983). Insbesondere vertrat er die Ansicht, die Äußerungen von seiten des Bundesgesundheitsamtes übertrieben die Bedeutung dieser Epidemie erheblich. Heute kann man leicht sehen, wer damals die Lage begriffen hatte. Dessen ungeachtet gelang es aber manchem dieser „Experten" doch noch, auf den abgefahrenen Zug zu springen und zum AIDS-Berater des Gesundheitsministeriums zu avancieren. Das ist der Lauf der Welt.

Vielleicht ist all dies typisch für ein großes Land mit mehreren „Epizentren", mit zahlreichen ehrgeizigen Kollegen, mit Konkurrenzsituationen und Profilneurosen. Aber es spiegelt auch etwas allgemein Menschliches wider, etwas, das man zumindest in abgeschwächter Form überall finden kann – den Unwillen, um nicht zu sagen die Unfähigkeit, vor sich selbst und anderen einen Irrtum einzugestehen. Die daraus entstehende Situation wird in der Regel erst innerhalb langer Zeiträume behoben, manchmal sogar erst, wenn der Uneinsichtige abtritt. (Man denke an Ignaz Semmelweis, der viele Jahre lang vergeblich versuchte, bei einem trotzigen Klinikchef Gehör für seine vernünftig begründeten und wichtigen Ideen zum Kindbettfieber zu finden. Die Unnachgiebigkeit jenes Vorgesetzten dürfte ungefähr 5000 Müttern des damaligen Wien das Leben gekostet haben. Rettung kam in Gestalt seiner Pensionierung.)

Im Zusammenhang mit der AIDS-Epidemie geht jedoch alles so schnell, daß auf die vermittelnde Wirkung der Zeit kaum zu hoffen ist. Die Diskussion wird außerdem auch aus anderen Gründen mit häufig sachfremdem Eifer geführt, was die Atmosphäre sehr belastet. Auch innerhalb der Ärzteschaft wird die Debatte unter Zeitdruck und heftigem Engagement bei noch unfertigen Positionen geführt.

Eine andere, ungewöhnliche Seite dieses Problems ist das intensive öffentliche Interesse, das sich eingestellt hat, als die Information sich erst einmal auszubreiten begann. Diese Entwicklung bedrohte nicht nur die Arbeitsruhe jener, die sie am meisten brauchten, sondern brachte auch mit sich, daß interessierte Laien und Zeitungsleser mehr über AIDS wissen konnten als ein solider Arzt, der angestrengt arbeitete. Jener kann nämlich täglich ausführliche aktuelle Berichte lesen, während dieser sich auf den normalen, langsameren und sicheren Informationsfluß über wissenschaftliche Zeitschriften und Bücher verläßt. Vorsicht ist eine große Tugend wissenschaftlicher Haltung, aber sie kann Zeit kosten. Und Zeit ist etwas, das wir in dieser Frage wahrlich nicht haben.

Panik?

Das Auf und Ab in den Massenmedien führt zu einem Kernpunkt der ganzen AIDS-Debatte, nämlich zu der Frage, ob es berechtigt ist, Panik zu empfinden, Panik auszulösen, mit Panik zu rechnen, sich mit Panik abzufinden, Panik zu dämpfen, ihr entgegenzuwirken oder sie gar um jeden Preis zu verhindern. Es liegt so viel in diesem abgegriffenen Wort (und dessen Cousin „Hysterie"), daß man seinen Inhalt einzufangen versuchen sollte, ehe man Stellung nimmt.

Vernünftigerweise ist unter Panik mehr zu verstehen als lediglich berechtigte Unruhe. Mit Panik meint man in der Regel eine schlecht kontrollierte, rasch entstehende Angst, die Züge von Fluchttendenzen oder Verzweiflung in sich birgt. Diese Reaktion ist häufig lähmend oder schafft zumindest die Voraussetzungen für ein schlecht durchdachtes und übereiltes Handeln. Affekte dominieren über das Nachdenken – so mag es dazu kommen, daß Menschen an einer verschlossenen Tür rütteln,

statt eine offene zu suchen, einander beim Verlassen eines brennenden Hauses behindern, statt zu helfen.

Angesichts dieser ziemlich allgemeinen Auffassung vom Inhalt des Begriffes „Panik" und der schwächeren Spielart unvernünftigen und unangemessenen Reagierens, der „Hysterie", lassen sich die oben gestellten Fragen leicht beantworten. Natürlich sind sowohl Panik als auch Hysterie negative Erscheinungen, die niemand wünschen kann.

Mit dem Begriff Panik wird des weiteren ein kollektives Verhaltensmuster bezeichnet, das sich jeder vernünftigen Diskussion weitgehend entzieht und sich rasch verbreiten kann, indem es andere mitreißt. Diese kollektive Art von Panik ist besonders schwer zu beeinflussen. Etwas anderes, das manchmal auch mit dem Wort Panik bezeichnet wird, ist ein Gefühl starker Unruhe ohne die beruhigende Aussicht, das Problem bald unter Kontrolle zu bringen. Bei guter Urteilskraft kann eine solche Unruhe durchaus einmal berechtigt sein. Häufig ist eine derartige, begründete Unruhe – etwa innerhalb der primär bedrohten Risikogruppen – als „Panik" bezeichnet worden, während es sich doch nur um ein Zeichen dafür handelte, daß man die Situation verstanden hatte.

Wenn man sich nun darüber einig ist, daß Hysterie und Panik vermieden werden sollten, bleibt noch die Frage, ob um jeden Preis. Sollte man vernünftigen und mündigen Menschen tatsächlich lebensrettende Informationen vorenthalten, die sie bekommen müßten und auch wollen, nur um anderen Menschen vielleicht ein Gefühl der Panik zu ersparen? Natürlich nicht. Das wäre ebenso unvernünftig wie das Gegenteil – also dermaßen zu übertreiben, daß auch die desinteressiertesten und dickfelligsten Menschen zu erschrecken begännen, während viele andere schon längst ohnmächtig geworden wären.

Selbstverständlich darf man hier nicht übersehen, daß die Kräfte und die Ängste, die von der AIDS-Problematik freigesetzt werden, das normale Maß deutlich übersteigen. Es ist zu Depressionen, zu Morden, Selbstmorden und anderen Verzweiflungstaten gekommen, was natürlich in alle Abwägungen eingehen muß. Andererseits ist aber auch das, was man durch rechtzeitige Information verhindern will, so ungewöhnlich schwerwiegend, daß es vieles aufwiegen kann. Das Problem ist notwendigerweise, daß die Bedeutung eines Selbstmordes sehr viel unmittelbarer einsichtig ist als die tückischen Eigenschaften der HIV-Infektion und ihrer epidemischen Verbreitung.

Für eine Weile mag man glauben, dieses Dilemma ließe sich dadurch lösen, daß man ängstlichen und robusten Menschen verschiedene Informationen gibt. Dies jedoch resultiert in der Regel darin, daß man sich rasch in Widersprüche verwickelt und an Glaubwürdigkeit verliert. Schon heute ist es soweit, daß viele Erklärungen öffentlichen Charakters nicht zusammenpassen und einer laufenden Revision bedürfen. Dies ist zum Teil unvermeidlich, da der Wissensstand sich ständig verändert. Es gilt jedoch zu verhindern, daß als Folge von allzu offensichtlichen Fehlbeurteilungen das allgemeine Vertrauen zerstört wird.

Es ist wichtig, als notwendig erkannte Entscheidungen unverzüglich zu treffen. Nur dann wird unser heutiges Verhalten auch noch in zehn Jahren einer kritischen Beurteilung standhalten.

Bei so schwerwiegenden Beschlüssen, wie sie hier erforderlich sind, mag es nützlich sein zurückzublicken, zurück in unsere Vergangenheit, zum Anfang anderer großer Probleme. Wir sollten den Beginn des Waldsterbens betrachten, den der Weltkriege, der großen Epidemien und anderer Probleme, die so unheilvoll waren, daß niemand seinerzeit wagte, sie zu Ende zu denken. Dann finden wir, daß es stets zwei Risiken gab, zwei Möglichkeiten des Fehlverhaltens: leichtfertig (etwa aus Wichtigtuerei) unangebrachte Panik zu erzeugen oder (etwa aus der Trägheit des Verstandes) die Menschen unberechtigterweise in Sicherheit zu wiegen. Beides kommt in solchen Situationen mit unausweichlicher Gewißheit vor.

An Beispielen für träges Begreifen mit furchtbaren Folgen mangelt es nicht. Bequeme und ängstliche Menschen sind immer schwer zu aktivieren und erklären dies gern mit „Umsicht" oder „Vorsicht". Sie haben ihre Leitsterne stets „oben" in der Hierarchie und machen sich selten um der Gefährdeten willen vermeidbare Unbequemlichkeiten. Unter ihnen sind jene stromlinienförmigen Karrieremenschen, die man nicht ohne Grund auf hohen Posten zu finden pflegt. Durch diesen natürlichen Prozeß muß auch die „Karriere der Mittelmäßigkeit" bei dem Vorgesetzten und Kontrahenten von Ignaz Semmelweis zustandegekommen sein. „Manche Menschen sind von der Natur der Lava. Weich werden sie aus der Tiefe auf den Gipfel geschleudert, um dort zu erstarren." (Stanislaw Lec)

Entgegen allen Wünschen mancher furchtsamer Behördenvertreter müssen wir auch heute mit dem Risiko für Panik leben. Es gibt zu diesem schwierigen Balancegang zwischen dem Dramatisieren und dem Bagatellisieren keine echte Alternative. Beide Fehler mögen vergleichbar schwer erscheinen; für den Betroffenen und seine Familie jedoch kann unnötige Angst weniger verhängnisvoll sein als eine tödliche Krankheit, die hätte vermieden werden können.

Wir machen es uns heute beim Rückblick auf ähnliche Situationen manchmal etwas leicht. So hört man häufig verächtliche Äußerungen über die Ängste der Menschen in der Zeit der Tuberkulose, die wir heute mit anderen Augen sehen. Es ist wahr, daß damals viele Maßnahmen ergriffen wurden, die jetzt als unnötig erkennbar sind. In einer Zeit jedoch, wo man noch nicht unsere Einsichten und therapeutischen Möglichkeiten besaß und wo in manchen Familien (mir ist solch ein Fall persönlich bekannt) zwölf von dreizehn Kindern an Tuberkulose starben – war es da nicht vielleicht der Weisheit besserer Teil, der die Menschen damals Türklinken lieber einmal zu oft als einmal zu wenig putzen ließ? War nicht die Angst eines Vaters davor, diese Krankheit in seine Familie einzuschleppen, ja, vielleicht sein an Panik grenzendes Gefühl gegenüber dieser mystischen Krankheit trotz allem verständlich? Ist es nicht für jeden ein handlungsrelevanter Alptraum, daß man seine eigenen Kinder zu langsamem Siechtum an der Schwindsucht verurteilen könnte? Mit etwas Phantasie werden wir manche Vorsichtsmaßnahme jener Zeit mit mehr Verständnis sehen. Das vorherrschende Urteil über die damaligen Ereignisse ist nicht frei von ahnungsloser Überheblichkeit.

Wir können heute feststellen, daß die Erkenntnisse über den Erreger der AIDS-Epidemie und seine Eigenschaften so rasch gewonnen worden sind, wie es noch nie in der Medizingeschichte geschehen ist. Es besteht aber die Gefahr, daß wir uns durch ein reines Nachahmen der Fehler anderer die Chancen zur optimalen Eindämmung dieser Seuche – eine Chance, die wir im Grunde haben – aus den Händen gleiten lassen.

Die ersten solchen verpaßten Gelegenheiten sind im Rückspiegel der kurzen AIDS-Geschichte bereits zu sehen. Wie das meiste, worüber man sich heute überrascht entsetzt – Hungerkatastrophen, Überbevölkerung, Milieuzerstörung, Rassenprobleme und Waldsterben – handelt es sich um völlig klare Konsequenzen von Dingen, die lange auf der Hand lagen und auch bekannt waren.

Ein Blick in die Seuchengeschichte

> „Nur rühr nicht an den Schlaf der Welt"
> (Christian Friedrich Hebbel, *Gyges und sein Ring*)

Manchmal muß man zurückblicken, um nach vorne zu schauen. So wollen wir einige Gedanken der Seuchengeschichte widmen und mit einer Krankheit beginnen, die gelegentlich zu Vergleichen mit AIDS herangezogen wird: dem „Aussatz", der Lepra. Wem diese Erkrankung, deren Ansteckungsgefahr lange un-

terschätzt worden ist, zu weit entfernt erscheint, sei ein Besuch des faszinierenden und ergreifenden Lepra-Museums in Bergen empfohlen. So viel Leid, so viele Schicksale, aber auch so viel Wärme und Aufopferung sind selten auf so beschränktem Raum zu sehen. Die Bilder und die Krankengeschichten helfen uns, die Erinnerung zu bewahren an den Ernst jener Krankheit, die weit bis in unser Jahrhundert hinein Menschen selbst in Norwegen gegeißelt hat. (Der letzte Lepra-Patient in Bergen starb 1960.) Erst in jüngster Zeit haben zunehmendes Wissen und Behandlungsmöglichkeiten den Schrecken dieser rätselhaften und schleichenden Krankheit verblassen lassen.

Will man aus der Vergangenheit lernen, muß man sie kennen. Es ist schon schwer, heute über alles Aktuelle gut informiert zu sein – im Hinblick auf längst vergangene Zeiten gilt das erst recht. Abgesehen von den schon erwähnten Büchern (Tuchman 1985, McNeill 1983, auch Halter 1986) gibt es eine unerschöpfliche Quelle des seuchengeschichtlichen Wissens in den Werken Stefan Winkles (Hamburg). Eine lange Reihe von Publikationen deckt die Zeit vom klassischen Athen und Rom (Winkle 1984-1, -2, -3) über das Mittelalter bis zu so jungen Ereignissen wie der großen Cholera-Epidemie in Hamburg von 1892 ab (Winkle 1972, 1982, 1983-1, -2, 1983/84, 1985-1, -2); es handelt sich um sehr vielseitige und scharfsinnige Analysen der Bedingungen der jeweiligen Zeit. Neben Publikationen über Seuchen wie „Loimos", Malaria oder Typhus in der Antike sowie spätere Epidemien von Pest, Cholera, Pocken und Gelbfieber hat er auch Monographien über Epidemien in Berlin, München, Paris, London, New York, Moskau, St. Petersburg, Warschau usw. verfaßt, und man wartet voller Spannung auf die von ihm geplante zusammenfassende Kulturgeschichte zu diesem Thema. Es wäre dies der Abschluß einer 45jährigen Forschungsarbeit und sicher aller Aufmerksamkeit wert. Wer einen Vorgeschmack bekommen will, lese seine Artikel über die griechischen Stadtstaaten und das antike Rom (Winkle 1984-1 und -2).

Seuchen haben die Völker in verschiedenster Weise überfallen, manchmal plötzlich, manchmal mit langer Vorwarnzeit. Manche waren verödend, andere hinterließen Leiden und Spuren, die in überschaubarer Zeit verheilten. Immer war es ein schweres Schicksal für die, die es betraf, und immer haben Menschen sich Gedanken über den Umfang und die Unvermeidlichkeit dieser Seuchen gemacht.

Als Griechenland auf der Höhe seiner Macht und seiner Entwicklung stand, näherte sich die Kunde einer Seuche, die es auf dem Wege über das Meer zu erreichen drohte. Die Führenden des Staates Athen ermahnten die Bevölkerung, die Ruhe zu bewahren und den vorbeugenden Maßnahmen zu vertrauen, die ergriffen worden waren. Man pries die eigene Voraussicht und Tüchtigkeit, bis die Seuche kam und alle eitle Hoffnung hinwegfegte. Es begann im Hafen, in den niederen Sozialschichten und unter jungen Menschen, um sich dann rasch durch alle Gassen und Straßen der Stadt zu verbreiten und alle Bevölkerungsschichten zu erreichen.

Mit dem Ende der Seuche war dann auch Athens große Zeit unwiderruflich vorbei. Ein Drittel der Einwohner war gestorben, darunter Perikles und alle seine Söhne. Es fehlte an Arbeitern und Soldaten, Seeleuten und Handeltreibenden, Müttern und Kindern.

Hippokrates hatte – unter Einfluß der Vorstellungen Diodors und Plutarchs von „miasmatischen" Luftverunreinigungen – von seiner fernen Insel aus umfassende Räucherungen empfohlen, um das Böse aus der Luft zu vertreiben. Obwohl er der Wahrheit schon nahe war, waren die vorgeschlagenen Maßnahmen wenig erfolgversprechend.

Beengte Wohnverhältnisse und eine mangelhafte Hygiene hatten Loimos, jener Mischung aus Pocken und Fleckfieber, vielleicht außerdem auch noch Typhus, freien Lauf gegeben. Man hatte sich durch unbedachte Abfallhantierung das Milieu so gründlich verdorben, daß eine unhaltbare Situation entstanden war – mit einer unbeschreiblichen Ratten- und Fliegenplage sowie stinkendem, eigentlich ungenießbarem Trinkwasser. Rücksichtslos und kurzsichtig hatte man allen Wald in der Nähe der Städte abgeholzt und dadurch die Erosion in den Höhenlagen und die Sedimentation mit der Bildung von Sümpfen in den Senken ausgelöst. Damit kamen die Mücken und die „Mal-aria" („schlechte Luft"), die allmählich vielen mediterranen Städten den Todesstoß gab.

Wer weiß heute noch, daß die große Bedeutung, die in den Schriften des Hippokrates der Milz gegeben wird, sich damit erklärt, daß Griechenland damals ein malariaverseuchtes Gebiet war? Die meisten Menschen hatten eine fühlbar vergrößerte Milz (Splenomegalie), was seine Ansicht verständlich macht.

So also endete 429 v. Chr. Athens goldene Zeit, und dem als Nachfolgerin schnell aufsteigenden Rom erging es nicht viel besser. Die gleichen Fehler wurden begangen, die gleichen Folgen traten ein, und zum Schluß besiegte die Malaria nicht nur Rom selbst, sondern auch alle seine Eroberer: Die Gallier unter Brennus, die Karthager unter Hannibal, die Westgoten unter Alarich, die Hunnen unter Attila und die Vandalen unter Geiserich. Alarich wurde im Busento begraben, Attila wich nicht vor den Gebeten von Papst Leo III., sondern vor der Malaria. Mit dem Verfall der Aquädukte und der Entwässerungsanlagen verfiel auch die Stadt. Zeitweise wohnten in den Ruinen des vormals mächtigen Rom nicht mehr als 17 000 Menschen.

Schlimmer noch herrschte später in Europa die berüchtigte Pest, plötzlicher und dramatischer einfallend als die schleichende Malaria, die eine gewisse Gewöhnung ermöglichte. 1348/49 fielen der Pest in Europa 20 Millionen Menschen zum Opfer. Häufig importiert von der sterbenden Besatzung eines einzigen Schiffes und über einige unvorsichtige Neugierige, startete sie in verschiedenen Hafenstädten ihren verheerenden Zug. Sie erreichte auch den Norden und entvölkerte Grönland, so wie sie es mit Zypern getan hatte. Paris verlor die Hälfte seiner Bevölkerung, Hamburg und Bremen zwei Drittel, Lübeck sogar 90 %.

Die berühmte medizinische Fakultät in Paris hatte eine überzeugende Erklärung (Oktober 1348): Die Konstellation von Saturn, Jupiter und Mars stand in einem unglücklichen Winkel von 40 Grad zum Wassermann. Auch Hunderte von Jahren später gab dieselbe Fakultät erneut ein Beispiel unbeschreiblicher Ignoranz, indem sie die Erkenntnis kundtat, die „Pest sei nicht ansteckend". Es hat sich schon immer gelohnt, nicht nur den offiziellen Direktiven zu lauschen, sondern auch selbst nachzudenken.

Schon im alten Rom gab es kluge und klarsichtige Menschen – von ihren Zeitgenossen weder verstanden noch übermäßig geschätzt. Besonders die zur Ruhe als erster Bürgerpflicht aufrufenden Stützen der Gesellschaft hatten wenig übrig für einzelne Denker. Der gelehrte Schriftsteller Markus Terentius Varro (116–27 v. Chr.), ohne Zweifel seiner Zeit weit voraus, hatte versucht, auf den Zusammenhang zwischen dem „Fieber", der „schlechten Luft" und der Insektenplage hinzuweisen. Er äußerte dabei folgende Warnung: „Überall dort, wo es Sümpfe gibt, entwickeln sich aus diesem ganz kleine Tierchen, die – unsichtbar dem Auge – vermittels der Luft durch Nase und Mund in den Körper gelangen und schwere Krankheiten verursachen." Sein Zeitgenosse Columella brachte das sogenannte „Wechselfieber" nicht nur mit den Sümpfen, sondern auch mit stechenden Insekten in Zusammenhang. Er warnte vor den „ganz kleinen Tierchen, die mit bedrohlichen Stacheln bewaffnet, in dichten Schwärmen gegen uns fliegen … Aus diesen zieht man sich oft okkulte Krankheiten zu, deren Gründe nicht einmal die Ärzte vollkommen erkennen können." Der römische Architekt Vitruvius stellte sehr vernünftige, aber kaum beachtete Überlegungen an, in denen er vor den „Sumpftieren" warnte, die Varro als „animalia minuta, quae non possunt oculi consequi" (kleine Tiere, denen die Augen nicht folgen können) gekennzeichnet hatte.

Varro, Vitruvius und Columella waren sicher nachdenkliche und klarsichtige Menschen, ihre Ansichten jedoch fielen kaum auf fruchtbaren Boden. Man nahm sie mit großer Heiterkeit zur Kenntnis und glaubte weiter an die Miasmen, die grüngelbe Wolke und die Macht der Sterne.

In einer ähnlichen Situation muß sich der deutsche Reichstagsabgeordnete und Sanitätsrat Thilenius befunden haben, als er verzweifelt und vergeblich versuchte, dem Parlament in Berlin die Pest zu erklären. Zur allgemeinen Erbauung gaben die Zeitungen seinen mißglückten Auftritt wieder: „Als Thilenius seine Hypothese vorbrachte, die Pest beruhe auf einer Vergiftung der Luft mit winzig kleinen Wesen, genannt *Bakterien*, löste dies bei den Vertretern aller Parteien heiteren Applaus und Gelächter aus." Man kann nicht umhin, hier an Kierkegaards Worte zu denken: „Es brannte in den Theaterkulissen, und der Clown trat hervor und bat das Publikum, den Saal zu verlassen. Man glaubte, dies sei ein Spaß, und applaudierte. Als er seine Aufforderung wiederholte, nahm das Gelächter zu. So glaube ich, wird die Welt einmal zugrunde gehen, unter dem allgemeinen Jubel von Neunmalklugen, welche glauben, es sei ein Witz."

Auch Louis Pasteur, Ignaz Semmelweis oder Robert Koch war es nicht prinzipiell anders ergangen – jedesmal mußte ein zäher Widerstand überwunden werden, ein starkes Geflecht von Vorurteilen, Ignoranz, Begriffsstutzigkeit und scheinbar nützlichen Erfahrungen. Und stets mußten ungezählte Menschen dies mit dem Leben bezahlen.

Der homosexuelle Autor Frank Rühmann (Hamburg, 1985) hat eine eigene Theorie zur AIDS-Epidemie entwickelt, die in den Zeitungen der DDR mehrfach zitiert wurde: „AIDS wird in der öffentlichen Debatte als ein Instrument benutzt, um die Herrschaft des kapitalistisch-patriarchalischen Systems in einer Krisensituation zu sichern." Diese Auffassung dürfte das Ergebnis einer gewissen Voreingenommenheit sein, wie sie wohl auch bei jenen vier homosexuellen Berliner Ärzten vorgelegen haben dürfte, die in einem Buch über AIDS erklärten, es handele sich hierbei um eine erfundene Geschichte des CIA und anderer (westlicher) Machtgruppen (Coester et al. 1983). Als der erste von ihnen an AIDS erkrankte, schrieben sie einen Nachtrag, der in diesem Punkte etwas weniger kategorisch war. Ein ähnlicher Prophet des Wunschdenkens, ein dänischer Arzt, erklärte im dänischen Fernsehen die bagatellartige Natur von AIDS, bis er an dieser Krankheit verstarb.

All dies ist menschlich, zutiefst menschlich, aber es sollte uns davor warnen, gegenüber den Eigenschaften der menschlichen Natur die Augen zu verschließen. Auch die schon zitierte Äußerung jener sieben deutschen Hämophilie-Experten (Seite 196) gehört in diesen Zusammenhang und ist ein schlagendes Argument dafür, daß sich die Menschen seit jener Zeit der großen Seuchen nicht nennenswert geändert haben.

Für den Fall, daß es zu dieser Feststellung noch weiterer Belege bedarf, wollen wir ein jüngeres Ereignis der Seuchengeschichte näher betrachten, nämlich die Cholera-Epidemie in Hamburg von 1892. Hamburg hatte schon lange unter einer unzureichenden Wasserversorgung gelitten, was nicht nur hygienische Folgen hatte. Der große Brand von 1842 war gerade wegen des Mangels an verfügbarem Wasser so katastrophal ausgefallen, weshalb man einen englischen Ingenieur beauftragte, diesem Mißstand abzuhelfen. Die Hoffnung Heinrich Heines, „der große Brand würde die Perücken im alten Rathaus nicht nur be-, sondern auch erleuchten", ging nicht in Erfüllung. Man betrachtete eine Modernisierung des Wasserwerkes als zu teuer – eine in einer so entscheidenden Frage, gelinde ausgedrückt, schwer nachvollziehbare Auffassung.

Schon seit 1873 hatten ein kluger Medizinalinspektor und ein aufmerksamer Ingenieur mehrere Schriftstücke verfaßt, in denen der dringende Bedarf einer Verbesserung unterstrichen wurde. Nichts passierte. Im April 1892 wurden in Kabul 6000 Choleraopfer begraben, zwei Monate später tauchte die Krankheit in Baku auf. Die Bevölkerung floh in Panik, und bald waren Tiflis, Saratow, Moskau und Petersburg schwer betroffen. Nicht einmal dies vermochte die Hamburger Planer zu aktivieren, obwohl gerade aus Rußland seit vielen Jahren Tausende von Menschen nach Hamburg strömten, um von dort aus den Sprung in die „neue Welt" zu wagen. Das Resultat mußte für jeden denkenden Menschen auf der Hand liegen. Die folgenden Absätze schildern die rapide Entwicklung der Epidemie.

Mitte 1892 gibt es in Hamburg ca. 5000 frisch eingetroffene russische Emigranten; man hat sie am Elbufer untergebracht, einige Kilometer flußabwärts der Entnahmestelle für das Hamburger Trinkwasser. Die Abwässer aus dem Lager werden ungeklärt in den Fluß geleitet; auch die schmutzigen Strohlager sowohl der Kranken als auch der Toten wirft man in die Elbe.

Am 15. August erkrankt und stirbt ein Arbeiter an einem choleraartigen Krankheitsbild. Er hat an eben jenem Flußabschnitt gearbeitet. Er wird nicht mehr untersucht.

Am 16. August stirbt einer seiner Arbeitskameraden im Eppendorfer Krankenhaus an einem ähnlichen Krankheitsbild.

Am 17. August erkranken weitere vier Personen aus dem Hafengebiet. Die Bevölkerung wird von seiten der Gesundheitsbehörde beruhigt, die große Angst hat − nicht vor der Cholera, wie von jedem intelligenten Menschen zu erwarten wäre, sondern vor „dem Schaden, den ein Gerücht über eine eventuelle Cholera-Epidemie in Hamburg anrichten könnte". Man beschließt abzuwiegeln.

Am 18. August erkranken 12 Personen, diesmal schon vier ohne direkte Beziehungen zum Hafen. (Dies sind sozusagen die ersten Patienten außerhalb der „Risikogruppen". Die Parallelen werden immer deutlicher.) In der Nacht davor hat der Passagierdampfer „Moravia" nach Auffüllung seines Trinkwasservorrats den Hafen mit Hunderten von Auswanderern verlassen. Auf dem Weg nach Amerika wird man 22 verstorbene Passagiere dem Meer übergeben müssen.

Am 19. August erkranken weitere 31 Personen, nun schon 21 ohne jede Beziehung zum Hafen.

17.3 Stimmungsbild einer Cholera-Epidemie von Honoré Daumier.

Ähnlich einer brennenden Lunte konnte diese epidemiologische Verschiebungstendenz dem Aufmerksamen bereits die bevorstehende Explosion ankündigen. Dennoch wagte man den Begriff „Cholera" noch nicht einmal in den Mund zu nehmen, und die Ärzte der Krankenhäuser spielten die Epidemie trotz der zahlreichen Todesfälle als eine harmlosere Cholera-Variante

(Cholera nostras) herunter. Professor Rumpf, der Chef des Eppendorfer Krankenhauses, beruhigte die Öffentlichkeit mit der Nachricht, die Kulturen seien „vollständig negativ" ausgefallen. Dies steht im scharfen Kontrast zu den im nachhinein gefundenen Aufzeichnungen des Assistenzarztes („Ungewöhnlich schweres Bild, in hohem Grade suspekte Bakterienkolonien in der Kultur; auch der Sektionsfund spricht für die Diagnose Cholera asiatica"), die explizit auf das traurige Faktum einer Cholera-Epidemie hinwiesen und von der Diagnose „Cholera nostras", wie sie Professor Rumpf gegeben hatte, entschieden abwichen. Man wartete nun auf den Prosektor Fraenkel, der aus den Ferien zurückerwartet wurde.

Am 21. August traf er ein und bestätigte sofort den Verdacht auf „echte Cholera". Der Chef des Krankenhauses fuhr fort, das ganze als „Cholera nostras" zu bagatellisieren, obwohl sowohl die Zahl der Krankheits- als auch die der Todesfälle rasch zunahmen. Ein ehemaliger Schüler von Robert Koch, dem zu jener Zeit angesehensten Bakteriologen, brachte einige Kulturen zur Beurteilung nach Berlin, wo die Diagnose der echten Cholera ohne jeden Zweifel bestätigt wurde. Nun gab auch Professor Rumpf nach − die Cholera in Hamburg war damit offiziell ein Faktum. Bis zu diesem Zeitpunkt waren 450 Menschen erkrankt, mehr als 200 gestorben.

Niemand schien verstehen zu wollen, daß alles dies nur eine schwache Vorahnung einer umfassenden, durch das Trinkwasser verbreiteten Epidemie war. Die Reichsregierung schickte Robert Koch aus Berlin nach Hamburg, wo ihm die stolzen Hanseaten einen frostigen Empfang bereiteten. Von nun an kamen Eitelkeit und Prestige immer mehr zum Zuge.

Robert Koch verstand sehr rasch, daß das Trinkwasser der entscheidende Ansteckungsweg war. Für den nicht vom Wunschdenken Blockierten war dies leicht zu sehen: Die Ausbreitung der Cholera folgte exakt dem Wasserleitungssystem − und der Stadtteil Altona mit seinem eigenen, neuen Trinkwassersystem war von der Seuche fast völlig verschont. Dennoch wies man Robert Kochs entsprechenden Verdacht hinsichtlich der Rolle des Auswandererlagers in der Nähe der Entnahmestelle für das Hamburger Trinkwasser ganz entschieden ab, unter dem Hinweis, daß Hygiene- und Gesundheitszustand im Lager „sehr gut" seien. Er bestand trotz allem auf einer Inspektion und fand entgegen diesen Versicherungen, daß sowohl Fäkalien als auch das Stroh der Krankenlager bei Flut mehrere Kilometer stromaufwärts getragen wurden und so bis oberhalb der genannten Trinkwasser-Entnahmestelle gelangten. Der Rest war dann nicht mehr schwer zu verstehen.

In aller Stille reiste Koch zurück nach Berlin. Die Zeitungen erwähnten seinen Besuch nur mit einigen Zeilen. Die Ärzte in leitender Stellung waren „sauer". Bis zum 27. August wurden 1102 weitere Bewohner von der Seuche ergriffen, die Zahl der Todesfälle an diesem Tage betrug 455. Man hatte Schwierigkeiten, die Opfer des Massensterbens alle innerhalb von 24 Stunden zu beerdigen, wie es den Vorschriften entsprach.

Der Verkehr von und nach Hamburg war fast stillgelegt, Handel und Wandel erlahmten, und die gefürchtete Isolierung der großen Handelsstadt nahm ihren Anfang. Alle Versuche, dieser Entwicklung vorzubeugen, hatten nur in einer Verschlimmerung der Lage resultiert. (Die Parallelen zu der heutigen AIDS-Situation in vielen Teilen der Welt sind damit leider noch lange nicht beendet.)

Zwei besondere Ereignisse sind noch der Erwähnung wert: Im Laufe des Vormittags des 25. August (am Tage davor waren 367 neue Erkrankungsfälle sowie 114 Todesfälle bekannt geworden) lief das Auswandererschiff „Normannia" mit einem „reinen Gesundheitspaß" aus dem Hamburger Hafen gen New York aus. Dies sollte später ein böses Nachspiel haben, und allen erschien es „nachträglich als völlig unverständlich", daß zu einem derart späten Zeitpunkt der Epidemie so etwas noch möglich gewesen war. Am 22. August war schließlich die Cholera-Epidemie „amtlich bestätigt" worden; am 27. August jedoch wurden mit dem Polizeisenator noch die Feiern des Sedan-Festes besprochen. So wenig Verständnis hatte man für die „angeblich drohende Gefahr".

Ein weiterer merkwürdiger Punkt ist, daß der erste Cholerafall aus den Auswandererbaracken erst am 24. August registriert wurde, als in der Stadt bereits 815 Erkrankungen und 210 Todesfälle vorgekommen waren. Hier muß man berücksichtigen, daß Auswanderer ebenso wie Pilger und andere Minoritäten (verständlicherweise) bemüht sind, Krankheiten in ihrem Kreise so lange wie nur möglich zu verheimlichen, um ihre Vorhaben und ihre Freiheit nicht zu gefährden. Dabei kamen viele von ihnen aus schwer verseuchten Gegenden, und die Tatsache, daß sie eigene Interessen vertraten, kann wohl kaum die so verursachten Opfer an Menschenleben rechtfertigen. Doch auch hier begegnet man nur menschlichen, allzu menschlichen Zügen.

Bis zu dem erwähnten Besuch Robert Kochs aus Berlin hatten alle offiziellen Maßnahmen sich darauf beschränkt, die Kranken mit Essen und Trinken zu versehen und die Toten schnell abzutransportieren und zu begraben. Jetzt erst packte man die Epidemie bei der Wurzel. Trotz allem mußten über 8000 Menschen mit dem Leben bezahlen. Die Kosten hätten für 20 neue Wasserwerke gereicht. Im Jahr darauf baute man eines.

Äußerst aufschlußreich und sehr typisch sind die Protokolle der danach geführten Rathausdebatten, die jedem warm zur Lektüre empfohlen werden können, der selbst öffentliche Verantwortung trägt. Es kam zu dem uralten „nicht-ich-aber-er"-Spektakel, mit Ausflüchten und Verdrängungen, mit Vorwürfen und Gegenvorwürfen, mit zahlreichen Beispielen von Begriffsstutzigkeit und Bagatellisierung, Kurzsichtigkeit und mangelnder Beschlußkraft. Wenige Gedanken wurden da den frühen warnenden Stimmen gewidmet − diese Erinnerungen verursachten den stolzen Hanseaten wohl zu viel Unbehagen. (Es sei an dieser Stelle erwähnt, daß auch heute die Hansestadt Hamburg in der AIDS-Epidemie, sowohl in Grundsatzfragen als auch in einem für die Bundesrepublik ausnehmend schlechten Meldeverhalten, auf ein ähnliches Debakel mit verspäteter Reue zusteuert.)

Leider erhält man ein recht einförmiges Bild, wo immer man sich die Geschichte der Seuchen näher besieht. Das Gelbfieber („Yellow Jack") hatte gerade die Franzosen aus der Karibik zurückgeschlagen (22 000 Tote, fast die gesamte Armee in jener Region) und sich bei allem Respekt verschafft. Sie wütete unter Einheimischen und Fremden. Schon der Naturfoscher Alexander von Humboldt hatte 1799 seinen Verdacht geäußert, die Krankheit werde durch Mücken übertragen, was er auf aufmerksame Beobachtungen gründete.

Als man Ende des Jahrhunderts den Panama-Kanal bauen wollte, wurden die Verantwortlichen gewarnt. Schon der Bau der Eisenbahn hatte Zehntausenden von Arbeitern das Leben gekostet, und der Gedanke an die Gelbfieber-Übertragung durch Insekten wurde durch einen klugen Augenarzt (C. Finlay) am Leben erhalten. Zwischen 1881 und 1888 starben mehr als 50 000 Menschen, unter ihnen 20 000 Europäer. Finlay wurde trotz allem als ein „starrsinniger Irrer" bezeichnet, und seine prophylaktischen Ratschläge wurden „mit höhnischem Lachen abgetan". 1889 mußte die Panama-Gesellschaft den Bankrott erklären, und im darauffolgenden Prozeß wurde die Bestechung von über 500 Parlamentariern aufgedeckt; der greise Lesseps, der berühmte Erbauer des Suez-Kanals, und der berühmte Ingenieur Eiffel erhielten Gefängnisstrafen.

Finlay hatte seine Theorie über die Rolle der Mücke *Aedes aegypti* für die Überführung des Gelbfieber-Virus 1881 vor der Wissenschaftsakademie in Havanna präsentiert. Man lachte und erklärte ihm, die Mücken hätten mit dem Gelbfieber soviel zu tun wie die Frösche mit dem Wetter. 1886 präsentierte er experimentelle Beweise, aber diese wurden ignoriert. Erst 14 Jahre und viele tausend Tote später begann die medizinische Welt seine Theorie zu akzeptieren. In heroischen Selbstversuchen wurde sie

weiter bestätigt, wobei der Bakteriologe Carroll, der Entomologe Lazear und der Major Reed am Gelbfieber starben. Inzwischen hatte Ross in Indien zeigen können, daß die Malaria durch Mücken übertragen wurde, und damit galt es als immer weniger schändlich, sich der neuen Auffassung anzuschließen (ausführlicher geschildert bei Winkle 1972; zur Geschichte der Hamburger Cholera siehe Winkle 1983/84).

Es ist sehr lehrreich, die Bedeutung der Seuchen für Geschichte und Kultur der Völker zu studieren und dabei zu sehen, wie sie sich als ein Prüfstein für menschliche Größe, als ein Grenzstein für menschliche Geduld, als ein Stolperstein für menschliche Beschränktheit und als ein Grabstein infolge menschlichen Versagens erwiesen.

Ihre Bedeutung und ihr Ausmaß kann man leicht ermessen, wenn man eine von H. Halter getroffene Auswahl ihrer Opfer zusammengestellt sieht. Wenn Rock Hudsons AIDS-Schicksal die Welt alarmierte, so läßt sich sofort die Bedeutung der folgenden Liste von Opfern der Syphilis erkennen: Nietzsche, Schopenhauer, Heine, Beethoven, Heinrich VIII. von England, Baudelaire, Christian VII. von Dänemark, Ivan der Schreckliche, Peter der Große, Ludwig II. von Bayern, E.T.A. Hoffmann, Zola, Flaubert, Franz I., Guy de Maupassant, Erasmus von Rotterdam, Katharina von Aragon, Franz Schubert, Lucretia Borgia, Ulrich van Hutten sowie drei Päpste (Alexander VI., Julius II., Leo X.).

Die hierdurch angedeuteten Verhältnisse passen gut zu der folgenden Schilderung (Henschen 1934): „Die akademisch ausgebildeten Ärzte verharren schreckerstarrt und weigern sich, jene Kranke zu behandeln, welche nicht in das Schema des Galen und Avicenna passen; sie überlassen die Patienten dem Feldscher, dem Steinschneider, dem Scharlatan ... Das strenge Verurteilen der Infizierten beschränkt sich jedoch auf die niederen Bevölkerungskreise. Im Adel, der höheren Priesterschaft, am französischen und englischen Hof, wo die Syphilis eine außerordentliche Verbreitung erfuhr, wurde der Erkrankte nicht sehr streng beurteilt, ja, es wurde sogar als ein Beweis mangelnder Erziehung betrachtet, diese Krankheit nicht zu bekommen. Erasmus von Rotterdam erwähnt, daß ein Adliger, welcher sich diese neue Erkrankung noch nicht zugezogen, als ‚ignobilis ad rusticanus‘ betrachtet wurde. Syphilis wurde sogar zum besten Beweis eines kavalierartigen Auftretens in diesen des amourösen Abenteuers Zeitläuften.

Das Rokoko machte kein Geheimnis aus der Krankheit. Amors Pfeile sind vergiftet. Voltaire schreibt ein Gedicht über die Syphilis, Franz I. über seine ‚corona veneris‘, die syphilitischen Ausschläge auf der Stirn ...

Aber eine neue Zeit bricht heran mit der Französischen Revolution, die Zeit des Bürgertums, und mit dieser folgt ein Wandel der Anschauungen; Syphilis zu haben, gilt nun als eine Schande. Schließlich, in unseren Tagen, ist die Krankheit nicht mehr nur eine Angelegenheit des einzelnen. Sie ist zu einer sozialen Gefahr geworden; der Staat scheut keine Kosten, um sie zu bekämpfen. Und Gesetzgebung sowie medizinische Prophylaxe haben sich mit außerordentlichem Erfolg des Problemes angenommen."

Der Ernst einer Erkrankung, die das Gehirn zerstören und eine progressive Paralyse hervorrufen kann (wie es eventuell bei Hitler geschah) und die ganze Armeen ausgeschaltet, Kriege und manches berühmte Leben beendet hat, wurde allmählich, wenn auch mit einigen Generationen Verspätung, von den meisten begriffen. Es sei erwähnt, daß diese Erkrankung bis in unsere Tage mit jährlich Hunderten von Fällen in Schweden, Tausenden in Deutschland und ca. 90000 in den USA noch bei weitem nicht als völlig kontrolliert gelten kann. (In den USA nimmt sie gerade wieder einmal markant zu.)

Auch andere Seuchen haben das Leben zahlreicher berühmter Menschen vorzeitig beendet, was bezüglich der meisten von ihnen kaum bekannt ist:

Tuberkulose: Friedrich Schiller, Paganini, Chopin, Carl Maria von Weber, Aldous Huxley, Madame Pompadour, Franz von Assisi.

Malaria: Raffael, Cromwell, Jakob I. (Maria Stuarts Sohn), Alarich.

Pest: Tizian, Grünewald, Holbein d. J.

Cholera: Clausewitz, Gneisenau, Hegel.

Typhus: Georg Büchner, Wilhelm Hauff.

Pocken: Ramses V., Marcus Aurelius, Louis XV., der Azteken-könig Cuitiáhuac, drei Kinder und zwei Schwiegersöhne Maria Theresias (erkrankt: Stalin, Goethe, Lincoln).

Nun ist es nicht immer notwendig, in der Geschichte so weit zurückzugehen — mancher mag finden, die Beispiele seien zu entlegen, um noch heute Geltung zu haben. Um diesem unweisen Gedanken vorzubeugen, will ich den Exkurs in das, was früher geschehen ist, mit einem sehr jungen Beispiel ähnlicher Art abschließen, das noch in den Zeitraum der Erinnerung heute Lebender fällt. Die Ereignisse spielten sich in Schweden — das hier stellvertretend für ganz Europa steht, da es betrüblicherweise in dieser Entwicklung führend war — folgendermaßen ab.

Im Jahre 1958 starb in Stockholm, erstmalig in Europa, ein Drogensüchtiger an einer Überdosis Heroin. Ein aufmerksamer Arzt (Nils Bejerot; heute Professor für Sozialmedizin am Karolinska-Institut) war nicht nur verwundert, sondern auch sehr nachdenklich gestimmt angesichts des beunruhigenden Umstandes, daß jener junge Drogenabhängige es geschafft hatte, mehrere gleichaltrige Kameraden in jene Sucht hineinzuziehen, die er selbst in den USA entwickelt hatte. Der Gedanke lag nahe: Wie wird dies weitergehen? Bejerot reiste in die USA, um sich mehr aktuelle Eindrücke zu verschaffen. Was er dort sah, war wahrlich nicht geeignet, ihn zu beruhigen. In den USA hatte die Drogensucht ähnlich unscheinbar begonnen, dann jedoch wie ein Steppenbrand um sich gegriffen und ein Ausmaß erreicht, vor dem man nun hilflos und resigniert stand, voller Reue, den rechten Zeitpunkt, um der Entwicklung vorzubeugen, verpaßt zu haben. So sollte es in Schweden nicht gehen. Er brauchte ja nur nach Hause zurückzukehren und dies alles zu berichten ...

Wie glückte ihm das nun? Gar nicht. Er stieß auf eine nonchalante und von keiner Sachkenntnis getrübte Haltung, wo unangebrachte Gelassenheit und der Wunsch, keine Unruhe zu schaffen, dominierten. Man verstand seine Warnungen nicht und unternahm nichts. Vor der Gelassenheit des Nicht-Engagierten macht der Eifrige häufig eine etwas unglückliche, ja lächerliche Figur. Das Warnen vor einer Entwicklung, die sich noch nicht deutlich abzeichnet, ist keine dankbare Aufgabe. „Wer seiner Zeit weit voraus ist, muß häufig lange auf die anderen warten — und zwar auf einem sehr unbequemen, exponierten Platz" (Stanislaw Lec).

In zahlreichen Nachbarländern, die heute unter ihren Drogenproblemen ächzen und bereit wären, alles zu tun, um sie wieder loszuwerden, stieß er auf ebensowenig Verständnis. Vorschläge an Dänemark und die Bundesrepublik Deutschland zu gemeinsamer Prophylaxe wurden damit beantwortet, daß es „sicher etwas sehr Spezifisches für Schweden sei"; in diese Länder würde das nie kommen (dabei lag in den USA zu jenem Zeitpunkt das Problem schon offen zutage).

Ende der sechziger Jahre war das Problem so gewachsen wie vorausgesehen und vorausgesagt, ohne daß jene Entwicklung ernsthaft bekämpft worden wäre. Obwohl mit einer gewissen Zeitverschiebung ungefähr das gleiche in den meisten europäischen Ländern geschah, kam es zu nicht mehr als ungläubigem Staunen. Schnell jedoch wurde immer offensichtlicher, daß die Drogensucht sich wie ein Lauffeuer in gewissen Kreisen verbreitete und daß (genau wie in den USA) sich ausgerechnet die Gefängnisse mit ihren häufig etwas willensschwachen und minderbegabten Insassen als eine effektive Drehscheibe für die Suchtausbreitung erwiesen. Bejerot schlug damals vor, daß man die

Drogensüchtigen und andere Einsitzende voneinander trennen sollte, um der Ausbreitung der Sucht vorzubeugen. Man antwortete ihm, daß dies nicht möglich sei, denn es seien „zu wenige". Einige Jahre später erhielt er auf den gleichen Vorschlag hin die Antwort, daß es unmöglich sei, denn nun seien es zu viele ... Aber Bejerot argumentierte damals — wie auch heute — unermüdlich weiter und präsentierte eine tabellarische Zusammenstellung des Geschehens, die in ihrer einfachen und didaktischen Form jedem Grundschüler zu einem Verstehen der Suchtausbreitung hätte verhelfen können. Bei den Entscheidungsträgern gelang ihm das nicht. Die Tabelle wurde länger und länger und stellte das Problem in immer klarerer und eindeutigerer Form dar (Tabelle 17.1). Sie ist nicht zuletzt auch deshalb hier wiedergegeben, weil überzufällig viel an die heutige AIDS-Epidemie erinnert.

In aller Deutlichkeit konnte man die Akzeleration der Entwicklung sehen, die multiplikativen Effekte und insbesondere die lange Latenzphase, bis eine in den vierziger oder fünfziger Jahren beginnende Drogensucht offiziell registriert und damit endlich statistisch „sichtbar" wurde. In der Tabelle läßt sich außerdem ablesen, wie die Drogensucht langsam, aber stetig von den Großstädten in die kleineren Städte vordrang und von den Männern zu den Frauen. Schließlich zeigt sich auch die Unaufhaltsamkeit der Entwicklung und der totale Mangel an effektiven Eingriffen von seiten der Behörden.

Das Problem des Drogenmißbrauchs weist viele Gemeinsamkeiten mit dem der AIDS-Epidemie auf: die Neuartigkeit des Geschehens, der große Anteil des im Verborgenen Ablaufenden, die schleichende Vernichtung der individuellen Psyche, die lange Zeit, die zwischen einer Ursache und ihrer Wirkung verstreicht (es sind nicht selten die Probleme der einen Generation, die in der nächsten Generation den Drogenmißbrauch möglich machen), aber auch ein gewisser Unwille, sich mit dieser schwierigen Materie überhaupt zu befassen. Alles das führt zu einer dauerhaften und zähen Unterschätzung der Gefahren. Es ist ein trauriger Umstand, daß gerade jene Freiheit des Verhaltens und der eigenen Lebensplanung, die der westlichen Gesellschaftsform eigen ist, im Falle ihres Mißbrauchs derartige Probleme nährt. So können auch Gegenmaßnahmen diese Freiheit leicht einschränken, oder zumindest liegt es nahe, sie dessen zu verdächtigen. Es kann kaum wundernehmen, daß wir heute wieder die gleichen Bagatellisierungen erleben, denn wir haben mit dem Erbe jener Menschen der fünfziger und sechziger Jahre zu tun. Natürlich gelten da die gleichen Regeln. Es werden nicht nur ähnliche Argumente verwandt — zeitweise wörtlich —, sondern zumindest in Schweden sind auch noch dieselben Personen als Verfechter unbeirrbarer Permissivität in die Debatte eingetreten — der Einfachheit halber, wie bewährt, ohne sich vorher ausreichend zu informieren.

Das Narkotika-Problem ist im Laufe der Jahre gewachsen und nähert sich in manchen Ländern bereits der Sättigungsgrenze der „verführbaren Subpopulation". Es hat ein Ausmaß erreicht, das 1958 nicht einmal Bejerot vorauszusagen gewagt hätte. Und während heute auf der Basis dessen, was wir erleben mußten, wenigstens die Klügeren auf ihn zu hören begonnen haben, vermeiden die anderen, sich das, was war, ins Gedächtnis zurückzurufen. Damit gelingt es, eine Reihe unbequemer Schlußfolgerungen zu umgehen und das wenig schmeichelhafte eigene Versagen zu verdrängen. Es handelt sich um den beliebten Fluchtweg durch die Lücken der Erinnerung.

Ich will dies hier nicht übermäßig dramatisieren — es dreht sich um zu allen Zeiten sehr vitale und wirksame menschliche Motive. Es ist jedoch erforderlich, sie gut zu kennen, um sich nicht überraschen zu lassen. (Hierzu noch ein aktueller Nachtrag: Dem vielbeschimpften, bedrohten und unerschrockenen Bejerot brannte unter sehr verdächtigen Umständen Ende Juli 1987 das Haus in Stockholm ab — er selbst entkam dabei knapp den Flammen.)

Die Logik des Mißlingens

Diese kurzen Stippvisiten in die nahe und die ferne Vergangenheit zeigen uns nur winzige Bruchteile von all dem, was an unterlassenen Handlungen und verspäteten Einsichten das Schicksal von Menschen in entscheidender Weise bestimmte. Wenn die gleichen Fehler mit so beklemmender Regelmäßigkeit immer wieder auftauchen, muß dies von ehernen Gesetzen gesteuert sein. Welche sind das, abgesehen von der oben schon erwähnten Eitelkeit der Betroffenen?

Können wir wirklich davon ausgehen, daß die Franzosen in der Karibik, die Hanseaten in Hamburg, die Römer und die Griechen der Antike oder die schwedischen Politiker der sechziger Jahre so ungewöhnlich unbegabt waren, wie sie sein müßten, damit ihr Verhalten erklärbar wird? Vermutlich nicht.

Die Erklärung findet sich vielmehr in den Ergebnissen der Problemlösungsversuche von Dietrich Dörner (1979), die zeigen, daß auch der normale, durchschnittlich oder auch leicht überdurchschnittlich Begabte gewissen Situationen nicht mehr gewachsen zu sein pflegt (siehe die Seiten 223 und 225). Es gilt hier zu begreifen, daß gerade eine Epidemiesituation leicht die meisten jener Eigenschaften aufweisen kann, welche die Voraussetzungen für ein Mißlingen bergen. Stets spielen Trägheit, der Wunsch nach Ruhe sowie der Wunsch, es möge nicht wirklich so schlimm sein, wie es sich beim näheren Nachdenken darstellt, eine wesentliche Rolle. Die Hürden auf dem Weg zu rechtzeitigen Einsichten und Maßnahmen sind sehr hoch, ebenso der Preis dafür, daß der einzelne Entscheidungsträger (in Dörners Experimenten die Versuchsperson) seine Seelenruhe bewahren kann − ein Preis, der in der Regel von anderen bezahlt wird.

Die genannten Bedingungen des Mißlingens sind auch von den geschilderten historischen Situationen in variierendem Maße erfüllt worden, vielleicht nie so vollständig wie heute von der AIDS-Epidemie. Der schematische Überblick in Abbildung 17.4 gibt in Form eines stark vereinfachten Flußdiagramms ein Fazit vieljähriger Problemlösungsversuche und psychologischer Beobachtungen an den jeweiligen Versuchspersonen wieder.

Es lohnt sich, den Blick nachdenklich durch dieses Schema streifen zu lassen. Es zeigt ein Netzwerk verschiedener Einflüsse und ihrer alternativen Auswirkungen auf die eigenen Reaktionen. Betrüblich, aber typisch und aus den wirklichen Situationen heraus wiederzuerkennen, ist das Bild jener Reaktionen, die auf einen sich abzeichnenden Mißerfolg hin einzutreten pflegen. Meistens gerät man in einen Teufelskreis. Was wir über die Seuchen in der Geschichte zu berichten haben, ist ohne dieses Schema schwer zu verstehen. Ganz offensichtlich gilt dies auch für die Maßnahmen der letzten Zeit gegenüber der AIDS-Epidemie.

Es ist festzuhalten, daß außergewöhnliche Situationen außergewöhnliche Maßnahmen erfordern. Man muß darauf vorbereitet und dazu gerüstet sein. Wer sich in ruhigen Zeiten mit epidemiologischen Aufgaben beschäftigt, weiß häufig nicht, was ihm in Krisenzeiten begegnen kann. Die mangelnde Urteilsfähigkeit, solche Aufgaben zu übernehmen, wird häufig nur von der Unvernunft jener übertroffen, die diese Aufgaben verteilen. Es scheint unmöglich zu sein, sich stets auf alle Möglichkeiten vorzubereiten. Die Probleme von heute auf morgen zu verschieben, vielleicht gar systematisch Wechsel auf Leistungen der Zukunft

Jahr des Einstiegs	Stockholm		Göteborg		andere schwedische Provinzen		Ausland		unbekannt		Gesamtzahl	
	M	F	M	F	M	F	M	F	M	F	M	F
vor 1945	1	−	−	−	1	−	−	−	1	−	3	−
1945	1	−	−	−	1	−	−	−	2	−	4	−
1946	4	−	−	−	1	−	3	−	2	−	10	−
1947	8	−	−	−	1	−	4	−	2	−	15	−
1948	12	−	−	−	1	−	4	−	3	−	20	−
1949	15	−	−	−	1	−	5	−	3	−	24	−
1950	19	−	−	−	3	−	5	−	3	−	30	−
1951	22	−	−	−	3	−	6	−	3	−	34	−
1952	34	−	−	−	4	−	6	−	7	−	51	−
1953	44	−	−	−	5	−	6	−	8	−	63	−
1954	53	3	1	−	9	−	6	−	9	−	78	3
1955	61	3	2	−	13	−	8	−	12	−	96	3
1956	85	4	2	−	14	−	9	−	16	1	126	5
1957	113	8	4	−	14	−	9	−	19	2	159	10
1958	161	17	5	1	20	−	9	−	32	6	227	24
1959	203	28	6	4	22	−	10	−	41	8	282	40
1960	233	40	6	4	24	−	10	−	52	9	325	53
1961	279	49	8	4	26	−	10	−	59	12	382	65
1962	342	68	11	5	28	2	13	−	73	17	467	92
1963	450	103	13	8	35	3	14	−	93	22	605	136
1964	643	155	19	10	41	5	16	1	128	38	847	209
1965	972	251	26	10	55	7	19	1	190	66	1262	335
1966	1303	352	31	10	70	10	24	3	232	78	1660	453
1967	1696	469	36	12	89	18	24	4	267	88	2112	591
1968	1917	514	40	13	117	22	24	5	277	93	2375	647
1969	2053	548	40	13	126	23	25	6	285	97	2529	687
1970 (I−VI)	2075	554	40	13	127	23	26	6	286	97	2554	693

Tabelle 17.1 Jahr und Ort des Einstiegs schwedischer Staatsangehöriger in die intravenöse Drogensucht (M = Männer, F = Frauen); registriert von der Polizei in Stockholm zwischen 1965 und 1970 (nach N Bejerot, *Drug Abuse and Drug Policy*, Munksgaard, Kopenhagen 1975, S. 244ff).

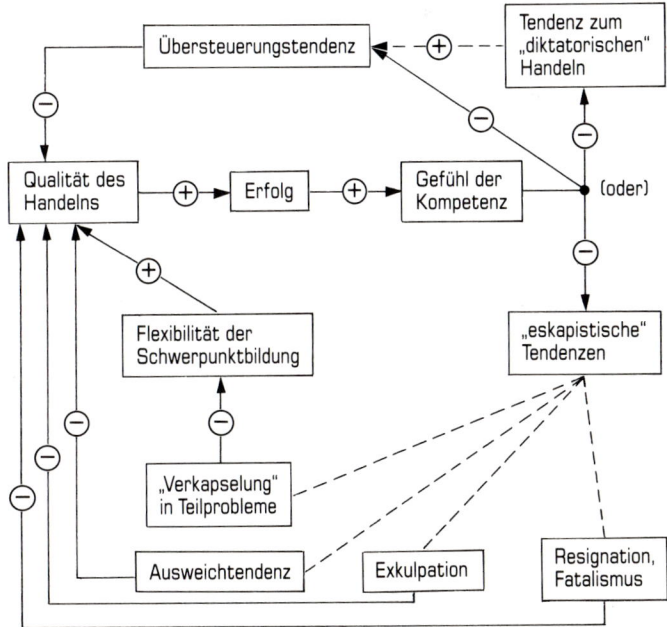

17.4 Erfolg und Mißerfolg (= ausbleibender Erfolg) und was daraus folgt (Dörner 1979). Die Variablen sind durch Rechtecke eingerahmt. Die Pfeile geben kausale Zusammenhänge an, ein Pluszeichen bedeutet einen positiven Zusammenhang („wenn mehr ..., dann mehr ..." bzw. „wenn weniger ..., dann weniger ..."), ein Minuszeichen hingegen einen negativen Zusammenhang („wenn mehr ..., dann weniger ..." und umgekehrt).

zu ziehen, ist − beim ständigen Werben um die Sympathie des Wählers − eine leider akzeptierte Taktik im Bereich der Politik. Für die Verantwortlichen des Gesundheitswesens sollte dies nicht gelten. Was auf diesem Sektor geschieht, spiegelt die Machtverteilung der Vernunft wider. Ist die Entscheidungsgewalt unklug verteilt, müssen wir alle dafür bezahlen.

Der wissenschaftliche Kenntnisstand und die modernen Kommunikationsmöglichkeiten geben uns in fast jeder Hinsicht heute eine bessere Ausgangslage als den vergangenen Generationen — nun gilt es, diese Chance ohne weiteren Zeitverlust auch wirklich zu nutzen.

Rückblick auf einen Beginn

Da den CDC in Atlanta ohne Zweifel das Verdienst zukommt, sehr früh den Anfang der AIDS-Epidemie bemerkt zu haben, wollen wir deren Protokolle als ein *pars pro toto* betrachten, um uns einen Einblick in die Gedankengänge um die Geburtsstunde dieses Problems zu verschaffen. Zu den tastenden Versuchen der ersten Jahre, die neue Seuche zu verstehen, sei auf einen außerordentlich interessanten zusammenfassenden CDC-Reprint verwiesen, die *Reports on AIDS June 1981 – May 1986* (Supplement bis Dezember 1986).

Die CDC begannen unmittelbar nach den ersten 1980/81 beobachteten Fällen von PCP und KS systematisch Informationen zu sammeln. Die Krankheit wurde in den Arbeitsprotokollen damals „KS & OI" genannt, eine Bezeichnung, die man erst später durch „AIDS" ersetzte. Schon am 11. August 1981 existierte ein Arbeitsplan (J Curran), der die meisten Ansätze zu dem enthielt, was später durchgeführt wurde (Verlaufsstudien an KS- und OI-Patienten, Untersuchungen ihres immunologischen Status, epidemiologische Fallstudien, Einrichtung eines nationalen Registrierungssystems und anderes). Bereits im November 1981 kamen aufmerksame Ärzte auf den Verdacht, auch Zungenkrebs könne mit dieser neuen Krankheit assoziiert sein; die Beobachtungen, auf die sich diese Vermutung stützte, reichten bis in das Jahr 1979 zurück.

Eine Studie von J. Bennett vom 25. Mai 1982 gab dann bereits eine korrekte Vermutung über die Ursache der neuen Krankheit wieder und nannte eine Reihe starker Argumente für ein Virus als AIDS-Auslöser. Diese damals noch offene Frage wird in dem rechts als Faksimile wiedergegebenen Arbeitsprotokoll umsichtig diskutiert. Das zweite Faksimile zeigt ein internes Schreiben von Dale Lawrence vom 12. Juli 1982, in dem nicht nur klar der Verdacht auf ein T-lymphozytotropes Retrovirus ausgesprochen, sondern auch der Vorschlag gemacht wird, mit Hilfe des T-Zell-Wachstumsfaktors TCGF die T-Zellen vor der Zerstörung durch dieses Virus zu bewahren.

Die Virologen Paul Feorino und Steve McDougal arbeiteten seit Mai 1982 an Virusnachweisverfahren. Anfang 1983 fand Feorino ein zytolytisches Virus in einer Lymphozytenkultur eines AIDS-Patienten. Dieser Fund wurde mit Gallo diskutiert, der meinte, es könne sich nicht um das gesuchte AIDS-Virus handeln, da dieses nicht zytolytisch wäre. Da Gallo als HTLV-Experte galt, verlief dieser Ansatz etwas verfrüht im Sande. Man war nahe daran gewesen, den Reigen der Virusentdeckungen zu eröffen.

Es war schwer, das Virus anzuzüchten und die infizierten Zellen am Leben zu erhalten. Außerdem suchte man das AIDS-Virus immer noch ausschließlich bei AIDS-Patienten, was natürlich nahelag. Man wußte damals noch nicht, daß bei Pre-AIDS-Fällen die Chance viel größer sein würde, das Virus zu finden. (So war es kennzeichnenderweise auch ein LAS-Patient, bei dem es den Franzosen im Frühjahr 1983 schließlich glückte. Es mag in diesem Zusammenhang von Interesse sein, daß auch die Viruslinie von Abraham Karpas, C-LAV, ausgeprägt zytolytische Eigenschaften aufwies.)

Im November 1982 wurde in einer Zusammenfassung von Dale Lawrence sowohl die lange Inkubationszeit — vergleichbar der einer Slow-Virus-Infektion — als auch die Verbreitung des

---

May 25, 1982
Centers for Disease Control

PROTOCOL

Title: Studies of the Possible Infectious Etiology of Uncomplicated Immunosuppression in Homosexual Males and Immunosuppression in Patients with Kaposi Sarcoma-Opportunistic Infections (KS-OI) or Lymphadenopathy Syndrome (LS).

I. Introduction

KS-OI-LS is a newly described constellation of clinical presentations which may be different manifestations of one disease. The disease manifestations include Kaposi sarcoma and various (often multiple) opportunistic infections. The Kaposi sarcoma seen in this syndrome has occurred in younger patients and has been more malignant than that reported previously in the United States, resembling more closely the disease reported from Africa. The cases of opportunistic infections have been caused by a variety of organisms (<u>Pneumocystis carinii</u>, <u>Mycobacterium avium-intracellulare</u>, herpesviruses, <u>Toxoplasma gondii</u>, etc.) and have frequently been severe, progressive and eventually fatal. Most patients, regardless of clinical presentation, are linked by a common immunologic test finding--inversion of the T helper (Th) to T suppressor (Ts) cell ratio. Thus, the various presentations may be different manifestations of one disease, the etiology of which is unknown.

II. Background

A. *Natural History - An Hypothesis.* One possible scenario for the natural history of disease leading to KS-OI-LS is as follows. Male homosexuals develop a viral infection which is transmitted by intimate contact. The viruses may be cell-associated or free; they may be present in semen, urine, or the alimentary tract, or they may be transmitted in serum or white cells following damage to capillaries or blood vessels in the genital, anal, rectal, or oro-pharyngeal mucosa. Direct mucosa-to-mucosa contact may be required. In a selected subset of the homosexual population, these viruses may infect some of the cells responsible for immune T-cell responses. Environmental cofactors, such as inhalation of nitrites, may trigger the immunosuppressive effect of a common viral infection. Alternatively, the viruses may be novel agents, e.g., mutant or recombinant strains of human or animal pathogens. Having developed a defect in cellular immune function, some individuals will then become susceptible to a variety of secondary opportunistic infections, leading to systemic illness with lymphadenopathy, <u>Pneumocystis carinii</u> infection, Kaposi sarcoma (possibly caused by another viral agent), CNS infection with toxoplasmosis, <u>Mycobacterium avium-intracellulare</u>, or other opportunistic infections.

Given this scenario, it is most likely that viral agents could most easily be recovered from patients early in the period of their immunosuppressive infection. The putative viruses should be sought in serum, white blood cells, semen, feces, urine, pharyngeal secretions, saliva and lymph node tissue.

B. *Evidence for a transmissible agent.* There is both epidemiologic and laboratory evidence indicating that KS-OI syndrome is caused by an infectious, transmissible agent. In several ways, the epidemiology of this syndrome suggests an infectious disease that has been recently introduced into the United States. First, cases have clustered in New York; non-New York cases have often travelled to New York or their sexual contacts have. Secondly, the syndrome has primarily affected two groups (homosexual men and intravenous drug users) who have high rates of other infectious diseases. Patients who have had homosexual contact with each other have been recognized, and a case has been reported in a heterosexual contact of a drug user. Furthermore, cases have been reported among Haitian refugees, a group known to have high rates of some viral infections, most notably hepatitis B virus (HBV). Indeed the epidemiology of HBV, although not suspected of being the etiologic agent, closely parallels the epidemiology of this suspected agent. All of the high risk groups for KS-OI (homosexual men, intravenous drug users, heterosexual contacts (of carriers) and Haitian refugees) have HBV infection rates 10 to 30 times higher than the mean rate of all Americans.

The laboratory evidence for an infectious agent leading to KS-OI is limited to the discovery of circulating immune complexes in patients. Immune complexes, which may be caused by viruses which circulate in the blood stream, have been identified in the serum of KS-OI patients by Clq binding assays and Raji cell assays.

C. *Evidence against an infectious agent.* No substantial evidence yet exists that contradicts the infectious hypothesis of KS-OI. Two other considerations have been raised, however. The first has been drug use. Nitrite inhalants have been used by almost all homosexual patients, and cummulative exposure of cases to nitrite appears greater in cases than controls. However, two findings strongly contradict their etiologic role. First is the clustering of homosexual cases in New York. How can we explain this geographic clustering when nitrites, manufactured by various companies, are used by sexually active homosexual men across the country. In addition, non-homosexual cases have not been nitrite users.

Immunosuppression due to injection of semen or sperm has been the second proposed etiologic hypothesis. Laboratory studies in mice have documented immunosuppression after injection of semen or sperm. Anti-sperm antibodies have been detected in KS-OI cases more frequently than in controls. It is possible that homosexual practices cause mucosal irritation, facilitating the entrance of semen or sperm into the blood. However, the clustering in New York and the non-homosexual cases make this unlikely as a single etiology.

Cases have been substantially more promiscuous than controls. Anti-sperm antibodies as well as intensity of exposure to nitrites might simply reflect excessive promiscuity, rather than indicating an etiologic role, <u>per se</u>, of sperm or nitrites. Excess promiscuity would, of course, lead to an increased probability of exposure to an etiologic agent transmitted by homosexual sexual practices.

Addendum to Appendix D   July 13, 1982

Development of T-cell lines using T-cell Growth Factor (TCGF) to search for
Acquired Immunodeficiency Syndrome (AID)-associated T-cell-tropic Virus

One hypothesis for the epidemiologic characteristics observed among the
KS/OI (Acquired cellular immune deficiency syndrome, AID) cases is that a
transmissible agent is responsible. If so, many features would suggest a
virus. Since many viruses are known to grow in lymphocytes and some have an
apparent tropism for T-cell lymphocytes, there exists the possibility that T
lymphocytes could also be a selective site of viral replication and/or
damage. If this is a mechanism underlying the AID syndrome, the susceptible,
infected individuals would thereby be predisposed to any number of inter-
current, or previously dormant, microbiologically opportunistic disease
agents.

Humoral immunity seems to remain intact in the AID cases and if a T-cell-
tropic virus's antigens were expressed on the cell surface, they would provide a target for antiviral antibodies produced by the host. Thus, antiviral
antibody to the T-tropic virus antigens on the T-cell surface membrane would
result in the rather selective death of those T-cells of sufficient ontologi-
cal maturity to undergo virus infection. The consequent absence of effective
cellular (T-cell) immunity, due to the T-cell numerical and functional
deficiency, would allow the process to continue unimpeded. Death would occur
when the pathology induced by opportunistic agents which are not amenable to
medical therapy has become overwhelming.

Recent evidence from NCI and from Japanese researchers suggests that
such a T-cell-tropic virus may exist in human T-cell leukemia. Leukemias
and lymphomas are notorious for the array of opportunistic infections associated with inadequate cellular immune defense mechanisms. The parallels with
the array of organisms seen in the AID syndrome are striking.

In early May I discussed with Drs. Paul Feorino and Steve McDougal the
possibility that T-cell lines might be grown from patients with KS/OI using
the relatively new T-cell Growth Factor (TCGF) technique which induces rather
selective T-cell subpopulation replication and consequent clonal expansion
of T-cells.

I reasoned that if the infected T-cells could be "rescued" --using TCGF--
from a mixed population of original starting material derived from peripheral
blood (e.g., Ficoll-Hypaque density gradient separated mononuclear cells),
then the presumably most virus-rich lymphocyte cell population might be har-
vested and studied by a variety of techniques. Painstaking efforts to select
out the T-cell population most deficient in the AID syndrome (T-helper cells)
might be necessary (using the cell sorter and OKT-4 antibody, for example) in
order to obtain the virus-infected cell population free of cytotoxic antibodies
and other "contaminating" cell populations (e.g., T-suppressors).

Dr. Feorino already had underway an effort directed at obtaining cell
lines (especially B-cells) starting with peripheral blood buffy coat preparations obtained directly from the KS/OI research collaboration between
CDC and New York investigators. I asked Dr. Feorino to use his specimens
or ones we might have available for the TCGF induced T-cell line expansion
for the reasons described above. He has greeted the T-cell prospect with
enthusiasm. Dr. McDougal has now begun to make TCGF (Interleukon-2, IL-2)
in support of this effort. Dr. McDougal has proceeded according to the
following outline which he has provided. He has successfully carried out
steps 1-3a.

1. Prepare, in quantity, TCGF.
2. Establish an assay for TCGF.
3. Induce T-cell lines in normals into long-term culture.
   a. Expand cell lines from normals into long-term culture.
   b. Phenotype cell lines.
   c. Determine if the lines can be expanded, frozen, and recovered
      in viable form.
4. Induce T-cell lines in KS-OI patients.
5. Assay cell lines by conventional means for virus or viral products.

Should this trial project meet with success, then collaborative interactions with our virologic colleagues at CDC and clinical immunologic and
pathologic colleagues in DHF would be pursued with all dispatch. Any blood
specimens required beyond what is provided through the CDC/NY collaboration
could come from the use of aliquots set aside for HLA studies, or specifically collected, perhaps, for the purpose.

Dale N. Lawrence, M.D.
Clinical Medicine Branch
Division of Host Factors

AIDS-Virus mit Faktor-VIII-Konzentraten diskutiert (diese Tra-
gödie zeichnete sich da bereits ab). Für den ersteren Gedanken-
gang war die Zeit offenbar noch nicht reif.

Über die Entdeckung „neuer Risikogruppen" zu lesen, ist
lehrreich und zugleich bedrückend. Sie scheint einem bestimmten Muster zufolgen. Im Januar 1982 diagnostizierte man in Florida eine *Pneumocystis carinii*-Pneumonie (PCP) bei einem Bluter, im Juni 1982 trat der zweite Fall in Colorado auf, im Juli
1982 der dritte in Ohio — eine Häufung, die nun nicht mehr zu
übersehen war. Für die behandelnden Ärzte waren diese Fälle
zwar kaum als das zu erkennen, was sie darstellten, aber sie wurden von den CDC bemerkt, welche die Lizenz für die Behandlung der PCP mit einem bestimmten Medikament vergaben.

Falls ein Bluter etwas anderes als eine PCP entwickelte (Kaposi-Sarkom kommt bei diesen Patienten so gut wie gar nicht
vor), blieb er mit Sicherheit als AIDS-Patient unerkannt. Das

trifft für zahlreiche frühe Fälle sowohl in den USA als auch in
Europa zu. Natürlich läßt sich dies meist nur anamnestisch bestä-
tigen (vergleiche auch eine der ersten Publikationen hierzu von
Ehrencranz und Rubini 1983). So konnte man auch in Deutsch-
land feststellen, daß in den letzten Jahren auffällig viele Bluter an
Lymphomen verstorben waren.

Die CDC publizierten diese Erkenntnisse so rasch, wie die
Situation es zuließ (MMWR Juli 1982). Viele Ärzte, insbesondere
aus dem Bereich der Hämophilie-Behandlung, verschlossen ihre
Augen so lange wie irgend möglich vor der erschreckenden Einsicht. Es muß hierin ein verzeihlicher Zug — ein Gedanke der Art
„daß nicht sein kann, was nicht sein darf" — liegen, sonst würde
sich dies nicht ständig wiederholen. Es war vermutlich schon fast
ein Weltrekord an Ausdauer, daß in dieser Frage die entsprechenden deutschen Kollegen noch bis zum Dezember 1984, also mehr
als zwei weitere Jahre, in ihrem Irrtum verharrten.

Noch schwieriger gestaltete sich die Einsicht in die sich ebenfalls abzeichnende, noch größere Katastrophe der Virusübertragung bei Bluttransfusionen. Der jeweils zu überwindende Widerstand scheint direkt proportional zum Gewicht dessen zu sein,
worum es geht. Im August 1982 verzeichnete eine aufmerksame
Ärztin den ersten derartigen Fall am Bellevue Hospital in New
York. Es war schwerlich der erste. Mancher Leser wird befrem-
det sein, zu hören, daß sie diesen wichtigen Fall nicht publizie-
ren konnte. Sowohl die *Annals of Internal Medicine* als auch das
New England Journal of Medicine lehnten diese brennend wich-
tigen aktuellen und wahrlich handlungsrelevanten Ergebnisse ab.
Erst 1984 erschien die entsprechende Publikation im *Journal of
Infectious Diseases* (S Gordon 1984), nachdem schon der fünfte
Fall und eine zusammenfassende Darstellung der ersten sechs
Transfusionsfälle (darunter ihr Patient) publiziert worden waren.
Dies ist eine durchaus übliche Komplikation bei unerwünscht
frühen Einsichten.

Klärende Untersuchungen wurden von den Blutbanken anfangs konsequent blockiert. Man ließ nur zu, daß die Blutspender gefragt wurden, „wie es ihnen ginge". Keine ärztliche Untersuchung wurde zugelassen, keine Probeentnahme, keine T_h-
Zell-Zählung und auf gar keinen Fall „indiskrete" Fragen nach
der eventuellen Zugehörigkeit zu einer Risikogruppe. Der Anspruch des Blutspenders, einer unbehaglichen Frage zu entgehen, wurde höher gewertet als der Anspruch ungezählter Patienten, nicht bei Bluttransfusionen mit dem AIDS-Virus infiziert zu
werden — wahrlich eine groteske Art der Güterabwägung für
eine Blutbank. Merkwürdigerweise zeigte sich eine ähnliche
Haltung überall in der Welt, auch in Schweden, Norwegen, Dänemark und der Bundesrepublik Deutschland, und sie ist selbst
heute noch nicht überall überwunden.

Im September 1982 wurde der zweite transfusionsbedingte
AIDS-Fall in Connecticut gefunden, im November 1982 der
dritte in San Francisco; damit war das Eis gebrochen. Man bekam nun gnädigerweise die Erlaubnis, die Blutspender zu untersuchen, und bald lagen eindeutige Resultate vor. Am 10. Dezember 1982 (MMWR 1982-48) publizierten die CDC diese neue
Katastrophe unter dem vorsichtigen Titel „Possible transfusion-
associated AIDS ...", womit nun offiziell zugelassen war, sich
derartige Gedanken zu machen.

Es gibt aus der Frühzeit der Epidemie eine Reihe guter und
weitsichtiger Darstellungen der AIDS-Situation und ihrer Implikationen. In der rasch anschwellenden Flut von Veröffentlichungen gingen sie wohl teilweise unter (DN Lawrence 1983-1, -2,
-3, Evatt et al. 1983, 1984, Hersh und Mansell 1983, AS Evans
1984), auch wenn sie, wie die letztgenannte, ausgezeichnete
Analysen der immunologischen Konsequenzen einer Infektion
mit diesem Virus enthielten. Für die angestrengt arbeitenden Kliniker wurde die Zeit zum Lesen immer knapper. Für Politiker
und Gesundheitsbeamte war die Lektüre zu unbehaglich.

Was wir anhand dieser kurzen Einblicke in den Alltag der
CDC sehen können, ist nicht nur die mühselige Gedankenarbeit,

die Planung, die Mühe, welche diese neue Epidemie verursachte, sondern auch jener hinhaltende und zähe Widerstand, der nach jeder neuen Erkenntnis bei den Betroffenen, bei einem Teil der Kollegen, bei Teilen der Öffentlichkeit und insbesondere bei den Behörden zu überwinden war. Man hatte stets einen Horror davor, etwas „durchsickern" zu lassen, ehe es wirklich gesichert war. Diese ehrenvolle Absicht und vorsichtige Haltung fällt jedoch bisweilen mit den schon beschriebenen Mechanismen „opportunistischer" Begriffsstutzigkeit zusammen, so daß die Motive häufig nicht mehr voneinander zu trennen sind. Manches wurde einfach zurückgehalten, um es nicht in der Öffentlichkeit diskutieren zu müssen, andere unangenehme Funde wurden absichtlich wiederholt verspätet publiziert — und so wird es vermutlich weitergehen.

Nicht nur Politik und Verwaltung, sondern auch die Seuchenbekämpfung und die Durchführung öffentlicher Gesundheitsprogramme wird natürlich leichter, wenn die Mehrzahl der Berührten den Mund hält und sich an der Debatte nicht beteiligt. Dies gilt natürlich besonders für Laien. Es handelt sich hierbei um einen natürlichen Interessenkonflikt zwischen dem Anspruch der „Führenden", ungestört und so rationell wie möglich arbeiten zu können, und dem der „Geführten", sich dennoch auch selbst ein Bild machen und ihre legitimen Interessen vertreten zu dürfen. Dies ist der fundamentale Konflikt aller Streitigkeiten um das Öffentlichkeitsprinzip und um die Vor- und Nachteile der Zentralisierung. In ihm wird ein zentrales Problem der Demokratie schlechthin deutlich.

Es geht hier um unsere Möglichkeiten zu kontrollieren, ob wir nicht in die Irre geführt werden von Menschen, die bereit sind, unsere Interessen ihrer eigenen Bequemlichkeit, ihrem Prestige oder gar ihrem Vorteil zu opfern. Es ist dies die entscheidende Frage der Kontrolle von Machtmißbrauch: wie weit nämlich die Entscheidungsträger jene, die sie vertreten, überhaupt noch als mündige Partner akzeptieren und sich noch daran erinnern, daß sie eigentlich nur einen befristeten, keineswegs unwiderruflichen Auftrag haben, für das Wohl aller zu wirken.

Es wäre jedoch falsch, den Widerstand gegen die Einsicht in den Charakter der AIDS-Epidemie nur bei jenen zu vermuten, die für Ruhe als erste Bürgerpflicht um jeden Preis eintreten. Politiker sind daran gewöhnt, täglich Kompromisse schließen zu müssen zwischen dem, was wünschenswert, und dem, was möglich ist. Schwerer zu verstehen ist der Widerstand jener, die derartige Rücksichten nicht zu nehmen brauchen. Haarsträubende Fehleinschätzungen der Lage können sich aus den verschiedensten Motiven erklären. Manch einer ist vielleicht auch allergisch geworden gegen jene Weltuntergangspropheten, die sowohl von kleinen als auch von großen Problemen regelmäßig auf den Plan gerufen werden.

Als Kuriosa aus dem Wald der Diskussionsbeiträge seien hier nur drei Blüten erwähnt: So wurde etwa 1984 ernsthaft behauptet, AIDS sei „weder neu noch ansteckend" (Berken 1984) — eine These, die übrigens immer wieder einmal auflebt. (Beispielsweise bezeichnet eine Publikation von 1987 HIV als „häufigste opportunistische Infektion", andere machen die Syphilis-Spirochäten für AIDS verantwortlich.) Des weiteren gibt es in den USA und Europa mehrere Autoren, die in der HIV-Infekton nur eine Begleiterscheinung sehen; sie behandeln dementsprechend AIDS mit Penicillin. Schließlich ist behauptet worden, AIDS sei in den Großstädten der USA bedeutend weniger gefährlich als die Hitze (Weissmann 1983). Der Autor weist auf die beruhigend geringe Anzahl von AIDS-Fällen hin und hofft darauf, daß die Krankheit „rasch ihren Charakter ändern wird". Er findet, man setze viel zu viel Geld für die AIDS-Forschung ein, das besser für Klimaanlagen verwandt würde, um Hitzschlägen vorzubeugen. Die Zeit für derartigen Unsinn ist noch keineswegs vorbei — in ungezählten Varianten, häufig als Ausdruck für Revierdenken und die Sorge um die eigenen Forschungsmittel, begegnet er uns *mutatis mutandis* auch heute.

Aspekte der AIDS-Diskussion

„Man kann im Gedränge die Fackel der Wahrheit nicht tragen, ohne jemandem den Bart zu verbrennen."
(Georg Christoph Lichtenberg)

Die folgende Schilderung der AIDS-Debatte gründet sich auf Beobachtungen in den USA und neun verschiedenen europäischen Ländern (Schweden, Norwegen, Finnland, Bundesrepublik Deutschland, Großbritannien, Spanien, Italien, Schweiz und Österreich). Es gibt Grund zu der Annahme, daß sie in anderen Ländern nicht prinzipiell anders verlief. Naturgemäß kenne ich die Lage in Schweden am besten, und wegen der Überschaubarkeit des Landes, der Offenheit der Debatte, der in Schweden in mancher Hinsicht am weitesten verwirklichten staatlichen Gesundheitsfürsorge und dem, was ich die „Modernisierung der allgemeinen Anschauungen" nennen möchte, sei hier die schwedische Debatte als *pars pro toto* für die Meinungsverschiedenheiten in der AIDS-Frage genommen. Es gibt verblüffende Ähnlichkeiten in der Frontenbildung und der Wahl der Argumente zu ungezählten anderen Ländern. Es sind eher zufällige, individuelle Züge der Wortführer verschiedener Gruppen, die der Debatte jeweils unterschiedliche Züge geben können.

Neben der verwirrenden Vielfalt an widersprüchlichen Äußerungen vermißt man insbesondere die ehrliche Auskunft „das wissen wir noch nicht". Es sieht so aus, als litten die meisten Befragten unter einer „Auskunftsneurose" und wollten jede Frage, sei es auch verfrüht oder gar falsch, um jeden Preis beantworten.

In gewissen Fragen sind heute unfertige Standpunkte ein Zeichen von Klugheit. Nur so kann man vermeiden, ständig Äußerungen zu tun, die rasch dementiert oder revidiert werden müssen. Die Öffentlichkeit wird in gewissen Fragen so offensichtlich beschwichtigend informiert, daß kritische Leser schon seit langem nur noch den kontrollierbaren Teil offizieller Verlautbarungen wirklich glauben. Die Bluter Schwedens wurden noch mit einem amtlichen Rundschreiben beruhigt, „niemand weise Symptome auf", als bereits mehrere Pre-AIDS-Fälle unter ihnen existierten. Die Schwierigkeit jenes Balancierens zwischen der professionellen Verpflichtung, lebensrettende Informationen herauszugeben, und dem humanitären Wunsch, Menschen handlungsirrelevante Unruhe zu ersparen, sei dabei keineswegs übersehen. Hinzu kommt, daß Informationsblätter und Fernsehdebatten in ihrer ganzen Anlage kaum für tiefschürfende wissenschaftliche Debatten oder komplizierte Gedankengänge geeignet sind, und vor der Möglichkeit, gründlich oder gar absichtlich mißverstanden zu werden, schreckt jeder erfahrene Mensch mit gutem Grund zurück.

Daß der durchschnittliche Bürger nicht willig zu sein scheint, in dieser Frage in eigener Sache zu reden, bezeugt die verbreitete Auffassung, daß dies wohl die Aufgabe der von ihm gewählten verantwortlichen Gesundheitspolitiker sei. Es wird ernst, wenn er sich von ihnen im Stich gelassen fühlt.

Homosexualität und Bevormundung

Vertreter der Risikogruppe homosexueller Männer gaben in vielen Ländern früh Signale für ihren ausgeprägten Unwillen, an epidemiologischen Maßnahmen jeglicher Form mitzuwirken. Es bleibt zu hoffen, daß sie sich im Laufe der Zeit damit abfinden, daß die heutzutage letztlich mit ziemlicher Toleranz und einem gewissen Verständnis aufgenommenen Forderungen der Homosexuellen selbstverständlich gegen legitime Interessen der Nicht-Homosexuellen aufgewogen werden müssen. Gruppenegoismus hat, wenn er es erschwert, der weiteren Seuchenausbreitung vorzubeugen, hier auf die Dauer nur den unnötigen Effekt, daß sich die Fronten weiter verhärten.

Vorweg sei hier ein Problem angesprochen, das nicht nur Homosexuelle, sondern auch andere HIV-Infizierte betrifft. Aus den USA ist bekannt, daß viele Menschen direkt nach Erhalt eines positiven Testergebnisses eine hohe Lebensversicherung abschließen. Dies hat schon zu steigenden Versicherungsleistungen in Millionenhöhe geführt, was die Existenz zahlreicher der über 1500 amerikanischen und kanadischen Lebensversicherungsgesellschaften ernsthaft zu bedrohen beginnt. Man fand nämlich nicht nur eine exponentiell zunehmende Anzahl von AIDS-bedingten Todesfällen, sondern darüber hinaus durchschnittliche Versicherungssummen vom Fünf- bis zum Achtfachen des Normalen. Dies ist ein Anzeichen dafür, daß gewissermaßen eine „Kontraselektion" bei der Unterzeichnung der Verträge stattgefunden hat. Dies hält kein Versicherungssystem aus. Patienten mit einer gegenüber der Berechnungsgrundlage um 30−40 Jahre verkürzten Lebenserwartung sind im Prinzip so gar nicht versicherbar. Generell beziehen sich derartige Versicherungen auf ein **mögliches**, nicht auf ein mit **Sicherheit** eintretendes Ereignis.

Im Gegensatz zu Krankenversicherungen, die ihre Prämien den wahren Kosten anpassen können, haben Lebensversicherungsgesellschaften keine Möglichkeit, ihre Prämien nachträglich kostendeckend zu erhöhen. Was aussieht wie ein reiner Konflikt zwischen einem einzelnen AIDS-Patienten und einer Versicherungsgesellschaft, ist in Wirklichkeit ein viel ernsterer moralischer Konflikt: Eine bankrott gehende Versicherungsgesellschaft kann in der Regel ihre Verpflichtungen gegenüber allen anderen Versicherungsnehmern nicht mehr erfüllen. Tausende ehrlicher Menschen werden also um die vertraglich vereinbarten Leistungen betrogen. Dies ist dann das Ergebnis der für die Versicherungsgesellschaft fatalen Kontraselektion; der Konflikt liegt also eigentlich zwischen dem ehrlichen und dem sich durch Unterschlagung wesentlicher Auskünfte (wichtiger noch als hoher Blutdruck, Herzfehler oder Diabetes) einen Vorteil verschaffenden, unehrlichen Versicherungsteilnehmer.

In zwei Staaten der USA (Kalifornien und Wisconsin) haben geschickt und schnell agierende Interessengruppen es geschafft, Gesetze durchzubringen, die den Versicherungsgesellschaften sogar verbieten, nach den Ergebnissen des Antikörpertests auch nur zu fragen bzw. sie im Falle des Bekanntwerdens zu verwenden. Man kann also wegen blauer Augen oder einer Tuberkulose von einer Lebensversicherung ausgeschlossen werden, nicht aber wegen einer HIV-Infektion. Dies wird einer Überprüfung durch höhere Gerichte kaum standhalten, aber es mag Jahre dauern, bis der Rechtsstreit ausgetragen sein wird.

Es ist offensichtlich, daß noch eine Unzahl anderer Interessenskonflikte auftauchen wird. Ein Teil von ihnen ist nicht vorhersehbar. Manche mögen aus tragischen Verstrickungen entstehen, andere wiederum spiegeln nur das Verfechten kurzsichtiger Eigeninteressen wider sowie das Ausnutzen eventueller Gesetzeslücken. Was würden wir sagen, wenn ein Hypertoniker die Kontrolle des Blutdrucks verweigerte, um seine Chancen auf eine hohe Lebensversicherung nicht zu beeinträchtigen? Man mag ihn verstehen; aber ihm damit die gesetzliche Möglichkeit dazu einzuräumen, ist nicht dasselbe.

In der Argumentation um die Krankheit AIDS, um Risikogruppen und Verhaltensänderungen mischen sich die verschiedensten Motive und Gesichtspunkte zu einem schwer entwirrbaren Knäuel. Die Einstellung vieler Homosexueller zur Gesellschaft und ihren Behörden ist ambivalent. Sie lehnen jede Form von Bevormundung ab − das ist sehr verständlich. Sie verweigern jedoch teilweise auch ihre Mitwirkung bei den Versuchen, die Ausbreitung des HIV zu klären − dies ist unverständlich. Denn gerade in diesem Punkte sollten ihre und die Interessen der Öffentlichkeit wahrlich zusammenfallen.

Hinzu kommt, daß Homosexuelle heute, da die Versäumnisse der ersten Jahre immer offenkundiger werden, sogar Vorwürfe erheben, es sei nicht „energisch genug gehandelt worden", was in einem merkwürdigen Kontrast zu anderen Äußerungen steht.

Dabei ist ihr Verdacht, Forschung, Aufklärung und behördliches Nachdenken über AIDS seien gerade wegen der Art der primären Risikogruppen zögernder in Gang gekommen, als wenn primär die Kinder amerikanischer Golfspieler und Senatoren betroffen gewesen wären, keineswegs ganz unbegründet. Dieser Standpunkt wurde in einer engagierten Kampagne von Homosexuellen-Zeitschriften in den USA (z. B. *New York Native*) explizit auch vertreten (Ortleb 1985). Man mag aus guten Gründen für mehr Tatkraft eintreten − dies läßt sich jedoch nicht jedesmal dann widerrufen, wenn man selbst irgendwie davon betroffen werden sollte.

Man kann sich des Eindrucks nicht erwehren, hier würde im Hinblick auf die Empfindlichkeit des Themas eine Sonderbehandlung gefordert. So verständlich − und bei aufmerksamer Durchsicht der Geschichte der Homosexualität auch in Maßen vertretbar − dies sein mag, so ist es dennoch schon aus psychologischen Gründen nicht ratsam, sich dieses Mittels zu sehr zu bedienen. Wäre die Seuche primär durch Banknoten übertragen worden und hätte sie somit hauptsächlich reiche Leute und Bankdirektoren betroffen, wäre niemals eine ernsthafte Debatte aufgekommen über die Schuld der Betroffenen. Würde wirklich in Frage gestellt, ob sie sich testen lassen sollten? Ob sie mit allen Kräften an Erforschung und Bekämpfung der Seuche mitzuwirken hätten?

Vermutlich stünde einer rationellen Durchführung aller aus epidemiologischem Gesichtswinkel erforderlichen Untersuchungen und Maßnahmen nicht viel im Wege, mit Sicherheit nicht die öffentliche Meinung. Es ist an der Zeit, die heute zu ergreifenden Maßnahmen zu entdramatisieren. Es kann niemandem damit gedient sein, daß alle zukünftigen Verhandlungen hierüber in einer Stimmung allgemeinen Mißtrauens und gegenseitiger Verdächtigungen geführt werden müssen.

Die Überempfindlichkeit der Homosexuellen gegenüber Überwachung und Kontrolle hat ihre Gründe − gebranntes Kind scheut das Feuer. Sie müssen jedoch damit rechnen, daß sie in den Augen einer überwiegend nicht sehr nachdenklichen Allgemeinheit automatisch nach dem Verhalten ihrer am meisten hervortretenden und gelegentlich Anstoß erregenden Repräsentanten beurteilt werden. Hieran hat das mehrjährige journalistische „Vermarkten" eines gewissen Großstadtmilieus von Promiskuität, Prostitution, extremen Praktiken und Dunkelkellern entscheidenden Anteil. Dies alles ist allerdings keineswegs repräsentativ für die Homosexualität an sich − so übersehen die Heterosexuellen mit Vorliebe, daß genau das gleiche für ihre eigenen sexuellen Ausschweifungen gilt. Demzufolge geschieht die Fokussierung auf die Homosexualität teilweise mit trügerischem Hintergrund. Die sexuelle Promiskuität in Sexclubs und gewissen „Ferienparadiesen", in Bangkok und anderen Zentren der Prostitution kann sich sowohl quantitativ als auch qualitativ mit dem so Geschmähten sehr wohl messen. Es ist eben nur üblicher, und das erhöht die Toleranzschwellen.

Mit einer gewissen Schadenfreude ist darauf hingewiesen worden, daß die Homosexuellen vielleicht gerade infolge der erfolgreichen Emanzipationsbewegung der letzten Jahrzehnte („gay liberation") so hart betroffen worden seien. Gerade diese habe zu ungebremster Entwicklung jenes homosexuellen Großstadtmilieus geführt, das für die Geschwindigkeit der AIDS-Ausbreitung sicher nicht ohne Bedeutung war. Nachdenklichere Vertreter der „gay movements" sind geneigt, diese tragische Verknüpfung zuzugeben.

Es soll hier noch einmal betont werden, daß homosexuelle Männer (genau wie Heterosexuelle) erst dann von der Ansteckung mit dem HIV bedroht sind, wenn ein Partner untreu wird. Ob dieses Risiko bei ihnen größer ist, wissen sie selbst am besten. Den Heterosexuellen mag eine Frist zur Einsicht gegeben sein. Das Milieu der Pornographie-Szene, der Bordelle oder der Sexclubs von Ferienorten und Metropolen birgt für sie bald dasselbe Risiko, wie es vor Jahren gewisse New Yorker Etablissements für die Homosexuellen taten. Es ist ein tröstliches Faktum, daß jene Welt, die nicht von ungefähr mit einem erhöhten Risiko von Geschlechtskrankheiten, Vereinsamung, Elend, Drogensucht und problematischen Beziehungen belastet ist, ja kaum kultisch verehrt, sondern eher schamvoll verdrängt wird. Es gilt zu begreifen: Alle sitzen im gleichen Boot, nur verschieden weit von der Bordkante entfernt.

Der Kampf gegen diese Erscheinungen, zumindest gegen die Exzesse, ist Tausende von Jahren alt. Er wird mit den verschiedensten Mitteln geführt, die in einer freien Gesellschaft ihre Begrenzungen finden in der Intimsphäre des einzelnen und in seinen bürgerlichen Rechten. Totalitäre Regierungen haben sich um derlei nie zu kümmern gehabt.

Daß der Kampf etwa gegen die Prostitution oder die Sucht nie gewonnen worden ist, mag damit zusammenhängen, daß Freiheit auch stets die Möglichkeit zu unheilvollen Fehlentscheidungen in sich birgt. Jene Freiheit, die eine eingebaute Sicherung gegen Mißbrauch besäße, existiert nur in den Wunschbildern von Faschismus und Kommunismus, von Theokratien und versponnenen Sekten. Es ist jene Freiheit, die den Anspruch erhebt, das Glück des einzelnen besser zu kennen als er selbst. Und obwohl man angesichts einiger der geschilderten Phänomene einen so starken Eindruck von menschlicher Hilflosigkeit und mangelndem Durchblick erhalten kann, daß man versucht ist, „vormundschaftlich" einzugreifen, ist es gerade ein hervortretender Zug der westlichen, freien, liberalen bis permissiven Gesellschaft, den Möglichkeiten zu solchen Eingriffen in die Torheiten des einzelnen sehr enge Grenzen gesetzt zu haben. Sehr einfach läßt sich das folgendermaßen zusammenfassen: Um selbst der Gefahr unerträglicher Bevormundung durch andere zu entgehen, nimmt man von dem häufig spontan aufkommenden Wunsch Abstand, anderen die eigene Weisheit (in Form einer schon eher als erträglich oder zumutbar empfundenen Bevormundung) aufzudrängen. Darauf läuft unsere Freiheit hinaus. Dies setzt Einsichten und Fähigkeiten voraus, die nicht immer gegeben sind. So wird das Konzept dieser Freiheit ständig aus allen möglichen Richtungen und aus den verschiedensten (auch guten!) Motiven heraus bedroht und ist vermutlich nur unter gewissen Bedingungen von Bestand. Diese Freiheit ist es auch, die häufig hemmungslos mißbraucht wird, was gerade für kürzlich einem totalitären Machtbereich Entflohene schmerzhaft offenbar ist. Und sie macht uns auch etwas hilflos in einer unvermutet aufgekommenen Epidemiesituation.

Wir sind von dem Problem sozusagen überrumpelt worden und haben kein erprobtes Handlungsprogramm. Wir haben im Grunde vergessen, was eine Seuche ist, denn keiner der heute Lebenden hat eigentlich jene Zeit erlebt, in der die ziemlich rabiate Epidemiegesetzgebung auch freier Länder entstand. Niemand hat Syphilis oder Tuberkulose wüten sehen, noch war man gezwungen, gegen derartige Seuchen einzugreifen. Niemand hat sich Gedanken über das Risiko des „Untertauchens" Infizierter machen müssen (was natürlich vor hundert Jahren unendlich viel einfacher war als heute), und es sieht so aus, als müßte jede früher schon einmal gemachte Erfahrung und Einsicht neu gewonnen werden. Es ist fast, als sei die erste Epidemie, die uns betrifft, auch die erste unserer Geschichte.

Alles dies ist bedauerlich genug. Die hemmenden Einflüsse von Utopisten und Betroffenen, die in unterschiedlicher Richtung an den Entscheidungsträgern zerren, komplizieren das Bild weiter. Es sind so viele Kräfte am Werk, daß es sich lohnt, die Haltungen, und was zu ihnen führt, etwas näher zu betrachten. Man gerät sonst leicht in Gefahr, die gut gemeinten, die legitimen, die durchdachten, die unreflektierten und die illegitimen in einen Topf zu werfen.

Die Probleme sind in verschiedenen Ländern zum Teil sehr unterschiedlich ausgeprägt. Manche negative Haltung ist so zynisch, daß es sehr unangenehm wäre, wenn sie das Bild der Allgemeinheit von ganzen Bevölkerungsgruppen prägte. Drogen-

süchtige und Kriminelle richten hier viel Schaden an. So setzte sich San Franciscos republikanische Bürgermeisterkandidatin (Diane McGrath) Morddrohungen aus, als sie den Vorschlag machte, einige als bedenklich angesehene homosexuelle Etablissements zu schließen.

Der Mißachtung von Gesetzen entgegenzuwirken, haben wir mehr Gründe als nur die aktuelle AIDS-Epidemie. Wer sich mit den Radikalen nicht identifiziert, hat allen Anlaß, sich von ihnen zu distanzieren. Gerade deshalb ist es den Homosexuellen zu wünschen, daß sie rechtzeitig verstehen, wie wenig nuanciert die Reaktion der nichthomosexuellen Allgemeinheit leicht ausfallen kann. Es ist zu hoffen, daß sie in ihren eigenen Kreisen stets jemanden haben, der ihnen den Ernst der Lage vorhält. Sie würden dann den Sinn darin entdecken, sich den gemeinsamen Anstrengungen, dieser Seuche Einhalt zu gebieten, rasch anzuschließen. Das würde in der Regel wohl auch anerkannt werden und ungerechtfertigten Angriffen den Wind aus den Segeln nehmen.

Prostitution und Moral

Auch das Thema der Prostitution ist plötzlich aus seinem Schattendasein ins Blitzlicht aktuellen Interesses geraten. Teils wird das rabiate „Entfernen der Prostituierten von den Straßen", teils auch das „Kriminalisieren ihrer Kunden" empfohlen. Andere finden diese Gedanken zu „radikal" und vertreten den fatalistischen Standpunkt, daß nichts zu machen sei. Wieder andere meinen offenbar, daß es den Prostituierten und ihren Kunden „recht geschehe, wenn sie sich ansteckten"; dies ist ohne Zweifel eine verbreitete „klammheimliche" Haltung.

Der Vorschlag, zumindest die seropositiven drogensüchtigen Prostituierten „aus dem Verkehr zu ziehen", führte in Schweden zu einer Anzeige wegen „Hetze auf Minoritäten". Prostituierte, Zuhälter und Porno-Unternehmer werden gleichsam als Symbol für die „Befreiung von überkommenen Vorurteilen" erhöht, zumindest jedoch wie eine honorige Berufszunft betrachtet. Dabei sprechen wir hier von dem Milieu, das in anderem Zusammenhang aus guten Gründen als das der „äußersten Erniedrigung der Frau" bezeichnet wird, als ein „Fleischmarkt", dessen Umfang manchen Außenstehenden überraschen würde.

Ist es denn wirklich so merkwürdig, daß dieser Beruf mit einem schlechten Renommee behaftet ist? Wollen wir denn wirklich, daß dem anders sei? Wünscht sich irgendjemand diesen „Beruf" für seine eigene Tochter? Ist es überhaupt wünschenswert oder möglich, ein besseres Ansehen von Prostituierten zu erreichen, solange sich nicht die grundsätzlichen Einstellungen aller Menschen vollständig ändern? Auch auf die Gefahr hin, der „Hetze auf Minoritäten" angeklagt zu werden, möchte ich diese Fragen verneinen.

Der schlechte Ruf, den Prostituierte, Zuhälter, Dealer, Drogensüchtige, Gigolos und dergleichen in den Augen der Öffentlichkeit nun einmal haben, erfüllt im Grunde eine wichtige Funktion. Jeder, dem die Zerbrechlichkeit eines Rechtsstaates, seine Bedingungen und die ungeheuren Gefahren, die mit seiner Auflösung verbunden sind, klar sind, sollte daran mitwirken, den Unterschied zwischen der Ehrlichkeit und der Lüge, der Würde und dem Unehrenhaften, der Güte und dem Verbrechen nicht vollständig zu verwischen. Dies ist nicht gleichbedeutend mit Pietismus oder „moralinsaurer" Arroganz. Man kann aus sehr nüchternen Gründen auf der Feststellung bestehen, daß es trotz allem Kain war, der Abel erschlug.

Selbst der Kampf gegen Vorurteile und Engstirnigkeit, gegen Bigotterie und Pharisäertum kann übertrieben werden — auch wenn dies manchem frisch Emanzipierten in seiner Sturm- und Drangzeit nicht gern einleuchtet.

Die meisten Menschen entwickeln auf der Basis ihrer eigenen Eigenschaften, ihrer Ängstlichkeit oder Risikofreudigkeit, ihrer Hemmungen oder ihrer Exaltiertheit, ihrer Bescheidenheit oder ihrer Geltungssucht eigene individuelle Moralauffassungen. Dies ist ein natürlicher Vorgang. Sie versuchen, diese Auffassungen auf die ihnen Nächsten (z. B. ihre Kinder) zu übertragen. Manchmal sind ihnen diese ähnlich, dann mag das gehen. Zusammen mit anderen Menschen, die gleichartige Auffassungen vertreten, bilden sie Gruppen, Freikirchen, Sekten, Vereine.

Dies alles führt zu einer Vielfalt individueller Moralauffassungen, von denen jede einzelne sich nur unter furchtbaren Widerständen auf anders geartete, widerstrebende Menschen übertragen ließe. Daß dies vielleicht ganz gut sei, haben Menschen mit pluralistischer und liberaler Grundeinstellung schon immer gefunden. Entscheidend ist natürlich, ob das Ganze funktioniert. Solange es mit Frieden und Freiheit, Glück und Gesundheit vereinbar ist, sollte man sich hüten, es mit forcierten Methoden zu ändern. Wir müssen uns damit abfinden, daß viele Menschen die Forderungen hochgestochener Moral nicht zu erfüllen vermögen, daß manche an differenzierten kulturellen Genüssen wenig Freude haben, daß andere wiederum unter dem Geräuschniveau eines Motorradrennens oder einer Diskothek eher leiden. Wohl dem, der wählen kann. Das Elend beginnt erst dann, wenn jemand versucht, seine individuellen Normen, mit denen er selbst und seinesgleichen sich wohlfühlen und glücklich werden, anders gearteten Mitmenschen aufzuzwingen.

Dies alles sei vorausgeschickt, da sich aus der AIDS-Debatte moralisierende Einschläge niemals ganz verbannen lassen werden. Da ist es besser, sie zu verstehen. Es muß möglich sein, über Moral zu sprechen. Der billige Vorwurf des „Moralisierens" sollte nicht zu eilfertig gebraucht werden.

Das *suum cuique* („Jedem das Seine") einer Moralauffassung, die sich für manchen sicher schon verwerflich weit von den eher katechismusartigen Verhaltensregeln festgegossener Weltanschauungen (etwa der Glaubensgemeinschaften) entfernt, hat jedoch eine Reihe natürlicher Begrenzungen. Der kleinste gemeinsame Nenner, auf den sich die Menschen aller zivilisierten Gemeinschaften bisher immer noch haben einigen müssen, ist die pragmatische Regel: Die möglichst große Freiheit des einzelnen ist dort zu beschränken, wo sie in das Glück, die Gesundheit und die Sicherheit seiner Mitmenschen empfindlich eingreift. An diesem Kollisionspunkt hilft die „Moral". Hier ist man sozusagen am Kern ihrer Funktion, an der Quelle unserer Bemühungen um eine moralische Haltung angelangt.

Es gibt gewisse, allgemein menschliche Erfahrungen, die keinen logischen, sondern eher einen normativen Hintergrund haben. Nur junge Logik-Enthusiasten der ersten Studiensemester glauben, ohne diese auszukommen. Wer nicht zugeben will, daß das Leben nach langjähriger Drogensucht dem Süchtigen so zu mißlingen pflegt, daß es sich schwerlich zum Vorbild für andere eignet, der mache eine Rundwanderung durch die New Yorker Bronx oder durch ein ähnliches Milieu von Drogenabhängigen. Angesichts solcher Erfahrungen läßt sich in der Regel rasch Einigkeit in einigen grundlegenden Fragen erlangen − wenn auch vielleicht nicht zwischen allen Menschen. Es reicht jedoch in der Regel für einen gewissen Konsens, der den notwendigen normativen Kern jeder überindividuell verbindlichen Auffassung über wünschenswerte Verhaltensweisen ausmacht. Dieser ist unerläßlich. Darüber hinaus stellen viele Menschen an sich selbst und ihre Nächsten noch viel weitergehende Ansprüche, ihre **individuelle** Moral. Sich über diese einig zu werden, ist zum Aufrechterhalten eines Rechtsstaates und einer gewissen allgemein verbindlichen Moral nicht erforderlich.

Unter diesem Gesichtspunkt kann der schlechte Ruf, der den eingangs genannten Vertretern eines Milieus professioneller „Unmoral" in der Regel anhängt, eine wichtige Funktion haben. Er kann zum Weichensteller werden für manchen jungen, unentschiedenen Menschen, der die Orientierung für sein Dasein noch nicht gewählt hat. Er kann ihn davor schützen, in einer trostlosen Lebenssituation zu enden. In gewissen Milieus der Millionenstädte wächst die Schar derer, die früher oder später in eine solche Lage geraten, täglich um Tausende von jungen Menschen. Niemand, nicht einmal sie selbst, kann wünschen, daß es immer mehr werden. Die Vorstellung, daß es einmal keine Minoritäten mehr sein könnten, läßt nur den Phantasielosen unberührt.

Unsere Gesellschaft (im Gegensatz zur totalitären) akzeptiert alle diese Formen von halblegaler und illegaler, oft selbstdestruktiver Existenz. Manche betrachten das als einen natürlichen Preis für unsere Freiheit, andere bezweifeln dessen Notwendigkeit. Man kann sich sogar damit abfinden, daß manche dieser Probleme in unserer komplexen sozialen Struktur direkt gefördert werden. Je komplizierter das Dasein ist, je mehr Planung und Vorbereitung und Selbstkontrolle erforderlich sind, desto wahrscheinlicher wird das Versagen einer gewissen Anzahl von Menschen. Ein harmonisches Dasein unter erträglichen oder gar ansprechenden Bedingungen, mit den erwünschten sozialen Kontakten und in permanenter Zufriedenheit, ist unter komplexen Bedingungen nicht so leicht zu erreichen.

Wie die Muskeln unseres Körpers müssen auch unsere Sinne, unsere Emotionen, unsere ästhetischen und ethischen Wahrnehmungen entwickelt und geübt werden. Dies ist der Inhalt von festlichen Stunden, von Andacht, vom Genuß des Schönen (sei es Natur oder Kultur) und zahlreicher anderer Höhepunkte dessen, was als „bürgerliche" Lebensform heute bei vielen fast in Verruf geraten ist. Die Sehnsucht danach lebt dennoch in fast jedem Menschen, sei es, daß er sich zur Sonnenwendfeier, sei es, daß er sich zum Rockfestival einfindet. Musik und Feuer, das Schöne, das Ergreifende, das Erregende, ja selbst das Traurige hat hier seinen Platz. Nur, wer auch den großen Ernst gelernt hat, wer seine Sinne und Empfindungen entwickelt hat, ist in der Lage, auch sehr Schweres ohne Schaden zu überstehen.

Ohne uns dessen immer bewußt zu sein, formen wir mit Zeremonien, deren Bedeutung uns entfallen ist, mit Höflichkeit, deren Inhalt verblichen ist, mit ästhetischen Formen, die wir nicht mehr verstehen, mühsam und allmählich ein Individuum, das in der Lage ist, für mehr als eine kurze, hektische Zeitspanne glücklich zu sein. So entstehen Menschen, die andere glücklich sehen können, ohne selbst neidisch zu werden, die das Schöne genießen können, ohne es zu begehren, die das Ungewöhnliche ertragen, ohne es zu zerstören, die sich auch in den Sorgen und im Leid anderer zu engagieren vermögen, ohne selbst daran zu zerbrechen, und die auch die abweichenden Wertvorstellungen und Besonderheiten anderer Menschen und Kulturen zu schätzen wissen, ohne die eigenen dabei aufzugeben. Mit anderen Worten, es ist im Grunde sehr schwierig, jedem einzelnen Menschen die Entwicklung seiner Persönlichkeit zu einem sozialen Wesen mit der Chance zum Glück und der Fähigkeit zum Ertragen auch des Unglücks zu ermöglichen. Die Millionen emotional und intellektuell verkrüppelter Menschen, die in den großstädtischen Slumgebieten in dürftiger, nicht selten krimineller Umgebung ihr Dasein fristen, sprechen eine deutliche Sprache.

Natürlich sind das „traute Heim" mit dem intakten Familienleben auf der einen und das Großstadtmilieu mit seinen Drogenproblemen und einer verwahrlosten Jugend auf der anderen Seite die Extreme auf dieser Skala. Dazwischen jedoch erstreckt sich ein Kontinuum, und manche europäischen Milieus sind von den Zuständen in New York schon gar nicht mehr so weit entfernt. Die Entwicklung in Europa läuft vielerorts darauf hinaus, jene Probleme, die uns bisher erspart waren, auch hier zu etablieren.

Es gibt also guten Grund, sich über die äußeren und inneren Bedingungen, auch die normativen, der fortgesetzten HIV-Verbreitung Gedanken zu machen. Um Wertungen zumindest der Gefährlichkeit gewisser Verhaltensweisen kommen wir nicht herum. Die Verwirrung mancher Menschen in diesem Punkt ist nur ein Zeichen dafür, daß sie schon selber an einer Entwicklung teilhaben, bei der das Gefühl für die normativen Grundlagen unserer Freiheit und unserer Möglichkeiten, diese zum eigenen Glück zu nutzen (zu diesen gehört auch die Rechtsstaatlichkeit), im Laufe der Zeit verkümmert.

Man kann sich die Toleranz der Gesellschaft gegenüber vielem erkämpfen, nicht aber ihre Wertschätzung. Diese stellt sich ein oder bleibt aus − unabhängig von unseren Wünschen. Die Reaktionen auf Prostitution und Drogensucht, auf Kriminalität und andere Formen der Bedrohung kommen in der Regel von selbst. Sie können sehr kräftig sein und auch weit über das Ziel hinausschießen. Gefühlsmäßige Reaktionen sind häufig schlecht durchdacht und differenzieren kaum, lassen sich aber, was immer man davon halten mag, nicht vermeiden. Deshalb ist der Versuch, Prostitution, Zuhälterei und Drogensucht salonfähig zu machen, bis auf weiteres zum Scheitern verurteilt.

Dies hat nun nichts mit der Verpflichtung der Gesellschaft zu tun, sich um diese bedauernswerten Menschen zu kümmern, besonders, wenn sie nun zusätzlich noch von dem Alptraum der HIV-Infektion oder AIDS heimgesucht werden. Deutlicher denn je ist, daß es besser wäre, man packte diese Übel an der Wurzel. Damit sind wir wieder bei den Schwierigkeiten langfristiger Planung: Es ist stets leichter, für den Augenblick zu improvisieren und ein wenig herumzuprobieren, als sich in umstrittene präventive Maßnahmen zu verstricken, deren unsichere Ergebnisse in ferner Zukunft, deren sichere Kosten aber in der Gegenwart liegen. Als Ergebnis vergangener Versäumnisse beißen wir heute in manchen sauren Apfel − es bleibe uns wenigstens erspart zu versichern, sie schmeckten gut.

Natürlich gilt all dies nicht nur für die Problematik von Drogensucht und Prostitution. Es gibt ein Kontinuum von leichtsinniger und emotional dürftig verankerter Sexualität sowie verschiedene Grade des Suchtverhaltens, die ähnliche Züge tragen. Daß „Gruppensex" oder wahllose Intimkontakte unter der Einwirkung von Amphetamin oder Kokain („Nuttendiesel") ein gesteigertes Infektionsrisiko mit sich bringen, braucht wohl kaum näher begründet zu werden. Es ist sicher, daß wir auf auf breiter Front eine Renaissance bürgerlicher und religiös geprägter Moral beobachten werden − ob uns das nun paßt oder nicht.

Ist denn schon der sexuelle Kontakt mit Unbekannten zu einem Risikoverhalten geworden? Es sieht so aus. Vielleicht gibt es Lebenssituationen, in denen „Hemmungen", jene verachteten Züge, die nach einer im Moment weit verbreiteten Auffassung energisch und mit allen Mitteln zu bekämpfen sind, doch eine wichtige Rolle spielen.

Hemmungen werden von der Erziehung verstärkt und vom Alkohol abgeschwächt − dies spricht nicht gegen Hemmungen. Sie können, sofern sie nicht in übertriebener Form dem Menschen die Handlungsfreiheit nehmen, nützlich sein. Sie können helfen, spontanen Begierden und Trieben Zügel anzulegen, nicht immer das Nächstliegende zu ergreifen, einer Vergnügung auch einmal zu entsagen, um sich statt dessen besser auf die Zukunft vorzubereiten. Sie mögen so dazu beitragen, daß man planvoll zu Werke geht, statt kurzsichtig stets nur die Chancen zu nutzen, die der Zufall bietet.

Beim Lesen so wenig zeitgemäßer Ansichten werden sich manchem Prediger extremen *Laissez-faires* die Haare sträuben. Ein Lusterlebnis auszulassen − genau das hat man lange versucht, als die zentrale Dummheit aller Erziehungsverklemmtheit darzustellen. Wir haben es heute mit der mächtigen Bewegung „Schreie, wenn Du willst" − „Nimm, was Du begehrst" − „Alles, was du machst, ist prima" zu tun, und mit ihren gefälligen und leichtfertigen Versprechungen ist diese Ideologie fast zu einer neuen Erlösungsbewegung geworden. Sie sieht in Hemmungen den Satan persönlich, und vor jeder Andeutung moralischer Regeln verblaßt selbst AIDS zu einem Schnupfen.

In Wirklichkeit ist das leicht Gewonnene stets auch leicht zerronnen. Hemmungen haben bei allen Menschen, die nicht als reine Engel geboren sind, den Effekt, sie zu sozialisieren und für ihre Umgebung erträglich zu machen. Daß dem so ist, demonstriert sowohl der Betrunkene wie auch jeder überzeugte Anhänger der Auffassung, Erziehung sei entbehrlich. Hemmungen sind ein Bestandteil der Zivilisation; manche bedürfen ihrer

mehr, andere weniger. Einige leiden unter so starken Hemmungen, daß man sie tatsächlich abbauen sollte. Dies jedoch zu einer generellen Strategie zu erheben, entspringt nur der Tendenz, stets den leichtesten Weg zu weisen, ungeachtet dessen, wohin er führt.

Promiskuität in ihrer homosexuellen wie in ihrer heterosexuellen Form bedeutet heute ein erhöhtes Risiko, sich zu infizieren. Seelische Komplikationen seien hier einmal beiseite gelassen. AIDS ist nun ein neu hinzugekommenes Risiko, nicht ganz unähnlich der Syphilis vergangener Zeit. Wie viele Syphiliskranke maximal hat es gleichzeitig in der Welt gegeben? Wir werden bald sehen, daß diese Zahl heute von den HIV-Infizierten leicht übertroffen werden kann.

Ohne Zweifel wird die Existenz dieses Virus unsere Sitten und Gebräuche verändern. Bisher ist dieser Nebeneffekt noch bei keiner Seuche ausgeblieben. HIV wird Kontaktwege in unserer Gesellschaft markieren, es wird ein tückischer blinder Passagier von Leichtsinn und Untreue sein und seine erst spät sichtbar werdenden Spuren durch Feste und menschliche Konfliktsituationen ziehen. Seine Bindung an den sexuellen Kontakt der Menschen gibt ihm dazu eine einmalige Chance.

Drogenmißbrauch und Solidarität

Der Mißbrauch von Drogen dürfte einen der kurzsichtigsten Lustgewinne repräsentieren, auf die man verfallen kann. Seine Bedeutung für die Verbreitung des AIDS-Virus und die Probleme der Epidemie-Bekämpfung treten immer klarer hervor. Nicht nur in Italien und Spanien kommt den Drogensüchtigen der größte Anteil an den AIDS-Erkrankten zu, auch in New Jersey sind sie mit insgesamt ca. 55 % die größte Risikogruppe. Es gibt auch in anderen großen Städten, z. B. in New York, Anzeichen dafür, daß ihr relativer Anteil kontinuierlich ansteigt.

New York mit seinen 7,2 Millionen Einwohnern (in der gesamten „Metropolitan area" sind es 17,8 Millionen) und ca. 200 000 injizierenden Drogenabhängigen (IVDA) und New Jersey mit seinen 7,8 Millionen Einwohnern und 40 000 IVDA müssen aufmerksam beobachtet werden. Die Größe des Problems wird nicht nur durch die absolute Zahl der Infizierten und Patienten angegeben; sie hängt auch stark mit gewissen für diese Subpopulation typischen Zügen zusammen. Drogenabhängige

- haben mehr heterosexuelle Partner als die Angehörigen anderer Risikogruppen, Prostituierte ausgenommen,
- arbeiten häufig als Prostituierte oder leben zusammen mit ihnen; in der Regel haben sie diese angesteckt,
- sind häufig psychosozial labil, selbstdestruktiv und durch die Schilderung von Gesundheitsrisiken kaum zu beeindrucken,
- sind nicht selten kriminell,
- sind in den meisten Zusammenhängen weniger zur Zusammenarbeit bereit als Mitglieder anderer Risikogruppen,
- sind schwer dazu zu bringen, ihren Lebensstil zu ändern, insbesondere den Drogenmißbrauch zu beenden,
- haben häufig schon feststellbare Hirnschäden mit Senkung des Persönlichkeitsniveaus, herabgesetzter Problemeinsicht und eingeschränkter Handlungsauswahl,
- haben meistens keine intakte Sozialstruktur mehr um sich herum, wie etwa eine Sicherheit gebende Familie oder zuverlässige Freunde ohne Drogenprobleme,
- leben häufig in heruntergekommenem Milieu unter miserablen hygienischen Verhältnissen,
- sind oft, auch international, sehr mobil,
- treffen häufig im Gefängnis, wo der Mangel an sterilen Kanülen noch ausgeprägter ist als in Freiheit, mit anderen Drogenabhängigen zusammen,
- beteiligen sich manchmal auch am Handel mit Drogen und tragen damit auch zur Verbreitung des Drogenmißbrauchs als solchem bei.

All dies unterstreicht die Bedeutung dieser Gruppe. Besondere Schwierigkeiten im Umgang mit ihr sind in den Vereinigten Staaten und in europäischen Großstädten auch schon deutlich geworden. Fast alle Fälle von absichtlicher Bedrohung mit einer Infektion durch Spucken, Kratzen, Beißen, absichtliches Blutspritzen u. ä. sind mit der Aggressivität von Drogensüchtigen verknüpft gewesen. Was an Gesetzgebung zu diesem Thema erforderlich sein wird, muß hauptsächlich auf sie abzielen, und es wird sich noch viel Unvorhergesehenes um sie herum abspielen.

Viele Drogensüchtige verweigern einen Test, da sie „gar nicht wissen wollen", ob sie seropositiv sind. Man befürchtet, von Kameraden verstoßen zu werden, man hat Angst davor, sexuelle Kontakte nur noch mit schlechtem Gewissen haben zu können, und man glaubt überhaupt, die Versorgung mit Drogen würde schwieriger, wenn man aus anderen Gründen erst einmal „in die Fänge der Überwachung geriete". Andererseits gibt es aber auch Drogensüchtige mit starkem Angstgefühl, das für einzelne sogar schon der Impuls war, sich nun wirklich entschieden um die Möglichkeit einer Entziehung zu bemühen. Nicht wenigstens diesen Willen zur Verminderung der Virusverbreitung auszunutzen, läßt sich kaum verantworten.

Vielfach haben Drogensüchtige in Leserbriefen und Gesprächen ihren Wunsch nach sterilen Kanülen kundgetan, um die Ansteckung mit AIDS zu vermeiden. Amerikanische Untersuchungen zu diesem Thema bestätigen diesen Trend. Da in manchen Städten nur einige Prozent der Drogensüchtigen infiziert zu sein scheinen (der Unterschied zwischen verschiedenen Regionen ist bei den DA ungewöhnlich groß), wäre damit viel zu gewinnen.

Unterhaltungen des Autors mit Drogenabhängigen in New York, Newark und anderen amerikanischen Großstädten von 1985 bis 1987 haben diesen Eindruck noch verstärkt. In einem Land, wo die AIDS-Probleme schon zwei Jahre länger als in Europa bekannt sind, ist ihnen die Gefahr der Infektion durch kontaminierte Kanülen sehr gegenwärtig. Natürlich kann eine allzu starke Fokussierung auf die Kanülen sie von dem hohen Risiko ablenken, das sie auch schon beim sexuellen Kontakt innerhalb ihrer Kreise eingehen, in denen nun schon bis zu 65% der Untersuchten seropositiv sind.

Mehr denn je sollte klar sein, daß wir zu einer konsequenten Haltung gegenüber jenen, die am Drogenmißbrauch verdienen, nicht nur berechtigt, sondern sogar verpflichtet sind. Zu allen guten Gründen ist nun ein weiterer hinzugekommen. Dasselbe gilt für unsere Haltung gegenüber den Bagatellisierern und Beschönigern des Drogenmißbrauchs, die uns mit riskanten und kaum reversiblen sozialen Experimenten wie Christiania in Kopenhagen, mit den Drogenmetropolen Amsterdam und Zürich langlebige Probleme beschert haben.

Information und Zumutbarkeit

In der Debatte über die AIDS-Epidemie und insbesondere über die erforderlichen Maßnahmen gibt es viele grelle und aggressive Töne, die auf schon besprochene, psychologisch „empfindliche" Punkte zurückzuführen sein dürften.

Merkwürdig war die schnelle Stellungnahme von Vertretern kommunistischer Parteien. So hat der schwedische VPK-Vertreter Jörn Svensson schon in der ersten größeren Parlamentsdebatte (Reichstagsprotokoll 1984/85 Nr. 88: 2−8) befunden, daß es „viele andere bekannte Krankheiten gibt, die mindestens so gefährlich sind wie AIDS", und daß zu einem Zeitpunkt, wo die Debatte gerade erst begonnen hatte, Anlaß sei, „das AIDS-Problem auf seine wirklichen Proportionen zu reduzieren". Er teilte mit, daß „nur eine winzige Gruppe von Menschen mit homosexueller Veranlagung Antikörper trügen" und daß „sich nur eine kleine Minorität dieser in einer reellen Risikozone befände." Er wies auf die sehr geringe Ansteckungsgefahr hin und warnte vor jeder Form von „integritätskränkenden Zwangsmaßnahmen".

Dabei hat der Kommunismus bisher ebensowenig wie andere totalitäre Ideologien eine besonders fürsorgliche Haltung gegenüber Homosexuellen oder anderen Minoritäten an den Tag gelegt. Wir werden sehen, daß die Probleme der AIDS-Epidemie in den kommunistischen Ländern weniger behutsam angepackt werden, als die offene Debatte und die Meinungsverschiedenheiten in den Ländern Westeuropas es erforderlich machen.

Ein immer wieder auftauchendes Schreckbild jener, die sich völlig im Gleichtakt mit dem Zeitgeist wähnen, ist die Vorstellung, daß „moralische Auffassungen der Vergangenheit wiederbelebt werden könnten". Es bleibt unklar, welchen Teil veralteter Moralvorstellungen sie dabei meinen. Die Furcht der Homosexuellen vor einer Kriminalisierung ihrer sexuellen Präferenz ist noch verständlich und konkret begründet − Tendenzen hingegen, ganz allgemein zu geringerer Promiskuität anzuhalten oder behördliche Maßnahmen zur Epidemiebekämpfung durchzusetzen, sind schwer zu einem so bedrohlichen Horrorbild zu komponieren, daß vor ihm selbst die AIDS-Epidemie verblaßte.

Die von dieser Furcht ausgelöste Haltung führt zu genau all jenen Fehlern, die von dem Begriff des „wishful and avoiding thinking" umfaßt werden. Dessen Gegenteil wiederum produzieren jene Pessimisten, die mit einer Art Katastrophen-Libido alle wahrscheinlichen Risiken für gesichert, alle theoretisch denkbaren für wahrscheinlich, alle ausgeschlossenen für denkbar halten.

Lange dominierten beschwichtigende und entwarnende Äußerungen die öffentliche Debatte. Häufig ist die Rede von der mangelnden Solidarität mit den AIDS-Patienten. Gegenüber all jenen, die diese betreuen, ist das nicht gerecht. Mit Besuchen an größeren AIDS-Kliniken läßt sich einem einseitigen Eindruck leicht abhelfen. In manchen Einzelfällen geschieht natürlich genau das, was im Zusammenhang mit Seuchen, Ansteckungsgefahr und einer durch Mangel an konkretem Wissen genährten diffusen Angst immer zu passieren pflegt, nämlich das Vermeiden sozialer Kontakte, in rauhen Verhältnissen (etwa im Gefängnis) sogar das regelrechte „Ausstoßen" der Betroffenen. Im Gegensatz dazu kann man Krankenhauspersonal sehen, das sich aufopfert, Ärzte, die die Last des Erlebten nur mühsam verkraften, sowie alle denkbaren Formen selbstloser Hilfe und mitfühlender Pflege. Selbst in der kleinen Stadt Belle Glade, die den inoffiziellen traurigen Titel „AIDS-Hauptstadt der USA" erhalten hat, trifft man auf unermüdliches und tüchtiges Personal, das seinen übergroßen Anteil an dieser Epidemie ohne zu klagen trägt.

Im Grunde ist die AIDS-Epidemie eine große Herausforderung an unsere Solidarität, eine wirkliche Prüfung menschlicher Eigenschaften, die gewiß nicht alle mit Bravour bestehen. Es ist jedoch wichtig, die verschiedenen Ursachen der häufig trostlosen Situation der AIDS-Patienten auseinanderzuhalten. Die medizinische Hoffnungslosigkeit, der Mangel an nützlicher Therapie, die schweren Persönlichkeitsveränderungen der Patienten sowie ihre manchmal auch unabhängig von der AIDS-Erkrankung trostlose Lebenslage − alles das darf nicht mit einem Versagen der Menschlichkeit etwa beim Pflegepersonal verwechselt werden. Dies wäre das Bitterste, was man ihm antun könnte.

Es gibt in den Diskussionen über die Aussichten der Infizierten, an AIDS zu erkranken, eine logische Zwickmühle, in der manche Argumentation steckenbleibt. Gerade wer glaubt, daß nur ein sehr geringer Teil der Patienten an AIDS erkranken wird, muß logischerweise davon ausgehen, daß die Zahl der symptomlos Infizierten im Verhältnis zu jener der Erkrankten sehr hoch ist. Vertritt man hingegen die Ansicht, es gebe nur verhältnismäßig wenige beschwerdefreie Virusträger, impliziert dies im Hinblick auf die lange Inkubationszeit, daß ein sehr hoher Anteil der Infizierten erkranken muß. Die Hoffnung auf eine niedrige Anzahl symptomloser Infizierter bedeutet also eine sehr schlechte Prognose, und umgekehrt setzt eine gute Prognose sehr hohe Dunkelziffern noch nicht erkannter Virusträger voraus. Aus dieser logischen Verknüpfung gibt es keinen Ausweg.

Nach einer langen Reihe unsinniger Behauptungen, etwa der, es hätten schon mehr Menschen aus Furcht vor einer Erkrankung Selbstmord begangen, als an AIDS gestorben seien (das würde allein für die USA bis heute über 20 000 solche Selbstmorde bedeuten), oder der Hoffnung, das AIDS-Virus könne „von allein aussterben", schlug Ende 1985 in den Medien die Stimmung um. Es trat eine Art Denkpause ein, und es bleibt zu hoffen, daß man einer ganzen Reihe chronisch wiederholter Behauptungen immer seltener begegnen wird, etwa

— kategorischen Äußerungen über Dinge, die heute noch niemand wissen kann („Höchstens 5% oder 30% der Patienten werden an AIDS erkranken"; „In ein bis zwei Jahren gibt es einen Impfstoff"; „Nur die Hälfte der Neugeborenen seropositiver Mütter ist infiziert"; „Alle Infizierten serokonvertieren innerhalb von 6 Monaten")
— Sätzen wie „Die größte Gefahr ist die Angst vor der Krankheit" (Die größte Gefahr ist ohne Zweifel die Krankheit selbst.)
— Hypothesen wie „Das Erwecken von Unruhe durch unnötige Information fördert den Ausbruch der Krankheit"
— unkritisch wiederholten Behauptungen, gewisse andere Krankheiten seien „viel ansteckender". Viele dieser Erkrankungen sind in der Gesamtstatistik der USA von der Verbreitung des AIDS-Virus einmalig rasch überrundet worden
— der kategorischen Feststellung, unser Transfusionsblut sei „völlig sicher". Es ist an anderer Stelle ausgeführt, warum es reicht, zu behaupten, alles Menschenmögliche zur Sicherung der Blutversorgung werde getan
— der Formulierung „99,9%ig sichere Tests". Sie ist völlig irreführend. Die 99,9% beziehen sich auf ganz andere Kriterien als auf die Anzahl der erkannten Virusträger; die Anzahl der unerkannten kann heute noch niemand nennen
— darüber hinaus allen Ausdrücken der Art „keine einzige Krankenschwester", „noch niemals wurde", „kein einziger Zahnarzt", Mücken könnten „unmöglich", Küsse hätten „noch nie", nach einigen Stunden seien „sicher alle Viren tot", das Virus „müsse direkt ins Blut" gelangen und dergleichen mehr. Die meisten derartigen Beschwichtigungen mußten bisher schon zurückgenommen oder stark modifiziert werden, den übrigen wird es genauso ergehen. Es ist bei derartigen Fragen immer vorzuziehen, sein Nicht-Wissen zuzugeben und Vermutungen als das zu erkennen zu geben, was sie sind.

Je weniger man den Bürgern eines Landes an eigenen Gedanken zutraut, desto mehr wird selektiert, was man an ernsten Nachrichten (worüber auch immer) bekannt werden läßt. Dies läßt sich in einer so wichtigen Frage wie der AIDS-Verbreitung über einen längeren Zeitraum nicht durchhalten. Die Forschung läuft auf Hochtouren. Neue Resultate werden täglich auf zahlreichen Wegen bekannt. Sachlich richtige Feststellungen sind das einzige, was in dieser Sturmflut Bestand hat. Widersprüche und Ungereimtheiten wecken nur die Neigung zu wilden Spekulationen bei den Ängstlichen und den Verdacht der Bevormundung bei den Hellhörigen.

Es gibt allen Grund, sich eine gesunde Skepsis und ein eigenes Urteil zu bewahren, denn auch in Zukunft wird von den Behörden nur das veröffentlicht werden, was man dafür für geeignet hält. Dabei ist dem völlig legitimen Wunsch, nicht mit dem AIDS-Virus angesteckt zu werden, mit allen Mitteln, auch mit Steuermitteln, zu entsprechen. Es handelt sich zum Teil um folgenschwere Unterlassungen, wenn Beschlüsse nur sehr zaudernd — oder gar nicht — gefaßt werden, oder wenn die Gedanken unserer Gesundheitspolitiker sich in allzu engen Bahnen bewegen (oder auch gar nicht). Ein jüngst erschienenes Buch über AIDS („Wege aus der Angst", Süssmuth 1987) ist geeignet, solche Befürchtungen zu nähren.

Psychosoziale Folgen und AIDS als Waffe

Die direkten und insbesondere die indirekten Folgen der AIDS-Epidemie für die Kranken, ihre Angehörigen, für die Bedrohten und die vielleicht nur Beunruhigten sind kaum zu überschauen.

Im Vordergrund aller systematischen Anstrengungen steht der Versuch, den Infizierten durch intensive psychologische und ärztliche Betreuung zu helfen, die häufig schockartige Nachricht über ihre Infektion zu verarbeiten. Dies ist in der Regel ein sehr belastender, mehrstufiger Prozeß. Die individuellen Reaktionen sind ebenso verschieden wie die Individuen selbst.

Das äußerst konfliktreiche Thema, ob es vertretbar sei, daß symptomfreie bzw. erkrankte Virusträger mit Gesunden zusammen sein können, dürfen oder sollten, hat in der amerikanischen Öffentlichkeit viel Aufsehen erregt. Hier geht es besonders um Kinder an Schulen und anderen öffentlichen Institutionen. Die Unruhe an den Schulen der USA war anfangs sehr groß. Es kam zu Schulstreiks, Demonstrationen für und wider verschiedene Standpunkte, sogar zu Prozessen, in denen Rechte und Forderungen einzelner Interessenten ausgefochten wurden. Verschiedene Teilstaaten der USA haben verschiedene Lösungen gewählt. Die meisten Kinder durften nach langwierigem Tauziehen an die Schulen zurückkehren, unter der Voraussetzung einer gewissen Vorsicht im Bereich der Körperhygiene. Nur Kinder mit Verhaltensstörungen, Kinder, die beißen, kratzen oder nicht in der Lage sind, ihre Ausscheidungsfunktionen zu kontrollieren (was bei hirnorganischen Schäden manchmal der Fall ist), werden in den Empfehlungen der CDC davon ausgenommen. Eine Ansteckung innerhalb des üblichen Schulmilieus ist bisher noch nicht beobachtet worden.

Im Bundesstaat Indiana hingegen endete ein Prozeß zwischen den Eltern eines jungen Bluters und der örtlichen Schule mit folgendem Kompromiß: Man zog eine direkte Telefonleitung von der Klasse in sein Zimmer, beschaffte ihm einen Heimcomputer und gab ihm so die Möglichkeit, sich jederzeit von zu Hause aus über den Bildschirm in den Unterricht einzuschalten. Dieser Fall wurde in den USA intensiv diskutiert. Es handelte sich um einen stillen und bescheidenen Jungen, der häufig Fieber hatte, aber dem Unterricht folgen konnte. Hin und wieder spielte er sogar im Freien Ball mit einem jener wenigen Freunde, die ihm verblieben waren.

Es kann heute als gesichert gelten, daß gewöhnliche Alltagskontakte ohne Austausch von Körperflüssigkeiten mit AIDS-Patienten kein nennenswertes Ansteckungsrisiko bergen. Die Pflege schwerkranker (diarrhoeischer, hustender, erbrechender, blutender) oder sterbender Patienten sei dabei nicht als „Alltagskontakt" verstanden. In einem französischen Kinderheim, wo zahlreiche infizierte Bluter mit anderen Kindern jahrelang zusammenlebten, fand man nicht einen einzigen Fall von Seropositivität unter letzteren. Alle aktuellen Berichte der Washington-Konferenz bestätigen die obige Auffassung.

Wir haben bereits an anderer Stelle (siehe die Seiten 21 und 22) einen Eindruck zu vermitteln versucht von dem, was sich an Tragik um diese Patienten herum abspielt. Man hüte sich vor allzu simplen Bildern. Man erinnere sich der geschilderten Lebensschicksale; man wird mit zunehmenden Patientenkontakten herausfinden, daß die Zahl der Variationen unbegrenzt ist. Häufig setzt sich die Tragik des einzelnen im Umkreis der Familie fort und wird durch die langen Zeiträume, in denen die Probleme mit Schule und Kameraden, Nachbarn und Kollegen chronisch werden, noch verstärkt.

Trotz mancher tröstlicher Erlebnisse ist das Schicksal vieler AIDS-Patienten von zunehmender Isolierung geprägt, was außer durch die Diagnose auch durch HIV-bedingte Persönlichkeitsveränderungen verursacht sein kann. In vielen Städten haben Homosexuelle in eigener Regie effektive Hilfsorganisationen aufgebaut, die einspringen, wo der öffentliche Gesundheitsdienst versagt. Leider sieht es so aus, als würde dieser Einsatz auch wirklich gebraucht, und zwar in zunehmendem Maße.

Es sind auch neue Umfeld-Probleme aufgetaucht, die nicht die AIDS-Opfer selbst, sondern deren Opfer betreffen. Dies ist ein sehr unerfreuliches Thema, auf das nur ein kurzer Blick geworfen werden soll. Es ist inzwischen deutlich geworden, daß sich derartige Ereignisse ständig wiederholen.

Augenscheinlich tritt alles, was ausdenkbar ist, auch tatsächlich ein. Am 4. Juli 1984 wurde in den USA ein schwer an AIDS erkrankter Gefängnisinsasse (J. Schigotzki, 45 Jahre alt) vorzeitig entlassen, da er „sowieso bald sterbe". Er brach in das Haus einer Nachbarin ein, mit der er eine alte Rechnung begleichen wollte. Sie erlebte die fünf schlimmsten Stunden ihres Lebens, während derer er sie wiederholt vergewaltigte – mit der gleichzeitigen Versicherung, daß auch sie nun AIDS bekommen werde. Dieser Vorfall wird sie für die nächsten Jahre ihres Lebens durch eine psychologische Hölle gehen lassen, selbst wenn sie nicht angesteckt sein sollte. Seitdem sind mehrere ähnliche Vergewaltigungsfälle vorgekommen. In einem Fall war der Vergewaltiger bereits an AIDS verstorben, als sein 13jähriges männliches Opfer mit einer Herpes-Infektion ins Krankenhaus kam. Auch hier hat für die ganze Familie sicher eine sehr schwere Zeit begonnen. In den USA laufen zur Zeit mehrere Prozesse wegen Mordversuches, wobei in zumindest einem Fall die Verteidigung unter Hinweis auf den Hirnbefall auf Unzurechnungsfähigkeit plädiert. In der Bundesrepublik Deutschland (Flensburg) tötete ein 26jähriger homosexueller Medizinstudent seine Mutter und seinen 21jährigen Bruder mit einem Hammer, da er glaubte, sie mit AIDS angesteckt zu haben. Der Vater überlebte mit schweren Kopfverletzungen. Ein abschließender Selbstmordversuch mißglückte. Eine Ansteckung lag vermutlich gar nicht vor.

Anderenorts wurde die Öffentlichkeit durch anonyme Flugblätter verunsichert, in denen jemand ankündigte, daß er nachts mit einer blutgefüllten Spritze in Diskotheken umherstreiche, um dort heimlich seine Krankheit weiter zu verbreiten. Es blieb ungeklärt, ob das nun ein Bluff war. In Stockholm verschickte ein niederträchtiger oder kranker Mensch gefälschte Briefe, in denen er den Empfängern mitteilte, sie seien HIV-infiziert, was völlig aus der Luft gegriffen war.

Wiederholt haben AIDS-Patienten ihre Infektiosität ausgenutzt, um andere zu erschrecken oder zu erpressen. So ist man dazu übergegangen, Polizisten und Gefängnispersonal bei Bedarf mit spezieller Schutzkleidung zu versehen. In Stockholm entging ein angetrunkener Autofahrer der Blutentnahme, indem er den Polizisten androhte, sie zu beißen. Schon 1985 wurde dort ein Einbrecher vor Gericht gestellt, nachdem er sich in die Hand gebissen und das Blut auf einen Polizisten verspritzt hatte, während er sich diesem als HIV-infiziert zu erkennen gab. Besonders Polizei- und Gefängnispersonal wird solchen Drohungen gezielt ausgesetzt. Drogenabhängige haben sie absichtlich mit Kanülen gestochen und ihnen wiederholt in Augen oder Mund gespuckt. Was dies für psychische Probleme, etwa in einer jungen Ehe, bringen kann, mag sich jeder vorstellen.

Eine wirklich neue Idee führte kürzlich zu einem erfolgreichen Bankraub mit den Worten „Geld her oder ich spucke Sie an!" Des weiteren sind allein in den USA schon über 40 Fälle absichtlichen Blutspendens trotz HIV-Positivität aktenkundig geworden, und eine Bewegung, genannt NCP (National Cancer Power), hat sich das Anstecken von Politikern und anderen Entscheidungsträgern durch lancierte Prostitution zum erklärten Ziel gemacht.

Manche Komplikationen sind allerdings leicht vermeidbar. In Oslo nahmen sich einige Freunde, ohne um die Diagnose AIDS zu wissen, eines Kameraden an, der in seiner Wohnung im Sterben lag. Er war vom Krankenhaus entlassen worden, als man nichts mehr für ihn tun konnte. Er litt unter einer chronischen Lungenentzündung, bösartigen Hautveränderungen mit Blutungen, Erbrechen und ausgeprägten Persönlichkeitsveränderungen. Seine Familie hatte sich von ihm zurückgezogen, die kommunalen Samariter benutzten Handschuhe, die hilfreichen Freunde jedoch informierte niemand. Man wollte „Hysterie vermeiden". In der nachfolgenden Diskussion berief man sich darauf, weder Gelegenheit noch die gesetzliche Möglichkeit gehabt zu haben, jene Freunde des Patienten zu informieren. Diese hätten ihn nach eigenen Aussagen zweifellos weitergepflegt, jedoch unter Anwendung von Gummihandschuhen. Diese Möglichkeit hätte man ihnen schon geben sollen – so haben sie, ohne Pflegeerfahrung, mit bloßen Händen gearbeitet. Der Verdacht, daß Beschwichtigungen manchmal mehr zweckorientiert als medizinisch begründet sind, ist nicht von der Hand zu weisen.

All dies sind nur Mosaiksteinchen des facettenreichen Geschehens, der Loyalitätskonflikte und juristischen Komplikationen im Gefolge der AIDS-Epidemie. Angefangen von der Auslegung der ärztlichen Schweigepflicht und komplizierten arbeitsrechtlichen, versicherungsrechtlichen und seuchenrechtlichen Fragen bis hin zu Fragen der Verantwortlichkeit und des Schadensersatzes wird man sich jahrelang mit immer neuen Einzelaspekten befassen müssen. Auch hiervon haben wir bisher allenfalls einen Vorgeschmack bekommen.

In gewisser Weise gehört zu den „psychosozialen Konsequenzen" der AIDS-Epidemie auch, daß man bestimmte Zeitungsnotizen heute mit anderen Augen als noch vor fünf Jahren liest. Am 24. August 1985 meldeten schwedische Zeitungen, daß homosexuelle Brasilianer in Rio de Janeiro, São Paulo und Belo Horizonte Schlange stünden, um in Schweden Asyl als wegen ihrer Sexualität Verfolgte zu beantragen. Dies war das direkte Ergebnis einer brasilianischen Fernsehsendung über die in Schweden herrschende Toleranz auf einem Gebiet, das im internationalen Vergleich sehr unterschiedlich behandelt wird. In manchen Ländern ist die Lage der Homosexuellen noch sehr problematisch, und die Verbreitung von AIDS wird schwerlich dazu beitragen, sie zu verbessern.

Die Rolle der Gesetze –
Zuständigkeit und Angemessenheit

Es kann verständlicherweise keine Diskussion über AIDS stattfinden, ohne daß Gesetzeslage, Gesetzesvorschläge, Gesetzesänderungen oder die Auslegung und Anwendung von schon geltenden Gesetzen zur Sprache kämen. Hier seien aber weder die einzelnen Gesetzesvorschläge, das Für und Wider der Klassifikation des AIDS als Geschlechtskrankheit, gemeingefährliche Krankheit oder Seuche, noch die verschiedenen Bedingungen obrigkeitlichen Eingreifens besprochen, denn für Nichtjuristen wäre das sehr ermüdend.

Häufig wird behauptet, es sei prinzipiell falsch, ein solches Problem mit Hilfe von Gesetzen und Verordnungen anzupacken. Um hierzu Stellung nehmen zu können, sollte man zumindest über einige grundlegende Aspekte der Gesetze und ihrer Anwendung nachgedacht haben.

In der Antike orientierte sich die Rechtsprechung an den Folgen einer Tat. Man nennt dies das Prinzip der „Erfolgshaftung". So konnte man für ein geringes Fehlverhalten schwer bestraft werden, wenn dieses schwerwiegende Folgen hatte, während ein gefährliches Verbrechen, das zufällig ohne Folgen blieb, nicht unbedingt geahndet wurde. Dieses Prinzip ist sehr starr und führt häufig zu Bewertungen, die wir als ausgesprochen ungerecht empfinden.

Die moderne Rechtsprechung folgt statt dessen dem Prinzip der „Schuldhaftung", wobei in erster Linie die Gefährlichkeit des Verhaltens im Mittelpunkt der Betrachtungen steht. Man ermißt also die Gefährlichkeit einer Handlungsweise nicht an dem, was im Einzelfall passiert sein mag, sondern eher an dem, womit man bei einem derartigen Verhalten normalerweise zu rechnen hat. Danach ist es weniger wichtig, ob ein Schuß das gedachte Mordopfer möglicherweise nur streift, denn die Gefährlichkeit des Täters liegt begründet in seiner Fähigkeit zum Mordplan und der kriminellen Energie, die Waffe auch tatsächlich abzudrücken. Er hat dann keinen aktiven Einfluß mehr darauf, ob der „Erfolg" auch tatsächlich eintritt. Diese Überlegung bildet die Basis unserer heutigen Rechtsauffassung. Auch im Zusammenhang mit der Seuchengesetzgebung und der Beurteilung einer Ansteckungsgefahr liegt es also nahe, von der prinzipiellen Gefährlichkeit einer Verhaltensweise auszugehen, und nicht etwa von dem, was im konkreten Einzelfall aus ihr resultiert (letzteres ist ja bei einer Erkrankung mit zehnjähriger Inkubationszeit ohnehin nicht mit zumutbarem Beobachtungsaufwand festzustellen).

Im Hinblick auf die Absichten eines Handelnden unterscheidet man den „unbedingten Vorsatz" (*dolus directus* oder *absolutus*) und den „bedingten Vorsatz" (*dolus eventualis*). Der erstere entspricht dem bewußten Wollen des Erfolges, der letztere seiner „Inkaufnahme", d. h., man nimmt die Konsequenzen achselzuckend hin, ohne sie eigentlich herbeizuwünschen. Es ist dies die Haltung des „Na, wenn schon". Es handelt sich um eine für die Beurteilung menschlicher Verhaltensweisen sehr wesentliche Unterscheidung.

Man unterscheidet drei Grundfunktionen, welche die Geltung und Anwendung von Gesetzen und Strafen motivieren:
(1) Die **individualpräventive**, d. h., man will ein Individuum davon abhalten, ein bestimmtes Verbrechen zu begehen oder zu wiederholen;
(2) die **generalpräventive**, d. h., man will ganz allgemein auch alle anderen davon abhalten, dieses Verbrechen zu begehen;
(3) die **physische Prävention**, d. h., man macht eine Wiederholung der Verbrechen praktisch unmöglich, indem man den potentiellen Täter physisch daran hindert, etwa indem man ihn eingesperrt hält.

(Die häufig als Sonderfunktion aufgeführte Resozialisierung des Straffälligen ist eher als eine Sonderform der Individualprävention, nur eben mit anderen Mitteln als denen der Abschreckung, anzusehen.)

Diese Aspekte decken die Hauptfunktionen der Strafgesetze ab, und es ist wohl hauptsächlich die dritte Funktion, die im Laufe der letzten Jahrzehnte zugunsten von Resozialisierungsmaßnahmen etwas aus dem Blickfeld zu entgleiten drohte. Der dritte Punkt bedeutet vor allem, daß auch der unverbesserliche Täter (bei dem keine Individualprävention möglich ist), selbst wenn er etwas so Abwegiges getan hat, daß dies kaum jemandem sonst einfallen würde (wo also eine generalpräventive Wirkung nicht erforderlich ist), dennoch zur Sicherung der Allgemeinheit in Verwahr gehalten werden muß. So ist er zumindest physisch daran gehindert, das zu tun, was im Interesse der Allgemeinheit unterbunden werden soll.

Soweit ist die Rede vom bedingten oder unbedingten Vorsatz. Nun können Menschen auch ohne jeden Vorsatz schuldhaft handeln, nämlich **fahrlässig** (Außerachtlassung der erforderlichen Sorgfalt), oder gar ohne jegliches „Verschulden", also völlig unwissend, und dennoch etwa ein tödliches Virus weiterverbreiten. Das letztere wird sogar der Normalfall sein, und solange keine Art von Verschulden vorliegt, ist der Tatbestand nicht mehr vom Strafrecht, auch nicht vom Zivilrecht (etwa Schadensersatzforderungen) gedeckt, sondern fällt lediglich unter das Seuchenrecht im weiteren Sinne. (Arbeitsrechtliche Fragen, z.B. Lohnfortzahlungsansprüche bei Arbeitsunfähigkeit, nehmen hier eine Sonderstellung ein (Eich 1987), indem der Verschuldungsfrage ein anderes Gewicht zukommt. Überhaupt nimmt das Arbeitsrecht eine Art „Zwitterstellung" ein zwischen dem Zivilrecht und dem Öffentlichen Recht, dem auch das Seuchenrecht zuzurechnen ist.) Der Unterschied zwischen Fahrlässigkeit und schuldloser Unwissenheit ist, daß man für die Fahrlässigkeit eine „Verpflichtung zum Wissen" (Außerachtlassung erforderlicher Sorgfalt) voraussetzt.

Wenn wir nun unter diesen Gesichtspunkten die Situation betrachten, in der wir uns befinden, wird klar, daß alle drei Funktionen der Strafgesetzgebung in hohem Maße in einer Epidemielage aktuell sind. Es gilt, (1) den einzelnen davon abzuhalten, die Krankheit absichtlich, wissentlich oder inkaufnehmend (*dolus eventualis!*) oder fahrlässig auf andere zu übertragen. Es gilt ferner, (2) die Haltung, die das verhindert, auch bei allen anderen hervorzurufen und die Sanktionen bekanntzumachen. Und wenn sich der einzelne als nicht beeinflußbar erweist, muß er (3) physisch daran gehindert werden, eine tödliche Krankheit weiterzugeben. Dieser dritte Punkt wird nicht nur durch das Strafrecht, sondern auch durch das Seuchenrecht abgedeckt.

Für jeden, der sich einmal hat durch den Kopf gehen lassen, was es bedeutet, einen anderen schuldhaft anzustecken, sollte diese Möglichkeit des Eingriffs selbstverständlich sein. Man würde ja auch kaum einen Mord, den ein Zahnarzt dadurch begeht, daß er einem Patienten einen tödlichen Erreger in die Zahnwurzel einschleust (es gibt einen Kriminalfall dieses Inhalts), nur darum milder beurteilen, weil das Opfer erst nach vielen Jahren stirbt. So ist auch eine Lentivirus-Infektion mit ihrer langen Inkubationszeit nichts prinzipiell anderes und muß ähnlich beurteilt werden. Man ist immer zu dieser Einsicht vorgestoßen, wenn eine Epidemie eine Weile angedauert hatte. Früher oder später kommen auch wir wieder dahin.

Ein anderer juristischer Aspekt (außer den sehr speziellen versicherungsrechtlichen Problemen) ist die Möglichkeit umfangreicher Schadensersatzforderungen, die (u. a. in Großbritannien und in Norwegen) jenen Entscheidungsträgern droht, die z. B. aus irgendwelchen Gründen das konsequente Testen ihrer Blutspender verzögert haben. Alle Transfusionspatienten, die ihre Infektion in jene Zeitperiode zurückdatieren können, wo es möglich, aber noch nicht offiziell gebilligt oder angeordnet war, die Bluteinheiten zu testen, müßten gute Aussichten in solchen Schadensersatzprozessen haben. Wer als Steuerzahler fast den höchsten und teuersten Standard medizinischer Versorgung und damit unter anderem Laboratorien und Blutbanken, Virologen und Immunologen zwangsweise finanziert hat, wird verbittert sein, wenn die ebenfalls von ihm bezahlten Gesundheitsbeamten ihm den Nutzen dieser Errungenschaften in einer lebenswichtigen Frage vorenthalten. Was in den Jahren 1984/85 in gewissen Krankenhäusern geschehen ist, kann durchaus solche Prozesse vorbereitet haben.

Nun ist zu trennen zwischen a) strafrechtlichem b) zivilrechtlichem und c) seuchenpolizeilichem Bereich („Seuchengesetzgebung" ist ein Teil des Öffentlichen Rechts). Die genannten Schadensersatzforderungen gehören in den des „Zivilrechts". Alle erwähnten Bereiche der Gesetzgebung werden in der Regel während der AIDS-Debatte berührt, und es steht außer Frage, daß die AIDS-Epidemie tatsächlich weitgehende seuchenpolizeiliche, strafrechtliche und zivilrechtliche Implikationen haben wird. Einen ausführlichen Kommentar findet man in v. Hippels „AIDS als rechtspolitische Herausforderung" (1987), in dem vor allem auf die aktuelle politische Diskussion eingegangen wird; zu Arbeitsrechtsfragen gibt es Ausführungen bei Eich (1987) und bei Richardi (1987), zu strafrechtlichen und strafprozessualen Aspekten bei Lang (1986), zu allgemeinen arztrechtlichen Fragen bei Eberbach (1987), zu seuchenmedizinischen Aspekten (wie etwa Ansteckungsverdacht und Blutentnahmen) bei Rübsaamen (1987) und zur Schweigepflicht bei Schlund (1987). Auch auf dem Sektor der Rechtsprechung hat das Ganze erst angefangen. Könnte man die uns in den nächsten Jahrzehnten ins Haus stehenden juristischen Schriften und Prozeßakten schon einmal aufstapeln — dieser Berg würde lange Schatten werfen.

18 Die Struktur des Problems

Der Leser dieses Buches mag glauben, Auswahl und Deutung des hier präsentierten Materials seien systematisch zur „düsteren" Seite hin erfolgt. Leider ist das nicht der Fall. Wir sind von einer realistischen Vorhersage dessen, was auf uns zukommt, noch immer weit entfernt. Nicht selten hat die Wirklichkeit auch schlimme Erwartungen übertroffen (Weltwirtschaftskrise, Inflation, Milieukatastrophen, Bürgerkriege wie in Kambodscha oder im Libanon) − oft sind menschliche Phantasie und selbst kühne Prognosen beträchtlich hinter der tatsächlichen Entwicklung zurückgeblieben.

Wenn es um die Beurteilung der Gefährlichkeit einer Situation geht, gelten bestimmte logische Regeln. Je größer das Risiko, desto wichtiger ist es, diese Regeln unbedingt zu beachten. Wenn es darum geht, daß Fahrstuhlseile nicht abreißen, Schiffe nicht untergehen und Flugzeuge nicht abstürzen dürfen, muß man überall dort, wo Informationen unzulänglich sind, das Prinzip des maximalen Risikos gelten lassen, um die erwünschte Sicherheit zu erreichen. Dies bedeutet, daß man auch den sogenannten „pessimistischen Fall" berücksichtigen und sich auf diesen einstellen muß. So verfahren Menschen, die Hochhäuser und Brücken, U-Boote und Seilbahnen bauen, und es gibt keinen Anlaß für verantwortliche Entscheidungsträger in einer Epidemiesituation, nicht ein ähnliches Sicherheitsdenken anzuwenden.

Bei der Beurteilung unvollständigen oder unsicheren Materials muß man die ganze Zeit Wahrscheinlichkeitsbeurteilungen durchführen, und dabei kommt es darauf an, irrationale Elemente auszuschalten. Sowohl Wunschdenken als auch Katastrophenlibido können wie Scylla und Charybdis vom richtigen Weg ablenken. Leider können wir es uns in der aktuellen Lage und unter dem für viele noch unsichtbaren Zeitdruck nicht leisten, auf die Verwertung auch unvollständigen wissenschaftlichen Materials zu verzichten. Erschwerend kommt hinzu, daß man zwar für eine abstrakte Betrachtung einen strengen Mittelweg konstruieren, diesen aber bei der Vorbereitung auf eine Gefahrensituation nur beschränkt wählen kann. Will man Sicherheit schaffen, muß man der Gefahr soweit wie möglich ausweichen, d. h. man muß voreingenommen, sozusagen für die Seite der Sicherheit „parteiisch" sein. Das ist das Dilemma aller Planung für eine Epidemiesituation. Beim Studium historischer Erfahrungen läßt sich erahnen, was für Kämpfe das schon gekostet hat.

Eine schonungslose Zusammenfassung der AIDS-Problematik kann selbstverständlich Unruhe hervorrufen, aber die bei vernünftiger Reaktion entstehende Unruhe ist berechtigt. Sie ist sogar unvermeidbar, wenn man Menschen motivieren will, ihren Beitrag zu einer verringerten Seuchenausbreitung zu leisten, indem sie ihr Sucht- und ihr Sexualverhalten ändern. Unruhe kann hierbei hilfreich sein, ja lebensrettend. Lediglich jene Unruhe, die nur bedrückend wirkt, ohne handlungsrelevant zu sein, ist zu vermeiden. Auch solche Facetten hat diese Krankheit, und sie seien der Diskussion in wissenschaftlichen Kreisen vorbehalten. So schmerzhaft dieses Eingeständnis sein mag − manches eignet sich eben nicht für die Öffentlichkeit. Der Preis, der an individuellem Leid dafür zu zahlen wäre, kann zu hoch sein.

Mündige Erwachsene wünschen in der Regel ein nicht verschöntes Bild dessen, was der Fall ist. Das sollen sie hier bekommen. Liegt ihnen daran nichts, gibt es zahlreiche beruhigende Zeitungsartikel, öffentliche Informationsbroschüren und heute auch eine Anzahl ahnungsloser Bücher, die sie statt dessen wählen können. Will man hingegen eine umfassende Information über etwas erhalten, das neu und noch nicht richtig bekannt ist, wo noch Teile fehlen und andere täglich hinzukommen, muß man sich bewußt bleiben, daß natürlich auch spekulative und subjektive Züge einfließen, die über die reine Wiedergabe einfacher und seit längerer Zeit sichergestellter Fakten hinausgehen.

Kernfragen

Um dieses komplexe Problem überschaubarer zu machen, seien im folgenden die zentralen Fragen zusammengestellt. Die Antworten bilden die logische Grundlage für Schlußfolgerungen und darauf gegründete Entscheidungen − es sind die „neuralgischen Punkte" der ganzen AIDS-Debatte:

(1) Wie viele Infizierte gibt es?
(2) Wie viele der Infizierten werden krank?
(3) Wie krank werden sie?
(4) Wie leicht und wie schnell verbreitet sich das Virus?
(5) Mit welchen Therapiemöglichkeiten können wir rechnen?
(6) Kann ein Impfstoff entwickelt werden, und wenn ja, wann?
(7) Was können wir prophylaktisch tun?
(8) Wie effektiv werden unsere prophylaktischen Maßnahmen sein?

Diese Fragen seien nun zusammenfassend beantwortet. Das sich daraus ergebende Fazit muß wegen unserer heute noch lückenhaften Kenntnisse notwendigerweise vorläufiger Natur sein.

(1) Wie viele Infizierte gibt es?

Es ist offensichtlich, daß diese Frage nicht mit Sicherheit beantwortet werden kann, ehe nicht die gesamte Bevölkerung getestet ist und wir die Zuverlässigkeit der Testmethoden wirklich kennen. Diese Sicherheit ist in naher Zukunft nicht zu erlangen. Bis auf weiteres müssen wir uns mit der Existenz seronegativer Virusträger abfinden. Diese können trotz der Blutspenderkontrollen das Virus etwa durch Bluttransfusionen weiterzuverbreiten helfen. Vier Fälle dieser Art sind schon publiziert (z. B. CDC, MMWR 1986-23). In Schweden hat man den Anteil bekannter Fälle von Lymphknotenvergrößerungen auf ca. 30% der Gesamtzahl veranschlagt, was bedeuten würde, daß man statt der bekannten 600 Fälle mit ca. 1800 Patienten mit prodromalen Symptomen zu rechnen hätte. Hinzu kommen nun noch die asymptomatischen Fälle, und damit stellt sich die offiziell genannte Zahl von etwa 5000 infizierten Schweden als noch recht optimistisch dar. (Heute sind dort 120 AIDS-Fälle und etwa 1500 HIV-Träger bekannt.)

Für die Bundesrepublik Deutschland gelten ähnliche Zahlen. Man muß mit mindestens 8000 Patienten mit AIDS-Vorstadien rechnen (allein in Frankfurt über 1000). Da mindestens zehnmal so viele asymptomatische wie symptomatische Fälle zu erwarten sind, würden sich aus dieser Überschlagsrechnung mehr als 80000 infizierte Westdeutsche ergeben. Abhängig von den vermuteten Dunkelziffern kann man auch zu höheren Zahlen kommen, kaum zu niedrigeren. In der Schweiz sind etwa 20000, in Österreich etwa 5000, in der DDR wenige hundert Seropositive zu vermuten; für Frankreich liegt die Zahl um 200000 herum. Für die USA ist mit 1 bis 3 Millionen HIV-Infizierten zu rechnen, für Lateinamerika mit 1 Million, für Zentralafrika mit 5 bis 10 Millionen, weltweit mit 8 bis 15 Millionen.

Zusammenfassend scheinen Annahmen für das Verhältnis zwischen AIDS-Fällen und Infizierten um 1:100 herum realistisch zu sein. Dieses Verhältnis ist vom „Alter" und von der Dynamik der Epidemie abhängig, und das Verhältnis der symptomlos Infizierten zu den symptomatischen nimmt im Laufe der

Zeit notwendigerweise ab. Es ist sicher, daß die Werte von Land zu Land, sogar von einer Risikogruppe zur anderen, verschieden sind.

(2) Wie viele der Infizierten werden krank?

Zu Beginn der Epidemie hat man gehofft, nur wenige Prozent der Infizierten würden erkranken. Solange man das AIDS-Virus für ein Onkovirus hielt, war diese Hoffnung nicht ganz unbegründet. Als Folge sowohl virologischer Einsichten in die Natur des HIV als auch ungezählter klinischer Verlaufsbeobachtungen sind diese Hoffnungen inzwischen geschwunden. Aus dem vorliegenden Material ergibt sich, daß wir innerhalb von 8 bis 10 Jahren nach der Infektion mit 40 bis 50% an AIDS Erkrankten rechnen müssen und auf längere Sicht mit einer 100%igen Krankheitspenetranz.

Behauptungen wie „der Körper hat das Virus besiegt" können nicht einmal mehr Laien glaubhaft erscheinen. In Kenntnis der Eigenschaften und Besonderheiten von Retroviren, insbesondere von Lentiviren, ist es unwahrscheinlich, daß ein Organismus die Infektion überhaupt „überwinden" kann. Im günstigsten Fall kann unser Immunsystem die Infektion vielleicht eine Weile in Schach halten, womöglich sogar eine Art Patt-Situation erzwingen. Auch apathogene Symbiosen zwischen dem Virus und dem Wirtsorganismus sind theoretisch denkbar und kommen bei gewissen Tierarten wohl auch vor. Dieser Zustand muß vermutlich als das Ergebnis langer Auswahl- und Anpassungsprozesse angesehen werden.

(3) Wie krank werden die Infizierten?

Das Krankheitsstadium AIDS wird, abgesehen von einigen typischen Malignomen, von rezidivierenden und langgezogenen opportunistischen Infektionen geprägt. Die Patienten überleben in der Regel nur etwas mehr als ein Jahr nach der Diagnosestellung, nach zwei Jahren sind bereits 80% verstorben. Insgesamt scheint die Mortalität sich im Laufe der Jahre unerbittlich 100% zu nähern.

Seit klargestellt ist, daß HIV zu den Lentiviren gehört, ist auch die starke Affinität zum Gehirn (Infektionen und bösartige Geschwülste, Enzephalitis, Hirnatrophie und Demenz) verständlich geworden. Aus dem Stadium des ARC scheinen die Patienten verhältnismäßig rasch (50% nach 2 bis 3 Jahren, 100% nach 4 bis 5 Jahren) zu AIDS zu progredieren. An die Möglichkeit des dauerhaften „steady state" glaubt kaum mehr jemand. Die heute sichtbaren Tendenzen geben keinen Anlaß zu Optimismus.

(4) Wie leicht und wie schnell verbreitet sich das Virus?

Wir haben es bei der Seuchenausbreitung mit mathematisch beschreibbaren Verläufen zu tun, die gewisse Extrapolationen für die zukünftige Entwicklung zulassen. Eine einfache Überlegung zeigt, daß die anfangs exponentielle Entwicklung nur so lange andauern kann, wie der Anteil der infizierten Bevölkerung noch sehr gering ist (etwa bis zu 10 Prozent). Danach treten Sättigungseffekte ein, welche die Kurve abflachen lassen. Hinzu kommt, daß jener Teil der Population, der zuerst und am leichtesten zu infizieren ist, dem Teil, der schwerer und später erreicht wird, nicht gleichgestellt werden kann, da vermutlich Unterschiede in Lebensweise, Aufenthaltsort, Veranlagung, Verhaltensmustern und Verhaltensänderungen hier von großer Bedeutung sind.

Das zunehmende Bewußtsein des einzelnen, daß eine Epidemiesituation vorliegt, beeinflußt in der Regel das Verhalten der Gefährdeten merkbar. Die genannten Faktoren (Sättigung, Transienten und Verhaltensänderungen) bewirken, daß eine epidemiologische Kurve, welche die Seuchenausbreitung wiedergibt, nach einem exponentiellen Beginn allmählich abflacht und in eine Kurve übergeht, die sich asymptotisch der maximalen Anzahl Infizierter nähert. Dieser Wert braucht keineswegs 100% (der Gesamt- oder Teilpopulation) zu betragen, denn es

gibt immer Individuen, die infolge ihres Verhaltens oder ihres Aufenthaltsortes kaum infiziert werden können.

Man muß sich die Kurve, welche die Verbreitung eines infektiösen Pathogens summarisch widerspiegelt, als eine Summe zahlreicher Teilkurven denken, die für die verschiedenen Untergruppen sehr unterschiedliche Formen annehmen können. In den USA sind die Hämophilen (die bis zu 90% infiziert sind), die Drogensüchtigen in den Gefängnissen New Yorks (bis zu 87%) und die homosexuellen Männer San Franciscos (bis zu 70%) schon so durchseucht, daß die erwähnten Sättigungseffekte notwendigerweise schon eingetreten sein müssen. Dieser Zeitpunkt liegt für die meisten europäischen Länder vermutlich noch in der Zukunft.

Da das individuelle Verhalten im Hinblick auf die Risikobereitschaft das absolut Entscheidende für die weitere Verbreitung des AIDS-Virus ist, kann man ein konkretes Risiko für den einzelnen nicht errechnen, zumal hier eine wichtige Rolle spielt, wo er sich jeweils befindet. Darüber hinaus ist die Antwort auf diese Frage direkt davon abhängig, wie die HIV-Infektion eigentlich vor sich geht, und das ist auch noch nicht endgültig entschleiert.

Lange hat man die naheliegende Ansicht vertreten, das AIDS-Virus bedürfe einer Wunde (im Mund, in der Scheide oder am Penis), um in den Organismus eindringen zu können. Dies ist durch die Entdeckung von T4-positiven Makrophagen in den Schleimhautpartien von Mund, Scheide, Zervix und Mastdarm (Rektum) sowie durch die Funktionsweise dieser Zellen äußerst fragwürdig geworden. Da das Virus bei Zimmer- und Körpertemperatur sowohl in Flüssigkeiten als auch in trockenem Zustand tagelang überleben kann, muß man damit rechnen, daß alle intensiven Körperkontakte, die zu einem Austausch von Körperflüssigkeiten führen, potentiell ansteckend sind.

Was ungewöhnliche Infektionswege schwer entdeckbar macht, ist die hohe Frequenz von Sexualkontakten sowie die vieljährige Inkubationszeit. Rein anamnestisch lassen sich in der Regel die Umstände des primären Kontakts nicht mehr eruieren, zumal man die letzten zehn Jahre abklären müßte. Beunruhigend ist die Tatsache, daß das HTLV-I (ein viel empfindlicheres Retrovirus der Onkovirusgruppe, das außerhalb der Zelle und in zellfreier Flüssigkeit weniger leicht überlebt) sich allmählich in dem familiären Umfeld der primär Infizierten verbreitet zu haben scheint. Wie, wissen wir nicht.

Es ist zu erwarten, daß solche Fragen innerhalb weniger Jahre beantwortbar, mögliche unangenehme Ergebnisse solcher Untersuchungen hingegen anfangs zurückgehalten werden. Dies ist bereits mehrfach geschehen. Wir wissen etwa auch, daß viele afrikanische Regierungen die Informationen über die AIDS-Epidemie in ihren Ländern fast als „Verschlußsache" behandeln, was die Verbreitung unerfreulicher Erkenntnisse behindert. Grob geschätzt werden weltweit heute täglich etwa 10 000 Menschen neu infiziert, die auf viele Jahre hinaus von diesem Ereignis nichts erfahren werden.

(5) Mit welchen Therapiemöglichkeiten können wir rechnen?

Es gibt zahlreiche Substanzen, die das HIV in vitro leicht töten, aber es ist nicht leicht, diese Ergebnisse auf die praktische Anwendung am Patienten zu übertragen. Außerdem gilt es, sich an folgendes zu erinnern: Die Erbinformation des HIV, von RNA in DNA übersetzt und danach im genetischen Material der Zelle integriert, ist für Arzneimittel unerreichbar. Eine Substanz, die sie zerstören würde, träfe auch das übrige, zelleigene genetische Material. Es gibt – eine hypothetische „anti-sense"-DNA oder ähnliche Ansätze für eine fernere Zukunft ausgenommen – keine heute sichtbare Möglichkeit, das Virus dort auszuschalten, wo es in den Chromosomen sitzt.

Im besten Fall können wir mit einem effektiven Hemmer der Reversen Transkriptase oder einem „falschen Nucleosid" rechnen, das die Virusreplikation behindert. Weitere Substanzen, etwa Antagonisten spezieller Genregionen („tat" oder „art"), könnten die Replikation des Virus in frühen Stadien blockieren. Alles dies mag die Verbreitung des Virus im Körper bremsen, vielleicht auch gewisse pathologische Effekte mildern und die Kontagiosität verringern. Aber vielleicht wird der Patient dann statt der opportunistischen Infektionen mehr bösartige Geschwülste entwickeln, und ebenso müßte man damit rechnen, zunehmend Fälle spät einsetzender Enzephalopathie, Hirnatrophie und Demenz zu sehen.

Jeder für den Lebenszyklus des HIV notwendige Schritt könnte theoretisch zum Zielpunkt eines antiviralen Mittels gemacht werden. Eine Art „Beseitigung" aller schon integrierten Provirusgenome durch irgendein virustötendes Mittel ist jedoch, wie gesagt, schwer vorstellbar.

Die Lebensweise des HIV als eines gut angepaßten Zell-„Schmarotzers" macht es sehr schwer, störend einzugreifen, ohne auch die Zelle selbst zu schädigen. Es wird daher sicher noch viele Jahre dauern, ehe klinisch erprobte Behandlungsmethoden zur Verfügung stehen. Das meiste, was in näherer Zukunft erprobt werden wird, hat sicherlich nur verzögernden und palliativen Charakter.

(6) Kann ein Impfstoff entwickelt werden und, wenn ja, wann?

Die besonders ausgeprägte Antigendrift des HIV und die Fähigkeit des Abstoßens der Oberflächenantigene stellt unerwartete Hürden für die Wirksamkeit eines Impfstoffes dar. Schon dadurch sind die Chancen auf einen baldigen Erfolg sehr gering.

Leider ist bisher nicht einmal die Möglichkeit ganz ausgeschlossen, daß eine effektive Schutzimpfung überhaupt unmöglich ist, etwa weil das nur zu einem „Recycling" der Viren im phagozytären System führt. Dies wäre eine alptraumartige Vorstellung, die manchen Virologen ernsthaft beunruhigt.

Zudem ist eine Impfung eher ein Weg zur Vorbeugung als ein Mittel zur Behandlung schon Erkrankter, obwohl sie dazu beitragen könnte, die weitere Ausbreitung des Virus im Organismus zu hemmen. Wir müssen auf jeden Fall noch mit allen bereits Infizierten rechnen, die eventuell bis ins kommende Jahrtausend hinein der Behandlung bedürfen. Das sind heute schon viele Millionen, und bereits im Jahre 1991 könnte es sich weltweit leicht um 100 Millionen Menschen handeln.

(7) Was können wir prophylaktisch tun?

Über die zahlreichen Maßnahmen hinaus, die bereits beschlossen und durchgeführt worden sind (Untersuchungen der Risikogruppen, Informierung der primär Gefährdeten, Ausschluß gewisser Risikogruppen vom Blutspenden, virusabtötende Behandlung von Blutprodukten, Screening von Organ- und Blutspendern etc.), ist im folgenden Kapitel eine Vorschlagsliste weiterer Eingriffsmöglichkeiten wiedergegeben. Etliches davon ist hier und da geschehen, einiges glaubt man, getan zu haben, anderes hält man für „undurchführbar", obwohl es mancherorts bereits funktioniert. In derzeit eher mäßig betroffenen Ländern scheint für einige wichtige Beschlüsse die Zeit noch nicht reif zu sein.

Dabei halte ich diese Vorschläge, selbst wenn man sie alle durchführte, nicht für ausreichend, um die weitere epidemische Ausbreitung des HIV endgültig zu stoppen. Zahlreiche Ergänzungsmaßnahmen wären darüber hinaus noch zu treffen, aber bis auf weiteres nimmt sich nicht einmal dieser Torso von Maßnahmen politisch „akzeptabel" aus. Dafür gibt es zahlreiche historische Präzedenzfälle.

Im Umgang mit Risikogruppen ist man im großen und ganzen darauf angewiesen, zu informieren, zu erklären, zu appellieren und dann zu hoffen, daß der gewünschte Erfolg sich einstellt. Es gibt keine Möglichkeit, ihn zu erzwingen. Die selbstverständliche konsequente Untersuchung aller Blutspender und Blutprodukte ist nach zähem Widerstand ahnungsloser „Spezialisten"

und unter großem Lamentieren und unqualifizierten Einwänden endlich akzeptiert worden.

Natürlich hat man – kaum überraschend – inzwischen in den USA Tausende, in Europa Hunderte von infizierten Blutspendern gefunden. Dank des Screenings sind somit auf längere Sicht gesehen Hunderttausende von AIDS-Patienten verhindert worden, was den anfänglichen Widerspruch hat verstummen lassen. Ähnlich wird es im Laufe der Zeit mancher Argumentation gegen heute erforderliche Maßnahmen ergehen. Und dabei muß man noch zugeben, daß die mühsam durchgesetzte Kontrolle der Blutspender nicht einmal eine völlige Sicherheit gewährleistet.

Die meisten Maßnahmen, die mit einer gewissen Wahrscheinlichkeit effektiv wären, werden als politisch so heikel betrachtet, daß sie in näherer Zukunft wohl kaum realisiert werden können. Ein nicht unerheblicher Teil aller politischen Tätigkeit geht darauf aus, die Stimmungslage zu sondieren und herauszufinden, was „politisch möglich" ist. Sich diesem dann rasch stromlinienförmig anzupassen, gilt als ein Zeichen politischer Geschicklichkeit. In einer so ernsten Frage hingegen sollte jemand den Mut haben, den Politikern begreiflich zu machen, **daß es hier nicht darum geht herauszufinden, was politisch möglich ist – sondern darum, politisch möglich zu machen, was zur Bremsung der Seuchenausbreitung erforderlich ist.**

(8) Wie effektiv werden unsere prophylaktischen Maßnahmen sein?

Die Erfahrungen anderer Länder zeigen, daß alles, was normalerweise getan wird, nicht ausreicht, um die Epidemie in den Griff zu bekommen. Vielerorts sind die bisherigen Resultate der Anstrengungen recht entmutigend, und selbst wenn man sich für die Bundesrepublik Deutschland ein positives Bild von der Bereitschaft des einzelnen zur Zusammenarbeit mit Behörden und Gesundheitsdienst macht, bleiben die meisten prinzipiellen Probleme bestehen. In den skandinavischen Ländern mögen sie wegen der niedrigeren Bevölkerungsdichte, der überschaubaren Menschenanzahl, geringerer Anonymität, größerem Solidaritätsgefühl sowie der vielleicht überdurchschnittlichen allgemeinen Kompromißbereitschaft noch am ehesten zu bewältigen sein.

Leider gibt es Grund zum Pessimismus hinsichtlich jener Minorität (etwa kriminalisierter Drogensüchtiger), die sich entschieden außerhalb des normalen Sicherheitsdenkens und der persönlichen Verantwortung stellt. Wer aus eigener ärztlicher Tätigkeit diesen Personenkreis kennt, hat häufig im Laufe der Jahre den Glauben an die Macht des Gesprächs über die Handlungsweise mancher Menschen verloren. Und auch die Verhaltensänderungen, die sich zeitweise bewirken lassen, haben nicht immer den gewünschten Erfolg.

Aus San Francisco liegen schon Bilanzen vor. Ein markanter Abfall der Gonorrhoe-Inzidenz, vorwiegend innerhalb der Risikogruppen, spiegelt die Verringerung der Partnerfrequenz und die Veränderung sexueller Gewohnheiten wider. Die promiskuitivsten Homosexuellen haben ihre Partnerzahl um bis zu 70% reduziert, geben aber immer noch hohe Partnerzahlen an. Da in der gleichen Zeit die relative Zahl der Infizierten unter diesen ständig angestiegen ist, ergibt sich folgende Balancerechnung: Während ein Homosexueller 1978 unter 100 Partnern einen, 1979 unter 20 Partnern einen, 1980 unter zwölf Partnern schon drei Virusträger vermuten mußte, waren es 1984 unter nunmehr nur noch vier Partnern immer noch drei Virusträger. So tritt also im Fazit kaum eine Reduktion des Risikos ein, und für jene, die ihre Partnerzahl überhaupt nicht verändert haben, fällt die Rechnung natürlich noch weit trauriger aus.

In der genau beobachteten City-Kohorte von San Francisco (siehe die Seiten 17 f und 155) ist nun die Seroprävalenz bis heute trotz aller intensiver Information und der öffentlichen AIDS-Debatte auf ca. 72% angestiegen – es ist nicht einfach, mit diesem Ergebnis zufrieden zu sein. Offenbar sind manche Menschen nicht leicht zu überzeugen, selbst wenn es um ihr Leben geht. In

Schweden sind im letzten Jahr noch 5% eines ähnlichen Kollektivs serokonvertiert, wohingegen die Zahlen in der BRD mit 16 bis 25 Serokonvertierten günstiger ausgefallen sind (Drop-out? unterschiedliche Auswahl?).

Die wirklichen Probleme beginnen jedoch erst mit den Drogensüchtigen (in der Bronx in New York sind im letzten Jahr von den am intensivsten beratenen Drogensüchtigen ca. 20% seropositiv geworden; Schoenbaum et al., Wash.-Konf., WP. 41), mit Narkotikahändlern, Prostituierten und Zuhältern — jenen teils rücksichtslosen, teils selbstdestruktiven und desperaten Menschen, die in gewissen Großstadtmilieus angereichert sind. Daß hier sowohl asoziale als auch direkt antisoziale Verhaltensmuster besondere Probleme für die Seuchenbekämpfung bereithalten, liegt auf der Hand und ist durch geschichtliche Erfahrungen vielfach belegt.

Große Stille — edle Einfalt

Warum erforderliche Maßnahmen in der Regel nicht rechtzeitig getroffen werden, ist in den über Jahrzehnte durchgeführten und bereits an anderer Stelle diskutierten Problemlösungsanalysen von D. Dörner (Bamberg) beispielhaft untersucht worden. Etliche der zum Handeln Verpflichteten pflegen den Unbequemlichkeiten des Augenblicks auszuweichen. Viele der von der Entwicklung am meisten Bedrohten verschließen wie Kinder die Augen, in der Hoffnung, daß das so Verdrängte sich in Rauch auflöse.

In vielen Ländern haben die Sprecher ausgerechnet der am stärksten bedrohten Homosexuellen öffentlich zur Verweigerung der Teilnahme an den empfohlenen Tests aufgefordert und so gezeigt, daß der Ernst der Situation ihr Verständnis noch nicht einmal gestreift hatte. Andernfalls würden sie vermutlich alle nur erdenkliche Hilfe sowohl geben als auch entgegennehmen. Fast ohrenbetäubend war das initiale Schweigen der Sexologen, denen jahrelang zu AIDS nichts einfiel. Dies wurde, als sie das Schweigen schließlich brachen, erst recht deutlich.

Was an Ignoranz und Bagatellisierung in der öffentlichen Debatte um das AIDS-Problem sichtbar wurde, ist kennzeichnend. Solange es Laien betrifft, darunter auch Journalisten, ist es durch einen Mangel an Information noch zu erklären. Daß auch Ärzte und sogar gewisse Spezialisten, die es besser wissen müßten, hieran teilhatten, ist schwerer verständlich. Das vielleicht extremste Beispiel selbstbewußter Ignoranz war ein Artikel im schwedischen *Aftonbladet* (23.5.1985), in dem eine Journalistin verkündete: „Ein bißchen AIDS macht nicht besonders unpäßlich." Sie führte erläuternd aus, daß Professoren und Experten sich zu Moralgurus erheben, um „über unser Leben zu bestimmen und die Menschen davon abzuschrecken, sich einander zu nähern". Sie „faßt sich an die Stirn" vor soviel Dummheit, denn was passiert schon, wenn die Kunden von Prostituierten „mit dem Virus AIDS" angesteckt werden? Gar nichts passiert; sie bilden Antikörper, und diese zerstören das Virus. Das habe ihr ein Arzt (Blutexperte) versichert. Die Gesunden „würden nicht einmal merken, daß sie AIDS haben oder hatten". Nur „sicherheitshalber, sozusagen, gingen sie noch eine Weile mit den Antikörpern umher, nachdem das Virus bezwungen sei". Danach sei man immun gegen dieses Virus, und deswegen seien all die Infizierten und ihre Ehegatten in Sicherheit. Die „gesunde Vernunft" sage ihr, daß das kerngesunde schwedische Volk mit der längsten Lebenserwartung der Welt nicht in die Knie ginge „vor dieser lächerlichen Krankheit". Sicherheitshalber habe sie alles dies „mit einem wirklichen Experten" besprochen und kontrolliert. Zusammenfassend konstatiert sie, daß es keinen Grund zu irgendwelcher Unruhe gäbe.

Es ist zweifelhaft, ob sich jemand horrenderen Unfug zu diesem Thema hat einfallen lassen. Das Hervorstechende dabei ist das Selbstvertrauen und der aggressive Unterton gegenüber den

besser Informierten, mit dem so etwas häufig vorgetragen wird. Menschen mit begrenztem Wissen und bescheidenen Geistesgaben entwickeln manchmal eine Art adäquater Bescheidenheit. Hier aber spricht ein Kind des Zeitgeistes, das gelernt hat, Wissen durch Selbstsicherheit zu ersetzen. Dem Phänomen mangelnden Respekts vor Fakten begegnet man heute in weiten Teilen Westeuropas — möglicherweise ist diese Entwicklung in Schweden am weitesten gediehen.

Leider steht dies Beispiel nicht allein. Es gibt uns einen Vorgeschmack von jenem Grad an gedanklicher Konfusion, mit der man im thematischen Umfeld der Sexualität wird rechnen müssen. Zahlreiche selbsternannte „Experten" werden dazu beitragen, eine sachliche Diskussion zu erschweren.

Hierfür ist ein weiteres Beispiel unerläßlich, da das Ausmaß des Unfugs, der in diesem Bereich als Wissenschaft deklariert wird, den Uneingeweihten überraschen wird. Das auf dem Gebiet der Sexualität zugegebenermaßen nicht unwichtige Phänomen der Liebe schildert Volkmar Sigusch, ordentlicher Professor für Sexualwissenschaft, als eine „Orgie gemeinster Quälereien. Sie ist voll raffinierter Erniedrigung, wilder Entmächtigung, bitterer Enttäuschung, boshafter Rache und gehässiger Aggression. Sie ist gierig, klebrig, verschlingend, maßlos, kurzatmig, empfindlich, heuchlerisch, unstillbar." Er sieht sie als begleitet von „Gefühlen der Not" wie „Haß, Angst, Wut, Schuld, Schwäche, Niederlage, Neid und eifernde Sucht" (Sigusch 1984). So spricht ein Experte. Zum Glück hängen andere Sexualforscher anderen Theorien an. Obiges Zitat mag als Erklärung dienen dafür, daß der Autor des vorliegenden Buches der aus dieser Richtung zu erwartenden Kritik voller Gleichmut entgegensieht.

Äußerungen aus gleicher Quelle zum Thema AIDS tragen eine deutliche Signatur: „Es gibt mehr wissenschaftliche Abhandlungen als Erkrankte." (Allein in den USA zählt man 40 000 AIDS- und das 10- bis 20fache an ARC/LAS-Erkrankten, hingegen nur etwa 8000 wissenschaftliche Abhandlungen, d. h. um zwei Zehnerpotenzen weniger.) „AIDS ist ein kultureller und politischer Volltreffer", „nichts als Blendwerk", und „wir können erst dann um die an AIDS Verstorbenen trauern, wenn wir die gesellschaftlichen, sozialen und seelischen Instrumentalisierungen erkennen" (mancher kann es sicher auch ohne solche Erkenntnisse). Sigusch weiß, daß die Viren im Speichel und anderen Sekreten „offensichtlich zur Infektion nicht ausreichen" und daß es „ungeklärt ist, ob Frauen durch den üblichen Scheidenverkehr infiziert worden sind". Er weist sogar darauf hin, „daß die Scheide der Frau möglicherweise einen Schutz bietet" (und zeigt dadurch, daß er vom histologischen Aufbau der Schleimhaut und der Rolle der Langerhans-Zellen in ihr wirklich nichts weiß). „Höchstwahrscheinlich gibt es auch bei AIDS sogenannte subklinische, inapparente Krankheitsverläufe, d.h. der Infizierte hat AIDS gehabt, aber nicht mehr als eine Grippe gespürt."

Wie kommt man zu so horrenden Fehleinschätzungen? In *Operation AIDS* (Sigusch und Gremliza 1986; dieser Publikation sind die im vorigen Absatz aufgeführten und die jetzt folgenden Zitate entnommen) wird auch das gleich erklärt. Es liegt nämlich die übliche Kombination vor, die ideologisch Fixierte auszeichnet: starke Ideen und eine absolute Verachtung für Fakten und Sachargumente: „Je totaler die Verstofflichung, desto allgemeiner die Idiotie", wir „ersticken an Verdrehung und Versachlichung", und der zur Idiotie erklärten Wissenschaft wird **vorgeworfen**, sie „falle mit dem, was ist, beinahe zusammen." Daher kommt der Autor, messerscharf, zu folgendem Schluß: „Wer Geld für die AIDS-Forschung verlangt, muß wissen, daß er damit zugleich für jene Techniken eine Lanze bricht, die den Menschen partiell und als Ganzes zum Stoff degradieren." (Also: weniger Forschung??) Diese wissenschaftsfeindliche Haltung, die sich in solchen Äußerungen ausdrückt, erklärt sich durch die skurrile Ideenwelt, die Sigusch und seine Mitstreiter (zu Recht) durch Fakten, Sachargumente und Forschungsergebnisse gefährdet sehen.

Die vielfältigen ideologischen Verquickungen der AIDS-Problematik werden mehrfach deutlich. So findet etwa Günter Amendt (auch diese Zitate sind demselben Heft entnommen) mühelos den Weg von AIDS zu „SDI-Amerika" (durch Umdrehen der Buchstabenfolge, einen allgemein anerkannten, vertrauenserweckenden Weg zur Wahrheitsfindung) sowie zum „just another four-letter word NATO". HIV wird auf Biegen und Brechen politisiert.

Norbert Schmacke befindet, „der HTLV-III-Test ersetzt als Patentrezept das Nachdenken über die Krankheit AIDS", und Ulrich Clement versucht, „die AIDS-Hysterie zu deeskalieren", indem er 1986 (durch die Fußnote „Curran et al., a. a. O" — wann? 1982? — abgesichert) behauptet, „die bestinformierten CDC schätzen das Risiko der Erkrankung auf 1—2 % für AIDS und auf 10—20 % für LAS". In einigen Fällen hätten Infizierte „nach einiger Zeit die Infektion überwunden" (wissenschaftlich völlig unhaltbar).

Gunter Schmidt findet die Hochrechnungen des BGA und des schwer gescholtenen *Spiegel* „sozialpsychologisch falsch, weil sie stillschweigend voraussetzen, daß in den nichtriskierten Gruppen der Bevölkerung" die gleichen Risikopraktiken bestünden wie bei Homosexuellen und Fixern (völliger Unsinn, da man dabei auf 5—10 Millionen infizierte Bundesbürger käme, was noch niemand behauptet hat). Er fürchtet „bei Anwendung des Bundesseuchengesetzes", also geltenden Rechts, eine „Gesundheitsgestapo". Das ist einen Kommentar wert, denn es ist ein typisches Beispiel unlauterer Argumentation. *Gestapo* bedeutet „*Ge*heime *Sta*ats*po*lizei". *Geheim* ist die Seuchenpolizei schon einmal gar nicht, und aktuelle Gesetzesvorschläge zielen gerade auf Offenlegung und Bekanntgabe der geltenden Vorschriften und geplanten Maßnahmen ab. Und *Staatspolizei* ist es auch nicht, sondern *Länderpolizei* — würde man im übrigen eine *Privat*polizei vorziehen? So erweist sich einmal mehr der sicher nicht unbewußte Mißgriff in der Wortwahl als das mißbräuchliche Ausnutzen von negativen Assoziationen zur Verdächtigung Andersdenkender.

Der Sexologe Sigusch aber hat noch viel mehr überraschende Einsichten parat. Die Berichterstattung der informierten Presse etwa „kitzelt paranoide Reaktionen hervor" und „hält sie am Brodeln". Sie wird damit „zu einer Hauptgefahr für die Gesundheit. Sie schwächt auf diese Weise die seelischen Abwehrkräfte, organisiert das seelische Entgegenkommen, das bei allen Infektionskrankheiten von großer Bedeutung ist" und wird so als „Kofaktor von krankmachender Potenz mitverursachend" für den Krankheitsausbruch. (Damit wird schon vorbeugend die Schuld an der Progression der Infizierten zu AIDS, wie man sie in der ganzen Welt sich uniform abspielen sieht, denen zugeschoben, die vor der Infektion warnen.)

„Der Befehl, vorsichtig zu sein, macht unfrei"; „Lassa, Jurin und Machupo, die Viruserkrankungen der Armen der Welt" werden herbeigezogen, um der Gefährdung etwa der Kölner oder der Wiener Jugendlichen zu relativieren. Und als krasse Absurditäten nennt Sigusch „die altliberale Phrase, es komme auf einen selber an", die „Idiotie des *Spiegels*, Mikroben machten immer noch Geschichte" sowie das typisch bürgerliche Vorurteil, „After und Darm seien zum Ausscheiden da".

Martin Dannecker, ein anderer Mitstreiter Siguschs, hält das Argument nicht für verharmlosend, daß in den USA in drei Jahren nur 0,03 % der erwachsenen Homosexuellen an AIDS erkrankt seien, kritisiert aber heftig die Zahlenbehandlung des Bundesgesundheitsamtes. Mit ähnlichen Argumenten hat Rolf Rosenbrock in seinem Buch *AIDS ist schneller zu heilen* dargelegt, wie harmlos AIDS sei und wie leicht zu bekämpfen (Rosenbrock 1986).

Es sei hier auf den Sexologen Sigusch und seine Mitstreiter nicht weiter eingegangen, denn das wäre ungerecht gegenüber den ernstzunehmenden Sexual- und Sozialwissenschaftlern. Die Zitate sind hier nur wiedergegeben, um ihre Reaktion auf dieses Buch und seinen Inhalt vorab zu erklären und um auch offizielle Stellungnahmen zum Thema AIDS verständlicher zu machen. Rosenbrock nämlich gehört der sogenannten *Enquete-Kommission AIDS* des Bundestages und Dannecker dem AIDS-Beirat des Gesundheitsministeriums an. Vielleicht ist dies ein Teil der Erklärung für das vielzitierte unheilvolle Motto im Buch der Bundesgesundheitsministerin (Süssmuth 1987) „AIDS bekommt man nicht — AIDS holt man sich". Wer ist „man"? Etwa die Freundinnen jener österreichischen Schüler, die sich die Infektion durch leichtsinniges Spielen mit dem Injektionsbesteck eines Fixers (zugegeben:) „geholt" hatten? Oder die Ehegatten der Bluter? Die Transfusionsempfänger? Die Frauen bisexueller Männer oder der Kunden von Prostituierten? Die Krankenschwestern und Pflegerinnen, die wegen ihrer Überlastung und gestreßten Arbeitssituation nicht mehr alle Vorsichtsregeln beachtet haben? Der Chirurg, der sich schneidet, der Zahnarzt, der sich sticht? Die Familien all der Genannten? Irgend jemand muß die Nichtmedizinerin Rita Süssmuth doch beraten haben. Guter Rat scheint teuer — wir werden sehen: **schlechter auch**.

Fazit

Jetzt ist es an der Zeit für ein Resümee. Wir können nun allmählich die Ursachen für das, was vor sich geht, ausmachen. Also sei abschließend zusammengefaßt, was bei der AIDS-Epidemie (und jetzt ist vermutlich deutlich geworden, daß man eigentlich „HIV-Ausbreitung" sagen müßte) jenes „Besondere" ist, das uns mit einer ungewöhnlich schwer zu beherrschenden Situation konfrontiert.

Das Virus

Wir sehen uns einer wirklich neuen, sehr ernsten Krankheit gegenüber, unseres Wissens der ersten Lentivirus-Infektion, welche die Menschheit je befallen hat. Das für AIDS ursächliche Virus HIV weist etliche ungewöhnliche Eigenschaften auf, darunter

— die Antigendrift, ein kontinuierliches, rasches Verändern der äußeren Hüllproteine (Antigene), wodurch sich das Virus körpereigenen Abwehrstoffen (Antikörpern) sowie Impfstoffen (Vakzine) immer wieder zu entziehen vermag,
— das Abstoßen eben jener Hüllproteine (Shedding) während des Reifungsprozesses und damit die Fähigkeit, dem Angriff durch Antikörper auszuweichen und diese sogar gegen die wichtigsten Zellen (T-Helferzellen) des Immunsystems umzulenken (was einen Autoimmunprozeß auslöst, die Zerstörung körpereigener Zellen),
— die Fähigkeit, in Makrophagen zu überleben (jenen wichtigen „Freßzellen" des Immunsystems, die in vielfältigster Form im ganzen Organismus vorkommen), und damit die Chance, theoretisch schon in beliebig kleinen Dosen Infektionen auszulösen, sowie
— eine differenzierte Zügelung der eigenen Vermehrung (Selbsthemmung), so daß Wirtszelle und Wirtsorganismus maximal geschont werden, was die Zeitspanne für die Virusverbreitung sowohl innerhalb des Organismus als auch zwischen den Individuen um viele Jahre verlängert (*lenti* kommt von langsam).

Es sind schon mehr als 10 verschiedene Virusvarianten gleichzeitig bei demselben Patienten gefunden worden, und von den heute etwa 3000 Virusisolaten, die weltweit in Laboratorien angezüchtet sind, scheinen nicht zwei einander völlig zu gleichen. Es gibt auch schon mehrere Virustypen (darunter HIV-2, wiederum mit zahlreichen Varianten), die sich mit den meisten gängigen Testverfahren nur schwer nachweisen lassen. Wir haben es nicht mit einem streng definierten, konstanten Virus zu tun, sondern mit einem „beweglichen Ziel", das sozusagen einen sich ständig ausweitenden Kometenschwanz genetischer Varianten hinter sich herzieht.

Durch Integration des Virusgenoms in die zelleigene Erbsubstanz wird seine genetische Information gesichert und für immer im Genom des Wirtsorganismus versteckt. Nur noch die später ausgedruckten „Kopien" sind für die heute bekannten Therapieformen erreichbar. Aus denselben Gründen handelt es sich um eine Infektion für den Rest des Lebens. Dies gibt den Rahmen sowohl für die Ansteckungsgefahr als auch für den Therapiebedarf an.

Das Virus bestreitet fast alle Schritte seines „Lebenszyklus" unter Ausnutzung bereits vorhandener zellulärer Prozesse und Enzyme (mit Ausnahme einiger viruseigener Proteine). Der Lebenszyklus des HIV ist optimal in den normalen Zellstoffwechsel integriert − es handelt sich sozusagen um einen perfekten „Zellschmarotzer". Daher läßt sich das Virus kaum schädigen, ohne gleichzeitig auch den Zellstoffwechsel empfindlich zu stören und damit erhebliche Nebenwirkungen hervorzurufen. Solche sind bei lebenslanger Therapie für den Behandelten kaum akzeptabel. Die bisher anvisierte lebensverlängernde Therapie, wie sie durchaus im Bereich des Möglichen liegt, wird die Zahl der gleichzeitig lebenden AIDS-Patienten sowie die mit ihrer Pflege verbundenen Kosten und die psychosozialen Probleme noch merkbar erhöhen.

Aus obengenannten Gründen werden wir noch eine beträchtliche Zeit ohne wirksame Therapie und Schutzimpfung auskommen müssen. So lange bleibt die Verminderung der Ansteckungsrisiken, darunter die Aufforderung zu verminderter Risikofreudigkeit, die einzige wirksame Vorbeugung.

Das Immunsystem

Das Virus beziehungsweise ein Vorläufer entstammt vermutlich afrikanischen Affen. Es hat − vielleicht durch stammesgeschichtliche Anpassung an das dem menschlichen sehr ähnliche Immunsystem anderer Primaten − Eigenschaften erworben, die es ihm ermöglichen, unser immunologisches „Alarmsystem" zu unterlaufen und sich sozusagen leise und unbemerkt in unseren Organismus einzuschleichen.

Es ist ausgerechnet auf jene Zellen spezialisiert, die für die Effektivität (Makrophagen) und die Koordination (T-Helferzellen) des Immunsystems von zentraler Bedeutung sind. Makrophagen sind ein Zelltyp, der das Virus beherbergt und es − ähnlich einem trojanischen Pferd − leicht in alle Organe des Körpers, selbst in Gehirn und Knochenmark, transportiert. Dies erfordert von jeder therapeutischen Substanz hohe intrazelluläre Konzentrationen selbst in den unzugänglichsten Organsystemen (Blut-Testis- und Blut-Hirn-Schranke!). Die Affinität zu Makrophagen ist auch ein schlechtes Omen für die Impfstoff-Forschung. Erfahrungen von tierischen Lentivirus-Erkrankungen mit den gleichen Zügen sind nicht ermutigend.

Die Erkrankung

AIDS ist nur ein streng definiertes Endstadium einer Infektionskrankheit, und nicht etwa die Krankheit selbst. Nach der initialen Infektion mit dem HIV kommt es manchmal zu vorübergehenden, „drüsenfieberartigen" Symptomen. Viele Jahre völliger Beschwerdefreiheit können sich anschließen, dann jahrelang andauernde unspezifische Beschwerden (wie Müdigkeit, Abgeschlagenheit, Konzentrationsverlust, Nervenlähmungen, Gewichtsabnahme, häufige Infektionen, aber auch unerklärliches Fieber, Diarrhoe, Husten, nächtliche Schweißausbrüche und diskrete Lymphdrüsenschwellungen), deren unspezifischer Charak-

ter bisweilen die Diagnose sehr verzögert. Nach den definierten Stadien LAS und ARC kommt es dann erst mit der Diagnose spezifischer, sogenannter opportunistischer Infektionen (etwa PCP) oder gewisser seltener Tumoren (etwa KS) zum von den CDC genau definierten Stadium AIDS. Kennzeichnend ist auch das auffällige vorzeitige Altern der Patienten sowie die ausgeprägte Abmagerung (Kachexie, in Afrika Anlaß zur Krankheitsbezeichnung „slim disease").

Auch zahlreiche andere klinische Bilder können als Folge der HIV-Infektion zum Tode führen, ohne jemals die Bedingungen jener weltweit strikt benutzten AIDS-Definition zu erfüllen. (Dies gilt für Tuberkulose, Blutgerinnungsstörungen, „interstitielle" Lungenentzündungen, Blutvergiftung, Herzinnenhautentzündung, schweren Hirnschwund mit Lähmungen und Demenz, andere Nervenerkrankungen, Selbstmord, gesteigerte Unfallrisiken als Folge von Fehlhandlungen oder Beurteilungsfehlern.) Das bedeutet, daß die jeweils registrierten AIDS-Fallzahlen immer nur einen Kern der tatsächlichen Epidemie ausmachen. (In den USA rechnet man mit etwa 10 000 derartigen nicht registrierten Fällen.)

Der immer deutlicher hervortretende Befall des Gehirns führt zu markanten Persönlichkeitsveränderungen. Solche Symptome können auch lange vor irgendwelchen Immunmangelerscheinungen auftreten und das Krankheitsbild bis zum Tode prägen. Damit bestätigt sich die für Lentiviren typische Affinität zum Zentralnervensystem.

Der Anteil der Infizierten, die zum Endstadium AIDS fortschreiten oder anderweitig an ihrer HIV-Infektion sterben, nimmt ständig zu, und der einzig wirklich wichtige „Cofaktor" scheint die Zeit zu sein. Dies düstere Fazit für die Infizierten − wenn auch wohl erst nach Ablauf einer unerwartet langen (vielleicht 20 Jahre übersteigenden) Beobachtungszeit − muß heute ernsthaft einkalkuliert werden. Gewisse Langzeitstudien in den USA (New York, Washington, San Francisco) und der BRD (Frankfurt) zeigen eine AIDS-Entwicklung in 43 % der Fälle nach Ablauf von 40 bis 50 % der vermuteten Inkubationszeit, ein Fortschreiten zum ARC-Stadium in weiteren 33 % der Fälle und eine Verschlechterung bei so gut wie allen Infizierten. Geheilt wurde noch kein einziger Patient. 50 % der ARC-Patienten entwickeln AIDS im Laufe von 3 Jahren, so gut wie alle nach 5 Jahren.

Die Sterblichkeit (Mortalität) des Endstadiums AIDS 2 Jahre nach der Diagnosestellung beträgt 80 %, nach 3 Jahren über 90 % und nach etwa 5 Jahren 100 %, die durchschnittliche Überlebenszeit etwa 400 Tage, von denen rund 220 im Krankenhaus verbracht werden. Eine so hohe Mortalität einer Infektionskrankheit ist auch in historischer Sicht einmalig − selbst Pest und Cholera erreichten diese bei weitem nicht.

Die Verbreitung

Für den kurzen Zeitraum dieser Epidemie hat das AIDS-Virus bereits eine alarmierende Verbreitung gefunden. Heute rechnet man mit 8 bis 15 Millionen Virusträgern in über 130 Ländern der Welt. In gewissen Entwicklungsländern werden es bald große Teile der Bevölkerung sein (Lusaka, Sambia: ca. 18 %; Kigali, Ruanda: ca. 15 %; Kampala, Uganda: 14−20 %, Kinshasa, Zaire: ca. 8 %; unter den Prostituierten in Kinshasa, Nairobi, Kigali und Mombasa wiesen 27 bis 90 % aller Untersuchten HIV-Antikörper auf). Eine ernsthafte Eindämmung der Seuche zeichnet sich noch nirgends ab.

Das anfängliche Dominieren „schneller Effekte" läßt in irreführender Weise gewisse Phänomene in den Vordergrund treten und gibt uns anfangs ein in mehrfacher Hinsicht schiefes Bild von dem eigentlichen Geschehen. So ist uns zum Beispiel durch die Überrepräsentation rasch auftretender Fälle eine allzu kurze Inkubationszeit und die Ausschließlichkeit homosexueller Übertragung vorgespiegelt worden – darüber hinaus wird uns auch in anderer Hinsicht der doppelbödige Charakter dieser Erkrankung noch einige Jahre lang verborgen bleiben.

Man ist ähnlichen Trugschlüssen schon mehrmals erlegen. Nach der noch relativ rasch korrigierten, irreführenden Annahme, AIDS sei eine Erkrankung ausschließlich der Homosexuellen, wurde die Rolle des intravenösen Drogenmißbrauchs deutlich. Die heterosexuelle Übertragung hingegen bleibt immer noch umstritten. In vielen tropischen Ländern ist sie stets die dominierende Verbreitungsart gewesen. (Sogenannte Experten stellten zu Beginn die abwegige Behauptung auf, Analsex sei, in Ermangelung von Kondomen, eine afrikanische Variante der Schwangerschaftsverhütung – so schwer hatte man es, geliebte Überzeugungen aufzugeben.)

Das HIV hat seine Existenz an jene beiden Flüssigkeiten gebunden, die zur Aufrechterhaltung des Lebens unerläßlich sind: **Sperma und Blut**. Seine Verbreitung hat es an Verhaltensweisen gekoppelt, die der Mensch erfahrungsgemäß sehr schwer zu verändern oder gar zu unterlassen bereit ist: **sexuelle Kontakte und Suchtbefriedigung** (tückischerweise auch noch Lebensrettung).

Die Grenzen der anfänglich bekannten Risikogruppen hat das Virus schon vor vielen Jahren überschritten. Es ist angemessener, von einem Risikoverhalten zu sprechen, das weit gestreut vorkommt. Um die primär Infizierten herum entstand ein diffus begrenztes Umfeld sekundär infizierter Partner und Kinder.

Die beobachteten Inkubationszeiten werden immer länger und sind eigentlich stets so lang gewesen, wie unsere Beobachtungszeit es überhaupt zuließ. Sie beträgt im Mittel um die 10 Jahre, mit der längsten bisher bekannten Zeitspanne von 16 Jahren. Damit kommt es zu einer beträchtlichen Phasenverschiebung zwischen Ursache und Wirkung, was zu folgenschweren Beurteilungsfehlern Anlaß geben kann.

Die AIDS-Epidemie hat viel früher und schleichender begonnen als gemeinhin angenommen. Der Beginn der Epidemie wird in den USA auf 1981/82 datiert, nachträglich wurden jedoch zahlreiche Patienten mit dem typischen AIDS-Bild rückblickend diagnostiziert (in den USA Hunderte). Ein 1976 bei −72 Grad Celsius tiefgefrorenes Virus aus Afrika hat man 1986 in einer Kultur wieder anzüchten können. Der erste französische AIDS-Fall wurde bereits 1972 in Paris gesehen, der erste deutsche 1976 in Köln (ohne daß man das damals wußte). Bald folgten die ersten Fälle in Belgien und Dänemark. In den USA ergaben Untersuchungen an eingefrorenen Seren von 1971/72, daß damals schon 1,5% der Drogensüchtigen (17 von 1129) infiziert waren. Es gibt einzelne unsichere AIDS-Fälle bis zurück in die frühen sechziger Jahre, und das erste zuverlässig antikörperpositive Serum stammt von 1959 (Kinshasa, Zaire). Auch dieser langgestreckte, unverfänglich „langsam startende" Teil der Epidemie ist typisch für einen exponentiellen Verlauf.

Die heutige Krankheitsausbreitung spiegelt somit die Infektionsausbreitung von etwa 1977 wider, als in Europa noch kein einziger AIDS-Fall bekannt war. Die heutige Infektionsausbreitung wird sich nicht vor 1997 in Krankheitsfällen sichtbar niederschlagen (und auch dann wird erst etwa die Hälfte der heute Infizierten AIDS entwickelt haben). Es ist ständig später, als wir glauben. Dieser unheilvolle Unterschied zwischen dem, was sichtbar, und dem, was eigentlich der Fall ist, bringt Schwierigkeiten bei der Motivation sowohl der verantwortlichen Entscheidungsträger als auch der von der Infektion Bedrohten mit sich. So hat sich manche Phase „hochaktuellen" AIDS-Interesses eher als ein Sturm vor der Ruhe erwiesen.

Die lange Inkubationszeit und deren starke Variabilität bringen ungewohnte epidemiologische Phänomene mit sich („Transienten"), die in schwer zu verstehenden scheinbaren Bremseffekten resultieren. Diese sind sozusagen initiale Stauchungswellen, verursacht durch die anfängliche Überrepräsentation schnell auftauchender Fälle, und erklären fast die gesamte, mit Erleichte-

rung betrachtete sukzessive Verlängerung der sogenannten Verdopplungszeiten. Sie pflegt unkritisch als das Ergebnis von getroffenen Maßnahmen fehlgedeutet zu werden und hat schon wiederholt zu voreiliger Entwarnung geführt. Sättigungseffekte innerhalb der primär infizierten Bevölkerungsgruppen verstärken diesen Trend.

Durch „vertikale" Infektion, etwa Virusübertragung von Mutter auf Kind, wird oft auch die kommende Generation mitbetroffen, was natürlich den Zeitrahmen für den Therapiebedarf absteckt. Dies ist ein weiterer Grund dafür, daß uns die AIDS-Epidemie mit Sicherheit weit in das 21. Jahrhundert hinein begleiten wird. Wir müssen lernen, in großen Zeiträumen zu denken und uns eher auf 40 als auf 4 Jahre mit AIDS einzustellen.

AIDS hat in den USA innerhalb weniger Jahre die meisten meldepflichtigen Infektionskrankheiten überrundet, die zum Teil ein Vielfaches an Zeit hatten, sich in der Bevölkerung zu verbreiten. In noch höherem Maße gilt diese Überlegung für Zentralafrika, so daß es sicher unbedacht ist, von einer „sehr geringen Ansteckungsgefahr" zu sprechen. Aus epidemiologischer Sicht zählt stets das Fazit.

Die Situation in vielen tropischen Ländern (etwa in Zentralafrika und in der Karibik; auch die slumbelasteten Millionenstädte Lateinamerikas ziehen rasch nach) ist schon heute katastrophal. Politische Erwägungen lassen viele Staaten das Thema totschweigen oder bagatellisieren. Die AIDS-Epidemie wird das nicht aufhalten und letzten Endes auch nicht das Wissen darum (wie entsprechende Erfahrungen aus Haiti schon gezeigt haben). **Die Phantasie mag davor zurückschrecken, die zentralafrikanische Situation in die Zukunft zu projizieren – die Natur hat solche Skrupel nicht.**

Die Übertragungswege

HIV ist in Blut, Sperma, Muttermilch, Vaginalsekret, Speichel, Urin, Tränen, Schweiß, Rückenmarksflüssigkeit (Liquor) sowie in so gut wie allen Sekreten, die Blutzellen enthalten, nachgewiesen worden.

Die Virusübertragung geschieht – außer beim Sexualverkehr – mittels kontaminierter Injektionsbestecke unter Drogensüchtigen, durch Übertragung von Blut und Blutprodukten, von Organen und Haut bei Transplantationen, von Samenzellen bei künstlicher Befruchtung sowie im Rahmen zahlreicher paramedizinischer Tätigkeiten (besonders üblich in Entwicklungsländern; in Europa handelt es sich dabei vorwiegend um Tätowieren, Ohrlochstechen, Akupunktur, Pediküre und ähnliches). Etliche Personen haben sich unter ungeklärten Umständen infiziert: einige Krankenschwestern und Laborangestellte, ein Zahnarzt, eine Pflegerin sowie ein Bruder und die Mutter eines AIDS-Kranken.

Die Tatsache, daß die Makrophagen eine der Zielzellen des HIV darstellen, bedeutet, daß man heute ohne Zweifel mit der Möglichkeit einer Infektion über intakte Schleimhäute rechnen muß. Offene Wunden sind nach allem, was wir heute wissen, für eine Virusübertragung zwar sicher von Vorteil, aber nicht unbedingt erforderlich. Erst kürzlich sind drei Ansteckungsfälle publiziert worden (durch Blut und Blutspritzer auch ohne Vorliegen einer Wunde; CDC, MMWR 1987-19), die einen solchen Infektionsweg immer wahrscheinlicher machen. Zudem gibt es zahllose AIDS-Fälle, für die eine eindeutige Erklärung fehlt.

Was möglich ist und was unmöglich, werden wir nicht vor dem Jahre 2000 endgültig wissen. Für die Öffentlichkeit sind mit dieser wissenschaftlichen Unsicherheit große Ängste verbunden, und so ist man geneigt, eine Sicherheit vorzuspiegeln, für die keine Deckung vorhanden ist. Es ist ein altes Gebot der Weisheit, wo es irgend geht, mit einem Sicherheitsspielraum zu rechnen und in seine Risikoabwägungen wie etwa ein Brückenarchitekt auch den ungünstigen Fall (wenn schon nicht den ungünstigsten) miteinzubeziehen.

221

Die Kontrolle

Die Bindung der HIV-Übertragung an den menschlichen Intimbereich hat mannigfache Folgen. Intimkontakte haben sich bisher stets als jeder Form von Gesetzgebung unzugänglich erwiesen und entziehen sich auch jeglicher Kontrolle.

Besonders in der Risikogruppe der Drogenabhängigen, so etwa der heroinsüchtigen Prostituierten, kann man nicht unbedingt mit einer normalen Solidarität der Infizierten mit den Nicht-Infizierten rechnen. Der Mangel an sozialer Verantwortung bei etlichen Virusträgern, sei es auch eine Minorität, führt zu besonderen Problemen.

Es gibt auch seronegative Virusträger, die sehr schwer zu identifizieren sind. Dies beeinflußt die Sicherheit gewisser Blutprodukte trotz aller Screening-Untersuchungen und erschwert es uns, den Umfang der Epidemie genau abzuschätzen. Die Dauer der Seronegativität (Serokonversionslatenz) beträgt normalerweise Wochen bis Monate. Sie kann aber manchmal auch sehr lang sein, im Extremfall mehrere Jahre. In Analogie zu Versuchen an Schafen kann diese Zeitspanne von der initialen Infektionsdosis mitbestimmt werden. Der Umfang dieses Problems kann im Moment nicht abgeschätzt werden.

Die Seuchenpolitik

Die Bindung der Virusverbreitung nicht nur an den menschlichen Intimbereich, sondern auch noch an bestimmte Minoritäten mit unüblicher sexueller Präferenz hat das Thema politisch „empfindlich" gemacht und eine vorurteilsfreie Diskussion weitgehend verhindert. Die meisten Menschen haben entweder ein negativ oder ein positiv geprägtes Engagement in diesen Fragen, was zu defensiven oder aggressiven Grundhaltungen führt und die ganze Debatte färbt.

Die mit dem Ringen um neue Einsichten immer verbundene Uneinigkeit von Experten, die normalerweise nur Eingeweihten bekannt ist, wird infolge der intensiven Berichterstattung durch die Massenmedien der Öffentlichkeit unmittelbar sichtbar. Der Streit um Fakten und Hypothesen spielt sich wegen des drängenden aktuellen Interesses am AIDS-Thema sozusagen vor den Augen aller ab. Die sonst verborgenen Diskrepanzen von Expertenmeinungen verunsichern den Laien. Heute kann man konstatieren: Noch nie haben sich so viele Gelehrte so oft und so sehr geirrt. Dennoch neigen Politiker zum Herstellen einer Pseudoruhe durch tendenzielle Selektion ihrer Berater.

Wer viel Kontakt mit Patienten hat, wird natürlicherweise zum Anwalt der sich ihm anvertrauenden Infizierten. Die Nicht-Infizierten erhalten erst durch das Nachdenken, das Verantwortungsgefühl und nicht zuletzt die Phantasie vorausschauender Gesundheitsplaner und Epidemiologen ihre Fürsprecher. Voraussicht schafft so die einzige Lobby möglicher zukünftiger AIDS-Patienten, die es zu verhindern gilt. Diese beiden Seiten des ärztlichen Auftrages, Helfen und Vorbeugen, kommen in einer Epidemiesituation leicht miteinander in Konflikt. Die Verschiedenheit der Perspektiven läßt uns unterschiedliche Akzente bei der Hierarchisierung der Ziele und bei der Auswahl der Mittel setzen. Vertreter verschiedener Auffassungen begegnen sich häufig nicht mit dem gebotenen Respekt, sondern neigen dazu, einander wechselseitig und voller Mißtrauen die Motive zu deuten. Dies führt zu unnötigen Spannungen zwischen Menschen, die doch im Grunde das gleiche Ziel verfolgen.

Es liegen zahlreiche Erfahrungen in anderen Ländern vor, die man nutzen sollte. Trägheit des Begreifens, Kompetenzstreitigkeiten, Prestige- und Revierdenken, der Widerwillen gegenüber der Revision eigener ursprünglicher Überzeugungen und übereilter Stellungnahmen — alles das sind verbreitete und relevante psychologische Hindernisse, wenn es darum geht, zum eigenen Besten aus fremden Erfahrungen zu lernen.

Politiker sehen sich selbst oft als Experten besonderer Art: als Experten im Beurteilen und Beschließen. Dabei können ihnen Fachleute statt zu Helfern auch zu Störenfrieden werden, indem sie mit den Begrenzungen des wissenschaftlich Vertretbaren auch den Entscheidungsfreiraum der Beschlußfasser — im schlimmsten Fall bis hin zu wenigen, lediglich verschieden unangenehmen Optionen — beklemmend einengen. Das Unbehagen daran führt zu einer tendenziellen Verlagerung medizinisch relevanter Beschlüsse vom fachlichen in den politischen Sektor. Der erforderliche Einsatz von Professionalität wird behindert durch Selbstzufriedenheit. Ansichten ersetzen Einsichten.

Voreingenommenheit und das ungewohnte Gewicht der bei AIDS zur Debatte stehenden Fragen verschieben leicht die Dimensionen. (So werden Blutuntersuchungen und andere Maßnahmen als „zu kostspielig" verworfen, deren Kosten nicht einmal die jährlichen Ausgaben für Lakritz oder Speiseeis erreichen; bei Piloten eines Jumbojets wird zwar manche Bagatellerkrankung ausgeschlossen, nicht aber eine HIV-Infektion des Gehirns; der Staat darf den Beamtenstatus wegen einer Erkrankung verweigern, die das Leben um 5, nicht aber wegen einer anderen, die es um 50 Jahre verkürzt.) Es ist erst einmal unerläßlich, nüchtern zu vernünftigen Proportionen zu finden — daran werden spätere Generationen den Verstand heutiger Entscheidungsträger messen. Vermutlich gilt dasselbe für eine zukünftige Bewertung der heutigen Rechtsauslegung und die Ausschöpfung der gegebenen gesetzlichen Mittel.

Die Schutz- und Sorgepflicht des Staates gegenüber dem einzelnen wird ergänzt durch Solidaritätsverpflichtungen des einzelnen gegenüber dem Staat. Geschichtliche Ereignisse haben in weiten Teilen Europas und besonders in der Bundesrepublik Deutschland einer Staatsauffassung Vorschub geleistet, die sensibel ist gegenüber jeder Form staatlicher Vollmacht und leicht jeden staatlichen Vollzug in die Nähe totalitärer Ideologie rückt und bei der das Gefühl dafür verloren gegangen ist, daß, besonders in einer Epidemiesituation, der Staat letztlich aus Individuen besteht. Der vermeintliche Konflikt zwischen Individuen und Staat ist im Kern ein Konflikt zwischen verschiedenen Individuen, infizierten und nicht-infizierten, und ohne gegenseitige Solidarität ist dieser Konflikt noch nie gelöst worden. So sollte dem, der von anderen in einem tödlichen infektiösen Zustand Pflege erwartet, selbstverständlich die Solidarität abverlangt werden, welche die Risiken für das Pflegepersonal zu minimieren hilft. Damit entsteht für den einzelnen die „Verpflichtung zum Wissen" um seine Infektion. Es gibt keinen Anspruch auf die von Skrupeln ungestörte Verbreitung eines tödlichen Virus — keine Menschenrechte decken dies.

Da die Erinnerungen an den Verlauf typischer Seuchen weitgehend verblaßt sind, haben die meisten Menschen vergessen, wie man Seuchen eigentlich begegnet. Gebannt, wie das Kaninchen vom bösen Blick der Schlange, starren wir zur Zeit auf die Verbreitung dieses Lentivirus. Diese Phase der Überraschung darf nicht allzu lange anhalten. Es besteht sowieso die Gefahr, daß viele Erfahrungen neu gesammelt werden müssen. Man wird, wie stets, sicher wieder auf gewisse Grundeinsichten zurückkommen, darunter die Notwendigkeit des Wissens als Grundlage sinnvollen Planens und Handelns. Sowohl für Zielauswahl wie für Prognosen, für die Kontrolle der Wirksamkeit getroffener Maßnahmen wie für die Prüfung und Korrektur eigener Konzepte braucht man Zugang zu gesicherten Daten. Die Frage einer Meldepflicht ist in diesem Zusammenhang hauptsächlich ein Problem der Sicherung unseres Wissens und des optimalen Umgangs mit ihm.

Wozu auch immer man greifen mag — nichts wird dadurch leichter, daß es später beschlossen wird oder daß die Zahl der Infizierten weiter angestiegen ist (außer das Erreichen einer generellen Akzeptanz). Es ist wahrscheinlich, daß manches, was heute in Ruhe vorbereitet und umsichtig getan werden könnte, erst später bei höherem allgemeinem Angstniveau durchführbar wird

— dann aber in übereilter und weniger kontrollierter Form. Es kann unangenehm lange dauern, bis man zu den Grundprinzipien effektiver Seuchenbekämpfung zurückgefunden hat: den Erreger lokalisieren, seine weitere Übertragung maximal behindern — und das schnell.

Die Problemstruktur

Die medizinische Herausforderung. Es ist sicher kein Zufall, daß sieben wichtige Problemkomplexe allen, selbst den intensivsten, medizinisch-wissenschaftlichen Anstrengungen der Menschheit bisher standhaft getrotzt haben — Virusinfektionen, degenerative Hirnerkrankungen, Krebs, Autoimmunkrankheiten, immunologische Defektzustände, Chromosomenschäden und Alterungsprozesse. AIDS ist eine Kombination aus eben diesen sieben Phänomenen. Es wäre naiv zu glauben, jene Probleme, die uns — aus welchen Gründen auch immer — so lange genarrt haben, lösten sich jetzt auf einmal in Wohlgefallen auf. Trotz aller aktueller wissenschaftlicher Anstrengung, die in der Menschheitsgeschichte ihresgleichen nicht hat, muß mit erheblichen Zeiträumen schon für jede Einzellösung der hier aufgeführten Fragen gerechnet werden. Auch dies weist wieder weit in die Zukunft. Eine Gesamtlösung wird nicht leicht zu finden sein.

Die seuchenpolitische Herausforderung. Es gibt Probleme, an denen Menschen mit einer gewissen Regelmäßigkeit scheitern. Sie sind charakterisiert durch eine Reihe von Eigenschaften, die auch die AIDS-Situation kennzeichnen (vergleiche Seite 225):

— Probleme der Quantität (etwa Multiplikatoreffekte und exponentielle Verläufe),
— Probleme der Qualität (etwa eine Reihe neuer, ungewohnter Eigenschaften),

18.1 Unser Immunsystem bekämpft unaufhörlich und unmerklich Hunderte von Erregern — es sei denn, die HIV-Infektion habe es lahmgelegt (U Osterwalder, Hamburg).

— Probleme der Struktur (etwa die kausale Vernetzung),
— Probleme der Information (etwa unzugängliche Daten und verdeckte Zusammenhänge),
— Probleme des Zeitablaufs (etwa die Eigendynamik des Systems, in dem auch etwas passiert, ohne daß man handelt, sowie „Totzeiten", in denen scheinbar nichts passiert) und
— Probleme der Subjektivität (etwa eigenes emotionales Engagement, „wishful and avoiding thinking" und scheinbar erprobte, eingefahrene Handlungsweisen).

Es handelt sich hierbei um die Züge der Komplexität, der Unschärfe und der Eigendynamik des Problems sowie um die Voreingenommenheit der Handelnden. Diese Konstellation läßt, mit dem Blick zurück, nichts Gutes erwarten.

Wie so häufig, zeigt erst das Zusammenbrechen einer bisher nicht bewußt wahrgenommenen biologischen Funktion uns ihre Wichtigkeit. AIDS macht uns deutlich, in welchem Meer von Mikroben wir ständig zu überleben gezwungen sind (Abb. 18.1) — der HIV-Infizierte, während sein Immunsystem schleichend zerstört wird, müht sich ab unter einem sukzessiv nachlassenden und schließlich völlig verlöschenden Schutz.

Das AIDS-Problem wird alle Bereiche des öffentlichen und in nicht unerheblichem Ausmaß auch des privaten Lebens berühren. Es wird Sitten und Gebräuche beeinflussen, es wird, nicht unähnlich den Seuchen früherer Epochen, einen ganzen Zeitabschnitt prägen. Voraussichtlich wird es in Europa in 4 bis 8 Jahren kaum mehr eine Parlamentswahl geben, die nicht vom AIDS-Problem und der dann vermutlich noch immer nicht gestoppten HIV-Verbreitung dominiert wäre. Denn diese Lentivirusinfektion ist offenbar gekommen, um uns lange zu begleiten. 223

Die HIV-Infektion verbreitet sich schon seit einigen Jahrzehnten, weltweit und weitgehend unbemerkt − wie eine lautlose Explosion in Zeitlupe. Mit mehrjähriger Verzögerung erreicht uns ihr anschwellendes Echo in Form von rasch zunehmenden AIDS-Fällen − Endphasen lange schwelender HIV-Infektionen. Und niemand kann heute sagen, wie lange dies noch andauern wird.

Die epidemiologischen, medizinischen und gesundheitspolitischen Probleme der AIDS-Ausbreitung sind schwer hantierbar und gespickt mit ungewohnten Schwierigkeiten. Der Umfang unseres Wissens hierzu schwillt ebenso exponentiell an wie die Zahl der Patienten. Niemand mehr wird in Zukunft all das wissen können, was am besten in einem Kopf gesammelt wäre, niemand wird Mut und Kraft aufbringen, eine Art übergreifende Verantwortung zu übernehmen. Dies birgt die Gefahr für langdauernde Bagatellisierungstendenzen, die sich schwer abgrenzen lassen von jenem notwendigen Balancieren zwischen dem, was bekannt gemacht werden muß, und dem, was unfruchtbare Ängste hervorruft. Die Glaubwürdigkeit behördlicher Informationen wird in den Augen kritischer Menschen sukzessiv abnehmen.

Es ist sehr wahrscheinlich, daß die wesentlichen Entscheidungsbefugnisse bürokratischen Gruppen „normaler" Kompetenz gegeben werden. Dies wird ernste Folgen haben. Was benötigt würde, wäre die bewußte Schaffung einer Art „brain trust", der ohne Rücksicht auf Prestige und andere sachfremde Gesichtspunkte die Gaben der Fähigsten auf diese wichtige Aufgabe zu konzentrieren suchte. Von Ländern mit längerer Erfahrung können wir viel lernen − vor allem, wie man das Problem nicht anpacken sollte und wie es sich entwickelt, wenn man es dennoch so versucht. Zum Nachahmen sollte uns fremdes Mißglücken nicht animieren.

Vor etwa zwei Jahren wurde in Schweden beschlossen, eine „Arbeitsgruppe gegen Gewaltanwendung auf Zuschauertribünen" zu bilden und darauf nicht unwesentliche Summen zu verwenden. Man schlug vor, den Ordnern von Sportarenen, insbesondere von Fußballplätzen, eine umfassende Ausbildung angedeihen zu lassen, damit sie Krawallen in Zukunft psychologisch besser gerüstet entgegentreten könnten. Gleichzeitig fehlen an vielen Stellen die Mittel für die AIDS-Forschung. **Zukünftige Generationen werden unseren Verstand danach beurteilen, ob wir fähig waren, vernünftige Prioritäten zu setzen. Es wird interessant sein zu sehen, ob die heutigen Entscheidungen auch noch in zehn Jahren einer kritischen Analyse standhalten werden.**

19 Vorschläge für Maßnahmen

Entscheidungsbedarf und Entschlußprozesse

Nachdem klar geworden war, daß es sich bei AIDS um eine Infektionskrankheit handelt (1982), daß sie durch sexuelle Kontakte und Blutprodukte verbreitet wird und im Begriff stand, zu einer weltweiten Epidemie zu werden (1983), nachdem man schließlich endgültig bestätigt hatte, daß ein Retrovirus der Auslöser ist, und dann auch über Testmethoden verfügte, die es erlaubten, das Ausmaß der bis dahin unbemerkten Virusverbreitung festzustellen (1984) − allerspätestens von diesem Zeitpunkt an hätte man von medizinischer und gesundheitspolitischer Seite eine anhaltende und zielbewußte Reaktion erwartet. Statt dessen schaute man ungläubig auf dieses neu aufgetretene Lentivirus, fast paralysiert. Nur wenig geschah.

Die zuerst Informierten mühten sich − wie bereits geschildert − im Gegenwind ab, fanden nur bei einer Minderheit nachdenklicher Kollegen Resonanz und wurden für die Überbringung unbehaglicher Nachrichten oft regelrecht beschimpft. Nur sehr langsam wurde der Ernst der Situation akzeptiert. Diese dem Außenstehenden zunächst schwer verständliche, aber gar nicht so einmalige Entwicklung hat ganz natürliche Gründe, die einer Erklärung bedürfen.

Der Historiker Walter Laqueur hat anhand der jüngsten Vergangenheit sehr genau diesen Verdrängungsmechanismus analysiert und beschrieben − jene das Bild verwischende Denkstrategie, die als „avoiding and wishful thinking" beschrieben wird. Um die unter Umständen katastrophalen Resultate dieser Haltung zu demonstrieren, hat er die Situation zwischen dem Ersten und dem Zweiten Weltkrieg analysiert (Podhoretz 1977). Die nichts Gutes verheißende Aufrüstung Hitlers zog folgende Stadien des Ignorierens einer unheilvollen Entwicklung nach sich:

1. **das Leugnen** der Aufrüstungsanstrengungen
   − und als diese zu offensichtlich wurden,
2. **das Bagatellisieren** („alles übertrieben, gar nicht so schlimm")
   − und als das Ausmaß unabweislich deutlich wurde,
3. **das Relativieren** („man bedenke, wie viele Nachbarn..., Rußland, Frankreich, England...")
   − und als es selbst dafür zu viel wurde,
4. **das Psychologisieren** (Verweise auf das „Versailles-Trauma" sowie die Angst, eingekreist zu werden)
   − und als selbst das hierdurch motivierbare Ausmaß weit überschritten wurde,
5. **die Beschwichtigung,** *appeasement* („laßt sie doch... Rheinland, Saarland − dann wird es endlich still...")
   − und als es nicht still wurde, sondern Österreich „heim ins Reich" geholt wurde,
6. **das Sichlossagen von Verpflichtungen,** *disengagement* („das ist nicht unser Problem... bald sind sie gesättigt...")
   − und als es mit der Besetzung erst des Sudetenlandes und dann der übrigen Tschechoslowakei weiterging,
7. **die Resignation** („Was können wir denn machen?").

In diesem Moment wurde in selbstverschuldeter Machtlosigkeit die Tschechoslowakei vertragswidrig im Stich gelassen − in der Überzeugung, man würde dadurch den Frieden retten. Die Hoffnung trog. Durch konsequente Unterschätzung dessen, was jeweils drohte, und indem man im Verständnis der Entwicklung ständig einige Takte nachgehinkt war, hatte man das Problem ins Gigantische anwachsen lassen. Dem fielen schließlich 55 Millionen Leben und die Freiheit halb Europas zum Opfer.

Heute kann das jeder sehen; manche sahen es schon damals. Jene aber, die ständig von voraussehbaren Entwicklungen überrascht werden (die Alltagssprache hat wenig schmeichelhafte Begriffe für diese Eigenschaft), sind äußerst sensibel gegen jede

Form des „Rückblicks". Wie um sich vor der schmerzhaften Entdeckung zu schützen, daß man sehr wohl die Entwicklung rechtzeitig hätte begreifen und sogar aufhalten können, scheuen sie eine Analyse vergangener Debatten. Man „schaut wieder in die Zukunft", und so verspielt man seine Chance, wenigstens aus dem Geschehenen etwas zu lernen.

Joseph Campbell drückt dies im Vorwort zu *The Masks of God: Primitive Mythology* (1969) folgendermaßen aus: „Ich kann keinen Grund zu der Annahme sehen, daß dieselben, oft bezeugten Motive nicht weiterhin wirksam bleiben sollten..., von vernünftigen Menschen zu vernünftigen Zwecken eingesetzt, von Narren zu Torheit und Verderben." Zweifel an dieser These werden von Barbara Tuchmans Buch *Die Torheit der Regierenden. Von Troja bis Vietnam* (1985) leicht ausgeräumt.

Der für seine avancierten, oft auf komplizierten Simulationsprogrammen aufbauenden Untersuchungen des menschlichen Problemlösungsverhaltens bekannte Psychologe Dietrich Dörner (Universität Bamberg), Leibnitz-Preisträger des Jahres 1986, hat seit vielen Jahren gerade die menschlichen Erfolgsstrategien und die Bedingungen des Versagens vor komplexen und schwer zu lösenden Problemen untersucht. Diese Untersuchungen werden mit Hilfe von Versuchspersonen, deren Intelligenz zuvor gemessen wird, an umfangreichen Simulationsprogrammen durchgeführt.

Die Resultate dieser Untersuchungen stimmen seit Jahren unerbittlich und entmutigend genau mit dem überein, was wir täglich um uns herum beobachten. Sie demonstrieren eine basale menschliche Unfähigkeit, gewisse komplexe Problemsituationen zu bewältigen. Die entscheidenden Mängel sind sowohl intellektueller als auch charakterlicher Art. Die Faktoren, die anscheinend unüberwindliche Schwierigkeiten bei der Problemlösung zur Folge haben, sind im folgenden zusammengestellt:

Probleme der Quantität:
— große absolute Zahlen
— exponentielle Verläufe
— Multiplikatoreffekte

Probleme der Qualität:
— neue, ungewohnte Eigenschaften
— Veränderlichkeit der Parameter
— Inhomogenität psychologischer Prozesse

Probleme der Struktur:
— Interdependenz der Parameter
— verborgene Automatismen
— netzartige Kausalstruktur
— kombinierte Wahrscheinlichkeiten
— bedingte Voraussetzungen

Probleme der Information:
— unvollständige und unzugängliche Daten
— unbekannte Faktoren, verdeckte Zusammenhänge
— mangelnde Verfügbarkeit verteilten Wissens (*dispersion of knowledge*)

Probleme des Zeitablaufs:
— eigene Dynamik des Systems (es passiert auch etwas, ohne daß man selbst handelt)
— Latenzzeiten, Phasenverschiebungen, lange „Totzeiten" (in denen scheinbar nichts passiert)
— ungewöhnlich lange Regelkreise (*long-distance feedback*)

Probleme der Subjektivität:
— eigenes emotionales Engagement, eigene aktuelle Motive (*wishful and avoiding thinking*)
— scheinbar erprobte, eingefahrene Handlungsweisen (Methodismus, unangemessenes Analogiedenken)

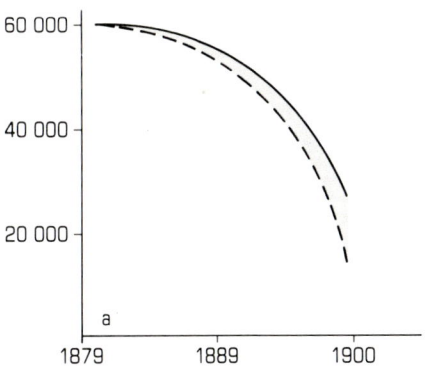

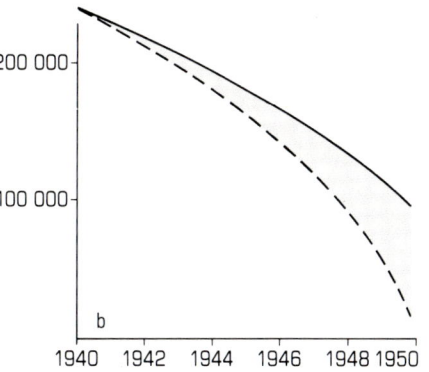

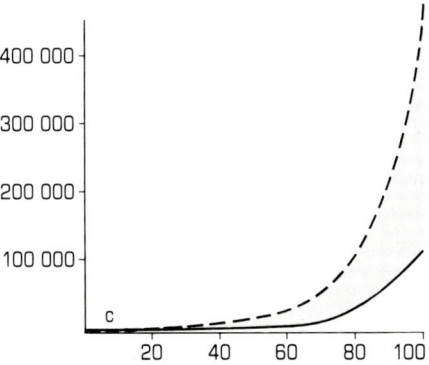

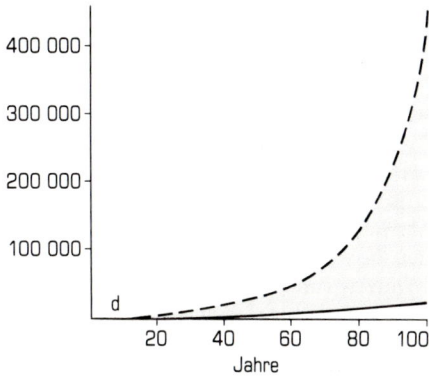

19.1 Die Ergebnisse von Problemlösungsversuchen mit Studenten: Schätzungen (durchgezogene Linien) im Vergleich mit der wirklichen Entwicklung (gestrichelte Linien). Zu beurteilen waren: a) das Nachlassen der Fischfangerträge in der Nordsee, b) das Verschwinden einer erfolgreich bekämpften Krankheit (Diphtherie), c) die Zunahme der Ölgewinnung aus der Nordsee und d) die exponentielle Zunahme der Traktorproduktion einer hypothetischen Traktorfabrik mit einem 6%igen jährlichen Zuwachs (Dörner 1980).

225

Wir bewegen uns also hierbei nicht in jenen stationären Systemen und gleichmäßigen Prozessen, mit denen wir vertraut sind, die uns Zeit für das übliche *trial and error*-Handeln geben und bei dem wir die Resultate unseres Verhaltens ruhig abwarten können.

Schon isolierte, überschaubare Aufgaben können für die meisten Versuchspersonen unlösbar werden, wenn sie einen oder mehrere der obigen Faktoren enthalten. In der Abbildung 19.1 sind die Resultate von Schätzungen wiedergegeben, bei denen verschiedene Arten quantitativer Zu- oder Abnahme zu beurteilen waren.

Am eklatantesten versagten die Probanden bei der Beurteilung der in d) gezeigten Wachstumskurve. In der Startphase kamen die Schätzwerte der Wirklichkeit noch beruhigend nahe (was häufig dazu beiträgt, die anfänglichen Irrtümer noch zu bestätigen), denn exponentielle Kurven sind betrügerische „Langsamstarter". So lag die durchschnittliche Schätzung einer größeren Anzahl normal begabter Studenten bei 2000 Traktoren, als 2200 die korrekten Produktionsziffern gewesen wären. Als die Schätzwerte jedoch bei 15000 lagen, war die Jahresproduktion an Traktoren auf 429000 angestiegen. So hilflos kann der „unbewaffnete" Verstand vor ungewohnten Situationen werden. Es ist unheilvoll, wenn sich mehrere jener aufgezählten Faktoren in einem Problem vereinigen.

In einer so komplexen Situation versagen selbst begabte Menschen, mit Sicherheit aber alle Mittelmäßigen, notorisch und kapital. Die Lage, in die uns die aktuelle AIDS-Epidemie versetzt hat, weist ausgerechnet alle jene oben aufgezählten Eigenschaften auf, was Fehlbeurteilungen und ständige Mißerfolge heraufbeschwört. Insbesondere gilt dies, wenn wir versuchen, die bei bisher bekannten Problemen erfolgreich angewandten und daher eingefahrenen Lösungsstrategien unkritisch zu übernehmen. Der Ausweg aus diesem Dilemma ist für die meisten Versuchspersonen in einer Testsituation **lebhaftes Wunschdenken und erfolgreiche Selbstsuggestion.**

Schon heute sind in der Handhabung der AIDS-Frage eine Menge üblicher Denkfehler und zum Scheitern verurteilter Handlungsprogramme auszumachen. In Anlehnung an Laqueurs eingangs beschriebene Stadieneinteilung dessen, was ich „opportunistisches Lenti-Begreifen" nennen möchte, scheint bereits das vierte Stadium erreicht zu sein. Wir haben bisher erlebt:

1. das Leugnen der Tatsache, daß hier überhaupt eine Pandemie droht,
2. die konsequente Bagatellisierung ihres Ausmaßes und der zu erwartenden Entwicklung,
3. die wiederholte Unterschätzung des Grades, in dem das jeweils eigene Land betroffen ist, und
4. eine irreführende Psychologisierung dessen, was man als „politisch möglich", „akzeptabel", „zumutbar", „traumatisierend", „drastisch", „radikal", „hysterisch", „diskriminierend" und dergleichen anzusehen habe.

Mit Vorliebe werden wertende Begriffe (positive wie negative) besetzt, um schnell die sachlich orientierte Debatte zu verlassen. Hierbei kommt es zu der schon bekannten Gleichsetzung von Rechtsstaatlichkeit und Handlungsschwäche einerseits, von Abbau der Rechte und konsequenter Gesetzesanwendung beziehungsweise Gesetzgebung andererseits. Gerade Situationen jedoch, auf die man sich nicht rechtzeitig durch adäquate Gesetzgebung vorbereitet hat, neigen dazu, sich unkontrolliert zu entwickeln. Im Zustand der Zeitnot führen Improvisationen dann wirklich leicht zu Eingriffen in wichtige Rechte und zu einem Abbau der Freiheit. Die Folgen mangelnden Selbstvertrauens des Rechtsstaates gegenüber seinen Gegnern sollten allen noch frisch im Gedächtnis sein.

Beim Blick auf andere Länder können wir sehen, daß manche schon im Stadium der Resignation angelangt sind und nur noch in der Hoffnung leben, irgend jemand werde das Problem schon lösen. Derartige Hoffnungen haben schon häufig getrogen.

Diese Einleitung zu den im weiteren vorgeschlagenen Maßnahmen ist so ausführlich gehalten, um die folgende zentrale Behauptung gut zu begründen: **Wenn wir uns nicht zu unüblichen Maßnahmen entschließen, wird sich das Problem auch wie üblich weiterentwickeln — und das bedeutet, daß es uns ebenso entgleiten wird, wie es anderen bisher entglitten ist.**

Dieses Resultat ist das entschieden wahrscheinlichste — und genau das gilt es zu vermeiden. Also sollten wir keine Maßnahmen nachahmen, wo wir nicht auch das bisher erkennbare Ergebnis herbeiwünschen.

Möglichkeiten des Eingreifens

> „Unterlassene Handlungen ziehen
> häufig einen katastrophalen
> Mangel an Folgen nach sich."
> (Stanislaw Lec)

Die folgenden, in 36 Punkten zusammengefaßten Vorschläge sind gewiß nicht erschöpfend, und je nach Situation bedürfen sie sowohl zahlreicher Modifikationen als auch Ergänzungen. Nicht extra aufgeführt seien hier all jene Maßnahmen, die völlig selbstverständlich und auch nicht umstritten sind; dazu gehören die Information der Mitglieder bekannter Risikogruppen, medizinisch motivierte Untersuchungen, klinische Studien, virologische Forschung und dergleichen mehr. Auch sei, mit wenigen Ausnahmen, vermieden, was man „vorbeugende Argumentation" nennt (also die Vorwegnahme zu erwartender Gegenargumente), um den Text nicht unnötig zu beschweren. Überhaupt handelt es sich nicht um „fertige Lösungen", sondern nur um Zielvorstellungen und Kategorien von Mitteln, die zu diskutieren wären. Es ist an der Zeit, alles Menschenmögliche mindestens zu durchdenken, um der weiteren Ausbreitung der HIV-Infektion entgegenzuwirken.

(1) Alle als nicht behandelbar angesehenen Drogenabhängigen sollten bei Bedarf mit sterilen Kanülen und Spritzen ausgerüstet werden (ebenso jene Bodybuilder, Gewichtheber und andere Sportler, die sich von der Torheit der Injektion anaboler Steroide nicht abbringen lassen). Die mit Drogensüchtigen befaßten Ärzte sind geneigt, diesen Vorschlag abzulehnen, denn sie denken mehr an den Preis als an den Gewinn. Viele haben noch nicht verstanden, welche neuen und ernsten Facetten der Drogenmißbrauch plötzlich erhalten hat. Die Drogensüchtigen selbst wollen sicher Heroin, kaum aber das HIV bekommen.

Überhaupt verschärft sich der Anlaß, sich entschlossen mit dem Drogenmißbrauch und dessen Bedingungen zu befassen. Da bei erst einmal etablierter Sucht der Wille zur Zusammenarbeit bei den meisten Patienten rasch schwindet, liegt ein sinnvoller Ansatzpunkt logischerweise in dem die Abhängigkeit schaffenden und nährenden Drogenhandel. Der Drogenmißbrauch wirkt sich immer tiefgreifender auf den Zustand unserer Gesellschaft aus und bedroht durch seine Folgekriminalität und neuerdings durch epidemiologische Konsequenzen auch Kinder, Alte und Kranke, völlig Unschuldige und Wehrlose. Deshalb gibt es heute zusätzliche Gründe, ein effektiveres Vorgehen zu diskutieren. Vielleicht bedarf es dazu schmerzhafter Eingriffe in die Freiheiten und „Grundrechte" jener internationalen Narkotika-Ligen, die zur Zeit in Europa einen Markt für 1800 Tonnen Kokain-Überschuß zu erschließen suchen.

In den USA rechnet man heute mit ca. 20 Millionen Marihuanarauchern, 0,5 bis 1 Million Heroinsüchtigen und ca. 5 Millionen Kokainabhängigen. Der Jahresumsatz an diesen Drogen liegt bei 250 Milliarden DM (mit steigender Tendenz). Hieraus dürfte die Größenordnung dieses Problems ersichtlich sein. Es gibt hier einen gemeinsamen Angriffspunkt für eine vielfältige Prophylaxe: gegen die weitere AIDS-Ausbreitung, gegen vielfältige Formen der Kriminalität, gegen die Zerstörung der Gehirne durch Drogenmißbrauch und gegen die variierenden Formen der hierdurch ausgelösten sozialen Misere.

(2) Eine explizite und wiederholte Klarstellung folgenden Sachverhaltes ist von großer psychologischer Bedeutung: Homosexuelle, die einander paarweise die Treue halten, sind in keiner Weise mehr gefährdet als beliebige heterosexuelle Paare. Homosexualität als solche erzeugt noch keine Viren. Diese Einsicht sollte die Homosexuellen vor unsachlicher Ablehnung und Voreingenommenheit bewahren helfen und sie natürlich gleichzeitig zu einer vorsichtigen Haltung veranlassen. Es ist im Zusammenhang mit diesem heiklen Thema ein wichtiges Anliegen, die schon bestehenden Spannungen zwischen Homo- und Heterosexuellen nicht zunehmen zu lassen.

Es ist bedauerlich, daß die Anreicherung des HIV in den Schattenbereichen von Drogenmißbrauch und Prostitution sowie exzessiver und anonymer Promiskuität dieser Krankheit eine stigmatisierende Aura gegeben hat. Leider ist dies ein Umstand, den man zwar beklagen, aber nicht aus der Welt schaffen kann. Es gilt, bewußt dafür einzutreten, daß von keiner Seite her vermeidbare Irrationalität, sei sie aggressiv oder defensiv, in die Debatte getragen wird. Dabei ist es wichtig, die besonders exponierte Lage der Betroffenen zu verstehen. Jedes irrationale Engagement verhindert sachliche Diskussionen. Auf diese jedoch sind wir alle angewiesen, die Homosexuellen selbst am meisten. Wer ihnen helfen will, muß glaubhaft sein. Wenn sie helfen wollen, müssen sie ebenso glaubhaft sein.

Die Befreiung der Homosexuellen von einer ungerechtfertigten Schuldzuweisung sollte jedoch verbunden sein mit einem Hinweis darauf, daß die Interessen der Heterosexuellen, nicht infiziert zu werden, völlig legitim sind und mit Bestimmtheit vertreten werden dürfen. Es ist unsinnig, dies behindern zu wollen. Auch auf die Gefahr des „Beifalls von falscher Seite" hin seien alle Betroffenen vor einer solchen naheliegenden Fehlhaltung ausdrücklich gewarnt. Wenn sie dieses nicht sehr schnell erkennen, wird die unselige und sehr hinderliche Kopplung zwischen AIDS und verschiedenen *gay movements* und Emanzipationsbewegungen mit all den dabei aufgewühlten Gefühlen und Vorurteilen niemals zu lösen sein.

(3) Unbedingt betont werden sollte, daß das Ausbreitungstempo des Virus direkt korreliert ist mit der (sowohl hetero- als auch homosexuellen) Promiskuität. Diese ist ohne Zweifel der Motor der Seuchenausbreitung. Die sexuelle „Befreiung", das Sich-gehen-lassen, die Ideologie der Permissivität und ähnliche aktuelle Tendenzen dürfen nicht zu „heiligen Kühen" werden, wenn wir mit präventiven Maßnahmen arbeiten. Auch **moderne** Tabus führen zu Vorurteilen.

(4) Die immer noch von weiten Kreisen abgelehnte Meldepflicht ist auf lange Sicht unvermeidbar und sollte daher schleunigst in irgendeiner Form eingeführt werden. Über das Zaudern bei dieser Maßnahme wird man in einigen Jahren vermutlich den Kopf schütteln. Manche Länder haben die Meldepflicht schon eingeführt (zum Beispiel Schweden, Norwegen, Finnland, Island, Italien, Österreich), ohne daß schwerwiegende Folgen dabei sichtbar geworden wären. Eventuelle Nachteile sind außerdem gegen das abzuwägen, was man anderenfalls an Möglichkeiten epidemiologischer Prophylaxe opferte. Das gefürchtete „Untertauchen" von Virusträgern müßte durch flankierende Maßnahmen unattraktiv gemacht werden.

Ich selbst besitze Listen über Tausende von anonymisierten AIDS-Fällen aus aller Welt, die teilweise äußerst sorgfältig und detailliert geführt sind. Selbst wenn man es wollte, ließe sich aus den Angaben über Infektionszeitpunkte, aufgetretene bakterielle Infektionen und Kaposi-Sarkome, aus Überlebensdaten, Alter und Geschlecht absolut nichts herleiten, was die Identität der entsprechenden Patienten enthüllen und damit ihre Integrität gefähr-

den könnte. Hingegen ist ohne dieses Material eine sinnvolle epidemiologische Arbeit unmöglich. Ein Blick in derartige Listen würde manchem die etwas verschwommene Angst vor den Gefährdungen durch statistische Daten nehmen. Es geht darum, im richtigen Augenblick alle Angaben zur Person von den rein medizinischen Daten zu trennen — dies ist heute machbar, und es kann durch weitere Auflagen sichergestellt werden. Die Anonymität kann dem Infizierten so lange garantiert werden, bis er durch sein Verhalten etwas anderes erzwingt. Das sollte man ihm mitteilen und kann zu seiner Motivierung entscheidend beitragen. Das Prinzip der Gegenseitigkeit hat schon seit Konfuzius Geltung.

Über die rein statistische Bearbeitung hinaus gibt es natürlich auch die in manchem Extremfall unausweichliche erzwungene Verpflichtung zum behördlichen Eingreifen. Die Voraussetzungen dafür erfordern besonderes Kopfzerbrechen und werden im Grunde stets nur von Gesetzesbrechern erfüllt.

Alle konstatierten AIDS-Fälle sollten kontinuierlich registriert werden, und für die epidemiologische Bearbeitung sind dabei auch alle wesentlichen Angaben zur Erkrankung festzuhalten. Die irgendwo immer mögliche Verknüpfung mit der Person des Erkrankten kann bei richtiger Handhabung nur für denjenigen erschreckend wirken, der vorhat, sich den unbestreitbaren Solidaritätspflichten gegenüber seinen Mitmenschen zu entziehen. Ein solcher muß wissen, daß er bei Bedarf auffindbar ist, und das ist nur durch eine Meldepflicht gewährleistet, wo immer dieses Wissen auch behütet wird.

Praktische Gesichtspunkte, so die erforderlichen Maßnahmen zur Datensicherung, legen die Einrichtung einer einzigen, zentralen Stelle nahe, die das Wissen konzentriert bewahrt. Eine Dezentralisierung würde das Risiko einer „Datenleckage" zwar streuen, aber auch auf das Vielfache vergrößern. Außerdem könnten die damit automatisch verbundenen bürokratischen Formalitäten jede Arbeit mit den Daten lahmlegen. Ausschlaggebend sollte bei diesen Aspekten die optimal erreichbare Sicherheit bei maximaler Nützlichkeit sein.

In Schweden hat man erstmalig 1986 zu Zwangsmaßnahmen gegenüber einem uneinsichtigen Heroinsüchtigen greifen müssen, der den Begriff der Menschenrechte auf sein Recht ausweitete, andere ohne Warnung mit dem AIDS-Virus infizieren zu dürfen. Nur wer ihm dieses Recht auch zubilligt, kann glauben, auf die Dauer von der Meldepflicht Abstand nehmen zu können.

Man hört in diesem Zusammenhang die merkwürdigsten Argumente, so zum Beispiel, daß die mehrjährige Inkubationszeit gegen die Meldepflicht spräche. Die bedeutend harmlosere Lepra, die erfolgreich behandelt werden kann, muß in der Bundesrepublik schon im Verdachtsfall angemeldet werden, obwohl die Inkubationszeit 7 Jahre beträgt. Andere Stimmen sagen, AIDS sei ja nicht zu heilen — und vergessen dabei, daß Syphilis und Tuberkulose zur Zeit der entsprechenden Seuchengesetzgebung auch noch nicht heilbar waren. Dies macht eine Krankheit in der Regel nicht unwichtiger, sondern schlimmer. Scheinargumente dieser Art begleiten die Diskussionen in wechselnder Gestalt.

(5) Auch die geographische Verbreitung aller AIDS-Vorstadien sowie asymptomatischer Virusträger muß ermittelt und im Auge behalten werden. Aus der Sicht der Seuchenprophylaxe ist ja nicht der Erkrankte, sondern der Ansteckende von entscheidender Bedeutung. Alle seuchenhygienische Arbeit der Zukunft baut auf Treibsand, wenn diese Informationen fehlen. Die hierfür erforderlichen Maßnahmen und Daten lassen sich an konkrete epidemiebekämpfende Zwecke binden, und wo der Wille vorhanden ist, läßt sich auch die Vertraulichkeit sichern.

Ohne weiteren Zeitverlust sollten Karten über das ganze Land eingerichtet werden, darunter Spezialkarten über besonders betroffene Gebiete und Städte, aus denen einer kleinen, zentralen (hier sollte es keine Anonymitätsprobleme geben) epidemiologischen Arbeitsgruppe ungefähr folgendes Arbeitsmaterial zugänglich ist: Über die Karte verteilt markieren etwa Stecknadeln mit einem roten Kopf jeden AIDS-Fall, solche mit einem schwarzen Kopf jeden Todesfall; ARC wird durch einen orangenen und LAS durch einen gelben Kopf gekennzeichnet. Darüber hinaus markieren weiße Nadelköpfe symptomfreie Virusträger. Zu allen Markierungen gehören irgendwo im Lande, unter separatem Zugriff, die epidemiologisch wichtigen Angaben in Form eines codierten Systems (dessen Verschlüsselung eventuell erst auf Länderebene aufgehoben werden kann, nach dem Prinzip der verteilten Schlüssel). Die korrekte Handhabung dieses Systems (die Daten ließen sich etwa als Computergraphiken aufbereiten) könnte von politischen Vertrauensträgern, sogar von der Presse, ständig überwacht werden. Alle praktischen Probleme sind mit Hilfe der modernen Technik lösbar.

Unter dieser Voraussetzung hätte man wenigstens die Andeutung einer Chance, der Ausbreitung des Virus im Lande zu folgen. Deren hierbei sichtbare Spuren werden immer noch ein bis fünf Jahre alt sein. Doch die daraus zu ziehenden Schlußfolgerungen wären jedenfalls nicht völlig inaktuell — auf jeden Fall nicht so hoffnungslos veraltet, als orientierte man sich nur an den AIDS-Fällen, die als drei bis fünfzehn Jahre alte Schatten eines früheren Geschehens angesehen werden müssen. Schon längst können hier die Patienten ihren Arbeitsplatz, ihren Wohnort, ihre Familiensituation, ja auch das Aufenthaltsland gewechselt haben, weshalb mit so alten Informationen wenig anzufangen ist. Sie können sogar in die Irre führen und kommen auf jeden Fall für eine adäquate Reaktion zu spät.

Wie soll man zum Beispiel merken können, daß irgendwo fünf seropositive Prostituierte dabei sind, das Virus in einer mittelgroßen Stadt zu verbreiten? Wie soll man merken, daß sich plötzlich unter den Jugendlichen einer Kleinstadt ein ausgedehnter Drogenmißbrauch in Serokonversionen widerspiegelt, kurz nachdem ein für Narkotika-Vergehen verurteilter süchtiger Dealer aus dem Gefängnis entlassen worden ist? Daß eine einzelne Person absichtlich oder in Unkenntnis ihrer Kontagiosität das Virus in der Diskotheksjugend einer Stadt verbreitet? Daß ahnungslose Schüler mit der Nadel eines Drogenabhängigen spielen und danach ihre Freundinnen anstecken? Daß ein junger Pizzeria-Eigentümer mit häufig wechselnden Kontakten die Mädchen einer Kleinstadt infiziert, die das Virus dann nichtsahnend in den Diskotheken weitertragen? Alles dies ist schon geschehen. Es rechtzeitig zu erkennen, ist selbst mit Hilfe der oben genannten Daten schwierig genug, wird aber völlig unmöglich, wenn diese zu fast archäologischen Spuren gealtert sind.

Die epidemiologischen Karten können mit anonymen Angaben erstellt und sorgfältig behütet werden. Eine Gefahr für die Bevölkerung eines Landes, dessen Rechtsstaatlichkeit gewahrt ist, geht von diesem Material schwerlich aus (aber sehr wohl von dem, was es beschreibt). Derartige Angaben sind auf Dauer unentbehrlich und lassen sich vor dem Zugriff Unbefugter schützen.

(6) Alle Prostituierten, bei denen HIV-Antikörper festgestellt werden, müßten an der weiteren Ausübung ihrer Tätigkeit gehindert werden (Berufsverbot), da eine solche tödliche Folgen für ganze Familien haben kann. Sollten die Gesetze hierfür nicht ausreichen, sind sie schleunigst zu ändern. Untersuchungspflicht und regelmäßige, bis auf weiteres fortgesetzte Kontrollen aller Prostituierten sind unverzichtbar. Dies ist schon wegen weniger wichtiger Geschlechtskrankheiten mancherorts Routine. Prostituierte sind ja nicht nur gefährlich für ihre Kunden, sondern auch selbst in hohem Grade durch ihre Kunden gefährdet.

(7) Die Anwendung von Präservativen sollte empfohlen werden, ohne dies als eine Lösung aller Probleme zu deklarieren. Kondomgebrauch hat wenig negative Nebenwirkungen. Es bleiben hier noch einige praktische Probleme zu lösen: Wie können junge Mädchen im wenig anonymen Milieu einer Kleinstadt in den Besitz von Kondomen kommen, um nicht völlig von dem vielleicht mangelhaften Verantwortungsgefühl eines unreifen Partners abhängig zu sein? Häufig führt der Wunsch, Kondome zu kaufen, zu unakzeptablen (zumindest nicht akzeptierten)

Situationen. Der Teufel steckt, wie häufig, im Detail. In diesem Zusammenhang ist die Mitarbeit von Schulärzten, Schulpsychologen, Gynäkologen, Venerologen und die Hilfe aller jener erforderlich, von denen man vermuten kann, daß sie den entsprechenden Kategorien junger Menschen regelmäßig begegnen. Man mache sich insgesamt aber keine Illusionen: Viele Menschen werden unter keinen Umständen Kondome benutzen.

(8) Eindringliche Informationen sind an junge und ungebundene Leute zu richten, die im Milieu von Diskotheken und Tanzfesten ihre ersten Sexualpartner kennenlernen und ihre späteren Gewohnheiten zu entwickeln beginnen. Hier kommt es zu häufigem Partnerwechsel, und als Präventivmittel sind Anti-Baby-Pillen und Spiralen üblicher als Kondome. Deshalb können unverdächtige und arglose junge Menschen unter epidemiologischem Gesichtswinkel gefährlicher und gefährdeter sein als professionell vorsichtige Prostituierte.

(9) Die wichtigsten Informationen sollten die Jugendlichen schon in der Schule erhalten, wenn sie sexuelle Kontakte in ihrer vielleicht ahnungslosesten Form aufzunehmen pflegen und noch keine fest verankerten sexuellen Verhaltensmuster entwickelt haben. Man kann sich des Wissens und Interesses etwa der Biologielehrer bedienen, weshalb auch eine rasche und offene Information an alle Lehrer angebracht ist. Diese können dann regelmäßig und von Jahrgang zu Jahrgang ihr Wissen an die Schüler weitergeben. (Sollte sich da nebenbei die Frequenz von Gonorrhoe und Syphilis verringern, wäre ja kein Schaden geschehen.)

Die Information an unsere eigenen Kinder, insbesondere wenn sie in das Stadium der Partnersuche eintreten, das ja notwendigerweise gewisse Risiken birgt, stellt uns vor besondere Probleme. Wie weit soll man mit der Information gehen? Wo beginnt man, sie zu sehr zu verschrecken? Bis wohin kann Information noch lebensrettend sein? Eine einfache Metapher mag die Natur des Problems andeuten.

Nehmen wir an, in einer schönen Sommerwiese, auf der die Kinder zu spielen pflegen, werde eine Kreuzotter gesichtet (in unserem eigenen Garten in Mittelschweden ist dies schon passiert). Vernünftige Eltern werden ihren Kindern schwerlich dieses Wissen vorenthalten, etwa um sie „nicht zu beunruhigen". Man kommt nicht darum herum, ihnen die unangenehme Mitteilung zu machen und gleichzeitig die Natur dieser giftigen Schlange korrekt zu beschreiben. Danach wird man ihnen empfehlen, im tiefen Gras der Wiese nicht barfuß zu gehen, und man wird schildern, in welchem Milieu (Steinhaufen in der Sonne etc.) sich Schlangen vorzugsweise aufhalten. Natürlich wird man nicht auf die Idee verfallen, seine Kinder im Sommer im Haus zu halten (so wie niemand glauben kann, jemals sexuelle Kontakte unterbinden zu können), sondern man wird sie mit dem erforderlichen Wissen ausrüsten, um die Risiken zu minimieren. Und sollten sie darauf bestehen, barfuß zu laufen, wird man ihnen wohl empfehlen, dies dann nur auf dem kurz geschorenen Rasen direkt vor dem Haus zu tun. (Diese Vergleiche bedürfen wohl kaum der Erläuterung).

Es führt kein Weg an solchen wichtigen, das Risiko bewußt machenden Mitteilungen vorbei. Hinsichtlich des HIV ist die Notwendigkeit einer realistischen Information noch klarer, denn einen Kreuzotternbiß überlebt man in der Regel noch.

(10) Anknüpfend an die Überlegungen unter Punkt (8) scheint es wichtig, sich eine korrekte Auffassung von dem zu machen, was auf Festen und Tanzveranstaltungen des Diskothekenmilieus eigentlich vor sich geht. Es gibt, wie erwähnt, starke Gründe dafür, mit einem Ausbrechen des Virus aus dem Bereich der Prostitution in jenes jugendliche Kontaktmilieu zu rechnen. Nichts Genaueres ist bisher bekannt. Für manche naive Jugendliche kann heutzutage ein Abend als mißglückt gelten, der nicht mit einem Sexualkontakt beendet wird. Diese Einstellung, die oft lediglich eine niedrige Schwelle für intime Kontakte mit flüchtig Bekannten bedeutet und auch „modisch" mitbedingt ist, birgt heutzutage für zahlreiche junge Menschen eine neue Gefahr.

Es wäre wichtig, sich einen Eindruck von der augenblicklichen Größenordnung dieser Risiken zu verschaffen, indem man irgendwo Stichproben in Form einer konsequenten Untersuchung etwa des gesamten Publikums einiger ausgewählter Veranstaltungen durchführt. Dies kann unter vollständiger Anonymitätsgarantie getan werden (zum Beispiel mit der Möglichkeit, unter abgesprochenen Codeworten sein eigenes Ergebnis zu erfragen), denn selbst völlig anonyme Resultate wären sehr viel aufschlußreicher als gar keine. Man kann sogar erwägen, sich den Willen zur Zusammenarbeit zu „erkaufen", indem man die Teilnahme am Test hoch vergütet. (Gerade Drogensüchtige sind häufig in der Situation, dringend Geld zu brauchen, und die Teilnahme am Test ist harmloser als ein Einbruch.)

Derartige Untersuchungen werden an verschiedenen Orten sehr verschiedene Resultate erbringen − und gerade das gilt es herauszufinden. Die uns bevorstehenden Zwänge, Prioritäten zu setzen, verbieten einen blinden Einsatz von Mitteln.

(11) Wichtig sind auch gerichtete Informationen an Auslandsdeutsche. Hier handelt es sich häufig um Langzeit-Touristen, die auf sonnigen Inseln leben, kaum heimatliche Zeitungen und Fernsehprogramme sehen und vielleicht auch die lokale fremdsprachige Information nur lückenhaft zur Kenntnis nehmen. Mediterrane Länder sind in dieser Frage spät erwacht und tendieren dazu, das Problem schon aus Angst um ihren Tourismus zurückhaltend zu behandeln (von der Karibik und afrikanischen Ländern ganz zu schweigen). Um alle diese Menschen zu erreichen, kann man die Routine der Briefwahlen ausnutzen. Es gibt darüber hinaus auch im Ausland zahlreiche deutschsprachige Radioprogramme, die viel gehört werden. In der Ferienzeit wären solche Informationen zu intensivieren.

(12) Eine wichtige Gruppe sind Seeleute jeder Art, da sie einen intensiven und direkten Kontakt mit den Ansteckungsherden der großen Hafenstädte in aller Welt haben. Sie sind über zahlreiche Organisationen, darunter Reedereien und Gewerkschaften, zu erreichen. Ähnliches gilt für Berufsgruppen wie dem fliegenden Personal der Luftfahrtgesellschaften und für alle, die ihr Beruf ständig ins Ausland führt (Messen, Handel, Tourneen, Konferenzen, Wissenschaft). Des weiteren arbeiten ungezählte Menschen periodisch im Ausland: in Exportunternehmen, in der Ölbranche, in Bauunternehmen, im diplomatischen Dienst, als Militärangehörige oder Reiseleiter. Sie sind über zentrale Behörden, berufliche Organisationen oder auch die Verwaltung großer Konzerne zu erreichen, die ein elementares Interesse an der Gesundheit ihrer Angestellten haben müßten.

(13) Auch Entwicklungshelfer und die Vertreter verschiedener Kirchen und Missionen müssen vordringlich erreicht werden. Dies gilt besonders für jene, die innerhalb des Gesundheitswesens arbeiten. In gewissen Fällen wäre den Familienangehörigen, besonders wenn Kinder darunter sind, eine Rückkehr ins Heimatland zu empfehlen. Viele afrikanische Länder halten ihre AIDS-Ziffern noch unter Verschluß, was gegenüber Entwicklungshelfern und Touristen als grob verantwortungslos angesehen werden muß. (Der Rückschlag nach so kurzsichtigem Verhalten wird spürbar und anhaltend ausfallen.)

(14) Die aus Risikoländern der Tropen und aus der Karibik nach Hause Zurückkehrenden sollten ausnahmslos auf HIV-Antikörper untersucht werden und auch weiteren Kontrollen unterliegen, bis man eine gewisse Sicherheit über die Zuverlässigkeit negativer Testresultate gewonnen hat. Dies hat in noch höherem Grade Einwanderern und Stipendiaten aus den entsprechenden Regionen zu gelten (von denen ja Gesundheitsatteste hinsichtlich weniger wichtiger Krankheiten routinemäßig gefordert werden).

(15) Normale Touristen − im Hinblick auf Infektionsmöglichkeiten im Ausland vermutlich eine der wichtigsten Gruppen − sollten durch alle denkbaren Kanäle Informationen und Warnungen bekommen, auch über Reisebüros und Fluggesellschaften (warum nicht im Flugzeug, zusammen mit den Flugzeitschriften, oder schon mit den Flugkarten?). In Stichproben sollten gewisse Gruppen auch noch ein Jahr später getestet werden, insbesondere nach Reisen, bei denen die dominierende Rolle von Sexualerlebnissen offensichtlich ist („Sexbomber", „Tripper-Clipper"). Nur so kann man eine Auffassung davon bekommen, wieviel dabei eigentlich passiert. Solche Touristen gehen in die Normalpopulation ein und können jederzeit als Blutspender auftauchen. Vielleicht sollte man bis auf weiteres von Reisen in die ausgeprägtesten Risikogebiete abraten, zumindest, bis wir eine endgültige Kenntnis aller möglichen Übertragungswege haben. Afrika, die Karibik und Florida müssen hierbei aufmerksam beobachtet werden. Risiken dürfen nicht „heruntergespielt" werden, um Unruhe zu vermeiden oder die Einkünfte von Reiseunternehmen oder internationalen Hotelketten zu sichern. Touristen sind darauf hinzuweisen, daß die Durchseuchung der Prostituierten in Nairobi (60−85%), in Kigali (89%), Mombasa (90%), jetzt auch in Städten der USA (25−86%) und sogar in kleinen Touristenorten wie Key West sehr hoch ist, so daß sexuelle Kontakte mit ihnen ein tödliches Risiko bedeuten. Es ist unwahrscheinlich, daß der Normaltourist auf Kosten seiner Familie ein derartiges Risiko sehenden Auges einzugehen bereit ist.

(16) Eine fortlaufende Kontrolle der Familienangehörigen infizierter Personen ist ratsam, solange die Seronegativität noch nicht als endgültig sicherer Beweis für die Virusfreiheit angesehen werden kann. Intensive und individuelle Information über Ansteckungsprophylaxe an alle diese Familien sollte selbstverständlich sein.

(17) Es wäre sehr aufschlußreich, Gefängnisinsassen sowohl bei der Einlieferung als auch bei der Entlassung zu testen. Nur so kann man eine Vorstellung davon bekommen, was im Hinblick auf die Virusübertragung innerhalb des Strafvollzugs eigentlich vor sich geht. Es ist nicht unmöglich, daß eine Reihe interner Maßnahmen erforderlich wäre. Es ist wichtig zu wissen, wie es um die Virusverbreitung gerade unter jenen Menschen steht, bei denen man mit dem geringsten Grad an gutem Willen zur Zusammenarbeit rechnen muß.

(18) Ein fortgesetztes konsequentes Screening aller Blutspender, das Einziehen aller nicht eindeutig negativen Bluteinheiten, eine Verstärkung des anamnestischen Ausschlusses möglicher Virusträger, eine intensivierte Suche nach Surrogat-Testen und auch stichprobenartige Versuche zur Virusanzucht sollten selbstverständlich sein.

(19) Durch umfassende Screening-Untersuchungen der Antikörpersituation in Gegenden geringen Infektionsrisikos ließe sich feststellen, wo man „sichere" Blutspender vermuten kann. Der Ausbau von Blutspendemöglichkeiten in ländlichen Bezirken und in Kleinstädten wäre ratsam.

(20) Wichtig ist die Bereitstellung alternativer, gebührenfreier, reibungsloser und vertraulicher Testmöglichkeiten, so daß niemand Blutzentralen aufzusuchen verlockt wird, um rasch und einfach zu erfahren, ob er angesteckt wurde. Solch ein Verhalten reichert natürlich frisch Infizierte unter den Blutspendern geradezu an und kann die Qualität des Spenderblutes trotz der Tests sogar verschlechtern. Dies ist anfangs leider überall vorgekommen, selbst wo man das Problem rechtzeitig sah. Eine weitere Demotivierung von Blutspendern aus Risikogruppen ist ratsam, unter anderem durch das Streichen aller Vergütungen für die Blutspende. Die Wahrheit der Angaben über die eigene Zugehörigkeit zu Risikogruppen muß durch die Androhung glaubhafter Sanktionen sichergestellt werden.

(21) Alle Testaktivitäten innerhalb eines Landes sollten intensiviert und koordiniert werden. Wichtig ist ferner ein schneller Ausbau der Testkapazitäten, so daß typische Infektionsketten und die „Haupteinfuhrwege" für das Virus (zum Beispiel über Hafenstädte, Militärgarnisonen oder Touristenzentren) sichtbar gemacht werden können.

Überhaupt sollte sich das Schwergewicht allmählich von der Registrierung von AIDS-Fällen, so nützlich diese als eine Art „HIV-Geschichte" auch sein mag, auf ein eher aktives Screening verlagern. Wichtig ist, daß so viele Virusträger wie möglich von ihrer Infektion erfahren, damit sie überhaupt eine Chance erhalten, andere zu schützen. Wir müssen den Zustand anvisieren, daß stets mehr Virusträger pro Zeitintervall bekannt werden, als gleichzeitig neue entstehen. Noch sind wir sehr weit von diesem Zustand entfernt.

Um die Vielfalt der guten Gründe, auch im eigenen Interesse nicht dem HIV-Test auszuweichen, deutlich zu machen, seien hier die gesundheitlichen Konsequenzen eines positiven Testergebnisses — selbst bei asymptomatischen Infizierten — einmal zusammengestellt:

1. Verbot von Lebendimpfungen
2. verringertes Ansprechen auf andere Impfungen
3. potentielle Risiken bei bestimmten Formen einer Immuntherapie (z. B. Frischzellen)
4. eventuell keine AIDS-Vakzine
5. weitgehendes Verbot einer hochdosierten systemischen Corticosteroid-Therapie
6. Vorsicht mit Cyclosporin A und anderen Immunsuppressiva
7. erhöhtes Risiko von Unverträglichkeiten bei bestimmten Medikamenten (Sulfonamiden, Ampicillin)
8. Vermeidung der Weitergabe der Infektion an Sexualpartner
9. erhöhtes Gesundheitsrisiko bei Tropenreisen
10. doppelte Kontraindikation für eine Schwangerschaft (Mutter **und** Kind)
11. keine massive Besonnung
12. keine extremen Anstrengungen
13. kein Kontakt mit Tbc-Patienten
14. Vermeiden bestimmter Milieus (Schimmelpilze, tierische Parasiten)
15. veränderte Indikationen für bestimmte Operationen
16. besondere Vorsicht bei bestimmten Eingriffen (Endoskopie, Beatmung, Geburt, zahnärztliche Behandlung)
17. Information des behandelnden Arztes
18. Verbot der Blut-/Organ-/Samenspende
19. geschärfte Aufmerksamkeit gegenüber ungewöhnlichen Erkrankungen (etwa PCP, Tbc, KS, NHL, PML, TTP)
20. Bedarf der Acyclovirbehandlung bei Gürtelrose, um bleibenden postmyelitischen Lähmungen vorzubeugen. (Ähnliches gilt für die vermeidbare Blindheit nach CMV-Retinitis.)
21. lebenslanger Kontrollbedarf

(22) Die Indikationen für Bluttransfusionen sind zu durchdenken und möglichst etwas zu straffen. Werden in der BRD wirklich alle vier Millionen Einheiten jährlich benötigt? (450000 in Schweden, 12 Millionen in den USA?) Vermutlich gibt es hier, wie stets, einen Ermessensspielraum.

(23) Rasch sollte die Möglichkeit geschaffen werden, vor geplanten Operationen oder auch einfach als vorbeugende Maßnahme für sich selbst Blut zu deponieren. Auf lange Sicht ist dies der beste und sicherste Weg, eine Virusverbreitung durch Transfusionen endgültig zu verhindern. Das Argument „dieses ginge nicht" taucht zwar notorisch in der Debatte auf, ist aber mit dem Hinweis darauf, daß es in Kalifornien und anderen Teilen der USA sehr wohl geht, leicht zu entkräften. Es wird dort an zahlreichen Kliniken gerade eingeführt und ist trotz aller Schwierigkeiten natürlich ausschließlich eine Sache des Willens. Da dieses Problem sicher noch lange diskutiert werden wird und auch von prinzipieller Bedeutung ist, wollen wir uns hierbei noch etwas aufhalten.

Dem Vorschlag der Eigenblut-Lagerung wird aus verschiedensten Gründen widersprochen. Es liegt offenbar nicht richtig im Geist der Zeit, daß derjenige, der überdurchschnittlich vorausschauend ist, dadurch einen Vorteil für sich erlangen sollte. Nun kann man dieses Gefrierverfahren, das unangenehm teuer sein kann, allen vernünftigen Menschen schmackhaft machen, und zwar auf folgende Weise: Es ist bekannt, daß gespendetes Blut nicht unbegrenzt lange aufbewahrt werden kann, und innerhalb der möglichen Lagerungszeit wird natürlich nur ein sehr geringer Teil des für sich selbst gespendeten Blutes für den beabsichtigten Zweck verbraucht. Es ließe sich organisieren, daß all dieses als Folge individuellen Sicherheitsbedürfnisses gespendete Blut (ich möchte es im weiteren „eigenes Blut" nennen) noch vor Ablauf der Lagerungsfrist der allgemeinen Nutzung zugeführt wird. Das hat mehrere indirekte positive Folgen: Der Spender wird seinen „eigenen" Blutvorrat wieder auffüllen wollen, und im Zusammenhang damit kann man ihn erneut auf HIV-Antikörper testen. Dann ist seit dem Zeitpunkt, zu dem er das nun von der Allgemeinheit genutzte Blut gespendet hat, eine längere Zeitspanne verstrichen. Sollte er immer noch seronegativ sein, kann man mit zunehmender Wahrscheinlichkeit ausschließen, daß das zuvor gespendete Blut nur „falsch negativ" war. Die meisten trügerisch negativen Testergebnisse erhält man ja bei frisch Infizierten, das heißt bevor diese ein meßbares Antikörperniveau entwickelt haben.

Somit wird gerade jene eingefrorene „eigene" Bluteinheit bei einem wiederholt negativen Testergebnis ungewöhnlich risikofrei und damit vorzugsweise verwendbar für Kinder, junge Mütter und andere Patienten, bei denen man in langen Zeiträumen denken muß. Die Notwendigkeit, mit regelmäßigen Intervallen seinen „eigenen" Blutvorrat wieder auffüllen zu müssen, wird außerdem einen Zustrom neuer Blutspender mit sich bringen. In der Regel dürfte es sich dabei um überdurchschnittlich gesundheitsbewußte und sicherheitsorientierte Menschen handeln, deren Lebensstil, auch wenn er häufig herablassend als „provinziell" bezeichnet wird, mit einem geringeren Risiko der HIV-Infektion einhergehen mag als eine eher „weltoffene und emanzipierte" Lebensweise. Es geht hier darum, den Nutzen von Vorsicht, Verantwortungsbewußtsein, strenger Sittlichkeit, Furchtsamkeit, Spießigkeit oder wie immer man diese Haltung auch bezeichnen mag — also die gesundheitsfördernden Eigenschaften dieser Spielart menschlichen Verhaltens — der Allgemeinheit zugute kommen zu lassen.

Dies wäre ein Arrangement zum gegenseitigen Vorteil. Die Blutspender könnten sich nicht ausgenutzt fühlen, da sie durch die Lagerung ihres Blutes die eigene Sicherheit erhöhten. Selbst die radikalsten Verfechter sexueller Freizügigkeit brauchten über einen ihnen vielleicht fremden, sittenstrengen Lebenswandel nicht die Nase zu rümpfen — denn sie profitierten im Falle etwa eines Autounfalls von dessen positiven Nebenwirkungen. Es ist schwer, Gründe zu finden, eine solche Vereinbarung abzulehnen oder, sofern sie auf privater Basis getroffen wird, durch gesetzgeberischen Eingriff zu verhindern. Das Problem gewinnt an Aktualität, wo man einen Mangel an Spenderblut befürchtet. Es wären also mehrere Fliegen mit einer Klappe zu schlagen: Wir böten dem, der sie wünscht, eine fast totale Sicherheit; alle anderen profitierten von des einzelnen ichbezogener Vorsorge. Die insgesamt zur Verfügung stehende Menge des Spenderblutes würde zunehmen und die Qualität womöglich besser; durch die zwischen den periodischen Blutspenden verstrichene Zeitspanne wäre der Zustand der Serokonversionslatenz zunehmend auszuschließen. Die gesteigerte persönliche Sicherheit trüge zu einer verminderten Verbreitung des AIDS-Virus bei (daneben auch von HTLV-I, -II, HBLV, Delta-Hepatitis etc.), und somit wären primär vielleicht egoistische (wenn auch legitime) Motive zum Wohl der Allgemeinheit genutzt. Dies müßte für jeden akzeptabel sein.

Die Eigenblut-Lagerung zu initiieren, ist eigentlich leicht. Sollte sie in privater Regie gestartet werden, wird es sich rasch zu einer politisch starken Forderung allgemeiner Chancengleichheit entwickeln, diesen Vorteil nicht nur einer elitären, vorausschauenden und zahlungskräftigen Gruppe vorzubehalten, sondern sie auch im Rahmen des öffentlichen Gesundheitswesens anzubieten. Damit dürfte der eingangs erwähnte und tatsächlich vorhandene politische Widerstand in sein Gegenteil umschlagen.

Natürlich sind zahlreiche praktische Probleme noch nicht gelöst. Im Juli 1986 sprachen sich immerhin schon zahlreiche Experten der USA auf einer Transfusionskonferenz für die Eigenblut-Methode aus. Es gibt dort bereits über 100 Blutbanken, die dieses Verfahren anbieten. In Kalifornien dürften schon umfangreiche Erfahrungen vorliegen. Wir sollten sie rasch zur Kenntnis nehmen. (Verhandlungen zur Entwicklung kostensenkender großtechnischer Gefrierverfahren im weltweiten Maßstab laufen bereits.)

(24) Eine intensive Kampagne für eine verschärfte Hygiene in Zahnarztpraxen, so bei der Sterilisierung und routinemäßigen Handhabung der Instrumente, ist angebracht. Winkelstücke sollten ausnahmslos autoklaviert oder jedenfalls zuverlässig desinfiziert, andere Routinemaßnahmen neu durchdacht und gegebenenfalls modifiziert werden.

Sehr wichtig ist im medizinischen Bereich des weiteren eine offene und detaillierte Informierung des Pflegepersonals, das nicht in Ungewißheit und mit dem Verdacht zurückgelassen werden darf, nur selektierte Information bekommen zu haben. Ein sehr hohes Sicherheitsniveau sollte anvisiert und jede „personalpolitisch" verbrämte Bagatellisierung vermieden werden. Es geht um das Leben junger Familien. Mundschutz und Schutzbrillen sollten zur Verfügung stehen, wo dies angebracht ist, und Handschuhe eine Selbstverständlichkeit sein. Hier folgt ein praktischer Hinweis auf die sehr unterschiedlichen Qualitäten verschiedener Fabrikate, da manche so schlecht sind, daß sie ihren Zweck nicht mehr zuverlässig erfüllen:

Fabrikat	Anzahl	undicht in %	Beurteilung
Material: Latex			
Hartmann	100	0	sehr gut
Mölnlycke	100	2	sehr gut
Semperit	100	4	noch akzeptabel
Braun Melsungen	50	4	noch akzeptabel
Peter Seidel	50	4	noch akzeptabel
Asid Bonz	50	4	noch akzeptabel
Best Manufacturing Comp. USA	50	22	schlecht
Material: Vinyl			
Becton & Dickinson	50	12	schlecht
Hartmann	100	38	schlecht
pfm	70	50	schlecht
Beiersdorf	100	76	sehr schlecht
Travenol	200	84,5	sehr schlecht

Tabelle 19.1 Übersicht über verschiedene Schutzhandschuh-Fabrikate, beurteilt durch die Klinikhygiene des Universitätsklinikums Freiburg (Daschner 1987).

(25) Stichproben einiger besonders exponierter Gruppen medizinischen Personals wie Endoskopiker und Anästhesisten in großen Zentralkrankenhäusern sollten regelmäßig untersucht werden. Für die Handhabung ihrer Instrumente und hinsichtlich ihres eigenen Schutzes gilt das gleiche wie im vorigen Abschnitt.

(26) Gesteigerte Vorsicht ist zu empfehlen beim Tätowieren, bei der Akupunktur, beim Durchlöchern von Ohrläppchen und bei ähnlichen paramedizinischen Tätigkeiten. Sie werden meist von medizinisch nicht ausgebildetem Personal und manchmal unter provisorischen Verhältnissen ausgeführt. Sterilisierungsvorschriften sind zu erlassen und ihre Einhaltung zu kontrollieren. Auch mit kleinen Eingriffen, wie unwesentlich sie auch erscheinen mögen, ist immer ein gewisses Infektionsrisiko verbunden. Mancherorts hat man sogar schon ein Verbot des Tätowierens erwogen — es ist nicht unwahrscheinlich, daß man überall dort, wo man eine rechtzeitige und vernünftige Regulierung paramedizinischer Tätigkeiten unterläßt, früher oder später zu den so unerquicklichen „Verboten" wird greifen müssen. Solchen unerwünschten Entwicklungen zuvorzukommen, ist eines der Hauptanliegen rechtzeitigen Kopfzerbrechens.

(27) Forschung und auch klinische Studien zum AIDS-Problem sollten zielbewußt gefördert werden. An Amerikas West- und Ostküste dominieren schon heute Tausende von AIDS-Patienten den Alltag zahlreicher Krankenhäuser und die Ausbildung junger Ärzte. Während ein normaler Nierenstein- oder Herzinfarktpatient nach angemessener Zeit und oft routineartigem Verlauf das Krankenhaus wieder verläßt, liegen AIDS-Patienten monate- oder jahrelang mit ständig wechselnden und schwer zu diagnostizierenden Krankheitsbildern auf den Stationen. Bisher unbekannte Krankheitsbilder (wie etwa eine kavernöse *Rhodococcus-equi*-Pneumonie oder eine *Aspergillus*-Sinusitis) dominieren natürlich das medizinische Interesse. Die Tragik der Verläufe, die Probleme der Therapie, die Hilflosigkeit gegenüber dem endgültigen Ausgang — alles dies bewirkt, daß die AIDS-Fälle im Bewußtsein der Ärzte immer mehr in den Vordergrund treten. Dennoch handelt es sich nur um einen Vorgeschmack, um eine Andeutung dessen, was in naher Zukunft auf diese Kliniken zukommen wird. Hier kann Europa seine Vorwarnzeit durch rechtzeitige Ausbildung und Planung gut nutzen.

(28) Überhaupt kommt eine Vielzahl von praktischen Problemen auf uns zu, die mit der voraussehbaren Zunahme der Belastung des Gesundsheitsdienstes, insbesondere des Krankenhauswesens, zusammenhängen. Diese Dynamik wird von einer normal trägen Bürokratie nicht zu verarbeiten sein, da sie unbekannt ist. Alle Beschlüsse werden ständig dem Bedarf nachhinken — etwa dergestalt, daß ein Klinikchef 10 neue Bettenplätze und 3 neue dringend benötigte Stellen fürs Pflegepersonal endlich bewilligt bekommt, inzwischen aber der Bedarf auf 23 Betten und 10 zusätzliche Schwestern angewachsen ist. Dieses Phänomen wird chronisch werden. Da sich die Ärzte W. Stille und E. B. Helm von der Infektionsklinik der Universität Frankfurt (mit 165 AIDS-Fällen in der Bundesrepublik relativ am stärksten von der Epidemie betroffen) hierüber schon viele Gedanken gemacht haben, sei ihr vorläufiger Vorschlag für ein adäquates Management hier auszugsweise wiedergegeben.

„... Die sehr komplizierte Infektion, aber auch die sehr unterschiedlichen Facetten der Problematik zeigen, daß isolierte Einzelmaßnahmen zum Management von AIDS nicht ausreichen. Adäquate AIDS-Versorgung besteht aus einem abgestuften System sehr unterschiedlicher medizinischer Maßnahmen.

a) **Beratung:** Es besteht auf Jahre hinaus ein erheblicher Beratungsbedarf der Bevölkerung. Diese Beratung kann in unterschiedlicher Weise erfolgen. Ein Weg ist die Errichtung einer AIDS-Beratung durch Gesundheitsämter. Die Beratung erfolgt telefonisch oder auch in Form eines Gesprächs. Wesentliche Beratungsaufgaben können in zunehmendem Umfang bei steigenden Kenntnissen auch von Hausärzten übernommen werden. Ein wichtiges Verfahren zur Bekämpfung von AIDS ist die Durchführung von anonymen kostenlosen Tests, die beim Hausarzt, aber auch an einer derartigen Beratungsstelle erfolgen können. Die Beratungsstelle des Stadtgesundheitsamtes in Frankfurt hat hierfür durchaus Modellcharakter.

b) **Ambulante Betreuung:** Erkrankte oder krankheitsverdächtige Patienten benötigen ein abgestuftes System ambulanter Betreuung. In zunehmendem Umfang werden Patienten mit unklarer Symptomatik erscheinen. Die Durchführung einer Basisdiagnostik sowie des HIV-Tests bei Erkrankungsverdacht fällt in großem Umfang in die Kompetenz niedergelassener Ärzte, im wesentlichen Praktiker, Internisten, Hautärzte. Es erscheint aber sehr wohl wahrscheinlich, daß AIDS-Patienten dann auch bei niedergelassenen Organspezialisten, etwa Gynäkologen, Lungenfachärzten, Dermatologen, HNO-Ärzten oder Neurologen erscheinen werden. So kommt den Gynäkologen eine wichtige Rolle beim HIV-Screening in der Schwangerschaft zu. Niedergelassene Allgemeinärzte und Gebietsärzte haben darüber hinaus eine wesentliche, je nach Sachkenntnis gegebenenfalls stark wechselnde Funktion bei der Therapie und Betreuung Erkrankter. Dies reicht von einer allgemeinen hausärztlichen Betreuung bis hin zur spezialisierten Internisten-Praxis, die de facto die Funktion einer Spezialambulanz übernimmt. Letztlich wird man bei einer adäquaten AIDS-Versorgung nicht um die Errichtung unterschiedlicher Ambulanzen herumkommen.

c) **Allgemeine Ambulanz:** Allgemeine Ambulanzen sind notwendig zur Durchuntersuchung von Personen, bei denen ein Suchtest positiv ausgegangen ist. Jedes HIV-Screening setzt Bestätigungstests (Western Blot oder ähnliches) voraus. Patienten, die im Bestätigungstest positiv sind, müssen eingehend aufgeklärt werden. Gleichzeitig wird ein sogenanntes „Staging" notwendig, um Aussagen über das Stadium der Erkrankung zu gewinnen. Allgemeinambulanzen sind darüber hinaus sinnvoll, um den Krankheitsverlauf bei infizierten Patienten zu verfolgen.

d) **Spezialambulanzen:** Spezialambulanzen sind nötig für Patienten, die das Vollbild AIDS der HIV-Infektion erreicht haben. Wegen der Vielzahl der hierbei möglichen Komplikationen muß in einer derartigen Spezialambulanz ein erhebliches Fachwissen vorhanden sein. Einen Sonderfall der Spezialambulanz stellen Therapie-Ambulanzen dar, die *per definitionem* cytotoxische AIDS-Therapeutika (Prototyp AZT) stets auf Dauer werden geben müssen. Die Beurteilung des Therapieerfolges sowie der Nebenwirkungen erfordern (zumindest als Referenz-Institution) spezialisierte Therapie-Ambulanzen.

Selbst wenn zur Zeit noch keine Impfungen gegen AIDS zur Hand sind, deutet sich schon jetzt an, daß Impfkampagnen mit neuentwickelten Impfstoffen nur möglich sind mit großen, leistungsfähigen Impfambulanzen. Einen Sonderfall stellen pädiatrische Ambulanzen dar. Die Kinder von infizierten Müttern, die zu einem hohen Prozentsatz selbst infiziert sind, müssen für Jahre betreut werden.

Eine weitere Sonderambulanz ist notwendig für die Betreuung von AIDS-Neurotikern. Es gibt keineswegs selten Personen, deren Problem nicht die HIV-Infektion selbst ist, sondern eine wahnhafte Angst, infiziert zu sein.

e) **Stationäre Versorgung:** Die Hauptlast der stationären Versorgung der Patienten muß in gut ausgerüsteten Krankenhäusern getragen werden, in denen alle relevanten Fachdisziplinen vertreten sind, in erster Linie also Krankenhäusern der Maximalversorgung. Grundvoraussetzung für eine stationäre Versorgung von AIDS-Patienten ist das Vorhandensein von Internisten, die sich in die infektiologischen Probleme von AIDS eingearbeitet haben. Zur adäquaten AIDS-Versorgung gehört eine enge Kooperation mit Neurologen, Pulmologen und Dermatologen. Die Computertomographie des Schädels muß in einem AIDS-Krankenhaus möglich sein. Derartige Krankenhäuser sollten auch adäquate Laborkapazitäten haben. Wünschenswert ist insbesondere ein eigenes bakteriologisches Laboratorium. Die Voraussetzung zur adäquaten stationären Behandlung von AIDS-Patienten ist so nur an Krankenhäusern der Maximalversorgung und anderen vergleichbar ausgestatteten Großkliniken gegeben.

Bei der Behandlung von AIDS wird es immer schwierige Sonderfragen geben, die gegebenenfalls die Einweisung in ein Referenzkrankenhaus erforderlich machen. Ein Teil der Universitätskliniken (keineswegs alle) wird in Zukunft diese Rolle zu übernehmen haben. Für Spezialaspekte im Rahmen von AIDS müssen unterschiedliche Spezialkliniken eingeschaltet werden. Besonders wichtig sind hierbei die Neurologie, Dermatologie, Psychiatrie, Geburtshilfe und Pädiatrie. Darüber hinaus werden immer wieder Ophtalmologie, HNO, Pulmologie und Chirurgie eingeschaltet werden müssen.

In gewissem Umfang werden Klinikplätze für Patienten benötigt, bei denen pflegerische Gesichtspunkte im Vordergrund stehen. Es ist nicht sinnvoll, hierfür teure Spezialkliniken heranzuziehen. Eine insgesamt begrenzte Bettenkapazität ist auch in einfach ausgestatteten Kliniken erforderlich.

f) **Konsiliar-Dienst:** Der Ablauf der Epidemie und die geringe Zahl von Infektionsspezialisten in Deutschland bedingen es, daß auf Jahre ein Defizit an Kenntnissen der sehr komplizierten Erkrankung, insbesondere angesichts der großen Zahl von Patienten, bestehen wird. Die Einrichtung eines gut funktionierenden ärztlichen Konsiliar-Dienstes ist ein kostengünstiger Weg, schnell und unbürokratisch das allgemeine Know-how zu erhöhen. Generell sollte ein derartiger Konsiliar-Dienst an den als AIDS-Zentren dienenden Großkrankenhäusern angesiedelt werden. Die Aufgabe eines derartigen Konsiliar-Dienstes besteht in erster Linie in der telefonischen Beratung anderer Ärzte. Es wird keineswegs selten Patienten geben, die von einem eingearbeiteten Fachmann untersucht werden müssen. Ein Konsiliar-Dienst muß durch eine Konsiliar-Ambulanz ergänzt werden. Bei nicht transportablen Patienten muß ein Konsiliar-Dienst gegebenenfalls auch einmal Besuche im jeweiligen Krankenhaus der Region durchführen können.

g) **Spezialdiagnostik:** AIDS-Patienten benötigen eine erhebliche Kapazität unterschiedlicher diagnostischer Leistungen. Neben den in großer Anzahl anfallenden Grunduntersuchungen (klinische Chemie, Hämatologie, Röntgen, Sonographie) müssen erhebliche Kapazitäten einer Spezialdiagnostik aufgebaut werden.

Es erscheint realistisch, sich darauf einzustellen, daß jährlich 10−20% der Bevölkerung des betreffenden Einzugsgebiets mittels der HIV-Serologie untersucht werden. Der als Suchtest dienende ELISA-Test kann an gut ausgerüsteten Labors in großem Umfang dezentralisiert ausgeführt werden. Niedergelassene Laborärzte, Krankenhauslaboratorien, eventuell auch gut geführte große Laborgemeinschaften kommen hierfür in Frage. Ein positiver HIV-Suchtest benötigt eine Referenz-Serologie, die zwangsläufig an relativ wenigen spezialisierten virologischen Laboratorien durchgeführt werden muß. Bei Sonderfragen, eventuell auch als Überwachung der Therapie, werden Anzüchtungen des Virus notwendig werden. Auch diese sind nur in spezialisierten Viruslaboratorien durchführbar.

Die große Zahl von recht unterschiedlichen Infektionen durch fakultativ pathogene Keime bedingt erhebliche Kapazitäten der Erreger-Diagnostik. Neben der allgemeinen Diagnostik (Blutkulturen, Abstriche, Stuhlkulturen) sind erhebliche Kapazitäten einer Spezial-Diagnostik notwendig. Insbesondere muß für AIDS eine adäquate Kapazität der Diagnostik von *Pneumocystis*, Kryptosporidien, Pilzen, Mykobakterien, Zytomegalie-Virus und anderen Erregern aufgebaut werden.

Zur Beurteilung der Abwehrschwäche ist eine immunologische Spezialdiagnostik notwendig. Insbesondere muß eine erhebliche Kapazität zur Differenzierung der T-Lymphozyten (Zell-Sorter) vorhanden sein. Bei AIDS-Patienten werden häufig endoskopische Maßnahmen (Bronchoskopie, Gastroskopie, Coloskopie) notwendig. Hierfür müssen dementsprechende Kapazitäten geschaffen werden. Es erscheint sinnvoll, diese Untersuchungen mit gesonderten Geräten durchzufüh-

ren. Bei Patienten mit *Pneumocystis*-Pneumonie ist eine Kontrolle der Lungenfunktion ein guter klinischer Parameter des Verlaufs. Die Neuromanifestationen erfordern häufige EEG-Kontrollen, daneben aber auch Computer-Tomographien, gegebenenfalls sogar die Kernspin-Tomographie. Die Pathologie hat eine wichtige Funktion bei der AIDS-Diagnostik. Die Diagnose eines Kaposi-Sarkoms, eines Lymphoms, aber auch gewisser Infektionen erfordert zahlreiche Biopsien. Die oft vieldeutige Symptomatik der Erkrankung erfordert eine hohe Obduktionsfrequenz; dabei müssen besondere Vorsichtsmaßregeln eingehalten werden.

Die eigentlichen medizinischen Maßnahmen müssen durch zahlreiche Sonderprogramme ergänzt werden.

h) **Allgemeine Betreuung:** Ärzte spielen bei der Durchführung derartiger Programme eine unterschiedliche Rolle; sie sollten aber stets eine richtunggebende Funktion dabei haben.

Unerläßlich ist eine umfangreiche, großzügige, nicht diskriminierende soziale Lebenshilfe der Betroffenen. Trotz unzweifelhaft großer Verdienste von Selbsthilfe-Organisationen auf diesem Gebiet deuten sich bereits gewisse Begrenzungen an. Es müssen Organisationsformen gefunden werden, bei denen eine Kontinuität der Selbsthilfe gegeben ist.

Es ist in Zukunft mit einer steigenden Anzahl von Personen zu rechnen, die in einem so reduzierten Gesundheitszustand sind, daß sie sich nicht mehr allein versorgen können. Für derartige pflegebedürftige Kranke, die jedoch nicht krank genug zur Hospitalisierung sind, müssen neue Formen von Nachsorgeeinrichtungen gefunden werden. Bei der Errichtung derartiger, tunlichst jedoch immer ärztlich geleiteter Hospize haben soziale und karitative Trägerorganisationen in Zukunft eine große Aufgabe. Dabei ist es jedoch jetzt schon klar, daß für unterschiedliche Gruppen unterschiedliche Typen von Hospizen errichtet werden müssen. So sind die beiden in erster Linie betroffenen Gruppen Rauschgiftsüchtige und Homosexuelle sozial weitgehend inkompatibel.

Unklar ist weiterhin, was mit der noch kleinen, aber zunehmenden Zahl von HIV-positiven Kleinkindern geschehen soll, deren Mütter gestorben sind. Häufig ist für derartige Kinder, die im Laufe der nächsten Jahre ebenfalls sterben werden, keine Adoptionsstelle zu vermitteln. Man wird vermutlich nicht umhinkommen, eigene Kinderheime für sie zu errichten.

HIV-infizierte Drogensüchtige erfordern besondere Maßnahmen. Die Motivation für Entzugsprogramme ist bei diesen Patienten häufig nicht gegeben. Letztlich wird man um genau kontrollierte, medizinisch indizierte Substitutionsprogramme nicht herumkommen. Derartige Programme setzen freilich großzügig ausgerüstete, permanent besetzte Ambulanzen mit erheblicher sozialer Betreuung voraus, gegebenenfalls auch in Verbindung mit einem Hospiz.

Arbeitsmedizinische Aspekte, aber auch sozialmedizinische Fragen und Begutachtungsprobleme um AIDS sind bislang weitgehend unbearbeitet. Mangelnde Erfahrung und fehlende Rechtsnormen haben schon jetzt mehrfach zu krassen Benachteiligungen von Betroffenen geführt. Zum Schutze von Patienten, aber auch von behandelnden Ärzten muß dringend die Basis für zukünftige Rechtsnormen im Zusammenhang mit AIDS erarbeitet werden. Auch eine zentrale Begutachtungs- und Schlichtungsstelle erscheint notwendig.

Eine recht andersartige Problematik stellt die Organisation einer möglichst sicheren Versorgung mit Blut und Plasmaderivaten dar. Dabei muß gesichert werden, daß deutsche Patienten nicht unnötigen Risiken ausgesetzt werden. Neben der routinemäßigen Testung aller Blutkonserven erscheint auch eine generelle Herkunftsangabe von Blut sowie von allen Plasmaderivaten sinnvoll.

Die wichtigste Maßnahme für eine Prävention von AIDS ist eine intensive, abgestufte, schichtenspezifische Aufklärung. Dabei muß die Aufklärung von durchschnittlichen Laien dezidiert anders verlaufen als die Aufklärung von Sondergruppen. Jede Aufklärung sollte tunlichst durch Vertrauenspersonen der jeweiligen Gruppe erfolgen. Neben der Laienaufklärung besteht ein sehr großer Bedarf an fachorientierter Aufklärung, Fortbildung für medizinisches Fachpersonal und verwandte Berufe. Die Weitergabe von AIDS-Informationen in der Schule setzt das Vorhandensein adäquat geschulter Lehrer voraus; es ist unklar, wer diese erhebliche Aufgabe übernehmen soll …

Adäquates Management der AIDS-Problematik erfordert Nüchternheit, Augenmaß und eine erhebliche Solidarität der gesamten Bevölkerung. Die Betroffenen sind die Opfer der Epidemie und nicht Täter. Eine Fixierung auf Einzelaspekte der Problematik (z. B. Meldepflicht, Persönlichkeitsrechte, psychische Auswirkungen, HIV-Übertragung durch Mückenstiche) ist einer sachgerechten AIDS-Bekämpfung nicht dienlich. Wir appellieren an alle, die Gesamtproblematik des AIDS-Problems zu sehen." (Aus dem Memorandum 3, *Management der AIDS-Problematik*, Juni 1987)

(29) Zu der wissenschaftlichen Vorbereitung gehört auch eine funktionierende spezielle Informationsdatenbank. Die AIDS-Literatur ist so angeschwollen, daß schon heute kein Mensch mehr in der Lage ist, neben seiner normalen Arbeit auch nur die Titel der täglich erscheinenden Publikationen zu lesen. Mit dem Lesen der „Abstracts" wäre man bereits ganztägig beschäftigt, und aus der eigentlichen Referenzliteratur lassen sich nur noch einzelne besonders relevante Artikel auswählen. Auch diese Informationsflut wird noch eine Weile exponentiell anwachsen, und ohne ein gut geplantes computergestütztes System ist alles dies nicht mehr zu bewältigen. Es gilt, rechtzeitig damit anzufangen, denn es wird unmöglich sein, das Material im nachhinein noch aufzuarbeiten. Es wäre klug, so etwas auf internationaler Basis zu finanzieren und zu organisieren und dabei den Themenkreis AIDS von den übrigen Literatursystemen abzugrenzen.

(30) Den praktisch mit AIDS-Patienten arbeitenden Ärzten sollte Gelegenheit gegeben werden, regelmäßig Kollegen aus den USA zu treffen, die Europa an Erfahrung voraus sind. Es ist wahrscheinlich, daß diese im großen und ganzen auf ähnliche Gedanken und Maßnahmen verfallen sind wie heute wir Europäer, nur daß sie häufig bereits ein Fazit in der Hand haben. Es wäre eine unkluge Sparsamkeit, den Erfahrungsvorsprung nicht auch in diesem Bereich maximal zu nutzen.

(31) Des weiteren sind spezielle Forscherstellen erforderlich. Qualifizierte Leute sollten ungestört die Entwicklung der Epidemie verfolgen können in intensivem Kontakt zu all den Ländern, die schon mehr Erfahrung oder andere Lösungswege für die gleichen Probleme gewählt haben. Es gilt hier, maximalen Nutzen aus den *trial and error*-Ergebnissen anderer zu ziehen.

An dieser Stelle sei ein Blick in die jüngere Geschichte erlaubt. Als den Amerikanern im Zweiten Weltkrieg der Verdacht kam, Hitler stünde kurz vor der Konstruktion einer Atombombe, befiel sie ein kalter Schrecken. Dies war die psychologische Voraussetzung für den in der Weltgeschichte einmaligen Entschluß zum sogenannten „Manhattan-Projekt" — einer geballten Anstrengung, dem zuvorzukommen. In einer beispiellosen Konzentration von hochkarätigen Wissenschaftlern einschließlich schwieriger, aber begabter Einzelgänger, machte man das Unmögliche möglich. Während man alles, was für das Projekt benötigt wurde, einschränkungslos und sofort zur Verfügung stellte und andere Menschen die Versorgung, Abschirmung und Sicherstellung der Arbeit gewährleisteten, arbeiteten Oppenheimer, Teller, Szilard und ungezählte andere Physiker unabgelenkt an dem einzig wichtigen Ziel. Und man demonstrierte, was mit konzertiertem Einsatz menschlicher Kräfte möglich war. Sollte, was für diese — wie sich später herausstellte — gar nicht so entscheidende Bombe möglich war, nicht auch zur Bekämpfung der HIV-Verbreitung möglich sein? Vermutlich bedroht AIDS die Amerikaner heute mehr, als Hitler es jemals getan hat. Dennoch hat sie bisher kein kalter Schrecken befallen, der eine ähnliche Anstrengung auslösen könnte. Vielleicht sollten WHO oder Europa von sich aus eine solche Initiative starten und sich damit vom zögernden Begreifen der USA abkoppeln? Grund dazu gibt es fürwahr.

(32) Es ist wichtig, alle Vorschläge, auch die ungewöhnlichen und überraschenden, in einer sachlichen Atmosphäre, frei von unnötiger Politisierung und Polarisierung diskutieren zu können. Die öffentliche Debatte wird häufig von tiefem gegenseitigem Mißtrauen geprägt, was gerade die vernünftigen Menschen, an deren Mitarbeit uns am meisten liegen müßte, von dieser Diskussion abschreckt. Zu den abgenutzten Mißgriffen gehören die chronisch wiederkehrenden Vergleiche rechtsstaatlicher seuchenmedizinischer Maßnahmen mit „Nazi-Methoden".

Immer wieder wird auch vor Panik und Hysterie gewarnt — mit Recht, denn dies sind Zustände, die den Verstand lähmen. Man darf nur nicht vergessen, auch die hysterische Reaktion gegenüber originellen Vorschlägen und die panische Angst vor effektiven gesundheitspolitischen Maßnahmen in diese Warnung mit einzubeziehen. Effektive Maßnahmen und originelle Vorschläge sind vielleicht genau das, was wir brauchen.

(33) Alle Entscheidungsträger, die das Problem immer noch bagatellisieren und energische Maßnahmen für unnötig halten, sollten an große Infektionskliniken (am besten Afrikas, Haitis und der USA) geschickt werden, damit sie mit eigenen Augen eine weiter fortgeschrittene Epidemie-Situation sehen. Überhaupt müßte man dafür Sorge tragen, daß alle Entscheidungsträger eine größere Anzahl von AIDS-Patienten selbst erlebt haben,

was sich leicht auch in europäischen Großstädten arrangieren ließe. Nach einer Visite an 30 Krankenbetten und einigen Gesprächen mit Patienten und Angehörigen wird es viel einfacher sein, dieses Thema sachbezogen zu diskutieren.

(34) Für alle Entscheidungsträger wäre sofort eine Sammlung guter Bücher zur Seuchengeschichte und zur Problemlösung anzuschaffen und eine „Lesezeit" in das Arbeitspensum einzulegen — für Politiker und Planer im Bereich des Gesundheitsdienstes wäre dies ebenso wichtig, wie es der Gedankenaustausch mit klinischen Kollegen für die praktisch arbeitenden Ärzte ist. Es empfiehlt sich, mit B. Tuchmans *Die Torheit der Regierenden* und *Der ferne Spiegel* anzufangen, mit D. Dörners Simulations- und Problemlösungsarbeiten (etwa „Ut desint vires …" 1979, oder „Wie Menschen eine Welt verbessern wollten …" 1975) fortzufahren und dann aus den umfangreichen Quellen von S. Winkle (1971—1985-2) zu schöpfen. Hierher gehören auch W. McNeills *Seuchen in der Geschichte* sowie Neustadt und Mays *Thinking in Time. The Use of History for Decisionmakers*. Zu wissen, wie solche Dinge früher abliefen, ist heute wichtiger denn je.

(35) Es sollte eine nationale, zentrale AIDS-Kommission mit begrenzter Mitgliederzahl (eher 12 als 60) mit einem wissenschaftlich harten Kern und einem Umfeld politisch effektiver Referenzpersonen gebildet werden. Fachwissen und personelle Verstärkung können dieser Gruppe beliebig zur Verfügung gestellt werden. Alle Lobbygruppen, welcher Art auch immer, sollten von ihr ferngehalten werden. Sie sollte je einen erfahrenen Venerologen, Epidemiologen, Virologen, Infektionsspezialisten, Psychiater, Psychologen, Juristen und Sozialwissenschaftler enthalten, vorzugsweise Menschen mit Stehvermögen und ausgeprägter Neigung zu selbständiger Gedankentätigkeit, auch wenn sie dadurch Politikern unbequem erscheinen können und schwerer zu „steuern" sind. Sie haben ja eine „ratgebende" Funktion und bilden mehr eine „brain-storming"-Gruppe hochbegabter und motivierter Fachleute von großer Arbeitskapazität als einen repräsentativen „AIDS-Aufsichtsrat" aus image- und prestigeorientierten Amtsinhabern. (Eine Gruppe wie die letztgenannte läßt sich auch im Falle wiederholter und andauernder Mißerfolge kaum wieder auflösen.) Es ist ratsam, kein Dauermandat zu vergeben, sondern den konkreten Erfolg der Tätigkeit zu messen. Darüber hinaus ist es wichtig, das multifokale Entstehen von selbsternannten „Expertengruppen" zu bremsen. Dies führt zu Doppel- und Parallelarbeit, zu einander widersprechenden Äußerungen und zu unfruchtbaren Kompetenzstreitigkeiten — wie sich schon mannigfach erwiesen hat. Aus den Spannungen zwischen den in den USA in AIDS-Fragen kompetentesten Organisationen wie etwa den CDC und dem NCI sollten wir lernen. Es muß ein konzentriertes Verantwortungsgefühl und einen zusammenfassenden Überblick über die wissenschaftliche und die praktische Tätigkeit geben.

(36) Die Qualität der mit der AIDS-Epidemie befaßten Personen ist von entscheidender Bedeutung. Es ist wichtig, daß es sich um extrem fähige Leute handelt, mit heißem Herzen und kühlem Kopf. Sie sollten frei sein von all den Rücksichtnahmen, die Politikern vor kommenden Wahlen die Hände zu binden pflegen. Parteipolitische Gegensätze können so bereits im Keim erstickt und sachfremde Gesichtspunkte ferngehalten werden.

Die Rolle der Politiker in dieser Frage besteht im Kontakt zur politischen Realität, sowohl lauschend als auch handelnd. Sie haben gewisse Beschlüsse zu fassen und für deren Durchführung zu sorgen. Sie haben sie zu erläutern und auf die Reaktionen zu hören. Sie sind die Diener ihres Volkes und nicht ihre Herren. Natürlich müssen sie von der Richtigkeit der Maßnahmen überzeugt sein, und hierzu muß ihnen ein ernsthaftes Problemverständnis ermöglicht werden, das sie dann weitergeben können. Dies erfordert sicher didaktische Bemühungen von seiten der fachlich Informierten.

Wer wiederholt und unbelehrbar das AIDS-Problem herabgespielt hat, sollte mit dieser wichtigen Frage nicht mehr befaßt werden. Sei es aus mangelnder Einsicht, aus persönlichen Motiven oder aus Ängstlichkeit — ständige Fehlbeurteilungen sind allzu folgenschwer. Wahrscheinlich wird, wer anfangs irrte, schon um diesen Irrtum zu verringern, die bagatellisierende Linie noch so lange wie möglich beibehalten. Es ist naheliegend, durch einen verzögerten Standpunktwechsel (bewußt oder unbewußt) zu verschleiern, daß man seine Auffassung geändert hat. Es ist möglich, daß alle ihr Bestes tun. Aber das reicht nicht immer. Hat das Urteilsvermögen mehrmals versagt, kann es das wieder tun. **AIDS ist eine allzu ernste Frage, als daß man sie jemandem überlassen dürfte, der dafür nicht die bestmöglichen Voraussetzungen mitbringt.**

Der „neue Mensch" — der Yeti der Ideologen

Abschließend soll **ein** Punkt genannt werden, der definitiv nicht in einen Maßnahmenkatalog gehört, aber fast stets darin auftaucht. Er sollte ganz bewußt aus ihm ferngehalten werden, denn es handelt sich um nichts anderes als eine aufdringlich wiederkehrende, gefährliche Vision. Das ist der „neue Mensch". Er hat eine tausendjährige Geschichte.

Jeder in Planung oder Verwaltung Tätige kennt einen chronischen Stein des Anstoßes: das menschliche Gehirn, verantwortlich für Phantasie und Sehnsucht, für Kritik und Widerspruch, für Sturheit und für Bosheit. Jener offensichtliche Mangel an Homogenität der Wünsche und ihrer Äußerungen ist irritierend, nicht zuletzt, wenn eine neue Problemsituation es wünschenswert erscheinen läßt, Menschen zu ändern, sozusagen „umzuerziehen".

Die beharrliche Individualität macht den Menschen im Flußdiagramm zentraler Planungsbehörden zu einem Fragezeichen, dessen unvorhersagbares Verhalten im Zeitalter von Einheitsgrößen und Einheitspreisen, von Einheitsabgaben und Einheitswohnungen zunehmend stört. Wie soll man da eine einheitliche Veränderung eingefahrener, lieber Gewohnheiten erreichen?

Werden diese Probleme übermächtig, kriecht gern der Geist der Bevormundung aus Aktenschränken und Archiven und ruft nach mehr Steuerung, nach ideologischer Erziehung, um einen besseren, eben den *neuen* Menschen zu schaffen. Hier muß man innehalten, denn der Begriff ist allzu bekannt. Er ist wie ein Echo historischer Erinnerungen. Jedes Jahrhundert hat ihn gefordert, wieder und wieder, und stets aus denselben starken Gründen, wie sie im folgenden dargestellt sind.

Die Welt ist voller brillanter, bebrillter Gelehrter, das Netz der Wissenschaften neugiervoll bekriechend. Sie folgen dessen unendlichen Fäden eifrig in allen Richtungen und verkünden hin und wieder freudig und laut ihre neugewonnenen Einsichten und Ideen. Allmählich fügen sie diese zusammen zu ganzen Ideenlehren, sogenannten -*ologien*. Dies schenkte uns die Psych-ologie, die Ök-, Kyn-, Spelä-, Balne-, Victim- und Lepidopter-ologie. Die wichtigste aber und mächtigste von allen handelt nicht von Höhlen oder Schmetterlingen, sondern von *Ideen* — es ist die Ide-ologie.

In ihr gibt es eine zentrale, allumfassende Idee. Der Ideologe hat eine sehr genaue Vorstellung davon, wie alles zusammenhängt, und auch davon, wie die Menschen glücklich werden — häufig besser als sie selber. Er weiß, daß sie glücklich werden etwa von Rohkost, Motion, ostasiatischer Weisheit, dem Urschrei oder militärischer Stärke. Und ist eine Ideologie stark genug, sieht sie zu, daß alles auch danach wird. Das beschert uns dann den -*ismus*.

Eine bestimmte Ideologie gebar so den Faschismus. Dieser wird von oben gesteuert, und wenn jemand nicht begreift, wie gut er es eigentlich hat, können die Leibwächter der Machthabenden (ihr Amtssymbol, *fasces*, war früher ein Rutenbündel)

den Begriffsstutzigen züchtigen, bis die rechte Überzeugung auch den Kleingläubigen überkommt. Bleibt diese Besinnung aus oder gehört man zu einem falschen Compartment, gibt es auch endgültigere Lösungen.

Eine andere Ideologie ergab den Kommunismus. Er wird angeblich von unten gesteuert, aber dennoch von oben durchgesetzt. Da nicht jedermann genug Weisheit und Güte besitzt, um alle Segnungen einer selbstlosen Solidargemeinschaft in vollen Zügen zu genießen, versucht manch einer in seiner Torheit, sein Paradies ganz einfach zu verlassen. Also müssen die Statthalter der Idee ihre Zeit und Kraft darauf verwenden, die Menschen durch harte Bewachung der Grenzen vor ihrer eigenen Einfalt zu schützen, auf daß die Nachbarländer nicht von törichten Flüchtlingen überschwemmt werden.

Typisch ist, daß die zentrale Idee eines ideologisch Gefestigten stets sehr stark ist und erhaben über alle Zweifel — wie über alles andere. Sie widersteht auch schlagenden Argumenten — sie ist unschlagbar. Sie ist so standfest, daß ihr nichts etwas anhaben kann, nicht einmal die Wirklichkeit. Wo Idee und Realität kollidieren, muß die letztere weichen. Ein Ideologe ist niemals angekränkelt von des Gedankens Blässe und läßt sich auch nicht von Fakten korrumpieren. (Dies überläßt er den verachtungsvoll „Fliegenbeinzähler" oder „Faktenfetischisten" genannten Naturwissenschaftlern.) So sind manche Ideologien, insbesondere die utopischen, deren Bestätigung stets in der Zukunft liegt und dort in der Regel auch verbleibt, wahrhaft unsterblich.

Der ideologisch Gefestigte weiß so sehr um die Wahrheit seiner Idee, daß er sowohl gegen Widerspruch als auch gegen mißliche Entwicklungen gleichsam imprägniert ist, also auch gegen mangelnden Enthusiasmus der zu Beglückenden. Nun kommt diesen allerdings zumindest die wichtige Aufgabe zu, die Vortrefflichkeit der Idee zu bezeugen, und daher kommt es hier zu einem Kompromiß. Der Unreife erhält seine Chance, sich umzubesinnen.

Wenn nämlich eine derart vorzügliche und unzweifelhaft richtige Idee in Wirklichkeit nicht so funktioniert, wie es sich ihr Urheber ausgedacht hat, wenn sie gar (statt — wie im Kopfe — zu ausgebreitetem Glück) zu Elend, Tötungen und Massenflucht führt, kann dies nicht gut daran liegen, daß die Idee falsch wäre — denn das ist sie ja nun einmal nicht. Wegen solcher geringfügiger Mißgeschicke wird nicht gleich die ganze Idee in Frage gestellt, denn der Fehler liegt woanders.

Der Fehler liegt natürlich im Menschen, denn wäre dieser anders, hinreichend anders, würden die gut ausgedachten Ideen natürlich auch einwandfrei funktionieren. Also muß der Mensch geändert werden. Also brauchen wir — den *neuen Menschen.*

Und damit sind wir angelangt bei dieser tausendfach wiederkehrenden Forderung, vom „homo novus" der Antike und „l'homme nouveau" der Französischen Revolution zum Neuen Menschen der expressionistischen Dramatiker Georg Kaiser und Frank Wedekind, zur völkischen „Lichtgestalt" der Nationalsozialisten und zum „new man" oder „ny människa" moderner Sozialutopisten. Auch die Verfechter extremer viktorianischer Sittenstrenge, Pietisten und Puristen verschiedenster ideologischer Provenienz streben stets den restaurierten oder reformierten, stets den *erneuerten* Menschen an. So kämpfen die Propagandisten des Kommunismus, die Hirnwäscher Pol Pots und die Initiatoren der Umerziehungslager im neuen Vietnam den gleichen, alten, zähen und hoffnungslosen Kampf — jenen *neuen Menschen* zu schaffen, der ihre schlecht durchdachten Ideen und Pläne nicht sofort wieder scheitern ließe.

Der Mensch ist sich durch die Jahrhunderte und über die kulturellen und zivilisatorischen Veränderungen hinweg im Grunde erstaunlich gleich geblieben. Besonders an seinen basalsten Wahrnehmungen und Äußerungen, Angst und Liebe, Stolz und Scham, Begierde und Bequemlichkeit, Sexualität und Intellektualität, erkennt man ihn stets leicht wieder. Zwar kann er sich auch ein wenig ändern, aber sehr langsam und lediglich im Takt mit einer veränderlichen Umwelt. Abkürzungswege gibt es kaum. Man kann also durchaus versuchen, wo es wichtig ist, behutsam auf ihn einzuwirken. Die verführerische Vorstellung aber, einen völlig neuen Menschen schaffen zu können, und das schnell, ist ein Selbstbetrug.

Der *neue Mensch* ist stets ein reines Gedankenprodukt, manchmal phantasievoll ausgedacht und faszinierend − eine Art Yeti der Ideologen. Er ist ein Symbol für die Kluft zwischen dem, was uns eine verstiegene Idee vorspiegeln mag, und der nüchternen Wirklichkeit. Der einzige auf Dauer begehbare Weg, mühsam vielleicht und voller Hindernisse, ist es, auch seine geliebtesten Ideen einer vielleicht weniger erfreulichen Wirklichkeit anzupassen. Dies ist schmerzhaft für Ideenhalter jeglicher Couleur, für jeden, der es schwer hat, den Menschen nüchtern und ohne ideologische Illusionen zu sehen. Aber nur so können wir zu realistischen Erwartungen gelangen.

Der Faschismusvorwurf

Da die obige − gewiß noch sehr unvollständige − Vorschlagsliste heftigen Widerspruch auslösen wird, sei eine mit Sicherheit zu erwartende Reaktion bereits vorweggenommen. Das meines Wissens in Sachfragen am wenigsten kompetente Mitglied der schwedischen „AIDS-Delegation" (Anders Lönnberg, ein Sozialdemokrat mit rein parteipolitischer Karriere) hat bereits befunden, daß obige, ursprünglich von einem ministeriellen Arbeitsausschuß erbetene Liste „halb-faschistischen" Charakter trägt. Natürlich kann niemand von ihm erwarten, daß er sich über den Vorschlag freut, er solle durch jemanden mit größerer Kompetenz ersetzt werden; ebensowenig mag man ihm anlasten, daß er offenbar auch vom Faschismus sehr wenig versteht. Seine Inkompetenz in der AIDS-Frage hingegen macht ihn zu einem Teil jener Problematik, von dem dieses Buch handelt. Demzufolge ist nicht seine Person wichtig, sondern die Art seiner Argumentation, die typisch ist für einen häufig beschrittenen Weg, unbequeme Diskussionsbeiträge schon im Keim zu ersticken.

Leichtfertige Vergleiche störender Ansichten mit faschistischen Gedankengängen haben in vielen europäischen Ländern nun schon Tradition. Aus verständlichen historischen Gründen liegt gegenüber jeder Form staatlichen Eingreifens eine gesteigerte Sensibilität vor, so daß die Versuchung groß ist, diese auszunutzen. Und so geschieht es auch ständig. Schon als in Schweden in den sechziger Jahren Nils Bejerot (Professor für Sozialmedizin am Karolinska-Institut in Stockholm, mit sozialistischem und ausgeprägt antifaschistischem Hintergrund) vor dem gerade Fuß fassenden und um sich greifenden Drogenmißbrauch warnte, widerfuhr ihm dies (siehe auch Seite 202). Als er Gegenmaßnahmen empfahl, die heute eher gemäßigt wirken, griffen seine Widersacher ihn in gröbster, teilweise sogar unflätiger Weise an und bezichtigten ihn der Gedanken„fäulnis" und „faschistischer Tendenzen". Ein Dauerbeschuß mit persönlichen Verunglimpfungen ließ die Sachfrage zeitweilig in den Hintergrund treten.

Inzwischen hat die Wirklichkeit längst seine Voraussagen bestätigt. Bejerot hat in allen damals diskutierten Punkten recht behalten, was nun allmählich auch anerkannt wird. Die Realität hat seine Prognosen zum Teil noch übertroffen. (Mit heute 5000−10 000 injizierenden Drogenabhängigen trauert man in Schweden jenen goldenen Zeiten mit nur einer Handvoll Süchtigen nach und denkt voller Reue an die Unterlassungen zurück.) In der AIDS-Debatte vernimmt man nun wieder den gleichen Ton. Sogar die Urheber der Beschimpfungen sind zum Teil noch dieselben. Haltung und Methode haben sich erhalten.

Als kürzlich in Norwegen Per Nyhus (Chefarzt für Psychiatrie an der Universitätsklinik in Oslo, vordem Staatssekretär der sozialdemokratischen Regierung) Zwangsmaßnahmen gegenüber jugendlichen Drogensüchtigen empfahl, erging es ihm ähn-

lich. (Man muß hierzu wissen, daß aus seiner Klinik vor kurzem ein seropositiver drogensüchtiger Jugendlicher entwichen war, der in nur wenigen Wochen mit mehr als einem Dutzend Mädchen geschlafen und mit 20−30 anderen Jugendlichen absichtlich sein infektiöses Injektionsbesteck geteilt hatte. Die Kontaktpersonen sind heute schwer ausfindig zu machen und die langfristigen Folgen dieser Handlungsweise noch nicht zu überschauen. Natürlich aktualisiert so ein Fall die Diskussion über ein Eingreifen, das nicht nur auf Freiwilligkeit baut.) Nyhus wurde in groß aufgemachten Zeitungsartikeln als „Faschist" bezeichnet und mit Heinrich Himmler verglichen. Zitate von Himmlers „Endlösungs"-Gedanken gaben dem Ganzen scheinheilig einen „dokumentarischen" Charakter.

Dabei hatten sich Nyhus' Äußerungen auf die Stellungnahme einer schwedischen Kommission für Medizinische Ethik gestützt, die sich kurz zuvor mit dem Konflikt kollidierender Interessen in einer Seuchensituation befaßt hatte. Darüber hinaus ist er gestandener Sozialdemokrat und ein besonnener, kirchlich verwurzelter Mann, was den Faschismusvorwurf besonders absurd macht.

In einem Interview in der Bundesrepublik Deutschland hatte Johanna L'age-Stehr (Direktorin und Professorin am Robert-Koch-Institut des BGA in Berlin) auf die Frage, wie denn seropositive Homosexuelle ihre Infektion gegenüber anderen kennzeichnen sollten, etwas ratlos geäußert, sie müßten sich, wenn sie das wollten, eben einen Knopf oder ähnliches anstecken. Dieser inzwischen von einigen Betroffenen tatsächlich gewählte Weg wurde sofort dem Anstecken des Judensterns (das ja kaum freiwillig erfolgte) verglichen − ein Mißbrauch historisch bedingter Empfindlichkeit, wie er nicht sinnfälliger sein kann.

Die Beispiele hierzu ließen sich beliebig vermehren. Die Niedertracht hat durchaus Methode und wird auch in Zukunft notorisch für unqualifizierte Angriffe auf Andersdenkende benutzt werden. In einer so schwierigen Frage wie der AIDS-Bekämpfung ist dies besonders verheerend. Der Faschismus hat in Europa genug angerichtet; es wäre betrüblich, wenn sich sein unheilvoller Einfluß soweit erstreckte, sogar das ausgehende 20. Jahrhundert daran zu hindern, in einer bedrohlichen Epidemiesituation sinnvoll zu handeln. Dies wäre im wahrsten Sinne des Wortes eine törichte Beschränktheit, und deshalb wollen wir diese Argumentationsweise hier noch etwas näher analysieren.

Es ist keineswegs der Rückgriff auf die Geschichte, der stört, sondern der offensichtliche Verlust exakter Vorstellungen davon, was der Begriff des Faschismus eigentlich beinhaltet. Es sieht so aus, als würden 40 Jahre schon reichen, das Bild zu verwischen. Diese Entwicklung ist gefährlich, denn sie bedeutet, daß man den Faschismus eines Tages erneut erleben kann − natürlich unter einem neuen Namen und in einem noch nicht verschlissenen Gewand.

Wer im Zusammenhang mit gesundheitspolitischen Debatten von „faschistischen Methoden" spricht, kann im Grunde nur die Neigung des Faschismus zu sehr rigorosen Maßnahmen, zur Rücksichtslosigkeit und zur Verachtung individueller menschlicher Rechte meinen. War der Faschismus darüber hinaus von dem Streben geprägt, den einzelnen gegen Bedrohungen seines Lebens und seiner Gesundheit zu schützen oder durch kluge und sicherheitsorientierte langfristige Planung Katastrophen vorzubeugen? Wahrlich nicht. Hat er jemals die Tendenz bewiesen, gegenseitige Rücksichtnahme und ein von Ideologie, Gruppendruck und Modeströmungen freies Aufwachsen der Jugend zu propagieren? Schwerlich.

Im Gegenteil ist der Faschismus ein Beispiel *par excellence* für eine individuenverachtende Gruppenideologie, die durch Mangel an Respekt vor der Qualifikation des einzelnen, seinen legitimen Interessen und seiner Leidensfähigkeit, also durch einen Mangel an Sensibilität und intelligenter Voraussicht, Katastrophen geradezu heraufbeschwört. Sie unterwirft die heranwachsende Jugend einer allgemeinverbindlichen Ideologie voller geheiligter Begriffe, und ein intellektfeindlicher Gruppendruck sorgt dafür, daß niemand es wagt, diese in Frage zu stellen. Die Staatsmacht hilft mittels der Exekutive und paktiert mit der Masse — das ist Faschismus.

Das Recht des einzelnen auf Leben und Gesundheit hingegen als ein elementares und legitimes Interesse zu betrachten, kann dazu führen, daß man auch aktiv dafür eintritt. Dies wiederum mag in Maßnahmen resultieren, die eine Seuchenausbreitung eindämmen sollen und hierzu individuelle Freiheiten beschneiden mögen. Das ist kein Ausdruck faschistischer Tendenzen, sondern ein in vielen europäischen Ländern traditionell verankertes vorausschauendes Denken. Es ist typisch für ein Wohlfahrtssystem, das die Verantwortung für sowohl das Individuum als auch die Gesellschaft widerspiegelt. Eine gewisse zur Bevormundung neigende Einstellung liegt dem natürlich zugrunde, dürfte aber selten so gut motiviert sein wie in einer ernsten Epidemiesituation. Nicht ohne Grund hat man entschieden, daß gewisse übergreifende Fragen, zu denen auch die öffentliche Gesundheit und die Seuchenbekämpfung gehören, nicht vom einzelnen, sozusagen privat, gelöst werden können.

Es verhält sich so (und darum ist der eingangs genannte Vergleich mit dem Faschismus zwar irreführend, aber nicht gänzlich ohne Bezug), daß der faschistische Staat gegenüber dem einzelnen sehr stark ist, und wenn es darum geht, unpopuläre Maßnahmen durchzusetzen, ist dies ohne Zweifel von Vorteil. Ohne Rücksichten und Kompromisse kann der Staat beschließen und durchführen, was er will. Es ist wichtig, zu begreifen, daß diese Eigenschaft allen totalitären Systemen gemeinsam ist und keineswegs nur den Faschismus auszeichnet. So hat auch der hypertrophe Staatsapparat kommunistischer Länder ähnliche Möglichkeiten, und daß sie im Rahmen der AIDS-Epidemie auch benutzt werden, zeichnet sich heute schon ab. (Die DDR hat zwar bisher erst vier AIDS-Fälle angegeben, aber bereits eine sehr ausführliche Liste von Regelungen und Vorschriften zu diesem Thema ausgearbeitet und schon mehr als eine Million Bürger getestet.) Der Kommunismus hat sein Herz für Homosexualität, Prostitution, Drogenkonsum und ganz generell gesellschaftliche Minoritäten noch nicht entdeckt. Er ist eben auch keine pluralistisch gesinnte Gesellschaftsform. So wird man in Finnland im Rahmen der AIDS-Debatte auch prompt als „Kommunist" statt als Faschist beschimpft, wenn man behördlichen Maßnahmen das Wort redet — das entschleiert den Inhalt dieses Vorwurfs.

Daß man bei der Argumentation in der Regel jedoch zum Faschismus greift, hat besonders Gründe. In uns allen ist noch die Erinnerung wach an die furchtbaren Ereignisse der nationalsozialistischen Zeit, an Menschenverachtung, Demütigung und unendliches Leid. Was geschehen ist, kann heute als zweifelsfrei geklärt und den meisten bekannt gelten. Demzufolge wird dieser emotionale Hintergrund dazu benutzt, alles Unbequeme unter Umgehung sachlicher Argumentation zu desavouieren. „Faschist" ist heutzutage zu einer eleganten Art geworden, jemanden ein „Schwein" zu nennen, ohne sich dabei einer Beleidigungsklage auszusetzen. Dieser Trick wird uns daher immer wieder begegnen und eine unbehagliche Atmosphäre in eine sowieso schon komplexe Frage bringen.

Wenn dieses Mittel durchschaut ist, sollte es jedoch seine Wirkung verlieren. Es gilt, den von dieser Argumentation Verwirrten klarzumachen, daß eine Demokratie ohne Aufgabe ihrer Rechtsstaatlichkeit zu sinnvollen epidemiebekämpfenden Maßnahmen imstande ist. In diesem Punkt braucht man sich von niemandem mit der Puderquaste ins Gesicht fahren zu lassen.

Wer im politischen Raum Entscheidungen zu durchdenken und zu fällen hat, sollte sich über eines im klaren sein: Wenn man Verantwortung trägt, darf man nicht vergessen, daß die einzige große Lobby namenloser zukünftiger Patienten, die es zu verhindern gilt, unsere heutige Nachdenklichkeit und Zivilcourage ist. Es sind **lang**fristige Rücksichtnahmen, die unser Handeln in Fragen der Epidemieprophylaxe bestimmen müssen.

Überzeugen — ein mühevoller Weg

Wir müssen daher versuchen, einen Blick in die Zukunft zu tun. Dies ist um so wichtiger, als es sich im Grunde um eine nur „scheinbare" Zukunft handelt, da sie in Form der heute Infizierten ja eigentlich im Keim schon existiert. Erst nach vielleicht 5 bis 10 Jahren und nach schweren Verlusten an Menschenleben können wir damit rechnen, daß die heute verhinderten Neuansteckungen in weniger AIDS-Fällen resultieren und damit der Effekt unserer heutigen Maßnahmen eindeutig sichtbar wird. **Für diese Zeit müssen wir heute schon planen.**

Dies ist der Grund dafür, daß an die Epidemiologie und insbesondere an die Voraussage dessen, womit wir zu rechnen haben, besondere Ansprüche gestellt werden müssen. Nichts ist so unentbehrlich für eine richtige Einschätzung der Lage wie zuverlässige Prognosen. Das gilt sowohl der Planung von Vorbereitungen im Bereich des Gesundheitswesens, dem Setzen von vernünftigen Prioritäten bei der Zuweisung von öffentlichen Mitteln als auch wichtigen Beschlüssen im Bereich politischer und legislativer Unterstützung seuchenhygienischer Maßnahmen.

Schließlich, und dies ist in einem demokratisch geführten Gemeinwesen wohl letzten Endes der wichtigste Punkt, müssen nicht nur die Entscheidungsträger, sondern auch jene, die ihnen ihre Stimme geben sollen, aufgeklärt werden über das, was vor sich geht. Mag dies auch Unruhe mit sich bringen (wie jede unerfreuliche Nachricht), so läßt sich doch ohne eine unverschönte Information der Ernst der Situation nicht darstellen. Ohne diesen einzusehen, lassen sich wiederum weder die Bedrohten zur Aufgabe liebgewonnener Gewohnheiten bewegen noch die gewählten Entscheidungsträger zu unpopulären Beschlüssen. Im Grunde bestimmt die Einstellung der Öffentlichkeit im weitesten Sinne, ob eine Maßnahme „unpopulär" und überhaupt „politisch möglich" ist. Sie bestimmt den Entscheidungs**spielraum** der Verantwortlichen und setzt damit auch deren Entscheidungs**willen** Grenzen.

Damit wird eine sachliche und möglichst vollständige Information über die Natur der Krankheit AIDS und den Charakter und die Bedingungen ihrer seuchenartigen Verbreitung für eine mündige und aufgeklärte Bevölkerung zu einer Selbstverständlichkeit.

Obwohl schon die hier genannten Maßnahmen, die weder ausdiskutiert noch ohne Modifikation überall anwendbar sind, von manchem sicher als „radikal" empfunden werden, bin ich nicht davon überzeugt, daß sie ausreichen würden, die weitere Seuchenausbreitung zu verhindern. Es ist unwahrscheinlich, daß alle Vorschläge schon heute Gehör finden. Durch das Lesen der eingangs genannten Bücher habe ich meine utopische Unschuld eingebüßt. Ich gebe Campbell recht, der keine überzeugenden Gründe sieht, an Wunder zu glauben: Die historisch bezeugten Motive werden weiter wirksam bleiben.

So bleibt nur der Weg des Darlegens, Erläuterns, Argumentierens, im besten Fall des allmählichen Überzeugens. Es wird schwer sein, nicht zu resignieren. Sollte es irgendwo gelingen, überzeugende Erfolge aufzuweisen, wird die allgemeine Bereitschaft sicher zunehmen, über die entsprechenden Maßnahmen nachzudenken. Später wird eine sich ständig verschlimmernde Lage dasselbe schmerzhaft erzwingen.

Die zu fällenden Entscheidungen bleiben schwierig. Uns steht eine vieljährige Debatte bevor, die durchaus zu einem Dauerzustand werden kann, solange keine bahnbrechenden medizinischen Lösungen zur Hand sind. Sie setzt voraus, daß man die ganze Zeit ein korrektes Bild der Krankheit, ihrer Verbreitung und ihrer Bedeutung für das Schicksal der Betroffenen zeichnet - nur so läßt sich erreichen, daß die Auffassungen der Öffentlichkeit konform gehen mit dem, was zu beschließen sein wird. Der Weg führt von Einblick und Übersicht zu Überblick und Einsicht. Er ist lang und mühsam.

20 Abschließende Gedanken

Wir haben uns in diesem Buch eingehend mit dem Lentivirus HIV beschäftigt, mit seiner Art, Gehirn und Immunsystem anzugreifen und unter anderem AIDS hervorzurufen, darüber hinaus mit den Krankheitssymptomen selbst sowie dem, was dies alles für die Epidemiologie bedeutet. Wir haben auch versucht, einen Überblick über die aktuelle Lage zu erhalten und zu verstehen,

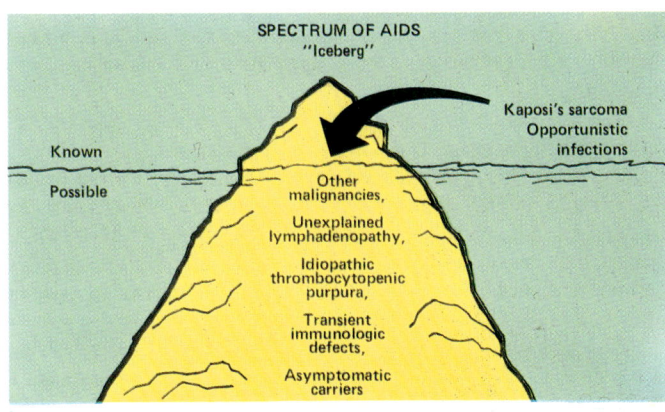

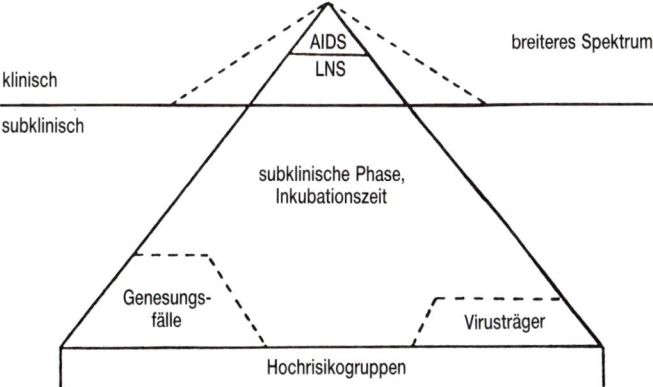

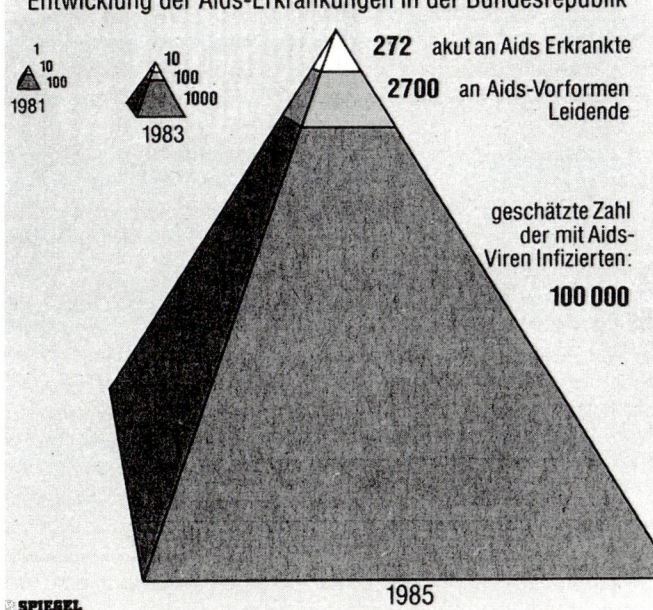

was daraus für die nähere Zukunft folgt. Wir haben schließlich das Arsenal der zur Verfügung stehenden Maßnahmen und deren Effektivität betrachtet und können mit unseren bisherigen Erfolgen beim Versuch, der Epidemie Einhalt zu gebieten, schwerlich zufrieden sein.

Wir wollen uns an dieser Stelle zunächst kurz mit einer Darstellungsform beschäftigen, der man bei Beschreibungen der AIDS-Epidemie immer wieder begegnet: dem „Eisberg" beziehungsweise der „Pyramide" (Abb. 20.1).

Bei den meisten solcher Bilder handelt es sich um ausgeprägte optische Bagatellisierungen. Die Zahl der AIDS-Fälle im Verhältnis zu den übrigen seropositiven Personen ist gewöhnlich falsch angegeben. Die meisten Zeichnungen zeigen ein Verhältnis zwischen ungefähr 1 : 5 und 1 : 15; korrekterweise sollte man die Zahl der übrigen Virusträger auf etwa das Hundertfache der AIDS-Fälle veranschlagen. Die seronegativen Virusträger sollten an diesen Pyramiden unten ein weiteres unscharf begrenztes Feld bilden. Dreidimensionale Bilder sind in der Regel etwas korrekter, da die dritte Dimension das Verhältnis zwischen den asymptomatischen und prodromalen Fällen einerseits und den AIDS-Fällen andererseits etwas vergrößert.

Das australische Bild (Mitte) ist recht sorgfältig konzipiert (LNS steht hier für LAS und ARC), gibt aber die Zahl der prodromalen Erkrankungen viel zu gering an. Zudem enthält es mit den „Genesungsfällen" eine kaum haltbare Wunschvorstellung.

Schon näher kommt den wirklichen Verhältnissen eine *Spiegel*-Graphik (Abb. 20.1 unten), welche die Dynamik der Epidemieentwicklung für die Zeit von 1981 bis 1985 wiederzugeben sucht. Diese Graphik bedarf aber eines Kommentars. Sie ist zwar sehr plastisch und eindrucksvoll und drückt auch das Gewünschte aus − doch diesmal handelt es sich um ein übertriebenes Bild des Geschehens. Die Zahlen der größten Pyramide (272 : 2700 : 100000) stehen im Verhältnis 1 : 10 : 368; für die Kanten der Teilpyramiden ergibt sich: 1 : 1,4 : 11, für ihre Seitenflächen: 1 : 4,6 : 91,7 und für ihre Volumina: 1 : 12 : 2248.

Man sieht, daß keine der Proportionen richtig stimmt, am ehesten noch die der Flächen. Indem man ein dreidimensionales Modell wählt, wird der Betrachter automatisch dazu gebracht, sich auch nach dem Volumeneindruck zu orientieren. Dafür ist die Pyramide für 1985 im unteren Teil viel zu groß.

Vergleicht man die drei einzelnen Pyramiden miteinander, ergibt das ebenfalls ein schiefes Bild: Die Pyramide von 1985 sollte eine etwa zehnmal längere Kante als jene von 1981 haben, sie ist aber zwanzigmal länger dargestellt. Der Volumeneindruck wird nun noch stärker verzerrt, da er sich mit der dritten Potenz ändert. Außerdem wachsen die verschiedenen Pyramidenteile notwendigerweise verschieden schnell. Der Teil, der sichtbar wird, also sozusagen über eine unsichtbare Wasserlinie herauswächst, nimmt schneller zu, als der unsichtbare Teil nachwächst. Dieses schon ausführlich begründete Phänomen erfordert eine komplizierte Berechnung der zu wählenden Proportionen.

Trotz allem zeigt sich bei einem Versuch mit verschiedenen Betrachtern, daß der Eindruck, den sie von der Graphik erhalten, mit der Wirklichkeit sehr gut übereinstimmt. Das ist eine merkwürdige Eigenschaft manch einer verzerrenden Darstellung. Sie wirkt richtig, obwohl sie eigentlich falsch ist. Man erreicht manchmal einen korrekten Eindruck nur durch eine Art „Übertreibung". Jeder, der didaktische Interessen hat, weiß dies.

20.1 Verschiedene graphische Darstellungen der AIDS-Situation. Oben: CDC-Bildarchiv; Mitte: wissenschaftliche Veröffentlichung in Australien (Penington et al. 1984); unten: die Darstellung der aktuellen AIDS-Lage und der Entwicklung der letzten fünf Jahre durch den *Spiegel* (1985-39).

Dennoch kann eine verzerrende Darstellung von Fakten leicht trügerisch tendenziell werden. Es gibt also allen Grund, die Präsentation statistischen Materials kritisch zu betrachten; was man dazu braucht, sind sehr simple Mittel.

Wir wollen zum Abschluß eine einfache flächige Darstellung (Abb. 20.2) zeigen, die sich an empirisch gestützten Zahlenverhältnissen orientiert:

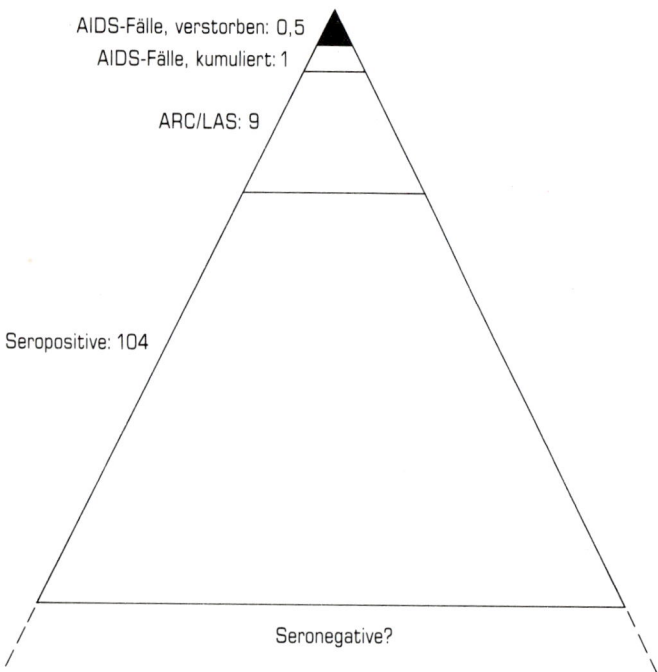

AIDS-Fälle, verstorben: 0,5
AIDS-Fälle, kumuliert: 1
ARC/LAS: 9
Seropositive: 104
Seronegative?

20.2 Die Proportionen zwischen verschiedenen Stadien der Krankheit, die durch die HIV-Infektion ausgelöst wird.

Sie zeigt Proportionen, wie sie zumindest in einem frühen Stadium der Epidemie gelten. Sie werden sich kontinuierlich verschieben, aber die normalen Proportionen eines Eisberges (⅛ über Wasser, ⅞ unter Wasser) nicht erreichen, bevor wir in ein sehr fortgeschrittenes Stadium der AIDS-Epidemie eintreten.

Strafe Gottes?

Natürlich kommen in der AIDS-Debatte auch religiöse Aspekte ständig zur Sprache. Daß sowohl Ahnungslose und Unschuldige als auch Gewarnte und Mitschuldige von der AIDS-Epidemie bedroht sind, ist inzwischen unabweislich klar geworden. Kommt dies nun wie eine Strafe Gottes von oben − oder wie ein teuflischer Einfall von unten? So ungefähr kann sich die Frage darstellen für den, der Absicht und Sinn in dem sucht, was geschieht.

Ohne Zweifel ist es im Moment so, daß verschiedene christliche Sekten und Moralisten sowohl ihre Befürchtungen über den „Gang der Welt" bestätigt sehen als auch einmal mehr die Früchte ihrer Lebensführung ernten können, indem ihr Risiko, durch HIV infiziert zu werden, ohne Zweifel sehr gering ist. Sogar die Weigerung der Zeugen Jehovas, Bluttransfusionen entgegenzunehmen, die möglicherweise vergessene historische Wurzeln hat, erscheint plötzlich in einem unvermuteten Licht. Es gab sicher Phasen in der Menschheitsgeschichte, wo man allen Grund hatte, Ansteckungsgefahren gegenüber sehr vorsichtig zu sein. Daß vielen kultischen Vorschriften vernünftige hygienische Regeln zugrunde liegen, ist hinreichend bekannt. Was früher einmal, situationsbedingt, wichtig war, kann unter bestimmten Umständen wieder einmal Geltung erlangen.

In den USA ist ohne Zweifel schon eine Art Renaissance religiöser Orientierung zu beobachten. Diese Reaktion ist natürlich und besitzt, wie alles, zwei Seiten. Das AIDS-Problem hat auch in Europa manchen Würdenträger zu öffentlichen Äußerungen in Prinzipfragen veranlaßt. So hat der Vorsitzende der Deutschen Bischofskonferenz, Kardinal Höffner, kryptisch erklärt, AIDS sei „keine Strafe Gottes. So kleinlich dürfen wir nicht denken. ... Nach christlicher Auffassung ist die Krankheit eine Heimsuchung Gottes. Gott kommt, wenn es uns schlecht geht, zu uns in unser Heim, um uns ein tröstendes Wort zu sagen. Wenn wir uns in der Krankheit zu Gott wenden, werden wir erkennen, daß die Krankheit so ist wie ein Teppich, der auf der falschen Seite liegt. Wir sehen nur Knoten und wirre Fäden und wissen nicht, was das Ganze bedeutet. Aber Gott wird zu der Zeit, die er bestimmen wird, den Teppich auf die richtige Seite legen. Dann erkennen wir, daß Gottes eigene Vorsehung auch in der Krankheit gegenwärtig ist."

Neben solchen nebulösen Worten gibt es auch sehr unverblümte Diskussionsbeiträge. So fordert in den USA etwa Reverend Jerry Falwell, der Leiter der sogenannten „Moral Majority", rigorose Gefängnisstrafen für Virusträger, die sexuell aktiv bleiben. Natürlich wird diese Front dadurch noch mehr polarisiert, daß insbesondere in den USA die Emanzipation von der Staatskirche noch keineswegs so selbstverständlich ist wie in manchen europäischen Ländern.

Es gibt kaum eine Chance auf einen Ausgleich, geschweige denn eine Einigung zwischen so weit voneinander entfernten Haltungen und Anschauungen wie dieser und jener der amerikanischen Vereinigung COYOTE („Cast off your old-fashioned traditional ethics"). Deren Vorsitzende, eine ehemalige Prostituierte, kommt zu diametral entgegengesetzten Vorschlägen, wenn es darum geht, die Moralvorstellungen und das Verhalten der Allgemeinheit zu verändern.

In der Debatte sowohl zur Gesetzgebung als auch über Moralfragen (Themen, die man tunlichst sauber voneinander trennen sollte) ist schwer zu vermeiden, was man „Beifall von der falschen Seite" nennt. Dieser Beifall kann störend sein, indem er manche Menschen davon abhält, einen vernünftigen Standpunkt zu beziehen. Sie leiden zu sehr darunter, mit gewissen Haltungen identifiziert zu werden, als daß sie sich noch an der Sachfrage zu orientieren vermöchten. Dies kann zu bizarrer Inkonsequenz in wichtigen Stellungnahmen führen.

Dabei ist diese Form der unwillkommenen Zustimmung überhaupt nicht zu vermeiden. Wenn alle guten Ideen, die in der Geschichte der Menschheit jemals auf einen Mehrheitsbeschluß hin durchgeführt worden sind, immer nur jene Stimmen für sich hätten in Anspruch nehmen können, die wünschenswerten Überzeugungen, lauteren Motiven und korrektem Problemverständnis entsprangen, wäre sicher manch guter Beschluß nicht gefaßt worden. Gerade in einer Demokratie ist es vermutlich ein erfreulicher Nebeneffekt der Pluralität von Überzeugungen, daß gewisse vernünftige Abmachungen aus verschiedensten Motiven gefördert werden. Es gibt keinen Grund, in der so wichtigen Frage der Seuchenbekämpfung auf die Unterstützung all jener zu verzichten, deren politischer Hintergrund, weltanschauliche Ausrichtung oder anderweitige Gruppenzugehörigkeit einem nicht paßt. Wir finden uns ja auch damit ab, daß der Kampf um die individuelle Freiheit von staatlichen Kontrollmaßnahmen nicht nur von demokratisch gesinnten Intellektuellen, sondern auch von großen und kleinen Betrügern, von Zuhältern, Drogenhändlern und Mafiosi eifrig unterstützt wird. Damit sei die Bedeutung der Frage, aus welchen Motiven jemand Sanktionen befürwortet, etwas relativiert.

Wer nun als ideologisch Außenstehender trotz allem versuchen will, jene Frage nach der eventuellen „Strafe Gottes" zu verstehen, muß etwas abstrahieren. Viele im Sinne der Theologie agnostische Menschen haben eine Weltanschauung, in der „Gott" durch Begriffe ersetzt ist wie etwa „die Natur", „die Naturgesetze" oder ähnliches. In diesem Sinne verwandelt sich die Frage ungefähr zu folgender: „Straft die Natur möglicherweise ein Verhalten, das ihre Regeln allzu sehr mißachtet?"

Auch dies ist ein sensibler Punkt, der dennoch nicht umgangen werden soll. Aus einer Vielzahl gründlicher Untersuchungen aus den Bereichen Soziologie, Psychologie, Verhaltensforschung und Ethnologie geht hervor, daß sich die Konsequenzen etwa einer zunehmenden Überbevölkerung auch im Bereich biologischer und psychologischer Phänomene immer deutlicher bemerkbar machen. Dies gilt nicht nur für die Großstädte der Entwicklungsländer mit ihrem kaum mehr wirkungsvoll zu bekämpfendem Elend, sondern auch schon für manche Metropolen der westlichen Welt. Das Leben dieser Menschenmassen und die Probleme seiner Organisation nähern sich der Grenze dessen, was man noch ohne allzu schmerzliche Eingriffe in die Freiheit des einzelnen zu reibungslosem Funktionieren bringen kann. Der Druck der Menschendichte, das hohe Streßniveau, Frustrationen, Neid, Vereinsamung, Demütigung, seelische Verarmung und miserable Hygiene können nicht ohne Folgen bleiben. Die Kompliziertheit des Daseins erreicht einen Grad, der vielen Menschen eine erfolgreiche Lebensplanung fast unmöglich macht. Für sie ist diese verwirrende Welt kaum mehr zu bewältigen. Aus dieser Hilflosigkeit resultiert ein Versagen, das im besten Falle zum Mangel an Lebensglück, im schlimmsten Falle zu einer Mannigfaltigkeit von asozialem und antisozialem Verhalten führt, unter anderem zur Drogensucht und zur Kriminalität. Vermutlich hat auch ein weites Spektrum neurotischer Verhaltensweisen in ähnlichen Erlebnissen der eigenen Unzulänglichkeit seine Wurzeln.

Natürlich ist es leichter, einige offensichtliche Fehler aufzuzeigen, als in solchen Fragen irgendwelche Normen angeben zu wollen. Gebrannt durch Erfahrungen, vermeiden es nachdenkliche Menschen oft, sich durch offene Stellungnahmen zu exponieren. Wer es dennoch tut, findet seinen Schutz meist in den Wagenburgen religiöser oder anderer weltanschaulich geprägter Gemeinschaften. Dennoch ist es nicht schwer, gewisse Grenzen für das aufzuzeigen, was man noch ohne nachteilige Folgen für sich selbst und andere tun kann.

Immer wenn die schädliche Rolle von „Vorurteilen" wiederentdeckt wird (und das geschieht in regelmäßigen Abständen), ist dies für die Vorkämpfer dieser Entdeckung eine schwere Zeit. Sie müssen sich gegen herrschende Ansichten durchsetzen. Wenn sie dies erst einmal geschafft haben, ändert sich das Bild, indem nun **ihre** Einsichten herrschen. Wie so häufig, schließen sich jene, deren Unterstützung man anfangs vermißte, mit erheblicher Verzögerung dem an, was sowieso schon Oberhand gewonnen hat. Dies führt zu dem vertrauten Phänomen des lauten, verspäteten Tanzes auf dem Grab toter Idole. Dabei mag es sich um eine Ansicht handeln, der man noch vor kurzem selbst anhing, oder um einen noch unlängst gestützten, jetzt gestürzten Diktator. Diese Art des „nachholenden" Beifalles ist häufig sehr eifrig und anhaltend und macht durch seine Lautstärke jedes ruhige Gespräch unmöglich.

Ähnlich ist die Situation heute hinsichtlich des abgenutzten Begriffes der „**Vorurteile**". Der Jubel über ihre Entdeckung ist so anhaltend, daß man die Existenz berechtigter **Urteile** aus den Augen zu verlieren droht. Und so haben manche Menschen, während sie sich in dem Gefühl sonnen, endlich von allen „Vorurteilen" frei zu sein, im Grunde nur ihrem Urteilsvermögen abgeschworen. So läßt sich heute leicht als vorurteilsfrei darstellen, was im Grunde nur urteilslos ist.

Es ist ein weit verbreiteter Kunstgriff, alle Ansichten, die man nicht teilt, als Vorurteile zu bezeichnen. Ist es denn wirklich überraschend, daß die menschlichen Blutgefäße nicht dazu geeignet sind, täglich mehrmals durch schmutzige Metallkanülen geöffnet zu werden, um starke Nervengifte aufzunehmen? Ist es nicht möglich, daß Mund- und Darmöffnung aus guten Gründen weit auseinanderliegen und daß es Nachteile gibt bei Verfahren,

die mit großer Wahrscheinlichkeit zur Verbreitung chronischer parasitärer Infektionen der Eingeweide führen? Ist die Ausrüstung unseres Körpers mit einer Immunabwehr wirklich für solche Belastungen gedacht? Hat es die menschliche Psyche, langsam entwickelt in Hunderttausenden bis Millionen von Jahren, wirklich binnen kurzem geschafft, sich der Lebenssituation in der New Yorker Bronx, in Los Angeles, São Paulo, Mexico City oder Kinshasa hinreichend anzupassen? Zweifel daran wären nicht schwer zu begründen. Man hat sich daran gewöhnt, die meisten moralischen Grenzen in Frage zu stellen und häufig auch zu überschreiten. Können wir dasselbe auch mit biologischen Grenzen tun?

Es ist nicht schwer, einen gewissen Konsens darin zu erlangen, daß dies nicht ohne Risiken ist. Zu zahlreich sind die Beispiele für unheilvolle Folgen kurzsichtiger Eingriffe in biologische Systeme. Dies führt zu der Auffassung, biologische Grenzen seien zu respektieren, moralische hingegen nicht. Man ist also bereit, mit einer Art „biologischem Kater" zu rechnen, wenn man die Gesetze der Natur verletzt. So ist der aphoristische Ausdruck geprägt worden, „der Mensch habe die Natur getreten, mit AIDS tritt die Natur zurück." Das ist zwar einen Gedanken wert, birgt aber auch die Gefahr eines Mißverständnisses.

Wenn man sich mit etwas größerem Auflösungsvermögen näher betrachtet, was im Gegensatz zum Verletzen biologischer Gesetze als „Überschreiten moralischer Grenzen" bezeichnet wird, macht man eine gar nicht so überraschende Entdeckung. Die Situation ist nämlich nicht qualitativ, sondern nur quantitativ anders. Der „moralische Kater" ist nur viel diskreter, leichter zu verbergen und notfalls auszuhalten. Er besteht aus zeitlich begrenztem schlechtem Gewissen — das mit Hilfe schlechten Gedächtnisses oft rasch bewältigt ist. Er besteht aus Unzufriedenheit und fehlendem Lebensglück — was für viele mangels Vergleichsmöglichkeiten unentdeckbar bleibt. Er besteht aus Einsamkeit und Unsicherheit, Frustration und Selbstzweifel, also aus verschiedensten Formen schwer verbalisierbaren Unbehagens — was manch einer als scheinbar unvermeidliche Begleiterscheinungen des Lebens längst akzeptiert hat. So entpuppt sich, was man als „Kater" im Bereich der Gesetze menschlicher Psyche bezeichnen könnte, als nichts anderes als eine schwächere Variante dessen, was wir oben im Bereich biologischer Gesetze geschildert haben. In der Regel ist beides in trautem Verein an jenen Situationen beteiligt, die viele Menschen nicht mehr bewältigen. Zu diesen Fragen sind *Die acht Todsünden der Menschheit* von Konrad Lorenz eine sehr aktuelle Lektüre.

Die religiösen Gebote sowie die Gebote der Moral schlechthin sind in langen Zeiträumen voller Menschheitsgeschichte entwickelte Systeme von Regeln, die eben diesen Schwierigkeiten vorbeugen sollen. Manche mögen inadäquat geworden sein, andere sind es sicher nicht. Ihr Gefühl dafür können viele Menschen nicht näher präzisieren. Lebenserfahrung und eine anständige Haltung beinhalten häufig dasselbe. Mit zunehmendem Gespür dafür entwickelt sich die Intelligenz über die Klugheit zur Weisheit. Die Fragen nach den Bedingungen und den Folgen der AIDS-Epidemie werden so rasch nicht verstummen, und sie werden uns lehren, nicht voreilig zu verlachen oder gar zu zerstören, was wir nicht verstehen.

Konsequenzen

In den genannten Erwägungen gibt es natürlich auch Fallgruben und für diese prädestinierte Opfer. Ideologische Fixierung führt häufig dazu, komplizierte Sachverhalte tendenziös mißzuverstehen. So ist es nicht schwer, unvollständige Einsichten in die Gesetze der Natur mißbräuchlich zur Stützung eigener Anschauungen heranzuziehen. In vielen Menschen hat sich etwa der Gedanke festgesetzt, die Homosexualität habe zu der Entstehung dieser Krankheit beigetragen. Während sich die Kombination von Überbevölkerung mit chronischen Mehrfach-Infektionen und schlechter Hygiene notfalls noch als eine Hypothese anführen läßt, ist das im Hinblick auf die Homosexualität und auch die Drogensucht purer Blödsinn. Zwar gibt es Verhaltensweisen, die das Risiko für den einzelnen erhöhen, und auch solche, welche die Verbreitung fördern — dies ist mit Blick auf die Statistik nicht zu leugnen, nicht einmal von den Betroffenen selbst. Die Kombination von Drogensucht und Prostitution bzw. einer überdurchschnittlichen Promiskuität (sowohl der Homo- als auch der Heterosexuellen) sind die entscheidenden Faktoren für die weitere Ausbreitung der Seuche. Doch vor einer weitergehenden ideologischen Verwertung unter pseudowissenschaftlicher Berufung auf „die Natur" sollte man auf der Hut sein. Auch wenn es falsch wäre, alle Wissenschaftsgebiete nur deshalb für die Zukunft auszuklammern, weil sie einmal mißbraucht worden sind, müssen uns gemachte Erfahrungen zur Vorsicht mahnen. Die Probleme, die vor uns liegen, erfordern solche Vorsicht, Hellhörigkeit und viel Zivilcourage.

Auf die Möglichkeit falscher Schlußfolgerungen hinzuweisen, ist nicht dasselbe, wie sie zu verhindern. Wie bei der chronischen Unterschätzung des Problems tun wir auch bei der unsachlichen ideologischen Ausschlachtung der AIDS-Epidemie gut daran, mit ihrem Fortbestehen zu rechnen. Ein Buch wie dies mag die Probleme präzisieren helfen — lösen wird es sie nicht.

Wenn wir die Voraussetzungen überblicken, die heute für eine erfolgreiche Epidemiebekämpfung vorliegen, ist das Bild im großen und ganzen nicht geeignet, große Zuversicht zu erwecken. Zwar kann man aus der Betrachtung geschichtlicher Ereignisse sehen, welche Fehler es zu vermeiden gilt und wie ähnliche Probleme bei früheren Gelegenheiten dem Griff entglitten sind, damit allein jedoch ist nichts getan. „Wir lernen aus der Geschichte, daß wir aus der Geschichte nichts lernen", sagte G. B. Shaw. Nicht nur die Ergebnisse der beschriebenen Simulationsversuche Dörners, sondern auch die der Verhaltensforschung (K. Lorenz), der Evolutionsforschung (R. Riedl), der Geschichte (B. Tuchman) und der historischen Philosophie (K. R. Popper) weisen in dieselbe Richtung.

Sie enthalten die Erklärung, warum die Menschen notwendige Einsichten so beharrlich verweigern. Die kurzsichtige Strategie des „wishful and avoiding thinking" ist primär „Glück bewahrend und Unruhe vermeidend". Auf lange Sicht ist diese Haltung natürlich sehr unklug. Gerade in Deutschland gibt es ja allen Anlaß, sich über die verschiedenen Formen und Folgen dieser „normalen Hirnleistungsschwäche" Gedanken zu machen und sich auf die Konsequenzen vorzubereiten.

AIDS wird mit Sicherheit Spuren in unserer Gesellschaft hinterlassen. Schon heute zeichnet sich dies ab, und das Bewußtsein dessen ist vermutlich ein Teil der Erklärung für die Heftigkeit und Unsachlichkeit, mit der AIDS häufig diskutiert wird. Um diese Reaktionen etwas besser zu verstehen, schauen wir uns den Hintergrund ein wenig näher an.

Schon seit dem Ende des Ersten Weltkrieges (Kriege mit ihren Umwälzungen sind häufig die stärksten Zäsuren in der Kulturgeschichte) hat es eine langsame Veränderung in der Art kultureller Äußerungen gegeben. In den Texten von Gesang, Theater und Literatur hat sich die Sprache (als Realismus deklariert) kontinuierlich verändert. Jeder Schritt wurde gegenüber dem vorhergehenden durch Gewöhnung und Vergessen verwischt, so daß die Veränderungen schleichend geschahen. Das Resultat läßt sich heute vielerorts bestaunen und reicht von Künstlern, die Exkrementenhaufen darstellen, über Kunstausstellungen von Pferdemist bis zu pseudo-tiefsinnig verklärten Happenings.

Diese Woge hat ganz Europa überrollt und erreicht gerade die mediterranen Länder. Wer hätte sich vor 60 Jahren denken können, daß die Kunstinteressierten Stockholms eine in grellen Plakatfarben bemalte Frauenfigur aus Pappe durch die überdimensionierte Scheide betreten würden? Wer hätte gedacht, daß die Einwohner Hannovers einmal ein „Happening" R. Mühls be-

staunen würden — von den Kunstkritikern als eine „höchste Synthese von Philosophie, Kunst und Religion" gefeiert —, das aus folgendem geschmackvollen Arrangement bestand: Über einer vor ihm liegenden nackten Frau schlachtete er ein Huhn, dessen Blut und Eingeweide auf ihrem Magen einen Haufen bildeten, in den der „Philosoph und Künstler" Mühl coram publico seine Notdurft verrichtete. (Die Begeisterung der schrecklich provinziellen und konservativen Hannoveraner hielt sich in Grenzen, was ihnen bittere Kritik von seiten der Kunstkritiker einbrachte.)

Ähnliche Beispiele könnten zu Tausenden gegeben werden. Was 1950 unmöglich war, wurde 1960 möglich, 1970 langweilig und 1980 schon fast altmodisch. Diese Tendenzen schlugen allmählich auf die meisten Gebiete durch und haben sich heute so etabliert, daß ihre Beachtung fast obligatorisch geworden ist für jeden, der nicht „provinziell" oder „hausbacken" wirken will. Kraftwörter im Text eines modernen Theaterstückes sind fast unentbehrlich, will man Zutritt zur modernen Szene erlangen. Was früher mutig und originell war, wird zum neuen Konformismus (auch dies ein altes Schicksal aller Veränderungen).

Natürlich gab es für diese Entwicklung mannigfache Gründe: Unter anderem wurde sie unterstützt durch eine umfassende Umverteilung der Einkommen, so daß der durchschnittliche Kulturkonsument, dessen Wünsche die Gestalt der Ware ja stets mitbestimmen, sich im Laufe der Jahre veränderte und von immer neuen Gruppen der Bevölkerung mitgeprägt wurde. Und wie in der Geschichte von des Kaisers neuen Kleidern wagt kaum jemand, sich zu blamieren, indem er sich einem so übermächtigen Zeitgeist in den Weg stellt. Bei näherem Nachdenken entpuppt sich dies alles als eine Reihe selbstverständlicher Nebeneffekte eines Demokratisierungsprozesses, der das keineswegs zu einem erklärten Ziel gemacht hatte. Im Gegenteil stammt ein großer Teil des Widerstandes gegen diese Entwicklung aus den Reihen überzeugter Demokraten. Insgesamt hat sich in kurzer Zeit eine Veränderung der Kulturszene abgespielt, die unvorbereitete Besucher vergangener Generationen zusammenzucken ließe.

In der Subkultur von Diskotheken und Comic-Strips, von Videofilmen und Jugendzeitschriften ist all dies noch viel rasanter vor sich gegangen. So bescherte dieser Trend unserer Jugend fragwürdige Idole.

In Abbildung 20.3 sind bei einem der Mitglieder der hier als ein Beispiel für viele gezeigten Musikgruppe mögliche Einstichmarken im Unterarm zu erkennen. Auch Schlagringe und andere martialische Attribute drücken die Einstellung gegenüber gesellschaftlichen Spielregeln aus. Sollte man versucht sein, bei diesem Anblick an einen Scherz zu denken (was naheliegt), berauben einen die zugehörigen Liedtexte oder der Inhalt entsprechender Videofilme rasch dieser Illusion. Es gibt nichts zwischen Vergewaltigung und Heroinmißbrauch, Kriminalität und Perversität, das man hier nicht gepriesen oder zumindest verharmlost finden kann. Ein Blick in die Kriminalitätsstatistik der letzten Jahre beweist: Ein Scherz ist dies nicht.

Der Psychologe Eysenck (1964) hat für diesen Prozeß eine einleuchtende Erklärung. Er schildert, wie der normale Konditionierungsprozeß hier umgedreht wird. Mit „Konditionierung" ist jener Lernprozeß gemeint, der in den sogenannten „bedingten Reflexen" resultiert. Normalerweise erlebt man Gewalt und Blutvergießen gleichzeitig mit Schmerz, Angst und anderen unbehaglichen Empfindungen, die mit Schlägereien und Mißhandlungen normalerweise verbunden sind. Dieses schafft automatisch einen Widerwillen, den die meisten zivilisierten Menschen teilen. Der wiederum wird zur normativen Grundlage für ihre Regeln und Gesetze.

Indem man sich nun vor einen Fernsehapparat setzt und sich Gewaltszenen und Perversitäten anschaut, während man sich behaglich in den Sessel lehnt — die Füße auf dem Tisch, Kartoffelchips und ein kaltes Bier zur Hand —, wird man schrittweise „dekonditioniert". Der natürliche Widerwille gegen allerhand eklige Spektakel wird langsam gelöscht. Gewalt wird nicht mehr

20.3 Die bewunderte Musikgruppe Mötley Crüe (Copyright Okej 1985).

mit Unbehagen, sondern mit Wohlbefinden assoziiert, und man kann auf diesem Wege sehr weit kommen, wenn man zeitig beginnt. Ob der Leser es glaubt oder nicht, so ist das „Dekonditionierungsobjekt" der Abbildung 20.4 ein in Schweden hergestelltes Produkt für 5jährige Kinder.

Es gibt eine unheilige Allianz zwischen Drogenhandel, Showbusiness und pornographischer Industrie. Natürlich ist diese nicht organisiert, sondern besteht eher in einer natürlichen Interessengemeinschaft, deren Milieu von dem Gespenst „Gesetz" bedroht wird. Die Ergebnisse dieses Trends können so weit streuen wie zwischen der Protestkleidung eines Punkermädchens („Kann ich dies umtauschen, falls es meinen Eltern gefallen sollte?") und dem Schulbuchtext „Wenn deine Eltern um die Ecke glotzen, mußt' ihnen in die Fresse rotzen". Es gibt allen Grund, diesen Tendenzen gegenüber aufmerksam zu sein. Noch bilden sie nicht die Norm.

Natürlich wird, wer davon lebt, lautstark gegen eine Beschränkung seiner „Freiheiten und Rechte" protestieren, seines Rechts etwa, an unreifen und leicht zu verwirrenden Jugendlichen ohne Rücksicht auf die Folgen zu verdienen. Im Bereich von Reklame und Handel ist man leicht zur Hand mit dem dramatisierenden Begriff „Konsumterror". Wenn Hochglanzphotos schöner Gegenstände erwachsene Menschen so gefährden, was für einen Begriff sollte man dann wählen für jenen Druck, der von der hier vorgestellten Jugendmode im Hinblick auf Moral- und Sexualauffassungen auf unsere Kinder ausgeübt wird?

Wer sensibel auf den zu erwartenden neuen Moralismus reagiert, sollte nicht weniger sensibel gegenüber jenem Geschäft mit der Unmoral sein, das hier gigantische Summen umsetzt.

20.4 In Schweden produziertes Hemd für 5jährige Kinder.

Wesentliche Interessen der Gesellschaft stehen auf dem Spiel. Wir sind in dieser Hinsicht mehr in der Defensive, als die meisten ahnen.

Die Konkurrenz auf diesem Markt ist hart. Eine neue Musikmode, genannt „deathrock", hat sich Satanismus und Mord als 241

Themen erkoren, da anders die Vorgänger kaum noch zu übertreffen sind. Blut und Grimassen, Tortur und Verspeisen von Därmen begleiten diese neueste Entgleisung, die uns aus den USA erreicht. Von diesem Milieu ist es nicht mehr weit bis zu jenem, wo Drogensucht und eine totale Bindungslosigkeit herrschen. Die Lebensgeschichte mancher dieser „Stars", die mit Drogen erwischt werden oder an ihnen enden, spricht für sich. Diese Welt hat ihre eigenen Idole.

Man sagt, Idole erziehen durch ihr Vorbild. Es ist zu hoffen, daß bei vielen Kindern diese Form der Erziehung versagt. Vor vielen hundert Jahren erhob sich der zweite Stand gegen die Macht der Monarchen − das Bürgertum wurde geboren. Vor einigen Generationen erhob sich der dritte Stand gegen das Bürgertum − der Sozialismus wurde geboren. In gewisser Weise sieht es aus, als prüfte jetzt der vierte Stand seine Chancen gegen den Rest der Gesellschaft − vor dem, was da geboren würde, wäre zu warnen.

In diese Situation nun − in ein Feld, das wahrlich nicht frei von Spannungen ist, in einen Widerstreit von Moralauffassungen und Lebensstilen, die selbst eine sehr liberale und pluralistische Gesellschaft nicht friktionsfrei erträgt − schlägt AIDS ein wie ein Blitz aus heiterem Himmel. Eben noch hielt man die Geschlechtskrankheiten, ja, alle Infektionskrankheiten für gebannt − und nun so etwas...

Bislang kann man nur ahnen, wie dies einem Teil der geschilderten etablierten Subkultur den Teppich unter den Füßen wegziehen wird. Man spürt dort die Bedrohung schon, man hat Witterung von den sich langsam formierenden konservativen Kräften der Gesellschaft bekommen. Diese hat einzelne Opfer der Drogensucht noch nicht so ernstgenommen, war sozusagen bereit, sie auf dem Altar der Freiheit zu opfern. Nun droht ein Wille zum Handeln zu erwachsen, der, wenn nicht von allen guten Kräften mitgesteuert, durchaus auch Schaden anrichten kann.

Da eine Epidemiesituation günstige Voraussetzungen für solche Reaktionen schaffen würde, liegt es im Interesse der Bedrohten, eine Seuche bis ins letzte zu leugnen. Dies ist es, was den schrillen Ton und unsachlich-aggressive Haltungen zu der AIDS-Debatte beigesteuert hat. Es handelt sich wirklich um einen Konflikt auf Gedeih und Verderb: auf Gedeih der Geschäfte jenes Milieus, auf den Verderb vorerst der meist bedrohten Mitglieder der Risikogruppen.

Aber mehr als nur dieses Milieu ist beunruhigt. Nicht so bekannt wie Rock Hudson, aber zahlreicher, sind Mitglieder der Theater- und Showszene an AIDS gestorben. Eine Bühne in New York hat schon zehn ihrer Angestellten verloren, kaum ein größeres Theater ist nicht betroffen. Es handelt sich also um einen doppelten Angriff, den man hier erlebt: teils den direkten physischen auf den einzelnen, teils einen indirekten auf den Zeittrend. Das alarmiert natürlich.

Aufschlußreich ist hier auch die Reaktion der „Sexologen", jener vielfach selbsternannten Experten, die (ähnlich etwa den Futurologen, den Viktimologen und auch den Friedensforschern) eine bunte Mischung von qualifizierten Könnern und unqualifizierten „Wollern" darstellen. Aus Anlage oder aus Interesse haben sie sich lange mit dem menschlichen Sexualverhalten beschäftigt und wissen sehr viel oder sehr wenig darüber − was für ständige Querelen unter ihnen sorgt. In der Regel kollidieren die naturwissenschaftlich Orientierten mit den reinen „Ansichtshegern". Angesichts von AIDS kam es, insbesondere in Deutschland, zu einer jahrelangen Schrecksekunde unter ihnen. Dies ist nur zu begreifen, wenn man versteht, wie sehr gerade die „progressivsten" Vertreter dieses Wissenschaftszweiges in der AIDS-Epidemie ein schreckliches Dementi lange verkündeter Auffassungen sahen.

Dieses Schweigen ist jetzt offiziell beendet. Auf dem Achten Weltkongreß der Sexologie (Heidelberg, 14.−20. Juni 1987) ergriffen auch zahlreiche ernsthafte Sexologen das Wort zu diesem Thema. Sie wissen, daß es sie angeht und daß sie gebraucht werden. AIDS warf seine Schatten auf die ganze Konferenz und wurde intensiv diskutiert. Diese Krankheit wird viel ändern im Bereich der Sexualität, neue Ängste, neue Neurosen, neue Verhaltensweisen und Probleme auslösen, die den Alltag auch der Sexologen bald tiefgreifend berühren werden. Zunächst einmal gilt es, Material zu sammeln und neue Erfahrungen in alte Gedankensysteme einzubauen. Der Sexologe weiß, daß er AIDS nicht heilen, sondern nur dessen zahlreiche psychische Komplikationen behandeln kann. Der Fortschritt wird langsamer sein als im Bereich von Virologie und Elektronenmikroskopie − die menschliche Psyche ist ein schwieriges Arbeitsfeld, das noch weitgehend im dunkeln liegt. Da wir an anderer Stelle V. Sigusch zitiert haben (siehe Seite 218), sei hier, um der Fachrichtung nicht Unrecht zu tun, zum Ausgleich auch E. Haeberle erwähnt. Vom Vorwurf später Reaktionen ist er entschieden auszunehmen. Er hat wie kaum ein anderer − beladen mit Erfahrungen aus dem schwer betroffenen San Francisco − schon früh zur Information gerade seiner deutschen Fachkollegen beigetragen. Beteiligt an den sehr aktiven Informationsprogrammen jener Stadt, liegt ihm jede Bagatellisierung fern, wenn er auch ansonsten einen nicht durchweg pragmatischen Standpunkt in der Frage der Prävention vertritt.

Die Sexologie ringt noch immer um eine klare Auffassung der AIDS-bedingten Situation, und daß sie je einheitlich ausfallen wird, ist fast auszuschließen.

In den USA und in Europa kann man heute schon eine merkbare Veränderung der Sexualgewohnheiten sowie eine leichte Verschiebung des Tenors der Diskussion feststellen. Ein zu diesem Thema im Herbst 1985 veröffentlichter Artikel des italienischen Soziologen Francesco Alberoni (Mailand) ist so viel zitiert, übersetzt und debattiert worden, daß er hier vollständig wiedergegeben sei. (Das italienische Originalmanuskript dieses erstmals in *Republica* publizierten Textes ist von Alberoni für dieses Buch zur Verfügung gestellt worden.)

Das neue Sexualverhalten

Die Verbreitung des AIDS-Virus wird eine erneute Veränderung des Sexualverhaltens mit sich bringen. In den sechziger Jahren geschah die letzte große Revolution auf diesem Gebiet. Bis dahin galt die Sexualität als etwas Beschämendes, Sündhaftes und Gefährliches. Doch plötzlich wurde sie ins Rampenlicht gerückt und als einer der Grundpfeiler einer neuen, freien Lebensform verherrlicht.

Der Ruf nach sexueller Befreiung des einzelnen und der Gesellschaft bewegte viele und gewann rasch zahlreiche Anhänger. Diese Auseinandersetzung entwickelte und vollzog sich vor allem in Ländern lutherischer und calvinistischer Prägung wie Skandinavien einerseits und den Vereinigten Staaten von Amerika oder Holland andererseits. In katholischen Ländern dominierte unterdessen die Auseinandersetzung mit dem Marxismus.

Für viele Länder war die Propagierung sexueller Freizügigkeit und häufigen Partnerwechsels eine reine Importware. Der Slogan „Make love, not war!" stammte von der amerikanischen Pazifistenbewegung. Die deutschen Kommunarden der Berliner Studentenszene münzten die amerikanische Parole in ihrem Sinne um. „Wer zweimal mit derselben pennt, gehört schon zum Establishment!" war ein geläufiger Spruch jener Jahre aus dem Repertoire marxistisch-orientierter Politclowns.

Sexuelle Promiskuität gilt gemeinhin als zügelloses Verhalten. In Wirklichkeit ist sie ein Phänomen historischer Massenbewegungen: Früher oder später wird ein Punkt erreicht, an dem das kollektive Vereinigungsbedürfnis erotischen Charakter annimmt. In manchen Fällen wurden diese erotischen Spannungen institutionalisiert und in Ideologie verwandelt, in ein utopisches Versprechen.

Das war in Böhmen geschehen bei den Abboriten, einer radikalen Sekte der Hussiten, bei den spanischen Frankisten, bei den Anarchisten des 19. Jahrhunderts. Vor allem der französische Sozialist Charles Fourier hatte in seiner Schrift *Harmonie* Anfang des letzten Jahrhunderts der freien Liebe große Bedeutung beigemessen. Fourier stellte sich eine Masse von Begeisterten vor, in einem Zustand der unveränderlich starken Gefühle und Leidenschaften, die keinem Abnutzungsprozeß unterworfen wären. Die Idee der Gleichheit und die erotische Spannung würden sich so auf harmonische Weise vereinen.

In den Vereinigten Staaten waren im vergangenen Jahrhundert viele utopisch-erotische Kommunen entstanden. Doch was in den letzten zwei Jahrzehnten geschehen ist, dürfte in der Geschichte beispiellos sein: Kommunen sprossen zu Tausenden aus dem Boden, Praktiken wie Partnertausch verbreiteten sich, große Gruppen bildeten sich auf der Basis der sexuellen Freiheit, wie die Bewegung der Homosexuellen und der „Singles".

All das war möglich geworden durch das Verschwinden der Geschlechtskrankheiten, dank der Entwicklung von Sulfonamiden und anderen Antibiotika, infolge breiten Wohlstandes, zunehmender Freizeit und schließlich auch durch die Ideologie der einzelnen Bewegungen.

Die tatsächlich große sexuelle Freizügigkeit unter den Gays ist also nicht zurückzuführen auf eine besondere Natur des homosexuellen oder männlichen Erotismus. Auch die Gruppen der Gays sind aus Bewegungen hervorgegangen, die sozialen Außenseitern und Ausgestoßenen erlaubten, ihre Würde und ihre Rechte, ihre Kraft und ihren Wert zu entdecken. Die Promiskuität ist auch Ausdruck ihrer Gruppenethik; sie ist eine Form der kollektiven Solidarität und ihres utopischen Kommunismus. Voraussetzung ist, daß – wenigstens in bestimmten Phasen – einige exklusive Bindungen aufgegeben werden und daß sexuell jeder jedem zur Verfügung steht.

Homosexuell oder „gay" zu sein, ist nicht dasselbe. Der Homosexuelle wird „gay" durch seine Zugehörigkeit zur Gruppe. Zunächst muß er seine homosexuellen Neigungen erkennen und eingestehen, dann muß er von der Gruppe anerkannt werden. Dieses Ritual ist einem Weiheakt vergleichbar; eine der unumgänglichen Regeln ist die Promiskuität, jedenfalls zu Beginn. Später wird er eine eigene, individuellere Lebensweise entwickeln können mit exklusiven Freundschaften und romantischer Liebe.

Noch eine andere Gemeinschaft freier Sexualität hat sich in den vergangenen Jahren in den amerikanischen Großstädten und auch in Europa herausgebildet. Es sind dies die „Singles", männliche und weibliche alleinstehende Personen. Auch sie haben Diskriminierung und Unterdrückung gekannt. Bis vor etwa zwanzig Jahren war die einzige offiziell akzeptierte Lebensform die des verheirateten Paares. Egal, ob es um das Anmieten einer Wohnung oder die Einladung zu einer Party ging. Alleinstehende Männer oder Frauen wurden meist als absonderlich betrachtet und entsprechend gemieden. Sie paßten weder bei uns noch in den USA ins Familienidyll, wie es die Traumprodukte der Filmindustrie à la Hollywood vorzeichneten.

Seit jeher hat die amerikanische Gesellschaft ein simples Rezept zur Kontrolle von Andersartigkeit und von sozialen Spannungen: Isolierung und Ausschluß. Wie die Italiener, die Juden, die Puertoricaner, die Chinesen und die Homosexuellen sind auch die „Singles" gezwungen worden, sich abzukapseln, in ihren Wohnungen und Lokalen unter sich zu bleiben. Durch ein anderes Verhalten hätten sie die „Normalen" irritiert.

Im Laufe der letzten Jahrzehnte ist die Zahl der Singles enorm gestiegen. Jahr für Jahr ließen sich mehr Menschen scheiden; viele von ihnen gingen keine neue Ehe mehr ein. Andere wählten von Anfang an bewußt das Single-Dasein, um freier zu leben. So sind gewollt oder ungewollt Menschen in erheblicher Anzahl zu dieser Lebensweise übergegangen. In den Großstädten wurden ganze Stadtteile von ihnen okkupiert; dort herrschen eigene Wertvorstellungen und Verhaltensregeln. In ihren eigenen Lokalen wissen sie, wie sie einen Sexualpartner suchen und finden können. Sie kennen die Regeln und den Code.

Die Gemeinschaften von Singles und Gays in den Vereinigten Staaten halten ihre Gesellschaftsform für die bestmögliche. Stolz auf ihren *way of life* preisen sie ihn auch anderen als Modell an. Und die zukunftsgläubigen Amerikaner halten diese Philosophie denn auch für den Lebensstil von morgen. Die Massenmedien haben das ihre dazu beigetragen, daß dieses Modell der Promiskuität zur sexuellen Revolution der breiten Masse führte.

Genau auf diesem sozialen Nährboden hat sich das AIDS-Virus zunächst ausgebreitet. Eine Krankheit, die gerade durch die sexuelle Freizügigkeit entfesselt wird, die sich in eine tödliche Gefahr verwandeln kann – in den Tod nicht nur des Menschen, sondern auch dessen, was der Kern seiner gesellschaftlichen Utopie war. Damit handelt es sich also nicht nur um eine Bedrohung, sondern auch um einen ideologischen Zusammenbruch. Es kommt zu einer Unterminierung der Gruppensolidarität und zu dramatischen Spaltungen zwischen ihren Mitgliedern. Ein Neuankömmling ist nun nicht mehr ein liebevoll sexuell einzuweihender Bruder, sondern eine potentielle Gefahr, möglicherweise ein Feind.

In der Gemeinschaft der Homosexuellen und der Singles kommt die Verbreitung von AIDS einer kulturellen Katastrophe gleich. Da diese Gruppen bedeutende Machtpositionen in Theater, Film, den Massenmedien und im Bereich der Mode einnehmen, werden wir zweifellos Zeugen einer radikalen Umwälzung der sozio-kulturellen Szene Amerikas und Europas sein. Es wird ebenso zu Selbstmorden wie zu religiösen Bekehrungen kommen. Protestantische und katholische Fundamentalisten haben goldene Jahre für ihre Kreuzzüge vor sich. Und die Psychiater haben Millionen neuer Neurosen zu kurieren.

(Erklärungen zum Text: Die **Abboriten** sind eine christliche Sekte, die 1427 nach urchristlichen Idealen im Geiste Hus' gebildet wurde. Man verweigerte den Kriegsdienst und überhaupt jede Form öffentlicher Tätigkeit. Spätere Forscher bezeichneten sie als „eine Elite amoralischer Supermänner". **Frankisten** sind die Anhänger von Jacob Leibowitsch Frank (1726–1791), eines falschen Messias, der in Polen eine religiöse Sekte gründete, die hauptsächlich aus zum Christentum bekehrten Juden bestand und für ihren promiskuitiven Lebensstil bekannt wurde. **Charles Fourier** (1772–1837) formulierte einen utopistischen Sozialismus in seiner *Theorie der universellen Einheit*, 1841 posthum publiziert.)

Hieran ist manches bemerkenswert. Unter anderem betont Alberoni, daß Verhaltensweisen, die man leider als Ausdruck individueller Einfälle mißversteht, häufig das Ergebnis langfristi-

ger Strömungen sind, aus Gruppenideologien hervorgehen oder zumindest von ihnen gefördert werden. Die Bedeutung von AIDS als ein (wenn auch situationsbedingtes) ideologisches Dementi ist kaum zu überschätzen. Es ist auch wichtig, darauf zu verweisen, daß große Teile der Sexualideologie mit der Homosexualität an sich gar nichts zu tun haben, sondern daß diese nur einen besonderen Aspekt des Ganzen darstellt.

Auch ein anderer, vielleicht für viele eher überraschender Kommentar Alberonis ist mit Argumenten aus der Geschichte gut zu stützen. Es handelt sich um die Behauptung, daß Sexualität in gewisse Massenbewegungen automatisch einzufließen pflegt. Dies ist schon im alten Mitras- und Baalskult zu erkennen, wo es mit einem aufwendigen religiösen Überbau einhergeht. Auch der „Hexenhammer", der Hintergrund der Bilder von Hieronymus Bosch, enthält ungezählte Beispiele. Es hat immer zwei verschiedene Wege gegeben, auf diesen sexuellen Impuls zu reagieren. Entweder hat man ihn orgiastisch ausgelebt, wie dies in den genannten Bewegungen geschah (und auch, obwohl bestritten, von den Chlysten• behauptet wird), oder man hat ganz im Gegensatz mit übersteigertem schlechten Gewissen reagiert, mit Keuschheit, Entsagung und Selbstkasteiung, am extremsten vielleicht bei den sich selbst verstümmelnden Skopzen•, die – nicht ganz unähnlich gewissen indischen Sekten – sich die Geschlechtsteile abschnitten und selbst die Brüste der Frauen nicht schonten.

Es gibt zahlreiche weitere Beispiele für die Kopplung zwischen sektenartigen Bewegungen und der Sexualität. Die Albigenser und Mormonen sowie etliche weniger bekannte Sekten sind Beispiele der Vergangenheit, aber es gibt auch solche der Gegenwart: So war es bei den 900 Menschen, die in Jonestown, Guyana – ausgelöst durch eine Kokainpsychose ihres Anführers – vor einigen Jahren kollektiven Selbstmord begingen. Es handelte sich um eine Sekte, die neben religiösen von starken, zeitweise sogar dominierenden sozialutopistisch kollektiven und sexuellen Ideen geprägt war. Ein weiteres Beispiel ist der bekannte Poona-Guru Bhagwan, der von sich sagte, er liebe Hitler, denn dieser sei ebenso verrückt wie er selbst. Seine anfangs sexuell dominierten Seancen sind durch das Auftauchen von AIDS abrupt beendet worden. Zuletzt in Oregon, hat der „Große Guru" Bhagwan aus Angst vor AIDS alle sexuellen Umgangsformen verboten und zur Keuschheit aufgerufen. Danach löste sich seine Organisation sehr rasch in ein Chaos von Intrigen, Betrug und sogar Mordversuch auf. Bhagwan floh gen Poona.

Es gibt Menschen, deren Hauptproblem es ist, daß sie ihre eigenen Handlungen schlecht zu kontrollieren vermögen. Es gab sie immer, und es wird sie immer geben. Sie sind von F. Reimer (*Psychiatrie der Verwöhnung*, 1976) gut charakterisiert worden als Mitläufer einer neoromantischen Bewegung. Für diese war es eine Wohltat, ihre eigenen Schwächen zur Tugend erklärt zu sehen. So haben sie verständlicherweise aus ganzem Herzen an der Entwicklung der letzten Jahrzehnte teilgehabt. Diese hat es ihnen ermöglicht, das mit **gutem** Gewissen zu tun, was sie sonst mit **schlechtem** sowieso getan hätten.

Natürlich fühlen sie sich jetzt bedroht davon, daß dies in Frage gestellt wird. Mit aller Kraft werden sie Front machen gegen alles, was den Triumph der Bequemlichkeit gefährdet, in dem ihre eigene Schwäche und eine gesellschaftliche Tendenz einander gegenseitig stützen und dem Versagen Status geben.

Wir werden sehen, daß die Debatte über die Maßnahmen gegen die Ausbreitung von AIDS in Zukunft schärfer werden wird, und zwar genau in dem Grade, in dem die Betroffenen einsehen, daß ihre gesamte Ideologie ins Wanken geraten ist. Man wird noch lange versuchen, das Ganze auf die Homosexuellen oder andere Minoritäten abzuwälzen, ehe man bereit ist, Konsequenzen für sich selbst zu ziehen. Der Widerstand, der aus so

---

•Russische Sekten, die zu den sogenannten „Raskolniki", Ketzern in den Augen der orthodoxen Kirche, gerechnet werden.

schmerzlichen Einsichten erwächst, wird sehr zäh sein. Man ist besser gerüstet − zumindest mit Gleichmut −, wenn man versteht, worauf er beruht.

Ein Blick auf die Statistik der sexuell übertragenen Krankheiten (STD, sexually transmitted diseases) in den USA wirft einen unangenehmen Schatten auf unsere Erwartungen (Abb. 20.5).

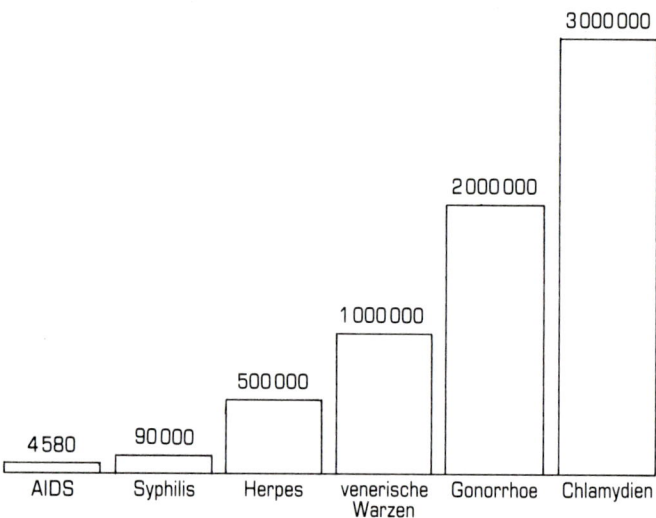

20.5 Die im Laufe des Jahres 1984 diagnostizierten Fälle verschiedener sexuell übertragbarer Krankheiten innerhalb der USA (Seligman et al. 1985, Copyright Newsweek).

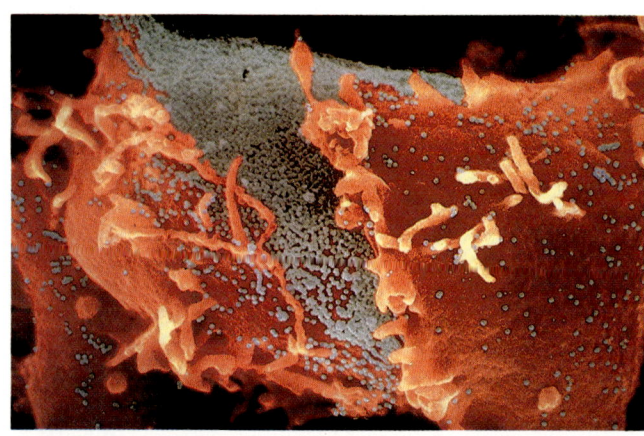

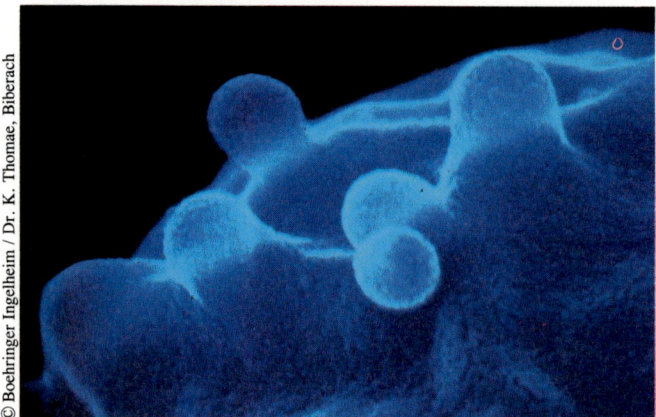

20.6 Diese Aufnahmen, die beide nicht das AIDS-Virus zeigen, beleuchten dennoch einmal mehr, wie geschickt sich das HIV in die zellulären Prozesse des menschlichen Körpers einschleicht. Es verhält sich wesentlich „smarter" als das im obigen Bild gezeigte Herpes-simplex-Virus: Dessen Replikation geschieht derart explosiv, daß die Wirtszelle umgehend stirbt. Bei dem unten erkennbaren Prozeß handelt es sich nicht, wie man glauben könnte, um ein Virus-Budding, sondern um die normale Absonderung von Bläschen an der Oberfläche einer Zelle. Das HIV macht sich diesen Prozeß nur gezielt zunutze (Photos: L Nilsson).

Im Jahr 1984 hat man ca. 6 Millionen neue Fälle verschiedener STD diagnostiziert, wobei mindestens ebensoviele nicht registriert blieben. Dies Bild spiegelt die Lebensgewohnheiten und die Auffassungen in sexuellen Fragen viel besser wider als viele Worte.

Auch im Hinblick auf früher schon angestellte epidemiologische Erwägungen ist hier die Gegenüberstellung zweier dieser Krankheiten interessant, nämlich Gonorrhoe und AIDS.

Gonorrhoe	AIDS
Gonorrhoe	**AIDS**
Die Gonorrhoe ist alt und wohlbekannt.	AIDS ist neu und sehr unvollständig durchschaut.
Die Gonorrhoe hat eine Inkubationszeit von drei Tagen.	Die Inkubationszeit bei AIDS kann über 10 Jahre betragen.
Die Gonorrhoe gibt in der Regel sehr schnell charakteristische Beschwerden.	Bei AIDS kommt es erst spät zu uncharakteristischen Beschwerden.
Die Gonorrhoe wird von einem Bakterium verursacht.	AIDS ist eine Viruskrankheit.
Gonokokken sieht jeder Arzt leicht in einem normalen Mikroskop.	Das HIV ist auch für Spezialisten mit avancierten Methoden schwer zu entdecken.
Die Gonorrhoe ist leicht zu behandeln (Penicillin).	Für AIDS gibt es noch keine effektive Therapie.
Bei einer Gonorrhoe sucht man den Arzt auf.	Eine Infektion mit dem HIV wird vielfach verheimlicht.
Gonorrhoe wird nicht bei Bluttransfusionen, Organtransplantationen oder mit anderen biologischen Produkten übertragen.	Das HIV verbreitet sich auf allen genannten Wegen.
Für die Handhabung von Gonorrhoe-Erkrankungen gibt es Regeln und Gesetze, die ohne Diskussion allgemein akzeptiert sind. Hierzu gehören das Aufspüren von Kontaktpersonen, Zwangsbehandlung und − bei Bedarf − polizeiliche Maßnahmen.	Für AIDS wird das alles − wenn überhaupt − nur unter ungeheuren Geburtswehen einzuführen und durchzusetzen sein.

All das zusammen spricht dafür, daß wir viel leichter mit der Gonorrhoe zurechtkommen sollten als mit AIDS. Wir haben das nun seit vielen Jahrzehnten mit großem Einsatz, aber vergeblich versucht. Das Resultat ist eigentlich deprimierend. 1984 lag allein in den USA die Zahl der diagnostizierten Neuerkrankungen bei 2 000 000 Fällen. Wie werden wir nun die HIV-Ausbreitung beherrschen, die zum Teil an dieselben Kontaktwege gebunden ist wie die Gonorrhoe, der aber darüber hinaus auch noch andere Verbreitungswege zur Verfügung stehen?

Das AIDS-Problem läßt sich noch auf andere Weise zusammenfassen: Wir sind noch nie von einer Lentivirus-Epidemie betroffen worden. Wir können Viruskrankheiten nicht effektiv behandeln. Impfstoffe versagen gegenüber Viren mit Antigendrift. Wir verstehen den Prozeß des Alterns von Zellen nicht. Wir können keine Chromosomenschäden reparieren. Wir beherrschen die Autoimmunkrankheiten nicht. Wir sind der Krebsentwicklung gegenüber machtlos. Wir können Immundefekte nicht beheben. Wir haben keine Therapie für Hirnatrophien, Enzephalopathien und Demenz.

AIDS nun ist eine Kombination von all diesem: ein Lentivirus mit Antigendrift, welches ins Chromosom schlüpft, das Hirn angreift, das Immunsystem ausschaltet, Krebs hervorruft, T-Zellen und Makrophagen vorzeitig altern läßt. Damit ist es ein Problem von seltenem Schwierigkeitsgrad. Es wird unausweichlich und vorhersagbar wachsen. In Europa stehen wir bisher erst ganz am Anfang einer Ära, die von dieser Epidemie dominiert sein wird.

244

© Boehringer Ingelheim / Dr. K. Thomae, Biberach

Ausblick

Es ist nicht verwunderlich, daß es nur wenige Prognosen über lange Zeiträume gibt. Das Geschehen der nächsten zehn Jahre läßt sich noch einigermaßen schlüssig voraussagen, da es durch die bisher erfolgte Infektionsausbreitung, wenn auch noch unsichtbar, schon festgelegt ist. Was danach kommt, wird in zunehmendem Maße von dem mitbestimmt, was sich erst heute und morgen abspielt — etwa an menschlichen Verhaltensänderungen —, und damit nimmt die Zahl der Unabwägbarkeiten mit der Länge des zu überblickenden Zeitraumes unausweichlich zu. Wir haben versucht zu zeigen, wie man dennoch vernünftige Erwartungen entwickeln kann, nämlich unter Anwendung von Simulationsverfahren, die uns den Einfluß eventueller Veränderungen im Ablauf des Geschehens qualitativ begreiflich und quantitativ abschätzbar machen (Kapitel 16).

Zum Abschluß wollen wir nun den Boden des wissenschaftlich Kontrollierbaren noch einmal für einen Augenblick verlassen und einen gleichsam „futurologischen" Blick in die fernere Zukunft tun. Historisch bleibt selbst das noch verifizierbar oder falsifizierbar, wenn auch vielleicht erst in vielen Jahren. So interessant solch ein Ausblick auch sein mag, man darf nicht aus den Augen verlieren, auf wie schwankendem Boden man bei dieser Art von Spekulationen steht. Da man jedoch gewisse zukünftige Facetten einer uns in erster Linie **heute** bedrängenden Epidemie sichtbar machen kann, sei es hier versucht — unter den obengenannten Vorbehalten.

Es wird infolge der epidemischen AIDS-Ausbreitung schon innerhalb der kommenden Jahrzehnte zu einem deutlich veränderten Sexualverhalten kommen, vermutlich unter Wiederbelebung religiöser Lebenshaltungen. Es ist wahrscheinlich, daß sich dies mit anderen kulturellen und politischen Strömungen überlagert, die einen eher „revisionistischen" Charakter gegenüber den Veränderungen der letzten Jahrzehnte haben. Die Politik, auch die Kulturpolitik, wird sich, mit anderen Worten, unter diesem Druck nach rechts bewegen, was lange und verbitterte Richtungskämpfe auslösen wird.

Es ist wahrscheinlich, daß dies auch für die Gesetzgebung gelten wird. Wenn eine freiwillige Mitarbeit (also die Akzeptanz) der Bevölkerung in diesen lebenswichtigen Fragen auf der Basis von Argumentation und Einsicht nicht zu erreichen ist, werden manche Befürchtungen wahr werden: Bei zunehmendem Angstniveau wird es zu verspäteten, nicht mehr optimal kontrollierten Einschränkungen der individuellen Freiheiten kommen. Auch zu Selbsthilfemaßnahmen wird gegriffen werden. Das Spektrum staatlicher Maßnahmen wird erweitert werden und die allgemeine Freizügigkeit darunter leiden. Es ist schon heute sicher, daß nicht nur Indien, Japan und arabische Länder zu Einreisebeschränkungen, Zertifikaten und Kontrollen greifen werden, sondern daß derartige Maßnahmen in der Spur der HIV-Ausbreitung allmählich in weiten Teilen der Welt zur Routine werden. Das wird für die meisten heute noch umstrittenen Gesetzesvorlagen gelten.

Überhaupt wird es zu einer Aktivierung latenter nationaler Abkapselungstendenzen kommen, die naturgemäß in den wenig betroffenen Ländern und gegenüber den am stärksten betroffenen Regionen am ausgeprägtesten sein werden. Tourismus, Handel und andere internationale Bewegungen werden unweigerlich erschwert.

Im schlimmsten Fall kann es für tropische Hochrisikogebiete zu einer quarantäneartigen Situation kommen. Sollte diese Epidemie auch nur noch 10 Jahre lang frei in Afrika und der Karibik hausen können, dürfte in manchen Ländern bis zu einem Zehntel, nach 15−20 Jahren bis zu einem Fünftel der Bevölkerung verstorben sein — regional zum Teil noch mehr. Die Folgen für die Wirtschaft und die sozialpolitische Struktur dieser Länder sind notwendigerweise verheerend. Das zivilisatorische Niveau wird merkbar sinken und der Hilfsbedarf ins Immense wachsen. Es sind in Afrika zum Teil die mobilen und gut ausgebildeten Menschen, die zuerst von der Seuche erfaßt werden.

Schon innerhalb dieser Zeitspanne sind die Effekte der AIDS-Epidemie auf den Bevölkerungszuwachs merkbar; über einen längeren Zeitraum könnte diese Viruskrankheit sich als das durchschlagendste Korrektiv einer ungezügelten Überbevölkerung erweisen, in seiner Effektivität den schlimmsten Hungerkatastrophen vergleichbar. Sie wird sich dort am meisten auswirken, wo die Zustände slumartig sind, also gerade in den Bevölkerungsschwerpunkten.

Es ist nicht ausgeschlossen, daß dies in der Menschheitsgeschichte zum ersten Mal auf längere Sicht die exponentielle Zunahme der Menschenzahl merkbar abbremst, und zwar in einer Weise, daß sich auch die Repräsentation der verschiedenen Erdteilpopulationen und Rassen markant ändert. Vielleicht wird man in einem Schulbuch des Jahres 2100 einen kleinen Pfeil mit der Beschriftung „AIDS" an einem Knick der entsprechenden Bevölkerungskurven sehen.

Ost und West werden einander näher kommen, denn viele heute wichtige Probleme werden durch AIDS relativiert. Der Osten könnte wissenschaftliche Hilfe benötigen, der Westen neidisch auf die um Größenordnungen bessere Situation etwa der Ostblockstaaten schauen. SDI und Tschernobyl, Flugzeugabschüsse und Verletzungen der Hoheitsgrenzen werden an Bedeutung verlieren. Sehr optimistisch ausgedrückt: Vielleicht erspart uns auf lange Sicht dieses Lentivirus einen Atomkrieg? Das Zusammenrücken von Ost und West jedoch wird von einer zunehmenden Nord-Süd-Spannung begleitet werden. Ob die Wirtschaftskraft des Westens merkbar gebrochen werden wird (über die immensen Kosten für zweckgebundene Forschung und Krankenversorgung hinaus), wird davon abhängen, wie selektiv die weitere HIV-Verbreitung ausfallen wird. Bei optimistischer Beurteilung unserer Aussichten auf angemessene Verhaltensänderungen wird sich dieser Schaden in Grenzen halten. Für diese Erwägungen kommt es sehr darauf an, **wie** sich das Virus über lange Zeiträume hinweg verbreitet.

Bleibt es bei dem, was wir heute wissen, wird das Virus in Industrieländern kaum mehr als einige Prozent der Bevölkerung erreichen, denn die steigende Bereitschaft zu effektiven Eindämmungsmaßnahmen würde allmählich einen Gleichgewichtszustand (*steady state*) in der Durchseuchung erzwingen. Damit wären also weder das Überleben der Bevölkerung als Ganzes noch die Aufrechterhaltung des erreichten technisch-zivilisatorischen Niveaus nennenswert gefährdet.

Anders wäre es, wenn von Beobachtungen an tierischen Lentiviren abgeleitete Befürchtungen hinsichtlich alternativer, wenn auch weniger effektiver Verbreitungswege des Virus sich als begründet erweisen sollten. Die Seuche wäre dann bedeutend schwerer einzudämmen und die Gefährdung weniger vorhersehbar; ein Gleichgewichtszustand würde sich erst später und bei höherer Durchseuchung der Bevölkerung einstellen, und manche zivilisatorische Selbstverständlichkeit, wie etwa das enge Zusammenleben in großstädtischem Milieu, würde in Frage gestellt. Vermutlich würde, wer immer es sich leisten könnte, die Bevölkerungsschwerpunkte verlassen und seinen Arbeitsplatz unter maximaler Ausnutzung moderner Kommunikationsmittel (wie beispielsweise Telefon, Telex, Telefax, Computernetze, Mikrofilme, Videobänder und ähnliches) in dünner besiedelte Gegenden verlegen.

Wo die öffentliche Ordnung und Sicherheit ins Wanken käme (etwa regional in den USA oder in mancher lateinamerikanischen Großstadt durchaus denkbar), würden Privatinitiativen quarantäneartige Lebensräume für Nichtinfizierte schaffen und sichern. Die gefürchtete Ausgrenzung von Virusträgern würde dann kaum mehr überall zu verhindern sein. Egoistisches Verhalten bekäme einen Überlebenswert, wie man es aus früheren Seuchensituationen her kennt.

20.7 Die AIDS-Situation und ihre Wahrnehmung (dargestellt durch den Arzt und Künstler Göran Adevik, Karlsborg).

Bei diesem düsteren, ohne Zweifel pessimistischen Szenario würde sich auf längere Sicht der Schwerpunkt europäischer Kultur gen Osten verlagern können. Die DDR und die Tschechoslowakei etwa würden aus einer Vielzahl von Gründen zu den Erben europäischer Traditionen und Lebensart werden. Prag würde

zum Paris, Dresden zum Frankfurt, Krakau zum Wien und Warschau zum London jener Zeit. Nostalgische Rückblicke auf das „alte Westeuropa" würden zum Thema für Theater und Literatur, geschrieben von zurückgewanderten Flüchtlingen.

Es wäre bei weitem nicht das erste Mal in der Menschheitsgeschichte, daß sich Schwerpunkte aus unvorhergesehenen Gründen verlagerten. Die mangelnde Attraktivität dieser Staaten für Einwanderer zwischen 1950 und 1990, die geringe Mobilität ihrer Bürger, die dichten Grenzen − alles das könnte nach einigen Generationen überraschende Nebenwirkungen zeigen.

Wenn sich nicht innerhalb von etwa zehn Jahren eine medizinische Lösung des AIDS-Problems abzeichnet (Therapie und Impfstoff), wird die Entwicklung so bedrohlich werden, daß es vermutlich zu einer Art „Manhattan-Projekt" der Menschheit zur Bekämpfung dieser Epidemie kommt. Die Phasenverschiebung zwischen dem Geschehen und seiner Bewertung wird noch eine ganze Weile bestehen bleiben und die Situation in mancher Hinsicht unnötig ernst werden lassen. Damit ist auch ein Ende der heftigen Auseinandersetzungen über das, was möglich, und das, was nötig ist, noch nicht abzusehen. Es wird zu einer ausufernden Literatur von verspäteten Analysen und Schuldzuweisungen kommen.

Sollte die Vermutung mancher Virologen richtig sein, diese Epidemie werde uns bis zum Jahr 2050 oder gar bis zum Ende des 21. Jahrhunderts begleiten, spielt sich das sicher in einer Welt ab, die sich von der uns heute vertrauten in einigen wesentlichen Punkten sehr unterscheidet. Die hier skizzierten Gedanken fangen nur Bruchstücke davon ein.

In einer langen, guten Rede mit vorsichtig optimistischem Grundtenor hat R. M. Krause (Wien, April 1984) die AIDS-Problematik von heute mit der Tuberkulose-Situation von vor ziemlich genau 100 Jahren verglichen. Wir können nur hoffen, daß sein abgewogenes Urteil, seine von viel Erfahrung geprägten Überlegungen auch in zwanzig Jahren noch Bestand haben werden und die Analogie zur Tuberkulose sich nicht als irreführend erwiesen haben wird. Zu jenem Zeitpunkt werden sich viele Wolken, die heute unseren Blick behindern, aufgelöst haben.

Bis dahin muß alle Kompetenz, die es zu diesem Thema gibt, ohne Rücksicht auf Prestige und andere ähnliche Motive genutzt werden. Diese Lentivirus-Epidemie erfordert planvolles Handeln, Vorausschau, Kopfzerbrechen und vertrauensvolle Zusammenarbeit. Sie ist eben erst unerwartet aufgetaucht, wird uns unweigerlich noch lange begleiten und ist wirklich unser aller Problem.

Anhang

Mathematische Ableitung des Transienten

Die Gesamtzahl der AIDS-Fälle zum Zeitpunkt t ergibt sich folgendermaßen: Zuerst definiert man $N^*(t)$, die Anzahl der HIV-Träger zur Zeit t. Es ist plausibel, daß der Bruchteil der Infizierten, die AIDS entwickeln, zeitlich konstant ist, d. h.:

$$N(t) = F \cdot N^*(t)$$

$N(t)$ bezeichnet die Anzahl der Virusträger zum Zeitpunkt t, die früher oder später AIDS-krank werden. Der Kürze halber nennen wir $N(t)$ die Anzahl fatal infizierter Virusträger und F die Fatalität.

$P(x)$ sei die Dichte der Wahrscheinlichkeitsverteilung für die Inkubationszeit x. Die Wahrscheinlichkeit, daß ein fatal infizierter Virusträger in dem kleinen Zeitintervall dx, welcher zum Zeitpunkt x anfängt, AIDS entwickelt, ist $P(x) \cdot dx$. Da im besagten Intervall $dN(x) = (dN(x)/dx) \cdot dx$ neue fatale Infektionen vorkommen, wird die (mittlere) kumulative Anzahl AIDS-Patienten zur Zeit t:

José J. González, Grimstad, Norwegen.

$$N_{AIDS}(t) = \int_0^t ds \cdot (dN(s)/ds) \cdot \int_0^{t-s} dx \cdot P(x) \qquad (1)$$

Eine exakte Behandlung erfordert, daß der Ganzzahligkeit von $N(t)$ Rechnung getragen wird. Wir schreiben

$$N(t) = I(\Omega(t))$$

wobei Ω eine kontinuierliche Funktion ist und I aus Heaviside-Funktionen θ zusammengesetzt ist:

$$I(x) = \theta(x-1) + \theta(x-2) + \theta(x-3) + \dots$$

Die Auswertung der Gleichung (1) ergibt

$$N_{AIDS}(t) = \sum_{i=1}^{\Omega(t)} \int_0^{t-\Omega^{-1}(i)} dx \cdot P(x) \qquad (2)$$

wobei wir ausgenutzt haben, daß $d\theta(x)/dx = \delta(x)$ (Dirac's Delta-Funktion). In Gleichung (2) steht Ω^{-1} für die zu Ω inverse Funktion, d. h. wenn $z = \Omega(s)$, dann $s = \Omega^{-1}(z)$.

Eine andere wichtige Größe ist $N_{AIDS}(t|t_0)$, die Anzahl der bis zum Zeitpunkt t_0 Infizierten, welche spätestens zur Zeit t an AIDS erkrankt sind ($t_0 < t$). Eine analoge Berechnung ergibt

$$N_{AIDS}(t|t_0) = \sum_{i=1}^{\Omega(t_0)} \int_0^{t-\Omega^{-1}(i)} dx \cdot P(x) \qquad (3)$$

Wir bezeichnen $N_{AIDS}(t|t_0)$ als die (kumulative) Anciennitätsverteilung der AIDS-Patienten zur Zeit t.

Für nicht zu kleine Werte von t (oder t_0) läßt sich die Ganzzahligkeit von $N(t)$ vernachlässigen. Man erhält näherungsweise

$$N_{AIDS}(t) = \int_0^t ds \cdot N(t-s) \cdot P(s) - N(0) \cdot \int_0^t ds \cdot P(s) \qquad (4)$$

und

$$N_{AIDS}(t|t_0) = \int_0^t ds \cdot N(t-s) \cdot P(s) - \int_0^{t-t_0} ds \cdot N(t-s) \cdot P(s)$$
$$+ N(t_0) \cdot \int_0^{t-t_0} ds \cdot P(s) - N(0) \cdot \int_0^t ds \cdot P(s) \qquad (5)$$

Die numerischen Ergebnisse in dieser Abhandlung sind für den Spezialfall einer Exponentialkurve für Ω (mit $T = $ Verdopplungszeit)

$$\Omega(t) = N_0 \cdot 2^{t/T}$$

und einer Gammaverteilung für P

$$P(x) = \frac{x^{\alpha-1} \cdot \exp(-x/\beta)}{\beta^\alpha \cdot \Gamma(\alpha)}$$

berechnet worden. Die Gleichungen (2) bzw. (3) führen zu

$$N_{AIDS}(t) = \sum_{i=1}^{N_0 \cdot 2^{t/T}} \gamma(\alpha, [t - T \cdot \ln(i/N_0)/\ln 2]/\beta)/\Gamma(\alpha) \qquad (6)$$

und

$$N_{AIDS}(t|t_0) = \sum_{i=1}^{N_0 \cdot 2^{t_0/T}} \gamma(\alpha, [t - T \cdot \ln(i/N_0)/\ln 2]/\beta)/\Gamma(\alpha) \qquad (7)$$

Die Approximationen (4−5) ergeben

$$N_{AIDS}(t) = N_0 \cdot (B/\beta)^\alpha \cdot (\gamma(\alpha, t/B)/\Gamma(\alpha)) \cdot 2^{t/T}$$
$$- \gamma(\alpha, t/\beta)/\Gamma(\alpha) \qquad (8)$$

und

$$N_{AIDS}(t|t_0) = N_0 \cdot (B/\beta)^\alpha \cdot (\gamma(\alpha, t/B)/\Gamma(\alpha)) \cdot 2^{t/T}$$
$$- N_0 \cdot (B/\beta)^\alpha \cdot (\gamma(\alpha, [t-t_0]/B)/\Gamma(\alpha)) \cdot 2^{t/T}$$
$$+ N_0 \cdot 2^{t_0/T} \cdot \gamma(\alpha, [t-t_0]/B)/\Gamma(\alpha)$$
$$- N_0 \cdot \gamma(\alpha, t/\beta)/\Gamma(\alpha) \qquad (9)$$

wo die unvollständige Gammafunktion γ und die Gammafunktion Γ der Definition von Abramowitz und Stegun entsprechen. Die Größe B ist eine Akürzung für

$$B = \beta \cdot T/(\beta \cdot \ln 2 + T)$$

Die Parameter α, β hängen mit dem Mittelwert und der Standardabweichung der Gammaverteilung zusammen:

$$\mu = \alpha \cdot \beta \quad \text{und} \quad \sigma = \beta \cdot \sqrt{\alpha}$$

An der Gleichung (8) läßt sich der Mechanismus des Transienten unmittelbar erkennen.

Danksagung

So ein Buch entsteht nicht ohne großzügige Hilfe von vielen Seiten. Unter allen, die mit organisatorischem Beistand, Informationen oder Bildmaterial dazu beigetragen haben, gilt mein besonderer Dank meinen Kollegen und Mitarbeitern in Karlsborg, vor allem S. Fagerlind, J. Rodén, E. Koch und G. Adevik sowie meiner lokalen (M. Karlsson, I. Vikenros, I. Matthiasson, J. G. Larsson) und regionalen Arbeitsleitung (D. Ahlenius, K. E. Axelsson, S. Axelsson).

Den Centers for Disease Control (CDC) in Atlanta (USA) sei für mehrere Jahre Zusammenarbeit gedankt, für Material aus Datenbanken und Archiven, für Diskussionen und zahlreiche fruchtbare persönliche Kontakte. Mein Dank gilt dort vor allem D. N. Lawrence, P. M. Feorino, J. Ward, K. Lui, T. Dondoro, T. Peterman, J. W. Curran, M. Morgan, E. Palmer, W. Darrow und J. Jason.

Ungewöhnlich verpflichtet bin ich den Mitarbeitern des Robert-Koch-Institutes (RKI) am BGA in Berlin, insbesondere H. Gelderblom für großzügiges Bildmaterial, J. L'age-Stehr (deren frühzeitige und unverbrämte Darstellung der AIDS-Gefahr zwar zahlreiche Leben gerettet, sie aber auch persönlichen Angriffen, selbst auf ihre berufliche Stellung, ausgesetzt hat) für jahrelangen Gedankenaustausch und statistische Unterlagen, R. Kunze, M. Özel, G. Pauli und H. Diringer für Diskussionen, Bildmaterial und Informationen.

Mein besonderer Dank gilt auch H. Frank vom Max-Planck-Institut für Entwicklungsbiologie in Tübingen für die großzügige Überlassung von teilweise noch unveröffentlichtem elektronenmikroskopischen Bildmaterial sowie L. Nilsson, J. Lindberg, E. Kleinwächter, Boehringer Ingelheim International GmbH und der Dr. Karl Thomae GmbH, Biberach a. d. Riß, für Zugang zu dem in seiner Art in der Welt einzigartigen Bildarchiv.

Darüber hinaus danke ich A. Karpas (Cambridge), D. Eichenlaub und H. Pohle sowie zahlreichen weiteren Mitarbeitern des Rudolf-Virchow-Krankenhauses in Berlin, E. B. Helm, W. Stille, S. Staszewski und Mitarbeitern von der Infektionsklinik der Johann-Wolfgang-Goethe-Universität in Frankfurt, K. Johansson, S. Hagman und G. Larsson (medizinische Bibliotheken in Skövde), J. Moosman und der EDV-Abteilung des Skaraborgs läns landstings, Mariestad, sowie der Sandoz AB, Täby (Reisebeitrag zur Atlanta-Konferenz April 1985), und Skandigen (T. Fischer), Stockholm, für vielseitige Unterstützung.

Ganz besonderen Dank schulde ich meinem langjährigen Mentor in allen Fragen der menschlichen Psyche und komplexer Problematik, Dietrich Dörner (Bamberg), dessen Arbeit auf diesem Sektor so umfangreich und originell ist, daß es noch viele Dezennien dauern wird, bis sie verstanden ist, sowie dem vielseitigen Physiker und Mathematiker José J. González, Grimstad (Norwegen), dem es gelingt, noch das schwierigste Thema zu analysieren und exakt zu formulieren. Ohne ihre Hilfe wären heute wesentliche Teile der AIDS-Problematik weniger klar durchschaubar.

Die mehrjährige, aufopfernde Unterstützung meiner Frau und Kollegin Edzia gehört in jeder Hinsicht ebenso zu den unabdingbaren Voraussetzungen für das Entstehen dieses Buches wie die Geduld meiner Kinder — sie halfen und trugen mit.

Hans R. Gelderblom, Robert-Koch-Institut, Berlin.

Lennart Nilsson, Karolinska-Institut, Stockholm.

Dietrich Dörner, Universität Bamberg.

Ferner bin ich folgenden Personen dankbar für ihre Hilfe in verschiedenster Form:

B. Åberg, Stockholm,	J. Blomberg, Lund,	C. Dauguet, Paris,	A.C. Feller, Kiel,
D. Abrams, San Francisco,	K. Boller, Tübingen,	P. Davidsen, Bergen,	A. Fenyö, Stockholm,
F. Alberoni, Mailand,	D. Bolognesi, Raleigh,	R. & M. Davis, Atlanta,	W. Feremans, Brüssel,
R. Ancelle, Paris,	M. Böttiger, Stockholm,	R. de Andres Medina, Madrid,	C. Franzén, Sundsvale,
M. Anderson, London,	A.M.P. Bouillant, Nepean,	A. de la Loma, Madrid,	G. Frenkel, Frankfurt,
A. Andersson, Lund,	L. Braathen, Oslo,	M. Degré, Oslo,	A. Friedman-Kien, New York,
J.A. Armstrong,	H. Briem, Reykjavik,	J. Desmyter, Leuven,	R.C. Gallo, Bethesda,
L. Aryes, Lissabon,	J.B. Brunet, Paris,	W. & I. Desmarowitz, Hamburg,	T. Gardiner, Belfast,
B. Åsjö, Stockholm,	A. Burny, Brüssel,	J.H. Doblough, Oslo,	J. Gerstoft, Kopenhagen,
N.T.J. Bailey, Genf,	B. Bytchenko, Kopenhagen,	R. Dourmashkin, Cambridge,	G. Giraldo, Neapel,
L. Baker, New York,	W. Carswell, Kampala,	E. Drucker, New York,	Y. Glimåker, Töreboda,
F. Barré-Sinoussi, Paris,	J.C. Chermann, Paris,	P. Engelhardt, Helsinki,	F.D. Goebel, München,
N. Bejerot, Stockholm,	S. Conti, Rom,	J.P. Escande, Paris,	M. Gonda, Frederick,
A. Ben-Shmuel, Zürich,	J. Cronstedt, Trelleborg,	P. Espinoza, Fresnes,	H. Gräfin Vitzthum, Frankfurt,
T. Bergström, Göteborg,	A. Dalen, Trondheim,	B. Falck, Lund,	D. Greco, Rom,
H. Bijkerk, Leidschendam,	M. Daniel, Southborough,	E. Fankhanel, San Juan,	N. Gummesson, Stockholm,

A. Haase, Minneapolis,
A. Hahn, München,
H. Halbich, Wien,
H. Halter, Berlin,
J. Hartelius, Stockholm,
Y. Hinuma, Kyoto,
S. Höglund, Uppsala,
P. Huberty-Kraun, Luxemburg,
G. Hunsmann, Göttingen,
G. Jessamine, Ottawa,
K. Joy, Davis,
I. Grosch-Wörner, Berlin,
B. Hofmann, Kopenhagen,
Georg Klein, Stockholm,
Gunnar Klein, Stockholm,
W. Kornaszewski, Kinshasa,
A. Lazzarin, Milano,
M. Lechat, Brüssel,
K. Lennert, Kiel,
H.J. Leu, Zürich,
J.A. Levy, San Francisco,
K. Lidman, Stockholm,
L. Liljas, Uppsala,
B. Lindhardt, Kopenhagen,
S. Litvinjenko, Belgrad,
D. Lynch, Houston,
A. Lystad, Oslo,
R. Marion, New York,
J. Mark, Skövde,
M. Martin, Bethesda,
P.A. Marx, Davis,
U. Mathur-Wagh, New York,
N. Mitchell, Canberra,
F. Mitelman, Lund,
I. Miyoshi, Kochi,
L. Moberg, Stockholm,
Å. Möller, Göteborg,
L. Montagnier, Paris,
B. Moosman, New York,
B. Morein, Uppsala,
J.O. Morfeldt, Stockholm,
L. Morfeldt-Månson, Stockholm,
R. Mostofi, Chicago,
R. Munn, Davis,
R. Nájera, Madrid,
P. Nyhus, Oslo,
B. Öhmann, Göteborg,
R. Olin, Stockholm,
A. Olson, La Jolla,
H. Osterwalder, Hamburg,
U. Osterwalder, Hamburg,
G. Pallesen, Århus,
G. Papaevangelo, Athen,
D. Penington, Melbourne,
D. Petzold, Heidelberg,

A. Rabson, Bethesda,
S. Raner, Göteborg,
R. Redfield, Washington,
P. Reichart, Berlin,
G. Rezza, Rom,
W. Riethmüller, München,
L. Romert, Stockholm,
M.G. Rossman, West Lafayette,
H. Rübsamen-Waigmann, Frankfurt,
E. Sandström, Stockholm,
M. Seiki, Tokio,
G. Selset, Oslo,
A. Schäfer, Berlin,
J. Schneider, Göttingen,
J. Schüpbach, Zürich,
T. Schwartz, Tel Aviv,
H. Sherman, Boston,
G. Skjönberg, Stockholm,
U. Skoglund, Stockholm,
G. Smith, Ottawa,
B. Somaini, Bern,
N. Sönnichsen, Berlin (DDR),
F. Staib, Berlin,
S. Stannat, Hannover,
K. Steele, Bensalem,
J. Stenbeck, New York,
B. Strandberg, Uppsala,
A. Strobant, Brüssel,
P. Sundby, Oslo,
J. Suni, Helsinki,
N. Svensson, Skövde,
K. Tajima, Nagoya,
K. Takatsuki, Kumamoto,
L. Tibbling, Linköping,
H. Tillett, London,
K. Töreci, Istanbul,
A. Vaheri, Helsinki,
S. Valle, Helsinki,
L. Vavik, Stord,
B. Velimirovic, Graz,
B. Wahren, Stockholm,
S. Wain-Hobson, Paris,
J. Walsh, Dublin,
U. v. Welck, München,
L. Wetterberg, Stockholm,
G. Wettrell, Skövde,
M. Whiteside, Miami,
B. Whyte, Sidney,
E. Wiedemann, Hamburg,
S. Winkle, Hamburg,
H. Wolf, München,
K. Wong, Vancouver,
N. Yamamoto, Yamaguchi,
M. Yoshida, Tokio,
H. Zoffmann, Kopenhagen.

Abgesehen von diesen Personen, die alle direkt oder indirekt am Zustandekommen dieses Buches beteiligt sind, gibt es auch solche, ohne deren praktische Mitarbeit ein solches Projekt gar nicht durchführbar wäre. Mit großer Dankbarkeit denke ich hier zurück an den außerordentlichen Einsatz des gesamten Verlages Spektrum der Wissenschaft (Heidelberg).

An der Vorarbeit waren auch G. Monath, Berlin, C. Zink, A. Weimann, T. Spitzer und A. Bedürftig (de Gruyter-Verlag, Berlin) beteiligt.

Ferner unterstützten mich B. und J. Ewers (Markaryd) sowie J. und R. Löfke (Heidelberg) mit ihrem persönlichen und großzügigen Einsatz bei meiner Arbeit.

Die entscheidende sowohl psychologische als auch praktische Unterstützung jedoch — unabdingbare Voraussetzung eines solchen mehrjährigen Vorhabens — verdanke ich dem uneingeschränkten Engagement des schwedischen Carnegie-Instituts und dessen Mentor Carl Langenskiöld. Von dort kam der Wind, der den Funken zur Flamme entfachte, die Idee zur Wirklichkeit machte.

Abkürzungen

Diese Abkürzungsliste ist nicht nur dazu da, das Lesen dieses Buches, sondern auch die Lektüre weiterer AIDS-Literatur zu erleichtern. Daher sind auch manche Abkürzungen aufgeführt, die nicht im Buch vorkommen. Wer zu einem ausführlichen Begriff die Abkürzung sucht, sei auf den Index verwiesen. Abkürzungen für Arzneimittel sind hier nicht angegeben; sie lassen sich in der Tabelle 14.1 auf Seite 148f finden.

A	Adenin
AAV	*AIDS associated virus* (=HIV)
ADA	*American Dental Association*
ADC	*AIDS dementia complex*
ADCC	*antibody-dependent cellular cytotoxicity*
ADRI	*Animal Diseases Research Institute,* Nepean, Kanada
AEF	*allogenic effector factor*
AFLNH	*angiofollicular lymphnode hyperplasia*
AGM	*african green monkey*
AIDS	*acquired immune deficiency syndrome*
AILD	angioimmunoblastische Lymphadenopathie mit Dysproteinämie
AIP	akute interstitielle Pneumonie
AK	Antikörper
ALS	amyotrophische Lateralsklerose
ALV	*avian leukosis virus*
AMA	*American Medical Association*
AmFAR	*American Foundation for AIDS Research*
AML	akute myeloische Leukämie
APAAP	alkalische-Phosphatase-anti-alkalische-Phosphatase
ARC	*AIDS-related complex*
ARID	*AIDS-related immune dysfunction*
art	*antirepression of transactivation* (ein Genabschnitt im Virus-Genom)
ARV	*AIDS-associated retrovirus*
ASF	*African swine fever*
ASFV	ASF-Virus
asx	asymptomatisch
ATL	*adult T-cell-leukaemia*
Atl.-Konf.	AIDS-Konferenz in Atlanta, 14.–17. April 1985
ATLV	ATL-Virus
att	*attachement site* (eine Region im Virus-Genom)
AvMV	*avian myeloblastosis virus*
AvSV	*avian sarcoma virus*
BaEV	*baboon endogenous virus*
BAL	bronchoalveoläre Lavage
BCGF	*B-cell growth factor*
BGA	Bundesgesundheitsamt, Berlin
Bilth.-Konf.	Konferenz über mathematische Modelle zur HIV-Ausbreitung in Bilthoven, 15.–17. Dezember 1986
BIV	*bovine immunodeficiency virus* (=BVLV)
BL	Burkitt-Lymphom
BLL	*Burkitt-like lymphoma*
BLV	*bovine leukosis virus* (=BoLV)
BMC	Biomedizinisches Zentrum, Uppsala
Brü.-Konf.	Konferenz über „African AIDS" in Brüssel, 22.–23. November 1985
BVLV	*bovine visna-like virus* (=BIV)
C	Cytosin
CAEV	*caprine arthritis encephalitis virus*
CD4, -8	T-Zell-Rezeptoren (=T4, T8)
CDC	*Centers for Disease Control,* Atlanta, Georgia

CDSC	*Communicable Disease Surveillance Centre,* London
CEM	Tumorzell-Linie
CF	*chemotactic factor*
CIC	zirkulierender Immunkomplex
cis	ein Onkogen
CJD	Creutzfeldt-Jakob-Krankheit
C-LAV	das Cambridge-Isolat des LAV (=HIV)
CML	chronische myeloische Leukämie
CMV	Zytomegalie-Virus
ConA	Concanavalin A
CR1	ein Erythrozytenrezeptor für Komplement (=E-CR1)
CRESI	complejo relacionado al SIDA (=ARC)
CRIA	kompetitiver RIA
CSF	*colony stimulating factor*
CSR	*caprine syncytial retrovirus*
CTCL	kutanes T-Zell-Lymphom
CVLP	*corona-virus-like particles*
DA	Drogenabhängige *(drug abusers)*
DIB	*dot immunobinding*
DIC	disseminierte intravasale Koagulation
DIF	*differentiation inducing factor*
DNA	Desoxyribonucleinsäure (=DNS)
DTH	*delayed type hypersensitivity* (Überempfindlichkeitsreaktion vom verzögerten Typ)
DUNHL	diffuses undifferenziertes NHL
EBB	endobronchiale Biopsie
EBV	Epstein-Barr-Virus
E-CR1	Erythrozytenrezeptor für Komplement (=CR1)
EGMA	*eosinophil growth and maturation activity*
EIA	*enzyme-linked immunosorbent assay* (kommerzieller ELISA-Test)
EIA	*equine infectious anemia virus*
EITB	*enzyme-linked immunoelectric transfer blot*
ELAS	*extended LAS*
ELAVIA	*enzyme-linked LAV-immunoassay*
ELISA	*enzyme-linked immunosorbent assay*
EM	Elektronenmikroskopie
ENI	*Electro-Nucleonics Industry*
env	*envelope* (ein Genabschnitt im Virus-Genom)
erb	ein Onkogen
erv-1	ein endogenes Retrovirus
Fab	*fragment antigen binding* (der zum Antigen orientierte Teil eines Immunglobulins)
FAF	*fibroblast activating factor*
FAIDS	*feline AIDS* (Katzen-AIDS)
Fc	*fragment crystalline* (der nicht zum Antigen orientierte, sich mit dem Fc-Rezeptor verbindende Teil eines Immunglobulins), auch Bezeichnung für den entsprechenden Rezeptor einer Killerzelle
FD	*follicular dendritic cell* (spezialisierte Makrophagen in Lymphknoten)
FeLV	*feline leukaemia virus*
fes	ein Onkogen
FLV	*Friend leukaemia virus* (=FMuLV)
FMuLV	*Friend murine leukaemia virus*
FOB	fiberoptische Bronchoskopie
FSGS	fokale segmentale Glomerulosklerose
FTLV	*feline T-lymphotropic lentivirus* (FIV?)
G	Guanin
gag	*group-antigen* (ein Genabschnitt im Virus-Genom)
GaLV	*gibbon associated leukaemia virus* (=GALV)
GBS	Guillian-Barré-Syndrom
GHL	*generalised hyperplastic lymphadenopathy*

GLP	generalisierte Lymphadenopathie
GLV	*goat leukoencephalopathy virus*
gp	Glykoprotein (z. B. gp41, gp120)
GRID	*gay-related immunodeficiency*
GS	*Genetic Systems*
GTP	Guanosintriphosphat
HBLV	*human B-lymphotropic virus*
HCW	*health care worker* (Pflegepersonal)
HD	*Hodgkin's disease* (=Hodgkin-Lymphom)
HeLa	maligne Zell-Linie (benannt nach einem Patienten)
HIV	*human immunodeficiency virus*
HL	Hodgkin-Lymphom; auch: *hairy leukoplakia* (=OHL)
HL23	ein vermutetes „humanes Leukämievirus" (Gallo), das sich später als eine Mischung aus drei Affenviren erwies
HLA	*human leucocyte antigen*
HPV	*human papilloma virus*
H-ras	ein Onkogen
HS	Homosexuelle
HSP	heterosexuelle Partner
HSV	Herpes-simplex-Virus (-1, -2)
HTDV	*human teratoma derived virus*
HTLV	*human T-cell lymphoma/leukemia virus*, jetzt: *human T-lymphotropic virus (-I, -II, -III, -IV)*
IAP	*intracisternal A-particle*
ICA	*immune complex assay*
IDAV	*immune deficiency associated virus (-1, -2)*
IDS	*inhibitor of DNA synthesis*
IF	*immunofluorescence*
IF-alpha	Alpha-Interferon
IFA	*immunofluorescence assay*
IFN	Interferon, manchmal nur IF (z. B. IF-alpha)
Ig	Immunglobulin (IgA, IgD, IgE, IgG-1, -2, -3, -4, IgM)
IL	Interleukin (-1, -2, -3)
ILS	*ideopathic lymphadenopathy syndrome*
IMI	*indirect membrane-immunofluorescence*
int	*integrase* (ein Genabschnitt im Virus-Genom innerhalb der pol-Region)
IP	Immuno-Peroxidase-Test
IPA	Immuno-Peroxidase-Antikörper-Test
ISCOM	immunstimulierender Komplex
ISH	immature (unreife) Sinushistiozyten
ITP	ideopathische Thrombozytopenie
iv	intravenös
IVDA	injizierende Drogenabhängige *(intravenous drug abusers)*
K-Zelle	Killerzelle
kD	KiloDalton (Dalton ist die Einheit für das Molekulargewicht)
Ki-ras	ein Onkogen
KS	Kaposi-Sarkom *(Kaposi's sarcoma)*
KSS	russisch für ARC
LA	Lupus anticoagulans
LAIDS	*lesser AIDS*
LAS	Lymphadenopathiesyndrom
LAV	*lymphadenopathy virus*, jetzt: *lymphadenopathy/AIDS virus*
LED	Lupus erythemathodes disseminatus
LEF	*leucocyte migration enhancing factor*
Leu	Bezeichnung von Antigeneigenschaften bei der Zelltypisierung
LGL	*large granular lymphocyte*
LHS	*lymphoid hyperplasia syndrome*
LIA	*luminescence immunoassay*
LIF	*leucocyte migration inhibitory factor*

LIP	lymphatische/lymphozytäre interstitielle Pneumonie
LNS	*lymphnode syndrome*
lor	*long open reading frame* (ein Genabschnitt im Virus-Genom)
LPR	*lymphocyte proliferative response*
LT	Lymphotoxin
LTR	*long terminal repeat* (*redundancy*, der Endabschnitt des Virusgenoms)
MACS	*Multicenter AIDS Cohort Study*
MAF	*macrophage activating factor*
MAI	*Mycobacterium avium/intracellulare*
MF	Mycosis fungoides
MFF	*macrophage fusion factor*
MGL	milderer Grad von Lymphadenopathie
MHC	*major histocompatibility complex*
MIF	*macrophage migration inhibitory factor*
MLNS	*mucocutaneous lymphnode syndrome* (*Kawasaki's disease*)
MLR	*mixed lymphocyte responses*
MLV	*murine leukemia virus* (=MuLV)
MMTV	*mouse mammary tumor virus*
MMuLV	*Moloney murine leukemia virus*
MMWR	*Morbidity and Mortality Weekly Report* (Veröffentlichung der CDC)
Mo-MuLV	siehe MMuLV (auch MoMLV)
mos	ein Onkogen
MPI	Max-Planck-Institut
MPMV	*Mason-Pfizer monkey virus*
MRI	*magnetic resonance imaging*
mRNA	*messenger RNA* (=Boten-RNA)
MS	Multiple Sklerose
MSV	*murine sarcoma virus*
MTOC	*microtubular organizing complex*
MuLV	*murine leukemia virus*
MVB	*multivesicular bodies*
MVV	Maedi-Visna-Virus
myc	ein Onkogen
NAS	*National Academy of Science*, USA
NCI	*National Cancer Institute*, Bethesda, Maryland
Nea.-Konf.	Konferenz über AIDS in Neapel, 6.–8. Dezember 1985
NHL	Non-Hodgkin-Lymphom
NIAID	*National Institute of Allergy and Infectious Diseases*, Bethesda, Maryland
NIDA	*National Institute of Drug Abuse*, Washington, DC
NIF	*neutrophil migration inhibitory factor*
NIH	*National Institute of Health*, Bethesda, Maryland
NK-Zelle	*natural-killer*-Zelle
NKCF	*natural killer cytotoxic factor*
NMR	*nuclear magnetic resonance*
NPC	*nuclear pore complex*
OAF	*osteoclast activating factor*
OHL	*oral hairy leukoplakia*
OI	opportunistische Infektion
OKT	monoklonale Antikörper für die Typisierung von T-Zellen
OLB	offene Lungenbiopsie
onc	Onkogen
orf	*open reading frame* (ein Genabschnitt im Virus-Genom)
p	Protein (z. B. p17, p24)
PALS	*prison acquired lymphadenopathy syndrome*
PAS	Paraaminobenzoesäure
PCM	*protein calorie malnutrition*
PCP	*Pneumocystis carinii*-Pneumonie

251

PCV	*porcine circovirus*		T_c	zytotoxische T-Zelle
PDGF	*platelet derived growth factor*		T_{cs}	*T-contrasuppressor-cell*
PET	Positronen-Emissions-Tomographie		T_d	*delayed type hypersensitivity T-cell*
PFA	Phosphonoameisensäure (-formiat)		T_{fr}	*feedback regulator T-cell*
PFC	*plaque forming cells*		T_h	T-Helferzelle
PGE	Prostaglandin-E (-1, -2)		T_s	T-Suppressorzelle
PGL	*persistent generalised lymphadenopathy*		**tat**	*transactivation of transcription* (eigentlich: *post-transcription*), jetzt: *transactivator* (ein Genabschnitt im Virus-Genom)
PHA	Phytohaemagglutinin			
PLH	*pulmonary lymphoid hyperplasia*			
plnn	pathologische Lymphknoten		**TBB**	transbronchiale Biopsie
PLS	*persistent lymphadenopathy syndrome*		**TBE**	*tick-borne encephalitis*
PML	progressive multifokale Leukoenzephalopathie		**Tbc**	Tuberkulose (auch verkürzt: Tb)
pO₂	Partialdruck des Sauerstoffs (etwa im Blut)		**TCGF**	*T-cell growth factor* (=Interleukin-2)
pol	*polymerase* (ein Genabschnitt im Virus-Genom)		**TCLL**	*T-cell chronic lymphatic leukemia*
PPD	*purified protein derivate*, kutaner Tuberkulintest		**THF**	*assorted antigen specific helper factors*
prion	Prusiners Bezeichnung für ein vermutetes infektiöses Protein		**THX**	Thymusextrakt
			TLCL	*T-cell lymphosarcoma cell leukemia* (entspricht dem ATL in Japan)
prt	*protease* (ein Genabschnitt im Virus-Genom)			
PWA	*person with AIDS*		**TNF**	*tumor necrosis factor*
PWM	*poke weed mitogen*		**TNHL**	*T-cell non-Hodgkin's lymphoma*
pX	ein Genabschnitt im Virus-Genom		**TRF**	*T-cell replacing factor*
ras	ein Onkogen		**tRNA**	Transfer-RNA
RES	reticuloendotheliales System		**trs**	*transactivation of splicing*
RIA	*radioimmunoassay*		**TSF**	*assorted antigen specific suppressor factors*
RIP	siehe RIPA		**TSP**	*tropical spastic paraparesis*
RIPA	*radioimmuno precipitation assay*		**UCG**	Ultraschall-Cardiographie
RKI	Robert-Koch-Institut, Berlin		**USPHS**	*United States Public Health Service*
RNA	Ribonucleinsäure (= RNS)		**VEEV**	*Venezuelan equine encephalitis virus*
RNP	Ribonucleoprotein		**VIP**	*vasoactive intestinal peptide*
RSV	Rous-Sarkom-Virus		**VLP**	*virus-like particles*
RVK	Rudolf-Virchow-Krankenhaus, Berlin		**VZV**	Varicella-zoster-Virus
RT	Reverse Transkriptase		**Wash.-Konf.**	Konferenz über AIDS in Washington, 1.−5. Juni 1987
SAF	*scrapie associated fibrils*			
SAIDS	*simian AIDS* (Affen-AIDS)		**WB**	*Western blot*
SBL	Staatliches Bakteriologisches Laboratorium, Stockholm		**ZKBS**	Zentrale Kommission für die biologische Sicherheit bei der Neukombination von Nukleinsäuren
SCI	Schwedisches Carnegie-Institut, Stockholm			
SCID	*severe combined immunodeficiency*		**ZNS**	Zentralnervensystem
SDS-PAGE	*sodium dodecyl sulfate polyacrylamide gel electrophoresis*			
SEM	*scanning electron microscopy* (Rasterelektronenmikroskopie)			
SHML	*sinus histiocytosis with massive lymphadenopathy*			
SIDA	syndrôme d'immunodéficit acquis (franz.), síndrome de inmunodeficiencia adquirida (span.)			
SIRS	*soluble immune response suppressor*			
SIS	*skin immune system*			
sis	ein Onkogen			
SiSV	*simian sarcoma virus*			
SIV	*simian immunodeficiency virus*			
SLE	systemischer Lupus erythematodes (=LED)			
SMoRV	*squirrel monkey retrovirus*			
sor	*short open reading frame* (ein Genabschnitt im Virus-Genom)			
SPID	russisch für AIDS			
src	ein Onkogen			
SRF	*skin reactive factor*			
SRV	*simian retrovirus*			
SS	Sézary-Syndrom			
STD	Geschlechtskrankheit *(sexually transmitted disease)*			
STLV	*simian T-lymphotropic virus (-I, -III)*			
SVA	Statens Veterinärmedicinska Anstalt, Uppsala			
T4, T8	T-Zell-Rezeptoren (=CD4, CD8), benutzt zur Klassifikation von Thymuslymphozyten (T_h- bzw. T_s- und T_c-Zellen)			

Literatur

Die Literaturliste wurde ursprünglich zum ersten schwedischen AIDS-Buch (1985) zusammengestellt und dann fortlaufend aktualisiert. Bei der Überarbeitung des Buches für die jetzt vorliegende deutsche Ausgabe sind im laufenden Text etliche Verweise gestrichen worden, um den Lesefluß zu erleichtern, zumal vieles allmählich zum gesicherten Wissen gerechnet wird und keiner Quellenangabe mehr bedarf. Die Literaturstellen jedoch, soweit von historischem Interesse, sind nicht durchgehend entfernt worden, um den Wert dieses umfangreichen Verzeichnisses für Zwecke des Nachschlagens nicht zu vermindern. Auch sind weiterführende Quellen genannt für denjenigen, der einem Teilthema oder dem Werk eines Autors weiter nachgehen möchte.

In manchen Titeln sind die immer wiederkehrenden Ausdrücke wie „acquired immune deficiency syndrome" und „human immunodeficiency virus" aus Platzgründen verkürzt (so etwa zu A I D S oder zu H I V), dann aber gesperrt geschrieben worden, damit man sie von den Originalakronymen (also AIDS und HIV) unterscheiden kann. Die in erster Linie für Zahnmediziner relevanten Titel sind mit * gekennzeichnet.

Aaronson RP, Blobel G: Isolation of nuclear pore complexes in association with a lamina — Proc Natl Acad Sci 1975, 72: 1007-11

Abb J, Deinhardt F: Human interferon-alpha production in homosexual men with the A I D S — J Infect Dis 1984, 150(1): 158

Abita JP, Cost H, Milstein S, Kaufman S, Saimot G: Urinary neopterin and biopterin levels in patients with AIDS and ARC — Lancet 1985, Jul 6: 51-2

Ablin RJ, Gonder MJ: Immunological abnormalities in South African homosexuals — a non-infectious cofactor? — SAMJ 1985, 67(Jan 12): 40-1

Abramowicz M, Stegun IA (eds): Handbook of Mathematical Functions — Dover Publ, New York 1972

Abrams DI: Lymphadenopathy in male homosexuals — Adv Host Def Mech 1985, 5: 75-97

Abrams DI: Lymphadenopathy related to the A I D S in homosexual men — Med Clin North Am 1986, May (70): 693-706

Abramson SB, Odajnyk CM, Grieco AJ, Weissmann G, Rosenstein E: Hyperalgesic pseudothrombophlebitis — Am J Med 1985, 78: 317-20

Acheson ED: AIDS: a challange for the public health — Lancet 1986, Mar 22: 662-6

* ADA (American Dental Association): Facts about AIDS for dental professionals — Council on Dental Therapeutics. Oct 1985, 7pp

* ADA (American Dental Association): Council on Dental Therapeutics and Council on Prosthetic Services and Dental Laboratory Relations. Guidelines for infection control in the dental office and the commercial laboratory — J Am Dent Assoc 1985, 110: 969-72

Adachi A, Koenig S, Gendelman H, DAugherty D, Gattoni-Celli S, Fauci A, Martin M: Productive, persistent infection of human colorectal cell lines with H I V — J Virol 1987, 61, Jan: 209

* Ahtone J, Goodman RA: Hepatitis B and dental personnel: transmission to patients and prevention issues — J Am Dent Assoc 1983, 106: 219-22

Akoun GM, Mayaud CM, Milleron BJ, Perrot JY: Drug-related pneumonitis and drug-induced hypersensitivity pneumonitis — Lancet 1984 Jun 16: 1362

Alberts B, Bray D et al. (eds): Molekularbiologie der Zelle — VHC, Weinheim 1986, 1310pp

Alizon M, Montagnier L: LAV: genetic organization and relationship to animal lentiviruses — Anticancer Res 1986, May-Jun (6): 403-11

Alizon M, Wain-Hobson S, Montagnier L, Sonigo O: Genetic variability of the AIDS virus: nucleotide sequence analysis of two isolates from African patients — Cell 1986, Jul 4 (46): 63-74

Alter JH, Eichberg JW, Masur H, Saxinger WC, Gallo R, Macher AM, Lane HC, Fauci AS: Transmission of HTLV-III infection from human plasma to chimpanzees: An animal model for AIDS — Science 1984, 226: 549-52

Alter M, Francis D et al.: Evidence of reduced AIDS-associated risk behavior in homo/bisexual men but not in heterosexuals or iv drug users in 4 widely dispersed US counties — Washinton-Konf. 1987, Jun 1-5

AmFAR (American Foundation for AIDS Research): AmFAR Directory of Experimental Treatments for AIDS & ARC — Liebert, New York 1987, 122pp

Amit AG, Mariuzza RA, Phillips SEV, Poljak: Three-dimensional structure of an antigen-antibody complex at 2.8 Å resolution — Science 1986, 233, Aug 15: 747-53

Ammann AJ: Is there an A I D S in infants and children? — Pediatrics 1983, 72(3): 430-2

Ammann AJ: Etiology af AIDS — JAMA 1984, 252(10): 1281-2

Ammann AJ: The A I D S in infants and children — Ann Int Med 1985, 103: 724-7

Ammann AJ, Levy JA: Laboratory investigation of pediatric A I D S — Clin Immunol Immunopathol 1968, Jul (40): 122-7

Anderson GR: Children and AIDS: Implications for child welfare -Child Welfare 1984, 63(1): 63-73

Anderson I: On AIDS hysteria — New Scientist 1987, Feb 26: 73

Anderson RE, Levy JA: Prevalence of antibodies to AIDS-associated retrovirus in single men in San Francisco — Lancet 1985, Jan 26: 217

Anderson RM, May RM: Plotting the spread of AIDS — New Scientist 1987, Mar 26: 54-9

Anderson RM, May RM, Medley GF, Johnson AM: A preliminary study of the transmission dynamics of the human immunodeficiency virus (HIV), the causative agent of AIDS — J Math Appl Med Biol, subm

Andersson A, Klinge B, Warfvinge K: New views on the construction of human gingival epithelium — J Clin Periodontol 1987, 14: 63-7

Andersson A, Sjöborg S, Elofsson R, Falck B: The epidermal indeterminate cell — a special celltype? — Acta Derm-venerol 1981, 61, suppl 99: 41-8

Andreani T, Modigliani R, le Charpentier Y, galian A, Brouet JC, Liance M, Lachance JR, Messing B, Vernisse B: Acquired immunodeficiency with intestinal cryptosporidiosis: possible transmission by Haitian whole blood — Lancet 1983, May 28: 1187-91

Angarano G, Pastore G, Monno L, Santantonio T, Luchena N, Schiraldi O: Rapid spread of HTLV-III infection among drug addicts in Italy — Lancet 1985, Dec 7: 1302

* Anneroth G, Anneroth I, Lynch D: AIDS — etiologi, epidemiology, kliniska manifestationer och dentala implikationer — Tandläkart 1986, 78(20): 1053-69

* Anneroth G, Anneroth I, Lynch DP: A I D S in the United States in 1986: etiology, epidemiology, clinical manifestations, and dental implications — J Oral Maxillofac Surg 1986, Dec (44): 956-64

Anonymus: AIDS in Africa — AIFO 1987, 2(1): 5-25

Antonen J, Ranki A, Valle SL, Seppälä E, Vapaatalo H, Suni J, Krohn KJE: The value of immunological monitoring in HIV-infection: A two-year follow-up of 232 homo- och bisexuella män — Clin Immunol Immunopathol, in Druck

Antonio J: The AIDS cover-up? Ignatius Pr, San Francisco 1987, 253pp

Aoki T, Miyakoshi H, Usuda Y, Cherman JC, Barré-Sinoussi F, Ting RC, Gallo RC: Antibodies to HTLV III in sera from two Japanese patients, one with possible pre-AIDS — Lancet 1984, Oct 20: 936-7

Armstrong JA: Research developments in AIDS — Med J Austr 1984, 141(9): 556-7

Armstrong JA, Dawkins RL, Horne R: Retroviral infection of accessory cells and the immunological paradox in AIDS — Immunol Today 1985, 6(4): 121

Armstrong JA, Horne R: Follicular dendritic cells and virus-like particles in AIDS-related lymphadenopathy — Lancet 1984, Aug 18: 370-2

Armstrong S: Sexually transmitted diseases — World Health 1985, Nov: 3-5

Artalejo FR, Alberto JM, Alvarez FV, Laguarta AB, Caballero JG: Predicting AIDS cases — Lancet 1986, Feb 15: 378

Arya SK, Gallo RC: Three novel genes of human T-lymphotropic virus type: immune reactivity of their products with sera from A I D S patients — Proc Natl Acad Sci USA, 1986, Apr (83): 2209-13

Arya SK, Gallo RC, Hahn BH, Shaw GM, Popovic M, Salahuddin SZ, Wong-Staal F: Homology of genome of AIDS-associated virus with genomes of human T-cell leukemia virus — Science 1984, 225(Aug 31): 927-30

Arya SK, Guo C, Josephs SF, Wong-Staal F: Transactivator gene of H T L V-III — Science 1985, Jul 5: 69-73

Arya SK, Beaver B, Jagodzinski L, Ensoli B, Kanki PJ, Albert J, Fenyö, EM, Biberfeld G, Zagury JF, Laure F, Essex M, Norrby E, Wong-Staal F, Gallo RC: New human and simian HIV-related retroviruses possess functional transactivator (tat) gene — Nature 1987, 328, Aug 8: 548-50

Åsjö B, Morfeldt-Månson L, Albert J, Biberfeld G. Karlsson A, Lidman K, Fenyö EM: Replicative capacity of human immunodeficiency virus from patients with varying severity of HIV infection — Lancet 1986, Sep 20 (2): 660-2

Åsjö B, Morfeldt-Månson L, Albert J, Biberfeld G, Karlsson A, Lidmann K, Fenyö EM: Differences in the replicative capacity of AIDS-virus isolated from patients with varying clinical conditions — im Druck

Atlanta-Konferenz: Proceedings from the International Conference on A I D S, Atlanta 1985, 14-17 Apr — Ann Int Med 1985(103): 653-790

Atlantic Underwriters: HTLV-III(HIV) — life underwriting manual — Bensalem, PA, 1986: 21pp

Auffray C, Novotny J: Speculations on sequence homologies between the fibronectin cell-attachment site, major histocompatibility antigens, and a putative AIDS virus polypeptide — Hum Immunol 1986, Apr (15): 381-90

Autran B, Gorin I, Leibowitch M, Laroche L, Escande JP, Hewitt J, Marche C: AIDS in a Haitian woman with cardiac Kaposi's sarcoma and Whipple's disease — Lancet 1983, Apr 3: 767-8

Bach MC, Bothby JA: Dementia associated with H I V with a negative ELISA — N Engl J Med 1986, 315, Oct 2: 891-2

Bachmann W: Seuchenrechtliche Aspekte der HIV-Infektion — AIFO 1987, 2(2): 100-4

* Bagga BSR, Murphy RA, Anderson AW, Punwani I: Contamination of dental unit cooling water with oral microorganisms and its prevention — J A Dent Assoc 1984: 712-6

Bailey NTJ: Stochastic birth, death and migration processes for specially distributed populations — Biometrika 1968, 55, Mar: 189-98

Bailey NTJ: A perturbation approximation to the simple stochastic epidemic in a large population — Biometrika 1968, 55, Mar: 199-209

Bailey NTJ, Thomas AS: The estimation of parameters from population data on the general stochastic epidemic — Theor Popul Biol 1971, Sep 2: 253-70

Bailey NTJ: Introduction to the modelling of venereal disease — J Math Biol 1979, Okt 3: 301-23

Bailey NTJ: The structural simplification of an epidemiological compartment model — J Math Biol 1982, 14: 101-16

Bailey NTJ: Clinical data bases, statistics, and epidemiological modelling in policy analysis for disease control — AAMSI Workshop on Technology Assessmant of Medical Informatics, Washington, 1986, Oct 27, abstr

Bakeman R, Lumb JR, Jackson RE, Smith DW: AIDS risk-group profiles in whites and members of minority groups — N Engl J Med 1986, Jul 17: 191-2

Baker L et al.: Unsuspected H I V in critically ill emergency patients — J Am Med Ass 1987, May 15 (257): 2609-11

Baker LN, Gold JWM: Prospective collection of specimen to study the pathogenesis of AIDS — The Lindsley F Kimball Res Inst, Technical Report 1986, Nov 26: 13pp

Ball SE, Hows JM, Worsley AM, Luzzatto L, Chu AC, Meacham R, Morris J, Cheinsong-Popov R, Weiss RA, Tedder R: Seroconversion of H T L V — III in patients with haemophilia: a longitudinal study — Br Med J Clin Res 1985, Jun 8: 1705-6

Baltimore D: RNA-dependent DNA-polymerase in virions of RNA tumor viruses — Nature 1970, 226: 1209-11

Barban V, Qurat G, Sauze N, Filippi P, Vigne R, Russo P, Vitu C: Lentiviruses are naturally resident in a latent form in long-term ovine fibroblast cultures — J Virol 1984, 52(2): 680-2

Barbieri D, Gualandi M, Tassinari MC, Scapoli G, Guerra G: B-cell lymphomas in two HIV positive heroin addicts — Lancet 1986, Nov 1: 1039

Barin F, Goudeau A, Romet-Lemonne JL, Choutet P, Chassaigne M: Virus carriage in symptom-free blood donor positive for HTLV-III antibody letter — Lancet 1985, Jul 13: 98

Barnes DM: AIDS research in new phase — Science 1986, 233, Jul 18: 282-3

Barnes DM: Will an AIDS vaccine bankrupt the company that makes it? — Science 1986, Sep 5 (233): 1035

Barnes DM: Mystery disease at Lake Tahoe challenges virologists and clinicians — Science 1986, 2324, Oct 31: 541-2

Barnes DM: Brain damage by AIDS under active study — Science 1987, 235, Mar 27: 1574-7

Barr C, Torosian J: Oral manifestations in inpatients with AIDS or AIDS-related complex — Lancet, 1986, Aug 2: 288

Barré-Sinoussi F, Chermann JC, Rey F, Nugeyre MT, ChaMaret S, Gruest J, DAuguet C, Axler-Blin C, Vézinet-Brun F, Rouzioux C, Rozenbaum W, Montagnier L: Isolation of a T-lymphotropic retrovirus from a patient at risk for A I D S — Science 1983, 220(May 20): 868-71

* **Barré-Sinoussi F, Nugeyre MT, Chermann JC:** Resistance of AIDS virus at room temperature — Lancet 1985, Sep 28: 721-2

Barrett DJ: Characterization of the A I D S at the cellular and molecular level — Molec Cell Biochem 1984, 63(3): 3-11

Barry M, Mellors J, Bia F: Haiti and the AIDS connection — J chron Dis 1984, 37(7): 593-5

Bartholomew C, Raju C, Patrick A, Penco F, Jankey N: AIDS on Trinidad — Lancet 1984, Jan 14: 103

Bass SJ: Ocular manifestations of AIDS — J Am Optometr Ass 1984, 10(10): 765-9

Batchelor JR: Genetic role in autoimmunity — Triangle (Sandoz) 1984, 23(3): 77-83

Baumann UA, Anabitarte M: Zellulärer Immundefekt und Polylymphadenopathie bei männlichen Sexualpartnern einer an AIDS verstorbenen Frau — Schweiz med Wschr 1984, 114(12): 415-8

Baumann UA, Somaini B: AIDS — Die übertragbare Immundefektkrankheit — VASA 1984, 13(2):94-7

Baxby D, Blundell N: Sensitive, rapid, simple methods for detecting cryptosporidium in faeces — Lancet 1983, Nov 12: 1149

Bayer H, Bienzle U, Schneider J, Hunsmann G: HTLV-III antibody frequency and severity of lymphadenopathy — Lancet 1984, Dec 8: 1347

Bayley AC: Aggressive Kaposi's sarcoma in Zambia, 1983 — Lancet 1984, Jun 16: 1318-20

Bayley AC, Cheingsong-Popov R, Dalgleish AG, Downing RG, Tedder RS, Weiss RA: HTLV-III serologi distinguishes atypical and endemic K S in Africa — Lancet 1985, Feb 16: 359-61

Bazan JF, Fletterick RJ, Prusiner SB: AIDS virus and scrapie protein genes — Nature 1987, 325, Feb 12: 581

Beardsley T: Dispute over AIDS patent priority — Nature 1984, 310: 174

Beardsley T: Virus clones multiply — Nature 1984, 311: 195

Beardsley T: French virus in the picture — Nature 1986, Apr 17: 563

Beaudenon S, Kremsdorf D, Croissant O, Jablonska S, Wain-Hobson S, Orth G: A novel type of human papillomavirus associated with genital neoplasias — Nature 1986, May 15: 246

Beck EJ, Cunningham DG, Moss, VW, Harris JRW, Pinching AJ, Jeffries DJ: HIV testing: changing trends at a clinic for sexually transmitted diseases in London — Br Med J 1987, 295, Jul 18: 191-5

* **Becker J, Behem J, Lönig T, Reichart PA, Geerlings H:** Quantitative analysis of immunocompetent cells in human normal oral and uterine cervical mucosa, oral papillomas and leukoplakias — Arch oral Biol 1985, 30(3): 257-64

* **Becker J, Ulrich P, Kunze R, Gelderblom H, Kuntz A, Pohle HD, Koch MA, Reichart P:** Nachweis und Verteilung von HIV-Strukturproteinen, T-Lymphozyten und Langerhans-Zellen in der Mundschleimhaut von HIV-infizierten Patienten — Bundesgesbl 1986, 29(11): 357-61

* **Becker J, Ulrich P, Kunze R, Gelderblom HR, Kuntz A, Koch MA, Reichart P:** Immunohistochemical detection of HIV structural proteins and distribution of T-lymphocytes and Langerhans cells in the oral mucosa of HIV infected patients — Am J Pathol, im Druck

Becker JL, Hazna O, Nugeyre MT et al.: Infection of insect cell lines by HIV, agent of AIDS, and evidence for proviral DNA in insects — CR Acad Sci 1986, 303: 303-6

Becker WB: HTLV-III infection in the RSA — S Afr Med J 1986, Oct 11 (Suppl): 26-7

Beckstead JH, Wood GS, Fletcher V: Evidence for the origin of Kaposi's Sarcoma from lymphatic endothelium — Am J Pathol 1985, 119(29: 294-300

Behan WM, Burt AD: HTLV-III seropositivity in AIDS — Lancet 1984, Jun 9: 1292

Bejerot N: Aktuell toxikomaniproblematik — Läkart 1965, 62: 4231-8

Bejerot N: Drug abuse and drug policy — Acta Psychiatr Scand 1975, suppl 256, 277pp

Bejerot N: Missbruk av alkohol, narkotika och frihet — Ordfront, Stockholm 1978

Bejerot N: AIDS - handlingsförlamning eller epidemibekämpning? - Socialmed Tidskr 1987, 67, 5-6: 262-65

Belani A, Dutta D, Rosen S, Berg R, Sigelman S, Dunning R, Jiji V, Levin ML, Glasser D, Baker S: AIDS in a hospital worker — Lancet 1984, Mar 24: 676

Beldekas JC, Levy EM, Black P, Von Krogh G, Sandström E: In vitro effect of foscarnet on expansion of T-cells from people with LAS and AIDS — Lancet 1985, Nov 16: 1128-9

Belino ED, Ezeifeka GO: Maedi-visna antibodies in sheep and goats in Nigeria — Vet Rec 1984, Jun 9: 570

Belkin G: The physician's role in the politics of AIDS — Engl J Med 1987, 316(24): 1548

Bell J: The thin latex line against disease — New Scientist 1987, Feb 26: 58-62

Ben-Ishai Z, Haas M, Triglia D, Lee V, Nahmias J, Bar-Shany S, Jensen FC: H T L V - I antibodies in Falashas and other ethnic groups in Israel — Nature 1985, 315: 665-6

Bender, K: Das HLA-System — Biotest Diagnostics, Frankfurt 1983, 105 pp

Benezech M, Rager P, Larche-Mochel M: Hygiene and information problems posed by certain epidemic diseases (viral hepatitis, AIDS) in town prisons — Arch Malad Prof de Med Trav Sec Soc 1986, 47: 282

Benn S, Rutledge R, Folks T, Gold JW, Baker L, McCormick J, Feorino PM, Piot P, Quinn T, Martin M: Genomic heterogenity of AIDS retroviral isolates from north America and Zaire — Science 1985, 230, 22 Nov: 949-51

Bennett SJ, Rao TKS, Friedman EA: Renal disease and the A I D S — Ann Int Med 1985, 102(2): 274-5

Benveniste RE, Arthur LO, Tsai CC, Sowder R, Copeland TD, Henderson LE, Oroszlan S: Isolation of a lentivirus from a macaque with lymphoma: comparison with HTLV-III/LAV and other lentiviruses — J Virol 1986, Nov (60), 483-90

Berezney R, Coffey DS: Identification of a nuclear protein matrix — Biochem Biophys Res Commun 1974, 60: 1410-7

Berezney R: Dynamic properties of the nuclear matrix — In: Busch H (ed): The Cell Nucleus; — Academic Pr, New York 1979, Vol 7: 413-56

Bergquist R: Dalig prognos och avsaknad av effektiv behandling — fara för riskgrupper vid kronisk kryptosporidios — Läkart 1985, 82(5): 292-4

Bergquist R, Morfeldt-Månson L, Pehrson PO, Petrini B, Wasserman J: Antibody against Encephalitozoon cuniculi in Swedish homosexual men — Scand J Infect Dis 1984, 16: 389-91

Berken A: AIDS: neither new nor transmissible? — New York St J Med 1984, Sep: 440-1

Berlin OGW, Zakowski P, Bruckner DA, Clancy MN, Johnson BL: Mycobacterium avium: a pathogen of patients with A I D S — Diagn Microbiol Infect Dis 1984, 2: 213-8

Berlyne SA, Rubin J, Adler AJ: Dialysis in AIDS patients — Nephron 1986, 44: 265-6

Bernhard W: The detection and study of tumor viruses with the electron microscope — Cancer Res 1960, 20: 712-27

Bernstein LJ, Rubinstein A: A I D S in infants and children — Prog Allergy 1986, 37: 194-206

Bernstein WB, Scherokman B: Neuroleptic malignant syndrome in a patient with A I D S — Acta Neurol Scand 1986, Jun (73): 636-7

Berridge MJ: Die Signalübertragung in der Zelle — In: Krebs — Tumoren, Zellen, Gene, Spektrum d Wiss, Heidelberg 1986: 90-100

Berthier A, Chamaret S, Fauchet R, Fonlupt J, Genetet N, Gueguen M, Pommereuil M, Ruffault A, Montagnier L: Transmission of H I V in haemophilic and non-haemophilic children living in a privat school in France — Lancet 1986, Sep 13: 598-601

Besmer P, Murphy JE, George PC, Qiu F, Bergold PJ, Lederman L, Snyder HW, Brodeur D, Zuckerman EE, Hardy WD: A new acute transforming feline retrovirus and relationship of its oncogene v-kit with the proteine kinase gene family — Nature 1986, Apr 3: 415-20

Bevan MJ: Class discrimination in the world of immunology — Nature 1987, 325, Jan 25: 192-4

BGA: Das Erworbene Immundefektsyndrom (A I D S) — Ratschläge an Ärzte — BGA-Merkblatt 43, Dtsch Ärzteverlag, Köln 1983-1985

Biberfeld G: HTLV-III antikroppar hos svenska män utsatta för AIDS-risk — Läkart 1984, 81(32): 2811

Biennial Conference on Chemotherapy of Infectious Diseases and Malignancies — München 26-29 Apr 1987, Proceedings

Bienz K: Herpesinfektionen: Virologische Aspekte — Verh Dtsch Ges Inn Med 1984, 90(1): 19-23

Biggar RJ: The AIDS problem in Africa — Lancet 1986, Jan 11: 79-82

Biggar RJ, Gigase PL, Melbye M, Kestens L, Sarin PS, Bodner AJ, Demedts P, Stevens WJ, Paluku L, Delacollette C, Blattner WA: Elisa HTLV retrovirus antibody reactivity associated with malaria and immune complexes in healthy africans — Lancet 1985, Sep 7: 520-3

Biggar RJ, Horm J, Fraumeni JF, Greene MH, Goedert JJ: Incidence of Kaposi's sarcoma and mycosis fungoides in the U S including Puerto Rico 1973-81 — JNCI 1984, 73(1): 89-94

Biggar RJ, Melbye M, Ebbesen P, Alexander S, Nielsen JO, Sarin P, Faber V: Variation in H T L V-III antibodies in homosexual men : Decline before onset of illness related to A I D S — Brit Med J 1985, 291: 997-8

Biggar RJ, Melbye M, Kestens L, Sarngadharan MG, de Feyter M, Blattner WA, Gigase PL: Kaposi's sarcoma in Zaire is not associated with HTLV-III infection — N Engl J Med 1984, 311(16): 1051-2

Biggar RJ, Melbye M, Kestens L et al.: Seroepidemiology of HTLV-III antibodies in a remote population of eastern Zaire — Br Med J 1985, 290: 808-10

Bilthoven-Konferenz: EC Workshop on Mathematical Modelling of AIDS, RIVM, Bilthoven 1986, Dec 15—17 — Proceedings, im Druck

Bird AG, Codd AA, Collins A: Haemophilia and AIDS — Lancet 1985, Jan 19: 162-3

Birx DL, Redfield R, Tosato G: Defective regulation of Epstein-Barr virus infection in a patient with A I D S or AIDS-related disorders — N Engl J Med 1986, Apr 3: 874-9

Bishop JM: The molecular biology of RNA tumor viruses: A physician's guide — N Engl J Med 1980, 303: 675-82

Bishop JM: Tricks with tyrosine kinases — Nature 1986, 319(Feb 27): 722-3

Bishop JM: The molecular genetics of cancer — Science 1987, 235, Jan 16: 305-11

Bittner JJ: Some possible effects of nursing on the mammary gland tumor incidence in mice — Science 1936, 84: 162

Black JL: Sharing of needles among users of intravenous drugs — N Engl J Med 1986, Feb 13: 446-7

Black PH: HTLV-III, AIDS, and the brain — N Engl J Med 1985, Dec 12, 1538-40

Blackman E, Vimadalal S, Nash G: Significance of gastrointestinal cytomegalovirus infection in homosexual males − Am J Gastroenterol 1984, 79(12): 935-40

Blaser MJ: A I D S possible arthropod-borne − Ann Int Med 1986, 99(6): 877

Blattner WA, Blayney DW, Robert-Guroff M, Sarngadharan MG, Kalyanaraman VS, Sarin PS, Jaffe ES, Gallo RC: Epidemiology of human T-cell leukemia/lymphoma virus − J Infect Dis 1983, 147(3): 406-16

Blattner WA, Gibbs WN, Saxinger C, Robert-Guroff M, Clark J, Lofters W, Hanchard B, Campbell M, Gallo RC: Human T-cell leukemia/lymphoma virus-associated lymphoreticular neoplasia in Jamaika − Lancet 1983, Jul 9: 61-4

Blattner WA: Etiology and prevention of A I D S: the path of interdisciplinary research − J Chronic Dis 1986, 39: 1125-44

Blazsek I, Mathé G: Interleukins and immunosuppressive factors: a regulatory system? − Biomed Pharmacother 1983, 37: 258-65

Blobel G: Gene gating: a hypothesis − Proc Natl Acad Sci 1985, 82, Dec: 8527-9

Block E: AIDS - en tidsinställd bomb − NU 1987, 1: 24-7

Blombäck M, Nilsson IM, Wiechel B, Stiegendahl L, Biberfeld G: Information till de blödarsjuka patienterna − SBL/Koaglab informationsblad 1984 11 16

Blomberg J, Klasse PJ, Kjellén L, Daniel MD: Anti-STLV-III-mac reactivity in HIV seropositive individuals in Sweden − Lancet 1986, Aug 9

Bloom BR: AIDS vaccine strategies − Nature 1987, 327, May 21: 193

Blumenfeld W, Beckstead JH: Angioimmunoblastic lymphadenopathy with dysproteinemia in homosexual men with A I D S − Arch Pathol Lab Med 1983, 107: 567-9

Boccia RV, Gellmann EP, Baker CC, Marti G, Longo DL: A hemolytic-uremic syndrome with the A I D S − Ann Int Med 1984, 101(5): 716-7

Bock KD: AIDS − die unbewältigte Herausforderung − AIFO 1987, 2(7): 357-63

Bock KD, Goebell H, Hager W, Meesman W, Messer B, Paar D, Reinwein D: AIDS − Zusehen oder Handeln? − Memorand, Univ Klin Essen, 1987, Feb 16

Bockman JM, Kingsbury DT, McKinley MP, Bendheim PE, Prusiner SB: Creutzfeldt-Jakob disease prion proteins in human brains − N Engl J Med 1985, 312(2): 73-8

Bohan CA, Rando RF, Pellett P, Srinivasan A, Luciw P: Herpesviruses possible cofactors in AIDS pathogenesis − in Vorb

Boiteux F, Vilmer E, Girot R, Muller JY, Rouzioux C, ChaMaret S, Montagnier L: Lymphadenopathy syndrome in two thalassemic patients after LAV contamination by blood transfusion − N Engl J Med 1985, 312(10): 648-9

Bolan B: The message to gay men re „safe sex" and antibody testing − AAPHR Newsletter 1980, Nov

Boldogh I, Beth E, Huang ES, Kyalwazi SK, Giraldo G: Kaposi's sarcoma. IV. Detection of CMV DNA, CMV RNA and CMNA in tumor biopsies − Int J Cancer 1981, 28: 469-74

Bolger GB, Stamberg J, Kirsch IR, Hollis GF, Schwarz DF, Thomas GH: Chromosome translocation t(14;22) and oncogene (c-sis) variant in a pedigree with familial meningioma − N Engl J Med 1985,312(9): 564-7

Boller K, Frank H, Löwer J, Löwer R, Kurth R: Structural organization of unique retrovirus-like particles budding from human teratocarcinoma cell lines − J gen Virol 1983, 64: 2549-59

Bolognesi DP, Montelaro RC, Frank H, Schäfer W: Assembly of typ c oncornaviruses: a model − Science 1978, 199 (Jan 13): 183-6

* Bond WW, Peterson NJ, Favero MS, Ebert JW, Maynard JE: Transmission of type B viral hepatitis B via eye inoculation of a chimpanzee − J Clin microbiol 1982, 15: 533-2

Bonner R, Alexander WJ, Dismukes WE, App W, Griffin FM, Little R, Shin MS: Disseminated histoplasmosis in patients with the A I D S − Arch Intern Med 1984, 144(Nov): 2178

Boone DC: The world hemophilia AIDS center − Plasm Quart 1984, winter:100

Boothe AD, van der Maaten MJ: Ultrastructural studies of a visna-like syncytia-producing virus from cattle with lymphocytosis − J Virol 1974, 13(1): 197-204

Borkowsky W, Krasinski K, Paul D, Moore T, Bebenroth D, Chandwani S: H I V-infections in infants negative for anti-HIV by enzyme-linked immunoassay

Bos JD, Kapsenberg ML: The skin immune system − Imm Today 1986, 7(7+8): 235-40

Botha MC, Jones M, De Klerk WA, Yamamoto N, Kobayashi S: HTLV-I-reactive antibody in the northern and eastern Transvaal − S Afr Med J 1985, 67: 707

Bottone EJ, Toma M, Johansson BE, Wormser GP: Capsule-deficient cryptococcus neoformans in AIDS patients − Lancet 1985,Feb 16: 400

Bottone EJ, Wormser GP: Capsule-deficient cryptococci in AIDS − Lancet 1985, Sep 7: 553

Bottone EJ, Wormser GP, Duncanson FP: Nontyphoidal salmonella bacteriemia as an early infection in AIDS − Diagn Microbiol Infect Dis 1984, 2: 247-50

Bouillant AMP, Becker SAWE: Ultrastructural comparison of oncovirinae (type C), spumavirinae, and lentivirinae: three subfamilies of retroviridae found in farm animals − JNCI 1984, 72(5): 1075-9

Bowen B, Steinberg J, Laemmli UK, Weintraub H: The detection of DNA-binding proteins by protein blotting − Nucleic Acids Res 1980, 8(1): 1-20

Bowen DL, Lane HC, Fauci AS: Immunopathogenesis of the A I D S − Ann Int Med 1985, Nov: 704-10

Braun MJ, Gonda MA: Is scrapie PrP27-30 related to AIDS virus? − Nature 1987, 325, Jan 8: 113

Braun R, Kühn J: Immunmodulation durch Herpes-Simplex- und Zytomegalievirus − Umschau 1986(12): 632-6

Braun-Falco O, Brunner R: Das disseminierte Kaposi-Sarkom bei HIV-Infektion − AIFO 1987, 2(2): 66-74

Brede HD, Hehlmann R et al.: (eds): AIDS-Aktuell − Loseblattausgabe, RS Schulz, Percha 1987, 500pp

Brendan AL, Purifoy DJM, Powell KL, Darby G: Site-specific mutagenesis of AIDS virus reverse transcriptase − Nature 1987, June 25 (327): 716-7

Brenner MB, McLean J, Scheft H, Riberdy J, Ang SL, Seidman JG, Devlin P, Krangel MS: Two forms of the T-cell receptor gamma protein found on peripheral blood cytotoxic T lymphocytes − Nature 1987, 325, Feb 19: 689-94

Brettle RP: Non-A,non-B hepatitis and intravenous immunglobulin − Lancet 1985, Jan 5: 51

Brinson RR: Hypoalbuminemia, diarrhea and the A I D S − Ann Int Med 1985, 102(3): 413

Britton CB, Mesa-Tejada R, Fenoglio CM, Hays AP, Garvey GG, Miller JR: A new complication of AIDS: thoracic myelitis caused by herpes simplex virus − Neurology 1985, Jul: 1071-4

Britton CB, Miller JR: Neurological complications in A I D S − Neurol Clin 1984, 2(2): 315-39

Broder S: T cell proliferation and ablation. A biology spectrum of abnormalities induced by the human T cell lymphotropic virus group − Prog Allergy 1986, 37: 224-43

Brodt HR, Helm EB, Werner A, Jötten A, Bergmann L, Küver A, Stille W: Verlaufsbeobachtungen bei Personen aus AIDS-Risikogruppen bzw. mit LAV/HTLV-III-Infektion − In: Helm EB et al.(eds): AIDS II, Zuckschwerdt, München 1986: 63-76

Brookmeyer R, Gail MH: Minimum size of the A I D S epidemic in the United States − Lancet, Dec 6: 1320-2

Brooks HL, Downing J, McClure JA, Engel HM: Orbital Burkitt's Lymphoma in a homosexual man with acquired immune deficiency − Arch Ophthalmol 1984, 102(Oct): 1533-7

Brown F: Human immunodeficiency virus − Science 1986, 232: 1486

Brs P: Public health action in emergencies caused by epidemics − WHO, Geneva 1986, 287pp

Bruce-Chwatt LJ: Infection, immunity, and blood transfusion − Brit Med J 1984, 288(Jun): 1782-3

Brun-Vézinet F, Rouzioux C, Montagnier L et 18: Prevalence of antibodies to lymphadenopathy-associated retrovirus in African patients with AIDS − Science 1984, 226(Oct): 453-6

Brunet JB: AIDS-surveillance in Europe − WHO, Report No 8, Graz Meeting 7 − 9 Apr 1986: 17pp

Brunner R, Ring J, Braun-Falco O: Kaposi-Sarkom bei erworbenem Immunmangelsyndrom − In: Helm EB et al.(eds): AIDS II, Zuckschwerdt, München 1986: 188-91

Brüssel-Konferenz: Brussels International Symposium on African AIDS, 22-23 Nov 1985 − Programme and abstracts, Brussels 1985

Buchanan DJ, Dowing RG, Tedder RS: HTLV-III antibody positivity in Zambian copper belt − Lancet 1986, Jan 18: 155

Budiansky S: AIDS-screening: False test results raise doubts − Nature 1984, 312: 583

Bundesministerium für Forschung und Technologie (BMFT): AIDS − Eine Herausforderung an die Wissenschaft − Bonn 1986, Jan: 72 pp

Burger H, Weiser B, Robinson WS, Lifson J, Engleman E, Roucioux C, Brun-Vézinet F, Barré-Sinoussi F, Montagnier L, Chermann JC: Transient antibody to L A V/H T L V- III and T-lymphocyte abnormalities in the wife of a man who developed the A I D S − Ann Int Med 1985, 103: 545-547

Burke DS, Brundage JF, Bernier W, Gerdner LI, Redfield RR, Gunzenhauser J, Voskovitch J, Herbold JR: Demography of HIV infections among civilian applicants for military service in four counties in New York − NY State J Med 1987, 87, 5: 262-4

Burke DS, Brundage JF, Herbold JR, Bernier W, Gardner LI, Gunzenhauser JD, Voskovitch J, Redfield RR: H I V infections among civilian applicants for U S military service, October 1985 to March 1986 − N Engl J Med 1987, 317, Jul16: 131-6

Burke DS, Redfield RR: False-positive Western Blot tests for antibodies to HTLV-III − JAMA 1986, Jul 18: 347

Burke DS, Redfield RR: Classification of infections with H I V (letter) − Ann Intern Med 1986, Dec (105): 968

Burkes RL, Meyer PR, Gill PS, Parker JW, Rasheed S, Levine AM: Rectal lymphoma in homosexual men − Arch Intern Med 1986, May (146): 913-5

Burmester GR, Gramatzki M, Müller-Hermelink HK, Solbach W, Djawari D, Kalden JR: Dissociation of helper/inducer T-cell functions: Immunodeficiency associated with mycobacterial histiocytosis − Clin Immunol Immunopath 1984, 30: 279-89

Burnet M: Die Mechanismen der Immunität − In: Immunsystem, Spektrum d Wiss, Heidelberg 1987: 12-22

Burns SM, Hergreaves FD, Collacott IA, Inglis JM: Incidence of hepatitis B markers in HIV seropositive and seronegative drug misusers − Corron Dis Scot 197, 21: 7-8

Burny A: AIDS virus: more and better trans-activation − Nature 1986, May 22-28 (321): 378

Burny A, Bruck C, Chantrenne H, et al.: Bovine leukemia virus: molecular biology and epidemiology − New York: Raven Press 1980: 231-89

Bursztyn EM, Lee BCP, Bauman J: CT of A I D S − AJNR 1984, 5(Nov): 711-4

Burt AD, Scott G, Shiach CR, Isles CG: A I D S in a patient with no known risk factors: a pathological study − J Clin Pathol 1984,37: 471-4

Burton M: AIDS and female circumcision − Science 1986, 231: 1236

Butler WM, Armstrong WA: Pregnancy and sinus histiocytosis with massive lymphadenopathy − Ann Int Med 1985, 102(2): 278

i3**Butler WM, MbFarland JA, Puckett JB:** Sinus histiocytosis with massive lymphadenopathy complicated by a hyperviscosity syndrome − Plasma Therapy 1986, 3(4): 442-3

Bye LL, Puckett S, Amory J: The design and evaluation of an effective AIDS risk reduction education program: The San Francisco Model − Report for the Internat Conf, Paris, Jun 1986, p-475

Bygbjerg IC: AIDS in a Danish surgeon (Zaire, 1976) − Lancet 1983, Apr 23: 925

Cabane J, Thibierge E, Godeau P, Moreau A, Wattiaux MJ: AIDS in a apparently risk-free woman − Lancet 1984, Jul 14: 105

Caiazza SS: Alternative sites for screening blood for antibodies to AIDS virus (Letter) − N Engl J Med 1985, 313(18): 1158

Calabrese LH, Profitt MR, Rehm S, Lederman M, Carey JT, Houser HB, Edmonds K, Ellner JJ: Lack of correlation between promiscuity and seropositivity to HTLV-III from a low-incidence area for AIDS − N Engl J Med 1985, 312(19): 1256-7

Calabrese LH, Gopalakrishna KV: Transmission of HTLV-III infection from man to woman to man — N Engl J Med 1986, 314(15): 987

Calvert JE: A function for IgD? − Imm Today 1986, 7(5): 136-7

Cameron HD Jr: A I D S: review of epidemiology − J Okla State Med Assoc 1986, Jan (79): 11-6

Cameron P: Corrected statistical analysis suggests casual transmission of AIDS in the African study of the C D C − Psychol Reports 1987, 60 (1), Feb.: 177-8

Cameron P: HIV seroconversion and homosexual men — Can Med Assoc 1987, 136(7): 689-90

Cameron P, Proctor K, Coburn W jr, Forde N: Sexual orientation and sexually transmitted disease — Nebr Med J 1985, 70(8): 292-9

Carey J: The rivalry to defeat AIDS − US News & World Report 1986, Jan 13: 67-8

Carini L, Mereggaglia LD, Galli C, Segalini G, Strada M, Jones J, Witte MH, Witte CL: Retroperitoneal nodal aplasia, asplenia, chylous effusion and lymphatic dysplasia: an A I D S? − Lymphology 1985, 18(1): 31-6

Carlson JR, Hinrichs SH, Bryant M, Levy M, Yamamoto J, Yee J, Gardner MB, Higgins J, Peterson N, Holland P: HTLV-III antibody screening of blood bank donors − Lancet 1985, Mar 2: 523-4

Carlson JR, Hinrichs SH, Levy NB, Gardner MB, Holland P, Pedersen NC: Evaluation of commercial AIDS screening test kits − Lancet 1985, i: 1388

Carne CA, Adler MW: Neurological manifestations of H I V infection − Br Med J (Clin Res) 1986, Aug 23 (293): 462-3

Carne CA, Tedder RS, Smith A et al.: Acute encephalopathy coincident with seroconversion for anti-HTLV-III − Lancet 1985, (2): 1206-8

Carne CA, Weller IV, Sutherland S, Cheinsong-Popov R, Ferns RB, Williams P, Mindel A, Tedder R, Adler MW: Rising prevalence of H T L V -III infection in homosexual men in London

Carswell JW, Sewankambo N, Lloyd G, Downing RG: How long has the AIDS virus been in Uganda? (letter) − Lancet 1986, May 24 (1): 1217

Casareale D, Volsky DJ; The T4 lymphocyte in AIDS − N Engl J Med 1985, 313(22): 1415

Casjens (ed): Virus structure and assembly − Jones and Bartlett 1985, 295pp

Castro KG, Hardy AM: A I D S: An epidemiologic and clinical overview − J MAG 1984, 73: 537-42

Castro KG, Hardy AM, Curran JW: The A I D S: epidemiology and risk factors for transmission − Med Clin North Am 1986, May (70): 635-49

Catovsky D, Greaves MF, Rose M et al.: Adult T-cell lymphoma/leukemia in blacks from the West Indies − Lancet 1982, i: 639-42

Catovsky D, Matutes E, Moss V, Brito-Babapulle V: T-cell leukaemias with „helper" phenotype in adults − Lancet 1985, Oct 26:945-6

Cavaille-Coll M, Messiah A, Klatzmann D, Rozenbaum W, Lachiver D, Kernbaum S, Brisson E, Chapuis F, Blanc C, Debré F, Gluckman JC: Critical analysis of T cell subset and function evaluation in patients with persistent generalized lymphadenopathy in groups at risk for AIDS − Clin Exp Immunol 1984, 57, 511-9

CDC: Pneumocystis pneumonia − Los Angeles − MMWR 1981, 30, June 5: 250-2

CDC: Kaposi's sarcoma and Pneumocystis pneumonia among homosexual men − New York City and California − MMWR 1981, 30, july 3: 305-8

CDC: Follow-up on Kaposi's sarcoma and pneumocystis pneumonia − MMWR 1981, 30, Aug 28: 409-10

CDC: Persistent, generalized lymphadenopathy among homosexual males − MMWR 1982, 31, May 21: 249-52

CDC: Epidemiologic aspects of the current outbreak of Kaposi's sarcoma and opportunistic infection − N Eng J Med 1982, 306: 248-52

CDC: Diffuse, undifferentiated non-Hodgkin's lymphoma among homosexual males − United States − MMWR 1982, 31(21): 277-9

CDC: A cluster of Kaposi's sarcoma and *Pneumocystis carinii* pneumonia among homosexual male residents of Los Angeles and Orange Counties − California − MMWR 1982, 31, June 18: 305-7

CDC: Opportunistic infections and Kaposi's sarcoma among Haitians in the United States − MMWR 1982, 31, July 9: 353-61

CDC: *Pneumocystis carinii* pneumonia among persons with hemophilia A − MMWR 1982, 31, July 16: 365-7

CDC: Possible transfusion-associated acquired immune deficiency syndrome (AIDS) − California − MMWR 1982, 31, Dec 10: 652-54

CDC: Unexplained immunodeficiency and opportunistic infections in infants − New York, New Jersey, California − MMWR 1982, 31, Dec 17: 665-7

CDC: Immunodeficiency among female sexual partners of males with A I D S − New York − MMWR 1983, 31, Jan 7: 697-8

* CDC: Acquired immunodefiency syndrome (AIDS): precautions for health-care workers and allied professionals − MMWR 1983, 32: 450-1

CDC: Disseminated Mycobacterium bovis infection from BCG vaccination of a patient with A I D S − MMWR 1985, 34(16): 227-8

CDC: Changing patterns of AIDS in haemophilia patients − US − MMWR 1985, 34(17): 241-3

CDC: Revision of the case definition of A I D S for national reporting − United States − MMWR 1985, 34(25): 373-5

CDC: Results of H T L V III test kits reported from blood collection centers − U S, April 22 − May 19, 1985 − MMWR 1985, 34(25): 375-6

CDC: Imported Dengue Fever − United States, 1984 − MMWR 1985, 34(31): 488-9

CDC: Isolation of H T L V-III/ L A V from serum proteins given to cancer patients − Bahamas − MMWR 1985, 34(31): 489-91

CDC: Update: A I D S − Europe − JAMA 1985, 253(8): 1106-10

CDC: Education and foster care of children infected with H T L V-III/L A V − MMWR 1985, 34(34): 517-21

CDC: Recommendations for preventing possible transmission of H T L V-III/L A V from tears − MMWR 1985, 34(34): 533-4

CDC: Update: Revised public health service definition of persons who should refrain from donating blood and plasma − U S − MMWR 1985, 34(35): 547-8

* CDC: Oral viral lesion (hairy leukoplakia) associated with A I D S − MMWR 1985, 34(36): 349-30

CDC: Update: A I D S in the San Francisco Cohort Study, 1978-1985 − MMWR 1985, 34(38): 573-5

* CDC: Update: Evaluation of H T L V-III/L A V infection in health-care personnel − U S − MMWR 1985, 34(38): 575-8

CDC: Tuberculosis − U S, first 39 weeks, 1985 − MMWR 1985, 34(40): 625-6

* CDC: Recommendations for preventing transmission of infection with H T L V- III/L A V in the workplace − MMWR 1985, 34(45): 682-95

CDC: Recommendations for assisting in the prevention of perinatal transmission of H T L V-III/L A V and A I D S − MMWR 1985, 34(49): 721-32

CDC: 1985 STD Treatment Guidelines − MMWR 1985, 34(4 suppl), 34pp

* CDC: Apparent transmission of H T L V-III/ L A V from a child to a mother providing health care − MMWR 1986, 35(5): 76-9

* CDC: Recommended infection-control practices for dentistry − MMWR 1986, 35 (Apr 18): 237-42

CDC: H T L V-III/L A V antibody testing at alternative test sites − CDC MMWR 1986, 35 (May 2): 284-7

CDC: Classification system for H T L V-III/L A V infections − MMWR 1986, 35(20): 334-9

CDC: Recommendations for providing dialysis treatment to patients infected with H T L V-III/L A V − MMWR 1986, June 13 (35): 376-78, 383

CDC: Transfusion-associated H T L V-III/L A V infection from a seronegative donor − Colorado − MMWR 1986, June 20 (35): 398-91

CDC: Reports on AIDS, published in the MMWR Jun 1981-May 1986 − CDC, Atlanta 1986, 178pp

CDC: Diagnosis and management of mycobacterial infection and disease in persons with H T L V-III/L A V infection − MMWR 1986, July 18 (35): 448-52

CDC: Tuberculosis and A I D S − Florida − MMWR 1986, 35(37): 587-90

CDC: A I D S in Western Palm Beach County, Florida − MMWR 1986, Oct 3 (35): 609-12

CDC: A I D S among blacks and Hispanics − United States − MMWR 1986, Oct 24 (35): 655-8, 663-6

CDC: Surveillance of hemophilia-associated A I D S − MMWR 1986, 35(43): 669-71

CDC: Positive H T L V-III/L A V antibody results for sexually acitve female members of social/sexual clubs − Minnesota − MMWR 1986, Nov 14 (35): 697-99

CDC: Update: A I D S − United States − MMWR 1986, Dec 12 (35): 757-66

CDC: Reports on AIDS, Jun-Dec 1986 − Atlanta 1987, 41pp

* CDC: Update: H I V infections in health-care workers exposed to blood of infected patients − MMWR 1987 36 (19):285-89

CDC: Current trends: Increases in primary and secondary syphilis − U S − MMWR 1987, 36 (25, Jul 3): 393-7

CDSC: Sexually transmitted disease surveillance in Britain: 1983 − Br Med J 1985, 291: 528-30

Cech TR: RNA als Enzym − Spektrum d Wiss 1987, Jan: 42-51

Chakrabarti L, Guyader M, Alizon M, Daniel MD, Desrosiers RC, Tiollais P, Sonigo P: Sequence of S I V from macaque and its relationship to other human and simian retroviruses — Nature 1987, 328, Aug 6: 543-7

Chamberland ME, Castro KG, Haverkos HW, Miller BI, Thomas PA, Reiss R, Walker J, Spira TJ, Jaffe HW, Curran JW: A I D S in the U S: an analysis of cases outside high incidence groups − Ann Int Med 1984, 101: 617-23

Chambon P: Gestückelte Gene: ein Informationsmosaik − In: Erbsubstanz DNA, Spektrum d Wiss, Heidelberg 1985, 82-95

Chan AY, Ng WD: First case of AIDS in Hong Kong − JAMA 1985, Aug 9: 751

Chan E, Ohno T, Perts WP, Kufe DW, Sweet RW, Spiegelman S, Gallo RC, Gallagher RE: Characterization of a virus (HL23V) isolated from cultured acute myelogenetic leukaemic cells − Nature 1975, 260: 266-8

Chan J, McKitrick JC, Klein RS: Mycobacterium gordonae in the A I D S − Ann Int Med 1984, 101(3): 400

Chandra P, Chandra A, Demirhan I, Gerber T: Chemotherapeutic approaches in the control of the A I D S - AIFO 1987, 2(4): 196-206

Chandrasekar Ph, Molinori Ja: Oral candidiasis: forerunner of acquired immunodeficiency syndrome (AIDS)? Oral Surg 1985, 60: 532-4.

Charles C, Reyes S, Mohammed H, Bain BC, Grall GA: A I D S in a Jamaican − W I Med J 1984, 33: 130-2

Chastel C: Lentiviruses, AIDS and insects − Brit Med J 1986, 293, Jul 12: 140

Chayt K, Harper M, Marselle L, Lewin E, Rose R, Oleske J, Epstein L, Wong-Staal F, Gallo RC: Detection of HTLV-III RNA in lungs of patients with AIDS and pulmonary involvment − JAMA 1986, 256, Nov 7: 2356

Cheingsong-Popov R, Weiss RA, Dalgleish A, Tedder RS, Shanson DC, et 14: Prevalence of antibody to human T-lymphotropic virus type III in AIDS and AIDS-risk patients in Britain − Lancet 1984, Sep 1: 477-80

Chen IS, Wachsman W, Rosenblatt JD, Cann AJ: The role of the x gene in HTLV associated malignancy − Cancer Surv 1986, 5: 329-42

Chermann JC, Barré-Sinoussi F, DAuguet C, Brun-Vézinet F, Rouzioux C, Rozenbaum W, Montagnier L: Isolation of a new retrovirus in a patient at risk for A I D S − Antibiot Chemother 1984, 32: 48-53

Chiodi F, Åsjö B, Fenyö EM, Norkrans G, Hagberg L, Albert J: Isolation of H I V from cerebrospinal fluid of antibody-positive virus carrier without neurological symptoms (letter) − Lancet 1986, Nov 29 (2): 1276-7

Chiu IM, Yaniv A, Dahlberg JE, Gazit A, Skuntz SF, Tronick SR, Aaronson SA: Nucleotide sequence evidence for relationship of AIDS retrovirus to lentiviruses − Nature 1985, 317(Sep 26): 366-8

Chorba T, Jason J, Ramsey R, Lechner K, Pabingen-Fasching I, McDougal J, Kalyanaraman V, Cabradilla C, Tregillus L, Lawrence DN, Evatt BL: HTLV-I antibody status in haemophilia patients treated with factor VIII concentrates prepared from US plasma sources and in haemophilia patients with AIDS − Thrombosis and Haemostasis, Stuttgart 1986

Chosa T, Yamamoto N, Koyanagi Y, Kohno M, Nagata K, Hinuma Y: Nature of antigens (ATLMA) on the surface of adult T-cell leukemia virus-carrying cells as revealed by membrane immunofluorescence − Microbiol Immunol 1984, 28: 451-60

Chosa T, Yamamoto N, Tanaka Y, Koyanagi Y, Hinuma Y: Infectivity dissociated from transforming activity in a human retrovirus, adult T-cell leukemia virus (ATLV) − Gann 1982, 73: 844-7

Church JA, Allen JR, Stiehm ER: New scarlet letter(s), pediatric AIDS − Pediatrics 1986, 77: 423-7

Church JA, Lewis J, Spotkov JM: IgG subclass deficiencies in children with suspected AIDS − Lancet 1984, Feb 4: 279

Ciancolo GJ, Copeland TD, Oroszlan S, Snyderman S: Inhibition of lymphocyte proliferation by a synthetic peptide homo- logous to retroviral envelope proteins − Science 1985, Oct 25: 453-5

Ciancolo GJ, Kipnis RJ, Snyderman R: Similiarity between p15E of murine and feline leukaemia viruses and p21 of HTLV − Nature 1984, 311(Oct 11): 515

Clark JW, Hahn BH, Mann DL, Wong-Staal F, Popovic M, Richardson E, Strong DM, Lofters WS, Blattner WA, Gibbs WN et al.: Molecular and immunologic analysis of a chronic lymphocytic leukemia case with antibodies against H T L V − Cancer 1985, Aug 1: 495-9

Clarke MF, Gelman EP, Reitz MS: Homology of human T-cell leukaemia virus envelope gene with class 1 HLA gene − Nature 1983, 305: 60-62

Clavel F, Brun-Vézinet F, Guétard D, ChaMaret S, Laurent A, Rouzioux C, Rey M, Katlama C, Rey F, Champelinaud JL, Nina JS, Mansinho K, Santos-Ferreira M, Klatzmann D, Montagnier L: LAV type II : un second rétrovirus associé au SIDA en Afrique de l'Ouest − C R Acad Sc Paris 1986, (13): 485-8

Clavel F, Guétard D, Brun-Vézinet F, ChaMaret S, Rey AM, Santos-Ferreira MO, Laurent AG, Dauguet C, Katlama C, Rouzioux C, Klatzmann D, Champalimaud JL, Montagnier L: Isolation of a new human retrovirus from West African patients with AIDS − Science 1986, 233, Jul 18: 343-6

Clavel F, Klatzmann D, Montagnier L: Deficient LAV1 neutralizing capacity of sera from patients with AIDS or related syndromes − Lancet 1985, Apr 13: 879-80

Clavel F, Mansinho K, Chamaret S, Guetard D, Favier V, Nina J, Santos-Ferreira MO, Champalimaud JL, Montagnier L: H I V-2 infection associated with AIDS in West Africa − N Engl J Med 1987, 316, May 7: 1180

Clumeck N: Intron in the treatment of K S (AIDS related) − Brussels Internat Symp on African AIDS (22-23 Nov 1985), Schering-Plough Corp., Essex, Brussels 1985

Clumeck N, Mascart-Lemone F, de Maubeuge J, Brenez D, Marcelis L: A I D S in black Africans − Lancet 1983, Mar 19: 642

Clumeck N, Sonnet J, Taelman H, Mascart-Lemone F, Du Bruyere M, et 9: A I D S in African patients − N Engl J Med 1984, 310(8): 492-7

Clumeck N, van de Perre P, Carael M, Rouvroy D, Nzaramba D: Heterosexual promiskuity among African patients with AIDS − New Engl J Med 1985, 313(3): 182-3

Clumeck N: Epidemiological correlations between African AIDS and AIDS in Europe − Infection 1986, May-Jun (14): 97-9

Coackley W, Smith VW: Preparation and evaluation of antigens used in serological tests for cAprine syncytial retrovirus antibody in sheep and goat sera − Vet Microb 1984, 9: 581- 6

Coates ARM, Cookson J, Barton GJ, Zvelebil MJ, Sternebrg MJE: AIDS vaccine predictions − Nature 1987, 326, Apr 9: 549-50

Coester CH, Feldmann J, S HR, Scholtyssek E: Sumpffieber. Medizin für schwule Männer − Rosa Winkel, Berlin 1983, 184 pp

Coffin J, Haase A, Levy JA, Montagnier L, Oroszlan S, Teich N, Temin H, Toyoshima K, Varmus H, Vogt P et al.: H I V (letter) − Science 1986, May 9 (232): 697

Coffin J, Haase A, Levy JA, Montagnier L, Oroszlan S, Teich N, Temin H, Toyoshima K, Varmus H, Vogt P et al.: What to call the AIDS virus? (letter) − Nature 1986, May 1-7 (321): 10

Cohen BA, Pomeranz S, Rabinowitz JG, Rosen MJ, Train JS, Norton KI, Mendelson DS: Pulmonary complications of AIDS: radiologic features − AJR 1984, 143(Jul): 115-22

Cohen J: AIDS − a review − Brit J Hosp Med 1984 Apr: 250-9

Cohen JD, Ruhlig L, Jayich SA et al.: Cryptosporidium in A I D S − Dig Dis Sc 1984, Aug: 773-7

Cohen JD, Ruhlig L, Jayich SA, Tong MJ, Lechago J, Snape WJ: Cryptosporidium in A I D S − Digest Dis Sci 1984, 29(8): 773-7

Cohn ZA: Coda − In: Heterogeneity of mononuclear phagocytes (Förster O, Landy M, eds) − Academic Pr, London 1981, 527-9

Cole MD: Regulation and activation of c-myc − Nature 1985, Dec 12:510-1

Colebunders R, Francis H, Mann JM, Kapita B, Izaley L, Kimputu L, Quinn TC, Curran JW, Piot P: Slow progression of illness occasionally occurs in HIV infected Africans (letter) − AIDS 1987, 1: 65

Colebunders R, Taelman H, Piot P: AIDS: an old disease from Africa? − Brit Med J 1984, 289: 765

Colebunders R, Taelman H, Piot P: A I D S in Africa − Tropical doctor 1985, 15: 9-12

Coleman DL, Hattner RS, Luce JM, Dodek PM, Golden JA, Murray JF: Correlation between gallium lung scans and fiberoptic bronchoscopy in patients with suspected pneumocystis carinii pneumonia and the A I D S − Am Rev Respir Dis 1984, 130: 1166-9

Coleman DL, Luce JM, Wilber JC, Ferrer JJ, Stephens BG, Margaretten W, Wagar EA, Hadley WK, Pifer LL, Moss AR et al.: Antibody to the retrovirus associated with the A I D S. Presence in presumably healthy San Franciscians who died unexpectedly − Arch Intern Med 1986, Apr (146): 713-5

Collier AC, Barnes RC, Handsfield HH: Prevalence of antibody to LAV/HTLV-III among homosexual men in Seattle − Am J Public Health 1986, 76: 564-5

Collier RJ, Kaplan DA: Immuntoxine − In: Immunsystem, Spektrum d Wiss, Heidelberg 1987: 204-13

Commings DE: Compartmentalization of nuclear and chromatin proteins − In: Busch H (ed): The Cell Nucleus; Academic, New York 1979, Vol 7: 345-71

Conant J, Prout LR: AIDS: a link with poverty? − Newsweek 1985, Jun 24: 38

Conant MA, Volberding P, Fletcher V, Lozada FI, Silverman S: Squamous cell carcinoma in sexual partner of Kaposi sarcoma patient − Lancet 1982, 1: 296, Letter

Connolley D: AIDS and arthropod vectors − New Sci 1986, Jun 5: 69

Connor S: Blood treatment May not kill AIDS virus − New Scientist 1986, Feb 20: 13-4

Connor S: AIDS: mystery of the missing data − New Scientist 1987, Feb 12: 19

Connor S: AIDS: science stands on trial − New Scientist 1987, Feb 12: 49-58

Contreras M, Hewitt PE, Barbara JA, Mochnaty PC: Blood donors at high risk of transmitting the A I D S − Brit Med J 1985, 290(Mar 9): 749-50

Cook IF: Hepatitis B and AIDS in Africa − Med J Aust 1985, 142(12): 661

Cooper DA, Dodds AJ: AIDS and prostitutes (letter) − Med J Aust 1986, Jul 7 (145): 55

Cooper DA, Gold J, MacLean P, DoNovan B, Finlayson R, Barnes TG, More HMM, Brooke P, Penny R: Acute AIDS retrovirus infection − Lancet 1985, Mar 9: 537-40

Cooper DA, Gold J, May W, Kaminsky LS, Penny R, Levy JA: Contact tracing in the A I D S − Med J Austr 1984, 141(Oct): 579-82

Cooper LN: Theory of an immune system retrovirus − Proc Natl Acad Sci USA 1986, Dec (83): 9159-63

Costa J, Rabson AS: Generalised Kaposi's sarcoma is not a neoplasm − Lancet 1983, Jan 1: 58

* Cottone JA: Delta hepatitis: another concern for dentistry − JADA 1986, 112(Jan): 47-9

* Cottone JA, Mitchell EW, Baker CH et al.: Proceedings of the National Symposium on Hepatitis B and the Dental Profession − I Am Dent Assoc 1985, 11: 614-49

Coulaud JP: Prévention secondaire (tentatives de traitement) du SIDA − WHO, EURO meeting on AIDS containment, Graz, 7-9 Apr 1986: 37 pp

Courcoucé AM et al.: HIV-2 in blood donors and in different risk groups in France − Lancet 1987, May 16: 1151

Coutinho RA, Krone WJ, Smit L, Albrecht-van Lent P, van der Noordaa J, Schaesberg W, Goudsmit J: Introduction of lymphadenopathy associated virus or human T lymphotropic virus (LAV/HTLV-III) into the male homosexual community in Amsterdam − Genitourin Med 1986, Feb (62): 38-43

* Crawford JJ: State-of-the-art − practical infection control in dentistry − J Am Dent assoc 1985, 110: 629-33

Crenshaw TL: AIDS − Congressional testimony for the republican leadership task force on health care, 3 Jun 1987, 16pp

Crick FHC: Die Struktur der Erbsubstanz DNA − In: Erbsubstanz DNA, Spektrum d Wiss, Heidelberg 1985, 10-6

Croce CM, Klein G: Chromosomen-Translokationen und Krebs − In: Krebs − Tumoren, Zellen, Gene, Spektrum d Wiss 1986, 102-9

Cronberg S: Infektioner. Mikrobiologie, klinik, terapi − Almqvist & Wiksell, Göteborg 1986, 518pp

Cronberg S: Pesten i Malmö ar 1712 − Sydsv medicinhist sällsk årsskr 1986: 93-103

Cronstedt J: Aids and its consequences for gastrointestinal endoscopy − Informationsblad till endoscfören 1985, Dec 16

Cronstedt J: Risk of transmission of infection at endoscopy/ AIDS and its consequences for gastrointestinal endoscopy − Endoscopy 1986, 18: 1-2

Croxon S: The AIDS epidemic and the public − Manuscript, Beth Israel Hosp, New York 1986, 11pp

Culliton BJ: Crash development of AIDS test nears goal − Science 1984, 225(Sep):1128-31

Curran JW: The epidemiology and prevention of the A I D S − Ann Int Med 1985, Nov: 657-62

Curran JW, Hyg SM: AIDS research and „The Window of Opportunity" − N Engl J Med 1985, 312(14): 903-4

Curran JW, Lawrence DN, Jaffe H, Kaplan JE, Zyla LD, et 15: A I D S associated with transfusions − N Engl J Med 1984, 310(2): 69-75

Curran JW, Morgan WM, Hardy AM, Jaffe HW, Darrow WW, Dowdle WR: The epidemiology of A I D S in selected populations − Science 1985, 229: 1352-7

Curtius HC, Pfleiderer W, Wachter H (eds): Biochemical and Clinical Aspects of pteridines − Walter de Gruyter, Berlin, New York 1983, Vol II

Czub M, Braig HR, Blode H, Diringer H: The major protein of SAF is absent from spleen and thus not an essential part of the scrapie agent − Arch Virol 1986, 91: 383-6

Czub M, Braig HR, Diringer H: Pathogenesis of scrapie: Study of the temporal development of clinical symptoms, of infectivity titer and S A F in brains of hamsters infected intraperitoneally − J Gen Virol 1986, 67: 2005-9

D'Amaro J, Bach FH, van Rood JJ, Rimm AA, Bortin MM: HLA C associations with acute leukaemia − Lancet 1984, II: 1176-8

D'Aquila R, Williams AB, Kleber HD, Williams AE: Prevalence of HTLV-III infection among New Haven, Connecticut, parenteral drug abusers in 1982-1983 − N Engl J Med 1986, 314(2): 117

D'Costa LJ, Plummer FA, Bowmer I et al.: Prostitutes are major reservoir of sexually transmitted diseases in Nairobi, Kenya − Sex Transm Dis 1985, 12: 64-7

Dake M, Wong H, Golden J, Stulbarg M: Diagnosis of pulmonary infections by bronchoalveolar lavage in patients with A I D S − Chest 1983, 84: 347 (abstract)

DalCanto MC, Rabinowitz SG: Experimental Models of virus-induced demyelination of the central nervous system − Ann Neurol 1982, 11: 109-27

Dalgleish AG: Antiviral strategies and vaccines against HTLV III/LAV − J R Coll Physicians Lond 1986, Oct (20): 258-67

Dalgleish AG: HTLV-I/II and T-cell proliferation − Lancet 1985, Dec 7: 1302

Dalgleish AG: The T4 molecule: function and structure − Imm Today 1986, 7(5): 142-4

Dalgleish AG, Beverly PC, Clapham PR, Crawford DH, Greaves MF, Weiss RA: The CD4 (T4) antigen is an essential component of the receptor for the AIDS retrovirus − Nature 1984, 312(Dec 20): 763-7

Daling JR, Weiss NS, Klopfenstein LL, Cochran LE, Daifuku LE, Chow WH, Daifuku R: Correlates of homosexual behavior and the incidence of anal cancer − JAMA 1982, 247: 1988-90

Damasker B, Bottone EJ: M A I from the intestinal tracts of patients with the A I D S: concepts regarding acquisition and pathogenesis − J Inf Dis 1985, 151(1): 179-81

Dan BB: Sex and the singles' whirl: the quantum dynamics of hepatitis B — JAMA 1986, 256(10), Sep 12: 1344

Daniel MD, Letvin NL, King NW, Kannagi M, Sehgal PK, Hunt RD, Essex M, Desrosiers RC: Isolation of T-cell tropic HTLV-III-like retrovirus from Macaques − Science 1985, 228(Jun 7): 1201-4

Daniel V, Opelz G, Schäfer S, Schimpf K, Wendler I, Hunsman G: Correlation of immune defects in hemophilia with HTLV-III antibody titers − Vox Sang 1986, 51: 35-9

Daniels VG: AIDS: The Acquired Immune Deficiency Syndrome − Rutgers, Cambridge Univ Press 1985: 240pp

Darrow WW, Jaffe HW, O'Malley PM et al.: Sexual practices and HTLV-III/LAV infections in a cohort of homosexual male clinic patients — 6th international meeting of the International Society for STD Research, 1985: 31

Daschner F: Undichte Einweghandschuhe − ein Skandal − Chemother Telegr 1987, Feb/Mar: 1

Datry A, Lecso G, Rozenbaum W, Danis M, Gentilini M: Cerebral toxoplasmosis in AIDS: a simple laboratory technique for diagnosis − Transact Roy Soc Trop Med Hyg 1984, 78: 679-80

Daul CB, deShazo RD: A I D S − Postgr Med 1984, 76(1):167-79

Davanipour Z, Alter M, Sobel E, Ascher DM, Gajdusek DC: A case-control study of Creutzfeldt-Jakob disease − Am J Epid 1985, 122(3): 443-51

* Davis DR, Knapp JF: The significance of AIDS to dentists and dental practice − J Prosth Dent 1984, 52(5): 736-8

Davtyan DG, Vinters HV: Wernicke's encephalopathy in AIDS patient treated with zidovudine − Lancet 1987, Apr 18: 919-20

Dawkins R: Creation and natural selection − New Scientist 1986, Sep 25: 34-8

de Andres-Medina R: Current status of AIDS in Spain. Country report. − Inst de Salud Carlos-III, Majadahonda, Madrid, Nov 1986

de Caprariis PJ, Girón JA, Goldstein JA, LaBombardi VJ, Guarneri JJ, Laufer H: Mycobacterium avium-intracellulare infection and possibly veneral transmission − Ann Int Med 1984, 101(5): 721

de Cock K: Aids: an old disease from Africa? − Brit Med J 1984, 289 (Aug 4): 306-8

de Gruttola V, Mayer K, Benett W: AIDS: has the problem been adequately assessed? − Rev Inf Dis 1986, 8(2): 295-305

de la Loma A, Alvar J, Martinez Galiano E, Blázquez J, Alcalá Muñoz A, Nájera R: Leishmaniasis or AIDS? − Transact Roy Soc Trop Med Hyg 1985, 79: 421-2

de la Loma A, Manrique A, Rubio R, Jiménez MS, Alvar J, Palencia E, Nájera R: Generalised tuberculosis in a patient with A I D S − J Inf 1985, 10: 57-9

de Long R: A possible cause of A I D S and other new diseases − Med Hypoth 1984, 13: 395-7

de Medina M, Fletcher MA, Valledor MD, Ashman M, Gordon AM, Schiff ER: Serological evidence for HIV infection in Cuban immigrants in 1980 − Lancet 1987, Jul 18: 166

de Pauw BE: Feasibility of ceftazidime monotherapy in the treatment of Febrile neutropenic patients − Excerpta Med 1985: 72-76

Dean AG: Epiaid − BYTE 1985, Oct: 225-33

Debatin KM: AIDS im Kindesalter − In: Helm EB et al.(eds): AIDS II, Zuckschwerdt, München 1986: 31-6

Deitch R: Government's response to fears about A I D S − Lancet 1985, Mar 2: 530-1

Denman AM: Induction of interferon by lentiviruses − Imm Today 1986, 7(7+8): 201-2

Depper JM, Leonard WJ, Krönke M, Waldmann TA, Greene WC: Augmented T C G F receptor expression in HTLV-I-infected human leukemic T-cells − J Immunol 1984, 133(4): 1691-5

Deresinski SC, Cooney DP, Auerbach DM, Ammann AJ, Luft B, Goldman H: AIDS transmission via transfusion therapi − Lancet 1984, Jan 14: 102

Derrick JB: AIDS and the use of blood components and derivatives: the Canadian perspective − Can Med Assoc J 1984, 131(Jul): 20-2

Des Jarlais DC, Chamberland ME, Yancowitz SR, Weinberg P, Friedman SR: Heterosexual partners: A large risk group for AIDS − Lancet 1984, Dec 8: 1346-7

Des Jarlais DC, Friedman SR, Spira TJ, Zolla-Pazner S, Marmor M, Holzman R, Mildvan D, Yancovitz S, Mathur-Wagh U, Garber J et al.: A stage model of HTLV-III LAV infection in intravenous drug users − Natl Inst Drug Abuse Res Monogr Ser 1986, 67: 328-34

Des Jarlais DC, Hopkins W: „Free" needles for intravenous drug users at risk for AIDS: current developments in New York city − N Engl J Med 1985, Dec 5: 1476

Des Jarlais DC, Wish E, Friedman SR, Stoneburner R, Yancovitz SR, Mildvan D, El-Sadr W, Brady E, Cuadrado M: Intervenous drug use and the H I V: Current trends in New York City − NY State J Med 1987, 87, 5: 283-6

Desai SM, Short DL, Friedman OM, Foley GE: Human leukaemic cells: RNA-directed DNA polymerase − Europ J Biochem 1974, 47: 453-460

Desai SM, Kalyanaraman VS, Casey JM, Srinivasan A, Andersen PR, Devare SG: Molecular cloning and primary nucleotid sequence analysisof a distinct H T L V isolate reveal significant divergence in its genomic sequences − Proc Natl Acad Sci USA 1986, 83(21), Nov: 8380-4

Deschamps J, Meijlink F, Verma IM: Identification of a transcriptional enhancer element upstream from the proto-oncogene fos − Science 1985, 230: 1174-7

Desmyter J: Needlestick transmission of AIDS and Africa − Lancet 1985, 1(8422): 217

Desmyter J: AIDS and blood transfusion − Vox Sang 1986, 52 (Suppl 1): 21

Desmyter J, Surmount I, Goubau P, Vandepitte J: Origin of AIDS (letter) − Br Med J (Clin Res) 1986, Nov 15 (293): 1308

Desportes I, Le Charpentier Y, Galian A, Bernard F, Cochand-Priollet B, Lavergne A, Ravisse P, Modigliani R: Occurence of a new microsporidian: enterocytozoon bienuesi n.g., n. sp., in the enterocytes of a human patient with AIDS -J Protozool 1985, 32(2): 250-4

Desrosiers RC, Daniel MD, Letvin NL, King NW, Hunt RD: Origins of HTLV-IV − Nature 1987 327, May 14: 107

Desrosiers RC, Letvin NL, Fleckenstein B: Tiermodelle für AIDS zur Entwicklung von Impfverfahren und Chemotherapie − AIFO 1986, Jun(6): 285-93

Desrosiers RC: Origin of AIDS virus (letter) − Nature 1986, Feb 27-Mar 5 (319): 728

Deuchar N: AIDS in the New York city with particular reference to the psycho-social aspects − Brit J Psychiatry 1984, 145: 612-9

DeVita VT, Hellman S, Rosenberg SA (eds): AIDS − Lippincott, Philadelphia 1985

Dickerson, RE: Die Feinstruktur der DNA-Helix − In: Erbsubstanz DNA, Spektrum d Wiss, Heidelberg 1985, 18-32

Diederich N, Jürgens R, Ortseifen M, Ackermann R: Klinische Symptomatik der LAV/HTLV-III-Enzephalitis − In: Helm EB et al.(eds): AIDS II, Zuckschwerdt, München 1986: 130-5

Dienstag JL: Hepatitis B vaccine (Reply) − N Eng J Med 1985, 312(6): 376

Dietrich PY, Pugin P, Regamey C, Bille J: Disseminated histoplasmosis and AIDS in Switzerland − Lancet 1986, Sep 27: 752

Dietz K: The dynamics of spread of HIV infection in the heterosexual population − EC Workshop on Statistical Analysis and Mathematical Modelling of AIDS, RIVM, Bilthoven 1986, Dec 15-17, abstr

Diringer H: Prion-Krankheiten − Dtsch Med Wschr 1985, May 17: 819

Diringer H, Hilmert H, Simon D, Werner E, Ehlers B: Towards purification of the scrapie agent − Eur J Biochem 1983, 560: 555-60

Diringer H, Kimberlin RH: Infectious scrapie agent is apparently not as small as recent claims suggest − Bioscience Reports 1983, 3: 563-8

Djupesland P, Nilsen Ø, Lystad A: AIDS − den epidemiologiska situationen − SIFF: MSIS 1986, 25: 1

Doble N, Hykin P, Shaw R, Keal EE: Pulmonary mycobacterium tuberculosis in A I D S − Brit Med J 1985, Sep 28: 849-50

Dobloug JH, Bruun JN, Thune P, Andersson TR, Serck-Hanssen A, Nordbö SA, Nyhus S: Akvirert immundefekt syndrom, AIDS, og „pre-AIDS" − Tidsskr Nor Lægeforen 1985, 105(1): 8-14

Dolken G, Bross KJ, Chosa T, Schneider J, Bayer H, Hunsmann G: No evidence of HTLV infection among leukaemic patients in Germany − Lancet 1983, ii: 1495

Doll DC, List AF: Burkitt's lymphoma in a homosexual — Lancet 1982, i: 1026-7

Domsch KH, Gams W, Anderson TH: Compendium of Soil Fungi Vol I − Academic Pr, London 1980

Donelson JE, Turner MJ: Wie Trypanosomen das Immunsystem täuschen − Spektrum d Wiss 1985, Apr: 84-92

Dorfman LJ: Cytomegalovirus encephalitis in adults − Neurology 1973, 23: 136-44

Dorfman LJ: Lake Tahoe mystery disease − Science 1987, 235, Feb 6: 623

Dorfman RF: Kaposis's sarcoma revisited − Hum Pathol 1984, 15(11): 1013-17

Dörner D: Illegal thinking − In: Elithorn A, Jones D (Eds): Artificial and human intelligence, Elsevier, Amsterdam 1972: 310-8

Dörner D: Die kognitive Organisation beim Problemlösen: Versuch einer kybernetischen Theorie der elementaren Informationsverarbeitungsprozesse beim Denken − Huber, Bern 1974: 370pp

Dörner D: Wie Menschen eine Welt verbessern wollten − Bild d Wissenschaft 1975, 2: 48-53

Dörner D: Problemlösen als Informationsverarbeitung − Kohlhammer, Stuttgart 1979, 151ppp

Dörner D: Heuristic and cognition in complex systems − Symposium „Methods of Heuristic", Bern, Sep 1980, In: Groner R, Groner M, Bischof WF (eds): Methods of Heuristics, Erlbaum, Hillsdale J: 98-108

Dörner D: Über die Schwierigkeiten menschlichen Umgangs mit Komplexität − Psychol Rundsch 1981, 31(3): 163-79

Dörner D: Wie man viele Probleme zugleich löst − oder auch nicht − Sprache & Kognition 1982, 1: 55-66

Dörner D: The ecological conditions of thinking − In: Griffin DR (ed): Animal mind − human mind, Dahlem Konferenzen, 1982, Springer Berlin 1982: 95-112

Dörner D: Cognitive processes and the organization of action − In: Hacker W, Volpert W, v.Cranach M: Cognitive and motivational aspects of action, Dtsch Verl d Wiss, Berlin 1982: 25-34

Dörner D: Verhalten, Denken und Emotionen − In: Ekkensberger L, Lantermann ED (eds): Emotion und Reflexivität, Urban & Schwarzenberg, München 1985: 157-81

Dörner D: Ein Simulationsprogramm für die Ausbreitung von AIDS − Memorandum No 40, Projekt Systemdenken, Pschychologie II, Univ Bamberg 1986/III: 44pp

Dörner D: Addendum zu Memorandum No 40 − Psychologie II, Univ Bamberg, Memorandum 40 Add, 1986/IV: 26 pp

Dörner D: On the difficulties people have in dealing with complexity − In: Rasmussen K, Duncan K, Leplat J (eds): New Technology and Human Error, John Wiley, London 1987: 97-109

Dörner D: Ut desint vires... − Scheidewege, Klett-Cotta, Stuttgart 1979, 9(2): 167-88; und in: Dahl J, Schickert H (eds): Die Erde weint − dtv 10751, München 1987: 188-208

Dörner D: Notes on problem solving in complex systems − J Behav Decisionmaking, in Druck

Dörner D: Die Logik des Mißlingens − Rowohlt, Reinbeck, in Druck

Dörner D, Kreuzig HW, Reither F, Stäudel T: Lohausen. Vom Umgang mit Unbestimmtheit und Komplexität − Huber, Bern 1983, 466pp, Abstract, Univ Bamberg 1984: 6pp

Dörner D, Reither F, Schöpel R: Ein System zur Fortentwicklung der Problemlösefähigkeit − Z. f. Psychologie 1973, 180/181: 119-58

Dörner D, Reither F, Stäudel T: Kognitive Prozesse unter emotionaler Perspektive: Emotion und problemlösendes Denken − In: Mandl H und Huber GL (eds): Emotion und Kognition, Urban & Schwarzenberg, München 1983: 61-84

Dörner D, Stäudel T: Planning and Decision making in very complex fields of reality − Inst Reprint, Universität Bamberg, 1980

Downing RG, Eglin RP, Bayley AC: Afican K S and AIDS − Lancet 1984, Mar 3: 478-80

Downs AM, Ancelle RA, Jager HJC, Brunet JB: AIDS in Europe: Current trends and short-term predictions estimated from surveillance data, January 1981-June 1986 − AIDS 1987, 1: 53-57

Downs WG: Arboviruses − In: AS Evans (ed): Viral Infections of Humans; John Wiley, London 1976: 71-101

Drew WL, Conant MA, Miner RC, Huang ES, Ziegler JL, Groundwater JR, Gullett JH, Volberding P, Abrams DI, Mintz L: Cytomegalovirus and Kaposi's sarcoma in young homosexual men − Lancet 1982, Jul 17: 125-7

Drew WL, Mills J, Levy JA, Dylewski J, Casavant C, Ammann AJ, Brodie H, Merigan T: Cytomegalovirus infection and abnormal T-lymphocyte subset ratios in homosexual men − Ann Int Med 1985, 103: 61-3

Drew WL, Sweet ES, Miner RC, Mocarski ES: Multiple infections by cytomegalovirus in patients with the A I D S: documentation by southern blot hybridization − J Inf Dis 1984, 150(6): 952-3

Drotman DP, Hanrahan JP: A I D S (reply) − Arch Intern Med 1984, 144(Aug): 1697

Drucker E: AIDS and addiction in New York − Am J Drug Alc Abuse 1986, 12(1/2): 165-81

Drucker E: AIDS: The eleventh year − NY State J Med 1987, 87(5): 255-6

Drucker E, Hein K: AIDS and adolescence: A generation at risk − in Vorb

Drucker E, Vermund SH: Estimating prevalence of H I V infection in urban areas with high rates of intravenous drug abuse: A model of the Bronx in 1987 − Washington-Konf, abstr: 73, TP. 66

Drucker E: AIDS and addiction in New York City − Am J Public Health 1986, 12: 165-81

Dryjanski J, Gold JWM: Infections in AIDS patients − Clinics in Haematol 1984, 13(3): 709-26

Dudok de Wit C: Donor screening for anti-HTLV-III/LAV − Nederl Tijd v Geneeskunde 1986, 130:1436

Duesberg PH: HIV is not the cause of AIDS − Cancer Res 1987, 47: 1199-220

Dulbecco R: A turning point in cancer research: sequencing the human genome − Science 1986, Mar 7: 1055-6

Durack DT: Opportunistic infections and Kaposi's sarcoma in homosexual men − N Eng J Med 1981, 305, Dec 10: 1465-7

Eales LJ, Nye KE, Parkin JM, Weber JN, Forster SM, Harris JRW, Pinching AJ: Association of different allelic forms of group specific component with susceptibility to and clinical manifestation of H I V infection − Lancet 1987, May 2: 999-1002

Ebbesen P, Biggar RJ, Melbye M: AIDS − a basic guide for clinicians − Munksgaard, Köpenhamn 1984, 313pp

Ebbesen P, Biggar RJ, Melbye M: AIDS in Europe − Brit Med J 1983, Nov 5: 1324-6

Eberbach WH: Juristische Probleme der HTLV-III-Infektion − Jur Rundsch 1986, (6): 230-5

Eberbach WH: Rechtsprobleme der HTLV-III-Virusinfektionen (AIDS) − Springer, Berlin 1986, 70 pp

Eberbach WH: Arztrechtliche Aspekte bei AIDS − AIFO 1987, 2(5): 281-92

Echenberg DF: Education and contact notification for AIDS prevention − NY State J Med 1987, 5: 296-7

Edelbaum DN: No aids among patients on dialysis? − N Engl J Med 1986, 314(3): 187

Edelman GM: Struktur und Funktion von Antikörpern − In: Immunsystem, Spektrum d Wiss, Heidelberg 1987: 44-53

Edelman R: Summary of the NIH Research Workshop on the Epidemiology of the A I DS − J Infect Dis 1984, 150(2): 295-303

Edelson RL, Fink JM: Die Haut als aktiver Teil des Immunsystems − Spektrum d Wiss 1985, Aug: 56-64

Edelstein H, Silpa M: Another cause of diarrhea in AIDS − West J Med 1985, 142(2): 262

* **Editorial (ADA):** AIDS and Hepatitis B − Austral Dent Assoc (ADA) News Bulletin 1985, Feb: Suppl, 1-15

Editorial (Economist): Is nobody safe from AIDS? − Economist 1986, Feb 1: 91-3

Editorial (Lancet): The cause of AIDS? − Lancet 1984, May 12: 1053-4

* **Editorial (Lancet):** Needlestick transmission of HTLV-III from a patient infected in Africa − Lancet 1984, Dec 15: 1376-7

Editorial (Lancet): Pneumocystis − an orphan organism? − Lancet 1985, Mar 23: 676-7

Editorial (Lancet): Is that amoeba harmful or not? − Lancet 1985, Mar 30: 732-4

Editorial (Lancet): HTLV-III antibody screening − Lancet 1985, Aug 31: 513

Editorial (Lancet): H I V and the law − Lancet 1987, Jul 25: 227

Editorial (Nature): Where now with AIDS? − Nature 1985, 313(Jan 24): 254

Editorial (Nature): What must be done about AIDS? − Nature 1986, 324, Nov 6: 1-2

Editorial (New Scientist): Ministers delayed launch of AIDS test − New Scientist 1985, Aug 5: 16

Editorial (New Scientist): Lessons on AIDS − New Scientist 1986, 112, Nov 6: 17

Editorial (Torso): AIDS − Torso 1983, 7: 10-3

Editorial (Umschau): Entschließungen der 54. Konferenz der für das Gesundheitswesen zuständigen Minister und Senatoren der Länder am 8./9. Oktober 1985 in Stuttgart − Öff Gesundhwes 1985-47: 644-6

Editorial (Veterinary Record): AIDS and maedi-visna: Parallels and divergences − Vet Rec 1987, 120(19): 453-4

Eglin RP, Wilkinson AR: HIV infection and pasteurisation of breast milk − Lancet 1987, May 9: 1093

Ehrenkranz NJ, Rubini JR: Pneumocystis carinii pneumonia complicating hemophilia A − J Fla Med Assoc 1983, 70(2): 116-8

Eibl MM: Summary of the immunological aspects − In: Landbeck G (ed): AIDS − opportunistic infections in hemophiliacs, Schattauer Stuttgart 1984: 79-84

Eich RA: AIDS und Arbeitsrecht − Neue Zeitschr Arb Sozialrecht 1987, 4(12), Beilage 2 (AIDS in der betrieblichen Praxis): 10-20

Eichenlaub D: AIDS und Prävention − In: Schindler AE (ed): Prävention in Gynäkologie und Geburtshilfe; Terramed, Ueberlingen 1986: 321-41

Eichenlaub D: AIDS und H I V − Antikörpernachweis bei Neugeborenen und Säuglingen − Sozialped Prax Klin 1986, 8(8): 527-30

Eichenlaub D, Pohle HD: Klinisch-diagnostische Kriterien bei 48 AIDS-Patienten − In: Helm EB et al.(eds): AIDS II, Zuckschwerdt, München 1986: 47-51

Eichner K, Habermehl W: Der Ralf-Report. Das Sexualverhalten der Deutschen − Droemer-Knaur, München 1980

Eidgenössische Fachkommission für AIDS-Fragen und BfG: − Mitteilung vom 2.7. 1985

Eisenstat BA, Wormser GP: Seborrheic dermatitis and butterfly rash in AIDS − N Engl J Med 1984, 311(3): 189-91

Ellermann V, Bang O: Experimentelle Leukämie bei Hühnern − Zbl Bakteriol 1908, 46: 595-609

Ellrodt A, Barré-Sinoussi F, Le Bras PG, Nugeyre MT, Palazzo L, Rey F, Brun-Vézinet F, Rouzioux C, Segond P, Caquet R, Montagnier L, Cherman JC: Isolation of human T-lymphotropic retrovirus (LAV) from Zairian married couple, one with AIDS, one with prodromes − Lancet 1984, i: 1383-5

Ellrodt A, Le Bras P: The hidden dangers of AIDS vaccination − Nature 1987, 325, Feb 25: 765

Ellwein LB, Purtilo DT, Purtilo RB: Decision analysis of the HTLV-III screening test for blood donors − AIDS Res 1986, Feb (2): 5-17

Elofsson R, Andersson A, Falck B, Sjöborg S: Evidence for endocytotic mechanisms in the epidermal Langerhans cells − Acta Dermatovener 1981, 61, suppl 99: 29-39

Elofsson R, Andersson A, Falck B, Sjöborg S: The human epidermal melanocyte − a ciliated cell − Acta Dermatovener 1981, 61, suppl 99: 49-52

Elovaara I, Tivanainen M, Valle SL, Suni J, Tervo T, Lähdevirta J: CSF protein and cellular profiles in various stages of HIV infection related to neurological manifestations − J Neurol Sci, in Druck

Elser V, Haddon RC: Icosahedral C60: an aromatic molecule with a vanishingly small ring current magnetic susceptibility − Nature 1987, 235, Feb 26: 792-4

Elvin-Lewis M, Witte MH, Witte CL et al.: Systemic chlamydial infection associated with generalized lymphedema and lymphangiosarcoma − Lymphology 1973, 6: 113-21

Emtestam L, Lindberg B, Pehrson PO, Ringertz O, Sandström E: Sexuellt överförda tarmpatogener bland homosexuella män i Stockholm − Läkart 1983, 80(28): 2747-8

Engelberg LA, Lerner CW, Tapper ML: Clinical features of pneumocystis pneumonia in the A I D S − Am Rev Resp Dis 1984, 130: 689-94

Engelhardt P, Plagens U: The scaffold-forming elements of chromosomes − 7th Internat Chromosome Conf, Oxford 1980, Aug 26-30, abstr: 1.2.1.

Engelhardt P, Plagens U: Comparing the „scaffold" of polytene chromosomes with the nuclear envelope: similarity as revealed by EM stereoscopy − Electron Microscopy 1980, Proc 7th Europ Congr on EM, The Hague 1980, Aug 24-29: 558-9

Engelhardt P, Plagens U: Elements underlying higher-order DNA folding: Basic constituent of the nuclear matrix, chromosome scaffold, and nuclear envelope − 16th Meeting of the Fed of Europ Biochem Soc (FEBS), Moscow 1984, June, abstr: 260, IX-036

Engelhardt P, Plagens U, Pusa K: Analysis of the scaffolds of meiotic chromosomes using a mica technique − European J Cell Biol 1980, 22(1): 119 (II. Internat Congr on Cell Biology, Berlin 1980, Aug 31-Sep 5, abstr)

Engelhardt P, Plagens U, Zbarsky IB, Filatova LS: Granules 25-30nm in diameter: Basic constituent of the nuclear matrix, chromosome scaffold, and nuclear envelope − Proc Natl Acad Sci 1982, 79, Nov: 6937-40

Engelhardt P, Pusa K: New substructure of chromomeres − moiety of the nuclear pore complex (NPC)? − Scand J Clin Lab Invest 1972, 29, suppl 122: 53

Engelhardt P, Pusa K: Nuclear Pore Complexes: „press-stud" elements of chromosomes in pairing and control − Nature New Biology 1972, 240, 101: 163-6

Engelhardt P, Pusa K: Occurence of „cyclomeres" (NPC-like structures) in different kinds of chromatin − Helsinki Chromosome Conf 1977, Aug 29-31, abstr: P2-27

Engelhardt P, Pusa K: Synaptic detachment of chromosomes in meiosis − Helsinki Chromosome Conf 1977, Aug 29-31, abstr: P2-28

Engelhardt P, Pusa K: Multipel loops and rosettes: a model of chromatin fiber folding in terms of underlying structures − XIV. Internat Congr of Genetics, Moscow 1978, abstr I: 358

Englisch O: AIDS und seine Bekämpfung − Simon, Michelau 1985, 118pp

Engwall E, Perlman P: Enzyme linked immunosorbent assay (ELISA). Quantative assay of immunoglobulin − J Immunochem 1971, 8: 871

Enzensberger W, Fischer PA: Neurologische Leitbefunde bei AIDS − In: Helm EB et al.(eds): AIDS II, Zuckschwerdt, München 1986: 115-9

Enzensberger W, Fischer PA, Helm EB, Stille W: Value of electroencephalography in AIDS − Lancet 1985, May 4: 1047-8

Epstein LG, Sharer LR, Gajdusek DC: Hypothesis: AIDS encephalopathy is due to primary and persistent infection of the brain with a human retrovirus of the lentivirus subfamily − Med Hypotheses 1986, Sep (21): 87-96

Epstein LG, Sharer LR, Oleske JM, Connor EM, Goudsmit J, Bagdon L, Robert-Guroff M, Koenigsberger MR: Neurologic manifestations of H I V infection in children − Pediatrics 1986, Oct (78): 678-87

Erfle V: Möglichkeiten der Immunprophylaxe gegen die HTLV-III/LAV-Infektion − AIFO 1986, 1(3): 117-23

Erfle V, Mellert W, Willer A: „In vitro"-Untersuchungen zur Chemotherapie der HIV-Infektion − AIFO 1987, 7 (Jul): 400

Erikson J, Finger L, Sun L, ar-Rushdi A, Nishikura K, Minowada J, Finan J, Emanuel BS, Nowell PC, Croce CM: Deregulation of c-myc gene by translocation of the alfa-locus of the T-cell receptor in T-cell leukemias − Science 1986, May 16: 884-6

Erlangen-Konferenz: 2. Frühjahrstagung d Ges f Immunol. 12-14 März 1986 − Program and Abstracts, Erlangen 1986

Ernberg I, Björkholm M, Zech L, Sandstedt B, Szigeti R, Andersson J, Henle W, Klein G: An EBV genome carrying pre-B cell leukemia in a homosexual man with characteristic karyotype and impaired EBV-specific immunity − J Clin Oncol 1986, Oct (4): 1481-8

Ernström U: Tillväxt och differentiering hos B-lymfocyter − Läkart 1985, 82(34): 2798-800

Eskill A, Sundby P, Nyhus P, Selset G, Aandahl M: AIDS − en helSepolitisk utfordring? − Tidsskr Nor Lægeforen 1986, 106(22): 1718-20

Essex M, McLane MF, Lee TH, Falk L, Howe CW, Mullins JI, Cabradilla C, Francis DP: Antibodies to cell membrane antigens associated with human T-cell leukemia virus in patients with AIDS − Science 1983, 220(May): 859-62

Essex M, McLane MF, Lee TH, Tachibana N, Mullins JI, Kreiss J, Kasper CK, Poon MC, Landay A, Stein SF, Francis DP, Cabradilla C, Lawrence DN, Evatt BL: Antibodies to human T-cell leukemia virus membrane antigens (HTLV-MA) in hemophiliacs − Science 1983, 221: 1061-4

Essex M, Todaro G, zur Hausen H (eds): Viruses in naturally occuring cancers − Cold Spring Harbor Conf on Cell Proliferation 1980, 7: 1284 pp

Esteban I, Shih JW, Tai C, Bodner AJ, Kay JW, Alter HJ: Importance of western blot analysis in predicting infectivity of anti- HTLV-III/LAV positive blood − Lancet 1985, Nov 16: 1083-6

Evans AS: Hypothesis: The pathogenesis of AIDS.Activation of the T- and B-cell cascades − Yale J Biol Med 1984, 57: 317-27

* Evans BE: A I D S: Dental considerations − N Y State Dent J 1983, 49(9): 649-52

Evatt BL, Gomperts ED, McDougal JS, Ramsey RB: Coincidental appearance of LAV/HTLV-III antibodies in hemophiliacs and the onset of the AIDS epidemic − N Engl J Med 1985, 312: 483-6

Evatt BL, Ramsey R, Lawrence DN, Zyla LD, Curran JW: A I D S in hemophilia patients − Ann Int Med 1984, 100: 499-504

Evatt BL, Stein S, Essex M, Lawrence DN, McLane MF, McDougal JS,Lee TH, Spira TJ, Cabradilla C, Mullins JI, Francis DP: Antibodies to H T L V − membrane antigens in hemophiliacs: Evidence for infection prior to 1980 − Lancet 1983, Sep 23: 698-701

Evers U, Evers J: Frn mässling till AIDS. Farsoternas roll i historien − in Druck

* Eversole LR, Jacobsen P, Stone CE, Freckleton V; Oral condyloma planus (hairy leukoplakia) among homosexual men: a clinicopathologic study of thirty-six cases, Oral Surg 1986, 61: 249-55

* Eversole LR, Leider AS, Jacobsen PL, Shaber EP: Oral Kaposi's sarcoma associated with A I D S among homosexual men − J Am Dent Ass 1983, 107(2): 248-53

Eysenck HJ: Crime and Personality − Routledge, London 1964; Paladin, London 1971. Kriminalität und Persönlichkeit − Europa Verlag, Wien 1977, 270 pp

Eyster ME, Goedert JJ, Sarngadharan MG, Weiss SH, Gallo RC, Blattner WA: Development and early natural history of HTLV-III antibodies in persons with hemophilia − JAMA 1985, 253(15): 2219-23

* Fair JL, Crawford JJ: AIDS: a new concern in dentistry − Dent Hyg 1984, 58(Nov): 502-6

Falck B, Andersson A, Bartosik J: Some new ultrastructural aspects on human epidermis and its Langerhans Cells − Scand J Immunol 1985, 21: 409-16

Falck B, Andersson A, Elofsson R, Sjöberg S: New views on epidermis and its Langerhans cells in the normal state and in contact dermatitis − Acta Dermatovener 1981, 61, suppl 99: 3-27

Falk LA, Paul D, Landay A, Kessler H: HIV isolation from plasma of HIV-infected persons − Engl J Med 1987, 316(24): 1547-8

Farthing CF, Brown SE, Staughton RCD, Cream JJ, Mühlemannn M: AIDS − Erworbenes Immundefekt-Syndrom. Ein Farbatlas − Schwer, Stuttgart 1986, 80pp

Farthing CF, Gazzard B: Acute illnesses associated with HTLV-III seroconversion − Lancet 1985, Apr 20: 935-6

Fasth A: Nedsatt infektionsförsvar − svårt att diagnosticera, terapin ofta fördröjd − Läkart 1981, 78(51): 4638-49

Fauci AS: The A I D S: the everbroadening clinical spectrum − JAMA 1983, 249: 2375-6

* Favero MS: Sterilization, disinfection, and antisepsis in the hospital − In: Lenette EH, Balows A, Hauslen WJ, Shadomy HJ: Manual of clinical microbiology, Washington, D.C.; American Society of Microbiology 1985: 129-37

Feinstein A, Richardson N, Taussig MJ: Immunglobulin flexibility in complement activation − Immunol today 1986, 7(6): 169-74

Fell HP, Smith RG, Tucker PW: Molecular analysis of the t(2;14) translocation of childhood chronic lymphocytic leukemia − Science 1986, Apr 25: 491-4

Fenyö EM: Kampen mot AIDS − ett nytt historiskt slag. Hur får vi kreativa, engagerade forskare − Läkart 1986, 83(10): 870-3

Feorino PM, Jaffe HW, Palmer E, Peterman TA, Francis DP, Kalyanaraman VS, Weinstein RA, Stoneburner RL, Alexander WJ, Reavsky C, Getchell JP, Warfield D, Haverkos HW, Kilbourne DW, Nicholson JKA, Curran JW: Transfusion-associated A I D S − N Engl J Med 1985, 312(20): 1293-6

Feorino PM, Kalyanaraman VS, Haverkos HW, Cabradilla CD, Warfield DT, Jaffe HW, Harrison AK, Gottlieb MS, Goldfinger D, Chermann JC, Barré-Sinoussi F, Spira TJ, McDougal JS, Curran JW, Montagnier L, Murphy FA, Francis DP: Lymphadenopathy associated virus infection of blood donor recipient part with acquired immune deficiency syndrome − Science 1984, 225: 72-74

Ferdinand FJ, Kurth R: HTLV-III, der Erreger der Erworbenen Immunschwäche (AIDS) − AIFO 1986, (1): 6-9

Feremans W, Menu R, Dustin P, Clumeck N, Marcelis L, Hupin J: Virus-like particles in lymphocytes of seven cases of AIDS in black Africans − Lancet 1983, Jul 2: 52-3

Feremans W, Menu R, Goldman M, Schadene L, Portetelle D, Cleuter Y, Flament J, Dustin P, Wybran J, Burny A: Ultrastructural demonstration of retrovirus antigens with immuno-gold staining in prodromal A I D S − J Clin Pathol 1984, 37: 1399-403

Fernandez R, Mouradian J, Metroka C, Davis J: The prognostic value of histopathology in persistent generalized lymphadenopathy in homosexual men − N Engl J Med 1983, 309: 185-6

Ferroni P, Geroldi D, Galli C, Zanetti AR, Cargn A: HTLV-III antibody among Italian drug addicts − Lancet 1985, Jul 6:52-3

Ferroni P, Tagger A, Lazzarin A, Moroni M: HIV-1 and HIV-2 infections in Italian AIDS/ARC patients − Lancet 1987, Apr 11: 869-70

Fettner AG: Send in the clowns − New York Native 1985, Jun 3: 22

Fialkow PJ, Klein G, Giblett ER, Gothoskar B, Clifford P: Foreign-cell contamination in Burkitt tumour − Lancet 1971, May 1: 883-6

Fialkow PJ, Thomas ED, Bryant JI, Neiman PE: Leukaemic transformation of engrafted human marrow cells in vivo − Lamcet 1971, Feb 6: 251-5

Fine DL, Schochetman G: Type D primate retroviruses: a review − Cancer res 1978, 38: 3123-39

Fine DL: Mason Pfizer monkey virus and simian AIDS − Lancet 1984, Feb 11: 335

Fink AJ: A possible explanation for heterosexual male infection with AIDS − N Engl J Med 1986, 315(18): 1167

Fink L, Reichek N, Sutton MG: Cardiac abnormalities in A I D S − Am J Card 1984, 54(Nov): 1161-3

Fink PJ, Matis LA, McElligott, Bookman M, Hedrick SM: Correlations between T-cell specifity and the structure of the antigen receptor − Nature 1986, May 15: 219-26

Fishbein DB, Kaplan JE, Spira TJ, Miller B, Schonberger LB, Pinsky PF, Getchell JP, Kalyanaraman VS, Braude JS: Unexplained Lymphadenopathy in homosexual men − Jama 1985, 254(7): 930-5

Fisher AG, Feinberg MB, JoSephs SF, Harper ME, Marselle LM, Reyes G, Gonda MA, Aldovini A, Debouk C, Gallo RC, Wong-Staal F: The trans-activator gene of HTLV-III is essential for virus replication − Nature 1986, Mar 27: 367-71

Fleming AF: HTLV: try Africa − Lancet 1983, Jan 1: 69

Fleming AF: The epidemiology of lymphomas and leukaemias in Africa − an overview − Leuk Res 1985, 9(6): 735-40

Fleming AF, Hunsmann G: AIDS in Afrika − , im Druck

Fleming AF, Yamamoto N, Bhusnurmath SR, MaharaJan R, Schneider J, Hunsmann G: Antibodies to ATLV (HTLV) in Nigerian blood donors and patient with chronic lymphatic leukemia or lymphoma − Lancet 1983, Aug 6: 334-5

Folks T, Powell DM, Lightfoote MM, Benn S, Martin MA, Fauci AS: Induction of HTLV-III/LAV from a nonvirus-producing T-cell line: implications for latency − Science 1986, Feb 7: 600-2

Follett EA, McIntyre A, O'Donnell B, Clements GB, Desselberger U: HTLV-III antibody in drug abusers in the west of Scotland: the Edinburgh connection − Lancet 1986, Feb 22: 446-7

Follett EA, Wallace LA, McCruden EA: HIV and HBV infection in drug abusers in Glasgow − Lancet 1987, Apr 18: 920

Foresti V, Confalonieri F: Wernicke's encephalopathy in AIDS − Lancet 1987, Jun 27: 1499

Forrester K, Almoguera C, Han K, Grizzle WE, Perucho M: Dtection of high incidence of K-ras oncogenes during human colon tumorigenesis − Nature 1987, 327, May 28: 298-301

Förster M: Ein Virus geht um. Der Fall AIDS als Politkrimi − In: Zustände. TORSO, Essen 1985: 7-27

Förster O, Landy M: Heterogeneity of mononuclear phagocytes − Academic Pr, London 1981

Forthal DN, Guest SS: Isospora belli enteritis in three homosexual men − Am J Trop Med Hyg 1984, 33(6): 1060-4

Foucault C, Lopez O, Jourdan G, Fournel JJ, Perret P, Gluckmann JC: Double HIV-1 and HIV-2 seropositivity among blood donors − Lancet 1987 Jul 18: 165-6

Fox CH, Cottler-Fox M: AIDS in the human brain − Nature 1986, 319: 8

Fox PC, Baum BC: Isolation of HTLV-III virus from saliva in AIDS − N Engl J Med 1986, 314: 1387

Franchini G, Gurgo C, Guo HG, Gallo RC, Collalti E, Fargnoli KA, Hall LF, Wong-Staal F, Reitz MS: Sequence of S I V and its relationship to the human immunodeficiency viruses - Nature 1987, 328, AUG 6: 539-42

Francioli P, Clément F, Yersin B, Schädelin J, Glauser MP: Beta-2-microglobulin in A I D S − Antibiot Chemother 1984, 32: 147-52

Francis DP, Feorino PM, Broderson JR, McClure HM, Getchell JP, et 11: Infection of chimpanzees with L A V − Lancet 1984, Dec 1: 1276-7

Francis DP, Petricciani JC: The prospects for and pathways toward a vaccine for AIDS − N Engl J Med 1985, Dec 19: 1586-90

Francis ND, Parkin JM, Weber J, Bolyston AW: Kaposi's sarcoma in A I D S − J Clin Pathol 1986, May (5): 469-74

Frank H: Retroviridae − In: Nermut MV, Steven CA, (eds): Animal Virus Structure − A Laboratory Manual, Atlas, im Druck

Frank H, Schwarz H, Graf T, Schäfer W: Properties of mouse leukemia viruses. XV. Electron microscopic studies on the organisation of Friend Leukemia Virus and other mammalian C-type viruses − Z Naturforsch 1978, 33c: 124-38

Franke WW, Scheer U, Spring H, Trendelenburg MF, Zentgraf H: Organization of nuclear chromatin − In: Busch H (ed): The Cell Nucleus, Vol VII, Chromatin, Part D, Academic Pr, New York 1979: 49-96

Franzén CF, Jertborn M, Biberfeld G: Four generations of Heterosexual transmission of LAV/HTLV-III in a Swedish town − Internat AIDS-Konf Paris 1986, Jun 23-5, Abstracts

Fraser DW: Epidemiology as a liberal art − New Engl J Med 1987, Feb 5 (316): 309-14

Freedberg RS, Gindea AJ, Dieterich DT, Greene JB: Herpes simplex pericarditis in AIDS − NY State J Med 1987, 87, 5: 304-6

Frenkel IH, Mulhall BP: AIDS-report of a new disease entity with oral manifestations − Quintessenz 1986, Jan (37): 111-8

Fridlander B, Fry M, Bolden A, Weissbach A: A new synthetic RNA-dependent DNA polymerase from human tissue culture cells − Proc Nat Acad Sci 1972, 60: 452-455

Fridström L, Eskild A: Modellberegninger for HIV-epidemien i Norge − in Vorb

Friedland GH, Saltzman BR, Rogers MF, Kahl PA, Lesser ML, Mayers MM, Klein RS: Lack of transmission of HTLV-III/LAV infection to household contacts of patients with AIDS or AIDS-related complex with oral candidiasis − N Engl J Med 1986, Feb 6: 344-9

Friedland G: Fear of AIDS − NY State J Med 1987, 87, 5: 260-1

Friedman SL, Wright TL, Altman DF: Gastrointestinal K S in patients with A I D S. Endoscopic and autopsy findings − Gastroenterology 1985, Jun 29: 1506

Friedman-Kien AE: Disseminated Kaposi's sarcoma syndrome in young homosexual men − Am Acad Dermatol 1981, 5: 468-71

Friedman-Kien AE: Kaposi's sarcoma: an opportunistic neoplasm − J Invest Dermatol 1984, 82: 446-8

* Friedman-Kien AE: Viral origin of hairy leukoplakia − Lancet 1986, Sep 20: 694

Friedman-Kien Laubenstein LJ, Rubinstein P et al.: Disseminated K S in homosexual men − Ann Intern Med 1982, 96: 693-700

Friedman-Kien AE, Laubenstein LJ (eds): AIDS: the epidemics of Kaposi's sarcoma and opportunistic infections − Masson, New York 1984

Frösner GG: Welchen Einfluß haben die Verminderung der Zahl der Intimpartner und „safer sex" auf die Ausbreitung von AIDS? − AIFO, 1987

Frösner GG: Wie kann die weitere Ausbreitung von AIDS verlangsamt werden? − AIFO 1987, 2: 61-5

Fuchs D, Blecha HG, Deinhardt F, Dierich MP, Goebel FD, Hengster P, Hinterhuber H, Schönitzer D, Traill K, Wachter H: High frequency of HTLV-III antibodies among heterosexual intravenous drug abusers in the Austrian Tyrol − Lancet 1985, Jun 29: 1506

Fuchs D, Hausen A, Reibnegger G, Reissigl H, Schönitzer D, Spira TJ, Wachter H: Urinary neopterin in the diagnosis of A I D S − Eur J Clin Microbiol 1984, 3(1): 70-1

Fujikawa LS, Palestine AG, Nussenblatt RB, Salahuddin SZ, Masur H, Gallo RC: Isolation of H T L V-III from the tears of a patient with AIDS − Lancet 1985, Sep 7: 529-30

Fultz PN, McClure HM, Anderson DC, Swenson RB, Anand R, Srinivasan A: Isolation of a T-lymphotropic retrovirus from naturally infected sooty mangabey monkeys (Cercocebus atys) − Proc Natl Acad Sci USA 1986, Jul (83): 5286-90

Fultz PN, McClure HM, Daugharty H, Brodie A, McGrath CR, Swenson B, Francis DP: Vaginal transmission of H I V to a chimpanzee − J Infect Dis 1986, Nov (154): 896-900

Fung YKT, Fadly AM, Crittenden LB, Kung HJ: On the mechanism of retrovirus-induced avian lymfoid leukosis: Deletion and integration of the proviruses − Proc Natl Acad Sci 1981, 78(6): 3418-22

Funke I, Hahn A, Rieber EP, Weiss E, Riethmüller G: The cellular receptor (CD4) of the H I V is expressed on neurons and glial cells in human brain — in Druck

Furth PA: Heterosexual transmission of AIDS by male drug users − Nature 1987, 327, May 21: 193

Gajdusek DC: Hypothesis: Interference with axonal transport of neorofilament as a common pathogenetic mechanism in certain diseases of the C N S − N Eng J Med 1985, 312(11): 714-9

Gajdusek DC, Amyx HL, Gibbs CJ, Asher DM et 14: Transmission experiments with human T-lymphotropic retroviruses − Lancet 1984, Jun 23: 1415-6

Gajdusek DC, Amyx HL, Gibbs CJ, Asher DM, Rodgers-Johnson P, Epstein LG, Sarin PS, Gallo RC, Maluish A, Arthur LO, Montagnier L, Mildvan D: Infection of chimpanzees by human T-lymphotropic retroviruses in brain and other tissues from AIDS patients − Lancet 1985, Jan 5: 55-6

Galbraith NS, McEvoy M, Sibellas M: The A I D S − 1985 − Community Med 1986, Nov (8): 329-36

Gallagher J: Molecular Markers for cancer -N Scientist 1986, Mar 27: 35-6

Gallagher NS, Gallo RC: Typ C RNA tumor virus isolated from cultured human acute myelogenous leukemic cells − Science 1975, 187: 350-3

Gallart T, Anegón I, Cuturi C, Acevedo G, Maragall S, Vila M, Castillo R, Triginer J, Gelabert A, Vives J, Mieras C: T-lymphocyte subpopulations in Spanish haemophiliacs treated with commercial clotting factor concentrates − Antibiot Chemother 1984, 32: 153-8

Gallin JI, Fauci AS (eds): A I D S − 1985 Raven Press, 210 pp

Gallo R, Montagnier L: The chronology of AIDS research − Nature 1987, 326, Apr 2: 435-6

Gallo RC: Human T-cell leukaemia-lymphoma virus and T-cell malignancies in adults − Cancer Surveys 1984, 3(1): 113-159

Gallo RC, de-Thé GB, Ito Y: Kyoto workshop on some specific recent advances in human tumor virology − Cancer Res 1981, 41, Nov: 4738-9

Gallo RC, Reitz MS: Human retroviruses and adult T-cell leukemia-lymphoma − JNCI 1982, 69(6): 1209-12

Gallo RC, Salahuddin SZ, Popovic M, Shearer GM, Kaplan M, Haynes BF, Palker TJ, Redfield R, Oleske J, Safai B, White G, Foster P, Markham PD: Frequent detection and isolation of cytopathic retroviruses (HTLV III) from patients with AIDS and at risk for AIDS − Science 1984, 224(May 4): 500-3

Gallo RC, Sarin PS, Gelmann EP, Robert-Guroff M et 8: Isolation of human T-cell leukemia virus in A I D S − Science 1983, 220: 965-7

Gallo RC, Sarin PS, Kramarsky B, Salahuddin Z, Markham P, Popovic M: First isolation of HTLV-III − Nature 1986, May 8: 119

Gallo RC, Sliski A, Wong-Staal F: Origin of human T-cell leukaemia-lymphoma virus − Lancet 1983, Oct 22: 962-3

Gallo RC, Wong-Staal F: Retroviruses as etiologic agents of some animal and human leukemias and lymphomas and as tools for elucidating the molecular mechanism of leukemogenesis − Blood 1982, 60(3): 545-57

Gallo RC, Wong-Staal F: Human T-cell leukemia-lymphoma virus (HTLV) and human viral onc gene homologues − Prog Clin Biol Res 1983, 119: 223-42

Gallo RC, Yang SS, Ting RC: RNA dependent DNA polymerase of human acute leucaemic cells − Nature 1970, 229: 927-9

Galloway PG: Widespread cytomegalovirusinfection involving the gastrointestinal tract, biliary tree, and gallbladder in an immunocompromised patient − Gastroent 1984, 87(6): 1407

Gallwas HU: Gesundheitsrechtliche Aspekte der Bekämpfung von AIDS − AIFO 1986, 1(1): 31-8

Garbowit DL, Alsip SG, Griffin FM: Hemophilus influenzae bacteremia in a patient with immunodeficiency caused by HTLV-III − N Engl J Med 1986, Jan 2: 56

Gardiner T, Kirk J, Dermott E: „Virus-like particles" in lymphocytes in AIDS are normal organelles, not viruses − Lancet 1983, okt 22: 963-4

Gardner MB, Rongey RW, Arnstein P, Estes J, Sarma P, Huebner RJ, Rickard CG: Experimental transmission of feline fibrosarcoma to cats and dogs − Nature 1970, 226:807

* Garner JS: Guideline for prevention of surgical wound infections, 1985 − Atlanta, Georgia: Centers for Disease Control 1985, publications no 99-2381

* Garner JS, Favero MS: Guideline for handwashing and hospital environmental control, 1985 − Atlanta, Georgia: CDC 1985, publication 99-1117

Garrett TJ, Lange M, Ashford A, Thomas L: Kaposi's sarcoma in heterosexual intravenous drug users − Cancer 1985, 55: 1146-8

Gartner S, Markovits P, Markovits DM, Betts R, Popovic M: Virus isolation from and identification of HTLV-III/LAV-producing cells in brain tissue from a patient with AIDS — JAMA 1986, 256, Nov 7: 2365

Gartner S, Markovits P, Markovits DM, Kaplan MH, Gallo RC, Popovic M: Tha role of mononuclear phagocytes in HTLV-III/LAV infection − Science 1986, 233(Jul 11): 215-9

Gathiram V, Jackson TF: Frequency distribution of entamoeba histollytica zymodemes in a rural south African population − Lancet 1985, Mar 30: 719-21

Gaylarde PM, Sarkany I: Co-trimoxazole in AIDS − Lancet 1986, May 24: 1218

Gazdar AF, Carney DN, Bunn PA, Russell EK, Jaffe ES, Schechter GP, Guccion JC: Mitogen requirements for the in vitro propagation of cutaneous T-cell lymphoma − Blood 1980, 55: 409-17

Gazzolo L, Gessain A, Robin Y, Robert-Guroff M, de Thé G: Antibodies to HTLV-III in Haitian immigrants in French Guyana − N Engl J Med 1984, 311(19):

Geha R, Perez Atayde A, Griscom T, Vawter G: A 10-year-old boy with progressive lymphadenopathy, fever and rash − Ann Allergy 1984, 53(Nov): 381-9

Gelderblom HR, Frank H: Spumavirinae − In: Nermut und Steven (eds): Animal Virus Structure − Elsevier, Amsterdam, im Druck

Gelderblom HR, Hausmann EHS, Özel M, Pauli G, Koch MA: Fine structure of H I V and immunolocalization of structural proteins − Virology 1987, 156: 171-6

Gelderblom HR, Kuntz A, Winkel T, Becker J, Reichart P: Zur Feinstruktur des oralen AIDS-assoziierten Kaposi-Sarkoms − Bundesgesbl 1986, 29(11): 363-75

Gelderblom HR, Ogura H, Mölling K, Watson KF, Bauer H: Weitere Charakterisierung des HeLa-Virus − Zbl Bakt Hyg 1974, 227: 426-34

Gelderblom HR, Özel M, Hausmann EHS, Pauli G: Feinstruktur und antigener Aufbau des Human Immunodeficiency Virus (HIV) − Bundesgesbl 1986, 29(11): 376-82

Gelderblom HR, Özel M, Pauli G: T-Zell-spezifische Retroviren des Menschen: Vergleichende morphologische Klassifizierung und mögliche funktionelle Aspekte − Bundesgesundhbl 1985, 28(6): 161-72

Gelderblom HR, Pauli G: LAV/HTLV-III: Vergleich mit anderen Retroviren und Einordnung in die Subfamilie der Lentivirinae − AIFO 1986, 1, Feb: 61-71

Gelderblom HR, Reupke H, Pauli G: Loss of envelope antigens of HTLV-III/LAV, a factor in AIDS pathogenesis? − Lancet 1985, Nov 2: 1016-7

Gelmann EP, Popovic M, Blayney D, Masur H, Sidhu G, Stahl RE, Gallo RC: Proviral DNA of a retrovirus, human T-cell leukemia virus, in two patients with AIDS − Science 1983, 220(May): 862-5

* Gelwan JS, Gold BM, Shih HJ, Pellecchia C: Oral candidiasis and AIDS − NY State J Med 1987, 87, 5: 303-4

Gendelman HE, Narayan O, Kennedy-Stoskopf S, Clements JE, Pezeshkpour GH: Slow virus-macrophage interactions − Lab Invest 1984, 51(5): 547-55

Georgiades JA, Billiau A, Vanderschueren B: Infection of human cell culture with bovine visna virus J Gen Virol 1978, 38: 375-81

Gerberding JL, Hopewell PC, Kaminsky LS, Sande MA: Transmission of hepatitis B without transmission of AIDS by accidental needlestick − N Engl J Med 1985, Jan 3: 56-7

* **Gerety RI:** Hepatitis B transmission between dental or medical workers and patients — Ann Int Med 1982, 95: 229-30

Gerstoft J: Infektioner hos homosexuelle mænd — Med Årbok 1984, Munksgaard, Copenhagen: 93-9

Gerstoft J, Dickmeiss E, Bentsen K, Petersen CS, Kroon S, Ullman S, Nielsen JO, Lorenzen I: The prognosis of asymptomatic homosexual men with decreased T-helper to T-suppressor ratio — Scand J Immunol 1984, 19: 275-80

Gerstoft J, Holten-Andersen W, Blom J, Nielsen JO: Cryptosporidium enterocolitis in homosexual men with AIDS — Scand J Immunol 1984, 16: 385-8

Gerstoft J, Lindhardt BÖ, Petersen CS, Kroon S, Ullman S, Møller S, Nielsen JO, Dickmeiss E: Antibodies to H T L V-III in promiscuous healthy homosexual men. Relation to immunological and clinical findings. — Eu J Clin Invest (in press)

Gerstoft J, Malchow-Møller A, Bygbjerg I, Dickmeiss E, Enk C, Halberg P, Haahr S, Jacobsen M, Jensen K, Mejer J, Nielsen JO, Thomsen HK, Søndergaard J, Lorenzen I: Severe acquired immunodeficiency in European homosexual men — Br med J 1982, 285(Jul 3): 17-19

Gerstoft J, Nielsen JO, Dickmeiss E: AIDS in Denmark and immunological parameters among homosexual Danish men with special reference to the prognosis of patients with low H/S ratios — Antibiot Chemother 1984, 32: 127-37

Gerstoft J, Nielsen JO, Dickmeiss E, Rønne T, Platz P, Mathiesen L: The A I D S in Denmark — Acta Ned Scand 1985, 217: 213-24

Gerstoft J, Petersen CS, Kroon S, Ullman S, Bentsen K, Dickmeiss E, Nielsen J, Mogens H, Andersen K, Lorenzen I: T-lymphocyte subsets in homosexual men from Copenhagen — Eur J Clin Invest 1984, 14: 301-5

Gessain A, Barin F, Vernant JC, Gout O, Maurs L, Calender A, de Thé G: Antibodies to human T-lymphotropic virus-I in patients with tropical spastic paraparesis — Lancet 1985, Aug 24: 407-9

Gessain A, Gazzolo L, Yoyo M, Fortier L, Robert-Guroff M, de-Thé G: Sickle-cell anaemia patients from Martinique have an increased prevalence of HTLV-I antibodies — Lancet 1984, Nov 17: 1155-6

Ghosh S, Campbell AM: Multispecific monoclonal antibodies — Imm Today 1986, 7(7+8): 217-22

Gilden RV, Gonda MA, Sarngadharan MG, Popovic M, Gallo RC: IITLV III legend correction — Science 1986, Apr 18: 307

Gillin JS, Shike M, Alcock N, Uhrmacher C, Krown S, Kurtz RC, Lightdale CJ, Winawer SJ: Malabsorption and mucosal abnormalities of the small intestine in the AIDS — Ann Int Med 1985, 102: 619-22

Gillon R: Testing for HIV without permission — Br Med J 1987, 294, Mar 28: 821-3

Gioud-Paquet M, Kahn MF, Rouzioux C, Brun-Vézinet F, Rey MA: LAV/HTLV-III antibodies in connective tissue diseases — Lancet 1985, Sep 7: 554

Giraldo G, Beth E: The involvment of cytomegalovirus in A I D S and Kaposi's sarcoma — Prog Allergy 1986, 37: 319-31

Giraldo G, Beth E, Buonaguro FM: Kaposi's sarcoma: a natural model of interrelationships between viruses, immunologic responses, genetics, and oncogenesis — Antibiot Chemother 1984, 32: 1-11

Giraldo G, Beth E, Coeur P, Vogel CL, Dhru DS: Kaposi's Sarcoma: A new model for the search for viruses associated with human malignancies — J Natl Cancer Inst 1972, 49: 1495-507

Giraldo G, Beth E, Haguenau F: Herpes-type virus particles in tissue culture of Kaposi's Sarcoma from different geografic regions — J Natl Cancer Inst 1972, 49: 1509-26

Giraldo G, Beth E, Huang ES: Kaposi's sarcoma and its relationship to cytomegalovirus (CMV) III. CMV DNA and CMV early antigens in Kaposi's sarcoma — Int J Cancer 1980, 26: 23-9

Giron J: HTLV-III/LAV antibodies in contacts of hemophiliacs — JAMA 1986, 255(Jun 20): 3246

Glaser JB, Garden A: Inoculation of cryptococcosis without transmission of the A I D S — New Engl J Med 1985, 313(4): 266

Glaser JB, Hammerschlag MR, McCormack WM: Sexually transmitted diseases in victims of sexual assault — N Engl J Med 1986, Sep 4: 625-7

Glenny M: AIDS in the Eastern block — New Scientist 1987, Mar 12: 61

Gluckman JC, Klatzmann D, Cavaille-Coll M, Brisson E, Messiah A, Lachiver D, Rozenbaum W: Is there correlation of T cell proliferative functions and surface marker phenotypes in patients with A I D S or lymphadenopathy syndrome? — Clin Exp Immunol 1985, 60(1): 8-16

Goebel FD: Prognostische Faktoren und Verlauf der P C P — In: Helm EB et al.(eds): AIDS II, Zuckschwerdt, München 1986: 103-6

Goedert JJ: Blood donation by persons at high risk of AIDS — N Engl J Med 1985, 312(18): 1190

Goedert JJ: What is safe sex? — N Engl J Med 1987, 316, 21: 1139-42

Goedert JJ, Biggar RJ, Weiss SH, Eyster ME, Melbye M, Wilson S, Ginzburg HM, Grossman RJ, diGioia RA, Sanchez WC, Giron JA, Ebbesen P, Gallo RC, Blattner WA: Three-year incidence of AIDS in five cohorts of HTLV-III-infected risk group members — Science 1986, 231, Feb 28, 992-5

Goedert JJ, Sarngadharan MG, Biggar RJ, Weiss SH, Winn DM, Grossman RJ, Greene MH, Bodner AJ, Mann DL, Strong DM, Gallo RC, Blattner WA: Determinants of retrovirus (HTLV-III) antibody and immunodeficiency conditions in homosexual men — Lancet 1984, Sep 29: 711-5

Goedert JJ, Weiss SH, Biggar JR, Landesman SH, Weber J, Grossman RJ, Robert-Guroff M: Lesser AIDS and tuberculosis — Lancet 1985, Jul 6: 52

Goh K, Klemperer MR: In vivo leukemic transformation: cytogennetic evidence of in vivo leucemic transformation of engrafted marrow cells — Am J Haematol 1977, 2: 283-90

Gold JM, Sears CL, Henry S et al.: Lymphadenopathy in homosexual men and development of the A I D S — Clin Res 1983, 31: 363A

Golde DW: Availability of Mo and HTLV-II — Nature 1984, 308(Mar 1): 19-20

Goldman M, Vanherweghem J, Liesnard C, Dolle N, Toussaint C, Sprecher S, Cogniaux J: More on AIDS in patients on dialysis — N Engl J Med 1986, May 22: 1386

Goldschmidt R, Mills J: Cardiomyopathy and AIDS — N Engl J Med 1987, 316, Apr 30: 1158

Goldsmith MF: HTLV-III testing of donor blood imminent; complex issues remain — JAMA 1985, 253(2): 173-81

Goldsmith MF: More heterosexual spread of HTLV-III virus seen — JAMA 1985, Jun 21: 3377-9

Goldstein W: Conquering disease through knowledge — Publishers Weekly 1987, May 1: 41-8

Goldstick L, Mandybur TI, Bode R: Spinal cord degeneration in AIDS — Neurology 1985, 35(Jan): 103-6

Goldwater PN: AIDS: The Risk — Penguin Books (NZ), Auckland 1986, 104pp

Goldwater PN, Synek BJ, Koelmeyer TD, Scott PJ: Structures resembling scrapie-associated fibrils in AIDS encephalopathy — Lancet 1985, Aug 24: 447-8

Goldwater PN: Out of Africa (letter) — NZ Med J 1986, Oct 8 (99): 770

Gollins SW, Porterfield JS: A new mechanism for the neutralization of envelope viruses by antiviral antibody — Nature 1986, May 15: 244-6

Gomperts ED, Feorino PM, Evatt BL, Warfield D, Miller R, McDougal JS: LAV/HTLV-III presence in peripheral blood lymphocytes of seropositive young hemophiliacs — Blood 1985, 65(6): 1549-52

Gonda MA, Braun MJ, Clements JE, Pyper JM, Wong-Staal F, Gallo RC, Gilden RV: H T L V-III shares sequence homology with a family of pathogenic lentiviruses — Proc Natl Acad Sci USA 1986, Jun (83): 4007-11

Gonda MA, Wong-Staal F, Gallo RC, Clements JE, Narayan O, Gilden RV: Sequence homology and morphologic similarity of HTLV-III and visna virus, a pathogenic lentivirus — Science 1985, 227: 173-7

González JJ: Teaching Problem solving in complex situations using simulation models. In: Duncan K, Harris D (eds): Computers in Education, Elsevier, Amsterdam 1985: 233-7

González JJ, Koch MG: The prognostic analysis of AIDS: Incubation period, transients, and the anciennety distribution of AIDS patients — Proc 1st Internat Meeting of AVIS, Napoli, 6-8 Dec 1985

González JJ, Koch MG: On the role of transients for the prognostic analysis of AIDS and the anciennity distribution of AIDS patients — AIFO 1986 (11): 621-30

González JJ, Koch MG: On the role of transients (biasing transitional phenomena) for the prognostic analysis of the AIDS epidemic — Am J Epidemiol 1987, im Druck

González JJ, Koch MG, Dörner D, L'age-Stehr J: Prognostische Überlegungen zur AIDS-Epidemiologie, im Druck

Gonzalez JP, Georges-Courboe MC, Martoin PMV, Mathiot CC, Salaun D, Georges AJ: True HIV-1 infection in a pygmy — Lancet 1987, Jun 27: 1499

Goodacre TE: Health professionals' attitudes to AIDS and occupational risk — Lancet 1987, Feb 28: 447

Gordon SM, Valentine FT, Holzman RS, Holliday RA, Baggott B, Chinitz LA, Brick PD: A I D S possibly related to transfusion in an adult without known disease-risk factors — J Infect Dis 1984, 149(6): 1030-2

Gottlieb GJ, Ackerman AB: Kaposi's Sarcoma: A Text and Atlas — Lea & Febiger 1986, 450pp

Gottlieb MS: Immunologic aspects of the A I D S and male homosexuality — Med Clin North Am 1986, May (70): 651-64

Gottlieb MS, Fahey JL: Immunologic alterations in A I D S — Antibiot Chemother 1984, 32: 99-104

Gottlieb MS, Groopman JE (eds): AIDS — Alan R Liss, New York 1984, 438 pp

Gottlieb MS, Groopman JE, Weinstein WM, Fahey JL, Detels R: The Acquired Immunodeficiency Syndrome — Ann Int Med 1983, 99: 208-20

Gottlieb MS, Knight S, Mitsuyasu R, Weisman J, Roth M, Young LS: Prophylaxis of pneumocystis carinii infection in AIDS with pyrimethamine-sulfadoxine — Lancet 1984, Aug 18: 398-9

Gottlieb MS, Schroff R, Schanker HM, Fan P, Saxon A, Weisman J: *Pneumocystis carinii* pneumonia and mucosal candidiasis in previously healthy homosexual men — N Engl J Med 1981, 305, Dec: 1425-31

Grabstein KH, Urdal DL, Tushinski RJ, Mochizuki DY, Price VL, Cantrell MA, Gillis S, Conlon PJ: Induction of macrophage tumoricidal activity by granulocyte-macrophage colony-stimulating factor — Science 1986, Apr 25: 506-8

Gradilone A, Zani M, Barillari G, Modesti M, Agliano AM, Maiorano G, Ortona L, Frati L, Manzari V: HTLV-I and HIV infections in drug addicts in Italy — Lancet 1986, Sep 27: 753-4

Grant RM, Wiley JA, Winkelstein W: The infectivity of the human immunodeficiency virus: Estimates from a prospective study of a cohort of homosexual men — in Vorb

Grantham R, Perrin P: AIDS virus and HTLV-I differ in codon choices — Nature 1986, Feb 27: 727-8

Gravell M, London WT, Lecatsas G, Hamilton RS, Houff SA, Sever JL: Transmission of S A I D S with type D retrovirus isolated from saliva or urine — Proc Soc exp Biol Med 1984, 177: 491-4

Gray RH: Similarities between AIDS and PCM — AJPH 1983, 73(11): 277

Greco D, Stazi MA, Rezza G: Length of survival of patients with AIDS (letter) — Br Med J (Clin Res) 1986, Aug 16 (293): 451-2

Green D: AIDS and immunologic abnormalities in European and American hemophiliacs — Scand J Haematol 1984, 33(40): 367-9

* **Green TL, Beckstead JH, Lozada-Nur F, Silverman S, Hansen LS:** Histopathologic spectrum of oral Kaposi's sarcoma — Oral Surg 1984, 58: 306-14

Greenberg F, Enlow RW: Screening for risk of A I D S — New Eng J Med 1982, Dec 9: 1521-2

Greenberg RS, Grufferman S, Cole P: An evaluation of space-time clustering in Hodgkin's Disease — J Chron Dis 1983, 36(3): 257-62

Greene LW, Cole W, Greene JB, Levy B, Louie E, Raphael BL, Watkevicz J, Blum M: Adrenal insufficiency as a complication of the A I D S — Ann Int Med 1984, 101(4): 497-8

Greene WC, Leonard WJ, Wano Y, Svetlik PB, Peffer NJ, Sodroski JG, Rosen CA, Goh WC, Haseltine WA: Trans-activator gene of HTLV-II induces IL-2 receptor and IL-2 cellular gene expression — Science 1986, May 16: 877-80

* **Greenspan D, Greenspan JS, Conant M, Petersen V, Silverman S, de Souza Y:** Oral „hairy" leucoplakia in male homosexuales: evidence of association with both papillomavirus and a herpes-group virus — Lancet 1984, Oct 13: 831-4

Greenspan J, Greenspan D, Lennette ET et al: Replication of Epstein-Barr virus within the epithelial cells of oral „hairy" leukoplakia, an AIDS-associated lesion — N Engl J Med 1986, 313: 1465-71

* **Greenspan D, Greenspan JS, Pindborg JJ, Schiödt M:** AIDS and the Dental Team — Munksgaard, Copenhagen 1986, 96pp

* **Greenspan D, Greenspan JS, Pindborg JJ, Schiödt M:** AIDS-Konsequenzen für die zahnärztliche Praxis — Dtsch Ärzte-Verl, Köln 1984

* **Greenspan D, Hollander H, Friedman-Kien A, Freese UK, Greenspan JS:** Oral hairy leukoplakia in two women, a haemophiliac, and a transfusion recipient — Lancet Oct 25: 978-9

* **Greenspan JS, Greenspan D, Lennette ET, Abrams DI, Conant MA, Petersen V, Freese UK:** Replication of Eppstein-Barr virus within the epithelial cells of oral „hairy" leukoplakia, an AIDS-associated lesion — N Engl J Med 1985, Dec 19: 1564-71

Grillner L, Landqvist M, Johansson M, Schulman S: False negative result by the Wellcozyme anti-HIV assay in testing an HIV positive hemophiliac — Lancet 1987, May 23: 1200-1

Grillot-Courvalin, C, Brouet JC, Chermann JC: Functional T4 helper cells in patient with HTLV related Sézary Syndrome — Lancet 1983, Sep 10: 619-20

* **Grint P, McEvoy M:** Two associated cases of the AIDS — PHLS, CDR 1985(42): 4

Grody WW, Fligiel S, Naeim F: Thymus involution in the A I D S — Am J Clin Pathol 1985, 84(1): 85-95

Groopman JE: Causation of AIDS revealed — Nature 1984, 308: 769

Groopman JE: Laying the groundwork for neutralizing AIDS-linked virus — Nature 1985, 316(Jul 4): 12

Groopman JE, Gottlieb MS: K S: Why a „homosexual disease"? — Hospital Practice 1982, 17, May: 64f-t

Groopman JE, Razzaque AA, Gottlieb MS: K S: An oncologic looking glass — UCLA Cancer Bull 1982, 9: 3-5

Groopman JE, Salahuddin SZ, Sarngadharan MG et 11: Virologic studies in a case of transfusion-associated AIDS — N Engl J Med 1984, 311(22): 1419-22

Groopman JE, Salahuddin SZ, Sarngadharan MG, Markham PD, Gonda M, Sliski A, Gallo RC: HTLV-III in saliva of people with A R C and healthy homosexual men at risk for AIDS — Science 1984, 226: 447-8

Groopman JE, Sarngadharan MG, Salahuddin SZ, Buxbaum R, Huberman MS, Kinniburgh J, Sliski A, McLane MF, Essex M, Gallo RC: Apparent transmission of human t-cell leukemia virus type III to a heterosexual woman with the A I D S — Ann Int Med 1985, 102: 63-6

Groopman JE, Volberding PA: The AIDS epidemic: continental drift — Nature 1984, 307(Jan): 211-2

Grosch-Wörner I, Helge H, Stück B, Woweries J, Zorr B, Kunze R, Schäfer A : HIV-infection in children: Diagnosis, symptoms and symptomatic therapy — WHO Meeting on AIDS diagnosis and control, München 1987, Mar 16-18

Grosch-Wörner I, Helge H, Weber B, Koch S, Langer R, Fengler R, Kunze R, Marcus U, Jahn G, Reimer-Veitt M, Schäfer A, Stück B, Eichenlaub D: AIDS-Problematik in der Pädiatrie Bundesgesbl 1986, 29, 11: 251-6

Große Aldenhövel H, Brancovic P, Schumann V, Koch MA: Anamnestische und HIV-serologische Befunde bei Personen mit intravenösem Drogenmißbrauch — Bundesgesbl 1986, 29, 11: 347-9

Große Aldenhövel H, Kunze R, Jovaisas E, Marcus U, Koch MA: LAV/HTLV-III-induced immune alterations in drug addicts — Erlangen-Konf. 1986, abstracts I/1

Große Aldenhövel H, Kunze R, Marcus U, Jovaisas E, Koch MA: Klinische und labormedizinische Befunde bei i. v. Drogenkonsumenten mit positiver und negativer HTLV-III-Serologie — MMWR 1986, 128, 43: 730-2

Grossman Z, Herberman RB: „Immune surveillance" without immunogenicity — Immunol Today 1986, 7(5): 128-31

Grouse LD: A new strategy to prevent AIDS among heterosexuals — JAMA 1985, 254(15): 2129-31

Grubb R, Ursing B, Larsson L, Odham G, Olsson B, Åmerman M: Mykobakterios vid AIDS: Lätt förbiga korrekt diagnos — Läkartidn 1985, 82(25): 2349-51

Grufferman S, Delzell E: Epidemiology of Hodgkin's Disease — Epidemiol Rev 1984, 6: 76-106

Grufferman S, Raab-Traub N, Marvin K, Borowitz MJ, Pagano, JS: Burkitt's and other non-Hodgkin's lymphomas in adults exposed to a visitor from Africa — N Engl J Med 1985, 313(24): 1525-9

Grunnet N, Jersild C, Georgsen J: Photometric reading of anti-HTLV-III ELISA kits — Lancet 1985, Dec 7: 1302

Gschnaitt F, Wolff K (eds): Acquired Immune Deficiency Syndrome — Springer, Wien 1985: 160pp

Guenot O, Dournon E, Coste F, Tremolieres F, Martin E, Dromer F: Légionellose au cours d'un syndrôme d'immunodéficience acquise — Presse Méd 1984, Oct 6: 2150-1

Guerin JM, Lebiez PE, Cochand Priollet B, Segrestaa JM, Galian A, Hoang C: Widening the definition of AIDS? — Lancet 1984, Jun 30: 1464-5

Gürtler LG, Wernicke D, Eberle J, Zoulek G, Deinhardt F, Schramm W: Increase in prevalence of anti-HTLV-III in haemophiliacs — Lancet 1984, Dec 1: 1275-6

Gyorkey F, Melnick JL, Sinkovics JG, Gyorkey P: Retrovirus resembling HTLV in makrophages of patients with AIDS — Lancet 1985, Jan 12: 106

Gyorkey F, Sinkovics JG, Gyorkey P: Tubuloreticular structures in K S — Lancet 1982, Oct 30: 984-5

Gyorkey F, Sinkovics JG, Melnick JL, Gyorkey P: Retroviruses in Kaposi-sarcoma cells in AIDS — N Engl J Med 1984, 311(18): 1183-4

Haase AT: The pathogenesis of slow virus infections: molecular analyses — J Infect Dis 1986, 153 Mar: 441-7

Haase AT: Pathogenesis of lentivirus infections — Nature 1986, 322(Jul 10): 130-6

Haase AT, Gantz D, Blum H, Stowring L, Ventura P, Geballe A, Moyer B, Brahic M: Combined macroskopic and microscopic detection of viral genes in tissues — Virology 1985, 140(1): 201-6

Haase AT, Walker D, Stowring L, Ventura P, Geballe A, Blum H, Brahic M, Goldberg R, O'Brien K: Detection of two viral genomes in single cells by double-label hybridisation in situ and color microradioautography — Science 1985, 227(4683): 189-92

Haddow AJ: An improved map for the study of Burkitt's lymphoma syndrome in Africa — East Afr Med J 1963, 40(9): 429-32

* **Hadler SC, Sorley DL, Acree KH, et al.:** An outbreak of hepatitis B in a dental practice — Ann Intern Med 1981, 95: 133-8

Haeberle EJ: AIDS. Was tun? — Die Zeit 1985, (43) Okt 18

Haeberle EJ: Die Sexualität des Menschen — II.Aufl. de Gruyter, Berlin 1986

Haeberle EJ, Bedürftig A: AIDS — Beratung, Betreuung, Vorbeugung — de Gruyter, Berlin 1987, 433pp

Hagberg L, Malmvall B, Svennerholm S, Alestig K, Norkrans G: Guillain-Barré syndrome as an early manifestation of LAV/HTLV III central nervous infection — in Vorb

Hahn A, Riethmüller G, Weiss E: Expression of T-cell specific Markers in B-lymphoblastoid cells — Erlangen Konf 1986, Abstr I/10

Hahn BH, Manzari V, Colombini S, Franchini G, Gallo RC: Common site of integration of HTLV in cells of three patients with mature T-cell leukaemia-lymphoma — Nature 1983, 303: 253-6

Hahn BH, Popovic M, Kalyanaraman VS et al.: Detection and characterization of an HTLV-II provirus in a patient with AIDS — UCLA symposia in molecular and cellular biology, New Series, NY: Alan Liss 1984, 73-81

Hahn BH, Shaw GM, Taylor ME, Redfield RR, Markham PD, Salahuddin SZ, Wong-Staal F, Gallo RC, Parks ES, Parks WP: Genetic variation in HTLV-III/LAV over time in patients with AIDS or at risk for AIDS — Science 1986, Jun 20: 1548-53

Hakomori S: Glykosphingolipide — In: Krebs — Tumoren, Zellen, Gene, Spektrum d Wiss, Heidelberg 1986: 178-88

Hallam NF: Non-A, non-B hepatitis: reverse transcriptase activity? — Lancet 1985, Sep 21: 665

Haller DG: Non-Hodgkin's lymphomas — Med Clin N Am 1984 68(3): 741-56 Hardy AM, Allen JR, Morgan WM, Curran JW: The incidence rate of A I D S in selected populations — JAMA 1985, 253(2): 215-20

Halter H (ed): Todesseuche AIDS — Rowohlt, Hamburg 1985: 191 pp

Hammet TH: AIDS in correctional facilities: Issues and options — US Dept of Justice, Pre-public Copy Jan 1986: 108 pp

Hancock G, Carim E: AIDS: the Deadly Epidemic — Gollancz, London 1986, 191pp

Handzel T, Galili-Weisstub E, Berstein R, Berner Y, Pecht M, Netzer L, Trainin N, Barzilai N, Levin S, Bentwich Z: Immune derangements in asymptomatic male homosexuals in Israel: a pre-AIDS condition? — Ann NY Acad Sci 1984, 437: 549-53

Harada S, Kobayashi N, Koyanagi Y, Yamamoto N: Clonal selection of H I V: Serological differences in the envelope antigens of the cloned viruses and HIV prototypes (HTLV-III B, LAV and ARV) — Virology, im Druck

Harada S, Koyanagi Y, Yamamoto N: Infection of HTLV-III/LAV in HTLV-I-carrying cells MT-2 and MT-4 and an application in a plaque assay — Science 1985, 229: 563-6

Harada S, Koyanagi Y, Yamamoto N: Infection of human T-lymphotropic virus type-I (HTLV-I)-bearing MT-4 cells with HTLV-III (AIDS virus): Chronological studies of early events — Virology 1985, 146: 272-81

Harada S, Koyanaki Y, Nakashima H, Kobayashi N, Yamamoto N: Tumor promoter, TPA enhances replication of HTLV-III/LAV — Virology 1986, 154: 249-258

Harada S, Purtilo DT, Koyanagi Y, Sonnabend J, Yamamoto N: Sensitive assay to titrate the neutralizing antibodies against AIDS-related viruses (HTLV-III/LAV) — J Immunol Method 1986, 92: 177-181

Harada S, Purtilo DT, Koyanagi Y, Yamamoto N: Serological differences between human T-lymphotropic virus Type-I (HTLV-III/LAV — Microbiol Immunol 1986, 30: 533-544

Harada S, Yamamoto N: Present situation of AIDS in Japan — Epidemiology and Virology — Jpn J Cancer Res (Gann), im Druck

Harada S, Yamamoto N: Quantitative analysis of AIDS-related virus-carrying cells by plaque forming assay using a HTLV-I-positive MT-4 cell line — Jpn J Cancer Res (Gann) 1985, 76:432-5

Harada S, Yoshida T, Hinuma Y, Yamamoto N: A new agglutination test for serum antibodies to HTLV-III/LAV — In: Petricciani JC, Gust ID, Hoppe PA, Krijnen HW (eds): AIDS: The safety of Blood and Blood Products — WHO 1987, 183-190

Harada S, Yoshiyama H, Yamamoto N: Effect of heat and fresh human serum on the infectivity of HTLV-III evaluated with new bioassay systems — J Clin Microbiol 1985, 22: 908-11

Harbers K, Jähner D, Jaenisch R: Microinjection of coled retroviral genomes into mouse zygotes: integration and expression in the animal — Nature 1981, 293: 540-2

Hardy AM, Rauch K, Echenberg D, Morgan WM, Curran JW: The economic impact of the first 10000 cases of AIDS in the U S — JAMA 1986, 255: 209-11

Hardy WD, Essex M, McCleeland AJ: Feline leukemia virus — Proceedings of the third international feline leukemia virus meeting, St. Thomas, U S Virgin Islands, 1980, May 5-9

Hardy WD, Old LJ, Hess PW, Essex M, Cotter S: Horizontal transmission of feline leukemia virus — Nature 1973, 244:266

Hardy WJ, Geering G, Old LJ, de Harven E, Brodey RS, McDonough S: Feline leukemia virus: occurence of viral antigen in the tissues of cats with lymphosarcoma and other diseases — Science 1969, 166:1019

Harms G, Bienzle U, Schneider V, Bschor F: HIV-Antikörperprävalenz bei Berliner i.v.-Drogenabhängigen — AIFO 1987, 2(7): 392-3

Harnish DG, Hammerberg O, Walker IR, Rosenthal KL: Early detection of HIV infection in a newborn — New Engl Med 1987, Jan 29: 272-73

Harper M, Kaplan M, Marselle L, Pahwa S, Chayt K, Sarngadharan M, Wong-Staal F, Gallo R: Concomitant infection with HTLV-I and HTLV-III in a patient with T8 lymphoproliferative disease — N Engl J Med 1986, 315, Oct 23: 1073

Harris C, Small CB, Klein RS et al.: AIDS: Transmission is possible between heterosexual partners — N Engl J Med 1983, 308: 1181-4

Harris JD, Blum H, Scott J, Traynor B, Ventura P, Haase A: Slow virus visna: Reproduction in vitro of virus from extrachromosomal DNA — Proc Natl Acad Sci USA 1984, 81, Nov: 7212-5

Harrison AK, Murphy FA: Murine oncornavirusactivation in the pancreas during infection with Venezuelan equine encephalitis virus — J Nat Cancer Inst 1975, 55(4): 917-23

Hartmann H, Hunsmann G: Zur Epidemiologie von AIDS — Med Klinik 1986, 82: 155-158

Haselkorn R: New role for transfer RNA — Nature 1986, Jul 17: 208

Haseltine WA, Patarca R: AIDS virus and scrapie agent share protein — Nature 1986, 321 (Sep 11): 115-6

Haseltine WA, Sodroski J, Patarca R, Briggs D, Perkins D: Structure of 3'terminal region of type II human T lymphotropic virus: evidence for new coding region — Science 1984, 225: 419-21

Hatch B: AIDS — Eine „Altlast" der Forschung? — Wechselwirkung 1985, 25: 35-39

Hattori T, Robert-Guroff M, Chosa T, Matsuoka M, Yamaguchi K, Ishii T, Gallo RC, Takatsuki K: Natural antibodies in sera from japanese individuals infected with HTLV-I do not recognize HTLV-III — Blood 1985, 66(3), 745-7

Hattori T, Uchida T, Matsouka M, Takatsuki K, Ikematsu N, Fukutake K: HTLV-III infection and epitope recognition by OKT4 monoclonal antibody — N Engl J Med 1985, 313(24):1543

Hauser SL, Aubert C, Burks JS, Kerr C, Lyon-Caen O, de The G, Brahic M: Analysis of human T-lymphotropic virus sequenses in M S tissue — Nature 1986, Jul 10, 176-7

Hausmann EHS, Gelderblom HR, Clapham PR, Pauli G, Weiss R: Detection of HIV envelope specific antibodies by immunoelectron microscopy and correlation with antibody titer and virus neutralization activity — J Virol Meth 1987, 16: 125-37

Haussen A, Fuchs D, Reibnegger G, Werner ER, Dierich MP, Wachter H: Immunosuppressants in treatment of patients with AIDS — Lancet 1987, Jul 25: 214-5

Haverkos HW: Epidemiologi of A I D S — Antibiot Chemother 1984, 32: 18-26

Haverkos HW, Drotman DP, Morgan M: Prevalence of Kaposi's Sarcoma among patients with AIDS — New Engl J Med 1985, 312(23): 1518

Hay A: Laboratory safety and HIV — Lancet 1987, May 9: 1094

Hayami M, Ishikawa KI, Komuro A, Kawamoto Y, Nozawa K, Yamamoto K, Ishida T, Hinuma Y: ATLV antibody in cynomolgus monkeys in the wild — Lancet 1983, Sep 10: 620

Hayami M, Komuro A, Nozawa K, Shotake T, Ishikawa K, Yamamoto K, Ishida T, Honjo S, Hinuma Y: Prevalence of antibody to adult T-cell leukemia virus-associated antigens (ATLA) in Japanese monkeys and other non-human primates — Int J Cancer 1984, 33: 179-83

Heering P, Heinzler P, Grabensee B: HIV-Infektion bei Patienten mit Dialyse und nach Nierentransplantation — AIFO 1987, 2(5): 261-4

Hehlmann R: Sinn und Unsinn der Immunstimulation bei HTLV-III-Infektion — In: Helm EB et al.(eds): AIDS II, Zuckschwerdt, München 1986: 203-6

Hehlmann R: Viruses and Human Cancer — AIFO 1986, 1(3): 152-7

Hehlmann R, Erfle V, Hunsmann G, Kurth R: AIDS und LAV/HTLV-III in der Bundesrepublik Deutschland: Stand Februar 1985 — Klin Wschr 1985, 63: 385-8

Hehlmann R, Schetters H, Kreeb G, Erfle V, Schmidt J, Luz A: RNA-tumorviruses, oncogenes, and their possible role in human carcinogenesis — Klin Wschr 1983, 61: 1217-31

Heidelberg-Konferenz: 8th World-Congress for Sexology — Heidelberg 14-20 Jun 1987, abstracts, 232pp

Hein K: AIDS in adolescents: A rationale for concern — NY State J Med 1987, 87, 5: 290-5

Hein R, McCue J, Mozen MM, Rousell RH: Elimination of H I V from immunoglobulin preparations — Lancet 1986, May 24: 1217-8

Heisterkamp SH, Jager JC, van Druten JAM, de Boo Th, Coutinho RA, Ruitenberg EJ, Downs A: Statistical estimation of AIDS incidences from surveillance data and the link with modelling of trends — EC Workshop on Statistical Analysis and Mathematical Modelling of AIDS, RIVM, Bilthoven 1986, Dec 15-17, abstr

Hellström L, von Krogh G, Mabergs N, Rudén AK: Nedgang i syfilisfrekvensen bland homosexuella män en följd av AIDS? — Läkart 1985, 82(28): 2529-30

Helm EB, Bergmann L, Elbert M, Mitrou P, Stille W: Klinik und Verlaufsbeobachtungen bei Patienten mit Lymphadenopathie-Syndrom — Dtsch med Wschr 1984, 109(51): 1955-62

Helm EB, Bergmann L, Nerger K: Pneumocystis-carinii-Pneumonie bei homosexuellen Männern — Dtsch Med Wschr 1982, 107: 1779-80

Helm EB, Jötten A: AIDS in Frankfurt/Main, Stand 30.06.1986 — In: Helm EB et al.(eds): AIDS II, Zuckschwerdt, München 1986: 52-6

Helm EB, Stille W: AIDS — Zuckschwerdt, München 1985

Helm EB, Stille W, Vanek E (eds): AIDS II — Zuckschwerdt, München 1986, 224pp

Hemler ME, Jacobsson JG, Brenner MB, Mann D, Strominger JL: VLA-1: a T cell surface antigen which defines a Novel late stage of human T cell activation — Eur J Immunol 1985, May 25: 1223

Henderson DK: AIDS: epidemiology and potential for nosocomial transmission — Top clin Nurs 1984, Jul: 1-11

Hendry RM, Wells MA, Phelan MA, Schneider AL, Epstein JS, Quinnan GW: Antibodies to S I V in African Green Monkeys in Africa 1957-62 — Lancet 1986, Aug 23: 455

Hennigar GR, Vinychaikul K, Roque AL, Lyons HA: Pneumocystis carinii pneumonia in an adult — Am J Clin Path 1961, 35(4): 353-64

Henrickson RV, Maul DH, Osborn KG, Sever JL, Madden DL, Ellingsworth LR, Anderson JH, Lowenstine LJ, Gardner MB: Epidemic of acquired immunedeficiency in rhesus monkeys — Lancet 1983, Feb 19: 388-90

Henschen F: Nagra blad ur sjukdomarnas historia och geografi — Bonniers, Stockholm 1934

Heriot K, Hallquist AE, ToMar RH: ParAproteinemia in patients with A I D S or lymphadenopathy syndrome — Clin Chem 1985, 31(7): 1224-6

Hernandez JM, Argelagues E, Canivell M: HTLV-III antibody in paid plasma donors in Spain — Lancet 1985, i(Jun 15): 1389

Herrera MI, Santa María I, de Andrés Medina R, Nájera R: Localization of H I V antigens in infected cells by scanning/transmission-immungold techniques — im Druck

Hersh EM, Gutterman JU, Spector S, Friedman H, Greenberg SB, Reuben JM, LaPushin R, Matza M, Mansell PW: Impaired in vitro interferon, blastogenic, and natural killer cell responses to viral stimulation in A I D S — Canc Res 1985, 45(Jan): 406-10

Hersh EM, Mansell PW, Reuben JM, Rios A, Newell GR: Immunological characterizations of patients with A I D S, A R C, and a related life style — Canc Res 1984, 44(Dec): 5894-901

Hersh EM, Mansell WA: A I D S: a new clinical entity — Clin Imm News 1984, 4(4): 39-43

Herzberg RD: Die AIDS-Infizierung als Straftat — AIFO 1987, 2(1): 52-5

Hewitt B, Marshall R, Rosen B, Gibson H, Lewis D: AIDS: The fear spreads — Newsweek 1987, Jan 19: 8-12

Hiatt HH, Watson JD, Winsten JA (eds): Origins of human cancer — Cold Spring Harbor Conf on Cell Proliferation 1977, 4: 1889pp

Hicks JB: Mechanisms of differentiation — Nature 1987, 326, Apr 2: 444-5

Hiestand PC: Immunostimulation and ADA 202-718 — Triangle (Sandoz) 1984, 23(3): 159-68

Hinuma Y: Adult T-cell leukemia virus. The present picture. — In: Quaglino D, Hayhoe FGJ (eds): The cytobiology of leukaemias and lymphomas. Sereno Symposia, Vol 20, Raven Pr, New York 1985: 435-50

Hinuma Y, Chosa T, Komoda H, Mori I, Suzuki M, Tajima K, Pan IH, Lee M: Sporadic retrovirus (ATLV)-seropositive individuals outside Japan — Lancet 1983, Apr 9: 824-5 n-ATL

Hinuma Y, Komoda H, Chosa T, Kondo T, Kohakura M, Takenaka T, Kikuchi M, IchiMaru M, Yunoki K, Sato I, Matsuo R, Takiuchi Y, Uchino H, Hanaoka M: Antibodies to adult T-cell leukemia-virus-associated antigen (ATLA) in sera from patients with ATL and controls in Japan: a nation-wide seroepidemiologic study — Int J Cancer 1982, 29: 631-5

Hinuma Y, Nagata K, Hanaoka M et al.: Adult T-cell leukemia, antigen in an ATL cell line and detection of antibodies to the antigen in human sera — Proc Natl Acad Sci 1981, 78: 6476-80

Hinz S: AIDS — die Lust an der Seuche — Rororo Sachbuch 7901, Rowohlt, Hamburg 1984, 249 pp

Hirsch MS, Kaplan JC: Antivirale Therapie — Spektrum d Wiss 1987, Jun: 50-64

Hirsch MS, Kaplan JC: Prospects of therapy for infections with H T L V -III — Ann Int Med 1985, Nov: 750-5

Hirsch MS, Schooley RT, Ho DD, Kaplan JC: Possible viral interactions in the A I D S — Rev Inf Dis 1984, 6(5): 726-31

Hirsch MS, Wormser GP, Schooley RT, Ho DD, Felsenstein D, Hopkins CC, Joline C, Duncanson F, Sarngadharan MG, Saxinger C, Gallo RC: Risk of nosocomial infection with HTLV-III — N Engl J Med 1985, 312(1): 1-4

Hite S: Hite-Report. Das sexuelle Erleben des Mannes — Goldmann, München 1984

Hjalt CÅ: Riskabel riskmärkning av laboratorieprov — Läkart 1985, 82(34): 2765

Ho DD, Byington RE, Schooley RT, Flynn T, Rota TR, Hirsch MS: Infrequency of isolation of HTLV-III virus from saliva in AIDS — N Engl J Med 1985, Dec 19: 1606

Ho DD, Rota TR, Hirsch MS: Antibody to lymphadenopathy-associated virus in AIDS — N Engl J Med 1985, 312(10): 649-50

Ho DD, Rota TR, Hirsch MS: Infection of monocyte/macrophages by H T L V-III — J Clin Invest 1986, 77(May): 1712-5

Ho DD, Rota TR, Kaplan JC, Hartshorn KL, Andrews CA, Schooley RT, Hirsch MS: Recombinant human interferon alfa-a suppresses HTLV-III replication in vitro — Lancet 1985, Mar 16: 602-4

Ho DD, Rota TR, Schooley RT, Kaplan JC, Allan JD, Groopman JE, Resnick L, Felsenstein D, Andrews CA, Hirsch MS: Isolation of HTLV-III from cerebrospinal fluid and neutral tissues of patients with neurologic syndromes related to the A I D S — N Engl J Med 1985, 313(24): 1493-7

Ho DD, Schooley RT, Rota TR, Kaplan JC, Flynn T, Salahuddin SZ, Gonda MA, Hirsch MS: HTLV-III in the semen and blood of a healthy homosexual man — Science 1984, 226: 451-3

Hochgeschwender U, Simon HG, Weltzien HU, Bartels F, Becker A, Epplen JT: Dominance of one T-cell receptor in the H-2K»b/TNP response — Nature 1987, 326: 307-9

Hodges K: AIDS — sheating the syringe problem — New Scientist 1987, Jan 8: 39

Hofman B: Immunoprophylaxis — WHO Meeting on AIDS diagnosis and control, München 1987, Mar 16-18

Hoffman PM, Festoff BW, Giron LT, Hollenbeck LC, Garruto RM, Ruscetti FW: Isolation of LAV/HTLV-III from a patient with A L S — New Engl J Med 1985, 313(5): 324-5

Hogle JM, Chow M, Filman DJ: Three-dimensional structure of poliovirus at 2.9 Å resolution — Science 1985, Sep 27: 1358-65

Höglund S, Morein B, Sundquist B, Gelderblom HR, Özel M: Immunstimulering complex (ISCOM) of viral envelope — 11th Internat Congress on Electron Microscopy, Kyoto 1986, Aug 31-Sep 7: abstract.

Högman C: Transfusion och blodpreparatbehandling som smittkälla vid AIDS och LAV/HTLV-III-infectioner − Läkart 1985, 82(48): 4191-2

Holdiness MR: Mycobacterium avium-intracellulare infection − South Med J 1984, 77(12): 1614

Holland GN: Ocular manifestations of the A I D S − Int Ophthalmol Clin 1985, 25(2): 179-87

Hollander H: Leukopenia, Trimetoprim-Sulfamethoxazole, and folinic acid − Ann Int Med 1985, 102(1): 138

Holmgren J (ed): Tumor Marker antigens. (Proc. Symposium Stockholm 16 Jun 1985). − Studentlitt, Lund 1985

Holt HA, Bywater MJ, Reeves DJ: Effects of inactivating HTLV-III on laboratory tests − Lancet 1985, II (8446): 99

Holtz HA, Lavery DP, Kapila R: Actinomycetales infection in the A I D S − Ann Int Med 1985, 102: 203-5

Honjo T: The molecular mechanisms of the immunoglobulin class switch − Immunol today 1982, 3(8): 214-7

Hopewell PC, Luce JM: Pulmonary involvement in the A I D S − Chest 1985,87(1): 104-12

Hoshino H, Tanaka H, Miwa M, Okada H: Human T-cell leukaemia virus is not lysed by human serum − Nature 1984, 310: 324-5

Hoxie JA, Alpers JD, Rackowski JI, Huebner K, Haggarity BS, Cedarbaum AJ, Reed JC: Alterations in T4 (CD4) protein and mRNA synthesis in cells infected with HIV − Science 1986, 234: 1123-1127

Hoyle F: The Black Cloud − Penguin Books, New York 1980, 219pp

Hromas RA, Murray JL: Bone Marrow in the A I D S − Ann Int Med 1984, 101(6): 877

Hruza GJ, Friedman-Kien AE, Laubenstein LJ, Wernz JC, Lifshitz MS, Rubinstein P: Dapsone for AIDS-associated K S − Lancet 1985, Mar 16: 642

Hu S, Kosowski SG, Dalrymple JM: Expression of AIDS virus envelope gene in recombinant vaccinia viruses − Nature 1986, 320(Apr 10): 537-40

Huang ES: Cytomegalovirus: its oncogenes and Kaposi's sarcoma − Antibiot Chemother 1984, 32: 27-42

Hudson AJ, Farell MA, Kalnins R, Kaufmann JC: Gerstmann-Sträussler-Scheinker disease with coincidental familial onset − AM Neurol 1983, 14: 670-8

Humphrey JH: Virus-like particles in AIDS-related lymphadenopathy − Lancet 1984, Sep 15: 643

Hunsmann G: Strukturproteine von RNS-Tumorviren des C-Typs. Eigenschaften und Bedeutung für die Tumorimmunität − Fortschr Med 1977, 95: 2394-2396

Hunsmann G: Impfstoff gegen virusinduzierten Krebs − Umschau 1978, 22: 706-7

Hunsmann G: Subunit vaccines against exogenous retroviruses: overview and perspectives − Cancer Res 1985, 45: 4691-4693

Hunsmann G: Zur Biologie des humanen Retrovirus LAV/HTLV-III − AIDS II, W. Zuckschwerdt Verlag 1986

Hunsmann G: Die biologischen Eigenschaften des humanen Immundefizienzvirus HIV (LAV/HTLV-III): Eine Übersicht − AIFO 1986, 7: 341-346

Hunsmann G: Ein Vorschlag zur epidemiologischen Auswertung der LAV/HTLV-III Antikörpertests in der BRD − AIFO 1986, 9: 467-468

Hunsmann G: Zur Biologie des humanen Retrovirus LAV/HTLV-III − In: Helm EB et al.(eds): AIDS II, Zuckschwerdt, München 1986: 9-14

Hunsmann G, Bayer H, Schneider J, Schmitz H, Kern P, Dietrich M, Büttner DW, Goudeau AM, Kulkarni S, Fleming AF: Antibodies to ATLV/HTLV-1 in Africa − Med Microbiol Immunol 1984, 173: 167-70

Hunsmann G, Eigen M: Zur Epidemiologie von AIDS − Klin Wschr 1985, 63: 616-617

Hunsmann G, Hinuma Y: Human adult T-cell leukemia virus and its association with disease − In: Klein G (ed): Advances in viral oncology − Raven Press, New York 1984, Vol 5: 147-172

Hunsmann G, Koch KH: Molekularbiologie Aufbaublock III, Krebs: 3.Tumorvirologie − Deutsches Inst für Fernstud an der Univ Tübingen, Verlag Beltz 1983

Hunsmann G, Schneider J, Bayer H, Berthold H, Schimpf K, Kabisch H, Ritter K, Bienzle U, Schmitz H, Kern P, Dietrich M: Antibodies to adult T-cell leukemia virus (ATLV/HTLV-I) in AIDS patients and people at risk of AIDS in Germany − Med Microbiol Immunol 1985, 173: 241-50

Hunsmann G, Schneider J, Bayer H, Jurkiewicz E, Yamamoto N: Structural and epidemiological features of primate lymphotropic retroviruses (PLRV) − In: Miwa M et al. (eds): Retroviruses in human lymphoma/leukemia, Japan Sci Soc Press, Tokyo/VNU Science Pr, Utrecht 1985: 109-18

Hunsmann G, Schneider J, Bayer H, Kurth A, Werner A, Brede HD et 24: Seroepidemiology of HTLV-III(LAV) in the Federal Republic of Germany − Klin Wschr 1985, 63: 233-5

Hunsmann G, Schneider J, Schmitt J, Yamamoto N: Detection of serum antibodies to adult T-cell leukemia virus in non-human primates and people from Africa − Int J Cancer 1983, 32: 329-32

Hunsmann G, Schneider J, Wendler I, Fleming AF: HTLV positivity in Africans − Lancet 1985, Oct 26: 952-3

Hunter T: Die Proteine der Onkogene − In: Krebs − Tumoren, Zellen, Gene, Spektrum d Wiss, Heidelberg 1986: 78-88

* **Hurlen B, Gerner NW:** A I D S − complications in dental treatment − Int J Oral Surg 1984, 13: 148-50

Hutchin KC: Thiamine deficiency, Wernicke's encephalopathy and AIDS − Lancet 1987, May 23: 1200

Hutt MSR: Classical and endemic form of KS − Antibiot Chemother 1984, 32: 12-7

Hutt MSR: Kaposi's sarcoma − Brit Med Bull 1984, 40(4): 355-8

Hutt MSR: Malignant disease in the tropics − Practitioner J 1964, 193: 175-82

Håkansson C, Thorén K, Norkrans G, Johansson G: Intestinal parasitic infection and other sexually transmitted diseases in asymptomatic homosexual men − Scand J Infect Dis 1984, 16: 199-202

Højlyng N, Mølbak K, Jepsen S: Cryptosporidiosis − en „ny" parasitose − Ugeskr f Læg 1985, 147(14): 1177-81

Iglehart JK: Financing the struggle against AIDS − N Engl J Med 1987, 317, Jul 16: 180-4

Ikossi-O'Connor MG, Ambrus JL, West T, Lillie MA, Milgrom H, Chadha KC: Interferon and interferon inactivators in patients with A I D S and KS − Res Comm Chem Path Pharm 1984, 45(2): 271-7

Imperato PJ: A I D S 1987 − NY State J Med 1987, 87, 5: 251-5

Inoue J, Seiki M, Taniguchi T, Tsuru S, Yoshida M: Induction of interleukin 2 receptor gene expression by p40x encoded by H T L V-I − EMBO J 1986, Nov (5): 2883-8

Inoue J, Seiki M, Yoshida M: The second pX product p27 chi-III of HTLV-1 is required for gag gene expression − FEBS Lett 1986, Dec 15 (209): 187-90

Inoue Y, Take Y, Nakamura S, Nakashima H, Yamamoto N, Kawaguchi H: Screening for inhibitors of avian myeloblastosis virus reverse transcriptase and effect on the replication of AIDS-virus − J Antibiotics 1987, 40: 100-104

International Society of Blood Transfusion: The international experience in anti-HTLV-III/LAV screening − Workshop on retroviruses and blood transfusion, Washington DC 1985, 17-18 Oct, proceedings

Ioachim HL: Acquired immune deficiency disease after three years, the unsolved riddle − Lab Invest 1984, 51(1): 1-6

Ioachim HL, Cooper MC, Hellman GC: Hodgkin's disease and the A I D S − Ann Int Med 1984, 101(6): 876-7

Ioachim HL, Lerner CW, Tapper ML: Lymphadenopathies and lymphoma in immunocompromised homosexual men − Lab Invest 1983, 48(1): 39A

Ito M, Nakashima H, Baba M, Pauwels R, Clercq de E, Shigeta S, Yamamoto N: Inhibitory effects of glycyrrhizin activity on the in vitro infectivity and cytopathic activity of the human immunodeficiency virus HIV (HTLV/LAV) − Antiviral Res, im Druck

Iversen OJ, Engen S: Epidemiology of AIDS - statistical analyses − J Epidemiol Comm Health 1987, 41(1): 55-8

Jackson TF, Gathiram V, Simjee AE: Seroepidemiological study of antibody responses to the zymodemes of Entamoeba histolytica − Lancet 1985, Mar 30: 716-9

Jacobs JL, Gold JW, Murray HW, Roberts RB, Armstrong D: Salmonella infections in patients with the A I D S − Ann Int Med 1985, 102: 186-8

Jaenisch R: Germ line integration and mendelian transmission of the exogenous moloney leukemia virus − Proc Natl Acad Sci USA 1976, 73(4): 1260-4

Jaenisch R, Hoffmann E: Transcription of endogenous c-type viruses in resting and proliferating tissues of balb/mo mice − Virology 1979, 98: 280-97

Jaenisch R, Jähner D, Nobis P, Simon I, Löhler J, Harbers K, Grotkopp D: Chromosomal position and activation of retroviral genomes inserted into the germ line of mice − Cell 1981, 24: 519-29

Jaenson TG: Kan insekter sprida hepatit B-virus och AIDS-assosierat retrovirus (LAV/HTLV-III)? − Läkart 1985, 82(47): 4133-6

Jaffe ES, Cossman J, Blattner WA, Robert-Guroff M, Blayney DW, Gallo RC, Bunn PA: The pathologic spectrum of adult T-cell leukemia/lymphoma in the U S − Am J Surg Pathol 1984, 8(4): 263-75

Jaffe HW, Bregman DJ, Selik RM: A I D S in the U S: the first 1000 cases − J Infect Dis 1983, 148: 339-45

Jaffe HW, Choi K, Thomas P, Haverkos HW, Auerbach DM, Guinan ME, et 18: National case-control study of Kaposi's sarcoma and pneumocystis carinii pneumonia in homosexual men: Part 1, epidemiologic results − Ann Int Med 1983, 99(2): 145-51

Jaffe HW, Darrow WW, Echenberg DF, O'Malley PM, Getchell JP, Kalyanaraman VS, Byers RH, Drennan DP, Braff EH, Curran JW et al.: The A I D S in a cohort of homosexual men. A six year follow-up study − Ann Intern Med 1985, 103(2): 210-4

Jaffe HW, Feorino PM, Darrow WW, O'Malley PM, Getchell JP, Jones BM, Echenberg DF, Francis DP, Curren JW: Persistent infection with H T L V-III/ L A V in apparently healthy homosexual men − Ann Int Med 1985, 102(5): 627-8

Jaffe HW, Francis DP, McLane MF, Cabradilla C, Curran JW, Kilbourne B, Lawrence DN, Haverkos H, Spira TJ, Dodd R, Gold J, Armstrong D, Ley A, Groopman JE, Mullins JI, Lee TH, Essex M: Transfusions-associated AIDS: serologic evidence of H T L V infections in donors − Science 1984, 223: 1309-12

Jaffe H, O'Malley P, Rutherford G, Feorino P, Schable C, Ryers R, Darrow W, Echenberg D: Natural History of HTLV-III/LAV infection in a cohort of gay men − in Druck

Jaffe HW, Sarngadharan MG, DeVico AL, Bruch L, Getchell JP, Kalyanaraman VS, Haverkos HW, Stoneburner RL, Gallo RC, Curran JW: Infection with HTLV-III/LAV and transfusion-associated A I D S. Serologic evidence of an association − JAMA 1985, Aug 9: 770-3

Jähner D, Jaenisch R: Integration of moloney leukemia virus into the germ line of mice: correlation between site of integration and virus activation − Nature 1980, 287: 456-8

* **Jakush J, Mitchell EW:** Infection control in the dental office: a realistic approach − JADA 1986, 112(Apr): 459-68

James JJ, Morgenstern MA, Hatten JA: HTLV-III/ LAV-antibody-positive soldiers in Berlin − N Engl J Med 1986, Jan 2: 55

Janier M, Vignon MD, Cottenot F: Spontaneously healing Kaposi's Sarcoma in AIDS − New Engl J Med 1985, 312(23): 1517

Jankovic J: Whipple's disease of the C N S in AIDS − N Engl J Med 1986, 315, Oct 16: 1029

Janzer RC, Raff MC: Astrocytes induce blood-brain barrier properties in endothelial cells − Nature 1987, Jan 15 (325): 253-6

Jarrett WF, Crawford EM, Martin WB, Davie E: Leukemia in a cat. A virus-like particle associated with leukemia (lymphosarcoma) − Nature 1964, 202: 567-8

Jason JM, Evatt BL, Chorba TL, Ramsey RB: A I D S in hemophiliacs − Scand J Haematol 1984, 33(40): 349-56

Jason JM, Hilgartner M, Holman RC, Dixon G, Spira TJ, Aledort L, Evatt B: Immune status of blood product recipients − JAMA 1985, 253(8): 1140-5

Jason JM, Holman R, Kennedy M, Evatt B et al.: Longitudinal assessment of haemophiliacs exposed to HTLV-III/LAV − in Vorb

Jason JM, McDougal JS, Dixon G, Lawrence DN, Kennedy MS, Hilgartner M, Aledort L, Evatt BL: HTLV-III/LAV antibody and immune status of household contacts and sexual partners of persons with hemophilia − JAMA 1986, Jan 10 (255): 212-5

Jason JM, McDougal JS, Holman RC, Stein SF, Lawrence DN, Nicholson JK, Dixon G, Doxey M, Evatt BL: H T L V-III/L A V antibodies. Association with hemophiliacs' immune status and blood component usage − JAMA 1985, Jun 21: 3409-10

Jautzke G, Niedobitek F, Arasteh K, Bergemann W: Kryptosporidien in Biopsien aus dem Magen-Darm-Trakt − Pathologe 1986, 7: 302-3

Jay K, Young A: The gay report − Summit, New York 1979

Jeantils V, Lemaitre MO, Robert J, Gaudouen Y, Krivitzky A, Delzant G: Subacute polyneuropathy with encephalopathy in AIDS with human cytomegalovirus pathogenicity? − Lancet 1986, Nov 1: 1039

Jeffrey RB, Nyberg DA, Bottles K, Abrams DI, Federle MP, Wall SD, Wing VW, Laing FC: Abdominal CT in A I D S − AJR 1986, 146(1): 7-13

Jeffries E, Willoughby B, Boyko WJ, Schechter MT, Wiggs B, Fay S, O'Shaughnessy M: The Vancouver Lymphadenopathy-AIDS study: 2. seroepidemiology of HTLV-III antibodies − Can Med Assoc J 1985, Jun 15: 1373−7

Jennings PA, Even J: No real homology of human T-cell leukemia virus envelope with class I HLA − Nature 1984, 308(Mar): 85

Jerne NK: Das Immunsystem − In: Immunsystem, Spektrum d Wiss, Heidelberg 1987: 54-63

Jeske DJ, CApra JD: Immunoglobulins: structure and funktion − In: Paul WE (ed): Fundamental Immunology, Raven Pr, New York 1984: 131-64

Jessamine AG, Baker MA, Doherty JM, Goldberg EH, Handzel S, Laverdiere M, Portnoy J: Acquired immunodeficiency syndromes in Canada − Can Med Assoc J 1982, 127, Dec 15: 1161-3

Jesson WJ, Thorp RW, Mortimer PP, Oates JK: Prevalence of anti-HTLV-III in UK risk groups 1984/85 − Lancet 1986, Jan 18: 155

Johansson T: God klinikhygien viktigast − Tandläkt 1985, 77(12): 675-7

Johns DR, Tierney M, Felsenstein D: Alteration in the natural history of neurosyphilis by concurrent infection with the H I V − N Engl J Med 1987, 316(25): 1569-72

Johnson AM, Adler MW, Crown JM: The A I D S and epidemic of infection with H I V: costs of care and prevention in an inner London district − Brit Med J 1986, Aug 23: 489-92

Johnson JP, Prasanna N: Early diagnosis of HIV infection in the neonate − New Engl J Med 1987, Jan 29: 273-74

Johnson NL, Kotz S: Continous univariate distributions, I − Houghton Mifflin, Boston 1970

Johnson RE, Lawrence DN, Evatt BL et al.: A I D S among patients attending hemophilia treatment centers (1978 − June 1984) and mortality experience of US hemophiliacs (1968 − 1979) − Am J Epidemiol 1985, 121(6): 789-810

Johnson RT: Myelopathies and retroviral infections − Ann Neurol 1987, 21: 113

Johnson RT, McArthur JC: AIDS and the brain − TINS 1986, Mar: 91-4

Johnson TM, Duvic M, Rapini RP: AIDS exacerbates psoriasis − N Engl J Med 1985, 313(22): 1415

Johnstone B: Does prostaglandin aid the AIDS virus? − N Scientist 1986, Apr 10: 28

Jokipii L, Pohjola S, Jokipii AM: Cryptosporidium: a frequent finding in patients with gastrointestinal symptoms − Lancet 1983, Aug 13: 358-61

Jokipii L, Pohjola S, Valle S, Jokipii AM: Frequency, multiplicity and repertoire of intestinal protozoa in healthy homosexual men and in patients with gastrointestinal symptoms − Ann Clin Res 1985, 17: 57-9

Joller-Jemelka HI, Joller PW, Müller F, Schüpbach J, Grob PJ Anti-HIV IgM antibody during early manifestations of HIV infections − AIDS 1987, 1: 45-47

Joller-Jemelka HI, Vogt M, Joller PW: Immunologische Laboruntersuchungen bei Patienten mit AIDS und bei AIDS-Verdacht − Schweiz med Wschr 1985, 115: 125-32

Jonckheer T, Dab I, Van de Perre P, Lepage P, Dasnoy J, Taelman H: Cluster of HTLV-III/LAV infection in an African family − Lancet 1985 Feb 16: 400-1

Jones P, Hamilton PJ, Bird G, Fearns M, Oxley A, Tedder R, Cheinsong-Popov R, Codd A: AIDS and haemophilia: morbidity and mortality in a well defined population − Brit Med J 1985, 291: 695-9

Jonas P, Proctor S, Dickinson A, George S: Altered immunology in hemophilia − Lancet 1983, i: 120-1

Jones KA, Kadonaga JT, Luciw PA, Tjian R: Activation of the AIDS retrovirus promoter by the cellular transcription factor, Sp1
− Science 1986, May 9: 755-9

Jones TA, Liljas L: Structure of tobacco necrosis virus after crystallographic refinement at 2.5 Åresolution − J Mol Biol 1984, 177: 735-67

Joseph SC: AIDS in New York City: Moving ahead on effective public health approaches − NY State J Med 1987, 87, 5: 257-8

Josephs SF, Salahuddin SZ, Ablasi DV, Schachter F, Wong-Staal F, Gallo RC: Genomic analysis of the Human B-Lymphotropic Virus (HBLV) − Science 1986, 234, Oct 31: 601-3

Jovaisas E, Koch MA, Schäfer A, Stauber M, Löwenthal D: LAV/HTLV-III in 20-weeks fetus − Lancet 1985, ii: 1129

* Joy M: Oral candidiasis and AIDS − N Engl J Med 1984, 311(21): 1378-9

Joyce C, Sattaur O: AIDS: French sue over who was first − N Scientist 1985, Dec 26: 3

Juneau L: System dynamics: Getting the big picture − MIT Report 1985, 13(4): 1-2

Jupp PG, McElligott SE, Lecatsas G: The mecanical transmission of hepatitis B virus by the common bedbug (cimex lectularius L) in South Africa − S Afr Med J 1983, 63: 77-81

Jurkiewicz T, Nakamura H, Schneider J, Yamamoto N, Hayami M, Hunsmann G: Structural analysis of p19 and p24 core polypeptides of primate lymphotropic retrovirus (PLRV) − Virology 1986, 150: 291-298

Just G, Neisel F, Helm EB, Stille W: Kryptosporidien-Enteritis bei LAS/AIDS − In: Helm EB et al.(eds). AIDS II, Zuckschwerdt, München 1986: 163-790

Kalden JR, Burmester GR, Manger B, Coester CH, Bienzle U: Immunologische Befunde bei homosexuellen Männern mit generalisierter Lymphadenopathie. Prodromalstadium des „A I D S"? − Klin Wschr 1983, 61: 1067-73

Kalish RS, Schlossman SF: The T4 lymphocyte in AIDS − New Engl J Med 1985, 313(2): 112-3

Kallings LO: AIDS i världen − och i Sverige − Läkart 1987, 84(20): 1740-1

Kalyanaraman VS, Cabradilla CD, Getchell JP, Narayanan R, Braff EH, Chermann JC, Barré-Sinoussi F, Montagnier L, Spira TJ, Kaplan J, Fishbein D, Jaffe HW, Curran JW, Francis DP: Antibodies to core protein of lymphadenopathy-associated virus (LAV) in patients with AIDS − Science 1984, 225(Jan 9): 321-3

Kalyanaraman VS, Sarngadharan MG, Bunn PA, Minna JD, Gallo RC: Antibodies in human sera reactive against an internal structural protein of human T-cell lymphoma virus − Nature 1981, 294, Nov 19: 271-3

Kalyanaraman VS, Sarngadharan MG, Poiesz B, Ruscetti FW, Gallo RC: Immunological properties of a type C retrovirus isolated from cultured human T-lymphoma cells and comparison to other mammalian retroviruses − J Virol 1981, 38(3),Jun: 906-15

Kalyanaraman VS, Sarngadharan MG, Robert-Guroff M et al.: A new subtype of human T-cell leukemia virus (HTLV-II) associated with a T-cell variant of hairy cell leukemia − Science 1982, 218: 571-3

Kam-Hansen S, Link H: Humant retrovirus orsakar multipel skleros? − Läkart 1986, 83(5): 295-6

Kan NC, Franchini G, Wong-Staal F, DuBois GC, Robey WG, Lautenberger JA, Papas TS: Identification of HTLV-III/LAV sor gene product and detection of antibodies in human sera − Science 1986, Mar 28: 1553-5

Kanki PJ, Barin F, M'Boup S, Allan JS, Romet-Lemonne JL, Marlink R, McLane MF, Lee TH, Arbeille B, Denis F et al.: New human T-lymphotropic retrovirus related to simian T-lymphotropic virus type III (STLV-IIIAGM) − Science 1986, 232, Apr 11: 238-43

Kanki PJ, M'Boup S, Ricard D, Barin F, Denis F, Boye C, Sangare L, Travers K, Albaum M, Marlink R, Romet-Lemonne JL, Essex M: H T L V-4 and the H I V in West Africa − Science 1987, 236, May 15: 827-31

Kanki PJ, McLane MF, King NW, Letvin NL, Hunt RD, Sehgal P, Daniel MD, Desrosiers RC, Essex M: Serologic identification and characterization of a macaque T-lymphotropic retrovius closely related to HTLV-III − Science 1985, Jun 7: 1199-201

Kantha SS: Portuguese role in spread of HTLV-I virus − Nature 1986, Jun 19: 733

Kantrowitz B, Quade V, Ernsberger R, Shapiro D: The AIDS epidemic − Fear of sex − Newsweek 1986, Nov 24: 40-2

Kaplan JE, Greenspan JR, Bomgaars M, Wiebenga N, Bart R, Robbins K, Wiebe R, Tabrah F, Stewart J, Lawrence B, Schonberger B: Simultaneous outbreaks of Guillain-Barré Syndrome and Bell's Palsy in Hawaii in 1981 − JAMA 1983, 250(19): 2635-40

Kaplan JE, Spira TJ, Feorino PM, Warfield DT, Fishbein DT: HTLV-III viremia in homosexual men with generalized lymphadenopathy − N Engl J Med 1985, Jun 13, 1572-3

Kaplan E, Spira T, Fishbein D, Pinsky P, Schonberger L: Lymphadenopathy syndrome in homosexual men − evidence for continuing risk of developing AIDS − JAMA 1987, 257(3), Jan 3: 335-7

Karpas A: Viruses and leukemia − Am Scientist 1982, 70(May): 277-85

Karpas A: Unusual virus produced by cultured cells from a patient with AIDS − Mol Biol Med 1983, 1: 457-9

Karpas A: Viruses in Human Leukaemia − In: Giraldo G, Beth E (eds): The role of Viruses in human Cancer, Vol. II, Elsevier, Amsterdam 1984: 345-363

Karpas A: Letter (conc: Origin of human T-cell leukemia-lymphoma virus) − Lancet 1984, Oct 22:962-4

Karpas A: AIDS omissions (letter) − New Scientist 1985, Mar 28:50

Karpas A: Viruses in human leukaemia and AIDS − I.International Meeting of Bio-oncology, Catania, 1985, Apr 13-15, abstr: 200-228

Karpas A: The monoclonal antibodies to p19 of HTLV should not be used alone to screen for the virus in T-cells − Leukemia Reseach 1985, 9(4): 511-2

Karpas A: Historical overview of human lymphotropic retroviruses − Proc 1st Internatl Meeting of AVIS, Napoli Dec 1985

Karpas A: Origin of the AIDS virus explained? (letter) − New Scientist 1987, Jul 16: 67

Karpas A: AIDS research − New Scientist 1987, Mar 12: 65

Karpas A, Fischer P: Ultrastructural expression of virus-like particles in human leukaemic cells growing in vitro − Leukemia Res 1980, 4(3): 315-24

Karpas A, Gillson W, Oates JK, Beran PC: Lytic infection by a british AIDS virus and the development of a rapid cell test for antiviral antibodies − Lancet 1985, Sep 28: 695-7

Karpas A, Hatanaka M, Hinuma Y: The virus of adult T-cell leukaemia of Japan (ATLV) is not involveld in mycosis fungoides/Sezary syndrome − In: Rich MA (eds): Leukemia Rev Internat, Dekker 1983: 86-87

Karpas A, Hatanaka M, Hinuma Y, Harada S, Tatsumi E, Davies J, Worman C, Hedge U, Oates JK, Volsky DJ, Sinangil F, Liscomb R, Sonnabend J, Purtilo D: Studies of adult t-cell leukemia viruses (ATLV) in relation to ATL in japanese and blacks, Mycosis Fungoides/Sezary Syndrome and AIDS − Dept Haematol Med, Univ Cambridge, unpublished

Karpas A, Hayhoe FGJ, Hill F, Anderson M, Tenant-Flower M, Howard L, Oates JK: Use of Karpas HIV cell test to detect antibodies to HIV-2 − Lancet 1987, Jul 18: 132-3

Karpas A, Kämpf U, Sidén Å, Koch MG, Poser S: Multiple sclerosis: Lack of evidence of the involvement of known human retroviruses in the disease — Nature 1986, Jul 10: 177-8

Karpas A, Maayan S, Raz R: Lack of antibodies to adult T-cell leukemia virus and to AIDS virus in Israeli Falashas — Nature 1986, Feb 27: 794

Karpas A, Malik K, Lida J: Studies of human retroviruses in relation to adult T-cell leukemia, A I D S and M S — Archives of Virology 1987, 95: 237-49

Karpas A, Milstein C: Recovery of the genome of murine sarcoma virus (MSV) after infection of cells with nuclear DNA from MSV-transformed non-virus producing cells - Eur J Cancer 1973, 9: 295-9

Karpas A, Tuckerman E: Transformation of human fibroblasts with DNA of cultured human rhabdomyosarcoma cells — Lancet 1974 1974, i: 1138-41

Kashamura A: Famille, sexualité et culture: Essai sur les moeurs et les cultures des peuples des Grands Lacs Africains — Payot, Paris 1973: 173

Kathke N: AIDS — RS Schultz, Percha 1985: 142 pp

Katzman M, Elmets CA, Lederman MM: Molluscum contagiosum and the A I D S — Ann Int Med 1985, 102(3): 413-4

Kavaler J, Davis MM, Chien Y: Localization of a T-cell receptor diversity-region element — Nature 1984, 310(Aug 2): 421-3

Kavanagh M: A complete guide to monkeys, apes and other primates — Jonathan Cape, London 1983, 224pp

Kay LA: The need for autologous blood transfusion — Brit Med J 1987, 294, Jan 17: 137-8

Kay LA: Immunology of human skin and susceptibility to HIV infection — Lancet 1987, Jul 18: 166

Kendall MD: Have we underestimated the importance of the thymus in man? — Experientia 1984, 40: 1181-5

Kennedy RC, Henkel RD, Pauletti D, Allan JS, Lee TH, Essex M, Dreesman GR: Antiserum to a synthetic peptide recognizes the HTLV-III envelope glycoprotein — Science 1986, Mar 28: 1556-9

Kennedy RC, Melnick JL, Dreesman GR: Anti-Antikörper — In: Immunsystem, Spektrum d Wiss, Heidelberg 1987: 194-203

Kermani EI, Borod JC, Brown PH, Tunnell G: New psychopathologic findings in AIDS: Case report — J Clin Psychiatry 1985, 46(6): 240-1

Kern P, Rokos H, Dietrich M: Raised serum neopterin levels and imbalances of T-lymphocyte subsets in viral diseases, AIDS and related lymphadenopathy syndromes — Biomed Pharmacother 1984, 38: 407-11

Kern P, Toy J, Dietrich M: Preliminary clinical observations with recombinant Interleukin-2 in patients with AIDS eller LAS — Blut 1985, 50: 1-6

Kernoff PB, Miller EJ, Savidge GF, Machin SJ, Dewar MS, Preston FE: Wet heating for safer factor VIII concentrate? — Lancet 1985, Sep 28: 721

Kestens L, Biggar RJ, Melbye M, Bodner AJ, de Feyter M, Gigase PL: Absence of immunosuppression in healthy subjects from eastern Zaire who are positive for HTLV-III antibody — N Engl J Med 1985, 312(23): 1517-8

Kießling D, Stannat S, Schedel I, Deicher H: Überlegungen und Hochrechnungen zur Epidemiologie des A I D S in der Bundesrepublik Deutschland — Infection 1986, 14(5): 217-22

Kikukawa-Itamura R, Harada S, Kobayashi N, Hatanaka M, Yamamoto N: Quantitative analysis of cytotoxicity induced by HTLV-I carrying cells against human lymphoblastoid cells — Leukemia Research, im Druck

Kikukawa R, Koyanagi Y, Harada S, Kobashi N, Hatanaka M, Yamamoto: Differential susceptibility to the AIDS retrovirus in cloned cells of a human leukemic T-cell line, Molt-4 — J. virol 1986, 57: 1159-1162

Kimberlin RH: Scrapie agent: prions or virions? — Nature 1982, 297: 107-8

Kindt TJ, Robinson MA: Major histocompatibility complex antigens — Fundamental Immunology, Paul WE (ed), Raven Press,New York 1984: 347-75

Kinoshita K, Hino S, Amagasaki T, Ikeda S, Yamada Y, Suzuyama J, Momita S, Toriya K, Kamihira S, Ichimaru M: Demonstration of H T L V in milk from three sero-positive mothers — Gann 1984, 75(2): 103-5

Kinsey AC, Pomeroy WB, Martin CE: Sexual behavior in the human male — In: Saunders WB, Philadelphia 1948: 650-1

Kiprov DD, Anderson RE, Morand PR, Simpson DM, Chermann JC, Levy JA, Moss AR: Antilymphocyte antibodies and seropositivity for retroviruses in groups at high risk for AIDS — New Engl J Med 1985, 312(23): 1517-8

Kiprov DD, Lippert R, Sandström E, Jones FR, Cohen RJ, Abrams D, Busch DF: A I D S — Apheresis and operative risks — J Clin Apheresis 1985, 2: 427-40

Kirkpatrick CH, Davis KC, Horsburgh CR: Reduced Ia-positive Langerhans' cells in AIDS — N Engl J Med 1984, 311(13): 857-8

Kishimoto T: Human neoplastic B-cells: monoclonal models of B-cell differentiation — Immunol Today 1983, 4(4): 117-20

Kitchen LW, Barin F, Sullivan JL, McLane MF, Brettler DB, Levine PH, Essex M: Aetiology of AIDS-antibodies to H T L V (type III) in haemophiliacs — Nature 1984, 312(Nov 22): 367-9

Kjönstad A, Mellbye F: Kampen mot smittsomme sjukdomar - fra svartedauen till HIV-epidemin — Univ Förlaget, Copenhagen 1987, 80pp

Klatzmann D, Champagne E, Chamaret S, Gruest J, Guetard D, Hercend T, Gluckman JC, Montagnier L: T-lymphocyte T4 molecule behaves as the receptor for human retrovirus LAV — Nature 1984, 312(Dec 20): 767-?

Klatzmann D, Gluckman JC: HIV infection: facts and hypotheses — Imm Today 1986, 7(10): 291-6

Klatzmann D, Montagnier L: Approches to AIDS therapy — Nature 1986, 319: 10-1

Klein G: The Epstein-Barr virus and neoplasia — N Eng J Med 1975, 293(26): 1353-7

Klein G: Lymphoma development in mice and humans: Diversity of initiation is followed by convergent cytogenetic evolution — Proc Natl Acad Sci 1979, 76(5): 2442-4

Klein G: Snabb utveckling inom tumörbiologin — rapport fran ett cancersymposium — Läkart 1981, 78(52): 4732-6

Klein G: The role of gene dosage and genetic transpositions in carcinogenesis — Nature 1981, 294(Nov 26): 313-8

Klein G: The role of specific chromosal translocations and trisomies in the origin of some murine and human tumours of lymphoid origin — Cancer Survey 1982, 1(2): 299-308

Klein G: Antionkgener och regelergener nya kuggar i maskineriet — Läkart 1986, 83(49): 4185-8

Klein GO: The in vivo role of natural killer cells — Acad Avh, Karol Inst 1982: 106pp

Klein GO: Blodöverförd HIV-smitta är fortfarande ett problem — Läkart 1987, 84: 1236-8

Klein RS: More on AIDS in patients on dialysis — N Engl J Med 1986, may 22: 1386

* **Klein RS, Harris CA, Small CB, Moll B, Lesser M, Friedland GH:** Oral candidiasis in high-risk patients as the initial manifestation of the acquired immunodeficiency syndrome — N Engl J Med 1984, 311: 354-8.

Klein RS, Friedland GH: AIDS precautions for other high-risk groups? — Infect Control 1984, 5(10): 466-7

Kletzel M, Charlton R, Becton D, Berry DH: Cryoprecipitate: a safe factor VIII replacement — Lancet 1987, May 9: 1093-4

* **Klinkhamer JM:** Human oral leukocytes — In: Periodontics, 1963, 1: 109, zitiert in: Burnett, Sherp: Oral Microbiology, Ed. III, 1968: 425

Kloster BE, Tomar RH, Spira TJ: Lymphocytotoxic antibodies in the A I D S — Clin Immunol Immunopath 1984, 30: 330-5

Knight DM, Flomerfelt FA, Ghrayeb J: Expression of the art/trs protein of HIV and study of its role in viral envelope synthesis — Science 1987, May 15 (236): 837-40

* **Knolle G (ed):** HTLV III-Infektion. Problem für die zahnärztliche Praxis? — Quintessenz Verlag, Berlin 1986, 294 pp

Knox EG: A transmission model for AIDS — Eur J Epidemiol 1986, Sep (2): 165-77

Knutsen AP, Bouhasin JD, Lawrence DN, Roodman ST, Mueller KR, McDougal JS, Joist JH: Time relationship of immune changes to HTLV-III/LAV seroconversion in hemophilia patients: 1982-1984 — subm. J Peds

Kobayashi N, Koyanagi Y, Yamamoto N, Hinuma Y, Sato H, Okochi K, Hatanaka M: 28000-dalton polypeptide (p28) of adult T-cell leukemia virus has an associated protein kinase activity — J Biol Chem 1984, 259: 11162-4

Kobayashi N, Yamamoto N, Koyanagi Y, Schneider J, Hunsman G, Hatanaka M: Translation of HTLV (Human T-cell leukemia virus) RNA in a nuclease treated rabbit reticulocyte system — EMBO Journal 1984, 3: 321-5

Kobayashi N, Yoshimoto S, Fujishita M, Yano S, Niiya K, Kubonishi I, Taguchi H, Miyoshi I: HTLV-positive T-cell lymphoma/leukaemia in an AIDS patient — Lancet 1984, Jun 16: 1361-2

Koch HK, Hunsmann G: Molekularbiologie Aufbaublock III, Krebs: 1.Die Krebserkrankung in epidemiologischer Sicht — Deutsches Inst für Fernstud an der Univ Tübingen, Verlag Beltz 1982

Koch KL, Phillips DJ, Aber RC, Current WL: Cryptosporidiosis in hospital personnel — Ann Int Med 1985, 105(5): 593-6

Koch KL, Shankey TV, Weinstein GS, Dye RE, Abt AB, Current WL, Eyster ME: Cryptosporidiosis in a patient with hemophilia, common variable hypogammaglobulinemi, and the A I D S — Ann Int Med 1983, 99: 337-40

Koch MA, Kunze R, L'age-Stehr J: Untersuchungen zu Ursachen einer „neuartigen Epidemie" von Tumoren und letalen Erkrankungen — Tätigkeitsbericht, BGA 1983: 65-6

Koch MA, L'Age-Stehr J: AIDS: Der heutige Stand unseres Wissens — Deutsch Ärztebl 1985, 82(36): 2560-7

Koch MA, L'age-Stehr J, Weise H: Schnellinformation: Unbekannter Krankheitserreger als Ursache von tödlich verlaufenden erworbenen Immundefekten? — Bundesgesundhbl 1982, 25(12): 408

Koch MG: AIDS 1985 — Sjukvardsstyrelsen Lund 1985, 117pp

Koch MG: AIDS — Ärztl Praxis 1985, 20-28, 43, 48 (Banaschewski, München) SoDr 44 pp

Koch MG: AIDS — vår framtid? — Svenska Carnegie Institut, Stockholm 1985, 5/7 pp

Koch MG: Om eksperters enighet — Tidskr Nor Lægeforen 1987, 107(16): 1473-5

Koch MG: The anatomy of the virus — New Scientist 1987, Mar 26: 46-51

Koch MG: HIV — die unvollendete Geschichte einer Virusentdeckung — Spektrum d Wiss 1987, 7 (Jul): 14-5

Koch MG: AIDS, ein Dauerthema — auch im Arbeitsleben — Neue Zschr Arb SozRecht 1987, 4(12), Beilage 2 (AIDS in der betrieblichen Praxis): 2-9

Koch MG: Vilseledande att räkna åsikter - väg istället insikter — Läkartidn 1987, 84(14): 1140-1

Koch MG: Die internationale Epidemiesituation und ihre Trends - In: Korporal J, Malouschek H (eds): Leben mit AIDS - mit AIDS leben. ebv-Verlag, Rissen 1987, 280pp

Koch MG, Dörner D, v Welck U, González JJ, L'age-Stehr J: ASSP — Offer of Participation — Angewandte Computer Software, München 1987, Jan 7: 15pp

Koch MG, González JJ: Transiente Phänomene — ein Exkurs über Aufmerksamkeitsfallen — AIFO, im Druck

Koch MG, González JJ, Dörner D: Epidemiology of AIDS — different ways of computer-based analysis and forecasting, demonstrated by comparing the development in European countries, US-states and the pacific region — Internat AIDS-Conference, Paris 1986, Jun 23-25, abstracts: p-184

Koch MG, González JJ, Dörner D, L'age-Stehr J: Epidemiologische Konzepte und prognostische Ansätze zur AIDS-Epidemie: Die Rolle von Transienten, die Anziennitätsverteilung, die Fatalität, die Simulation der Virusverbreitung — WHO Meeting on AIDS Containment, Graz, 7-9 April 1986

Koch MG, L'age-Stehr J: Möglichkeiten der Prognose im Rahmen der AIDS-Epidemiologie — AIFO 1987, 2(2): 94-9

Koch MG, L'age-Stehr J, González J, Dörner D: Die Epidemiologie von AIDS − Spektrum d Wiss 1987, 8 (Aug): 38-51

Koch MG, Mattsson J, Ewers J: AIDS − Fakta om en farsot − Svenska Carnegie Institut, Stockholm 1986, 191pp

Goedert JJ: What is safe sex? − N Engl J Med 1987, 316, 21: 1139-42

Koeffler HP, Chen ISY, Golde DW: Characterization of a novel HTLV-infected cell line − Blood 1984, 64(2): 482-90

Köhler H, Lange W, Rex W, Koch MA: Prevalence of antibodies to LAV/HTLV-III 1980-1985 in prison inmates with risk factors for hepatitis B infection 1980-1985 in West Berlin − Internat AIDS-Konf Paris 1986, Jun 23-25, abstracts: p-185

Köhler H, Lange W, Vettermann W, Pauli G, Koch MA: Untersuchungen auf LAV/HTLV-III-Antikörper bei Insassen Berliner Haftanstalten mit Hepatitis-Risiko − Bundesgesundhbl 1985, Nov 11: 328-9

Koenig S, Gendelman HE, Orenstein JM, Dal Canto MC, Pezeshkpour GH, Yungbluth M, Janotta F, Aksamit A, Martin MA, Fauci AS: Detection of AIDS virus in macrophages in brain tissue from AIDS patients with encephalopathy − Science 1986, 233, Sep 5: 1089-93

Kolata G: Why do cancer cells resist drugs? − Science 1986, 231: 220-1

Kolata G: Mathematical model predicts AIDS spread − Science 1987, 235, Mar 20: 1464-5

Komuro A, Watanabe T, Miyoshi I, Hayami M, Tsujimoto H, Seiki M, Yoshida M: Detection and characterization of simian retroviruses homologous to human T-cell leukemia virus type I − Virology 1984, 138: 373-8

Kondo K, Kuroiwa Y: A case control study of Creutzfeldt-Jakob disease: association with physical injuries − Ann Neurol 1982, 11: 377-81

Konotey-Ahulu FID: AIDS in Africa: Misinformation and disinformation − Lancet 1987, Jul 25: 206-7

Kono Y, Kobayashi K, Fukunaga Y: Antigenic drift of equine infectious anemia virus in chronically infected horses − Arch ges Virusforsch 1973, 41: 1-10

Kooijman CD, Poen H: Whipple-like disease in AIDS − Histopathology 1984, 8: 705-8

Koop CE: Surgeon General's report on A I D S − JAMA 1986, Nov 28 (256): 2783-9

Koppel BS, Wormser GP, Tuchman AJ, Maayan S, Hewlett D, Daras M: Central nervous system involvment in patients with A I D S − Acta neurol Scand 1985, 71(5): 337-53

Koprowski H, DeFreitas EC, Harper ME, Sandberg-Wollheim M, Shirmada WA, Robert-Guroff M, Saxinger CW, Feinberg MB, Wong-Staal F, Gallo RC: M S and human T-cell lymphotropic retroviruses − Nature 1985, 318: 154-60

Koretz SH et al.: Treatment of serious cytomegalovirus infections with 9-(1,3-dihydroxy-2-propoxymethyl) guanine in patients with AIDS and other immunodeficiencies − N Engl J Med 1986, Mar 27: 801-5

Kornberg RD, Klug A: Das Nucleosom − In: Erbsubstanz DNA, Spektrum d Wiss, Heidelberg 1985, 46-61

Kornfeld H, Riedel N, Viglianti GA, Hirsch V, Mullins JI: Cloning of HTLV-4 and its relation to simian and human immunodeficiency viruses − Nature 1987, 326, Apr 9: 610-3

Korporal J, Malouschek H (eds): Leben mit AIDS - mit AIDS leben. ebv-Verlag, Rissen 1987, 280pp

Korsmeyer SJ, Waldmann TA: Immunoglobulins II: gene organization & assembly − In: DP Stites et al. (eds): Basic & clinical immunology, Lange Med Publ, Los Altos 1982: 43-9

Kotani S, Yoshimoto S, Yamato K, Fujishita M, Yamashita M, Ohtsuki Y, Taguchi H, Miyoshi I: Serial transmission of H T L V-I by blood transfusion in rabbits and its prevention by use of x-irradiated stored blood − Internat J Cancer, 1986, 37, Jun 15: 843-7

Kotler DP, Gaetz HP, Lange M, Klein EB, Holt PR: Enteropathy associated with the A I D S − Ann Int Med 1984, Oct: 421-8

Koury MJ, Pragnell IB: Retroviruses induce granulocyte-macrophage colony stimulating activity in fibroblasts − Nature 1982, 299(Oct 14): 638-40

Kovacs JA, Kovacs AA, Polis M, Wright WC, Gill VJ, Tuazon CU, Gelmann EP, Lane HC, Longfield R, Overturf G, Macher AM, Fauci AS, Parillo JE, Bennett JE, Masur H: Cryptococcosis in the A I D S − Ann Int Med 1985, 103: 533-8

Koyanagi Y, Harada S, Takahashi M, Uchino F, Yamamoto N: Selective cytotoxicity of AIDS virus infection towards HTLV-I-transformed cell lines − Int J Cancer 1985, 36: 445-51

Koyanagi Y, Harada S, Yamamoto N: Correlation between high susceptibility to AIDS virus and surface expression of OKT-4 antigen in HTLV-I-positive cell lines − Jpn J Cancer Res (Gann) 1985, 76: 799-802

Koyanagi Y, Harada S, Yamamoto N: Establishment of the high production system for AIDS retrovirus with a human T-leukemic cell line Molt-4 − Cancer Letters 1986, 30: 299-310

Koyanagi Y, Hinuma Y, Schneider J, Chosa T, Hunsmann G, Kobayashi N, Hatanaka M, Yamamoto N: Expression of HTLV-specific polypeptides in various human T-cell lines − Med Microbiol Immunol 1984, 173: 127-40

Koyanagi Y, Kobayashi S, Harada S, Kikukawa R, Yamamoto N, Watanabe K, Okino F, Kajii T: Detection of antibodies to human T-lymphotropic virus type I and III in Japanese hemophiliacs − AIDS Res 1985, 1: 353-8

Koyanagi Y, Miles S, Mitsuyasu RT, Merill JE, Vinters HV, Chen ISY: Dual infection of the central nervous system by AIDS viruses with distinct cellular tropisms − Science 1987, 236, May 15: 819-22

Koyanagi Y, Yamamoto N, Kobayashi N, Hirai K, Konishi H, Takeuchi K, Tanaka Y, Hatanaka M, Hinuma Y: Characterization of human B-cell lines harbouring both adult T-cell leukemia (ATL) virus and Epstein-Barr virus derived from ATL patients − J Gen Virol 1984, 65: 1781-9

Kramer RA, Schaber MD, Skalka AM, Ganguly K, Wong-Staal F, Reddy EP: HTLV-III gag protein is processed in yeast cells by the virus pol-protease − Science 1986, Mar 28, 1580-4

Krasser C, Baranowski E, Berger W, Frese M, Grosch-Wörner I, Grosse-Aldenhövel H, Hankow M, Heil HD, Kammerau B, Knobloch L, Kohlmann AS, Koch MA, L'age-Stehr J, Marcus U, Pohle HD, Rex R, Schäfer A, Vettermann W, Zöller J: Einsendungen aus Berlin zur HIV-Serologie 1985 eine erste statistische Auswertung Bundesgesbl 1986, 29(11): 341-7

Krause M, Burger HR, Vollenweider R, Anabitarte M: Pathologisch-anatomische Befunde beim erworbenem Immundefektsyndrom (AIDS) − VASA 1984, 13(2): 99-106

Krause RM: Koch's postulates and the search for the AIDS agent − Publ Health Rep 1984, 99(3): 291-9

Kreiss JK, Kasper CK, Fahey JL, Weaver M, Visscher B, Stewart JA, Lawrence DN: Nontransmission of T-cell subset abnormalities from hemophiliacs to their spouses − JAMA 1984, 251: 1450-4

Kreiss JK, Koech D, Plummer FA, Holmes KK, Lightfoote M, Piot P, Ronald AR, Ndinya-Achola JO, D'Costa LJ, Roberts P, Ngugi EN, Quinn TC: AIDS virus infection in Nairobi prostitutes − N Engl J Med 1986, Feb 13: 414-8

Kreiss JK, Lawrence DN, Kasper CK, Goldstein AL, Naylor PH, McLane MF, Lee TH, Essex M: Antibody to human T-cell leukemia virus membrane antigens, β-2-micro globulin levels, and thymosin alpha-1 levels in hemophiliacs and their spouses − Ann Int Med 1984, 100: 178-82

Krensky AM, Lanier LL, Engleman EG: Lymphocyte subsets and surface molecules in man − Clin Imm Rev 1985, 4(1): 95-138

Kroegel C, Hess G, Meyer zum Büschenfelde KH: Routes of HIV-2 transmission in Western Europe − Lancet 1987, May 16: 1150

Kreuzer F: Fortunas Horn, Pandoras Büchse. Gentechnik − Kampf gegen Infarkt, Krebs, AIDS − Franz Deuticke, Wien 1986, 84 pp

Krohn KJE, Antonen J, Valle SL, Kazakevicius R, Saxinger C, Gallo RC, Ranki A: Clinical and immunological findings in HTLV-III infections − Cancer Res 1985, 45, Sep: 4612-5 (suppl)

Krohn KJE, Ranki A, Antonen J, Valle SL, Suni J, Vaheri A, Saxinger C, Gallo RC: Immune functions in homosexual men with antibodies to HTLV-III in Finland − Clin exp Immunol 1985, 60: 17-24

Krohn KJE, Ranki A, Antonen J, Valle SL, Suni J, Vaheri A, Saxinger C, Gallo RC: Immune functions in HTLV-III antibody positive homosexual men without clinical AIDS − Lancet 1984, Sep 29: 746-7

Kroon S, Gerstoft J, Petersen CS, Dickmeis E, Lindhardt BÖ: T-lymphocyte subsets and HTLV-III antibodies among Danish heroin addicts − Eu J Sex transm Dis, in press

Kroto HW, Heath JR, O'Brien SC, Curl RF, Smalley RE: C60: Buckminsterfullerene − Nature 1985, 318: 162-3

Krown SE, Real FX, Vadhan-Raj S, Cunningham-Rundles S, Krim M, Wong G, Oettgen HF: K S and the A I D S − Cancer 1986, 57: 1662-5

Kryger P, Gerstoft J, Pedersen NS, Nielsen JO: Increased prevalence of C M V antibodies in homosexual men with syphilis: Relation to sexual behaviour − Scand J Immunol 1984, 16: 381-4

Kubanek B, Koerner K: Häufigkeit von HTLV-III-Antikörpern bei Blutspendern des Deutschen Roten Kreuzes − Dtsch Med Wschr 1986, 111(13): 516-7

Kühnl P, Seidl S, Holzberger G: HLA DR4 antibodies cause positive HTLV-III antibody ELISA results − Lancet 1985, May 25: 1222-3

Kulstad R (ed): AIDS. Papers from Science, 1982-1985, AAAS/Westview Pr 1986, 653pp

Kung JT, Paul WE: B-lymphocyte subpopulations − Immunol Today 1983, 4(2): 37-41

Kuno S, Ueno R, Hayashi O, Nakashima H, Harada S, Yamamoto N: Prostaglandin E2, a seminal constituent, facilitates the replication of A I D S virus in vitro − Proc Natl Acad Sci USA 1986, 83: 3487-90

Kunze R: Ungewöhnliche Häufung von malignen Erkrankungen und erworbenen Immundefekten bei männlichen Homosexuellen in den USA − Bundesgesundhbl 1982, 25(6): 189-90

Kunze R, Hielbig J, Becker J, Gelderblom HR, Schulz U, Lobeck H, Reichart PA, Koch MA: Immunochemical detection of AIDS-virus infected cells in peripheral human blood − AIFO 1986, 1 (10): 555-8

Kunze R, Kage R, Ulrich P, Gelderblom H, Koch MA: Assoziation von humanen T4+-T-Lymphozyten an HIV-produzierenden Zellen − Bundesgesbl 1986, 29(11): 361-3

Kunze R, L'age-Stehr J, Koch MA: Ergebnisse klinischer und labormedizinischer Untersuchungen an homosexuellen Männern im Rahmen einer AIDS-Beratungsstelle − Bundesgesundhbl 1984, 27(8): 242-7

Kunze R, Marcus U, Jovaisas E, Heil HD, Baranowski E, Koch MA: Häufigkeit von Nachweis von HTLV-III Antikörpern bei Patienten mit Werten für T_h/T_s, β2-Mikroglobulin und Neopterin außerhalb des Normbereichs für unterschiedliche Stadien der Lymphoproliferation − Atlanta-Konf. 1985, April 15-17

Kunze R, Trinkler P, Krasser R, Gelderblom HR, Winkel T, Nick I, Sharabis H, Thiele B, Heil HD, Rex R, Koch MA: Immunopathogenic aspects of the HIV-infection − Fischer, Berlin, in Vorb.

Kurth R, Brede HD, Bergmann L, Mitrou PS, Helm EB, Stille W: Antikörper gegen das „Human T-Cell Leukemia Virus (HTLV)" bei männlichen Homosexuellen mit erworbenem Immundefekt-Syndrom − Münch med Wschr 1983, 125(48): 1119-23

Kurth R, Mikschy U, Tondera C, Lizonova A, Brede HD, Helm EB, Bergmann L, Frank H, Popovic M, Gallo RC: HTLV-III-Infektionen bei Patienten mit AIDS und Lymphadenopathiesyndrom − Münch med Wschr 1984, 126(46): 1363-8

Kurth R, Teich NM, Weiss R, Oliver RT: Natural antibodies reactive with primate type C-viral antigens − Proc Nat Acad Sci USA 1977, 74: 1237-41

Kuwert E: Ich warne vor Hochrechnungen − In: Zustände. Ein Jahrbuch; TORSO, Essen 1985: 37-53

Kuzuhara S, Kanazawa I, Sasaki H, Nakanishi T, Shimamura K: Gerstmann-Sträussler-Scheinker's disease − Ann Neurol 1983, 14: 216-25

L'age-Stehr J: Erworbene Immundefekte - eine neue Infektionskrankheit (A I D S) − Bundesgesundhbl 1983, 26(4): 93-100

L'age-Stehr J: AIDS - Epidemiologie und Kenntnisstand 1985. Die neue Infektionskrankheit - In: Graul EH, Pütter S, Loew D (eds): Environtontologie - Mensch und Umwelt. Medicenale XV, Iserlohn 28-29 Sep 1985: 623-36

L'age-Stehr J: AIDS − Epidemiologie der LAV/ HTLV-III-Infektion -In: GK Steigleder (ed): AIDS. Neuere Erkenntnisse/Bericht I, Grosse, Berlin 1985

L'age-Stehr J: Ein höchst gefährliches Virus − In: Halter H (ed): Todesseuche AIDS, Rowohlt, Hamburg 1985: 33-66

L'age-Stehr J: Epidemiologie von AIDS-Erkrankungen − In: Helm EB et al. (eds): AIDS II, Zuckschwerdt, München 1986: 3-8

L'age-Stehr J, Koch MA: Unbekannter Krankheitserreger als Ursache von tödlich verlaufenden erworbenen Immundefekten − Dtsch Ärztebl 1983, Feb 18: 36-7

L'age-Stehr J, Kunze R: Untersuchungen zur Ursache von erworbenen, tödlich verlaufenden Immundefekten − Tätigkeitsbericht, BGA 1982: 97

L'age-Stehr J, Koch MG: The AIDS-virus infection − a new problem in managing renal patients − Proceedings of the 15th Annual Conference of the EDTNA − European Renal Care Assoc, Budapest 1986, Jul 1-4

L'age-Stehr J, Koch MG: Das Erfassungsverfahren für AIDS-Fälle in Deutschland − AIFO 1987, 2(2): 87-93

L'age-Stehr J, Koch MG: Verbreitung der HIV-Infektion in der Bundesrepublik - In: Korporal J, Malouschek H (eds): Leben mit AIDS - mit AIDS leben. ebv-Verlag, Rissen 1987, 280pp

L'age-Stehr J, Kunze R, Koch MA: AIDS in West Germany − Lancet 1983, Dec 10: 1370-1

L'age-Stehr J, Schäfer A, Kunze R, Koch MA: AIDS und LAV/HTLV-III-Infektionen bei Frauen − In: GK Steigleder (ed): AIDS. Neuere Erkenntnisse/Bericht II, Grosse, Berlin 1986: 9-16

L'age-Stehr J, Schwarz A, Offermann G, Langmaack H, Bennhold I, Niedrig M, Koch MA: HTLV-III infection in kidney transplant recipients − Lancet 1985, ii (Dec 14): 1361-2

Lachant NA, Sun NC, Leong LA, Oseas RS, Prince HE: Multicentric angiofollicular lymphnode hyperplasia (Castleman's Disease) followed by K'S in two homosexual males with A I D S − AJCP 1985, Jan: 27-33

Lachmann PJ: Are complement lysis and lymphocytotoxicity analogous? − Nature 1983, 305: 473

Lachmann PJ: A common form of killing − Nature 1986, 5 Jun: 560

Lambin P, Desjobert H, Debbia M, Fine JM, Muller JY: Serum neopterin and β2-microglobulin in anti-HIV positive blood donors − Lancet 1986, Nov 22: 1216

Landbeck G (ed): AIDS Opportunistic infections in hemophiliacs − Schattauer, Stuttgart 1984

Landesman SH, Ginzburg HM, Weiss SH: The AIDS epidemic − N Engl J Med 1985, 312(8): 521-5

* Landeszahnärztekammer: Vorsichtsmaßnahmen gegenüber Infektionskrankheiten in der zahnärztlichen Praxis − ZBW 1985(10): 284

Lane HC, Depper JM, Greene WC, Whalen G, Waldmann TA, Fauci AS: Qualitative analysis of immune function in patients with the A I D S − N Engl J Med 1985, 313(2): 79-84

Lane HC, Masur H, Longo DL, Klein HG, Rook AH, Quinnan GV, Steis RG, Macher A, Whalen G, Edgar LC, Fauci AS: Partial immune reconstitution in a patient with the A I D S − N Engl J Med 1984, 311(17): 1099-103

Lane HC, Masur H, Edgar LC, Whalen G, Rook AH, Fauci AS: Abnormalities of B-cell activation and immunoregulation in patients with the A I D S − N Engl J Med 1983, 309: 453-8

Lane, RS: Non-A,non-B hepatitis from intravenous immunglobulin − Lancet 1983, 2: 974-5

Lang AR: Strafrechtliche und strafprozessuale Aspekte des AIDS-Problems - AIFO 1986, 1(3): 148-51

Lang JM, Oberling F, Aleksijevic A, Falkenrodt A, Mayer M: Immunmodulation with diethyldithiocarbamate in patients with AIDS-related complex − Lancet 1985, Nov 9: 1066

Lange J, Frank H, Hunsmann G, Moenning V, Wollmann R, Schäfer W: Properties of mouse leukemia viruses: VI. The core of friend virus; isolation and constituents − Virology RG 1973, 53(2): 457-62

Lange JM, Coutinho RA, Krone WJ, Verdonck LF, Danner SA, van der Noordaa J, Goudsmit J: Distict IgG recognition patterns during progression of subclinical and clinical infection with lymphadenopathy associated virus/ human T lymphotropic virus − Brit Med J 1986, Jan 25: 228-30

Lange JM, Van den Berg H, Dooren L, Vossen JM, Kuis W, Goudsmit J: HTLV-III/LAV infection in nine children infected by a single plasma donor: clinical outcome and recognition patterns of viral proteins − J Infect Dis 1986, 154: 171

Lange Wantzin GL, Saxinger WC, Woods A, Larsen JK, Thomsen K, Gallo RC: Human T-cell leukemia virus in cutaneous T-cell lymphoma in Denmark − Acta Derm Venereol 1984, 64: 395-9

Lanier LL, Phillips JH: Evidence for three types of human cytotoxic lymphocyte − Immunol Today 1986, 7(5): 132-4

Lapointe N, Michaud J, Pekovic D, Chausseau JP, Dupuy JM: Transplancental transmission of HTLV-III virus − N Engl J Med 1985, 312: 1325-6

Latchman DS: Herpes infection and AIDS − Nature 1987, 325, Feb 5: 487

Laurence J: The immune system in AIDS − Sci Am 1985, Dec: 70-9; der Immundefekt bei AIDS − In: Immunsystem, Spektrum d Wiss, Heidelberg 1987: 152-62

Laurence J, Brun-Vézinet F, Schutzer SE, Rouzioux C, Klatzmann D, Barré-Sinoussi F, Chermann JC, Montagnier L: Lymphadenopathy-associated viral antibody in AIDS − N Engl J Med 1984, 311(20): 1269-73

Lawrence DN: (Editorial) The epidemiology of AIDS − Clin Immunol Newslett 1983, 4: 47-50

Lawrence DN: The Acquired Immune Deficiency Syndrome (AIDS): of concern to us all − J Fla Med Assoc 1983, 70: 101-2

Lawrence DN: (Editorial) Immunodeficiency: AIDS-specific screening and therapy still elusive − Immunology today 1983,4: 307-8

Lawrence DN: The Acquired Immune Deficiency Syndrome: What can it teach us? − In: Szentivanyi A, Friedman H, (eds): Viruses, Immunity and Immunodeficiency , Plenum, New York 1986

Lawrence DN, Bias W, Pollard K, et al.: HLA studies in an epidemic of KS/OI among homosexual males − Meeting Am Assoc Clin Histocomp Test, San Francisco 1982: pA-30

Lawrence DN, Jason JM, Bouhasin JD, McDougal JS, Knutsen AP, Ewatt BL, Joist JH: HTLV-III/ LAV antibody status of spouses and household contacts assisting in home infusion of hemophilia patients − Blood 1985, 66(3): 753-5

Lawrence DN, Lui KJ, Bregman DJ, Peterman TA, Morgan WM: A model-based estimate of the average incubation and latency period for transfusion-associated AIDS − Atlanta Conf AIDS 1985, Apr 17: S22

Lazo PA: Pathogenesis of viral infections − N Engl J Med 1985, June 13: 1574

Lazzarin A, Galli M Geroldi D, Zanetti I, Crocchiolo P, Aiuti F, Moroni M: Epidemic of LAV/HTLV-III infection in drug addicts in Milano: Serological survey and clinical fullow-up − Infection 1985, 13, Sep-Oct: 216-8

Lazzarin A, Galli M, Introna M, Negri C, Mantovani A, Mella L, Ferrante P, Parravicini C, Trombini M, Aiuti F, Moroni M, Zanussi C: Outbreak of persistent, unexplained, generalized lymphadenopathy with immunological abnormalities in drug addicts in Milan − Infection 1984, 12(6): 372-6

Lazzarin A, Parravicini CL, Meola G, Moroni M: AIDS in an Italian drug addict − Lancet 1984, Nov 17: 1155

Leach RD, Ellis H: Carcinoma of the rectum in male homosexuals − J R Soc Med 1981, 74: 490-1

Lecatsas G, Gravell M, Sever JL: Morphology of the retrovirus associated with AIDS and SAIDS − Proc Soc exp Biol Med 1984, 177: 595-8

Leder P: Die Vielfalt der Antikörper − In: Immunsystem, Spektrum d Wiss, Heidelberg 1987: 64-76

Ledermann MM, Ratnoff OP, Scillian JJ, Jones PK, Schacter B: Impaired cell-mediated immunity in patients with classic hemophilia − N Engl J Med 1983, 308: 79-83

Ledford DK, Overman MD, Gonzalvo A, Cali A, Mester SW, Lockey RF: Microsporidiosis myositis in a patient with the AIDS − Ann Int Med 1985, 102(5): 628-30

Lee RV, Prowten AW, Satchidanand SK, Srivastava BI: Non-Hodgin's lymphoma and HTLV-I antibodies in a Gorilla − N Engl J Med 1985, 312(2): 118-9

Lee TH, Coligan JE, Allan JS, McLane MF, Groopman JE, Essex M: A new HTLV-III/LAV protein encoded by a gene found in cytopathic retroviruses − Science 1986, Mar 28: 1546-9

Lee TH, Coligan JE, Homma T, McLane MF, Tachibana N, Essex M: Human T-cell leukemia virus-associated membrane antigens: Identity of the major antigens recognized after virus infection − Proc Natl Acad Sci USA 1984, 81(Jun): 3856-60

Lee TH, Coligan JE, Sodroski JG, Haseltine WA, Salahuddin SZ, Wong-Staal F, Gallo RC, Essex M: Antigens encoded by the 3'-terminal region of human T-cell leukemia virus: evidence for a funktional gene − Science 1984, 226(Oct): 57-61

Leibowitch J: A strange virus of unknown origin − Ballantine, New York 1985, pp172; Un virus étrange venu d'ailleurs − Grasset, Paris 1984

Lem S: Eine Minute der Menschheit − Suhrkamp Tb 955, Frankfurt 1983: 97pp

Lennert K, Kikuchi M, Sato E, Suchi T, Stansfeld AG, Feller AC, Hansmann ML, Müller-Hermelink HK, Gödde-Salz E: HTLV-positive and -negative T-cell lymphomas. Morphological and immunohistochemical differences between Europeans and HTLV-positive Japanese T-cell lymphomas − Int J Cancer 1985, 35: 65-72

Lepage P, van de Perre P, Caraël M, Butzler JP: Are medical injections a risk factor for HIV infection in children? − Lancet 1986, Nov 8: 1103-4

Leport C, Bruneval P, Tricottet V, Leport J, Camilléri JP, Vilde JL: Présence de marqueurs ultrastructuraux du SIDA au niveau des biopsies rectales à un stade précoce de l'affection − Gastroenterol Clin Biol 1984, 8/12 Dec: 983-4

Leport C, Harzic M, Pignon JM, Salmon D, Perronne C, Bricaire F, Vilde JL: Benign Cytomegalovirus mononucleosis in non-AIDS, HIV-infected patients − Lancet 1987, jul 25: 214

Lerner CW, Tapper ML: Opportunistisc infections complicating AIDS − Medicine 1984, 63(3): 155-64

Lerner RA: Synthetische Impfstoffe − In: Immunsystem, Spektrum d Wiss, Heidelberg 1987: 184-93

Leslie W, Templeton A, Braun D: Kaposi's sarcoma in the A I D S − Med Ped Onc 1984, 12: 336-42

Letvin NL, Daniel MD, Sehgal PK, v Chalifoux L, King NW, Hunt RD, Aldrich WR, Holley K, Schmidt DK, Desrosiers RC: Experimental infection of Rhesus monkeys with type D retrovirus − J Virol 1984, 52(2): 683-6

Leu HJ: Zur ultrastrukturellen Morphologie und Histogenese des Kaposi-Sarkoms bei AIDS − VASA 1984, 13(2): 107-13

Leu HJ, Odermatt B: Multicentric angiosarcoma(K S) − Virchows Arch 1985, 408: 29-41

Lever AM, Webster AD, Brown D Thomas HC: Non-A, non-B hepatitis occurring in agammaglobulinaemic patients after intravenous immunoglobulin − Lancet 1984, Nov 10: 1062-4

Lever AM, Webster AD, Brown D, Thomas HC: Non-A,non-B hepatitis after intravenous gammaglobulin − Lancet 1985, 1: 587

Levine AM, Burkes RL, Walker M, Meyer PR, Gill PS, Nichols PW, Dworsky R, Parker JW, Lukes RJ: B-cell lymphoma in two nonmonogamous homosexual men − Arch Intern Med 1985, 145, Mar: 479-81

Levy JA: The multifaceted retrovirus − Cancer Res 1986, Nov (46): 5457-68

Levy JA, Cheng-Mayer C, Dina D, Luciw PA: AIDS retrovirus (ARV-2) clone replicates in transfected human and animal fibroblasts − Science 1986, 232, May 23: 998-1001

Levy JA, Hoffman AD, Kramer SM, Landis JA, Shimabukuro JM, Oshiro LS: Isolation of lymphocytopathic retroviruses from San Francisco patients with AIDS − Science 1984, 225: 840-2

Levy JA, Kaminsky LS, Morrow WJ, Steimer K, Luciw P, Dina D, Hoxie J, Oshiro L: Infection by the retrovirus associated with the A I D S – Ann Int Med 1985, 103(5): 694-9

Levy JA, Mitra GA, Wong MF, Mozen MM: Inactivation by wet and dry heat of AIDS-associated retroviruses during factor VIII purification from plasma – Lancet 1985, Jun 22: 1456-7

Levy JA, Pan LZ, Beth-Giraldo E, Kaminsky LS, Henle G, Henle W, Giraldo G: Absence of antibodies to the H I V in sera from Africa prior to 1975 – Proc Natl Acad Sci USA 1986, Oct (83): 7935-7

Levy JA, Shimabukuro J, Hollander H, Mills J, Kaminsky L: Isolation of AIDS-associated retroviruses from cerebrospinal fluid and brain of patients with neurological symptoms – Lancet 1985, Sep 14: 586-8

Levy JA, Ziegler JL: A I D S is an opportunistic infection and K S results from secondary immune stimulation – Lancet 1983, Jul 9: 78-81

Levy N, Carlson JR, Hinrichs S, Lerche N, Schenker M, Gardner MB: The prevalence of HTLV-III/LAV antibodies among intravenous drug users attending treatment programms in California: a preliminary report – N Engl J Med 1986, Feb 13: 446

Levy PM, Balavoine D, Merot Y, Saurat JH: Ritodrine-responsive bullous pemphigoid in a patient with A R C – Brit J Dermatol 1986, 114: 635-43

Levy RM, Pons VG, Rosenblum ML: Central nervous system mass lesions in the A I D S – J Neurosurg 1984, 61: 9-16

Lifson JD, Finch SL, Sasaki DT, Engleman EG: Variables affecting T-lymphocyte subsets in a volunteer blood donor population – Clin Immunol Immunopathol 1985, 36(2): 151-60

Li FP, Osborn D, Cronin CM: Anorectal squamous carcinoma in two homosexual men – Lancet 1982, Aug 14: 391

Lighthill MJ: Fourier analysis and generalised funktions – Cambridge Univ Press, Cambridge 1962

Liljas L: The structure of spherical viruses – Prog Biophys molec Biol 1986, 48: 1-36

Liljas L, Unge T, Jones TA, Fridborg K, Lövgren S, Skoglund U, Strandberg B: Structure of satellite tobacco necrosis virus at 3.0 Å resolution – J Mol Biol 1982, 159: 93-108

Lind AO: Manlig homosexualitet, bisexualitet och smittspridning – ett nytt hälsoproblem – Läkart 1982, 79(13) 1263-5

Lind SE, Gross PL, Andiman WA, Stone GC, Schooley RT, Harris NL: Malignant lymphoma presenting as Kaposis's sarcoma in a homosexual man with the A I D S – Ann Int Med 1985, 102: 338-40

Lindberg J, Nilsson L: T-lymphocytes fighting cancer cells 1 – Boehringer Ingelheim 1985, 13p

Lindenmann J: AIDS – immunologische Aspekte – Verh Dt Ges Inn Med 1984, 90(1): 16-8

Lindhardt BÖ, Gerstoft J, Ulrich K, Bentzen K, Scheibel E, Dalsgard Nielsen J, Dickmeiss E: Antibodies against HTLV-III among Danish haemophiliacs: Relation to source of factor VIII treatment and immunological parameters – Scand J Haematology, in Druck

Lindmo T, Davies C, Fodstad Ø, Morgan AC: Stable quantitative differences of antigen expression in human melanoma cells isolated by flow cytometric cell sorting – Int J Cancer 1984, 34: 507-12

Lindskov R, Lindhardt B, Weissmann K, Thomsen K, Bang F, Ulrich K, Wantzin G: Acute HTLV-III infection with roseola-like rash – Lancet 1986, Feb 22:447

Lipkin WI, Parry G, Kiprov D, Abrams D: Inflammatory neuropathy in homosexual men with lymphadenopathy – Neurology 1985, 35: 1479-83

Lo SC: Isolation and identification of a novel virus from patients with AIDS – Am J Trop Med Hyg 1986, Jul (35): 675-6

Lo SC, Liotta LA: Vascular tumors produced by NIH/3T3 cells transfected with human AIDS Kaposi's sarcoma DNA – Am J Pathol 1985, 118: 7-13

Lohmann-Matthes ML, Sun DM, Zähringer M: Maturation of macrophages and macrophage mediated cytotoxicity – In: Förster O, Landy M, (Eds): Heterogeneity of mononuclear phagocytes, Academic Press, London 1981: 486-95

Lombardo GT, Anandarao N, Lin CS, Abbate A, Becker WH: Fatal hemoptysis in a patient with A R C and pulmonary aspergilloma – NY State J Med 306-8

Lombardo PC: Molluscum contagiosum and the A I D S – Arch Dermatol 195, 121(7): 834-5

Lopez CE: A I D S: Highlights on the diagnosis and management of opportunistic infections – J MAG 1984, 73: 525-33

Lopez-Herce Cid JA, Lopez-Herce Cid J, Sañudo EF, Manarguez J, Ochaita JC: AIDS and Hodgkin's disease – Lancet 1986, Nov 8: 1104-5

Lorenz K: Die acht Todsünden der Menschheit – Piper, München, 1980. Civilisationens atta dödssynder – PAN/Nordstedts, Stockholm 1973, 98pp

Lorenz K: Der Abbau des Menschlichen – Piper, München 1981, 286 pp

Loughran TP, Kadin ME, Starkebaum G, Abkowitz JL, Clark EA, Disteche C, Lum LG, Schlichter SJ: Leukemia of large granular lymphocytes: association with clonal chromosomal abnormalities and autoimmune neutropenia, thrombocytopenia, and hemolytic anemia – Ann Int Med 1985, 102: 169-75

* Lozada F, Silverman S, Conant MA: New outbreak of oral tumors, malignancies and infectious diseases strikes young male homosexuals – J Calif Dent Assoc 1982, 10: 39

* Lozada F, Silverman S, Migliorati CA, Conant MA, Volberding PA: Oral manifestations of tumor and opportunistic infections in the A I D S: Findings in 53 homosexual men with Kaposi's sarcoma – Oral Surg 1983, 56: 49-4

Lucas A: AIDS and human milk bank closures – Lancet 1987, May 9: 1092-3

Luciw PA, Potter SJ, Steimer K, Dina D: Molecular cloning of AIDS-associated retrovirus – Nature 1984, 312(Dec 20): 760-3

Ludlam CA, Tucker J, Steel CM, Tedder RS, Cheingsong-Popov R, Weiss RA, McClelland DB, Philp I, Prescott JR: H T L V III infection in seronegative haemophiliacs after transfusion of factor VIII – Lancet 1985, Aug 3: 233-6

Luft BJ, Brooks RG, Conley FK, McCabe RE, Remington JS: Toxoplasmic encephalitis in patients with A I D S – JAMA 1984, Aug 17: 913-7

Lui KJ, Lawrence DN, Morgan WM, Peterman TA, Haverkos HW, Bregman DJ: A model-based approach for estimating the mean incubation period of transfusion-associated A I D S – Proc Natl Acad Sci USA 1986, 83(10), May 15: 3051-5

Luo M, Vriend G, Kamer G, Minor I, Arnold E, Rossmann MG, Boege U, Scraba DG, Duke GM, Palmenberg AC: The atomic structure of Mengo virus at 3.0 Å resolution – Science 1987, 235, Jan 9: 182-91

Luzi G, Ensoli B, Turbessi G, Scarpati B, Aiuti F: Transmission of HTLV-III infection by heterosexual contact – Lancet 1985, Nov 2: 1018

Lycke E, Norrby E (eds): Medicinsk Virologi – Almqvist & Wiksell, Stockholm 1981, pp 424

* Lynch DP, Shilitoe EJ: A I D S: Implications for dental care providers – J Houst Dist Dent Soc 1984, Oct: 13-6

Lyons SF, Jupp PG, Schoub BD: Survival of HIV in the common bedbug – Lancet 1986, Jul 5: 45

Lyons SF, Schoub BD, McGillivray GM, Sher R: Sero-epideiology of HTLV-III antibody in southern Africa – S Afr Med J 1985, Jun 15: 961-2

Lyons SF, Schoub BD, McGillivray GM, Sher R, Dos Santos L: Lack of evidence of HTLV-III endemicity in Southern Africa – N Engl J Med 1985, 312(19): 1257-8

Ma P: Cryptosporidium and the enteropathy of immune deficiency – J Ped Gastr Nutr 1984, 3: 488-90

Ma P, Armstrong D (eds): The A I D S and infections of homosexual men – Yorke Medical, New York 1984: 442 pp

Ma P, Kaufman DL, Helmick CG, D'Souza AJ, Navin TR: Cryptosporidiosis in tourists returning from the Caribbean – N Engl J Med 1985, 312(10): 647-8

Ma P, Villanueva TG, Kaufman D, Gillooley JF: Respiratory cryptosporidiosis in the A I D S – JAMA 1984, 252(10): 1298-1301

Macher AM: Acquired Immunodeficiency Syndrome – AFP 1984, 30(6): 131-44

Macher AM, Bardenstein DS, Zimmerman LE, Steigman CK, Pastore L, Poretz DM, Eron LJ: Pneumocystis carinii choroiditis in a male homosexual with AIDS and disseminated pulmonary and extrapulmonary p. carinii infection – N Engl J Med 1987, Apr 23: 1092

Machin SJ, McVerry BA, Cheinsong-Popov R, Tedder RS: Serokonversion for HTLV-III since 1980 in British haemophiliacs – Lancet 1985, Feb 9: 336

MacKenzie D: How gynaecologists could cause cancer – New Scientist 1986, Sep 11: 22

Mackenzie DW, Hay RJ: Capsule-deficient cryptococcus neoformans in AIDS patients – Lancet 1985, Mar 16: 642

Madhok R, Melbye M, Lowe GD, Forbes CD, Froebel KS, Bodner AJ, Biggar RJ: HTLV-III antibody in sequential plasma samples: from haemophiliacs 1974-84 – Lancet 1985, Mar 2: 524-5

Mallion RB: Ring-current effects in C60 – Nature 1987, 325, Feb 26: 760-1

Maloney MJ, Cox F, Wray BB, Guill MF, Hagler J, Williams D: AIDS in a child 5,5 years after a transfusion – N Engl J Med 1985, 312(19): 1256

Mann DL, DeSantis P, Mark G, Pfeifer A, Newman M, Gibbs N, Popovic M, Sarngadharan MG, Gallo RG, Clark J, Blattner W: HTLV-I-associated CLL: Indirect role for retrovirus in leukemogenesis – Science 1987, May 29 (236): 1103-6

Mann JM: AIDS in Africa – New Scientist 1987, Mar 26: 40-3

Mann JM, Francis H, Davachi F, Baudoux P, Quinn TC, Nzilambi N, Bosenge N, Colebunders RL, Kabote N, Piot P et al.: H I V seroprevalence in pediatric patients 2 to 14 years of age at Mama Yemo Hospital, Kinshasa, Zaire – Pediatrica 1986, Oct (78): 673-7

Mann JM, Francis H, Davachi F, Baudoux P, Quinn TC, Nzilambi N, Bosenge N, Colebunders RL, Piot P, Kabote N et al.: Risk factors for H I V seropositivity among children 1-24 months old in Kinshasa, Zaire – Lancet 1986, Sep 20 (255): 654-7

Mann JM, Francis DH, Quinn TC et al.: Surveillance for AIDS in a central African city: Kinshasa, Zaire – JAMA 1986, 255: 3255-9

Mann JM, Francis H, Quinn TC, Bila K, Asila PK, Bosenge N, Nzilambi N, Jansegers L, Piot P, Ruti K et al.: HIV seroprevalence among hospital workers in Kinshasa, Zaire. Lack of association with occupational exposure – JAMA 1986, Dec 12 (256): 3099-102

Mann JM, Kapita B, Colebunders RL, Kalemba K, Khonde N, Bosenge N, Nzilambi N, Malonga M, Jansegers L, Francis H, McCormick JB, Piot P, Quinn TC, Curran JW: Natural history of H I V infection in Zaire – Lancet 1986, Sep 27: 707-9

Mann JM, Quinn TC, Francis H, Nzilambi N, Bosenge N, Bila K, McCornock JB, Ruti K, Asila PK, Curran JW: Prevalence of HTLV-III/LAV in household contacts of patients with confirmed AIDS and controls in Kinshasa, Zaire – JAMA 1986, 256 (6): 721-4

Mann JM, Quinn TC, Piot P: Condom Use and HIV Infection among Prostitutes in Zaire – New Engl J Med 1987, 316(6):345

Mann JM, Snider DE, Francis H, Quinn TC, Colebunders RL, Piot P, Curran JW, Nzilambi N, Bosenge N, Malonga M, Kalunga D, Nzingg MM, Bagala N: Association between HTLV-III/LAV infection and tuberculosis in Zaire – JAMA 1986, Jul 18: 346

Mannucci PM, Gringeri A, Ammassari M: Antibodies to AIDS and heated factor VIII – Lancet 1985, Jun 29: 1505-6

Mannucci PM, Gringeri A, Ammassari M, Mari D: Abnormalities in lymphocyte subsets are correlated with concentrate consumption in symptomatic Italian hemofeliacs – Am J Hematol 1984, 17(2)167-76

Månsson SA: Prostituerade och könsköpare i den svenska könshandeln – Memorandum, Socialhögskolan, Univ Lund 1987: 17pp

Månsson SA: Vad vet vi om könsköparna? – Socialmed Tidskr 1987, 67, 5-6: 239-47

Manzari V, Fazio VM, Martinotti S, Gradilone A, Collati E, Fattorossi A, Stoppacciaro A, Verani P, Frati L: Human T-cell leukemia/lymphoma virus (HTLV-I) DNA: detection in Italy in a lymphoma and in a K S patient − Int J Cancer 1984, 34: 891-2

* Manzella JP, McConville JH, Valenti W, Menegus MA, Swierkosz EM, Arens M : An outbreak of herpes simplex virus type 1 gingivostomatitis in a dental hygiene practice − JAMA 1984, 252: 2019-22

Marasca G, McEvoy M: Length of survival of patients with A I D S in the U K − Brit Med J 1986, Jun 28: 1727-9

Marchevsky A, Rosen MJ, Chrystal G, Kleinerman J: Pulmonary complications of the A I D S: a clinicopathologic study of 70 cases − Hum Pathol 1985, 16(7): 659-70

Marcus SG: Breakdown of PGE 1 synthesis is responsible for the A I D S − Med Hypoth 1984, 15: 39-46

Marion RW, Wizbia AA, Hutcheon G, Rubinstein A: H T L V-III embryopathy. A new dysmorphic syndrome associated with intrauterine HTLV-III infection − Am J Dis child 1986, 140 (7): 638-40

Mark J: Double-minutes − a chromosomal aberration in Rous sarcomas in mice − Hereditas 1967, 57: 1-22

Mark J, Ekedahl C, Dahlenfors R: Characteristics of the banding patterns in non-Hodgkin and non-Burkitt lymphomas − Hereditas 1978, 88: 229-42

Marmor M, Des Jarlais DC, Cohen H, Friedman SR, Beatrice ST, Dubin N, El-Sadr W, Mildvan D, Yancovitz S, Mathur-Wagh U, Holzman R: Risk factors for infection with human immunodeficiency virus among intravenous drug abusers in New York City − AIDS 1987, 1: 39-44

Marmor M, Friedman-Kien AE, Laubenstein L, Byrum RD, William DC, D'Onofrio S, Dubin N: Risk factors for Kaposi's Sarcoma in homosexual men − Lancet 1982, May 15: 1083-7

Marmor M, Laubenstein L, William DC, Friedman-Kien AE, Byrum DD, D'Onofrio S, Dublin N: Risk factors for Kaposi's sarcoma in homosexual men − Lancet 1982, May 15: 1083-7

Marquart KH, Müller HA, Sailer J, Moser R: Slim disease(AIDS) − Lancet 1985, Nov 23: 1186-7

Marrack P, Kappler J: Der T-Zell-Rezeptor − In: Immunsystem, Spektrum d Wiss, Heidelberg 1987: 98-108; The T cell and its receptor − Scientific Am 1986, Feb: 36-45

Marshall GS, Barbour SD, Plotkin SA: AIDS in a child without antibody to HIV − Lancet 1987, Feb 21: 446-7

Martin JR, Goudsward J, Palsson PA, Georgsson G, Petursson G, Klein J, Nathanson N: Cerebrospinal fluid immunoglobulins in sheep with visna, a slow virus infection of the C N S − J Neuroimmunol 1982, 3: 139-48

* Martin LS, McDougal S, Loskoski SL: Disinfection and inactivation of the H T L V III/ L A V − J Inf Dis 1985, 152(2): 400-3

Marx JL: AIDS virus genomes − Science 1985, 227(Feb 1): 503

Marx JL: How killer cells kill their target cells − Science 1986, 231(Mar 21): 1367-9

Marx JL: The slow, insidious natures of the HTLV's − Science 1986, Jan 31: 450-1

Marx JL: New relatives of AIDS virus found − Science 1986, Apr 11: 157

Marx JL: AIDS virus has new name - perhaps − Science 1986, May 9: 699

Marx JL: Leukemia virus linked to nerve disease − Science 1987, 236, May 29: 1059-61

Marx JL: The T cell receptor family is growing − Science 1987, 236, Jun 5: 1187-8

Marx PA, Munn RJ, Joy KI: Computer emulation of thin-section electron microscopy predicts a novel nucleocapsid for the AIDS-virus − Internat Conference on AIDS, Paris 1986, Jun 23-25, abstracts p-7, im Druck

Marx PA, Munn RJ, Joy KI: Computer emulation of thin-section electron microscopy predicts an icosadeltahedral envelope associated capsid for H I V − Laboratory Investigation 1987, im Druck

Mascioli SR: More on AIDS in a surgeon − N Engl J Med 1986, May 1: 1190

Mason JO: Alternative sites for screening blood for antibodies to AIDS virus (Letter) − N Engl J Med 1985, 313(18). 1157-8

Masur H: AIDS − Prog Clin Biol Res 1985, 182: 271-6

Masur H, Michelis MA, Greene JB et al.: An outbreak of community-acquired Pneumocystis carinii pneumonia − N Engl J Med 1981, 305: 1431-8

Masur H, Michelis MA, Wormser GP, Lewin S, Gould J, Tapper ML, Giron J, Lerner CW et 10: Opportunistic infection in previously healthy women − Ann Intern Med 1982, 97: 533-9

Mathez D, Leibowitch J, Sultan Y, Maisonneuve P: LAV/HTLV-III seroconversion and disease in hemophiliacs treated in France − N Engl J Med 1986, 314(2): 118-9

Mathez D, Leibowitch J, Matheron S, Saimot AG, Catalan P, Zaguri D: Antibodies to HTLV-III associated antigens in populations exposed to AIDS virus in France − Lancet 1984, Aug 25: 460

Mathur-Wagh U, Enlow RW, Spigland I, Winchester RJ, Sacks HS, Rorat E, Yankovitz SR, Klein MJ, William DC, Mildvan D: Longitutinal study of persistant generalized lymphadenopathy in homosexual men: Relation to A I D S − Lancet 1984, May 12: 1033-8

Mathur-Wagh U, Mildvan D, Senie RT: Follow-up at 4.5 years on homosexual men with generalized lymphadenopathy − N Engl J Med 1985, Dec 12: 1542-3

Matthews RE: Classification and nomenclature of viruses − 4th report from ICTV, 1982, Karger, Basel 1982: 124-8, and: Intervirology 17, 234-8

Mattock C, Parker NE: HTLV-I infection and schizophrenia − Lancet 1985, Oct 26: 945

Matutes E, Carrington D, Hegde U, Catovsky D: C-type particles in cells from T-cell lymphoma/leukemia after 5-7 days' culture − Lancet 1983, Aug 6: 335-6

Maul GG: The nuclear and the cytoplasmic pore complex: structure, dynamics, distribution, and evolution − Int Rev Cytol 1977, Suppl 6: 75-185

Maurice PD, Smith NP, Pinching AJ: Kaposi's sarcoma with benign course in a homosexual − Lancet 1982, Mar 6: 571

Maw RD, McKelvey S, Sloan J: When is AIDS not AIDS? − Lancet 1984, Oct 27: 986

May RM, Anderson RM: Transmission dynamics of HIV infection − Nature 1987, 326, Mar 12: 137-42

Mayer KH: Inhalation-induced immunosuppression: sniffing out the volatile nitrite-AIDS connection − Pharmacotherpy 1984, 4(5): 235-6

McAuliffe et al.: AIDS: at the dawn of fear − US News & World Report 1987, Jan 12. 60-9

McBride J: AIDS: The story of one family's pain − AFV AIDS, US, 1985, Aug 26: 34-41

McCance DJ, Campion MJ, Baram A, Singer A: Risk of.transmission of human papillomavirus by vaginal specula − Lancet 1986, Oct 4: 816-7

McCaul TF, Tovery G, Farthing CF, Gazzard B, Zuckerman AJ: Acute glandular fever-like illness in a patient with HTLV-III antibody − J Med Virol 1985, 17: 179-93

McCray E: Occupational risk of the A I D S among health care workers − N Engl J Med 1986, Apr 24: 1127-32

McDonough SK, Larsen S, Brodey RS, Stock ND, Hardy WD: A transmissible feline fibrosarcoma of viral origin − Cancer Res 1971, 31:953

McDougal JS, Kennedy MS, Sligh JM, Cort SP, Mawle A, Nicholson KA: Binding of HTLV-III/LAV to T4 + T cells by a complex of the 110K viral protein and the T4 molecule − Science 1986, 231: 382-5

McDougal JS, Martin LS, Cort SP, Mozen M, Heldebrant CM, Evatt BL: Thermal inactivation of the A I D S virus,H T L V-III/L A V, with special reference to antihemophilic factor − J Clin Invest 1985, 76: 875-77

McEvoy M, Tillett HE: AIDS for all by the year 2000? − Brit Med J 1985, 290(Feb 9): 463

McEvoy M, Tillett M: Some problems in the prediction of future numbers of cases of the A I D S in the U K − Lancet 1985, Sep 7: 541-2

McHardy J, Williams EH, Geser A, de-Thé G, Beth E, Giraldo G: Endemic Kaposi's sarcoma: Incidence and risk factors in the West Nile district of Uganda − Int J Cancer 1984, 33:203-12

McKinley MP, Bolton DC, Prusiner SB: A protease-resistant protein is a structural component of the scrapie prion − Cell 1983, 35: 57-62

McKinney HL: Alfred Russel Wallace and the theory of natural selection − J Hist Med 1966, 21: 333-59

McKnight SL, Martin KA, Beyer AL, Miller OLjr: Visualization of functionally active chromatin − In: Busch H (ed): The Cell Nucleus, Vol VII, Chromatin, Part D, Acadenic Pr, New York 1979: 97-122

McLaughlin N: AIDS: Healthcare's deadly challenge − Modern Healthcare 1986, Dec 5: 28-43

McLaughlin PW, Lauter CB: Immunology of the AIDS − Henry Ford Hosp Med J 1984, 32(2): 107-15

McNeill WH: Seuchen machen Geschichte (Plagues and People) − Pfriemer, München 1978, 336pp; Farsoterna i historien − Gidlunds, Malmö 1985, pp294

Meadows D, Robinson JM: The electronic oracle: computer models and social decisions − J Wiley, Chichester 1985: 445pp

Medrano GF, Aleman LA, Beato PJL: Visceral leishmaniasis of fatal outcome associated with HTLV-III infection (letter) − Med Clin (Barc) 1986, 87 (18): 780-1

Medvedev ZA: AIDS virus infection: a Soviet view of its origin (letter) − J R Soc Med 1986, 79 (8): 494-5

Meigel W, Kern P: Das Kaposi-Sarkom der Haut und seine Beziehung zu AIDS − Öff Gesundh-Wes 1984, 46: 519-21

Meiselman MS, Cello JP, Margaretten W: Cytomelovirus Colitis − Gastroenterol 1985, 88: 171-5

Melbye M: The natural history of H T L V-III infection: the cause of AIDS − Br Med J 1986, 292: 5-12

Melbye M, Biggar RJ, Chermann JC, Montagnier L, Stenbjerg S, Ebbesen P: High prevalence of lymphadenopathy virus (LAV) in European haemophiliacs − Lancet 1984, Jul 7: 40-1

Melbye M, Biggar RJ, Ebbesen P: Epidemiology in Europe and Africa − In: Ebbesen P, Biggar RJ, Melbye M (eds): AIDS, a basic guide for clinicians. Munksgaard, Copenhagen 1984: 29-41

Melbye M, Biggar RJ, Ebbesen P, Sarngadharan MG, Weiss SH, Gallo RC, Blattner WA: Seroepidemiology of HTLV-III antibody in Danish homosexual men: Prevalence, transmission, and disease − Brit Med J 1984, 289: 573-5

Melbye M, Froebel KS, Madhok R, Biggar RJ, Sarin PS, Stenbjerg S, Lowe GD, Forbes CD, Goedert JJ, Gallo RC, Ebbesen P: HTLV-III seropositivity in European haemophiliacs exposed to factor VIII copncentrate imported from the USA − Lancet 1984, Dec 22: 1444-6

Melbye M, Njlesani EK, Bayley A, Mukelabai K, Manuwele JK, Bowa FJ, Clayden SA, Levin A, Blattner WA, Weiss RA, Tedder R, Biggar RJ: Evidence for heterosexual transmission and clinical manifestations of H I V infection and related conditions in Lusaka, Zambia − Lancet 1986, Nov 15: 1113-5

Mellersh AR: AIDS and authors − Lancet 1984, Jul 7: 41

Mendenhall CL, Roselle GA, Grossman CJ, Rouster SD, Weesner RE, Dumaswala U: False positive tests for HTLV-III antibodies in alcoholic patients with hepatitis − N Engl J Med 1986, Apr 3: 921-2

Menitove J: Status of recipients of blood donors subsequently found to have antibody to HIV − N Engl J Med 1986, 315, Oct 23: 1095

Merigan TC: What are we going to do about AIDS and HTLV-III/LAV infection? − N Engl J Med 1984, 311: 1311-3

Merino F, Robert-Guroff M, Clark J, Biondo-Bracho M, Blattner WA, Gallo RC: Natural antibodies to human T-cell leukemia/lymphoma virus in healthy Venezuelan populations − Int J Cancer 1984, 34: 501-6

Merz PA, Rohwer RG, Kascsak R, Wisniewski HM, Somerville RA, Gibbs CJ, Gajdusek DC: Infection-specific particle from the unconventional slow virus diseases − Sciece 1984, Jul 27: 437-40

Milanese C, Richardson NE, Reinherz EL: Identification of a T helper cell-derived lymphokine that activates resting T lymphocytes − Science 1986, Mar 7: 1118-22

Millard PR: AIDS: Histopathological aspects − J Pathol 1984, 143: 223-39

Miller D, Weber J, Green J (eds): The management of AIDS patients − Macmillan, Houndmills 1986: 200pp

Miller LD, Miller JM, Olson C: Inoculation of calves with particles resembling C-type viruses from cultures of bovine lymphosarcoma - J Natl Cancer Inst 1972, 48, Feb: 423-8

Milligan SA, Katz MS, Craven PC, Strandberg DA, Russell IJ, Becker RA: Toxoplasmosis presenting as panhypopituitarism in a patient with the A I D S − Am J Med 1984, 77(Oct): 760-4

Mills BG, Singer FR, Weiner LP, Holst PA: Immuno-histological demonstration of respiratory syncytial virus antigens in Paget disease of bone − Proc Natl Acad Sci USA 1981, 78(2): 1209-13

Mills S, Campbell MJ, Waters WE: Public knowledge of AIDS and the DHSS advertisement campaign − Br Med J 1986

Milstein C: From antibody structure to immunological diversification of immune response − Science 1986, Mar 14: 1261-8

Milstein C: Monoklonale Antikörper − In: Immunsystem, Spektrum d Wiss, Heidelberg 1987: 88-97

Mims CA, Cuzner ML, Kelly RE (eds): Viruses and demyelinating diseases − Academic Pr, London 1983: 201pp

Minchinton RM, Frazer I: Idiopathic neutropenia in homosexual men − Lancet 1985, Apr 20: 936

Mindel A: Management of early HIV infection — Br Med J 1987, 294, May 9: 1214-8

Minneapolis-Konferenz (Amer Soc f Microbiol): 25th Interscience Conf on Antimicrobial Agents and Chemotherapy 29 Sep − 2 Oct 1985 − abstracts 1985, Sept 2, 90-303

Mintzer DM, Real FX, Jovino L, Krown SE: Treatment of Kaposi's sarcoma and thrombocytopenia with vincristine in patients with the A I D S − Ann Int Med 1985, 102: 200-2

Mirra SS, Anand R, Spira TJ: HTLV-III/LAV infection of the central nervous system in a 57-year-old man with progressive dementia of unknown cause − N Engl J Med 1986, May 1: 1191-2

Mitelman F: Restricted number of chromosomal regions implicated in aetiology of human cancer and leukaemia − Nature 1984, 310: 325-7

Mitsuya H, Broder S: Strategies for antiviral therapy − Nature 1987, 325, Feb 26: 773-8

Mitsuyasu RT, Taylor JM, Glaspy J, Fahey JL: Heterogenity of epidemic KS − Cancer 1986, 57: 1657-61

Mittleman RE, Suarez RV: Phlegmonous gastritis associated with the A I D S/pre-A I D S − Arch Pathol Lab Med 1985, 109(8): 765-7

Miwa H, Uchida T, Kobayashi T, Kita K, Shirakawa S, Koyanaki Y, Yamamoto N, Shimizu A, Honjo T, Hatanaka M: Human cord blood mononuclear cell lines, established by the HTLV-I integration, have many discrepancies in expression of T-cell phenotypes and the T-cell receptor gene rearrangement − J Mol Cell Immunol 1987, 3: 43-48

Miwa M, Shimotohno K, Hoshino H, Fujino M, Sugimura T: Detection of pX proteins in H T L V-infected cells by using antibody against peptide deduced from sequences of X-IV DNA of HTLV-I and Xc DNA of HTLV-II proviruses − Gann 1984, 75(Sep): 752-5

Miyoshi I: Biology of T-cell leukemia virus: search for an animal system − Microbiol Imm, 115: 143-56

Miyoshi I, Fujishita M, Taguchi H, Matsubayashi K, Miwa N, Tanioka Y: Natural Infection in non-human primates with adult T-cell leukemia virus or a closely related agent − Int J Cancer 1983, 32: 333-6

Miyoshi I, Fujishita M, Taguchi H, Ohtsuki Y, Akagi T, Morimoto YM, Nagasaki A: Caution against blood transfusion from donors seropositive to adult T-cell leukaemia-associated antigens − Lancet 1982, Mar 20: 683-84

Miyoshi I, Kubonishi I, Sumida M et al.: Characteristics of a leukemic T-cell line derived from adult T-cell leukemia − Jpn J Clin Oncol 1979, 9(suppl): 485-94

Miyoshi I, Kubonishi I, Yoshimoto S, Akagi T, Ohtsuki Y, Shiraishi Y, Nagata K, Hinuma Y: Type C virus particles in a cord T-cell line derived by co-cultivating normal human cord leukocytes and human leukaemic T-cells − Nature 1981, 294(5843): 770-7

Miyoshi I, Ohtsuki Y, Fujishita M, Yoshimoto S, Kubonishi I, Minezawa M: Detection of type C virus particles in Japanese monkeys seropositive to adult T-cell leukemia-associated antigens − Gann 1982, 73(6): 848-9

Miyoshi I, Taguchi H, Fujishita M, Niiya K, Kitagawa T, Ohtsuki Y, Akagi T: Asymptomatic type C virus carriers in the family of an adult T-cell leukemia patient − Gann 1982, 73: 339-40

Miyoshi I, Taguchi H, Fujishita M, Yoshimoto S, Kubonishi I, Ohtsuki Y, Shiraishi Y, Akagi T: Transformation of monkey lymphocytes with adult T-cell leukaemia virus − Lancet 1982, May 1: 1016

Miyoshi I, Taguchi H, Ohtsuki Y, Shiraishi Y: Isolation of ATLV from healthy ATLV carriers by mixed lymphocyte culture − In: Oncogenes and retroviruses: evaluation of basic findings and clinical potential, Allan R Liss, New York 1983: 243-9

Miyoshi I, Yoshimoto S, Fujishita M, Taguchi H, Kubonishi I, Niiya K, Minezawa M: Natural adult T-cell leukaemia virus infection in japanese monkeys − Lancet 1982, Sep 18: 658

Miyoshi I, Yoshimoto S, Kubonishi I, Taguchi H, Shiraishi I, Ohtsuki Y, Akagi T: Transformation of normal human cord lymphocytes by co-cultivation with a lethally irradiated human T-cell line carrying type C virus particles − Gann 1981, 72: 997-8

Modrow S, Hahn BH, Shaw GM, Gallo RC, Wong-Staal F, Wolf H: Computer-assisted analysis of envelope protein sequences of 7 HIV isolates: Prediction of antigenic epitopes in conserved and variable regions − J Virol 1987, 61, Feb: 570-8

Moenning V, Frank H, Hunsmann G, Schneider I, Schäfer W: Properties of mouse leukemia viruses: VII. The major viral glycoprotein of friend leukemia virus. Isolation and physicochemical properties − Virology 1974, 61: 100-11

Moffat EH, Bloom AL, Mortimer PP: HTLV-III antibody status and immunological abnormalities in haemophilic patients − Lancet 1985, Apr 20: 935-6

Marx JL: New relatives of AIDS virus found − Science 1986, Apr 11: 157

Mölbak K, Lauritzen E, Fernandes D, Böttiger B, Biberfeld G: Antibodies to HTLV-IV associated with chronic, fatal illness resembling „slim" disease − Lancet 1986, Nov 22: 1214-5

Mölling K: Das genetische Make-up von HTLV-III-Viren − AIFO 1987, 2(1): 38-45

Montagnier L: AIDS priority − Nature 1984, 310 (Aug 9): 446

Montagnier L (ed): Des spécialistes répondent a vos questions − SIDA − Fondation Internat Inf Sci, Paris 1985, Oct: 94pp

Montagnier L: Lymphadenopathy associated virus: its role in the pathogenesis of AIDS and related diseases − Prog Allergy 1986, 37 − 46-64

Montagnier L: Vaincre le SIDA − Éditions Cana, Paris 1986: 188 pp

Montagnier L, Brunet JB, Klatzmann D: Le SIDA et son virus − La Recherche 1985, 16(167): 750-60

Montagnier L, Chermann JC, Barré-Sinoussi F, Chamaret S, Gruest J, Nugeyre MT, Rey F, Dauguet C, Axler-Blin C, Brun-Vézinet F, Rouzioux C, Saimot GA, Rozenbaum W, Gluckman JC, Klatzmann D, Vilmer E, Griscelli C, Foyer-Gazengel C, Brunet JP: A new human T-lymphotropic retrovirus: characterization and possible role in lymphadenopathy and acquired immune deficiency syndromes − Report from Cold Spring Harbor Meeting 1983, Sep 15:363-76

Montagnier L, Clavel F, Krust B, Chamaret S, Rey F, Barré-Sinoussi, Chermann JC: Identification and antigenicity of the major envelope glycoprotein of L A V − Virology 1985, 144: 283-9

Montagnier L, Dauguet C, Axler C, et al.: A new type of retrovirus isolated from patients presenting with lymphadenopathy and A I D S structural and antigenic relatedness with equine infectious anaemic virus − Ann Virol 1984, 135E: 119-34

Montagnier L, Gruest J, Chamaret S, Dauguet C, Axler C, Guétard D, Nugeyre MT, Barré-Sinoussi F, Chermann JC, Brunet JB, Klatzmann D, Gluckman JC: Adaptation of lymphadenopathy associated virus (LAV) to replication in EBV-transformed B lymphoblastoid cell lines − Science 1984, 225: 64-6

Montelaro RC, Parekh B, Orrego A, Issel CJ: Antigenic variation during persistant infection by Equine Infectious anemia virus, a retrovirus − J Biol Chem 1984, Aug 25: 10539-44

Moore JD, Cone EJ, Alexander SS: HTLV-III seropositivity in 1971-1972 parenteral drug abusers − a case of false positives or evidence of viral exposure? − N Engl J Med 1986, 314, may 22: 1387-8

Moore SB: AIDS, blood transfusions, and direct donations — N Engl J Med 1986, May 29: 1454

Moran L: Winston Churchill. The struggle for survival 1940-1965 − Constable & Co, London 1966

Morein B, Helenius A, Simons K, Pettersson R, Kääriäinen L, Schirrmacher V: Effective subunit vaccines against an enveloped animal virus − Nature 1978, 276: 715-8

Morein B, Sharp M, Sundquist B, Simons K: Protein subunit vaccines of Parainfluenza type 3 virus: Immunogenic effects in lambs and mice − J gen Virol 1983, 64: 1557-69

Morein B, Sundquist B, Höglund S, Dalsgaard K, Osterhaus A: Iscom, a novel stucture for antigenic presentation from enveloped viruses − Nature 1984, 308: 457-60

Morfeldt-Månson L, Lindquist L: Blood brotherhood: a riskfactor for AIDS? − Lancet 1984, Dec 8: 1346

Morgan J, Nolan J: Risk of AIDS with artificial insemination − N Engl J Med 1986, 314(6): 386

Morgan M: An empirical model for projecting trends in AIDS cases − CDC: Statistical Report 86-1, Draft 3, 16pp

Morgan WM, Curran JW: Acquired immunodefiency syndrome: current and future trends − Public Health Rep 1986, 101 (5): 459-65

Morgenthau T, Hager M, Cohn B, Raine G, Reese M, Anderson M, Ernsberger R: The AIDS epidemic − Future shock − Newsweek 1986, Nov 24: 30-9

Morimoto C, Letvin NL, Boyd AW, Hagan M, Brown HM, Kornacki MM, Schlossman SF: The isolation and Characterization of the human helper inducer T cell subset − J Immun 1985, 134(6): 3762-9

Morin SF, Silverman M: AIDS in one city − an interview with M Silverman, Director of Health, San Francisco − Am Psychol 1984, 39(11): 1294-6

Mortimer PP: Estimating AIDS, UK − Lancet 1985, Nov 9: 1065

Mortimer PP: Thinking about the AIDS epidemic − Public Health virology, 12 reports, PHLS, London 1986: 186-94

Mortimer PP, Jesson WJ, Vandervelde EM, Pereira MS: Prevalence of antibody to human T lymphotropic virus type III by risk group and area United Kingdom 1978-84 − Brit Med J 1985, 290(Apr 20): 1176-8

Mortimer PP, Vandervelde EM, Jesson WJ, Pereira MS, Burkhardt F: HTLV-III antibody in Swiss and English intravenous drug abusers − Lancet 1985, ii: 449-51

Moskowitz L, Hensley GT, Chan JC, Adams K: Immediate causes of death in A I D S − Arch Pathol Lab Med 1985, 109(8): 735-8

Moskowitz LB, Gregorios JB, Hensley GT, Berger JR: Induced demyelination associated with A I D S − Arch Pathol Lab Med 1984, 108(Nov): 873-7

Moskowitz LB, Hensley GT, Chan JC, Gregorios J, Conley FK: The neuropathology of A I D S − Arch Pathol Lab Med 1984, 108: 867-72

Moss AR, McCallum G, Volberding PA, Bachetti P, Dritz S: Mortality associated with mode of presentation in the A I D S − JNCI 1984, 73(6): 1281-4

* Mostofi RS, Lagroteria LB, Harris JE, Soltani K: Oral Kaposi's sarcoma − Oral Path 1985, 75(2): 59-62

Muesing MA, Smith DH, Cabradilla CD, Benton CV, Lasky LA, Capon DJ: Nucleic acid structure and expression of the human AIDS/lymphadenopathy − Nature 1985, 313(Feb 7): 450-8

Mühlemann MF, Pye RJ: Mycosis fungoides − a cutaneous lymphoma − Update 1985, Apr 1: 656-61

Mullins JI, Brody DS, Binari RC, Cotter SM: Viral transduction of c-myc gene in naturally occurring feline leukemias − Nature 1984, 308: 856-8

Mullin GE, Sheppeli AL, Mayer LF: Infection with HTLV-I and HTLV-III in T8 lymphoproliferative disease − N Engl J Med 1987, 316: 1343

Mullins JI, Chen CS, Hoover EA: Disease-specific and tissue-specific production of unintegrated feline leukemia virus variant DNA in feline AIDS — Nature 1986, 319: 333-6

Munn CG, Reuben JM, Hersh EM, Mansell PW, Newell GR: T-cell surface antigen expression on lymphocytes of patients with AIDS during in vitro mitogen stimulation — Cancer Immunol Immunother 1984, 18: 141-8

Munn RJ, Maex PA, Yamamoto JK, Gardner MB: Ultrastructural Comparison of the retroviruses associated with human and simian A I D S — Lab Invest 1985, 53: 194-9

Murphy S, Jaffe ES: Terminal transferase activity and lymphoblastic neoplasms — N Engl J Med 1984, 311(21): 1373-5

Murphey-Corb M, Martin LN, Rangan SR, Baskin GB, Gormus BJ, Wolf RH, Andes WA, West M, Montelaro RC: Isolation of an HTLV-III-related retrovirus from macaque with simian AIDS and its possible origin in asymptomatic mangabeys — Nature 1986, May 22: 435-7

Murray HW, Roberts RB, Rubin BY, Masur H: Cell-mediated immune responses in AIDS — N Engl J Med 1984, 311(5): 328-9

Muylle L, Vranckx P, Peetermans ME: No HTLV-III antibodies after HBV vaccination — N Engl J Med 1986, 314(9): 581

Myrtveit M, Vavik L: New tools for dynamic simulation — Datatid 1986, Nov: 28-36

Myrvang B: Lepra — ett världsproblem — Folia Ciba-Geigy 1986,(4): 3-11

Nahmias AJ, Weiss J, Yao X, Lee F, Kodsi R, Schanfield M, Matthews T, Bolognesi D, Durack D, Motulsky A, et al: Evidence for human infection with an HTLV III/LAV-like virus in Central Africa, 1959 (letter) — Lancet 1986, May 31 (1): 1279-80

Nájera R, Echevarria JM, Varela JM, de Andrés R, de la Loma A: HTLV-III antibody testing in Spain — Lancet 1985, Oct 5: 783

Nakada K, Kohakura M, Komoda H, Hinuma Y: High incidence of HTLV antibody in carriers of strongyloides stercoralis — Lancet 1984, Mar 17: 633

Nakao Y, Matsumoto H, Tsuji J, Miyazaki T, Masaoka T, Nakayama S, Kinoshita K, Shingami T, Matsui T, Fujita T: IgG heavy chain allotype (Gm), a genetic marker for human chromosome 14q32, and haematopoetic malignancies — Clin exp Immunol 1984, 56: 628-36

Nakashima H, Harada S, Yamamoto N: Effect of retinoic acid on the replication of H I V in HTLV-I-positive MT-4 cells — Med Microbiol Immunol, im Druck

Nakashima H, Koyanaki Y, Harada S, Yamamoto N: Effect of HTLV-III on the macromolecular synthesis in HTLV-I carrying cell line, MT-4 — Med Microbiol Immunol 1986, 175: 325-334

Nakashima H, Koyanaki Y, Harada S, Yamamoto N: Quantitative evaluations of the effect of UV irradiation on the infectivity of HTLV-III (AIDS virus) with HTLV-I carrying cell line. MT-4 — J Inv Dermatol 1986, 87: 239-243

Nakashima H, Matsui T, Harada S, Kobayashi N, Matsuda A, Ueda T, Yamamoto N: Inhibition of the replication and cytopathic effect of HTLV-III/LAV by 3'-azido-3'-deoxythymidine (AZT) in vitro — Antimicrobial Agents and Chemotherapy 1986, 30: 933-937

Nakashima H, Yamamoto N, Inoue Y, Nakamura S: Inhibition by doxorubicin of human immune-deficiency virus (HIV) infection and replication in vitro — J Antibiotics 1987, XL: 396-399

Nakashima H, Yoshida T, Harada S, Yamamoto N: Recombinant human interferon gamma suppressed HTLV-III replication in vitro — Int J Cancer 1986, 38: 433-436

Narayan O, Clements JE, Strandberg JD, Cork LC, Griffin DE: Biological characterization of the virus causing leukoencephalitis and arthritis in goats — J Gen Virol 1980, 50: 69-79

Narayan O, Wolinsky JS, Clements JE, Strandberg JD, Griffin DE, Cork LC: Slow virus replication: the role of macrophages in persistence and expression of visna viruses of sheep and goats — J gen Virol 1982, 59: 345-56

Nash G, Fligiel S: Kaposi's sarcoma presenting as pulmonary disease in the A I D S: diagnosis by lung biopsy — Hum Pathol 1984, 15(10): 999-1001

National Academy of Science: Confronting AIDS. Directions for public health, health care, and research — Natl Acad Press, Washington 1986, 374pp; Wiley, Chichester 1987, 392pp

Navia BA et al.: Clinical features, neuropathological substrate and positron emission tomographic (PET) studies of the AIDS dementia complex — Internat AIDS-Konf Paris 1986, Jun 23-5, abstracts: Comm 319-21

Navia BA, Cho ES, Petito CK, Price RW: The AIDS dementia complex: II. Neuropathology — Ann Neurol 1986, 19 (6): 525-35

Navia BA, Jordan BD, Price RW: The AIDS dementia complex: I. Clinical features — Ann Neurol 1986, 19 (6): 517-24

Navia BA, Price RW: The acquired immunodeficiency syndrome dementia complex as the presenting or sole manifestation of human immunodeficiency virus infection — Arch Neurol 1987, 44 (1): 65-9

Navin TR, Juranek DD: Cryptosporidiosis: Clinical, epidemiologic, and parasitologic review — Rev Inf Dis 1984, May: 313-27

Neapel-Konferenz: AVIS, 1st Internat. Meeting of AVIS, 6 — 8 Dec 1985: AIDS: Diagnosis, prevention and therapy advances and prospectives in virus research — Proceedings, Neapel 1985

Needleman J: What are we doing about AIDS? (Letter) — N Engl J Med 1985, 312(11): 726

Neel BG, Hayward WS, Robinson HL, Fang J, Astrin SM: Avian Leukosis virus-induced tumors have common proviral integration sites and synthesize discrete new RNAs: Oncogenesis by promotor insertion — Cell 1981, 23(Feb): 323-34

Neequaye AR, Neequaye J, Mingle JA, Adjei DO: Preponderence of females with AIDS in Ghana — Lancet 1986, Oct 25: 978

Neil JC, Hughes D, McFarlane R, Wilkie NM, Onions DE, Lees G, Jarrett O: Transduction and rearrangement of the myc gene by feline leukaemia virus in naturally occurring T-cell leukaemias — Nature 1984, 308: 814-20

* Neisson-Vernant C, Arfi S, Mathez D, Leibowitch J, Monplaisir N: Needlestick HIV seroconversion in a nurse — Lancet 1986, Oct 4: 814

Nemeth A, Bygdeman S, Sandström E, Biberfeld G: Early case of A I D S in a child from Zaire — Sex Transm Dis 1986, 13(2): 111-3

Nermut MV, Frank H, Schäfer W: Properties of mouse leukemia viruses. III. Electron microscopic appearance as revealed after conventional preparation techniques as well as freeze-drying and freeze-etching — Virology 1972, 49: 345-58

Nermut MV, Steven CA (eds): Animal Virus Structure — A Laboratory Manual — Elsevier, Amsterdam, im Druck

Neumann C, Sorg C: Differential induction of plasminogen activators and interferon production in murine macrophages — In: Förster O, Landy M, (eds): Heterogeneity of mononuclear phagocytes Academic Pr, London 1981, 368-76

Neumann HH: When is AIDS communicable? — JAMA 1984, 251(12): 1553

Neustadt RE, May ER: Thinking in Time. The uses of history for decisionmakers. — FP, Macmillan, New York 1986, 329pp

New York City Dept of Health AIDS Surveillance: The AIDS epidemic in New York City, 1981-1984 — Am J Epidemiol 1986, 123(6): 1013-25

New York City Dept of Health AIDS Surveillance: AIDS surveillance update Oct 29, 1986

Newmark P: Trailing AIDS in Central Africa — Nature 1985, 315(6017): 273

Newmark P: Human and monkey virus puzzles — Nature 1987, 327, Jun 11: 458

Newsome DA, Green WR, Miller ED, Kiessling LA, Morgan B, Jabs DA, Polk BF: Microvascular aspects of A I D S retinopathy — Am J Ophthalm 1984, 98: 590-601

Nichols EK: Mobilizing against AIDS. The unfinished story of a virus. — Harvard Univ Press, Cambridge MA 1986: 212pp

Nichols GL: Microsporidiosis in AIDS — PHLS, CDR 1986, May 23: 3-4

Nichols GL, Thom BT: Cryptosporidiosis in AIDS — PHLS, CDR 1986, Feb 21: 4

Nicholson JK, McDougal JS, Jaffe HW, Spira TJ, Kennedy MS, Jones BM, Darrow WW, Morgan M, Hubbard M: Exposure to H T L V -III/ L A V and immunologic abnormalities in asymptomatic homosexual men — Ann Intern Med 1985 103(1): 37-42

NIDA: National strategy to reduse the incidence and health consequenses of A I D S among drug abusers — NIDA print 1985, Aug 9

NIDA: The New Jersey drug study of clients in drug abuse treatment programs — NIDA print 1985

Nied GW, Schinella RA: A I D S. Clinicopathologic study of 56 autopsies — Arch Pathol Lab Med 1985, 109(8): 727-34

Nielsen SL, Petito CK, Urmacher CD, Posner JB: Subacute encephalitis in A I D S: a postmortem study — Am J Clin Pathol 1984, 82: 678-82

Nilsson C: Ny bild av överhuden — Medicinsk Teknik 1987,2: 6-7

Nilsson L, Lindberg J, Lindqvist K, Nordfeldt S, Frank U: Kroppens försvar — Bonniers, Stockholm 1985, 196 pp

Nobel G, Baltimore D: An inducible transcription factor activates expression of H I V in T cells — Nature 1987, 326, Apr 16: 711

Nobis P, Jaenisch R: Passive immunotherapy prevence expression of endogenous moloney virus and appllification of proviral DNA in balb/mo mice — Proc Natl Acad Sci USA 1980, 77(6): 3677-81

Noble M: New growth factors and neu oncogenes — New Scientist 1986, Feb 20: 24

Noebel DA, Lutton WC, Cameron P: AIDS Special Report - Summit Research Inst, Manitou Springs, CO, 1987, 194pp

Noguerol P, Leal M, Sosa R: Fourth case of AIDS in haemophilic children in Seville — Lancet 1984, Oct 27: 986

Noireau F: HIV transmission from monkey to man — Lancet 1987, Jun 27: 1498-99

Norberg A: Rapport fran XI. International Congress for Tropical Medicine and Malaria, Calgary, Canada, Sep 16-22, 1985 — Kärnan, Leo, Helsingborg 1985, 9(3): 16-8

Nordin P, Mobacken H, Hersle K Tjockare tävlingsdräkt för orienterare skyddar mot Molluscum contagiosum — Läkart 1985, 82(22): 2081-3

Nordland R, Wilkinson R, Marshall R: The AIDS epidemic — Africa in the plague years — Newsweek 1986, Nov 24: 44-7

* Norkrans G, Lindberg J, Wahl M, Hermodsson S, Lindholm A: Exposition för hepatit B bland sjukvårdspersonal, poliser och friska blodgivare i Göteborg — Läkart 1983, 80: 3176-8

Norman C: Patent dispute divides AIDS researchers — Science 1985, Nov 8: 640-3

Norman C: Politics and science clash on African AIDS — Science 1985, Dec 6, 230: 1140-2

Norman C: A new twist in AIDS patent fight — Science 1986, Apr 18: 308-9

Norman C: $2-billion program urged for AIDS — Science 1986, Nov 7: 661

Nossal GJV: Wie Zellen Antikörper bilden — In: Immunsystem, Spektrum d Wiss, Heidelberg 1987: 24-33

Novick BE, Rubinstein A: AIDS — The paediatric perspective — AIDS 1987, 1: 3-7

Nowell PC, Finan JB, Clark JW, Sarin PS, Gallo RC: Karyotypic differences between primary cultures and cell lines from tumors with the human T cell leukemia virus — JNCI 1984, 73(4): 849-52

Nusbaum NJ: Metastatic small-cell carcinoma of the lung in a patient with AIDS — N Engl J Med 1985, 312(26): 1706

Nydegger UE: Selected pathophysiological aspects of autoimmune diseases as the basis for transfusion therapy with polyclonal antibody mixtures — Triangle (Sandoz) 1984, 23(3): 133-40

O'Donnell JJ, Jacobson MA, Mills J: Development of CMV retinitis in a patient with AIDS during Ganciclovir therapy for CMV colitis — N Engl J Med 1987, 316(25): 1607-8

273

O'Duffy JF, Isles AF: Transfusion-induced AIDS in four premature babies − Lancet 1984, Dec 8: 1346

O'Farrell N: AIDS and the witch doctor − Lancet 1987, Jul 18: 166-7

Obel AO, Sharif SK, McLigeyo SO, Gitonga E, Shah MV, Gitau W: A I D S in an African − E Afr Med 1984, 61: 724-6

Oberling CH: Krebs − das Rätsel seiner Entstehung − rororo Taschenb, Rowohlt, Hamburg 1959, 179 pp

Oberling CH: Neoplastic diseases − Ann Rew Med 1959(10): 233-49

Oberling CH, Guérin M: The role of viruses in the production of cancer − Canc Res 1954, 2: 354

Ochs HD, Fischer SH, Virant FS, Lee ML, Kingdon HS, Wedgwood RJ: Non-A,non-B hepatitis and intravenous gammaglobulin − Lancet 1985, 1: 404-5

Oettle AG: Geographical and racial differences in the frequency of Kaposi's sarcoma as evidence of environmental or genetic causes − Acta Un int Cancer 1962, 18: 330-363

Ognibene FP, Steis RG, Macher AM, Liotta L, Gelmann E, Pass HI, Lane HC, Fauci AS, Parrillo JE, Masur H, Shelhamer JH: K S causing pulmonary infiltrates and respiratory failure in the AIDS − Ann Int Med 1985, 102: 471-5

Ohto Y, Masuda T, Tsujimoto H, Ishikawa K, Kodama T, Morikawa S, Nakai M, Honjo S, Hayami M: Isolation of S I V from African green monkeys and seroepidemiological survey of the virus in various nonhuman primates - Int J Cancer, in Druck

Okabe H, Gilden RV, Hatanaka M, Stephenson JR, Gallagher RE, Gallo RC, Tronick SR, Aaronson SA: Immunological and biochemical characterization of type C viruses isolated from cultured human AML cells − Nature 1976, 260: 264-6

Okada M, Koyanagi Y, Kobayashi N, Tanaka Y, Nakai M, Sano K, Takeuchi K, Hinuma Y, Hatanaka M, Yamamoto N: In vitro infection of human B lymphocytes with adult T-cell leukemia virus − Cancer Letters 1984, 22: 11-21

Okochi K, Sato H, Hinuma Y: A retrospective study on transmission of adult T-cell leukemia virus by blood transfusion: Seroconversion in recipients − Vox Sang 1984,46: 245-53

* Oksenhendler E, Harzic M, Le Roux J, Rabian C, Clauvel JP: HIV infection with seroconversion after a superficial needlestick injury to the finger − N Engl J Med 1986, Aug 28: 582

Old LJ: Tumorimmunologie − In: Krebs − Tumoren, Zellen, Gene, Spektrum d Wiss, Heidelberg 1986: 162-76

Oleske JM, Minnefor AB: Immune deficiency syndrome in children (reply) − JAMA 1983, 250(22): 3046

Oleske JM, Minnefor AB, Cooper R et al: Immune deficiency syndrome in children − JAMA 1983, 249: 2345-9

Olin R, Hallqvist J (eds): HIV/AIDS-epidemiologi − Karolinska Inst, Röd Rapport 142, Stockholm 1987, Feb 4: 125pp

Olsen RG et al.: Serological and virological evidence of human T-lymphotropic virus in systemic lupus erythematosus − Med Microbiol Immunol 1987 176: 52

Orenstein JM, Schulof RS, Simon GL: Ultrastructural markers in A I D S − Arch Pathol Lab Med 1984, 108: 857-9

Ortleb CL: Should Gallo & Essex be in Jail? (AIDSgate) − New York Native 1985, Jun 3: 4-7, 13

Osame M, Usuku K, Izumo S et al.: HTLV-I associated myelopathy, a new clinical entity − Lancet 1986, 1: 1031-2

Osborne BM, Guarda LA, Butler JJ: Bone marrow biopsies in patients with the A I D S − Hum Pathol 1984,15: 1048-53

Osborne JE: The AIDS epidemic − multidisciplinary trouble − N Engl J Med 1986, 314(12): 779-82

Osterhaus A, Wejer K, Uytdehaag F, Jarrett O, Sundquist B, Morein B: Induction of protective immune response in cats by vaccination with feline leukemia virus iscoms − J Immunol 1985, 135, Jul: 1-6

Osterholm MT, Bowman RJ, Chopek MW, McCullough JJ, Korlath JA, Polesky HF: Screening donated blood and plasma for HTLV-III antibody − N Eng J Med 1985, 312(18): 1185-8

Owen E: AIDS and surgery − Med J Austr 1985, 142: 164

Özel M, Gelderblom H: Capsid symmetry of viruses of the proposed birnavirus group − Arch Virol 1985, 84: 149-61

Ozturk GE et al.: The significance of antilyphocyte antibodies in patients with A I D S and their sexual partners − J Clin Immunol 1987, 7(2): 130-9

Pacharzina K (ed): AIDS und unsere Angst − Rowohlt, Hamburg 1986

Padian N, Winkelstein W jr: Heterosexual transmission in northern California − in Vorb

Page PL: AIDS research and „The window of opportunity" (letter) -N Engl J Med 1985, 313(8): 516

Pahwa S: Children with AIDS − Vox Sang 1986, 51: 33-8

Pahwa S, Kaplan M, Fikrig S, Pahwa R, Sarngadharan MG, Popovic M, Gallo RC: Spectrum of H T L V-III infection in children − JAMA 1986, May 2: 2299-305

Palca J: Academies demand urgent public education − Nature 1986, 324, Nov 6: 3

Palestine AG, Rodrigues MM, Macher AM, Chan CC, Lane HC, Fauci AS, Masyr H, Longo D, Reichert CM, Steis R, Rook AH, Nussenblatt RB: Ophthalmic involvement in A I D S − Ophthalm 1984, 91: 1092-9

Pallesen G: Lymfknudeforandringer ved AIDS − Ugeskr Læger 1984, 146(9): 672-3

Pallesen G, Gerstoft J, Mathiesen L: Stages in LAV/HTLV-III lymphadenitis: Histological and immunohistological classification − Scand J Immunol 1987, 25: 83-95

Pallesen G, Gerstoft J, Mathiesen LR, Dickmeis E, Platz P, Kroon S, Linhardt BØ, Brask S, Esberg G, Pedersen NS: Histological and immunohistological lymph node changes in homosexual men are specific for HTLV-III/LAV infection and correlate with clinical immunological findings − Pathol Res Pract 1985, 180: 304

Palmblad J: Angiogenes − Observ Med Ferrosan 1986, 13(3): 76-7

Palmer EL, Harrison AK, Ramsey RB, Feorino PM, Francis DP, Ewatt BL, Kalyanaraman VS, Martin ML: Detection of two human T cell leukemia/lymphotropic viruses in cultured lymphocytes of a hemophiliac with AIDS − J Inf Dis 1985, 151(3): 559-63

Palmer EL, Ramsey RB, Feorino PF, Harrison AK, Cabradilla C, Francis DP, Poon MC, Evatt BL: H T L V in lymphocytes of two hemophiliacs with the A I D S − Ann Int Med 1984, 101(3): 293-7

Pálsson PA: Maedi and visna in sheep − In: Kimberlin RH (ed): Slow virus diseases of animals and man, North Holland Publ Company 1976

Pandolfi F, Manzari V, de Rossi G, Semenzato G, Lauria F, Liso V, Ranucci A, Pizzolo G, Barillari G, Aiuti F: T-helper phenotype chronic lymphocytic leukaemia and A T L in Italy − Lancet 1985, Sep 21: 633-6

Panganiban AT: Retroviral DNA integration − Cell 1985, 42: 5-6

Panganiban AT, Temin HM: Circles with two tandem LTRs are precursors to integrated retrovirus DNA − Cell 1984, 36, Mar: 673-9

Panos Institute: AIDS and the third world − Panos Dossier 1, London 1986, Nov: 62pp

Papaevangelou G, Economidou J, Kallinikos J, Choreimi H, Mandalaki T, Stratigos J, Geroldi D, Barré-Sinoussi F, Chermann JC, Montagnier L: Lymphadenopathy associated virus in AIDS, lymphadenopathy associated syndrome, and classic Kaposi patients in Greece − Lancet 1984, Sep 15: 642

Papaevangelou G, Roumeliotou-Karayannis A, Kallinikos G, Papoutsakis G: Transmission of HTLV-III infection by heterosexual contact − Lancet 1985, Nov 2: 1018

Pardo V, Aldana M, Colton RM, Fischl MA, Jaffe D, Moskowitz L, Hensley GT, Bourgoignie JJ: Glomerular lesions in the A I D S − Ann Int Med 1984, 101: 429-34

Paris-Konferenz: Conference international sur le SIDA (ARDIVI) 23-25 Jun 1986 − abstracts 1986, Jun 23-25, 184pp

Parry JV, Mortimer PP: Place of IgM antibody testing in HIV serology − Lancet 2986, Oct 26: 979-80

Pass HI, Potter DA, Macher AM, Reichert C, Shelhammer JH et 7: Thoracic manifestations of the A I D S − J Thorac Cardiovasc Surg 1984, 88: 654-8

Pasternak J, Bolivar R: Histoplasmosis in A I D S: Diagnosis by bone marrow examination − Arch Int Med 1983, 143(10): 2024

Patient R: DNA hybridization − beware − Nature 1984, 308(mar): 15-6

Paul WE: Fundamental immunology − Raven Press, New York 1984

Pauli G, Gelderblom H, Ludwig H: Katzenleukämie: Ein Modell für AIDS? − Report, Effem-Forschung, Hamburg 1985(21): 9-16

Pauli G, Vettermann W, Marcus U, Jovaisas E, Koch MA: Risikogruppen für AIDS − MMW 1985, 127: 42-5

Payne GS, Courtneidge SA, Crittenden LB, Fadly AM, Bishop JM, Varmus HE: Analysis of avian leukosis virus DNA and RNA in bursal tumors: Viral gene expression is not required for maintenance of the tumor state − Cell 1981, 23(Feb): 311-22

Payne S, Parekh B, Montelaro RC, Issel CJ: Genomic alterations associated with persistent infections by equine infectious anaemia virus, a retrovirus − J gen Virol 1984, 65: 1395-9

Pearce NE, Smith AH, Fischer DO: Malignant lymphoma and multiple myeloma linked with agricultural occupations in a New Zealand cancer registry-based study -Am J Epid 1985, 121(2): 225-37

Pearce RB: Intestinal protozoal infections and AIDS − Lancet 1983, Jul 2: 51

Pearce RB: HTLV missionaries and parasites − Lancet 1984, Oct 20: 927

Pearce RB, Abrams DI: AIDS and parasitism − Lancet 1984, Jun 23: 1411

Pedersen C, Kolby P, Sindrup J et al.: Immunological studies in homosexual men with and without antibodies to H T L V-III − Dan Med Bull 1986, 33: 270

Pedersen NC, Ho EW, Brown ML, Yamamoto JK: Isolation of a T-lymphotropic virus from domestic cats with an immunodeficiency-like syndrome − Science 1987, 235, Feb 13: 790-3

Pedersen NC, Theilen GH, Keane MA, Fairbanks L, Maison T, Orser B, Chen CH, Allison C: Studies of naturally transmitted feline leukemia virus infection − Am J Vet Res 1977, 38:1523

Pehrson PO: Amoebiasis in a non-endemic country − Scand J Infect Dis 1983, 15: 207-14

Pehrson PO, Björkman A: „The gay bowel syndrome" och amöbiasis som sexuell smitta i Sverige − Läkart 1981, 78(35): 924

Pehrson PO, Lidman K, Bergdahl S, Morfeld-Manson, Blaxhult A, Broström C, Giesecke J, Lundberg Y, Petrini B, Sundqvist VA, Tengroth E: AIDS hos homosexuella män − första fallen i Sverige − Läkart 1983, 80(7): 545-8

Peiffer J: Gerstmann-Sträussler's disease, atypical multiple sclerosis and carcinomas in a family of sheepbreeders − Acta Neuropathol 1982, 56: 87-92

Penington DG: Transmission of AIDS, and blood donors − Med J Austr 1985,142: 1114

Penington DG, Beal RW, Boughton CR et al. (NHMRC Report): A I D S − Med J Austr 1984, Oct 27: 561-8

Penneys NS, Hicks B: Unusual cutaneous lesions associated with A I D S − J Am Acad Dermatol 1985, 13: 845-52

Penny R: Aids to the laboratory diagnosis of AIDS − Pathology 1984, 16: 375-7

Perkins HA: Transfusion associated AIDS − Am J Hematol 1985, 19(3): 307-13

Perkins JT, Miceli C, Janda WM: Does antibody screening of donors increase the risk of transfusion-associated AIDS? − N Engl J Med 1985, 313(2): 115-6

Perna M, Nitsch F, Santelli G, Marfella A, Giraldo G, Beth-Giraldo E, Levy JA, Piazza M, De Mercato R, Chirianni A, Cataldo PT, Giuliano E, Cozzi R: Urinary neopterin, a useful marker for AIDS − Lancet 1985, May 4: 1048

Perniciaro C, Peters MS: Tinea faciale mimicking seborreic dermatitis in a patient with AIDS − N Engl J Med 1986, 314(5): 315-6

Pernis B, Vogel HJ (eds): Regulatory T Lymphocytes − Academic Pr, New York 1980, 449pp

Pert CB, Hill JM, Ruff MR, Berman RM, Robey WG, Arthur LO, Ruscetti FW, Farrar WL: Octapeptides deduced from the neuropeptide receptor-like pattern of antigen T4 in brain potently inhibit human immunodeficiency virus receptor binding and T-cell infectivity — Proc Natl Acad Sci USA 1986, 83 (23): 9254-8

Pert CB, Ruff MR: Peptide T4-8: a pentapeptide sequence in the AIDS virus envelope which locks infectivity is essentially conserved across across 9 isolates — Clin Neuropharm 1986, 9, (Suppl 4): 482-4

Pert CB, Ruff MR, Weber RJ, Herkenham M: Neuropeptides and their receptors: a psychosomatic network — J Immunol 1985, 135, suppl: 820-6

Peterman TA, Curran JW: Sexual transmission of human immunodeficiency virus — JAMA 1986, 256(16), Oct: 222-6

Peterman TA, Drotman DP, Curran JW: Epidemiology of the A I D S — Epidemiol Rev 1985, 7: 1-21

Peterman TA, Stoneburner R, Allan J: Risk of HTLV-III/LAV transmission to families of persons with transfusion-associated infections — JAMA 1986, 256 (16): 2222-6

Peters G, Lee AE, Dickson C: Concerted activation of two potential proto-oncogenes in carcinomas induced by mouse mammary tumour virus — Nature 1986, Apr 17: 628-31

Petersen JM, Tubbs RR, Savage RA, Calabrese LC, Profitt MR, Manolova Y, Manolov G, Shumaker A, Tatsumi E, McClain K, Purtilo DT: Small noncleaved B-cell Burkitt-like lymphoma with chromosome t(8;14)translocation and EBV-nuclear-associated antigen in a homosexual man with A I D S — Am J Med 1985, 78: 141-8

* **Petersen NJ, Bond WW, Favero MS:** Air sampling for hepatitis B surface antigen in a dental operatory — J Am Dent Assoc 1979, 99: 465-7

* **Petit JC, Ripamonti U, Hille J:** Progressive changes of Kaposi's sarcoma of the gingiva and palate — J Periodontol 1986, 57: 159-63.

Petithory J, Pariente P, Milgram M et al.: Prevalence of LAV infection among drug addicts in the northern suburbs of Paris — Bull de l'Acad Natl de Med 1986, 170: 689

Petito CK, Navia BA, Cho ES, Jordan BD, George DC, Price RW: Vacuolar myelopathy pathologically resembling subacute combined degeneration in patients with the A I D S — N Engl J Med 1985, 312(14): 874-9

Peto J: AIDS and promiscuity — Lancet 1986, Oct 25: 979

Petricciani JC et al.: (eds): AIDS. The safety of blood and blood products — WHO/Whiley, Chichester 1987, 360pp

Petricciani JC, McDougal JS, Evatt BL: Case for concluding that heat-treated, licenced anti-haemophilic factor is free from HTLV-III — Lancet 1985, Oct 19: 890-1

Petricciani JC, Seto B, Wells M, Quinnan G, McDougal JS, Bodner AJ: An analysis of serum samples positive for HTLV-III antibodies — New Engl J Med 1985, 313(1): 47-8

Petrini B, v Stedingk LV, Wasserman J, Morfeldt-Månson L, Persson PO: β-2-microglobulin concentrations correlate with helper T-cell counts in blood of homosexual men — J Clin Lab Immunol 1984, 15: 55-6

Pettersson A: Om bakterier och av dem framkallade sjukdomar — Bonniers, Stockholm 1926, 203pp

Petursson G, Georgsson G, Pálsson PA: Icelandic research. Slow virus infections and AIDS — Nord Med 1986, 101 (5): 160-1, 165

Peutherer JF, Edmond E, Simmonds P, Dickson JD, Bath GE: HTLV-III antibody in edinburgh drug addicts — Lancet 1985, Nov 16: 1129-30

Peura DA: AIDS: the scope of the problem and the problem of the 'scope — Gastrointest Endosc 1987, 33,2: 122-4

Pfleiderer W, Wachter H, Curtius HC (eds): Biochemical and Clinical Aspects of Pteridines, Walter de Gruyter, Berlin, New York 1984, Vol III

Pfeiffer RA, Ott R, Gilgenkrantz S, Alexandre P: Deficiency of coagulation factors VII and X associated with deletion of a chromosome 13(q35). Evidence from two cases with 46,xyt(13,y)(q11;q34) — Hum Genet 1982, 62: 358-60

Phair J: Prevalence and correlates of HTLV-III antibodies among 5000 gay men in 4 cities. Multicenter AIDS Cohort Study (MACS) — 25th Interscience Conference on Antimicrobial Agents and Chemotherapy in Minneapolis: America Society for Microbiology, 1985: 229

Philipson L: Onkgener och cancer hos människan — Nord Med 1984, 99(5): 136-9

Pialoux G, Beriel P, Caudron J, Chousterman M, Meyrignac C: Syndrôme d'immunodépression acquise associé à une anguillulose sévère — Presse Méd 1984, 13(32): 1960

Piccoli SP, Caimi PG, Cole MD: A conserved sequence at c-myc oncogene chromosomal translocation breakpoints in plasmacytomas — Nature 1984, 310(Jul 26): 327-30

Pickering J, Wiley JA, Padian NS, Lieb LE, Echenberg DF, Walker J: Modelling the incidence of A I D S in San Francisco, Los Angeles and New York — Mathematical Modelling: im Druck

Pierce KM: Nowhere to run, nowhere to hide — Time 1986, Sep 1: 36

Piette AM, Tusseau F, Vignon D, Chapman A, Parrot G, Leibowitch J, Montagnier L: Acute neuropathy coincident with seroconversion for anti-LAV/HTLV-III — Lancet 1986, Apr 12: 852

Pinching A (ed): A I D S — Clinics in immunology and allergy 1986, 6(3)

* **Pindborg JJ:** Redselen for AIDS er overdrevet — Den Norske Tandlf Tidn 1985, 95(10): 439-40

Pindborg JJ: Atlas of diseases of the oral mucosa — 4. Ed. Munksgaard Kopenhagen 1985

Pindborg JJ, Thorn JJ, Schiødt M, Gaub J, Black FT: Akut nekrotiserende gingivitis hos en AIDS patient — Dan Dent J 1986, im Druck

Piot P, Quinn TC, Taelman H, Feinsod FM, Kapita BM, Wobin O, Mbendi M, Mazebo P, Ndangi K, Stevens W, Kalambayi K, Mitchell S, Bridts C, McCormick JB: A I D S in a heterosexuell population in Zaire — Lancet 1984, Jul 14: 65-9

Piszkiewicz D, Mankarious S, Holst S, Dillon K: HIV antibodies in commercial immune globulins — Lancet 1986, Jun 7: 1327

Pitchenik AE, Burr J, Cole CH: Tuberculin testing for persons with positive serologic studies for HTLV-III — N Engl J Med 1986, 314(7): 447

Pitchenik AE, Cole C, Russell BW, Fischl MA, Spira TJ, Snider DE: Tuberculosis, atypical mycobacteriosis and the A I D S among Haitian and non-Haitian patients in South Florida — Ann Int Med 1984, 101: 641-5

Pitchenik AE, Fischl MA, Dickinson GM et al.: Opportunistik infections and Kaposi's sarcoma among Haitians: evidence of a new acquired immunodeficiency state — Ann Intern Med 1983, 98: 277-84

Pitchenik AE, Shafron RD, Glasser RM, Spira TJ: The AIDS in the wife of a hemophiliac — Ann Int Med 1984, 100: 62-5

Pitchenik AE, Spira TJ, Elie R, Fischl MA, Getchell JP, Arnoux E, Pierre GD, Laroche AC, Guerin JM, Malebranche R: Prevalence of HTLV-III/LAV antibodies among Haitians — N Engl J Med 1985, 312(26): 1705-6

Pitchenik AE, Spira TJ, Schiff ER: A I D S associated with blood transfusion: review of literature and report of two cases from Dominican Republic and Haiti — J Fla Med Assoc 1986, 73 (2): 107-10

Plata F, Autran B, Pedroza Martins L, Wain-Hobson S, Raphael M, Mayaud C, Denis M, Guillon JM, Debré P: AIDS virus-specific cytotoxic T lymphocytes in lung disorders — Nature 1987, 328, Jul 23: 348-51

Podhoretz N: The culture of appeasement — Harper's, New York 1977, Oct: 25-31

Pohle HD, Eichenlaub D: Infektionen des Zentralnervensystems bei AIDS — Münch Med Wschr 1985, 127(31): 756-9

Pohle HD, Eichenlaub D: Proposal and preliminary results of a treatment regimen with pyrimethamine, clindamycine and spyramycine in toxoplasmosis of the CNS — im Druck

Pohle HD, Eichenlaub D: ZNS-Toxoplasmose und generalisierte Kryptokokkose bei AIDS — In: Helm EB et al.(eds): AIDS II, Zuckschwerdt, München 1986: 136-43

Pohle HD, Eichenlaub D: Kann die weitere Ausbreitung von AIDS verhindert werden? — AIFO 1987, 2(3): 118-121

Pohle HD, Eichenlaub D: ZNS-Toxoplasmose bei AIDS-Patienten — AIFO 1987, 2(3): 122-35

Pohle HD, Grossgebauer K: Demonstration of spermatozoa in the lung of an AIDS patient — Klin Wochenschr 1986, 64 (13):619-20

Pöhn H: Infektionskrankheiten — Sozialpädiatrie 1986, 8(8): 562-9

Poiesz BJ, Ruscetti FW, Gazdar AF, Bunn AP, Minna JD, Gallo RC: Detection and isolation of type C retrovirus particles from fresh and cultured lymphocytes of a patient with cutaneous T-cell lymphoma — Proc Natl Acad Sci USA 1980, 77,(12), Dec: 7415-9

Poiesz BJ, Ruscetti FW, Reitz MS, Kalyanaraman VS, Gallo RC: Isolation of a new type C retrovirus (H T L V) in primary uncultured cells of a patient with Sézary T-cell leukemia — Nature 1981, Nov 19 (294): 268-71

Polk BF, Fox R, Brookmeyer R, Kanchanaraksa S, Kaslow R, Visscher B, Rinaldo C, Phair J: Predictors of the A I D S developing in a cohort of seropositive homosexual men — N Engl J Med 1987, 316 (2): 61-6

Pollack MS, Gold J, Metroka CE, Safai B, Dupont B: HLA-A,B,C and DR antigen frequencies in A I D S patients with opportunistic infections — Hum Immunol 1984, 11: 99-103

Polsky B, Gold JW, Whimbey E, Dryjanski J, Brown AE, Schiffman G, Armstrong D: Bacterial pneumonia in patients with the A I D S — Ann Int Med 1986, 104(4): 38-41

Popovic M, Flomenberg N, Volkman DJ, Mann D, Fauci AS, Dupont B Gallo RC: Alteration of T-cell functions by infection with HTLV-I or HTLV-II - Science 1984, 226(Oct): 459-61

Popovic M, Read-Connole E, Gallo RC: T4 positive human neoplastic cell lines susceptible to and permissive for HTLV-III — Lancet 1984, Dec 22: 1472-3

Popovic M, Sarin PS, Robert-Guroff M, Kalyanaraman VS, Mann D, Minowada J, Gallo RC: Isolation and transmission of human retrovirus (H T L V) — Science 1983, 219: 856-9

Popovic M, Sarngadharan MG, Read E, Gallo RC: Detection, isolation, and continous production of cytopathic retroviruses (HTLV III) from patients with AIDS and pre-AIDS — Science 1984, 224(May 4): 497-500

Porter RR: Der Aufbau von Antikörpern — In: Immunsystem, Spektrum d Wiss, Heidelberg 1987: 34-42

Posner LE, Robert-Guroff M, Kalyanaraman VS, Poiesz BJ, Ruscetti RW, Fossieck B, Bunn PA, Minna JD, Gallo RC: Natural antibodies to the human T-cell lymphoma virus in patients with cutaneous T-cell lymphoma — J Exper Med 1981, 154, Aug: 333-46

Post MJ, Sheldon JJ, Hensley GT, Soila K, Tobias JA, Chan JC, Quencer RM, Moskowitz LB: Central nervous system disease in A I D S: prospective correlation using CT, MR imaging, and pathologic studies — Radiology 1986, 158(1): 141-8

Pouletty P, Kadouche J, Lebacq P: Non-A,non-B hepatit virus (and 5 replies) — Lancet 1985, Jan 19: 169-71

Poutiainen E, Tivanainen M, Elovaara I, Valle SL, Tervo K, Vaheri A, Suni J: Neuropsychological study of mild cognitive changes as early signs of patients with HIV infection — Br J Med, in Druck

Power MD, Marx PA, Bryant ML, Gardner MB, Barr PJ, Luciw PA: Nucleotide sequence of SRV-1, a type D simian A I D S retrovirus — Science 1986, Mar 28: 1567-72

Prentice RL, Collins RJ, Wilson RJ: Evaluating HTLV-III antibody tests — Lancet 1985, ii: 274-5

Price DM, Scimeca AM: The epidemic of the 80s: AIDS — Canc Nurs 1984, Aug: 283-90

Price RW, Navia BA: The AIDS dementia complex: answers and questions — Internat AIDS-Konf Paris 1986, Jun 23-5, abstracts: Comm 137

Price RW, Navia BA, Cho E: AIDS encephalopathy — Neurol Clin 1986, 4: 285-301

Prince AM: Effect of heat treatment of lyophilised blood derivates on infectivity of human immunodeficiency — Lancet 1986, May 31: 1280-1

Prince AM, Piot MPJ, Horowitz B: Effect of Cohn fractionation conditions on infectivity of the AIDS virus — N Engl J Med 1986, 314(6): 386-7

Prince HE, Gottlieb MS, Fahey JL: A I D S: a review of immunologic aspects — Clin Imm News 1983: 44-46

Pritchard GC, Spence JB, Arthur MJ, Dawson M: Maedi-visna virus infection in commercial flocks of indigenous sheep in Britain — Vet Rec 1984, Oct 27: 427-9

Promt CA, Reis MM, Grillo FM, Kopstein J, Kraemer E, Manfro RC, Maia MH, Comiran JB: Transmission of AIDS virus at renal transplantation — Lancet 1985, Sep 21: 672

Prüfer-Krämer L, Klein E, Ruf B, Rögler G, Eichenlaub D: Leber- und Milzbiopsien zur Diagnostik unklarer Krankheitsbilder bei AIDS — In: Helm EB et al.(eds): AIDS II, Zuckschwerdt, München 1986: 156-62

Prusiner SB: Novel proteinaceous infectious particles cause scrapie — Science 1982, 216: 136-44

Prusiner SB: Some speculations about prions, amyloid, and Alzheimer's disease — N Engl J Med 1984, 310(10): 661-3

Prusiner SB: Prionen -Spektr d Wiss 1984, Dec: 48-58

Ptashne M, Johnson AD, Pabo CO: Ein Schalter für Gene — In: Erbsubstanz DNA, Spektrum d Wiss, Heidelberg 1985, 96-106

Pulst SM: Neurologische Komplikationen bei erworbenem Immundefektsyndrom (AIDS) — Nervenarzt 1984, 55: 407-12

Pumphrey RSH: Computer models of the human immunglobulins — Immunol Today 1986, 7(6): 174-8

Pumphrey RSH: Computer models of the human immunoglobulins — Immunol Today 1986, 7(7 + 8): 206-7

Puranen B: Den vita döden — in bara fattigfolkets sjukdom. Om lungsoten i en Sk anesläkt. — Historielärarnas förenings arstidsskrift 1984/1985: 19-28

Puranen B: Tuberkulos — En sjukdoms förekomst och dess orsaker. Sverige 1750-1980 — Umea University 1984: 569 pp

Puranen B: Risker och rötter — Socialmed Tidskr 1987, 67, 5-6: 210-8

Purtilo DT: Biology of Disease: Defective immune surveillance in viral carcinogenesis — Lab Invest 1984, 51(4): 373-85

Putney SD, Matthews TJ, Robey WG, Lynn DL, Robert-Guroff M, Mueller WT, Langlois AJ, Ghrayeb J, Petteway SR jr, Weinhold KJ, Fischinger PJ, Wong-Staal F, Gallo RC, Bolognesi DP: HTLV-III/LAV-neutralizing antibodies to an E. coli-produced fragment of the virus envelope — Science 1986, 234: 1392-95

Quérat G, Barban V, Sauze N, Filippi P, Vigne R, Russo P, Vitu C: High lytic and persistent lentiviruses naturally present in sheep with progressive pneumonia are genetically distinct — J Virol 1984, 52 Nov: 671-8

Quertermous T, Murre C, Dialynas D, Duby AD, Strominger JL, Waldman TA, Seidman JG: Human T-cell gamma chain genes: organization, diversity, and rearrangement — Science 1986, 231: 252-8

Quinn TC: Perspectives on the future of AIDS — JAMA 1985, 253(2): 247-9

Quinn TC: AIDS in Africa: Evidence for heterosexual transmission of the H I V — NY State J Med 1987, 87, 5: 286-9

Quinn TC, Mann JM, Curran JW, Piot P: Aids in Africa: an epidemiologic paradigm — Science 19886, 234, Nov 21: 955-63

Rabson AB, Daugherty DF, Venkatesan S, Boulukos KE, Benn SI: Transcription of novel open reading frames of AIDS retrovirus during infection of lymphocytes — Science 1985, 229, Sep 27: 1388-90

Rabson AB, Martin MA: Molecular organization of the AIDS retrovirus — Cell 1985, 40(Mar): 477-80

Raettig H: AIDS — das erworbene Immunschwäche-Syndrom — Umschau 1986(1): 45-9

Ragni MV, Bontempo FA, Lewis JH, Spero JH, Rabin BS: An immunologic study of spouses and siblings of asymptomatic hemophiliacs — Scand J Haematol 1984, 33(40): 373

Ragni MV, Urbach AH, Kiernan S, Stambouli J et 9: A I D S in the child of a haemophiliac — Lancet 1985, Jan 19: 133-5

Raine AE, Ilgren EB, Kurtz JB, Ledingham JG, Waddell JA: HTLV-III infection and AIDS in a Zambian nurse resident in Britain — Lancet 1984, Oct 27: 985

Rammensee HG, Robinson PJ, Crisanti A, Bevan MJ: Restricted recognition of beta-2-microglobulin by cytotoxic T-lymphocytes — Nature 1986, 319: 502-4

Ranki A, Valle SL, Antonen J, Suni J, Jokipii L, Jokipii AM, Saxinger C, Krohn KJE: Immunosuppression in homosexual men seronegative for HTLV-III — Canc Res 1985, 45(Sep): 4616-8

Ranki A, Valle SL, Krohn M, Antonen J, Allain JP, Leuther M, Franchini V, Krohn KJE: Long latency precedes overt seroconversion in sexually transmitted HIV infection — Lancet, in Druck

Ranki A, Weiss SH, Valle SL, Antonen J, Krohn KJE: Neutralizing antibodies in HIV (HTLV-III) infection: Correlation with clinical outcome and antibody response against different viral proteins — Clin Exp Immunol 1987, 69

Rasokat H: HTLV-Infektion und das Zentrale Nervensystem — Z Hautkr 1986, 61 (6): 333-4

Rasokat H: Kaposi-Sarkom — Klinische Aspekte — In: Helm EB et al.(eds): AIDS II, Zuckschwerdt, München 1986: 184-87

Ratner L et al.: Complete nucleotide sequences of functional clones of the AIDS virus — AIDS Res and Human Retrovir, Spring 1987, 3(1): 3-10

Ratner L, Haseltine W, Patarca R, Livak KJ, Starcich B, Josephs SF, Doran ER, Rafalski JA, Whitehorn EA, Baumeister K, Ivanoff L, Petteway SR, Pearson ML, Lautenberger JA, Papas TS, Ghrayeb J, Chang NT, Gallo RC, Wong-Staal F: Complete necleotide sequence of the AIDS virus, HTLV-III — Nature 1985, 313(Jan 24): 277-84

Ratner L, Josephs SF, Stareich B, Hahn B, Shaw GM, Gallo RC, Wong-Staal F: Nucleotide sequence of a variant human T-cell leukaemia virus (HTLV-1b) provirus with a deletion in PX 1 — J Virol 1985, 54: 781-790

Ratnoff OD, Lederman MM, Krill C, Pass LM, Ross CE: Hemophilia and the A I D S — Ann Int Med 1985, 102(3): 412

Raufman JP, Straus EW: Gastrointestinal endoscopy in patients with A I D S: an evaluation of current patients — Gastroint Endosc 1987, 33, 2: 76-9

Raux H, Labbe F, Fondaneche MC, Koprowski H, Burtin P: A study of gastrointestinal cancer-associated antigen (GICA) in human fetal organs — Int J Cancer 1983, 32: 315-9

Rawlings J: AIDS and the heterosexual epidemic — Br Med J 1987, 294, Apr 11: 970

Real FX, Gold JW, Krown SE, Armstrong D: Listeria monocytogenes bacteriemia in the A I D S — Ann Int Med 1984, 101(6): 883

Real FX, Krown SE: Spontaneous regression of K S in patients with AIDS — N Engl J Med 1985, 313(26): 1659

Real FX, Vadhan-Raj S, Wong G, Oettgen HF, Krown SE: Treatment of AIDS-related K S with recombinant leucocyte alpha interferon: clinical responses and prognostic factors — In: Brookes LJ (ed): Recombinant Interferon in Cancer Treatment 13-8

Redfield RR, Markham PD, Salahuddin SZ, Wright DC, Sarngadharan MG, Gallo RC: Heterosexually acquired HTLV-III/LAV disease (AIDS related complex and AIDS) — JAMA 1985, 254(15): 2094-6

Redfield RR, Wright DC, Tramont EC: The Walter Reed staging classification for HTLV-III/LAV infection — N Engl J Med 1986, Jan 9: 131-2

Rees M: The sombre view of AIDS — Nature 1987, 326, Mar 26: 343-5

* Reichart PA: Orale Manifestationen bei AIDS — In: Helm EB et al.(eds): AIDS II, Zuckschwerdt, München 1986: 151-55

* Reichart PA, Gelderblom HR, Koch MA: Die AIDS-Virus-Infektion: Erhöhtes Infektionsrisiko für Zahnärzte — Zahnärztl Mitt 1985, 75(19):2102-11

* Reichart PA, Koch MA: Schutzmaßnahmen bei zahnärztlichen Behandlungen von AIDS-Patienten — Zahnärztl Mitt 1984, 24: 2846

* Reichart PA, Pohle HD, Gelderblom HR: Orale Manifestationen bei AIDS — Dtsch Z Mund Kiefer Gesichts Chir 1985, 9: 167-76

* Reichart P, Pohle HD, Gelderblom H, Strunz V: AIDS — Orale Manifestationen — Dtsch Zahnärztl Z 1986; 41: 374-6

Reichert CM, O'Leary TJ, Levens DL, Simrell CR, Macher AM: Autopsy pathology in the A I D S — Am J Pathol 1983, 112: 357

Reimer F: Psychatrie der Verwöhnung — Psycho 1976, 2(8): 539-40

Reinherz EL: T-cell receptors — who needs more? — Nature 1987, 325, Feb 19: 660-3

Reinherz EL et al. (eds): Leukocyte Typing II, vol 1 (Human T lymphocytes), vol 2 (Human B lymphocytes), vol 3 (Human myeloid and hematopoietic cells) — Springer, Berlin 1985

Reinherz EL, Schlossman SF: The differentiation and function of human T lymphocytes — Cell 1980, 19: 821-7

Reiss RF, Rubinstein P, Friedman-Kien A, Laubenstein LJ, Ciavarella D, Smith J, Walker M: Partial plasma exchange in patients with AIDS and Kaposi's sarcoma. Plasmapheresis in AIDS — Aids Res 1986, 2 (3): 183-190

Reitz MS, Poiesz BJ, Ruscetti FW, Gallo RC: Characterization and distribution of nucleic acid sequences of a novel type C retrovirus isolated from neoplastic human T lymphocytes — Proc Natl Acad Sci USA 1981, 78(3), Mar: 1887-91

Repo H, Valle SL, Ranki A, Pettersson T: A I D S in Scandinavia — Eur J Clin Microbiol 1984, 3: 65

Resnick L, diMarzo-Veronese F, Schüpbach J, Tourtellotte WW, Ho DD, Müller F, Shapshak P, Vogt M, Groopman JE, Markham PD, Gallo RC: Intrablood-brain-barrier synthesis of HTLV-III-specific IgG in patients with neurologic symptoms associated with AIDS, or AIDS-related complex — N Engl J Med 1985, Dec 12: 1498-1504

Restrepo C, Macher AM, Radany EH: Disseminated extraintestinal isosporiasis in a patient with A I D S — Am J Clin Patho 1987, 87(4). 536-42

Reyes CV: Primary malignant lymphoma of the brain in A I D S — Acta Cytologica (Baltimore) 1985, 29(1):85-6

Rezza G, Ippolito G, Marasca G, Greco D: AIDS in Italy — Lancet 1984, Sep 15: 642

Rho HM, Poiesz BJ, Ruscetti FW, Gallo RC: Characterization of the reverse transcriptase from a new retrovirus (HTLV) produced by a human cutaneous T-cell lymphoma cell line — Virol 1981, 112: 355-60

Rice GP, Armstrong HA, Bulman DE, Paty DW, Ebers GC: Absence of antibody to HTLV I and III in sera of Canadian patients with multiple sclerosis and chronic myelopathy — Ann Neurol 1986, Oct 20 (4): 533-4

Rice NR, Stephens RM, Couez D, Deschamps J, Kettmann R, Burny A, v Gilden R: The nucleotide sequence of the env gene and post env region of bovine leukemia virus — Virology 1984, 138: 82-93

Richards T: The pathology of AIDS — Brit Med J 1985, 291: 1630-1

Richardson SC, Caroni C, Papaevangelou G: Estimating the AIDS epidemic from trends elsewhere — EC Workshop on Statistical Analysis and Mathematical Modelling of AIDS, RIVM, Bilthoven 1986, Dec 15-17, abstr

Rickard KA, Joshua DE, Campbell J, Wearne A, Hodgson J, Kronenberg H: Absence of AIDS in haemophiliacs in Australia treated from an entirely voluntary blood donor system — Lancet 1983, Jul 2: 50-51

Rico MJ, Penneys NS: Cutaneous cryptococcosis resembling molluscum contagiosum in a patient with AIDS — Arch Dermatol 1985, 121(7): 901-2

Rieber E, Mittelman A, Wormser GP, Maayan S, Gaddipati J, Ahmed T, Madden K, Chiao JW, Arlin ZA: Vincristine and Kaposi's sarcoma in the A I D S — Ann Int Med 1984, 101(6): 876

Rieber P, Riethmüller G: Loss of circulating T4 + monocytes in patients infected with HTLV-III (letter) — Lancet 1986, Feb 1 (1): 270

Riedl R: Die Strategie der Genesis — Piper, München 1976/1980

Riedl R: Die Spaltung des Weltbildes — Paul Parey, Hamburg 1984, 334 pp

Rist D Y: Going to Paris to live — New York Native 1985, Jun 3: 20-1

Robert-Guroff M, Brown M, Gallo RC: HTLV-III-neutralizing antibodies in patients with AIDS and A R C — Nature 1985, 316(Jul 4): 72-4

Robert-Guroff M, Kalyanaraman VS, Blattner WA, Popovic M, Sarngadharan MG, Maeda M, Blayney D, Catovsky D, Bunn PA, Shibata A, Nakao Y, Ito Y, Aoki T, Gallo RC: Evidence for human T-cell lymphoma-leukemia virus infection of family members of human T-cell lymphoma-leukemia virus positive TCLL patients — J exp Med 1983, 157: 248-58

Robert-Guroff M, Ruscetti FW, Posner LE, Poiesz BJ, Gallo RC: Detection of the human T-cell lymphoma virus p19 in cells of some patients with cutaneous T-cell lymphoma and leukemia using a monoclonal antibody — J Exper Med 1981, 154, Dec: 1957-64

Robert-Guroff M, Weiss SH, Giron JA, Jennings AM, Ginzburg HM, Margolis IB, Blattner WA, Gallo RC: Prevalence of antibodies to HTLV-I, -II, and -III in intravenous drug abusers from an AIDS endemic region — JAMA 1986, Jun 13 (13): 3133-7

* Roberts MW, Henderson DK: Dental considerations in A I D S -Gen Dentistry 1983, Nov: 444-7

Robertson ADJ, White RA, Bargmann RE: AIDS epidemiology — subm

Robertson B, Smith T: Patients' concerns about AIDS — JADA 1986, 112(Feb): 162-4

Robertson JR, Bucknall AB, Welsby PD, Roberts JJK, Inglis JM, Peutherer JF, Brettle RP: Epidemic of AIDS related virus (HTLV-III/LAV) infection among intravenous drug abusers — Brit Med J 1986, 292: 527-30

Robertson JR, Bucknall AB, Wiggins P: Regional variations in HIV antibody seropositivity in British intravenous drug users — Lancet 1986, i: 1435-6

Robson B, Fishleigh RV, Morrison CA: Prediction of HIV vaccine — Nature 1987, 325, Jan 29: 395

Rodgers VD, Fassett R, Kagnoff MF: Abnormalities in intestinal mucosal T cells in homosexual populations including those with lymphadenopathy syndrome and A I D S -Gastroentology 1986, 90: 552-8

Rodgers VD, Kagnoff MF: Gastrointestinal manifestations of the A I D S — Western J Med 1987, 146(1): 57-67

Rodgers-Johnson P, Gajdusek DC, Morgan OSC, Zaninovic V, Sarin PS,Graham DS: HTLV-I and HTLV-III antibodies and tropical spastic paraparesis — Lancet 1985, 2: 1247-8

Rodrigo JM, Serra MA, Aguilar E, de Olmo JA, Jimeno V, Aparisi L: HTLV-III antibodies in drug addicts in Spain — Lancet 1985 (2): 156-7

Rogers MF, Morens DM, Stewart JA, Kaminski RM, Spira TJ, Feorino PM, Larsen SA, Francis DP, Wilson M, Kaufman L, et al.: National case-control study of Kaposi's sarcoma and pneumocystis carinii pneumonia in homosexual men: Part 2, laboratory results — Ann Int Med 1983, 99: 151-8

Roitt IM: Prevailing theories in autoimmune disorders — Triangle (Sandoz) 1984, 23(3): 67-76

Roitt IM, Brostoff J, Male DK: Immunology — Gower Med Publ, London 1985, 250 pp; Kurzes Lehrbuch der Immunologie, Thieme, Stuttgart 1987, 368pp

Rokos H, Bienhaus G, Gadow A, Rokos K: Determination of neopterin and reduced neopterins by radio-immunoassay — In: Biochemical and Clinical Aspects of Pteridines, Vol IV, de Gruyter, Berlin 1985

Rolston KVI, Hoy J, Mansell PWA: Diarrhea caused by „non-pathogenic amoebae" in patients with AIDS - N Engl J Med 1986, Jul 17: 192

Romain PL, Schlossman SF: Human T lymphocyte subsets — J Clin Invest 1984, 74(Nov): 1559-65

Román GC: Retrovirus-associated myelopathies — Arch Neurol 1987, in Druck

Román GC, Sheremata WA: Multiple sclerosis (not tropical spastic papararesis) on Key West, Florida — Lancet 1987, May 23:1199

Román GC, Spencer PS, Schoenberg BS, Madden D, Sever J, Hugon J, Ludolph A: Tropical spastic paraparesis: HTLV-I antibodies in patients from the Seychelles — N Engl J Med 1987, 316, Jan 1: 51

Romert L, Andersson O: Alveolära lungmakrofager — på gott och ont — Tika Information, Lund 1985(1): 1-5

Romert l, Bernson V, Pettersson B: Effects of air pollutants on the oxidative metabolism and phagocytic capacity of pulmonary alveolar macrophages — J Toxcol Envir Health 1983, 12: 417-27

Rosen CA, Sodroski JG, Haseltine WA: The location of cis-acting regulatory sequences in the H T L V-III/ L A V long terminal repeat — Cell 1985, 41(3): 813-23

Rosen CA, Sodroski JG, Goh WC, Dayton AI, Lippke J, Haseltine WA: Post-transcriptional regulation accounts for the trans-activation of the H T L V-III — Nature 1986, 319: 555-9

Rosen MJ, Teirstein AS, Chuang MT, Brown LK: Response to therapy of Pneumocystis carinii pneumonia in patients with A I D S — Chest 1983, 84: 347 (abstract)

Rosenbrock R: AIDS kann schneller besiegt werden — VSA, Hamburg 1986, 189pp

Rosenzweig DY: Emerging importance of infections due to the mycobacterium avium-intracellulare complex — N York St J Med 1984, Jun: 290

Roué R, Debord T, Denamur E, Ferry M, Dormont D, Barré-Sinoussi F, Rouzioux C: Diagnosis of toxoplasma encephalitis in absence of neurological signs by early CT scanning in patients with AIDS — Lancet 1984, Dec 22: 1472

Roufail WM, Sohmer MF, Rocamora LR: Disseminated Kaposi's Sarcoma with primary gastrointestinal symptoms — Curr Conc Gastroenterol 1984, 1(2): 25-6

Rous P: A sarcoma of the fowl transmissible by an agent separable from tumor cells — J Exp Med 1911, 13: 397-411

Rousell RH: Effect of heat treatment of lyophilised blood derivates on infectivity of human immunodeficiency — Lancet 1986, May 31: 1281

Rouzioux C, Brun-Vézinet F, Couroucé AM, Gazengel C, Vergoz D, Desmyter J, Vermylen J, Vermylen C, Klatzmann D, Geroldi D, Barreau C, Barré-Sinoussi F, Chermann JC, Christol D, Montagnier L: Immunoglobulin G antibodies to lymphadenopathy-associated virus in differently treated French and Belgian hemophiliacs — Ann Int Med 1985, 102: 476-9

Rouzioux C, Chamaret S, Montagnier L, Carnelli V, Rolland G, Mannucci PM: Absence of antibodies to AIDS virus in haemophiliacs treated with heat-treated factor VIII concentrate — Lancet 1985, Feb 2: 271-2

Rozenbaum W, Dormont D, Spire B, Vilmer E, Gentilini C, Griscelli C, Montagnier L, Barré-Sinoussi F, Cherman JC: Antimoniotungstate (HPA 23) treatment of three patients with AIDS and one with prodrome — Lancet 1985, Feb 23: 450-1

Rubin CP, O'Brien TA, Stanford MA, Cybulski RL: Comparative evaluation of three ELISA assays for the detection of HTLV-III/LAV antibodies — Paris-Konf. 1986, p-420

Rubinstein A: Pediatric AIDS — Curr Probl Pediatr 1986 16(/): 361-409

Rubinstein A, Sicklick M, Gupta A et al.: Acquired immunodeficiency with reversed T4/T8 ratios in infants born to promiscuous and drug-addicted mothers — JAMA 1983, 249: 2350-6

Rübsaamen M: Der Ansteckungsverdacht im Sinne des Bundesseuchengesetzes insbesondere im Zusammenhang im Zusammenhang mit AIDS - AIFO 1987, 2 (3): 165-70,(4): 207-17,(5): 276-81

Rubinstein P, Rothman WM, Friedman-Kien A: Immunologic and immunogenetic findings in patients with epidemic K S: — Antibiot Chemother 1984, 32: 87-98

Rübsamen-Waigmann H: Mutationen des HIV: Einfluß auf Pathogenität, Wachstumseigenschaften in vitro und in vivo sowie Immunogenität des Virus — AIFO 1986, (9): 483-7

Rübsamen-Waigmann H, Becker WB, Helm EB, Brodt R, Fischer H, Henco K, Brede HD: Isolation of variants of lymphocytopathic retroviruses from the peripheral blood and cerebrospinal fluid of patients with ARC or AIDS — J Med Virol 1986, Aug 19 (4): 335-44

Rübsamen-Waigmann H, Becker WB, Knoth M, Helm EB, Brodt HR, Brede HD: Varianten in AIDS-assoziierten LAV/HTLV-III-Retroviren — Münch Med Wschr 1986, 128(6): 94-6

Rübsamen-Waigmann H, von Briesen H, Helm EB, Brodt R, Henco K, Becker WB: Variation in LAV/ HTLV-III-related viruses from German AIDS and ARC patients — Erlangen-Konf. 1986, abstracts I/6

Rüger R, Colimon R, Fleckenstein B: Search for DNA sequences of human cytomegalovirus in Kaposi's sarcoma tissues with cloned probes — Antibiot Chemother 1984, 32: 43-7

Rühmann F: AIDS — Ed. Qumran, Campus, Frankfurt 1985, 204 pp.

Rust M, Kraus H, Brodt HR, Helm EB: Ergebnisse der bronchoalveolären Lavage bei Patienten mit AIDS — In: Helm EB et al. (eds): AIDS II, Zuckschwerdt, München 1986: 107-12

Rutgers JL, Wieczorek R, Bonetti F, Kaplan KL, Posnett DN, Friedman-Kien AE, Knowles DM: The expression of endothelial cell surface antigens by AIDS-associated Kaposi's sarcoma. Evidence for a vascular endothelial cell origin — Am J Pathol 1986, 122 (3): 493-9

Ryan M: AIDS: the frightening facts — New African 1986, 220(Jan): 7-14

Saag MS, Britz J: Asymptomatic blood donor with a false positive HTLV-III western blot — N Engl J Med 1986, Jan 9: 118

Sacci N, Watson DK, Guerts van Kessel AH, Hagemeijer A, Kersey J, Drabkin HD, Patterson D, Papas TS: Hu-ets-1 and hu-ets-2 genes are transposed in acute leukemias with (4;11) and (8;21) translocations — Science 1986, Jan 24: 379-82

Sacks JJ: AIDS in a surgeon — N Engl J Med 1985, 313(16): 1017-8

Sadamori N, Kusano M, Nishino K, Tagawa M, Yao E, Yamada Y, Amagasaki T, Kinoshita K, Ichimaru M: Abnormalities of chromosome 14 at band 14g11 in Japanese patients with adult T-cell leukemia — Cancer Genet Cytogenet 1985, 17(3): 279-82

Safai B: Clinical features of K S / A I D S and its management — Antibiot Chemother 1984, 32: 54-70

Safai B, Johnsom KG, Myskowski PL: The natural history of Kaposi's sarcoma in the AIDS — Ann Int Med 1985, 103: 744-50

Safai B, Miké V, Giraldo G, Beth E, Good RA: Association of Kaposi's sarcoma with second primary malignancies — Cancer 1980, 45(6): 1472-9

Saimot AG: Antiretroviral therapy in HIV related diseases — WHO Meeting on AIDS diagnosis and control, München 1987, Mar 16-18

Salahuddin SZ, Ablasi D, Markham P, Josephs S, Sturzenegger S, Kaplan M, Halligan G, Biberfeld P, Wong-Staal F, Kramarsky B, Gallo RC: Isolation of a new virus, HBLV, in patients with lymphoproliferative disorders — Science 1986, 234, Oct 31: 596

Salahuddin SZ, Groopman JE, Markham PD, Sarngadharan MG, Redfield RR, McLane MF, Essex M, Sliski A, Gallo RC: HTLV-III in symptom — free Seronegative persons — Lancet 1984, Dec 22: 1418-20

Salahuddin SZ, Markham PD, Lindner SG, Gootenberg J, Popovic M, Hemmi H, Sarin PS, Gallo RC: Lymphokine production by cultured human T-cells transformed by human T-cell leukemia-lymphoma virus-type I — Science 1984, 223(Feb 17): 703-7

Salazar AM, Masters CL, Gajdusek C, Gibbs CJ: Syndromes of amyotrophic lateral sclerosis and dementia: relation to transmissible Creutzfeldt-Jakob disease — Ann Neurol 1983, 14: 17-26

Saldana MJ, Mones J, Buck BE: Lymphoid interstitial pneumonia in Haitian residents of Florida -Chest 1983, 84: 347 (abstract)

Salinovich O, Payne SL, Montelaro RC, Hussain KA, Issel CJ, Schnorr KL: Rapid emergence of novel antigenic and genetic variants of equine infectious anemia virus during persistent infection — J Virol 1986, Jan: 71-80

Salk J: Prospects for the control of AIDS by immunizing seropositive individuals — Nature 1987, 327, Jun 11: 473-6

Saltzman B, Friedland G, Klein R, Maude D, Steigbigel N: Female to male sexual transmission of HTLV-III/LAV − in Vorb

Sanchez-Pescador R, Power MD, Barr PJ, Steimer KS, Stemoien MM, Brown-Shimer SL, Gee WW, Renard A, Randolph A, Levy JA, Dina D, Luciw PA: Nucleotide sequence and expression of an AIDS-associated retrovirus (ARV-2) − Science 1985, 227(Feb 1): 484-92

Sancho L, Martinez-A. C, Nogales A, de la Hera A, Mon MA: Reconstitution of natural -killer-cell activity in the newborn by interleukin-2 − N Engl J Med 1986, 314(1): 57

Sandberg S, Sherman H: A regional model of the AIDS epidemic − im Druck

Sande MA: Transmission of AIDS − N Engl J Med 1986, Feb 6: 380-2

Sands JM, Macher AM, Ley TJ, Nienhuis AW: Disseminated infection caused by Cunninghamella bertholletiae in a patient with beta-thalassemia − Ann Int Med 1985, 102: 59-63

Sandstedt B, Jacobsson B: Obduktionsfynd vid AIDS − Opusc Med 1986,31(4): 87-9

Sandström EG, Kaplan JC, Byington RE, Hirsch MS: Inhibition of H T L V -III in vitro by phosphonoformate − Lancet 1985, Jun 29: 1480-2

Sane DC, Durack DT: Infection with rhodococcus equi in AIDS − N Engl J Med 1986, Jan 2: 56-7

Sarin PS, Gallo RC: Human T-lymphocytotropic retroviruses in adult T-cell leukemia/lymphoma and A I D S − J Clin Immunol 1984, 4(6): 415-23

Sarin PS, Scheer DI, Krosh RD: Inactivation of H T L V-III by LD-tm − N Engl J Med 1985, Nov 28: 1416

Sarngadharan MG, Popovic M, Bruch L, Schüpbach J, Gallo RC: Antibodies reactive with human T-lymphotropic retroviruses (HTLV III) in the serum of patients with AIDS − Science 1984, 224(May 4): 506-8

Sartwell PE: The incubation period and the dynamics of infectious disease − Am J Epidemiol 1966,83(2): 204-15

Sattaur O: How Gallo got credit for AIDS discovery − New Scientist 1985, Feb 7: 3-4

Sattenau QJ, Dagleish AG, Weiss RA, Beverley PCL: Epitopes of the CD4 antigen and HIV infection − Science 1986, 234: 1120

Saviteer SM, White GC, Cohen MS, Jason J: HTLV-III exposure during cardiopulmonary resuscitation N Engl J Med 1985, Dec 19: 1606-7

Saxinger WC, Gallo RC: Possible risk to recipients of blood from donors carrying serum markers of human T-cell leukaemia virus − Lancet 1982, May 8: 1074

Saxinger, WC, Levine PH, Dean AG, de Thé G, Lange-Wantzin G, Moghissi J, Laurent F, Hoh M, Sarngadharan MG, Gallo RC: Evidence for exposure to HTLV-III in Uganda before 1973 − Science 1985, 227: 1036-8

Schäfer A, Stauber M: HIV-positive Schwangerschaften in der Geburtshilfe − Bundesgesbl 1986, 29(11): 349-51

Schäfer W, Bolognesi DP, de Noronha F, Fischinger PJ, Hunsmann G, Ihle JN, Moenning V, Schwarz H, Thiel HJ: Immunoprophylaxis and -therapy of C-type oncorna viral diseases in mice and cats − Med Microbiol Immunol 1977, 164: 217-29

Schaffer RM, Schwartz GE, Becker JA, Rao TKS, Shih YH: Renal ultrasound in A I D S − Radiology 1984, 153: 511-3

Schaffer-Deshayes L, Chavance M, Monplaisir N, Coucouce AM, Gassain A, Blesonski S, Valette I, Feingold N, Levy JP: Antibodies to HTLV-I p24 in sera of blood donors, elderly people and patients with hemopoietic diseases in France and in French West Indies − Int J Cancer 1984, 34: 667-70

* Scheid RC, Kim CK, Bright JS, Whitely MS, Rosen S: Reduction of microbes in handpieces by flushing before use − J Am Dent Assoc 1982, 105: 658-60

Schießl B: HLA-Bestimmung. Probleme und Lösungen − Biotest, Frankfurt 1986, 43pp

Schiff I, Correia B, Ravnikar VA, Schur PH: HTLV-III testing in sperm donors − N Engl J Med 1985, Jun 20: 1638

* Schiødt, Pindborg JJ: AIDS and the oral cavity − Int J Oral Maxillofac Surg 1987, 16: 1-14

Schlanger G, Lutwick LI, Kurzman M, Hoch B, Chandler FW: Sinusitis caused by legionella pneumophilia in a patient with A I D S -Am J Med 1984, 77(Nov): 957-60

Schlund GH: Zur Berufsverschwiegenheit bei AIDS − AIFO 1987, 2(7): 401-9

Schlund H: Juristische Aspekte beim erworbenen Immun-defekt-Syndrom (AIDS) - AIFO 1986, 1: 448-54, 564-70

Schmidbauer W: Angst macht erst richtig krank − Natur 1986, 6: 103

Schmidt B: Auge und AIDS − In: Helm EB et al.(eds): AIDS II, Zuckschwerdt, München 1986: 144-8

* Schneck K, Frenkel G: A I D S − Bericht über ein neues Krankheitsbild mit Manifestation in der Mundhöhle − Dtsch Zahnärztl Z 1986, 41, 371-3

Schneider J, Bayer H, Bienzle U, Hunsmann G: A glycopolypeptide (gp100) is the main antigen detected by HTLV-III antisera − Med Microbiol Immunol 1985, 174(1): 35-42

Schneider J, Bayer H, Bienzle U, Werner P, Hunsmann G: Antibodies to HTLV-III in german blood donors − Lancet 1985, Feb 2: 275-6

Schneider J, Jurkiewicz E, Wendler I, Jentsch KD, Bayer H, Desrosiers RC, Gelderblom HR, Hunsmann G: Structural, biochemical and serological comparison of LAV/HTLV-III and STLV-IIImac, two primate lentiviruses − UCLA-Symp, Park Springs: „Viruses and Human Cancer", 2/1986

Schneider J, Kaaden O, Copeland TD, Oroszlan S, Hunsmann G: Shedding and interspecies type seroreactivity of the envelope glycopolypeptide gp120 of the human immunodeficiency virus − J Gen Virol 1986, 67: 2533-8

Schneider J, Kitze B, Hunsman G, Wendler I, Kappos L: Multiple sclerosis and human T-cell lymphotropic retroviruses: negative serological results in 135 German patients − J Neurol 1987, in Druck

Schneider J, Yamamoto N, Hinuma Y, Hunsmann G: Detection and isolation of envelope and core polypeptides from adult T-cell leukemia virus − In: Rich MA (eds): Leuk Rev Int 1983, 1: 46-7

Schneider J, Yamamoto N, Hinuma Y, Hunsmann G: Precursor polypeptides of adult T-cell leukemia virus: Detection with antisera against isolated polypeptides gp68, p24, and p19 − J Gen Virol 1984, 65: 2249-58

Schneider J, Yamamoto N, Hinuma Y, Hunsmann G: Sera from adult T-cell leukemia patients react with envelope and core polypeptides of adult T-cell leukemia virus − Virology 1984, 132: 1-11

Schoeppel SL, Hoppe RT, Dorfman RF, Horning SJ, Collier AC, Chew TG, Weiss LM: Hodgkin's disease in homosexual men with generalized lymphadenopathy − Ann Int Med 1985, 102(1): 68-70

Schöfer H, Ochsendorf FR, Runne U, Brodt HR, Klüver A, Helm EB, Milbrandt R: AIDS und L A S: Hautveränderungen, die zur Diagnose führen − In: Helm EB et al.(eds): AIDS II, Zuckschwerdt, München 1986: 173-83

* Schönheyder H, Melbye M, Biggar RJ, Ebbesen P, Neuland CY, Stenderup A: Oral yeast flora and antibodies to candida albicans in homosexual men − Mykosen 1984, 27: 539

Schorr JB, Berkowitz A, Cumming PD, Katz AJ, Sandler SG: Prevalence of HTLV-III antibody in American blood donors − N Engl J Med 1985, 313(6): 384-5

Schorsch E, Dannecker M, Pfäfflin F, Schmidt G, Sigusch V: Über den allgemeinen Umgang mit AIDS. Eine Erklärung der Deutschen Gesellschaft für Sexualforschung − In: Zustände. Ein Jahrbuch. TORSO, Essen 1985: 28-36

Schreier MH: Interleukin-2 and its role in the immune response − Triangle, Sandoz 1984, 23(3): 141-52

Schröder W: Untersuchungen über die Anzahl von Speichelleukozyten unter unterschiedlichen physiologischen Bedingungen − Med Akad Dresden, Dissertation 1980

Schulman JA, Peyman GA, Fiscella RG, Pulido J, Sugar J: Parenterally administered Acyclovir for viral retinitis associated with AIDS − Arch Ophthalm 1984, 102(Dec): 1750

Schuman JS, Friedman AH: Ocular effects in acquired immune deficiency syndrome − Mount Sinai J Med 1983, 50(5): 443-6

Schüpbach J: First isolation of HTLV-III (letter) − Nature 1986, 321(May 8): 119-20

Schüpbach J: Retroviren, Tumoren und Autoimmunkrankheiten − Schweiz Med Wschr 1986, Aug 23 (116): 1126-33

Schüpbach J: H I V: Virologische Aspekte − Schweiz Rundsch Med Prax 1986, Nov 25 (75): 1466-70

Schüpbach J, Haller O, Vogt M, Lüthy R, Joller H, Oelz O, Popovic M, Sarngadharan MG, Gallo RC: Antibodies to HTLV-III in Swiss patients with AIDS and pre-AIDS an in groups at risk for AIDS − N Engl J Med 1985, 312(5): 265-70

Schüpbach J, Popovic M, Gilden RV, Gonda MA, Sarngadharan MG, Gallo RC: Serological analysis of a subgroup of human T-lymphotropic retroviruses (HTLV-III) associated with AIDS − Science 1984, 224(May 4): 503-5

Schüpbach J, Popovic M, Sarngadharan MG, Salahuddin SZ, Markham P, Gallo RC: AIDS − Virologische Aspekte: HTLV-III der wahrscheinliche Erreger − Verh Dt Ges Inn Med 1984, 90(1): 11-6

Schüpbach J, Sarngadharan MG, Gallo RC: Antigens on HTLV-infected cells recognized by leukemia and AIDS sera are related to HTLV viral glykoprotein − Science 1984, 224, May 11: 607-10

Schüpbach J, Tanner M: Specificity of human immunodeficiency virus (LAV/HTLV-III) − reactive antibodies in African sera from southeastern Tanzania − Acta Tropica 1986, 43: 195-206

Schwartz BD: The human major histocompability HLA complex − In: Stites et al.(eds): Basic & Clinical Immunology, LMP 1982

Schwartz JL, Muhlbauer JE, Steigbigel RT: Pre-Kaposi's sarcoma − J am Acad Dermatol 1984, 11: 377-80

Schwartz K, Visscher BR, Detels R, Taylor J, Nishanian P, Fahey JL: Immunological changes in lymphadenopathy virus positive and negative symptomless male homosexuals − Lancet 1985, 2: 831-2

Schwartz RA, Kardashian JF, McNutt NS, Crain WR, Welch KL, Choy SH: Cutaneous angiosarcoma resembling anaplastic sarcoma in a homosexual man − Cancer 1983, 51: 721-6

Schwarz H, Fischinger PJ, Ihle JN, Thiel HJ, Weiland F, Bolognesi DP, Schäfer W: Properties of mouse leukemia viruses: XVI. Suppression of spontaneous fatal leukemias in AKR mice by treatment with broadly reacting antibody against the viral glycoprotein gp71 − Virology 1979, 93: 159-174

Schwarz H, Ihle JN, Wecker E, Fischinger PJ, Thiel HJ, Bolognesi DP, Schäfer W: Properties of mouse leukemia viruses: XVII. Factors required for successful treatment of spontaneous AKR leukemia by antibodies against gp 71 − Virology 1981, 111: 568-78

Schwarz H, Thiel HJ, Weinhold KJ, Bolognesi DP, Schäfer W: Stimulierung der Immunreaktivität gegen endogene retroviren und Schutz gegen Leukämie bei älteren AKR-Mäusen nach Imfung mit Antikörpern gegen Virusoberflächen-Komponenten. Rolle des Antikörpers gegen p15(E) − Z Naturforsch 1984, 39c: 1199-1202

Schwarz K, Visscher BR, Detels R, Taylor J, Nishanian P, Fahey JL: Immunological changes in lymphadenopathy viruspositive and negative symptomless male homosexuals : two years of observation − Lancet 1985, Oct 12:831-2

Schweigerer L, Neufeld G, Friedman J, Abraham JA, Fiddest JC, Gospodarowicz D: Capillary endothelial cells express basic fibroblasts growth factor, a mitogen that promotes their own growth − Nature 1987, Jan 15 (325): 257-9

Scott A: Viruses and cells: a history of give and take? − New Scientist 1986, Jan 16: 42-5

Scott A: AIDS and the experts − New Scientist 1987, Mar 5: 50-3

Scott A: Pirates of the cell − Blackwell, Oxford 1987, 260pp

Scott GB, Buck BE, Letrman JG, Bloom FL, Parks WP: A I D S in infants − N Engl J Med 1984, 310: 76-81

Scott GB, Fischl MA, Klimas N, Fletcher MA, Dikinson GM, Levine RS, Parks WP: Mothers of infants with the A I D S − JAMA 1985, 253(3): 363-6

Scottish Home and Health Department: HIV infection in Scotland − Report of the Scottish Committee on HIV Infection and Intravenous Drug Abuse, Sep 1986: 24pp

Scully RE, Neu HC: Clinical efficacy of ceftazidime. Treatment of serious infection due to multiresistant pseudomonas and other gram-negative bacteries − Arch Int Med 1984, 144(1): 57-62

Scully RE, Mark EJ, McNeely BU: Case records of the Massachusetts General Hospital − N Eng J Med 1982, 306: 657-68

Scully RE, Mark EJ, McNeely WF, McNeely BU: Case 51-1986 − N Engl J Med 1986, 315, Dec 25: 1660-8

Scully RE, Mark EJ, McNeely WF, McNeely BU: Case 1-1987 − N Engl J Med 1987, 316, Jan 1: 35-42

Seale JR: Zur Epidemiologie des AIDS − Z Hautkr 1984, 59(8):525-8

Seale JR: AIDS and hepatitis B cannot be venereal diseases − Can Med Assoc 1984, 130(May): 1109-10

Seale JR: How to turn a disease into VD -New Scientist 1985(20): 38-41

Seale JR: The cover-up of AIDS and its transmission − Travel Med Internat 1986,4(3): 129-5

Seale JR: What we know about AIDS − N Scient 1985, Aug 1: 29-30

Seale JR: AIDS virus infection: prognosis and transmission − J Roy Soc Med 1985, 78(Aug): 613-5

Seale JR: Infectious AIDS − Nature 1986, Apr 3: 391

Seale JR: The AIDS epidemic and its control − Orthos 1987, Mar: 7-11

Seale JR: Pathogenesis and transmission of AIDS − Vet Rec 1987, 120(19): 454- 9

Seale JR: Kuru, AIDS and aberrant social behaviour − J Roy Soc Med 1987, 80 (Apr): 200-2

Seale JR, Medvedew ZA: Origin and transmission of AIDS. Multi-use hypodermics and the threat to the Soviet Union: a discussion paper − J Roy Soc Med 1987, 80, May: 301-4

Searle ES: AIDS: predicting and planning − Lancet 1985, Nov 9: 1064-5

Seelig HP: Lymphozyten und Lymphozyten-Subpopulationen − Immun Infect 1984, 12: 217-28

Seidl S, Kühnl P: HTLV-III antibody screening in german blood donors − Lancet 1985, May 4: 1047

Seiki M, Eddy R, Shows TB, Yoshida M: Nonspecific integration of the HTLV provirus genome into adult T-cell leukemia cells − Nature 1984, 309: 640-2

Seiki M, Hattoti S, Hirayama Y, Yoshida M: Human adult T-cell virus: Complete nucleotide sequence of the provirus genome integrated in leukemia cell DNA − Proc Natl Acad Sci 1983, 80: 3618-22

Seiki M, Hikikoshi A, Taniguchi T, Yoshida M: Expression of the pX gene of HTLV-I: general splicing mechanism in the HTLV family − Science 1985, Jun 28: 1532-4

Selarek HM, Mantovani RP, Erens E, Heisler D, Niederman MS, Feon AM: AIDS in a bodybuilder using anabolic steroids − N Engl J Med 1984, 311(26): 1701

Seligman J, Raine G, Coppola V, Hager M, Gosnell M: A nasty new epidemic − Newsweek 1985, Feb 11: 50-1

Seligmann M, Chess L, Fahey JL, Fauci AS, Lachmann PJ, L'Age-Stehr, Ngu J, Pinching AJ, Rosen FS, Spira TJ, Wybran J: AIDS − an immunologic reevaluation − N Engl J Med 1984, Nov 15: 1286-92

Selik RM, Dondero TJ, Curran JW: Proposed revision of the AIDS case definition − III. Internat Conf on AIDS, Washington 1987, Jun 3: WP.56

Selik RM, Jaffe HW, Solomon SL, Curran JW: CDC's definition of AIDS − N Engl J Med 1986, 315(12): 761

Senitzer D, Gibbons J, Gohara A, Freimer EH: Infectious antecedent of immunoblastic lymphoma − Am J Med 1985, 78: 163-7

Senturia YD, Peckham CS, Ades AE: Seronegativity and pediatric AIDS − Lancet 1987, May 16: 1151-3

Seto B, Coleman WG, Iwarson S, Gerety RJ: Detection of reverse transcriptase activity in association with the non-A,non-B hepatitis agent(s) − Lancet 1984, Oct 27: 941-3

Sewankambo N, Mugerwa RD, Goodgame R, Carswell JW, Moody A, Lloyd G, Lucas SB: Enteropathic AIDS in Uganda. An endoscopic, histological and microbiological study − AIDS 1987, 1: 9-13

Sewering HL: AIDS − Finsternis über Bayern? − Bayer Ärztebl 1987, Jul: 293-4

Shabtai F, Klar D, Kimchi D, Antebi E, Hart J, Halbrecht I: Juxta-centromeric fragility of chromosomes 1, 2, 9, 16, and immunodeficiency. Special reference to the fragility of chromosome 2 and its oncogenic potential − Anticancer Res 1984, 4: 235-40

Shaerer GM, Levy RB: Blood transfusion and susceptibility to AIDS − N Engl J Med 1984, 310(24): 1601

Sharer LR, Kapila R: Neuropathologic observations in A I D S − Acta Neuropathol 1985, 66(3): 188-89

Sharp PM: What can AIDS virus codon tell us? − Nature 1986, 324, Nov 13: 114

Shaw GM, Hahn BH, Arya SK, Groopman JE, Gallo RC, Wong-Staal F: Molecular characterization of human T-cell leukemia (lymphotropic) virus type III in the A I D S − Science 1984, 226(Dec 7): 1165-71

Shaw GM, Harper ME, Hahn BH, Epstein LG, Gajdusek DC, Price RW, Navia BA, Petito CK, O'Hara CJ, Groopman JE, Cho ES, Oleske JM, Wong-Staal F, Gallo RC: HTLV-III infection in brains of children and adults with AIDS encephalopathy − Science 1985, 227: 177-82

Shearer G, Moser M: AIDS consequence of la antigen rekognition: a closer look − Imm Today 1986, 7(2): 34-6

Shein R, Gelb A: Isospora belli in a patient with A I D S -J Clin Gastroent 1984,6: 525-8

Sher R: Acquired immune deficiency syndrome (AIDS) in the RSA − S Afr Med J 1986, Oct 11, Suppl:23-6

Sheremata WA, Poskanzer DC, Withum DG, McLeod CL, Whiteside ME: Unusual occurence on a tropical island of multiple sclerosis − Lancet 1985, Sep 14: 618

Shimase K, Ichimura H, Tamura K, Kaneto E, Kurimura O, Nanba K, Hino N, Ono T, Kawai J, Takasugi T: Risk of HTLV infection in patients on haemodialysis − Lancet 1984, Mar 10: 565-6

Shimotohno K, Wachsman W, Takahashi Y, Golde DW, Miwa M, Sugimura T, Chen ISY: Nucleotide sequence of the 3' region of an infectious human T-cell leukemia virus type II genome − Proc Natl Acad Sci USA 1984, 81: 6657-61

Shimoyama M, Hanoaka M, et al.: Statistical analysis of immunologic, clinical and histopathologic data on lymphoid malignancies in Japan − Jpn J Clin Oncol 1981, 11(1): 15-38

Shore A, Mindell WR, Teitel JM: Limiting factor VIII cryoprecipitate selection to female donors − Lancet 1985, Jan 12: 98-9

Shukla D: Preventing possible HTLV-III contamination from EEG electrodes − N Engl J Med 1986, 315(18): 1167

Sidel VW: The prevention of AIDS − NY State J Med 1987, 87, 5: 259-60

Sidtis RW, Tross S, Navia BA, Jordan BD, Price RW: Neuropsychological characterization of the AIDS dementia complex − Internat AIDS-Konf Paris 1986, Jun 23-25, abstracts: Comm 207

Siegal FP, Lopez C, Hammer GS, Brown AE, Kornfeld SJ, Gold J, Hassett J, Hirschman SZ, Cunningham-Rundles C, Adelsberg BR, Parham DM, Siegal M, Cunningham-Rundles S, Armstrong D: Severe acquired immunodeficiency in male homosexuals, manifested by chronic perianal ulcerative herpes simplex lesions − N Engl J Med 1981, 305(24): 1439-44

Siegel L: Health care personnel and AIDS − Arch Intern Med 1984, 144(Dec): 2431

Sigurdsson B, Pálsson PA, van Bogaert L: Pathology of visna − Acta Neuropathol 1962, 1: 343-362

Sigurdsson B, Pálsson PA: Visna of sheep. A slow, demyelinating infection − Br J Exp Pathol 1958, 36 (5): 519-28

Sigusch V: Das gemeine Lied der Liebe − In: „Vom Trieb und von der Liebe", Campus Verlag 1984

Sigusch V: AIDS aus der Sicht des Sexualforschers − Deutsch Ärztebl 1986, 83(42): 2853-7

Sigusch V, Gremliza HL (eds): Operation AIDS − Konkret Sexualität, Gremliza Verlag, Hamburg 1986 (7): 98pp

* **Silverman S:** The diagnosis of AIDS and A R C in the dental office: Findings in 171 homosexual males − CDAJ 1984, Jun: 24-25

* **Silverman S jr:** Infectious and sexually transmittel diseases: implications for dental public health − J Public Health Dent 1986, 46 (1): 7-12

* **Silverman S, Lozada F, Migliorati C, Conant M:** Current assessment; dental risks and guidelines in the AIDS epidemic − CDAJ 1984, Oct: 7-10

* **Silverman S, Migliorati CA, Lozada-Nur F, Greenspan D, Conant MA:** Oral findings in people with or at high risk for AIDS: a study of 375 homosexual males − JADA 1986, 112(Feb): 187-92

Silverton EW, Navia MA, Davies DR: Three-dimensional structure of an intact human immunoglobulin − Proc Natl Acad Sci USA 1977, 74(11): 5140-44

Simberkoff MS, El Sadr W, Schiffman G, Rahal JJ: Streptococcus pneumoniae infections and bacteriemia in patients with A I D S with report of a pneumococcal vaccine failure − Am Rev Respir Dis 1984, 130: 1174-6

Simons K, Garoff H, Helenius A: How an animal virus gets into and out of its host cell − Sci Amer 1982, 246(2): 58-66

Singer A, Shearer GM: AIDS therapy by blocking CD4+ cells − Nature 1986, Mar 13: 113

Sitz KV, Keppen M, Johnson DF: Metastatic basal cell carcinoma in A R C − JAMA 1987, 257 (3): 340-3

Siu G, Kronenberg M, Strauss E, Haars R, Mak TW, Hood L: The structure, rearrangement and expression of Dβ gene segments of the murine T-cell antigen receptor − Nature 1984, 311(Sep): 344-50

Sivak SL, Wormser GP: How common is HTLV-III infection in the U S? − N Engl J Med 1985, Nov 21: 1352-3

* **Skak-Iversen L:** Er erhvervet immundefekt syndrom (AIDS) en risiko for tandlæger? − Tandl bl 1984, 88(4): 141-2

Sklarek HM, Mantavani RP, Erens E, Heisler D, Niederman MS, Fein AM: AIDS in a bodybuilder using anabolic steroids − N Engl J Med 1984, 311(26): 1701

Skoglund U, Anderson K, Strandberg B, Daneholt B: Three-dimensional structure of a specific pre-messenger RNP particle established by electron microscope tomography − Nature 1986, 319, Feb 13: 560-4

Skoglund U, Daneholt B: Emerging Techniques: Electron microscope tomography − Trends in Biochem Sci 1986, 11(12): 499-503

Skrabanek P: Demarcation of the absurd − Lancet 1986, Apr 26: 960-1

Slamon DJ, Shimotohno K, Cline MJ, Golde DW, Chen IS: Identification of the putative transforming protein of the human T-cell leukemia viruses HTLV-I and HTLV-II − Science 1984, 226(Oct): 61-5

Slater D, Rooney N, Mills P: Common activated helper T-cell origin for lymphomatoid papulosis, mycosis fungoides, and some type of hodgin's disease − Lancet 1985, Nov 23: 1187-8

Small CB, Klein RS, Friedland GH, Moll B, Emeson EE, Spigland L: Coomunity-acquired opportunistic infections and defective cellular immunity in heterosexual drug abusers − Am J Med 1983, 74: 433-41

* **Smith BW, Dennison DK, Newland JR:** A I D S: implications for the practicing dentist -Tex Dent J 1984, 101(Sep): 6-9

Smith CL, Buckley PM, Helliwell TR, Qadiri MR, Hughes S,Pidgeon J: AIDS in a woman in England − Lancet 1983, Oct 8: 846

Smith I, Howells DW, Kendall B, Levinsky R, Hyland K: Folate deficiency and demyelination in AIDS − Lancet 1987, Jul 25: 215

* **Smith JL, Maynard JE, Bergqvist KR, Doto IL, Webster HM, Sheller MJ:** Comparative risk of hepatitis B among physicians and dentists − J Inf Dis 1976, 133: 705-6

Smith JWG: HIV transmitted by sexual intercourse but not by kissing − Br Med J 1987, 294, Feb 14: 446

Smith JWG: HIV transmitted by kissing − Br Med J 1987, 294, Apr 18: 1033

Smith N, Spittle M: Tumours − Br Med J 1987, 294, May 16: 1274-42

Smith NP: Kaposi's sarcoma and A I D S − The British experience − Antibiot Chemother 1984, 32: 71-5

Smith PD, Macher AM, Bookman MA, Boccia RV, Steis RG, Gill V, Manischewitz J, Gelmann EP: Salmonella typhimurium enteritis and bacteriemia in the A I D S − Ann Int Med 1985, 102(2): 207-9

Smith PD, Ohura K, Masur H, Lane HC, Fauci AS, Wahl SM: Monocyte function in the A I D S − J Clin Invest 1984, 74(Dec): 2121-8

Smith SJ, Lawrence DN, Noble GR: An immune response profile model for immunogenicity quantitation − J theor Biol 1984, 110: 1-10

Smith VW, Dickson J, Coackley W, Maker D: Caprine syncytial retroviruses − Austr Vet J 1981, 57: 481-3

Snider WD, Simpson DM, Nielsen S, Gold JWM, Metroka CE, Posner JB: Neurological complications of A I D S − Ann Neurol 1983, 14: 403-18

Snover DC: Rectal epithelium in the A I D S − Ann Int Med 1985, 102(2): 278-9

Snyder HW, Flassner E: Specificity of human antibodies to oncovirus glycoproteins. Recognition of antigen by natural antibodies directed against carbohydratestructures − Proc Natl Acad Sci 1980, 77: 1622-6

Snyder SP, Theilen GH: Transmissible feline fibrosarcomas − Nature 1969, 221:1074

Socialstyrelsens: Information fran socialstyrelsens läkemedelsavdelning − Information 1986, Apr 7: 1-15

Sodroski J, Goh WC, Rosen C, Campbell K, Haseltine WA: Role of the HTLV-III/LAV envelope in syncytium formation and cytopathicity − Nature 1986, Jul 31-Aug 6 (322): 470-4

Sodroski J, Goh WC, Rosen C, Dayton A, Terwilliger E, Haseltine W: A second post-transcriptional transactivator gene required for HTLV-III replication − Nature 1986, May 22: 412-7

Sodroski J, Goh WC, Rosen C, Tartar A, Portetelle D, Burny A, Haseltine W: Replicative and cytopathic potential of HTLV-III/LAV with sor gene deletions − Science 1986, Mar 28: 1549

Sodroski J, Patarca R, Perkins D, Briggs D, Lee TH, Essex M, Coligan J, Wong-Staal F, Gallo RC, Haseltine W: Sequence of the envelope glycoprotein gene of type II H T L V − Science 1984, 225(Jul 27): 421-4

Somaini B: AIDS in der Schweiz − Schweiz med Wschr 1984, 114(16): 538-44

Somaini B: AIDS: eine wichtige Krankheit? − Schweiz Med Wschr 1986, Jun 14 (116): 818-21

Somerfield SD: AIDS in New Zealand − N Zeal Med J 1985, 98: 160-1

Sonigo P, Alizon M, Staskus K, Klatzmann D, Cole S, Danos O, Retzel E, Tiollais P, Haase A, Wain-Hobson S: Nucleotide sequence of the visna lentivirus: relationship to the AIDS virus − Cell 1985, 42: 369-82

Sonigo P, Barker C, Hunter E, Wain-Hobson S: Nucleotide sequence of Mason-Pfizer monkey virus: an immunosuppressive D-type retrovirus − Cell 1986, May 9 (45): 375-85

Sönnerborg A, Jarstrand C, Wasserman J: Bacterial infections in patients with A I D S − Opmear 1987, 32(1): 7-9

Sonnex C, Petherick A, Adler MW, Miller D: HIV infection: increase in public awareness and anxiety − Br Med J 1987, 295, Jul 18: 193-5

Sönnichsen N: AIDS − eine neue Pandemie − Spectrum (DDR) 1987, 18 (6): 18-20

Sönnichsen N, Ruff D: Was muß der Dermatologe von der neuen Krankheit AIDS wissen? − Dermatol Mschr 1984, 170(3): 153-9

Sosa M, Font de Mora A, Navarro MC, Reyes MP, Garcia JR, Betancor P: Multiple sclerosis on islands − Lancet 1987, May 23: 1199

Southern EM: Detection of specific sequences among DNA fragments separated by gel electrophoresis -J Mol Biol 1975, 98(3): 503-17

Southern P, Oldstone MB: Medical consequences of persistent viral infection − N Engl J Med 1986, 314(6): 359-67

Spann W: Überlegungen zur Bekämpfung der weiteren Ausbreitung der Erkrankung AIDS − AIFO 1987, 2(5): 240-2

Sparf M: Virusinaktivering vid alkoholfraktionering − Journalen, Kabi, Stockholm 1986, 6(7/8): 217-8

SPD: AIDS.Zwischen Angst und Verdrängung − Materialien. Werkstattgespräch 1986, Feb 24, Courir, Bonn 1986, 23pp

Spektrum der Wissenschaft: Verständliche Forschung: Immunsystem − Spektrum d Wiss, Heidelberg 1987: 224 pp

Spira TJ, Des Jarlais DC, Marmor M, Yancovitz S, Friedman S, Garber J, Cohen H, Cabradilla C, Kalyanaraman VC: Prevalence of antibody to lymphadenopathy-associated virus among drug-detoxification patients in New York − N Engl J Med 1984, 311(7): 467-8

* Spire B, Barré-Sinoussi F, Montagnier L, Chermann JC: Inactivation of L A V by chemical disinfectants − Lancet 1984, Oct 20: 899-901

* Spire B, Dormont D, Barré-Sinoussi F, Montagnier L, Chermann JC: Inactivation of L A V by heat, gamma rays, and ultraviolet light − Lancet 1985, Jan 26: 188-9

Sprecher-Goldberger S, Soumenkoff G, Puissant F, Degueldre M: Vertical transmission of HIV in 15-week fetus − Lancet 1986, Aug 2: 288

Srinivasan A, Anand R, York D,. et al.: Molecular characterization of H I V from Zaire: Nucleotide sequence analysis identifies conserved and variable domains in the envelope gene − Gene (im Druck)

Srinivasan A, York D, Bohan C: Lack of HIV replication in arthropod cells − Lancet 1987, May 9: 1094-5

Staerz UD, Bevan MJ: Use of anti-receptor antibodies to focus T-cell activity − Imm Today 1986, 7(7 + 8): 241-5

Stahl RE, Omar RA, Wormser GP: Fungal stains in the A I D S − Ann Int Med 1985, 102(3): 413

Staib F: Kryptokokkose bei AIDS aus mykologisch-diagnostischer und -epidemiologischer Sicht − AIFO 1987, 2(7): 363-82

Staines MA, Brostoff J, James K: Introducing Immunology − Gower, London 1985, 59pp

Stalder H: Klinik und Therapie der Herpesinfektionen − Verh Dtsch Ges Inn Med 1984, 90(1): 24-31

Stanek G, Wewalka G, Groh V, Neumann R, Kristoferitsch W: Differences between lyme disease and European arthropod-born borrelia infections − Lancet 1985, Feb 16: 401

Stannat S, Kießling D, Schedel I, Deicher H: Computer simulation of the AIDS epidemic in the F R G − EC Workshop on Statistical Analysis and Mathematical Modelling of AIDS, RIVM, Bilthoven 1986, Dec 15-17, abstracts

Staquet M, Hemmer R, Baert A: Clinical aspects of AIDS and AIDS-related complex − Oxford Med Publ, Oxford 1986

Staszewski S, Schiek E, Stille W: LAV/HTLV-III-Infektionen bei Frauen und ihren heterosexuellen Partnern − In: Helm EB et al. (eds): AIDS II, Zuckschwerdt, München 1986: 15-20

Staszewski S, Stille W, Werner A, Kurth R, Weber K: HIV-2-Infektion auch in Deutschland − Dtsch Med Wschr 1987, 112 (12): 487

Stauber M, Schäfer A, Löwenthal D, Weingart B: Das AIDS-Problem bei Schwangeren − eine Herausforderung an den Geburtshelfer − Geburtsh Frauenheilkd 1986, 46 (4): 201-5

Staugard F: Control of AIDS in developing countries − Proc Conf Nordic School of Publ Health, Gothenburg 1986, May 12-14

Steigleder GK (ed): AIDS. Neuere Erkenntnisse 1985/Bericht 1 − Grosse, Berlin 1985, 87pp

Stein H, Lennert K, Mason DY, Liangru S, Ziegler A: Immature sinus histiocytes − Am J Pathol 1984, 117: 44-52

Stein SF, Ewatt BL, McDougal JS, Lawrence DN, Holman RC, Ramsey RB, Spira TJ: A longitudinal study of patients with hemophilia: immunologic correlates of infection with HTLV-III/LAV and other viruses − Blood 1985, 66(4): 973-9

Steinberg JJ, Bridges N, Feiner HD, Valensi Q: Small intestine lymphoma in three patients with A I D S − Am J Gastroent 1985, 80(1): 21-6

Steinmann RM, Nussenzweig MC, Witmer MD, Nogueira N, Cohn ZA: A comparison of dendritic cells and macrophages − In: Förster O, Landy M (eds): Heterogeneity of mononuclear phagocytes, Academic Pr, London 1981, 189-94

Stellwag EJ, Dahlberg AE: Electrophoretic transfer of DNA, RNA and protein onto diazobenzyloxymethyl(DBM)-paper − Nucleic Acids Res 1980, 8, Jan 25: 299-317

Stephan W, Dichtelmüller H: Inactivation of retroviruses by β-propiolactone − Lancet 1985, Jan 5: 56

Stephens RM, Casey JW, Rice NR: Equine infectious anemia virus gag and pol genes: relatedness to visna and AIDS virus − Science 1986, 231: 589-594

Sterry W, Marmor M, Konrads A, Steigleder GK: Kaposi's sarcoma, aplastic pancytopenia, and multiple infections in a homosexual (Cologne, 1976) − Lancet 1983, Apr 23: 924-5

Stevens CE, Taylor PE, Zang EA et al.: H T L V-III infection in a cohort of homosexual men in New York City − JAMA 1986, 255: 2167-71

Stevenson M, Volsky B, Hedenskog M, Volsky DJ: Immortalization of human T lymphocytes after transfection of Epstein-Barr virus DNA − Science 1986, 233, Aug 29: 980-3

Stewart GJ, Tyler JP, Cunningham AL, Barr JA, Driscoll GL, Gold J, Lamont BJ: Transmission of human T-cell lymphotropic virus type III (HTLV-III) by artificial insemination by donor − Lancet 1985, Sep 14: 581-4

Stille W: Zusammenfassung der Behandlungsmöglichkeiten opportunistischer Infektionen bei AIDS − In: Helm EB et al.(eds): AIDS II, Zuckschwerdt, München 1986: 221-4

Stille W, Helm EB: Erworbenes Immunmangelsyndrom (AIDS): Epidemiologie des AIDS − Verh Dt Ges Inn Med 1984, 90(1): 1-4

Stille W, Helm EB: Memorandum II: Die aktuellen Konsequenzen − AIFO 1987, 2(5): 237-40

Stille W, Helm EB: Memorandum III: Management der AIDS-Problematik − Infektionsklinik der Univ Frankfurt, Juni 1987

Stites DP, Stobo JD, Fudenberg HH, Wells JV: Basic & clinical immunology − Lange Med Publ, Los Angeles 1982

Stoler MH, Bonfiglio TA: Case report − atypical subcutaneous infection associated with aquired immune deficiency disease − Am J Clin Pathol 1984, 80: 714-8

Stoneburger RL, Chiasson MA, Solomon K, Rosenthal S: Risk factors in military recruits positive for HIV antibody − N Engl J Med 1986, 315(21), Nov 20: 1355

Stoneburner RL, Sencer DJ: More on HTLV-III antibody testing in New York city − N Engl J Med 1986, May 1: 1190-1

Stover DE, White DA, Romano PA, Gellene RA: Diagnosis of pulmonary disease in A I D S − Am Rev Respir Dis 1984, 130: 659-62

Strayer DS, Sell S, Leibowitz JL: Malignant rabbit fibroma syndrome. A possible model for A I D S − Am J Pathol 1985, 120(1): 170-1

Stricker RB, Abrams DI, Corash L, Shuman MA: Target platelet antigen in homosexual men with immune thromocytopenia − N Engl J Med 1985, 313(22): 1375-80

Stricker RB, McHugh TM, Moody DJ, Morrow WJW, Stites DP, Shuman MA, Levy JA: An AIDS-related cytotoxic autoantibody reacts with a specific antigen on stimulated CD4 + T cells − Nature 1987, June 25 (327): 710-2

* Stricof RL, Morse DL: HTLV-III/LAV seroconversion following a deep intramuscular needlestick injury − N Engl J Med 1986, 314(17): 1115

Stuhlmann H, Jähner D, Jaenisch R: Infectivity and Methylation of retroviral genomes is correlated with expression in the animal − Cell 1981, 26:221-32

Suciu-Foca N, Kohler H, King DW: Anti-idiotypic autoimmunity − a necessity for species survival − Surv immunol Res 1984, 3: 311-8

Suciu-Foca N, Rubinstein P, Popovic M, Gallo RC, King DW: Reactivity of HTLV-transformed human T-cell lines to MHC class II antigens − Nature 1984, 312(Nov 15): 275-7

Sundby P: Intervju med Michael Koch − Tidsskr Nor Lægeforen 1986, 30, Oct 30:2539-43

Suni J, Närvänen A, Wahlström T, Lehtovirta P, Vaheri A: Monoclonal antibody to H T L V-p19 defines polypeptide antigen in human choriocarcinoma cells and syncytiotrophoblasts of first-trimester placentas − Int J Cancer 1984, 33: 293-8

Surapaneni N, Raghunathan R, Beall GN, Daniel K, Mundy TM: Levamisole, immunostimulation, and the A I D S − Ann Int Med 1985, 102(1): 137

Surolia A, Ramprasad MP: Immunotoxins to combat AIDS — Nature 1986, Jul 10: 119-20

Süssmuth R: AIDS — Wege aus der Angst — Hoffmann und Campe, Hamburg 1987, 207pp

Suthanthiran M, Williams PS, Solomon SD, Rubin AL, Stenzel KH: Induction of cytolytic activity by anti-T3 monoclonal antibodiy — J Clin Invest 1984, 74(Dec): 2263-71

Swadey JG, Enzenauer RW, Oates JK, Fink AJ (letters): Circumcision and heterosexual transmission of HIV infection — N Engl J Med 1987, 316(24): 1545-7

Sydney AIDS study group: The Sydney AIDS project — Med J Austr 1984, Oct 27: 569-73

* **Syrjänen S, Valle SL, Antonen J, Saxinger C, Suni J, Krohn KJE, Ranki A:** Oral candidiasis as a sign of HIV infection in homosexual men — Oral Surg, im Druck

Syvänen M: Cross-species gene transfer: a major factor in evolution? — Trends in Genetics, 1986, Mar: 63-6

Tabor E: The three viruses of non-A, non-B hepatitis — Lancet 1985, Mar 30: 743-5

Taguchi H: Origin of HTLV-I virus in Japan — Nature 1986, 324, Oct 30: 764

Taguchi H, Fujishita M, Miyoshi I, Mizobuchi I, Nagasaki A: HTLV antibody positivity and incidence of adult T-cell leukemia in Kochi prefecture, Japan — Lancet 1983, Oct 29: 1029

Tajima K, Akaza T, Koike K, Hinuma Y, Suchi T, Tominaga S: HLA antigens and adult T-cell leukemia virus infection: A community- based study in the Goto Islands, Japan — Jpn J Clin Oncol 1984, 14(3): 347-52

Tajima K, Fujita K, Tsukidate S, Oda T, Tominaga S, Suchi T, Hinuma Y: Seroepidemiological studies on the effects of filarial parasites on infestation of adult T-cell leukemia virus in the Goto islands, Japan — Gann 1983, 74: 188-91

Tajima K, Kuroishi T: Estimation of rate of incidence of ATL among ATLV (HTLV-I) carriers in Kyushu, Japan — Jpn J Clin Oncol 1985, 15(2): 423-30

Tajima K, Shimoyama M, Takatsuki K et al.: Statistical analyses of clinico-pathological, virological and epidemiologicaldata on lymphoid malignancies with special reference to A T L: a report of the second nationwide study of Japan — Jpn J Clin Oncol 1985, 15(3): 517-35

Tajima K, Tominaga S: Epidemiology of adult T-cell leukemia/lymphoma in Japan — Curr Top Microbbiol Immunol 1985, 115: 53-66

Tajima K, Tominaga S: Clinico-epidemiological features of adult T-cell leukemia/lymphoma (ATLL) in Japan: Relations of HTLV-I/ATLV infection to ATLL manifestations — In: Lymphoproliferative Diseases (M Nijhoff Publ, Boston), im Druck

Tajima K, Tominaga S, Kuroishi T, Shimizu H, Suchi T: Geographical features and epidemiological approach to endemic T-cell leukemia/lymphoma in Japan — Jpn. J. Clin. Oncol. 1979, 9: 495-504

Takatsuki K, Yamaguchi K, Kawano F, Hattori T, Nishimura H, Tsuda H, Sanada I: Clinical aspects of adult T-cell leukemia/lymphoma — Japan Sci Soc Press 1985: 51-7

Takatsuki K, Yamaguchi K, Kawano F, Nishimura H, Seiki M, Yoshida M: Clinical aspects of Adult T-cell leukemia/lymphoma — Microbiol Imm, 115: 90-7

Takeda K, Iwamoto S, Sugimoto H, Takuma T, Kawatani N, Noda M, Masaki A, Morise H, Arimura H, Konno K: Identity of differentiation inducing factor and tumour necrosis factor — Nature 1986, 323, Sep 25: 338-40

Takeuchi J, Ochi H, Han T, Ozer H, Henderson ES, Sandberg AA: Clonal chromosome abnormalities in prison-acquired lymphoproliferative syndrome — Cancer Gen Cytogen 1985, 15: 7-15

Takeuchi T, Kobayashi N, Nam SH, Yamamoto N, Hatanaka M: Molecular cloning of cDNA encoding gp68 of adult T-cell leukemia-associated antigen: Evidence for expression of the pX IV region of human T-cell leukemia virus — J Gen Virol 1985, 66: 1825-9

Tanaka Y, Inoi T, Tozawa H, Yamamoto N, Hinuma Y: A glycoprotein antigen detected with new monoclonal antibodies on the surface of human lymphocytes with human T-cell leukemia virus type-I (HTLV-I) — Int J Cancer 1985, 36: 549-55

Tanaka Y, Koyanagi Y, Chosa T, Yamamoto N, Hinuma Y: Monoclonal antibody reactive with both p28 and p19 of adult T-cell leukemia virus specific polypeptides — Gann 1983, 74: 327-30

Tanaka Y, Lee B, Inoi T, Tozawa H, Yamamoto N, Hinuma Y: Antigen relating to three core proteins of HTLV-I (p24, p19 and p15) and their interacellular localizations, as defined by monoclonal antibodies — Int J Cancer 1986, 37: 35-42

Tanaka Y, Okabe T, Tanaka N, Take Y, Inoue Y, Nakamura S, Nakashima H, Yamamoto N: Inhibition by sakyomicin A of avian myeloblastosis virus reverse transcriptase and proliferation of AIDS-associated virus (HTLV-III/LAV) — Jpn J Cancer Res 1986, 77: 324-6

Tanaka Y, Tozawa H, Koyanagi Y, Yamamoto N, Hinuma Y: A new monoclonal antibody recognizing an antigen of human lymphocytes similar or identical to Tac antigen — Microbiol Immunol 1984, 28: 1041-55

Tanne JH: Fighting AIDS. On the front lines against the plague — New York 1987, Jan 27: 23-31

Tao YX, Tsang V, Qiu LS, Xue HC, Ma LR, Zhang YH: Extraction, fractionation and chemical and immunological properties of urea solluble Schistosoma japonicum egg antigen — Chi Sheng Chung Hsueh Yu Chi Sheng Chung Ping Tsa Chih 1983, 1: 11-6

Taub R, Kirsch I, Morton C, Lenoir G, Swan D, Tronick S, Aaronson S, Leder P: Translocation of the c-myc gene into the immunoglobulin heavy chain locus in human Burkitt lymphoma and murine plasmacytoma cells — Proc Natl Acad Sci USA 1982, 79: 7837-41

Tauris P, Black FT: Heterosexuals importing HIV from Africa — Lancet 1987, Feb 7: 325

Tavitian A, Raufman J-P, Rosenthal LE: Oral candidiasis as a marker for esophageal candidiasis in the acquired immunodeficiency syndrome — Ann Intern Med 1986, 104: 54-5.

Tedder RS, O'Connor T: HIV-2 in UK — Lancet 1987, Apr 11: 869

Tedder RS, Uttley A, Cheingsong-Popov R: Safety of immunoglobulin preparation containing anti-HTLV-III — Lancet 1985, Apr 6: 815

Tegmark E: AIDS — inget hot mot orienteringssporten — Skogssport 1985, (10): 39

Teich NM: AIDS priority — New Scientist 1987, Mar 5: 62-3

Teich NM, Weiss RA, Salahuddin SZ, Gallagher RE, Gillespie GH, Gallo RC: Infective transmission and characterisation of a C-type virus released by cultured human myeloid leukemia cells — Nature 1975, Aug 14 (256): 551-5

Tello O: AIDS in haemophiliacs in Spain — Lancet 1984, Dec 22: 1472

Temin HM, Mizutani S: RNA directed DNA synthesis and RNA tumour viruses — Nature 1970, 226: 1211-13

Temple JJ, Abe Andes W: AIDS and Hodgkin's disease — Lancet 1986, Aug 23: 454-5

Tennenbaum J: New computer study shows AIDS could wipe out US — Science & Technology, EIR 1986, Dec 5: 36-41

Tenner-Rácz K, Rácz P, Dietrich M, Kern P: Altered follicular dendritic cells and virus-like particles in AIDS and AIDS-related lymphadenopathy — Lancet 1985, Jan 12: 105-6

Terragna A, Dodi F, Anselmo M, Del Bono V, Damasio E, Vimercati R: The Walter Reed staging classification in the follow-up of HIV infection — N Engl J Med 1986, 315(21), Nov 20: 1355-6

Tersmette M, Miedema F, Huisman HG, Goudsmit J, Melief CJM: Productive HTLV-III infection of human B-cell lines — Lancet 1985, Apr 6: 815-6

Tervo T, Elovaara I, Karli H, Valle S, Suni J, Lähdevirta J, Iivanainen M: Abnormal ocular motility as early sign of CNS involvement in HIV infections — Lancet 1986, Aug 30: 512-3

Tervo T, Laatikainen L, Tarkkanen A, Valle SL, Tervo K, Vaheri A, Suni J: Updating of methods for prevention of HIV transmission during ophthalmological procedures — Acta Ophthalm 1987, 65: 13-8

Tervo T, Lähdevirta J, Vaheri A, Valle SL, Suni J: Recovery of HTLV-III from contact lenses — Lancet 1986, i: 378-80

Terwilliger E, Sodroski JG, Rosen CA, Haseltine WA: Effects of mutations within the 3' orf open reading frame region of human T-cell lymphotropic virus type III (HTLV-III/LAV) on replication and cytopathogenicity — J Virol 1986, 60: 754-60

Thiele HG: AIDS: Ist das Retrovirus HTLV-III der Erreger? — Immun Infekt 1984, 12(5): 256-8

Thiry L, Sprecher-Goldberger S, Jonkheer T, Levy J, Van de Perre P, Henrivaux P, Cogniaux-LeClerc J, Clumeck N: Isolation of AIDS virus from cell-free breast milk of three healthy virus carriers — Lancet 1985, Oct 19: 891-2

Thomas PA, Jaffe HW, Spira TH, Reiss R, Guerro IC, Auerbach D: Unexplained Immunodeficiency in children — JAMA 1984, 252(5): 639-44

Thompson C, Isaacs G, Supple D, Bercu S: AIDS: dilemmas for the psychiatrist — Lancet 1986, Feb 1: 269-70

Thomsen HK, Jacobsen M, Gerstoft J, Malchow-Møller A: The histomorphology of Kaposi Sarcoma in three homosexual men — Acta Path Microbiol Immunol Sekt A 1985, 93: 17-23

Tillett HE: Statistical observations from the UK epidemic — EC Workshop on Statistical Analysis and Mathematical Modelling of AIDS, RIVM, Bilthoven 1986, Dec 15-17, abstr

Tillett HE, Galbraith NS: A I D S: Incubation period and prevention — in Vorb

Tillett HE, McEvoy M: Reassessment of predicted numbers of AIDS cases in the UK — Lancet 1986, Nov 8: 1104

Timmerberg H, Schirnhofer P: Das Dorf, aus dem AIDS kommt - Tempo 1987, apr 4: 54-65

Tirelli U, Vaccher E, Carbone A, Volpe R, De Paoli P, Santini G, Monfardini S: Persistent generalized lymphadenopathy: clinical characteristics of a lymphadenopathy syndrome in intravenous drug abusers — AIDS Res 1986, 2 (3): 227-30

Tischer I, Gelderblom HR, Vettermann W, Koch MA: A very small porcine virus with circular single-stranded DNA — Nature 1982; 295(5844): 64-66

Tochikura T, Iwahashi M, Matsumoto T, Koyanagi Y, Hinuma Y, Yamamoto N: Effect of human serum antibodies on viral antigen induction in in vitro cultured peripheral lymphocytes from adult T-cell leukemia patients and healthy virus carriers — Int J Cancer 1985, 36: 1-7

Tochikura T, Kobayashi N, Matsuda A, Ueda T, Yamamoto N: Effect of 3'-azido-2', 3'-dideoxythymidine (AZT) and neutralizing antibody on H I V induced cytopathic effects; Implication of giant cell formation for the spread of virus in vivo — Virology, im Druck

Toh H, Miyata T: Is the AIDS virus recombinant? — Nature 1985, 316: 21-22

Tonegawa S: Die Moleküle des Immunsystems — In: Immunsystem, Spektrum d Wiss, Heidelberg 1987: 78-87

Tonegawa S: Somatic generation of antibody diversity — Nature 1983, 302(Apr 14): 575-81

Tooze J (ed): DNA Tumor viruses: Molecular biology of tumor viruses — 2. ed, Cold Spring Harbor 1981: 743pp

Tor J, Muga R, Argelagues E, Rey-Joly C, Foz M, Ribas-Mundo M: HTLV-III antibody in intravenous drug abusers of metropolitan Barcelona, Spain (letter) — Arch Intern Med 1986, 146 (4): 805

Torti FM, Dieckman B, Beutler B, Cerami A, Ringold GM: A makrophage factor inhibits adipocyte gene expression: an in vitro model of cachexia — Science 1985, 229, Aug 30: 867-9

Touboul JL, Mayaud CH, Fouret P, Akoun GM: Pulmonary lesions of Kaposi's Sarcoma, intra-alveolar hemorrhage, and pleural effusion — Ann Int Med 1985, 103(5): 808

Tovo PA, Gabiano C, Riva C, Palomba E, Valpreda A, Musso A: Specific antibody and virus antigen expression in congenital HIV infection — Lancet 1987, May 23: 1201

Towbin H, Staehelin T, Gordon J: Electrophoretic transfer of proteins from polycrylamide gels to nitrocellulose sheets: procedure and some applications — Proc Natl Acad Sci USA 1979, 76(9): 4350-4

Trainin Z, Wernicke D, Ungar-Waron H, Essex M: Suppression of the humoral antibody response in natural retrovirus infections — Science 1983, 220(May): 858-9

Tramont EC: Syphilis in the AIDS era — N Engl J Med 1987, 316(25): 1600-1

Trull AK, Warren RE, Thiru S: Novel immunofluorescence test for pneumocystis carinii — Lancet 1986, Feb 1: 271

Tsang VC, Peralta JM, Simons AR: Enzyme-linked Immunoelectrotransfer Blot Techniques (EITB) for studying the specificities of antigens and antibodies separated by gel electrophoresis — Meth in Enzymol 1983, 92: 377-91

Tsang VC, Wilson BC, Peralta JM: Quantitative, single-tube, kinetic-dependent E L I S A — Meth in Enzymol 1983, 92: 391

Tschopp J, Conzelmann A: Proteoglycans in secretory granules of NK cells — Imm Today 1986, 7(5): 135-6

Tsokos GC: Defective regulation of E B V infection in patients with AIDS or AIDS-related disorders — N Engl J Med 1986, 315(12), Sep 18: 761-2

Tsuchie H, Katsumoto T, Hattori N, Kawatani T, Kurimura T, Hinuma Y: Budding process and fine structure of lymphadenopathy-associated virus (LAV) — Microbiol Immunol 1986, 30: 545-52

Tsujimoto Y, Finger LR, Yunis J, Nowell PC, Croce CM: Cloning the chromosome breakpoint of neoplastic B-cells with the t(14;18) chromosome translocation — Science 1984, 226(Nov 30): 1097-9

Tuchman B: Der ferne Spiegel („A Distant Mirror", „En fjärran spegel") — Claassen, Düsseldorf 1980: 518 pp

Tuchman B: Die Torheit der Regierenden („The March of Folly") — S Fischer, Frankfurt 1984, 551pp

Tucker J, Ludlam CA, Craig A, Philp I, Steel CM, Tedder RS, Cheingsong-Popov R, Macnicol MF, McClelland DB, Boulton FE: HTLV-III infection associated with glandular-fever-like illness in a haemophiliac — Lancet 1985, 7 Mar 9: 585

Tucker T, Dix RD, Katzen C, Davis RL, Schmidley JW: Cytomegalovirus and herpes simplex virus ascending mielitis in a patient with A I D S — Ann Neur 1985, 18(1): 74-80

Turbitt ML, MacKie RM: p19 antigen in skin and lymph nodes of patient with advanced mycosis fungoides — Lancet 1985, Oct 26: 945

Turck M: An AIDS patient who died too soon — Hosp Practice 1985, Jan 15: 77-8

Turner W, Chirigos MA, Scott D: Enhancement of Friend and Rauscher leukemia virus replication in mice by Guaroa virus — Cancer Res 1968, 28: 1064-73

Tyckoson D (ed): AIDS — The Oryx Press 1985, 48pp

Tzipori S, Roberton D, Chapman: Remission of diarrhoea due to cryptosporidiosis in an immunodeficient child treated with hyperimmune bovine colostrum — Brit Med J 1986, 293, Nov 15: 1276-7

Uchiyama T, Yodoi J, Sagawa K, Takatsuki K, Uchino H: Adult T-cell leukemia, clinical and hematological features of 16 cases — Blood 1977, 50: 481-92

Ulstrup JC: AIDS-epidemin i Norge — Tidsskr Nor Lægeforen 1986, 106(30): 2545-7

Vaeth JM (ed): Cancer and AIDS — Karger 1985, 192pp

Valenti WM, Anarella JP: Endemic A I D S — Ann Int Med 1984, 101(1): 399-400

Valle SL: Current views on sexually transmitted diseases — Ann Clin Res 1985(17): 43-4

Valle SL: Läkarna och AIDS — Suomen Lääkärilehti 1986, 41(5): 348-9

Valle SL: Febrile pharyngitis as the primary sign of HTLV-III infection in a cluster of cases linked by sexual contact — Scand J Inf Dis 1987, 19: 13-7

Valle SL, : Dermatological findings related to H I V infection in high risk individuals — J Am Acad Dermatol 1987, im Druck

Valle SL: Sexually transmitted diseases and the use of condoms in a cohort of homosexually active men followed since 1983 in Finland — Scand J Inf Dis, subm

Valle SL: Dermatological diseases other than Kaposi's sarcoma (KS) in H I V infection and A I D S — Proc Dermatol, subm

Valle SL, Ranki A, Repo H, Suni J, Pönkä A, Lähdevirta J, Pettersson T: A I D S — Ann Clin Res 1983, 15: 203-5

Valle SL, Saxinger C, Ranki A, Antonen J, Suni J, Lähdevirta J, Krohn K: Diversity of clinical spectrum of HTLV-III infection — Lancet 1985, Feb 9: 301-4

Valone FH, Payan DG, Abrams DI, Dohlman JG, Goetzl EJ: Indomethacin enhances the proliferation of mitogen-stimulated T lymphocytes of homosexual males with persistent generalized lymphadenopathy — J Clin Imm 1984, 4(5): 383-7

van de Perre P, Clumeck N, Carael M, Nzabihimana E, Robert-Guroff M, de Mol P, Freyens P, Butzler JP, Gallo RC, Kanyamupira JP: Female prostitutes: a risk group for infection with human T-cell lymphotropic virus type III — Lancet 1985, Sep 7: 524-7

van de Perre P, Jacobs D, Sprecher-Goldberger S: The Latex condom, an efficient barrier against sexual transmission of AIDS-related viruses — AIDS 1987, 1: 49-52

van de Perre P, Munyambuga D, Zissis G, Buztler JP, Nzaramba D, Clumeck N: Antibody to HTLV-III in blood donors in Central Africa — Lancet 1985, Feb 9: 336-7

van de Perre P, Rouvroy D, Lepage P, Bogaerts J, Kestelyn P, Kayihigi J, Hekker AC, Butzler JP, Clumeck N: A I D S in Rwanda — Lancet 1984, Jul 14: 62-5

van den Akker R, Hekker AC, Osterhaus AD: Heat inactivation of serum May interfere with HTLV-III/LAV serology — Lancet 1985, Sep 21: 672

van den Oord JJ, de Wolf-Peeters C, Desmet VJ: Immature sinus histiocytes in the lymphadenopathic stage of AIDS: Relationship to polyclonal B-cell activation? — J Pathol 1985, 145: 63-64

van der Loo EM, van Muijen WA, van Vloten Beens W, Scheffer E, Meijer CJ: C-type virus-like particles specifically localized in Langerhans cells and related cells of skin and lymphnodes with mycosis fungoides and Sézary's syndrome. A morphological and biochemical study. — Virchows Arch (Cell Pathol) 1979, 31: 193-203

van der Maaten MJ, Boothe AD, Seger CL: Isolation of a virus from cattle with persistent lymphocytosis — J Natl Cancer Inst 1972, 49(6): 1649-57

van der Maaten MJ, Miller JM, Boothe AD: Replicating type-C virus particles in monolayer cell cultures of tissues from cattle with lymphosarcoma — J Natl Cancer Inst 1974, 52(2): 491-7

van der Poel CL, Reesink HW, Tersmette TH, Lelie PN, Huisman H, Miedema F: Blood donation reactive for HIV in Western Blot, but non-infective in culture and recipients of blood — Lancet 1986, Sep 27: 752-3

van Druten JAM, de Boo Th, Jager JC, Heisterkamp SH, Coutinho RA, Bos JM, Ruitenberg EJ: AIDS prediction and intervention — Lancet 1986, Apr 12: 852-3

van Druten JAM, de Boo Th, Jager JC, Heisterkamp SH, Coutinho RA, Bos JM, Ruitenberg EJ: Reconstruction and prediction of spread of HIV infection in populations of homosexual men — EC Workshop on Statistical Analysis and Mathematical Modelling of AIDS, RIVM, Bilthoven 1986, Dec 15-17, abstr

van Furth R: Development of mononuclear phagocytes — In: Förster O, Landy M, (eds):Heterogeneity of mononuclear phagocytes, Academic Pr, London 1981: 3-10

van Raamsdonk W, Pool CW, Heyting C: Detection of antigens and antibodies by an immuno-peroxidase method applied on thin longitudinal sections of SDS-polyacrylamide gels — J Immunol Meth 1977: 17(3-4): 337-48

Vandepitte J, Verwilghen R, Zachee P: AIDS and cryptococcosis (Zaire, 1977) — Lancet 1983, Apr 23: 925-6

Vannatta JB, Adamson D, Mullican K: Blastocystis hominis infection presenting as recurrent diarrhea — Ann Int Med 1985, 102(4): 495-6

Veldhuyzen van Zanten SJ, Lange JMA, Sauerwein HP, Rijpstra AC, Laarman JJ, Rietra PJ, Danner SA: Amprolium for Coccidiosis in AIDS — Lancet 1984, Aug 11: 345-6

Vélez-García E, Robles-Cardona N, Fradera J: Kaposi's sarcoma in transfusion associated AIDS — N Engl J Med 1985, Mar 7: 648

Velimirovic B: Toxoplasmosis in immunodepression and AIDS — Infection 1984, 12(5): 315-17

Velimirovic B: Social, economical, psychological aspects of AIDS — WHO Meeting on AIDS diagnosis and control, München 1987, Mar 16-18

Vilmer E, Barré-Sinoussi F, Rouzioux C, Gazengel C, Brun-Vézinet F, Dauguet C, Fischer A, Manigne P, Chermann JC, Griscelli C, Montagnier L: Isolation of a new lymphotropic retrovirus from two siblings with haemophilia B, one with AIDS — Lancet 1984, Apr 7: 753-7

Vilmer E, Fischer A, Griscelli C, Barré-Sinoussi F, Vie V, Chermann JC, Montagnier L, Rouzioux C, Brun-Vézinet F, Rosenbaum W: Possible transmission of a human lymphotropic retrovirus (LAV) from mother to infant with AIDS — Lancet 1984, Jul 28: 229-30

Vilmer E, Rouzioux, C, Chermann JC, Gluckman JC, Devergie A, Montagnier L, Gluckman E: Screening for lymphadenopathy/AIDS virus in bone marrow-transplant recipients -N Engl J Med 1986, May 8: 1252

Vines G: Viruses and cancer: the Japanese connection — New Scientist 1985, Jul 11: 36-40

Viraben R, Dupré A: Kawasaki disease associated with HIV infection — Lancet, 1987, i, Jun 20: 1430-1

Vittecoq D, Autran B, Bourstyn E, Chermann JC: Lymphadenopathy syndrome and seroconversion two months after single use of needle shared with an AIDS patient — Lancet 1986, May 31: 1280

Vittecoq D, Modai J: AIDS in a black Malian — Lancet 1983, Oct 29: 1023

Vittecoq D, Roule RT, Mauyaud C, Borsa F, Armengauld M, Autran B, May T, Stern M, Chavanet P, Jeantils P, Modai J, Rey F: A I D S after travelling in Africa: an epidemiological study in seventeen caucasian patients — Lancet 1987, Mar 14: 612-14

Vogel RH, Provencher SW, von Bonsdorff C, Adrian M, Dubochet J: Envelope structure of semliki forest virus reconstructed from cryo-electron micrographs — Nature 1986, Apr 10: 533-7

Vogt MW, Hirsch MS: Prospects for the prevention and therapy of infections with the human immunodeficiency virus — Rev Infect dis 1986, 8 (6): 992-1000

Vogt MW, Bettex JD, Lüthy R: Erworbenes Immundefektsyndrom (AIDS) — Dtsch med Wschr 1983, 108: 1927-33

Vogt MW, Lüthy R, Oelz O, Ferber T, Bettex JD, Joller H, Frick P, Siegenthaler W: Erworbenes Immunmangelsyndrom (AIDS) in der Region Zürich — Schweiz med Wschr 1984, 114: 1314-26

Vogt MW, Lüthy R, Siegenthaler W: Klinik des erworbenen Immundefektsyndromes (AIDS) — Verh Dtsch Ges Inn Med 1984, 90(1): 4-8

Vogt MW, Lüthy R, Siegenthaler W: Das erworbene Immunmangelsyndrom (AIDS). Eine Bilanz nach 4 Jahren — Schweiz Med Wschr 1985, May 11: 665-71

Volksky DJ, Wu YT, Stevenson M, Dewhurst S, Sinangii F, Merino F, Rodriguez L, Godoy G: Antibodies to HTLV-III/LAV in Venezuelan patients with acute malarial infections — N Engl J Med 1986, 314(10): 647

* Volpe F, Schwimmer A, Barr C: Oral manifestations of disseminated mycobacterium avium intracellulare in a patient with AIDS — Oral Surg 1985, 60: 567-70.

Volpé R: Immunological aspects of thyreoid disease — Triangle (Sandoz) 1984, 23(3): 95-109

Volsky DJ, Rodriguez L, Dewhurst S, Sinangil F, Sakai K, Merino F, Esparza B, De Salvo L: Antibodies to A A V (HTLV-III/LAV) in Venezuelan populations — AIDS Res 1986, 2 (2): 79-92

von Briesen H, Becker WB, Helm EB, Enzensberger W, Fischer P, Brede HD, Rübsamen-Waigmann H: Isolierung von AIDS-assoziierten Retroviren (AAV) aus Blut und Liquor cerebrospinalis von AIDS- und LAS-Patienten mit neurologischer Symptomatik — In: Helm EB et al.(eds): AIDS II, Zuckschwerdt, München 1986: 120-5

von Graevenitz A: Erregerspektrum beim A I D S — Verh Dtsch Ges Inn Med 1984, 90(1): 9-11

von Hippel E: AIDS als rechtspolitische Herausforderung — Ztschr f Rechtspol 1987, 20(4): 123-31

von Krogh G, Hellström L, Böttiger M: Declining incidence of syphilis among homosexual men in Stockholm (letter) — Lancet 1986, Oct 18 (2): 920-1

Wachsman W, Cann AJ, Williams JL, Slamon DJ, Souza L, Shah NP, Chen ISY: HTLV x gene mutants exhibit novel transcriptional regulatory phenotypes — Science 1987, 235, Feb 6: 674-7

Wachsman W, Shimotohno K, Clark SC, Golde DW, Chen ISY: Expression of the 3'terminal region of human T-cell leukemia viruses − Science 1984, 226(Oct 12): 177-9

Wachter H, Curtius HC, Pfleiderer W (eds): Biochemical and Clinical Aspects of Pteridines Vol II, de Gruyter, Berlin 1982

Wachter RM: The impact of the A I D S on medical residency training − N Engl J Med 1986, 314(3): 177-80

* Wahn V, Kramer HH, Voit T, Brüster HT, Scrampical B, Scheid A: Horizontal transmission of HIV infection between two siblings − Lancet 1986, Sep 20: 694

Wahren B: Behandlingsvägar vid LAV/HTLV-III infektion − Läkart 1986, 83(3): 89-91

Wahren B: Ny terapi och profylax vid virusinfektioner − Läkart 1984,81(47): 4378-81

Wahren B, Morfeldt-Månsson L, Biberfeld G, Moberg L, Ljungman P, Nordlund S, Bredberg-Rådén U, Werner A, Löwer J, Kurth R: Impaired specific cellular response to HTLV-III before other immune defects in patients with HTLV-III infection (letter) − N Engl J Med 1986, 315 (6): 393-4

Wain-Hobson S, Alizon M, Montagnier L: Relationship of AIDS to other retroviruses − Nature 1985, 313(Feb): 743

Wain-Hobson S, Sonigo P, Danos O, Cole S, Alizon M: Nucleotide sequence of the AIDS virus, LAV − Cell 1985, 40(Jan): 9-17

Waldmann TA: The structure, function, and expression of interleukin-2 receptors on normal and malignant lymphocytes − Science 1986, May 9: 727-32

Waldmann TA, Goldman CK, Robb RJ, Depper JM, Leonard WJ, Sharrow SO, Bongiovanni KF, Korsmeyer SJ, Greene WC: Expression of interleukin 2 receptors on activated human B cells − J Exp Med 1984, 160(Nov): 1450-66

Waldmann TA, Korsmeyer SJ, Bakhshi A, Arnold A, Kirsch IR: Molecular genetic analysis of human lymphoid neoplasms − Ann Int Med 1985: 102: 497-510

Walker BD, Chakrabarti S, Moss B, Paradis TJ, Flynn T, Durno AG, Blumberg RS, Kaplan JC, Hirsch MS, Schooley RT: HIV-specific cytotoxic T lymphocytes in seropositive individuals − Nature 1987, 328, Jul 23: 345-8

Walker CM, Moody DJ, Stites DP, Levy JA: CD8+ lymphocytes can control HIV infection in vitro by suppressing virus replication − Science 1986, Dec 19 (234): 1563-6

Wall SD, Ominsky S, Altman DF, Perkins CL, Sollitto R, Goldberg HI, Marqulis AR: Multifocal abnormalities of the gastrointestal tract in AIDS − AJR 1986, 146(1): 1-5

Wallis C: Donating blood for yourself − TIME 1986, July 21

Walsh C, Krigel R, Lennette E, Karpatkin S: Thrombocytopenia in homosexual patients − Ann Int Med 1985, 103: 542-5

Ward JW: AIDS: the national perspective − Ala J Med Sci 1986, 23 (3):272-6

Ward JW, Allan J, Deppe D, Perkins H, Kleinman S, Thompson P: Risk of HTLV-III/LAV infection and disease in recipients of blood donors who develop AIDS − in Vorb

Ward JW, Deppe DA, Samson S, Perkins H, Holland P, Fernando L, Feorino PM, Thompson P, Kleinman S, Allen JR: Risk of H I V infection from blood donors who later developed the A I D S − Ann Intern Med 1987, 106 (1): 60-1

Ward JW, Grindon AJ, Feorino PM, Schable C, Parvin M, Allen JR: Laboratory and epidemiologic evaluation of an enzyme immunoassay for antibodies to HTLV-III − JAMA 1986, Jul 18 (256): 357-61

Ward RH, Lachmann PJ: Monoclonal antibodies which react with lymphocyte-lysed target cells and which cross-react with complement-lysed ghosts − Immunology 1985, 56: 179-88

Warner LC, Fisher BK: Cutaneous manifestations of the A I D S − Int J Dermatol 1986, 25(6): 337-50

Warner TF, Crass B, Gabel C, Maki D, Hafez GR, Golubjatnikow R: Diagnosis of HTLV-III infection by ultrastructural examination of germinal centers in lymph node − AIDS Res 1986, 2 (1): 43-50

Washington-Konferenz: III. Int. Conference on AIDS, Washington, 1-5 Jun 1987 − abstracts, 236pp

Watanabe T, Seiki M, Yoshida M: HTLV type I (US isolate) and ATLV (Japanese isolate) are the same species of human retrovirus − Virol 1983, 133: 238-41

Watson JD, Tooze J, Kurtz DT: Rekombinierte DNA − Spektrum d Wiss, Heidelberg 1985, 223pp

Weber DJ, Redfield RR, Lemon SM: Acquired immunodeficiency syndrome: epidemiology and significance for the obstetrician and gynecologist − Am J Obstet Gynecol 1986, 155 (2): 235-40

Weber J: AIDS: the virus is not immune − New Scientist 1986, Jan 2: 37-9

Weber J: Is AIDS an epidemic form of African Kaposi's sarcoma? − J Roy Soc Med 1984, 77: 572-6

Weber JN, Carmichael DJ, Sawyer N, Pinching AJ, Harris JR: Clinical aspects of the A I D S in the United Kingdom − Br J Vener Dis 1984, 60: 253-7

Weber JN, Wadsworth J, Rogers LA, Moshtael O, Scott K, McManus T, Berrie E, Jeffries DJ, Harris JRW, Pinching AJ: Three-years prospective study of HTLV-III/LAV infection in homosexual men − Lancet 1986, May 24: 1179-82

Weber JR jr, Dobbins WO: The intestinal and rectal epithelial lymphocyte in AIDS. An electron-microscopic study − Am J surg Pathol 1986, 10 (9): 627-39

Webster AD, Dalgleish AG, Malkovsky M, Beattie R, Patterson S, Asherson GL, North M, Weiss RA: Isolation of retrovirus from two patients with „common variable" hypogammaglobulinaemia − Lancet 1986, Mar 15 (1): 581-3

Wegener H, Dörner D: Simulation als Forschungstechnik − In: Reinert G (ed): Bericht über den 27. Kongreß der Dtsch Ges f Psychol (Kiel 1970), Hogrefe, Göttingen 1973

* Weiland O, Lindh G: Immunitet mot hepatit B bland tandvårdspersonal − finns ett vaccinationsbehov − Tandläkart 1985, 77(12): 671-4

Weinberg JR, Dootson G, Gertner D, Chambers ST, Smith H: Disseminated mycobacterium xenopi infection − Lancet 1985, May 4: 1033-4

Weinberg RA: Molekulare Grundlagen von Krebs − In: Erbsubstanz DNA, Spektrum d Wiss, Heidelberg 1985, 158-69

Weiner LP, Fleming JO: Viral infections of the nervous system − J Neurosurg 1984,61: 207-24

Weiss RA: Retroviruses linked with AIDS − Nature 1984, 309: 12-3

Weiss RA, Clapham PR, Cheingsong-Popov R, Dalgleish AG, Carne CA, Weller IV, Tedder RS: Neutralization of human T-lymphotropic virus type III by sera of AIDS and AIDS-risk patients − Nature 1985, 316(Jul 4): 69-71

Weiss RA, Clapham PR, Weber JN, Dalgleish AG, Lasky LA, Berman PW: Variable and conserved neutralization antigens of H I V − Nature 1986, 324, Dec 11: 572-5

Weiss RA, Teich N, Varmus H, Coffin J (eds): RNA tumor viruses − Cold Spring Harbor Laboratory, II.ed. 1982

Weiss SH, Goedert JJ, Sarngadharan MG, Bodner AJ, Gallo RC et 13: Screening test for HTLV-III (AIDS agent) antibodies − JAMA 1985, 253(2): 221-5

Weiss SH, Saxinger WC, Rechtman D, Grieco MH, Nadler J, Holman S, Ginzburg HM, Groopman JE, Goedert JJ, Markham PD, Gallo RC, Blattner WA, Landesman S: HTLV-III infection among health care workers − JAMA 1985, 254(15): 2089-93

Weissman AM, Samelson LE, Klausner RD: A new subunit of the human T-cell antigen receptor complex − Nature 1986, 324: 480-82

Weissmann BE, Saxon PJ, Pasquale SR, Jones GR, Geiser AG, Stanbridge EJ: Introduction of a normal human chromosome 11 into a Wilms' tumor cell line controls its tumorigenic expression − Science 1987, 236: 175-80

Weissmann G: AIDS and heat − Hosp Pract 1983, Oct: 136-49

Weitberg AB, Mayer K, Miller ME, Mikolich DJ: Dysplastic carcinoid tumor and AIDS-related complex − N Engl J Med 1986, 314: 1455

Wellings K: AIDS and the condom − Brit Med J 1986, 293, Nov 15: 1259-60

Welsby PD: Leishmaniasis − Update 1985, Mar 1: 447-51

Wendel SN, Russo C, Bertoni RR, Tsunoda NM, Ghaname JN: AIDS and blood donors in Brazil − Lancet 1985, Aug 31: 506

Wendler I, Bienzle U, Hunsmann G: Neutralizing antibodies and a course of HIV-induced disease − AIDS Res and Hum Retrov, im Druck

Wendler I, Schneider J, Gras B, Fleming AF, Hunsmann G, Schmitz H: Seroepidemiology of H I V in Africa − Br Med J 1986, Sep 27, 293: 782-5

Werner A, Staszewski S, Helm EB, Stille W, Weber K, Kurth R: HIV-2 (West Germany 1984) − Lancet 1987, Apr 11: 868-9

Werner J, Höher PG, Grosse-Wilde H: Cell immunoperoxidase method for detecting HTLV-III antibodies − Lancet 1985, Nov 9: 1065

Wetterberg L, Alexius B, Sääf J, Sönnerborg A, Britton S, Pert C: Peptide T in treatment of AIDS − Lancet 1987, Jan 17: 159

Whang-Peng J, Triche TJ, Knutsen T, Miser M, Douglass EC, Israel MA: Chromosome translocation in peripheral neuroepithelioma − N Engl J Med 1984, 311(9): 584-5

Wheat LJ, Slama TG, Zeckel ML: Histoplasmosis in the A I D S − Am J Med 1985, 78: 203-10

Wheat LJ, Small CB: Disseminated Histoplasmosis in the A I D S − Arch Int Med 1984, 144: 2147-9

Whicher J, Evans D: Complement − Hoechst, Frankfurt 1977, 32pp

White GC, Matthews T, Weinhold K, Haynes B, Cromartie H, McMillan C, Bolognesi D: HTLV-III seroconversion associated with heat-treated factor VIII concentrate (letter) − Lancet 1986, Mar 15 (1): 611-2

Whiteside ME, Barkin JS, May RG, Weiss SD, Fischl MA, MacLeod CL: Enteric coccidiosis among patients with the A I D S − Am J Trop Med 1984, 33(6): 1065-72

Whiteside ME, MacLeod CL, Thornthwaite JT, Hornicek FJ, Seckinger D: Arbovirus particles in the intestine of patients with A I D S − Internat AIDS-Konf Paris 1986, Jun 23-5, abstracts: p-522

Whittle HC, Brown J, Marsh K, Greenwood BM, Seidelin P, Tighe H, Wedderburn L: T-cell control of Epstein-Barr virus-infected B cells is lost during P. falciparum malaria − Nature 1984, 312: 449-50

WHO: A I D S − an assessment of the present situation in the world: Memorandum from a WHO meeting − Bulletin WHO 1984, 62(3): 419-32

WHO: A I D S update − Wkly Epidem Rec 1984, Dec 7: 57-8

WHO: Guidelines on AIDS in Europe − WHO Reg Office f Europe, Kopenhagen 1986: 42pp

WHO: Second meeting of the WHO Collaborating centres on AIDS: Memorandum − Bull of the WHO 1986, 21: 37-46

WHO: AIDS in Europa (WHO-Länderberichte) − Report on WHO Meeting on AIDS Containment, Graz 7-9 Apr 1986, 114pp

WHO: Consultation on AIDS among drug abusers (Stockholm 1986, Oct 7-9) − WHO Regional Office for Europa: Summary Report

WHO Collaboration Centre on AIDS: AIDS surveillance in Europe, Report 12 (31 Dec 1986), Hôpital Claude Bernard, Paris 1987

WHO Collaboration Centre on AIDS: AIDS surveillance in Europe, Report 13 (31 Mar 1987), Hôpital Claude Bernard, Paris 1987

Whyte BM, Gold J, Dobson AJ, Cooper DA: Epidemiology of acquired immunodeficiency syndrome in Australia − Med J Aust 1987, Jan 19 (2): 65-9

Whyte J: What are we doing about AIDS? (Letter) − N Engl J Med 1985, 312(11): 726

Whyte SG, Woodfield DG, Beresford CH, Gibbons S, Fong R, Faed JM: AIDS and blood transfusion in New Zealand − N Zeal Med J 1984, Dec 26: 905

Wigzell H: AIDS: nu och i framtiden − KI-Meddelanden 1986, (21): 12-5

Willey RL, Rutledge RA, Dias S, Folks T, Theodore T, Buckler CE, Martin MA: Identification of conserved and divergent domains within the envelope gene of the A I D S retrovirus − Proc Natl Acad Sci USA 1986 83 (14): 5038-42

Williams CK: Influence of live-style on the pattern of leukaemia and lymphoma subtypes among Nigerians − Leuk Res 1985, 9(6): 741-5

Williams EH, Williams PH: A note on an apparent similarity in distribution of onchocerciasis, femoral hernia and K S in the West Nile district of Uganda − East Afr Med J 1966,43(6): 208-9

283

Williams G, Stretton TB, Leonard JC: AIDS in 1959? − Lancet 1983, ii: 1136

Winkelstein W jr, Lyman DM, Padian N, Grant R, Samuel M, Wiley JA, Anderson RE, Lang W, Riggs J, Levy JA: Sexual practices and risk of infection by the − H I V − Francisco Men's Health Study − JAMA 1987, Jan 16 (257): 321-5

Wilsede Meeting: Modern Trends in Human Leukemia VII − abstracts, Hamburg/Wilsede 1986, Jun 21-26

Winkle S: Die Pocken im Mittelalter − Die Gelben Hefte, Behring, Marburg 1971, 11(3): 127-35

Winkle S: Yellow Jack − Die Gelben Hefte, Behring, Marburg 1972(1): 24-33

Winkle S: Struensee als Arzt und Staatsmann − Hamb Ärztebl 1982(11): 388-94, (12): 438-43

Winkle S: Die erste weltumspannende Cholerapandemie mit ihren vielfältigen kulturhistorischen und seuchenprophylaktischen Auswirkungen − Hamb Ärztebl 1983(9): 306-12, (10): 345-50

Winkle S: Chronologie und Konsequenzen der Hamburger Cholera von 1892 − Hamb Ärztebl 1983(12): 421-30,1984(1): 15-23

Winkle S: Johann Friedrich Struensee − Gustav Fischer, Stuttgart 1983, 650 pp

Winkle S: Die seuchenhygienischen und ökologischen Probleme der griechischen Polis − Hamb Ärztebl 1984(3): 104-111,(4): 165-71

Winkle S: Die sanitären und ökologischen Zustände im alten Rom und die sich daraus ergebenden städte- und seuchenhygienischen Maßnahmen − Hamb Ärztebl 1984(6): 256-66,(8): 332-42

Winkle S: Das Sterben der mediterranen Städte und das Überleben Venedigs − Hamb Ärztebl 1984(10): 416-24

Winkle S: Paris am Vorabend der Französischen Revolution − Hamb Ärztebl 1985,39(2): 45-50,(3):83-8,(4): 118-121

Winkle S: Die letzte entscheidende Auseinandersetzung zwischen Miasmatikern und Kontagionisten in Zusammenhang mit Pettenkofers Boden-Grundwasser-Theorie − Hamb Ärztebl 1985(9): 302-7, (10): 342-6, (11): 376-8

* Winkler JR, Murray PA, Greenspan D, Greenspan JS: Periodontal disease of male homosexuals as related to AIDS-virus infection. Internat Conf on AIDS, Paris 1986, Jun 23-25, abstr P. 59

Winter SM, Bernard EM, Gold JW, Armstrong D: Humoral response to disseminated infection by Mycobacterium avium intracellulare in A I D S and hairy cell leukemia − J Infect Dis 1985, 151(3): 523-7

Witte MH, Witte CL, Minnich LL, Finley PR, Drake WL: AIDS in 1968 − JAMA 1984, 251(20): 2657

Wofford DT, Miller RI: A I D S: disease characteristics and oral manifestations − JADA 1985, 111(Aug): 258-61

Wolf H, Jameson B, Modrow S, Motz M: Möglichkeiten und Grenzen der Kontrolle von LAV/HTLV-III-assoziierten Erkrankungen − AIFO 1986, May(5): 229-39

Wolfson JS, Richter JM, Waldron MA, Weber DJ, McCarthy DM, Hopkins CC: Cryptosporidiosis in immunocompetent patients − N Engl J Med 1985, 312(20): 1278-82

Wollschlager C, Khan F, Guarneri J, DellaLatta P: Mycobacterium avium-intracellulare infection in drug addicts with the A I D S − Chest 1983, 84: 347 (abstract)

Wong B, Edwards FF, Kiehn TE, Whimbey E, Donelly H, Bernard EM, Gold JWM, Armstrong D: Continuous high-grade mycobacterium avium-intracellulare bacteriemia in patients with the A I D S − Am J Med 1985, 78: 35-40

Wong-Staal F, Gallo RC: Human T-lymphotropic retroviruses − Nature 1985, 317, Oct: 395-403

Wong-Staal F, Gallo RC: The family of human T-lymphotropic leukemia viruses − Blood 1985, 65(2):253-63

Wong-Staal F, Gillespie D, Gallo RC: Proviral sequences of baboon endogenous type C-RNA virus in DNA of humna leukaemic tissues − Nature 1976, 262: 190-5

Woodfield DG: AIDS and blood transfusion − NZ Med J 1986, Jul 9 (99): 494-5

Woolfenden JM, Carrasquillo JA, Larson SM, Simmons JT, Masur H, Smith PD, Shelhamer JH, Ognibene FP: A I D S GA-67 citrate imaging − Radiology 1987, 162 (2): 383-7

Wormser GP, Joline C, Duncanson F, Cunningham-Rundles S: Needle-stick injuries during the care of patients with AIDS − N Engl J Med 1984, 310(22): 1461

Wortis J: Neuropsychiatry of A I D S − Biol Psychiatry 1986, 21:1357-9

Wray D, Moody GH, McMillan A: Oral „hairy" leukoplakia associated with H I V infection: report of two cases − Br Dent J 1986, Nor 8 (161): 338-9

Wright K: Aids therapy. First tentative signs of therapeutic promise (news) − Nature 1986, Sep 25-Oct 1 (323): 283

Wright PH: Risk of AIDS to health care workers (letter) − Br Med J (Clin Res) 1986 May 3(292): 1202-3

Wykoff RF: Female-to-male transmission of AIDS agent − Lancet 1985, Nov 2: 1017-8

Wykoff RF: H I V-associated diseases in children − J SC Med Assoc 1986, 82 (11): 674-7

Wykoff RF, Halsey NA: The effectiveness of voluntary self-exclusion on blood donation practices of individuals at high risk for AIDS (letter) − JAMA 1986, Sep 12 (256): 1292-3

Wykoff RF, Pearl ER, Saulsbury FT: Immunologic dysfunction in infants infected through transfusion with HTLV-III − N Engl J Med 1985, 312(5): 294-6

Yamamoto JK, Barré-Sinoussi F, Bolton V, Pedersen NC, Gardner MB: Human alpha- and beta-interferon (but not gamma) suppress the in vitro replication of LAV, HTLV-III, and ARV-2 − J Interferon Res 1986, 6 (2): 143-52

Yamamoto N, Chosa T, Koyanagi Y, Schneider J, Hinuma Y: Binding of adult T-cell leukemia virus to various hematopoietic cells − Cancer Letters 1984, 21: 216-68

Yamamoto N, Harada S, Nakashima H: Substances affecting the infection and replication of H I V Immunodeficiency Virus (HIV) − AIDS Res 1986, 2 (Suppl 1): 183-189

Yamamoto N, Hayami M, Komuro A, Schneider J, Hunsmann G, Okada M, Hinuma Y: Experimental infection oc cynomolgus monkeys with a human retroviruses, adult T-cell leukemia virus − Med Microbiol Immunol 1984, 172: 57-64

Yamamoto N, Hinuma Y: Antigens in an adult T-cell leukemia virus-producer cell line: Reactivity with human serum antibodies − Int J Cancer 1982, 30: 289-93

Yamamoto N, Hinuma Y: Viral aetiology of adult T-cell leukaemia − J gen Virol 1985, 66: 1641-60

Yamamoto N, Hinuma Y: HTLV−I/ATLV − In: The Laboratory Diagnosis of Infectious Diseases, Principles and Antiviral Practices (Kapitel 36) − Springer Verlag, im Druck

Yamamoto N, Hinuma Y, zur Hausen H, Schneider J, Hunsmann G: African green monkeys are infected with adult T-cell leukemia virus or a closely related agent − Lancet 1983, i: 240-1

Yamamoto N, Kobayashi N, Takeuchi K, Koyanagi Y, Hatanaka M, Hinuma Y, Chosa T, Schneider J, Hunsmann G: Characterization of African green monkey B-cell lines releasing an adult T-cell leukemia-virus related agent − Int J Cancer 1984, 34: 77-82

Yamamoto N, Koyanagi S, Harada S: Infection of HTLV-III/LAV in HTLV-I- carrying cell lines: Virological, immunological and cytological aspects − im Druck

Yamamoto N, Matsumoto T, Koyanagi Y, Tanaka Y, Hinuma Y: Unique cell lines harbouring both Epstein-Barr and adult T-cell leukaemia virus, established from leukemia patients − Nature 1982, 299: 367-9

Yamamoto N, Okada M, Hinuma Y, Hirsch FW, Chosa T, Schneider J, Hunsmann G: Human adult T-cell leukemia virus is distinct from a similiar isolate of Japanese monkeys − J Gen Virol 1984, 65: 2259-64

Yamamoto N, Okada M, Koyanagi Y, Kannagi M, Hinuma Y: Transformation of human leukocytes by cocultivation with an adult T-cell leukemia virus (ATLV) producer cell line − Science 1982, 217: 737-9

Yamamoto N, Schneider J, Hinuma Y, Hunsmann G: Adult T-cell leukemia-associated antigen (ATLA): Detection of a glycoprotein in cell- and virus-free supernatant − Z Naturforsch 1982, 37C, 731-2

Yamamoto N, Schneider J, Koyanagi Y, Hinuma Y, Hunsmann G: Adult T-cell leukemia (ATL) virus

specific antibodies in ATL patients and healthy virus carriers − Int J Cancer 1983, 32: 281-7

Yamamoto N, Schneider J, zur Hausen, H, Hinuma Y, Hunsmann G: Adult T-cell leukemia virus-like agent found in African green monkeys − In: Rich MA (eds): Leuk Rev Int 1983, 1: 143-4

Yamato K, Taguchi H, Yoshimoto S, Fujishita M, Yamashita M, Ohtsuki Y, Hoshino H, Miyoshi I: Inactivation of lymphocyte-transforming activity of human T-cell leukemia virus type I by heat − Jpn J Cancer Res (Gann) 1986, 77: 9-11

Yarchoan R, Redfield RR, Broder S: Mechanisms of B cell activation in patients with A I D S and related disorders. Contribution of antibody-producing B cells, of Epstein-Barr virus-infested B cells, and of immunglobulin production induced by H T L V-III/L A V − J Clin Invest 1986, 78 (2): 439-47

Yasunaga T, Sagata N, Ikawa Y: Protease gene structure and env gene variability of the AIDS virus − FEBS, 1986, 199(2): 145-50

Yoshida M, Matsui T, Kobayashi S, Harada S, Kurimura T, Hinuma Y, Yamamoto N: A novel agglutination test for the human immunodeficiency virus antibody − a comparative study with enzyme-linked immunosorbent assay and immunofluorescence − Jpn J Cancer Res (Gann) 1986, 77: 12113

Yoshida M, Miyoshi I, Hinuma Y: Isolation and characterization of retrovirus from cell lines of human adult T-cell leukemia and its implication in the disease − Proc Natl Acad Sci USA 1982, 79: 2031-5

Yoshida M, Seiki M, Yamaguchi K, Takatsuki K: Monoclonal integration of human T-cell leukemia provirus in all primary tumors of A T L suggests causative role of H T L V in this disease − Proc Natl Acad Sci 1984, 81(Apr): 2534-7

Yoshima H, Harada S, Kajii T, Yamamoto N: Narrow host range of AIDS-related retroviruses (Yu-1, 2, 3, 4) isolated from Japanese hemophiliacs: Inability to infect H9, Molt-4, and MT-4 cells − Jpn J Cancer Res (Gann) 1986, 77: 5146

Yoshima H, Koyanagi Y, Nakashima H, Ishihara A, Uchino F, Harada S, Okino F, Kajii T, Yamamoto N: Detection and isolation of an aquired immune deficiency syndrome (AIDS) related virus (HTLV-III/LAV) from a Japanese boy with AIDS related complex − Jpn J Cancer Res (Gann) 1986, 77(1): 16-20

Yoshiyama H, Harada S, Kajii T, Yamamoto N: Narrow host range of AIDS-related retrovirus (YU-1, 2, 3, 4) isolated from Japanese hemophiliacs: inability to infect H9, Molt-4, and MT-4 cells − Jpn J Cancer Res 1986, 77 (6): 514-6

Young JD, Cohn ZA: Molecular mechanisms of cytotoxicity mediated by entamoeba − J Cell Biochem 1985, 29: 299-308

Young JD, Hengartner H, Podack ER, Cohn ZA: Purification and characterization of a cytolytic pore-forming protein from granules of cloned lymphocytes with natural killer activity − Cell 1986, 44: 849-59

Young JD, Peterson CG, Venge P, Cohn ZA: Mechanism of membrane damage mediated by human eosinophil − Nature 1986, 321: 613

Young KR, Rankin JA, Naegel GP, Paul ES, Reynolds HY: Bronchoalveolar lavage cells and proteins in patients with the A I D S − Ann Int Med 1985, 103: 522-33

Young LS, Inderlied CB, Berlin OG, Gottlieb MS: Mycobacterial infections in AIDS patients, with an emphasis on the Mycobacterium avium complex − Rev Infect Dis 1986, 8 (6): 1024-33

Young LS: Management of opportunistic infections complicating the A I D S − Med Clin North Am 1986, 70 (3): 677-92

Young M, Geha RS: Human regulatory T-cell subsets − Ann Rev Med 1986, 37 − 165-72

Zagury D, Bernard J, Leibowitch J, Safai B, Groopman JE, Feldman M, Sarngadharan MG, Gallo RC: HTLV-III in the semen and blood of a healthy homosexual man − Science 1984, 226: 449-51

Zagury D, Foucharde M, Vol JC, Cattan A, Leibowitch J, Feldman M, Sarin PS, Gallo RC: Detection of infectious HTLV-III/LAV virus in cell-free plasma from AIDS patients − Lancet 1985, Aug 31: 505-6

Zagury D, Léonard R, Fouchard M, Réveil B, Bernard J, Ittelé D, Cattan A, Zirimwabagabo L, Kalumbu M, Justin W, Salaun JJ, Goussard B: Immunization against AIDS in humans − Nature 1987, 326, Mar 19: 249-50

Zaidman GW: Neurosyphilis and retrobulbar neuritis in a patient with AIDS − Ann Ophthalmol 1986, 18 (9): 260-1

Zakowski P, Fligiel S, Berlin OG, Johnson BL: Disseminated mycobacterium avium/intracellulare infection in homosexual men dying in A I D S — J Am Med Assoc 1982, 248: 2980-2

Zar F, Geiseler J, Brown VA: Asymptomatic carriage of cryptosporidium in the stool of a patient with A I D S − J Infect Dis 1985, 151(1): 195

Zarling JM, Morton W, Moran PA, McClure J, Kosowski SG, Hu SL: T-cell responses to human AIDS virus in macaques immunized with recombinant vaccinia viruses − Nature 1986, 323, Sep 25: 344-6

Zeffren B, Knutsen AP, Slavin RG, Salinas-Madrigal L: Case study: a child with chronic pulmonary infiltrates − Ann Allergy 1985, 54: 97-8, 122-6

Zeng Y, Lan XY, Fang J, Wang PZ, Wang YR, Sui YF, Wang ZT, Hu RJ, Hinuma Y: HTLV antibody in China − Lancet 1984, Apr 7: 799-800

Ziefer A, Jacobs T, Seitz HM: Pneumonie − ein Überblick − Immun Infekt 1986 14 (5): 170-7

Ziegler JL, Cooper DA, Johnson RO, Gold J: Postnatal transmission of AIDS-associated retrovirus from mother to infant − Lancet 1985, i: 896-7

Ziegler JL, Beckstedt JA, Volberding PA, Abrams DI, Levine AM et 19: Non-Hodgkin's lymphoma in 90 homosexual men − N Engl J Med 1984, 311(9): 565-70

Ziegler JL, Stites DP: Hypothesis: AIDS is an autoimmune disease directed at the immune system and triggered by a lymphotropic retrovirus − Clinic Immunol Immunopat 1986, 41: 305-13

Ziegler, JL, Drew WL, Miner RC, Mintz L, Rosenbaum E, Gershow J, Lennette ET, Greenspan J, Shillitoe E, Beckstead J, Casavant C, Yamamoto K: Outbreak of Burkitt's-like lymphoma in homosexual men − Lancet 1982, Sep 18: 631-3

Ziza JM, Brun-Vezinet F, Venet A, Rouzioux CH, Traversat J, Israel-Biet B, Barré-Sinoussi F, Chermann JC, Godeau P: L A V isolated from broncheoalveolar lavage fluid in A R C with lymphoid interstitiell pneumonitis − N Engl J Med 1985, 313(3): 183

Zolla-Pazner S: β2-microglobulin and the A I D S in a low-incidence area − JAMA 1985, 253(1): 43-4

Zolla-Pazner S, William D, El-Sadr W et al.: Quantitation of β2-microglobuline and other immune characteristics in a prospective study of man at risk for A I D S − JAMA 1984, 251: 2951-5

Zon LI, Archibald DW, McLane MF, Essex M, Hepner MJ, Groopman JE: IgA deficiency and slivary transmission of H I V − Lancet 1986, Nov 1: 1039-40

Zoulek G, Gürtler L, Eberle J, Lorbeer B, Deinhardt F: Anstieg der Prävalenz von Antikörpern gegen LAV/HTLV-III bei Drogenabhängigen in Westdeutschland − Dtsch Med Wschr 1986, Apr 11 (111): 567-70

Zoumbos NC, Gascón P, Djeu JY, Trost SR, Young NS: Circulating activated suppressor T-lymphocytes in aplastic anemia − N Eng J Med 1985, 312(5): 257-65

Zuck TF: Lessons learned this past year from HIV antibody testing and from counseling blood donors − Transfusion 1986, 26 (6): 493

Zuck TF, Preston MS, Tankersley DL, Wells MA, Wittek AE, Epstein JE, Daniel S, Phelan M, Quinnan GV: More on partitioning and inactivation of AIDS virus in immune globulin preparations − N Engl J Med 1986, May 29: 1454-5

Zuckerman AJ: Would screening prevent the international spread of AIDS? − Lancet 1986, Nov 22: 1208-9

Zuger A, Louie E, Holzmann RS, Simberkoff MS, Rahal JJ: Cryptococcal disease in patients with the acquired immunodeficiency syndrome. Diagnostic features and outcome of treatment − Ann Intern Med 1986, 104 (2): 234-40

* Zunt SL: AIDS-oral manifestations − J Indiana Dent Assoc 1986, 65 (5): 27-9

Index

Im Index wird, sofern zu einem längeren Ausdruck eine Abkürzung existiert, auf diese verwiesen; dadurch läßt er sich wie eine Umkehrung des Abkürzungsverzeichnisses benutzen. Arzneimittelnamen sind nur in Ausnahmefällen aufgeführt, da sie in Kapitel 14 (siehe vor allem Tabelle 14.1 auf Seite 148f) zusammenfassend behandelt werden.